超值版

Word/Excel/PowerPoint 2013三合一从新手到高手

■ 龙马高新教育　编著

人 民 邮 电 出 版 社

北 京

图书在版编目（CIP）数据

Word/Excel/PowerPoint 2013三合一从新手到高手：超值版 / 龙马高新教育编著．-- 北京：人民邮电出版社，2015.10（2016.6重印）
ISBN 978-7-115-40337-7

Ⅰ．①W… Ⅱ．①龙… Ⅲ．①文字处理系统②表处理软件③图形软件 Ⅳ．①TP391

中国版本图书馆CIP数据核字(2015)第207443号

内 容 提 要

本书以零基础讲解为宗旨，用实例引导读者学习，深入浅出地介绍了 Word 2013、Excel 2013 及 PowerPoint 2013 的相关知识和应用方法。

全书分为 6 篇，共 25 章。第 1 篇【基础篇】介绍了 Office 2013，以及三大组件的设置与基本操作等；第 2 篇【文档制作篇】介绍了 Word 2013、设置文档排版、文档的美化，以及检查和审阅文档等；第 3 篇【表格处理篇】介绍了 Excel 2013、美化工作表、使用图表和图形、公式与函数、数据分析，以及数据透视表和数据透视图等；第 4 篇【演示文稿篇】介绍了 PowerPoint 2013、美化幻灯片、放映动画及交互效果，以及幻灯片的演示等；第 5 篇【案例实战篇】介绍了 Office 在行政办公中的应用、Office 在商务办公中的应用、Office 在人力资源中的应用，以及 Office 在市场营销中的应用等；第 6 篇【高手秘籍篇】介绍了三大组件间的协同应用、Office 2013 的安全与共享、办公文件的打印、宏与 VBA 的使用，以及跨平台移动办公的方法等。

在本书附赠的 DVD 多媒体教学光盘中，包含了 17 小时与图书内容同步的教学录像，以及所有案例的配套素材和结果文件。此外，还赠送了 Office 2013 软件安装教学录像、Office 2013 快捷键查询手册、700 个 Word 常用文书模板、532 个 Excel 常用表格模板、200 个 PowerPoint 精美通用模板、Excel 函数查询手册、16 小时 Windows 8 教学录像、9 小时 Photoshop CS6 教学录像等超值资源，供读者扩展学习。除光盘外，本书还赠送了纸质《Word/Excel/PowerPoint 2013 技巧随身查》，便于读者随时翻查。

本书不仅适合 Word 2013、Excel 2013 及 PowerPoint 2013 的初、中级用户学习使用，也可以作为各类院校相关专业学生和电脑培训班学员的教材或辅导用书。

◆ 编　　著　龙马高新教育
　责任编辑　张　翼
　责任印制　杨林杰
◆ 人民邮电出版社出版发行　　北京市丰台区成寿寺路 11 号
　邮编　100164　　电子邮件　315@ptpress.com.cn
　网址　http://www.ptpress.com.cn
　大厂聚鑫印刷有限责任公司印刷
◆ 开本：787×1092　1/16
　印张：24
　字数：563 千字　　　　2015 年 10 月第 1 版
　印数：3 901-4 400 册　　2016 年 6 月河北第 4 次印刷

定价：49.80 元（附光盘）

读者服务热线：(010)81055410　印装质量热线：(010)81055316
反盗版热线：(010)81055315
广告经营许可证：京东工商广字第 8052 号

前言

电脑是现代信息社会的重要工具，掌握丰富的电脑知识、正确熟练地操作电脑已成为信息时代对每个人的要求。为满足广大读者的学习需要，我们针对不同学习对象的接受能力，总结了多位电脑高手、高级设计师及电脑教育专家的经验，精心编写了这套“从新手到高手”丛书。本套图书面市后深受读者喜爱，为此，我们特别推出了畅销书《Word/Excel/PowerPoint 2013 三合一从新手到高手》的单色超值版，以便满足更多读者的学习需求。

从书主要内容

本套丛书涉及读者在日常工作和学习中各个常见的电脑应用领域，在介绍软硬件的基础知识及具体操作时均以读者经常使用的版本为主，在必要的地方也兼顾了其他版本，以满足不同领域读者的需求。本套丛书主要包括以下品种。

《学电脑从新手到高手》	《电脑办公从新手到高手》
《Office 2013 从新手到高手》	《Word/Excel/PowerPoint 2013 三合一从新手到高手》
《Word/Excel/PowerPoint 2007 三合一从新手到高手》	《Word/Excel/PowerPoint 2010 三合一从新手到高手》
《PowerPoint 2013 从新手到高手》	《PowerPoint 2010 从新手到高手》
《Excel 2013 从新手到高手》	《Office VBA 应用从新手到高手》
《Dreamweaver CC 从新手到高手》	《Photoshop CC 从新手到高手》
《AutoCAD 2014 从新手到高手》	《Photoshop CS6 从新手到高手》
《Windows 7 + Office 2013 从新手到高手》	《SPSS 统计分析从新手到高手》
《黑客攻防从新手到高手》	《老年人学电脑从新手到高手》
《淘宝网开店、管理、营销实战从新手到高手》	《中文版 Matlab 2014 从新手到高手》
《HTML+CSS+JavaScript 网页制作从新手到高手》	《Project 2013 从新手到高手》
《Windows 10 从新手到高手》	《AutoCAD 2016 从新手到高手》
《Office 2016 从新手到高手》	《电脑办公（Windows 10 + Office 2016）从新手到高手》
《Word/Excel/PPT 2016 从新手到高手》	《电脑办公（Windows 7 + Office 2016）从新手到高手》
《Excel 2016 从新手到高手》	《PowerPoint 2016 从新手到高手》
《AutoCAD + 3ds Max+ Photoshop 建筑设计从新手到高手》	

本书特色

✚ 零基础、入门级的讲解

无论读者是否从事相关行业，是否使用过 Word 2013、Excel 2013 及 PowerPoint 2013，都能从本书中找到最佳的起点。本书入门级的讲解，可以帮助读者快速地进入高手的行列。

✚ 名师教学，举一反三

本书特聘经验丰富的一线教学名师编写，帮助读者快速理解所学知识并实现触类旁通。

✚ 实例为主，图文并茂

在介绍的过程中，每一个知识点均配有实例辅助讲解，每一个操作步骤均配有对应的插图加深认识。这种图文并茂的方法，能够使读者在学习过程中直观、清晰地看到操作过程和效果，便于深刻理解和掌握相关知识。

+ 高手指导，扩展学习

本书在每章的最后以“高手私房菜”的形式为读者提炼了各种高级操作技巧，同时在全书最后的“高手秘籍篇”中，还总结了大量实用的操作方法，以便读者学习到更多的内容。

+ 精心排版，超大容量

本书采用单双栏混排的形式，大大扩充了信息容量，在 300 多页的篇幅中容纳了传统图书 700 多页的内容。这样，就能在有限的篇幅中为读者奉送更多的知识和实战案例。

+ 书盘互动，手册辅助

本书配套多媒体教学光盘中的内容与书中的知识点紧密结合并互相补充。在多媒体光盘中，我们仿真工作和学习场景，帮助读者体验实际应用环境，并借此掌握日常所需的技能和各种问题的处理方法，达到学以致用的目的。而赠送的纸质手册，更是大大增强了本书的实用性。

光盘特点

+ 17 小时全程同步教学录像

教学录像涵盖本书的所有知识点，详细讲解每个实例的操作过程和关键点，读者可以轻松掌握书中所有的操作方法和技巧，而扩展的讲解部分则可使读者获得更多的知识。

+ 超多、超值资源大放送

除了与图书内容同步的教学录像外，光盘中还奉送了大量超值学习资源，包括 Office 2013 软件安装教学录像、Office 2013 快捷键查询手册、700 个 Word 常用文书模板、532 个 Excel 常用表格模板、200 个 PowerPoint 精美通用模板，Excel 函数查询手册、16 小时 Windows 8 教学录像、9 小时 Photoshop CS6 教学录像，以及本书配套教学用 PPT 文件等，以方便读者扩展学习。

配套光盘运行方法

❶ 将光盘印有文字的一面朝上放入 DVD 光驱中，几秒钟后光盘会自动运行。

❷ 在 Windows 7 操作系统中，系统会弹出【自动播放】对话框，单击【运行 MyBook.exe】选项即可运行光盘系统。或者单击【打开文件夹以查看文件】选项打开光盘文件夹，双击光盘文件夹中的 MyBook.exe 文件，也可以运行光盘系统。

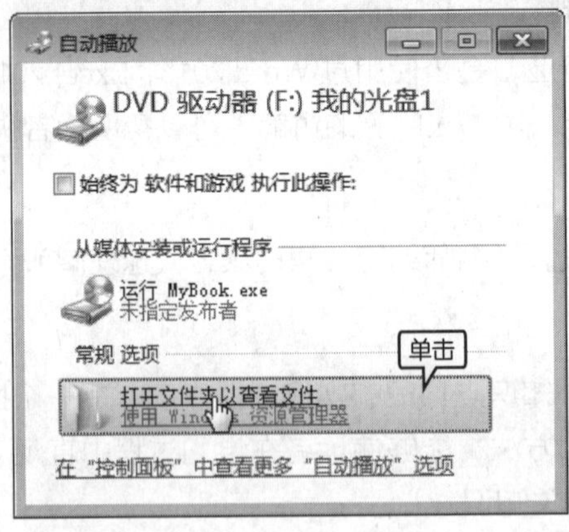

在 Windows 8 操作系统中，桌面右上角会显示快捷操作界面，单击该界面后，在其列表中选择【运行 MyBook.exe】选项即可运行光盘系统。或者单击【打开文件夹以查看文件】选项打开光盘文件夹，双击光盘文件夹中的 MyBook.exe 文件，也可以运行光盘系统。

❸ 光盘运行后会首先播放片头动画，之后便可进入光盘的主界面。

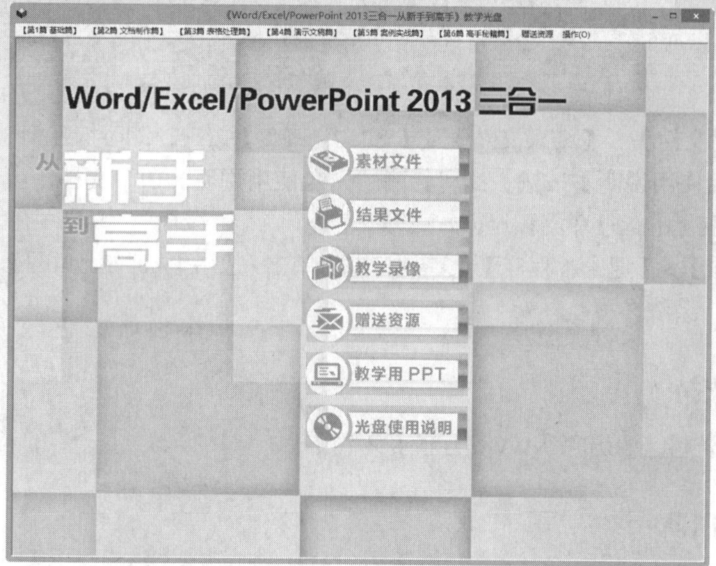

❹ 单击【教学录像】按钮，在弹出的菜单中依次选择相应的篇、章、录像名称，即可播放相应录像。

❺ 单击【赠送资源】按钮，在弹出的菜单中选择赠送资源名称，即可打开相应的赠送资源文件夹。

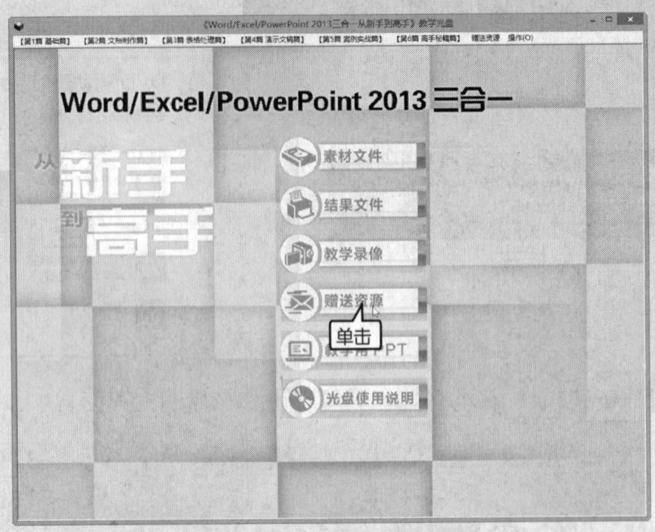

❻ 单击【素材文件】、【结果文件】或【教学用 PPT】按钮，即可打开相对应的文件夹。

❼ 单击【光盘使用说明】按钮，即可打开“光盘使用说明 .pdf”文档，该说明文档详细介绍了光盘在电脑上的运行环境和运行方法等。

❽ 选择【操作】➤【退出本程序】菜单项，或者单击光盘主界面右上角的【关闭】按钮，即可退出本光盘系统。

网站支持

更多学习资料，请访问 www.51pcbook.cn。

创作团队

本书由龙马高新教育策划编著，孔长征任主编，李震、赵源源任副主编，参与本书编写、资料整理、多媒体开发及程序调试的人员有孔万里、乔娜、周奎奎、董晶晶、祖兵新、王果、陈小杰、左琨、邓艳丽、崔姝怡、侯蕾、左花苹、刘锦源、普宁、王常吉、师鸣若、钟宏伟、陈川、刘子威、徐永俊、朱涛和张允等。

在编写过程中，我们竭尽所能地将最好的讲解呈现给读者，但也难免有疏漏和不妥之处，敬请广大读者不吝指正。若您在学习过程中产生疑问，或有任何建议，可发送电子邮件至 march98@163.com。

本书责任编辑的电子邮箱为：zhangyi@ptpress.com.cn。

龙马高新教育

目录

第1篇　基础篇

微软再一次自我挑战，在众人期待中推出 Office 2013。可是，你知道在使用 Office 2013 前需要做些什么吗？本篇来告诉你！

本章视频教学录像：37 分钟

工欲善其事，必先利其器。本章将介绍 Offcie 2013 的组件与软件安装，与您一起揭开 Office 2013 的神秘面纱。

高手私房菜

本章视频教学录像：26 分钟

安装完 Office 2013，是否有惊喜发现？本章和你一起走进 Office 2013，在个性化的设置中体验不一样的操作吧！

高手私房菜

第 2 篇　文档制作篇

作为 Office 2013 最常用的组件之一，除了以前版本中的功能，Word 2013 有什么神奇的地方吗？本篇来告诉你！

本章视频教学录像：30 分钟

Word 2013 最基本的功能就是制作文档，本章主要介绍 Word 2013 的基本文档制作知识，包括 Word 2013 的工作界面、创建与使用文档、设置样式等。

高手私房菜

本章视频教学录像：60 分钟

一个让人眼前一亮的页面，是排版设计的结果。怎样让你的文档看起来更美观、更大方呢？这就需要了解一些高级的排版知识。

高手私房菜

本章视频教学录像：43 分钟

适当地使用背景和图片，可以为你的文档锦上添花。本章主要介绍页面背景、文本框、表格、图片和形状的综合运用方法。

本章视频教学录像：50 分钟

审阅是办公室批改文件时经常使用的一个功能，它可以让改动的地方清楚地显示出来，同时还可以与原文档形成对比，让文档的作者一目了然。

第 3 篇 表格处理篇

在进行预算、财务管理、数据汇总等工作时，使用工具软件是明智的选择。Excel 2013 可以根据需要，对繁杂冗余的数据进行快速的处理和分析。

本章视频教学录像：44 分钟

在开始处理复杂的数据之前，首先需要了解表格的基本操作。本章介绍 Excel

2013 的相关设置、工作簿的基本操作、工作表的基本操作、单元格的基本操作，以及数据的输入和编辑等。

高手私房菜

本章视频教学录像：27 分钟

一个美观的数据报表，可以给人耳目一新的感觉，使单调的数据不再枯燥。本章主要介绍工作表的美化操作，包括单元格的设置、表格样式、单元格样式等。

高手私房菜

本章视频教学录像：54 分钟

使用图形可以修饰工作表。使用图表不但可以让工作表的数据更直观、更形象，还可以清晰地反应数据的变化规律和发展趋势。

高手私房菜

本章视频教学录像：58 分钟

Excel 2013 具有强大的数据分析与处理功能，不仅可以进行简单的数据运算，还可以使用各种函数完成复杂的专业运算。在公式中准确、熟练地使用这些函数，可以极大地提高处理数据的能力。

高手私房菜

本章视频教学录像：42 分钟

使用 Excel 可以对数据进行各种分析，如筛选出符合特定条件的数据、按照一定条件对数据进行排序、使用条件格式突出显示内容、对数据进行合并计算和分类汇总等。

高手私房菜

第 12 章 数据透视表和数据透视图......181

本章视频教学录像：34 分钟

使用数据透视表可以深入分析数据，并且可以解决一些预计不到的数据问题。数据透视图既具有数据透视表的交互式汇总特性，又具有图表的可视性优点。

高手私房菜

第 4 篇 演示文稿篇

使用 PowerPoint 2013，可以制作集文字、图形、图像、声音及视频剪辑等多种元素于一体的演示文稿，把企业或个人所要表达的信息组织在一系列图文并茂的画面中，来展示企业的产品或个人的学术成果等。

本章视频教学录像：46 分钟

有声有色的 PPT 常常会令听众惊叹，使报告达到最好的效果。要做到这一步，首先需要了解 PPT 的基本操作。

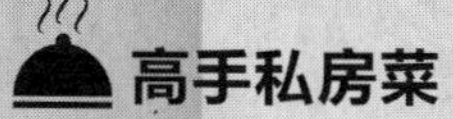

第 14 章　美化幻灯片......213

本章视频教学录像：55 分钟

制作一份内容丰富、颜色和谐、样式新颖的幻灯片，可以帮您有效地传达信息。

高手私房菜

第 15 章　设置动画和交互效果......235

本章视频教学录像：43 分钟

动画、幻灯片的切换、按钮的交互和超链接，可以让幻灯片更加多姿多样。

高手私房菜

第 5 篇　案例实战篇

一篇篇精美的文档、一份份清晰的报表、一张张华美的演示文稿……不仅能够有效提高工作效率，更可以收获朋友和同事的欣赏与赞扬。

行政办公中有着极其广泛的应用。

第18章 Office在商务办公中的应用..277

本章视频教学录像：35分钟

在文秘办公中，使用Office不仅可以制作出精美的文档，而且更为重要的是可以提高文秘的工作效率。

第19章 Office在人力资源中的应用..289

本章视频教学录像：35分钟

人力资源管理是一项系统而复杂的组织工作。一个企业的人力资源管理者，经常要根据需求制作各类文档、报表和会议幻灯片，而Office 2013则可以帮助管理者轻松完成这些工作。

第20章 Office在市场营销中的应用..301

本章视频教学录像：22分钟

市场营销千变万化，与此相关的文档也多种多样。对于做市场工作的员工来说，不仅要能制作一份完美的营销计划，还应能制作一份实用的销售报表。

第 6 篇 高手秘籍篇

之所以称为高手，不仅是因为他们熟练掌握基本的操作技能，更在于他们能够综合考虑各方面的因素，将多种软件结合在一起，巧妙地使用网络，扩展 Office 软件的功能，从而最大限度地提高工作效率。

高手私房菜

本章视频教学录像：16 分钟

打印，可以让制作好的文档、报表或演示文稿更方便传阅。

高手私房菜

本章视频教学录像：21 分钟

常用的 Office 办公软件，如 Word、Excel、Access、PowerPoint 等，都可以借助 VBA 提高软件的应用效率。通过 VBA 代码，既可以实现画面的切换，也可以实现复杂逻辑的统计。

高手私房菜

本章视频教学录像：20 分钟

使用移动设备，让您随时随地办公。

高手私房菜

光盘赠送资源

赠送资源1　Office 2013软件安装教学录像

赠送资源2　Office 2013快捷键查询手册

赠送资源3　700个Word常用文书模板

赠送资源4　532个Excel常用表格模板

赠送资源5　200个PowerPoint精美通用模板

赠送资源6　Excel函数查询手册

赠送资源7　16小时Windows 8教学录像

赠送资源8　9小时Photoshop CS6教学录像

第 1 篇

基础篇

第1章

初识 Office 2013

本章视频教学录像：37 分钟

高手指引

Office 2013 是办公使用的工具集合，主要包括 Word 2013、Excel 2013 和 PowerPoint 2013 等组件。通过 Office 2013，可以实现文档的编辑、排版和审阅，表格的设计、排序、筛选和计算，演示文稿的设计和制作，以及电子邮件收发等功能。

重点导读

- 认识 Office 2013 组件及安装
- 了解全新的触摸式界面
- 了解不同版本的 Office 界面
- 了解软件版本的兼容
- 掌握注册 Microsoft 的方法

1.1 Office 2013 及其组件

本节视频教学录像：3 分钟

Office 2013 办公软件中包含 Word 2013、Excel 2013、PowerPoint 2013、Outlook 2013、Access 2013、Publisher 2013、InfoPath 2013 和 OneNote 等组件。Office 2013 中最常用的 3 大办公组件分别为 Word 2013、Excel 2013 和 PowerPoint 2013。

1. 文档创作与处理——Word 2013

Word 2013 是一款强大的文字处理软件。使用 Word 2013，可以实现文本的编辑、排版、审阅和打印等功能。

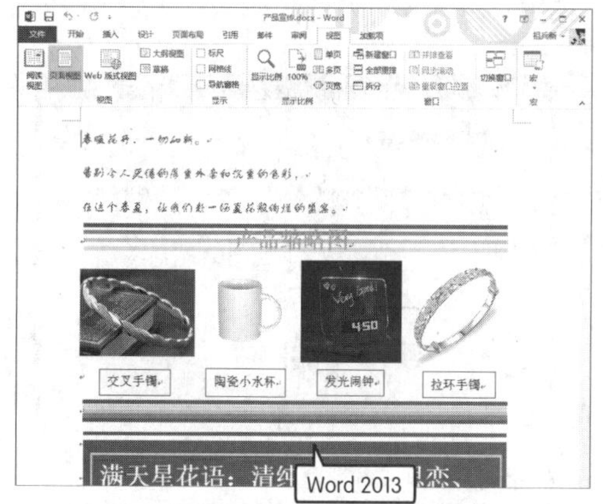

2. 电子表格——Excel 2013

Excel 2013 是一款强大的数据表格处理软件。使用 Excel 2013，可对各种数据进行分类统计、运算、排序、筛选和创建图表等操作。

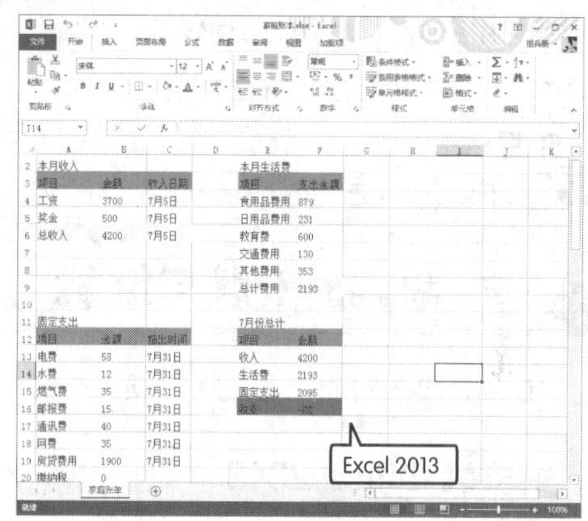

3. 演示文稿——PowerPoint 2013

PowerPoint 2013 是制作演示文稿的软件。使用 PowerPoint 2013，可以使会议或授课变得更加直观、丰富。

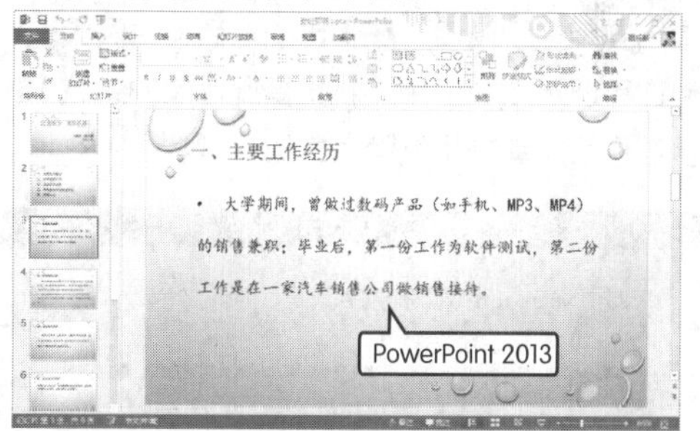

1.2 三大组件的安装与卸载

本节视频教学录像：8 分钟

软件使用之前，首先要将软件移植到计算机中，此过程为安装；如果不想使用此软件，可以将软件从计算机中清除，此过程为卸载。本节介绍 Office 2013 三大组件的安装与卸载。

1.2.1 电脑配置要求

要安装 Office 2013，计算机硬件和软件的配置要达到以下的要求。

	最低配置	推荐配置
CPU	1 GHz 或更高主频的 x86/x64 处理器，具有 SSE2 指令集	2GHz 的处理器
内存	1 GB RAM（32 位）/2 GB RAM（64 位）	2GB RAM（32 位）内存
操作系统	32 位 或 64 位 Windows 7 或 更 高 版 本；Windows Server 2008 R2 或更高版本，带有 .Net 3.5 或更高版本	Windows 8 操作系统
硬盘可用空间	3.5 GB 可用磁盘空间	50GB 可用磁盘空间

提示

Office 2013 无法在运行 Windows XP 或 Vista 操作系统的电脑上安装。

1.2.2 安装与卸载

电脑配置达到要求后就可以安装与卸载 Office 软件 。

1. 安装 Office 2013

安装 Office 2013，首先要启动 Office 2013 的安装程序，按照安装向导的提示来完成软件的安装。

❶ 将光盘放入计算机的光驱中，系统会自动弹出安装提示窗口，在弹出的对话框中阅读软件许可证条款，选中【我接受此协议的条款】复选框后，单击【继续】按钮。

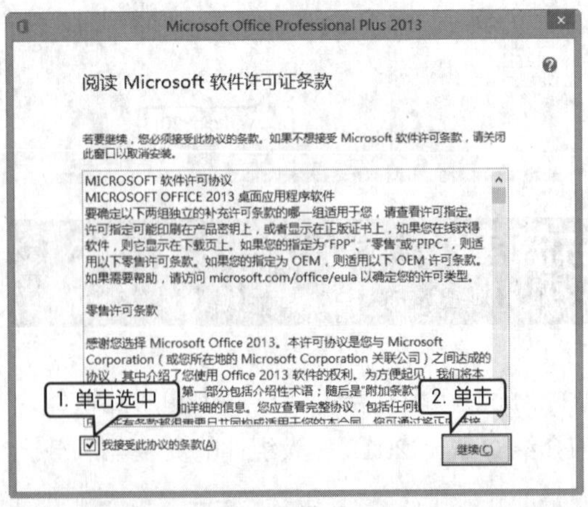

❷ 在弹出的对话框中选择安装类型，这里单击【立即安装】按钮。

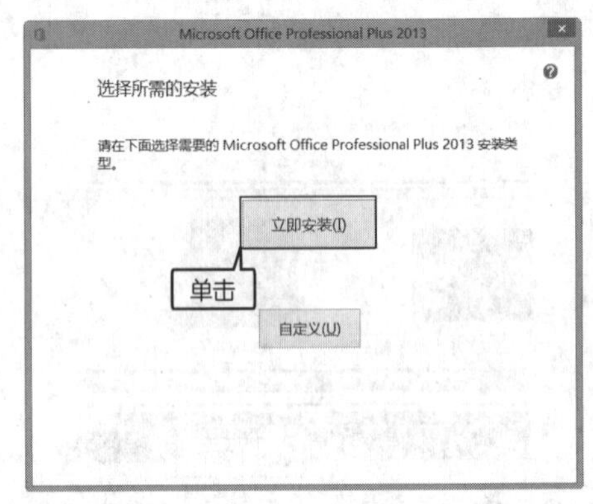

提示 单击【立即安装】按钮可以在默认的安装位置安装默认组件，单击【自定义】按钮可以自定义安装的位置和组件。

❸ 系统开始进行安装，如图所示。

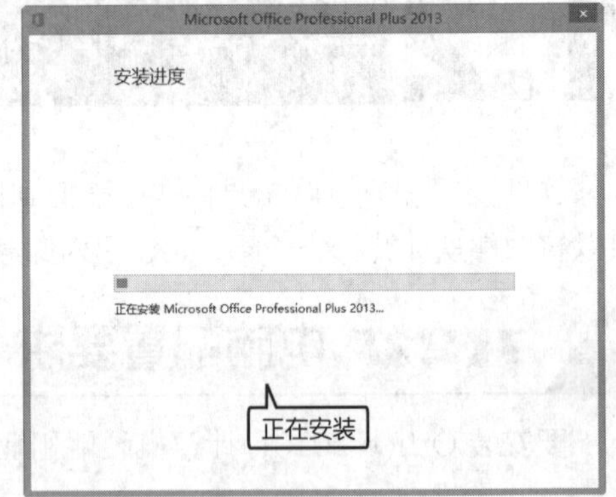

❹ 安装完成之后，单击【关闭】按钮，即可完成安装。

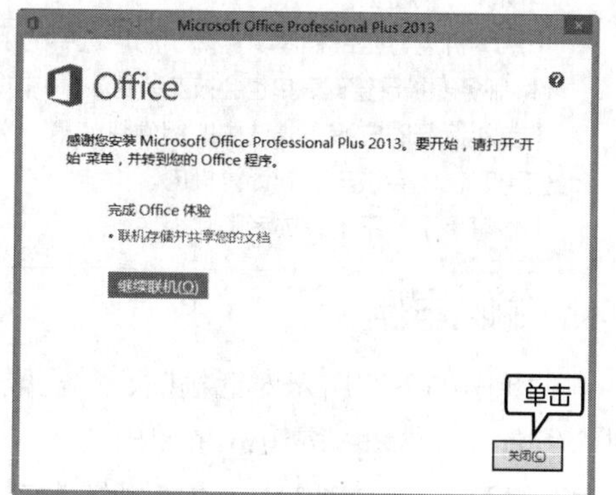

2. 卸载 Office 2013

不需要 Office 2013 时，可以将其卸载。

❶ 按【Win+X】组合键，在弹出的菜单中选项【控制面板】选项，打开【控制面板】窗口，以“小图标”的方式查看，单击【程序和功能】选项。

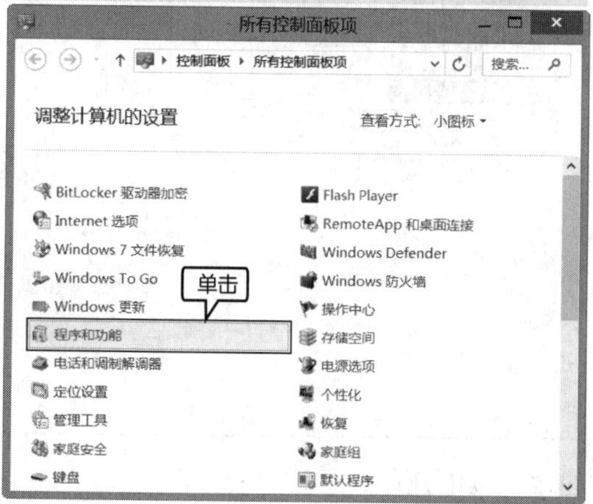

❷ 弹出【程序和功能】对话框，选择【Microsoft Office Professional Plus 2013】选项，单击【卸载】按钮。

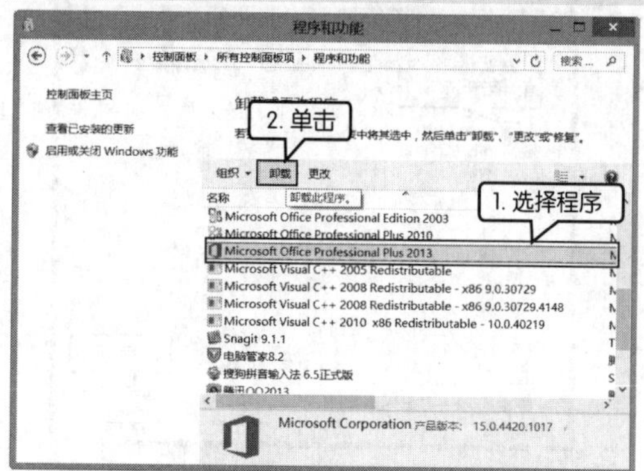

❸ 弹出的【Microsoft Office Professional Plus 2013】对话框，并显示【安装】提示框，提示“确定要从计算机上删除 Microsoft Office Professional Plus 2013？”，单击【是】按钮，即可开始卸载 Office 2013。

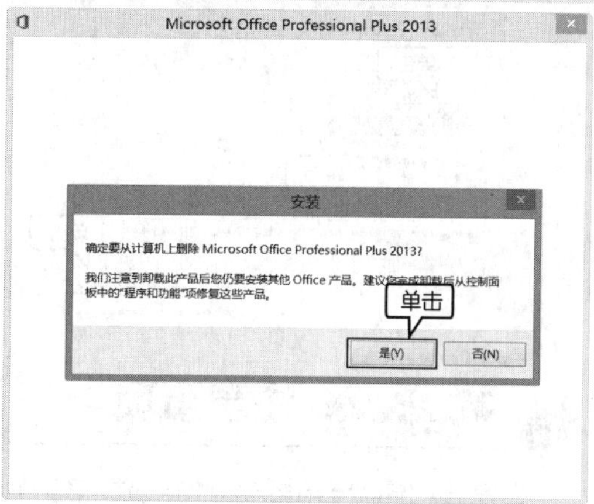

1.2.3 其他组件的添加与删除

安装 Office 2013 后，如果需要使用安装时没有安装的其他组件，可以添加组件，安装后不需要使用的组件可以将其删除。

1. 添加组件

添加组件的具体操作步骤如下。

❶ 重复“卸载 Office 2013”小节步骤 ❶，弹出【程序和功能】对话框，选择【Microsoft Office Professional Plus 2013】选项，单击【更改】按钮。

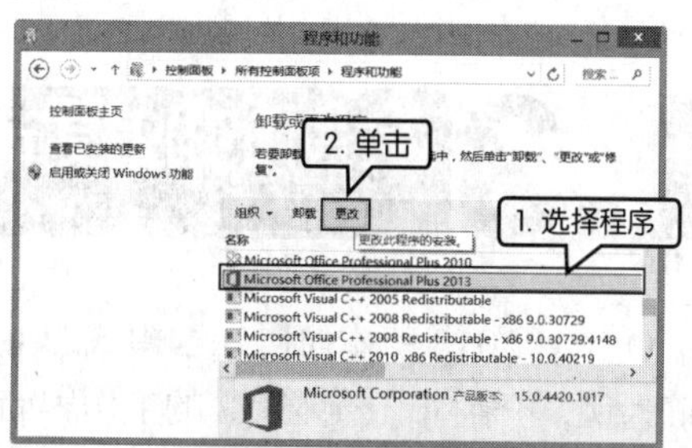

❷ 在弹出的【Microsoft Office Professional Plus 2013】对话框中单击选中【添加或删除功能】单选项，单击【继续】按钮。

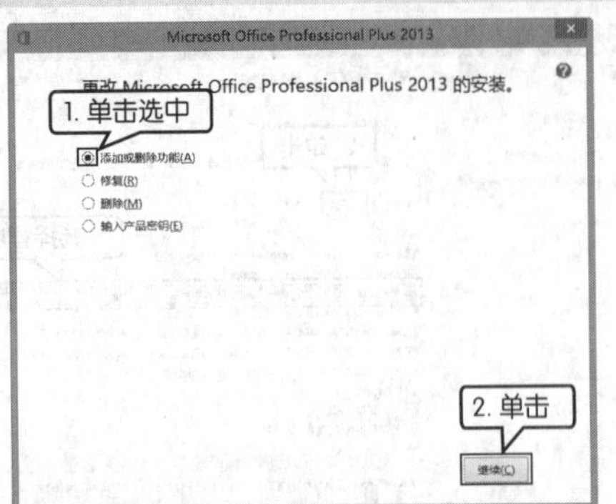

❸ 单击需要添加组件前的 按钮，在弹出的下拉列表中选择【从本机运行】选项，单击【继续】按钮，即可开始安装，并显示配置进度。安装完成，单击【关闭】按钮。

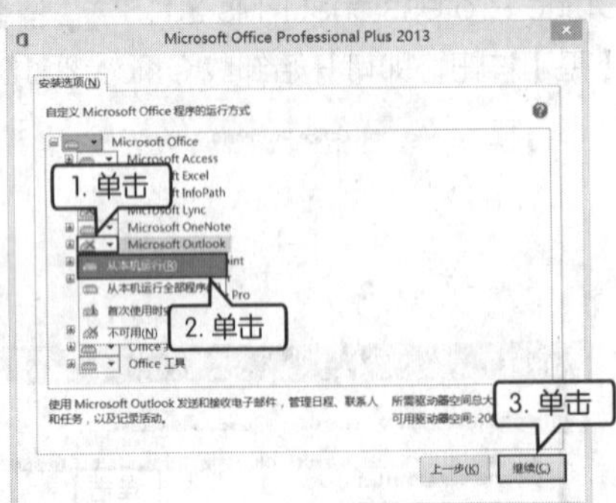

提示 下拉列表中4个选项的含义如下。

【从本机运行】：用户选中的组件将被安装到当前计算机内。

【从本机运行全部程序】：除了用户选中的组件，服务器扩展管理表单也会被安装到计算机内。

【首次运行时安装】：选中的组件将在第一次使用时，才会被安装到计算机内。

【不可用】：不安装或者删除组件。

2. 删除组件

在弹出如下图所示对话框时，单击需要删除组件前的 按钮，在弹出的下拉列表中选择【不可用】选项，单击【继续】按钮，即可开始删除组件，并显示配置进度。删除完成，单击【关闭】按钮。

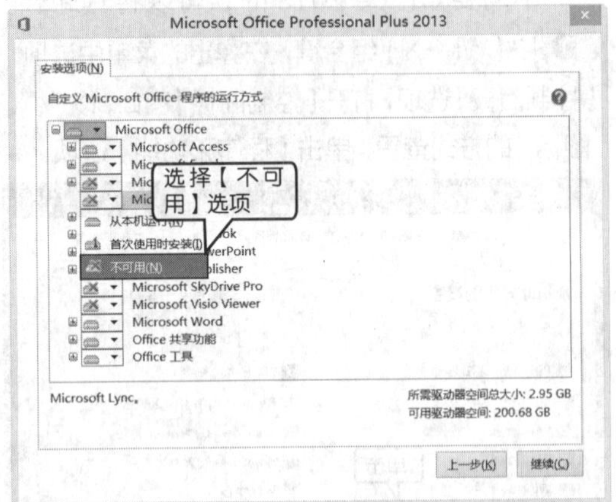

1.2.4 注意事项

在安装和卸载Office 2013及其组件时，需要注意以下几点。

(1) Office 2013支持Windows 7、Windows 8和Windows 10操作系统，不支持Windows XP和Windows Vista操作系统。

(2) 在安装Office 2013的过程中不能同时安装其他软件。

(3) 安装过程中选择安装常用的组件即可，否则将占用大量的磁盘空间。

(4) 安装Office 2013后需要激活才能使用。

(5) 卸载Office 2013时要卸载彻底，否则会占用大量的空间。

1.3 全新的触摸式界面

本节视频教学录像：3分钟

Office 2013版本可以在触摸式的平板电脑或超级本中使用，这里以Word 2013的操作界面为例，介绍Office 2013的工作界面。

1.3.1 全新的 Ribbon 用户界面

Word 2013 的 Ribbon 界面与 Word 2010 的界面相比，功能区基本无大差别，但 Word 2013 的 Ribbon 界面更为美观。

Office 2013 版本的 Ribbon 界面将动态增加的工具栏按钮固定在屏幕顶部的一部分区域上，保持了用户可用区域最大化，并且在新增加功能（如基于上下文的设计功能工具栏、图片工具栏等）时，不增加这个区域（而是增加选项卡），这种用户界面具备更多的灵活性。

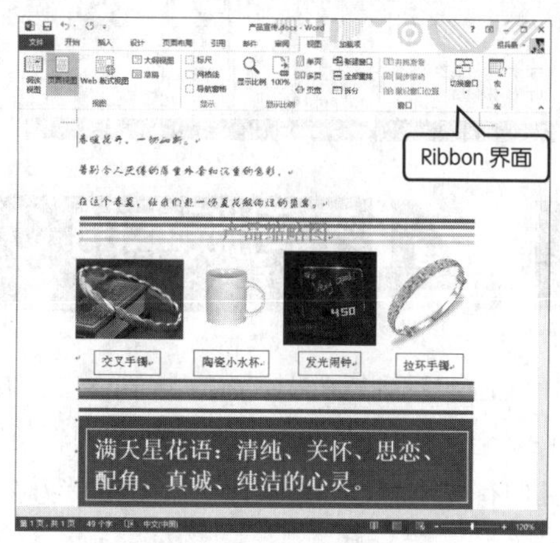

1.3.2 在 PC 机中的使用

Office 2013 的工作界面在 PC 机上的使用与 Office 2010 基本相似。

1. 功能区

功能区是菜单和工具栏的主要显现区域，几乎涵盖了所有的按钮、库和对话框。功能区首先将控件对象分为多个选项卡，然后在选项卡中将控件细化为不同的组。

提示 在 PC 中使用 Office 2013 可以通过拖曳鼠标光标来选择选项卡，并在工作组中单击相应的命令按钮来执行命令。

2. 文档编辑区

文档编辑区是工作的主要区域，用来实现文档的显示和编辑。在进行文档编辑时，可以使用水平滚动条和垂直滚动条等辅助工具。

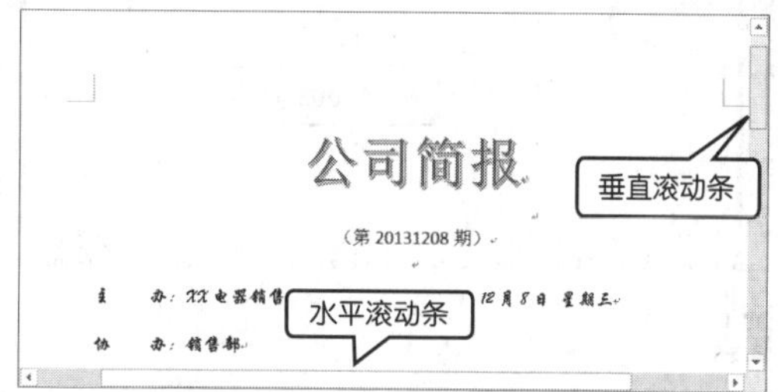

1.3.3 在平板电脑和超级本中的使用

平板电脑和超级本中使用的是触屏操作，为了防止在操作时手指触摸产生错点，在触屏操作中 Office 2013 按键设计得较大一些。

除了按键较为大一些外，其他 Office 的功能大致相同，如在 PowerPoint 2013 中的联机模板功能。

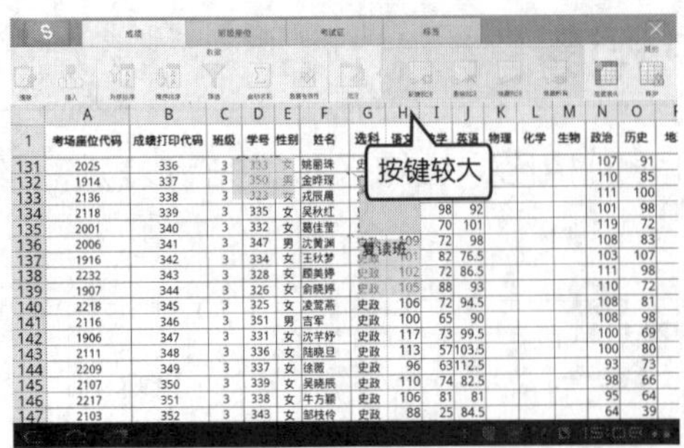

1.4 不同版本的 Office 界面

本节视频教学录像：5 分钟

Office 系列软件从 2003 版到 2013 版，功能在不断完善，安全性也不断提高。Office 2013 新出现的云功能更是为诸多使用者带来了方便，只要将工作文档在云功能中备份，即可在其他有 Office 2013 软件的地方继续办公。

1.4.1 与 Office 2003 的界面对比

以 Word 为例，Word 2013 相比 Word 2003 而言，全新的导航搜索窗口、生动的文档视觉效果应用、更加安全的文档恢复功能、简单便捷的截图功能等都是新增加的功能及特性。下图分别为 Word 2003 和 Word 2013 的界面图。

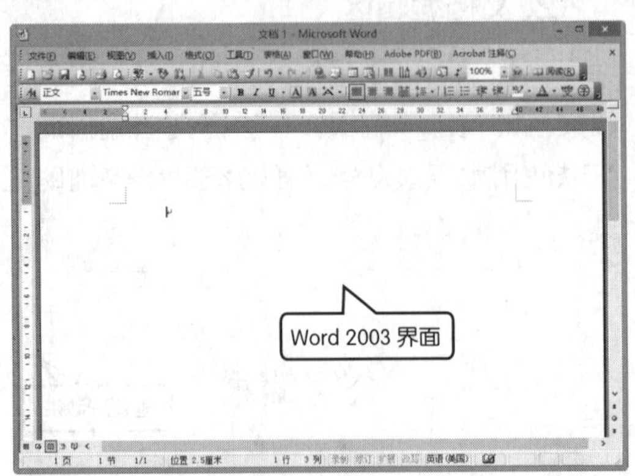

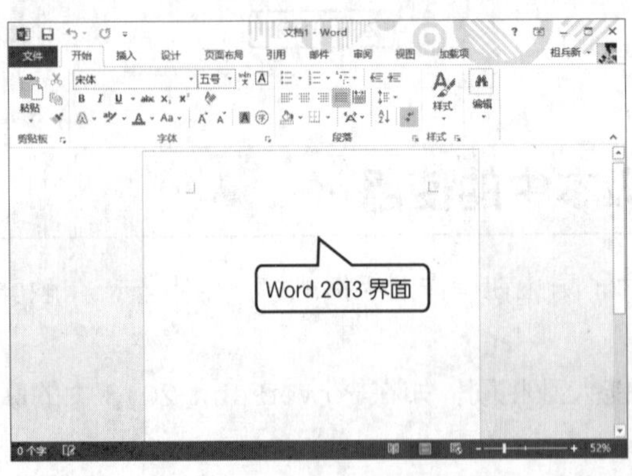

1. 相同点

(1) 功能命令几乎相同。

(2) 标题栏与状态栏位置相同。

2. 不同点

(1) Word 2003 命令包含在菜单选项中，Word 2013 命令包含在功能区选项板中。

(2) Word 2013 新增快速访问工具栏，可以添加常用的工具按钮。

(3) Word 2013 采用全新的操作界面。

(4) 默认状态下，Word 2013 不显示标尺。

(5) Word 2013 新增加云功能。

(6) Word 2013 新增加触屏模式。

(7) Word 2013 中【文件】选项卡单独列出来，操作更方便。

1.4.2 与 Office 2007 的界面对比

以 Excel 为例，Excel 2013 相比 Excel 2007 而言，将【Office 按钮】按钮修改为【文件】选项卡，全新的 SkyDrive 在线存储文档功能使得 Office 2013 适用范围更广，在任何地方任何设备中都可以访问所存储的文件，还可以和其他人互相分享与讨论。下图分别为 Excel 2007 和 Excel 2013 的界面图。

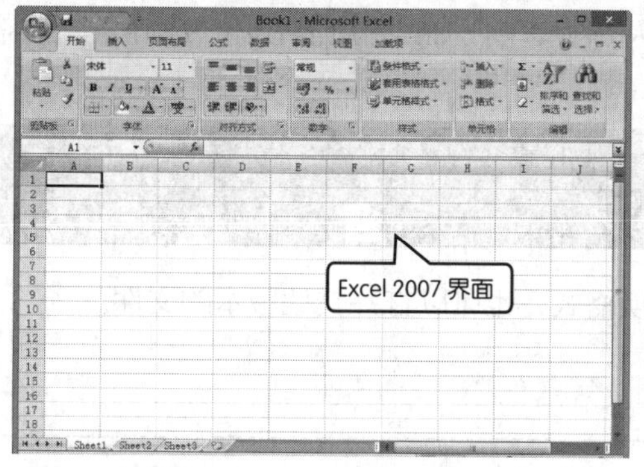

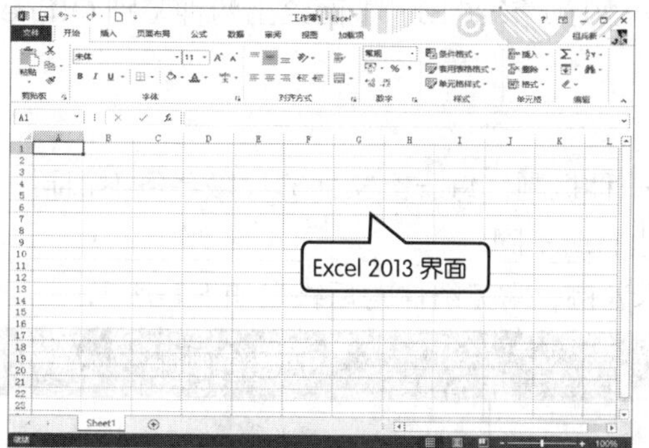

1. 相同点

(1) 功能区命令大致相同。

(2) 标题栏与状态栏位置相同。

(3) 选项卡下功能按键及位置相同。

(4) 文件后缀名类型相同。

2. 不同点

(1) Excel 2013 中使用【文件】选项卡，而 Excel 2007 中有 Office 按钮。

(2) Excel 2013 新增快速访问工具栏，可以添加常用的工具按钮。

(3) Excel 2013 采用全新的操作界面。

(4) Excel 2013 新增加云功能。

(5) Excel 2013 新增加触屏模式。

(6) Excel 2007 新建工作簿时默认包含 3 个工作表，而 Excel 2013 新建工作簿时默认仅包含 1 个工作表。

1.4.3 与 Office 2010 的界面对比

以 PowerPoint 为例，Office 2013 拥有全新的视觉效果，和更加完善的功能选项，Office 2013 设计了 Metro 风格的 Office 启动界面，颜色鲜艳。最主要的是 Office 2013 完美地嵌入到 Windows 8 系统中，使用户可以在平板电脑中办公，并实现完美的触觉效果。下图分别为 PowerPoint 2010 和 PowerPoint 2013 的界面图。

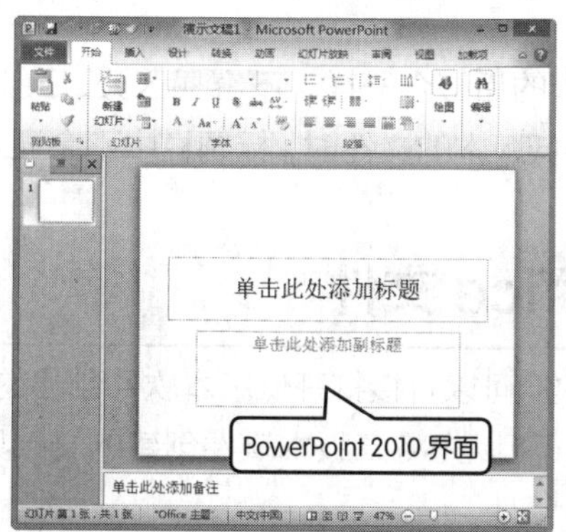

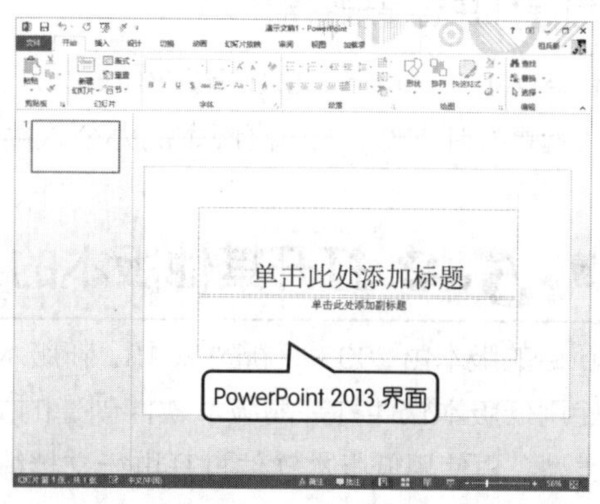

1. 相同点

(1) 功能区包含命令大致相同。

(2) 文件后缀名类型相同。

2. 不同点

(1) PowerPoint 2013 界面更加柔和。

(2) PowerPoint 2013 新增加触屏模式。

(3) PowerPoint 2013 新建演示文稿时默认为宽屏界面，而 PowerPoint 2010 新建演示文稿时默认为窄屏界面。

1.5 软件版本的兼容

本节视频教学录像：7 分钟

Office 系列软件不同版本之间，可以互相转换格式，也可以打开其他版本的文件。

1.5.1 鉴别 Office 版本

目前常用的 Office 版本主要有 2003、2007、2010 和 2013。下面给出两种鉴别 Office 版本的方法。

1. 通过文件后缀名鉴别

文件后缀名是操作系统用来标志文件格式的一种机制，每一类文件的后缀名各不相同，甚至同一类文件的后缀名因版本不同，而后缀名也有所不同。

这里以 Office 2003 和 Office 2013 两种版本为例，常见组件的后缀名如下表所示。

版本	软件名称	后缀名称
2003	Word 2003	.doc
	Excel 2003	.xls
	PowerPoint 2003	.ppt
2013	Word 2013	.docx
	Excel 2013	.xlsx
	PowerPoint 2013	.pptx

2. 根据打开后提示鉴别

Office 2007、Office 2010 和 Office 2013 版本的后缀名一样，不容易区分，最简单的鉴别方法就是打开文件，如果高版本的办公软件打开低版本的文件时，标题栏中则会显示“兼容模式”字样。

1.5.2 打开其他版本的 Office 文件

Office 的版本由 2003 更新到 2013，新版本的软件可以直接打开低版本软件创建的文件。如果要使用低版本软件打开高版本软件创建的文档，可以先将高版本软件创建的文档另存为低版本类型，再使用低版本软件打开进行文档编辑。

1.Office 2013 打开 Office 2003 文档

使用 Office 2013 可以直接打开 2003 格式的文件。

将 2003 格式的文件在 Word 2013 文档中打开时，标题栏中则会显示出【兼容模式】字样。

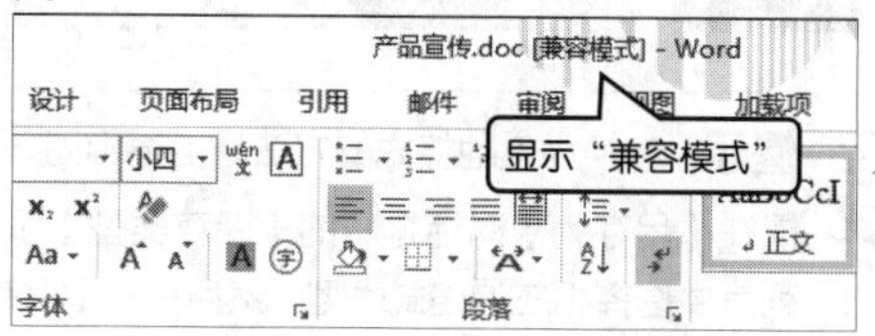

2.Office 2003 打开 Office 2013 文档

使用 Word 2003 也可以打开 Word 2013 创建的文件，只需要将其类型更改为低版本类型即可，具体操作步骤如下。

❶ 使用 Word 2013 打开随书光盘中的“素材 \ch01\ 产品宣传 .docx”，单击【文件】选项卡，在【文件】选项卡下的左侧选择【另存为】选项，在右侧【计算机】选项下单击【浏览】按钮。

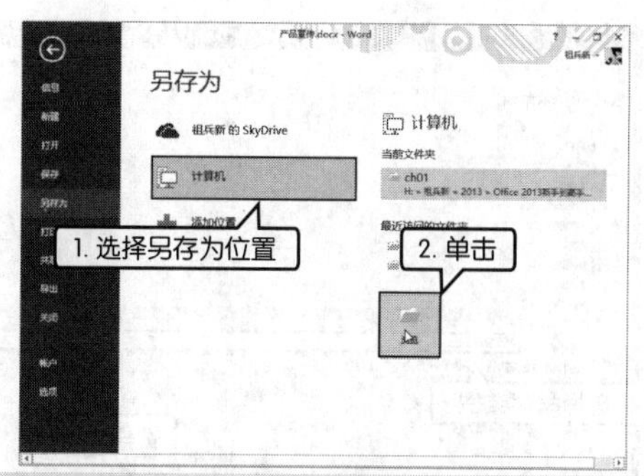

❷ 弹出【另存为】对话框，在【保存类型】下拉列表中选择【Word 97-2003 文档】选项，单击【保存】按钮即可将其转换为低版本。之后，即可使用 Word 2003 打开。

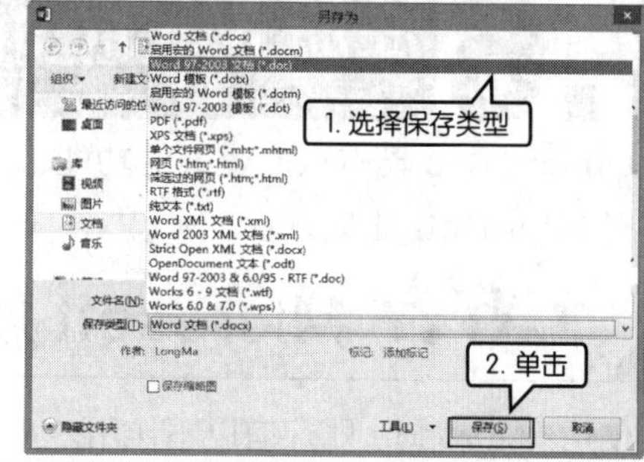

1.5.3 另存为其他格式

使用 Office 2013 创建好文档后，有时为了工作的需要，需要把该文档保存为其他格式，除了另存为 2003 版本格式外，还可以转换为 PDF、XML 和网页等其他格式。

1. 将 Word 文档转换为 PDF 格式

❶ 打开随书光盘中的“素材 \ch01\ 产品介绍 .docx”文档，单击【文件】选项卡，在【文件】选项卡下的左侧选择【另存为】选项，在右侧【计算机】选项下单击【浏览】按钮，弹出【另存为】对话框，在【保存类型】下拉列表中选择【PDF】选项，然后单击【保存】按钮。

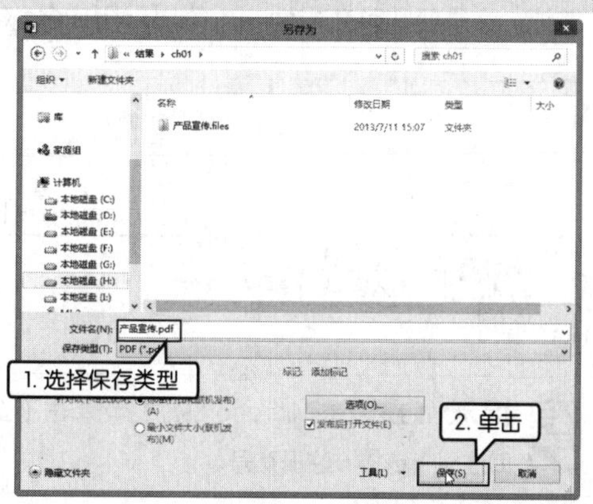

❷ 转换完成之后，就可以打开该 PDF 文件。

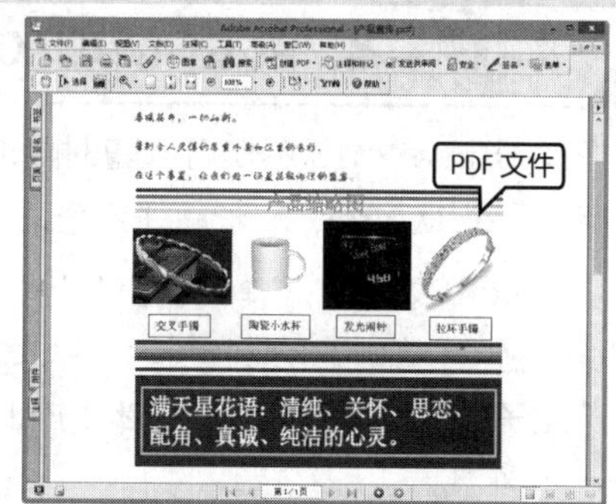

2. 将 Word 文档转换为网页格式

❶ 打开随书光盘中的“素材 \ch01\ 产品介绍 .docx”文档，单击【文件】选项卡，在【文件】选项卡下的左侧选择【另存为】选项，在右侧【计算机】选项下单击【浏览】按钮，弹出【另存为】对话框。在【保存类型】下拉列表中选择【网页】选项，然后单击【保存】按钮。

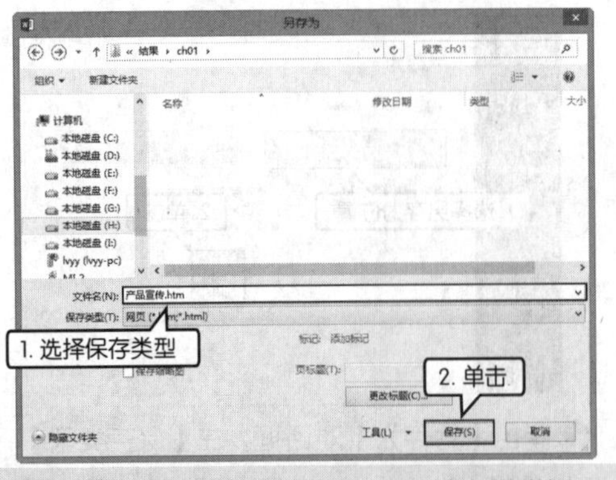

❷ 转换完成之后，在 Word 2013 标题栏即可看到文件的后缀名为“.htm”，如下图所示。

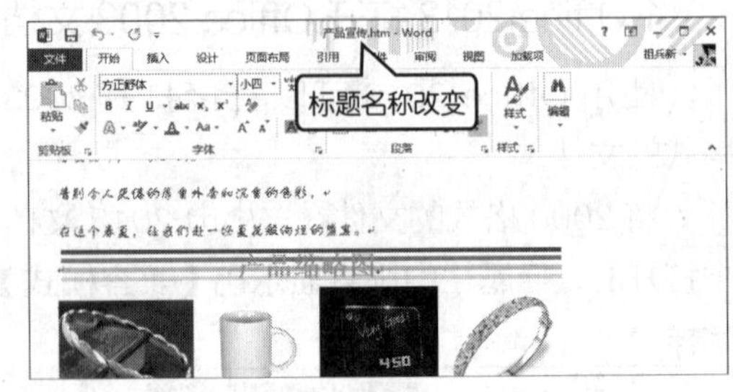

提示 转换为其他格式的方法与上述相同，只需在【另存为】对话框中的【保存类型】下拉列表中选择相应的格式类型，然后单击【保存】按钮即可。

1.6 注册 Microsoft 账户

本节视频教学录像：3 分钟

Office 2013 具有账户登录的功能，使用 Office 2013 登录 Microsoft 账户之前首先需要注册 Microsoft 账户。

1.6.1 Microsoft 账户的作用

使用 Microsoft 账户有以下作用。

(1) 使用 Microsoft 账户登陆微软相关的所有网站，可以和朋友在线交流，向微软的技术人员或者微软 MVP 提出技术问题，并得到他们的解答。

(2) 利用微软账户开通微软云盘等应用。

(3) 在 Office 2013 中登录 Microsoft 账户并在线保存 Office 文档之后，可以随时通过 PC、平板电脑中的 Office 2013 或 WebApps，对它们进行访问。

1.6.2 配置 Microsoft 账户

登录 Office 2013 不仅可以随时随地处理工作，还可以联机保存 Office 文件，但前提是需要拥有一个 Microsoft 账户并且登录。

❶ 打开 word 文档，单击软件界面右上角的【登录】链接。弹出【登录】界面，在文本框中输入电子邮件地址，单击【下一步】按钮。

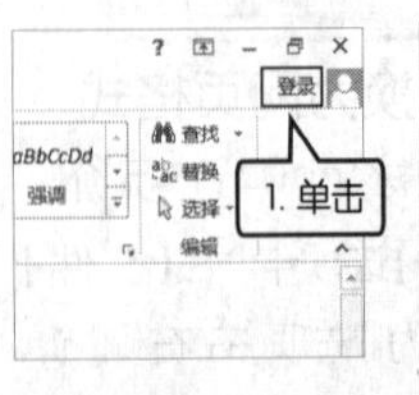

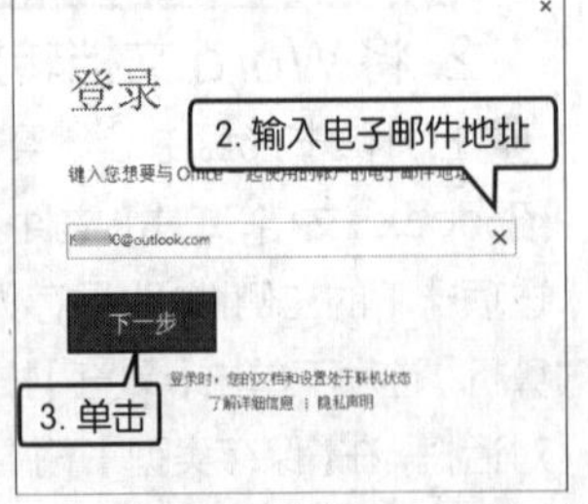

❷ 在打开的界面输入账户密码，单击【登录】按钮，登录后即可在界面右上角显示用户名称。

提示 如果没有 Microsoft 帐户，可单击【立即注册】链接，注册账号。

1.7 综合实战——Office 2013 的帮助系统

本节视频教学录像：4 分钟

Office 2013 有非常强大的帮助系统，可以帮助用户解决应用中遇到的问题，是自学 Office 2013 的好帮手。Office.com 是网络在线支持站点，从中可以获得 Office 的最新信息、搜索本地帮助无法解决的问题，还可以参加在线培训课程。总的来说，Office 2013 的帮助系统分为脱机帮助系统和联机帮助系统。以 Word 2013 为例进行介绍。

1. 脱机帮助

合理地利用帮助系统，可以极大地方便用户的日常操作。

❶ 单击文档右上角的【帮助】按钮 ? 或按【F1】键，弹出【Word 帮助】对话框，单击【Word 帮助】右侧的下拉按钮，在弹出的下拉列表中选择【来自您计算机的帮助】选项，即为脱机帮助。

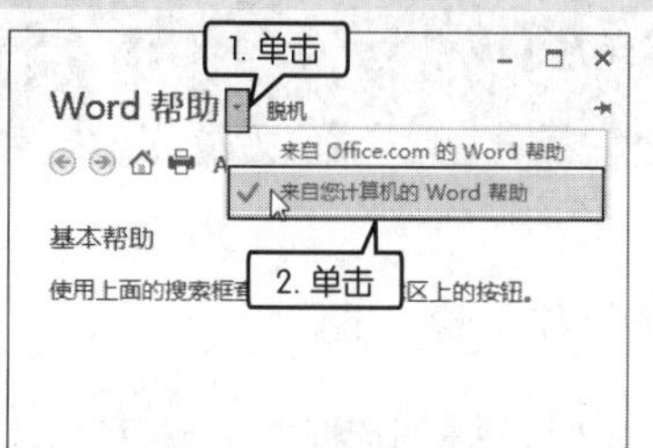

❷ 在搜索框中输入要搜索的内容，如输入“页脚”，单击【搜索】按钮，如图所示，即为计算机中储存的帮助内容。

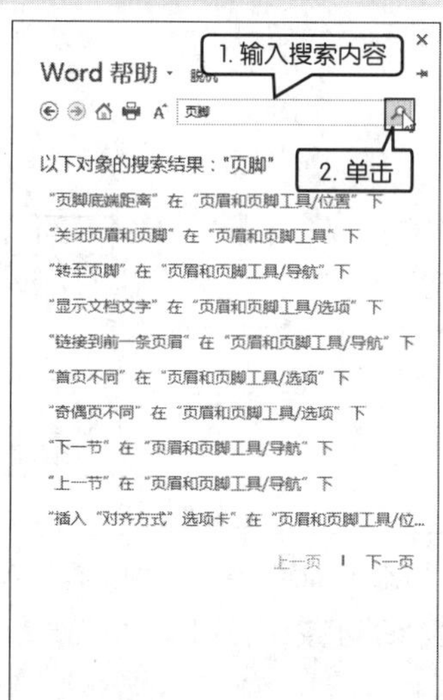

2. 联机帮助

在连接网络的情况下使用联机帮助可以搜索更多资源。

❶ 单击文档右上角的【帮助】按钮 ? 或按【F1】键，弹出【Word 帮助】对话框，单击【Word 帮助】右侧的下拉按钮，在弹出的下拉列表中选择【来自 Office.com 的 Word 帮助】选项，进入联机帮助界面。

❷ 单击【改变文字大小】按钮，可改变【帮助】对话框中的文字大小。

提示

单击【后退】按钮，可后退到上一个页面；单击【前进】按钮，可前进到下一个页面；单击【主页】按钮，可快速返回帮助主页；单击【打印】按钮，可将搜索结果打印出来。

❸ 在搜索框中输入要搜索的内容，如输入“插入页脚”，单击【搜索】按钮，即显示搜索到的结果，单击结果中要查看的链接，则会弹出网页进行帮助介绍。

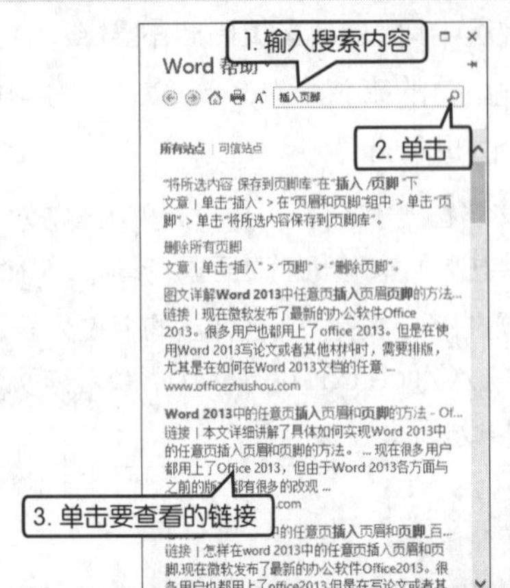

❹ 单击帮助信息中的其中一项，即可在弹出浏览页面查看讲解信息。拖曳页面右侧的滑动块，则在下方显示插入页脚的具体步骤。

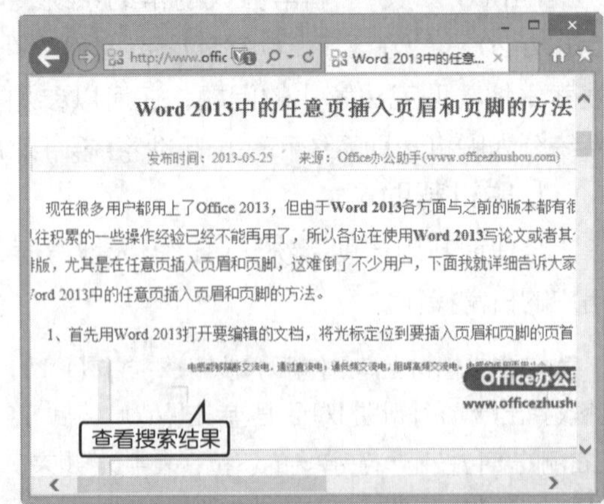

高手私房菜

本节视频教学录像：4 分钟

技巧：修复损坏的 Excel 2013 工作簿

这里以修复损坏的 Excel 2013 工作簿为例，具体的操作步骤如下。

❶ 启动 Excel 2013，创建一个空白工作簿，选择【文件】选项卡，在列表中选择【打开】选项，在右侧的【打开】区域选择【计算机】，并单击【浏览】按钮。

提示 按【Ctrl+O】组合键或单击快速访问工具栏中的【打开】按钮均可显示【打开】区域。

❷ 弹出【打开】对话框，选择损坏的工作簿，单击【打开】按钮后方的下拉按钮，在弹出的下拉列表中选择【打开并修复】选项。

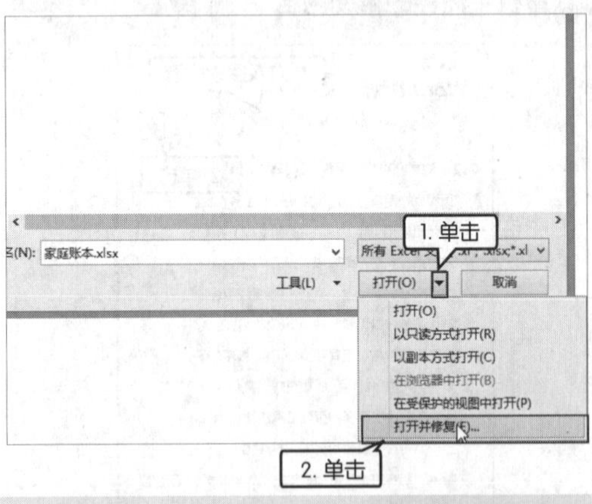

❸ 弹出【Microsoft Excel】对话框，单击【修复】按钮，即可将损坏的 Excel 工作簿修复并打开。

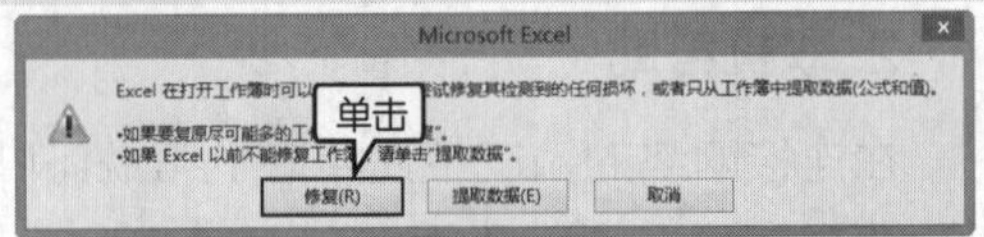

三大组件的设置与基本操作

本章视频教学录像：26 分钟

高手指引

不同的用户使用的功能和操作习惯不尽相同，用户可以根据自己的习惯自定义工作环境和参数，以提高工作效率。本章主要介绍 Office 2013 的选项设置和 Office 2013 的基本操作等。通过本章的学习，可以帮助用户构建个性化的 Office 2013 工作环境。

重点导读

- 了解 Office 2013 选项设置的方法
- 掌握 Office 2013 的基本操作

2.1 Office 2013 选项设置

本节视频教学录像：4 分钟

Office 2013(以 Word 2013 为例)选项的设置主要包括常规、显示、校对、保存、版式、语言等。单击【文件】选项卡下的【选项】选项，即可弹出【Word 选项】对话框。

(1)【常规】选项：可以用来设置使用 Word 时采用的常规选项。包括【用户界面选项】、【对 Microsoft Office 进行个性化设置】和【启动选项】3 个选项组。

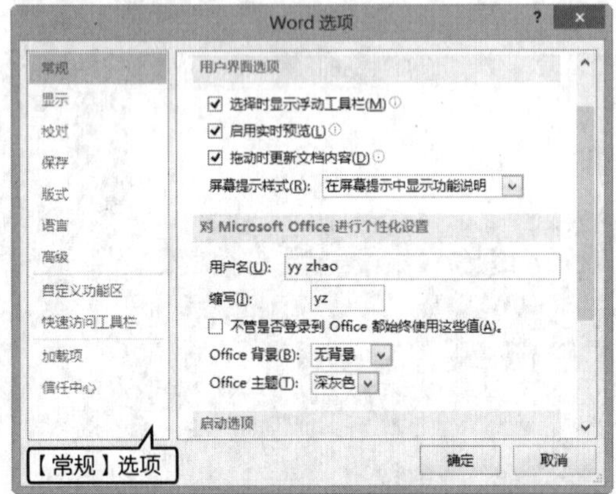

(2)【显示】选项：是更改文档内容在屏幕上的显示方式和在打印时的显示方式。显示选项下包括【页面显示选项】、【始终在屏幕上显示这些格式标记】和【打印选项】3 个选项组。

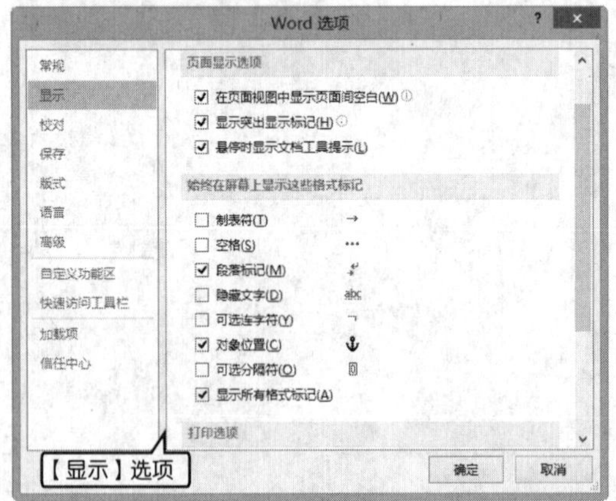

(3)【校对】选项：是更改 Word 更正文字和设置其格式的方法。校对选项下包括【自动更正选项】、【在 Microsoft Office 程序中更正拼写时】、【在 Word 中更正拼写和语法时】和【例外项】4 个选项组。

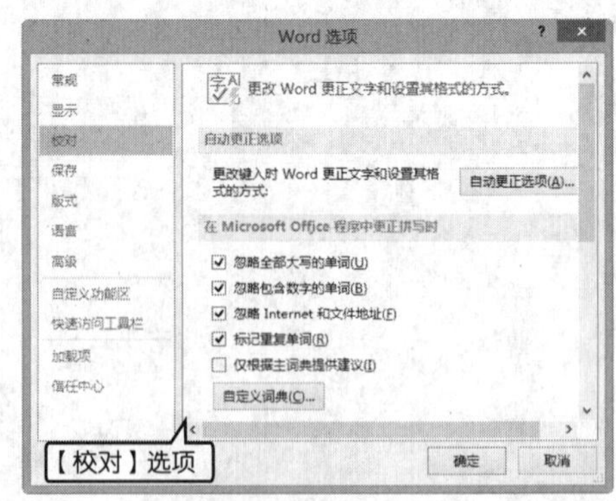

(4)【保存】选项：是可以自定义文档的保存方式，包括【保存文档】、【文档管理服务器文件的脱机编辑选项】和【共享该文档时保留保真度】3 个选项组。

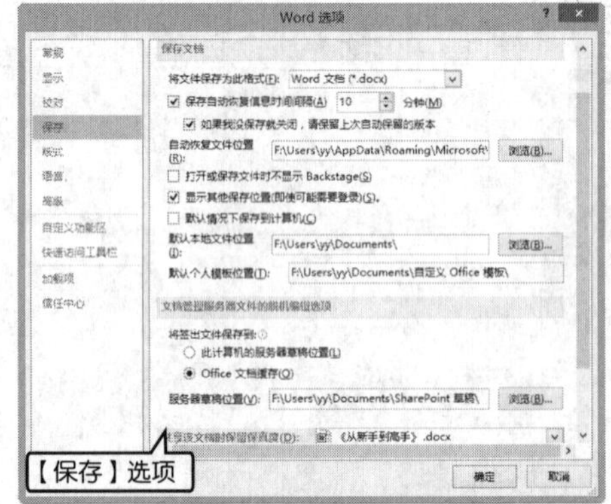

(5)【版式】选项：指中文换行设置，包括【首尾字符设置】、【字距调整】和【字符间距控制】3 个选项组。

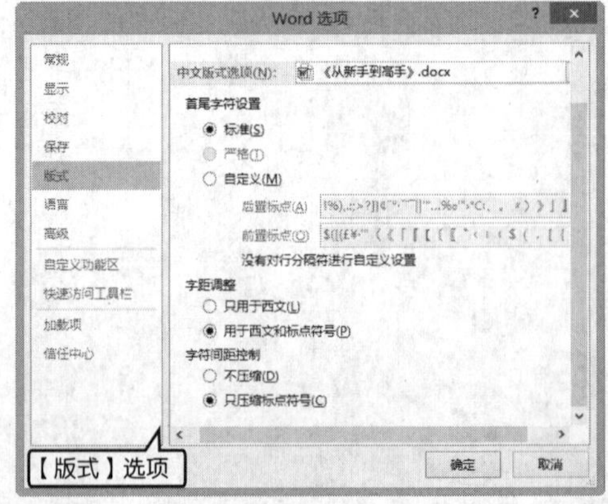

(6)【语言】选项：是设置 Office 的首选项，包括【选择编辑语言】、【选择用户界面和帮助语言】和【选择屏幕提示语言】3 个选项组。

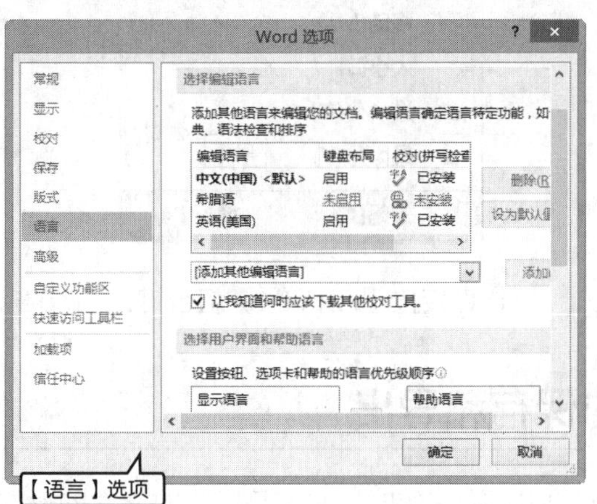

(7)【高级】选项：是使用 Word 时采用的高级选项，包括【编辑选项】、【剪切、复制和粘贴】、【图像大小和质量】、【图表】和【显示文档内容】5 个选项组。

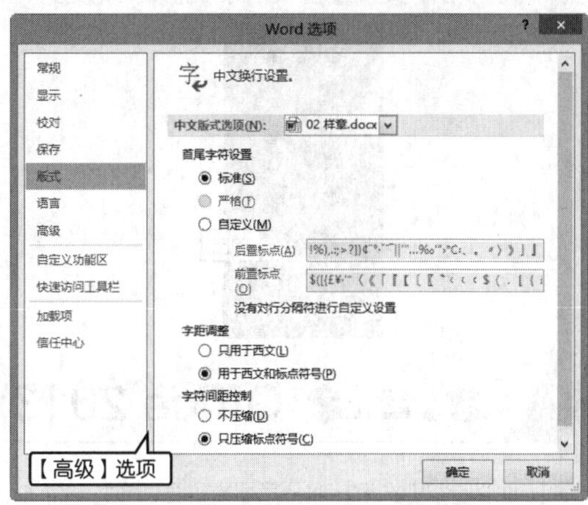

提示 Word 2013 与 Excel 2013 和 PowerPoint 2013 的选项设置基本类似，但 Excel 2013 中包含有【公式】选项，作用是更改与公式计算、性能和错误处理相关的选项。

2.2 基本操作

本节视频教学录像：16 分钟

Office 2013 各组件包含有很多相同或类似的操作。本节以 Word 2013 软件为例来讲解 Office 2013 的基本操作。

2.2.1 软件的启动与退出

使用 Word 2013 编辑文档之前，首先需要掌握如何启动与退出 Word 2013 。

1. 启动 Word 2013

启动 Word 2013 的具体步骤如下。

❶ 在键盘上按【Win】键，进入【开始】界面，单击【Word 2013】程序图标。

❷ 在弹出的创建文档界面中单击【空白文档】选项，随即会打开 Word 2013 并创建一个新的空白文档。

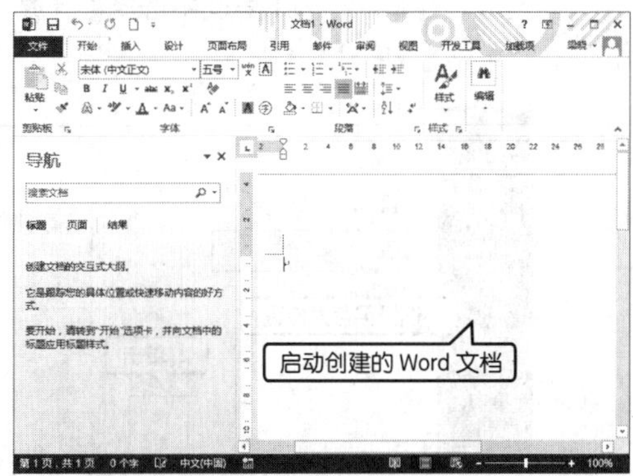

2. 退出 Word 2013

退出Word 2013文档有以下几种方法。

(1) 单击窗口右上角的【关闭】按钮 ✕ 。

(2) 单击【文件】选项卡下的【关闭】选项。

(3) 在文档标题栏上单击鼠标右键，在弹出的控制菜单中选择【关闭】菜单命令。

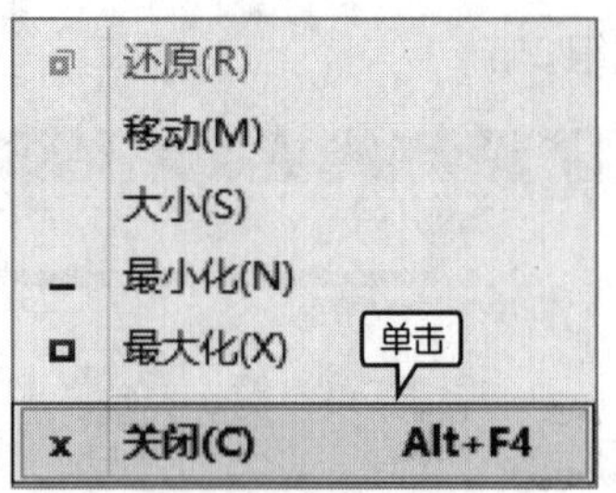

(4) 直接按【Alt+F4】组合键。

2.2.2 Office 2013 的保存和导出

文档的保存和导出是非常重要的，在 Office 2013 中工作时，文档是以临时文件的形式保存在电脑中，因此意外退出 Office 2013，就会造成工作成果的丢失。只有保存或导出文档后才能确保文档不会丢失。

1. 保存新建文档

保存新建文档的具体操作步骤如下。

❶ 新建并编辑 Word 文档后，单击【文件】选项卡，在左侧的列表中单击【保存】选项。

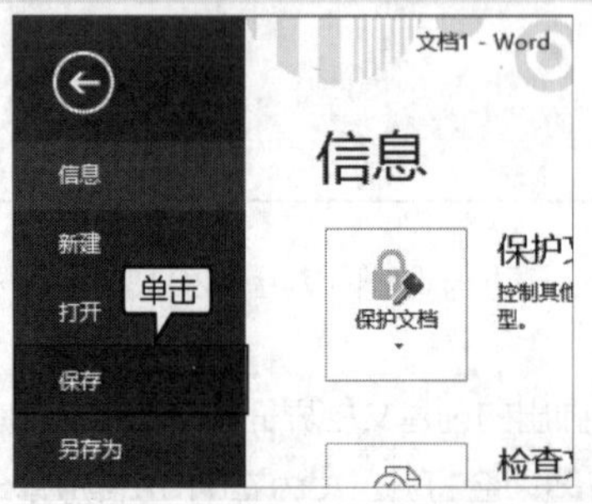

❷ 此时为第一次保存文档，系统会显示【另存为】区域，在【另存为】界面中选择【计算机】，并单击【浏览】按钮。

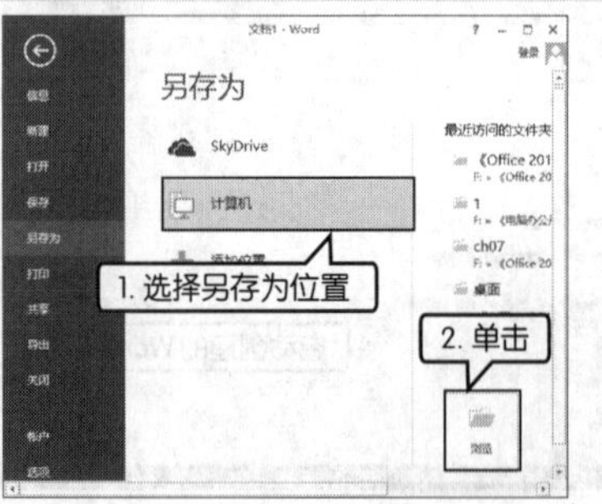

❸ 打开【另存为】对话框，选择文件保存的位置，在【文件名】文本框中输入要保存的文档名称，在【保存类型】下拉列表框中选择【Word 文档（*.docx）】选项，单击【保存】按钮，即可完成保存文档的操作。

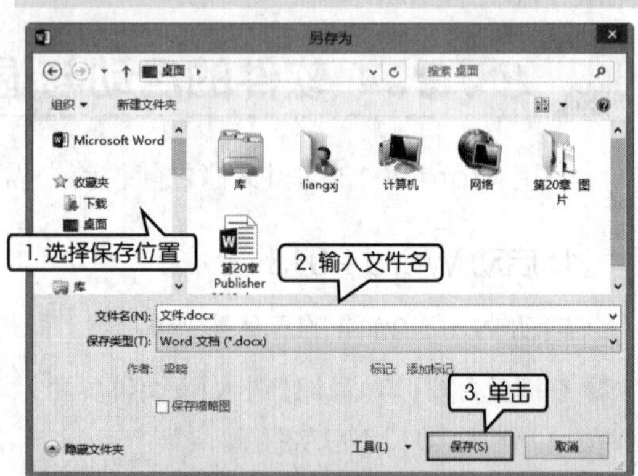

❹ 此时标题栏中的原标题“文档 1.docx”将更改为设置的文件名“文件 .docx”。

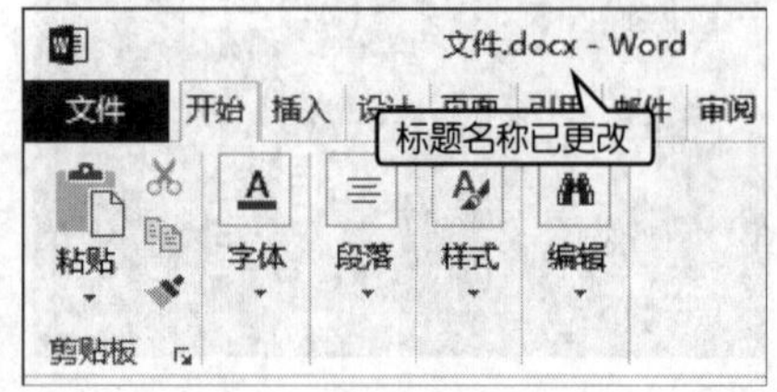

2. 保存已有文档

对已存在文档有3种方法可以保存更新。

(1) 单击【文件】选项卡，在左侧的列表中单击【保存】选项。

(2) 单击快速访问工具栏中的【保存】图标 。

(3) 使用【Ctrl+S】组合键可以实现快速保存。

3. 另存文档

如需要将文件另存至其他位置或以其他的名称另存，可以使用【另存为】命令。将文档另存的具体操作步骤如下。

❶ 在已修改的文档中，单击【文件】选项卡，在左侧的列表中单击【另存为】选项。

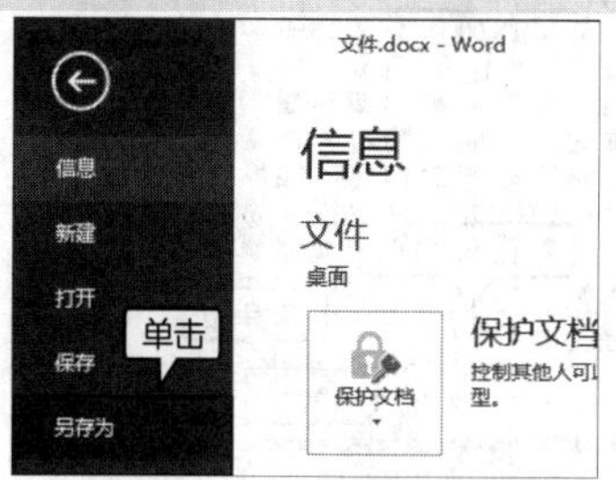

❷ 在【另存为】界面中选择【计算机】，并单击【浏览】按钮。在弹出的【另存为】对话框中选择文档所要保存的位置，在【文件名】文本框中输入要另存的名称，单击【保存】按钮，即可完成文档的另存操作。

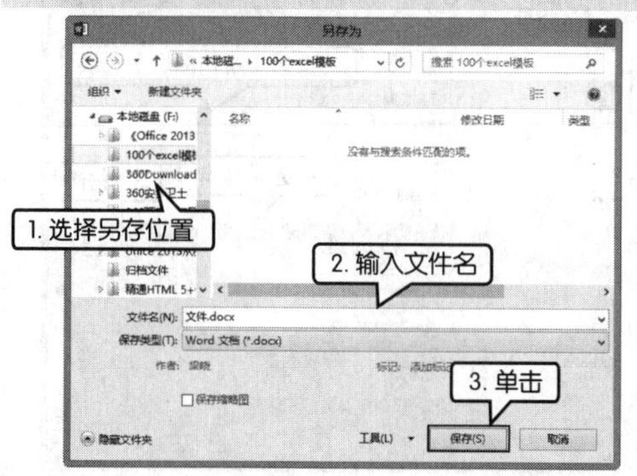

4. 导出文档

还可以将文档导出为其他格式。将文档导出 PDF 文档的具体操作操作如下。

❶ 在打开的文档中，单击【文件】选项卡，在左侧的列表中单击【导出】选项。在【导出】区域单击【创建 PDF/XPS 文档】项，并单击右侧的【创建 PDF/XPS】按钮 。

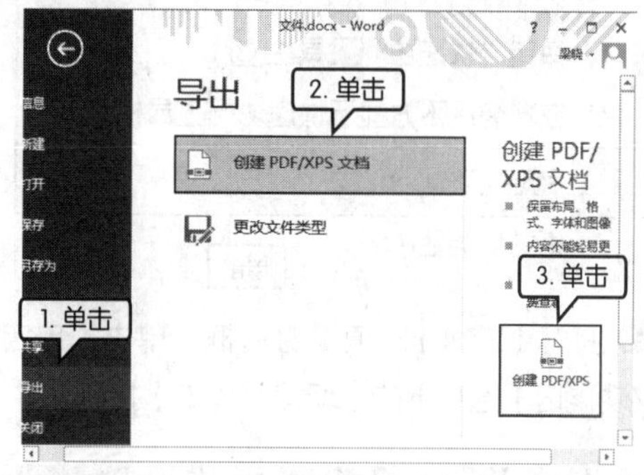

提示 除此之外，还可以将文档导出为模板格式、纯文本格式、RTF 格式以及网页格式。在【导出】区域单击【更改文件类型】选项，即可在右侧的【更改文件类型】列表中选择导出类型。

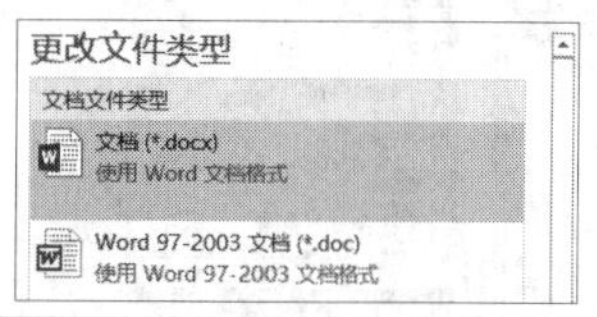

❷ 弹出【发布为 PDF 或 XPS】对话框，在【文件名】文本框中输入要保存的文档名称，在【保存类型】下拉列表框中选择【PDF（*.pdf）】选项。单击【发布】按钮，即可将 Word 文档导出为 PDF 文件。

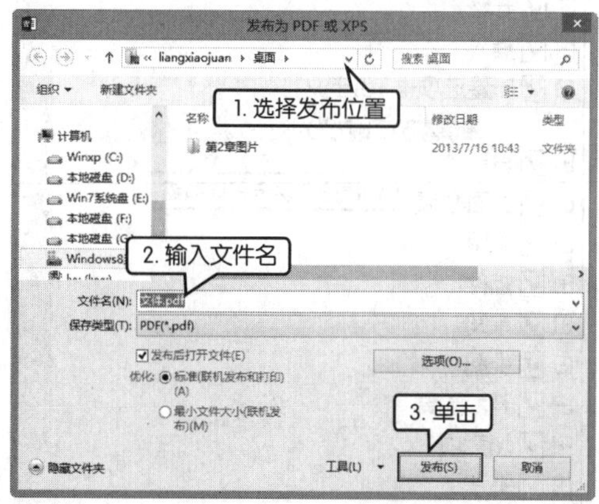

2.2.3 自定义功能区

功能区中的各个选项卡可以有用户自定义设置，包括命令的添加、删除、重命名、次序调整等。以 Word 为例自定义功能区的具体操作步骤如下。

❶ 在功能区的空白处单击鼠标右键，在弹出的快捷菜单中选择【自定义功能区】选项。

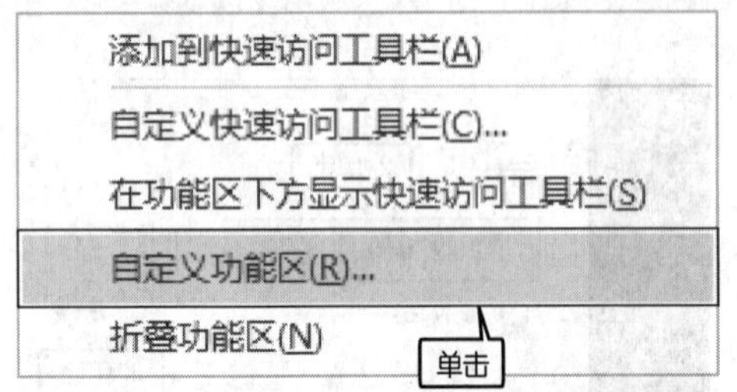

❷ 打开【Word 选项】对话框，单击【自定义功能区】选项下的【新建选项卡】按钮。

❸ 系统会自动创建一个【新建选项卡】和一个【新建组】选项。

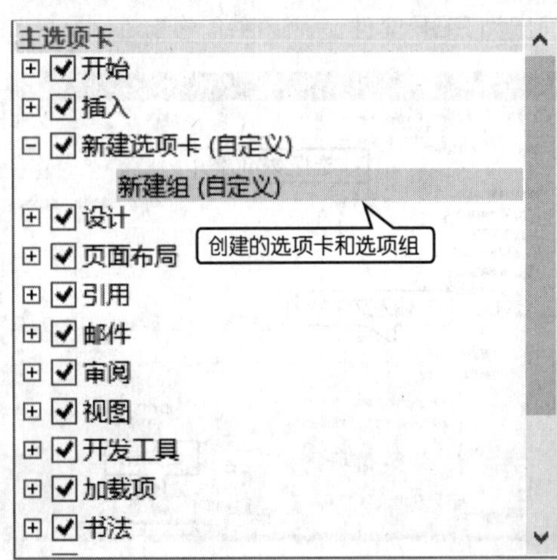

❹ 单击选中【新建选项卡（自定义）】选项，单击【重命名】按钮。弹出【重命名】对话框，在【显示名称】文本框中输入“附加”字样，单击【确定】按钮。

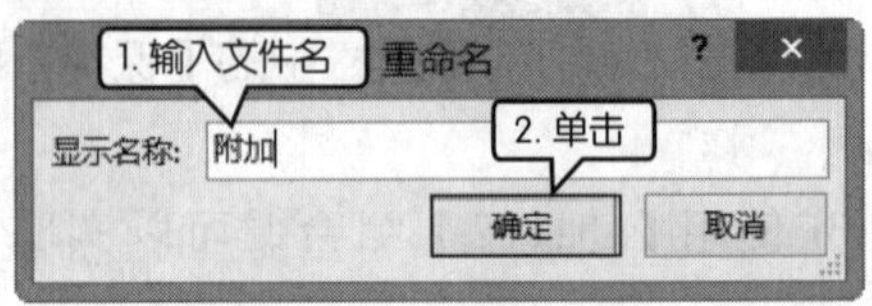

❺ 单击选中【新建组（自定义）】选项，单击【重命名】按钮，弹出【重命名】对话框。在【符号】列表框中选择组图标，在【显示名称】文本框中输入“学习”字样，单击【确定】按钮。

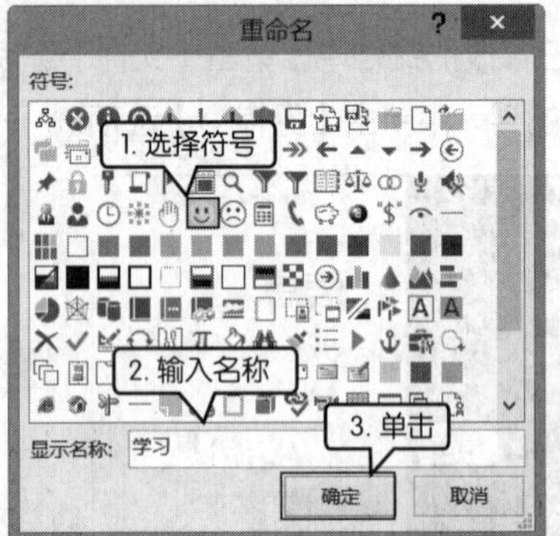

❻ 返回到【Word 选项】对话框，即可看到选项卡和选项组已被重命名，单击【从下列位置选择命令】右侧的下拉按钮，在弹出的列表中选择【所有命令】选项，在列表框中选择【词典】项，单击【添加】按钮。

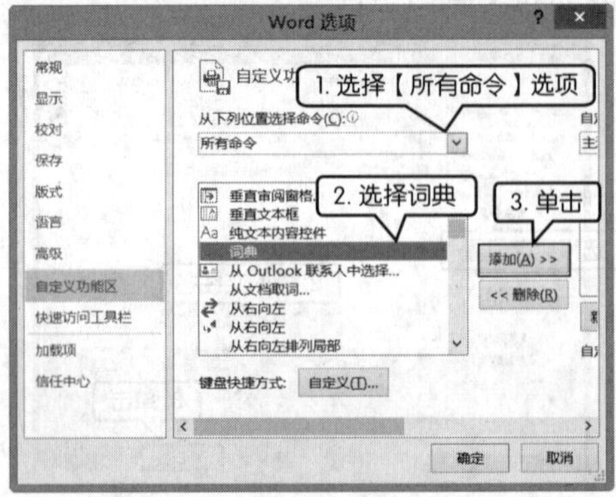

❼ 此时就将其添加至新建的【附加】选项卡下的【学习】组中。

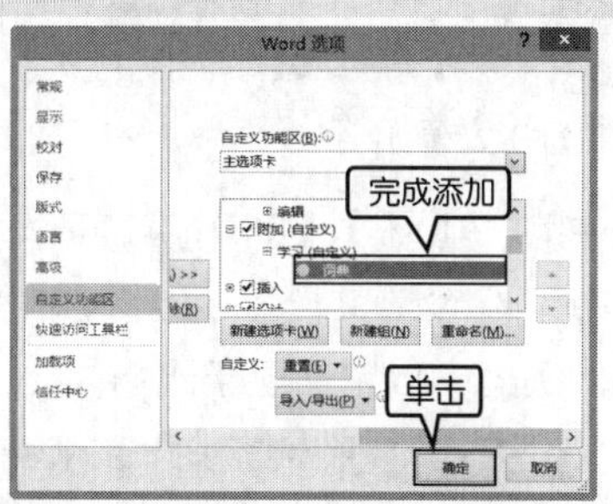

❽ 单击【确定】按钮，返回至 Word 界面，即可看到新增加的选项卡、选项组及按钮。

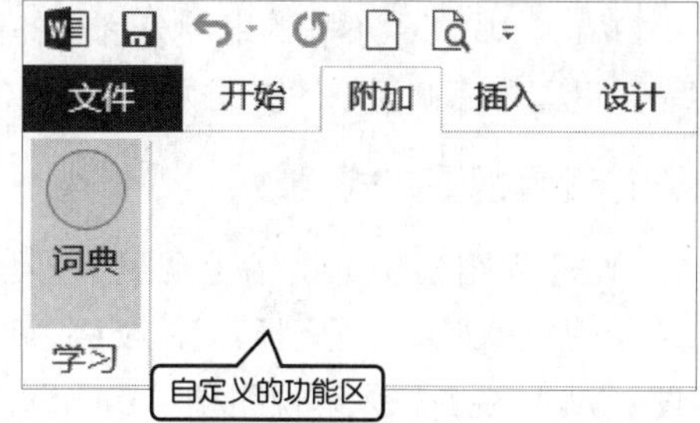

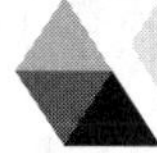

2.2.4 通用的命令操作

Word、Excel 和 PowerPoint 中包含有很多通用的命令操作，如复制、剪切、粘贴、撤消、恢复、查找和替换等。下面以 Word 为例进行介绍。

1. 复制命令

选择要复制的文本，单击【开始】选项卡下【剪贴板】组中的【复制】按钮，或按【Ctrl+C】组合键都可以复制选择的文本。

2. 剪切命令

选择要剪切的文本，单击【开始】选项卡下【剪贴板】组中的【剪切】按钮，或按【Ctrl+X】组合键都可以剪切选择的文本。

3. 粘贴命令

复制或剪切文本后，将鼠标光标定位至要粘贴文本的位置，单击【开始】选项卡下【剪贴板】组中的【粘贴】按钮的下拉按钮，在弹出的下拉列表中选择相应的粘贴选项，或按【Ctrl+V】组合键都可以粘贴用户复制或剪切的文本。

提示 【粘贴】下拉列表各项含义如下。

【保留原格式】选项：被粘贴内容保留原始内容的格式。

【匹配目标格式】选项：被粘贴内容取消原始内容格式，并应用目标位置的格式。

【仅保留文本】选项：被粘贴内容清除原始内容和目标位置的所有格式，仅保留文本。

4. 撤消命令

当执行的命令有错误时，可以单击快速访问工具栏中的【撤消】按钮，或按【Ctrl+Z】组合键撤消上一步的操作。

5. 恢复命令

执行撤消命令后，可以单击快速访问工具栏中的【恢复】按钮，或按【Ctrl+Y】组合键恢复撤消的操作。

6. 查找命令

需要查找文档中的内容时，单击【开始】选项卡下【编辑】组中的【查找】按钮右侧的下拉按钮，在弹出的下拉列表中选择【查找】或【高级查找】选项，或按【Ctrl+F】组合键查找内容。

提示 选择【查找】选项或按【Ctrl+F】组合键，可以打开【导航】窗格查找。

选择【高级查找】选项可以弹出【查找和替换】对话框查找内容。

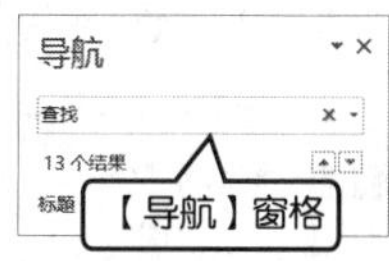

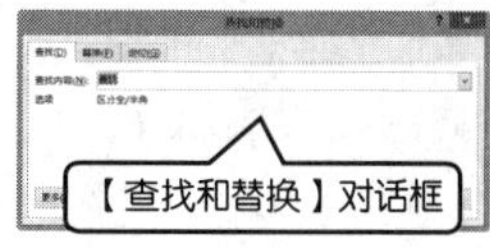

7. 替换命令

需要替换某些内容或格式时，可以使用替换命令。单击【开始】选项卡下【编辑】组中的【替换】按钮，即可打开【查找和替换】对话框，在【查找内容】和【替换为】文本框中输入要查找和替换为的内容，单击【替换】按钮即可。

2.2.5 设置视图方式和比例

Office 2013 中不同的组件分别有各自的视图模式，可以根据需要选择视图方式。此外，还可以设置界面的显示比例，方便阅读。下面以 Word 2013 为例介绍。

1. 设置视图方式

单击【视图】选项卡，在【视图】选项中，可以看到 5 种视图，分别是阅读视图、页面视图、Web 视图、大纲视图和草稿，选择不同的选项即可转换视图，通常默认为页面视图，在【视图】选项组中可以单击选择视图模式。

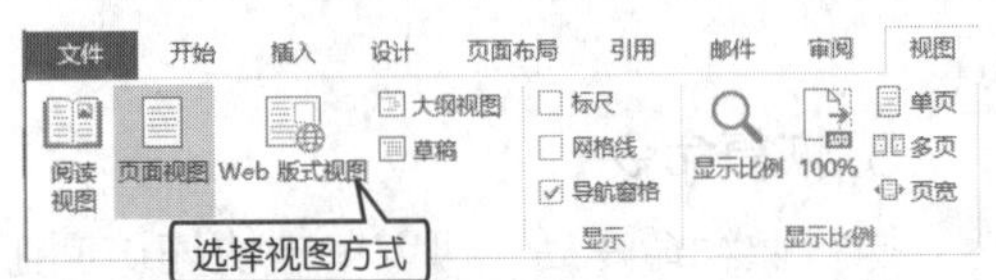

2. 设置显示比例

可以通过【视图】选项卡或视图栏设置显示比例。

(1) 使用【视图】选项卡设置

单击【视图】选项卡下【显示比例】组中的【显示比例】按钮，在打开的【显示比例】对话框中，可以单击选中【显示比例】选项组中的【200%】、【100%】、【75%】、【页宽】等单选项，设置文档显示比例，或者在【百分比】微调框中自定义显示比例。

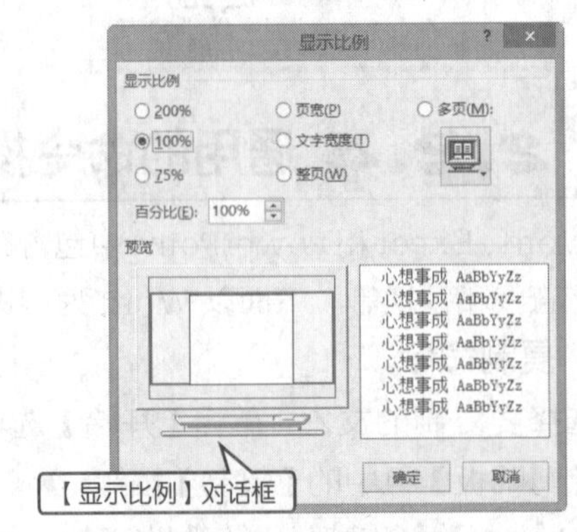

(2) 使用视图栏设置

在页面底部的视图栏中，单击【缩小】按钮可以缩小文档的显示，单击【放大】按钮可放大显示文档，可以拖曳中间的滑块调整显示比例。

2.3 综合实战——定制 Office 窗口

本节视频教学录像：4 分钟

良好舒适的工作环境是事业成功的一半，用户可以自定义 Office 2013 窗口，使其符合自己的习惯。下面以 Word 2013 为例讲解如何定制窗口。

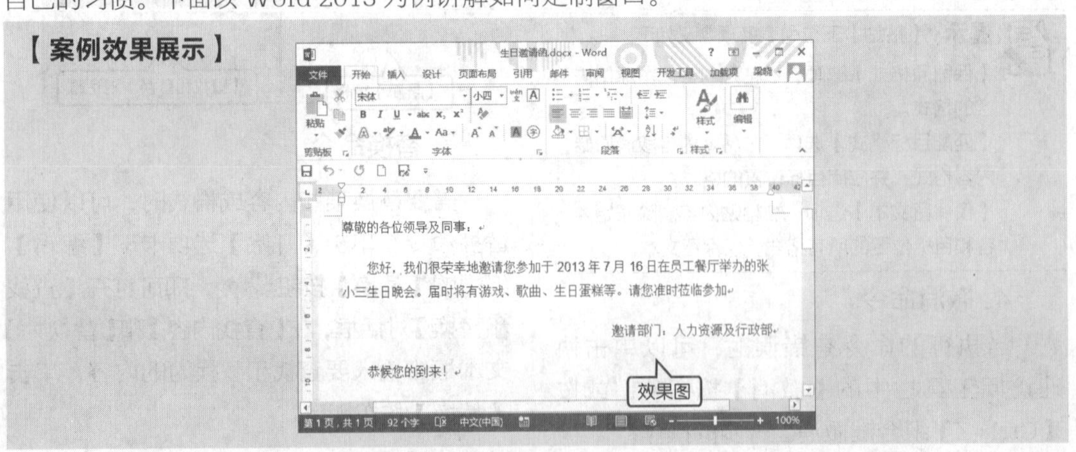

【案例涉及知识点】

- 添加快速访问工具栏按钮
- 设置快速访问工具栏的位置
- 隐藏或显示功能区

【操作步骤】

第 1 步：添加快速访问工具栏按钮

通过自定义快速访问工具栏，可以在快速访问工具栏中添加或删除按钮，便于用户快捷操作。

❶ 打开随书光盘中的"素材\ch02\生日邀请函.docx"文档，单击快速访问工具栏中的【自定义快速访问工具栏】按钮，在弹出的【自定义快速访问工具栏】下拉列表中选择要显示的按钮，这里选择【新建】选项。

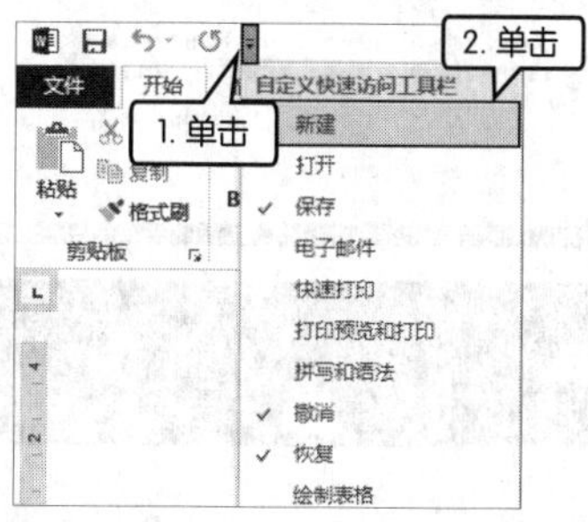

❷ 此时在快速工具栏中就添加了【新建】按钮。

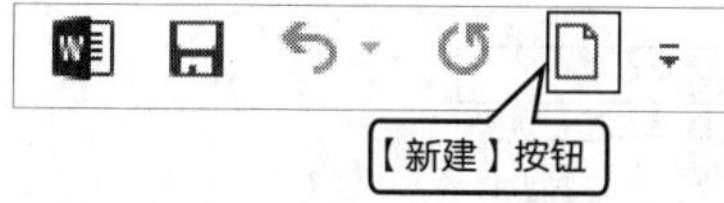

❸ 如果【自定义快速访问工具栏】下拉列表中没有需要的按钮选项，可以在列表中选择【其他命令】选项。

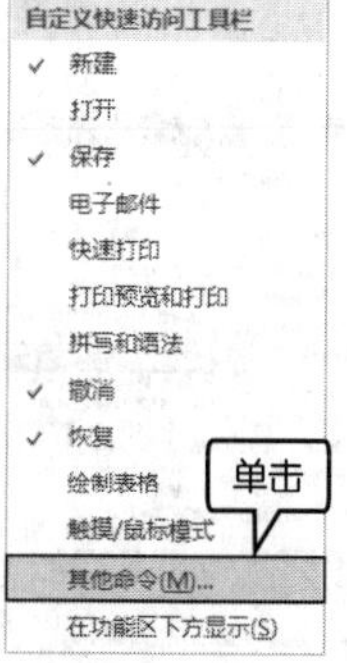

❹ 弹出【Word 选项】对话框，选择【快速访问工具栏】选项卡，在【从下列位置选择命令】下拉列表框中选择【常用命令】选项，在下方的列表框中选择要添加的按钮，这里选择【另存为】选项，单击【添加】按钮，即可将其添加至【自定义快速访问工具栏】列表，单击【确定】按钮。

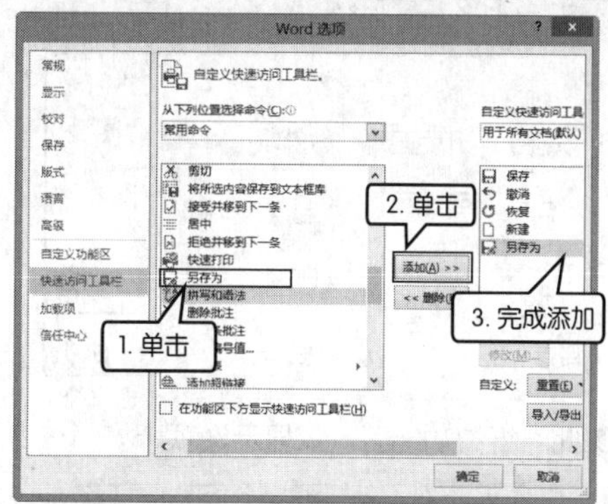

❺ 此时可看到快速访问工具栏中添加的【另存为】按钮。

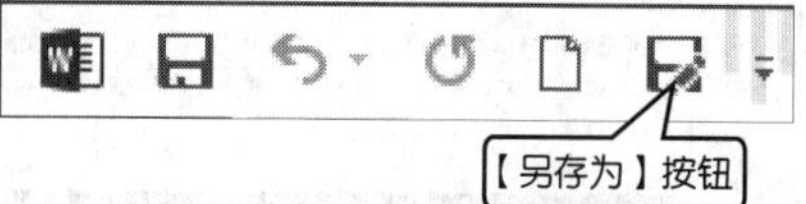

第 2 步：设置快速访问工具栏的位置

快速访问工具栏默认在功能区上方显示，可以设置其显示在功能区下方。

❶ 单击快速访问工具栏中的【自定义快速访问工具栏】按钮，在弹出的【自定义快速访问工具栏】下拉列表中选择【功能区在下方显示】选项。

❷ 此时将快速访问工具栏移动到了功能区下方。

第 3 步：隐藏或显示功能区

隐藏功能区可以获得更大的编辑和查看空间，可以隐藏整个功能区或者折叠功能区，仅显示选项卡。

❶ 单击功能区任意选项卡下最右侧的【功能区最小化】按钮 ^。

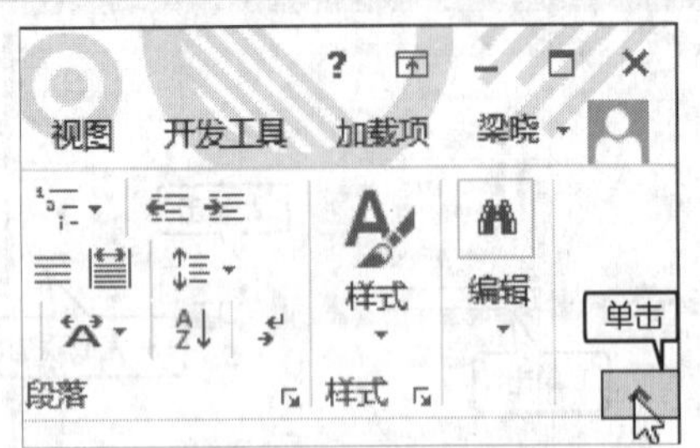

❷ 此时折叠功能区，仅显示选项卡。

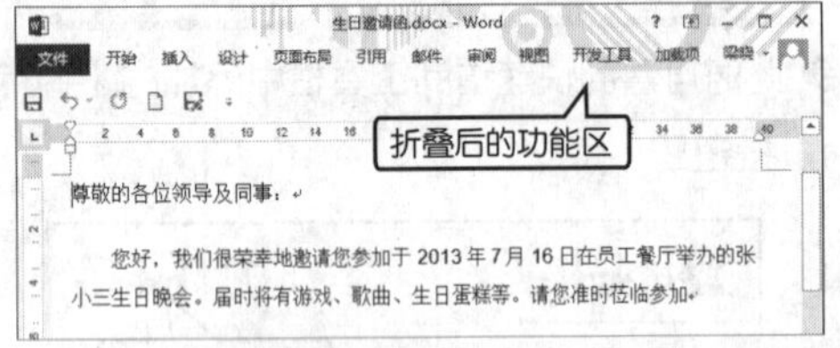

❸ 单击文档页面右上方的【功能区显示选项】按钮，在弹出的列表中选择【显示选项卡和命令】选项。

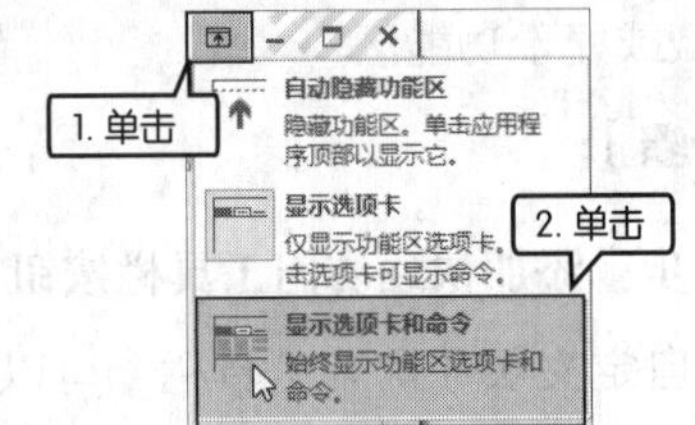

提示 选择【自动隐藏功能区】选项可隐藏整个功能区。

❹ 此时显示功能区。

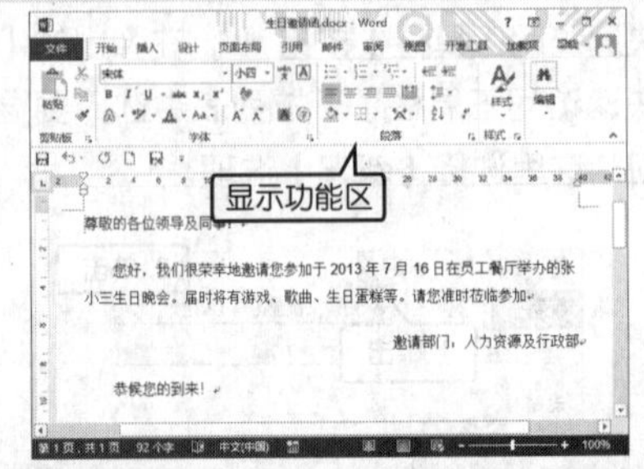

高手私房菜

本节视频教学录像：2 分钟

技巧 1：删除快速访问工具栏中的按钮

在快速访问工具栏中选择需要删除的按钮，并单击鼠标右键，在弹出的快捷菜中选择【从快速访问工具栏中删除】命令，即可将该按钮从快速访问工具栏中删除。

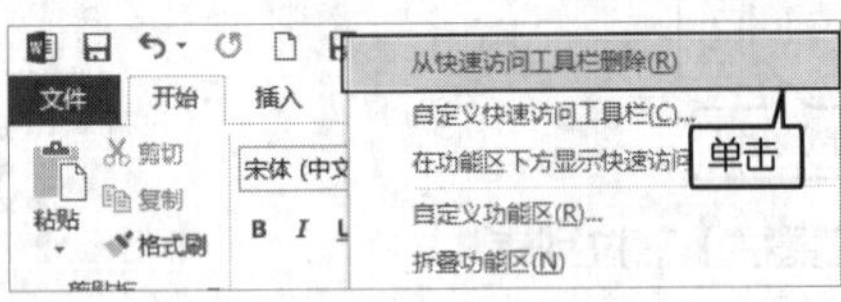

技巧 2：更改默认保存方式

在保存 Word 文档时，默认保存为 Word 文档格式，用户可以根据需要更改默认的保存方式。

打开【Word 选项】对话框，选择【保存】选项。在右侧的【保存文档】组中，单击【将文件保存为此格式】文本框右侧的下拉按钮，在弹出的列表中选择【Word 模板（*.dotx）】选项，单击【确定】按钮，即可将 Word 默认保存方式更改为模板格式。

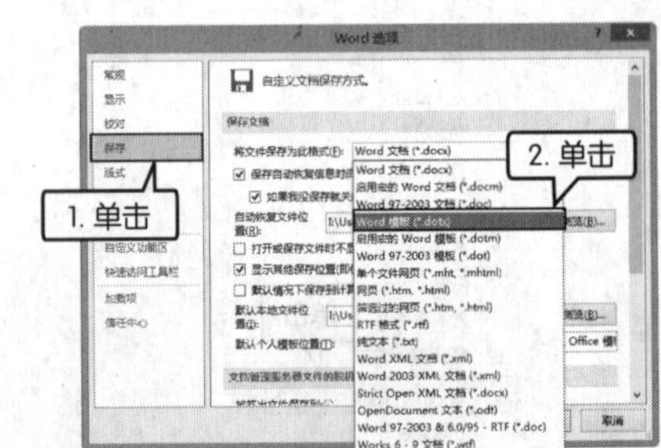

第 2 篇

文档制作篇

第3章 Word 2013 入门

第4章 设置文档排版

第5章 文档的美化

第6章 检查和审阅文档

第3章 Word 2013 入门

本章视频教学录像：30 分钟

高手指引

在文档中输入文本并进行简单的设置，是 Word 2013 中最基本的操作。掌握这些操作，可以为以后的学习打下坚实的基础。

重点导读

- 掌握创建文档的方法
- 掌握文档的基本操作
- 掌握文本的输入与编辑

3.1 创建新文档

本节视频教学录像：6 分钟

在使用 Word 2013 处理文档之前，必须创建文档来保存要编辑的内容。新建文档的方法有以下几种。

3.1.1 创建空白文档

创建空白文档的具体操作步骤如下。

❶ 按【Win】键，进入【开始】界面，单击 Word 2013 图标，打开 Word 2013 的初始界面。

❷ 在Word 开始界面，单击【空白文档】按钮。

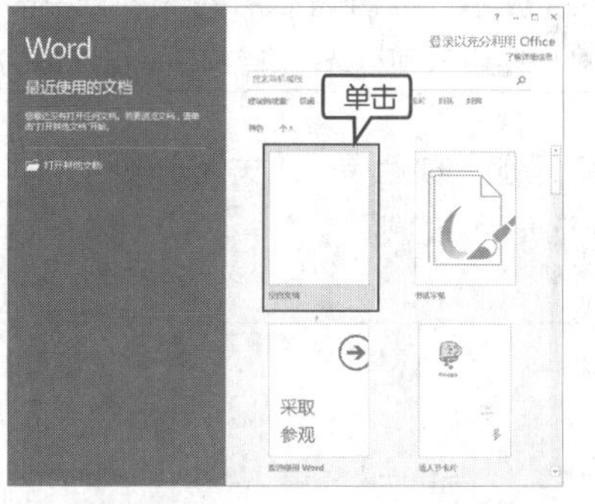

提示　在桌面上单击鼠标右键，在弹出的快捷菜单中选择【新建】➤【Microsoft Word 文档】选项，也可在桌面上新建一个 Word 文档，双击新建的文档图标可打开该文档。

❸ 此时创建了一个名称为“文档 1”的空白文档。

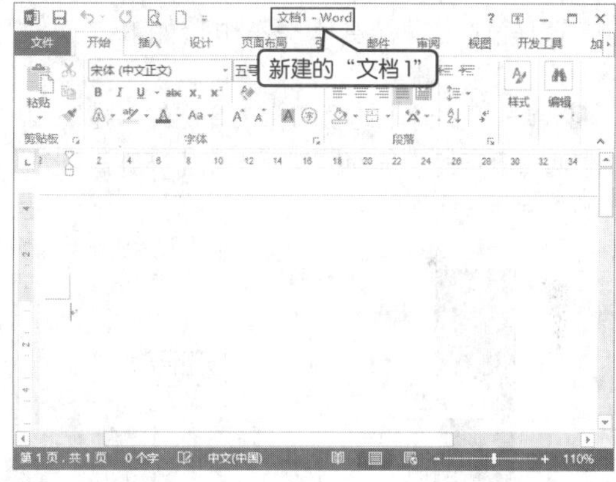

3.1.2 使用现有文件创建文档

使用现有文件新建文档，可以创建一个和原始文档内容完全一致的新文档，具体操作步骤如下。

❶ 单击【文件】选项卡，在弹出的下拉列表中选择【打开】选项，在【打开】区域选择【计算机】选项，然后单击右下角的【浏览】按钮。

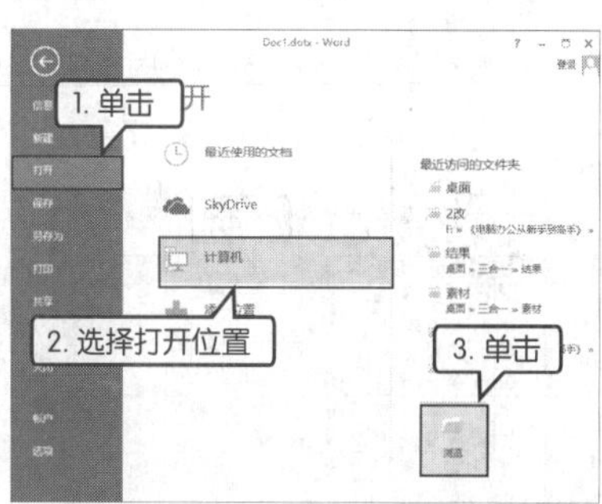

❷ 在弹出的【打开】对话框中选择要新建的文档名称，此处选择“Doc1.docx ”文件，单击右下角的【打开】按钮，在弹出的快捷菜单中选择【以副本方式打开】选项。

❸ 此时创建了一个名称为“副本 (1)Doc1.docx ”的文档。

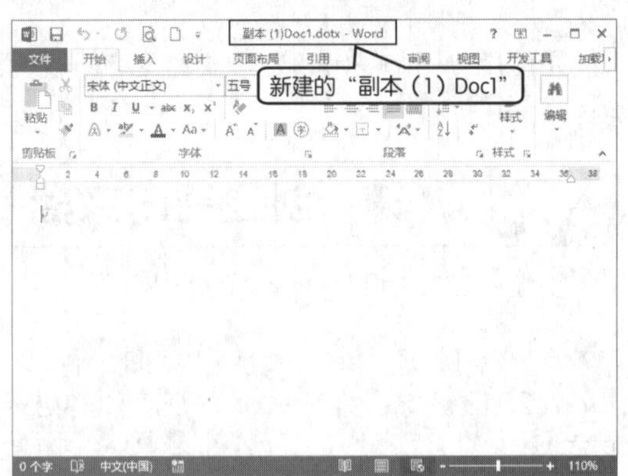

3.1.3 使用本机上的模板新建文档

Office 2013 系统中有已经预设好的模板文档，用户在使用的过程中，只需在指定位置填写相关的文字即可。例如，对于需要制作一个毛笔临摹字帖的用户来说，通过 Word 2013 就可以轻松实现，具体操作步骤如下。

❶ 单击【文件】选项卡，在弹出的下拉列表中选择【新建】选项，然后单击【新建】区域的【书法字帖】按钮。

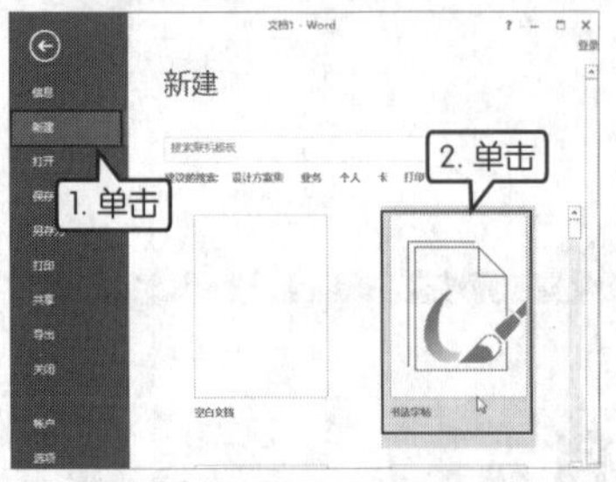

❷ 弹出【增减字符】对话框，在【可用字符】列表中选择需要的字符，单击【添加】按钮即可将所选字符添加至【已用字符】列表。

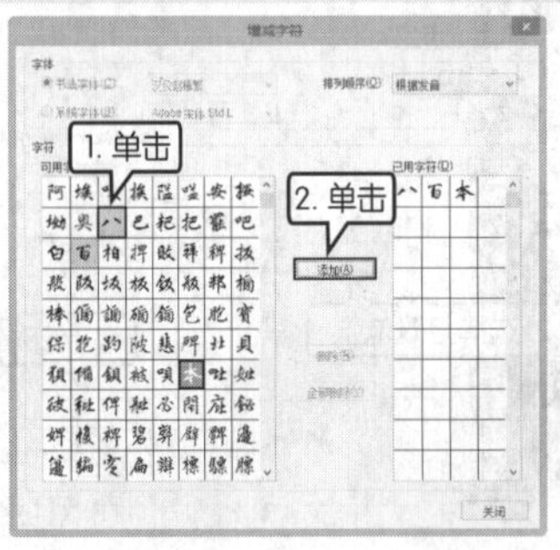

提示 如果在【已用字符】列表中有不需要的字符，可以选择该字符后单击【删除】按钮。

❸ 添加完成后单击【关闭】按钮，即可完成对书法字帖的创建。

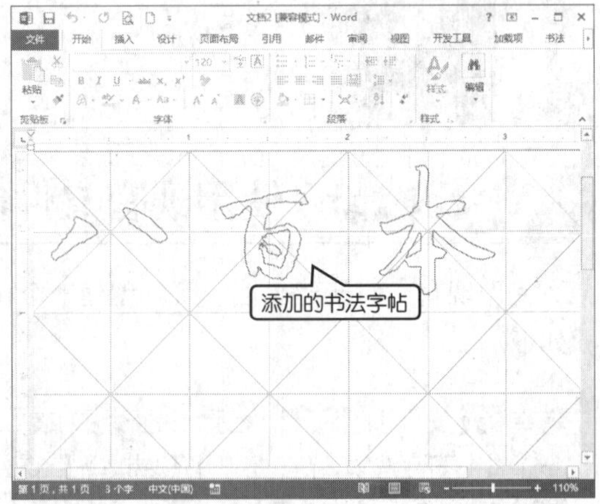

提示 在【增减字符】对话框的【字体】选项组中，单击选中【系统字体】单选项，再单击【系统字体】右侧的下拉按钮，选择系统中安装的字体样式添加到书法字帖中。

3.1.4 使用联机模板

除了 Office 2013 软件自带的模板外，微软公司还提供有很多精美的专业联机模板。

❶ 单击【文件】选项卡，在弹出的下拉列表中选择【新建】选项，在【搜索联机模板】搜索框中输入想要的模板类型，这里输入“卡片”，单击【开始搜索】按钮 。

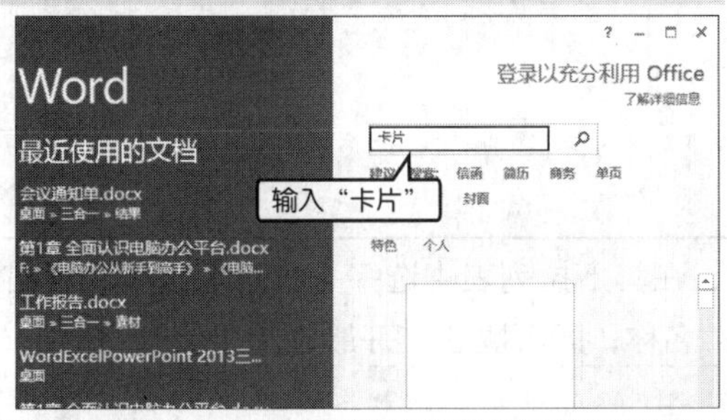

❷ 在搜索的结果中选择“情人节卡片”选项。

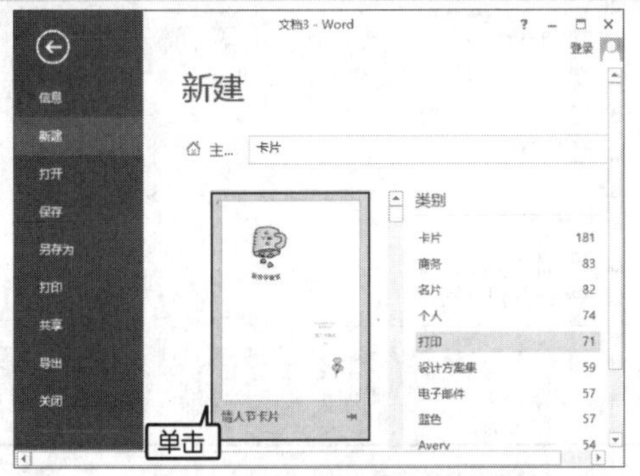

❸ 在弹出的“情人节卡片”预览界面中单击【创建】按钮，即可下载该模板。下载完成后，会自动打开该模板。

❹ 创建效果如图所示。

3.2 文档的打开和保存

本节视频教学录像：4 分钟

对 Word 文档最基本的操作就是打开和保存。在 Word 2013 中，我们可以使用多种方法打开和保存文档。

3.2.1 正常打开文档

一般情况下，我们只需要在将要打开的文档图标上双击即可打开文档。

另外，也可以单击鼠标右键，在弹出快捷菜单中选择【打开方式】➤【Word】命令，或直接单击【打开】命令，打开文档。

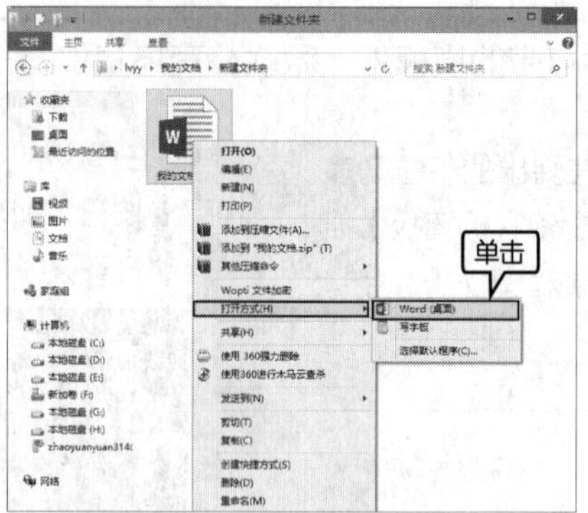

3.2.2 快速打开文档

在打开的任意文档中，单击【文件】选项卡，在其下拉列表中选择【打开】选项，在右侧的【最近使用的文档】区域选择将要打开的文件名称，即可快速打开最近使用过的文档。

3.2.3 保存文档

文档创建或修改好后，如果不保存，就不能被再次使用，我们应养成随时保存文档的好习惯。在 Word 2013 中需要保存的文档有：未命名的新建文档、修改后的文档、需要更改格式的文档以及需要更改存放路径的文档等。

❶ 单击【快速访问工具栏】上的【保存】按钮，或单击【文件】选项卡，在打开的列表中选择【保存】选项即可保存文档。

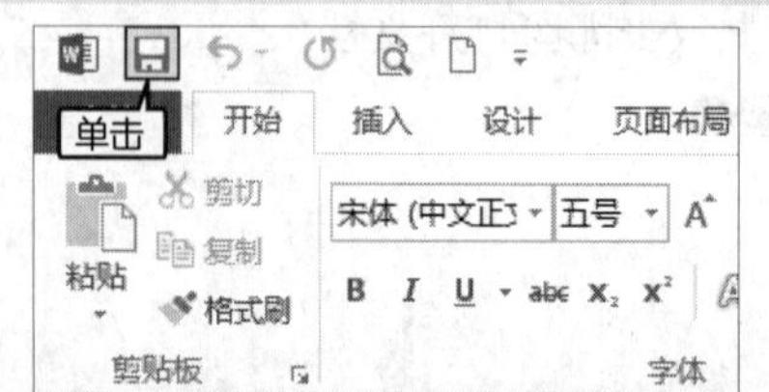

❷ 在【文件】选项列表中，单击【另存为】选项，在右侧的【另存为】区域单击【浏览】按钮。

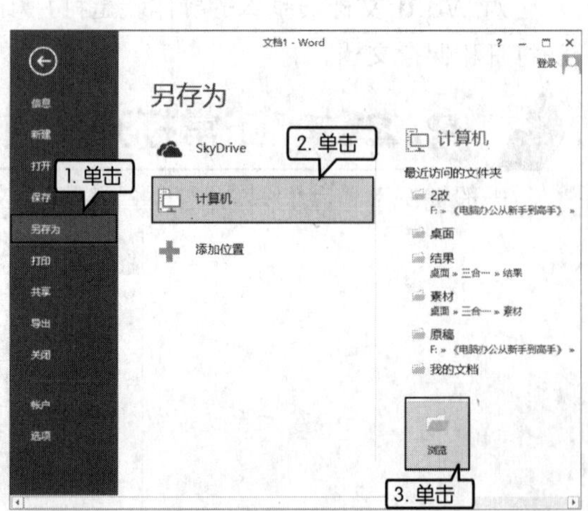

❸ 在弹出的【另存为】对话框中设置保存路径和保存类型并输入文件名称，然后单击【确定】按钮，即可将文件另存。

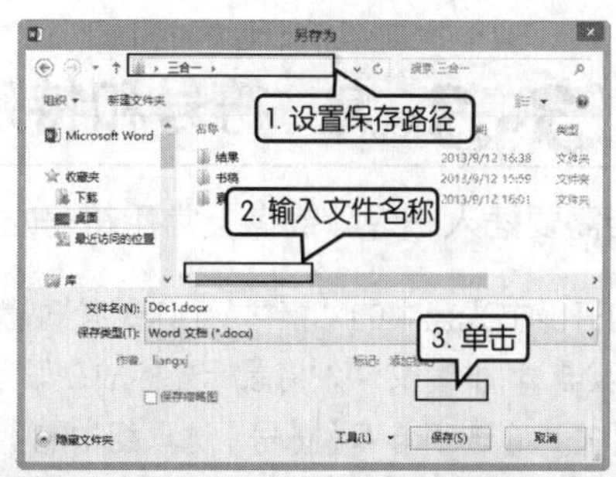

提示 按组合键【Ctrl+S】可快速保存文档。

3.3 输入文本

本节视频教学录像：7 分钟

文本的输入功能非常简便，只要会使用键盘打字，就可以在文档的编辑区域输入文字。

3.3.1 中文输入

在文档中输入中文，具体操作步骤如下。

❶ 单击右下角的 简体，在弹出的列表中单击选择合适的中文输入法。

提示 按【Win+ 空格】键可以快速弹出输入法列表。按住【Win】键不动，然后使用空格键还可以在不同的输入法之间进行切换。

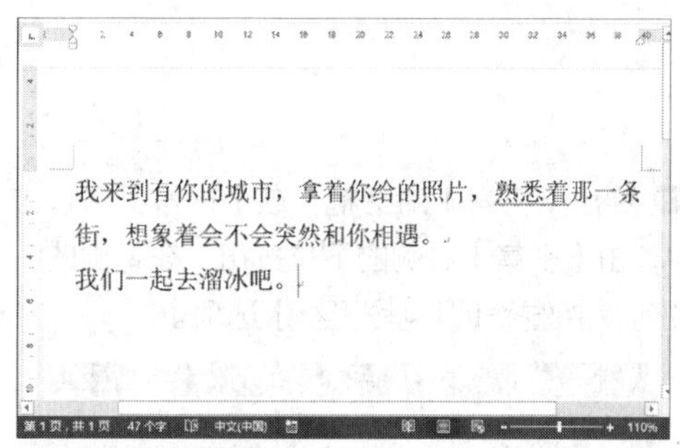

❷ 当输入文字到达文档编辑区的右边界时，不要按回车键。只在结束一段文本的输入时才需要按回车键。

❸ 在输入完一段文字后，按回车键，表示段落结束。这时在该段末尾会留下一个向左弯的段落标记箭头 ↵ 。

3.3.2 日期和时间的输入

在文档中插入日期和时间，具体操作步骤如下。

❶ 单击【插入】选项卡下【文本】选项组中【时间和日期】按钮 。

❷ 在弹出的【日期和时间】对话框中，选择第 3 种日期和时间的格式，然后单击选中【自动更新】复选框，此时插入文档的日期和时间就会自动更新。

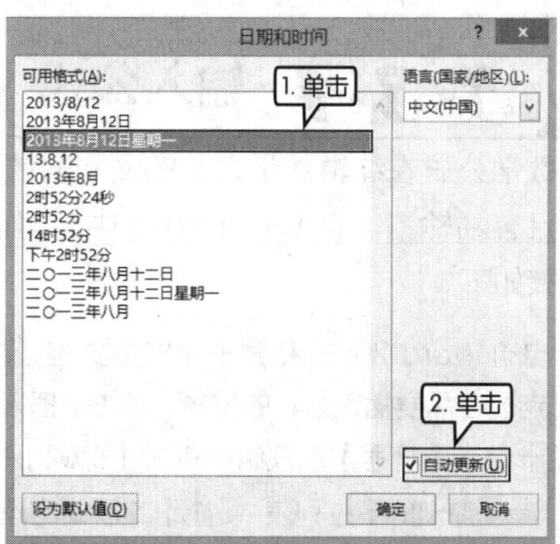

3.3.3 符号和特殊符号的输入

若需要插入一些除键盘上常用符号之外的特殊符号，具体操作步骤如下。

❶ 打开随书光盘中的“素材\ch03\考勤管理工作标准.docx”文件，将鼠标光标放在段前，单击【插入】选项卡下【符号】选项组中的【符号】按钮右侧的下拉按钮，在弹出的下拉列表中选择【其他符号】选项。

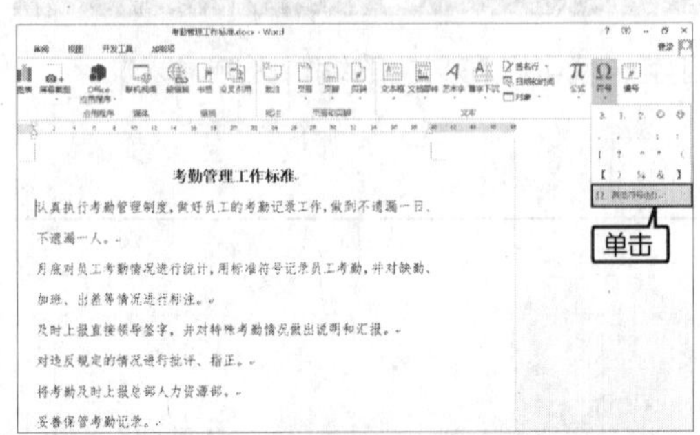

❷ 弹出【符号】对话框，在【符号】选项卡中单击【子集】右侧的下拉按钮，在弹出的下拉列表中选择【几何图形符】选项。

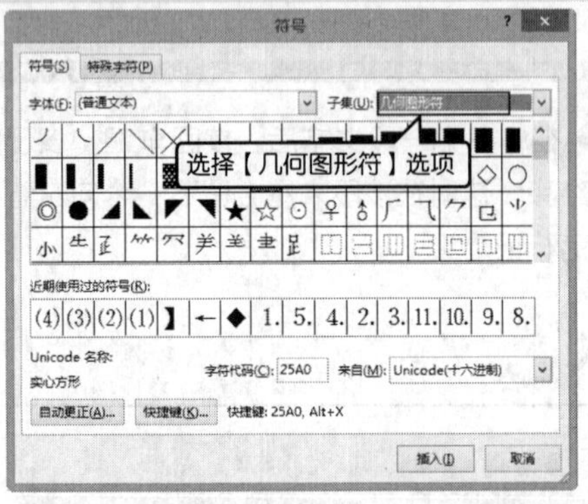

❸ 选择“◇”符号，单击【插入】按钮，然后再单击【关闭】按钮。

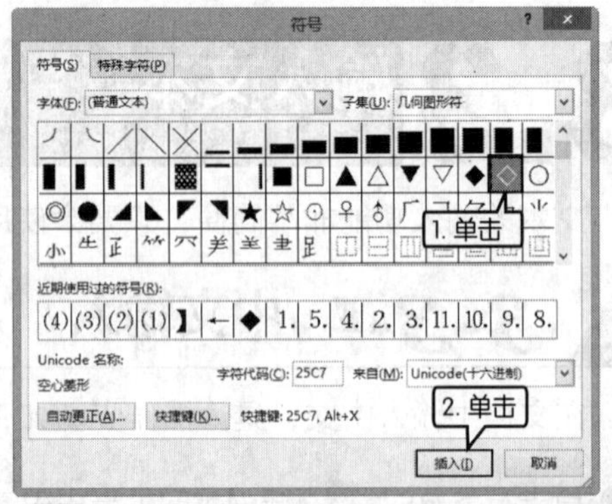

❹ 返回 Word 文档中即可看到添加的特殊符号，使用同样方式为其他文本添加符号。

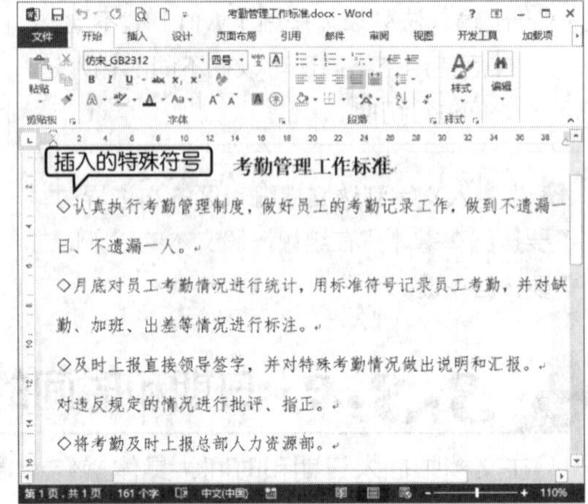

3.3.4 输入公式

数学公式在编辑数学方面的文档时使用非常广泛。如果直接输入公式，比较繁琐、浪费时间且容易输错。在 Word 2013 中，可以直接使用【公式】按钮来输入数学公式，具体操作步骤如下。

❶ 启动 Word 2013，新建一个空白文档，将光标定位在需要插入公式的位置，单击【插入】选项卡，在【符号】选项组中单击【公式】按钮，在弹出的下拉列表中选择【二项式定理】选项。

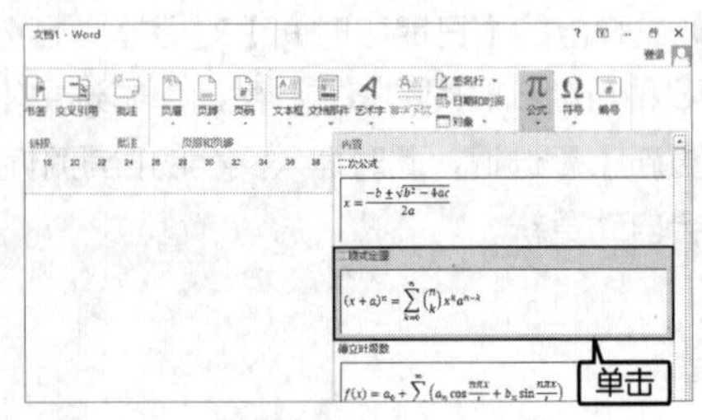

❷ 返回 Word 文档中即可看到插入的公式。

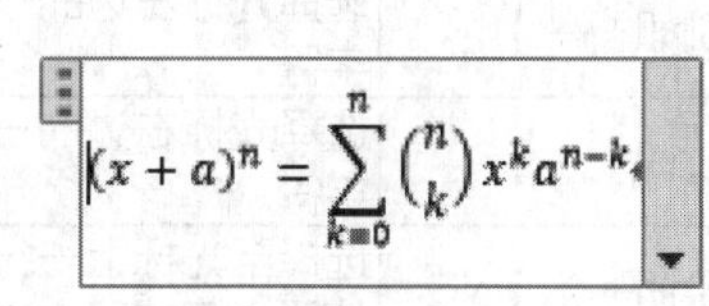

❸ 插入公式后，窗口停留在【公式工具】➤【设计】选项卡下，工具栏中提供一系列的工具模板按钮，单击【公式工具】➤【设计】选项卡下的【符号】选项组中的【其他】按钮，在【基础数学】的下拉列表中可以选择更多的符号类型；在【结构】选项组包含了多种公式。

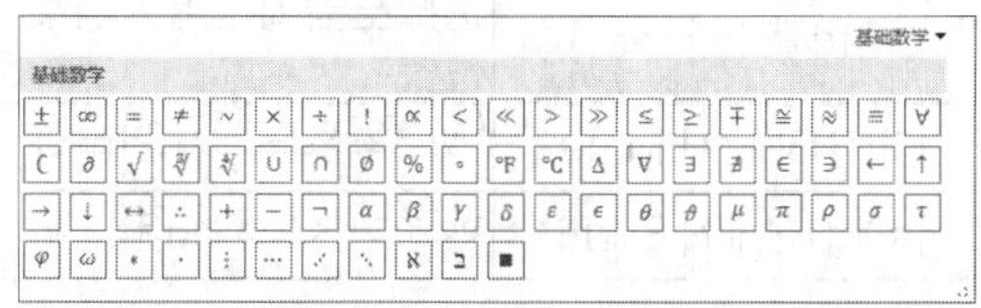

❹ 在插入的公式中选择需要修改的公式部分，在【公式工具】➤【设计】选项卡下【符号】和【结构】选项组中选择将要用到的运算符号和公式，即可应用到插入的公式当中。这里我们将更改公式中的“n/k”，单击【结构】选项组中的【分数】按钮，在其下拉列表中选择【dy/dx】选项。

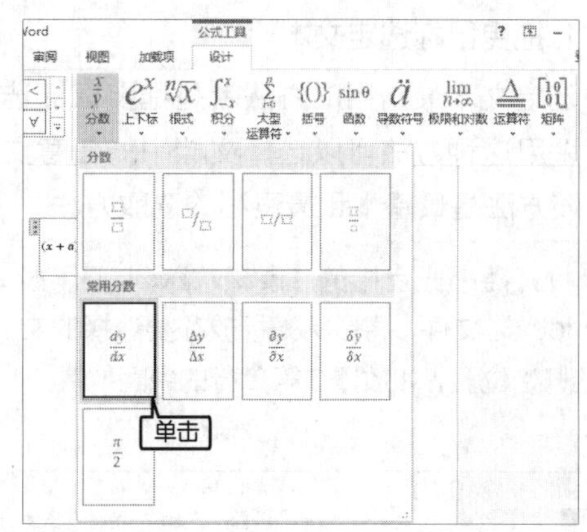

❺ 单击即可改变文档中的公式，结果如图所示。

❻ 在文档中单击公式左侧的图标，即可选中此公式，单击公式右侧的下拉三角按钮，在弹出的列表中选择【线性】选项，即可完成公式的改变。用户也可根据自己的需要进行其他操作。

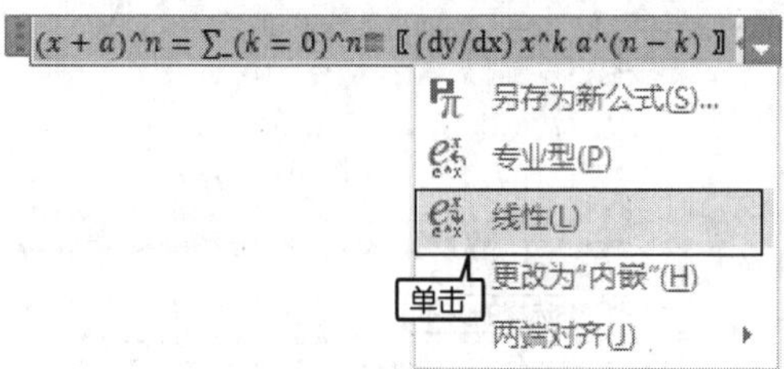

3.4 编辑文本

本节视频教学录像：7 分钟

文本的编辑方法包括选定文本、文本的删除、文本的移动及文本的复制等。

3.4.1 选定文本

选定文本时既可以选择单个字符，也可以选择整篇文档。选定文本的方法主要有以下几种。

1. 拖曳鼠标选定文本

选定文本最常用的方法就是拖曳鼠标选取。采用这种方法可以选择文档中的任意文字，该方法是最基本和最灵活的选取方法。

❶ 打开随书光盘中的“素材\ch03\工作报告.docx”文件，将鼠标光标放在要选择的文本的开始位置，如放置在第2行的中间位置。

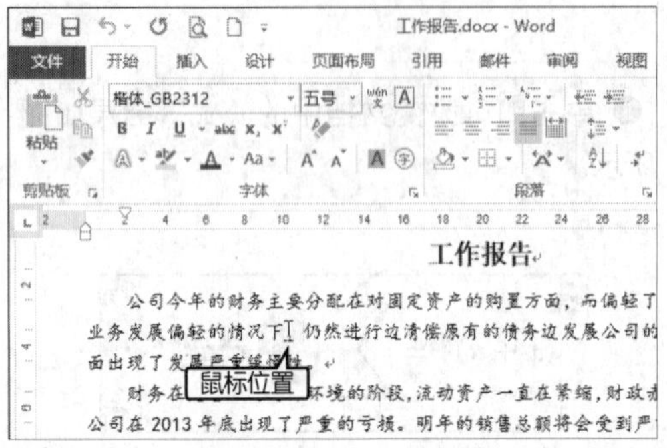

❷ 按住鼠标左键并拖曳，这时选中的文本会以阴影的形式显示。选择完成，释放鼠标左键，鼠标光标经过的文字就被选定了。单击文档的空白区域，即可取消文本的选择。

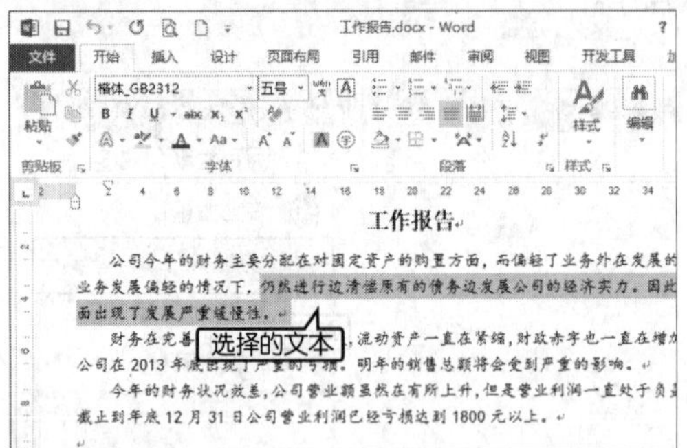

提示 通常情况下，如果要选择的是文档中的某一行，可先将鼠标指针移动到改行内容中，双击即可选中，单击3次选中整段内容。

2. 用键盘选定文本

在不使用鼠标情况下，我们可以利用键盘组合键来选择文本。使用键盘选定文本时，需先将插入点移动到将选文本的开始位置，然后按相关的组合键即可。

组合键	功能
【Shift+←】	选择光标左边的一个字符
【Shift+→】	选择光标右边的一个字符
【Shift+↑】	选择至光标上一行同一位置之间的所有字符
【Shift+↓】	选择至光标下一行同一位置之间的所有字符
【Shift+Home】	选择至当前行的开始位置
【Shift+End】	选择至当前行的结束位置
【Ctrl+A】/【Ctrl+5（数字小键盘上的“5”）】	选择全部文档
【Ctrl+Shift+↑】	选择至当前段落的开始位置
【Ctrl+Shift+↓】	选择至当前段落的结束位置
【Ctrl+Shift+Home】	选择至文档的开始位置
【Ctrl+Shift+End】	选择至文档的结束位置

❶ 用鼠标在起始位置单击，然后按住【Shift】键的同时单击文本的终止位置，此时可以看到起始位置和终止位置之间的文本已被选中。

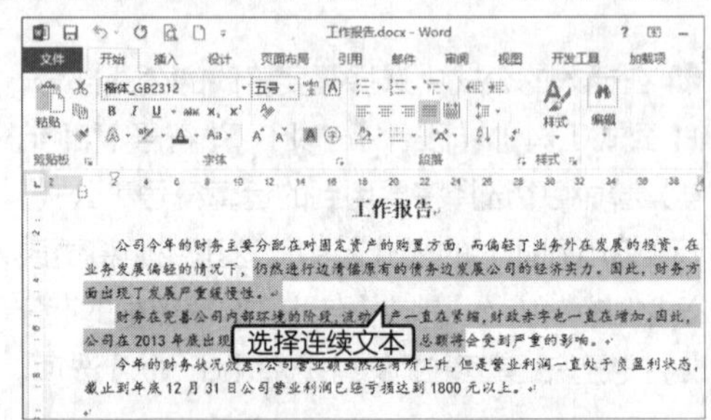

❷ 取消之前的文本选择，然后按住【Ctrl】键的同时拖曳鼠标，可以选择多个不连续的文本。

3.4.2 文本的删除和替换

删除错误的文本或使用正确的文本内容替换错误的文本内容，是文档编辑过程中常用的操作。删除文本的方法有以下几种。

1. 使用【Delete】键删除文本

选定错误的文本，然后按键盘上的【Delete】键即可。

2. 使用【Backspace】键删除文本

将鼠标光标定位在想要删除字符的后面，按键盘上的【Backspace】键。

3.4.3 文本的移动和复制

在编辑文档的过程中，如果发现某些句子、段落在文档中所处的位置不合适或者要多次重复出现，使用文本的移动和复制功能即可避免烦琐的重复输入工作。

1. 文本的移动

在文档的编辑过程中，经常需要将整块文本移动到其他位置，用来组织和调整文档结构。

❶ 打开随书光盘中的“素材 \ch03\ 工作报告 .docx”文件，选择要移动的文本，将鼠标指针移到选定的文本上，按住鼠标左键，鼠标变为形状。

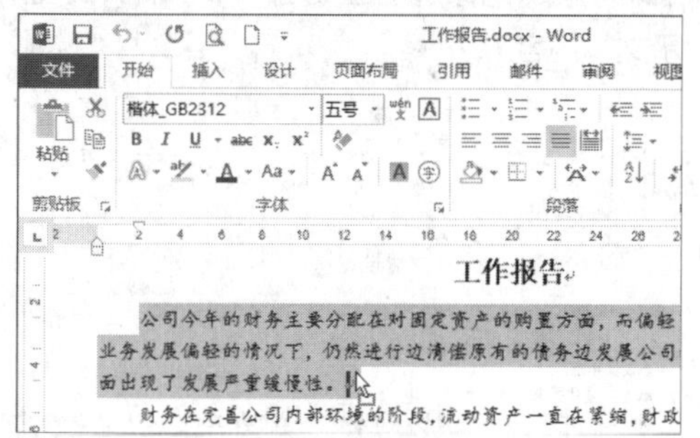

❷ 拖曳鼠标到目标位置，即虚线指向的位置，然后松开鼠标左键，即可移动文本。

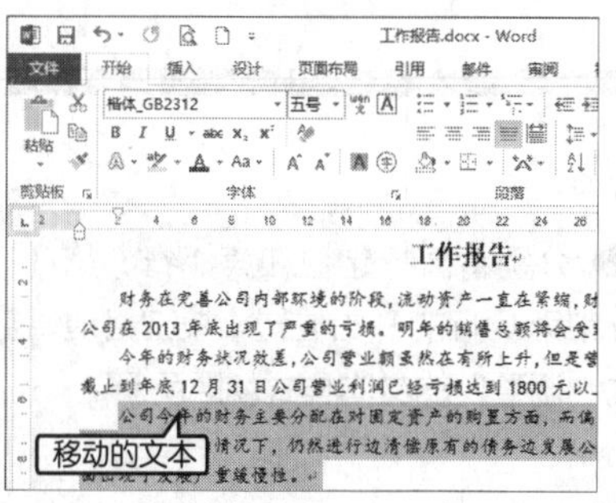

2. 文本的复制

在文档编辑过程中，复制文本可以简化文本的输入工作。

❶ 选定将要复制的文本，将鼠标指针移到选定的文本上，鼠标指针变为向左的箭头时，按住【Ctrl】键的同时，按住鼠标左键，鼠标指针变为形状。

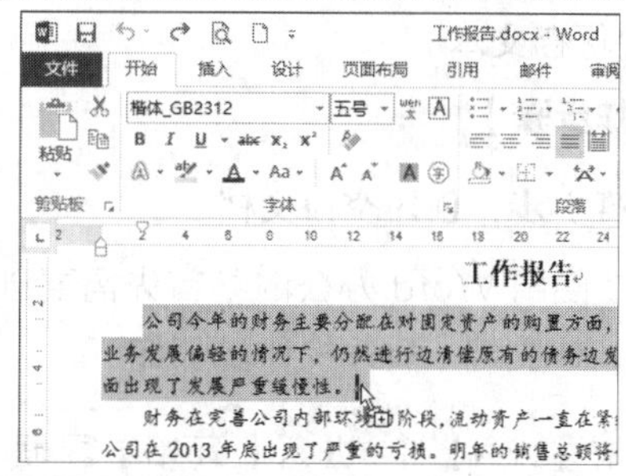

❷ 拖曳鼠标到目标位置，然后松开鼠标，即可复制选中的文本。

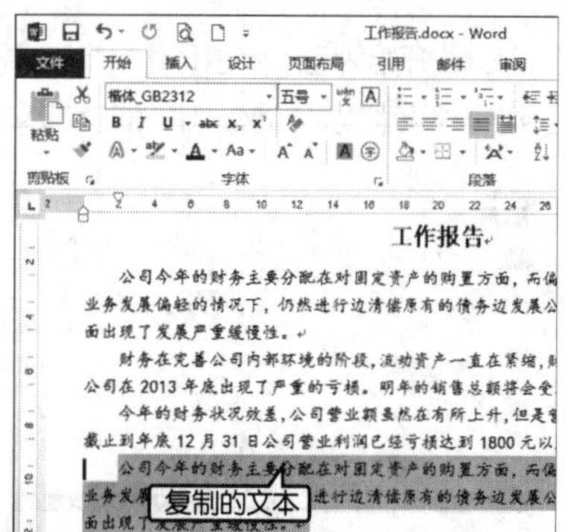

3.5 综合实战——制作会议通知单

本节视频教学录像：3 分钟

通知是在学校、单位、公共场所经常可以看到的一种知照性公文。公司内部通知是一项仅限于公司内部人员知道或遵守的、为实现某一项活动或决策特制定的说明性文件。常用的通知还有：会议通知、比赛通知、放假通知、任免通知等。

【案例效果展示】

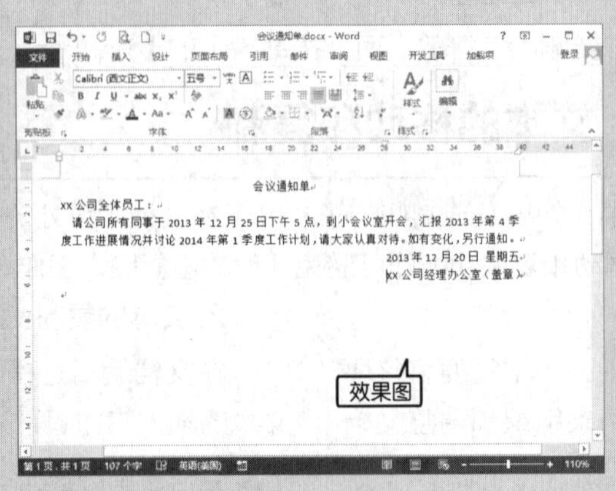

【案例涉及知识点】

- 创建空白文档
- 输入文本
- 保存文本

【操作步骤】

第 1 步：创建空白文档

在使用 Word 办公时，首先需要创建一个 Word 文档，具体操作步骤如下。

❶ 按【Win】键，进入【开始】界面，然后单击 Excel 2013 图标按钮，启动 Word 2013。

❷ 在 Word 开始界面，单击【空白文档】按钮，即可创建一个名称为"文档 1"的空白文档。

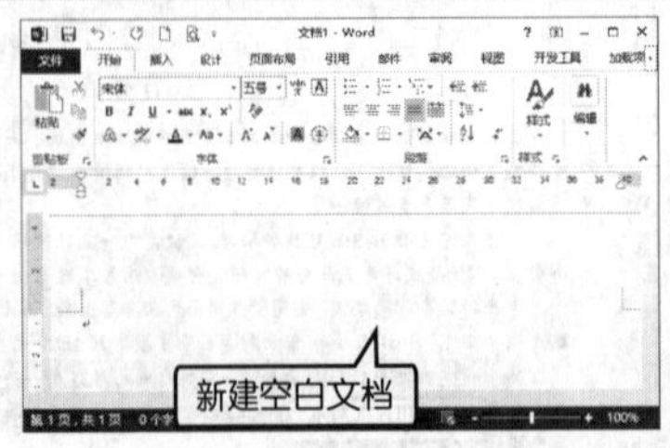

第 2 步：输入文本

输入文本的具体操作步骤如下。

❶ 将鼠标光标定位在文档 1 中，输入如图所示文本内容。

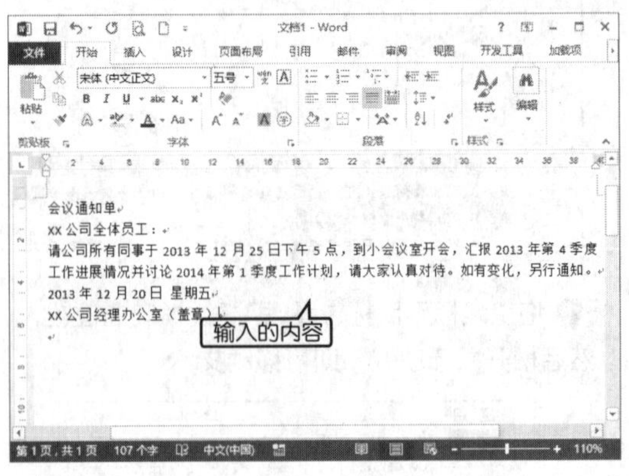

❷ 分别将鼠标定位在第 1 行、第 3 行、第 5 行和第 6 行的开始位置，按空格键调整文本样式，调整后的文本样式如图所示。

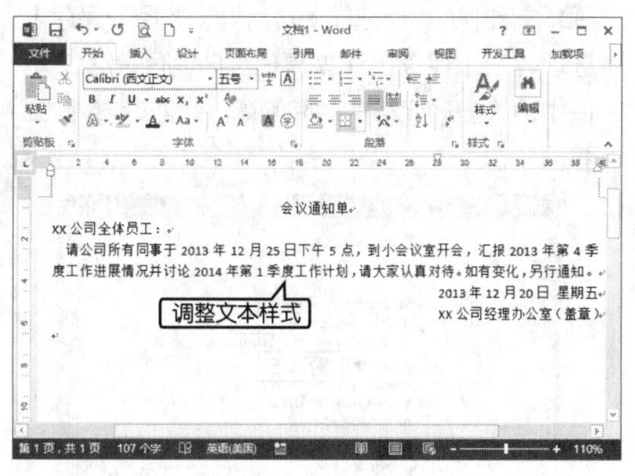

提示　在设置如上图所示的对齐样式时，我们也可以使用功能区中【段落】选项组和【段落】对话框，来进行居中、右对齐或缩进的设置，可参考第 4 章 4.3.1 小节。

第 3 步：保存文本

保存文本的具体操作步骤如下。

❶ 单击【文件】选项卡，在打开的列表中选择【保存】选项，在右侧的【另存为】区域选择【计算机】选项，然后单击【另存为】按钮。

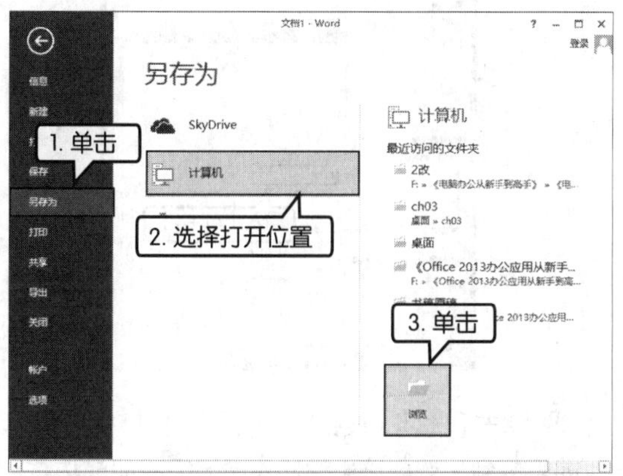

❷ 在弹出的【另存为】对话框中设置保存的路径、名称和保存类型，单击【保存】按钮，即可完成对“会议通知单”的保存。

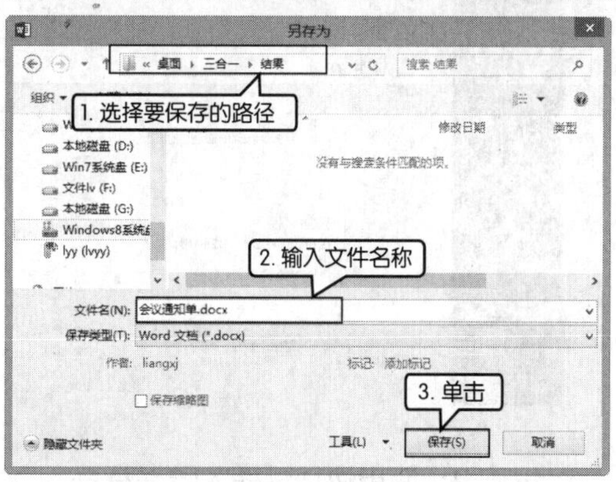

❸ 此时可看到文档名称已经变为“会议通知单 .docx”。

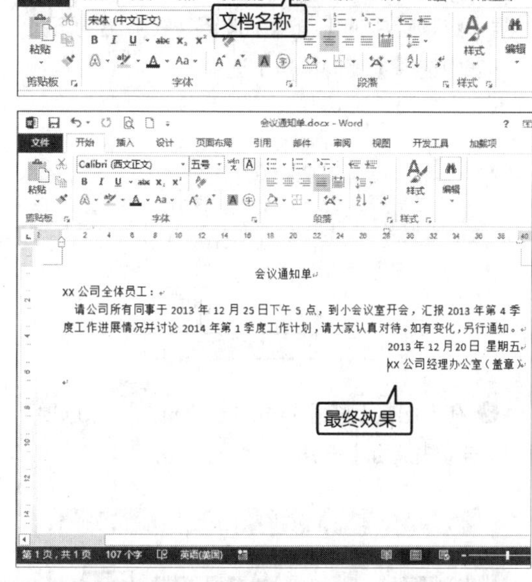

高手私房菜

本节视频教学录像：3 分钟

技巧 1：设置文档自动保存的时间间隔

用户在创建 Word 文档的过程中，有可能因为种种原因没有保存而丢失文档。如果能合理地使用文档的自动保存功能，就可以减少这方面的损失。设置文档自动保存的时间间隔的具体步骤如下。

❶ 在 Word 文档中，单击【文件】选项卡，在弹出的列表中选择【选项】选项。

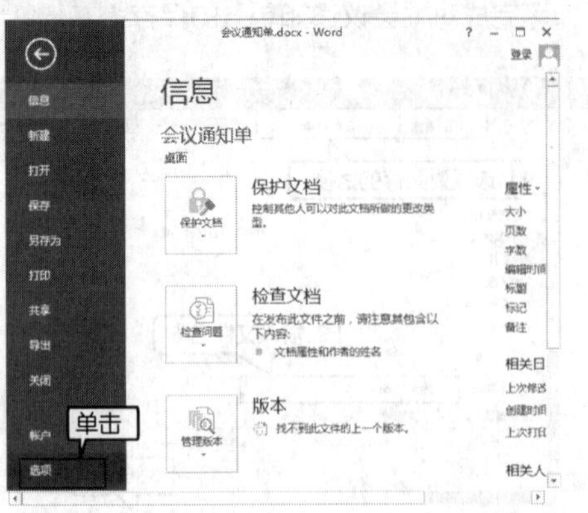

❷ 弹出【Word 选项】对话框，选择【保存】选项，在【保存自动恢复信息时间间隔】文本框中输入自动保存的时间间隔，此处设置为“5 分钟”。

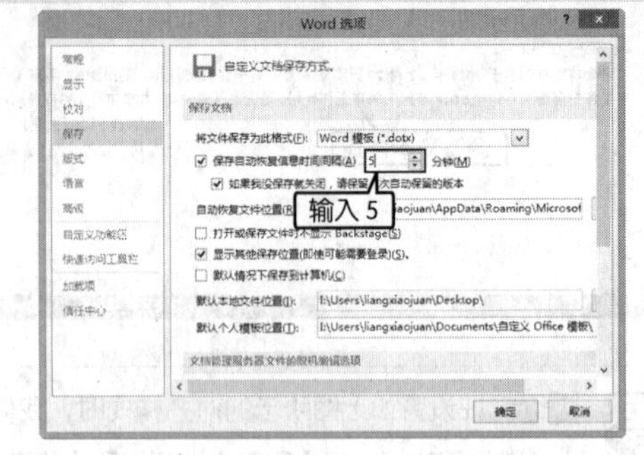

技巧 2：使用快捷键插入特殊符号

当我们在使用某一个特殊符号比较频繁的情况下，每次都通过对话框来添加比较麻烦，此时如果将在键盘中添加该符号的快捷键，那么用起来就会很方便了。

❶ 打开任意文档，单击【插入】选项卡下【符号】选项组中的【符号】按钮，在弹出的下拉列表中选择【其他符号】选项。

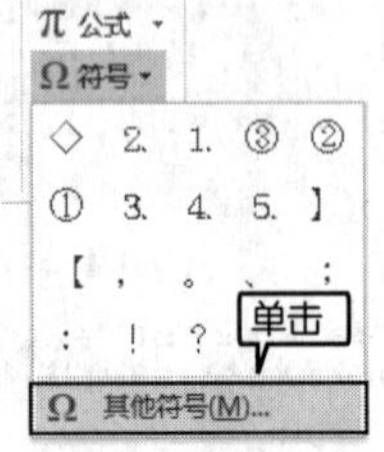

❷ 在弹出的【符号】对话框中选择“◇”选项，单击【快捷键】按钮。

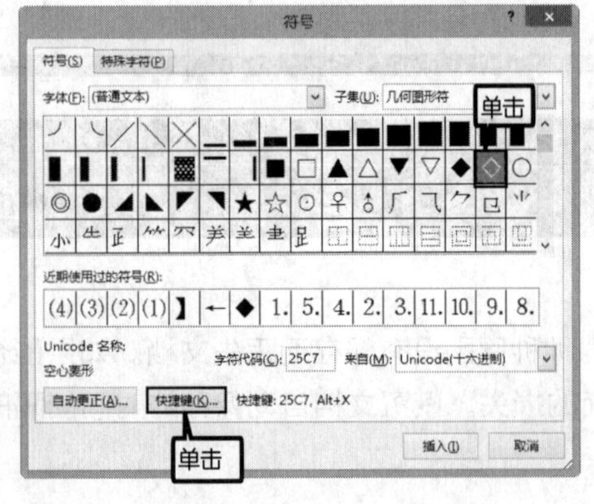

❸ 弹出【自定义键盘】对话框，在【请按新快捷键】中输入“Alt+X”，然后单击【指定】按钮，即可在【当前快捷键】文本框中出现此命令。

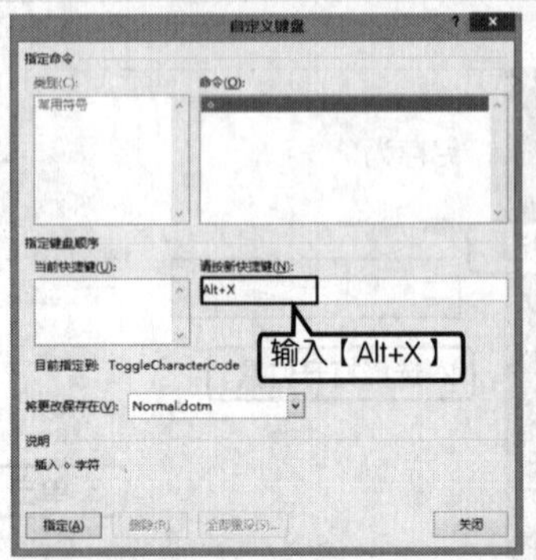

❹ 单击【关闭】按钮，返回【符号】对话框，即可看到“◇”符号的快捷键已经添加成功。

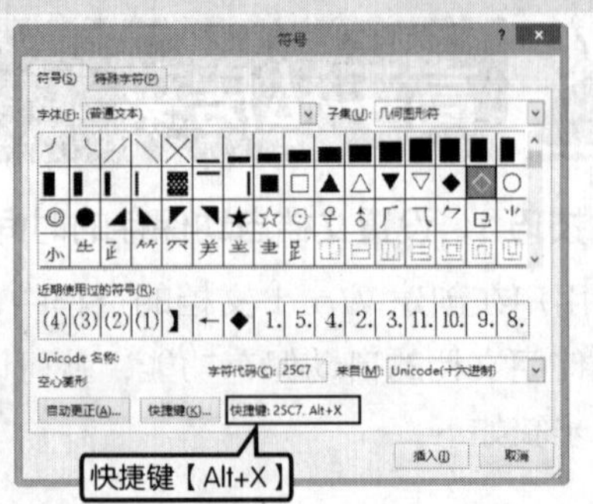

第4章 设置文档排版

本章视频教学录像： 1 小时

高手指引

本章主要介绍 Word 的页面设置、样式与格式、设置特殊中文版式、使用格式刷、使用分隔符、添加页眉和页脚以及创建目录和索引等常用功能，充分展示 Word 在排版方面的强大功能。

重点导读

- 掌握纸张的页面设置方法
- 掌握字体和段落设置
- 掌握内置样式的应用
- 掌握页眉和页脚的设置
- 掌握目录的创建和分隔符的使用方法

4.1 适应不同的纸张——页面设置

本节视频教学录像： 9 分钟

页面设置是指对文档页面布局的设置，主要包括设置文字方向、页边距、纸张大小、分栏等。Word 2013 有默认的页面设置，但默认的页面设置并不一定适合所有用户，用户可以根据需要对页面进行设置。

4.1.1 设置页边距

页边距有两个作用：一是出于装订的需要；二是形成更加美观的文档。设置页边距，包括上、下、左、右边距以及页眉和页脚距页边界的距离，使用该功能来设置页边距十分精确。

❶ 在【页面布局】选项卡【页面设置】选项组中单击【页边距】按钮，在弹出的下拉列表中选择一种页边距样式并单击，即可快速设置页边距。

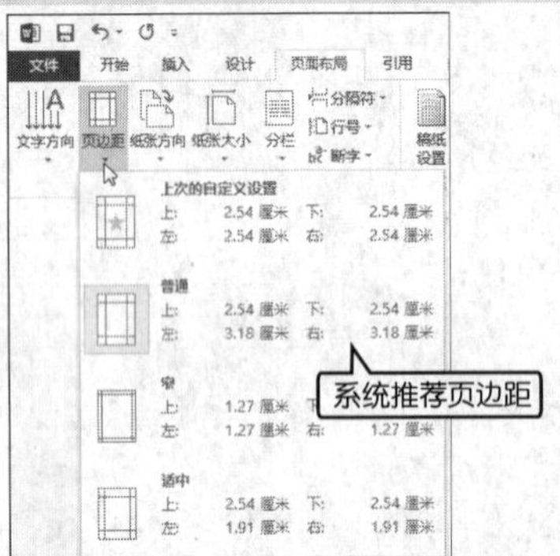

❷ 除此之外，还可以自定义页边距。单击【页面布局】选项卡下【页面设置】组中的【页边距】按钮，在弹出的下拉列表中单击选择【自定义边距（A）】选项。

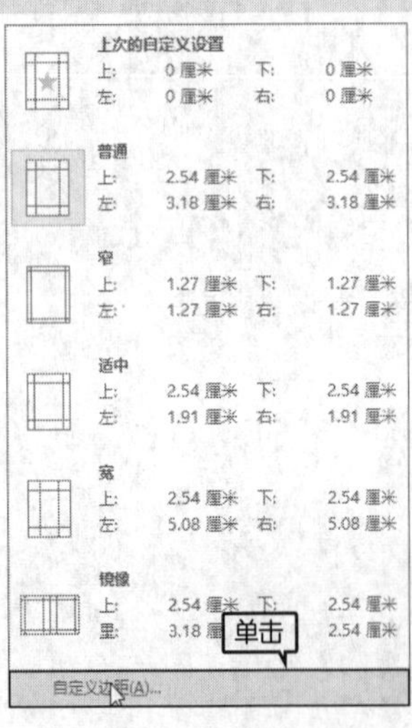

❸ 弹出【页面设置】对话框，在【页边距】选项卡下【页边距】区域可以自定义设置“上”、“下”、“左”、“右”页边距，如将“上”、“下”、“左”、“右”页边距均设为“1 厘米”，在【预览】区域可以查看设置后的效果。

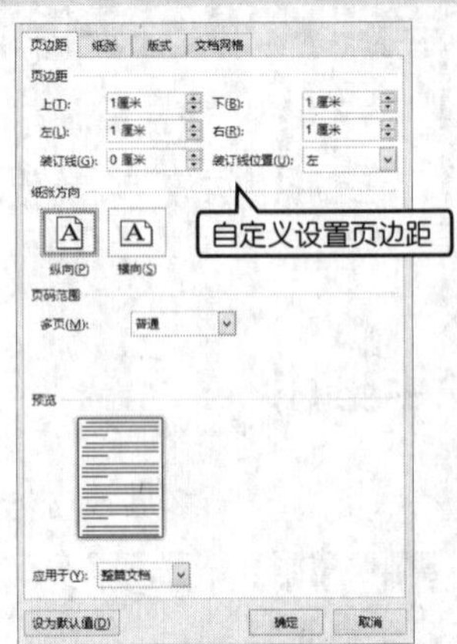

提示 如果页边距的设置超出了打印机默认的范围，将出现【Microsoft Word】提示框，提示“有一处或多处页边距设在了页面的可打印区域之外，选择‘调整’按钮可适当增加页边距。”，单击【调整】按钮自动调整，当然也可以忽略后手动调整。页边距太窄会影响文档的装订，而太宽不仅影响美观还浪费纸张。一般情况下，如果使用 A4 纸，可以采用 Word 提供的默认值，具体设置可根据用户的要求设定。

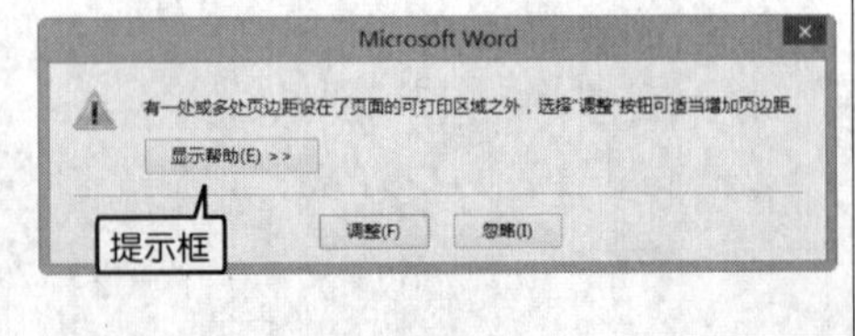

4.1.2 设置纸张

纸张的大小和纸张方向，也影响着文档的打印效果，因此设置合适的纸张在 Word 文档制作过程中也是非常重要的。设置纸张包括设置纸张的方向和大小，具体操作步骤如下。

❶ 单击【页面布局】选项卡下【页面设置】组中的【纸张方向】按钮，在弹出的下拉列表中可以设置纸张方向为“横向”或“纵向”，如单击【横向】选项。

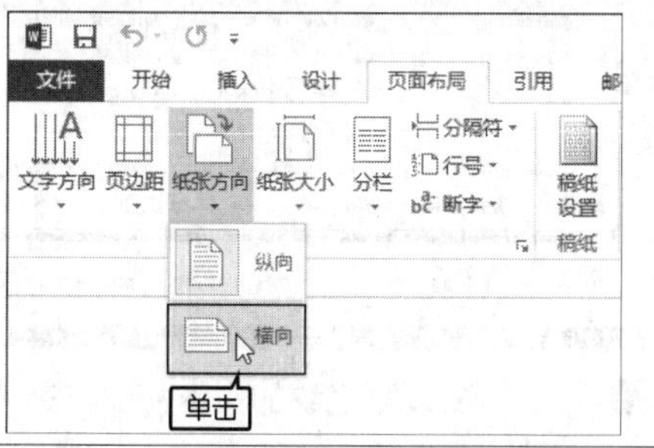

提示 也可以在【页面设置】对话框中的【页边距】选项卡中，在【纸张方向】区域设置纸张的方向。

❷ 单击【页面布局】选项卡【页面设置】选项组中的【纸张大小】按钮，在弹出的下拉列表中可以选择纸张大小，如单击【A3】选项。

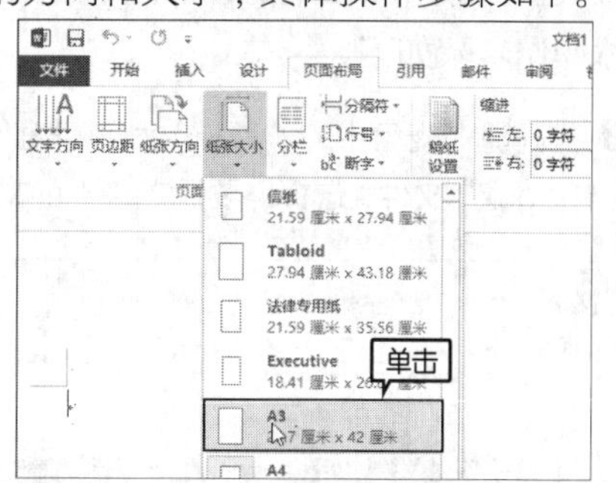

提示 在【页面设置】对话框中的【纸张】选项卡下可以精确设置纸张大小和纸张来源等内容。

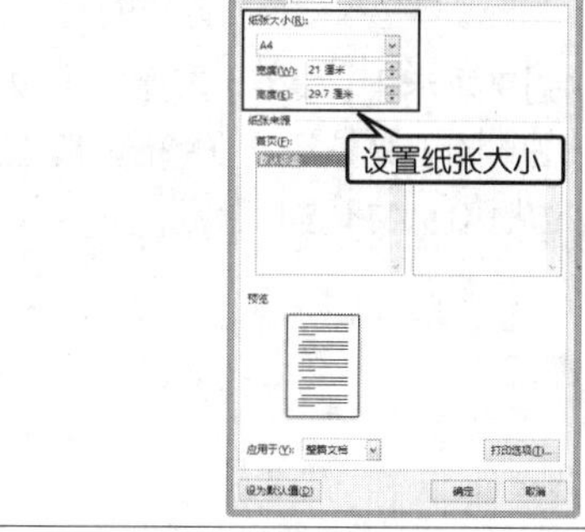

4.1.3 设置分栏

在对文档进行排版时，常需要将文档进行分栏。在 Word 2013 中可以将文档分为两栏、三栏或更多栏，具体操作步骤如下。

❶ 选择要分栏的文本后，在【页面布局】选项卡下单击【分栏】按钮，在弹出的下拉列表中选择对应的栏数即可。

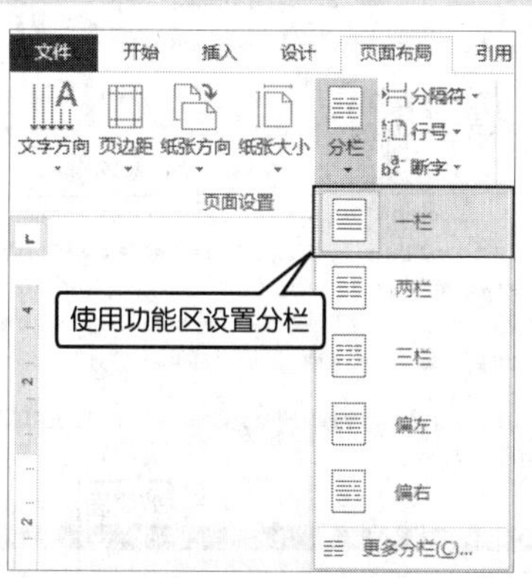

❷ 单击【更多分栏】选项，弹出【分栏】对话框，在该对话框中显示了系统预设的 5 种分栏效果。在【栏数（N）】右侧输入要分栏的栏数，如输入“5”，然后设置栏宽、分割线后，在【预览】区域预览效果后，单击【确定】按钮即可。

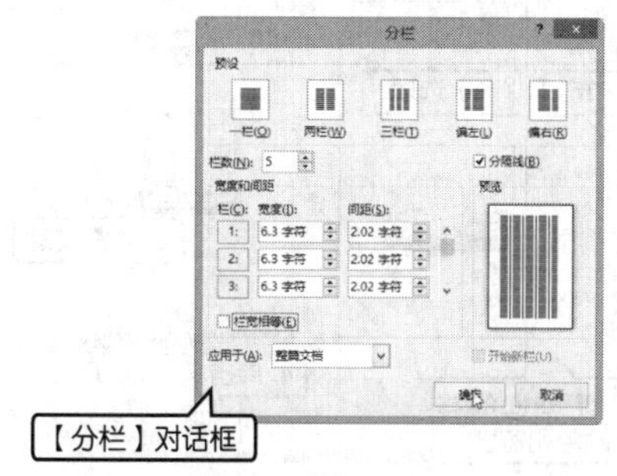

4.1.4 设置边框和底纹

边框是指在一组字符或句子周围应用边框，底纹是指为所选文本添加底纹背景。在文档中，为选定的字符、段落、页面以及图形设置各种颜色的边框和底纹，从而达到美化文档的效果。具体操作步骤如下。

❶ 打开随书光盘中的“素材\ch04\毕业自我鉴定.docx”文件，选择需要添加边框的文本。

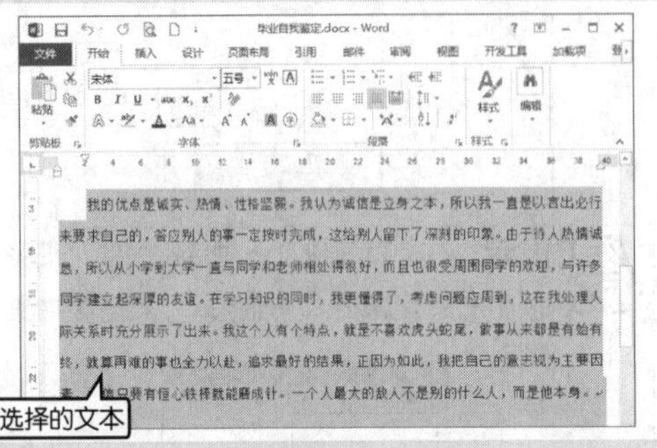

❷ 单击【开始】选项卡下【段落】选项组中【边框】按钮⊞·右侧的下拉按钮，在弹出的下拉列表中选择【边框和底纹】选项。

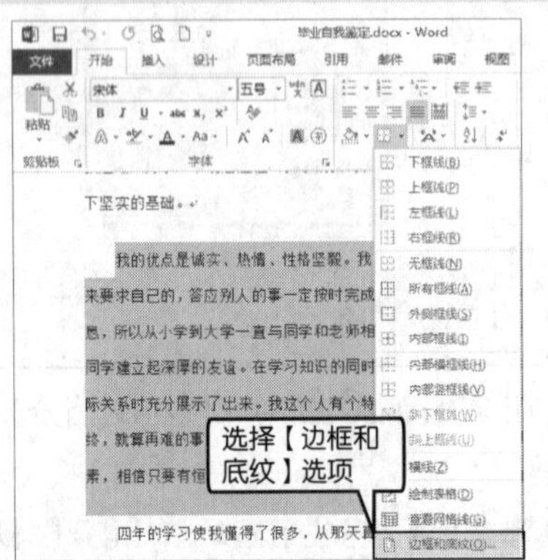

❸ 弹出【边框和底纹】对话框，选择【边框】选项卡，然后设置边框的各项参数设置。

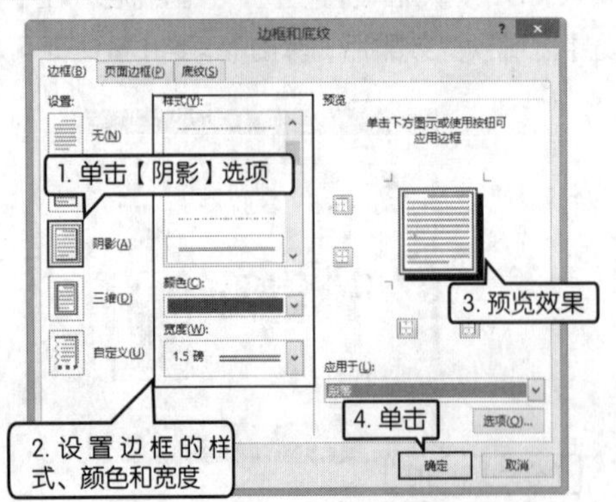

❹ 单击【确定】按钮后效果如图所示。

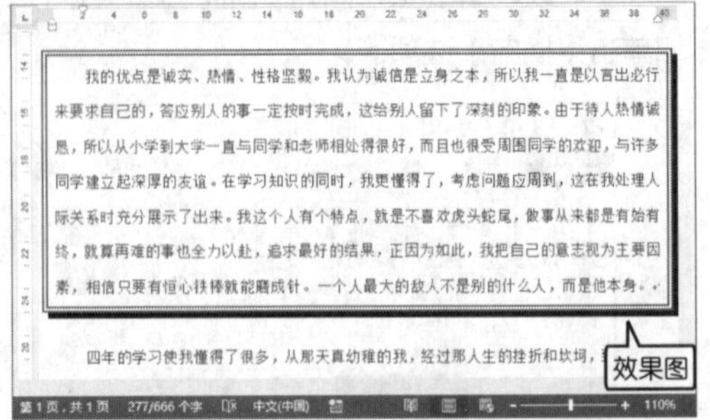

❺ 选择将要设置底纹的文本，按步骤❷的方法打开【边框和底纹】对话框。选择【底纹】选项卡，在【填充】区域设置其颜色为“水绿色，着色 5，淡色 40%”；在【图案】区域设置其图案【样式】为“5%”，【颜色】为“白色”；在【应用于】区域设置其应用样式为“文字”。然后单击【确定】按钮。

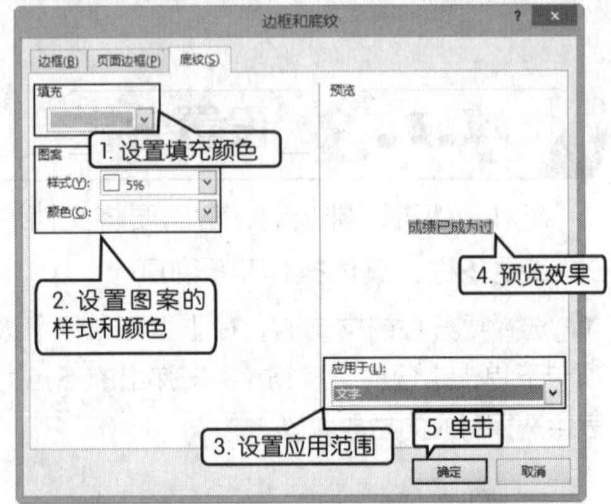

❻ 效果如图所示。

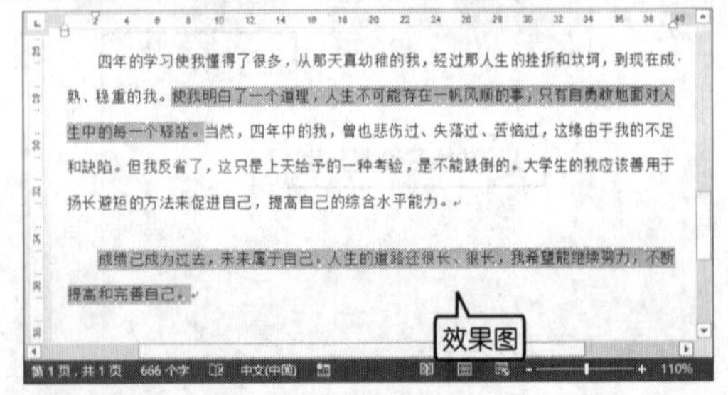

4.2 字体格式

本节视频教学录像：9 分钟

字体外观的设置，直接影响到文本内容的阅读效果，美观大方的文本样式可以给人以简洁、清新、赏心悦目的阅读感觉。

4.2.1 设置字体、字号和字形

在 Word 2013 中，对文本进行字体、字号和字形的设置是最基本的字体格式设置，具体操作步骤如下。

❶ 打开随书光盘中的“素材\ch04\毕业自我鉴定.docx”文件，选中需要设置的文本，单击【开始】选项卡下【字体】选项组右下角的【字体】按钮 。

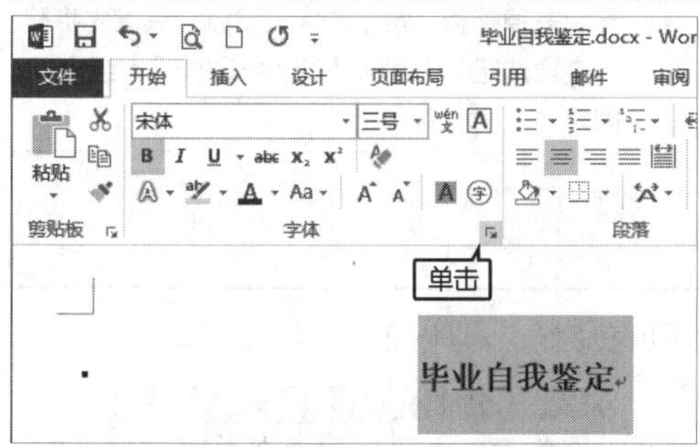

❷ 在弹出的【字体】对话框中，选择【字体】选项卡，单击【中文字体】文本框右侧的按钮，在弹出的下拉列表中选择【楷体】选项。在【字形】列表框中选择【加粗】选项，在【字号】列表框中选择【小一】选项。

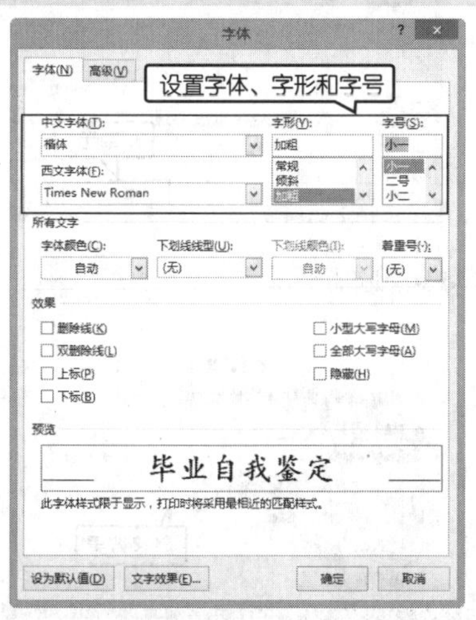

❸ 在【所有文字】选择组中可以对文本的颜色、下划线以及着重号等进行设置。单击【字体颜色】下拉列表框右侧的下拉箭头按钮，在打开的颜色列表中选择【深蓝，着色 2】选项，使用同样的方法可以选择下划线类型和着重号。

❹ 在【效果】选项组中可以选择文本的显示效果。这里单击选中【上标】复选框，单击【确定】按钮。

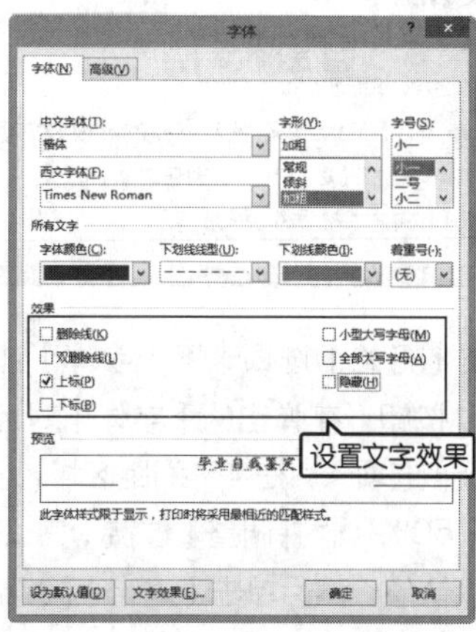

❺ 完成文本的设置后效果如图所示。

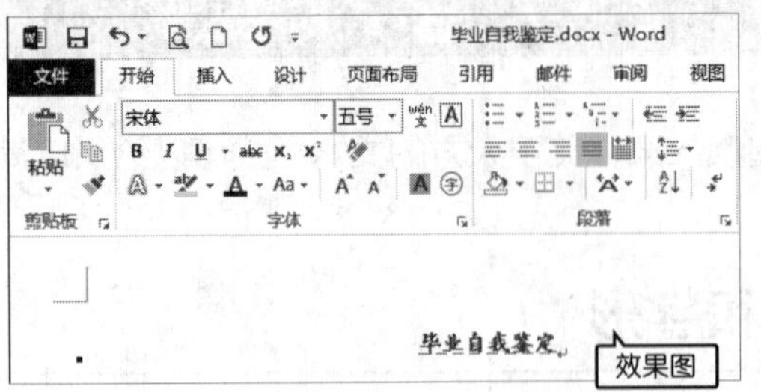

用户也可使用功能区【字体】选项组直接进行设定。

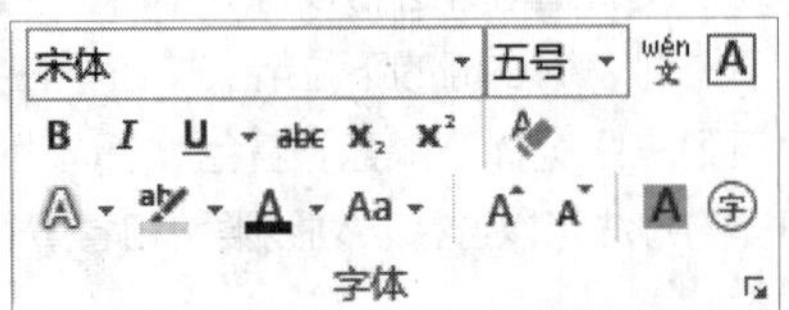

提示 直接单击【字体】按钮宋体右侧的下拉按钮，在弹出的下拉列表中可以选择文字字体。单击【增大字体】按钮或【缩小字体】按钮，或使用【Ctrl+>】或【Ctrl+<】组合键，可以放大或缩小字体。单击【字号】按钮后的下拉按钮五号，可以设置所选字体的字号。单击【倾斜】按钮或【下划线】按钮，也能改变字体的字形，其中单击【下划线】按钮右侧的倒三角按钮，在弹出的下拉列表中可以选择下划线的样式和字体。另外，在【字体】组中还有【删除线】按钮，可以为文字设置删除线效果，【下标】按钮和【上标】按钮可以设置所选文字的上标和下标，这些按钮在修改文章的时候作用都很大。选定经过设置的文本，然后按【Shift+Ctrl+Z】组合键就可使所选定的文本恢复到正常显示的状态，即默认的“宋体五号”的正文字体。如果想去掉整篇文章中的字符设置，只需先将整篇文章选定，然后按【Shift+Ctrl+Z】组合键即可。

4.2.2 设置字符间距

本节我们将介绍在文档制作过程中对于字符间距的设置，具体操作步骤如下。

❶ 打开随书光盘中的“素材\ch04\秘书职责书.docx”文件，选择将要设置字符间距的文本。

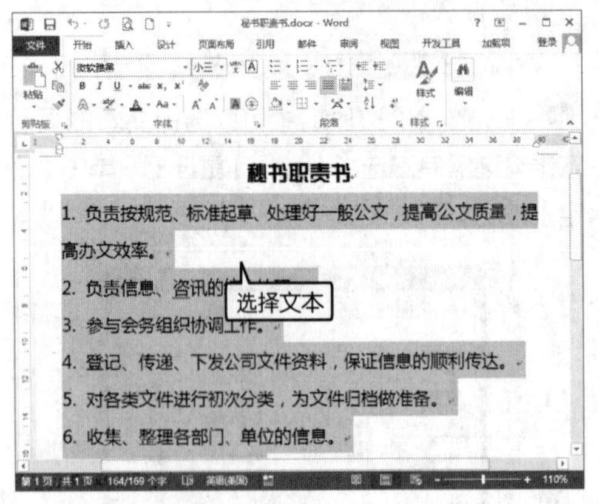

❷ 单击【开始】选项卡下【字体】选项组右下角的按钮，在弹出的【字体】对话框中选择【高级】选项卡，在字符间距区域，设置【缩放】为“50%”，并调整【位置】为“提升”，其他为默认值。然后单击【确定】按钮。

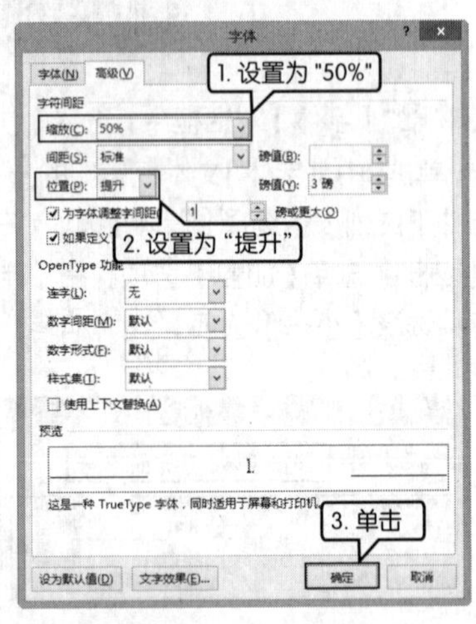

❸ 效果如图所示。

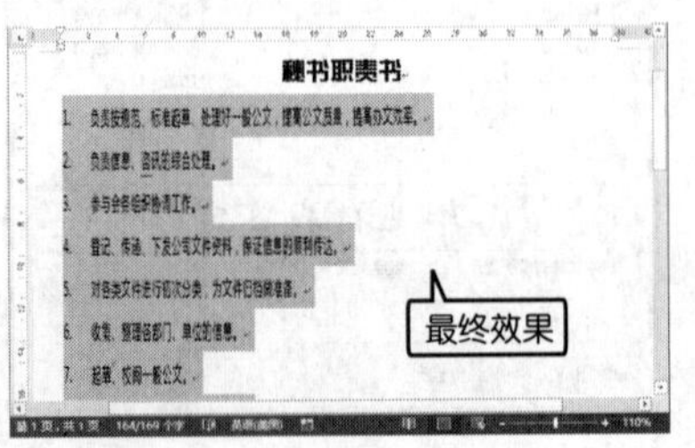

4.2.3 设置文字的效果

为文字添加艺术效果，可以使文字看起来更加美观，具体操作步骤如下。

❶ 在打开的“素材\ch04\秘书职责书.docx”文件中，选中所有文字，单击【开始】选项卡下【字体】选项组右下角的按钮，弹出【字体】对话框，单击【字体效果】按钮。

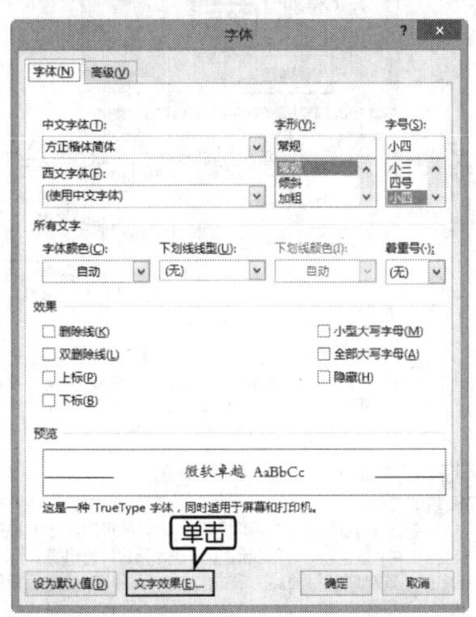

❷ 弹出【设置文本效果格式】对话框。在【文本填充】区域，单击选中【纯色填充】单选项，在【颜色】右侧的颜色调色板中选择【绿色】选项。

❸ 在【文本效果】区域的【映像】中，设置其【预设】样式为“半映像，接触”，然后单击【确定】按钮。

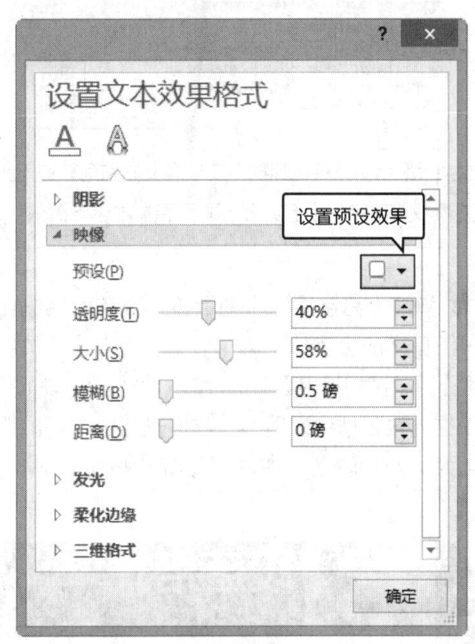

❹ 效果如图所示。

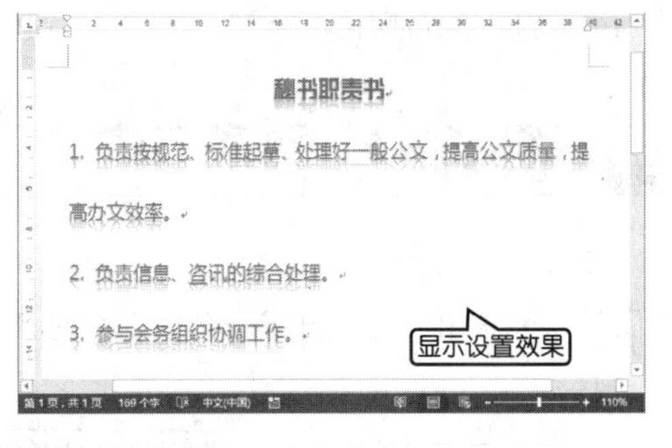

4.2.4 首字下沉

首字下沉是将文档中段首的第一个字符放大数倍，并以下沉的方式显示，以改变文档的版面样式。设置首字下沉效果的具体操作步骤如下。

❶ 打开随书光盘中的“素材\ch04\动物与植物.docx”文档，将鼠标光标定位到任一段的任意位置，单击【插入】选项卡下【文本】选项组中的【首字下沉】按钮，在弹出的下拉列表中选择【首字下沉选项】选项。

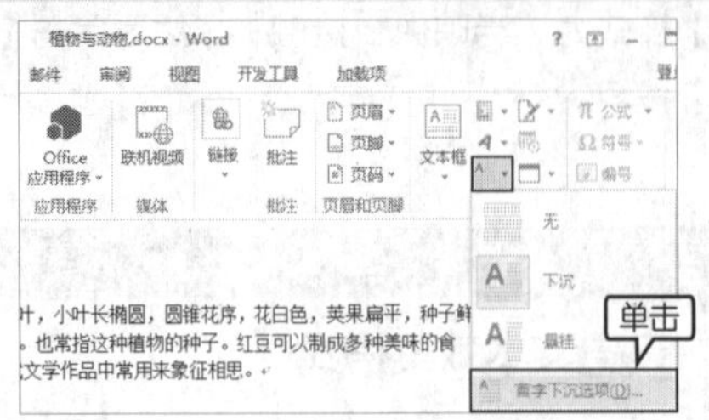

提示 在将鼠标放置在任意文本前列，在下拉列表中选择【下沉】选项，可直接显示下沉效果。

❷ 弹出【首字下沉】对话框。在该对话框中设置首字的【字体】为“隶书”，在【下沉行数】微调框中设置【下沉行数】为“2”，在【距正文】微调框中设置首字与段落正文之间的距离为“0.5 厘米”，单击【确定】按钮。

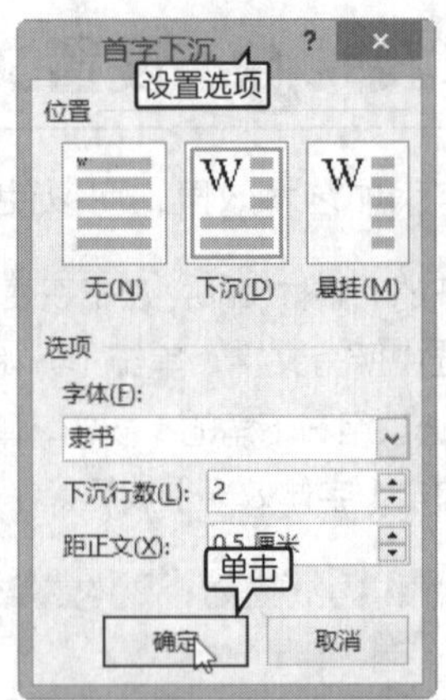

❸ 即可在文档中显示调整后的首字下沉效果。

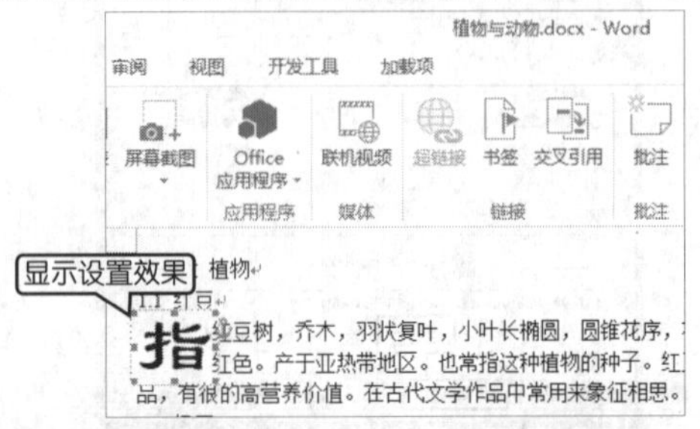

4.3 段落格式

本节视频教学录像：7 分钟

段落样式是指以段落为单位所进行的格式设置。本节主要来讲解段落的对齐方式、段落的缩进、行间距及段落间距等。

4.3.1 对齐方式

整齐的排版效果可以使文本更为美观，对齐方式就是段落中文本的排列方式。Word 中提供了 5 种常用的对齐方式，分别为左对齐、右对齐、居中对齐、两端对齐和分散对齐。

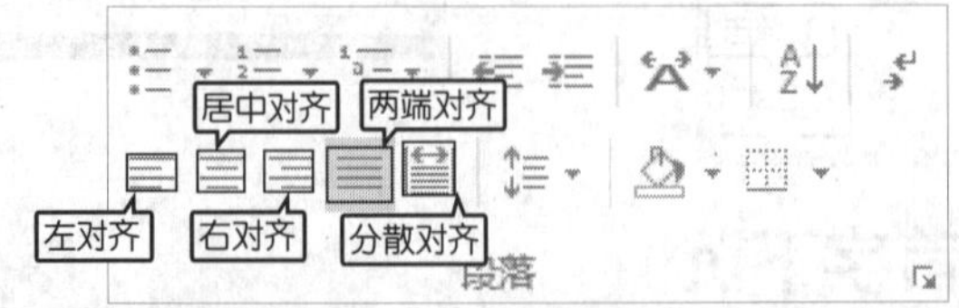

我们不仅可以通过工具栏中的【段落】选项组中的对齐方式按钮来设置对齐，还可以通过【段落】对话框来设置对齐。具体操作步骤如下。

单击【开始】选项卡下【段落】选项组右下角的按钮，或单击鼠标右键，在弹出的快捷菜单中选择【段落】菜单项，都会弹出【段落】对话框。在【缩进和间距】选项卡下，单击【常规】组中【对齐方式】右侧的下拉按钮，在弹出的列表中可选择需要的对齐方式。

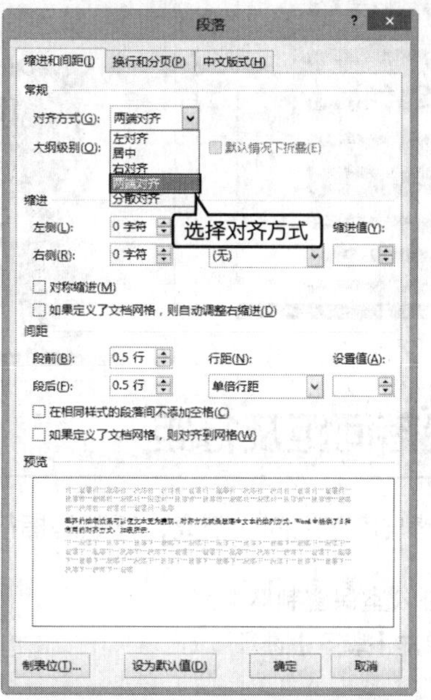

4.3.2 段落的缩进

段落缩进是指段落到左右页边距的距离。根据中文的书写形式，通常情况下，正文中的每个段落都会首行缩进两个字符。段落缩进的具体步骤如下。

❶ 打开随书光盘中的“素材\ch04\办公室保密制度.docx”文件，选中要设置缩进文本，单击【段落】选项组右下角的按钮。

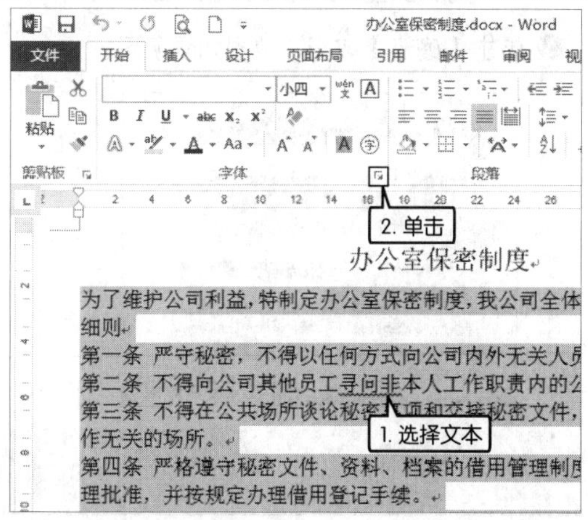

提示 在【开始】选项卡下【段落】组中单击【减小缩进量】按钮和【增加缩进量】按钮也可以调整缩进。

❷ 弹出的【段落】对话框，单击【特殊格式】下方文本框右侧的下拉按钮，在弹出的列表中选择【首行缩进】选项，在【缩进值】文本框输入“2 字符”，单击【确定】按钮。

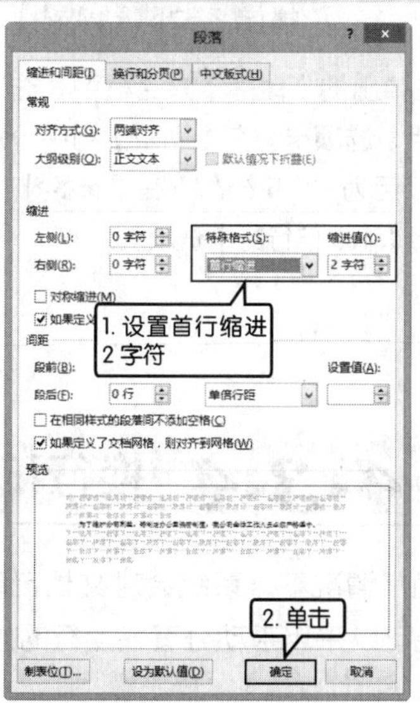

❸ 缩进效果如图所示。

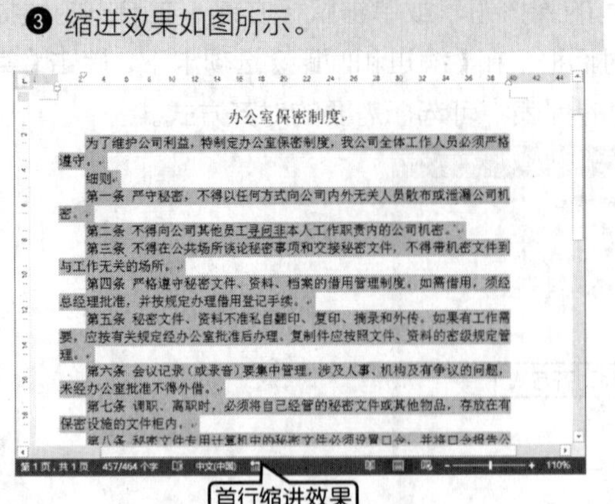

提示 除了设置首行缩进外，我们还可以设置文本的悬挂缩进，其设置方法与设置首行缩进相同。下图就是文本悬挂缩进的效果图。

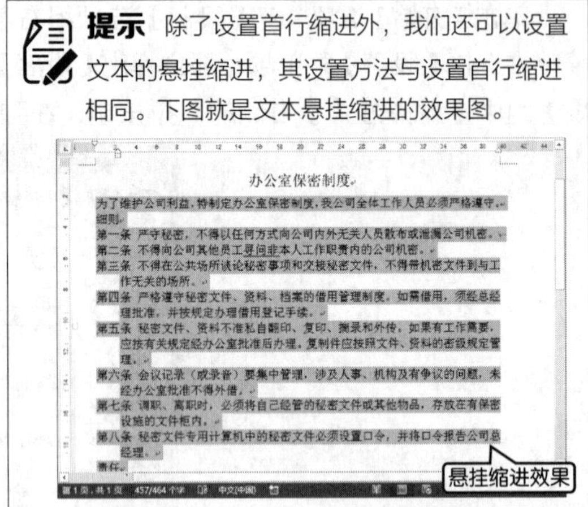

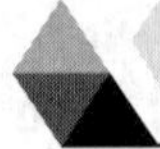

4.3.3 段落间距及行距

段落间距是指文档中段落与段落之间的距离，行距是指行与行之间的距离。

❶ 在打开的“素材\ch04\办公室保密制度.docx”文件中，选择文本。单击【段落】选项组右下角的 按钮。

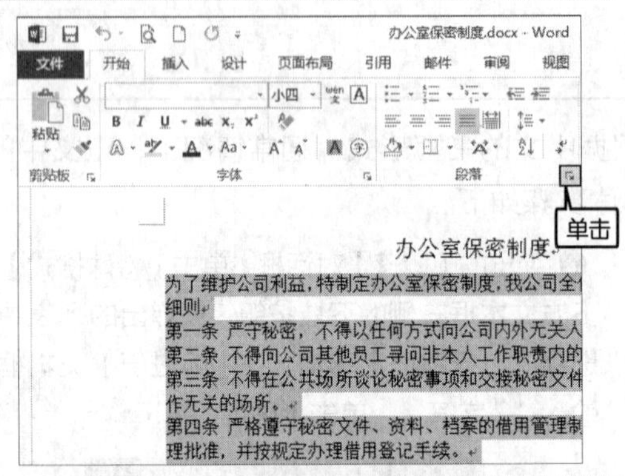

❷ 在弹出的【段落】对话框中，选择【缩进和间距】选项卡。在【间距】组中分别设置段前和段后为“0.5 行”，在【行距】下拉列表中选择【1.5 倍行距】选项。

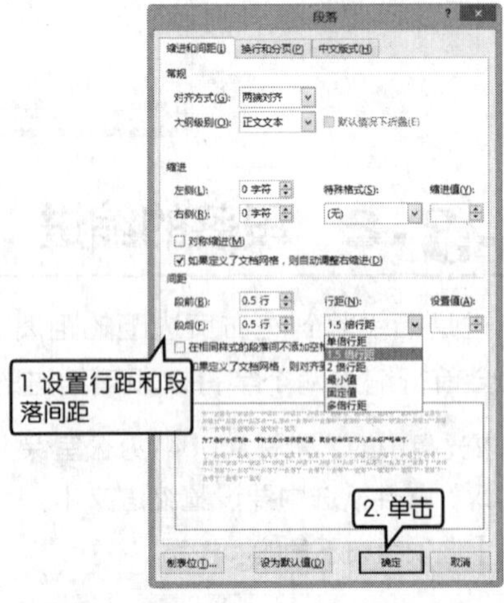

❸ 单击【确定】按钮，效果如图所示。

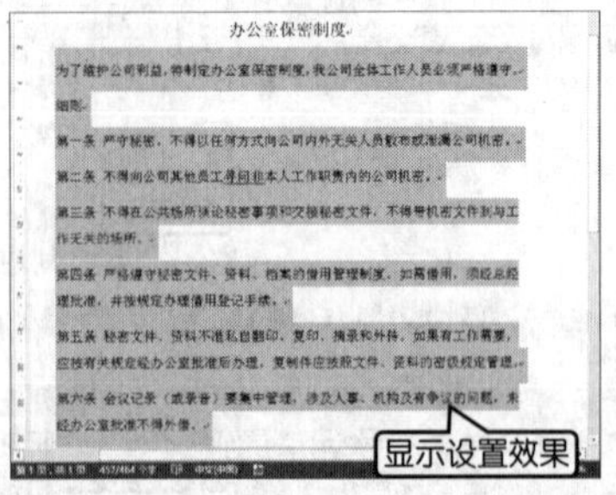

4.3.4 换行和分页

通常情况下，系统会对文档自动换行和分页。在某些需要单独一页或另起一行显示的情况下也可以采用手动分页或换行的方法进行设置。

1. 设置分页

设置分页的具体操作步骤如下所示。

❶ 在打开的“办公室保密制度 .docx”文件中，将鼠标定位到需要分页的位置。

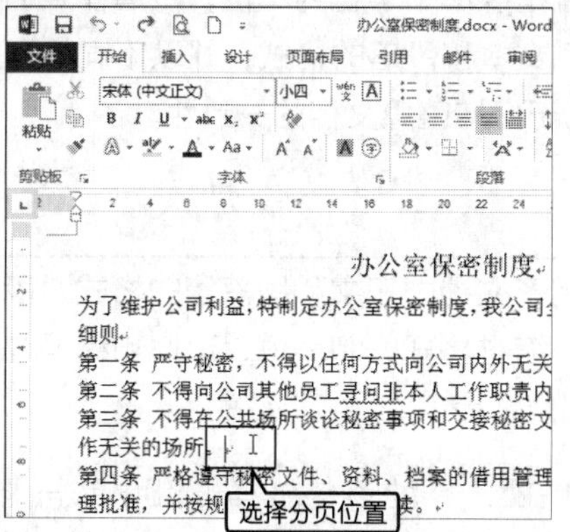

❷ 在【页面布局】选项卡下【页面设置】选项组中，单击【分隔符】按钮 右侧的下拉按钮，在其列表中选择【分页符】选项。

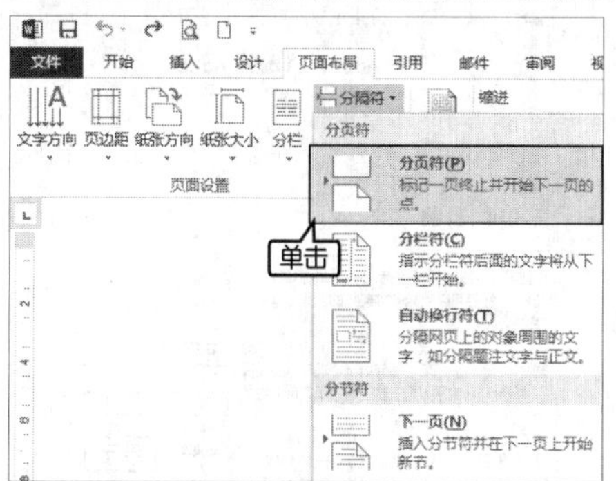

❸ 返回文档即可看到已经在插入点的位置开始新的一页。

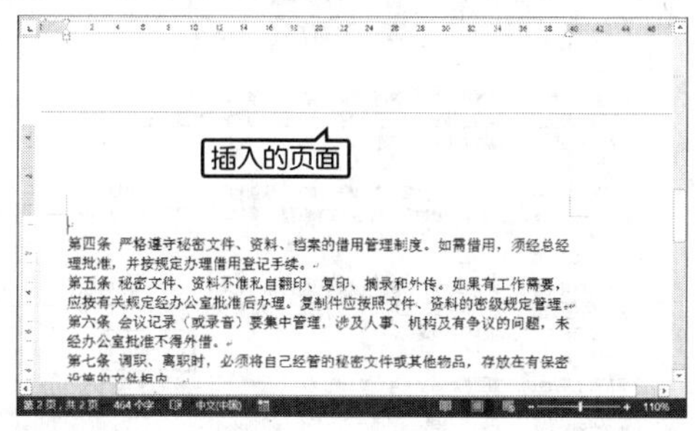

> **提示**　也可以在【页面设置】对话框中的【页边距】选项卡中，在【纸张方向】区域设置纸张的方向。

2. 设置换行

设置换行的方法有两种：一种是使用换行标记；另一种是使用手动换行符。

（1）使用换行标记

新建一个空白文档，输入以下内容。如果文本需要另起一行，则可以按【Enter】键来结束上一段文本，这样就会在该段末尾留下一个段落标记“↵”。

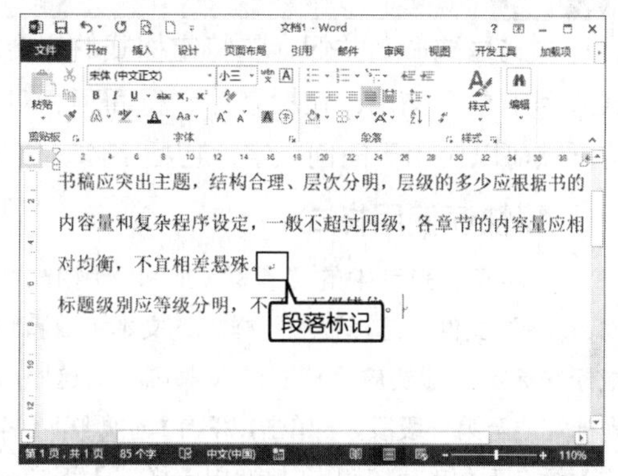

> **提示**　在【Word 选项】对话框【显示】选项下的【始终在屏幕上显示这些格式标记】组下撤销选中相应的复选框即可取消这些标记。

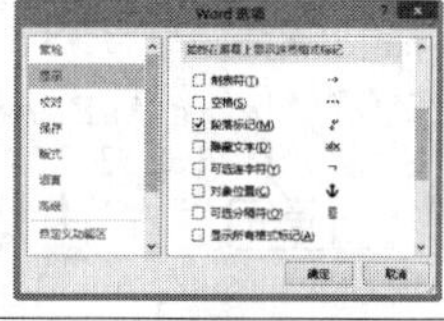

（2）使用手动换行符

按【Shift+Enter】组合键来结束一个段落，此时产生的是一个手动换行符“↓”。此时虽然可以达到换行的目的，但此段落不会结束，只是换行输入而已，与前一个段落仍是整体。

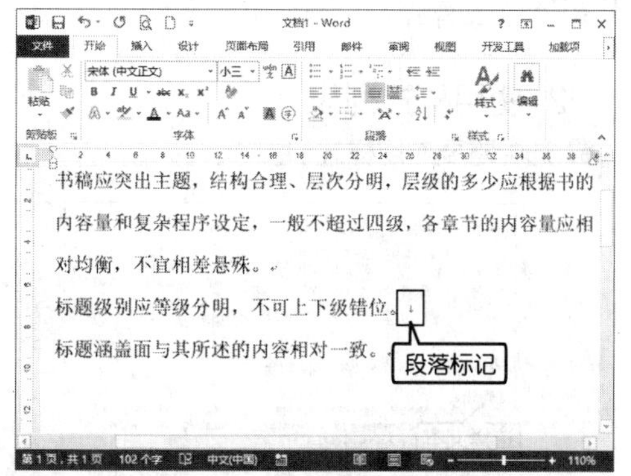

4.4 应用样式与格式

本节视频教学录像：8 分钟

样式包含字符样式和段落样式，字符样式的设置是以单个字符为单位，段落样式的设置是以段落为单位。样式是特定格式的集合，它规定了文本和段落的格式，并以不同的样式名称标记。通过样式可以简化操作、节约时间，还有助于保持整篇文档的一致性。

4.4.1 内置样式

样式是被命名并保存的特定格式的集合，它规定了文档中正文和段落等的格式。段落样式应用于整个文档，包括字体、行间距、对齐方式、缩进格式、制表位、边框和编号等。字符样式可以应用于任何文字，包括字体、字体大小和修饰等。

1. 快速使用样式

打开随书光盘中的"素材\ch04\动物与植物.docx"文件，选择要应用样式的文本（或者将鼠标光标定位置要应用样式的段落内），这里将光标定位至第一段段内。单击【开始】选项卡下【样式】组右下角的按钮，从弹出【样式】下拉列表中选择【标题】样式，此时第一段即变为标题样式。

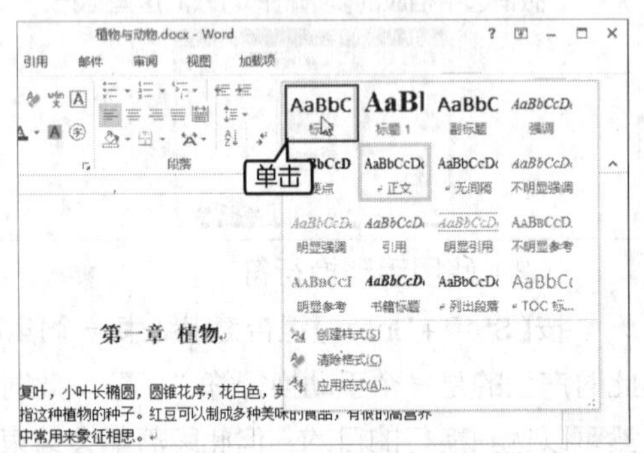

提示 一般情况下，文本输入后，系统默认为正文样式。

2. 使用样式列表

❶ 选中需要应用样式的文本。

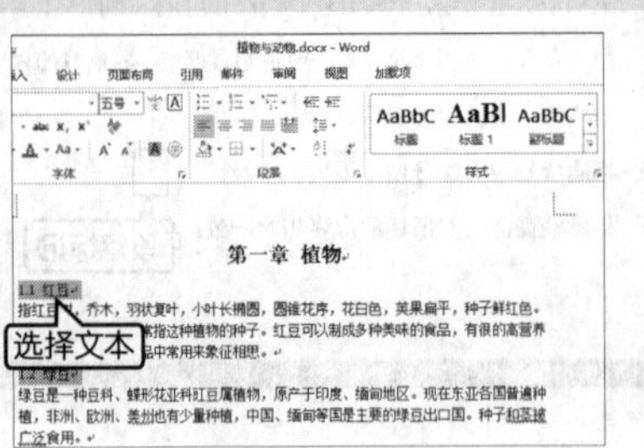

❷ 在【开始】选项卡的【样式】组中单击【样式】按钮，弹出【样式】窗格，在【样式】窗格的列表中单击需要的样式选项即可，如单击【目录 1】选项。

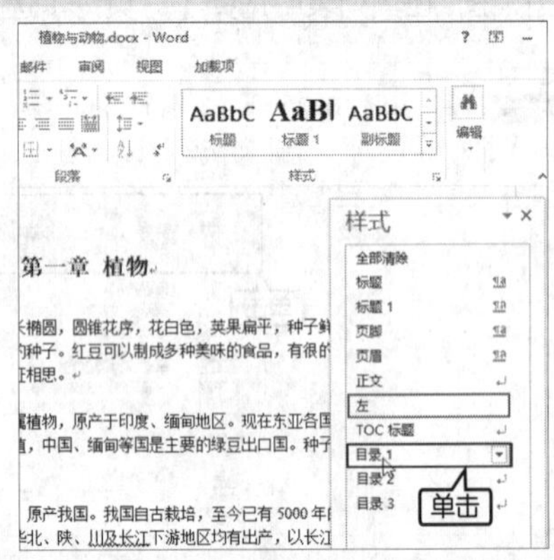

❸ 单击右上角的【关闭】按钮，关闭【样式】窗格，即可将样式应用于文档，效果如图所示。

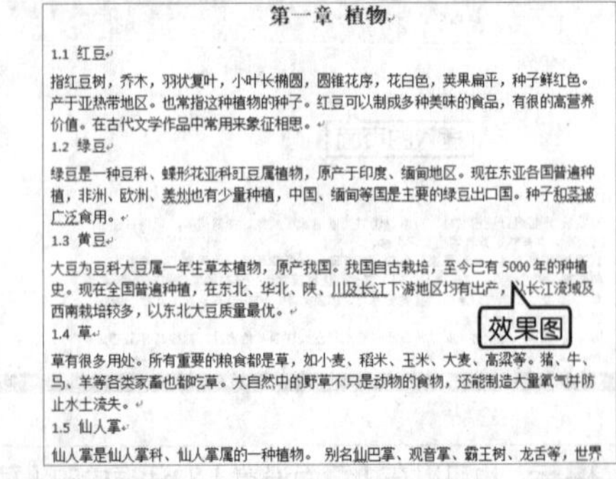

提示 用户可以在【样式】窗格中单击选中【显示预览】复选框，让样式列表以应用后的样式显示。

4.4.2 自定义样式

当系统内置的样式不能满足需求时，用户还可以自行创建样式，具体操作步骤如下。

❶ 打开随书光盘中的“素材 \ch04\ 动物与植物 .docx”文件，选中需要应用样式的文本，或者将插入符移至需要应用样式的段落内的任意一个位置，然后在【开始】选项卡的【样式】组中单击【样式】按钮 ，弹出【样式】窗格。

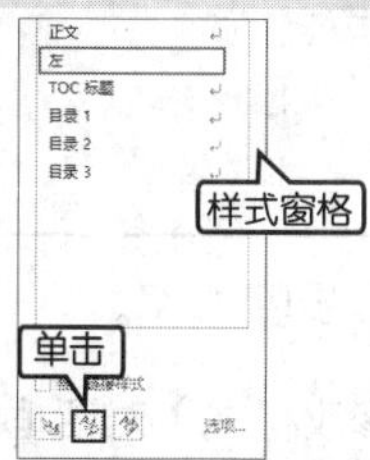

❷ 单击【新建样式】按钮 ，弹出【根据格式设置创建新样式】窗口。

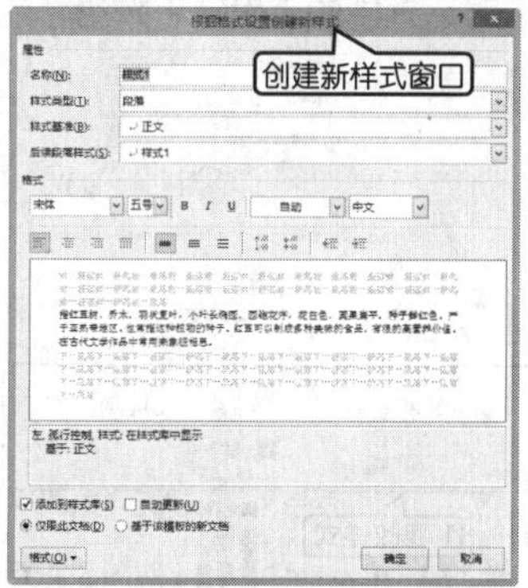

❸ 在【名称】文本框中输入新建样式的名称，例如输入“内正文”，在【属性】区域分别在【样式类型】、【样式基准】和【后续段落样式】下拉列表中选择需要的样式类型或样式基准，并在【格式】区域设置字体格式，这里单击【倾斜】按钮 *I* 。

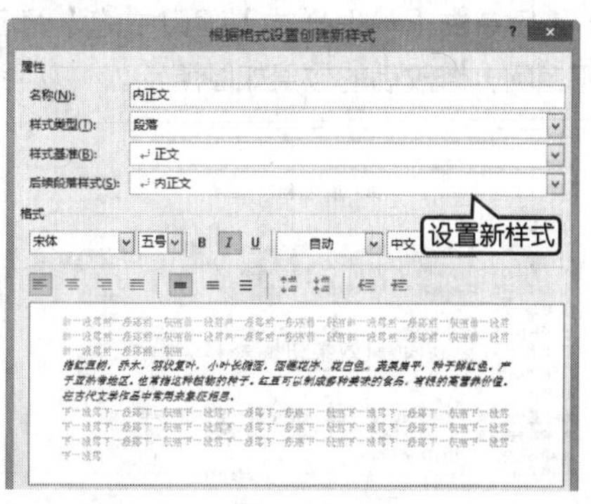

❹ 单击左下角的【格式】按钮，在弹出的下拉列表中选择【段落】选项。

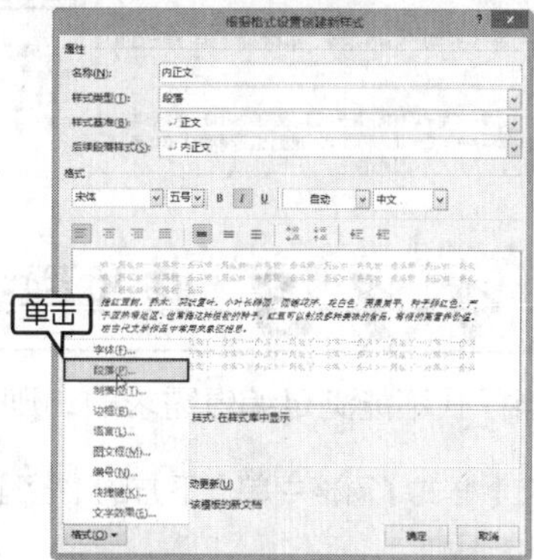

❺ 弹出【段落】对话框，在段落对话框中设置“首行缩进，2 字符”，单击【确定】按钮。

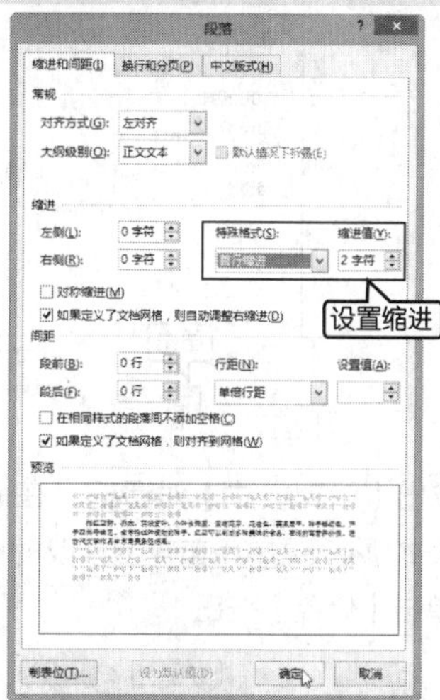

❻ 返回【根据格式设置创建新样式】对话框，在中间区域浏览效果，单击【确定】按钮。

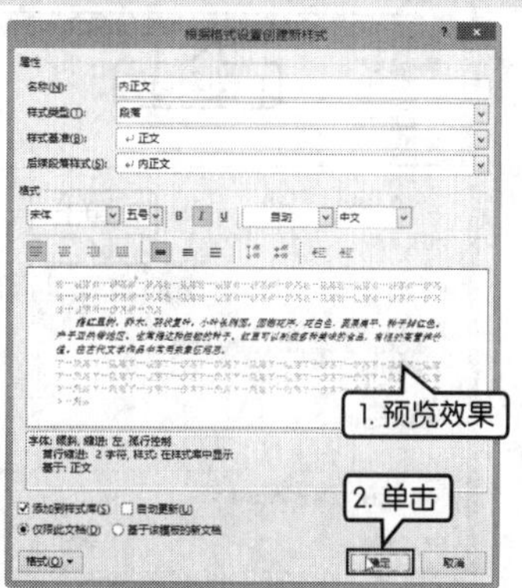

❼ 在【样式】窗格中可以看到创建的新样式，在文档中显示设置后的效果。

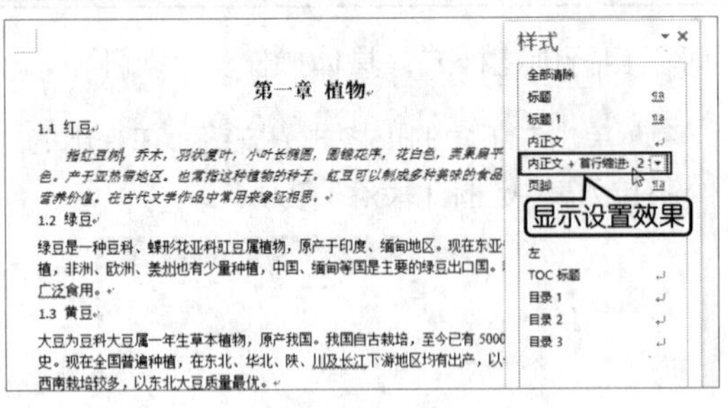

❽ 选择其他要应用该样式的段落，单击【样式】窗格中的【内正文】样式，即可将该样式应用到新选择的段落。

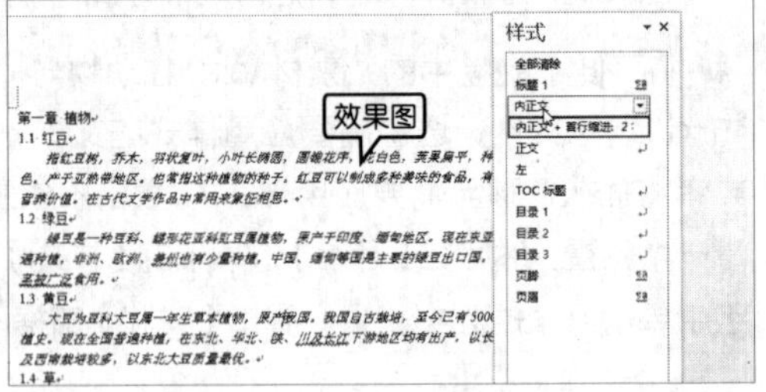

4.4.3 修改样式

当样式不能满足编辑需求时，则可以进行修改，具体操作步骤如下。

❶ 在【样式】窗格中单击下方的【管理样式】按钮 。

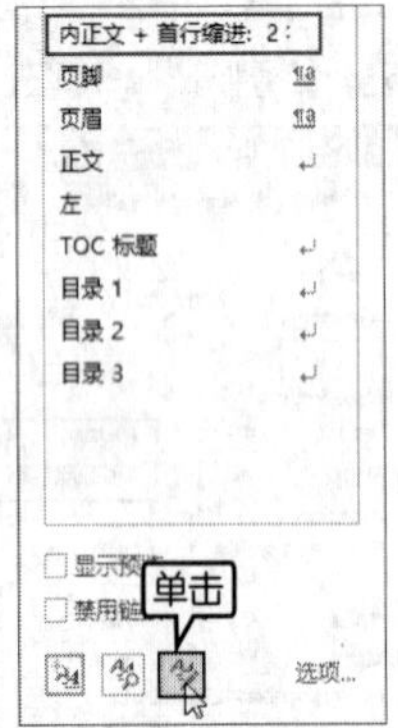

❷ 弹出【管理样式】对话框，在【选择要编辑的样式】列表框中单击需要修改的样式名称，然后单击【修改】按钮。

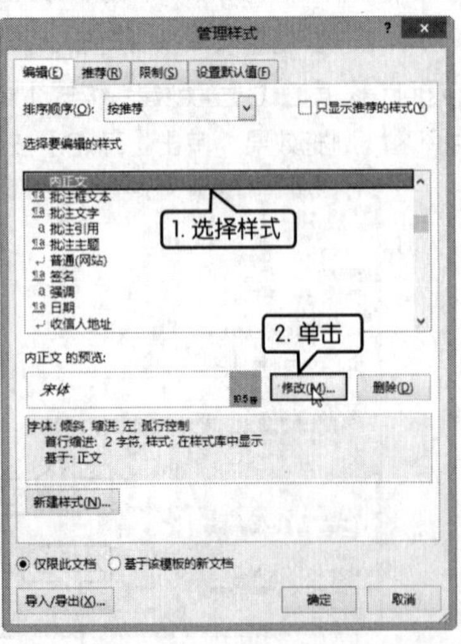

❸ 弹出【修改样式】对话框，参照新建样式的步骤 ❸ ~ ❻，分别设置字体、字号、加粗、段间距、对齐方式和缩进量等选项。单击【修改样式】对话框中的【确定】按钮，完成样式的修改。

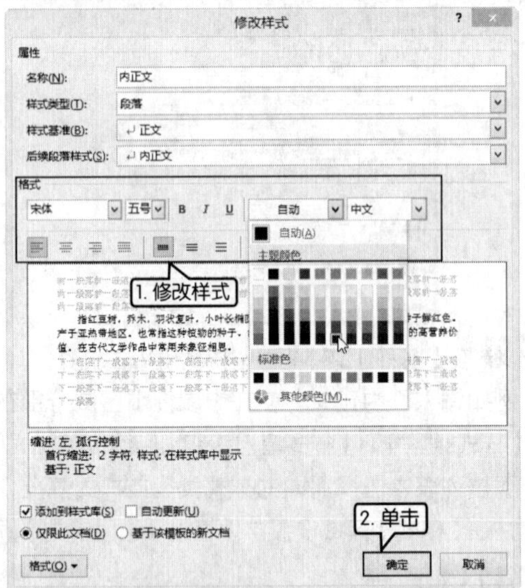

❹ 最后单击【管理样式】窗口中的【确定】按钮返回，修改后的效果如图所示。

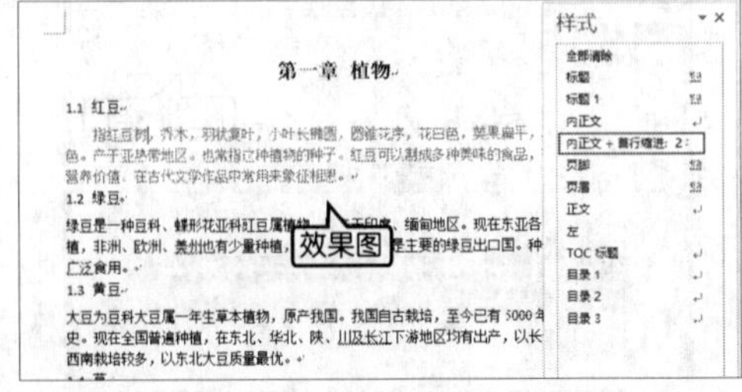

4.4.4 清除格式

当某个样式不再使用时，可以将其删除，具体操作步骤如下。

❶ 在【样式】窗格中单击【管理样式】按钮 。

❷ 弹出【管理样式】对话框，在【选择要编辑的样式】列表框中单击需要删除的样式名称，单击【删除】按钮即可删除所选的样式，最后单击【确定】按钮返回即可。

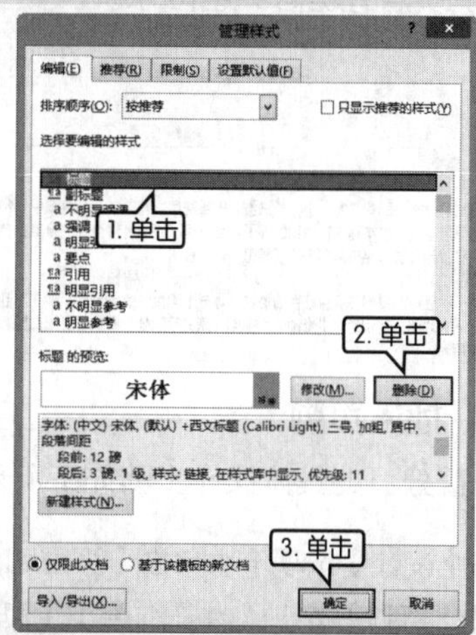

4.5 页眉和页脚

本节视频教学录像：7 分钟

Word 2013 提供了丰富的页眉和页脚模板，使用户插入页眉和页脚变得更为快捷。

4.5.1 插入页眉和页脚

1. 插入页眉

设置分页的具体操作步骤如下所示。

❶ 打开随书光盘中的“素材 \ch04\ 植物和动物 .docx”文件，单击【插入】选项卡【页眉和页脚】组中的【页眉】按钮 ，弹出【页眉】下拉列表。

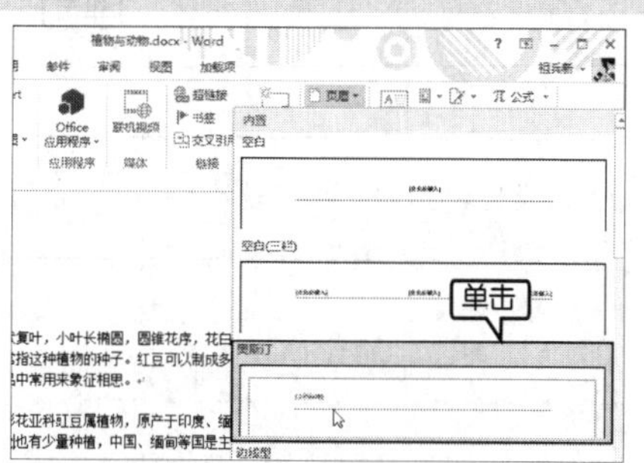

❷ 选择需要的页眉模板，如选择【奥斯汀】选项，Word 2013 会在文档每一页的顶部插入页眉，并显示两个文本域。

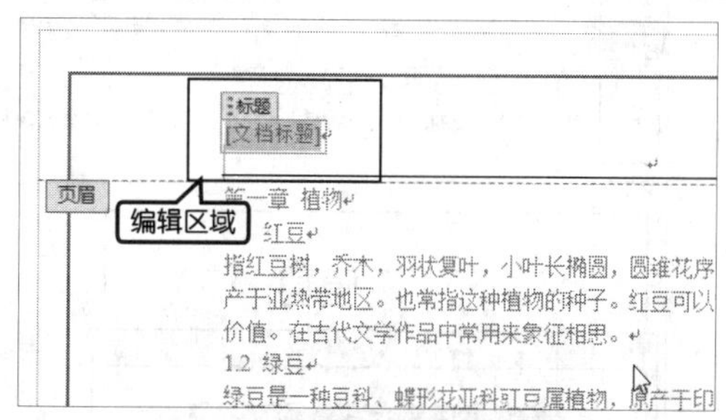

❸ 在页眉的文本域中输入文档的标题和页眉，单击【关闭页眉和页脚】按钮 。

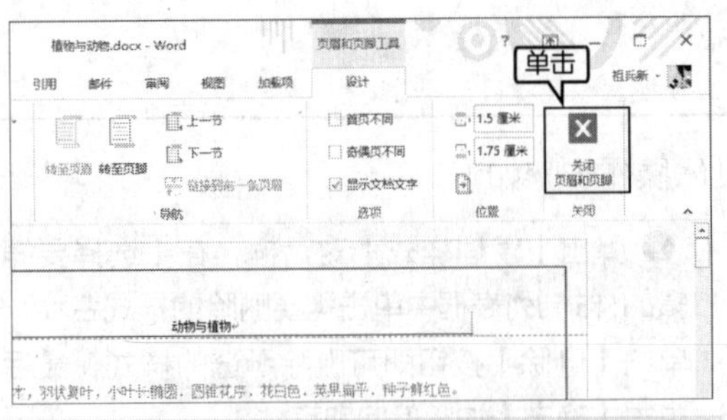

❹ 插入页眉的效果如下图所示。

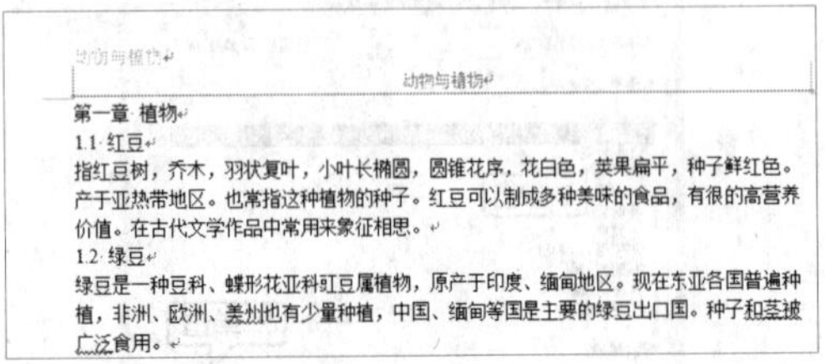

2. 插入页脚

设置分页的具体操作步骤如下所示。

❶ 在【设计】选项卡中单击【页眉和页脚】组中的【页脚】按钮 ，弹出【页脚】下拉列表，这里选择【怀旧】选项。

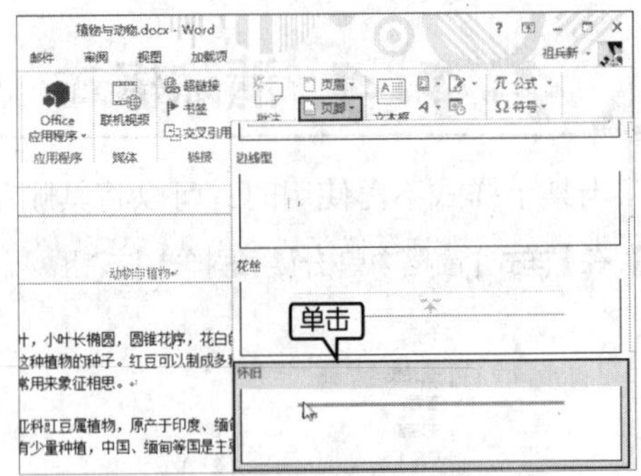

❷ 文档自动跳转至页脚编辑状态，输入页脚内容。

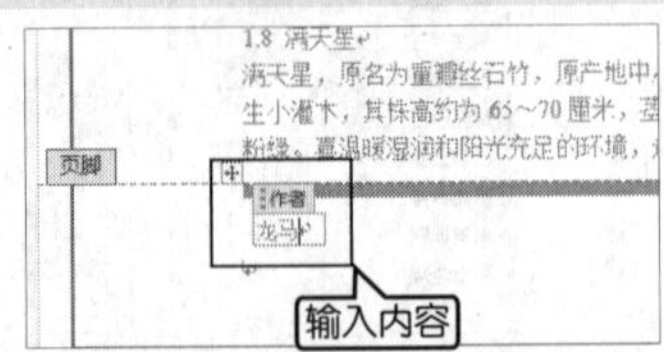

❸ 返回文档即可看到已经在插入点的位置开始新的一页。

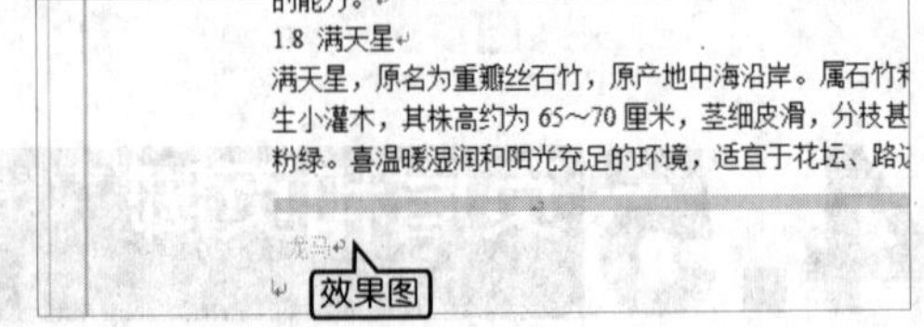

4.5.2 设置页眉和页脚

插入页眉和页脚后，还可以根据需要设置页眉和页脚，具体操作步骤如下。

❶ 双击插入的页眉，使其处于编辑状态。单击【页眉和页脚工具】➤【设计】选项卡下【页眉和页脚】组中的【页眉】按钮 ，在弹出的下拉列表中选择【镶边】样式。

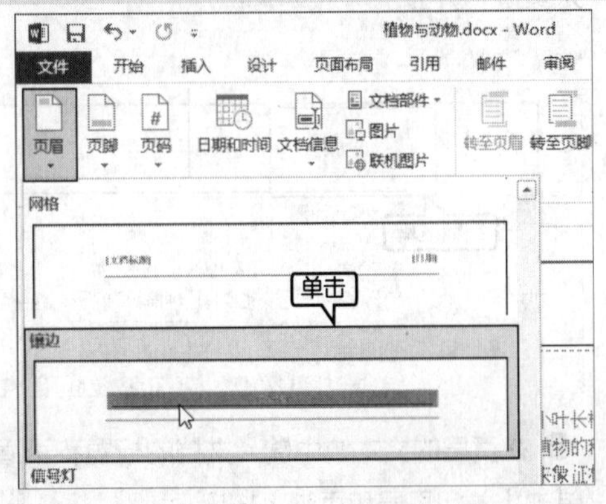

❷ 在【页眉和页脚工具】➤【设计】选项卡下【选项】组中单击选中【奇偶页不同】复选框。

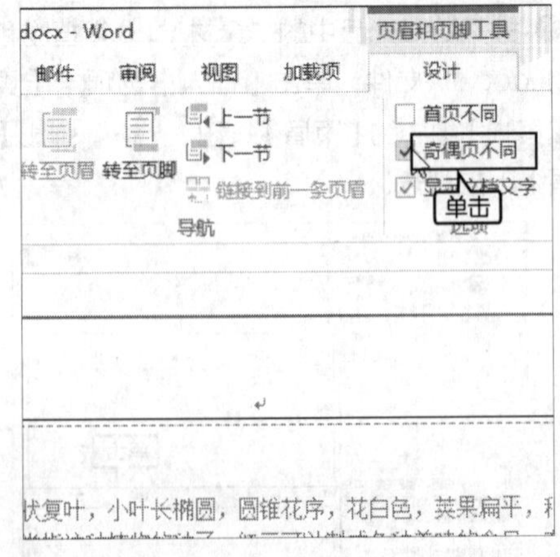

❸ 选中页眉中的文本内容，在【开始】选项卡下设置其【字体】为“华文新魏”，【字号】为“三号”，【字体颜色】为“深红”。

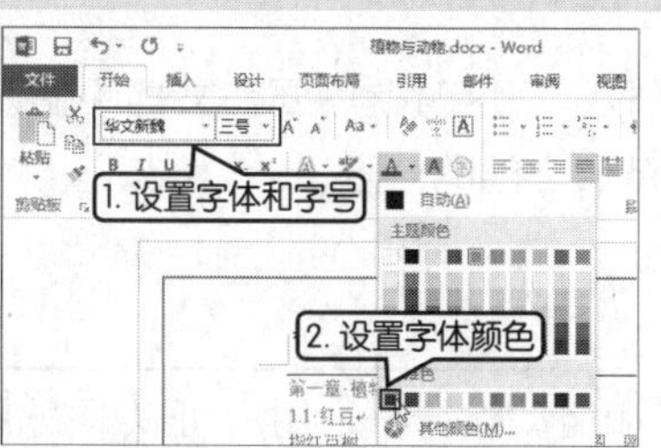

❹ 返回至文档中，按【Esc】键即可退出页眉和页脚的编辑状态，效果如图所示。

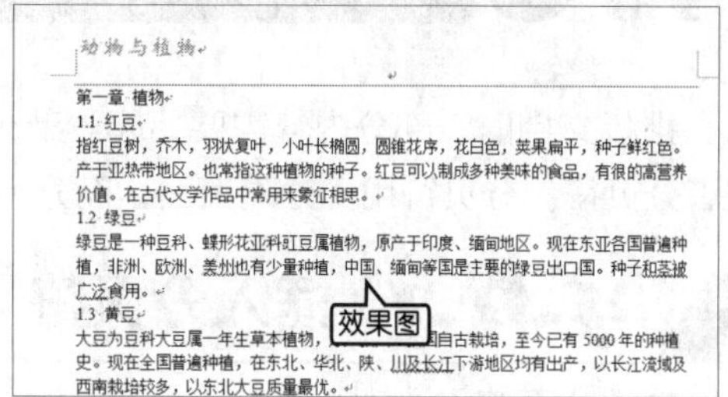

4.5.3 设置页码

在文档中插入页码，可以更方便地查找文档。在文档中插入页码的具体操作步骤如下。

❶ 打开随书光盘中的“素材\ch04\植物和动物.docx”，单击【插入】选项卡下【页眉和页脚】组中的【页码】按钮 页码，在弹出的【页码】下拉列表中选择【页面底端】➤【带状物】选项。

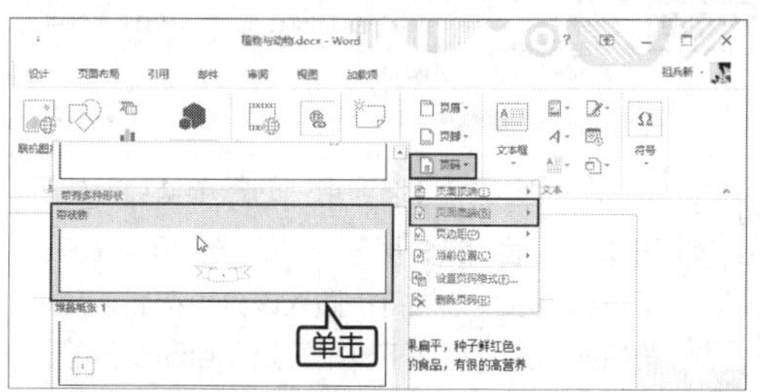

❷ 即可进入到页眉页脚状态，可以对插入的页码进行修改。

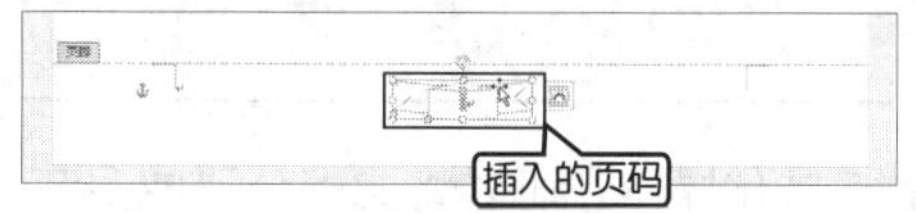

❸ 单击【页眉和页脚工具】➤【设计】选项卡下【页眉和页脚】选项组中的【页码】按钮 页码，在弹出下拉列表中选择【设置页码格式】选项。

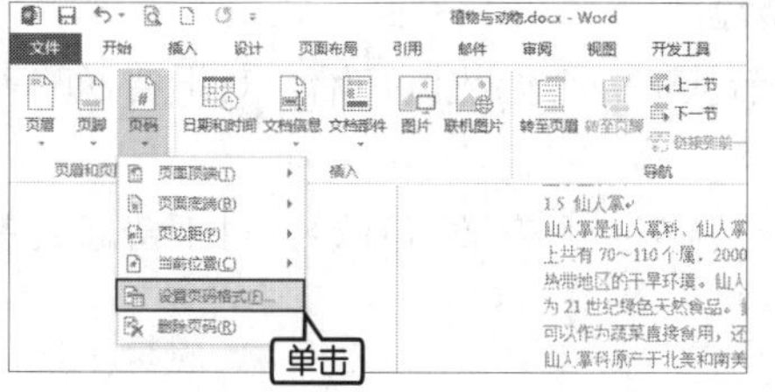

❹ 弹出【页码格式】对话框，在【编号格式】下拉列表中可以设置页码的格式，并可设置页码中是否包含章节号。

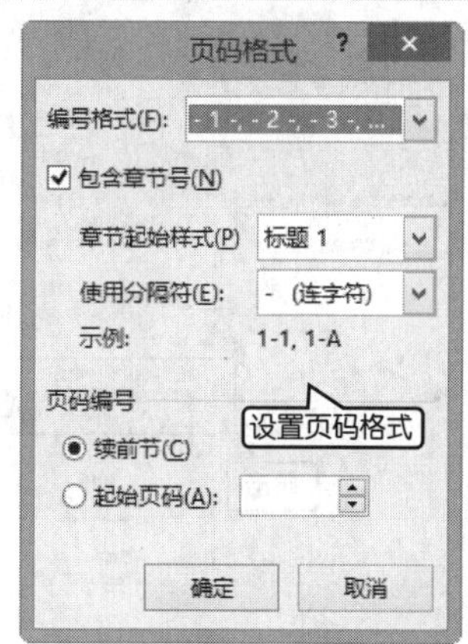

❺ 单击【确定】按钮，即可在文档中插入页码。单击【关闭页眉和页脚】按钮退出页眉页脚状态。

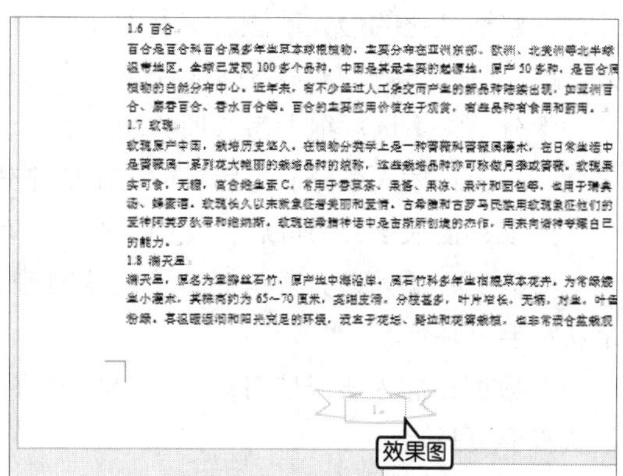

4.6 使用分隔符

本节视频教学录像： 3 分钟

排版文档时，部分内容需要另起一节或另起一页显示，这时就需要在文档中插入分节符或者分页符。分页符用于分隔页面，而分节符则用于章节之间的分隔。

4.6.1 插入分页符

在【分页符】选项组中又包含有分页符、分栏符和自动换行符，用户可以根据需要选择不同的分页符插入到文档中。下面以插入自动换行符为例，介绍在文档中插入分页符的具体操作步骤。

❶ 打开随书光盘中的“素材\ch04\动物和植物.docx”文件，移动光标到要换行的位置。单击【页面布局】选项卡下【页面设置】组中的【分隔符】按钮 分隔符 ，在弹出的下拉列表中的【分页符】选项组中的【自动换行符】选项。

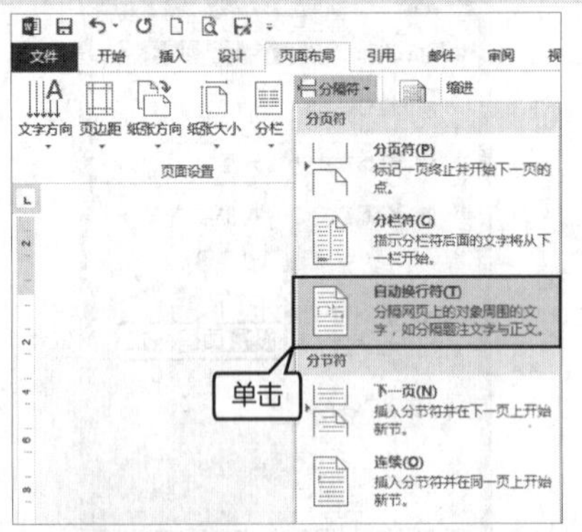

❷ 此时文档以新的一段开始，且上一段的段尾会添加一个自动换行符 ↓ 。

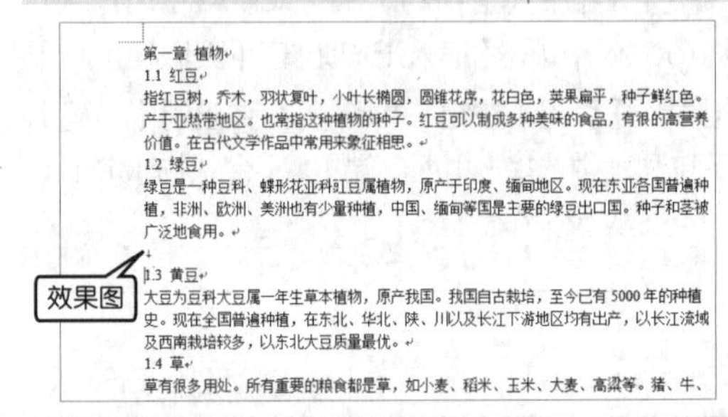

第一章 植物
1.1 红豆
指红豆树，乔木，羽状复叶，小叶长椭圆，圆锥花序，花白色，荚果扁平，种子鲜红色。产于亚热带地区。也常指这种植物的种子。红豆可以制成多种美味的食品，有很的高营养价值。在古代文学作品中常用来象征相思。
1.2 绿豆
绿豆是一种豆科、蝶形花亚科豇豆属植物，原产于印度、缅甸地区。现在东亚各国普遍种植，非洲、欧洲、美洲也有少量种植，中国、缅甸等国是主要的绿豆出口国。种子和茎被广泛地食用。
1.3 黄豆
大豆为豆科大豆属一年生草本植物，原产我国。我国自古栽培，至今已有5000年的种植史。现在全国普遍种植，在东北、华北、陕、川以及长江下游地区均有出产，以长江流域及西南栽培较多，以东北大豆质量最优。
1.4 草
草有很多用处。所有重要的粮食都是草，如小麦、稻米、玉米、大麦、高粱等。猪、牛、

提示 【分页符】选项组中的各选项功能如下。分页符：插入该分页符后，标记一页终止并在下一页显示；分栏符：插入该分页符后，分栏符后面的文字将从下一栏开始；自动换行符：插入该分页符后，自动换行符后面的文字将从下一段开始。

4.6.2 插入分节符

为了便于同一文档中不同部分的文本进行不同的格式化操作，可以将文档分隔成多节，节是文档格式化的最大单位。只有在不同的节中才可以设置与前面文本不同的页眉、页脚、页边距、页面方向、文字方向或者分栏等。分节可使文档的编辑排版更灵活、版面更美观。

【分节符】选项组中各选项的功能如下。

下一页：插入该分节符后，Word 将使分节符后的那一节从下一页的顶部开始。

连续：插入该分节符后，文档将在同一页上开始新节。

偶数页：插入该分节符后，将使分节符后的一节从下一个偶数页开始，对于普通的书就是从左手页开始。

奇数页：插入该分节符后，将使分节符后的一节从下一个奇数页开始，对于普通的书就是从右手页开始。

❶ 打开随书光盘中的“素材 \ch04\ 动物和植物 .docx”文件，移动光标到要换行的位置。单击【页面布局】选项卡下【页面设置】组中的【分隔符】按钮 分隔符 ，在弹出的下拉列表中的【分节符】选项组中的【下一页】选项。

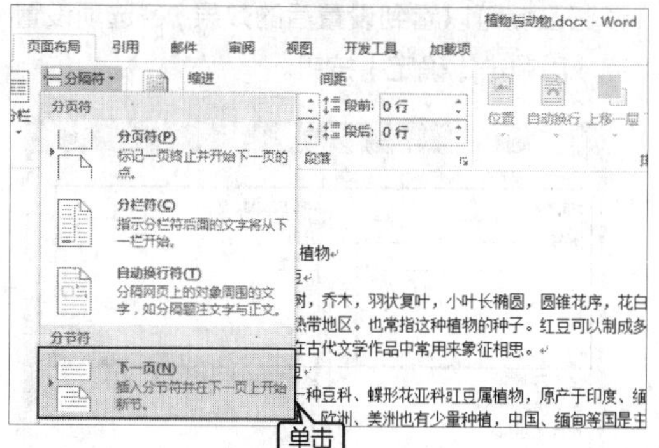

❷ 此时在插入分节符后，将在下一页开始新节。

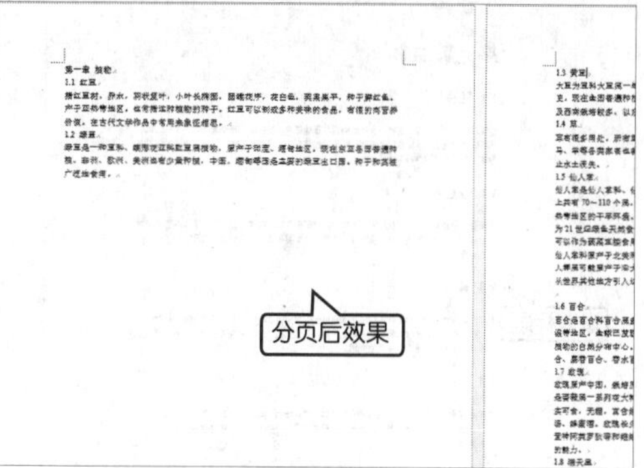
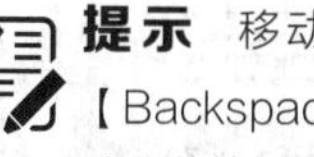

提示　移动光标到分节符标记之后，按下【Backspace】键或者【Delete】键即可删除分节符标记。

4.7 创建目录和索引

本节视频教学录像：6 分钟

对于长文档来说，查看文档中的内容时，不容易找到需要的文本内容，这时就需要为文档创建一个目录，以方便查找需要的文本内容。

4.7.1 创建目录

插入文档的页码并为目录段落设置大纲级别是提取目录的前提条件。设置段落级别并提取目录的具体操作步骤如下。

❶ 打开随书光盘中的“素材 \ch04\ 动物与植物 .docx”文档，根据 4.6.3 节操作设置页码。将鼠标光标定位在“第一章 植物”段落任意位置，单击【引用】选项卡下【目录】组中的【添加文字】按钮 添加文字 ，在弹出的下拉列表中选择【1 级】选项。

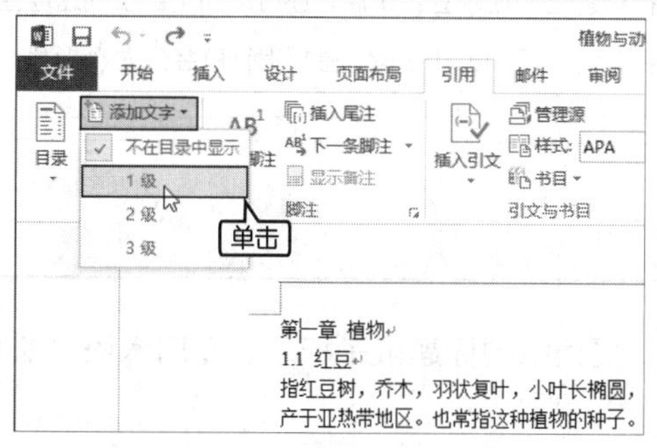

提示　在 Word 2013 中设置大纲级别可以在设置大纲级别的文本位置折叠正文或低级别的文本，还可以将级别显示在【导航窗格】中便于定位，最重要的是便于提取目录。

❷ 将光标定位在“1.1 红豆”段落任意位置，单击【引用】选项卡下【目录】组中的【添加文字】按钮，在弹出的下拉列表中选择【2 级】选项。

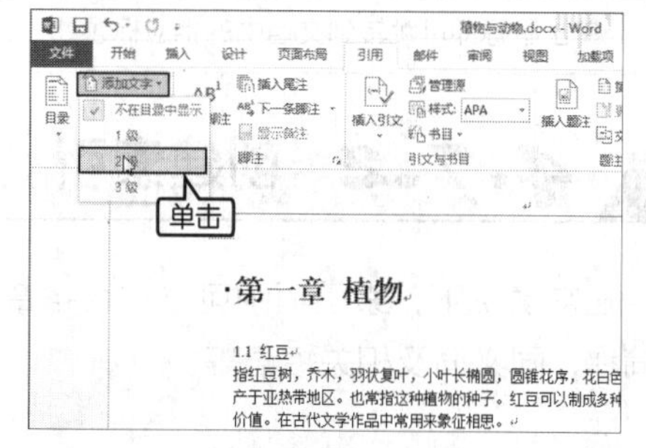

❸ 使用【格式刷】快速设置其他标题级别。

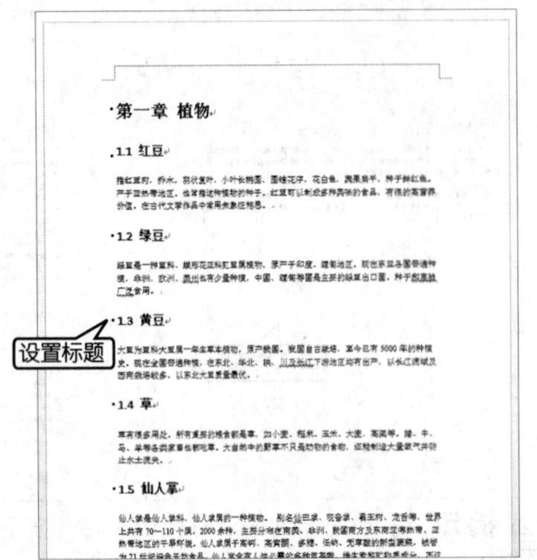

❹ 在文档的最前面插入空白页。将光标定位在第 1 页中，单击【引用】选项卡的【目录】组中的【目录】按钮，在弹出的下拉列表中选择【自定义目录】选项。

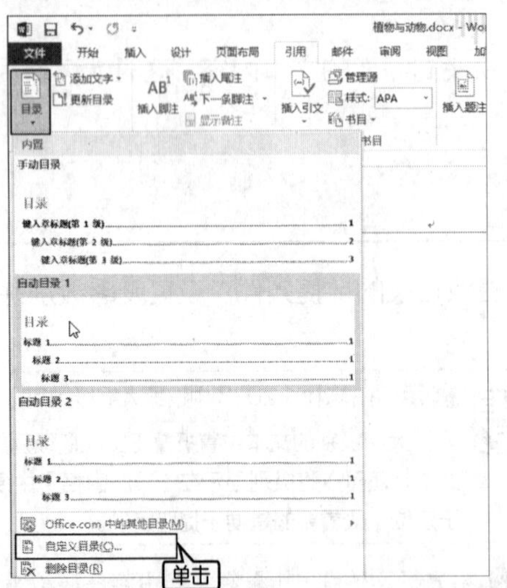

提示 单击【目录】按钮，在弹出的下拉列表中单击目录样式可快速添加目录至文档中。

❺ 在弹出的【目录】对话框中，在【格式】下拉列表中选择【正式】选项，在【显示级别】微调框中输入或者选择显示级别为“2”，在预览区域可以看到设置后的效果，各选项设置完成后单击【确定】按钮。

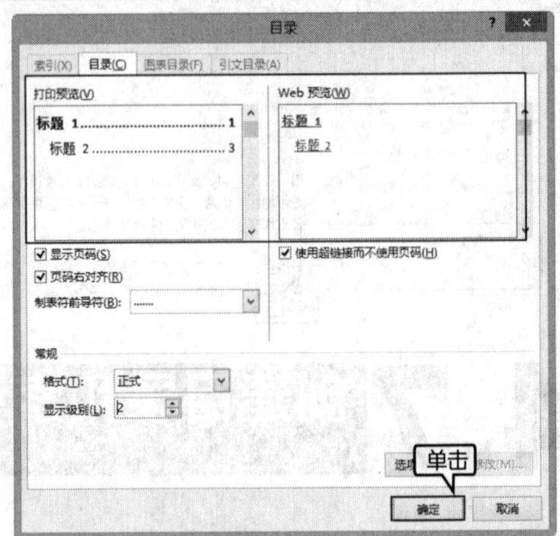

❻ 此时就会在指定的位置建立目录。

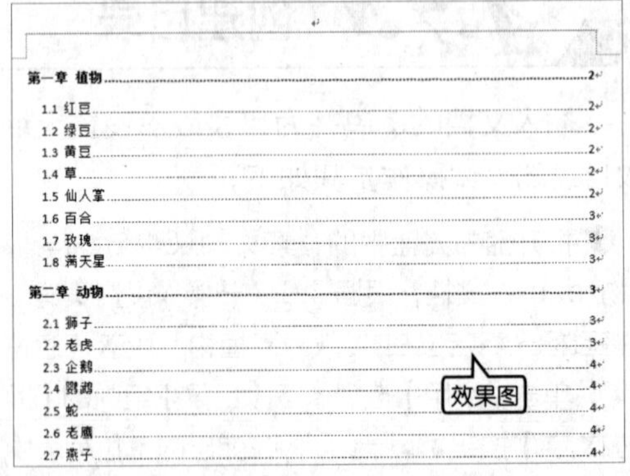

提示 提取目录时，Word 会自动将插入的页码显示在标题后。在建立目录后，还可以利用目录快速地查找文档中的内容。将鼠标指针移动到目录中要查看的内容上，按下【Ctrl】键，鼠标指针就会变为形状，单击鼠标即可跳转到文档中的相应标题处。

4.7.2 创建索引

通常情况下，索引项中可以包含各章的主题、文档中的标题或子标题、专用术语、缩写和简称、同义词及相关短语等。

❶ 打开随书光盘中的“素材 \ch04\ 动物与植物 .docx”文件，选中需要标记索引项的文本，单击【引用】选项卡【索引】组中的【标记索引项】按钮 。

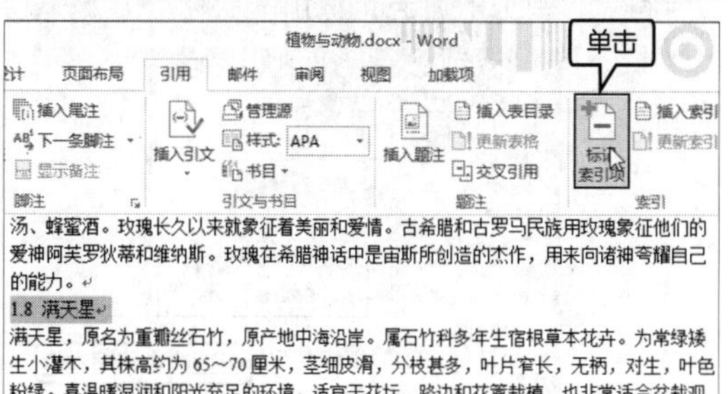

❷ 在弹出的【标记索引项】对话框中设置【主索引项】、【次索引项】和【所属拼音项】等索引信息，设置完成单击【标记】按钮。

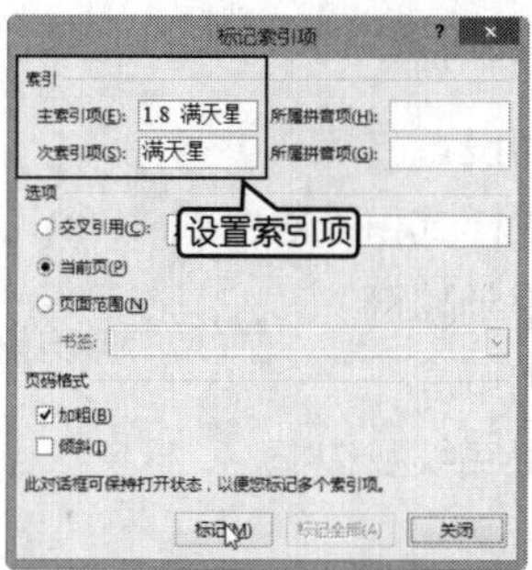

❸ 单击【关闭】按钮，查看添加索引的效果。

的能力。
1.8 满天星{ XE "1.8 满天星:满天星" \b }
满天星，原名为重瓣丝石竹，原产地中海沿岸。属石竹科多年生宿根草本花卉。为常绿矮生小灌木，其株高约为 65～70 厘米，茎细皮滑，分枝甚多，叶片窄长，无柄，对生，叶色粉绿。喜温暖湿润和阳光充足的环境，适宜于花坛、路边和花篱栽植，

提示 用户还可以单击【标记全部】按钮，对文档内相同的内容添加标记。

4.8 综合实战——制作员工规章制度条例

本节视频教学录像：7 分钟

员工规章制度条例是为深化企业管理、调动员工的积极性、发挥员工的创造性、维护公司利益和保障员工的合法权益、规范公司全体员工的行为和职业道德所建立的规章制度。每个公司根据其具体情况制定的规章制度也会有所不同。

【案例效果展示】

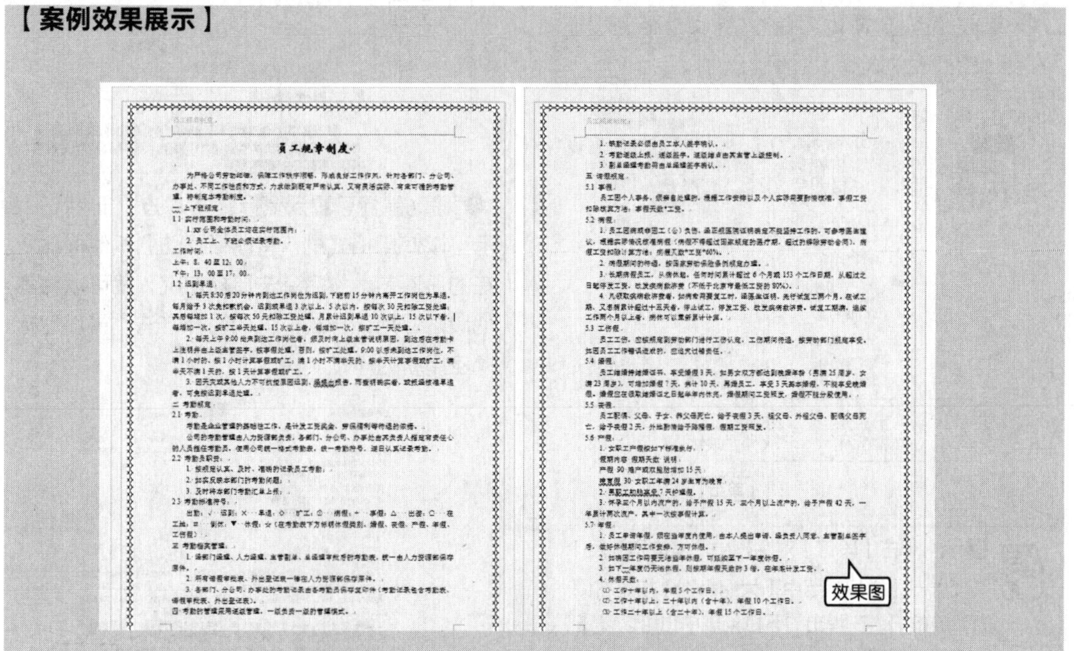

【案例涉及知识点】

- 页面设置
- 设置样式和段落格式
- 使用分隔符
- 添加页眉
- 设置底纹及边框

【操作步骤】

第 1 步：页面设置

❶ 打开随书光盘中的“素材\ch04\员工规章制度.docx”，单击【页面布局】选项卡【页面设置】选项组中的【纸张大小】按钮，在弹出的列表中选择【法律专用纸】选项。

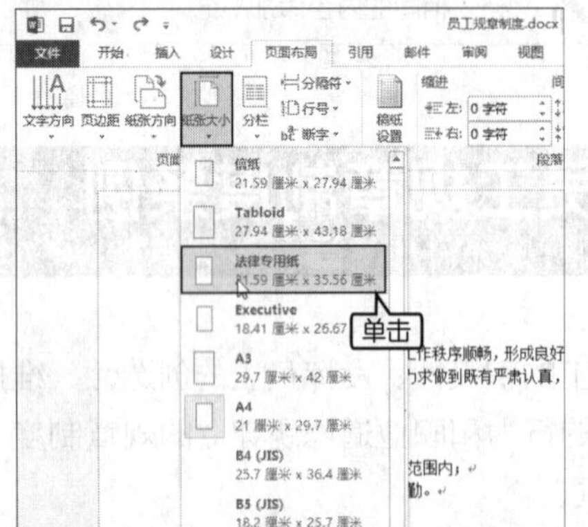

❷ 单击【页面设置】选项组中的【页边距】按钮，在弹出的列表中选择【适中】选项。

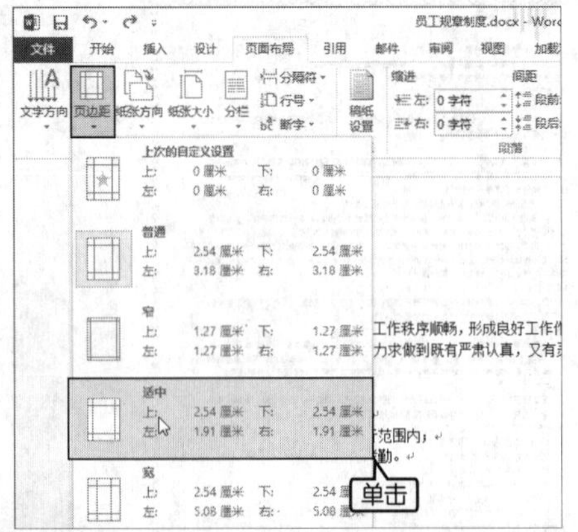

提示 单击【段落】对话框中【缩进和间距】选项卡下【常规】组中【大纲级别】按钮右侧的下拉按钮，在弹出的下拉列表中也可以设置段落的大纲级别。

第 2 步：设置样式和段落格式

❶ 将光标放置第一段中，单击【开始】选项卡下【段落】组中的【段落设置】按钮 ，在弹出的【段落】对话框中设置“段前缩进”、“2 字符”，单击【确定】按钮。

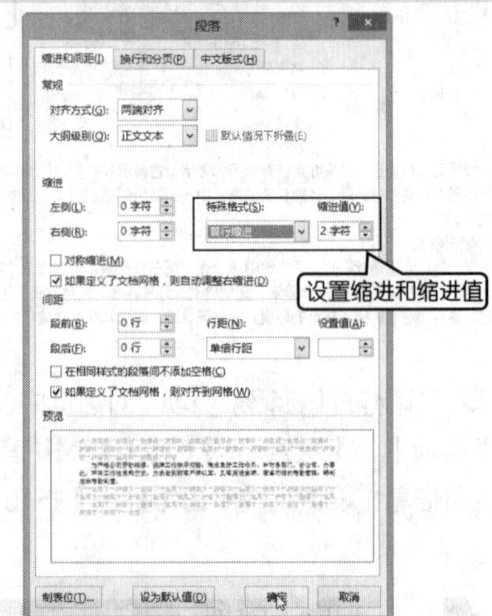

❷ 设置的段落格式如图所示，选中第一段文本内容后，双击【开始】选项卡下【剪贴板】选项组中的【格式刷】按钮 。

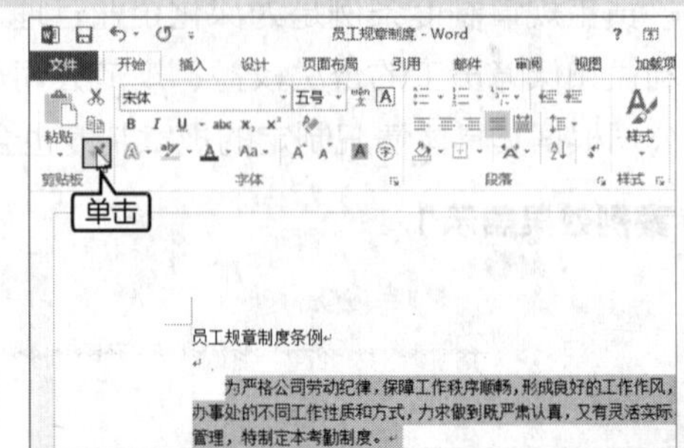

❸ 移动鼠标可看到鼠标变为“ ”形状，表示可以使用格式刷。将鼠标移动到其他段落所在的段落前，然后单击鼠标左键，就可以将其他段落应用该样式。使用同样方法，将其他标题应用新的样式。

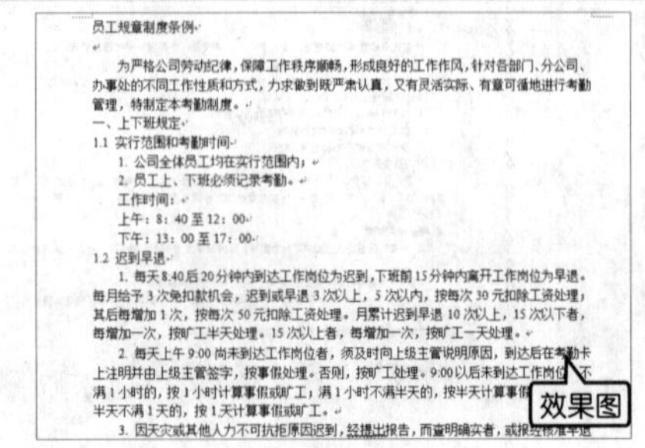

❹ 选中标题，在【开始】选项卡下【字体】选项组中设置标题【字体】为“华文新魏”、【字号】为“小二”、加粗并居中显示。

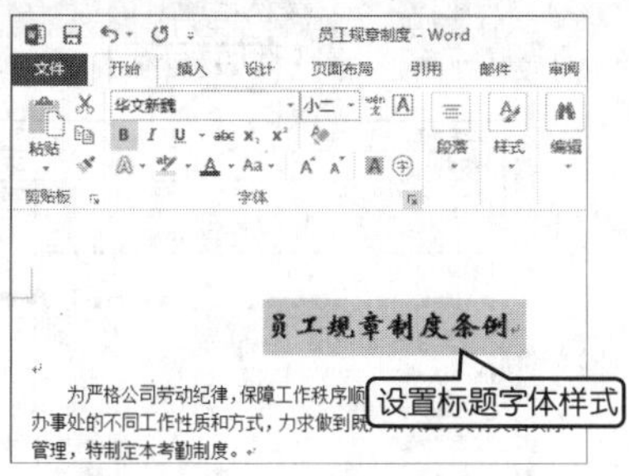

第 3 步：添加页眉、设置底纹及边框

❶ 单击【插入】选项卡【页眉和页脚】选项组中的【页眉】按钮，在弹出的列表中选择一种页眉样式，如选择【奥斯汀】，进入页眉可编辑状态，编辑页眉标题，单击【关闭页眉和页脚】按钮。

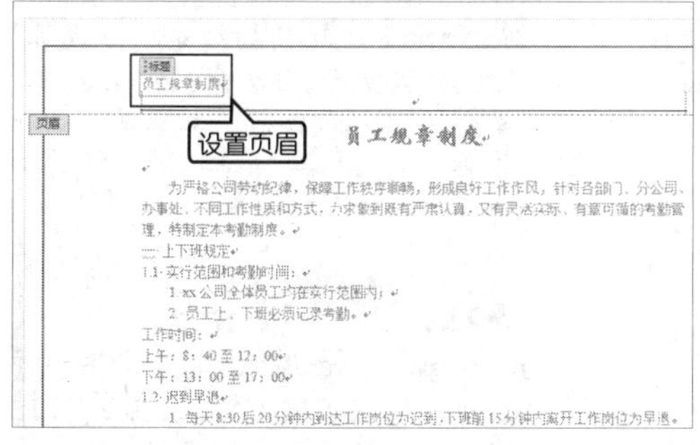

❷ 单击【页面背景】选项组中的【页面颜色】按钮，在弹出的列表中选择一种颜色即可为页面添加背景颜色，如选择“金色，着色 4，淡色 80%”。

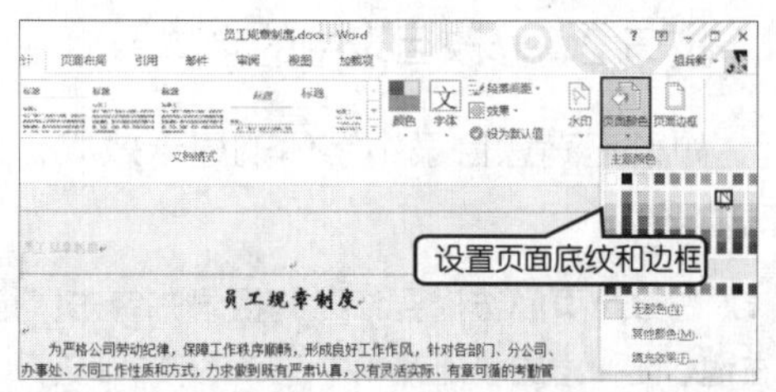

❸ 单击【页面背景】选项组中的【页面边框】按钮，弹出【边框和底纹】对话框，在【页面边框】选项卡下选择边框样式，也可以直接在【艺术型】列表中选择一种系统预设边框样式，然后设置其宽度后，单击【确定】按钮即可应用到当前文档中。

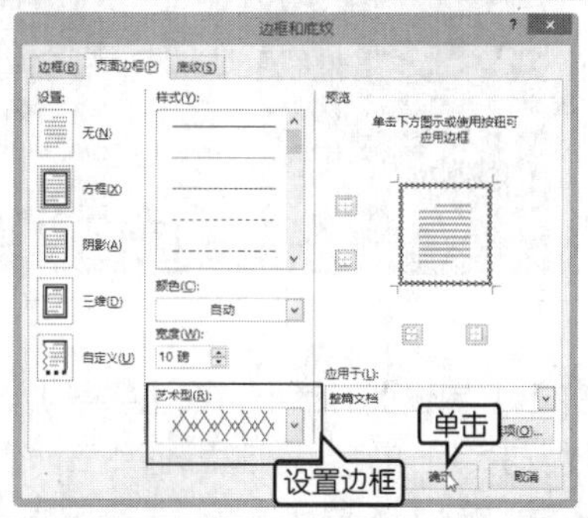

❹ 最终效果如图所示。至此，一份简单的员工规章制度条例已制作完成，按【Ctrl+S】组合键保存即可。

高手私房菜

本节视频教学录像：4 分钟

技巧 1：快速清除段落格式

若想去除附加的段落格式，可以使用【Ctrl + Q】组合键。如果对某个使用了正文样式的段落进行了手动调节，如增加了左右的缩进，那么增加的缩进值就属于附加的样式信息。若想去除这类信息，可以将光标置于该段落中，然后按【Ctrl + Q】组合键。如有多个段落需做类似的调整，可以首先选定这多个段落，然后使用上述的快捷键即可。

技巧 2：修改目录中的字体

如果不满意目录中字体的显示效果，只需要修改目录字体即可，而不需要修改文档中的标题字体。

❶ 在目录页面选择要修改的目录并单击鼠标右键，在弹出的快捷菜单中选择【字体】选项。

❷ 弹出【字体】对话框，在【字号】下拉列表框中选择字号的大小，这里选择【三号】选项。在【中文字体】下拉列表框中选择字体，这里选择【华文中宋】选项，其他选项采用默认设置，单击【确定】按钮。

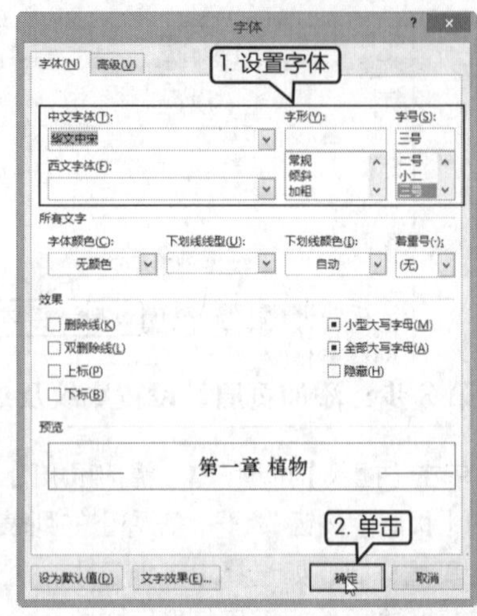

❸ 此时成功修改所选目录的字体。

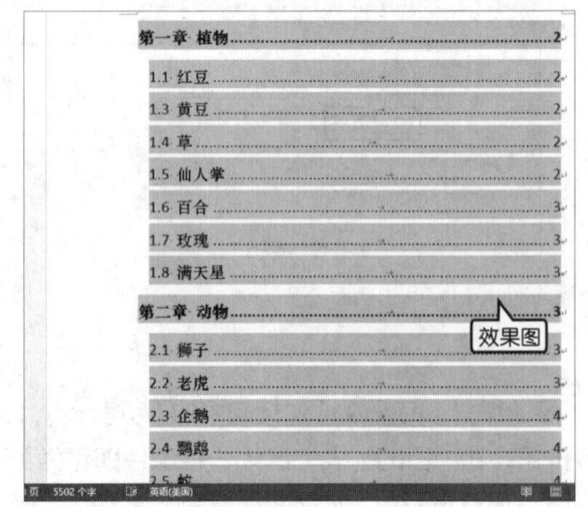

第5章

文档的美化

本章视频教学录像：43 分钟

高手指引

一篇图文并茂的文档，看起来生动形象且充满活力。本章就来介绍如何设置页面的背景、使用文本、插入与编辑表格、插入图片及形状等内容。

重点导读

- 掌握文档背景的设置
- 掌握制作表格的方法
- 在 Word 中插入图片和 SmartArt 图形
- 掌握艺术字的设置
- 掌握超链接

5.1 设置文档背景

本节视频教学录像：6 分钟

在 Word 2013 中可以通过添加水印来突出文档的重要性或原创性，还可以通过设置页面颜色以及添加页面边框来设置文档的背景，使文档更加美观。

5.1.1 纯色背景

在 Word 2013 中可以改变整个页面的背景颜色，或者对整个页面进行渐变、纹理、图案和图片的填充等。本节介绍最简单的使用纯色背景填充文档，具体操作步骤如下。

❶ 新建 Word 文档，单击【设计】选项卡下【页面背景】选项组中的【页面颜色】按钮，在下拉列表中选择“蓝色”。

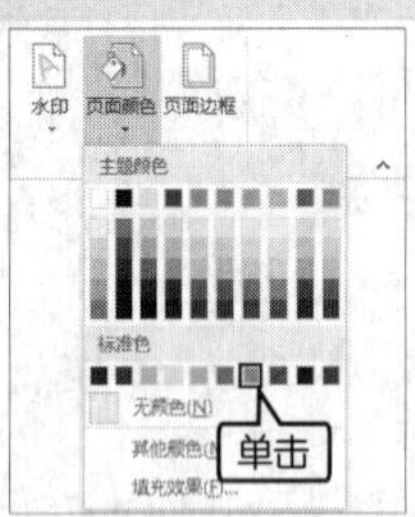

❷ 此时将页面颜色填充为浅蓝色。

5.1.2 填充背景

除了使用纯色填充以外，我们还可使用填充效果来填充文档的背景，具体操作步骤如下。

❶ 新建 Word 文档，单击【设计】选项卡下【页面背景】选项组中的【页面颜色】按钮，在下拉列表中选择【填充效果】选项。

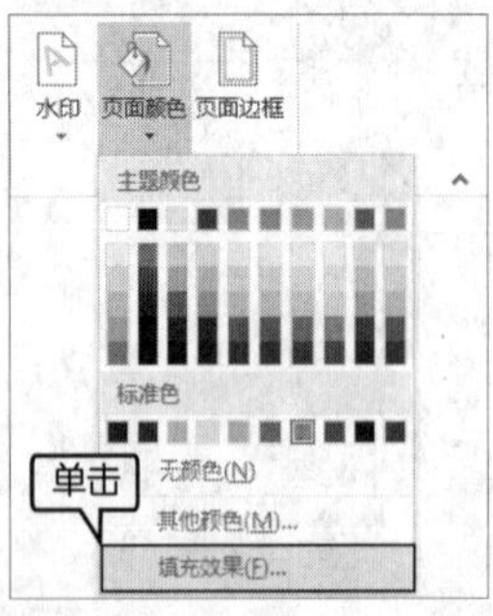

❷ 弹出【填充效果】对话框，单击选中【双色】单选项，分别设置右侧的【颜色 1】和【颜色 2】为“蓝色”和“黄色”，在下方的【底纹样式】组中，单击选中【角部辐射】单选项，然后单击【确定】按钮。

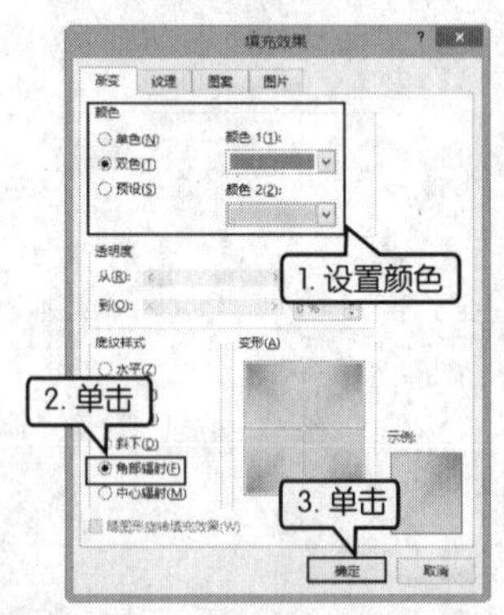

❸ 设置的填充效果如图所示。

5.1.3 水印背景

水印也是 Word 文档背景中的重要一项，使用水印背景在 Word 文档背景操作中是比较高级的背景设置方式，其具体的操作步骤如下。

❶ 新建 Word 文档，单击【设计】选项卡下【页面背景】选项组中的【水印】按钮，在下拉列表中选择【自定义水印】选项。

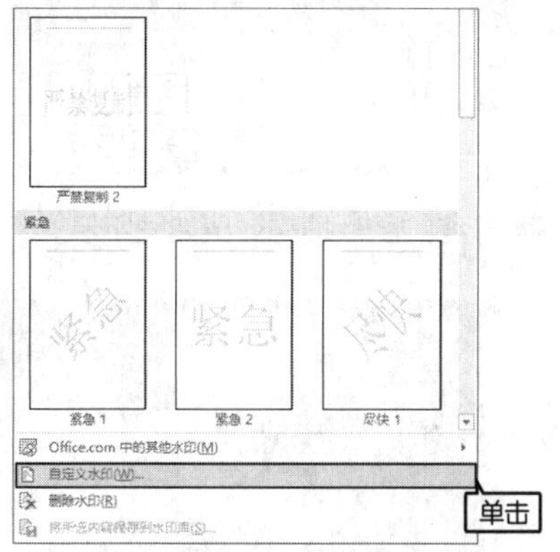

❷ 弹出【水印】对话框，单击选中【文字水印】单选项，在【文字】文本框中输入“公司绝密”，并设置其【字体】为“楷体”，在颜色下拉列表中设置水印【颜色】为“红色”，【版式】为“斜式”，然后单击【确定】按钮。

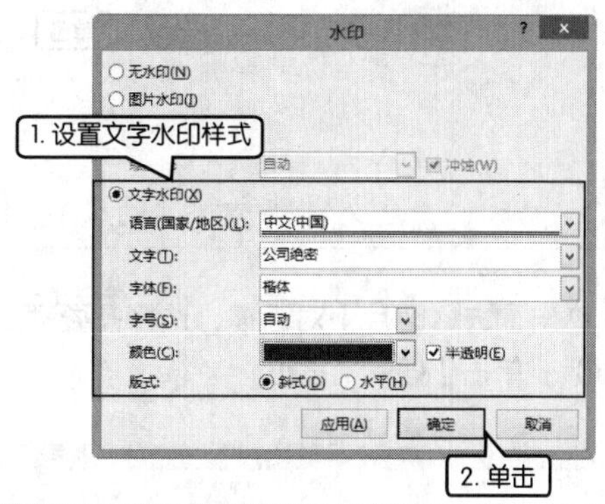

❸ 添加水印的效果如图所示。

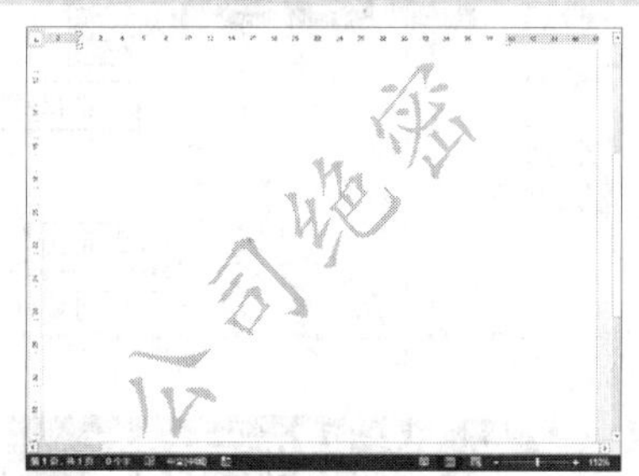

提示 用户也可以使用 Word 中内置的水印样式，不仅方便快捷，而且样式也多。

5.1.4 图片背景

在 Word 文档中，不仅可以使用颜色背景、水印背景，还可以使用图片来充当背景，使文档外观更加美观。设置图片背景的具体操作步骤如下。

❶ 新建 Word 文档，单击【设计】选项卡下【页面背景】选项组中的【页面颜色】按钮，在下拉列表中选择【填充效果】选项，在弹出【填充效果】对话框中，选择【图片】选项卡，然后单击【选择图片】按钮。

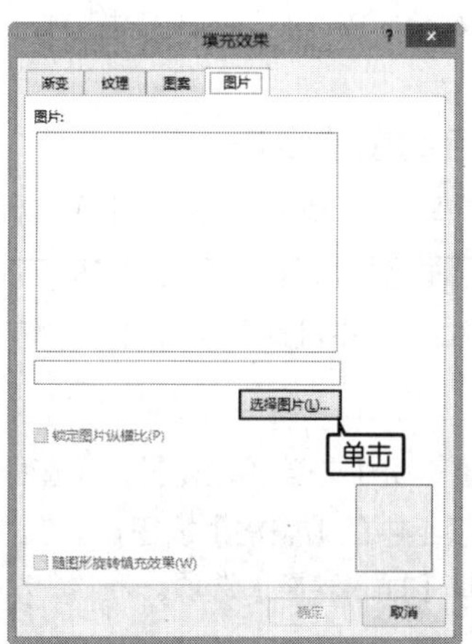

❷ 在弹出的【插入图片】面板中，单击【来自文件】选项。

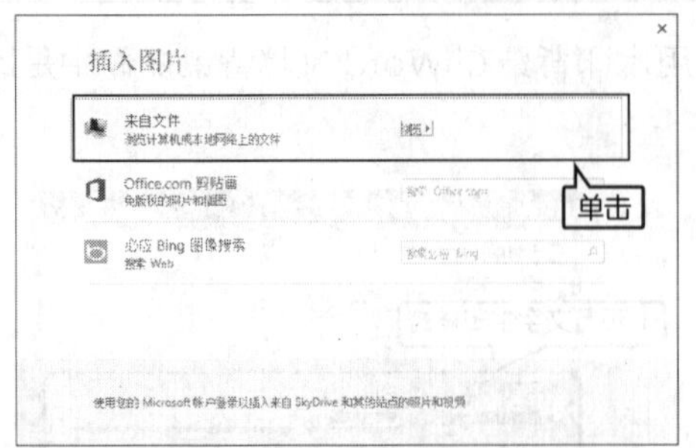

❸ 弹出【选择图片】对话框，选择需要插入的图片，单击【插入】按钮。

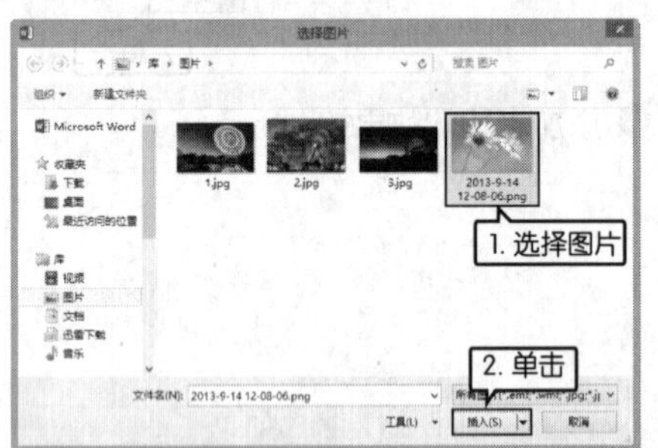

❹ 此时返回【填充效果】对话框，这里可以看到图片的预览效果，单击【确定】按钮。

❺ 最终的图片填充效果如图所示。

5.2 制作表格

本节视频教学录像：8 分钟

表格是由多个行或列的单元格组成，用户可以在单元格中添加文字或图片。表格可以使文本结构化、数据清晰化。因此，在编辑文档的过程中，可以使用表格来记录、计算与分析数据。

5.2.1 自动插入与绘制表格

在 Word 2013 中插入表格的方法有多种，按插入方法划分为自动插入表格和手绘表格。

1. 自动创建表格

在这里我们简单介绍一下使用【插入表格】对话框创建表格，这种方法不受行数和列数的限制，并且可以对表格的宽度进行调整。

❶ 新建 Word 文档，单击【插入】选项卡下【表格】选项组中的【表格】按钮，在其下拉菜单中选择【插入表格】选项。

❷ 弹出【插入表格】对话框，在【表格尺寸】组中设置【行数】为“3”、【列数】为“4”，其他为默认，然后单击【确定】按钮。

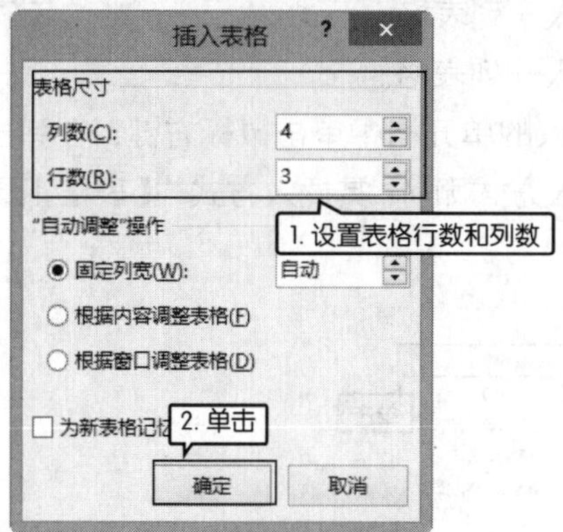

❸ 即可在文档中插入一个 3 行 4 列的表格，如图所示。

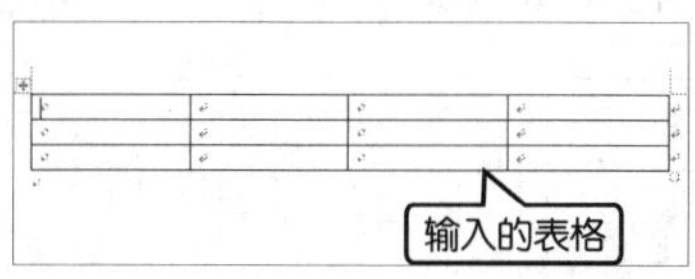

提示 除了使用【插入表格】对话框插入表格外，还可使用快速表格样式和表格菜单创建表格。

2. 手绘表格

当用户需要创建不规则的表格时，可以使用表格绘制工具来创建表格。手动绘制表格的具体操作步骤如下。

❶ 单击【插入】选项卡下【表格】选项组中的【表格】按钮，在其下拉菜单中选择【绘制表格】选项。

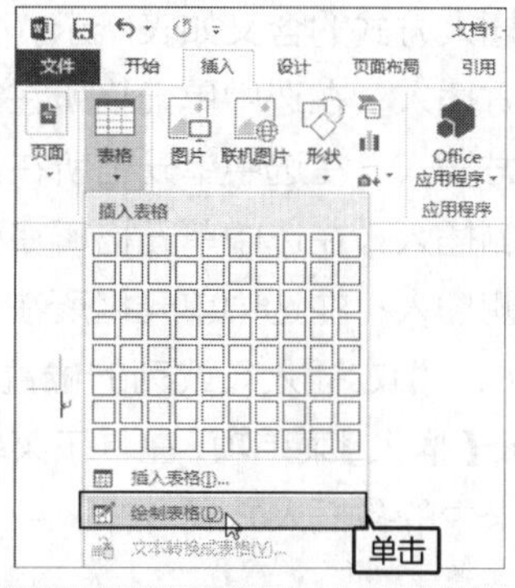

❷ 鼠标指针变为铅笔形状 时，在需要绘制表格的地方单击并拖曳鼠标绘制出表格的外边界，形状为矩形。

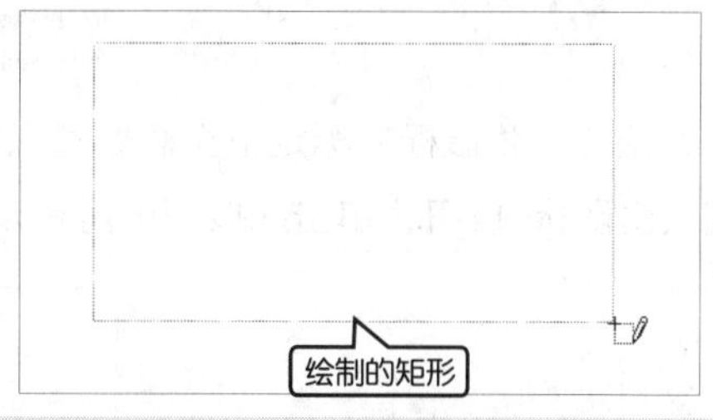

❸ 在该矩形中绘制行线、列线和斜线，直至满意为止。按【Esc】键退出表格绘制模式。

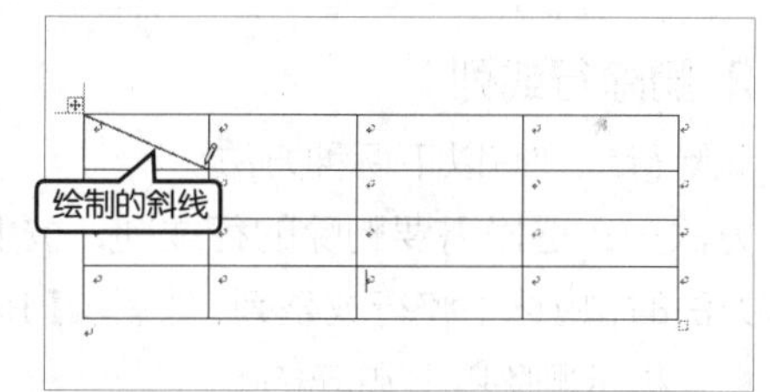

提示 单击【表格工具】➤【布局】选项卡下【绘图】选项组中的【擦除】按钮，鼠标光标变为橡皮擦形状时可擦除多余的线条。

5.2.2 添加、删除行和列

使用表格时，经常会出现行数、列数或单元格不够用或多余的情况，Word 2013 提供了多种添加或删除行、列及单元格的方法。

1. 插入行或列

下面介绍如何在表格中插入整行或整列。

方法一：指定插入行或列的位置，然后单击【布局】选项卡下【行和列】选项组中的相应插入方式按钮即可。

各种插入方式的含义如表所示。

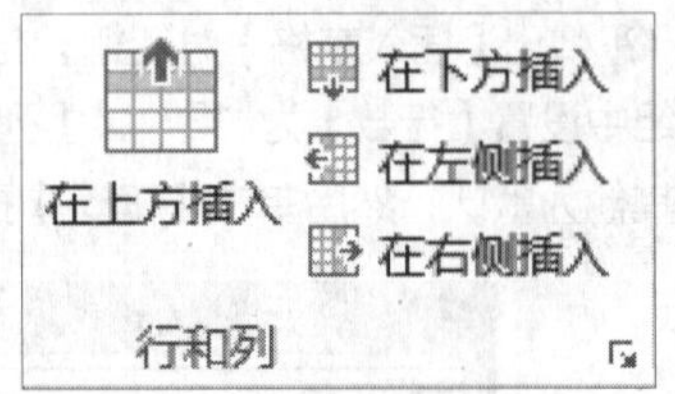

在上方插入：在选中单元格所在行的上方插入一行表格。

在下方插入：在选中单元格所在行的下方插入一行表格。

在左侧插入：在选中单元格所在列的左侧插入一列表格。

在右侧插入：在选中单元格所在列的右侧插入一列表格。

方法二：指定插入行或列的位置，直接在插入的单元格中单击鼠标右键，在弹出的快捷菜单中选择【插入】菜单项，在其子菜单中选择插入方式即可。其插入方式与【表格工具】➤【布局】选项卡中的各插入方式一样。

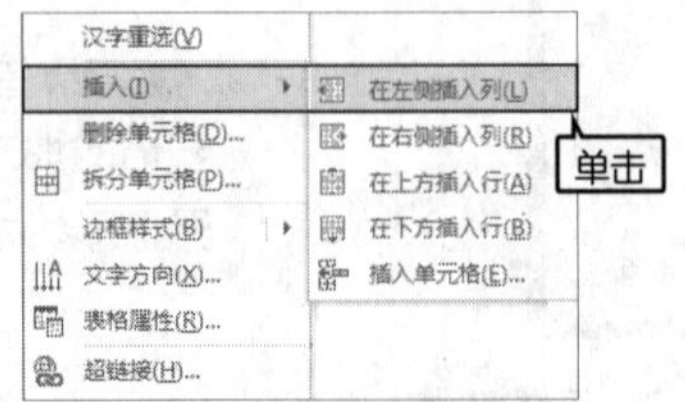

方法三：将鼠标光标定位至想要插入行或列的位置处，此时在表格的行与行（或列与列）之间会出现⊕按钮，单击此按钮即可在该位置处插入一行（或一列）。

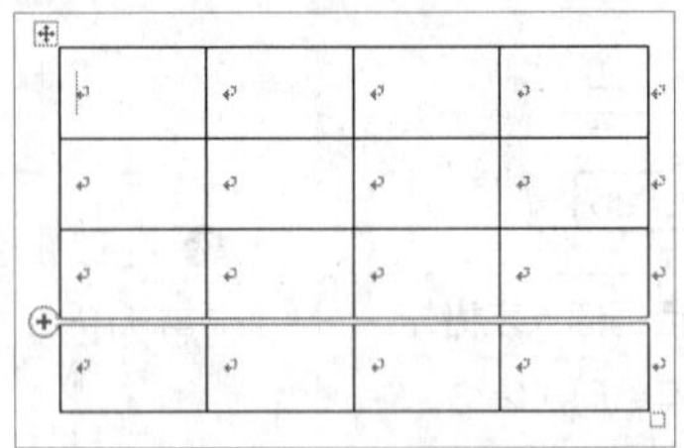

2. 删除行或列

删除行或列有以下两种方法。

方法一：选择需要删除的行或列，按【Backspace】键，即可删除选定的行或列。在使用该方法时，应选中整行或整列，然后按【Backspace】键方可删除，否则会弹出【删除单元格】对话框，提示删除哪些单元格。

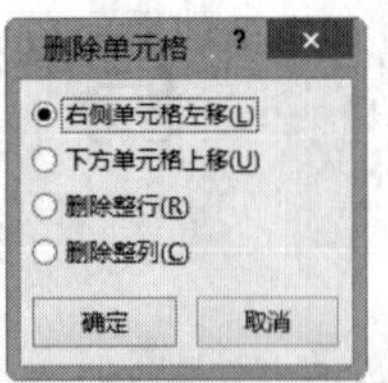

方法二：选择需要删除的行或列，单击【布局】选项卡下【行和列】选项组中的【删除】按钮，在弹出的下拉菜单中选择【删除行】或【删除列】选项即可。

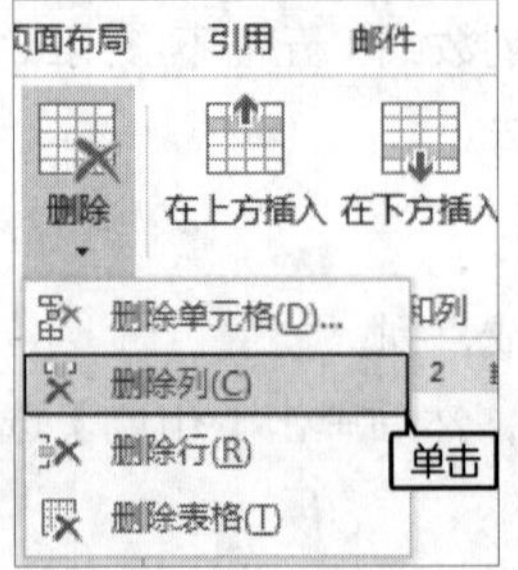

5.2.3 设置表格样式

Word 2013 中内置了许多表格样式，可以多表格颜色进行设置，使表格在表达数据时更加清楚明白。

❶ 选择表格，单击【表格工具】➤【设计】选项卡，在【表格样式】组中单击右下角的按钮，在弹出的下拉列表中选择一种样式。

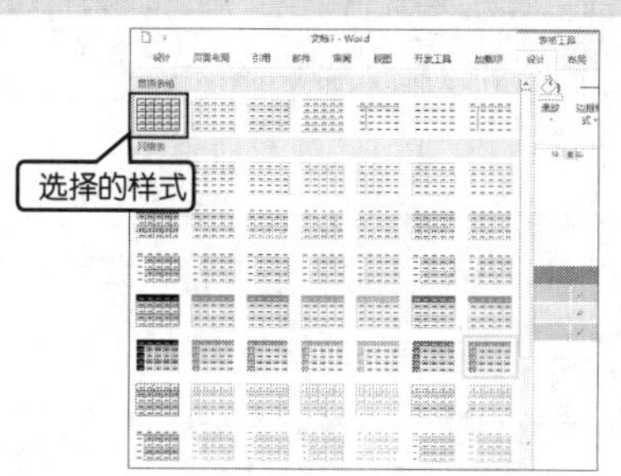

❷ 此时将该样式应用于表格，效果如图所示。

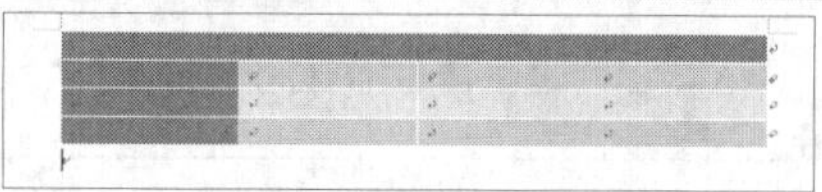

提示　当内置的表格样式不能满足工作中的需要时，我们可以根据要求自己创建表格样式，也可更改现有的表格样式，使其满足需求。具体操作步骤如下：单击【表格工具】➤【设计】选项卡，在【表格样式】组中单击右下角的按钮，在弹出的下拉列表中选择【修改表格样式】选项或【新建表格样式】选项。

5.2.4 设置表格布局

在 Word 2013 中可以把多个相邻的单元格合并为一个大的单元格，也可以把一个单元格拆分成多个小的单元格，通过这种方式更改表格的布局，可以达到用户对表格样式的需求，具体操作步骤如下。

❶ 选中要合并的单元格，单击【布局】选项卡【合并】组中的【合并单元格】按钮，即可合并选中的单元格。

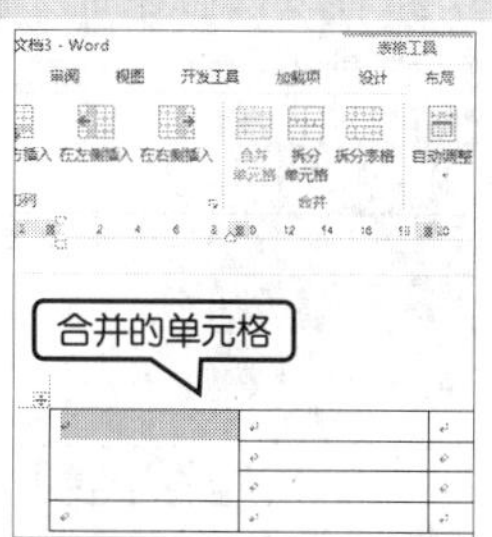

❷ 选择需要拆分的单元格，单击鼠标右键，在弹出的快捷菜单中选择【拆分单元格】选项。

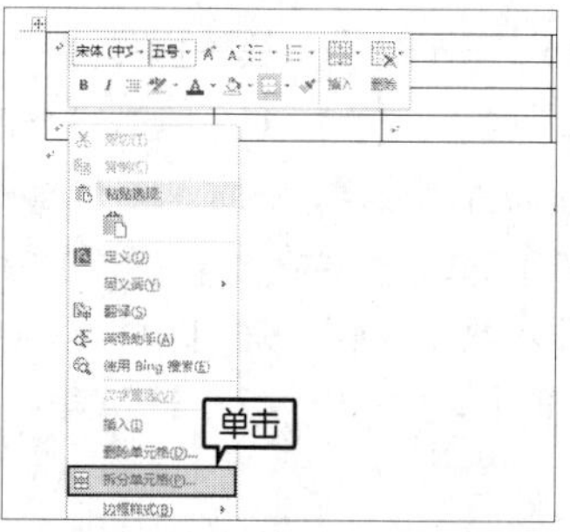

❸ 在弹出的【拆分单元格】对话框中，输入行数和列数，单击【确定】按钮即可。

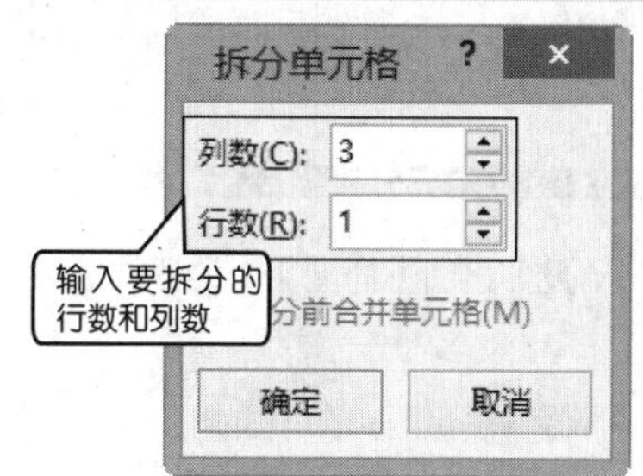

❹ 拆分的效果如图所示。

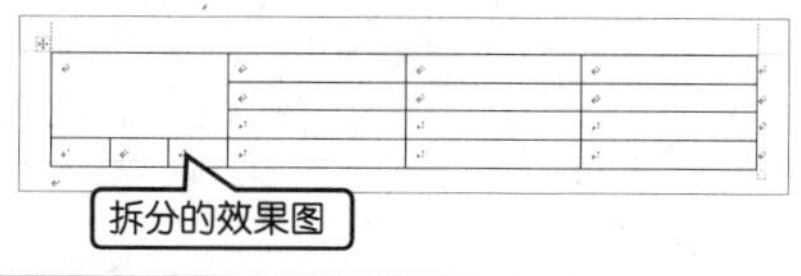

提示　此时如果将鼠标定位在某一单元格中，单击【布局】选项卡下【合并】选项组中的【拆分单元格】按钮，会弹出如步骤❸所示的【拆分单元格】对话框，即可拆分单元格。如果单击【拆分表格】按钮，则会将表格拆分为两个。

5.3 插入图片

本节视频教学录像：6 分钟

在文档中插入一些图片可以使文档更加生动形象，插入的图片可以是一个剪贴画、一张照片或一幅图画。

5.3.1 插入图片

在 Word 2013 中，用户可以在文档中插入本地图片，还可以插入联机图片。

1. 插入本地图片

在 Word 中可以插入保存在计算机硬盘中的图片，具体操作步骤如下。

❶ 打开随书光盘中的“素材\ch05\公司宣传.docx”文件，将鼠标光标定位于需要插入图片的位置。

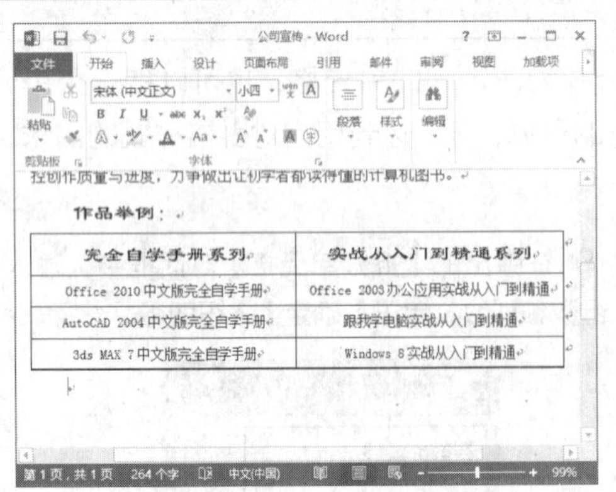

❷ 单击【插入】选项卡下【插图】选项组中的【图片】按钮。

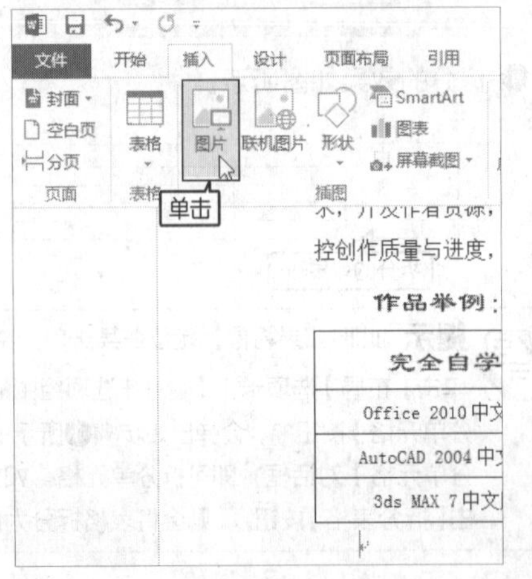

❸ 在弹出的【插入图片】对话框中选择需要插入的图片，单击【插入】按钮，即可插入该图片。

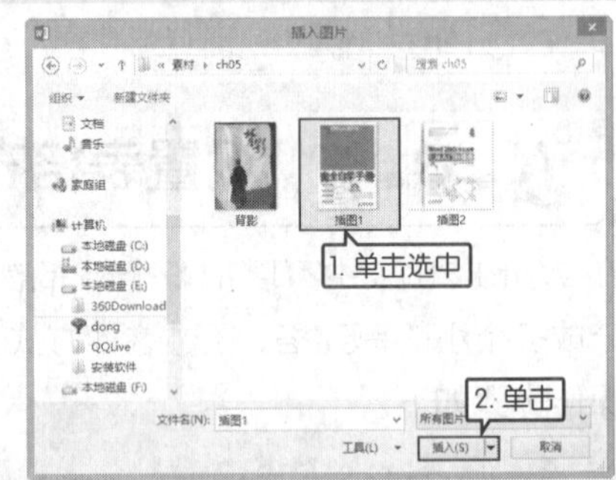

❹ 此时就在文档中鼠标光标所在的位置插入了所选择的图片。

2. 插入联机图片

在文档中插入联机图片即从各种联机来源中查找和插入图片，具体操作步骤如下。

❶ 新建一个 Word 文档，将鼠标光标定位于需要插入图片的位置，然后单击【插入】选项卡【插图】选项组中的【联机图片】按钮，弹出【插入图片】窗格，在【Office.com 剪贴画】右侧的搜索框中输入“图书”，单击【搜索】按钮。

❷ 在搜索结果中选择喜欢的剪贴画，单击【插入】按钮。

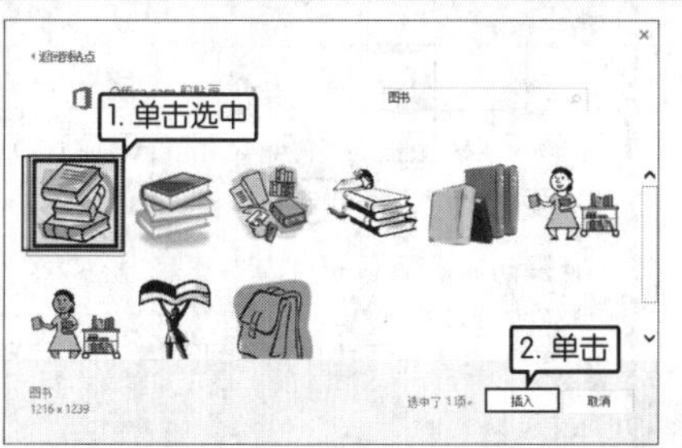

❸ 此时就在文档中插入了选择的联机图片，效果如图所示。

5.3.2 图片的编辑

图片在插入到文档中之后，图片的设置不一定符合要求，这时就需要对图片进行适当的调整。

❶ 接 5.3.1 小节，选中图片，单击【图片工具】【格式】选项卡下【调整】选项组中的【颜色】按钮，在弹出的下拉列表中选择一种样式。

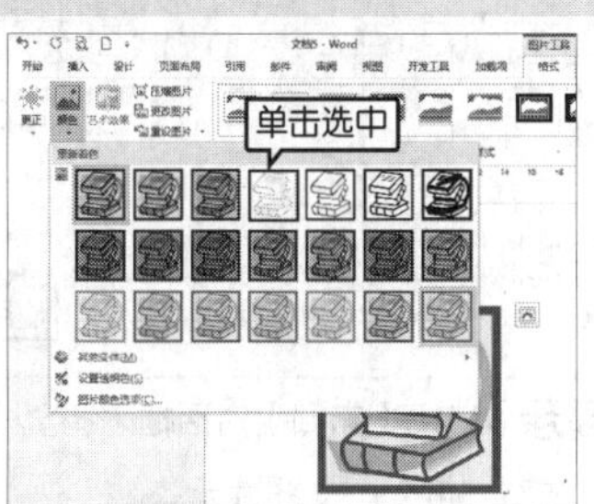

❷ 应用效果如图所示。

❸ 单击【大小】选项组【裁剪】按钮下方的下拉按钮，在弹出的下拉菜单中选择【裁剪为形状】【正五边形】选项，效果如图所示。

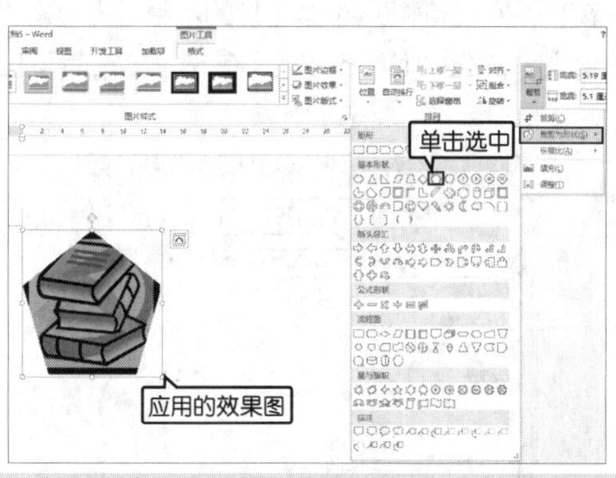

❹ 单击【图片样式】选项组右下角的按钮，在弹出的下拉列表中选择【柔化边缘椭圆】选项，效果如图所示。

5.3.3 调整图片的位置

调整图片在文档中的位置的方法有两种：一是使用鼠标拖曳移动至目标位置；二是使用【布局】对话框来调整图片位置。使用【布局】对话框调整图片位置的具体操作步骤如下。

❶ 打开随书光盘中的“素材\ch05\公司宣传2.docx”文档，选中要编辑的图片，单击【格式】选项卡下【排列】选项组中的【位置】按钮，在弹出的下拉列表中选择【其他布局选项】选项。

❷ 弹出【布局】对话框，选择【位置】选项卡，在【水平】选项组中设置图片的水平对齐方式。这里单击选中【对齐方式】单选项，在其下拉列表框中选择【居中】选项。

❸ 选择【文字环绕】选项卡，在【环绕方式】组中选择【四周型】选项，单击【确定】按钮。

❹ 效果如图所示。

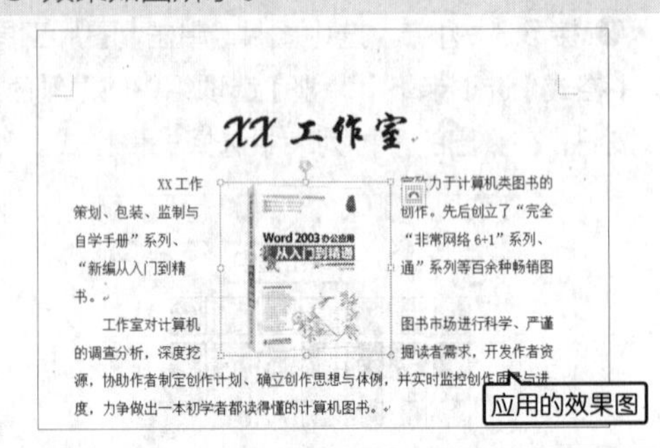

提示 使用【布局】对话框来调整图片位置的方法对“嵌入型”图片无效。

5.4 插入 SmartArt 图形

本节视频教学录像：6 分钟

SmartArt 图形是用来表现结构、关系或过程的图表，以非常直观的方式与读者交流信息，它包括图形列表、流程图、关系图和组织结构图等各种图形。

5.4.1 插入 SmartArt 图形

在 Word 2013 中提供了非常丰富的 SmartArt 图形类型。在文档中插入 SmartArt 图形的具体操作步骤如下。

❶ 新建文档，将鼠标光标移动到需要插入图形的位置，然后单击【插入】选项卡的【插图】组中的【SmartArt】按钮，弹出【选择 SmartArt 图形】对话框。

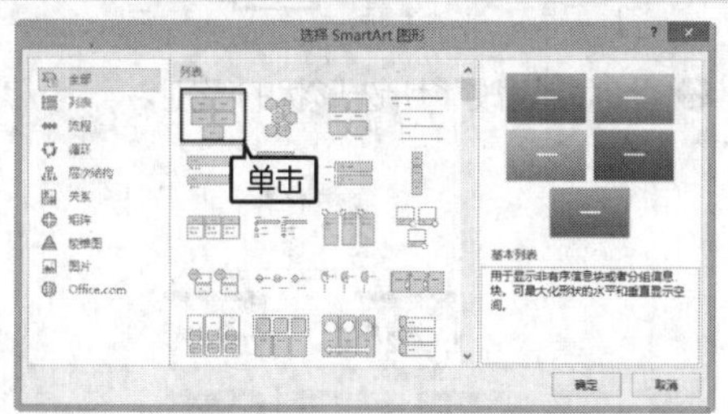

❷ 选择【流程】选项卡，然后选择【流程箭头】选项。

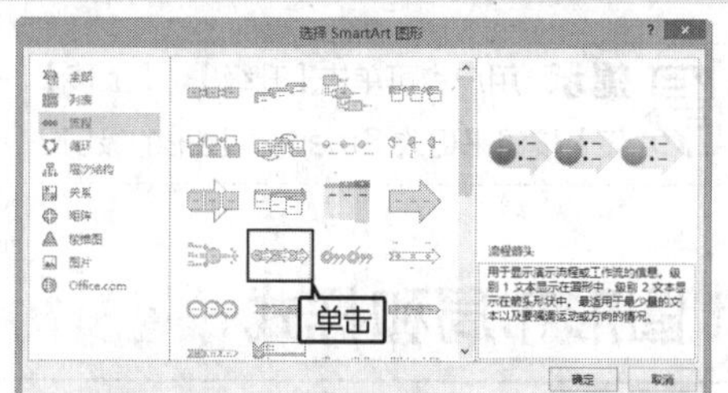

❸ 单击【确定】按钮，即可将图形插入到文档中。

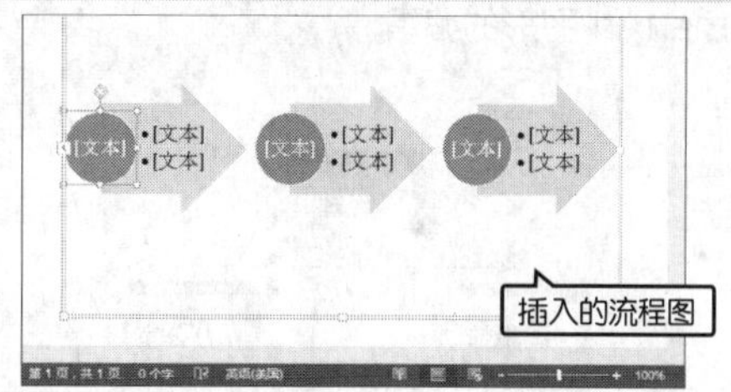

❹ 在 SmartArt 图形的【文本】处单击，输入相应的文字。输入完成后，单击 SmartArt 图形以外的任意位置，完成 SmartArt 图形的编辑。

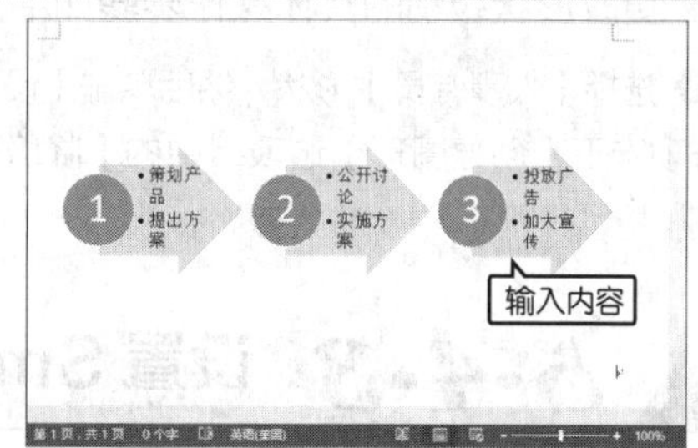

5.4.2 修改 SmartArt 图形

使用默认的图形结构未必能够满足实际的需求，用户可以通过添加形状或更改级别来修改 SmartArt 图形。

1. 添加 SmartArt 形状

当默认的结构不能满足需要时，可以在指定的位置添加形状，具体操作步骤如下。

❶ 新建文档，插入 SmartArt 图形并在 SmartArt 图形上输入文字，选择需要插入形状位置之前的形状。

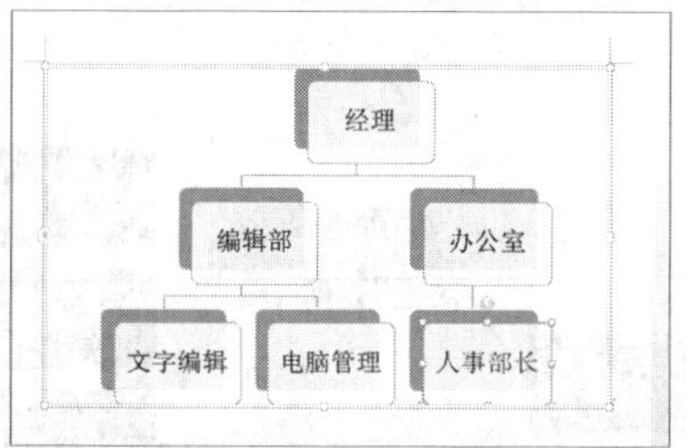

❷ 单击【设计】选项卡下【创建图形】选项组中【添加形状】按钮右侧的下拉按钮，在弹出的下拉列表中选择【在后面添加形状】选项。

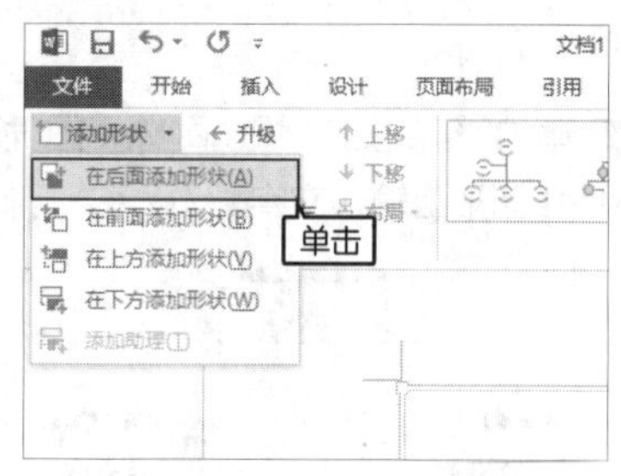

❸ 此时就在该形状后添加了新形状。

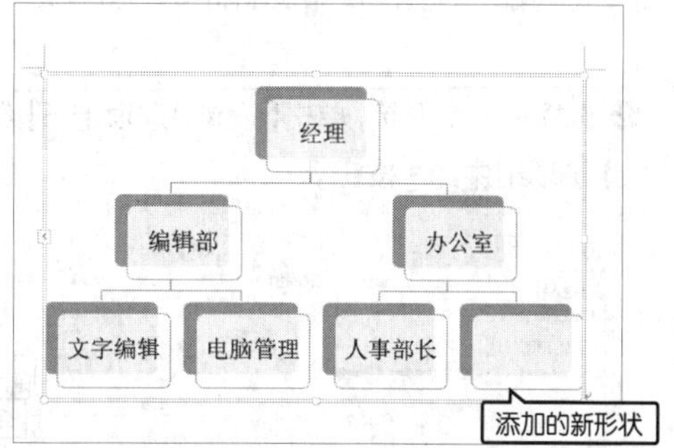

❹ 在新添加的形状中输入文字，然后单击 SmartArt 图形以外的任意位置，完成 SmartArt 图形的编辑。

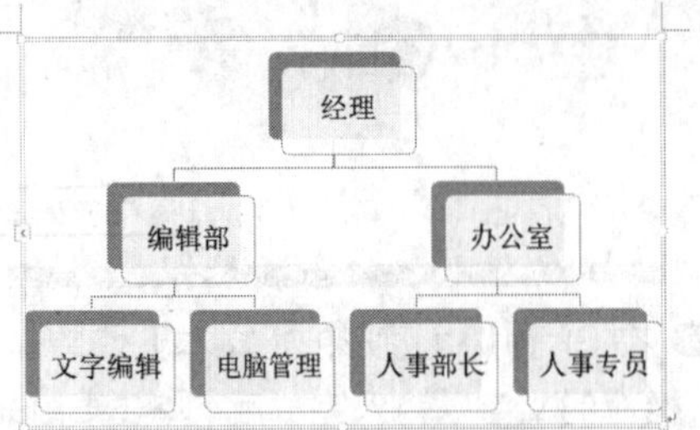

2. 更改形状的级别

更改形状级别的具体操作步骤如下。

❶ 选择【人事专员】形状，然后单击【设计】选项卡下【创建图形】选项组中的【降级】按钮  。

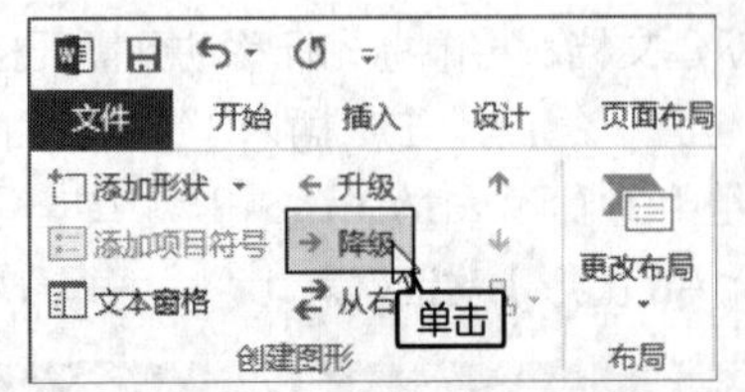

❷ 此时就更改了所选形状的级别。

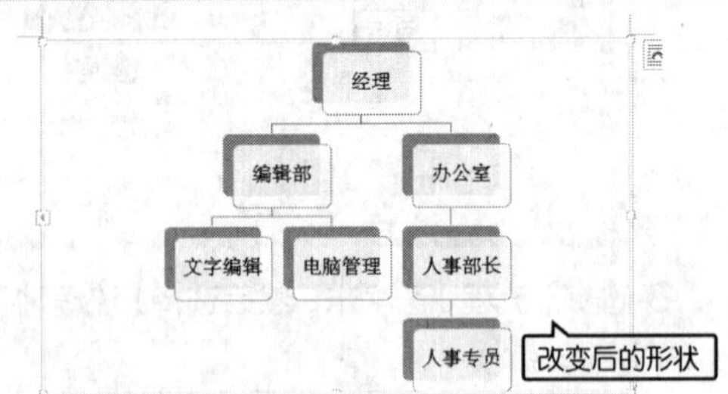

提示 用户也可单击【升级】、【上移】、【下移】按钮来更改 SmartArt 图形的级别。

5.4.3 设置 SmartArt 图形布局和样式

当用户对默认的布局和样式不满意时，可以重新设置 SmartArt 图形的布局和样式。

1. 更改布局

用户可以调整整个 SmartArt 图形的布局。设置 SmartArt 图形布局的具体操作步骤如下。

❶ 新建文档，插入 SmartArt 图形并在 SmartArt 图形上输入文字。

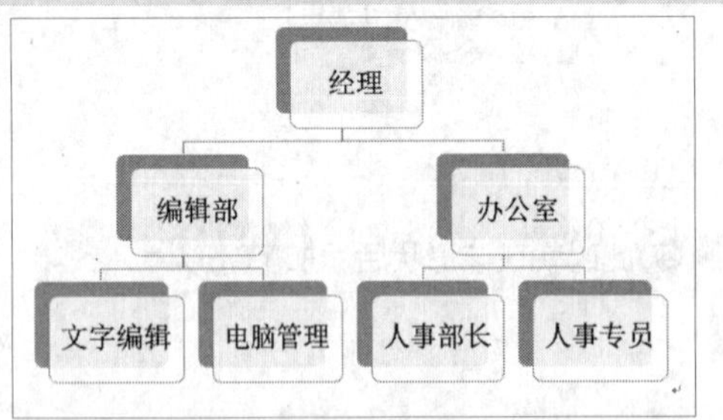

❷ 选择任一个形状，单击【设计】选项卡下【布局】选项组中的 按钮。

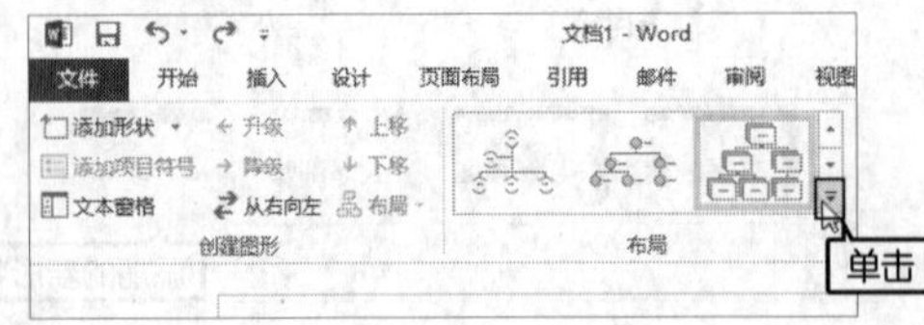

❸ 在弹出的下拉列表中选择一种布局样式。

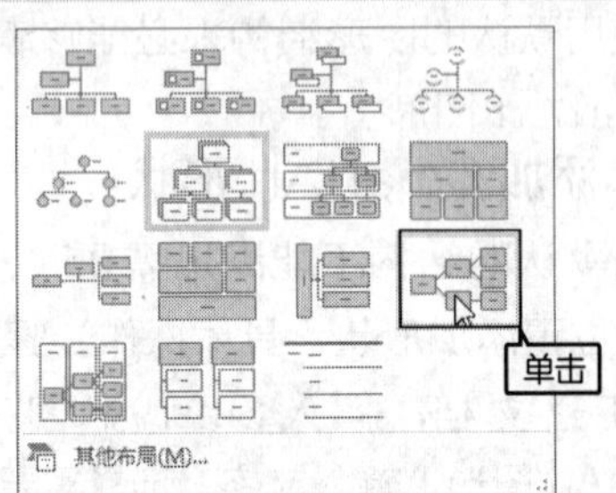

❹ 此时就更改了 SmartArt 图形的布局。

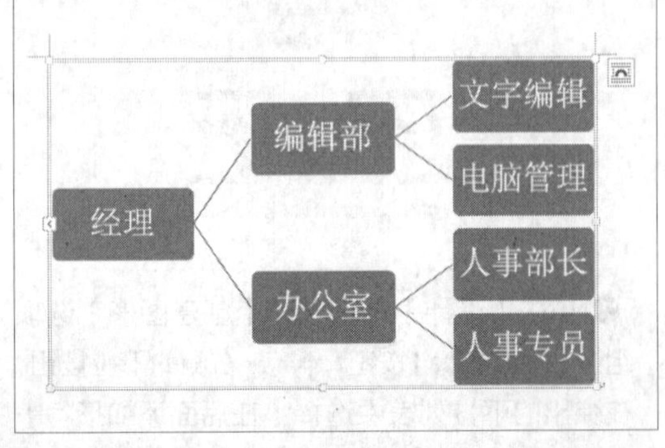

2. 更改样式

❶ 单击【设计】选项卡下【SmartArt 样式】组中的【更改颜色】按钮，在弹出的下拉列表中单击理想的颜色选项即可更改 SmartArt 图形的颜色。

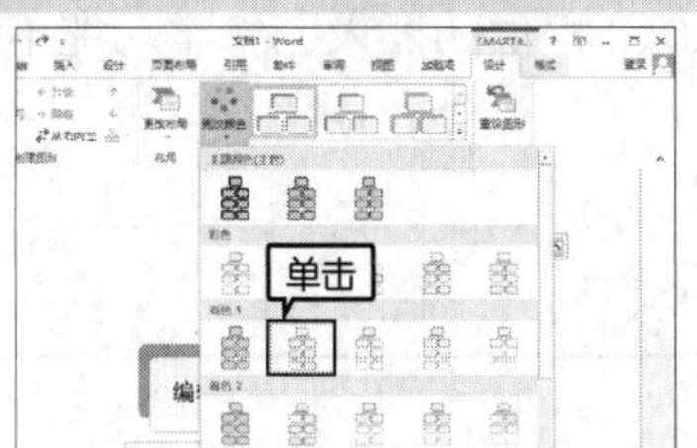

❷ 在【设计】选项卡的【SmartArt 样式】组中的【SmartArt 样式】列表中可以选择需要的外观样式。

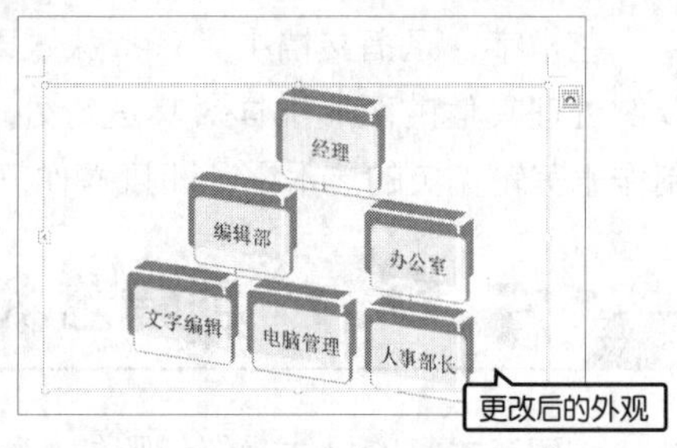

5.5 插入链接

本节视频教学录像：3 分钟

链接也称超级链接，在 Word 文档中，链接是指指定从一个内容指向另一个目标的连接关系。所指向的目标可以是文档中的不同位置，还可以是图片、电子邮件地址、文件、网页等。建立链接的具体操作步骤如下。

❶ 打开随书光盘中的“素材 \ch05\ 公司奖罚制度 .docx”文件，选择最后一行文字，单击【插入】选项卡下【链接】选项组中的【超链接】按钮。

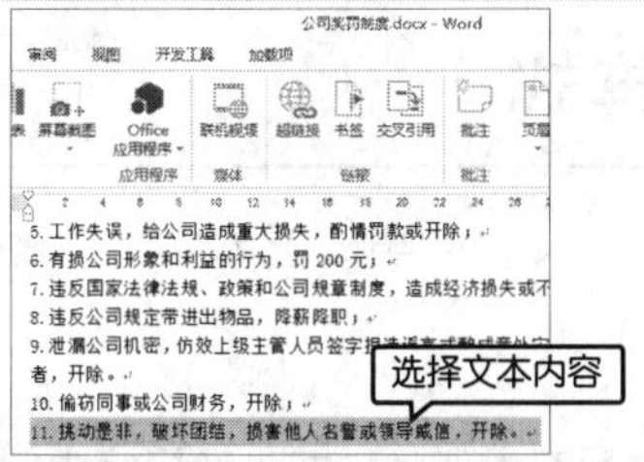

❷ 弹出插入超链接对话框，在左侧的【链接到】列表框中选择【本文档中的位置】选项，在右侧的【请选择文档中的位置】列表框中选择【文档顶端】选项，然后单击【屏幕提示】按钮。

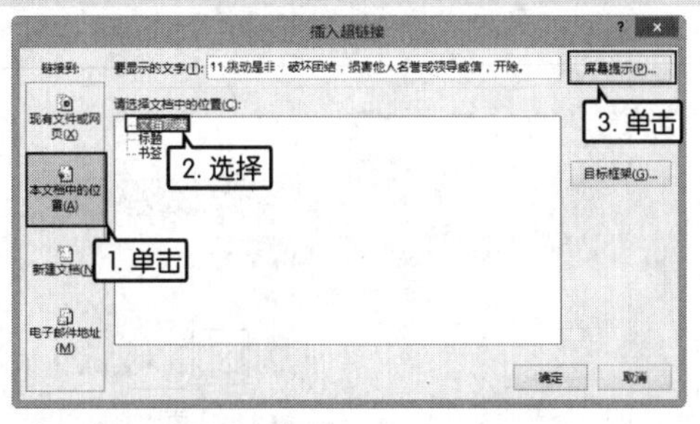

❸ 弹出【设置超链接屏幕提示】对话框，在【屏幕提示文字】文本框中输入提示文字“返回顶端”，单击【确定】按钮。

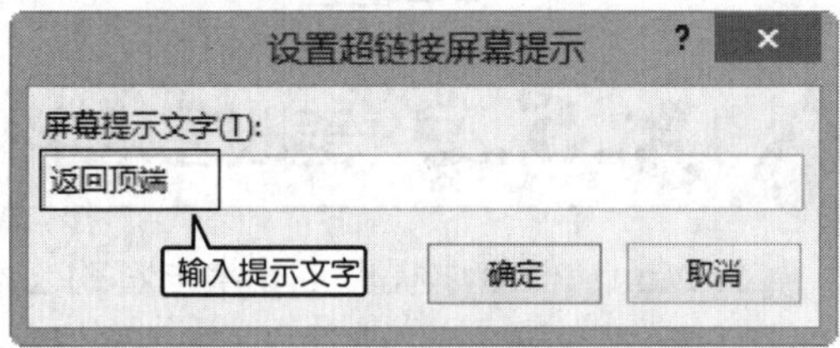

❹ 再次单击【确定】按钮，返回 Word 文档，此时最后一行文字以“蓝色”加“下划线”显示，此时表明该行已经添加超链接。将鼠标移至该行，则会出现提示性文字“返回顶端”。

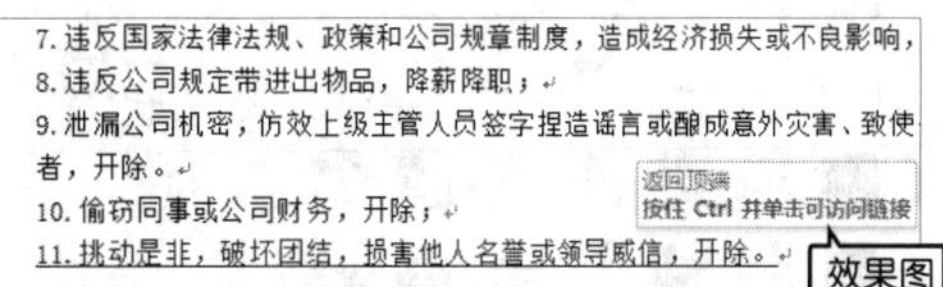

提示 将鼠标移至超链接文本上，同时按【Ctrl】键，当鼠标变为形状时，单击即可返回文档顶端。

5.6 插入艺术字

本节视频教学录像：4 分钟

艺术字，是指文档中具有特殊效果的字体。艺术字不是普通的文字，而是图形对象，可以像处理其他的图形那样对其进行处理。利用 Word 2013 提供的插入艺术字功能不仅可以制作出美轮美奂的艺术字，而且操作简单。

5.6.1 创建艺术字

创建艺术字的具体操作步骤如下。

❶ 新建文档，单击【插入】选项卡的【文本】组中的【艺术字】按钮，在弹出的下拉列表中选择一种艺术字样式。

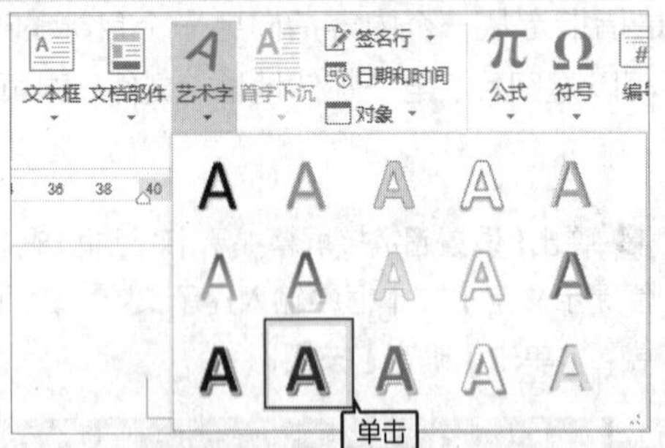

❷ 此时在文档中插入了一个相同的艺术字文本框。

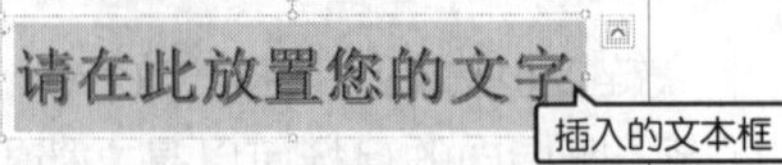

❸ 在“请在此放置你的文字”文本框中输入“我们的家”字样，即可完成艺术字的创建。

5.6.2 更改艺术字内容和样式

在 Word 2013 中提供了非常丰富的艺术字类型。在文档中更改艺术字样式的具体操作步骤如下。

❶ 接 5.6.1 小节，选择艺术字文本卡框，单击【绘图工具】【格式】选项卡下【形状样式】选择组中的 按钮，在弹出的下拉列表中选择一种样式。

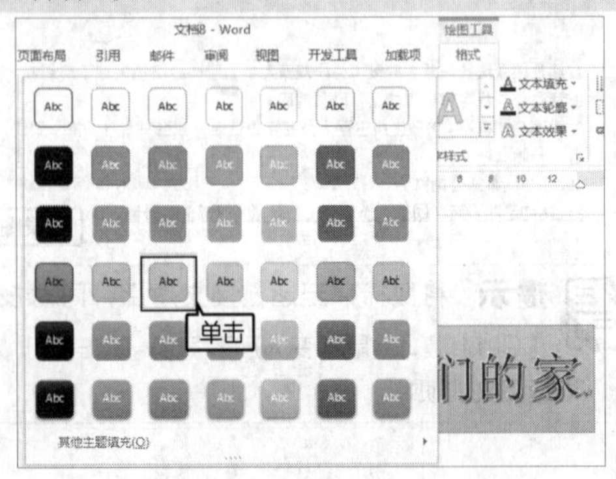

❷ 然后在【形状样式】选择组中单击【形状效果】按钮 形状效果，在弹出的下拉列表中单击【棱台】➤【棱台】➤【松散嵌入】选项。

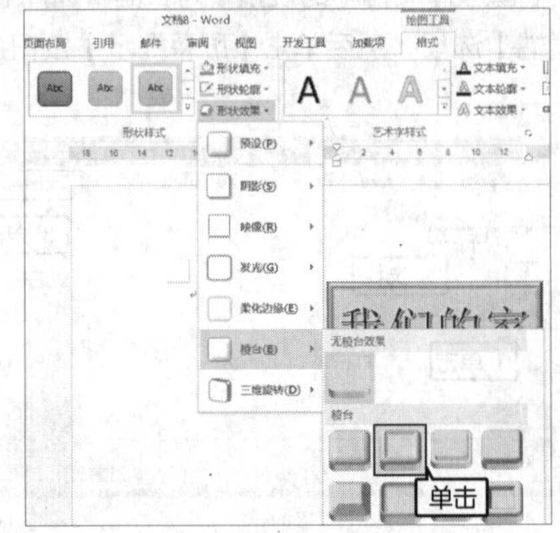

❸ 选择文本内容，单击【艺术字样式】选项组中的 按钮，在弹出的下拉列表中选择艺术字样式，即可更改原有的样式。

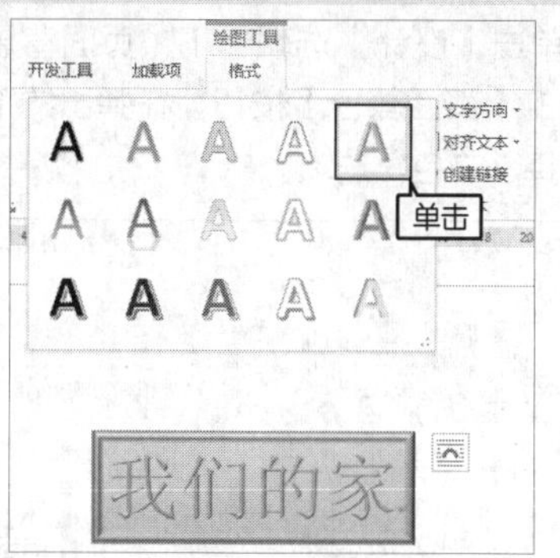

❹ 然后在【艺术字样式】选择组中单击【文本效果】按钮 ，在弹出的下拉列表中单击【三维格式】➤【平行】➤【等轴左下】选项。

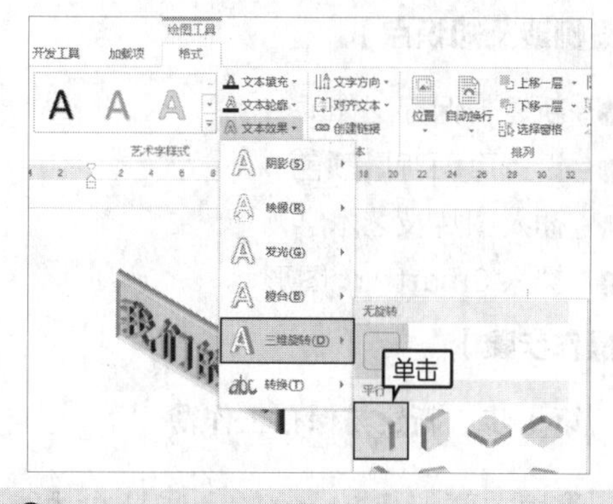

❺ 最后效果如图所示。

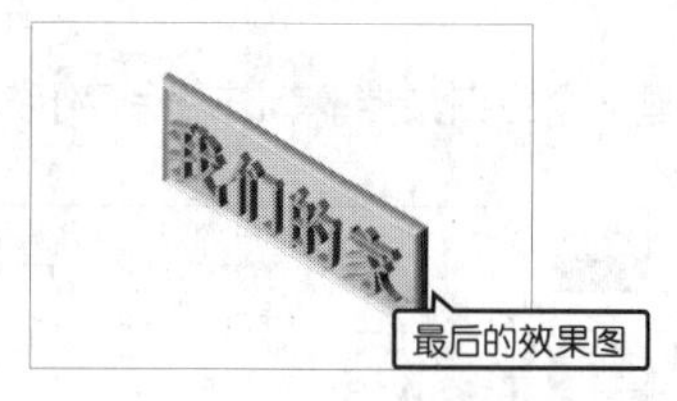

5.7 综合实战——制作教学教案例

本节视频教学录像：8 分钟

教师在教学过程中离不开制作教学教案。一般的教案内容枯燥、繁琐，在这一节中通过在文档中设置页面背景、插入图片等操作，制作更加精美的教学教案，使阅读者心情愉悦。

【案例效果展示】

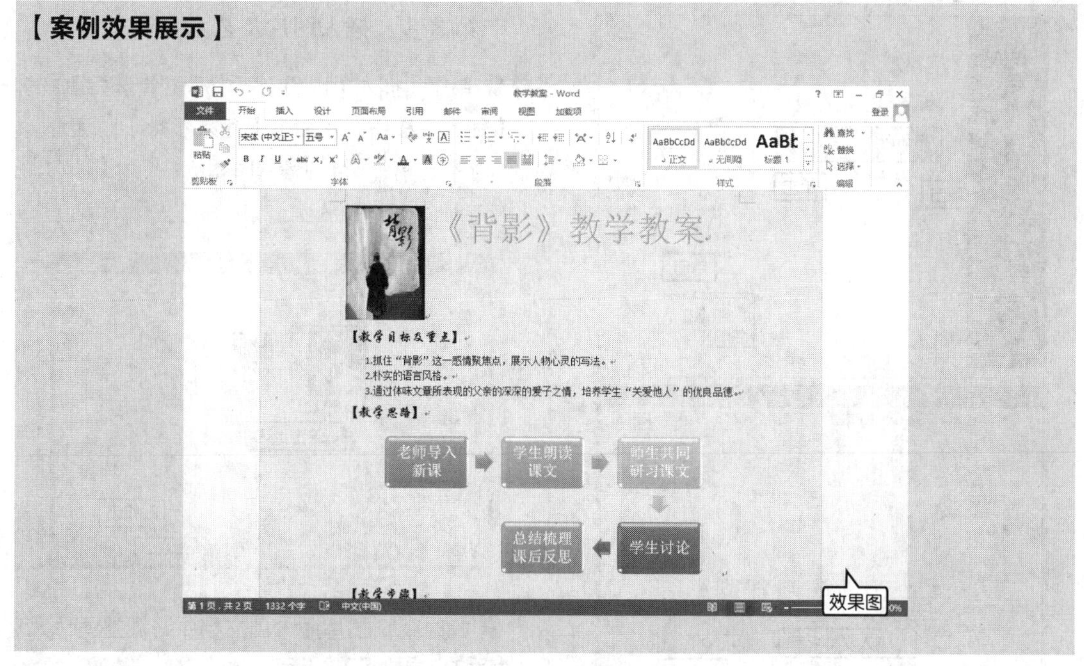

【案例涉及知识点】

- 新建与保存工作簿
- 设置页面背景颜色
- 插入图片及艺术字
- 插入 SmartArt 图形

【操作步骤】

第 1 步：新建与保存工作簿

这里主要涉及 Word 的一些基本功能的使用，如创建工作簿和保存工作簿等内容。

❶ 新建一个空白文档，单击【保存】按钮。

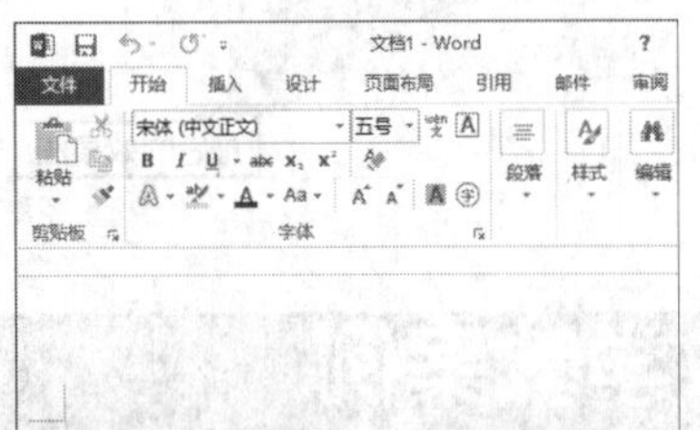

❷ 弹出【另存为】界面，选择保存位置【计算机】后，单击【浏览】按钮，在弹出的【另存为】对话框中，输入文件名“教学教案.docx”，单击【保存】按钮。

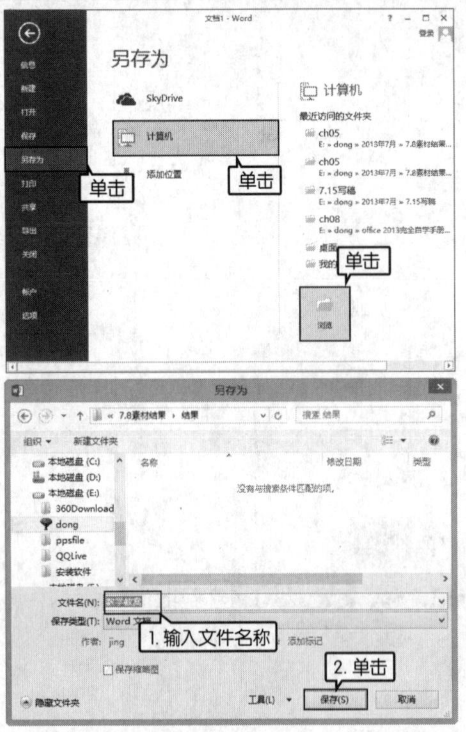

第 2 步：设置页面背景颜色

通过对文档背景进行设置，可以使文档更加美观。

❶ 单击【设计】选项卡下【页面背景】选项组中的【页面颜色】按钮，在弹出的下拉列表中选择“灰色”选项。

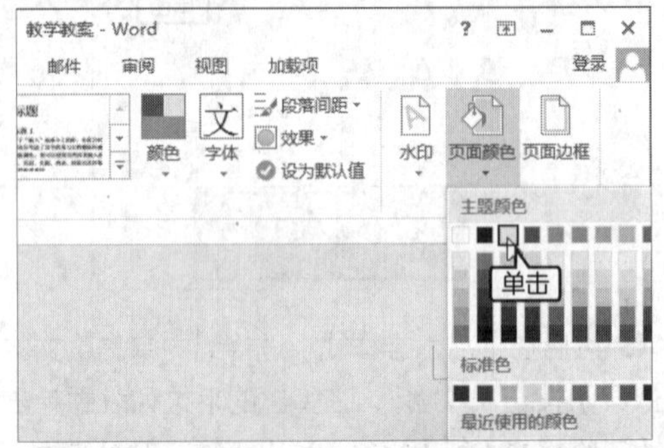

❷ 此时就将文档的背景颜色设置为“灰色”。

第 3 步：插入图片及艺术字

❶ 单击【插入】选项卡下【插图】选项组中的【图片】按钮，弹出【插入图片】对话框，在该对话框中选择所需要的图片，单击【插入】按钮。

❷ 此时就将图片插入到文档中，调整图片大小后的效果如下图所示。

❸ 单击【插入】选项卡下【文本】选项组中的【艺术字】按钮，在弹出的下拉列表中选择一种艺术字样式。

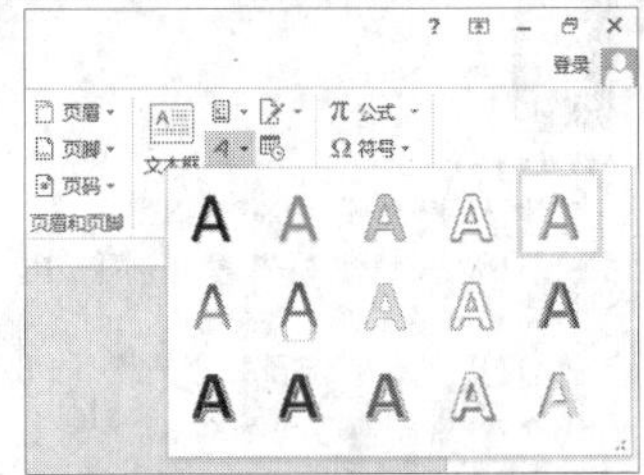

❹ 在“请在此放置你的文字”处输入文字，设置【字号】为“小初”，并调整艺术字的位置。

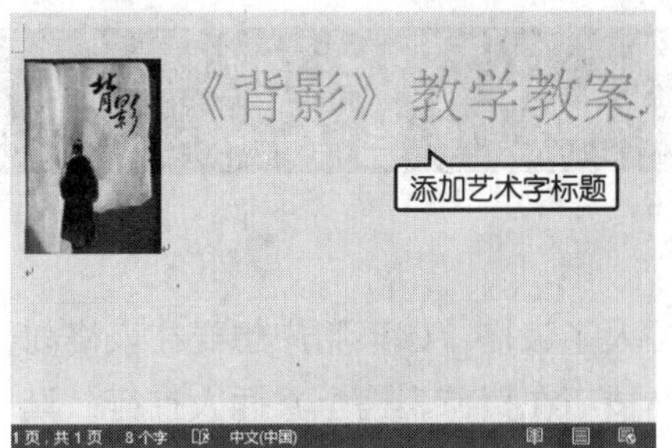

❺ 在文档中输入文本内容（用户不必全部输入，可打开随书光盘中的“素材 \ch05\ 教学教案 .docx”文档，粘贴复制即可）。

❻ 将二级标题的字体设置为“华文行楷”，字号设置为“四号”，设置完后的效果如下图所示。

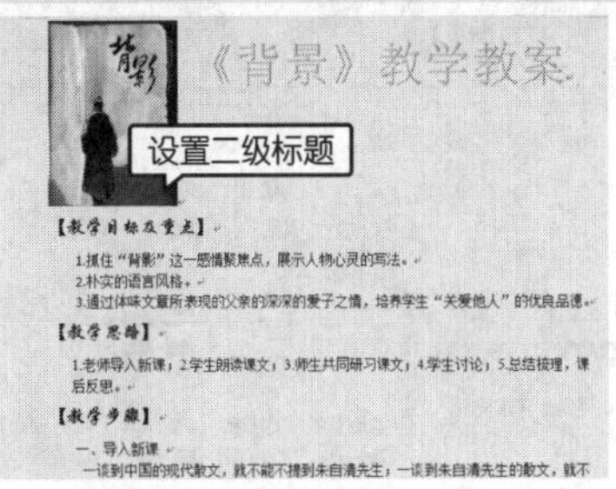

第 4 步：插入 SmartArt 图形

❶ 将【教学思路】二级标题下的内容删除，单击【插入】选项卡下【插图】选项组中的【SmartArt】按钮，弹出【选择 SmartArt 图形】对话框。

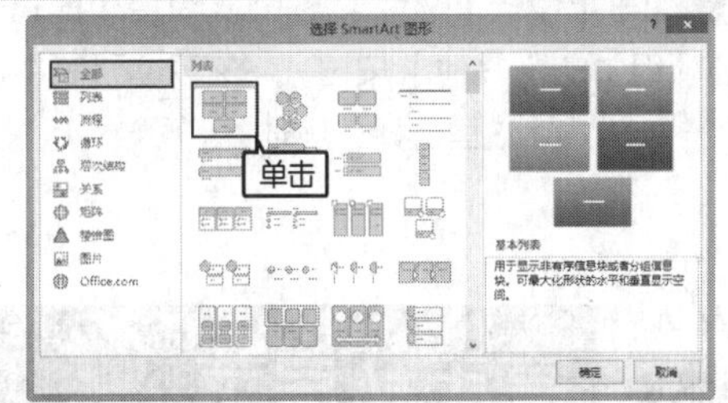

❷ 选择【流程】选项卡，然后选择【基本蛇形流程】选项，单击【确定】按钮。

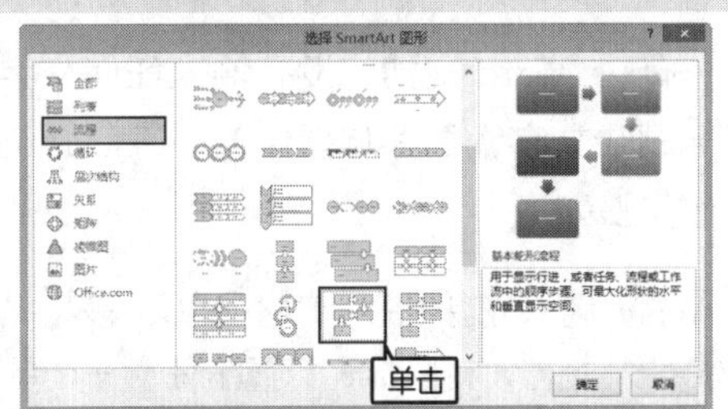

❸ 此时就在文档中插入 SmartArt 图形，在 SmartArt 图形上输入文本后的效果如图所示。

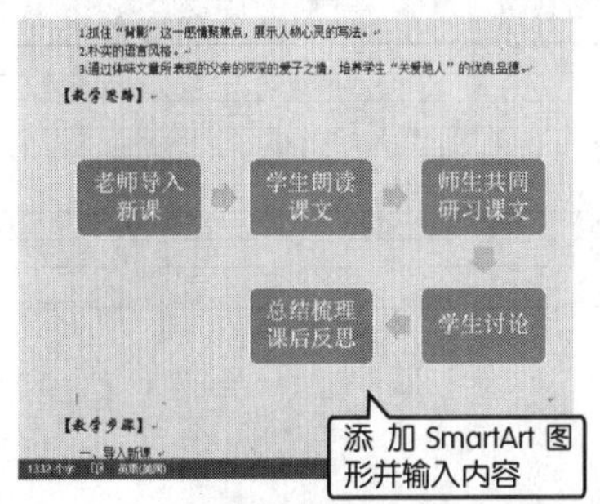

❹ 单击【设计】选型卡下【SmartArt 样式】选项组中的【更改颜色】按钮，在下拉列表中选择一种颜色样式，即可更改 SmartArt 图形的颜色。

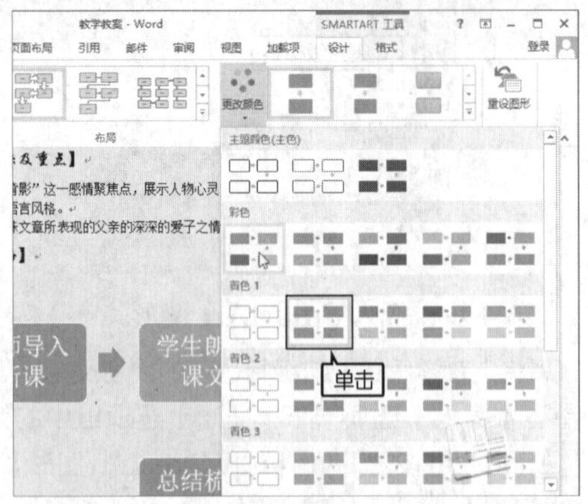

❺ 单击【设计】选型卡下【SmartArt 样式】选项组中的【其他】按钮，在下拉列表中选择一种样式，这里选择“优雅”。

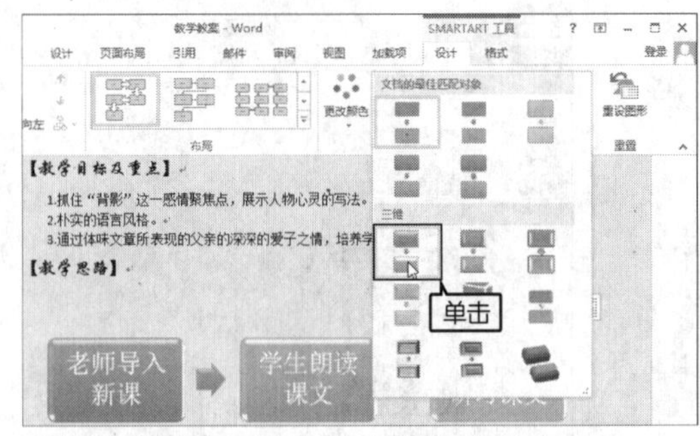

❻ 最终效果如图所示，至此，教学教案文档已制作完成，按【Ctrl+S】组合键保存即可。

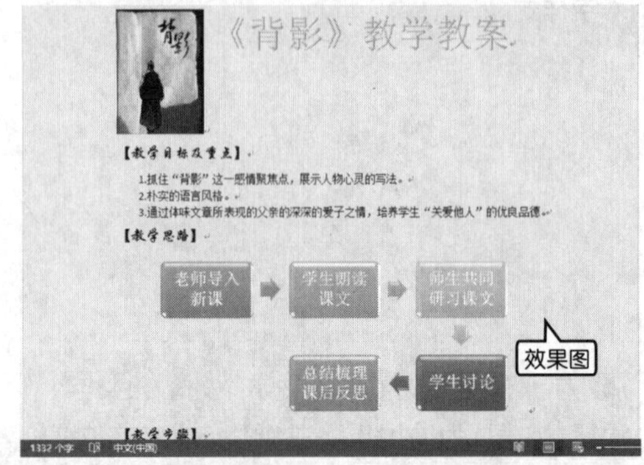

高手私房菜

本节视频教学录像：2 分钟

技巧：在页首表格上方插入空行

有些 Word 文档，没有输入任何文字而是直接插入了表格，如果用户想要在表格前面输入标题或文字，是很难操作的。下面介绍使用一个小技巧在页首表格上方插入空行，具体的操作步骤如下。

❶ 打开随书光盘中的“素材\ch05\表格操作.docx”文档，将鼠标光标置于任意一个单元格中或选中第一行单元格。

序号	产品	销量/吨
1	白菜	21307
2	海带	15940
3	冬瓜	17979
4	西红柿	25351
5	南瓜	17491
6	黄瓜	18852
7	玉米	21586
8	红豆	15263

❷ 单击【布局】选项卡下【合并】选项组中的【拆分单元格】按钮，即可在第一行单元格上方插入一行空行。

序号	产品	销量/吨
1	白菜	21307
2	海带	15940
3	冬瓜	17979
4	西红柿	25351
5	南瓜	17491
6	黄瓜	18852
7	玉米	21586
8	红豆	15263

第  章

检查和审阅文档

 **本章视频教学录像：50 分钟**

高手指引

使用 Word 编辑文档之后，通过审阅功能，才能递交出专业的文档。本章主要介绍批注、修订、错误处理、定位、查找和替换、域和邮件合并等审阅文档的操作，最后通过结合实战演练内容，充分展示 Word 在审阅文档方面的强大功能。

重点导读

- 掌握对文档的错误处理的方法
- 掌握自动更正字母大小写的方法
- 掌握查找、定位与替换的方法
- 掌握批注与修订文档的方法
- 掌握使用标签标记位置及域和邮件合并的方法

6.1 对文档的错误处理

本节视频教学录像：9 分钟

Word 2013 提供了强大的错误处理功能，包括检查拼写和语法、自定义拼写和语法检查、自动处理错误和自动更改字母大小写等，使用这些功能，用户可以减少文档中的各类错误。

6.1.1 自动拼写和语法检查

使用拼写和语法检查功能，可以减少文档中的单词拼写错误以及中文语法错误。

1. 开启检查拼写和校对语法功能

如果无意中输入了错误的文本，开启检查拼写和校对语法功能之后，Word 2013 就会在错误部分下用红色或绿色的波浪线进行标记。

❶ 打开随书光盘中的“素材\ch06\错误处理.docx”文档，其中包含了几处错误。

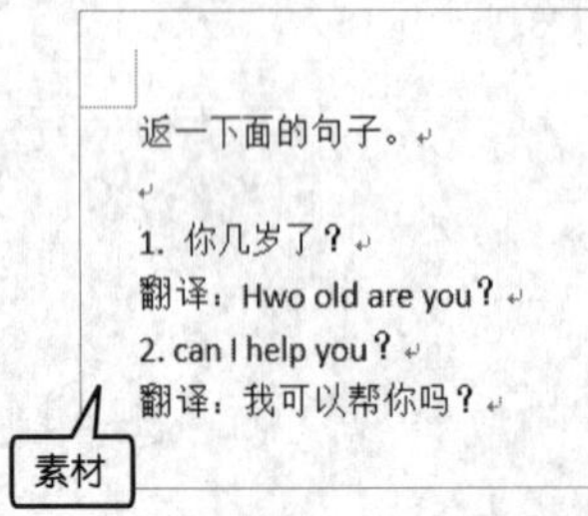

> **提示** 素材中的“返一”应为“翻译”，“Hwo”应为“How”。

❷ 单击【文件】选项卡，在右侧列表中选择【选项】选项，打开【Word 选项】对话框。

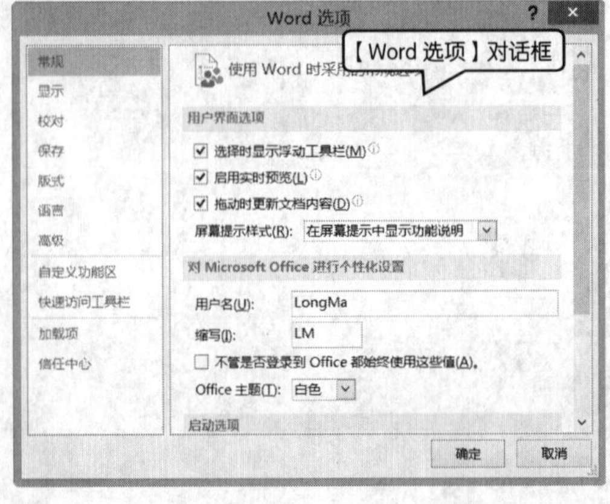

❸ 单击【校对】标签，然后在【在 Word 中更正拼写和语法时】组中单击选中【键入时检查拼写】、【键入时标记语法错误】、【经常混淆的单词】和【随拼写检查语法】复选框。

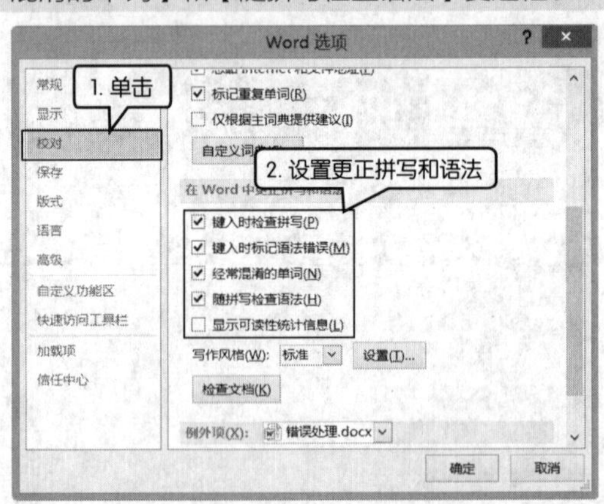

❹ 单击【确定】按钮，在文档中就可以看到在错误位置标示的提示波浪线。

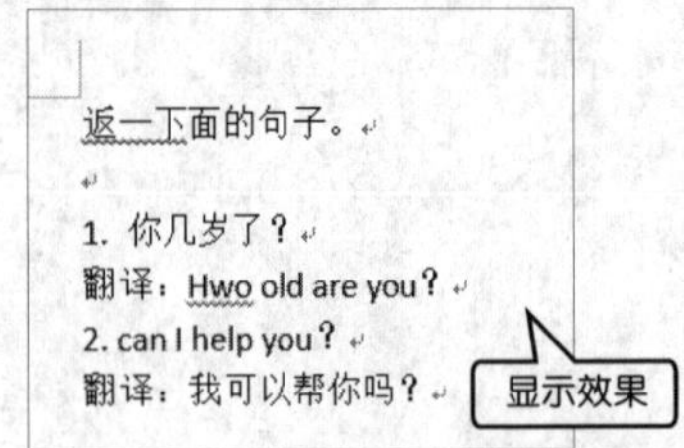

2. 检查拼写和校对语法功能使用

检查出错误后，可以忽略错误或者更正错误。

❶ 在打开的“错误处理.docx”文档中，单击【审阅】选项卡【校对】组中的【拼写和语法】按钮，可打开【语法】窗格，单击【忽略】按钮。

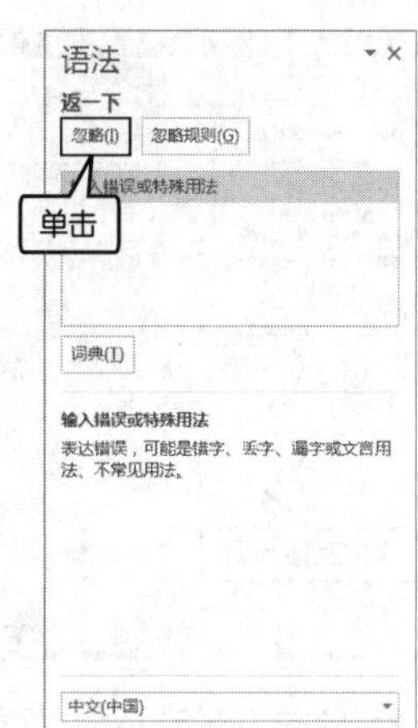

❷ 错误下方的绿色波浪线消失了。

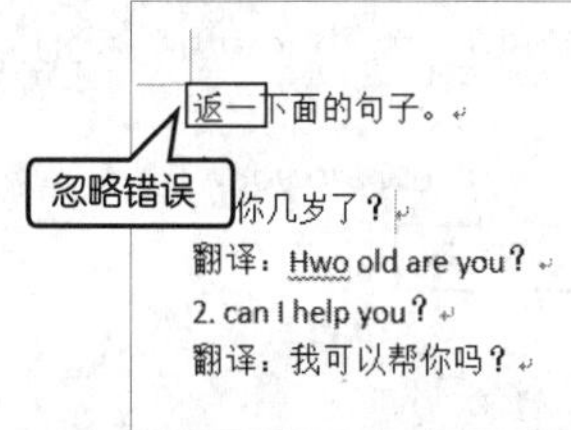

提示　如果错误比较明显，可以直接删除错误的内容，更换为正确的内容，波浪线也会消失，这里将“返一”更换为“翻译”，即可看到波浪线消失。

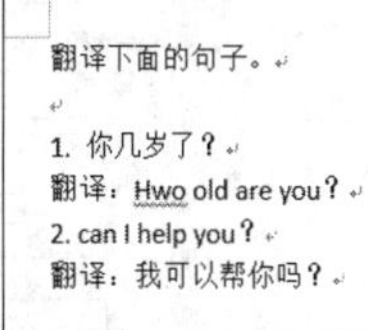

❸ 此时，【语法】窗格变为【拼写检查】窗格，显示下一个拼写错误。在列表框中选择正确的单词，单击【更改】按钮。

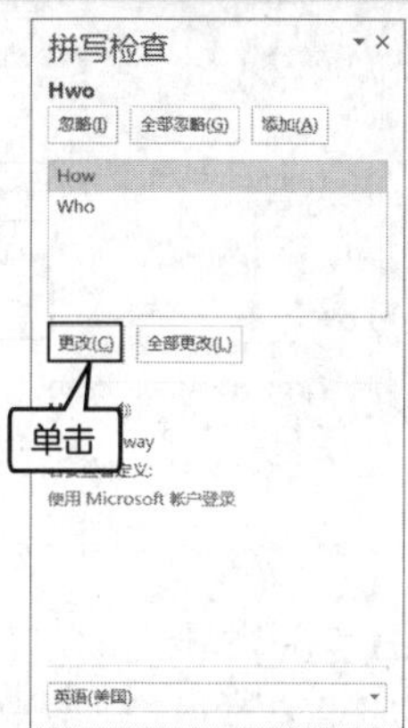

提示　在拼写错误的单词上单击鼠标右键，在弹出的快捷菜单顶部会提示拼写正确的单词。选择正确的单词替换错误的单词后，错误单词下方的红色波浪线就会消失。

❹ 正确的单词替换了错误的单词。

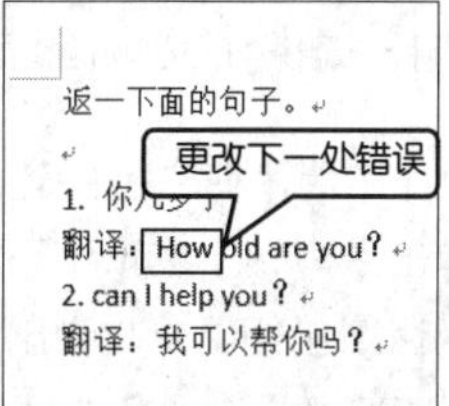

提示　完成拼写和语法检查后，会出现信息提示对话框，单击【确定】按钮即可。

6.1.2 使用自动更正功能

使用自动更正功能可以检查和更正错误的输入。例如，输入“hwo”和一个空格，则会自动更正为“how”。如果用户键入“hwo are you”，则自动更正为“How are you”。

❶ 单击【文件】选项卡，然后单击左侧列表中的【选项】按钮。

❷ 弹出【Word 选项】对话框。

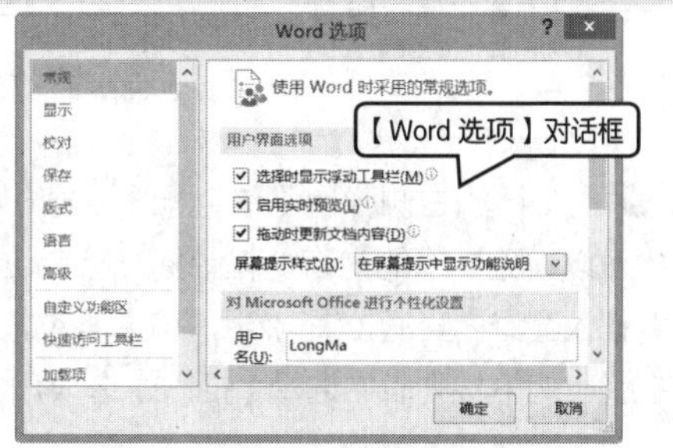

❸ 选中【校对】选项，在自动更正选项组下单击【自动更正选项】按钮。

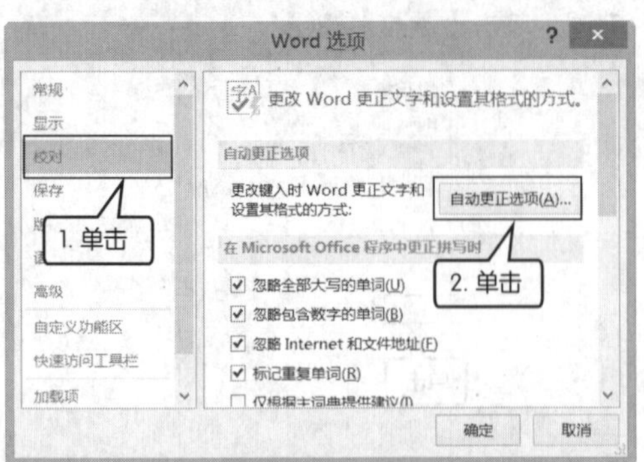

❹ 弹出【自动更正】对话框，在【自动更正】对话框中可以设置自动更正、数学符号自动更正、键入时自动套用格式、自动套用格式和操作等。

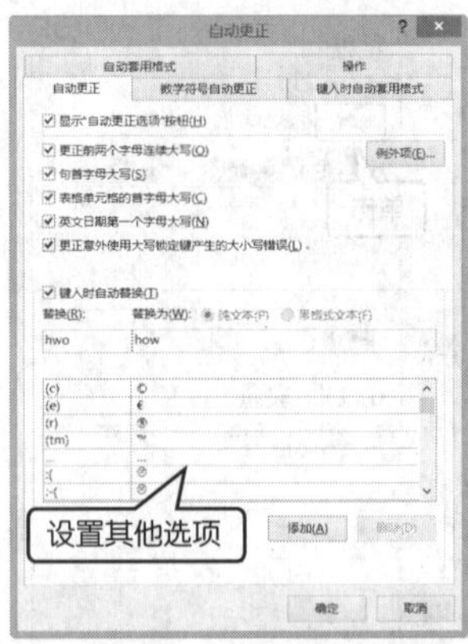

❺ 设置完成后单击【确定】按钮返回【Word选项】对话框，再次单击【确定】按钮返回到文档编辑模式。此时，键入“hwo are you”，则自动更正为“How are you”。

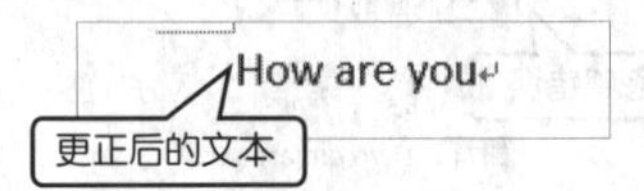

6.1.3 使用翻译功能

Word 2013提供了文本翻译的功能，使用户在使用文档的过程中感到更加方便快捷。

❶ 新建Word文档，在文档中输入一句话并选中，然后单击【审阅】选项卡下【语言】选项组中的【翻译】按钮，在弹出的下拉列表中选择【翻译所选文字】选项。

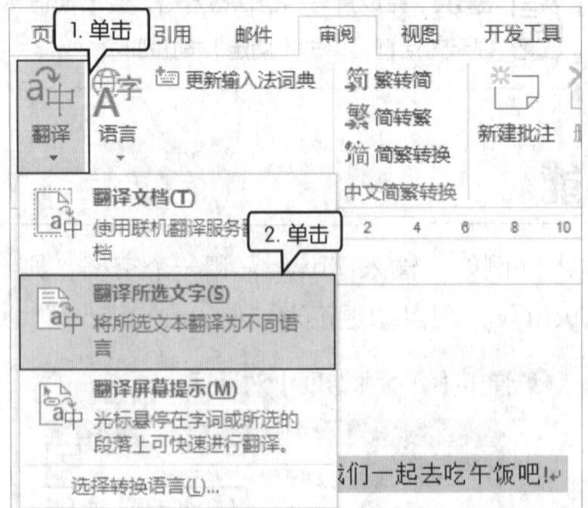

❷ 在文档的右侧弹出【信息检索】窗格，从中可以看到翻译的内容。将鼠标光标定位到需要插入翻译内容的位置，然后单击【插入】按钮，在弹出的下拉列表中选择【插入】选项。

❸ 此时就将该句子的翻译内容插入到文档中，结果如图所示。

提示 在【信息检索】窗格【翻译】区域，单击【翻译为】文本框右侧的下拉按钮，在弹出的列表中可以选择需要的语言类型。

6.2 自动更改字母大小写

本节视频教学录像：2 分钟

Word 2013 提供了多种单词拼写检查模式，如【句首字母大写】、【全部小写】、【全部大写】、【每个单词首字母大写】、【切换大小写】、【半角】和【全角】等。

❶ 在打开的“错误检查 .docx”文档中，选中需要更改大小写的单词、句子或段落。在【开始】选项卡【字体】组中单击【更改大小写】按钮 Aa ，在弹出的下拉菜单中选择所需要的选项即可，这里选择【句首字母大写】选项。

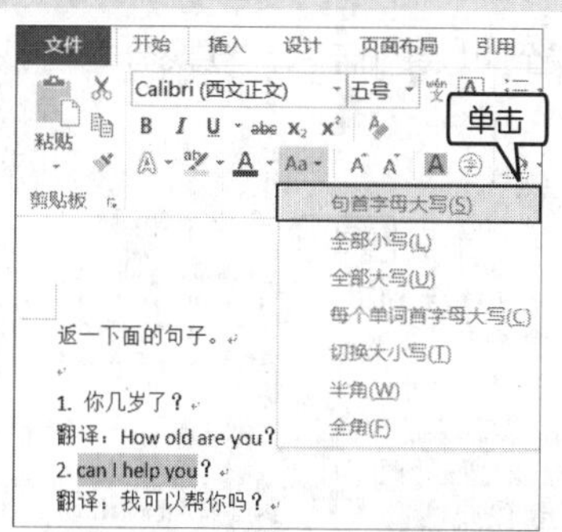

❷ 此时就可以看到所选内容句首字母变为了大写。

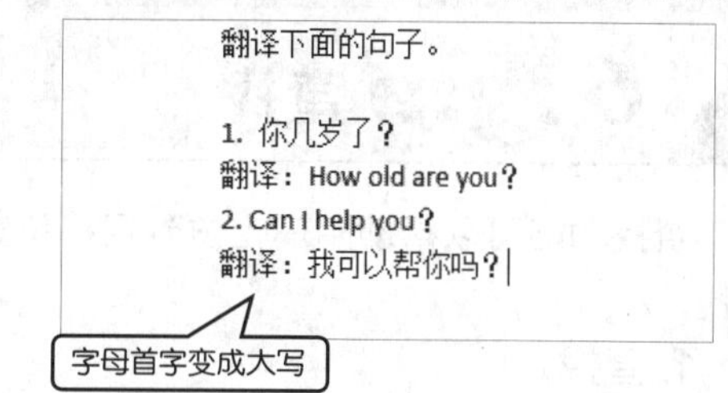

提示　如果要更改文档中所有的单词，先选中所有文档，再选择【每个单词首字母大写】命令，则文档中所有的英文单词的首字母都会更改为大写。

6.3 定位、查找与替换

本节视频教学录像：10 分钟

利用 Word 可以进行定位，例如定位至文档的某一页、某一行等。查找功能可以帮助读者查找到要查找的内容，用户也可以使用替换功能将查找到的文本或文本格式替换为新的文本或文本格式。

6.3.1 定位文档

定位也是一种查找，它可以定位到一个指定位置，如某一行、某一页或某一节等。

❶ 打开随书光盘中的“素材\ch06\定位、查找与替换 .docx”文档，单击【开始】选项卡【编辑】组中的【查找】按钮 查找 右侧的下拉按钮，在弹出的下拉菜单中选择【转到】选项。

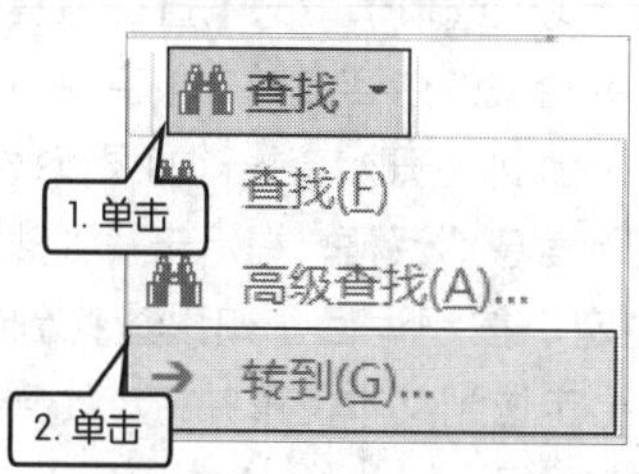

❷ 弹出【查找和替换】对话框，并自动选择【定位】选项卡。

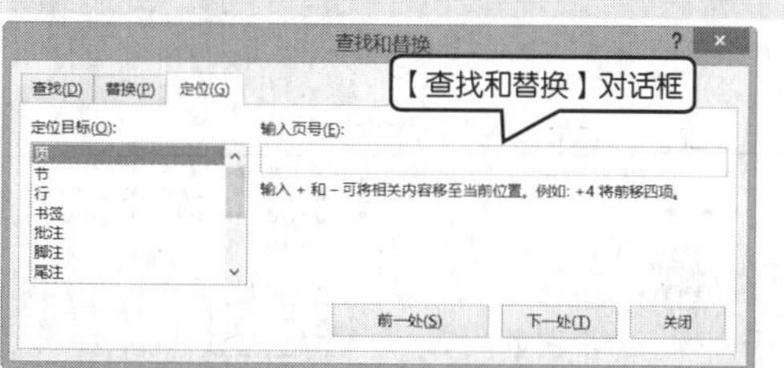

提示　可以定位至页、节、行、书签、批注、脚注以及尾注等的位置，在左侧【定位目标】列表框中选择相应的选项即可。

❸ 在【定位目标】列表框中选择定位方式（这里选择【行】），在右侧【输入行号】文本框中输入行号，如下图所示将定位到第 6 行。

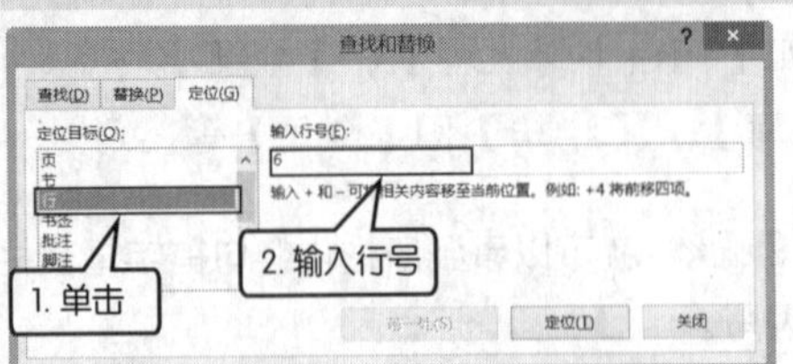

❹ 单击【定位】按钮，即可定位至选择的位置。

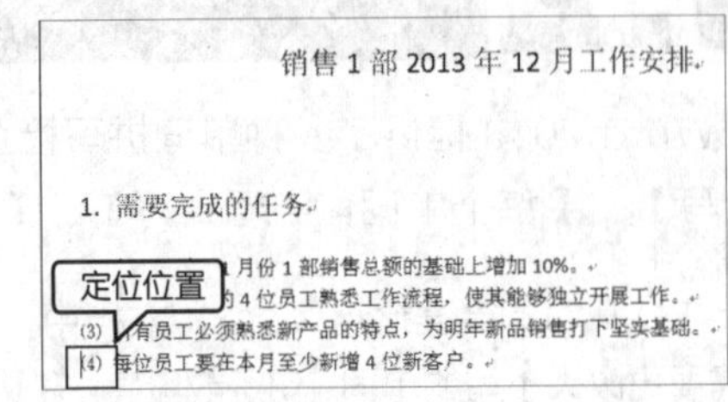

6.3.2 查找

查找功能可以帮助用户定位到目标位置以便快速找到想要的信息，查找分为查找和高级查找。

1. 查找

❶ 在打开的“定位、查找与替换 .docx”文档中，单击【开始】选项卡下【编辑】组中的【查找】按钮 查找 右侧的下拉按钮，在弹出的下拉菜单中选择【查找】命令。

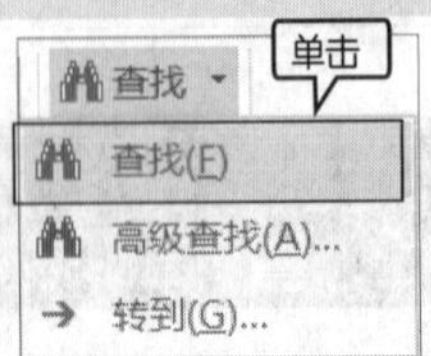

❷ 在文档的左侧打开【导航】任务窗格，在下方的文本框中输入要查找的内容，这里输入“2013”。

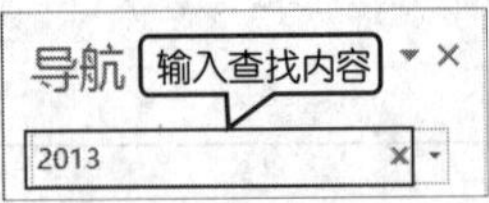

❸ 此时在文本框的下方提示“6 个结果”，并且在文档中查找到的内容都会以黄色背景显示。

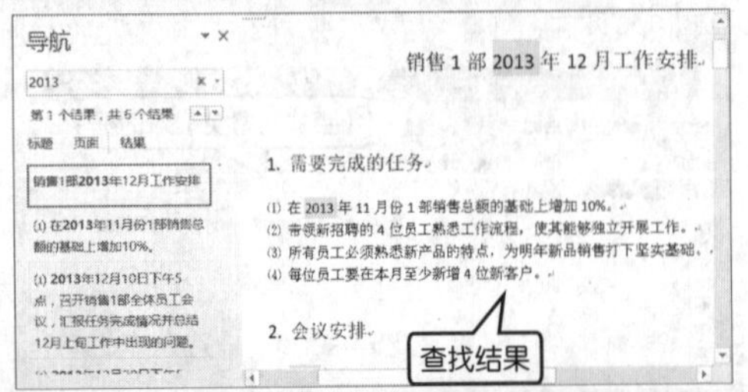

❹ 单击任务窗格中的【下一条】按钮 ▼，定位第 1 个匹配项。再次单击【下一条】按钮 ▼，就可快速查找到下一条符合的匹配项。

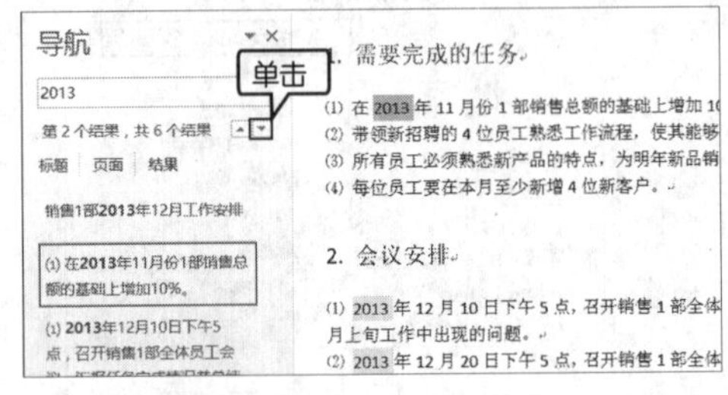

2. 高级查找

使用【高级查找】命令可以打开【查找和替换】对话框来查找内容。

❶ 单击【开始】选项卡下【编辑】组中的【查找】按钮 查找 右侧的下拉按钮，在弹出的下拉菜单中选择【高级查找】命令，弹出【查找和替换】对话框。

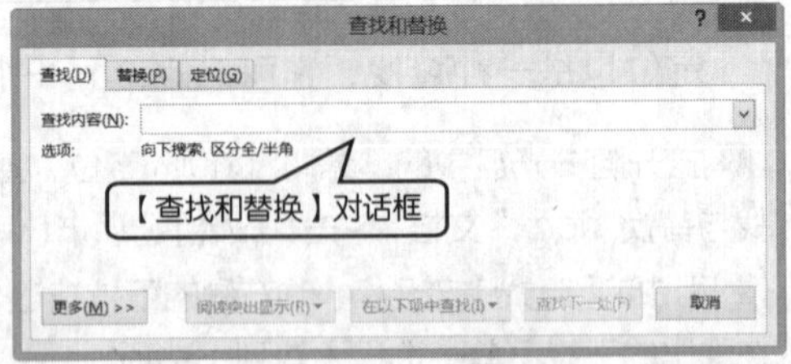

❷ 在【查找】选项卡中的【查找内容】文本框中输入要查找的内容，单击【查找下一处】按钮，Word 即可开始查找。如果查找不到，则弹出提示信息对话框，提示未找到搜索项，单击【确定】按钮返回。如果查找到文本，Word 将会定位到文本位置并将查找到的文本背景用灰色显示。

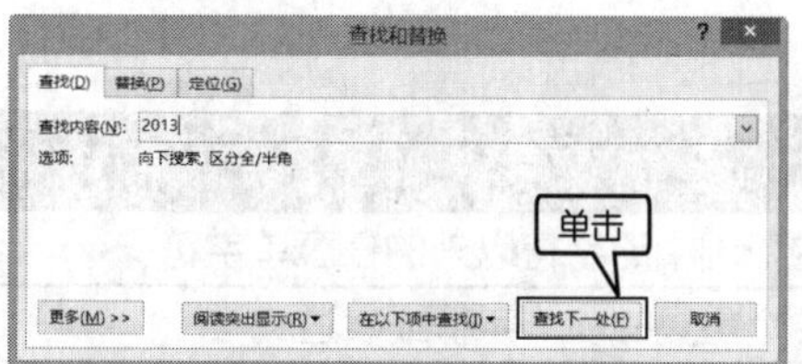

提示　按【Esc】键或单击【取消】按钮，可以取消正在进行的查找，并关闭【查找和替换】对话框。

6.3.3 替换

替换功能可以帮助用户快捷地更改查找到的文本或批量修改相同的内容。

❶ 在打开的“定位、查找与替换.docx”文档中，单击【开始】选项卡下【编辑】组中的【替换】按钮 替换，弹出【查找和替换】对话框。

❷ 在【替换】选项卡中的【查找内容】文本框中输入需要被替换的内容（这里输入“1部”），在【替换为】文本框中输入替换后的新内容（这里输入“一部”）。

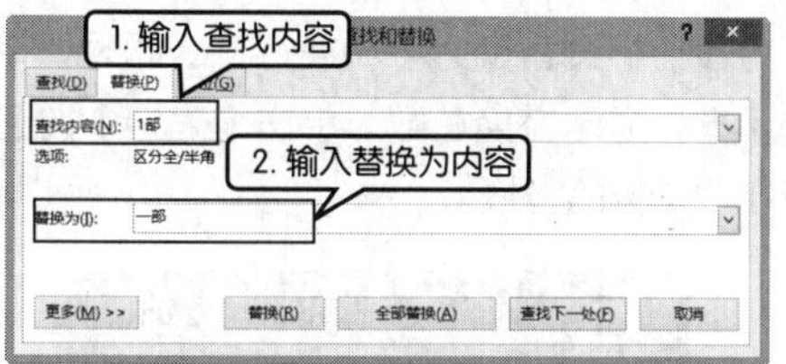

❸ 单击【查找下一处】按钮，定位到从当前光标所在位置起，第一个满足查找条件的文本位置，并以灰色背景显示，单击【替换】按钮就可以将查找到的内容替换为新的内容。

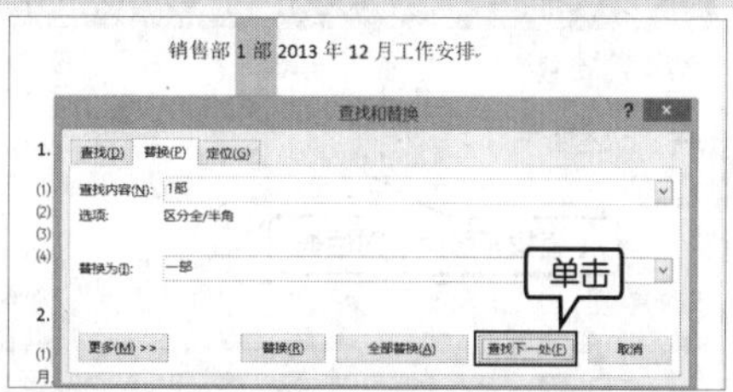

❹ 如果用户需要将文档中所有相同的内容都替换掉，单击【全部替换】按钮，Word 就会自动将整个文档内所有查找到的内容替换为新的内容，并弹出相应的提示框显示完成替换的数量。单击【确定】按钮关闭提示框。

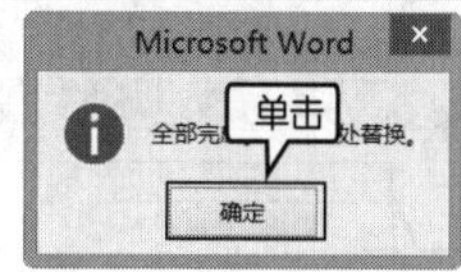

6.3.4 查找和替换的高级应用

Word 2013 不仅能根据指定的文本查找和替换，还能根据指定的格式进行查找和替换，以满足复杂的查询条件。在进行查找时，各种通配符的作用如下表所示。

通配符	功能
?	任意单个字符
*	任意字符串
<	单词的开头
>	单词的结尾
[ ]	指定字符之一
[-]	指定范围内任意单个字符

续表

通配符	功能
[!x-z]	括号内范围中的字符以外的任意单字符
{n}	n 个重复的前一字符或表达式
{n,}	至少 n 个前一字符或表达式
{n,m}	n 到 m 个前一字符或表达式
@	一个或一个以上的前一字符或表达式

将段落标记统一替换为手动换行符的具体操作步骤如下。

❶ 在打开的“定位、查找与替换.docx”文档中，单击【开始】选项卡下【编辑】组中的【替换】按钮 替换，弹出【查找和替换】对话框。

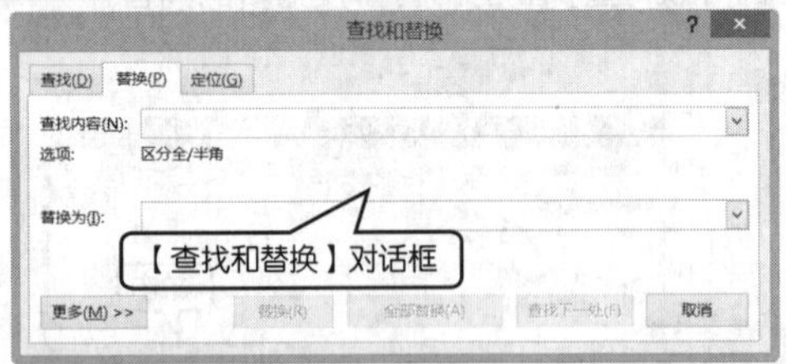

❷ 在【查找和替换】对话框中，单击【更多】按钮，在弹出的【搜索选项】组中可以选择需要查找的条件。将鼠标光标定位在【查找内容】文本框中，然后在【替换】组中单击【特殊格式】按钮，在弹出的快捷菜单中选择【段落标记】命令。

❸ 将鼠标光标定位在【替换为】文本框中，然后在【替换】组中单击【特殊格式】按钮，在弹出的快捷菜单中选择【手动换行符】命令。

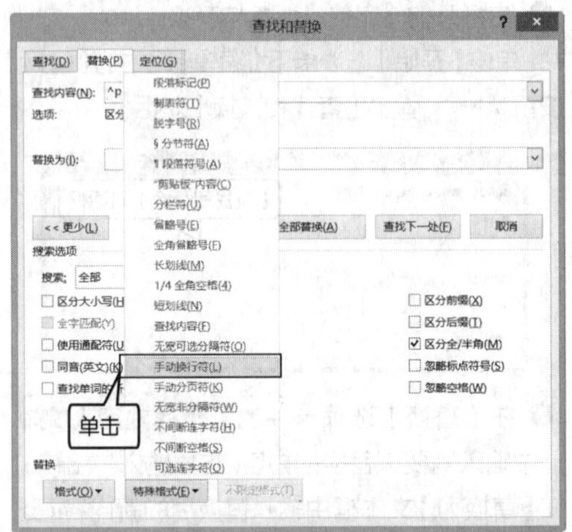

❹ 单击【全部替换】按钮，即可将文档中的所有段落标记替换为手动换行符。此时，弹出提示框，显示替换总数。单击【确定】按钮即可完成文档的替换。

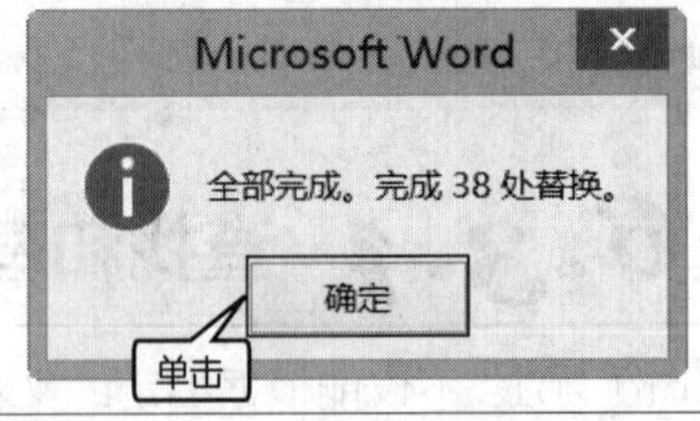

提示 用户还可以单击【格式】按钮，在下拉菜单中设置特定格式的查找替换。当需要取消格式限制时，单击【不限定格式】按钮即可。

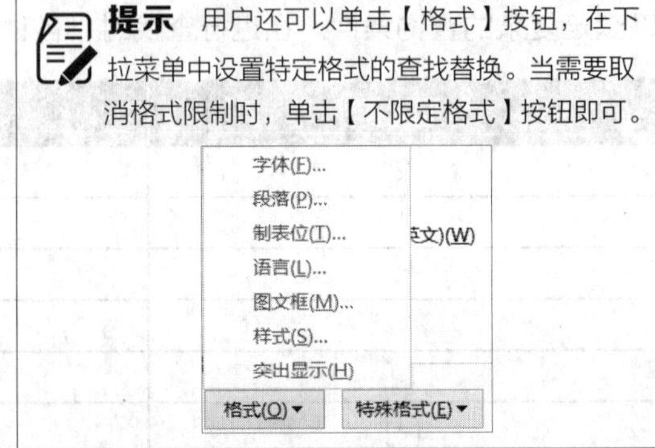

6.4 批注——在文档上进行批示

本节视频教学录像：6 分钟

批注是文档的审阅者为文档添加的注释、说明、建议、意见等信息。在把文档分发给审阅者前设置文档保护，可以使审阅者只能添加批注而不能对文档正文进行修改，利用批注可以方便工作组的成员之间的交流。

6.4.1 添加批注

批注也是对文档的特殊说明，添加批注的对象可以是文本、表格或图片等文档内的所有内容。Word 2013 将以有颜色的括号将批注的内容括起来，背景色也将变为相同的颜色。默认情况下，批注显示在文档页边距外的标记区，批注与被批注的文本使用与批注相同颜色的虚线连接。添加批注的具体操作步骤如下。

❶ 打开随书光盘中的“素材\ch06\批注.docx”文档，然后单击【审阅】选项卡，在文档中选择要添加批注得文字，然后单击【新建批注】按钮。

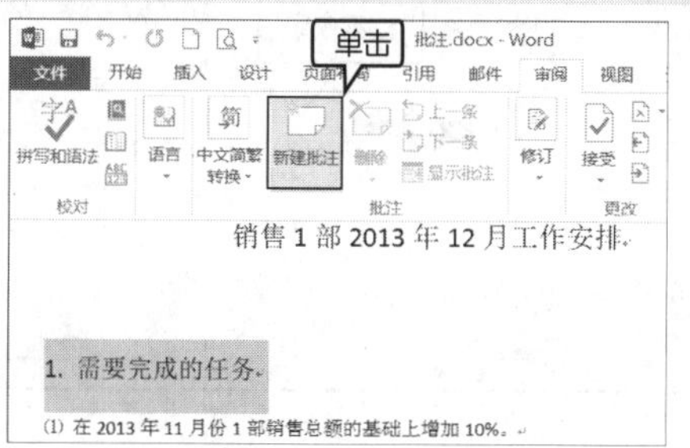

❷ 在后方的批注框中输入批注的内容即可。

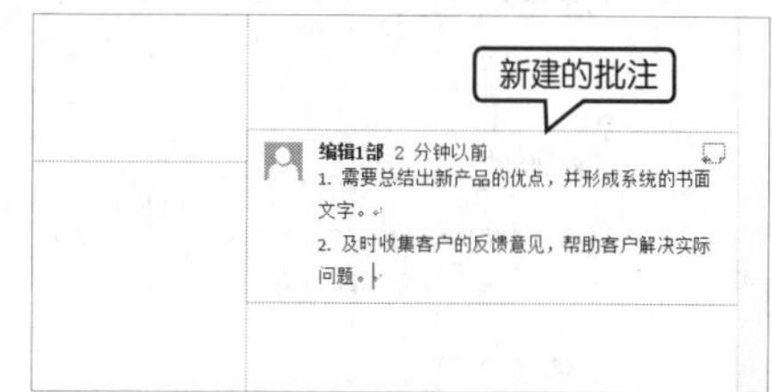

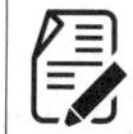

提示 选择要添加批注的文本并单击鼠标右键，在弹出的快捷菜单中选择【新建批注】选项也可以快速添加批注。此外，还可以将【插入批注】按钮添加至快速访问工具栏。

6.4.2 编辑批注

如果对批注的内容不满意，还可以修改批注，修改批注有两种方法。

方法一：

在已经添加了批注的文本内容上单击鼠标右键，在弹出的快捷菜单中选择【编辑批注】命令，批注框将处于可编辑的状态，此时即可修改批注的内容。

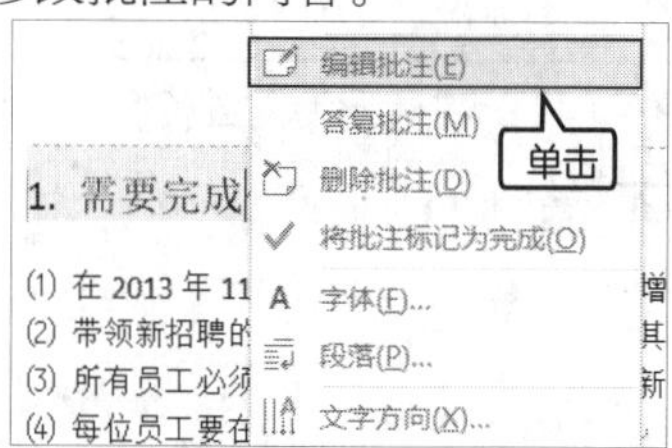

提示 在弹出的快捷菜单中选择【答复批注】命令，可以对批注进行答复，选择【将批注标记为完成】命令，可以将批注以“灰色”显示。

方法二：

直接单击需要修改的批注，即可进入编辑状态，编辑批注。

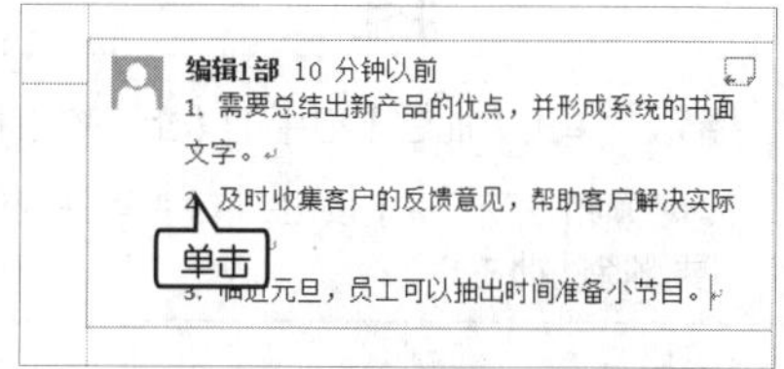

6.4.3 查看不同审阅者的批注

在查看批注时，用户可以查看所有审阅者的批注，也可以根据需要分别查看不同审阅者的批注。

❶ 打开随书光盘中的“素材\ch06\多人批注.docx”文档，单击【审阅】选项卡下【修订】组中的【显示标记】按钮 显示标记 ，弹出的快捷菜单中选择【特定人员】菜单命令。此时可以看到在【特定人员】命令的下一级菜单中选中了所有审阅者。

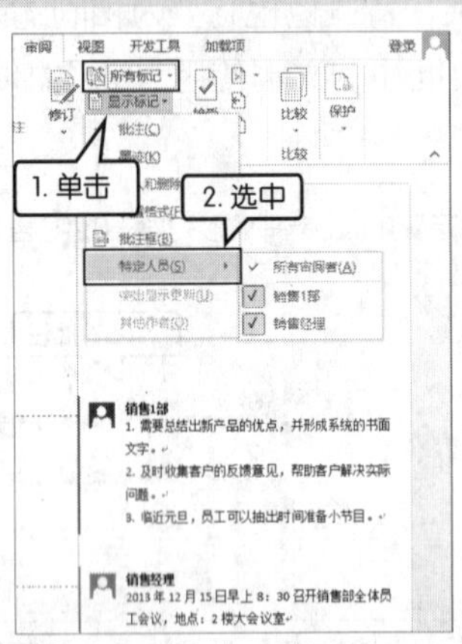

❷ 撤消选中“销售 1 部”前的复选框，即可隐藏“销售 1 部”的全部批注。保留要查看批注者的名称，这样用户就可以根据自己的需要查看不同审阅者的批注了。

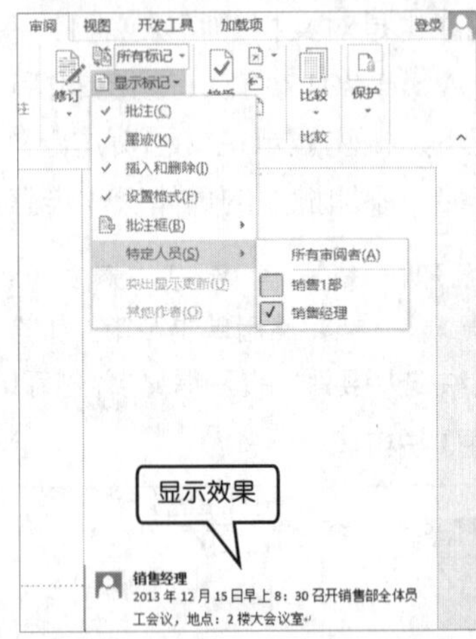

6.4.4 删除批注

当不需要文档中的批注时，用户可以将其删除，删除批注常用的方法有两种。

1. 使用【删除】按钮

选择要删除的批注，此时【审阅】选项卡下【批注】组的【删除】按钮 处于可用状态，单击该按钮即可将选中的批注删除。此时【删除】按钮又处于不可用状态。

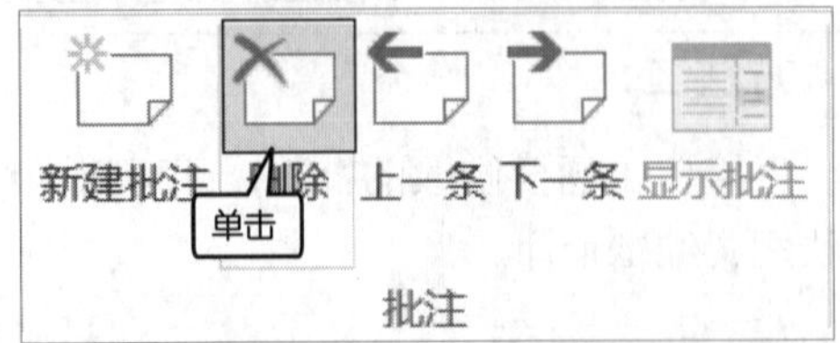

提示 单击【批注】组中的【上一条】按钮 上一条 和【下一条】按钮 下一条 可快速地找到要删除的批注。

2. 使用快捷菜单命令

在需要删除的批注或批注文本上单击鼠标右键，在弹出的快捷菜单中选择【删除批注】菜单命令也可删除选中的批注。

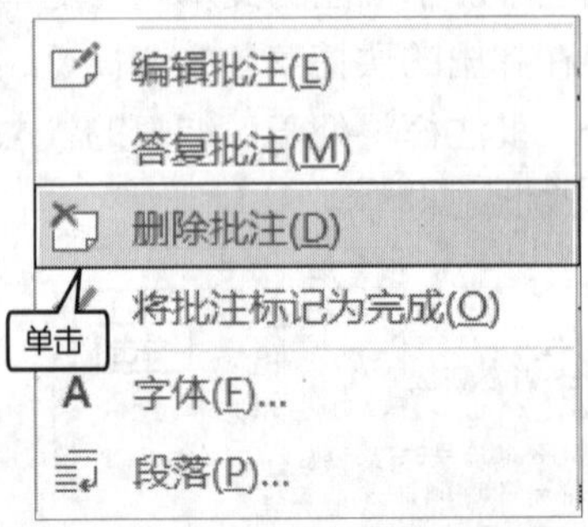

6.4.5 删除所有批注

单击【审阅】选项卡下【修订】组中的【删除】按钮下方的下拉按钮，在弹出的快捷菜单中选择【删除文档中的所有批注】命令，可删除所有的批注。

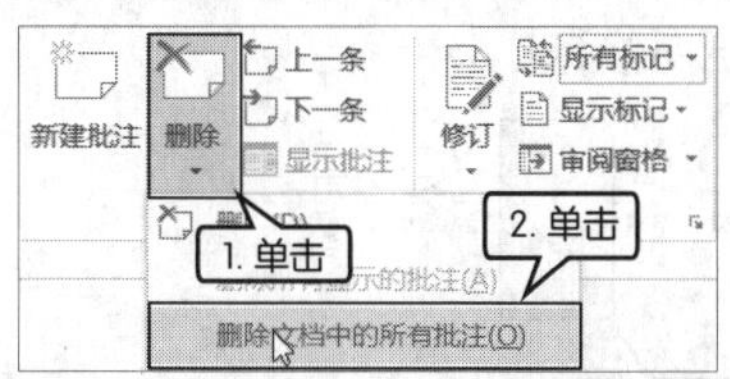

6.5 修订——直接修改文档

本节视频教学录像：4 分钟

修订是显示文档中所做的诸如删除、插入或其他编辑更改的标记。启用修订功能，审阅者的每一次插入、删除或是格式更改都会被标记出来。这样能够让文档作者跟踪多位审阅者对文档所做的修改，并接受或者拒绝这些修订。

6.5.1 修订文档

修订文档首先需要使文档处于修订的状态。

❶ 打开随书光盘中的“素材\ch06\修订.docx”文档，单击【审阅】选项卡下【修订】组中的【修订】按钮，即可使文档处于修订状态。

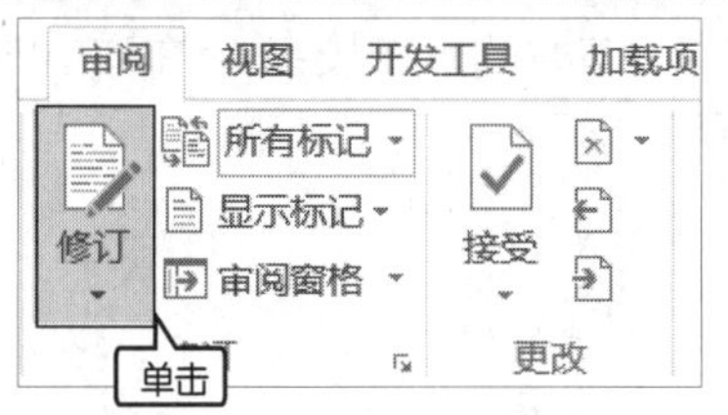

❷ 此后，对文档所做的所有修改将会被记录下来。

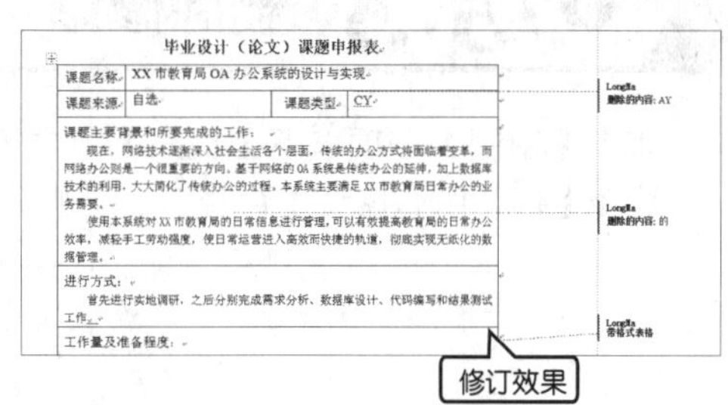

6.5.2 接受修订

如果修订的内容是正确的，这时就可以接受修订。将光标放在需要接受修订的内容处，然后单击【审阅】选项卡下【更改】组中的【接受】按钮，即可接受文档中的修订。此时系统将选中下一条修订。

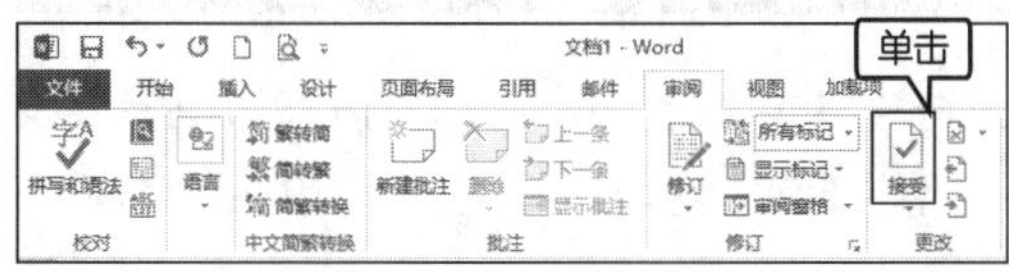

提示　将光标放在需要接受修订的内容处，然后单击鼠标右键，在弹出的快捷菜单中选择【接受修订】命令，也可接受文档中的修订。

6.5.3 接受所有修订

如果所有修订都是正确的，需要全部接受，可以使用【接受所有修订】命令。单击【审阅】选项卡下【更改】组中的【接受】按钮 下方的下拉按钮，在弹出的下拉列表中选择【接受所有修订】命令，即可接受所有修订。

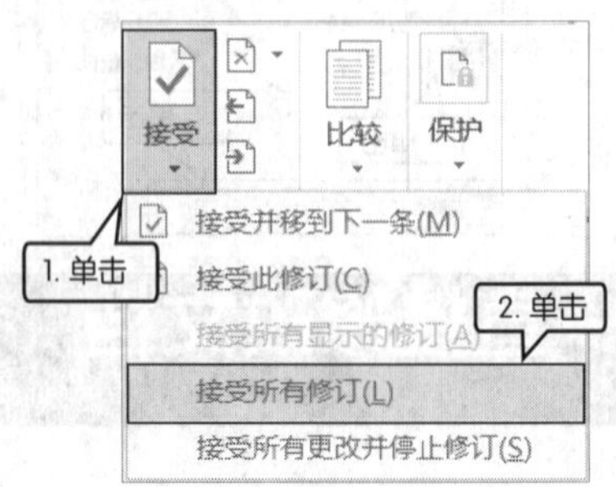

6.5.4 拒绝修订

如果要拒绝修订，可以将光标放在需要删除修订的内容处，单击【审阅】选项卡下【更改】组中的【拒绝】按钮，即可删除文档中的修订。此时系统将选中下一条修订。

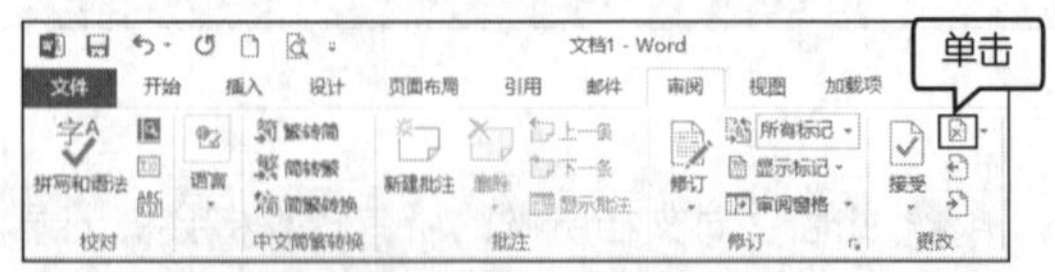

提示 将光标放在需要拒绝修订的内容处，然后单击鼠标右键，在弹出的快捷菜单中选择【拒绝修订】命令，也可拒绝文档中的修订。

6.5.5 删除修订

单击【审阅】选项卡下【更改】组中【拒绝】按钮 下方的下拉按钮，在弹出的快捷菜单中选择【拒绝所有修订】命令，即可删除文档中的所有修订。

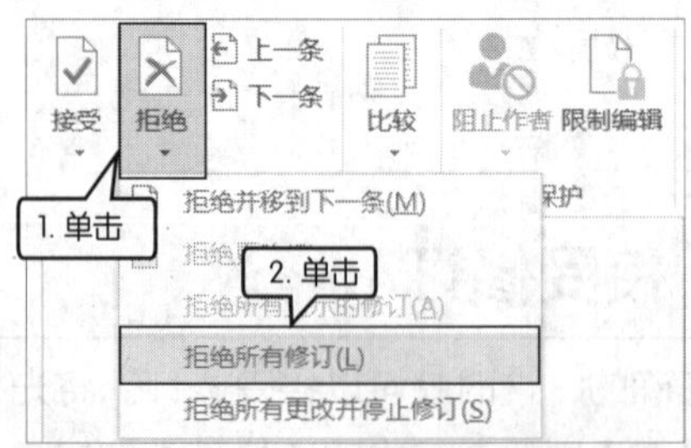

6.6 使用书签标记位置

本节视频教学录像：2 分钟

书签是以引用为目的，在文件中命名的位置或选定的文本范围。用户可以通过书签在文档中跳转到特定的位置，标记选定的文字、图形、表格和其他项；还可以在交叉引用中引用该项，或者为索引项生成页的范围等。

❶ 打开随书光盘中的“素材\ch06\定位、查找与替换.docx”文档，选择要插入书签的文本，单击【插入】选项卡下【链接】选项组中的【书签】按钮。

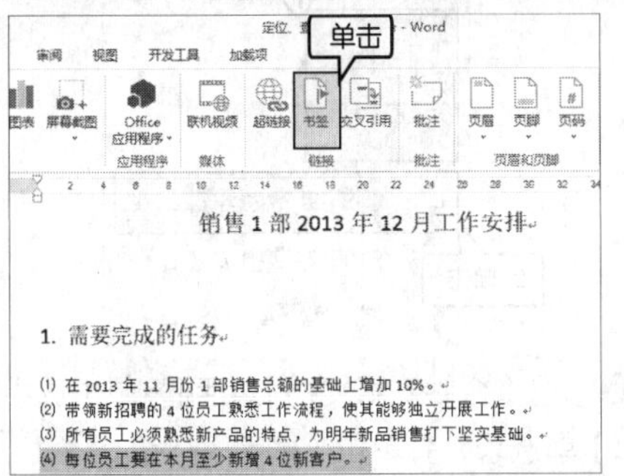

❷ 弹出【书签】对话框，在【书签名】下方的文本框中输入“员工须知”字样，单击【添加】按钮。

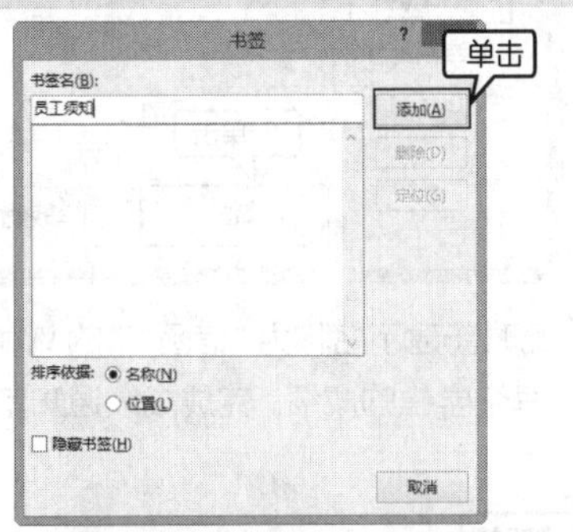

❸ 再次单击【链接】选项组中的【书签】按钮，弹出【书签】对话框，此时名称为“员工须知”的书签已经添加成功。

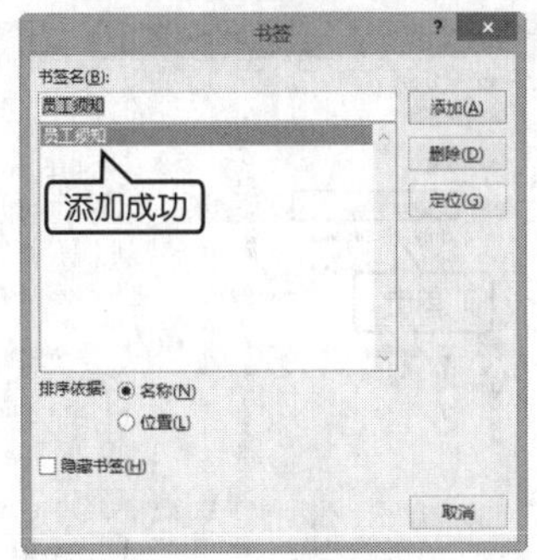

❹ 单击【定位】按钮，即可看到书签已经定位到文档中的位置。

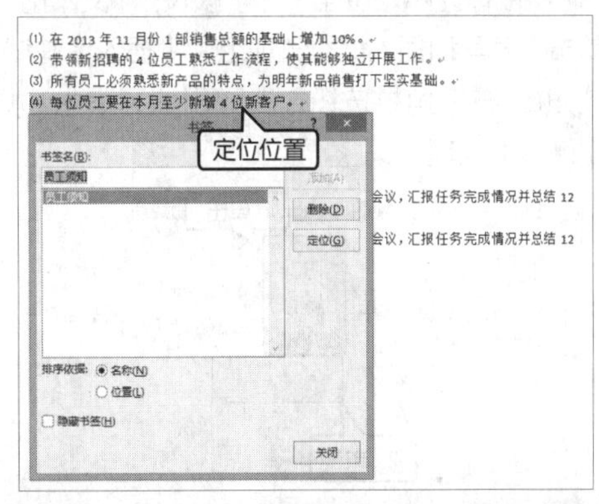

6.7 域和邮件合并

本节视频教学录像：5 分钟

邮件合并功能是先建立两个文档，即一个包括所有文件共有内容的主文档和一个包括变化信息的数据源，然后使用邮件合并功能在主文档中插入变化的信息。合成后的文件可以保存为 Word 文档打印出来，也可以以邮件形式发出去。

❶ 打开随书光盘中的“素材\ch06\成绩通知单.docx”文档，单击【邮件】选项卡下【开始邮件合并】组中【开始邮件合并】按钮右下角的下拉按钮，在弹出的列表中选择【普通 Word 文档】选项。

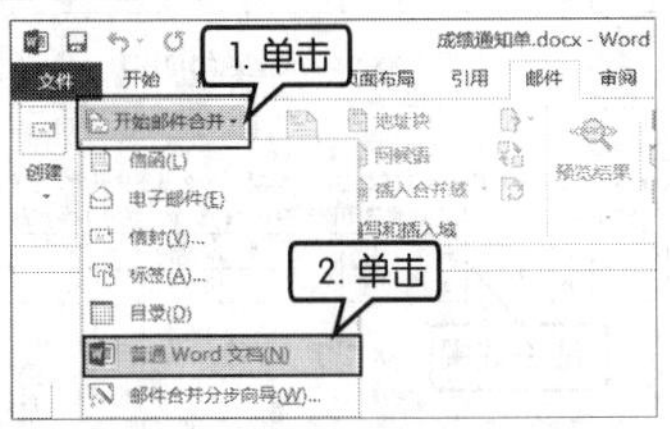

❷ 单击【开始邮件合并】组中【选择收件人】按钮右下角的下拉按钮，在弹出的列表中选择【使用现有列表】选项。

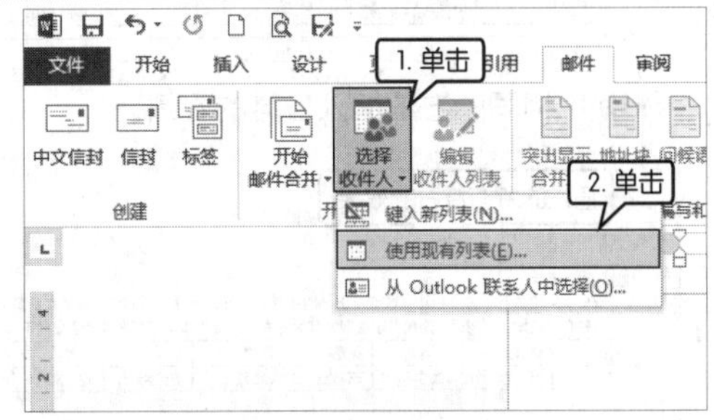

❸ 打开【选取数据源】对话框，选择数据源存放的位置，这里选择随书光盘中的“素材\ch06\成绩单.docx”文档，单击【打开】按钮。

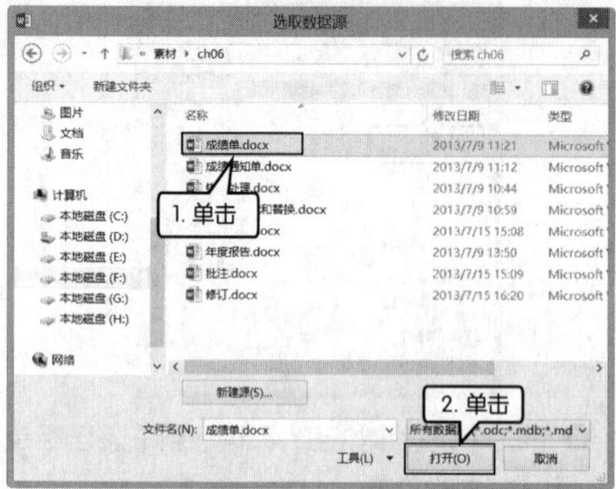

❹ 将鼠标光标定位至“同学家长：”文本前，单击【编写和插入域】选项组中【插入合并域】按钮右下角拉按钮，在弹出的列表中选择【姓名】选项。

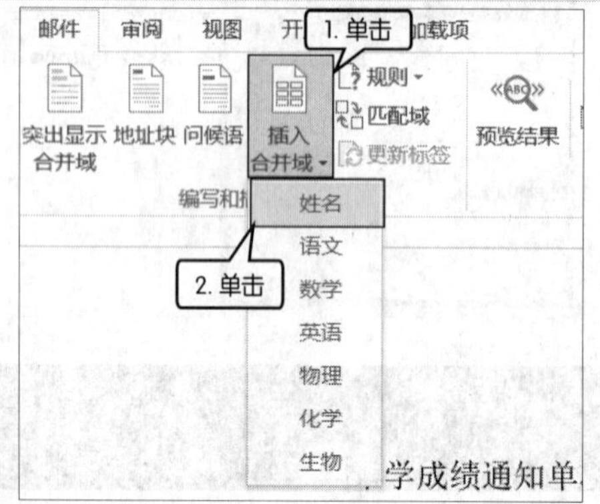

❺ 此时就将姓名域插入到鼠标光标所在的 位置。

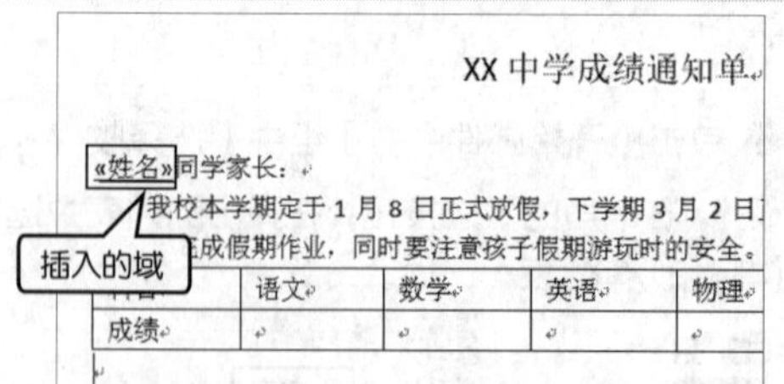

❻ 使用相同的方法插入各科的成绩。

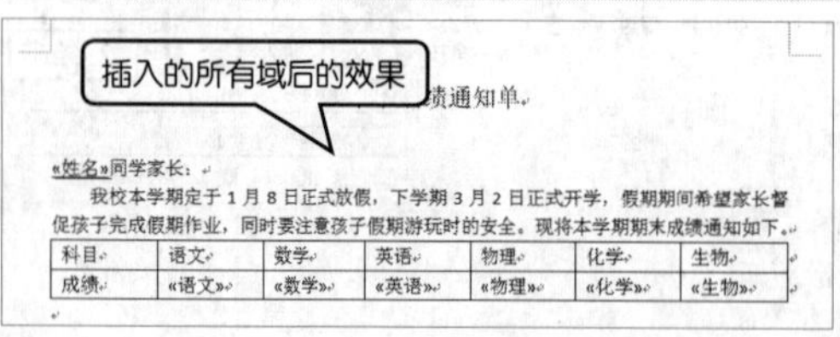

❼ 插入完成，单击【邮件】选项卡下【完成】组中【完成并合并】按钮下方的下拉按钮，在弹出的列表中选择【编辑单个文档】选项。

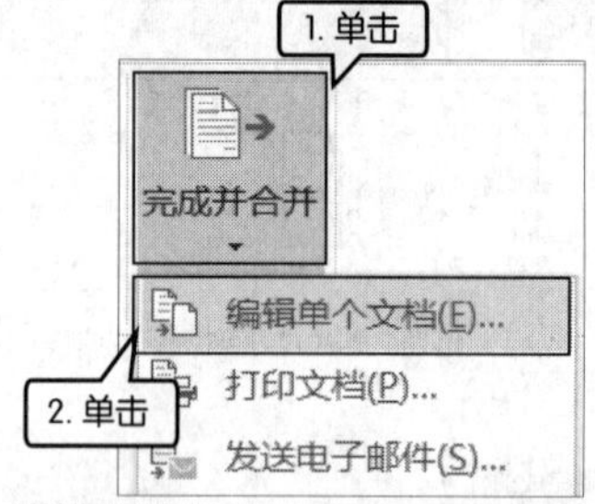

❽ 弹出【合并到新文档】对话框，单击选中【全部】单选项，并单击【确定】按钮。

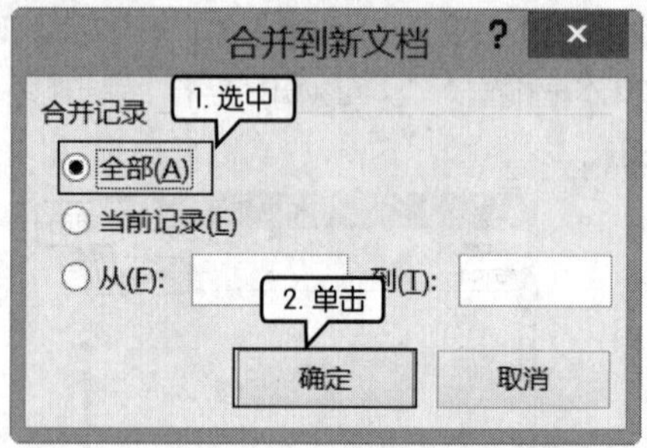

❾ 此时新建了名称为“信函 1”的 Word 文档，显示每个学生的成绩，完成成绩通知单的制作。

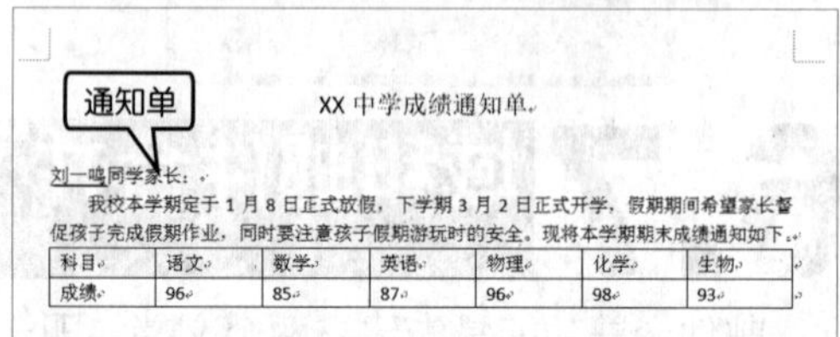

❿ 每个通知单单独占用一个页面，可以删除相邻通知单之间的分隔符，使其集中显示，节约纸张。

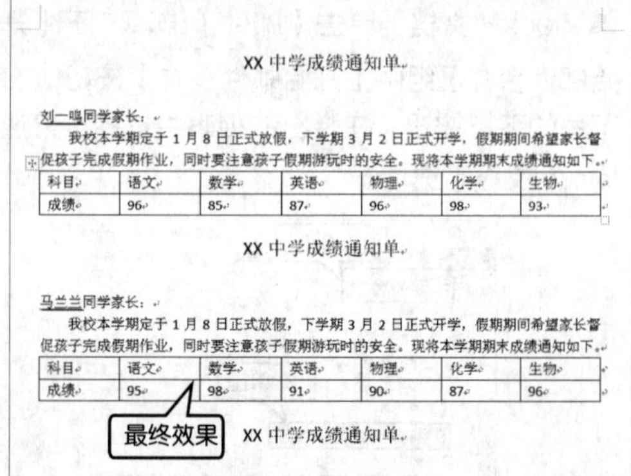

6.8 综合实战——递交准确的年度报告

本节视频教学录像：8 分钟

年度报告是整个公司会计年度的财务报告及其他相关文件，也可以是公司一年历程的简单总结，如向公司员工介绍公司一年的经营状况、举办的活动、制度的改革以及企业的文化活动等内容，以激发员工工作热情、增进员工与领导之间的交流、促进公司的良性发展。根据实际情况的不同，每个公司年度报告也不相同，但是对于年度报告的制作者来说，递交的年度报告必须是准确无误的。

【案例效果展示】

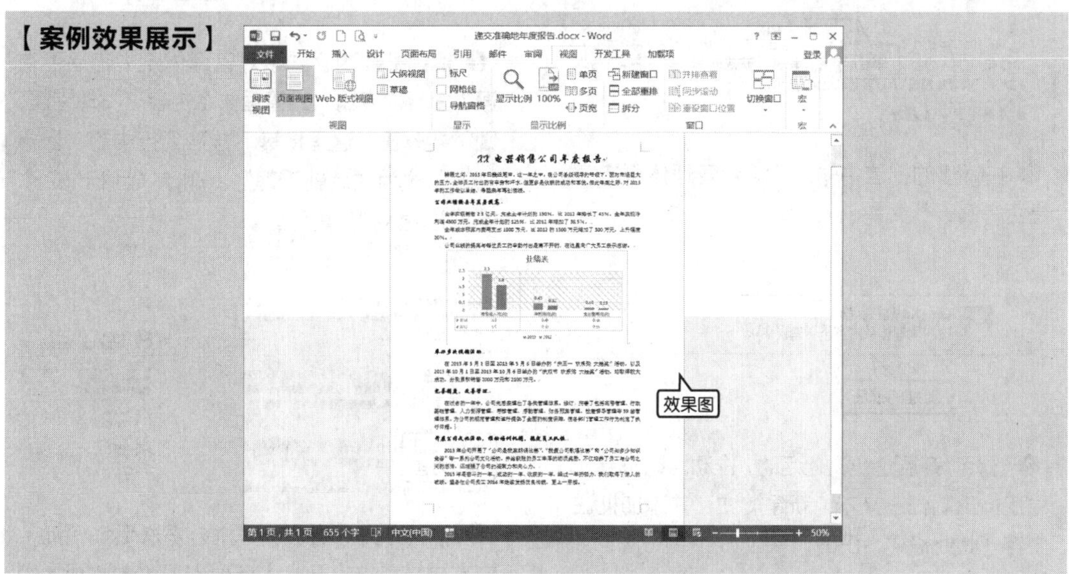

【案例涉及知识点】

- 设置字体、段落样式
- 批注文档
- 修订文档
- 删除批注
- 查找和替换
- 接受和拒绝修订

【操作步骤】

第 1 步：设置字体、段落样式

本节主要涉及 Word 的一些基本功能的使用，如设置字体、字号、段落等内容。

❶ 打开随书光盘中的“素材\ch06\年度报告.docx”文档，选择标题文字，设置其【字体】为“华文行楷”、【字号】为“二号”，并设置【居中】显示。

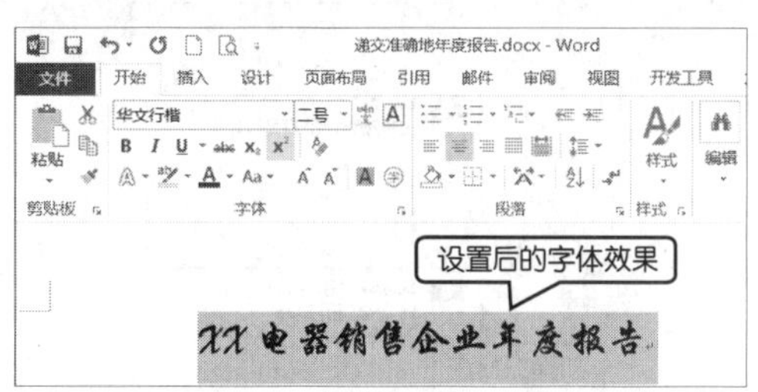

❷ 设置标题段落间距【段后】为“0.5 行”，设置正文段落【首行缩进】为“2 字符”。设置文档中的图表【居中】显示，并根根据需要设置其他内容的格式。

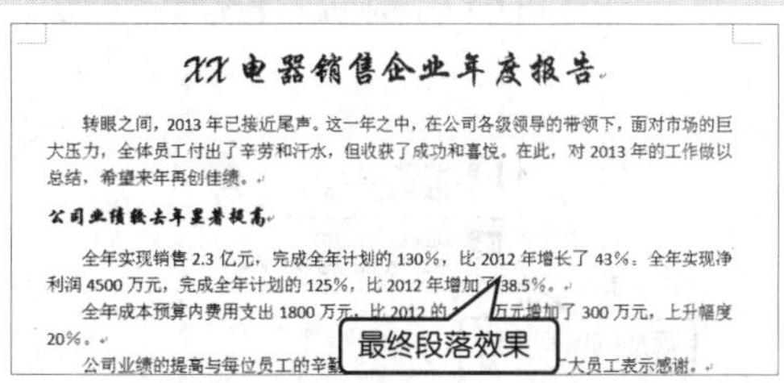

第 2 步：批注文档

通过批注文档，可以让作者根据批注内容修改文档。

❶ 选择“完善制度，改善管理”文本，单击【审阅】选项卡【批注】选项组中的【新建批注】按钮。

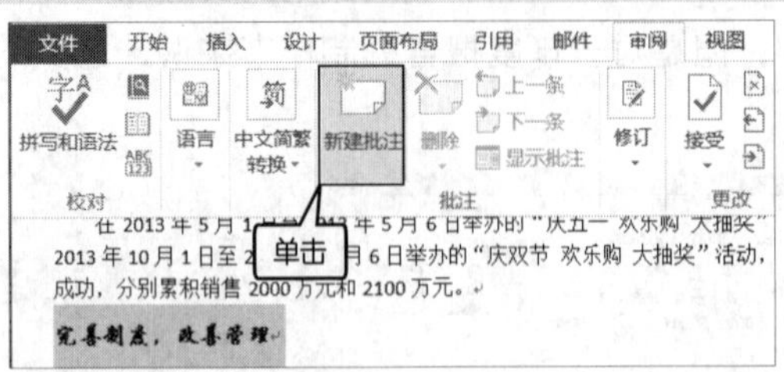

❷ 在新建的批注中输入“核对管理体系内容是否有误？”文本。

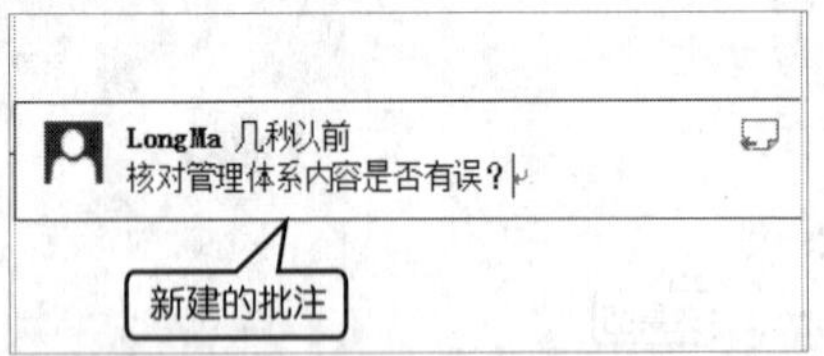

❸ 选择“开展企业文化活动，推动培训机制，稳定员工队伍”文本，新建批注，并添加批注内容“此处格式不正确。”

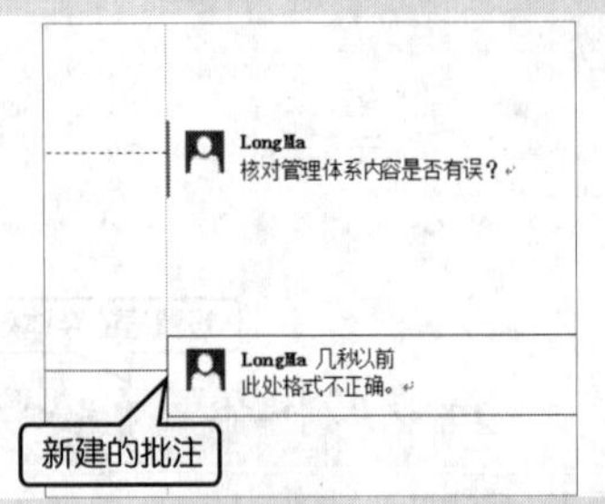

❹ 根据需要为其他存在错误的地方添加批注，最终效果如下图所示。

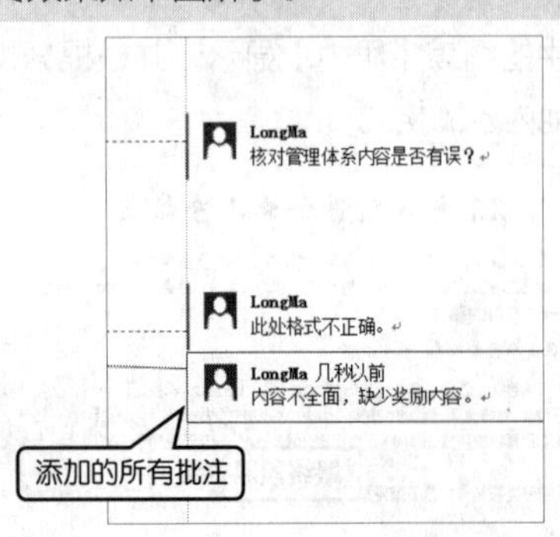

第 3 步：修订文档

根据添加的批注，可以对文档进行修订，改正错误的内容。

❶ 单击【审阅】选项卡下【修订】组中的【修订】按钮，使文档处于修订状态。

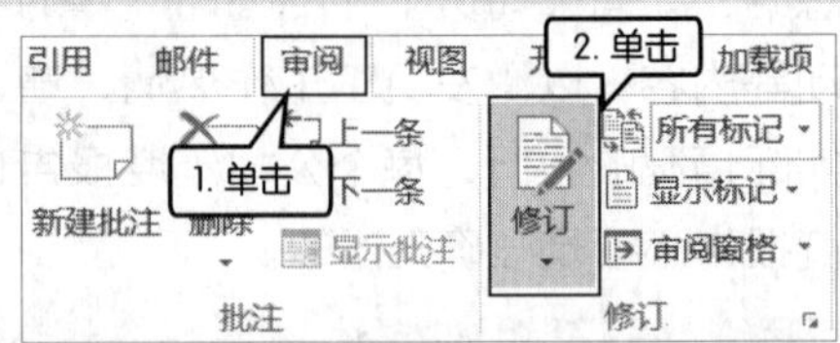

❷ 根据批注内容“核对管理体系内容是否有误？”，检查输入的管理体系内容，发现错误，则需要改正。这里将其下方第 2 行中的“目标管理”改为“后勤管理”。删除“目标”2 个字符并输入“后勤”。

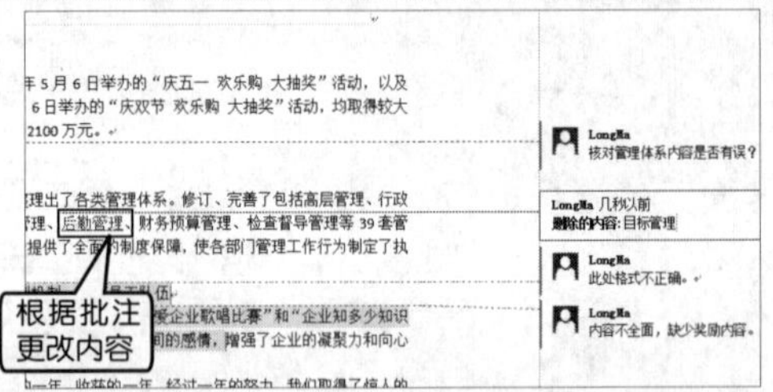

❸ 将鼠标光标定位在“举办多次促销活动”文本内，单击【开始】选项卡下【剪贴板】组中的【格式刷】按钮，复制其格式。

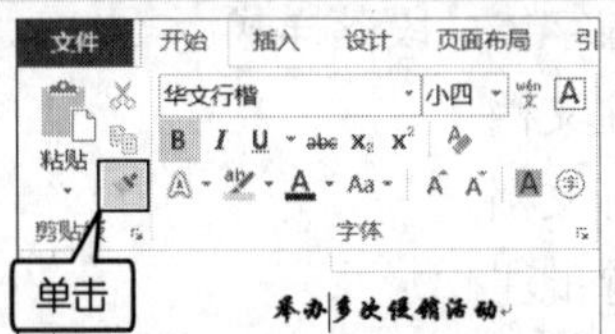

❹ 选择“开展企业文化活动，推动培训机制，稳定员工队伍”文本，将复制的格式应用到选择的文本，完成字体格式的修订。使用相同的方法根据批注内容修改其他内容。

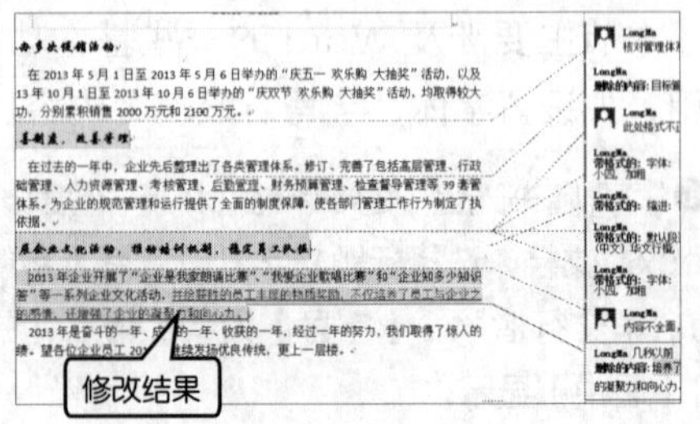

第 4 步：删除批注

根据批注的内容修改完文档之后，就可以将批注删除。

❶ 单击【审阅】选项卡【批注】选项组中【删除】按钮 下方的下拉按钮，在弹出的列表中选择【删除文档中的所有批注】选项。

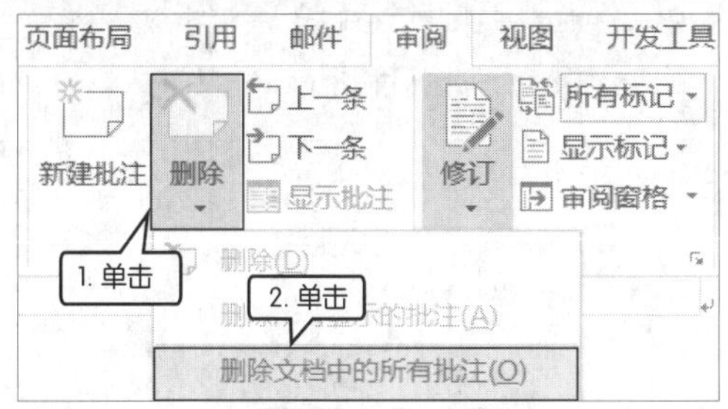

❷ 此时就将文档中的所有批注删除了。

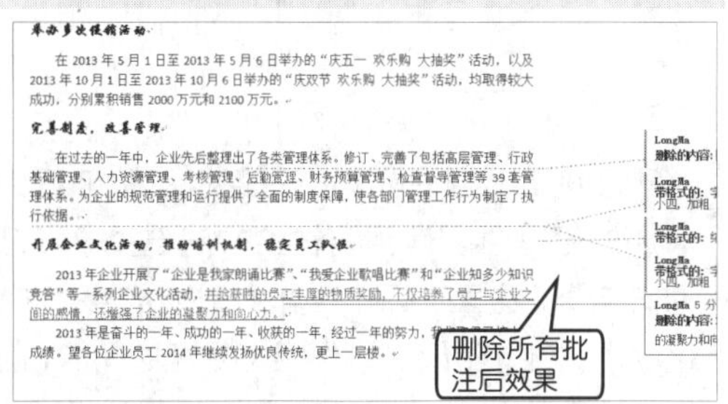

第 5 步：查找和替换

一些需要统一替换的词或内容可以利用 Word 2013 的查找和替换功能完成。

❶ 单击【开始】选项卡【编辑】选项组中的【替换】按钮 ，弹出【查找和替换】对话框。在【查找内容】文本框中输入“企业”，在【替换为】文本框中输入“公司”，单击【全部替换】按钮，即可完成文本内容的替换。

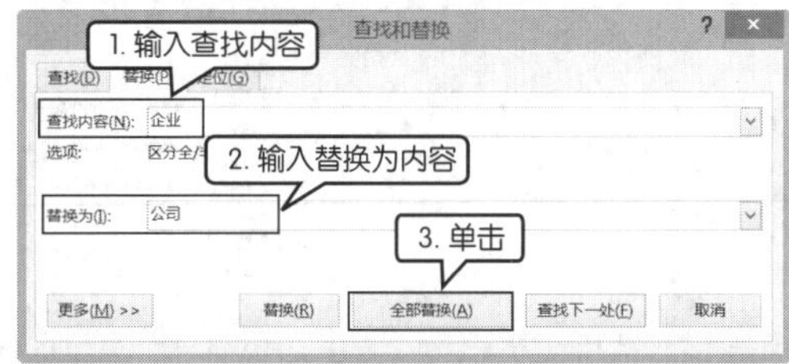

❷ 弹出信息提示框显示替换结果，单击【确定】按钮。

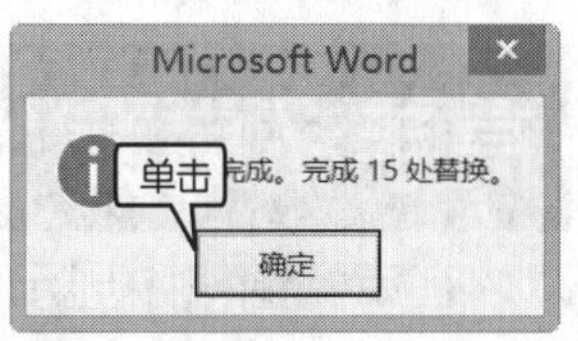

❸ 此时，可以看到替换的文本都以修订的形式显示。

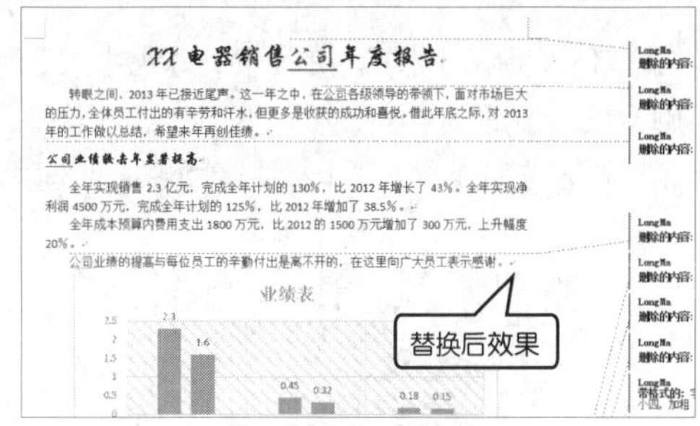

第 6 步：接受或拒绝修订

根据修订的内容检查文档，如修订的内容无误，则可以接受全部修订。

❶ 单击【审阅】选项卡【更改】选项组中【接受】按钮 下方的下拉按钮，在弹出的下拉列表中选择【接受所有修订】选项。

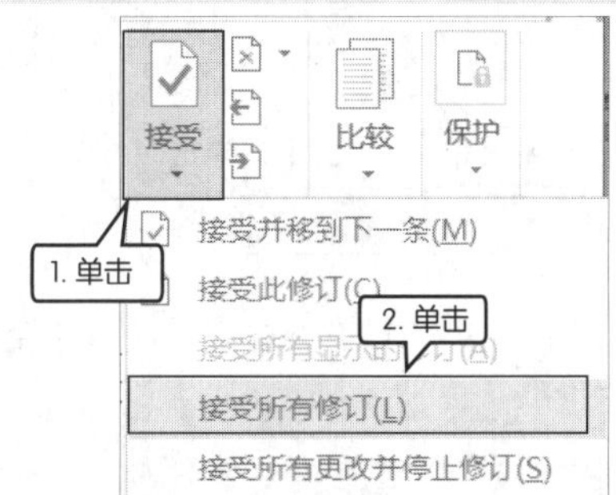

❷ 此时就接受了对文档所做的所有修订，并再次单击【修订】按钮 ，结束修订状态。最终效果如下图所示。

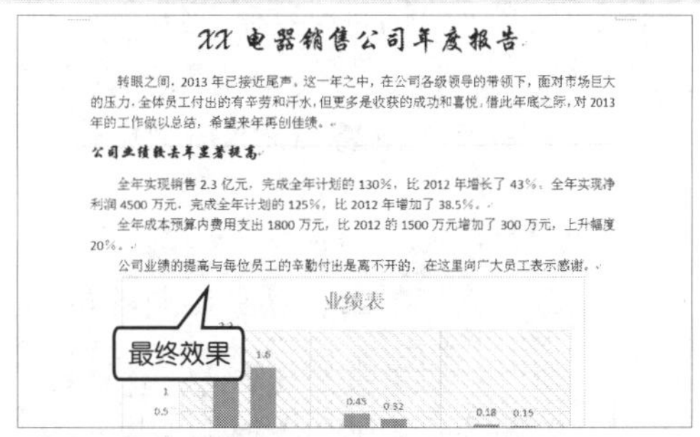

至此，就制作完成了一份准确的年度报告，用户可以递交年度报告了。

高手私房菜

本节视频教学录像：4 分钟

技巧 1：在审阅窗格中显示修订或批注

当审阅修订和批注时，可以接受或拒绝每一项更改。在接受或拒绝文档中的所有修订和批注之前，即使是您发送或显示的文档中的隐藏更改，审阅者也能够看到。

❶ 单击【审阅】选项卡的【修订】组中的【审阅窗格】按钮 右侧的下拉按钮，在弹出的下拉列表中选择【水平审阅窗格】选项。

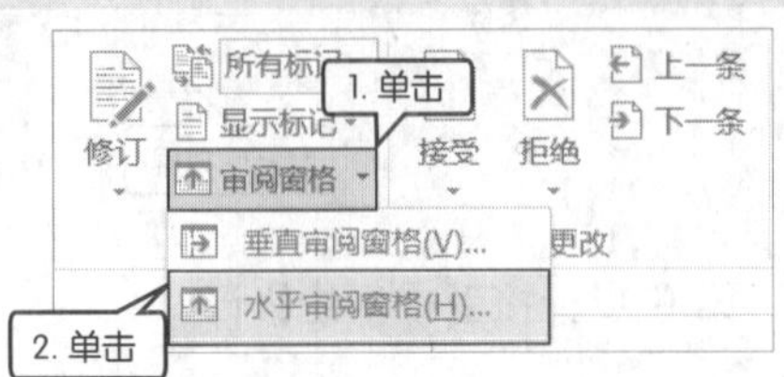

❷ 此时就打开了【修订】水平审阅窗格，显示文档中的所有修订和批注。

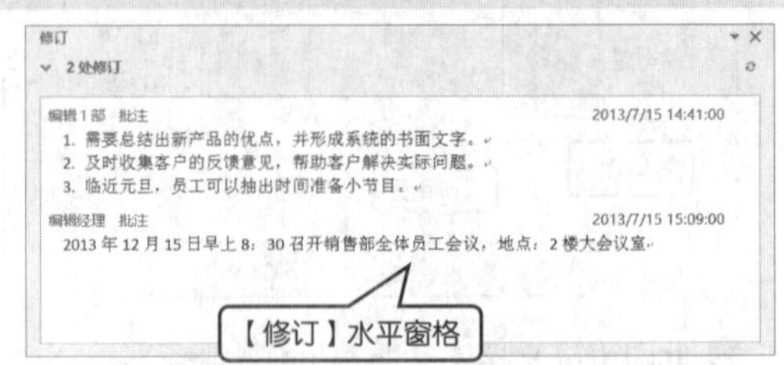

技巧 2：合并批注

可以将不同作者的修订或批注组合到一个文档中，具体操作步骤如下。

❶ 单击【审阅】选项卡的【比较】组中的【比较】按钮，在弹出的下拉列表中选择【合并】选项。

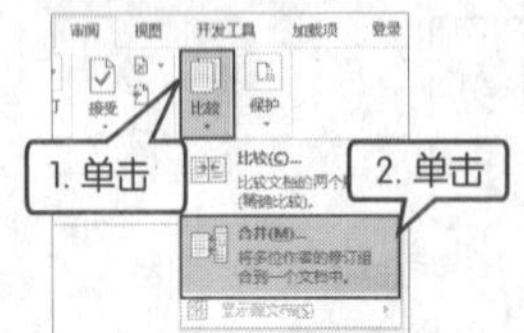

❷ 弹出【合并文档】对话框，单击【原文档】后的 按钮。

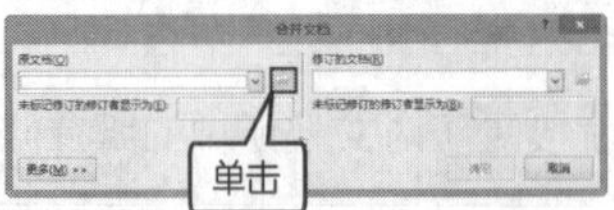

❸ 弹出【打开】对话框，选择原文档，这里选择“素材\ch06\批注.docx”文件，单击【打开】按钮。

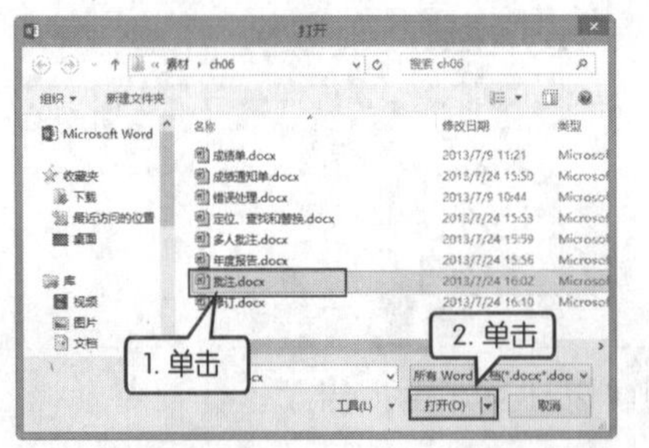

❹ 返回至【合并文档】对话框，即可看到添加的原文件。使用同样的方法选择“修订的文档”，这里选择“素材\ch06\多人批注.docx”文件，在【合并文档】对话框中单击【确定】按钮。

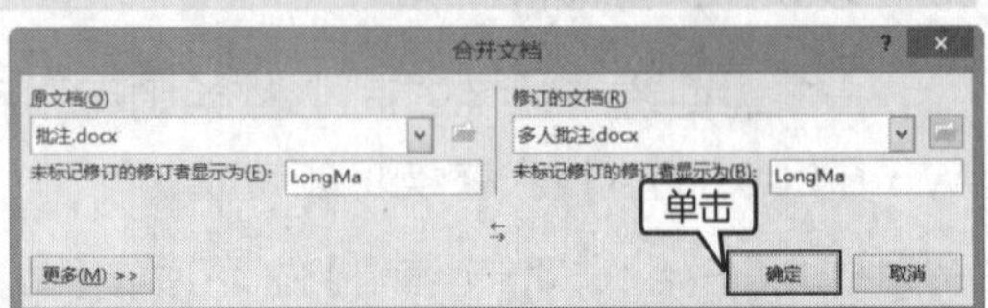

❺ 此时就新建了一个文档，并将原文档和修订的文档合并在一起显示。

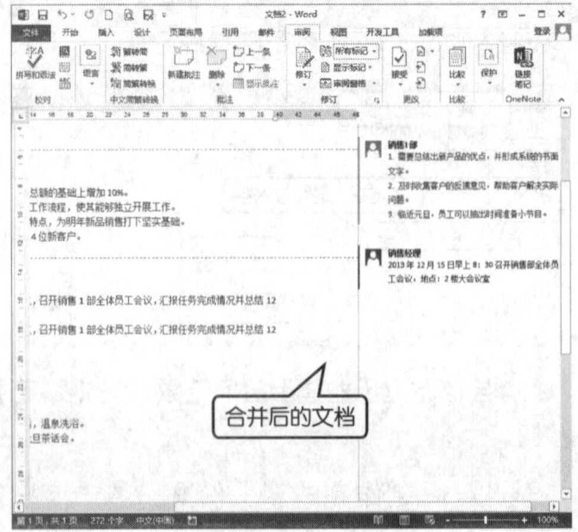

第3篇

表格处理篇

第 7 章

Excel 2013 入门

本章视频教学录像：44 分钟

高手指引

Excel 2013 是微软公司推出的 Office 2013 办公系列软件的一个重要组成部分，主要用于电子表格的处理，可以高效地完成各种表格的设计、进行复杂的数据计算和分析，大大提高了数据处理的效率。

重点导读

- 掌握创建工作簿的方法
- 掌握工作表的基本操作
- 掌握单元格的基本操作
- 掌握数据的输入和编辑

7.1 工作簿的基本操作

本节视频教学录像：7 分钟

工作簿是指在 Excel 中用来存储并处理工作数据的文件，在 Excel 2013 中，其扩展名是 .xlsx。通常所说的 Excel 文件指的就是工作簿文件。

7.1.1 创建空白工作簿

使用 Excel 工作， 要创建一个工作簿。创建空白工作簿的方法有以下几种。

1. 启动自动创建

❶ 启动 Excel 2013 后，在打开的界面单击右侧的【空白工作簿】选项。

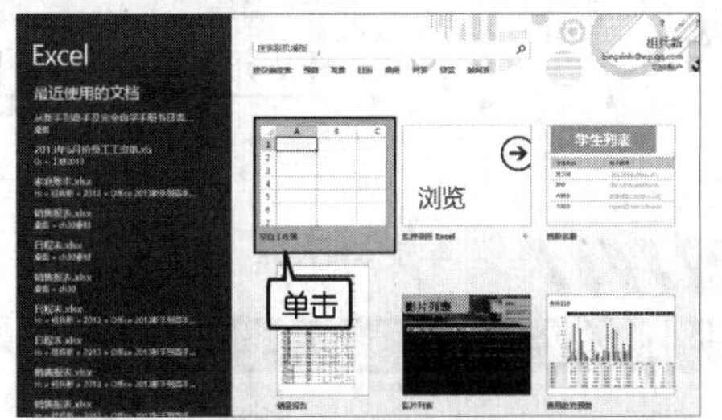

❷ 系统会自动创建一个名称为“工作簿 1”的工作簿。

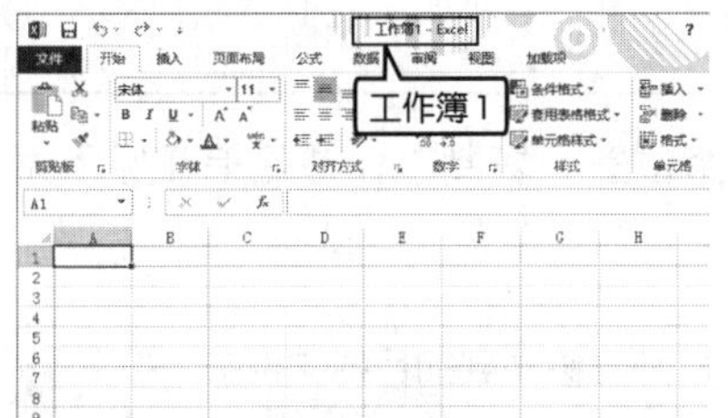

2. 使用【文件】选项卡

如果已经启动了 Excel，还可以利用【文件】选项卡进行创建。

❶ 单击【文件】选项卡，在弹出的下拉菜单中选择【新建】菜单项，在右侧【新建】区域单击【空白工作簿】。

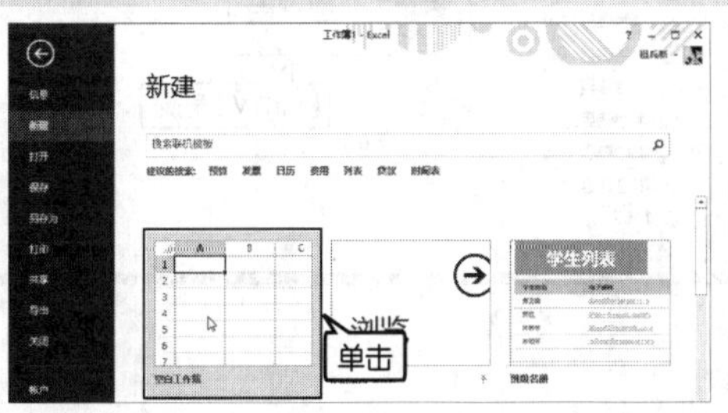

❷ 此时就创建了一个空白工作簿。

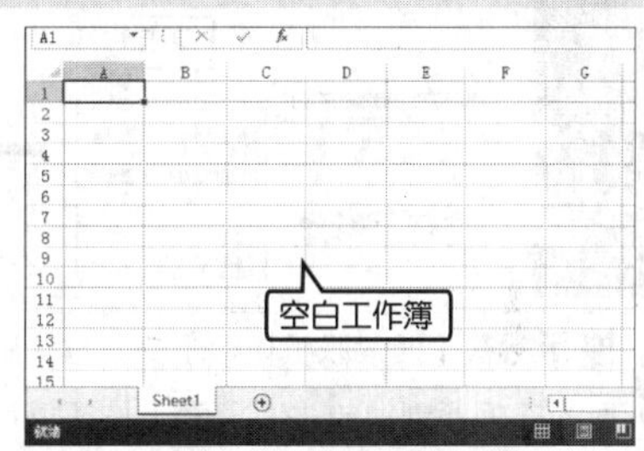

3. 使用快速访问工具栏

单击快速访问工具栏中【新建】按钮也可快速创建空白工作簿，具体操作步骤如下。

❶ 单击【快速访问工具栏】右侧的 按钮，在弹出的下拉菜单中选择【新建】菜单项。

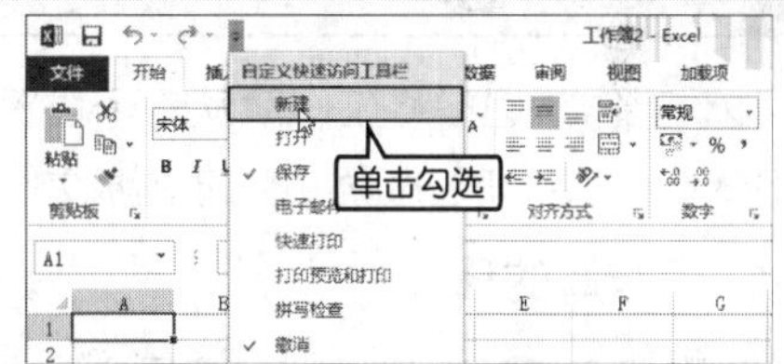

❷ 将【新建】按钮固定显示在【快速访问工具栏】中，然后单击【新建】按钮 ，即可创建一个空白工作簿。

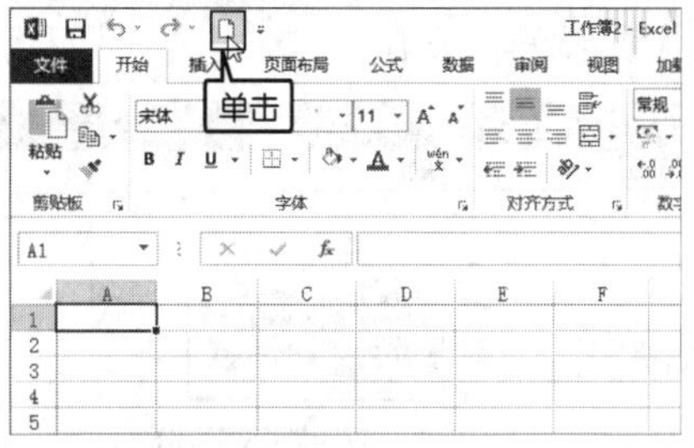

4. 使用快捷键

在打开的工作簿中，按【Ctrl + N】组合键即可新建一个空白工作簿。

7.1.2 使用模板创建工作簿

Excel 2013 提供有很多工作簿模板，使用模板可以快速地创建工作簿。

❶ 选择【文件】选项卡，在弹出的下拉菜单中选择【新建】菜单项，在右侧的【新建】区域单击需要的工作簿模板，如单击【学校体育预算】模板。

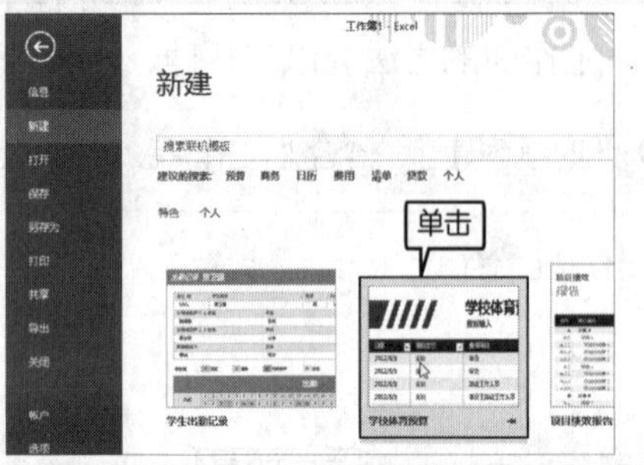

提示 在【搜索联机模板】文本框中输入需要的模板类别，单击【搜索】按钮可快速索模板。

❷ 弹出【学校体育预算】提示框，单击【创建】按钮。

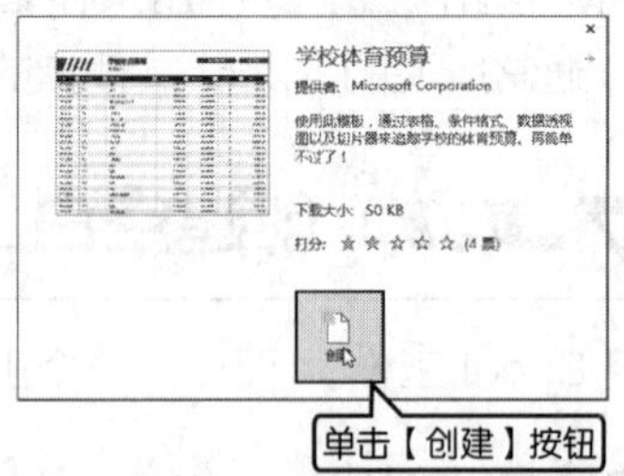

❸ 系统将自动生成学校体育预算工作簿，且工作簿中已经设置好了格式和内容。

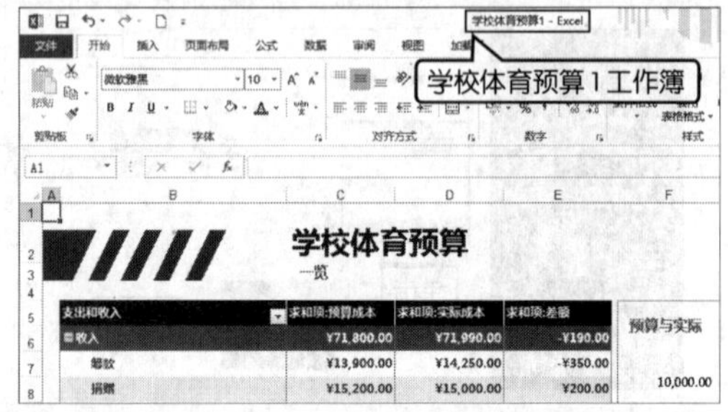

7.1.3 移动和复制工作簿

移动工作簿是指将工作簿从一个位置移动到另一个位置；复制工作簿是指在保留原工作簿的基础上，在指定的位置上建立源文件的复制。

1. 工作簿的移动

❶ 选择要移动的工作簿文件，如果要移动多个，则可在按住【Ctrl】键的同时单击要移动的工作簿文件。按下【Ctrl+X】组合键剪切选择的工作簿文件，Excel 会自动地将选择的工作簿移动到剪贴板中。

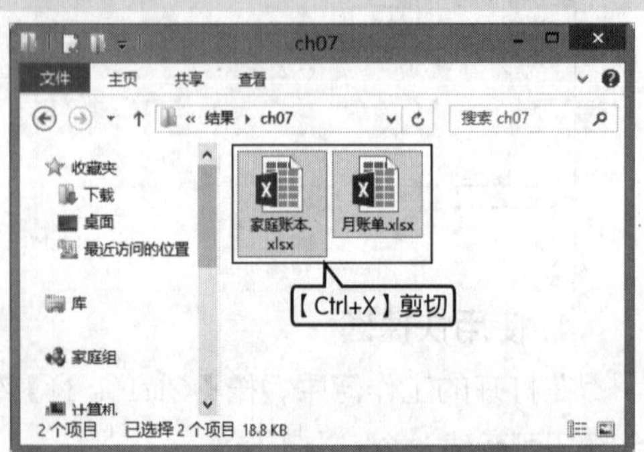

❷ 打开要移动到的目标文件夹，按【Ctrl+V】组合键粘贴文档，将剪贴板中的工作簿移动到当前的文件夹中。

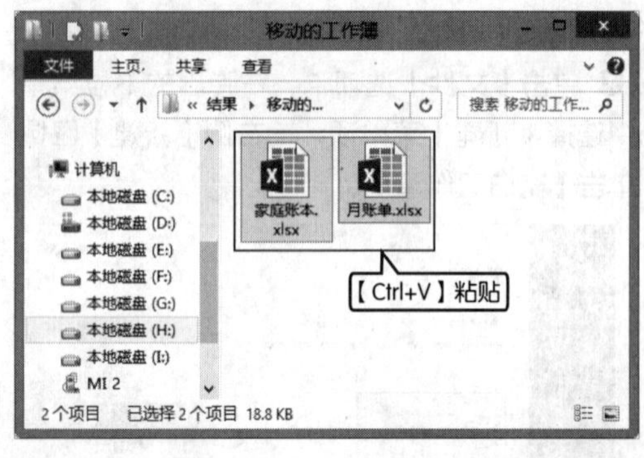

2. 工作簿的复制

❶ 单击选择要移动的工作簿文件，如果要移动多个，则可在按住【Ctrl】键的同时单击要移动的工作簿文件。

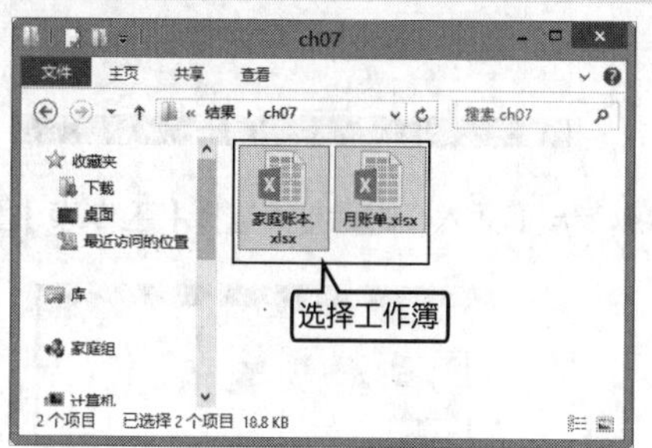

❷ 按【Ctrl+C】组合键，复制选择的工作簿文件，打开要复制到的目标文件夹，按【Ctrl+V】组合键粘贴文档，将剪贴板中的工作簿复制到当前的文件夹中。

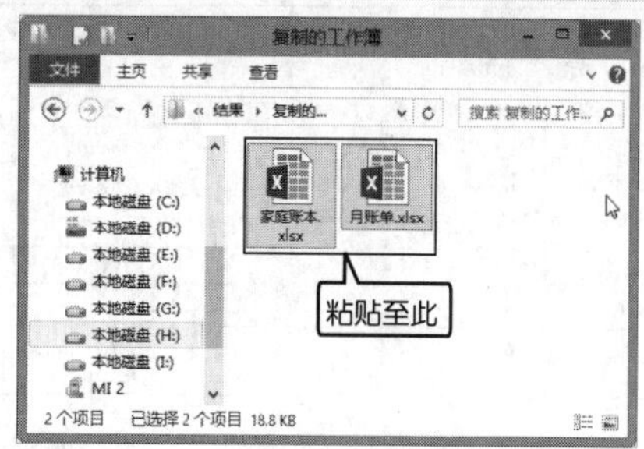

7.1.4 设置工作簿的属性

工作簿的属性包括大小、作者、创建日期、修改日期、标题、备注等信息。有些信息是由系统自动生成的，如大小、创建日期、修改日期等；有些信息是可以修改的，如作者、标题等。

❶ 选择【文件】选项卡，在弹出的列表中选择【信息】选项，窗口右侧就是此文档的信息，包括基本属性、相关日期、相关人员等，单击【显示所有属性】。

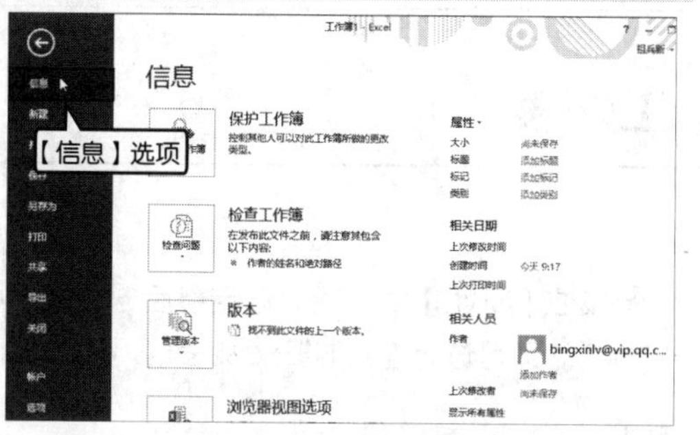

❷ 此时就显示了更多的属性，在【属性】列表下，对应的选项后填写相应的属性，如图所示。

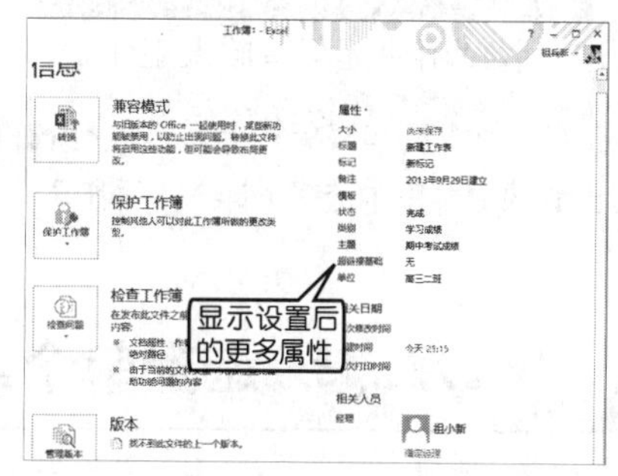

提示 在【标题】后方的文本框中单击，然后输入标题名称即可修改标题。在【作者】右侧的作者名称处右击，在弹出的快捷菜单中选择【编辑属性】菜单项，弹出【编辑人员】对话框，在【输入姓名或电子邮件地址】文本框中输入作者名称，单击【确定】按钮，即可完成作者设置。其他属性设置方法相同，这里不再赘述。

7.2 工作表的基本操作

本节视频教学录像：8 分钟

创建新的工作簿时，Excel 2013 默认只有 1 个工作表。本节介绍工作表的基本操作。

7.2.1 创建工作表

如果编辑 Excel 表格时需要使用更多的工作表，则可插入新的工作表。插入工作表的具体步骤如下。

❶ 在 Excel 2013 文档窗口中单击【开始】选项卡下【单元格】组中【插入】按钮右侧的倒三角按钮▾，在弹出的下拉列表中选择【插入工作表】选项。

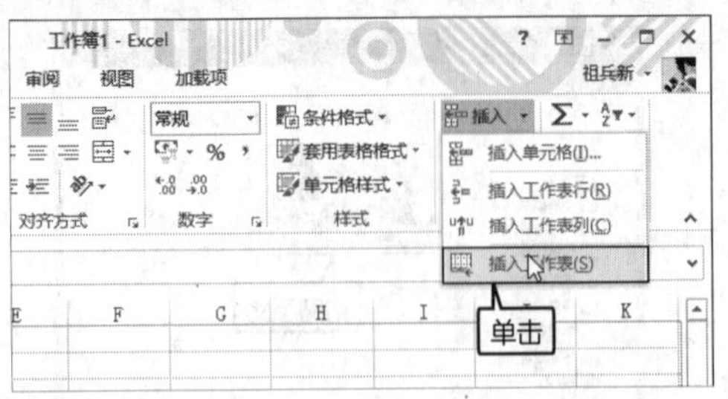

❷ 即可插入“Sheet2”工作表，如图所示。

也可以使用快捷菜单插入工作表。

❶ 在 Sheet1 工作表标签上单击鼠标右键，在弹出的快捷菜单中选择【插入】菜单项。

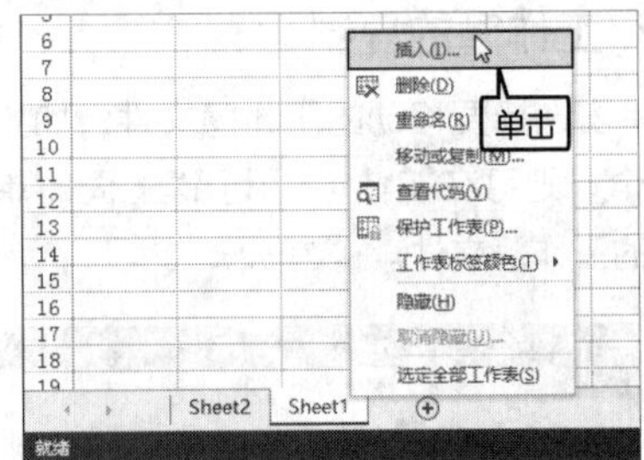

❷ 弹出【插入】对话框，选择【工作表】图标。

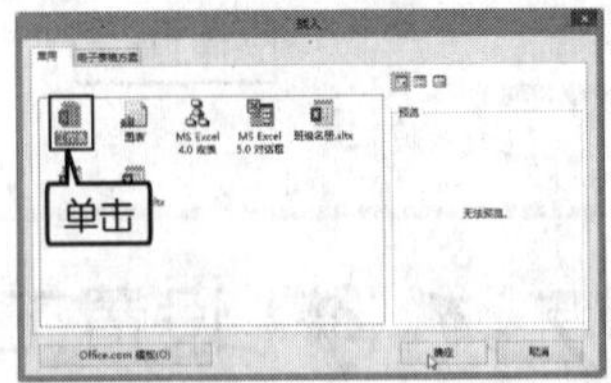

❸ 单击【确定】按钮，即可在当前工作表的前面插入新工作表。

提示 单击工作表名称后面的【新建】按钮⊕，可快速添加工作表。

7.2.2 选择单个或多个工作表

用户在操作 Excel 表格之前必须先选择它。

1. 用鼠标选定工作表

用鼠标选定 Excel 表格是最常用、最快速的方法，只需在 Excel 表格最下方的工作表标签上单击即可。

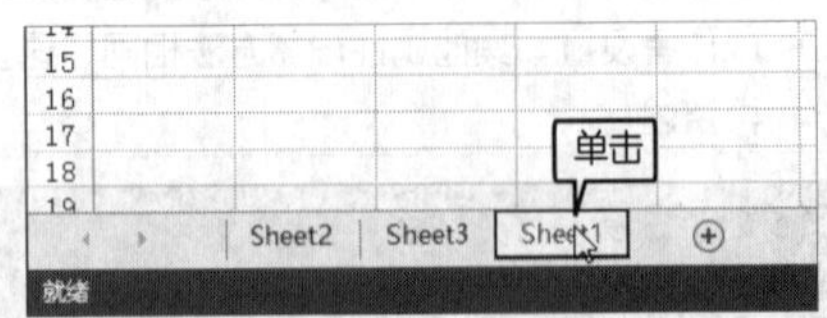

2. 选定连续的工作表

❶ 在 Excel 表格下方的第 1 个工作表标签上单击，选定该 Excel 工作表。

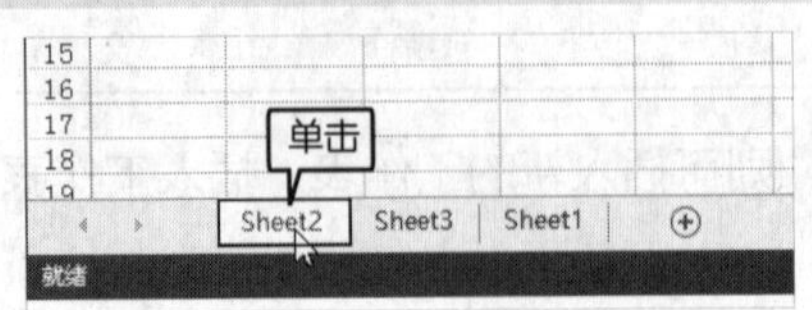

❷ 按住【Shift】键的同时选定最后一个表格的标签，即可选定连续的 Excel 表格。

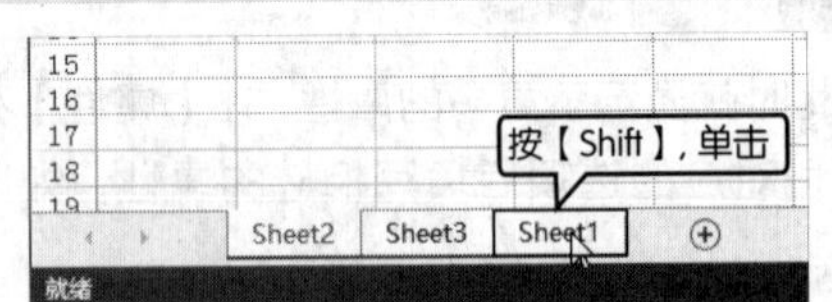

3. 选择不连续的工作表

要选定不连续的 Excel 表格，按住【Ctrl】键的同时选择相应的 Excel 表格即可。

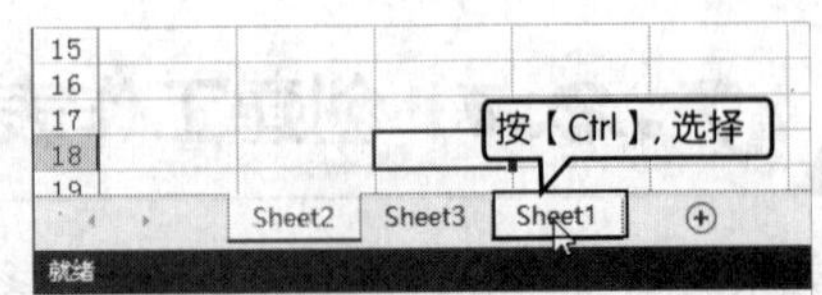

7.2.3 移动工作表

可以将工作表移动到同一个工作簿的指定位置，也可以移动到不同工作簿的指定位置。

1. 在同一工作簿内移动

❶ 在要移动的工作表标签上单击鼠标右键，在弹出的快捷菜单中选择【移动或复制】菜单项。

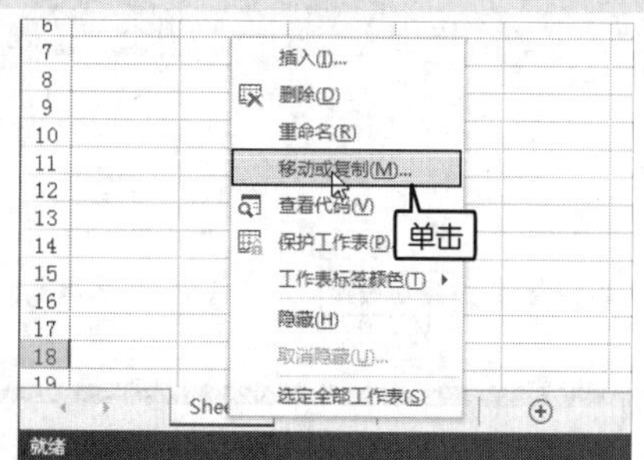

❷ 在弹出的【移动或复制工作表】对话框中选择要插入的位置。

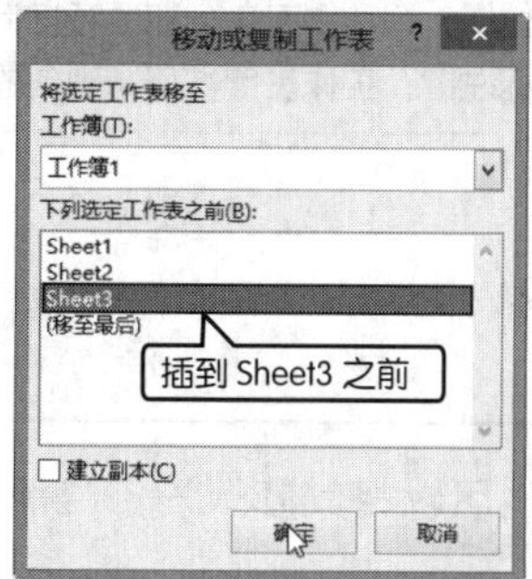

❸ 单击【确定】按钮，即可将当前工作表移动到指定的位置。

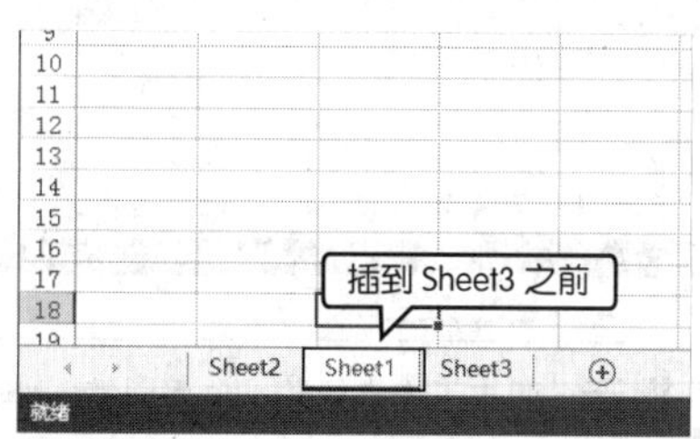

提示 选择要移动的工作表的标签，按住鼠标左键不放，拖曳鼠标，可看到随鼠标指针移动有一个黑色倒三角。移动黑色倒三角到目标位置，释放鼠标左键，工作表即可被移动到新的位置。

2. 在不同工作簿内移动

用户不但可以在同一个 Excel 工作簿中移动工作表，还可以在不同的工作簿中移动。若要在不同的工作簿中移动工作表，则要求这些工作簿必须是打开的，具体的操作步骤如下。

❶ 在要移动的工作表标签上右击，在弹出的快捷菜单中选择【移动或复制】选项。

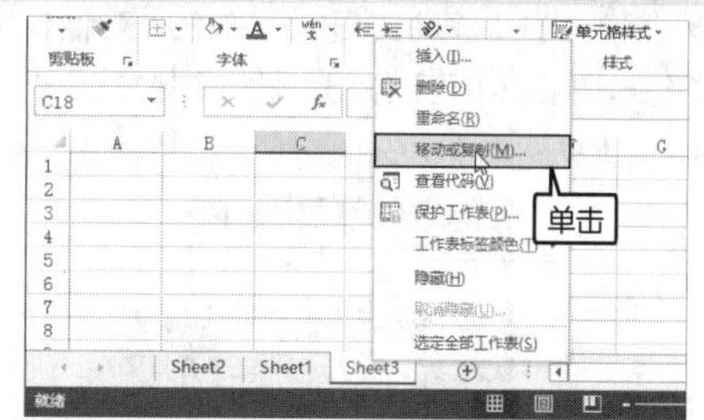

❷ 弹出【移动或复制工作表】对话框，在【将选定工作表移至工作簿】下拉列表中选择要移动的目标位置，在【下列选定工作表之前】列表框中选择要插入的位置。

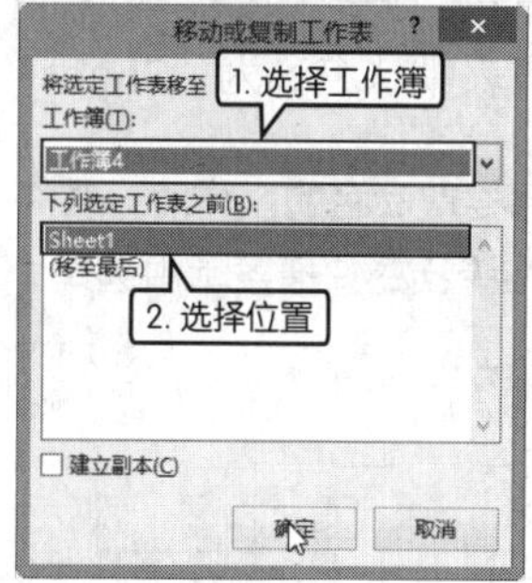

❸ 单击【确定】按钮，即可将当前工作表移动到指定的位置。

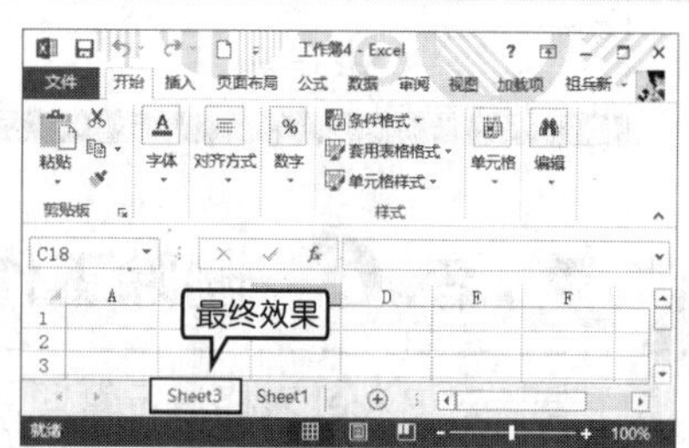

7.2.4 复制工作表

用户可以在一个或多个 Excel 工作簿中复制工作表。

❶ 选择要复制的工作表，在工作表标签上右击，在弹出的快捷菜单中选择【移动或复制】菜单项。

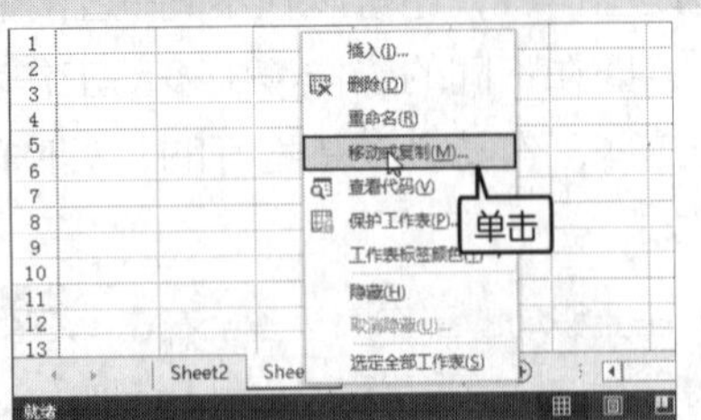

❷ 在弹出的【移动或复制工作表】对话框中选择要复制的目标工作簿和插入的位置，然后选中【建立副本】复选框。

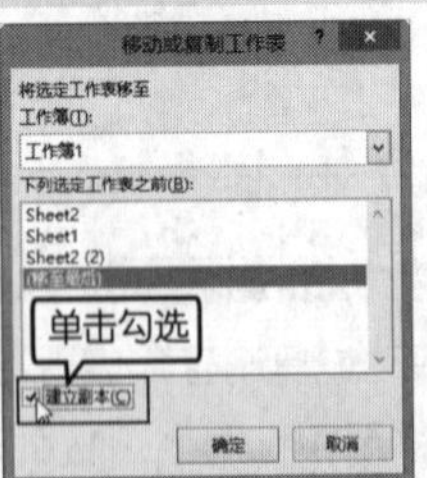

❸ 单击【确定】按钮，即可将当前工作表移动到指定的位置。

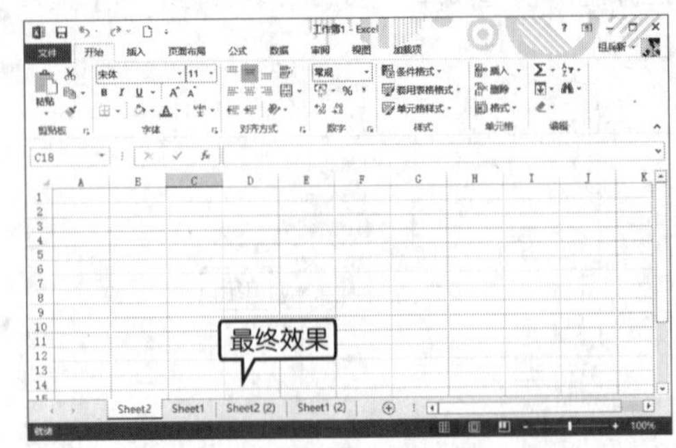

提示 选择要复制的工作表，按住【Ctrl】键的同时单击该工作表并拖曳鼠标至移动工作表的新位置，黑色倒三角会随鼠标指针移动，释放鼠标左键，工作表即被复制到新的位置。

7.2.5 重命名工作表

工作表默认名称为“Sheet1”、“Sheet2”……用户也可以将其修改为自己需要的名称。

❶ 选择要重命名的工作表，在工作表标签上右击，在弹出的快捷菜单中选择【重命名】菜单项。

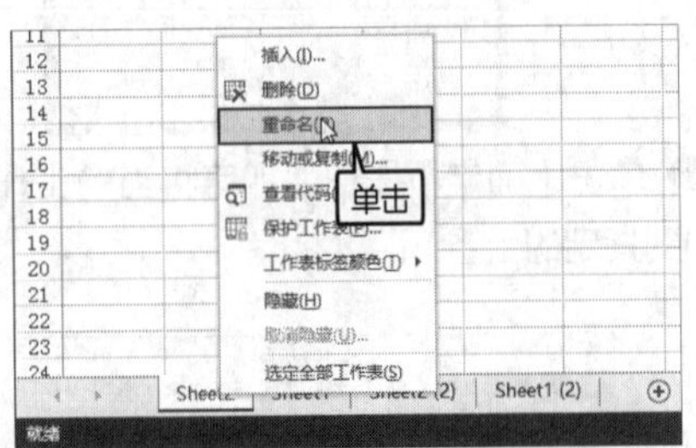

❷ 此时，工作表【Sheet1】名称处于可编辑状态，将名称删除，重新输入名称即可。

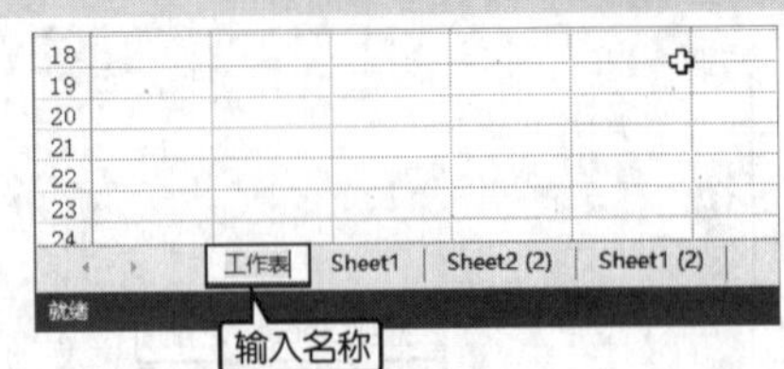

提示 双击工作表标签，也可以使工作表标签处于编辑状态，输入名称后，按【Enter】键即可。

7.2.6 删除工作表

为了便于对 Excel 表格进行管理，用户可以将无用的 Excel 表格删除。

❶ 选择要删除的工作表，单击【开始】选项卡【单元格】选项组中的【删除】按钮 右侧的按钮，在弹出的下拉菜单中选择【删除工作表】菜单项。

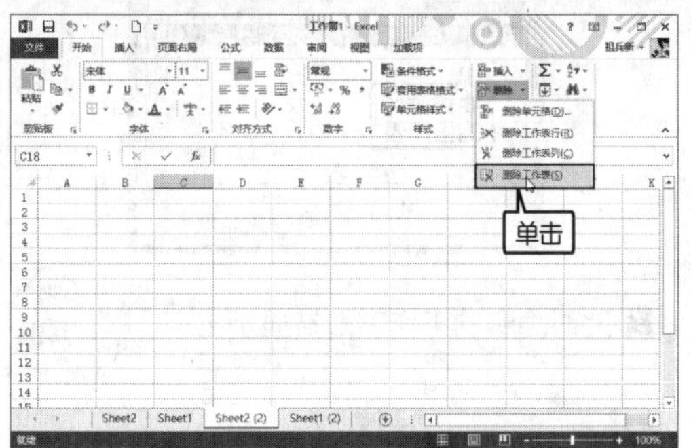

❷ 删除后的效果如图所示。

提示 在要删除的工作表的标签上右击，在弹出的快捷菜单中选择【删除】菜单项，也可以将工作表删除。选择【删除】菜单项，工作表即被永久删除，该命令的效果不能被撤消。

7.2.7 设置工作表标签颜色

Excel 系统提供有设置工作表标签颜色功能，用户可以根据需要对标签的颜色进行设置，以便于区分不同的工作表。

❶ 选择要设置颜色的工作表标签“Sheet1”。

❷ 在【开始】选项卡中，单击【单元格】选项组中的【格式】按钮 ，在弹出的下拉菜单中选择【工作表标签颜色】菜单项，在其子菜单中选择一种颜色即可。

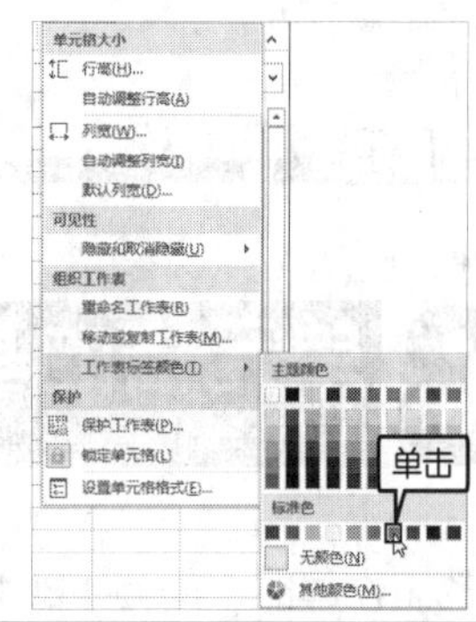

提示 右键单击工作表标签，在弹出的快捷菜单中选择【工作表标签颜色】选项，也可以设置颜色类型。

7.2.8 显示和隐藏工作表

可以把暂时不需要编辑或查看的工作表隐藏起来，使用时再取消隐藏。

1. 隐藏 Excel 表格

❶ 打开随书光盘中的“素材\ch07\职工通讯录.xlsx”文件，选择要隐藏的工作表标签（如“通讯录”）并单击鼠标右键，在弹出的快捷菜单中选择【隐藏】菜单项。

❷ 当前所选工作表即被隐藏起来。

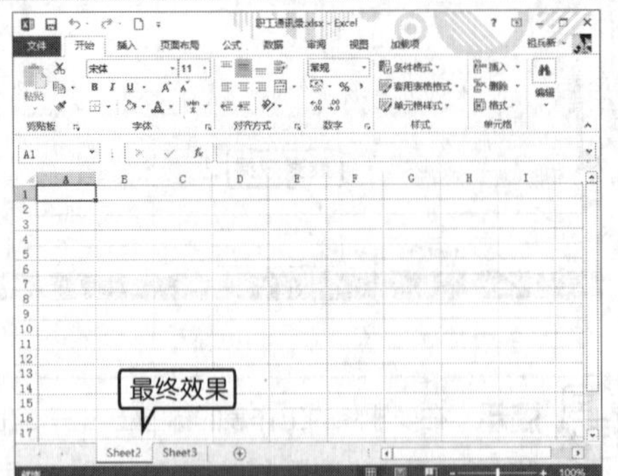

2. 显示工作表

❶ 在任意一个工作表标签上单击鼠标右键，在弹出的快捷菜单中选择【取消隐藏】菜单项。

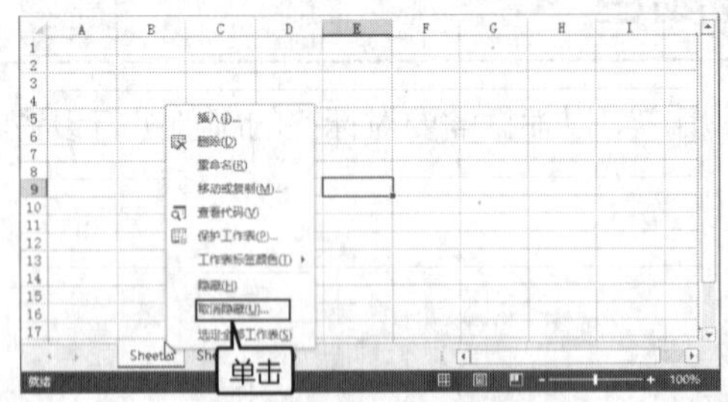

❷ 弹出【取消隐藏】对话框，选择要恢复隐藏的工作表名称，单击【确定】按钮。

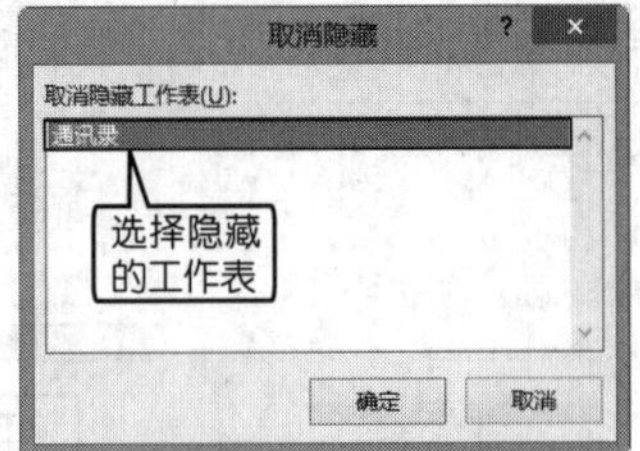

❸ 此时隐藏的工作表即被显示出来。

提示 单击【开始】选项卡下【单元格】组中的【格式】按钮 格式，在弹出的下拉列表中选择【可见性】➤【隐藏与取消隐藏】➤【取消隐藏工作表】命令，也可以显示工作表。

7.3 单元格的基本操作

本节视频教学录像：9 分钟

创建新的工作簿时，Excel 2013 默认只有 1 个工作表。本节介绍工作表的基本操作。

7.3.1 选择单元格

要对单元格进行编辑操作，必须先选择单元格或单元格区域。启动 Excel 并创建新的工作簿时，单元格 A1 处于自动选定状态。

1. 选择一个单元格

单元格处于选定状态后，单元格边框线会变成黑粗线，此单元格为当前单元格。当前单元格的地址显示在名称框中，内容显示在当前单元格和编辑栏中。

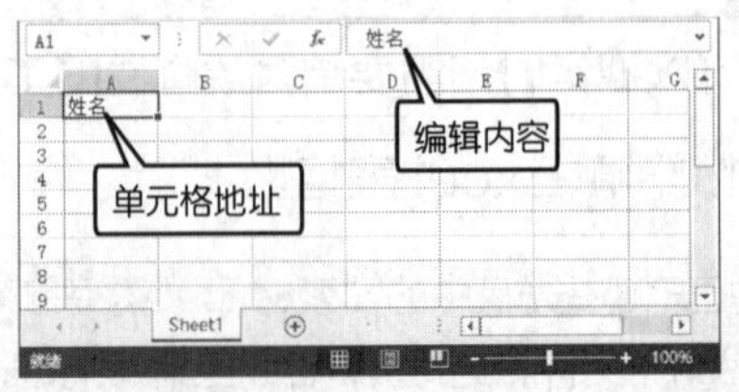

❶ 在工作表格区内，鼠标指针会呈白色✢形状。

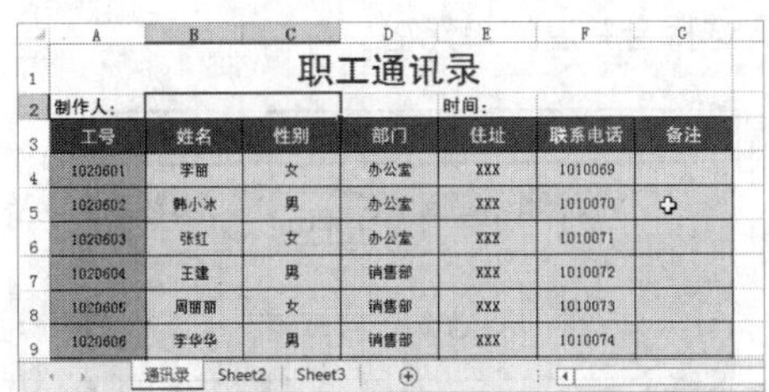

❷ 单击单元格即被选定，变为活动单元格，其边框以其他颜色粗线标识，如图所示为绿色粗线标识。

> **提示** 在名称框中输入目标单元格的地址，如“B7”，按【Enter】键即可选定第 B 列和第 7 行交汇处的单元格。此外，使用键盘上的上、下、左、右 4 个方向键，也可以选定单元格。

2. 选择连续的区域

在 Excel 工作表中，若要对多个单元格进行相同的操作，可以先选择单元格区域。

❶ 单击该区域左上角的单元格 A2，按住【Shift】键的同时单击该区域右下角的单元格 D6。

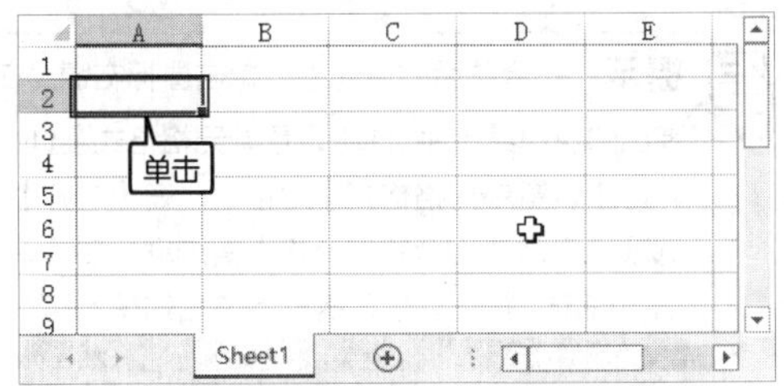

❷ 此时即可选定单元格区域 A2:D6，结果如图所示。

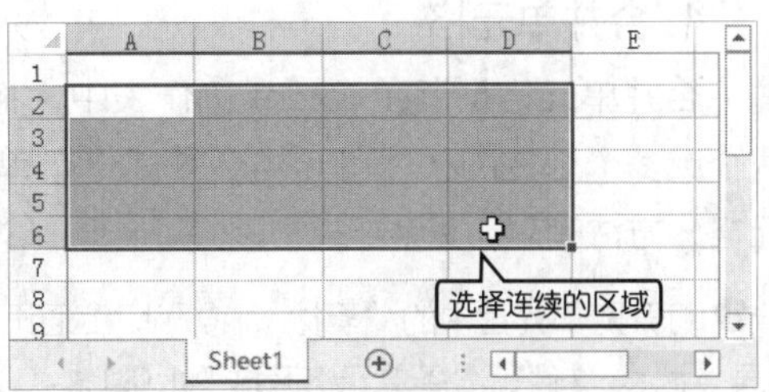

> **提示** 将鼠标指针移到该区域左上角的单元格 A2 上，按住鼠标左键不放，向该区域右下角的单元格 D6 拖曳，或在名称框中输入单元格区域名称“A2:D6”，按【Enter】键，均可选定单元格区域 A2:D6。

3. 选择不连续的区域

选择不连续的单元格区域也就是选择不相邻的单元格或单元格区域，具体的操作步骤如下。

❶ 选择第 1 个单元格区域（例如单元格区域 A2:C3）后，按住【Ctrl】键不放，拖动鼠标选择第 2 个单元格区域（例如单元格区域 C6:E8）。

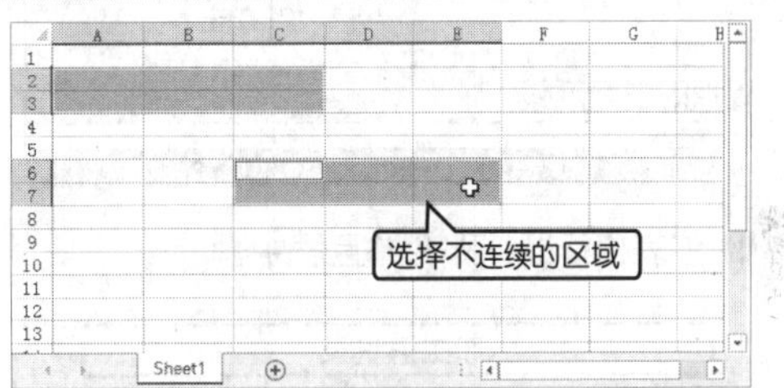

❷ 使用同样的方法可以选择多个不连续的单元格区域。

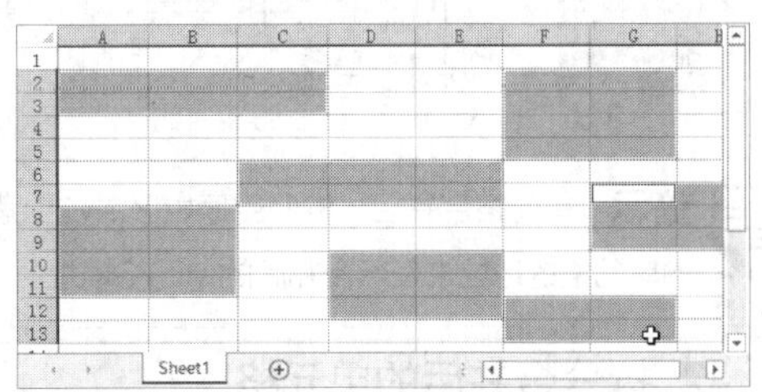

7.3.2 单元格的合并和拆分

合并与拆分单元格是最常用的调整单元格的方法。

1. 合并单元格

合并单元格是指在 Excel 工作表中，将两个或多个选定的相邻单元格合并成一个单元格，方法有以下两种。

❶ 打开随书光盘中的“素材\ch07\职工通讯录.xlsx”文件，选择单元格区域 A1:G1。

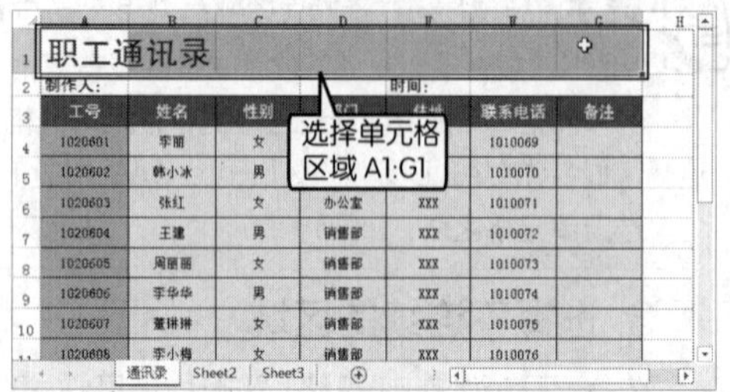

❷ 在【开始】选项卡中，单击【对齐方式】选项组中 图标右边的下拉箭头，在弹出的菜单中选择【合并后居中】菜单项。

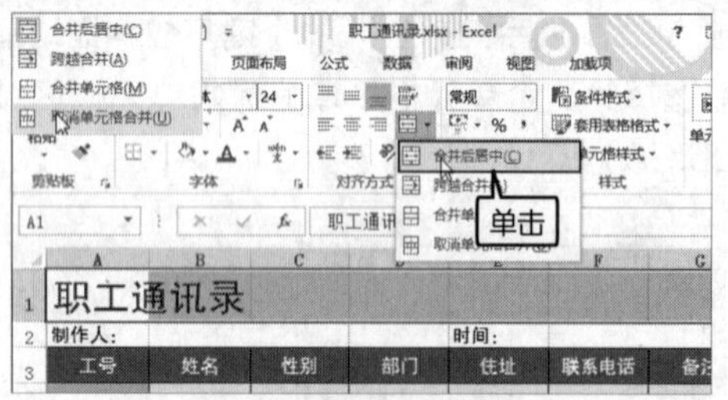

❸ 该表格标题行即合并且居中。

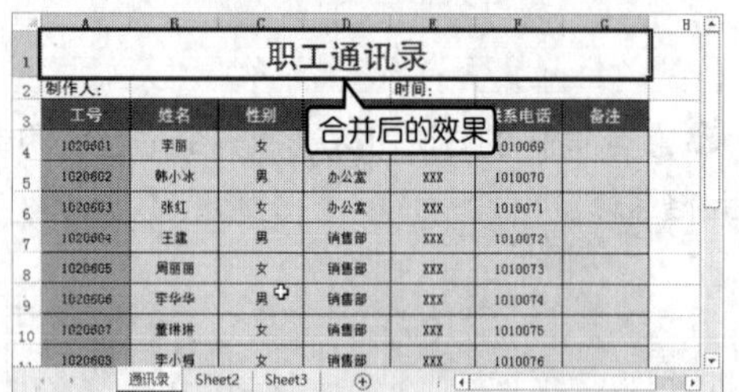

提示 单元格合并后，将使用原始区域左上角的单元格的地址来表示合并后的单元格地址。

2. 拆分合并后的单元格

在 Excel 工作表中，还可以将合并后的单元格拆分成多个单元格。

❶ 选择合并后的单元格。

❷ 在【开始】选项卡中，单击【对齐方式】选项组中 图标右边的下拉箭头，在弹出的菜单中选择【取消单元格合并】菜单项。

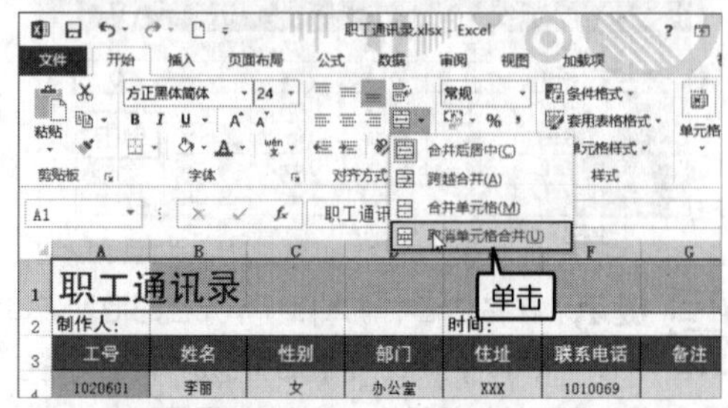

❸ 该表格标题行标题即被取消合并，恢复成合并前的单元格。

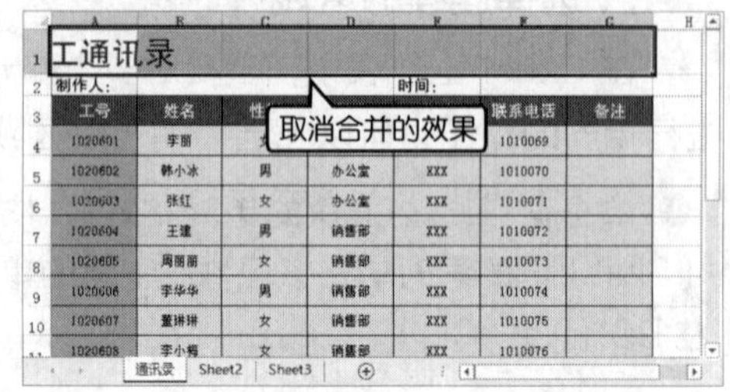

提示 在合并后的单元格上单击鼠标右键，在弹出的快捷菜单中选择【设置单元格格式】选项，弹出【设置单元格格式】对话框，在【对齐】选项卡下撤选【合并单元格】复选框，然后单击【确定】按钮，也可拆分合并后的单元格。

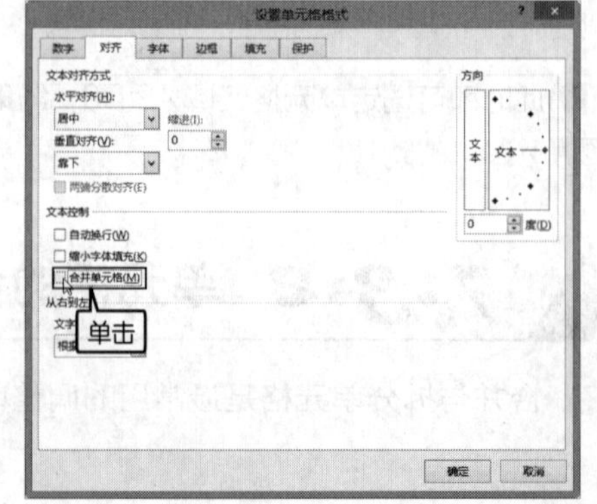

7.3.3 调整列宽和行高

在 Excel 工作表中，如果单元格的宽度或者高度不足会导致使数据显示不完整，这时就需要填整列宽和行高。

1. 调整列宽

数据在单元格里则会以科学计数法表示或被填充成“######”的形式。当列被加宽后，数据就会显示出来，具体方法如下。

(1) 拖动列标之间的边框

将鼠标指针移动到两列的列标之间，当指针变成✛形状时，按住鼠标左键向左拖动可以使列变窄，向右拖动则可使列变宽。拖动时将显示出以点和像素为单位的宽度工具提示。

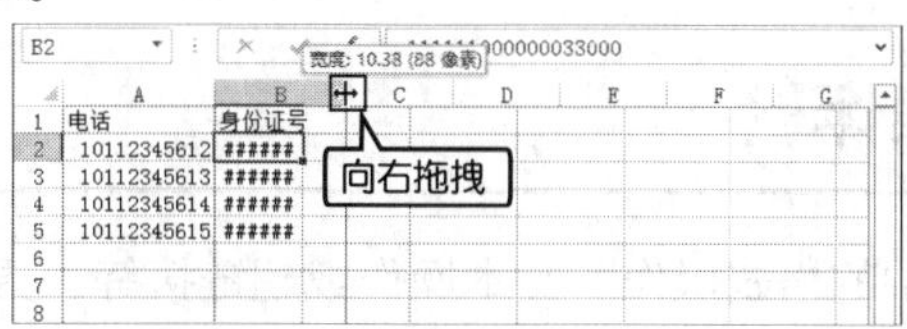

(2) 精确调整列宽

❶ 打开随书光盘中的“素材\ch07\职工通讯录 .xlsx”文件，同时选择 B 列和 C 列。

❷ 在列标上单击鼠标右键，在弹出的快捷菜单中选择【列宽】菜单项。

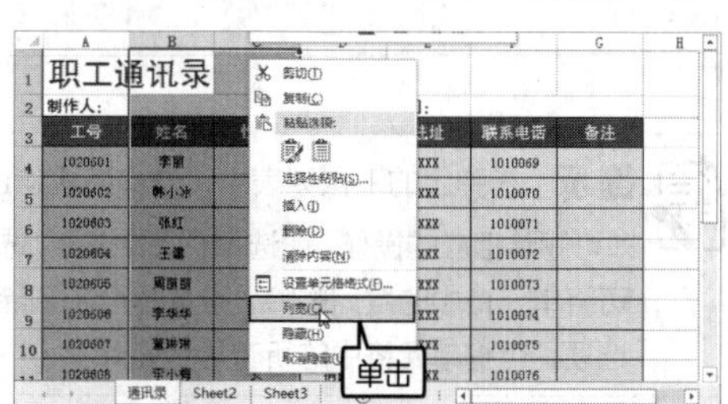

❸ 弹出【列宽】对话框，在【列宽】文本框中输入“7”，然后单击【确定】按钮。

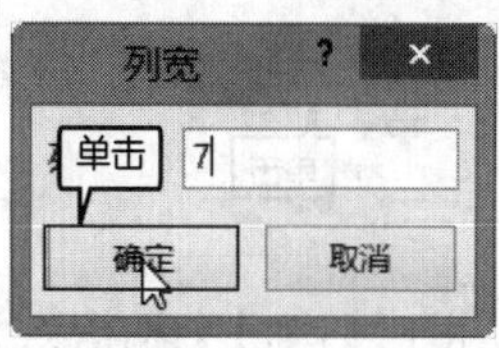

❹ B 列和 C 列即被调整为宽度均为“7”的列。

2. 调整行高

在输入数据时，Excel 能根据输入字体的大小自动地调整行的高度，使其能容纳行中最大的字体。用户也可以根据自己的需要来设置行高。

调整行高可使用选项组，也可手工操作，具体操作步骤如下。

❶ 选择需要调整高度的第 3 行、第 4 行和第 5 行。

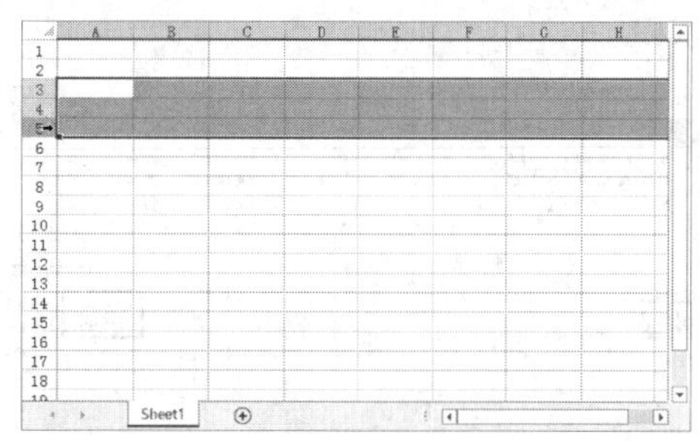

❷ 在选择的行上右击，在弹出的快捷菜单中选择【行高】菜单项。

❸ 在弹出的【行高】对话框的【行高】文本框中输入“25”，然后单击【确定】按钮。

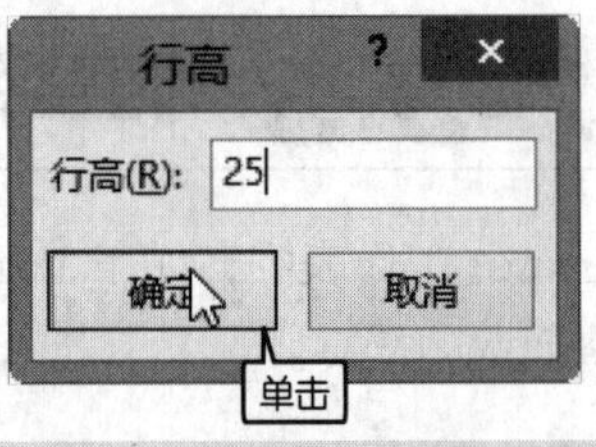

❹ 可以看到第 3 行、第 4 行和第 5 行的行高均被设置为“25”了。

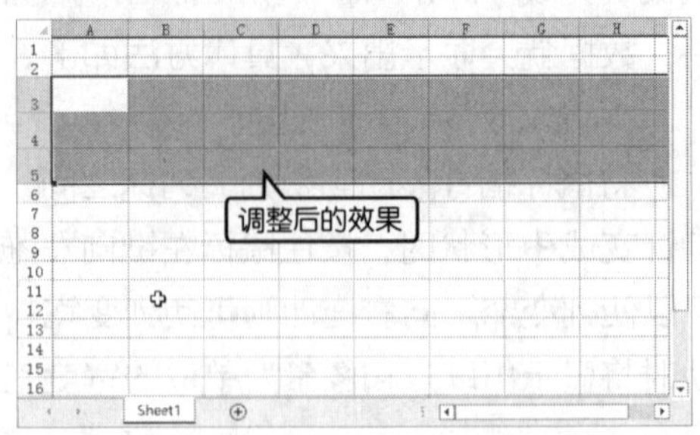

7.3.4 清除单元格的操作

单元格中输入有数据时，还可以清除单元格中的格式操作、文本操作或超链接等，具体操作步骤如下。

❶ 如图，选中需要清除操作的单元格。

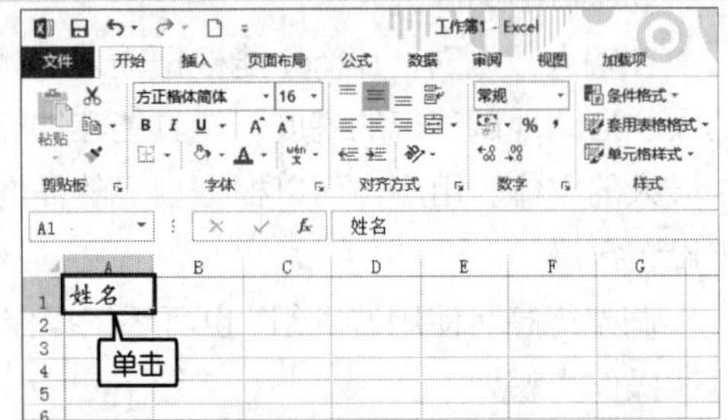

❷ 单击【开始】选项卡下【编辑】组中的【清除】按钮，在弹出的下拉列表中选择【清除格式】选项。

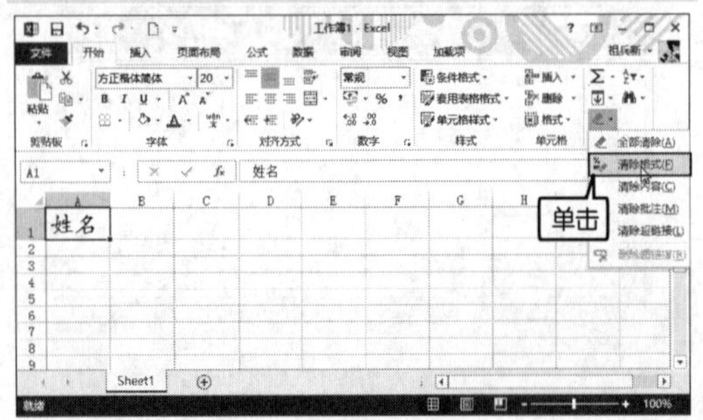

❸ 如图所示，单元格中所设置的格式操作被清除。由之前的“方正楷体简体”、字号为“20”的字体格式转换为系统默认的“宋体”字体、字号为“11”的格式，如图所示。

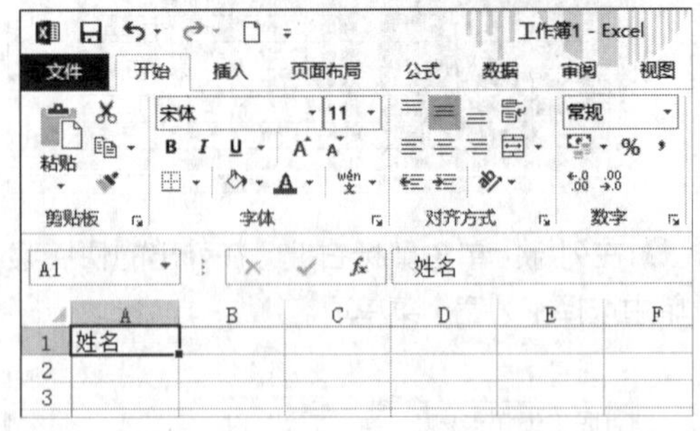

提示 在弹出的下拉列表中，选择相应的选项即可删除相应的操作，如选择【清除内容】选项，可将单元格中的数据删除，选择【全部删除】选项，可将单元格中的所有操作删除。

7.4 页面设置

本节视频教学录像：4 分钟

合理的版面设置不仅可以提高版面的品味，而且可以节约办公费用的开支，因此需要对报表进行版面设置。

7.4.1 页面设置

单击【页面布局】选项卡下【页面设置】选项组中的【其他】按钮，打开【页面设置】对话框，用户即可自行设置。

可以在【页面设置】对话框中的【页面】选项卡下，设置工作表的方向、缩放比例、纸张大小等。

7.4.2 页边距设置

页边距是指工作表数据与打印页面边缘之间的空白。一些内容可以放入页边距，如页眉、页脚及页码等。

❶ 在功能区【页面布局】选项卡的【页面设置】组中单击【页边距】按钮，打开如图所示的下拉列表，选择【自定义边距】选项。

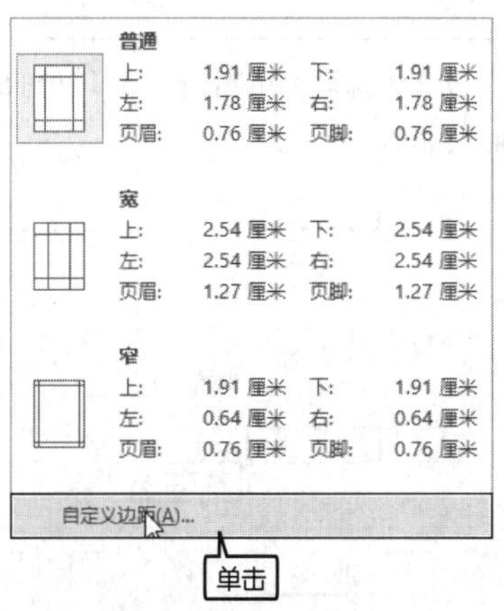

❷ 在弹出的【页面设置】对话框中选择【页边距】选项卡，在该选项卡中可以调整文档的页边距，如下图所示。

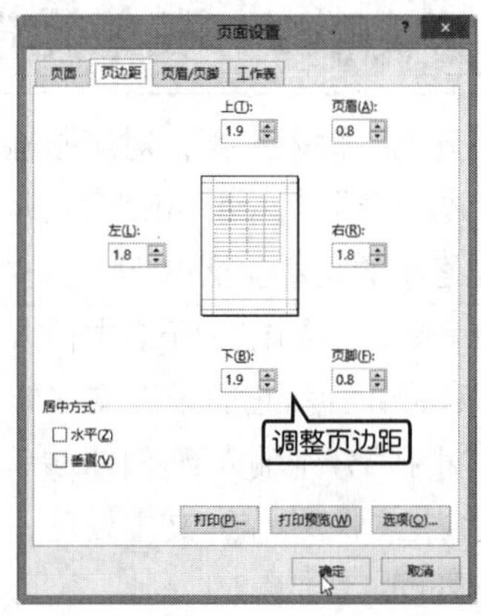

7.4.3 设置页眉 / 页脚

页眉位于文档的顶端，用于标明名称和报表标；页脚位于页面的底部，用于标明页号、打印日期和时间等。页眉和页脚均为页面上增加的一些说明信息。

在功能区【页面布局】选项卡的【页面设置】组中单击【页边距】按钮，在打开的下拉列表中，单击【自定义边距】选项，弹出【页面设置】对话框，选择【页眉 / 页脚】选项卡。

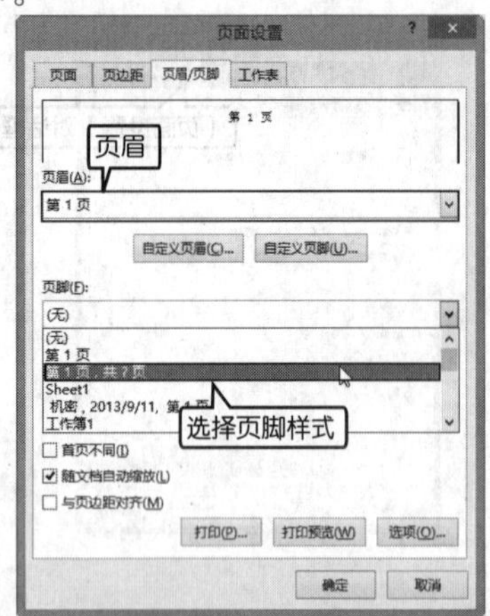

若不打印页眉 / 页脚，从页眉或页脚下拉列表中选择“无”；若打印页眉 / 页脚，则从页眉或页脚下拉列表中选择所需要的格式。

若要设置页眉或页脚边距，单击【自定义页眉】按钮或【自定义页脚】按钮，打开【页眉】对话框或【页脚】对话框，分别在【左】、【中】、【右】文本框中输入页眉或页脚的信息，或通过单击对话框里提供的【工具栏】按钮进行输入。

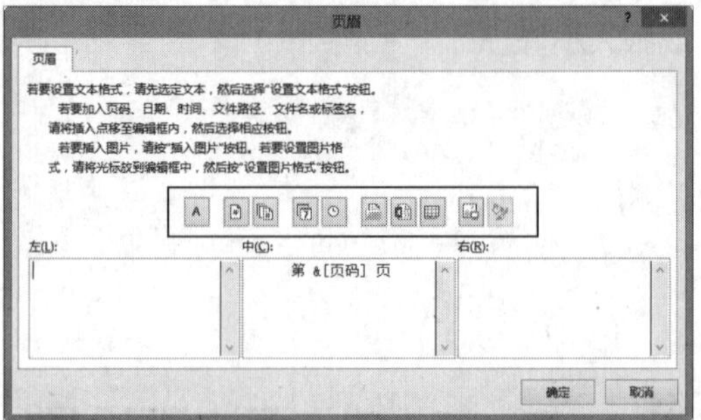

通过打印预览可以看到页眉 / 页脚的效果。

7.5 数据的输入和编辑

本节视频教学录像：6 分钟

Excel 允许在使用时根据需要在单元格中输入文本、数值、日期时间以及计算公式等，在输入前应先了解各种类型的表格信息和输入格式。

7.5.1 在单元格中输入数据

在单元格中输入数据，对某些输入的数据 Excel 会自动地根据数据的特征进行处理并显示出来。本节介绍 Excel 如何自动地处理这些数据以及输入的技巧。

单元格中的文本包括汉字、英文字母、数字和符号等。例如在单元格中输入“5 个小孩”，Excel 会将它显示为文本形式；若将“5”和“小孩”分别输入到不同的单元格中，Excel 则会把“小孩”作为文本处理，而将“5”作为数值处理。

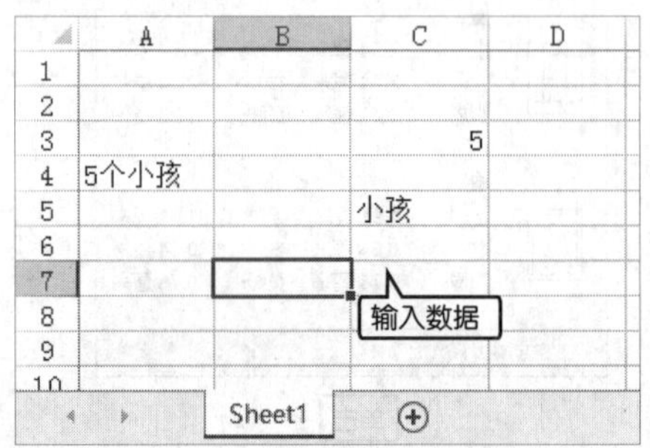

要在单元格中输入文本，应先选择该单元格，输入文本后按【Enter】键，Excel 会自动识别文本类型，并将文本对齐方式默认设置为“左对齐”。

如果单元格列宽容纳不下文本字符串，则可占用相邻的单元格，若相邻的单元格中已有数据，就截断显示。

提示 被截断不显示的部分仍然存在，只需改变列宽即可显示出来。

如果在单元格中输入的是多行数据，在换行处按【Alt+Enter】组合键，可以实现换行。换行后在一个单元格中将显示多行文本，行的高度也会自动增大。

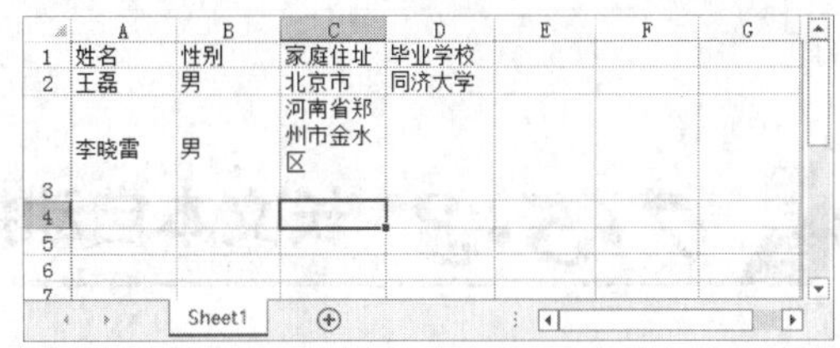

7.5.2 编辑数据

当数据输入错误时，左键单击需要修改数据的单元格，然后输入要修改的数据，则该单元格将自动更改数据，如果数据格式不正确，也可以对数据进行编辑。

1. 修改数据

右键单击需要修改数据的单元格，在弹出的快捷菜单中选择【清除数据】选项。数据清除之后，在原单元格中重新输入数据即可。

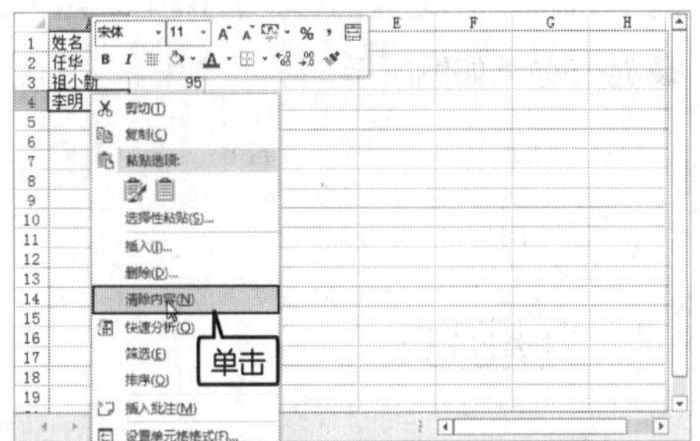

提 示 选中单元格，单击键盘上的【Backspace】键可快速将数据清除，或者选择要修改数据的单元格，直接输入数据，也可以对数据进行修改。

2. 编辑数据

编辑数据可以对单元格或单元格区域中数据的格式进行修改。

❶ 右键单击需要编辑数据的单元格，在弹出的快捷菜单中单击【设置单元格格式】选项。

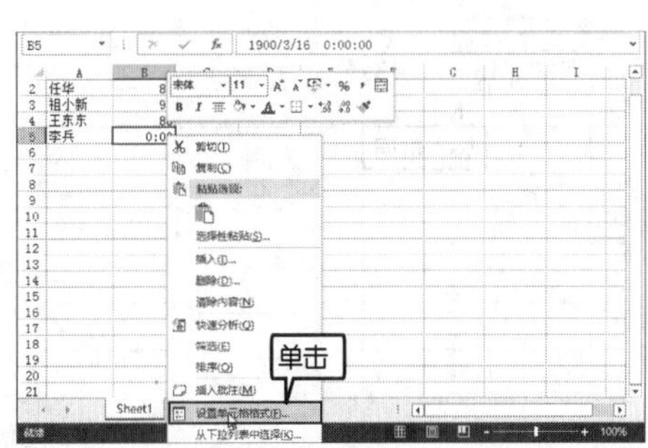

❷ 弹出【设置单元格】对话框，在左侧【分类】区域选择需要的格式，在右侧设置相应的格式。如单击【分类】区域的【数值】选项，在右侧设置小数位数为“0”位，然后单击【确定】按钮。

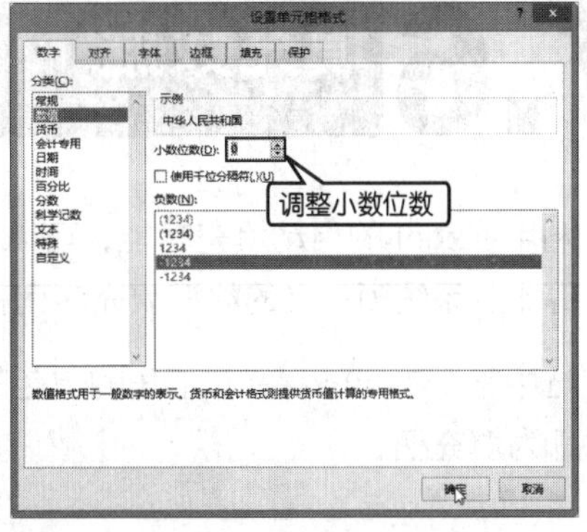

❸ 编辑后的格式如图所示。

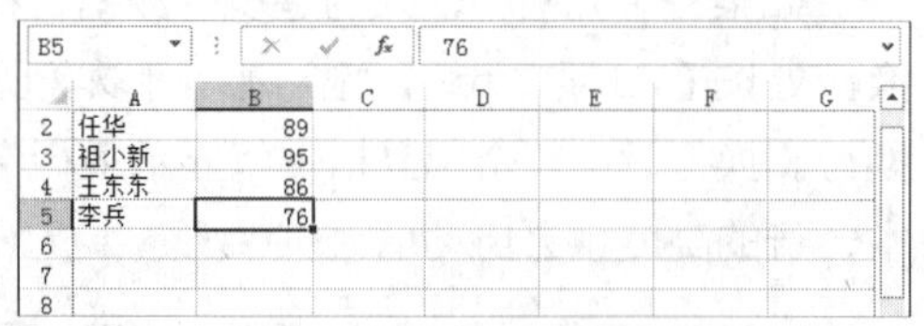

提示 选中要修改的单元格或单元格区域，按键盘上的组合键【Ctrl+1】，同样可以调出【设置单元格格式】对话框，在对话框中可以进行数据格式的设置。

7.5.3 长文本自动换行

设置长文本自动换行可以将比较长的文本在一个单元格内显示，设置自动换行的具体操作步骤如下。

❶ 在单元格 A1 中输入文本“保护环境，人人有责。”，然后右键单击 A1 单元格，在弹出的快捷菜单中选择【设置单元格格式】选项。

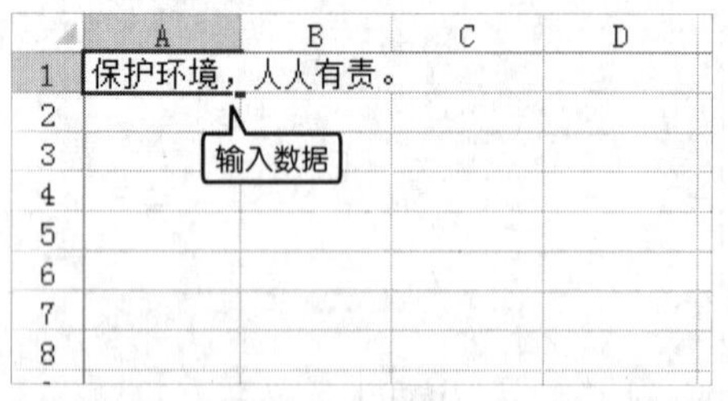

❷ 弹出【设置单元格格式】对话框，在【对齐】选项卡下【文本控制】区域内，单击选中【自动换行】复选框，然后单击【确定】按钮。

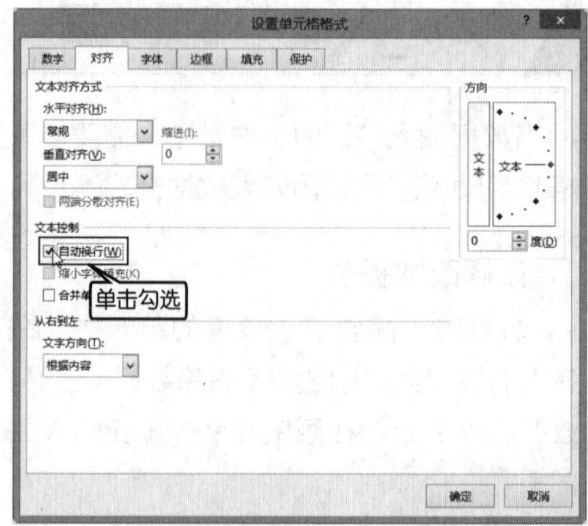

❸ 最终效果如图所示。

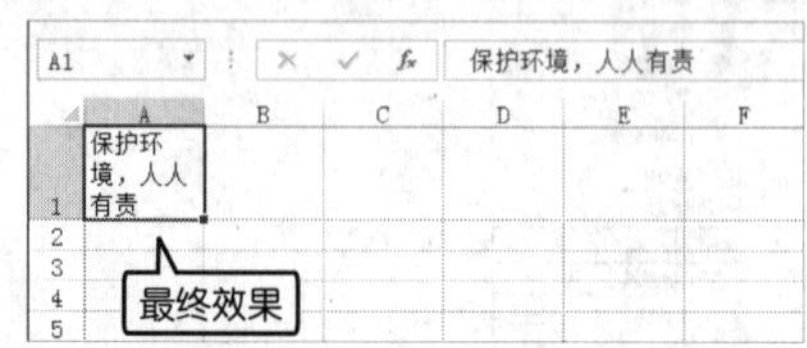

7.6 填充数据

本节视频教学录像：3 分钟

利用 Excel 的自动填充功能，可以方便快捷地输入有规律的数据。有规律的数据是指等差、等比、系统预定义的数据填充序列和用户自定义的序列。

选中某个单元格，其右下角的黑色的小方块即为填充柄。

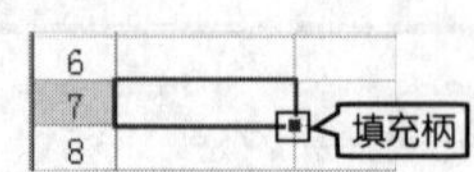

鼠标指针指向填充柄时，会变成黑色的加号。

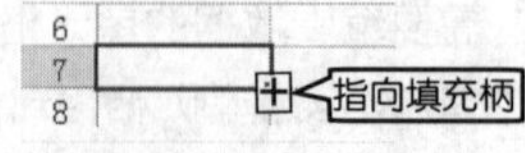

使用填充柄可以在表格中输入相同的数据，相当于复制数据，具体的操作步骤如下。

❶ 选定 A1 单元格，输入“地球”。

	A	B	C	D
1	地球			
2				
3				
4				
5				
6				
7				

❷ 将鼠标指针指向该单元格右下角的填充柄，然后拖曳鼠标至 A6 单元格，结果如图所示。

	A	B	C	D
1	地球			
2	地球			
3	地球			
4	地球			
5	地球			
6	地球			
7				
8				
9				

最终效果

使用填充柄还可以填充序列数据，例如等差或等比序列。首先选取序列的第 1 个单元格并输入数据，再在序列的第 2 个单元格中输入数据，之后利用填充柄填充，前两个单元格内容的差就是步长。下面举例说明。

❶ 分别在 A1 和 A2 单元格中输入“20130801”和“20130802”。

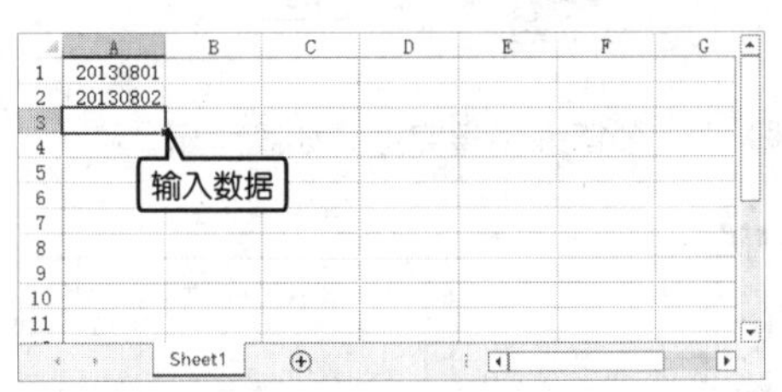

❷ 选中 A1、A2 单元格，将鼠标指针指向该单元格右下角的填充柄。

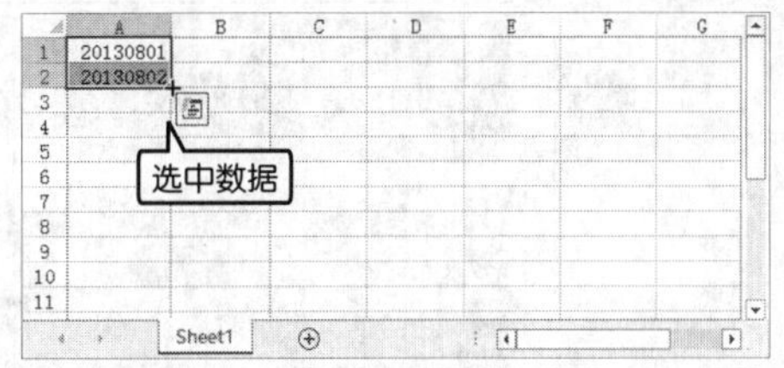

❸ 待鼠标指针变为+时，拖曳鼠标至 A6 单元格，即可完成等差序列的填充，如图所示。

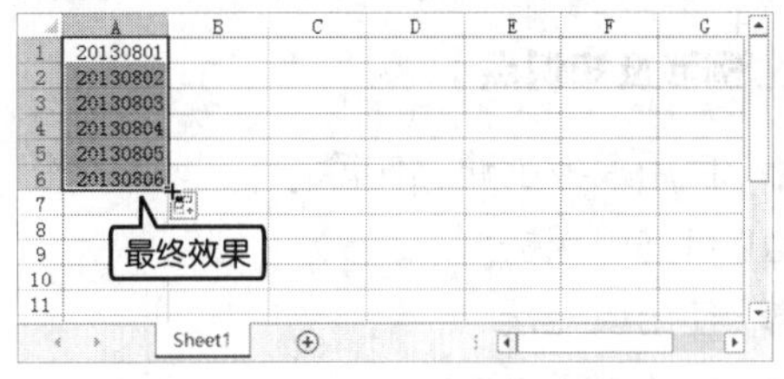

提示 对序列“星期一、星期二、星期三……”和序列“一月、二月、三月……”等进行自动填充的方法是输入第 1 个单元格内容，然后选定该单元格，使用填充柄填充。对序列“一月、三月、五月……”和序列“8:30、9:00、9:30……”等进行自动填充，可输入第 1 个和第 2 个单元格内容，然后选定两个单元格，使用填充柄填充。

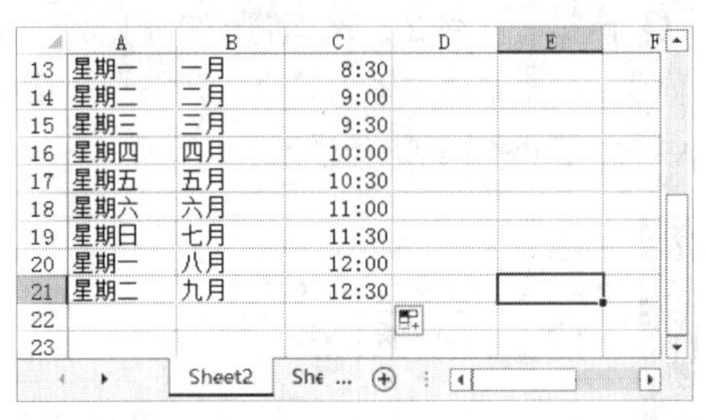

	A	B	C	D	E
13	星期一	一月	8:30		
14	星期二	二月	9:00		
15	星期三	三月	9:30		
16	星期四	四月	10:00		
17	星期五	五月	10:30		
18	星期六	六月	11:00		
19	星期日	七月	11:30		
20	星期一	八月	12:00		
21	星期二	九月	12:30		
22					
23					

7.7 综合实战——制作个人月度预算表

本节视频教学录像：5 分钟

家庭账本可以掌握个人及家庭的收支情况、合理规划消费和投资、培养良好的消费习惯、记录生活以及社会变化，同时还起到了备忘录的作用。制作家庭账本的方法有很多，家庭账本的种类也很多。

【案例效果展示】

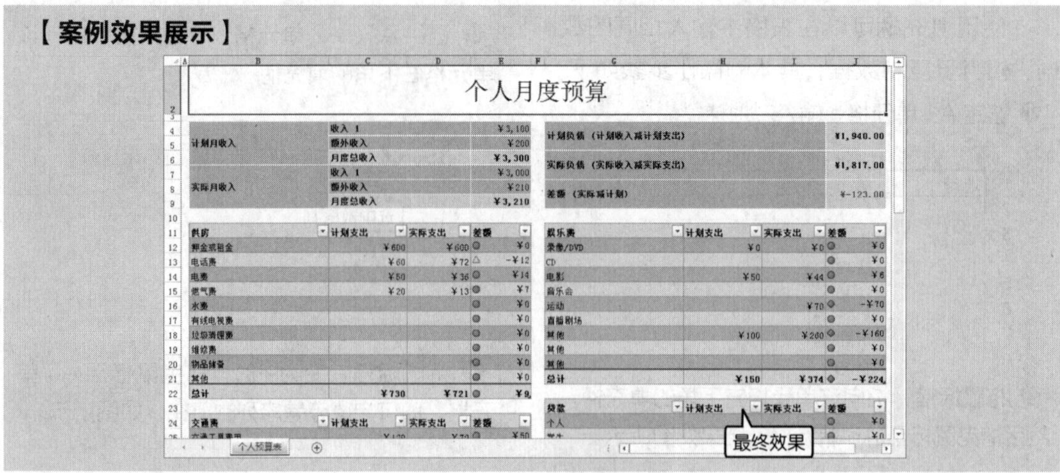

【案例涉及知识点】

- 使用模板创建工作簿
- 合并单元格
- 使用填充柄
- 设置单元格格式
- 设置对齐方式
- 设置单元格背景颜色

【操作步骤】

第 1 步：创建工作簿

在 Excel 2013 联机模板中可以搜索出个人预算表的模板。

❶ 启动 Excel 2013，弹出如图所示 Excel 界面，在搜索框中输入“个人预算”，按键盘中的【Enter】键进行搜索。

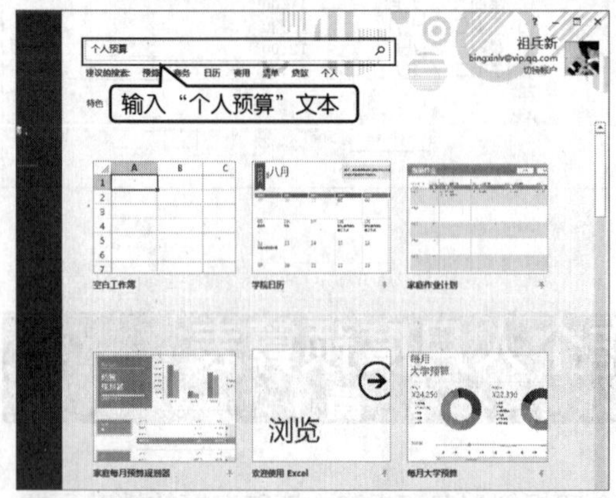

❷ 如图所示，在搜索的结果中，单击选择一种个人预算模板。

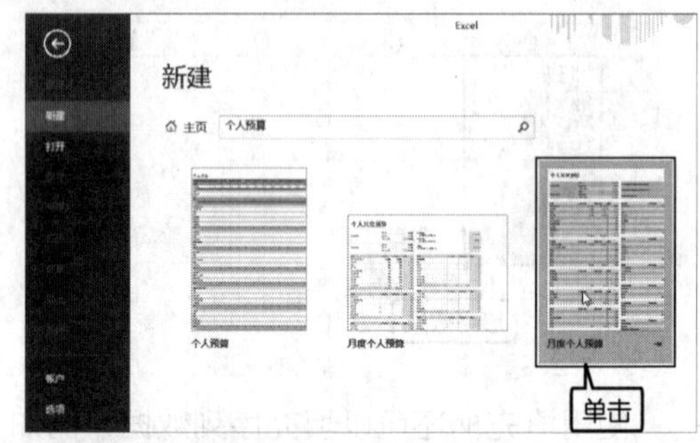

❸ 在弹出的对话框中，单击【创建】按钮。

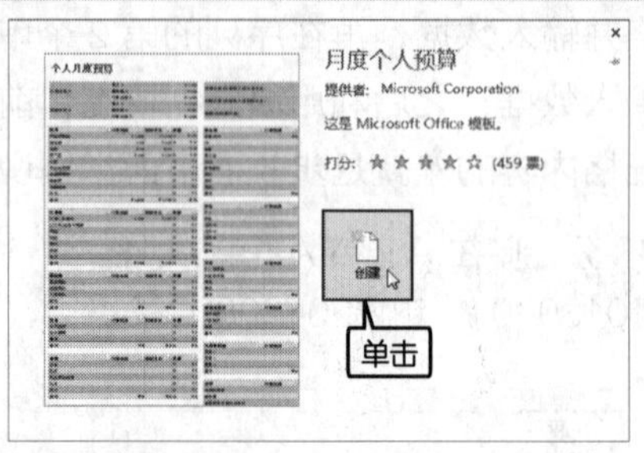

❹ 个人预算表创建完成，如图所示。

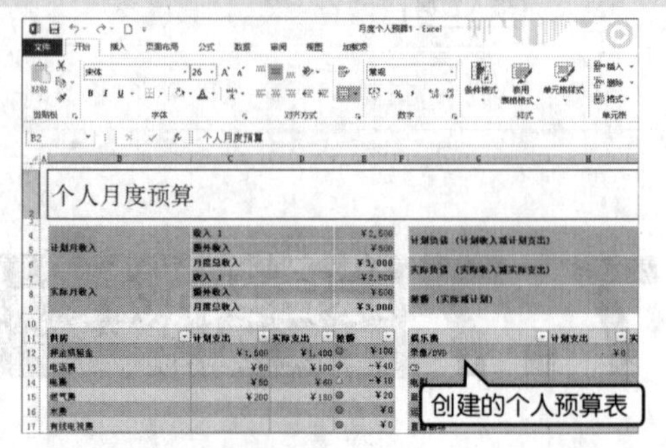

第 2 步：页面设置

在 Excel 中进行页面的设置，可以在打印时节省打印纸张。

❶ 单击【页面布局】选项卡下【页面设置】组中的【页边距】按钮，在弹出的下拉列表中选择【自定义边距】选项。

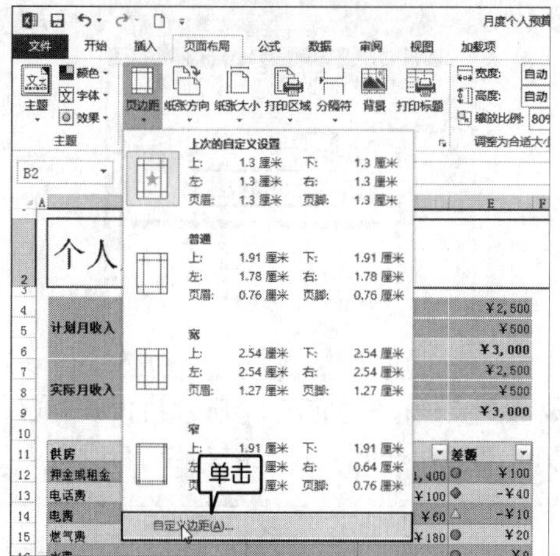

❷ 弹出【页面设置】对话框，在【页边距】选项卡下，分别设置上、下、左、右边距为“1”，单击勾选【居中】区域的【水平】选项，单击【确定】按钮。

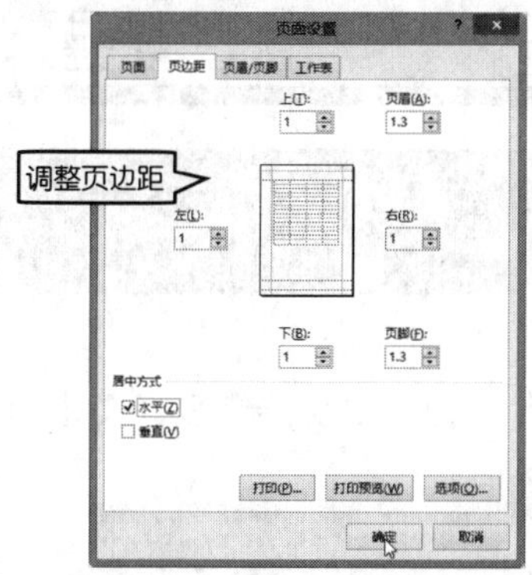

❸ 返回至个人预算工作界面，单击【页面布局】选项卡下【页面设置】组中的【纸张大小】按钮，在弹出的下拉列表中选择【A4】选项。

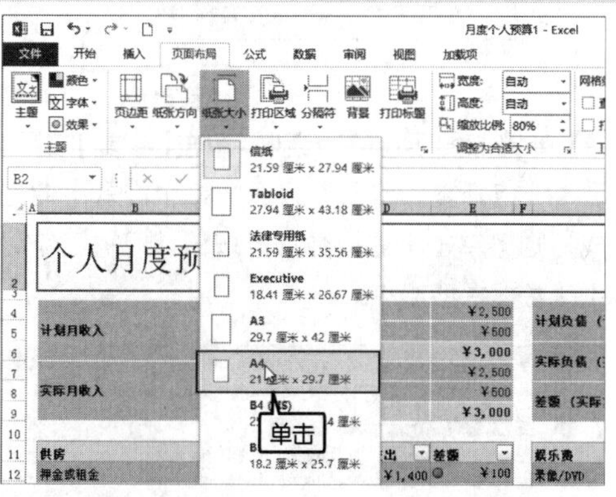

提示 单击【页面布局】选项卡下【页面设置】组中的【页面设置】按钮，弹出【页面设置】对话框，在该对话框中可设置页面、页边距、页眉 / 页脚和工作表。

第 3 步：完成工作表的编辑

在 Excel 中进行页面的设置，可以在打印时节省打印纸张。

❶ 在工作表标签名称上单击鼠标右键，在弹出的快捷菜单中选择【工作表标签颜色】选项，在弹出的颜色列表中，选择一种颜色，如选择“蓝色”。

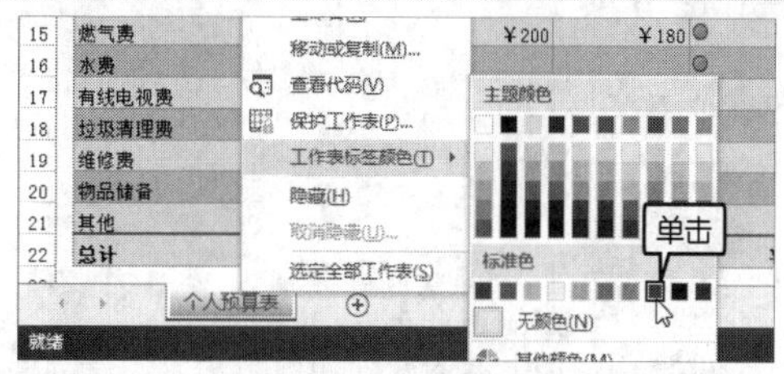

❷ 修改“计划月收入”项和“实际月收入”项后方的收入金额，如图所示。

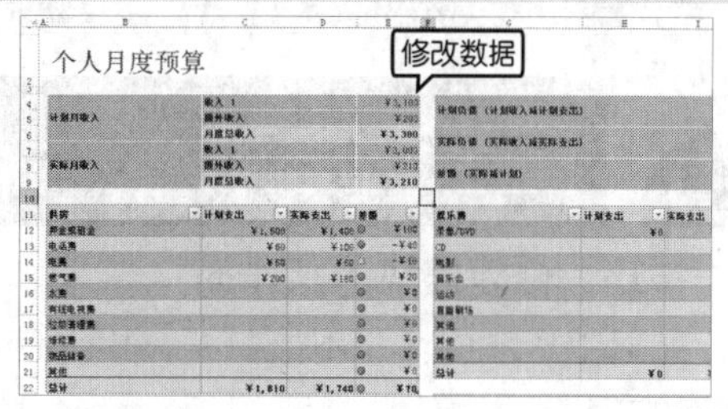

❸ 修改其他支出数据，对没有支出的项，将数据删除即可，如图所示。

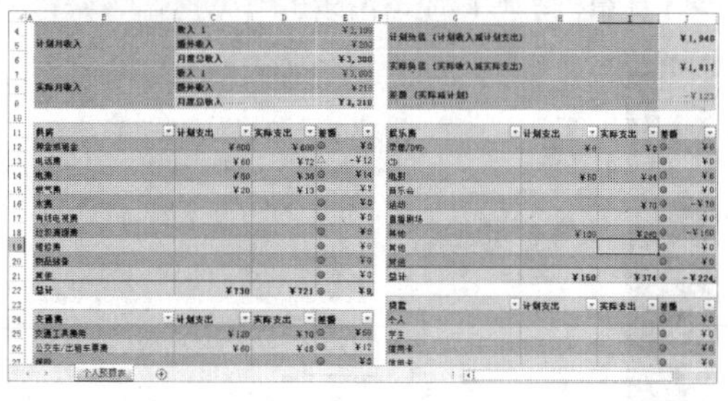

提示 由于个人预算表是由联机模板制作而成，所以在修改数据时，只需要修改收入和支出项即可，如其他总计项包含有公式，均是自动生成的数据。

❹ 编辑好数据后，选中A1单元格，单击【开始】选项卡下【段落】组中的【居中】按钮≡。

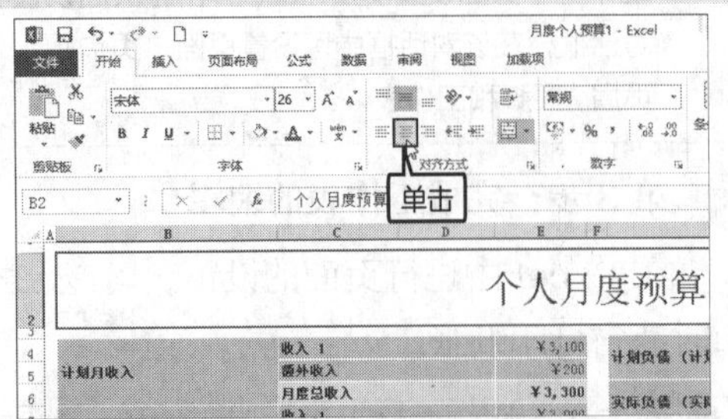

❺ 选中单元格区域J4:J9和单元格区域J58:J63，在选中的单元格上单击鼠标右键，在弹出的快捷菜单中选择【设置单元格格式】选项。

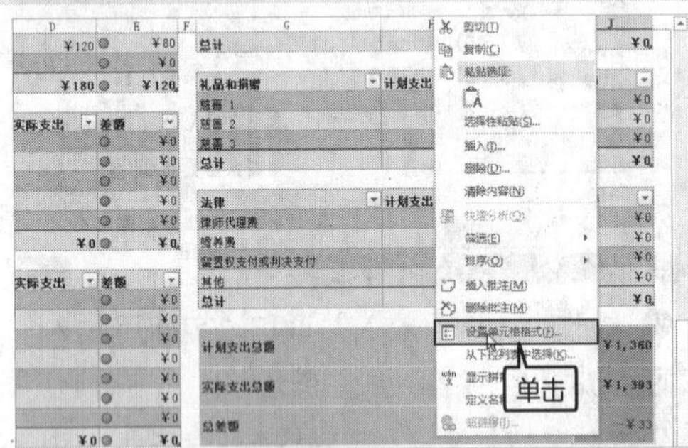

❻ 弹出【设置单元格格式】对话框，在【数字】选项卡下【分类】列表中选择【货币】选项，在右侧设置【小数位数】为“2”，单击【确定】按钮。

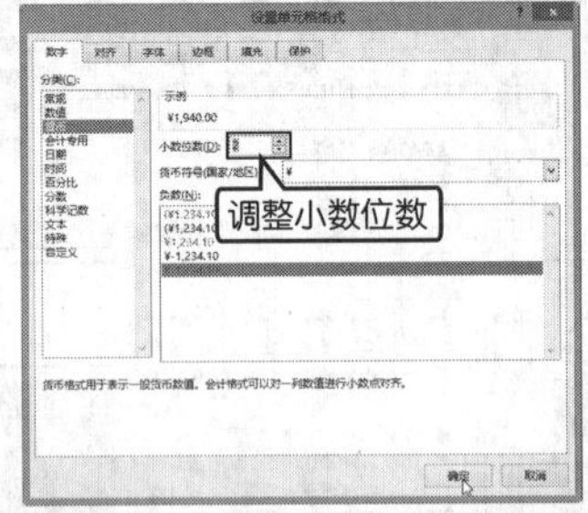

❼ 设置完成，如图所示，所设置的单元格区域小数位数显示为2位，将其保存即可。

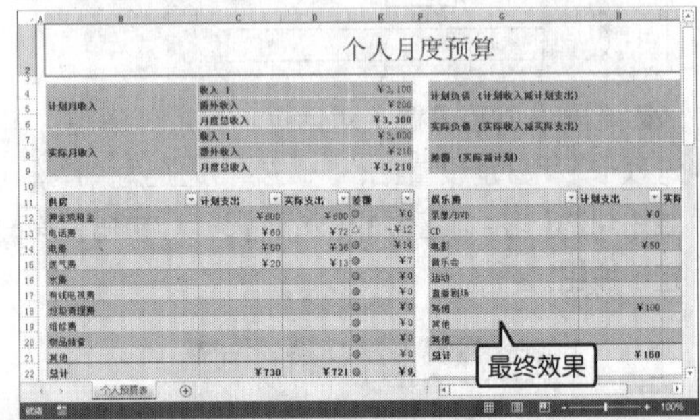

高手私房菜

本节视频教学录像：2分钟

技巧：修复损坏的工作簿

如果工作簿损坏了不能打开，可以使用Excel 2013自带的修复功能修复，具体的操作步骤如下。

❶ 启动Excel 2013，选择【文件】➤【打开】➤【计算机】➤【浏览】按钮。

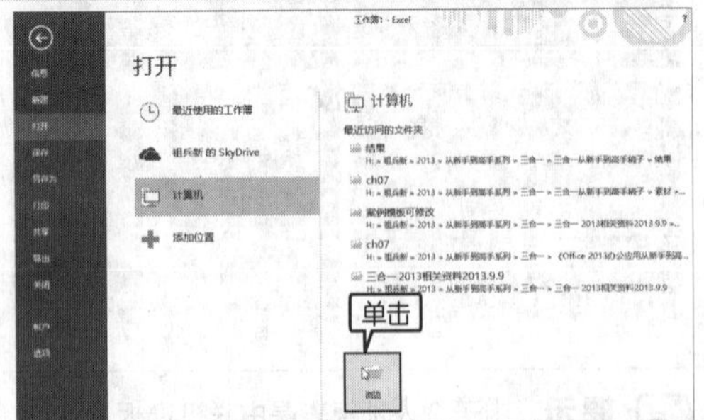

❷ 弹出【打开】对话框，从中选择要打开的工作簿文件，单击【打开】按钮右侧的下拉箭头，在弹出的下拉菜单中选择【打开并修复】菜单项。

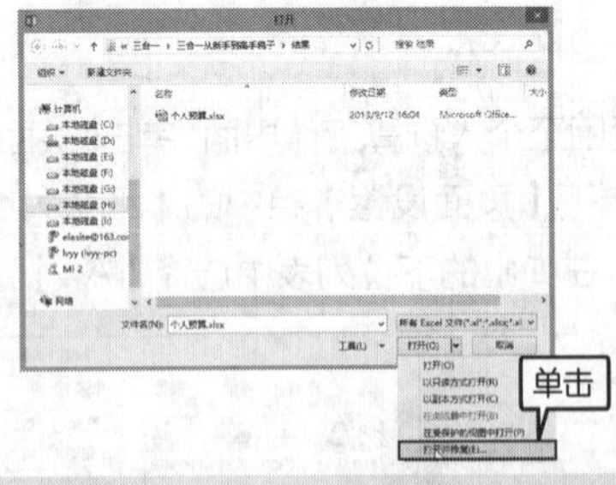

❸ 弹出如图所示的对话框，单击【修复】按钮，Excel将修复工作簿并打开。如果修复不能完成，则可单击【提取数据】按钮，只将工作簿中的数据提取出来。

第

章

美化工作表

本章视频教学录像：27 分钟

高手指引

工作表的美化是表格制作的一项重要内容，通过对表格格式的设置，可以使表格的框线、底纹以不同的形式表现出来。用户还可以设置表格的文本样式等，使表格层次分明、结构清晰、重点突出显示。Excel 2013 为工作表的美化设置提供了方便的操作方法和多项功能。

重点导读

- 掌握工作表中字体的设置方法
- 掌握单元格的设置方法
- 掌握引用单元格样式

8.1 设置字体

本节视频教学录像：3 分钟

在 Excel 2013 工作簿中输入数据，系统默认为宋体、字号为“11”。适当的设置字体格式，可以将部分内容重点显示出来。

❶ 选中需要设置字体的单元格或单元格区域，单击【开始】选项卡下【字体】组中的【字体设置】按钮。

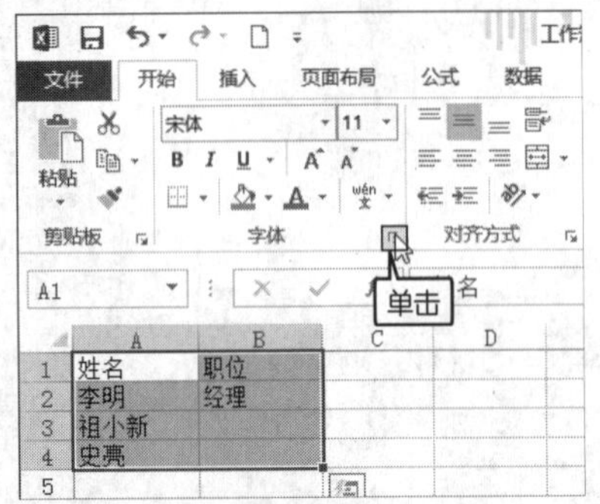

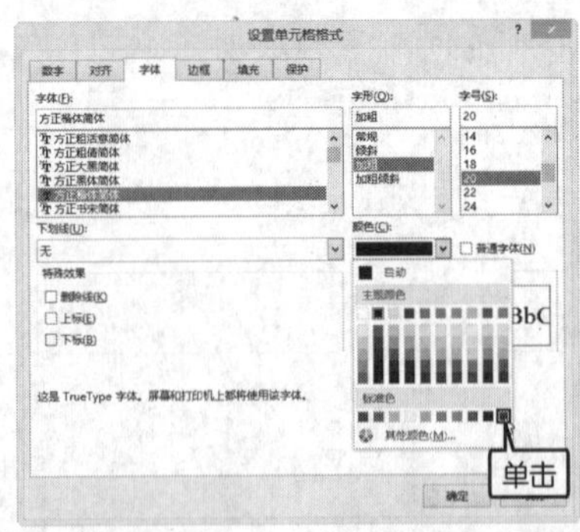

❷ 弹出【字体设置】对话框，在【字体】下拉列表中选择【方正楷体简体】选项，设置字形为“加粗”、字号为“20”，在【颜色】下拉列表中选择【紫色】，单击【确定】按钮。

❸ 设置后的效果如图所示，Excel 表格根据字体大小自动调整列宽和行高。

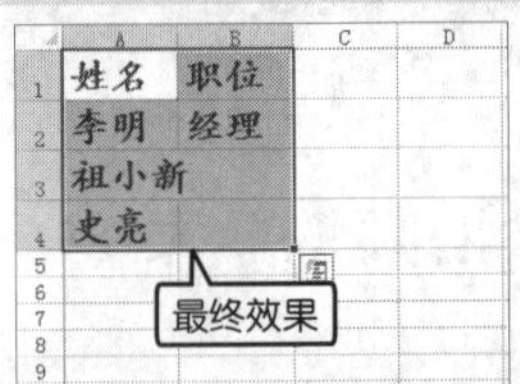

提示 单击【开始】选项卡下【字体】组中的相应按钮，可以快速设置字体格式。

8.2 设置单元格

本节视频教学录像：6 分钟

设置单元格包括设置数字格式、对齐方式以及边框和底纹等，设置单元格的格式不会改变数据的值，只影响数据的显示及打印效果。

8.2.1 设置数字格式

在 Excel 2013 中，用数字表示的内容很多，例如小数、货币、百分比和时间等。在单元格中改变数值的小数位数、为数值添加货币符号的具体操作步骤如下。

❶ 打开随书光盘中的“素材\ch08\设置数字格式.xlsx”文件，选择单元格区域 B4:E16。

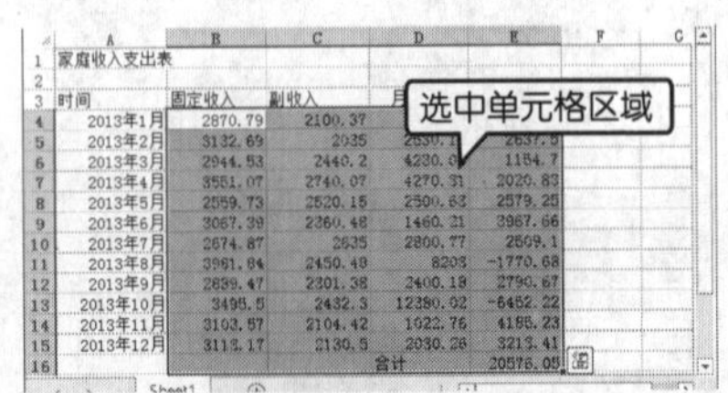

❷ 在【开始】选项卡中单击【数字】选项组中的【减少小数位数】按钮。如图所示，可以看到选中区域的数值减少一位小数，并进行了四舍五入操作。

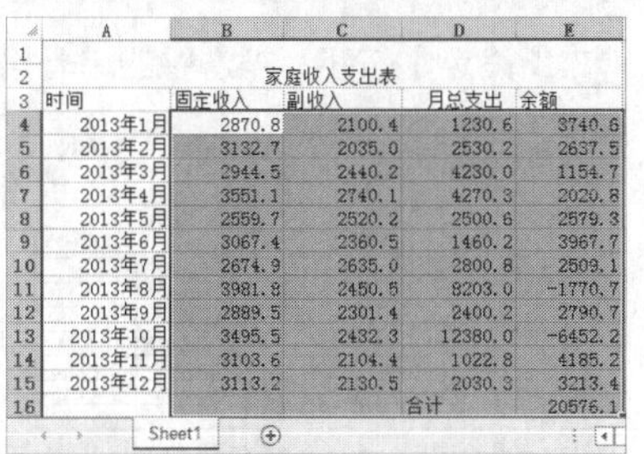

❸ 单击【数字】选项组中的【会计数字格式】按钮右侧的下拉按钮，在弹出的下拉列表中选择【￥中文】选项。

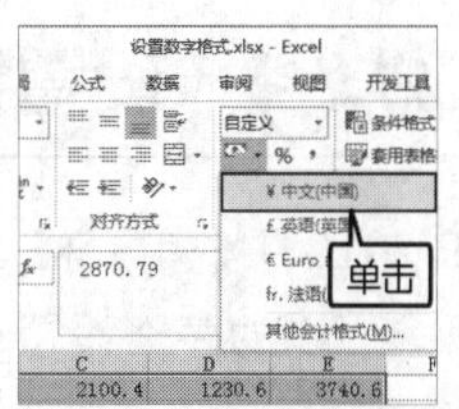

❹ 单元格区域的数字格式被自动应用为【会计专用】格式，数字添加了货币符号，效果如图所示。

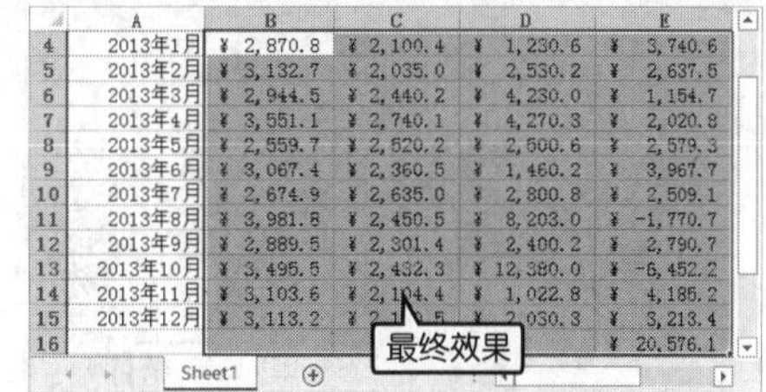

8.2.2 设置对齐方式

对齐方式是指单元格中的数据显示在单元格中上、下、左、右的相对位置。主要有顶端对齐、垂直居中、底端对齐、左对齐、居中和右对齐。默认情况下，单元格中的文本都是左对齐，数值是右对齐。设置数据对齐方式的具体操作步骤如下。

❶ 打开随书光盘中的"素材 \ch08\ 设置数字格式 .xlsx"文件，选择单元格区域 A1:E2。

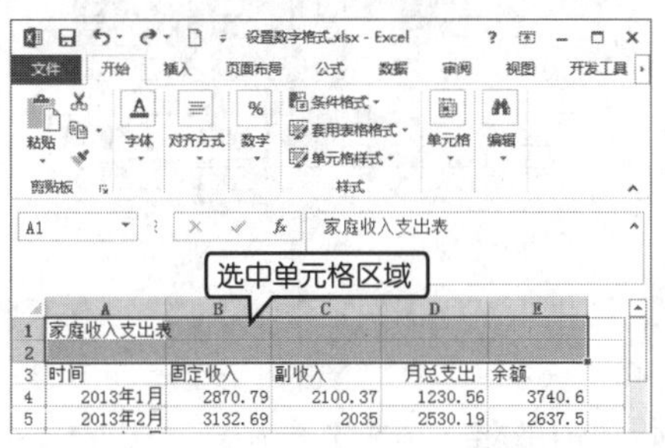

❷ 单击【对齐方式】选项组中的【合并后居中】按钮右侧的倒三角箭头，在弹出的列表中选择【合并后居中】选项。

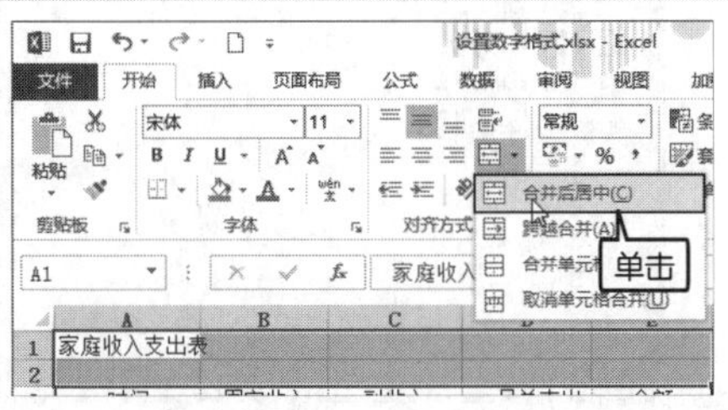

❸ 此时单元格区域合并为一个单元格，且标题居中显示。

❹ 选择单元格区域 A1:E16，单击【对齐方式】选项组中的【垂直居中】按钮和【居中】按钮，最后效果如图所示。

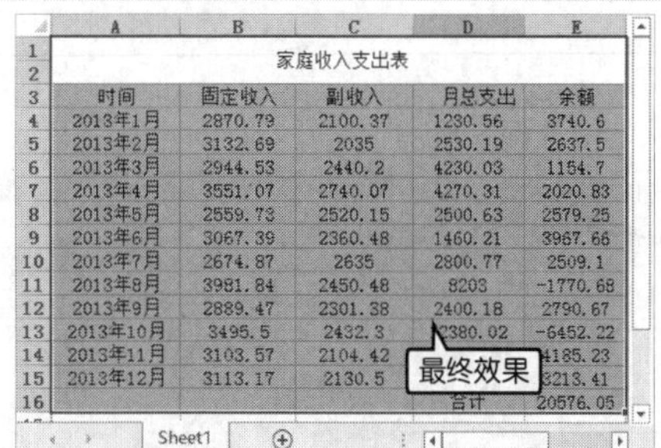

8.2.3 设置边框和底纹

在 Excel 2013 中，单元格四周的灰色网格线默认是不能被打印出来的。为了使表格更加规范、美观，可以为表格设置边框和底纹。

1. 设置边框

设置边框的具体步骤如下。

❶ 选中要添加边框的单元格区域 A1:E16。

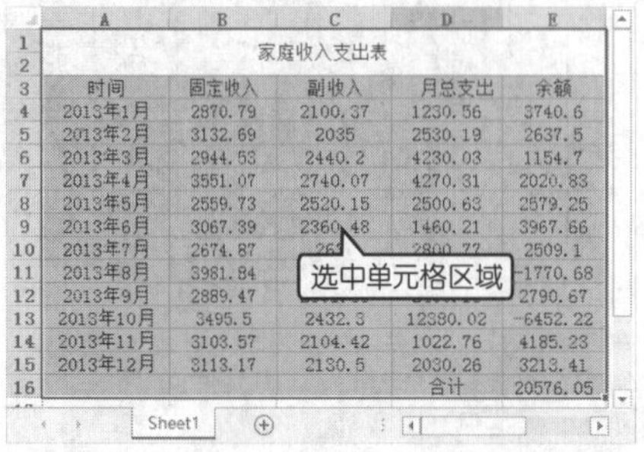

❷ 单击【开始】选项卡下【数字】选项组右下角的按钮，弹出【设置单元格格式】对话框。

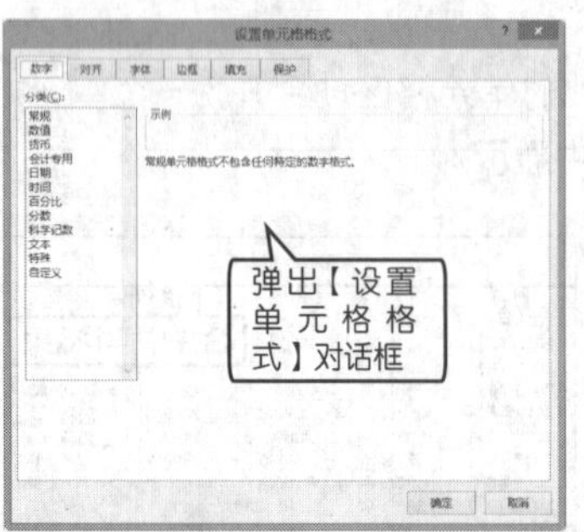

❸ 选择【边框】选项卡，在【线条样式】列表框中选择一种样式，然后在【颜色】下拉列表中选择“蓝色，着色 5，深色 50%”，在【预置】区域单击【外边框】选项，如图所示。

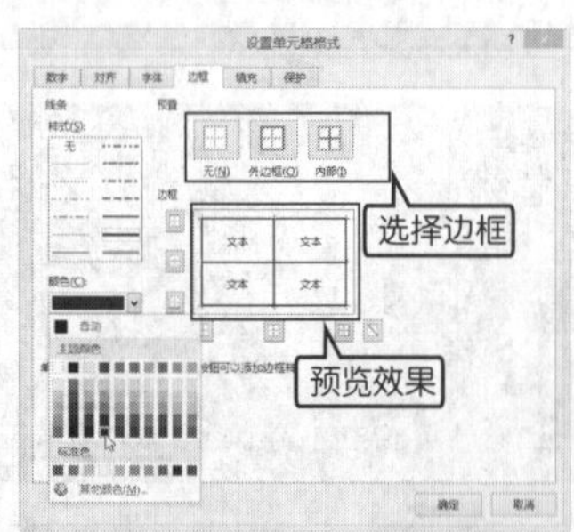

❹ 单击【确定】按钮，被选中的单元格区域就添加了外边框。

家庭收入支出表				
时间	固定收入	副收入	月总支出	余额
2013年1月	2870.79	2100.37	1230.56	3740.6
2013年2月	3132.69	2035	2530.19	2637.5
2013年3月	2944.53	2440.2	4230.03	1154.7
2013年4月	3551.07	2740.07	4270.31	2020.83
2013年5月	2559.73	2520.15	2500.63	2579.25
2013年6月	3067.39	2360.48	1460.21	3967.66
2013年7月	2674.87	2635	2800.77	2509.1
2013年8月	3981.84	2450.48	8203	-1770.68
2013年9月	2889.47	2301.38	2400.18	2790.67
2013年10月	3495.5	2432.3	12380.02	-6452.22
2013年11月	3103.57	2104.42	1022.76	4185.23
2013年12月	3113.17	2130.5	2030.26	3213.41
			合计	20576.05

2. 为单元格设置底纹

为了使工作表中某些数据或单元格区域更加醒目，可以为这些单元格或单元格区域设置底纹，具体的操作步骤如下。

❶ 选择要添加背景的单元格区域 B4:E15。

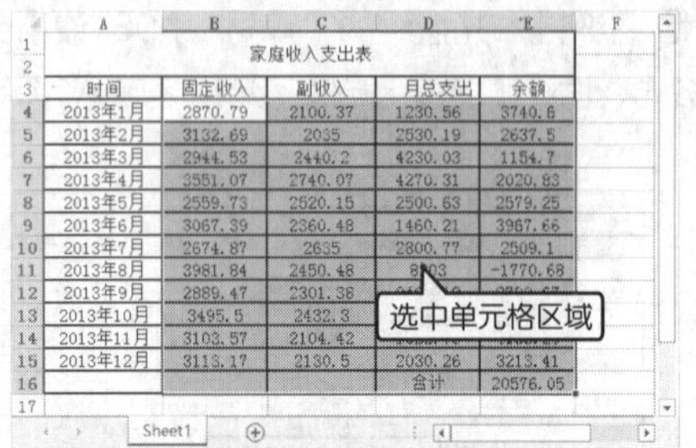

❷ 单击【开始】选项卡下【数字】选项组右下角的按钮，在弹出的【设置单元格格式】对话框中选择【填充】选项卡。

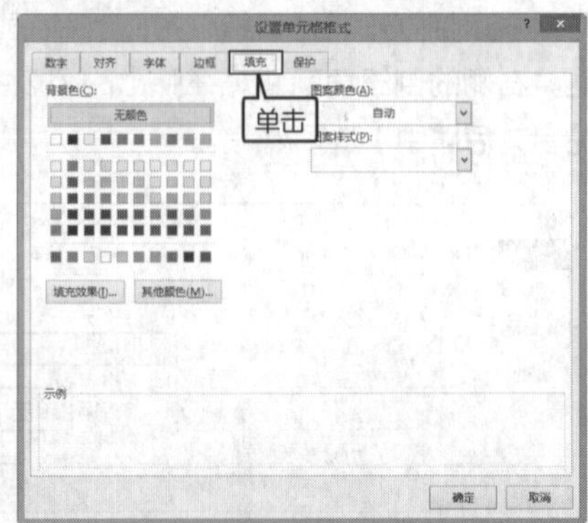

❸ 单击【填充效果】按钮，在弹出的【填充效果】对话框中设置背景颜色的渐变效果。在【颜色】区域，颜色 1 设置为“蓝色，着色 1，淡色 80%”，颜色 2 设置为“蓝色，着色 1，淡色 40%”；在【底纹样式】区域，单击选中【角部辐射】单选项，然后单击【确定】按钮。

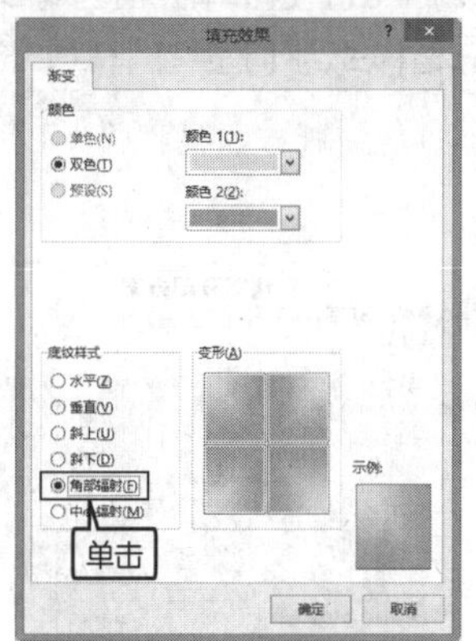

❹ 返回【设置单元格格式】对话框，单击【确定】按钮，工作表的背景就变成指定的底纹样式了，如图所示。

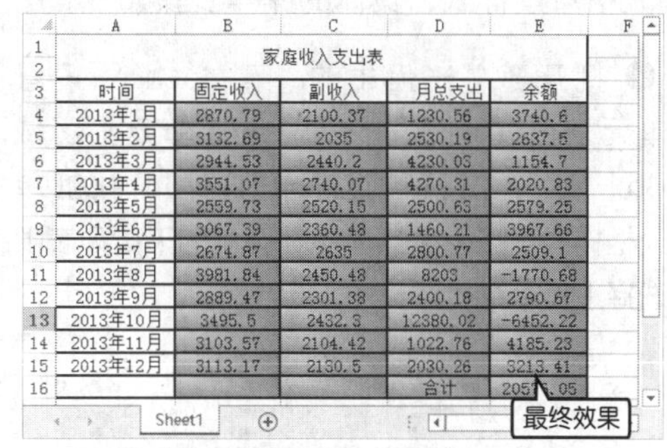

提示 在【图案颜色】和【图案样式】下拉列表中可以设置单元格区域的填充颜色及图案，但是不能同时设置【填充效果】和【图案样式】，只能选其一。

8.3 设置单元格样式

本节视频教学录像：4 分钟

单元格样式是一组已定义的格式特征，在 Excel 2013 的内置单元格样式中还可以创建自定义单元格样式。若要在一个表格中应用多种样式，就可以使用自动套用单元格样式功能。

8.3.1 套用单元格文本样式

在创建的默认工作表中，单元格文本的字体为“宋体”、字号为“11”。如果要快速改变文本样式，可以套用单元格文本样，具体的操作步骤如下。

❶ 打开随书光盘中的“素材\ch08\设置单元格样式.xlsx”文件，并选择单元格区域 B6:E15，单击【开始】选项卡【样式】组中的【单元格样式】按钮，在弹出的下拉列表中选择一种样式。

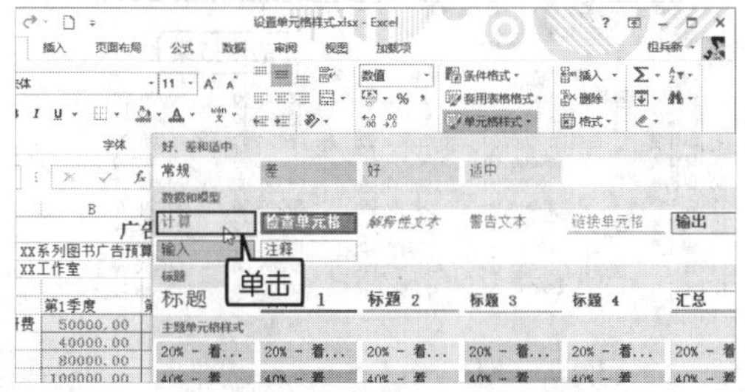

❷ 最终效果如图所示。

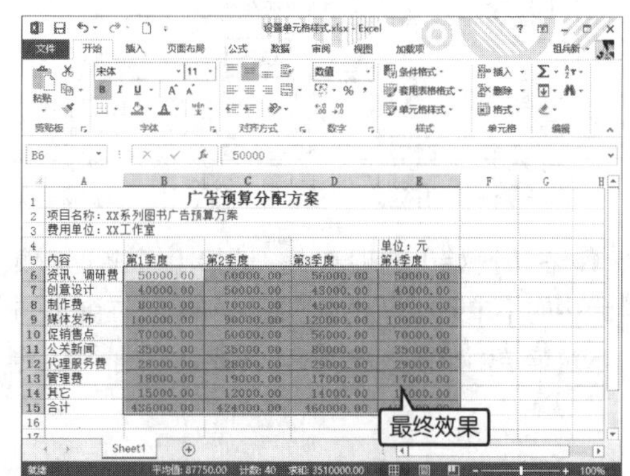

8.3.2 套用单元格背景样式

在创建的默认工作表中，单元格的背景是白色的。如果要快速改变背景颜色，可以套用单元格背景样式，具体的操作步骤如下。

❶ 打开随书光盘中的“素材\ch08\设置单元格格式.xlsx”文件，选择单元格区域B6:E13，单击【开始】选项卡【样式】组中的【单元格样式】按钮，在弹出的下拉列表中选择【差】样式。

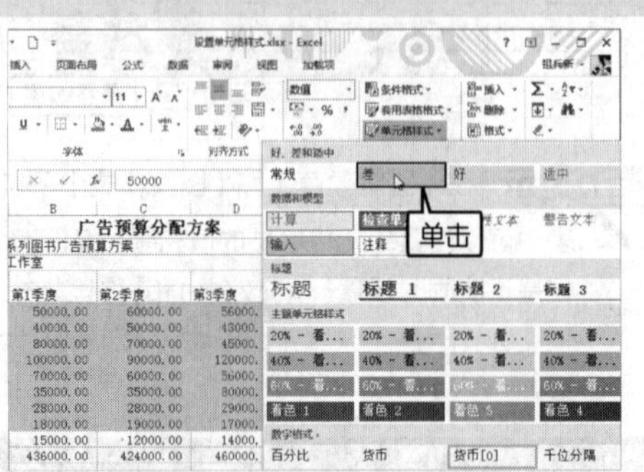

❷ 选择单元格区域B14:E14，设置单元格样式为【好】样式，选择单元格区域B15:E15，设置单元格样式为【适中】样式，最终效果如图所示。

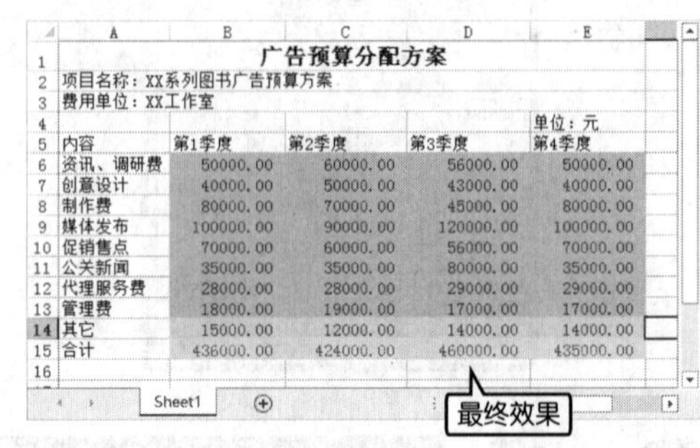

8.3.3 套用单元格标题样式

自动套用单元格中标题样式的具体步骤如下。

❶ 打开随书光盘中的“素材\ch08\设置单元格格式.xlsx”文件，并选择标题区域。

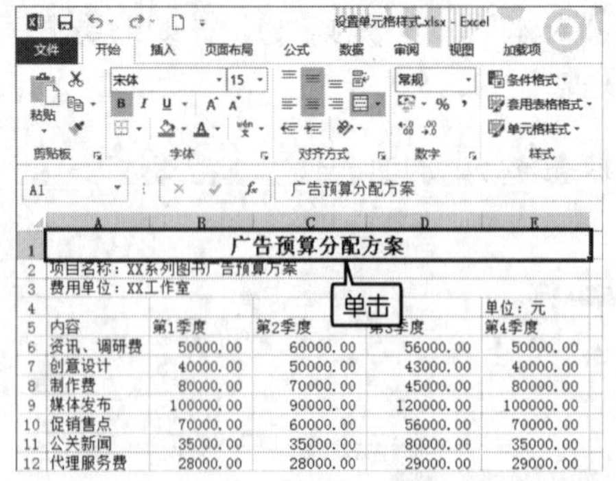

❷ 在【开始】选项卡中，选择【样式】选项组中的【单元格样式】按钮，在弹出的下拉菜单中单击【标题1】样式。

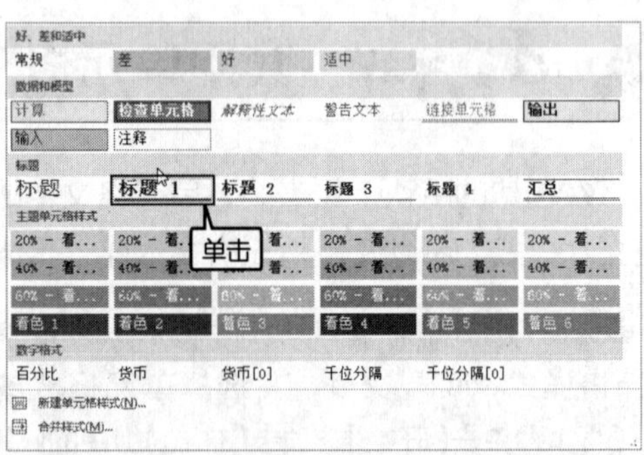

❸ 最终效果如图所示。

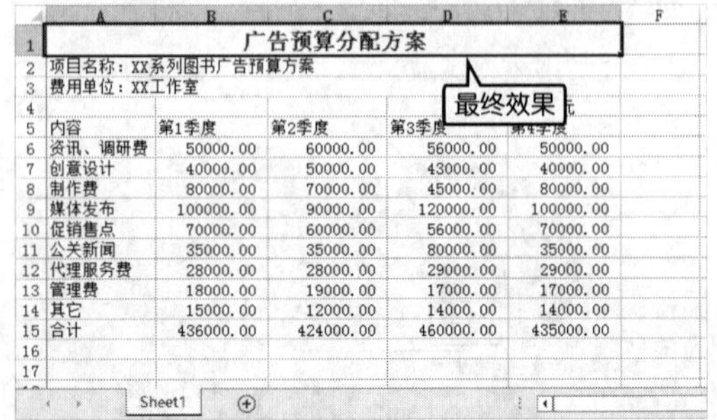

8.3.4 套用单元格数字样式

在 Excel 2013 中输入的数据格式，在单元格中默认是右对齐，小数点保留 0 位。如果要快速改变数字样式，可以套用单元格数字样式。具体的操作步骤如下。

❶ 打开随书光盘中的“素材 \ch08\ 设置单元格格式 .xlsx”文件，并选择数据区域。单击【开始】选项卡【样式】选项组中的【单元格样式】按钮，在弹出的下拉列表中选择【货币】样式。

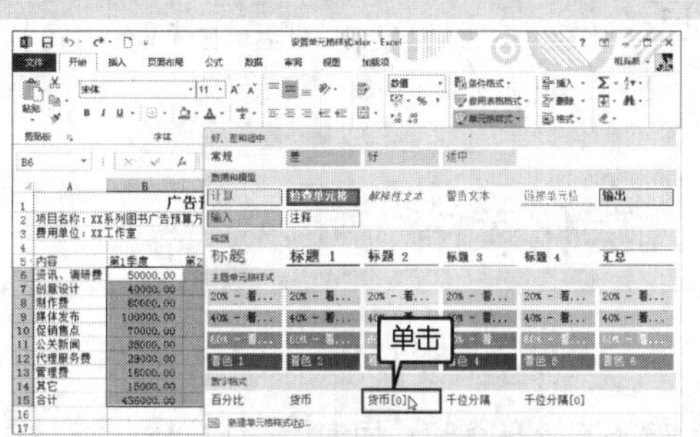

❷ 此时就改变了单元格中数字的样式。

	A	B	C	D	E
1	广告预算分配方案				
2	项目名称：XX系列图书广告预算方案				
3	费用单位：XX工作室				
4					单位：元
5	内容	第1季度	第2季度	第3季度	第4季度
6	资讯、调研费	¥ 50,000	¥ 60,000	¥ 56,000	¥ 50,000
7	创意设计	¥ 40,000	¥ 50,000	¥ 43,000	¥ 40,000
8	制作费	¥ 80,000	¥ 70,000	¥ 45,000	¥ 80,000
9	媒体发布	¥ 100,000	¥ 90,000	¥ 120,000	¥ 100,000
10	促销售点	¥ 70,000	¥ 60,000	¥ 56,000	¥ 70,000
11	公关新闻	¥ 35,000	¥ 35,000	¥ 80,000	¥ 35,000
12	代理服务费	¥ 28,000	¥ 28,000	¥ 29,000	¥ 29,000
13	管理费	¥ 18,000	¥ 19,000	¥ 17,000	¥ 17,000
14	其它	¥ 15,000	¥ 12,000	¥ 14,000	¥ 14,000
15	合计	¥ 436,000	¥ 424,000	¥ 460,000	¥ 435,000

8.4 快速设置表格样式

本节视频教学录像：5 分钟

Excel 2013 提供自动套用格式功能，可以从众多预设好的表格格式中选择一种样式，快速地套用到一个工作表。

8.4.1 套用浅色样式美化表格

Excel 预置有 60 种常用的表格格式，用户可以自动地套用这些预先定义好的格式，以提高工作的效率。

❶ 打开随书光盘中的“素材 \ch08\ 设置表格样式 .xlsx”文件，在“主叫通话记录”表中选择要套用格式的单元格区域 A4:G18。

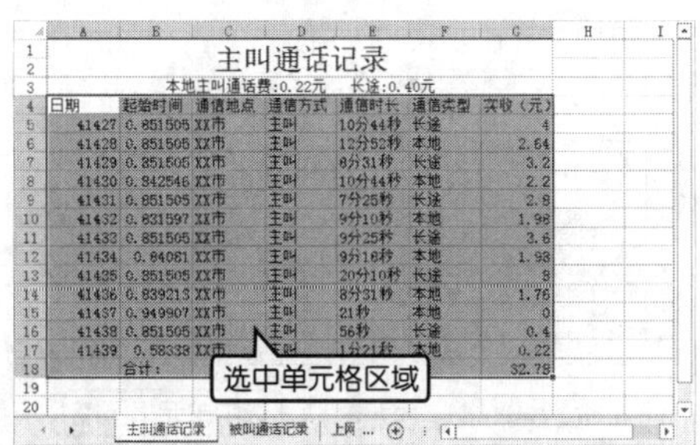

❷ 在【开始】选项卡中，选择【样式】选项组中的【套用表格格式】按钮，在弹出的下拉菜单中选择【浅色】菜单项中的一种。

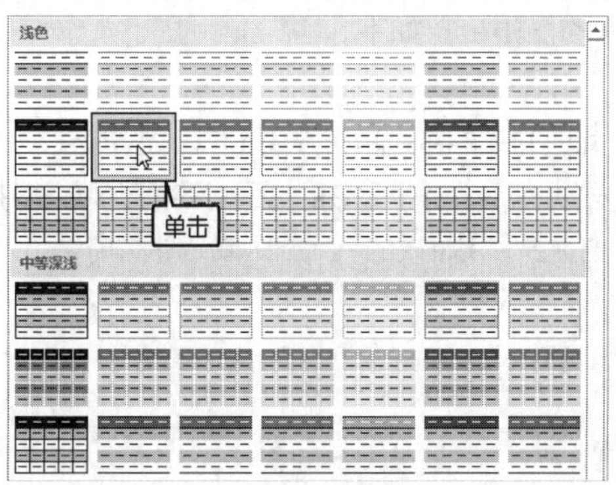

❸ 单击样式，则会弹出【套用表格式】对话框，单击【确定】按钮即可套用一种浅色样式。

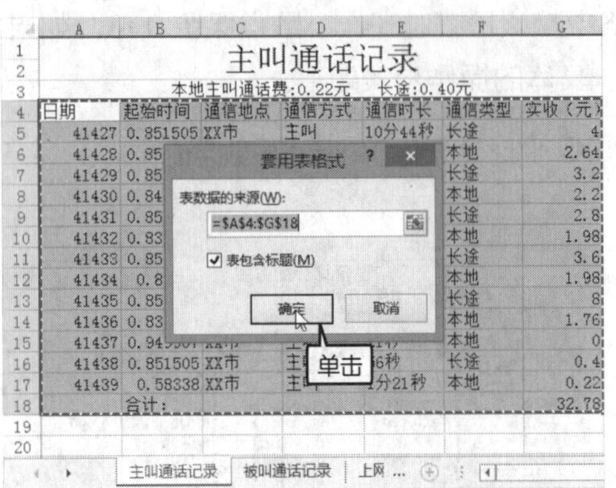

❹ 最终效果如图所示。

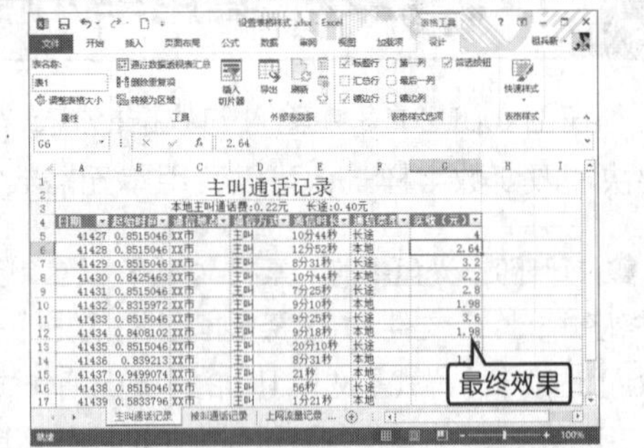

提示 在此样式中单击任一单元格，功能区会出现【设计】选项卡，然后单击【表格样式】组中的任一样式，即可更改样式。

8.4.2 套用中等深浅样式美化表格

套用中等深浅样式更适合内容较复杂的表格，具体的操作步骤如下。

❶ 打开随书光盘中的“素材\ch08\设置表格样式.xlsx”文件，在“被叫通话记录”表中选择要套用格式的单元格区域 A2:G15，单击【开始】选项卡【样式】组中的【套用表格格式】按钮。

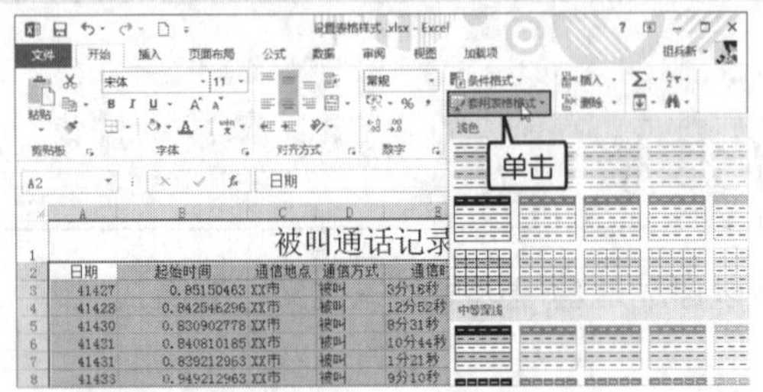

❷ 在弹出的下拉菜单中选择【中等深浅】菜单项中的一种，弹出【套用表格式】对话框，单击【确定】按钮即可套用一种中等深浅色样式。最终效果如图所示。

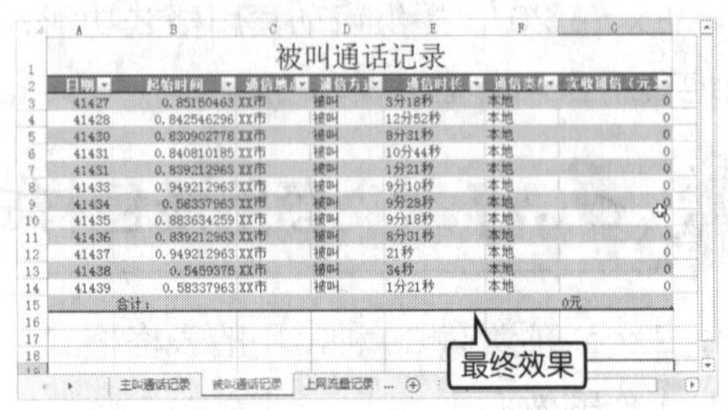

8.4.3 套用深色样式美化表格

套用深色样式美化表格时，为了将字体显示得更加清楚，可以对字体添加“加粗”效果。体的操作步骤如下。

❶ 打开随书光盘中的“素材\ch08\设置表格样式.xlsx”文件，在“上网流量记录”表中选择要套用格式的单元格区域 A2:E11。

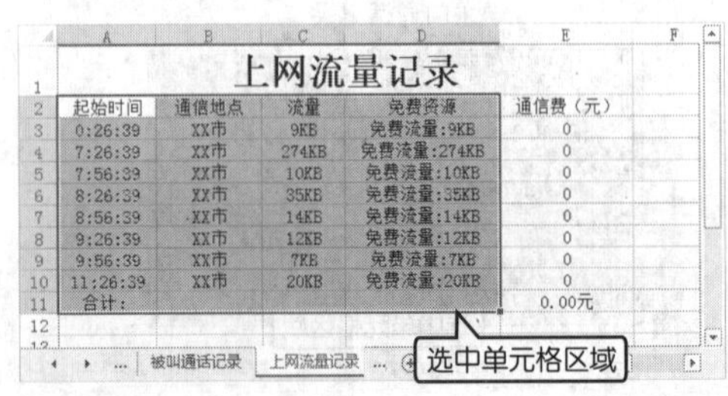

❷ 单击【开始】选项卡【样式】选项组中的【套用表格格式】按钮 套用表格格式 ，在弹出的下拉菜单中选择【深色】菜单项中的一种。

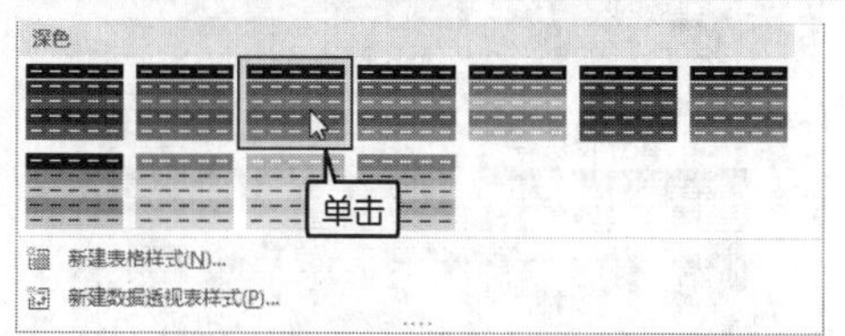

❸ 套用样式后，右下角会出现一个小箭头，将鼠标指针放上去，当指针变成↘形状时，单击并向下或向右拖曳，即可扩大应用样式的区域。

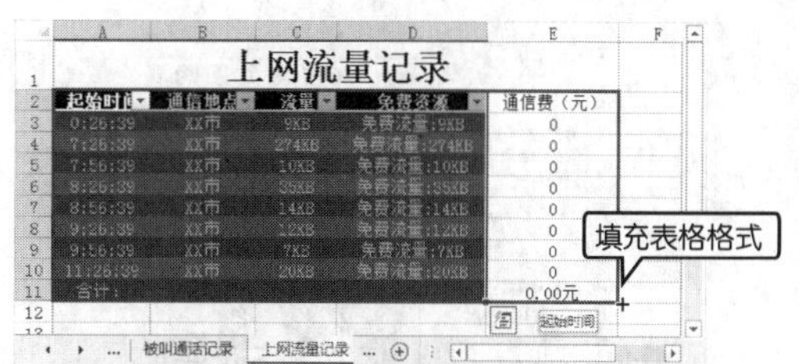

❹ 填充格式后的最终效果如图所示。

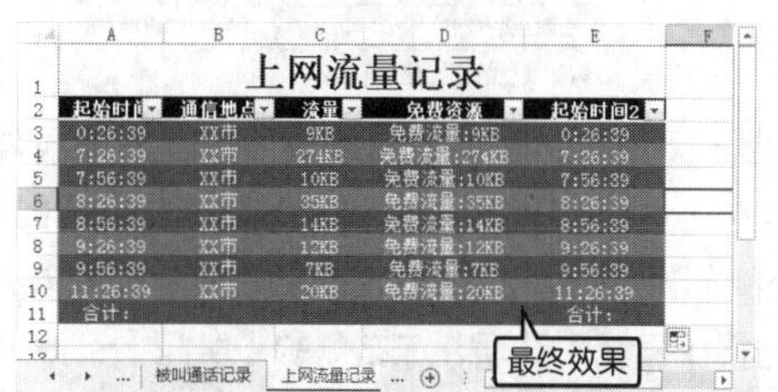

8.5 综合实战——美化物资采购表

本节视频教学录像：6 分钟

物资采购表是根据公司实际需求制定的采购计划表，需公司相关领导批准签字才能生效，是公司物资采购的主要依据和凭证，应认真制作。准确地编制企业物资采购表，对于加强物资管理、保证企业所需、促进物资节约、降低产品成本、加速资金周转等，都有着重要的作用。

【案例效果展示】

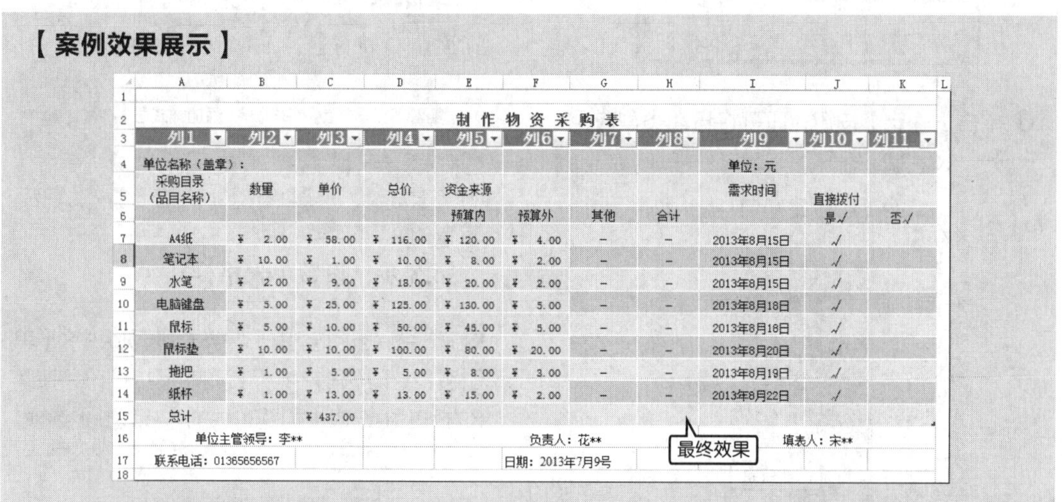

制作物资采购表

列1	列2	列3	列4	列5	列6	列7	列8	列9	列10	列11
单位名称（盖章）：								单位：元		
采购目录（品目名称）	数量	单价	总价	资金来源				需求时间	直接拔付	
				预算内	预算外	其他	合计		是√	否√
A4纸	¥ 2.00	¥ 58.00	¥ 116.00	¥ 120.00	¥ 4.00	–	–	2013年8月15日	√	
笔记本	¥ 10.00	¥ 1.00	¥ 10.00	¥ 8.00	¥ 2.00	–	–	2013年8月15日	√	
水笔	¥ 2.00	¥ 9.00	¥ 18.00	¥ 20.00	¥ 2.00	–	–	2013年8月15日	√	
电脑键盘	¥ 5.00	¥ 25.00	¥ 125.00	¥ 130.00	¥ 5.00	–	–	2013年8月18日	√	
鼠标	¥ 5.00	¥ 10.00	¥ 50.00	¥ 45.00	¥ 5.00	–	–	2013年8月18日	√	
鼠标垫	¥ 10.00	¥ 10.00	¥ 100.00	¥ 80.00	¥ 20.00	–	–	2013年8月20日	√	
拖把	¥ 1.00	¥ 5.00	¥ 5.00	¥ 8.00	¥ 3.00	–	–	2013年8月19日	√	
纸杯	¥ 1.00	¥ 13.00	¥ 13.00	¥ 15.00	¥ 2.00	–	–	2013年8月22日	√	
总计		¥ 437.00								
单位主管领导：李**					负责人：花**				填表人：宋**	
联系电话：01365656567					日期：2013年7月9日					

【案例涉及知识点】

- 设置单元格样式
- 快速套用表格样式

【操作步骤】

第 1 步：设置数字格式

❶ 打开随书光盘中的“素材\ch08\制作物资采购表.xlsx”文件，选择单元格区域 C7:F15，在【开始】选项卡中，单击【数字】选项组中的【增加小数位数】按钮，效果如图所示。

❷ 选择I列，单击鼠标右键，在弹出的快捷菜单中选择【设置单元格格式】菜单项，弹出【设置单元格格式】对话框，在【数字】选项卡中选择【日期】选项，在右侧的【类型】列表中选择一种类型。

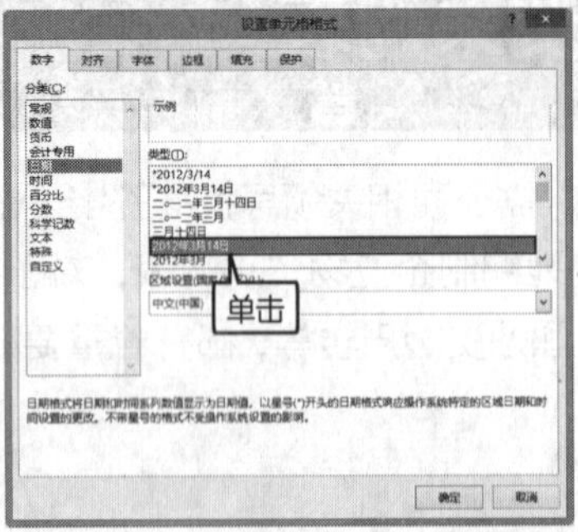

❸ 单击【确定】按钮，即可将日期类型应用于I列，效果如图所示。

第 2 步：套用表格样式

❶ 选择单元格区域 A3:K15，在【开始】选项卡中，单击【样式】选项组中的【套用表格格式】按钮 套用表格格式 右侧的下拉按钮，在弹出的列表中选择【中等深浅】中的一种。

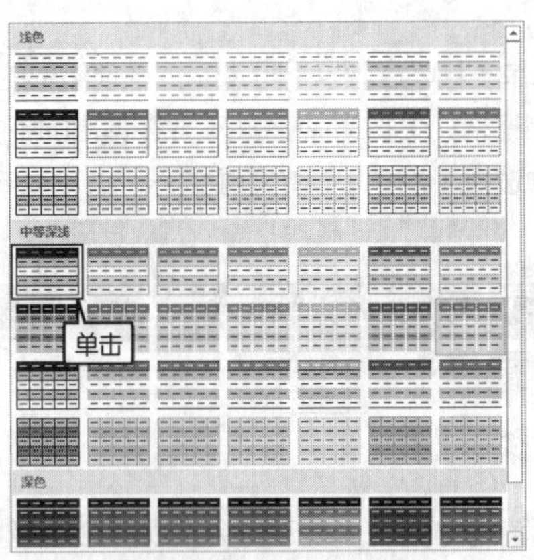

❷ 弹出【套用表格式】对话框，单击选中【表包含标题】复选框。

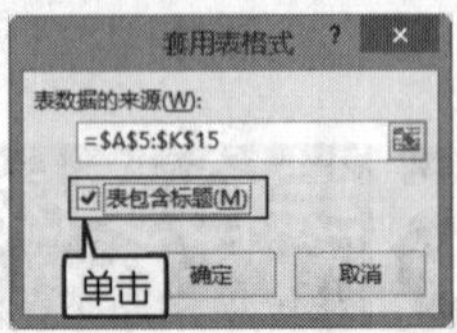

❸ 单击【确定】按钮，即可添加样式，同时在表格中调整列宽和行高。

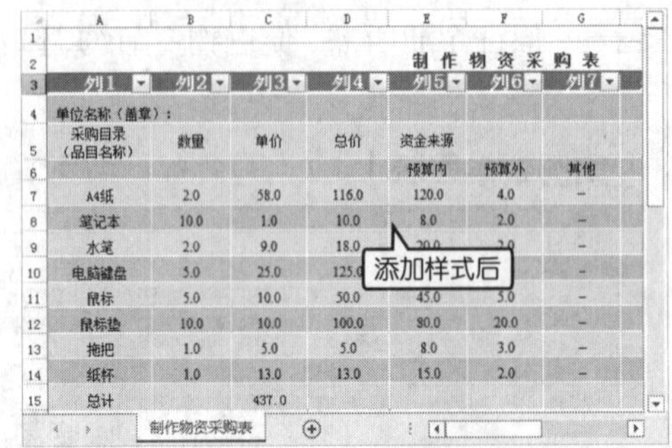

第 3 步：设置单元格样式

❶ 选择标题区域，单击【样式】选项组中的【单元格样式】按钮 单元格样式 右侧的下拉按钮，在弹出的列表中选择【标题】中的【标题 1】选项。

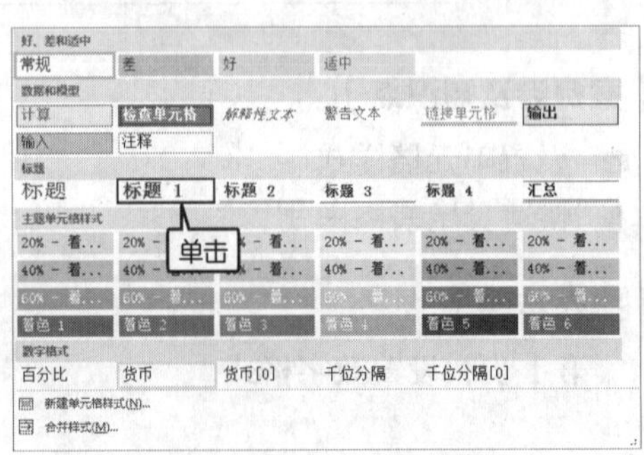

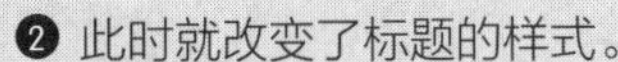

❷ 此时就改变了标题的样式。

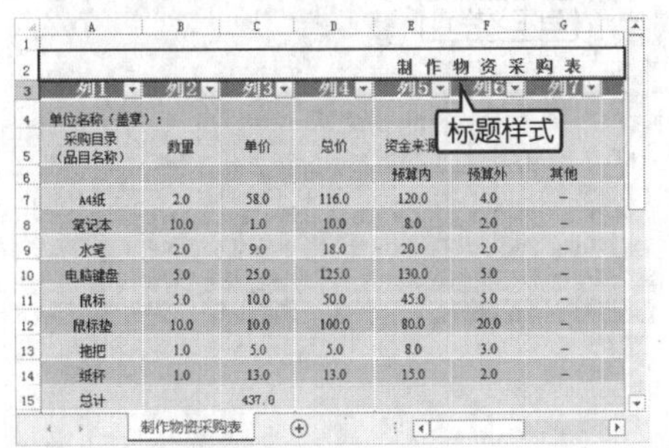

❸ 选择数据区域 B7:F15，单击【样式】选项组中的【单元格样式】按钮 右侧的下拉按钮，在弹出的列表中选择【数字格式】➤【货币】选项和【主题单元格样式】➤【40%，着色 4】选项，即可改变单元格中数字的样式。

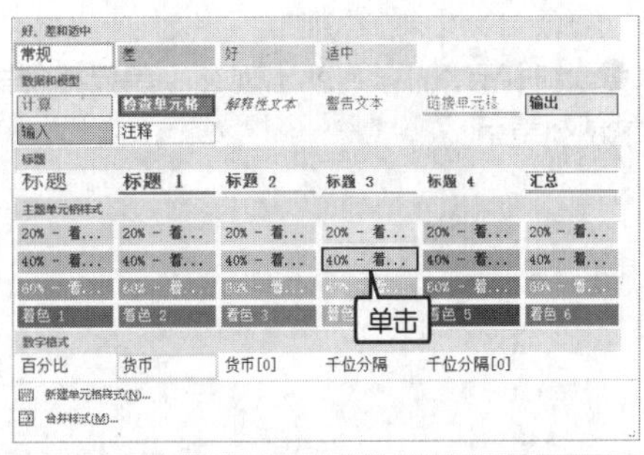

❹ 最终效果如图所示。

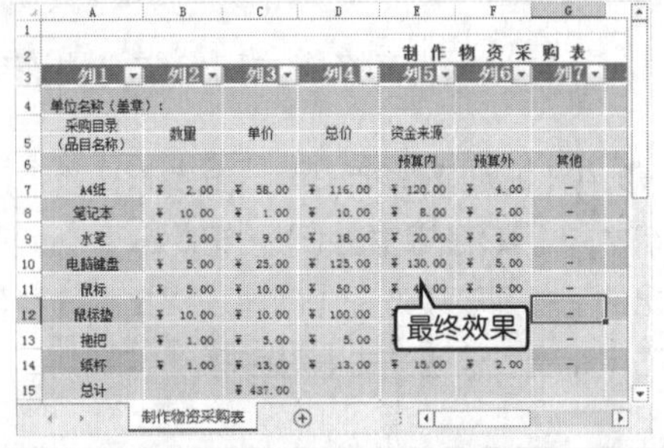

高手私房菜

本节视频教学录像：3 分钟

技巧 1：自定义单元格样式

如果内置的快速单元格样式都不适合，可以自定义单元格样式。

❶ 在【开始】选项卡中，单击【样式】选项组中的【单元格样式】按钮 右侧的下拉按钮，在弹出的列表选择【新建单元格样式】选项。

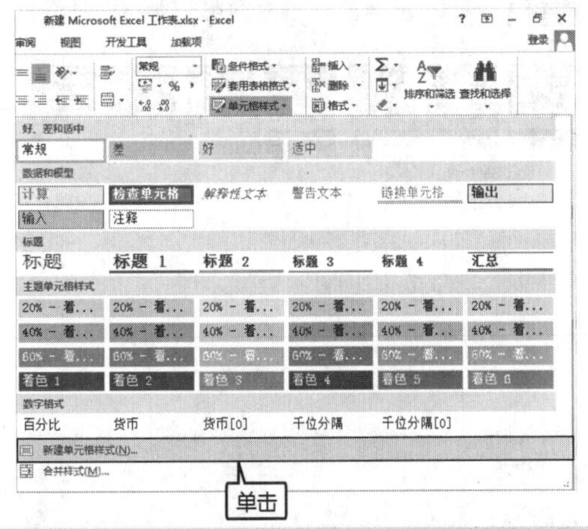

❷ 弹出【样式】对话框，输入样式名称。

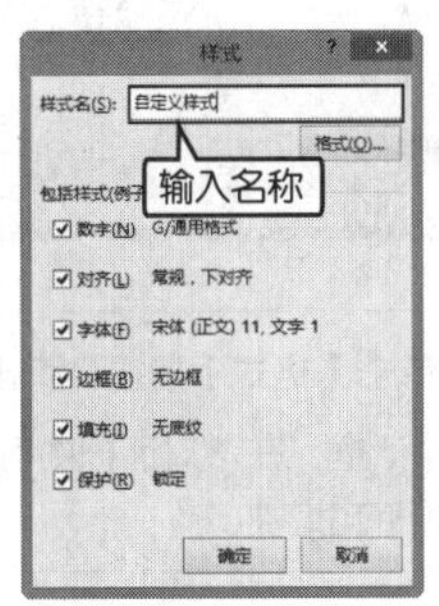

❸ 单击【格式】按钮，在【设置单元格格式】对话框中设置数字、字体、边框、填充等样式后，单击【确定】按钮。

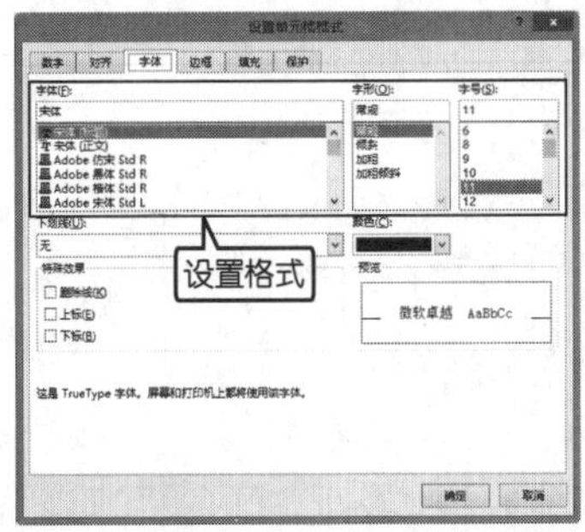

❹ 此时新建的样式就出现在【单元格样式】下拉列表中。

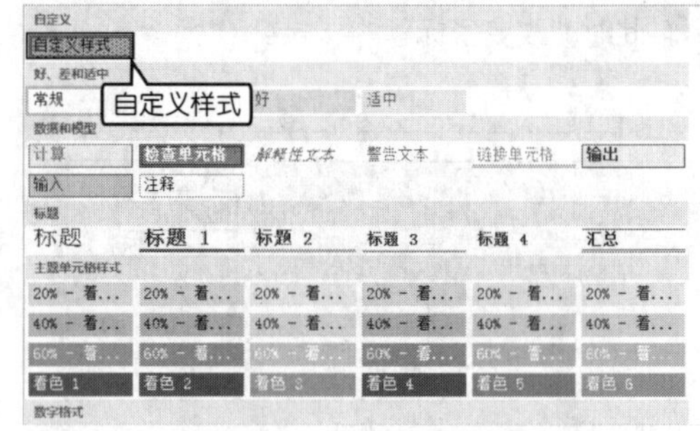

技巧2：自定义快速表格格式

自定义快速表格格式和自定义快速单元格样式类似，具体的操作步骤如下。

❶ 在【开始】选项卡中，单击【样式】选项组中的【套用表格格式】按钮，在弹出的下拉列表中选择【新建表样式】选项，弹出【新建表快速样式】对话框。

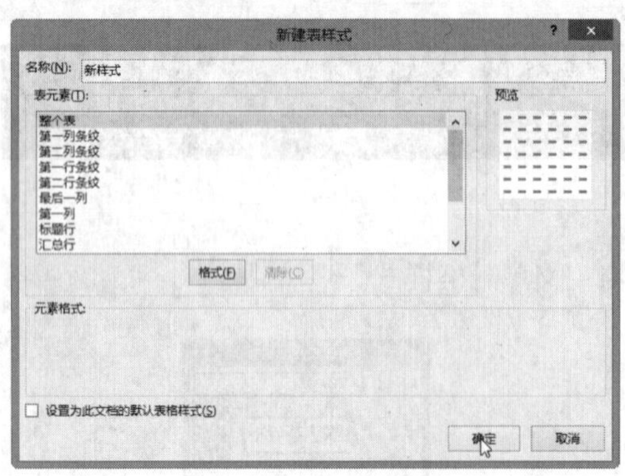

提示 单击【格式】按钮，弹出【设置单元格格式】对话框，在该对话框中可设置新格式的字体、边框和填充。

❷ 在对话框中进行设置后单击【确定】按钮，即可将此样式显示在【套用表格格式】下拉列表中。

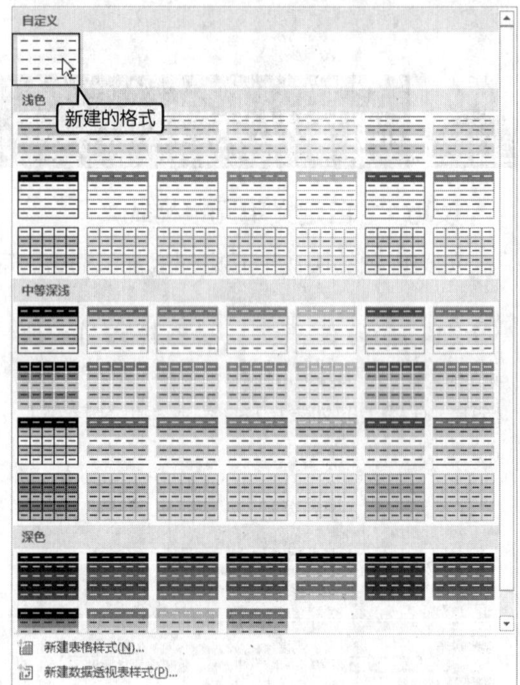

第  章

让内容更丰富——使用图表和图形

本章视频教学录像：54 分钟

高手指引

使用图表不仅能使数据的统计结果更直观、更形象，而且能够清晰地反映数据的变化规律和发展趋势。通过本章的学习，用户对图表的类型、图表的组成、图表的操作以及图形操作等能够熟练掌握并能灵活运用。

重点导读

- 掌握图表的类型及其组成
- 掌握插入图表的方法
- 插入插图

9.1 认识图表

本节视频教学录像：4 分钟

图表可以非常直观地反映工作表与数据之间的关系，可以方便地对比与分析数据。用图表表示数据，可以使结果更加清晰、直观和易懂，为使用数据提供了方便。

1. 直观形象

利用下图的图表可以非常直观地显示每位同学两个学期的成绩进步情况。

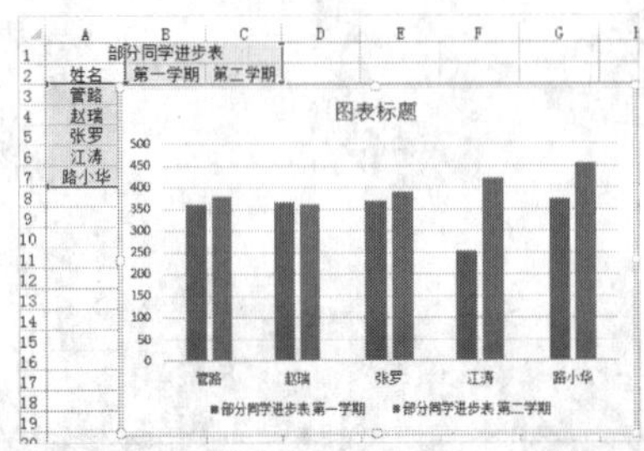

2. 种类丰富

Excel 2013 提供了 10 种内部图表类型，每种图表类型又有很多子类型，还可以让用户自己定义图表。用户可以根据实际情况选择原有的图表类型或者自定义图表。

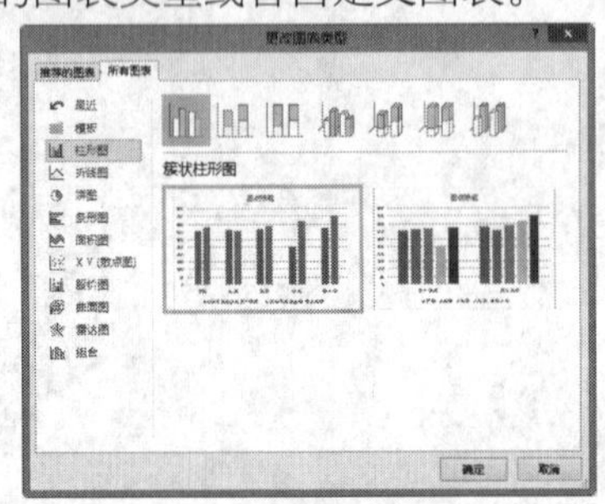

3. 双向联动

在图表上可以增加数据源，使图表和表格相结合，从而更直观地表达丰富的含义。

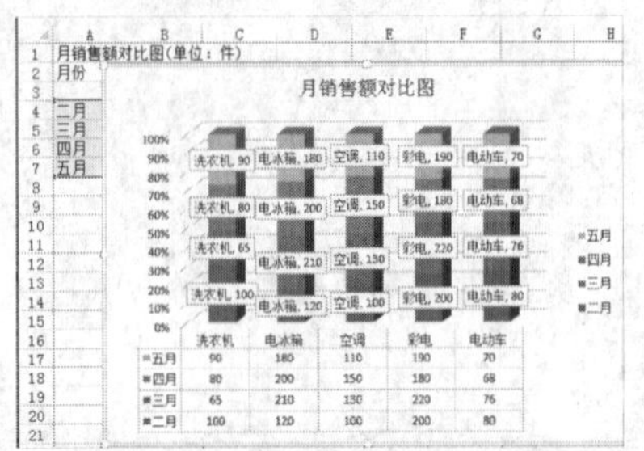

4. 二维坐标

一般情况下，图表有两个用于对数据进行分类和度量的坐标轴，即分类（X）轴和数值（Y）轴。在 x、y 轴上可以添加标题，从而更明确图表所表示的含义。

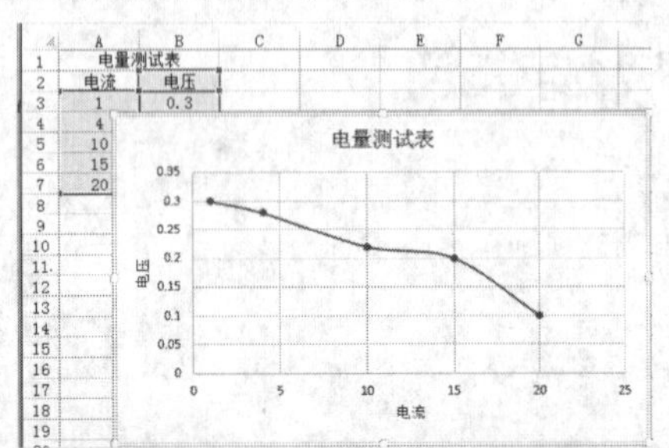

9.2 图表类型及其创建

本节视频教学录像：4 分钟

Excel 2013 图表类型种类有很多，用户可以在工作表中创建嵌入式图表和图表工作表等。接下来，我们来介绍图表的类型及其图表的创建。

9.2.1 图表类型

使用图表可以直观地观察出数据的变化，而不同的图表适合不同的工作表，用户可以根据个人爱好选择图表类型来显示数据。

1. 柱形图

柱形图是最普通的图表类型之一。柱形图把每个数据显示为一个垂直柱体，高度与数值相对应，值的刻度显示在垂直轴线的左侧。创建柱形图时可以设定多个数据系列，每个数据系列以不同的颜色表示。

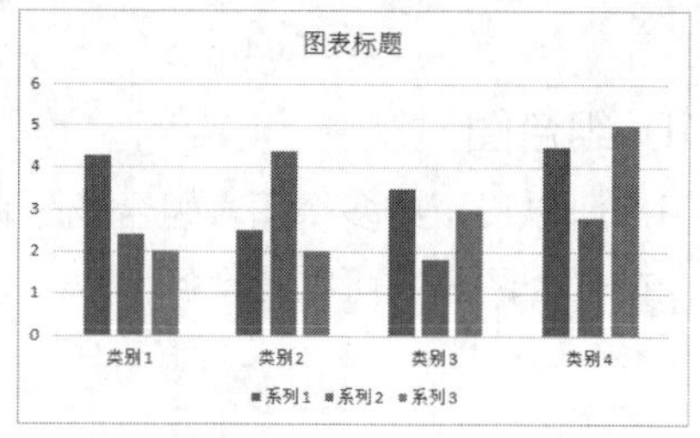

2. 折线图

折线图通常用来描绘连续的数据，对于标识数据趋势很有用。折线图的分类轴以相等的间隔显示各个类别。

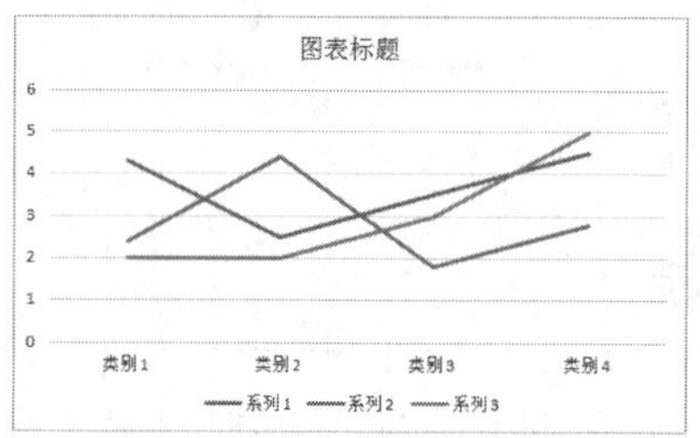

3. 饼图

饼图是把一个圆面划分为若干个扇形面，每个扇形面代表一项数据值。饼图一般显示的数据系列适合表示数据系列中每一项占该系列总值的百分比。

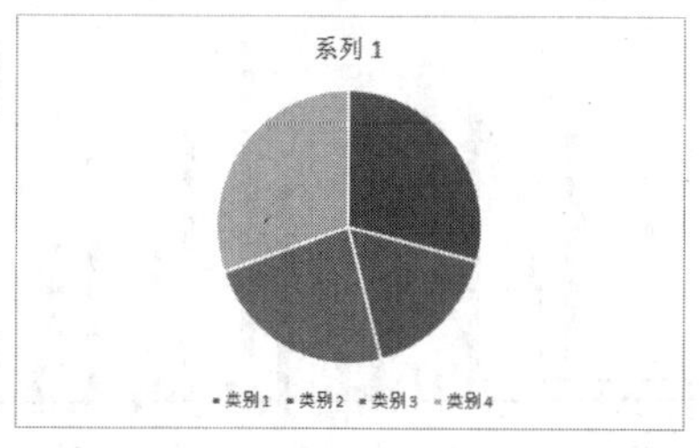

4. 条形图

条形图类似于柱型图，实际上是顺时针旋转 90° 的柱形图，主要强调各个数据项之间的差别情况。使用条形图的优点是分类标签更便于阅读。

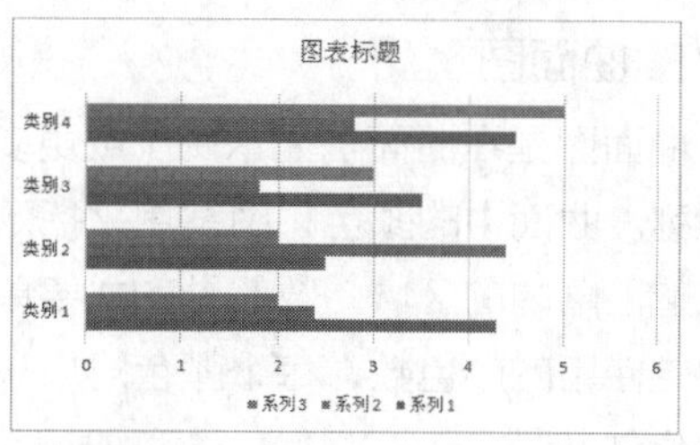

5. 面积图

面积图是将一系列数据用线段连接起来，每条线以下的区域用不同的颜色填充。面积图强调幅度随时间的变化，通过显示所绘数据的总和，说明部分和整体的关系。

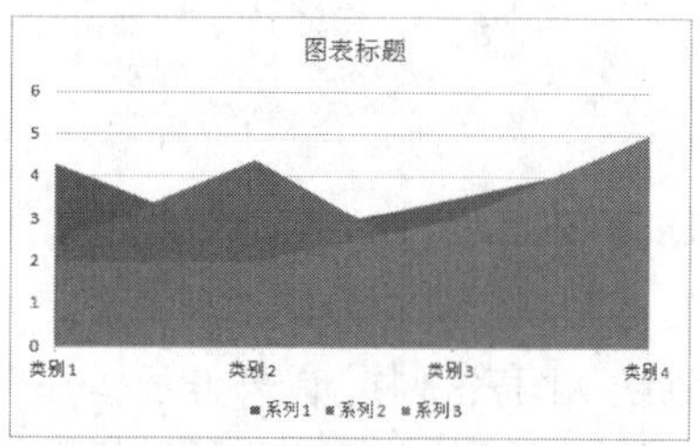

6. 散点图

xy 散点图用于比较几个数据系列中的数值，或者将两组数值显示为 xy 坐标系中的系列。xy 散点图通常用来显示两个变量之间的关系。

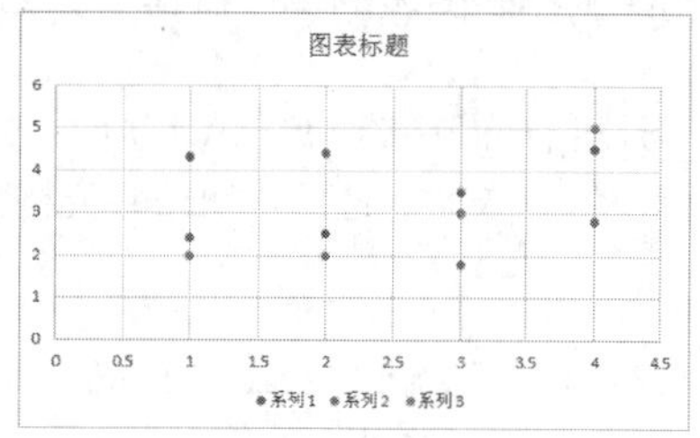

7. 股价图

股价图用来描绘股票的价格走势，对于显示股票市场信息很有用。这类图表需要 3 到 5 个数据系列。

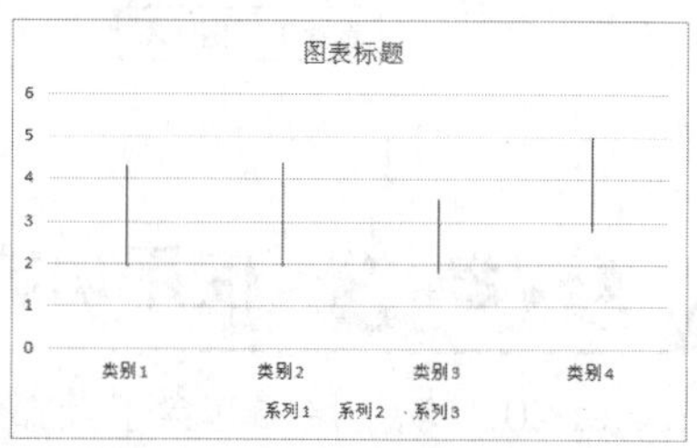

8. 曲面图

曲面图是在曲面上显示两个或更多的数据系列。曲面中的颜色和图案用来指示在同一取值范围内的区域。数值轴的主要单位刻度决定使用的颜色数，每个颜色对应一个主要单位刻度。

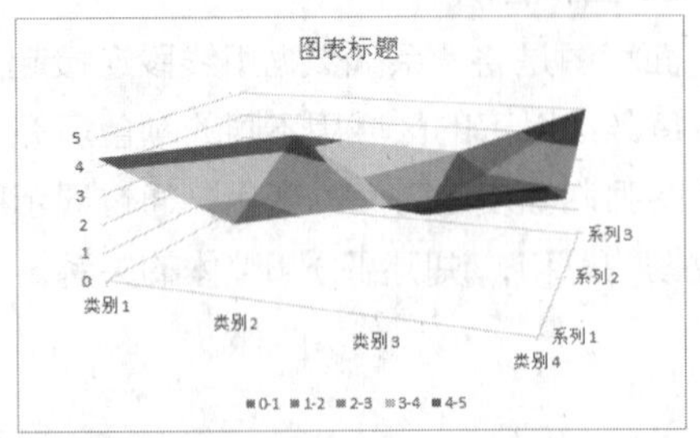

9. 雷达图

雷达图对于每个分类都有一个单独的轴线，轴线从图表的中心向外伸展，并且每个数据点的值均被绘制在相应的轴线上。

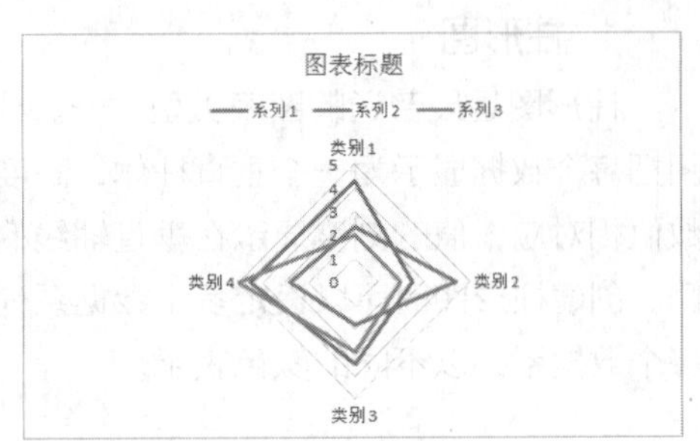

10. 组合图

用户可以设置将多个图表组合成一张组合图，在一个图表中可以看到各种效果。

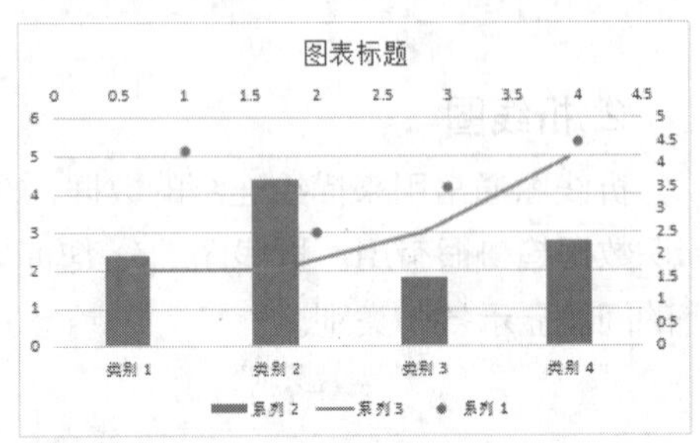

9.2.2 使用快捷键创建图表

按【Alt+F1】组合键可以创建嵌入式图表，按【F11】键可以创建工作表图表。使用快捷键创建工作表图表的具体操作步骤如下。

❶ 打开随书光盘中的“素材\ch09\学校支出明细表.xlsx”文件，选择 A1:E9 单元格区域。

A	B	C	D	E
支出明细表				
项目	2012学年度	经费支出	2013学年度	经费支出
行政管理支出	12,000	1,200	10,000	900
教学研究及训辅支出	13,000	2,470	12,000	2,160
奖助学金支出	10,000	1,200	10,000	1,200
推广教育支出	10,000	800	15,000	1,350
财务支出	12,000	960	10,000	1,000
其他支出	13,000	2,080	13,000	1,950
幼儿园支出	15,000	1,950	15,000	1,800

❷ 按【F11】键，即可插入一个名为“Chart1”的工作图表，并根据所选区域的数据创建图表。

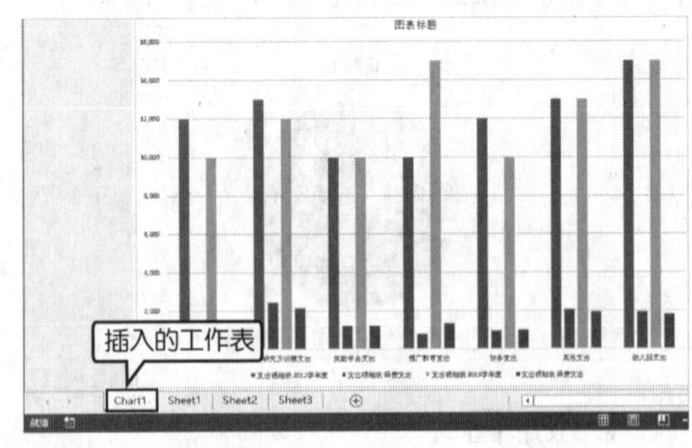

9.2.3 使用功能区创建图表

Excel 2013 功能区中包含了大部分常用的命令，使用功能区也可以方便地创建图表。

❶ 打开随书光盘中的“素材 \ch09\ 学校支出明细表 .xlsx”文件，选择 A1:E9 单元格区域。在【插入】选项卡下的【图表】选项组中，单击【柱形图】按钮，在弹出的下拉列表框中选择【二维柱形图】中的【簇状柱形图】选项。

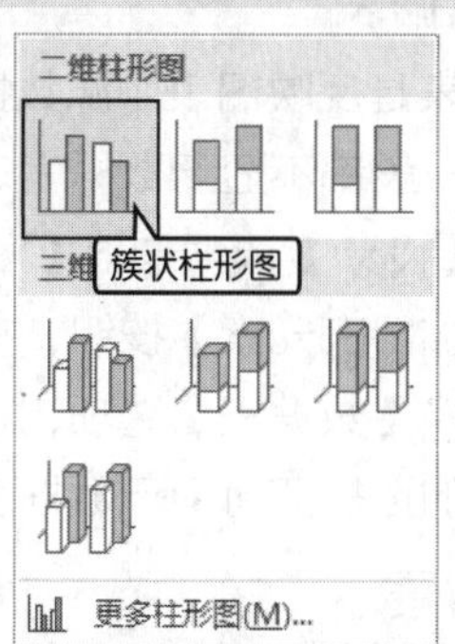

❷ 此时就在工作表中创建了柱形图表。

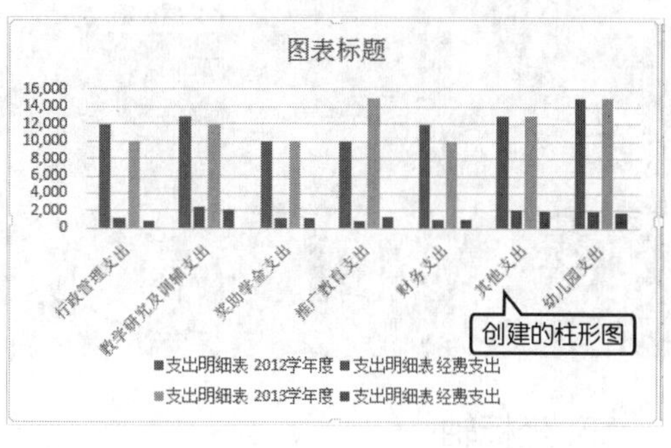

9.3 图表的组成

本节视频教学录像：3 分钟

图表主要由图表区、绘图区、图表标题、数据标签、坐标轴、图例、数据表和三维背景等部分组成。

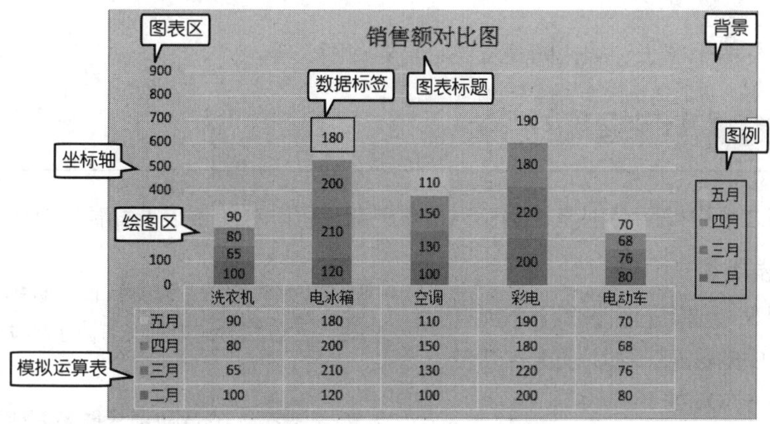

1. 图表区

整个图表以及图表中的数据称为图表区。在图表区中，当鼠标指针停留在图表元素上方时，Excel 会显示元素的名称，以方便用户查找图表元素。

2. 绘图区

绘图区主要显示数据表中的数据，数据随着工作表中数据的更新而更新。

3. 图表标题

创建图表完成后，图表中会自动创建标题文本框位置，只需在文本框中输入标题即可。

4. 数据标签

图表中绘制的相关数据点的数据来自数据的行和列。如果要快速标识图表中的数据，可以为图表的数据添加数据标签，在数据标签中可以显示系列名称、类别名称和百分比。

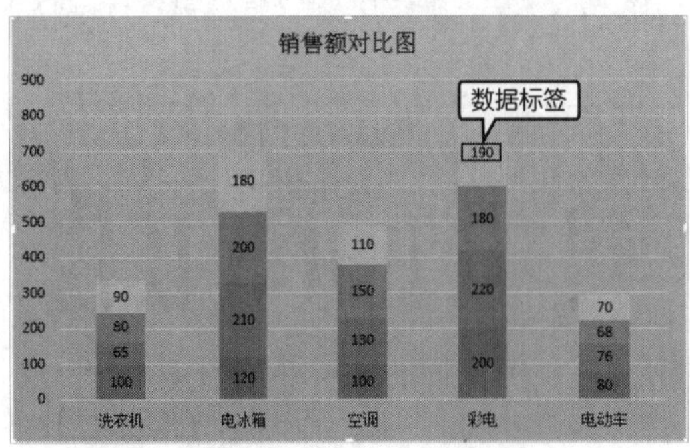

5. 坐标轴

默认情况下，Excel会自动确定图表坐标轴中图表的刻度值，也可以让用户自定义刻度，以满足使用需要。当在图表中绘制的数值涵盖范围大时，可以将垂直坐标轴改为对数刻度。

6. 图例

图例用方框表示，用于标识图表中的数据系列所指定的颜色或图案。创建图表后，图例以默认的颜色来显示图表中的数据系列。

7. 数据表

数据表是反映图表中源数据的表格，默认的图表一般都不显示数据表。单击【图表工具】➤【设计】选项卡下【图表布局】组中的【添加图表元素】按钮，在弹出的下拉列表中选择【数据表】选项，在其子菜单中进行相应的选择即可显示数据表。

8. 背景

背景主要用于衬托图表，可以使图表更加美观。

9.4 图表的操作

本节视频教学录像：11分钟

图表操作包括编辑图表、美化图表及显示与隐藏图表等。

9.4.1 编辑图表

创建完图表之后，如果对创建的图表不是很满意，可以对图表进行编辑和修改。

1. 更改图表类型

如果创建图表时选择的图表类型不能直观地表达工作表中的数据，则可以更改图表的类型，具体操作步骤如下。

❶ 选择图表，在【设计】选项卡下【类型】选项组中，单击【更改图标类型】按钮，弹出【更改图表类型】对话框。

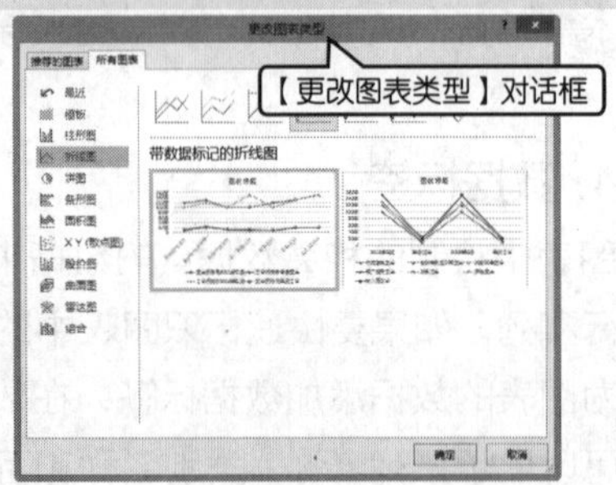

❷ 在【所有图表】选项卡下，选择【柱形图】中的【三维百分比堆积柱形图】选项。

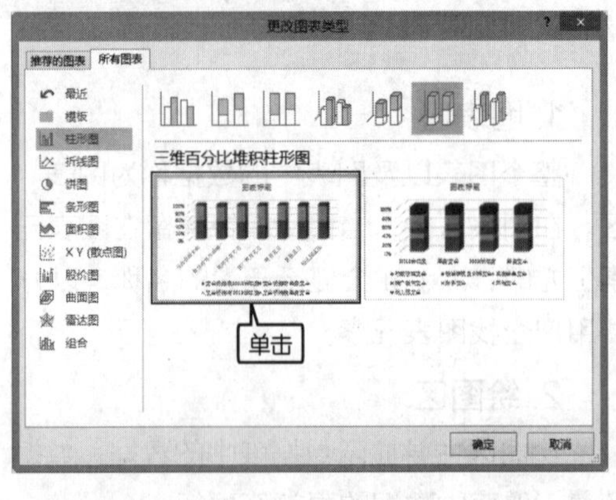

❸ 此时可看到表格中的折线图已换为柱形图，效果如下图所示。

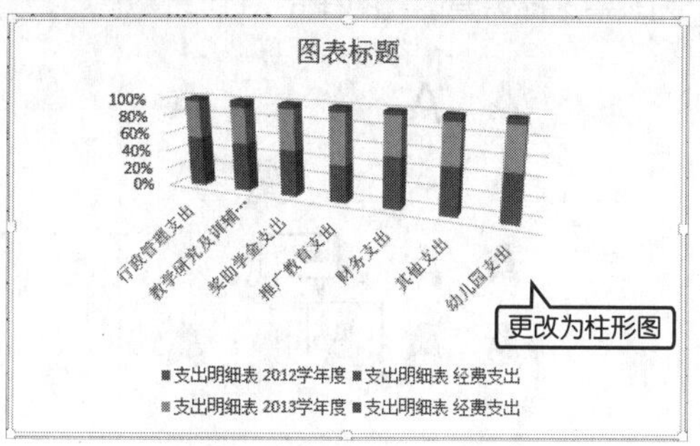

2. 添加图表元素

为创建的图表添加标题的具体操作步骤如下。

❶ 接上面操作，选择图表，单击【设计】选项卡下【图标布局】选项组中的【添加图表元素】按钮。在弹出的下拉列表中选择【图表标题】下一级菜单中的【表格上方】选项。

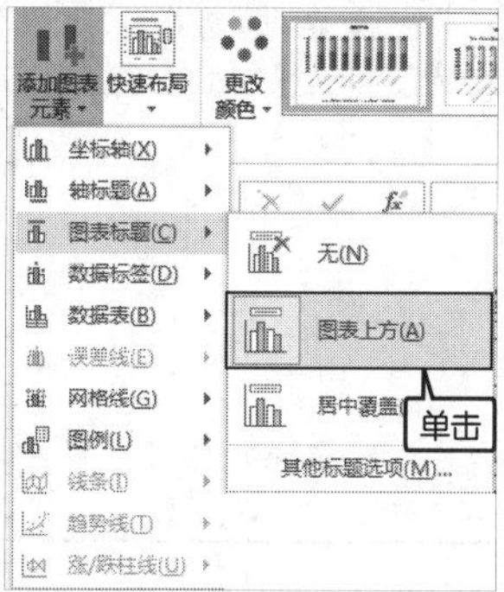

❷ 在图表上方的【图表标题】文本框中输入"支出明细表"，并设置字体大小，效果如下图所示。

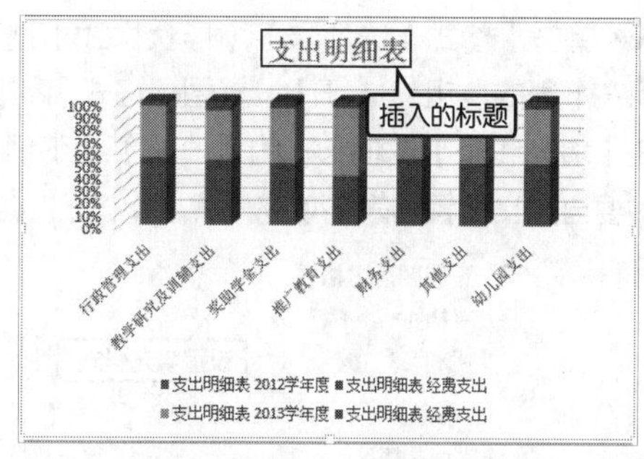

❸ 选择图表，单击【设计】选项卡下【图表布局】选项组中的【添加图表元素】按钮，在弹出的下拉列表中选择【数据表】子菜单中的【显示图例项标示】选项。

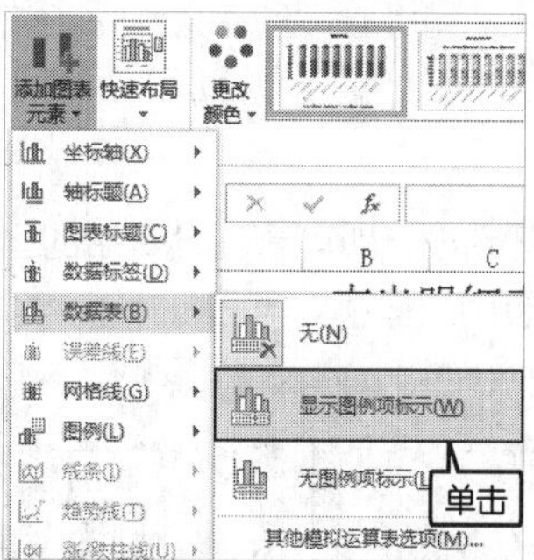

❹ 此时可看到在图表中已添加数据表，效果如下图所示。

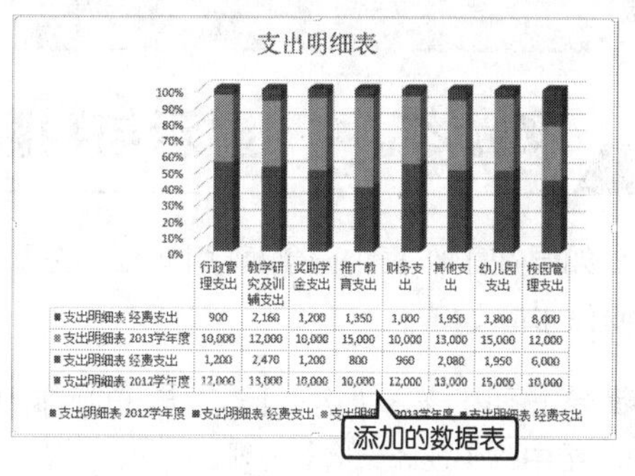

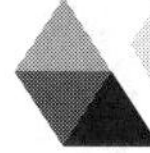

9.4.2 美化图表

美化图表不仅可以使图表看起来更美观，还可以突出显示图表中的数据，具体操作步骤如下。

❶ 选择 9.4.1 节编辑后的图表，在【设计】选项卡下的【图表样式】选项组中选择需要的图表样式，即可更改图表的显示外观。

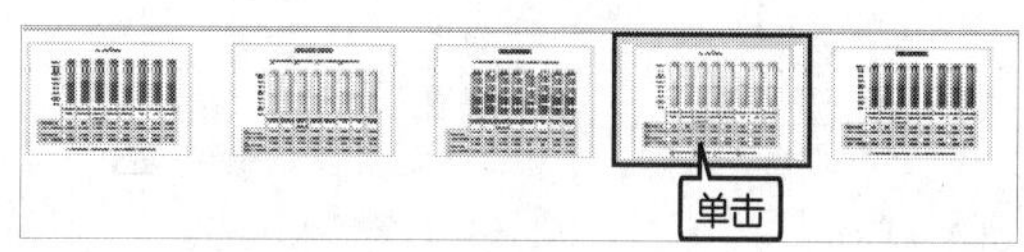

❷ 单击【格式】选项卡下【形状样式】选项组右下角的按钮，打开【设置图标格式】窗格，在【填充线条】选项卡下的【填充】组下根据需要自定义设置图表的填充样式。

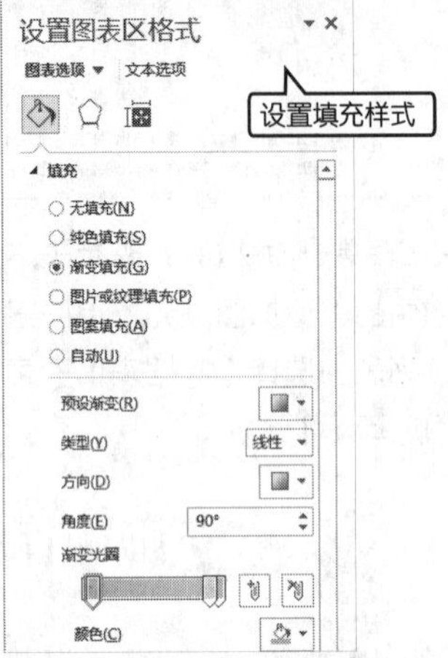

❸ 设置完成，即可看到设置后的图表效果，选择图表中的标题文字。

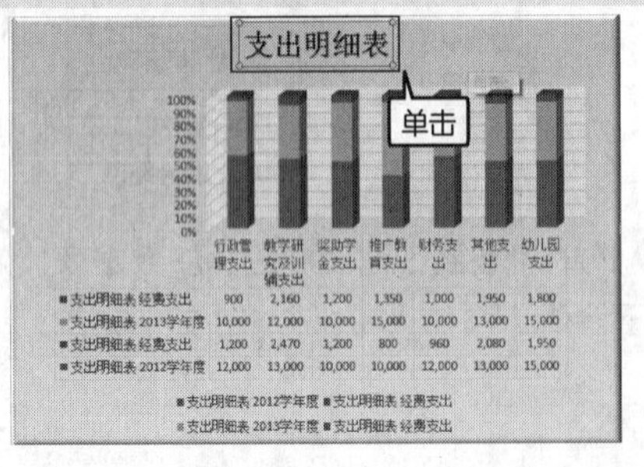

❹ 在【格式】选项卡中，单击【艺术字样式】选项组中的按钮，在弹出的艺术字样式下拉列表中选择需要设置的样式。

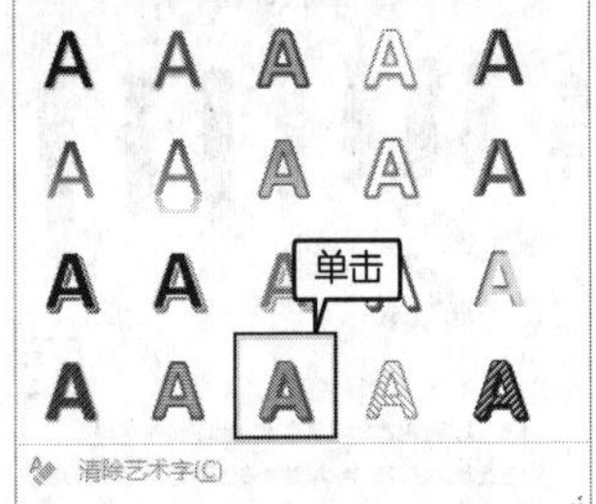

❺ 设置后的效果如下图所示。

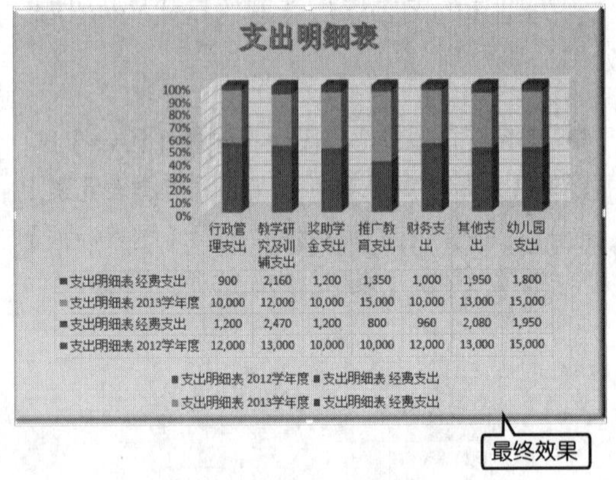

9.4.3 显示与隐藏图表

如果在工作表中已创建了嵌入式的图表、只需显示原始数据，则可把图表隐藏起来，具体操作步骤如下。

❶ 单击图表，选择【格式】选项卡下的【排列】选项组中的【选择窗格】选项。

❷ 打开【选择】窗格，选择要隐藏的图表，单击【全部隐藏】按钮或隐藏按钮，即可隐藏表格中的图表。

项目	2012学年度	经费支出	2013学年度	经费支出
行政管理支出	12,000	1,200	10,000	900
教学研究及训辅支出	13,000	2,470	12,000	2,160
奖助学金支出	10,000	1,200	10,000	1,200
推广教育支出	10,000	800	15,000	1,350
财务支出	12,000	960	10,000	1,000
其他支出	13,000	[illegible]	[illegible]	1,950
幼儿园支出	15,000	[illegible]	[illegible]	1,800
校园管理支出	10,000	6,000	12,000	8,000

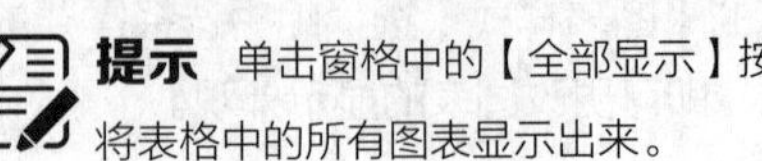

提示 单击窗格中的【全部显示】按钮，即可将表格中的所有图表显示出来。

9.5 插入迷你图

本节视频教学录像：5 分钟

迷你图是绘制在单元格中的一个微型图表，用迷你图可以直观地反映数据系列的变化趋势。与图表不同的是，当打印工作表时，单元格中的迷你图会与数据一起进行打印。创建迷你图后还可以根据需要自定义迷你图，如高亮显示最大值和最小值、调整迷你图颜色等。

Excel 2013 目前提供了三种形式的迷你图，即“折线迷你图”、“柱形迷你图”和“盈亏迷你图”。选择表格中的数据，单击【插入】选项卡下的【迷你图】选项组中的一种迷你图类型，即可创建迷你图，这是一次创建一组迷你图的方法。创建迷你图后，还可以使用填充数据的方法拖曳填充柄将迷你图填充到其他单元格。

用迷你图可以直观地反映数据表中某一项数据的变化趋势，创建迷你图的具体操作步骤如下。

❶ 打开随书光盘中的“素材 \ch09\ 月销量对比图 .xlsx”文件。

	A	B	C	D	E
1	月销量对比图				
2	商品(单位	月份			
3		二月	三月	四月	五月
4	洗衣机	80	76	68	70
5	电冰箱	100	120	100	200
6	空调	65	210	130	220
7	彩电	80	200	150	180
8	电动车	90	[illegible]	110	190
9					

打开素材

❷ 单击 G4 单元格，在【插入】选项卡下【迷你图】选项组中单击【折线图】按钮，弹出【创建迷你图】对话框。

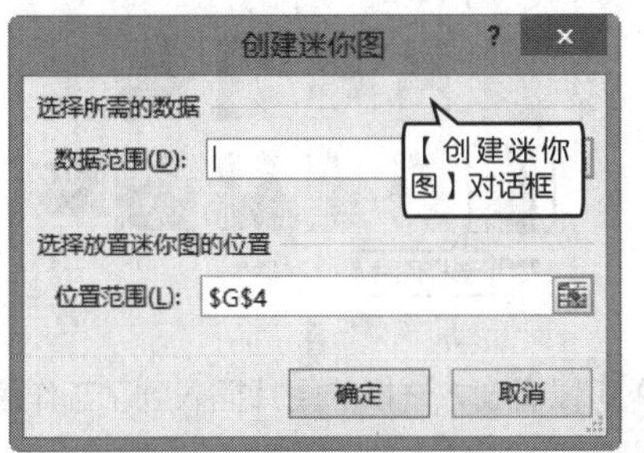

❸ 单击【数据范围】文本框右侧的按钮，选择 B4:E4 区域，单击按钮返回，可以看到 B4:E4 数据源已添加到【数据范围】中，单击【确定】按钮。

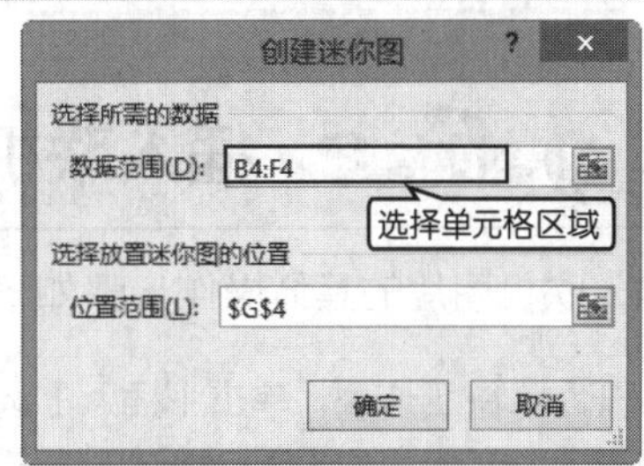

❹ 此时可看到在 G4 单元格中创建了折线迷你图。使用同样的方法创建其他迷你图，效果如下图所示。

	A	B	C	D	E	F	G
1	月销量对比图						
2	月份	商品（单位：件）					
3		洗衣机	电冰箱	空调	彩电	电动车	
4	二月	100	120	100	200	80	
5	三月	65	210	130	220	76	
6	四月	80	200	150	180	68	
7	五月	90	180	110	190	[illegible]	
8							

添加的迷你图

9.6 使用插图

本节视频教学录像：8 分钟

在工作表中插入图片，可以使工作表更加生动形象。这些图片可以在磁盘上，也可以在网络驱动器上，甚至在 Internet 上。

9.6.1 插入图片

在 Excel 中插入图片的具体操作步骤如下。

❶ 打开 Excel 工作表，单击【插入】选项卡下【插图】选项组中的【图片】按钮。

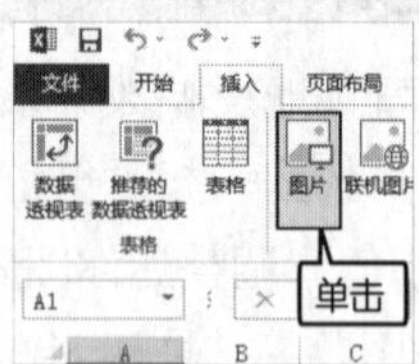

❷ 在弹出的【插入图片】对话框中选择图片存放的位置并选择要插入的图片，单击【插入】按钮。

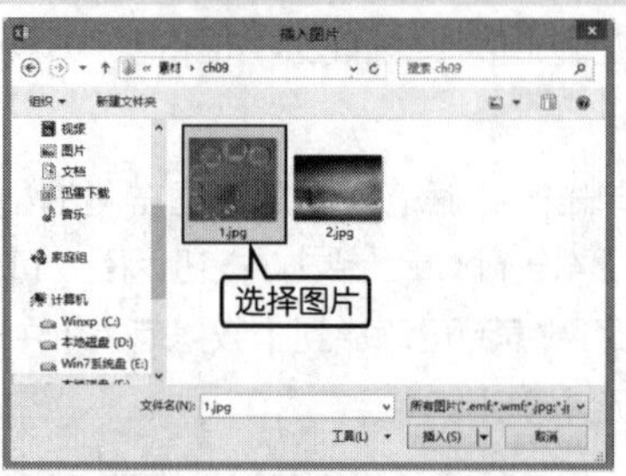

❸ 此时就将选择的图片插入到工作表中。

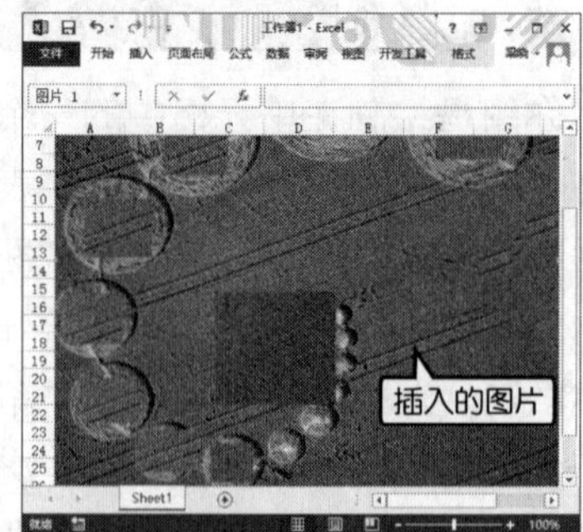

❹ 选择插入的图片，功能区会出现【图片工具】➤【格式】选项，在此选项卡下可以编辑插入的图片。

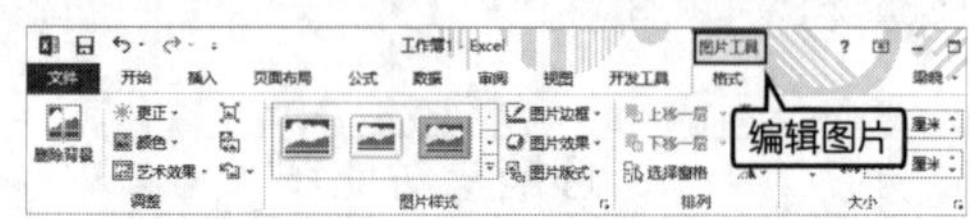

9.6.2 插入联机图片

插入联机图片的具体操作步骤如下。

❶ 打开 Excel 工作表，单击【插入】选项卡下【插图】选项组中的【联机图片】按钮。

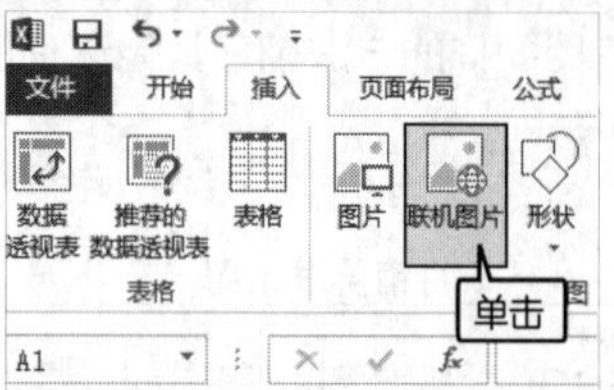

❷ 弹出【插入图片】对话框，在【Office 剪贴画】文本框中输入“生日”，单击【搜索】按钮 。

❸ 此时就显示出搜索结果，选择要插入工作表的联机图片，单击【插入】按钮。

❹ 可以看到将选择的图片插入到了工作表中。

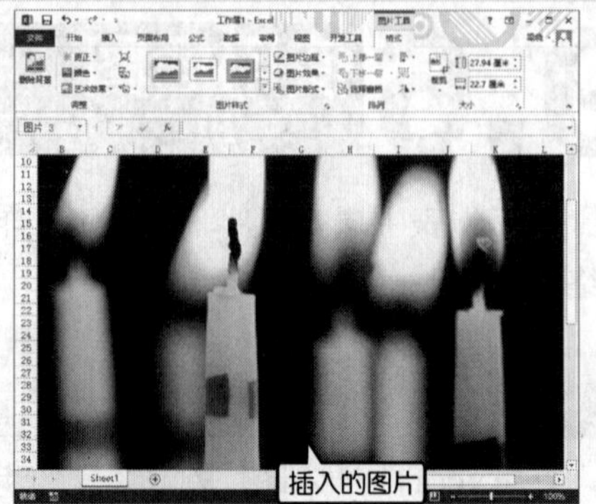

9.6.3 插入形状

除了插入图片和联机图片外，在 Excel 表格中还可以插入系统自带的形状，具体操作步骤如下图所示。

❶ 打开 Excel 工作表，单击【插入】选项卡下【插图】选项组中的【形状】按钮。

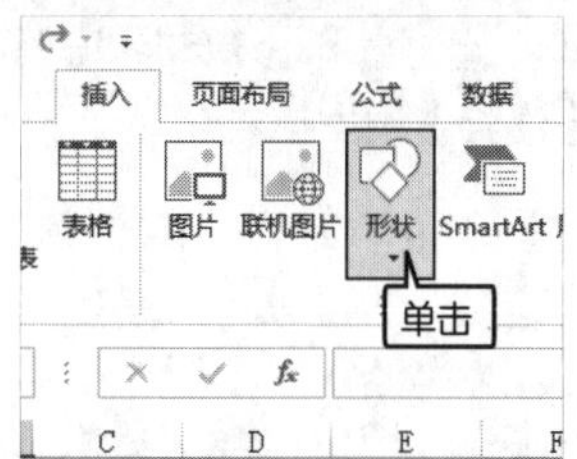

❷ 在弹出的下拉列表中选择要绘制的形状，这里选择“笑脸”形状。

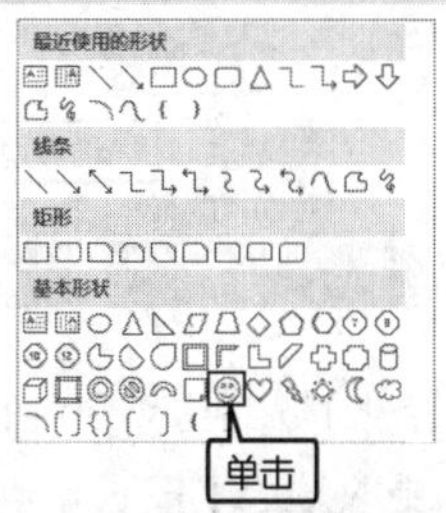

❸ 在工作表中选择要绘制形状的起始位置，按住鼠标左键并拖曳鼠标至合适位置，松开鼠标左键，即可完成形状的绘制。

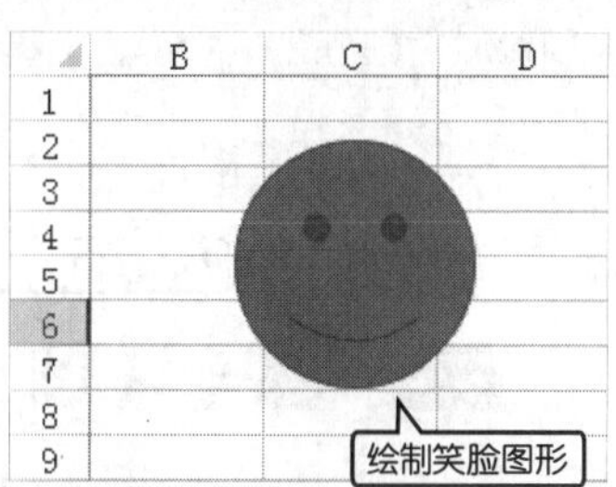

❹ 选择形状，单击【绘图工具】➤【格式】选项卡，在此选项卡下可以设置绘制的形状。

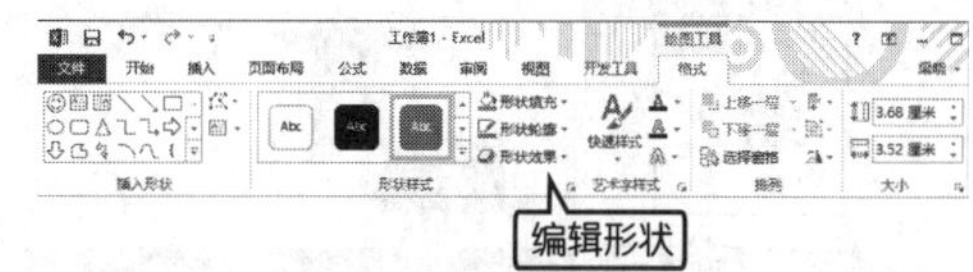

9.7 使用 SmartArt 图形

本节视频教学录像：5 分钟

SmartArt 图形是数据信息的艺术表示形式，可以在多种不同的布局中创建 SmartArt 图形。SmartArt 图形用于向文本和数据添加颜色、形状和强调效果。在 Excel 2010 中创建 SmartArt 图形非常方便，比如创建某公司组织结构图，只需单击鼠标即可。

9.7.1 创建组织结构图

在创建 SmartArt 图形之前，应清楚需要通过 SmartArt 图形表达什么信息以及是否希望信息以某种特定方式显示。创建组织结构图的具体操作步骤如下。

❶ 单击【插入】选项卡下【插图】选项组中的【SmartArt】按钮，弹出【选择 SmartArt 图形】对话框。

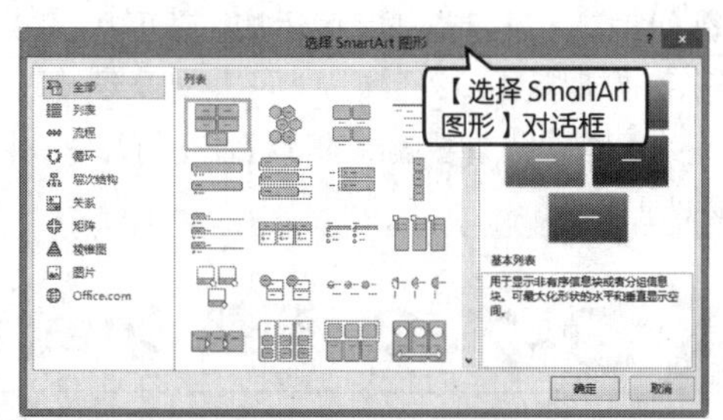

❷ 选择左侧列表中的【层次结构】选项，在右侧的列表框中选择【组织结构图】选项。

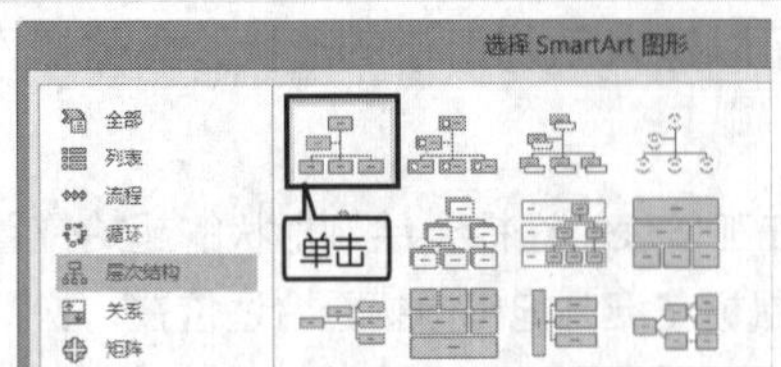

❸ 单击【确定】按钮，即可在工作表中插入选择的 SmartArt 图形。

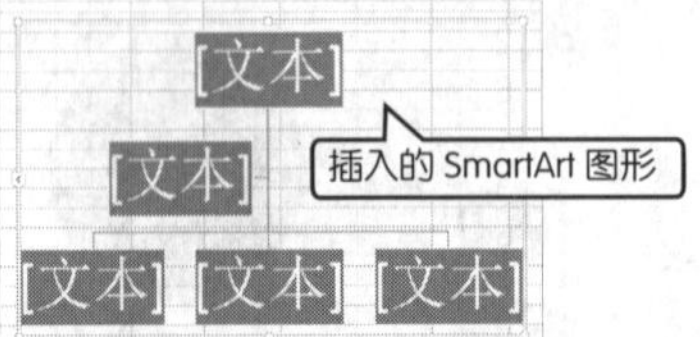

❹ 在【在此处键入文字】窗格中添加如下图所示的内容，SmartArt 图形会自动更新显示的内容。

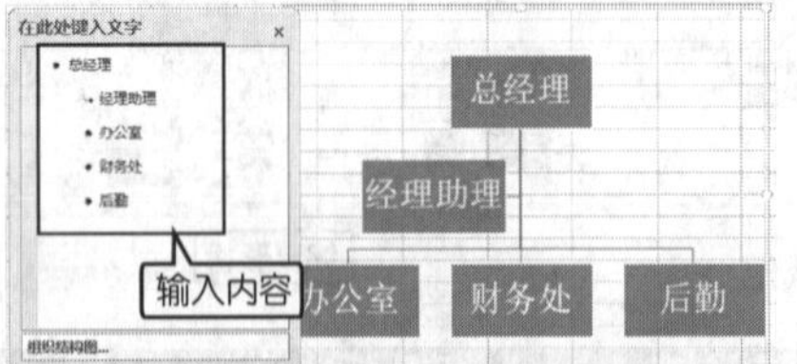

❺ 如果需要添加更多的职位，如需要在“后勤”形状后添加新形状，可选中“后勤”形状并单击鼠标右键，在弹出的快捷菜单中选择【添加形状】子菜单中的【在后面添加形状】命令。

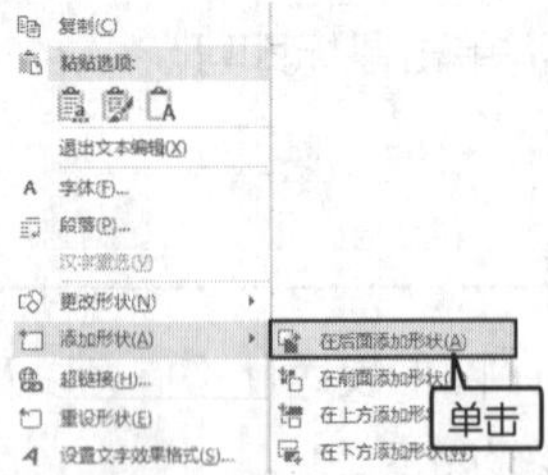

❻ 此时就在【后勤】后面添加了新形状，在新添加的形状中输入“销售部”。如果要删除形状，只需要选择要删除的形状，按【Delete】键即可。

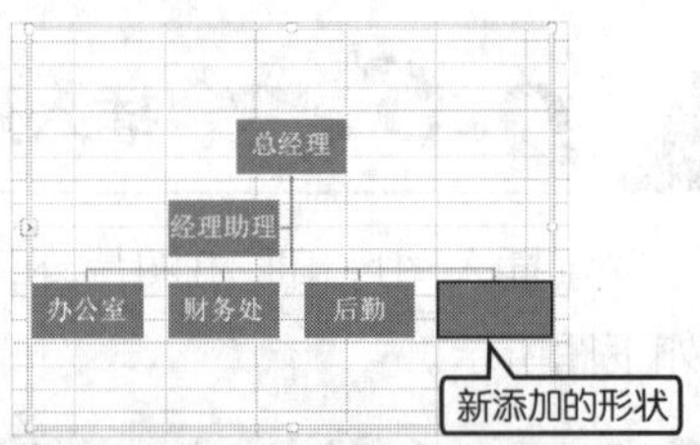

❼ 选中 SmartArt 图形，在【设计】选项卡的【SmartArt 样式】选项组中单击右侧的【其他】按钮，在弹出的下拉列表中选择【三维】组中的【优雅】类型样式。

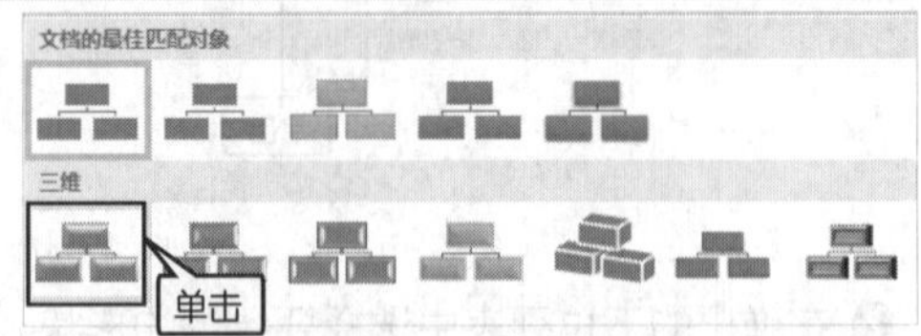

❽ 此时就更改了 SmartArt 图形的样式。

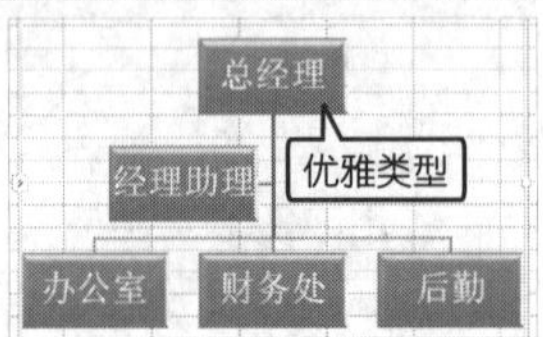

❾ 单击【设计】选项卡【SmartArt 样式】选项组中的【更改颜色】按钮，在弹出的下拉列表中选择【彩色】选项组中的一种样式。

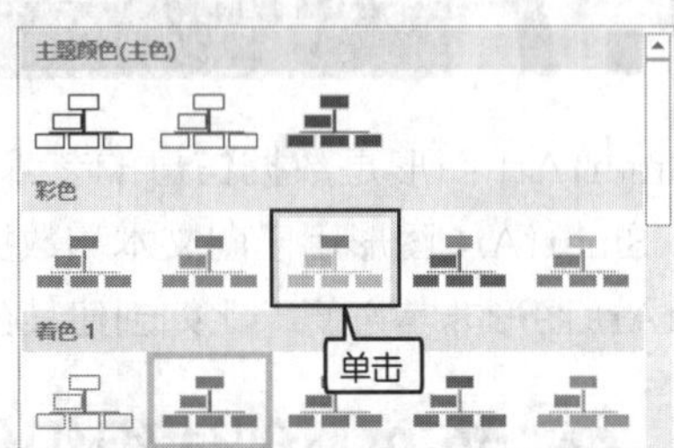

❿ 更改SmartArt图形颜色后的效果如图所示。

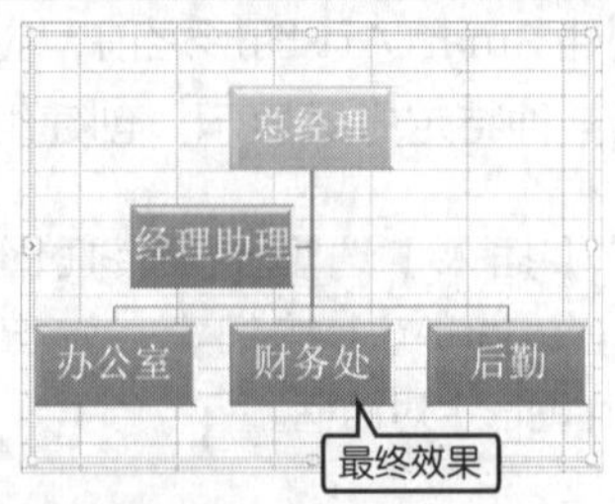

9.7.2 调整 SmartArt 图形的大小

SmartArt 图形作为一个对象，用户可以方便地调整其大小。

选择 SmartArt 图形后，其周围将出现一个边框，将鼠标指针移动到边框上，当鼠标指针变为双向箭头时拖曳鼠标即可调整其大小。

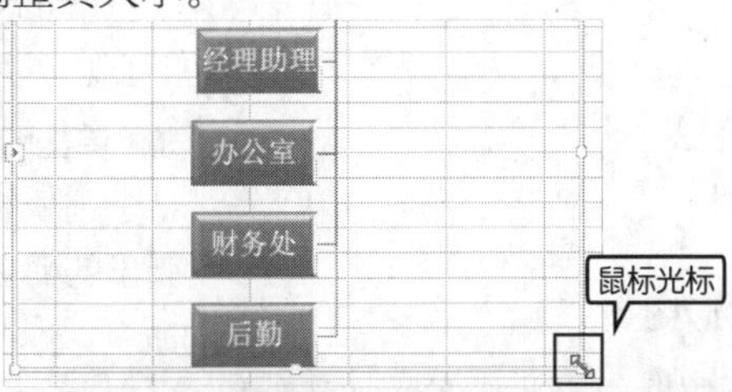

9.8 插入艺术字

本节视频教学录像：4 分钟

在工作表中除了可以插入图形外，还可以插入艺术字、文本框和其他对象。艺术字是一个文字样式库，用户可以将艺术字添加到 Excel 文档中，制作出装饰性效果，如带阴影的文字。

❶ 单击【插入】选项卡下【文本】选项组中的【艺术字】按钮，弹出【艺术字】下拉列表。

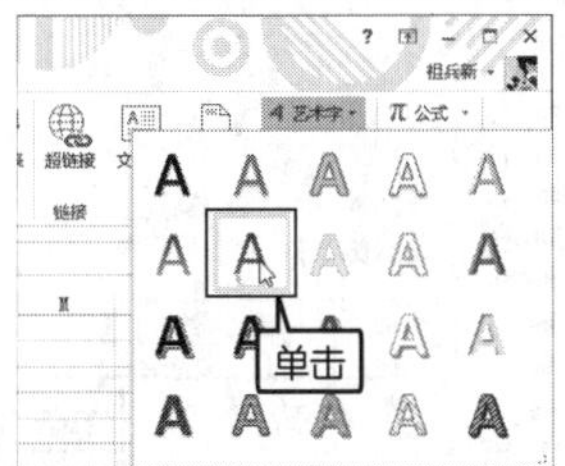

❷ 单击所需的艺术字样式，即可在工作表中插入艺术字文本框。

请在此放置您的文字

艺术字文本框

❸ 将光标定位在工作表的艺术字文本框中，删除预定的文字，输入作为艺术字的文本。

Excel 2013艺术字

输入的艺术字

❹ 单击工作表中的任意位置，即可完成艺术字的输入。

Excel 2013艺术字

最终效果

9.9 综合实战——制作年销售对比图

本节视频教学录像：7 分钟

年销售对比图是指企业对一年中的经营成果进行对比，是一年时间内公司经营业绩的财务记录，反映了这段时间的盈利及亏损，能够使公司通过对比图做出更好的发展策略。

【案例效果展示】

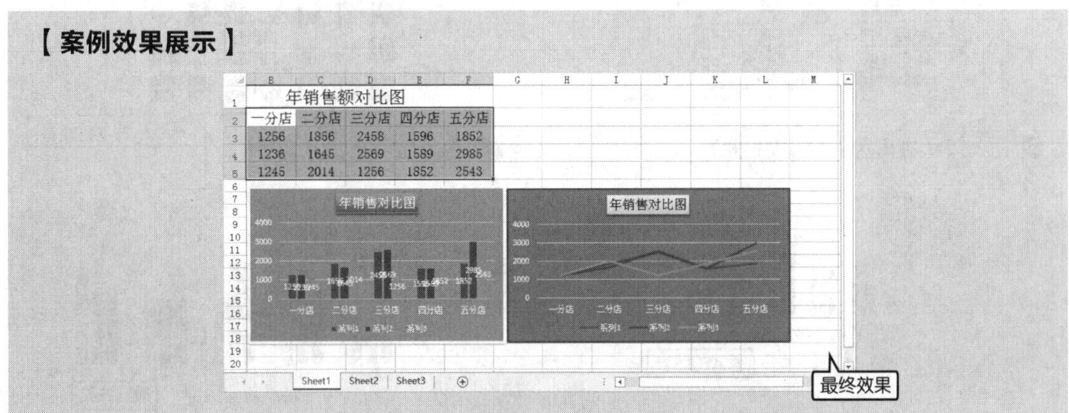

【案例涉及知识点】

- 创建柱形图表
- 添加图表元素
- 设置图表形状样式

【操作步骤】

第 1 步：创建柱形图表

在柱形图把每个数据显示为一个垂直柱体，高度与数值相对应，值的刻度显示在垂直轴线的左侧。创建柱形图可以设置多个数据系列，每个数据系列以不同的颜色表示，具体操作步骤如下。

❶ 打开随书光盘中的“素材 \ch09\ 损年销售对比图”文件，选择 A3:F12 单元格区域。

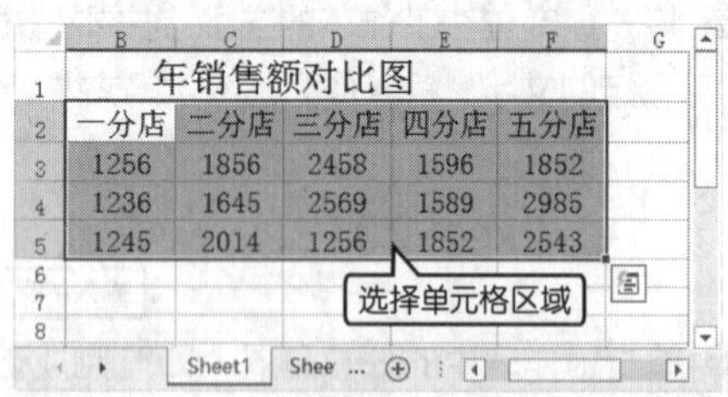

年销售额对比图				
一分店	二分店	三分店	四分店	五分店
1256	1856	2458	1596	1852
1236	1645	2569	1589	2985
1245	2014	1256	1852	2543

❷ 单击【插入】选项卡下【图表】选项组中的【柱形图】按钮，在弹出的列表中选择【簇状柱形图】选项。

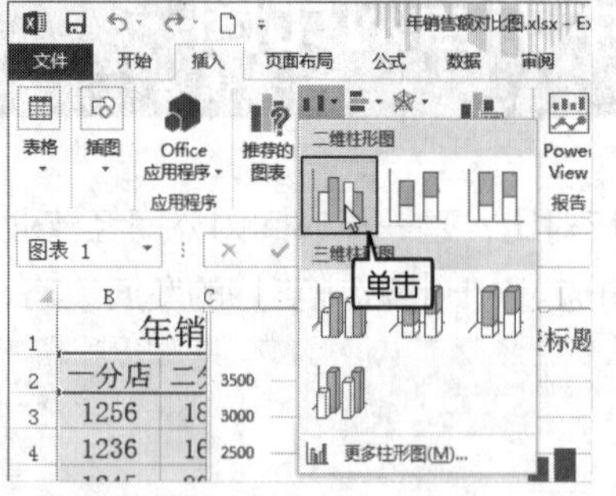

❸ 插入簇状柱形图的效果如图所示。

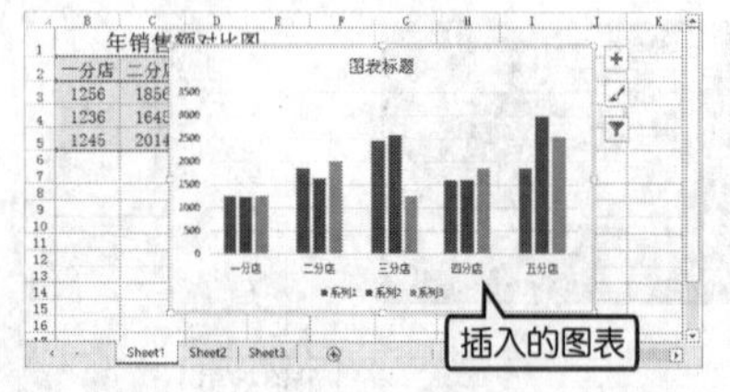

第 2 步：添加图标元素

在图表中添加图表元素，可以使图表更加直观、明了地表达数据内容。

❶ 单击图表，选择【图表工具】选项卡下【设计】选项组中的【添加图表元素】按钮，在弹出的列表中选择【数据标签】下的【居中】命令。

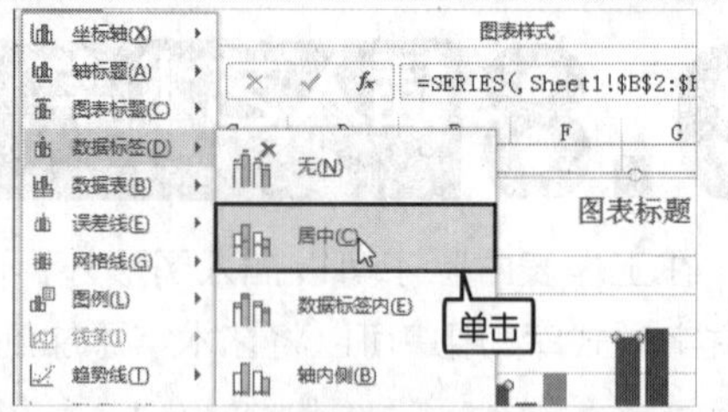

❷ 再次单击【添加图表元素】按钮，在弹出的列表中选择【数据表】下的【显示图例项标示】命令。

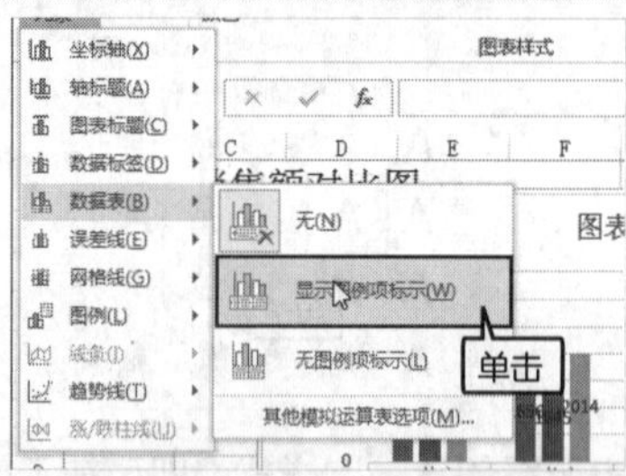

❸ 选中数据表中的【图表标题】文本框，输入标题“年销售对比图”字样，单击【图标工具】下【格式】选项卡下【形状样式】组中的【其他】按钮，在弹出的下拉列表中选择一种样式。

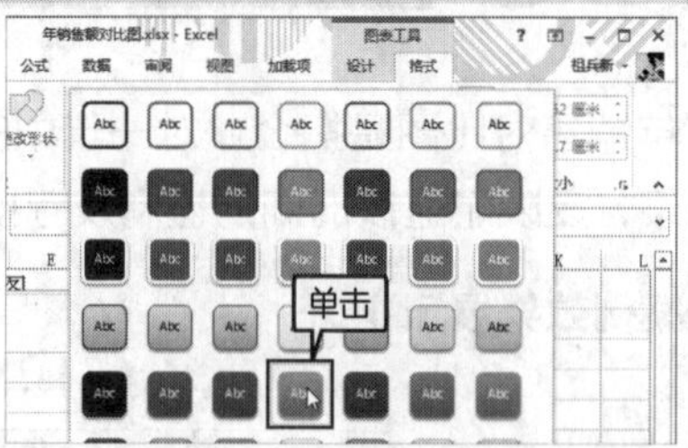

❹ 最终效果如图所示。

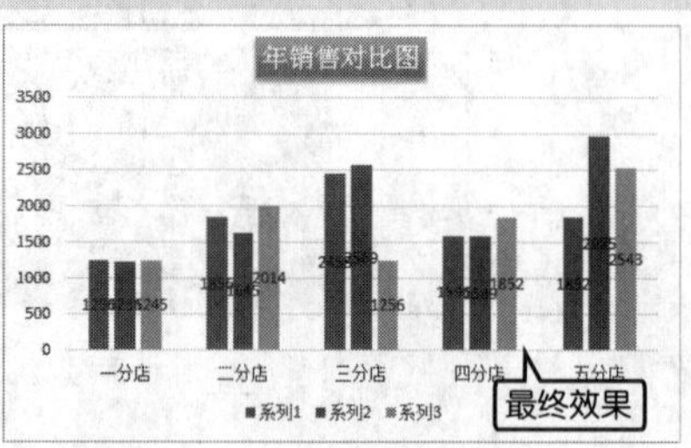

第 3 步：设置图表形状样式

为了使图表美观，可以设置图表的形状样式，具体操作步骤如下。

❶ 单击图表，选择【图表工具】下【格式】选项卡中【形状样式】后的下拉按钮，在弹出的形状样式选项选择一种样式。

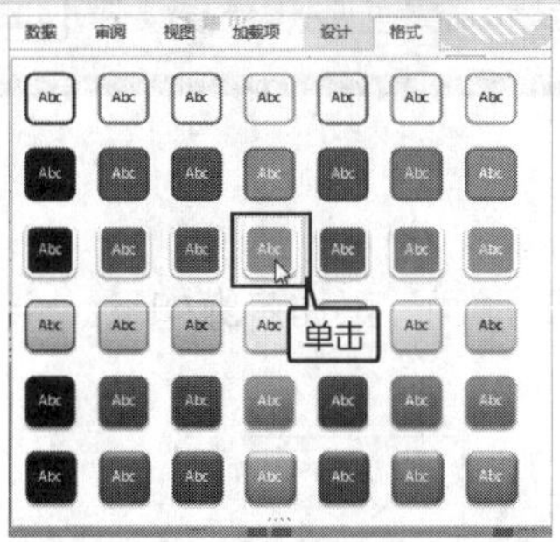

❷ 应用到图表后的效果如下图所示。

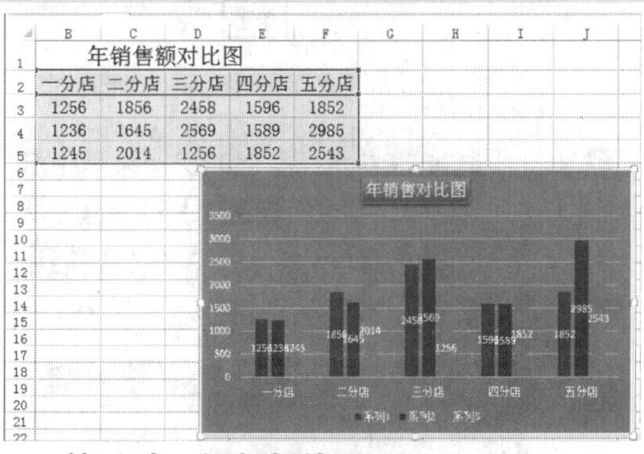

第 4 步：添加折线图

插入折线图，配合柱形图可以更好地显示出销售效益。

❶ 单击【插入】选项卡下【图表】选项组中的【柱形图】按钮，在弹出的列表中选择【折线图】选项。

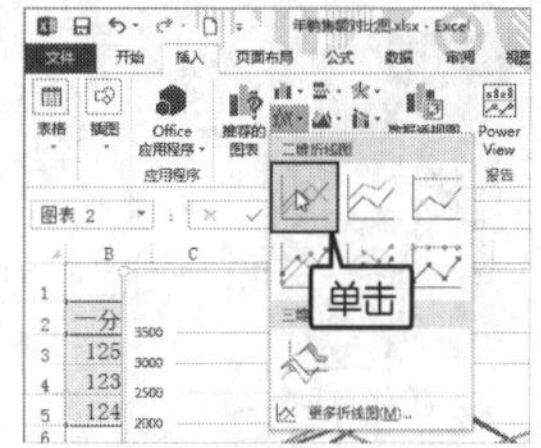

❷ 插入的折线图如图所示。

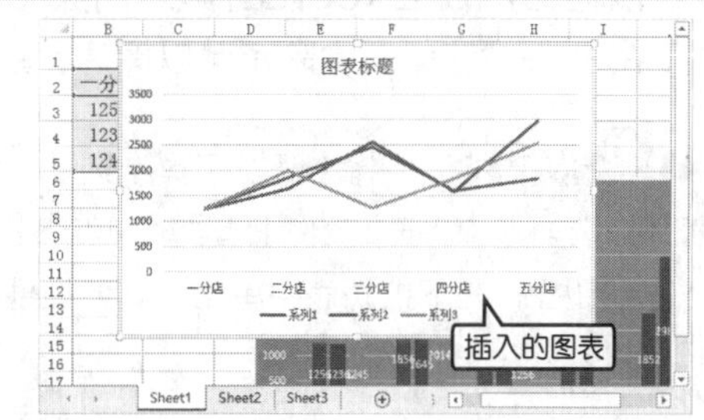

❸ 按照之前的方法设置折线图的样式，并移动折线图和柱形图的位置，如图所示。

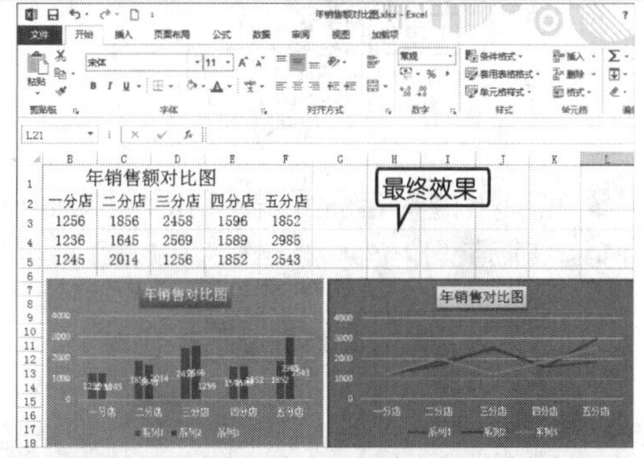

高手私房菜

本节视频教学录像：3 分钟

技巧 1：将图表变为图片

将图表变为图片或图形在某些情况下有一定的作用，比如发布到网上或者粘贴到 PPT 中。

❶ 打开随书光盘中的“素材\ch09\食品销量图表.xlsx”文件，选择图表，按【Ctrl+C】组合键复制图表。

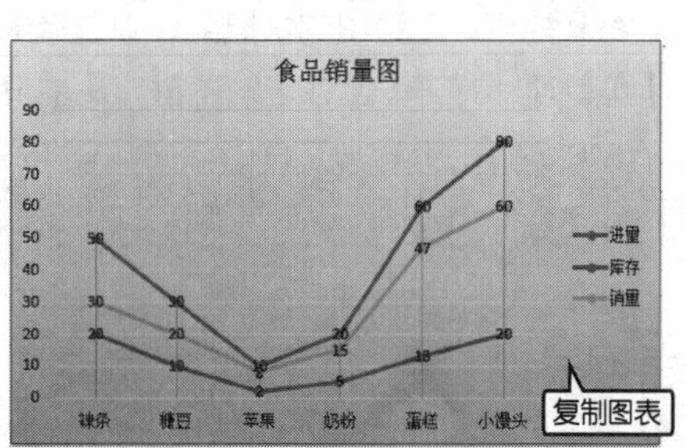

❷ 选择【开始】选项卡，在【剪贴板】选项组中单击【粘贴】按钮下的倒三角箭头，在弹出的下列表中选择【图片】按钮。

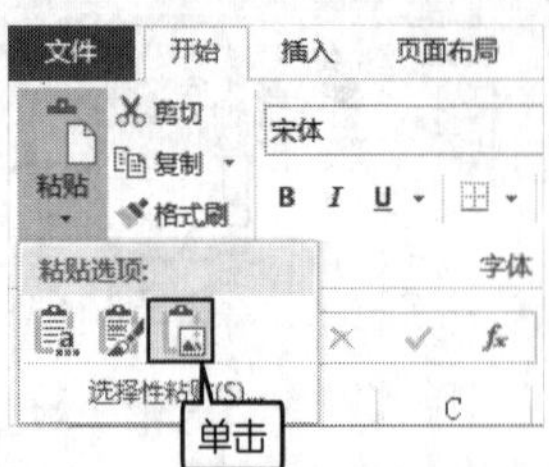

❸ 此时就将图表以图片的形式粘贴到工作表中。

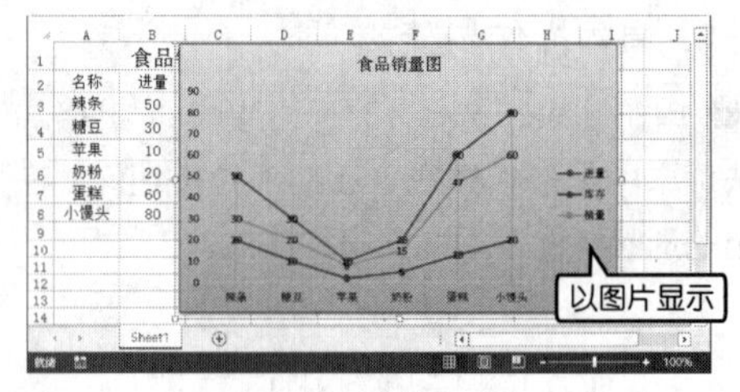

技巧 2：在 Excel 工作表中插入 Flash 动画

在 Excel 工作表中除了可以图片，还可以插入 Flash 动画，具体步骤如下。

❶ 自定义功能区，将【开发工具】选项卡添加到主选项卡中，在【控件】选项组中单击【插入】按钮，在下拉列表中单击【其他控件】按钮。

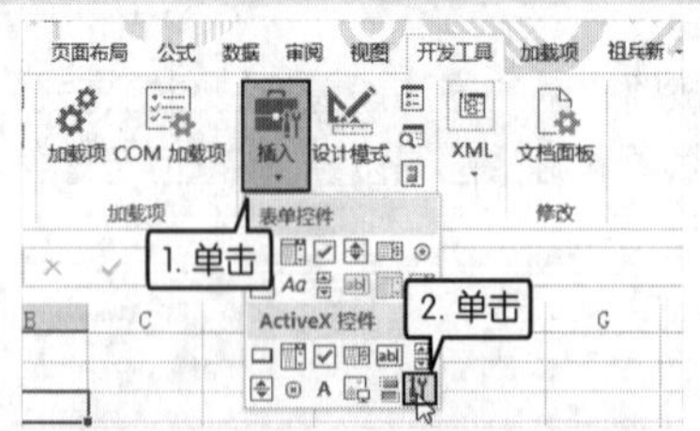

❷ 在弹出的对话框中选择【Shockwave Flash Object】控件，然后单击【确定】按钮。

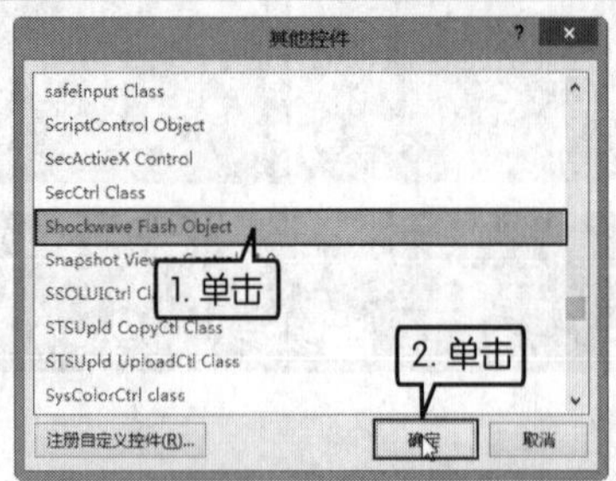

❸ 在工作表中单击并拖出 Flash 控件。右击 Flash 控件，在弹出的快捷菜单中选择【属性】菜单项，打开【属性】对话框，从中设置【Movie】属性为Flash文件的路径和文件名，【EmbedMovie】属性为“True”。

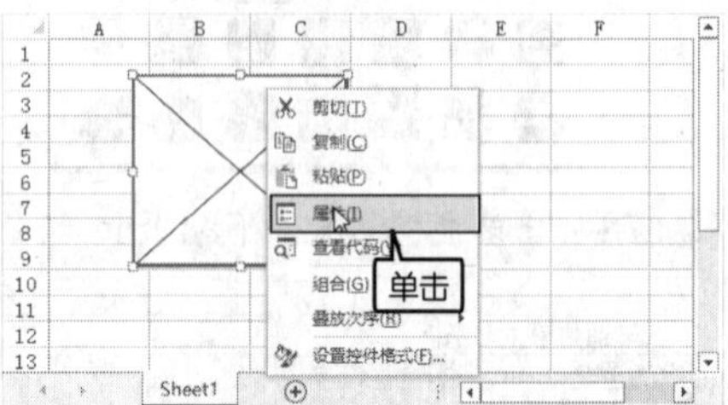

❹ 右击 Flash 控件，在弹出的快捷菜单中选择【属性】菜单项，打开【属性】对话框，从中设置【Movie】属性为 Flash 文件的路径和文件名，【EmbedMovie】属性为“True”。

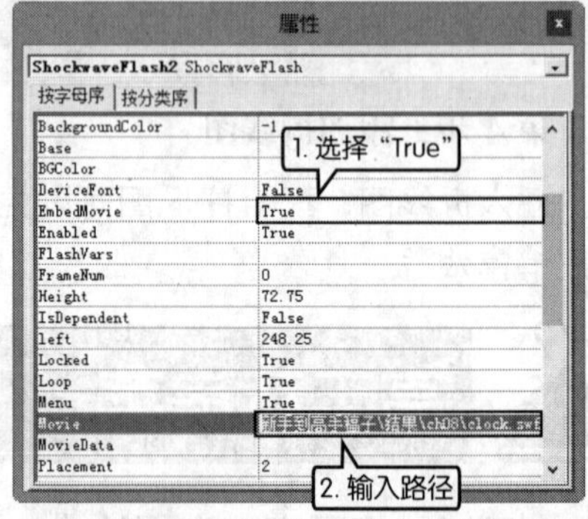

❺ 单击【控件】选项组中的【设计模式】按钮，退出设计模式，完成 Flash 文件的插入。

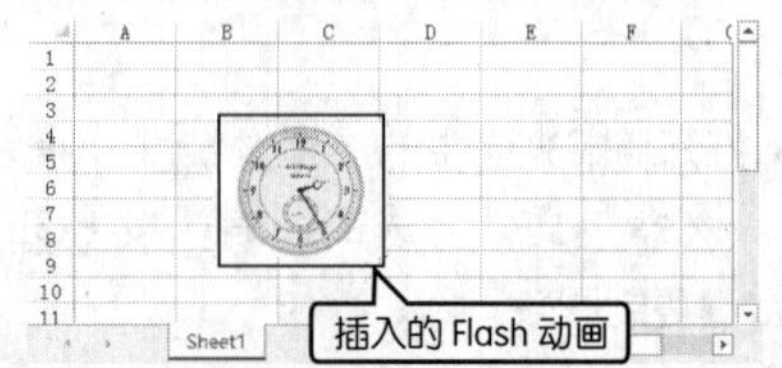

提示

Flash 文件和工作簿文件需在同一个文件夹中，复制工作簿时需连同 Flash 文件一起复制。

第10章

公式与函数

本章视频教学录像：58 分钟

高手指引

面对大量的数据，如果逐个计算、处理，会浪费大量的人力和时间，灵活使用公式和函数可以大大提高数据分析的能力和效率。本章主要介绍公式与函数的使用方法，读者通过对各种函数类型的学习，可以熟练掌握常用函数的使用技巧和方法，并能够举一反三、灵活运用。

重点导读

- 认识公式和函数
- 掌握公式的用法
- 掌握函数的用法

10.1 认识公式与函数

本节视频教学录像：8 分钟

公式与函数是 Excel 的重要组成部分，有着非常强大的计算功能，为用户分析和处理工作表中的数据提供了很大的方便。

10.1.1 公式的概念

公式是用户根据数据的统计、处理和分析的实际需要，通过运算符号将其连接起来的一个等式。使用公式时必须以等号“=”开头，后面紧接数据和运算符。

B6　=SUM(B2:B5)/4

	A	B	C	D	E
1	姓名	总成绩			
2	张三	545			
3	李四	432			
4	王五	601			
5					
6	平均分	394.5			
7					

其中数据可以是常数、单元格引用、单元格名称和工作函数等。

运算符包含下面 4 种。

⑴ 算数运算符：用于完成基本数学运算的运算符，有 +（加号）、–（减号 / 负号）、*（乘号）、/（除号）、%（百分号）和 ^(乘幂) 等。

⑵ 比较运算符：用来比较两个值大小的运算符，有 =(等号)、>（大于号）、<（小于号）、≥（大于等于）、≤（小于等于）和≠（不等号）6 种。

⑶ 文本运算符：&（连字符）用来将多个文本连接成组合文本。

⑷ 引用运算符：可以将单元格区域合并计算。它包含“:（比号）”区域运算符、“,（逗号）”联合运算符和“（空格）”交叉运算符。

10.1.2 函数的概念

Excel 中所提到的函数其实是一些预定义的公式，它们使用一些被称为参数的特定数值按特定的顺序或结构进行计算。每个函数描述都包括一个语法行，它是一种特殊的公式，所有的函数必须以等号“=”开始，同时它是预定义的内置公式，必须按语法的特定顺序进行计算。

【插入函数】对话框为用户提供了一个使用半自动方式输入函数及其参数的方法。使用【插入函数】对话框可以保证正确的函数拼写以及正确顺序的确切的参数个数。

打开【插入函数】对话框有以下 3 种方法。

⑴ 在【公式】选项卡中，单击【函数库】选项组中的【插入函数】按钮。

⑵ 单击编辑栏中的按钮。

⑶ 按【Shift+F3】组合键。

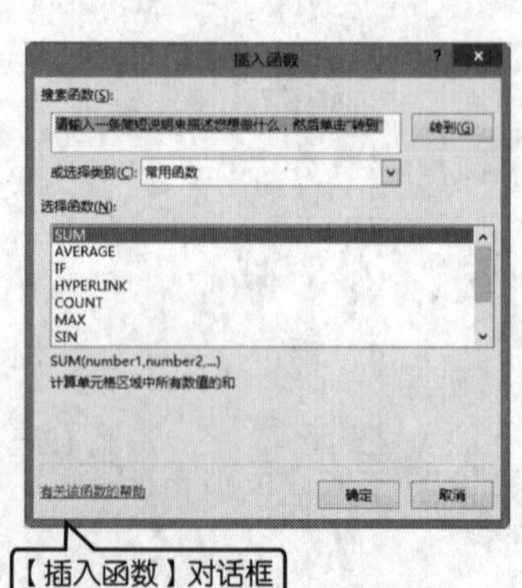

【插入函数】对话框

10.1.3 函数的分类和组成

Excel 2013 提供了丰富的内置函数，按照函数的应用领域分为 13 大类，用户可以根据需要直接进行调用。常用的函数类型如下表所示。

函数类型	作用
财务函数	进行一般的财务计算
逻辑函数	进行逻辑判断或者复合检验
文本函数	在公式中处理字符串
日期和时间函数	可以分析和处理日期及时间
查找与引用函数	在数据清单中查找特定数据或查找一个单元格引用
数学与三角函数	可以在工作表中进行简单的计算
统计函数	对数据区域进行统计分析
工程函数	用于工程分析
信息函数	确定存储在单元格中数据的类型
多维数据集函数	用来从多维数据库中提取数据集和数值
WEB 函数	通过网页链接直接用公式获取数据
数据库函数	分析数据清单中的数值是否符合特定条件
兼容函数	这些函数已由新函数替换，新函数可以提供更好的精确度，且名称更好地反映其用法

在 Excel 中，一个完整的函数式通常由 3 部分构成，其格式如下：

标识符、 函数名称、函数参数

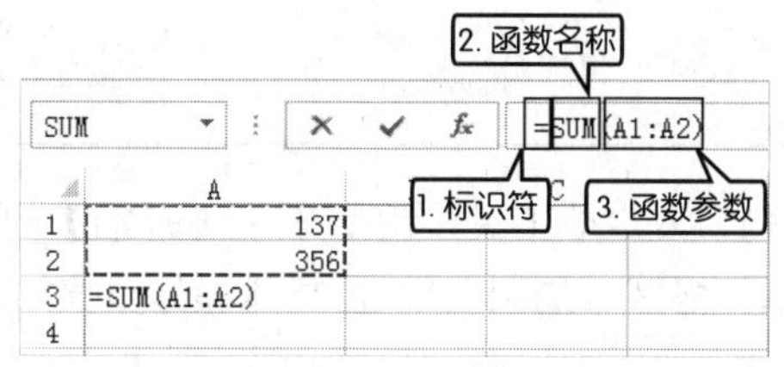

1. 标识符

在单元格中输入计算函数时，必须先输入“=”，这个“=”称为函数的标识符。如果不输入“=”，Excel 通常将输入的函数式作为文本处理，不返回运算结果。

2. 函数名称

函数标识符后面的英文是函数名称。大多数函数名称是对应英文单词的缩写。有些函数名称是由多个英文单词（或缩写）组合而成的，例如条件求和函数 SUMIF 是由求和 SUM 和条件 IF 组成的。

3. 函数参数

函数参数主要有以下几种类型。

(1) 常量。常量参数主要包括数值（如 123.45）、文本（如计算机）和日期（如 2013-5-25）等。

(2) 逻辑值。逻辑值参数主要包括逻辑真（TRUE）、逻辑假（FALSE）以及逻辑判断表达式（例如单元格 A3 不等于空表示为“A3<>()”）的结果等。

(3) 单元格引用。单元格引用参数主要包括单个单元格的引用和单元格区域的引用等。

(4) 名称。在工作簿文档中各个工作表中自定义的名称，可以作为本工作簿内的函数参数直接引用。

(5) 其他函数式。用户可以用一个函数式的返回结果作为另一个函数式的参数。对于这种形式的函数式，通常称为“函数嵌套”。

(6) 数组参数。数组参数可以是一组常量（如 2、4、6），也可以是单元格区域的引用。

10.2 快速计算

本节视频教学录像：3 分钟

在 Excel 2013 中，不使用功能区中的选项，也可以快速完成单元格的计算。

10.2.1 自动显示计算结果

自动运算的功能就是对选定的单元格区域查看各种汇总总值。使用自动求和功能的具体操作步骤如下。

❶ 打开随书光盘中的“素材\ch10\成绩表.xlsx”文件，选择单元格区域 C3:C12，在状态栏上单击鼠标右键，在弹出的快捷菜单中选择【求和】选项。

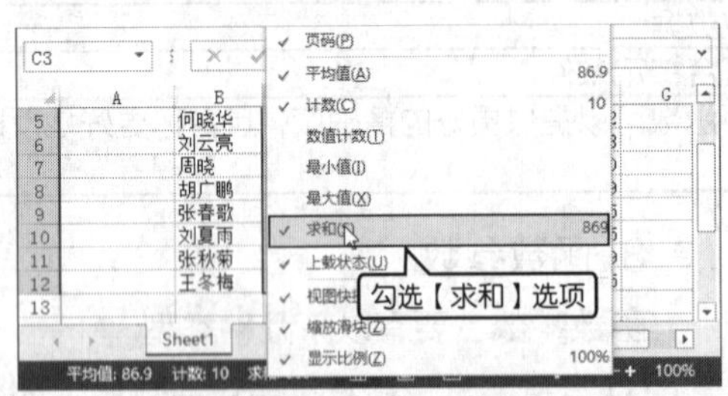

❷ 此时状态栏中即可显示汇总求和后的结果。

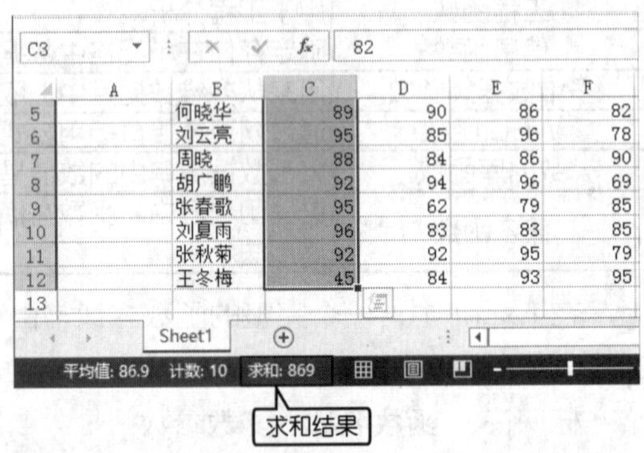

10.2.2 自动求和

在日常工作中，Excel 将最常用的计算式“求和”设定成工具按钮，放在【开始】选项卡下【编辑】选项组中。该按钮可以自动设定对应的单元格区域的引用地址，具体操作步骤如下。

❶ 打开随书光盘中的“素材\ch10\成绩表.xlsx”文件，选择单元格 D13。

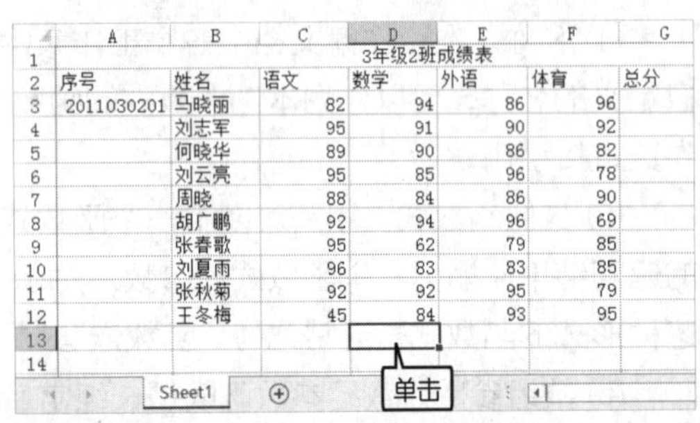

❷ 单击【开始】选项卡下【编辑】选项组中的【自动求和】按钮Σ·。

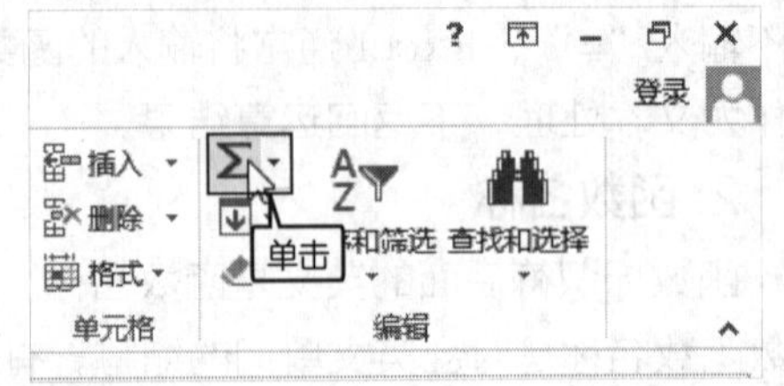

❸ 单元格区域 D3:D12 被闪烁的虚线框包围，在 D3 单元格中自动显示求和函数，函数的下方显示出有关函数的格式及参数。

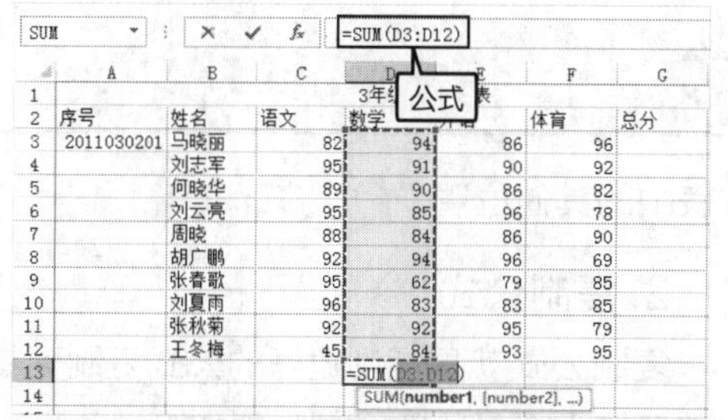

❹ 单击编辑栏中的【输入】按钮，或者按【Enter】键即可在 D13 单元格中计算出 D3:D12 区域中数值的和。

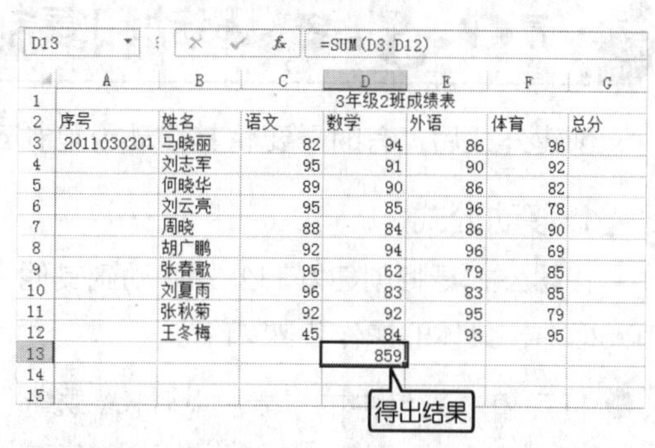

10.3 公式

本节视频教学录像：7 分钟

在 Excel 2013 中，应用公式可以帮助分析工作表中的数据，例如对数值进行加、减、乘、除等运算。

10.3.1 输入公式

在单元格中输入公式的方法可分为手动输入和单击输入等。

1. 手动输入

在选定的单元格中输入“=”，并输入公式“3+5”。输入时字符会同时出现在单元格和编辑栏中，按【Enter】键后该单元格会显示出运算结果“8”。

2. 单击输入

单击输入公式更简单快捷，也不容易出错。例如在单元格 C1 中输入公式“=A1+B1”，可以按照以下步骤进行单击输入。

❶ 分别在 A1、B1 单元格中输入“3”和“5”，选择 C1 单元格，输入“=”。

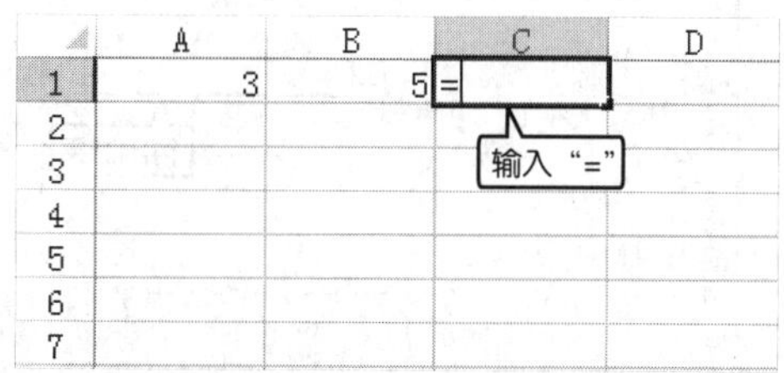

❷ 单击单元格 A1，单元格周围会显示一个活动虚框，同时单元格引用会出现在单元格 C1 和编辑栏中。

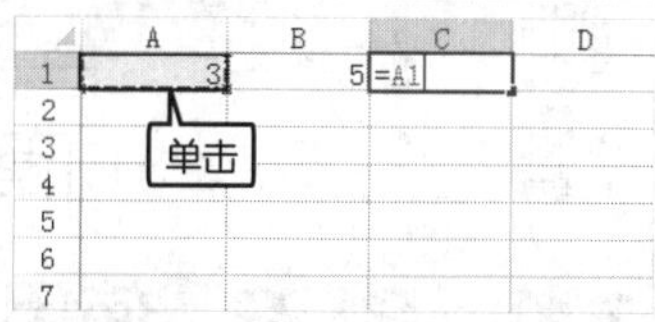

❸ 输入“加号（+）”，单击单元格 B1。单元格 B1 的虚线边框会变为实线边框。

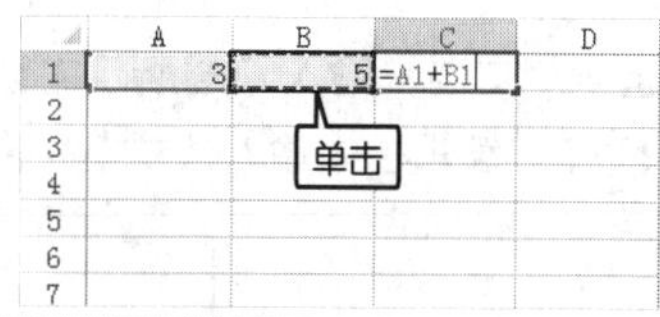

❹ 按【Enter】键后效果如下图所示。

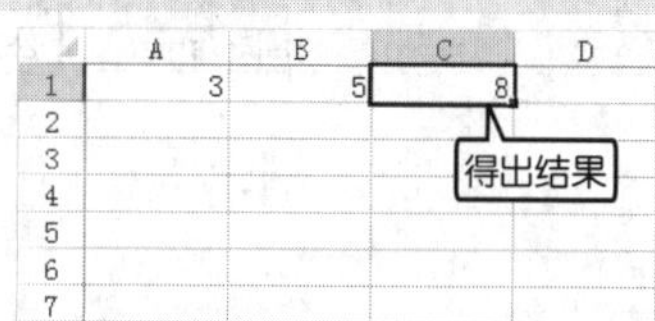

10.3.2 移动和复制公式

创建公式后，有时需要将其移动或复制到工作表中的其他位置。

1. 移动公式

移动公式是将创建好的公式移动到其他单元格中，具体的操作步骤如下。

❶ 打开随书光盘中的“素材\ch10\成绩表.xlsx”文件，在单元格 G3 中输入公式“=SUM（C3:F3）”，按【Enter】键即可求出总成绩。

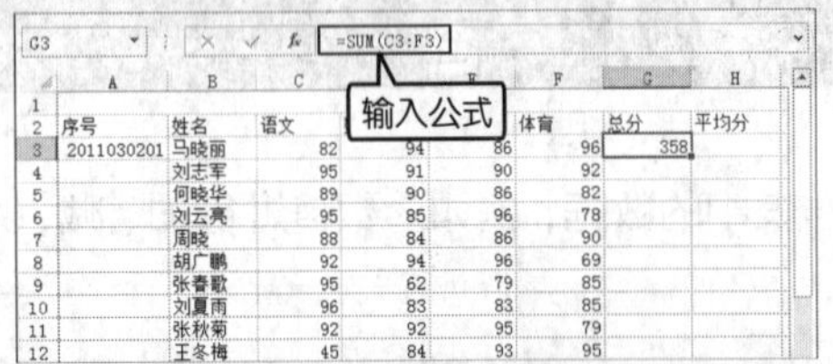

❷ 选择单元格 G3，在该单元格边框上按住鼠标左键，将其拖曳到其他单元格，释放鼠标左键后即可移动公式。移动后，值不发生变化，仍为“358”。

2. 复制公式

复制公式就是把创建好的公式复制到其他单元格中，具体的操作步骤如下。

❶ 打开随书光盘中的“素材\ch10\成绩表.xlsx”文件，在单元格 G3 中输入公式“=SUM（C3:F3）”，按【Enter】键即可求出总成绩。

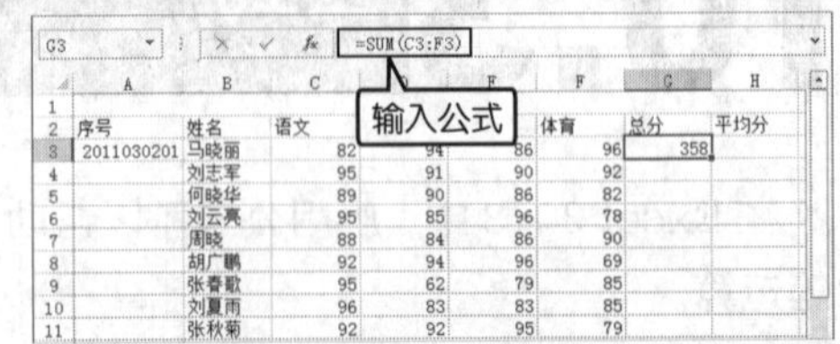

❷ 选择 G3 单元格，按【Ctrl+C】组合键复制函数，选择 G5 单元格，按【Ctrl+V】组合键粘贴函数，即可将单元格 G3 的公式复制到单元格 G5 中，单元格 G5 值显示为“347”。

10.3.3 使用公式

公式不仅可以进行数值的计算，还可以将多个单元格中的字符进行合并，具体的操作步骤如下。

❶ 新建一个文档，输入如图所示内容，选择单元格 D1，在编辑栏中输入公式“=(A1+B1)/C1”。

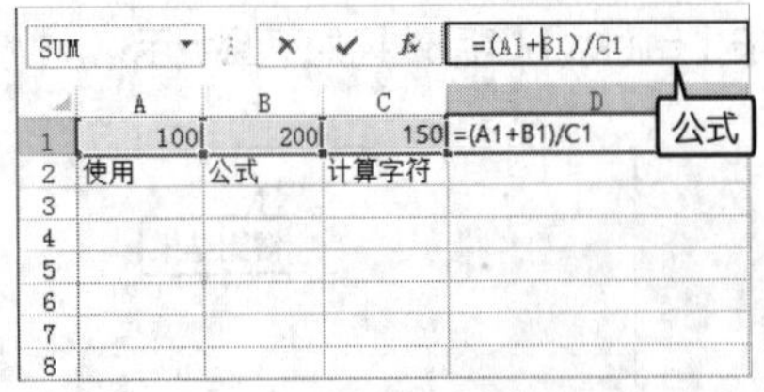

❷ 按【Enter】键，单元格 D1 中计算出公式的结果并显示“2”。

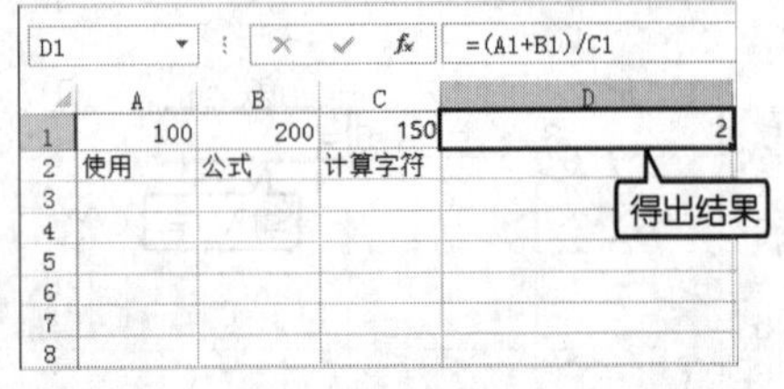

❸ 选择单元格 D2，在编辑栏中输入“=”；单击单元格 A2，在编辑栏中输入“&”；单击单元格 B2，在编辑栏中输入“&”；单击单元格 C2，编辑栏中显示“=A2&B2&C2”。

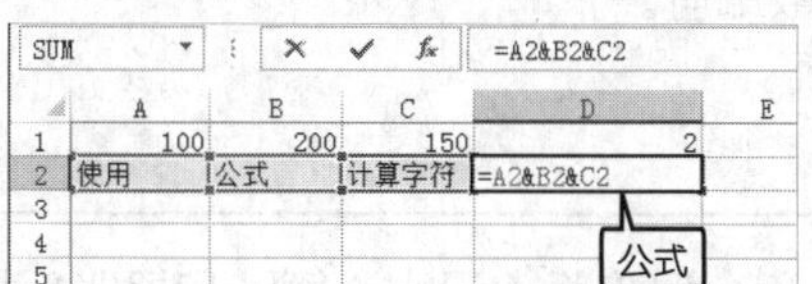

❹ 按【Enter】键，在单元格 D2 中会显示“使用公式计算字符”，这是公式“=A2&B2&C2”的计算结果。

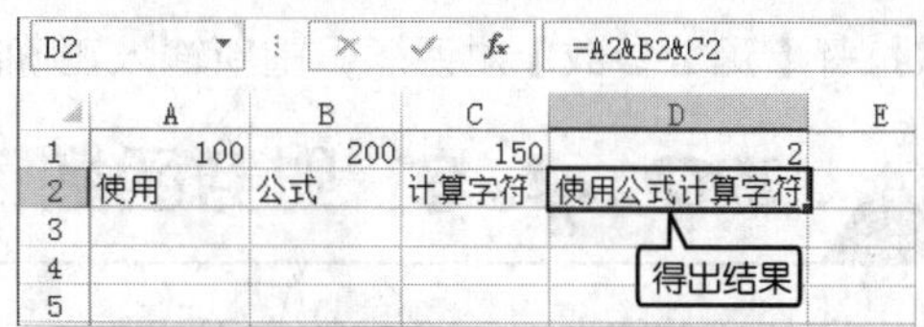

10.4 函数

本节视频教学录像：25 分钟

Excel 函数是一些已经定义好的公式，大多数函数是经常使用的公式的简写形式。函数通过参数接收数据并返回结果。大多数情况下返回的是计算的结果，也可以返回文本、引用、逻辑值或数组等。

10.4.1 函数的输入与修改

输入函数后，可以对函数进行相应的修改。在 Excel 2013 中，输入函数的方法有手动输入和使用函数向导输入两种方法。

1. 函数的输入

手动输入和输入普通的公式一样，这里不再介绍。下面介绍使用函数向导输入函数，具体的操作步骤如下。

❶ 启动 Excel 2013，新建一个空白文档，在单元格 A1 中输入“-100”。

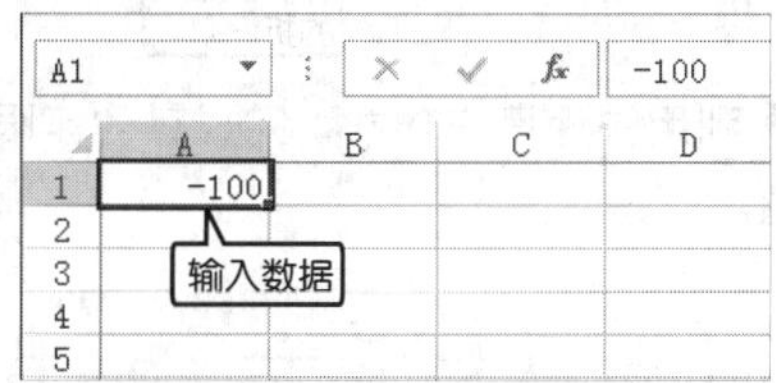

❷ 选择 A2 单元格，单击【公式】选项卡下【函数库】选项组中的【插入函数】按钮，弹出【插入函数】对话框。在对话框的【或选择类别】列表框中选择【数学与三角函数】选项，在【选择函数】列表框中选择【ABS】选项（绝对值函数），列表框下方会出现关于该函数的简单提示，单击【确定】按钮。

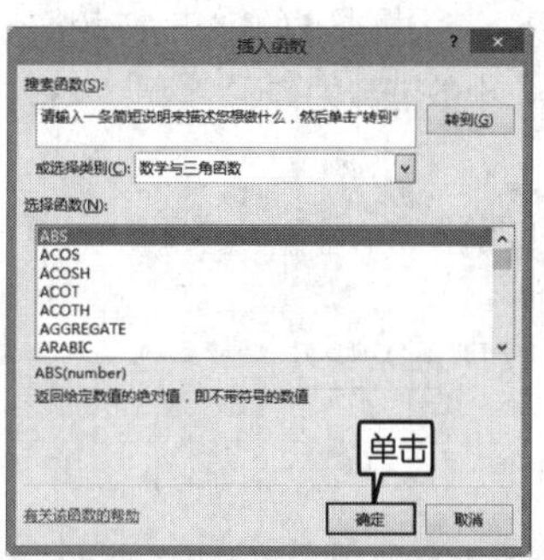

❸ 弹出【函数参数】对话框，在【Number】文本框中输入“A1”，单击【确定】按钮。

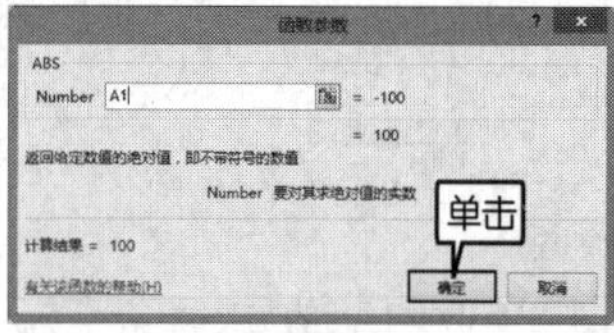

❹ 单元格 A1 的绝对值即可求出，显示在单元格 A2 中。

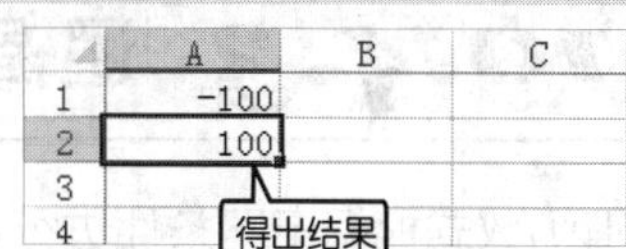

2. 函数的修改

如果要修改函数表达式，可以选定修改函数的所在单元格，将鼠标光标定位在编辑栏中的错误处，利用【Delete】键或【Backspace】键删除错误的内容，输入正确的内容即可。如果是函数的参数输入有误，选定函数所在单元格，单击编辑栏中的【插入函数】按钮，再次打开【函数参数】对话框，重新输入正确的函数参数即可。

10.4.2 财务函数

财务函数作为 Excel 中的常用函数之一，为财务和会计核算（记账、算账和报账）提供了很多方便。

例如，公司于 2013 年 9 月 30 日新购两台大型机器，购买价格 A 机器为 52 万元、B 机器为 48 万元，折旧期限都为 5 年，A 机器的资产残值为 6 万元、B 机器为 3.5 万元，利用【DB】函数计算这两台机器每一年的折旧值。

提示 【DB】函数

功能：使用固定余数递减法，计算资产在一定期间内的折旧值。

格式：DB（cost,salvage,life,period,month）。

参数：cost 为资产原值，用单元格或数值来指定；salvage 为资产在折旧期末的价值，用单元格或数值来指定；life 为固定资产的折旧期限；period 为计算折旧值的期间；month 为购买固定资产后第一年的使用月份数。

❶ 打开随书光盘中的“素材\ch10\Db.xlsx”文件，并设置 B8:C12 的数字格式为【货币】格式，小数位数为“0”。

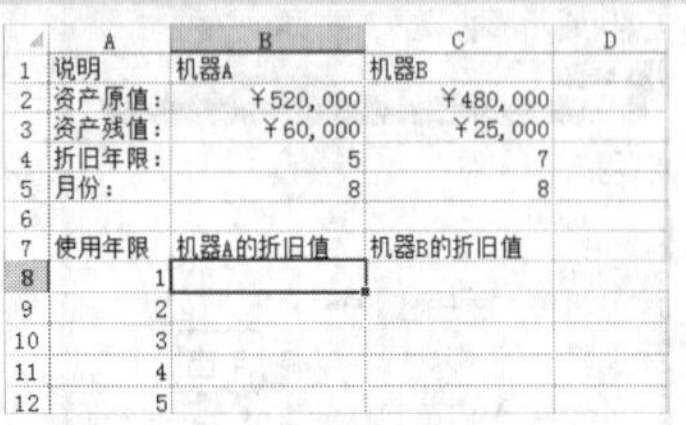

	A	B	C	D
1	说明	机器A	机器B	
2	资产原值：	¥520,000	¥480,000	
3	资产残值：	¥60,000	¥25,000	
4	折旧年限：	5	7	
5	月份：	8	8	
6				
7	使用年限	机器A的折旧值	机器B的折旧值	
8	1			
9	2			
10	3			
11	4			
12	5			

❷ 在单元格 B8 中输入公式“=DB（B2,B3,B4,A8,B5）”，按【Enter】键即可计算出汽车 A 第一年的折旧值。

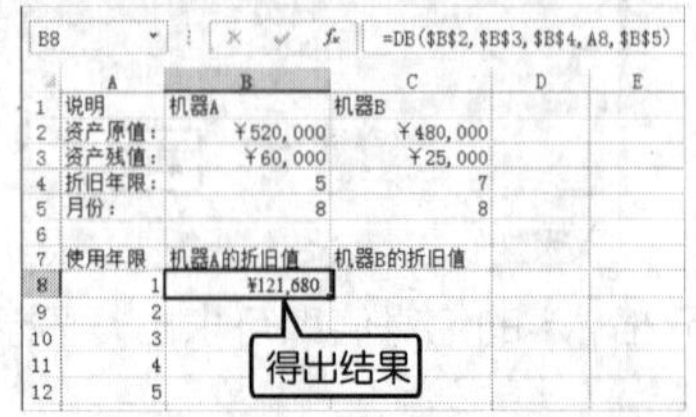

B8 =DB(B2, B3, B4, A8, B5)

	A	B	C	D	E
1	说明	机器A	机器B		
2	资产原值：	¥520,000	¥480,000		
3	资产残值：	¥60,000	¥25,000		
4	折旧年限：	5	7		
5	月份：	8	8		
6					
7	使用年限	机器A的折旧值	机器B的折旧值		
8	1	¥121,680			
9	2				
10	3				
11	4				
12	5				

❸ 在单元格 C8 中输入公式“=DB（C2,C3,C4,A8,C5）”，按【Enter】键即可计算出机器 B 第一年的折旧值。

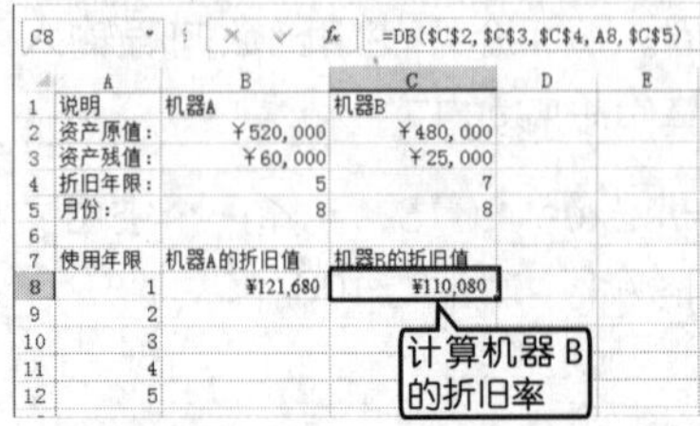

C8 =DB(C2, C3, C4, A8, C5)

	A	B	C	D	E
1	说明	机器A	机器B		
2	资产原值：	¥520,000	¥480,000		
3	资产残值：	¥60,000	¥25,000		
4	折旧年限：	5	7		
5	月份：	8	8		
6					
7	使用年限	机器A的折旧值	机器B的折旧值		
8	1	¥121,680	¥110,080		
9	2				
10	3				
11	4				
12	5				

❹ 利用快速填充功能，完成其他年限的折旧值。

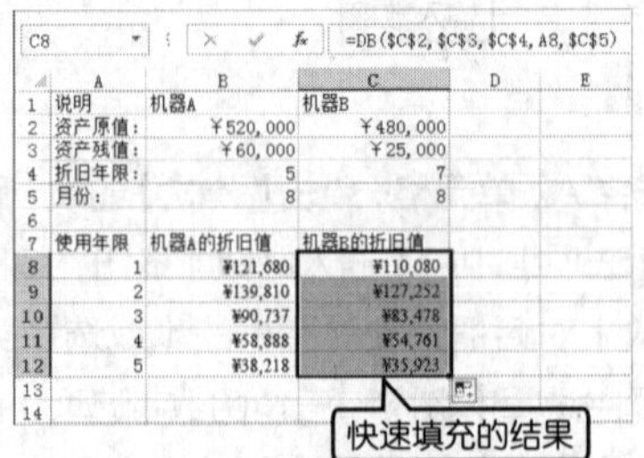

C8 =DB(C2, C3, C4, A8, C5)

	A	B	C	D	E
1	说明	机器A	机器B		
2	资产原值：	¥520,000	¥480,000		
3	资产残值：	¥60,000	¥25,000		
4	折旧年限：	5	7		
5	月份：	8	8		
6					
7	使用年限	机器A的折旧值	机器B的折旧值		
8	1	¥121,680	¥110,080		
9	2	¥139,810	¥127,252		
10	3	¥90,737	¥83,478		
11	4	¥58,888	¥54,761		
12	5	¥38,218	¥35,923		
13					
14					

10.4.3 逻辑函数

逻辑函数式根据不同条件进行不同处理的函数，条件格式中使用比较运算符指定逻辑式，并用逻辑值表示结果。

1. 判断员工绩效考核是否合格

如果总分大于等于 200 分的显示为合格，否则显示为不合格。这里使用【IF】函数。

提示　【IF】函数

功能：根据对指定条件的逻辑判断的真假结果，返回相对应的内容。

格 式：IF(Logical,Value_if_true,Value_if _false)。

参数：Logical 代表逻辑判断表达式；Value_if_true 表示当判断条件为逻辑“真（TRUE）”时的显示内容，如果忽略此参数，则返回“0”；Value_if_false 表示当判断条件为逻辑“假（FALSE）”时的显示内容，如果忽略返回“FALSE”。

❶ 打开随书光盘中的“素材 \ch10\IF.xlsx”文件，在单元格 E2 中输入公式“=IF（D2 >=60,"合格","不合格"）”，按【Enter】键即可显示单元格 G2 是否为合格。

G3　=IF(F2>=200,"合格","不合格")

输入函数

	A	B	C	D	E	F	G	H
1	成绩合格表							
2	学号	姓名	数学	英语	哲学	总成绩	是否合格	
3	0612	关利	90	65	59	214	合格	
4	0604	赵锐	56	64	66	186		
5	0602	张磊	65	57	58	180		

❷ 利用快速填充功能，完成对其他员工的绩效考核的成绩的判断。

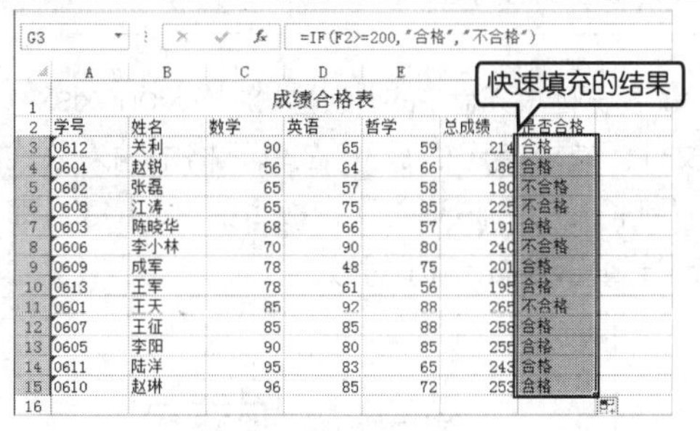

G3　=IF(F2>=200,"合格","不合格")

	A	B	C	D	E	F	G
1	成绩合格表						
2	学号	姓名	数学	英语	哲学	总成绩	是否合格
3	0612	关利	90	65	59	214	合格
4	0604	赵锐	56	64	66	186	合格
5	0602	张磊	65	57	58	180	不合格
6	0608	江涛	65	75	85	225	不合格
7	0603	陈晓华	68	66	57	191	合格
8	0606	李小林	70	90	80	240	不合格
9	0609	成军	78	48	75	201	合格
10	0613	王军	78	61	56	195	合格
11	0601	王天	85	92	88	265	不合格
12	0607	王征	85	85	88	258	合格
13	0605	李阳	90	80	85	255	合格
14	0611	陆洋	95	83	65	243	合格
15	0610	赵琳	96	85	72	253	合格
16							

2. 判断员工是否完成工作量

每个人 4 个季度销售计算机的数量均大于 100 台为完成工作量，否则为没有完成工作量。这里使用【AND】函数判断员工是否完成工作量。

提示　【AND】函数

功能：返回逻辑值。如果所有参数值为逻辑“真（TRUE）”，则返回逻辑值“真（TRUE）”，反之返回逻辑值“假（FALSE）”。

格式：AND(logicall1,logicall2,…)

参数：logicall1,logicall2…表示待测试的条件值或表达式，最多为 255 个。

❶ 打开随书光盘中的“素材 \ch10\And.xlsx”文件，在单元格 F2 中输入公式“=AND（B2 > 100,C2 > 100,D2 > 100,E2 > 100）”，按【Enter】键即可显示完成工作量的信息。

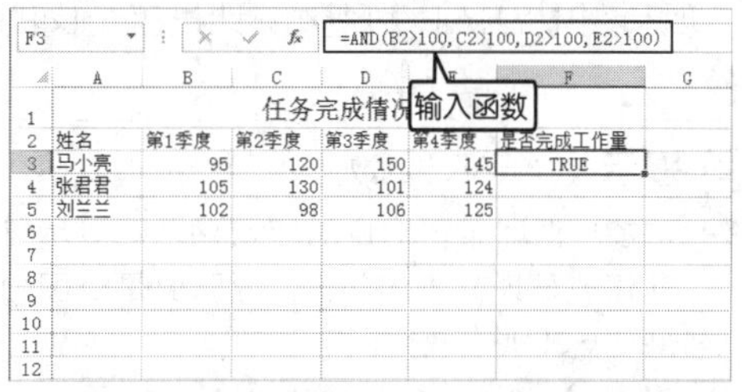

F3　=AND(B2>100,C2>100,D2>100,E2>100)

	A	B	C	D	E	F	G
1	任务完成情况表						
2	姓名	第1季度	第2季度	第3季度	第4季度	是否完成工作量	
3	马小亮	95	120	150	145	TRUE	
4	张君君	105	130	101	124		
5	刘兰兰	102	98	106	125		
6							
7							
8							
9							
10							
11							
12							

❷ 利用快速填充功能，判断其他员工工作量的完成情况。

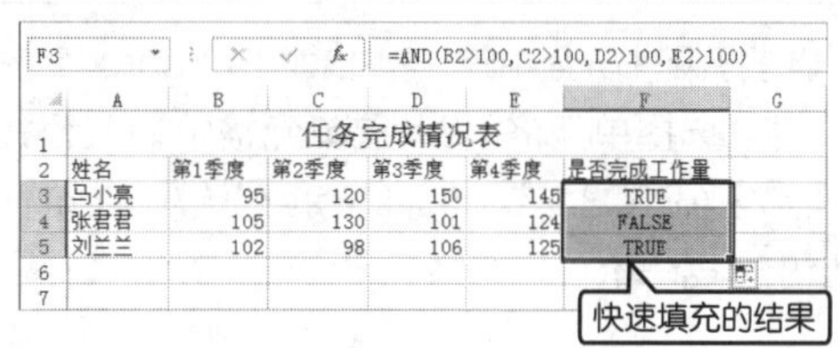

F3　=AND(B2>100,C2>100,D2>100,E2>100)

	A	B	C	D	E	F	G
1	任务完成情况表						
2	姓名	第1季度	第2季度	第3季度	第4季度	是否完成工作量	
3	马小亮	95	120	150	145	TRUE	
4	张君君	105	130	101	124	FALSE	
5	刘兰兰	102	98	106	125	TRUE	
6							
7							

10.4.4 文本函数

文本函数式在公式中处理文字串的函数，主要用于查找、提取文本中的特定字符、转换数据类型以及结合相关的文本内容等。本节使用【TEXT】函数将数字转换为文本格式并添加货币符号，具体操作步骤如下。

工作量按件计算，每件 10 元。假设员工的工资组成包括基本工资、工作量。月底时，公司需要把员工的工作量转换为收入，再加上基本工资进行当月工资的核算。

提示 【TEXT】函数

功能：设置数字格式并将其转换为文本函数。将数值转换为按指定数字格式表示的文本。

格式：TEXT（value,format-text）。

参数：value 表示数值，计算结果为数值的公式，也可以是对包含数字的单元格的引用；format-text 为用引号括起的文本字符串的数字格式。

❶ 打开随书光盘中的“素材\ch10\Text.xlsx”文件。选择单元格 E3，在单元格中输入公式“=TEXT(C3+D3*10,"￥#.00")”，按【Enter】键，即可完成工资收入的计算。

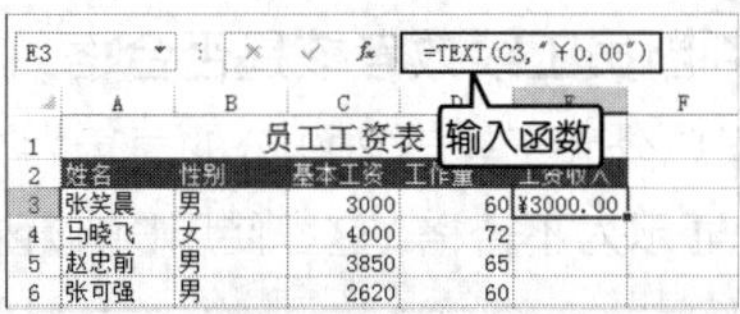

❷ 利用快速填充功能，完成对其他员工的绩效考核的成绩的判断。

10.4.5 日期与时间函数

日期和时间函数主要用来获取相关的日期和时间信息，经常用于日期的处理。

1. 统计员工上岗的时间

公司每年都有新来的员工和离开的员工，现利用【YEAR】函数统计员工上岗的年份。

提示 【YEAR】函数

功能：返回某日对应的年份函数。显示日期值或日期文本的年份，返回值是范围为 1900~9999 的整数。

格式：YEAR(serial-number)。

参数：serial-number 为一个日期值，其中包含需要查找年份的日期。

❶ 打开随书光盘中的“素材\ch10\Year.xlsx”文件。选择单元格 D3，在单元格中输入公式“=YEAR(C3）”，按【Enter】键，即可计算出上岗年份。

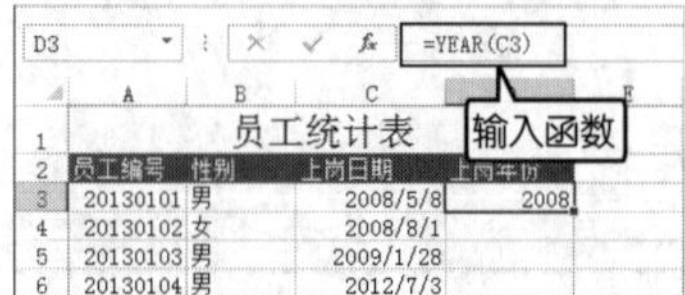

❷ 利用快速填充功能，完成其他单元格的操作。

2. 统计网络使用时间

根据网络的连接时间和断开时间计算上网的时间，不足 1 小时则舍去。

提示 【HOUR】函数

功能：返回时间值的小时数函数。计算某个时间值或者代表时间的序列编号对应的小时数。

格式：HOUR((serial_number)。

参数：serial_number 表示需要计算小时数的时间，这个参数的数据格式是所有 Excel 可以识别的时间格式。

❶ 打开随书光盘中的“素材\ch10\Hour.xlsx”文件。选择单元格 D3，在单元格中输入公式“=HOUR(C3-B3）”，按【Enter】键，即可计算出网络使用小时数。

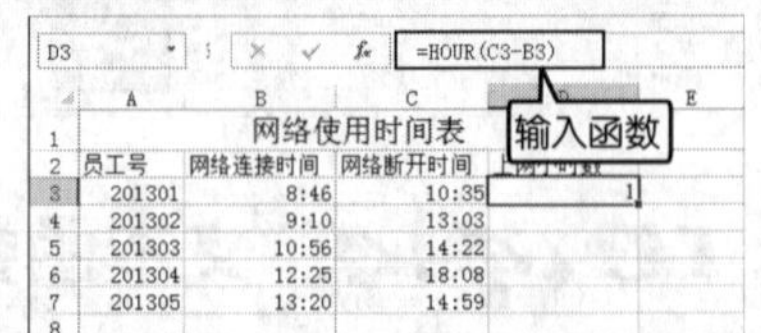

❷ 利用快速填充功能，完成其他单元格的操作。

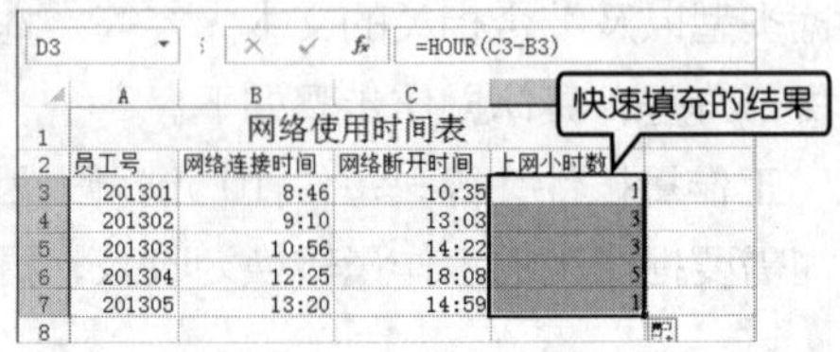

10.4.6 查找与引用函数

查找和引用函数主要应用于单元格区域内，进行数值的查找。例如，某软件研发公司拥有一批软件开发人才，包括高级开发人员、高级测试人员、项目经理、高级项目经理等。

这里使用【CHOOSE】函数输入该公司部分员工的职称。

> **提示**　【CHOOSE】函数
>
> 功能：使用【CHOOSE】函数可以根据索引号从最多 254 个数值中选择一个。
>
> 格　式：CHOOSE（index_num,value1, value2…）
>
> 参数：index_num 指定所选参数序号的值参数；value1,value2…为 1 到 254 个数值参数，函数 CHOOSE 基于 index_num，从中选择一个数值或一项进行的操作。

❶ 打开随书光盘中的“素材 \ch10\Choose.xlsx”文件。选择单元格 D3，在单元格中输入公式“=CHOOSE(C3,"销售经理","销售代表","售后经理","维修人员")”，按【Enter】键，即可在单元格 D3 中显示该员工的岗位职称。

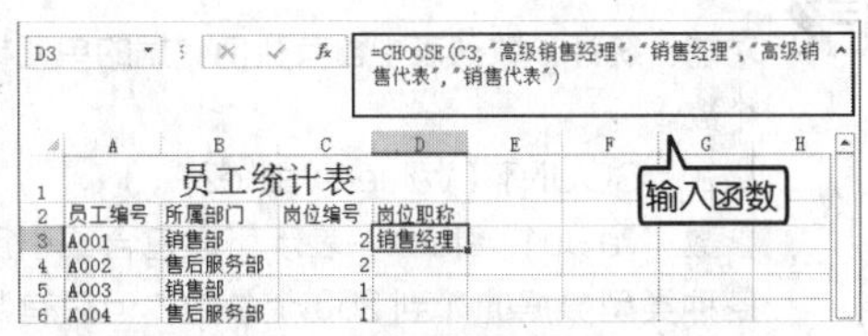

❷ 利用快速填充功能，复制单元格 D3 的公式到其他单元格中，自动输入其他员工的岗位职称。

	A	B	C	D
2	员工编号	所属部门	岗位编号	岗位职称
3	A001	销售部	2	销售经理
4	A002	售后服务部	2	销售经理
5	A003	销售部	1	高级销售经理
6	A004	售后服务部	1	高级销售经理
7	A005	销售部	2	销售经理
8	A006	售后服务部	3	高级销售代表
9	A007	销售部	4	销售代表
10	A008	销售部	1	高级销售经理
11	A009	销售部	2	销售经理
12	A010	售后服务部	3	高级销售代表

快速填充的结果

10.4.7 数学与三角函数

可以使用【INT】函数将数值向下取整为最接近的整数。

> **提示**　【INT】函数
>
> 功能：返回实数向下取整后的整数值。【INT】函数在取整时，不进行四舍五入。
>
> 格式：INT（number）
>
> 参数：number 表示需要取整的数值或包含数值的引用单元格。

❶ 打开随书光盘中的“素材 \ch10\Int.xlsx”文件。选择单元格 B1，在单元格中输入公式“=INT（A1）”，按【Enter】键，即可在单元格 B1 中求出 A1 的整数值。

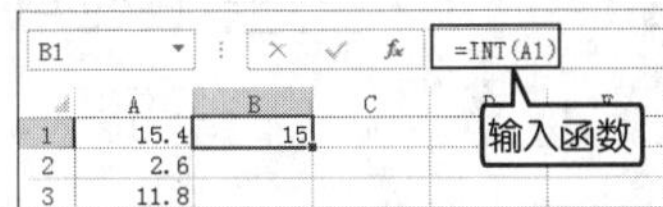

❷ 利用快速填充功能，复制单元格 B1 的公式到其他单元格中，自动求出其他单元格的整数值。

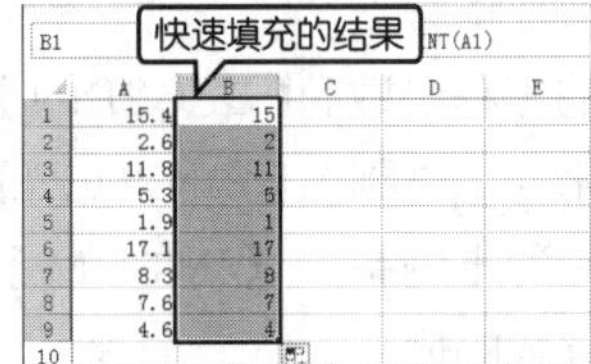

10.4.8 其他函数

前面介绍了 Excel 中常用的一些函数，其他的函数介绍如下。

1. 统计函数

统计函数可以帮助 Excel 用户从复杂的数据中筛选有效数据。由于筛选的多样性，Excel 中提供了多种统计函数。

常用的统计函数有【COUNT】函数、【AVERAGE】函数（返回其参数的算术平均值）和【ACERAGEA】函数（返回所有参数的 算术平均值）等。例如，公司考勤表中记录了员工是否缺勤，现在需要统计缺勤的总人数，这里使用【COUNT】函数。

> **提示** 【COUNT】函数
>
> 功能：统计参数列表中含有数值数据的单元格个数。
>
> 格式：COUNT（value1,value2,…）
>
> 参数：value1,value2…表示可以包含或引用各种类型数据的 1 到 255 个参数，但只有数值型的数据才被计算。

❶ 打开随书光盘中的“素材\ch10\Count.xlsx”文件。

❷ 在单元格 D3 中输入公式“=COUNT（B2:B10）”，按【Enter】键即可得到迟到总人数。

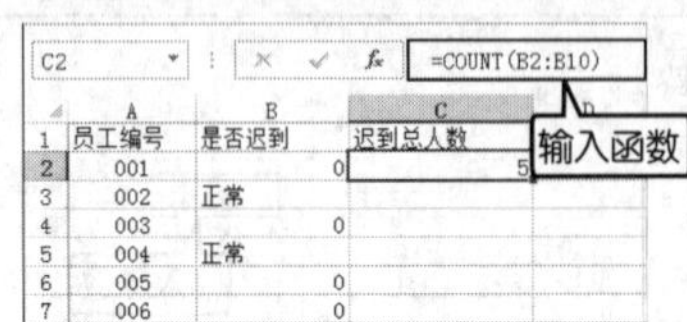

2. 工程函数

工程函数可以解决一些数学问题。如果能够合理地使用工程函数，可以极大地简化程序。

常用的工程函数有【DEC2BIN】函数（将十进制转化为二进制）、【BIN2DEC】函数（将二进制转化为十进制）、【IMSUM】函数（两个或多个复数的值）。

3. 信息函数

信息函数是用来获取单元格内容信息的函数。信息函数可以在满足条件时返回逻辑值，从而获取单元格的信息。还可以确定存储在单元格中的内容的格式、位置、错误信息等类型。

常用的信息函数有【CELL】函数（引用区域的左上角单元格样式、位置或内容等信息）、【TYPE】函数（检测数据的类型）。

4. 多维数据集函数

多维数据集函数可用来从多维数据库中提取数据集和数值，并将其显示在单元格中。

常用的多维数据集函数有【CUBEKPIMEMBER】函数（返回重要性能指示器(KPI)属性，并在单元格中显示 KPI 名称）、【CUBEMEMBER】函数（返回多维数据集中的成员或元组，用来验证成员或元组存在于多维数据集中）和【CUBEMEMBERPROPERTY】函数（返回多维数据集中成员属性的值，用来验证某成员名称存在于多维数据集中，并返回此成员的指定属性）等。

5.WEB 函数

WEB 函数是 Excel2013 版本中新增的一个函数类别，它可以通过网页链接直接用公式获取数据，无需编程和启用宏。

常用的 WEB 函数有【ENCODEURL】函数、【FILTERXML】函数（使用指定的 Xpath 从 XML 内容返回特定数据）和【WEBSERVICE】函数（从 Web 服务返回数据）。

【ENCODEURL】函数是 2013 版本中新增的 WEB 类函数中的一员，它可以将包含中文字符的网址进行编码。当然也不仅仅局限于网址，对于使用 UTF-8 编码方式对中文字符进行编码的场合都可以适用。使用【ENCODEURL】函数将网络地址中的汉字转换为字符编码，具体操作步骤如下。

> **提示** 【ENCODEURL】函数
>
> 功能：对 URL 地址（主要是中文字符）进行 UTF-8 编码。
>
> 格式：ENCODEURL(text)
>
> 参数：text 表示需要进行 UTF-8 编码的字符或包含字符的引用单元格。

❶ 打开随书光盘中的“素材\ch10\Encodeul.xlsx”文件。选择单元格 B2，在单元格中输入公式“=ENCODEURL(A2)”，按【Enter】键，即可。

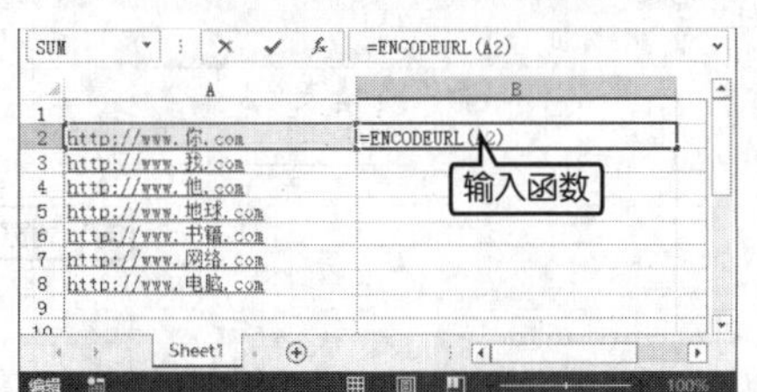

❷ 利用快速填充功能，完成其他单元格的操作。

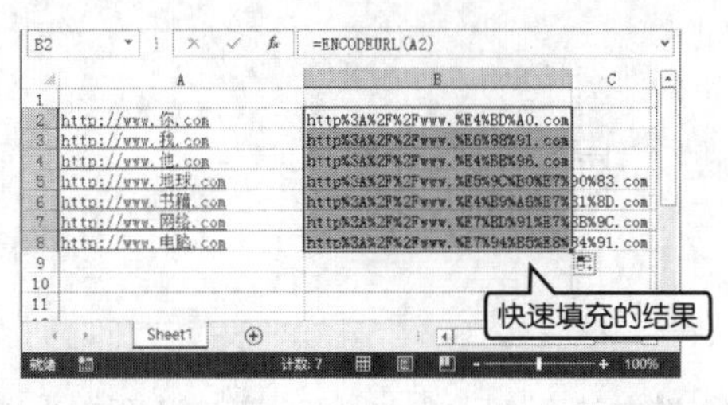

10.5 综合实战 1——制作资产负债表

本节视频教学录像：5 分钟

资产负债表是反应企业在一定时期内全部资产和负债等的财务报表，是企业经营活动的静态体现。它是按照一定的分类标准和一定的次序，将某一特定日期的资产、负债等具体项目予以适当的排列编制而成的。

【案例效果展示】

【案例涉及知识点】

- 编辑数据
- 设置字体
- 设置背景颜色
- 设置单元格

【操作步骤】

第 1 步：制作表头

编辑工作表时，首先要在工作表中编辑数据。

❶ 启动 Excel 2013，创建一个空白工作簿，保存为“资产负债表 .xlsx”，在 A1 单元格中输入“资产负债表”文本内容。

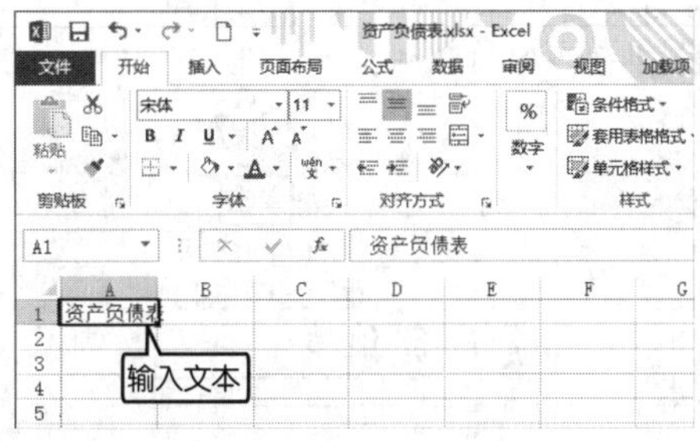

❷ 将鼠标光标移动到第 1 行和第 2 行的行标之间，当光标变为✝时，单击鼠标左键不放，向下拖动，拖动如图所示位置时松开鼠标即可。

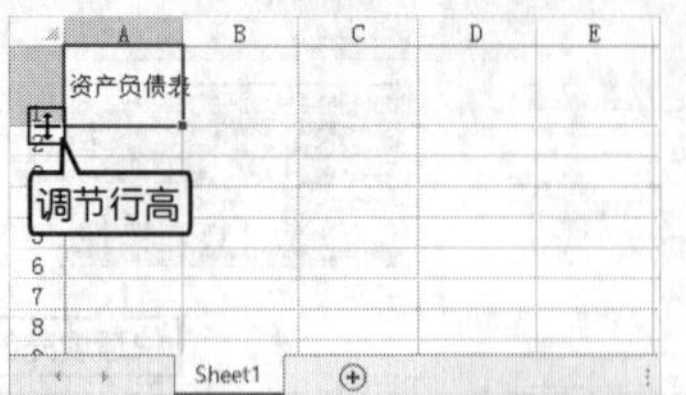

❸ 选中单元格区域 A1:E1，单击【开始】选项卡下【对齐方式】组中的【合并后居中】按钮⊟。

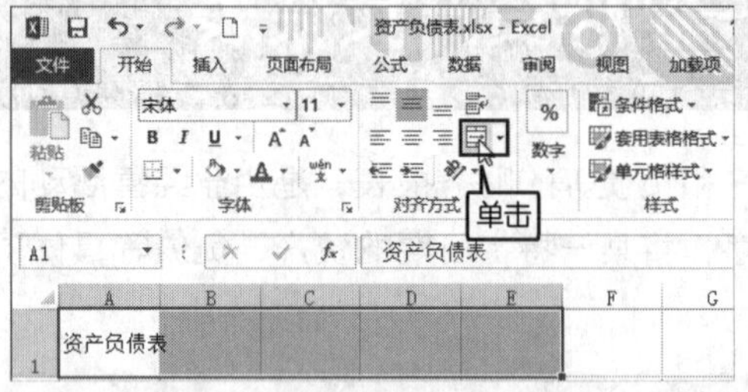

❹ 在【开始】选项卡下【字体】组中设置其字体为“方正楷体简体”，字号为“26”。

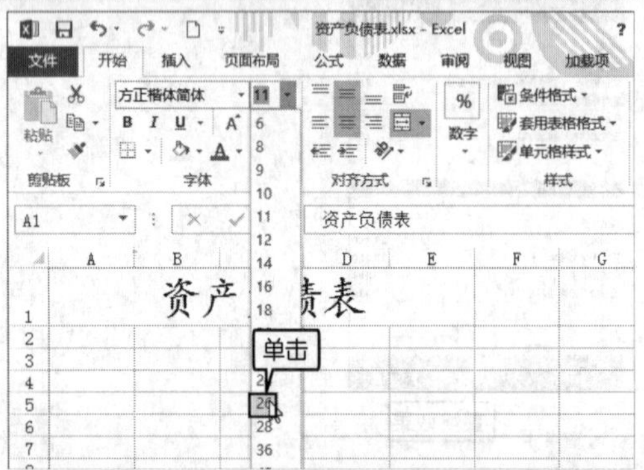

❺ 合并单元格区域 D2:E2，并输入如图所示时间，单击【开始】选项卡下【段落】组中的【右对齐】按钮≡。

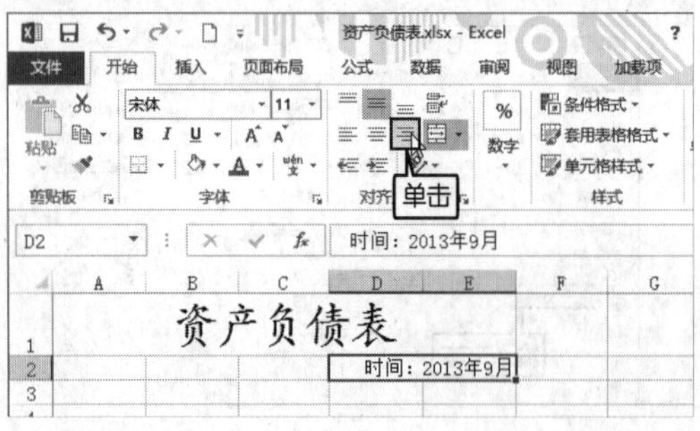

第 2 步：编辑表格内容

表头制作好之后，接下来就需要编辑表格中其他内容。

❶ 如图所示，调节 A 列和 D 列的列宽。

❷ 输入如图所示数据（或直接打开随书光盘中的“素材\ch10\资产负债表.xlsx”）。

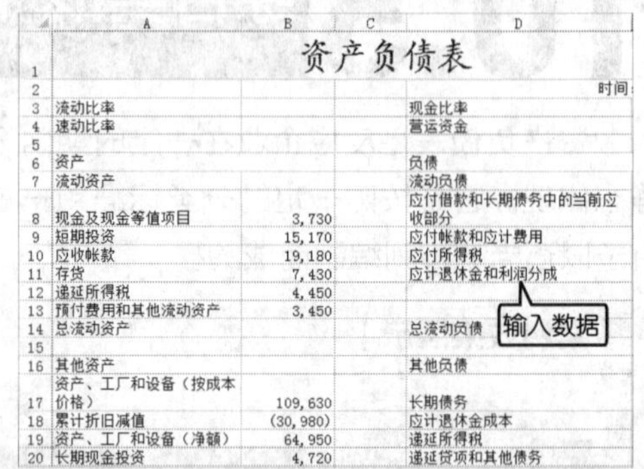

	A	B	C	D
1	资产负债表			
2				时间：
3	流动比率			现金比率
4	速动比率			营运资金
5				
6	资产			负债
7	流动资产			流动负债
8	现金及现金等值项目	3,730		应付借款和长期债务中的当前应收部分
9	短期投资	15,170		应付帐款和应计费用
10	应收帐款	19,180		应付所得税
11	存货	7,430		应计退休金和利润分成
12	递延所得税	4,450		
13	预付费用和其他流动资产	3,450		
14	总流动资产			总流动负债
15				
16	其他资产			其他负债
17	资产、工厂和设备（按成本价格）	109,630		长期债务
18	累计折旧减值	(30,980)		应计退休金成本
19	资产、工厂和设备（净额）	64,950		递延所得税
20	长期现金投资	4,720		递延贷项和其他债务

❸ 选中单元格区域 A3:B4，单击【开始】选项卡下【字体】组中的【填充颜色】按钮🖌·，在弹出的下拉列表中选择“蓝色”，单击【加粗】按钮**B**。

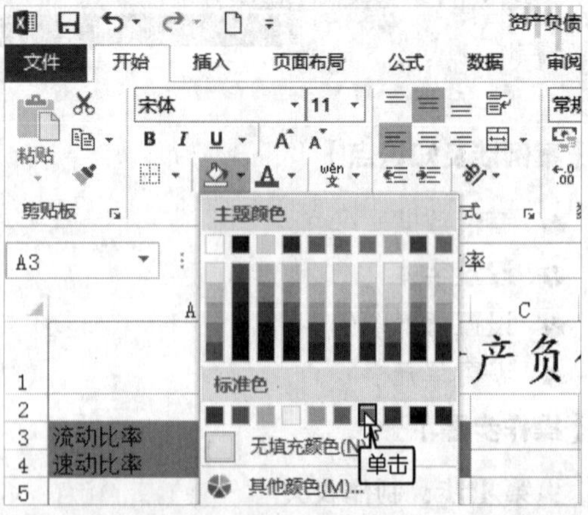

❹ 使用同样的方法设置其他单元格区域，如图所示。

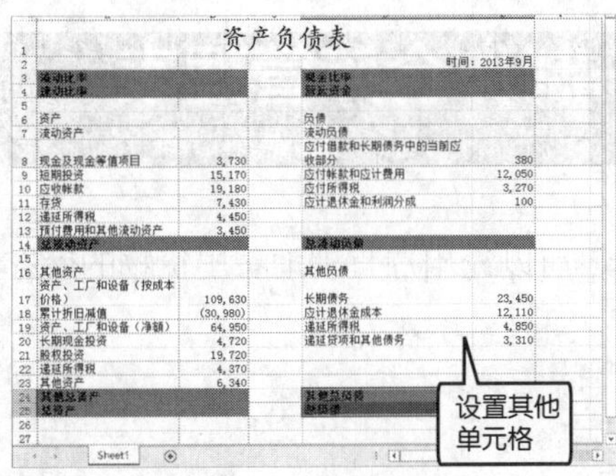

第 3 步：使用公式计算数据

数据输入完成之后，就可以使用公式来计算结果。

❶ 单击单元格 B14，输入公式“=SUM(B8:B13)”，按【Enter】计算结果，使用鼠标右键单击单元格 B14，在弹出的快捷菜单中选择【设置单元格格式】选项。

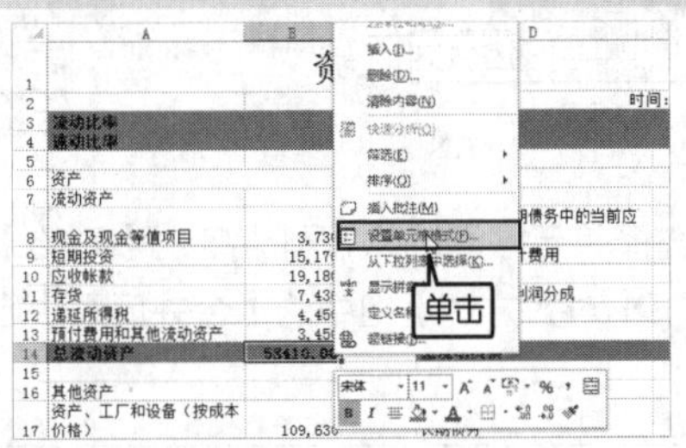

❷ 弹出【设置单元格格式】对话框，在【货币】列表下设置小数位数为“0”，选择一种货币符号，单击【确定】按钮。

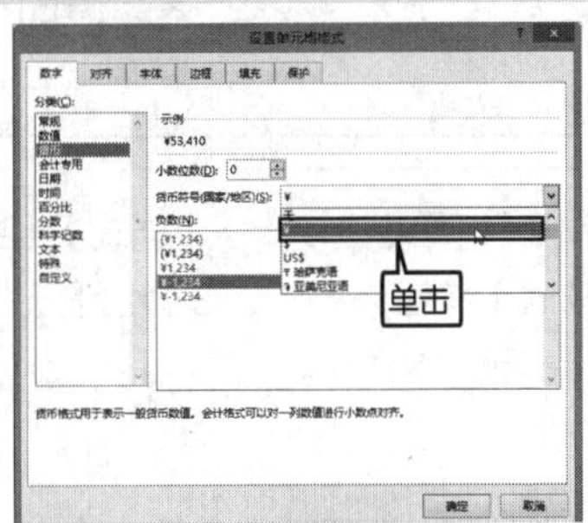

❸ 使用同样的方法设置其他单元格。

❹ 在 B3 单元格中输入公式“=B14/E14”，B4 单元格中输入公式“=(B14-B11)/E14”，在 E3 单元格中输入公式“=B8/E14”，在 E4 单元格中输入公式“=B8/E14”，并设置其格式。

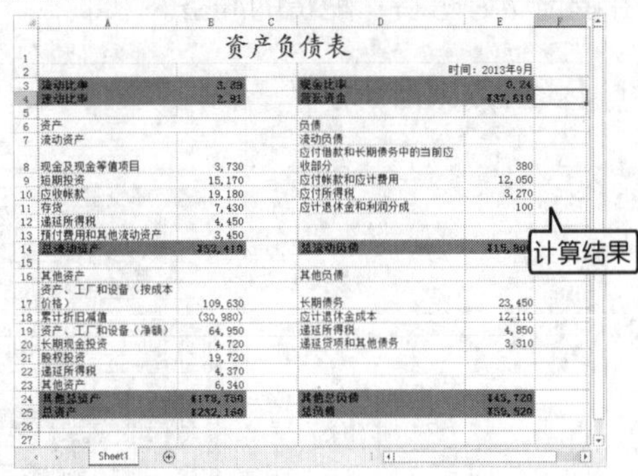

第 4 步：设置表格

为工作表设置表格，可以使工作表看上去更加美观。

❶ 选中单元格区域 A1:E25，单击【开始】选项卡下【字体】组中的【无边框】按钮右侧的倒三角箭头，在弹出的下拉列表中选择【粗匣框线】选项。

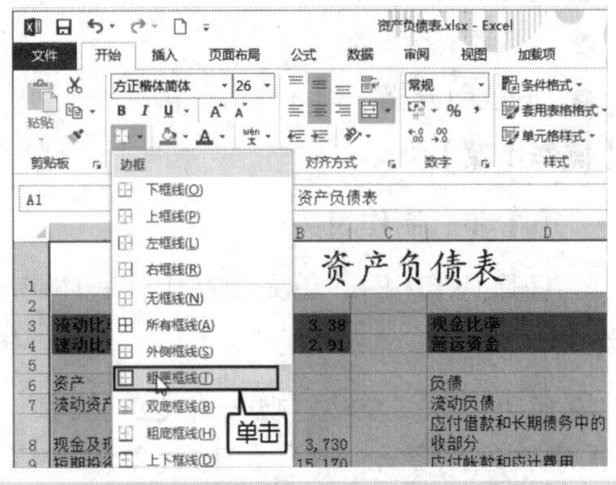

❷ 最终效果如图所示。

10.6 综合实战 2——制作仓库管理表

本节视频教学录像：6 分钟

仓库管理表可以有效地统计仓库中产品的数量，可以让用户直观地看出货物的库存量，并提前做好进货、配货的准备。

【案例效果展示】

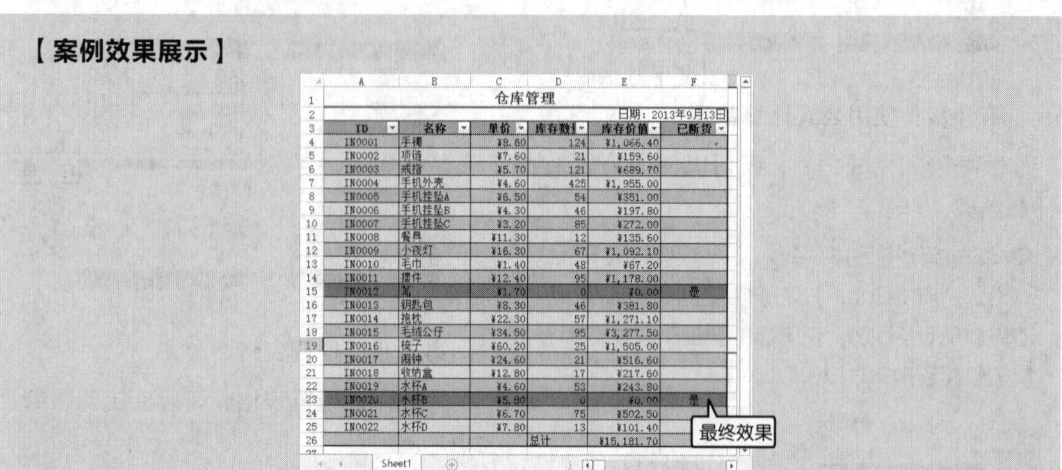

仓库管理					
					日期：2013年9月13日
ID	名称	单价	库存数量	库存价值	已断货
IN0001	手镯	¥8.60	124	¥1,066.40	
IN0002	项链	¥7.60	21	¥159.60	
IN0003	戒指	¥5.70	121	¥689.70	
IN0004	手机外壳	¥4.60	425	¥1,955.00	
IN0005	手机挂坠A	¥6.50	54	¥351.00	
IN0006	手机挂坠B	¥4.30	46	¥197.80	
IN0007	手机挂坠C	¥3.20	85	¥272.00	
IN0008	餐具	¥11.30	12	¥135.60	
IN0009	小夜灯	¥16.30	67	¥1,092.10	
IN0010	毛巾	¥1.40	48	¥67.20	
IN0011	摆件	¥12.40	95	¥1,178.00	
IN0012	笔	¥1.70	0	¥0.00	是
IN0013	钥匙包	¥8.30	46	¥381.80	
IN0014	抱枕	¥22.30	57	¥1,271.10	
IN0015	毛绒公仔	¥34.50	95	¥3,277.50	
IN0016	椅子	¥60.20	25	¥1,505.00	
IN0017	闹钟	¥24.60	21	¥516.60	
IN0018	收纳盒	¥12.80	17	¥217.60	
IN0019	水杯A	¥4.60	53	¥243.80	
IN0020	水杯B	¥5.80	0	¥0.00	是
IN0021	水杯C	¥6.70	75	¥502.50	
IN0022	水杯D	¥7.80	13	¥101.40	
			总计	¥15,181.70	

【案例涉及知识点】

- 编辑数据
- 设置字体
- 设置背景颜色
- 设置单元格

【操作步骤】

第 1 步：制作表头

编辑工作表时，首先要在工作表中编辑数据。

❶ 启动 Excel 2013，创建一个空白工作簿，保存为“仓库管理 .xlsx”，在 A1 单元格中输入“仓库管理”文本内容。

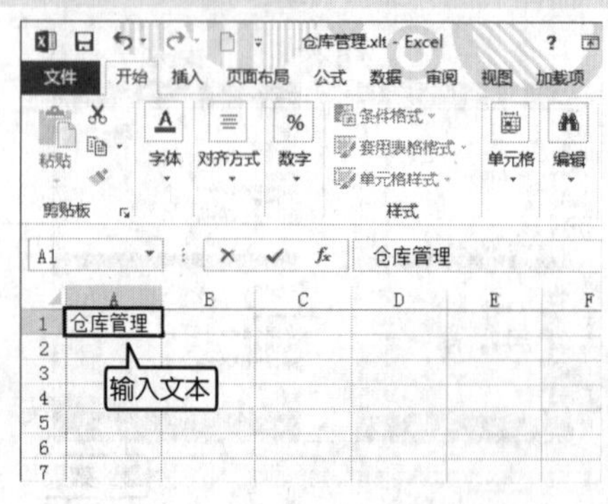

❷ 选择单元格区域 A1:F1，单击【开始】选项卡下【对齐方式】组中的【合并后居中】按钮。

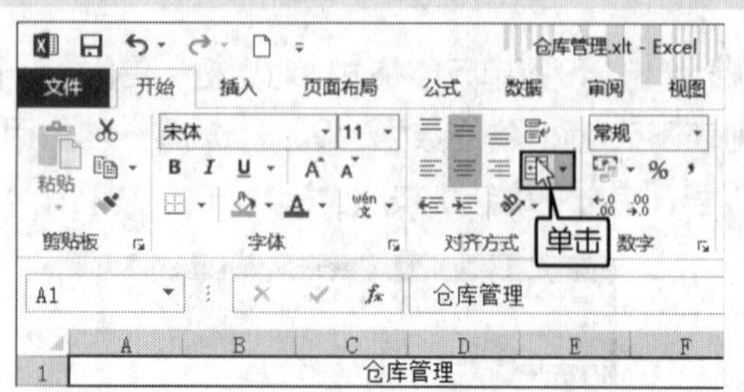

❸ 单击【开始】选项卡下【样式】组中的【单元格样式】按钮，在弹出的下拉列表中选择【标题 1】样式。

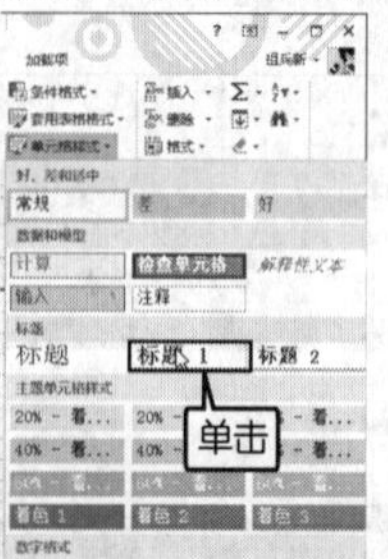

❹ 合并单元格区域 A2:F2，并输入如图所示时间，设置对齐方式为“右对齐”。

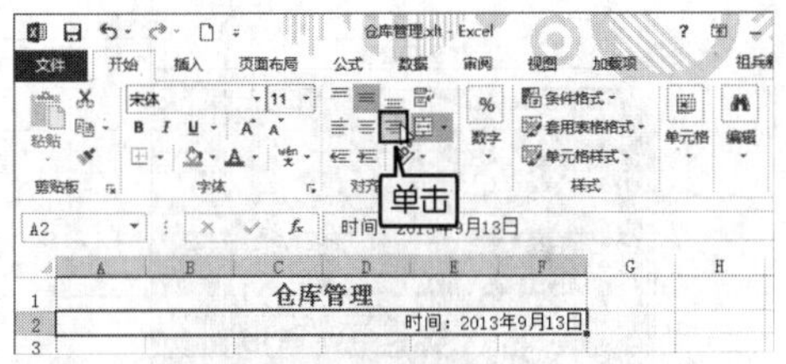

第 2 步：编辑表格内容

表头制作好之后，接下来就需要编辑表格中其他内容。

❶ 输入如图所示数据。

❷ 选中单元格区域 A3:F26，单击【开始】选项卡下【样式】组中的【套用表格格式】按钮，在弹出的下拉列表中选择一种表格样式。

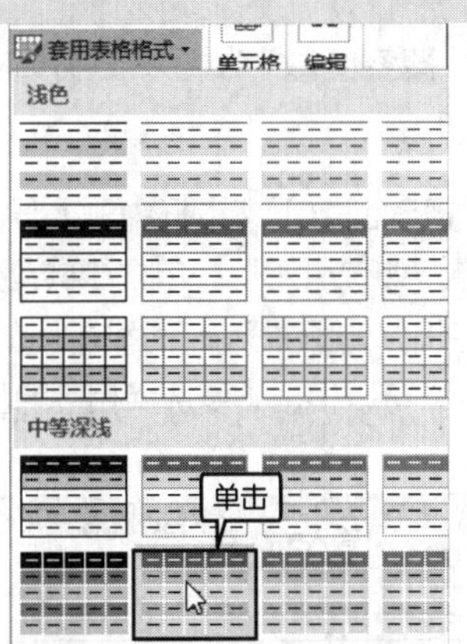

❸ 弹出【套用表格格式】对话框，单击【确定】按钮。

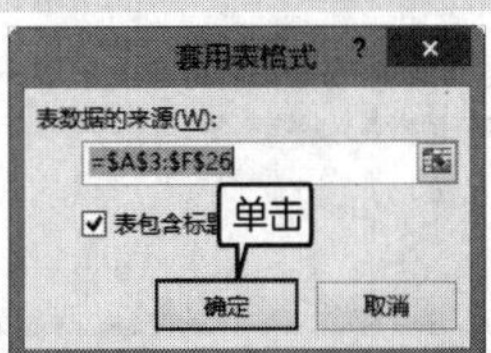

❹ 在 E4 单元格中输入公式“=C4*D4”，按【Enter】键，并使用填充柄填充其他单元格中的数据，如图所示。

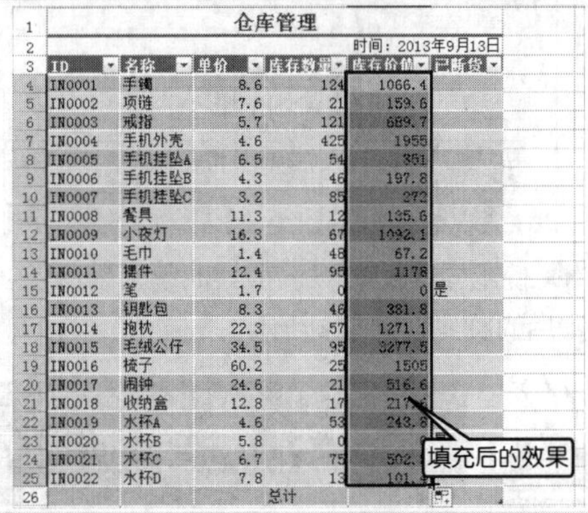

❺ 在单元格 E26 中输入公式“=SUM(E4:E25)”，按【Enter】键。

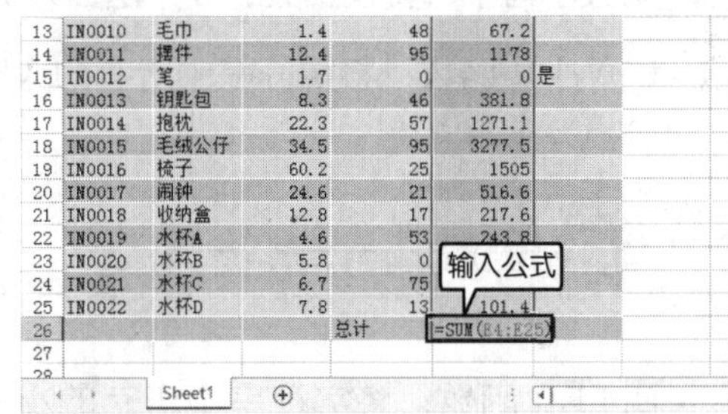

第 3 步：设置表格

为工作表设置边框及背景颜色，可以突出显示部分数据，使工作表看上去更加美观。

❶ 选中单元格区域 A1:F26，单击【开始】选项卡下【字体】组中的【无边框】按钮右侧的倒三角箭头，在弹出的下拉列表中选择【所有框线】选项。

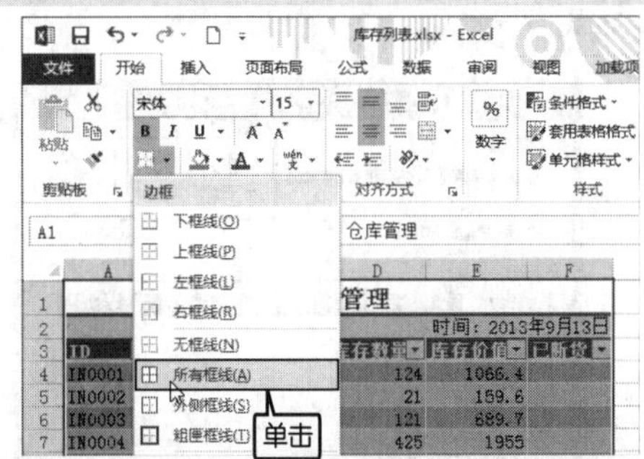

❷ 选中单元格区域 A3:F3，单击【字体】组中的【填充颜色】按钮，在弹出的下拉列表中选择一种颜色。

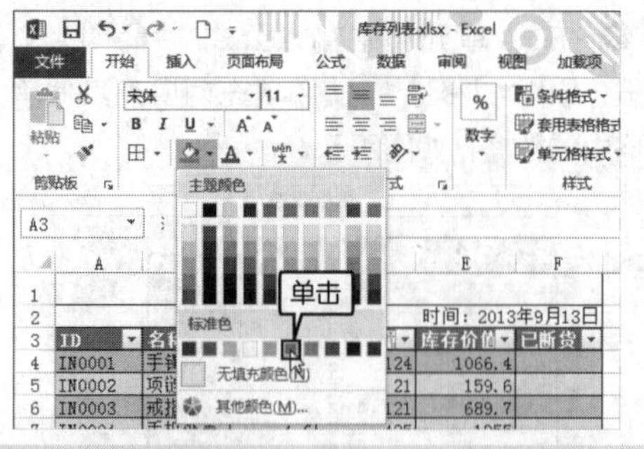

❸ 使用同样的方法设置其他单元格区域，设置后的最终效果如图所示。

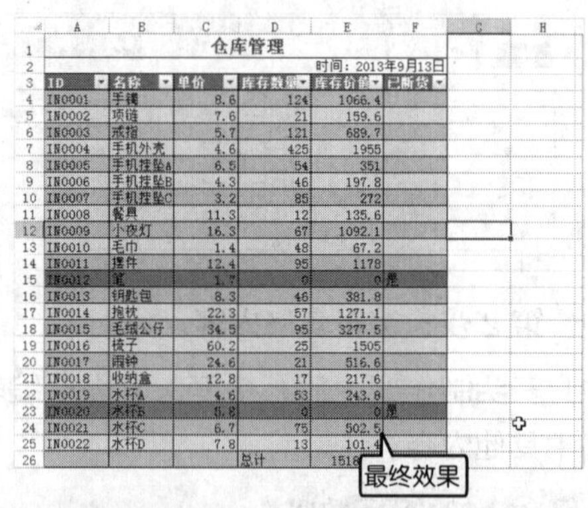

高手私房菜

本节视频教学录像：4 分钟

技巧 1：大小写字母转换技巧

与大小写字母转换相关的 3 个函数为 LOWER、UPPER 和 PROPER 函数。

LOWER 函数：将字符串中所有的大写字母转换为小写字母。

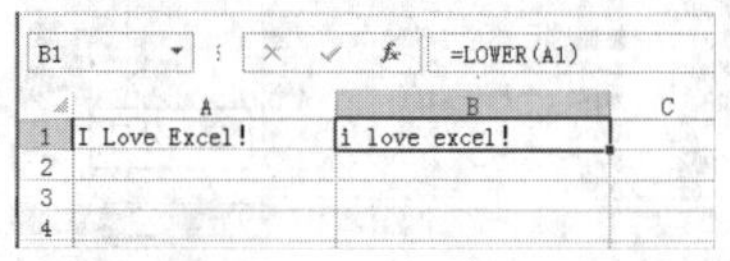

UPPER 函数：将字符串中所有的小写字母转换为大写字母。

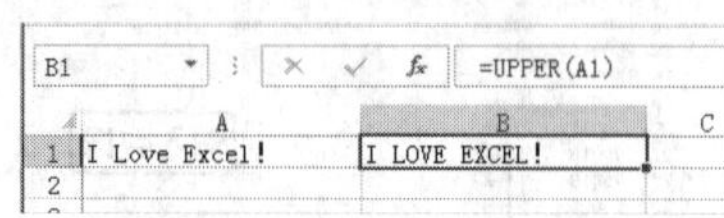

PROPER 函数：将字符串中的首字母及任何非字母字符后的首字母转换为大写字母。

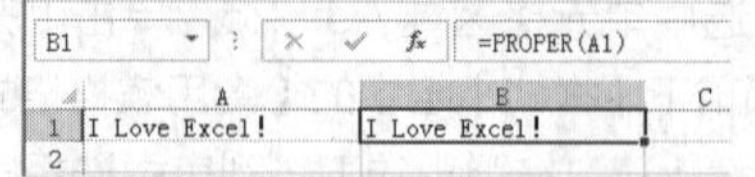

技巧 2：搜索需要的函数

由于 Excel 函数的种类较多，在使用函数时，可以利用“搜索函数”功能来查找相应的函数，具体的操作步骤如下。

❶ 选择需要输入函数的单元格，单击【公式】选项卡【函数库】组中的【插入函数】按钮，弹出【插入函数】对话框。

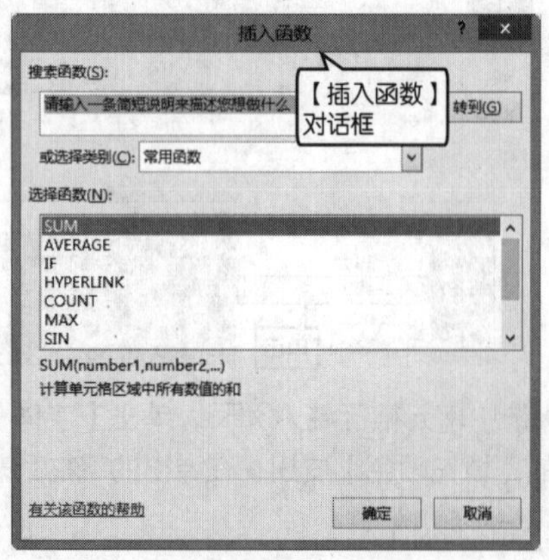

❷ 在【搜索函数】文本框中输入要搜索函数的关键字，如“引用”，单击【转到】按钮，系统会将相似的函数列在下面的【选择函数】列表框中，可以根据需要选择相应的函数。

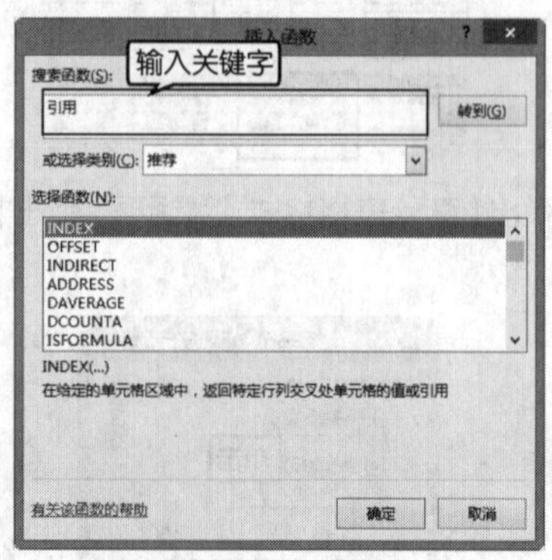

第 11 章

数据分析

本章视频教学录像：42 分钟

高手指引

使用 Excel 2013 可以对表格中的数据进行基础分析。使用 Excel 的排序功能可以将数据表中的内容按照特定的规则排序；使用筛选功能可以将满足用户条件的数据单独显示；设置数据的有效性可以防止输入错误数据；使用条件格式功能可以直观地突出显示重要值；使用合并计算和分类汇总功能可以对数据进行分类或汇总。

重点导读

- 掌握数据筛选的方法
- 掌握数据排序的方法
- 掌握条件格式的使用方法
- 掌握设置数据有效性的方法
- 掌握分类汇总及合并运算的方法

11.1 数据的筛选

本节视频教学录像：10 分钟

在数据清单中，如果用户要查看一些特定数据，就需要对数据清单进行筛选，即从数据清单中选出符合条件的数据，将其显示在工作表中，不满足筛选条件的数据行将自动隐藏。

11.1.1 自动筛选

使用自动筛选功能可以在工作表中只显示那些满足特定条件的数据行。使用自动筛选功能的具体操作步骤如下。

❶ 打开随书光盘中的“素材\ch11\学生成绩表.xlsx”文件。单击工作表区域的任意一个单元格，如A1单元格。单击【数据】选项卡下【排序和筛选】选项组中的【筛选】按钮。

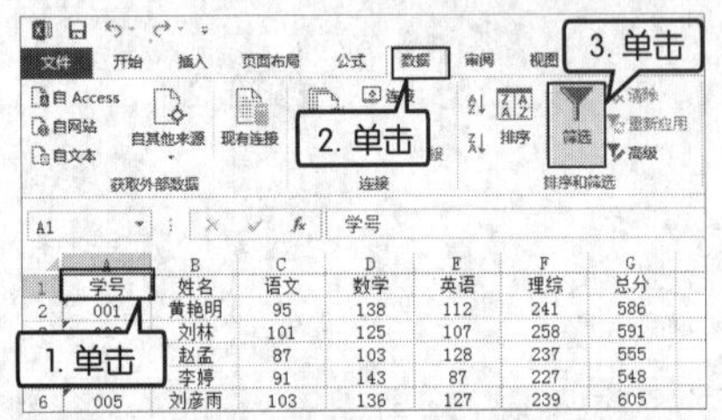

提示 先选中需要筛选的单元格区域，执行自动筛选命令，Excel 2013 会自动筛选所选单元格区域中的数据，否则 Excel 2013 将对工作表中的所有数据进行筛选。

❷ 此时工作表第1行的列标题显示为下拉列表形式，多了一个下拉箭头。

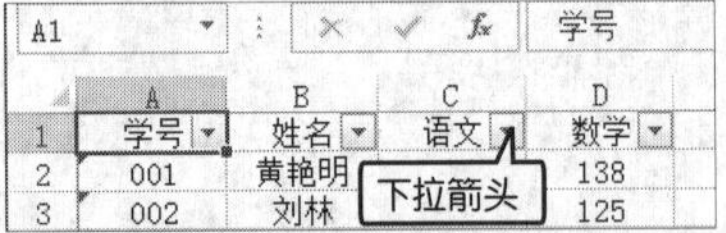

❸ 单击要筛选的列右侧的下拉箭头，如单击【语文】列右侧的下拉箭头，在弹出的下拉菜单中选择【数字筛选】选项，在其下一级子菜单中选择【大于】菜单命令。

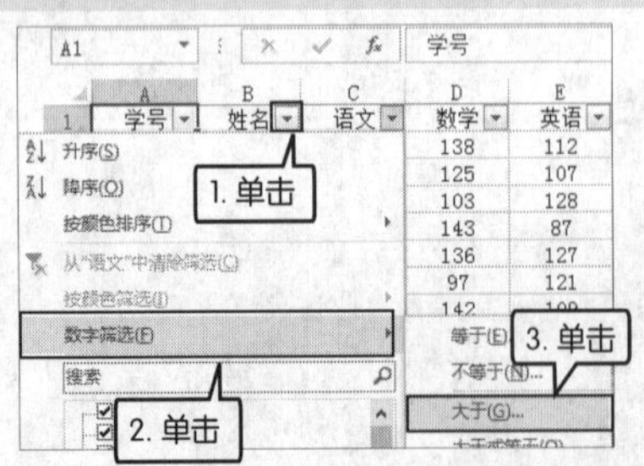

❹ 弹出【自定义自动筛选方式】对话框，在【显示行】下【语文】左侧的下拉列表中选择【大于】选项，在右侧的文本选择框中输入“85”，单击【确定】按钮。

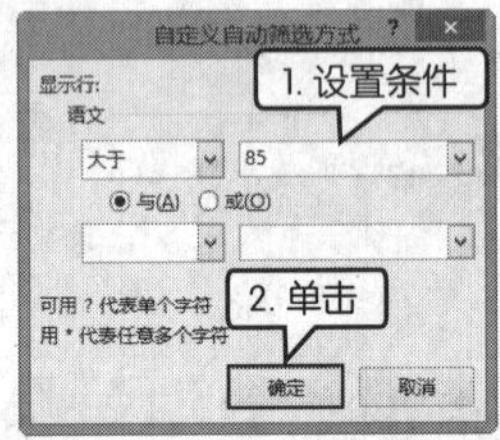

❺ 返回工作表，可以看到仅显示满足语文成绩大于85的行，不满足条件的行已经被隐藏。

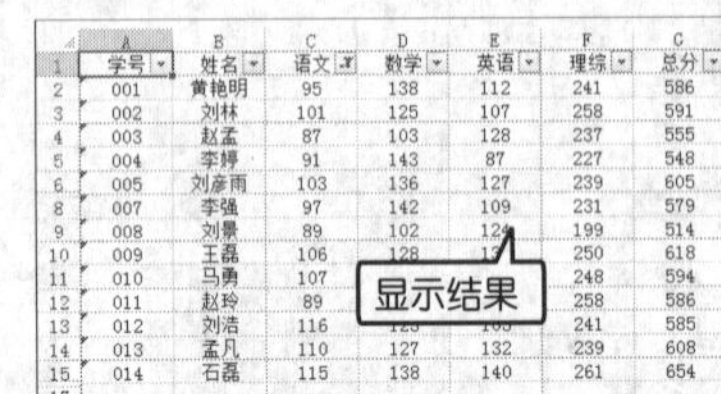

❻ 此时【语文】右侧的下拉箭头变为形状。单击该下拉箭头，在出现的下拉菜单中选择【从“语文”中清除筛选】菜单项，即可恢复所有行的显示。

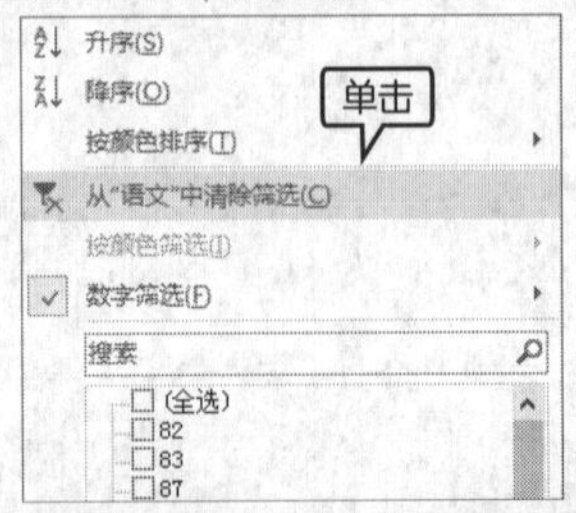

提示 如果要退出自动筛选，则再次单击【数据】选项卡【排序和筛选】选项组中的【筛选】按钮即可。

11.1.2 高级筛选

若要通过复杂的条件来筛选单元格区域，则可使用高级筛选功能。进行高级筛选的具体步骤如下。

> **提示** 高级筛选要求在一个与工作表中数据不同的地方指定一个单元格区域来存放筛选的条件，这个单元格区域称为条件区域。

❶ 打开随书光盘中的“素材\ch11\学生成绩表.xlsx”文件，在 E19 单元格中输入“理综”，在 E20 单元格中输入“> 230”，如下图所示。

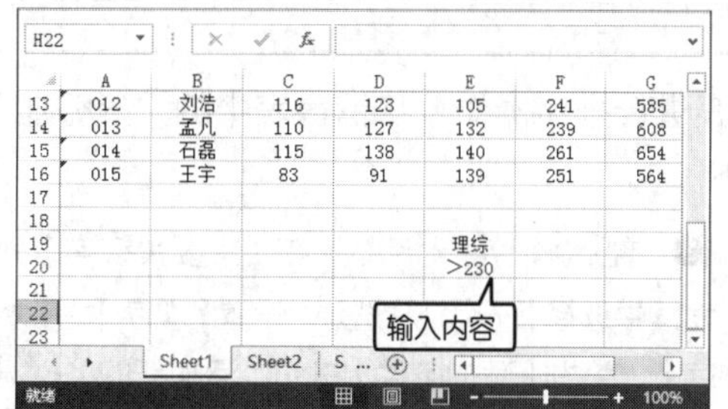

❷ 选择任意一个单元格，单击【数据】选项卡下【排序和筛选】组中的【高级】按钮 。

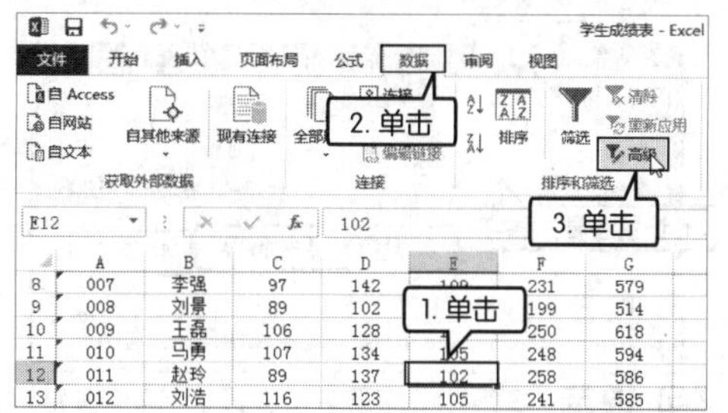

❸ 弹出【高级筛选】对话框，分别单击【列表区域】和【条件区域】文本框右侧的【折叠】按钮，设置列表区域和条件区域。设置完毕后，单击【确定】按钮。

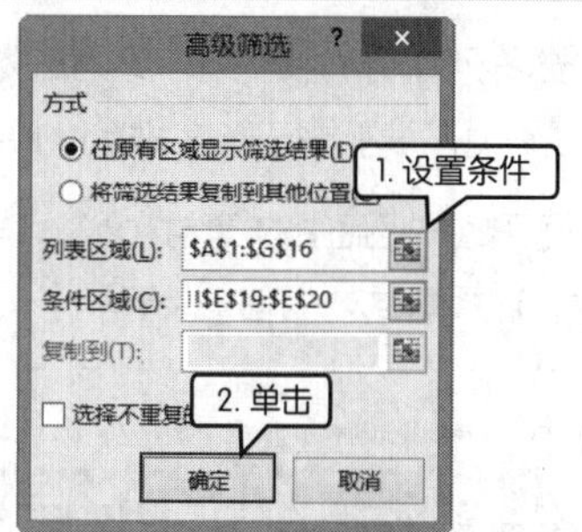

❹ 此时就筛选出了符合条件区域的数据。

	学号	姓名	语文	数学	英语	理综	总分
2	001	黄艳明	95	138	112	241	586
3	002	刘林	101	125	107	258	591
4	003	赵孟	87	103	128	237	555
6	005	刘彦雨	103	136	127	239	605
8	007	李强	97	142	109	231	579
10	009	王磊	106	128	134	250	618
11	010	马勇	107	134	105	248	594
12	011	赵玲	89	137	102	258	586
13	012	刘浩	116	[illegible]	105	241	585
14	013	孟凡	[illegible]	[illegible]	132	239	608
15	014	石磊	[illegible]	[illegible]	140	261	654
16	015	王宇	83	91	139	251	564

筛选结果

> **提示** 在【高级筛选】对话框中，单击选中【将筛选结果复制到其他位置】单选项，则【复制到】输入框可以使用。选择复制到的单元格区域，筛选的结果将自动复制到所选的单元格区域。

11.2 数据的排序

本节视频教学录像：6 分钟

将工作表中的数据根据需求进行不同的排列，可以将数据按照一定的顺序显示，便于用户观察，这时就需要使用 Excel 的数据排序功能。

11.2.1 按一列排序

按一列排序就是依据某列的数据规则对数据进行排序，具体的操作步骤如下 。

❶ 打开随书光盘中的"素材\ch11\销售表.xlsx"文件，选中需要排序的所在列的任一单元格，如【二分店】列中的任一单元格。

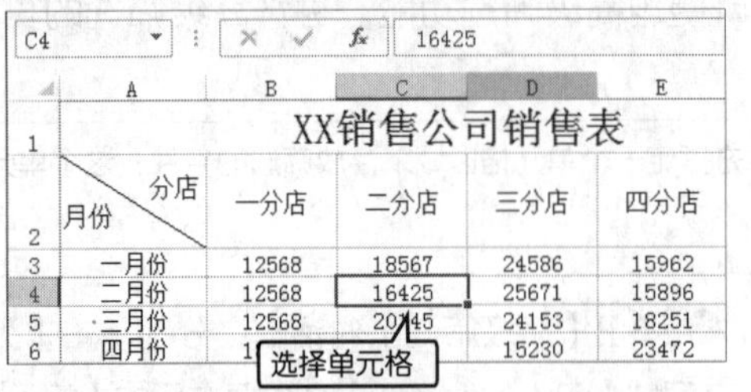

❷ 单击【数据】选项卡下【排序和筛选】选项组中的【升序】按钮或【降序】按钮，可以快速实现排序要求，这里单击【升序】按钮。

11.2.2 按多列排序

按多列排序就是依据多列的数据规则对数据表进行排序操作。将销售表中的"一分店"和"二分店"均进行降序排列的具体操作步骤如下。

❶ 打开随书光盘中的"素材\ch11\销售表.xlsx"文件，选择区域内的任一单元格。

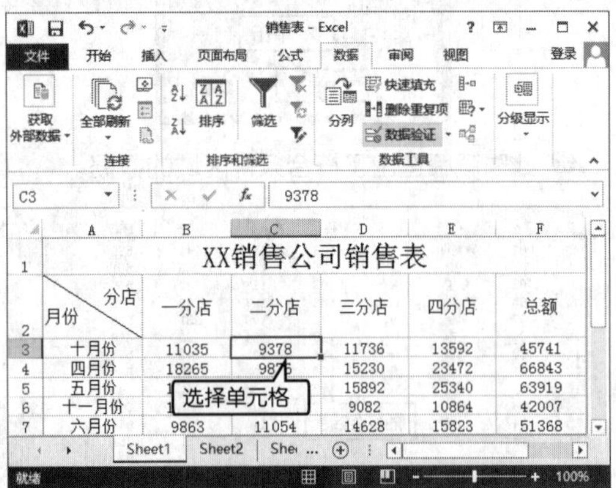

❷ 单击【数据】选项卡中【排序和筛选】选项组中的【排序】按钮。

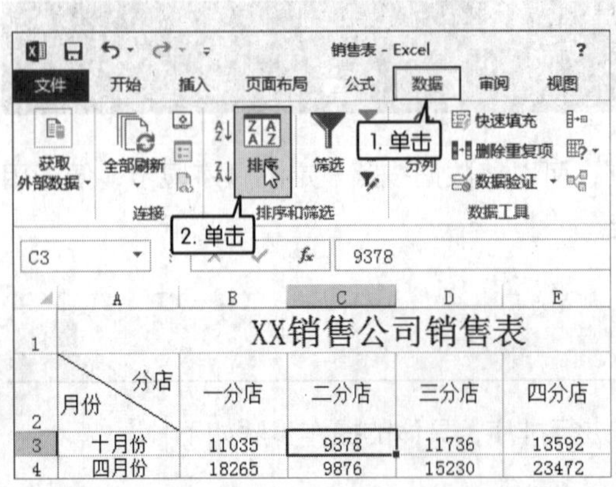

❸ 弹出【排序】对话框，在【主要关键字】列表框中选择【一分店】选项，设置【次序】为【降序】。单击【添加条件】按钮，添加新的条件，在【次要关键字】下拉列表中选择【二分店】选项，设置【次序】为【降序】，单击【确定】按钮。

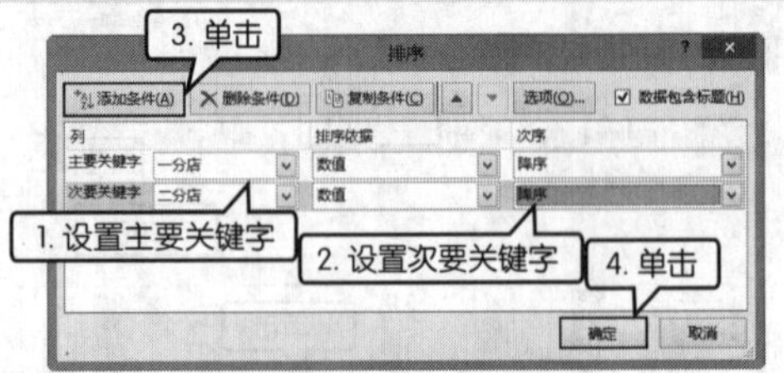

提示 多条件排序最多可以设置64个关键词，条件相同可直接单击【复制条件】按钮。

❹ 最终结果如下图所示。

提示 此时，将按照"一分店"数据由高到低的顺序排序，只有在"一分店"数据相等时，才按照"二分店"数据由高到低排序。

11.2.3 自定义排序

Excel 具有自定义排序功能，用户可以根据需要设置自定义排序序列，设置并自定义排序的具体操作步骤如下。

❶ 打开随书光盘中的“素材 \ch11\ 自定义排序 .xlsx”文件，选中需要自定义排序单元格区域的一个单元格。单击【数据】选项卡下【排序和筛选】选项组中的【排序】按钮。

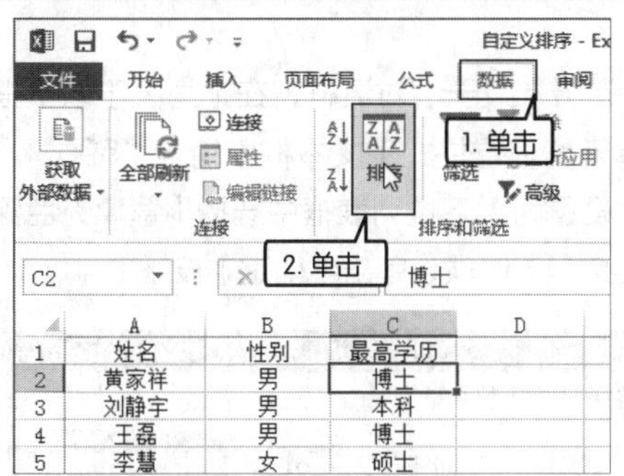

❷ 弹出【排序】对话框，在【主要关键字】下拉列表中选择【最高学历】选项，在【次序】下拉列表中选择【自定义序列】选项。

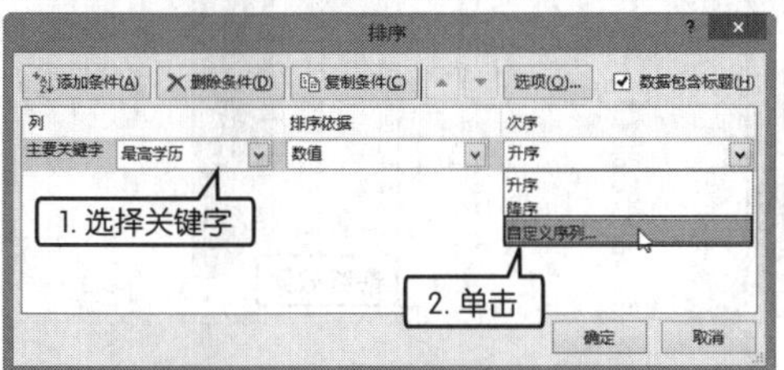

❸ 弹出【自定义序列】对话框，在【输入序列】列表框中依次输入“博士”、“硕士”、“本科”、“大专”、“中专”和“高中”等内容，单击【添加】按钮。

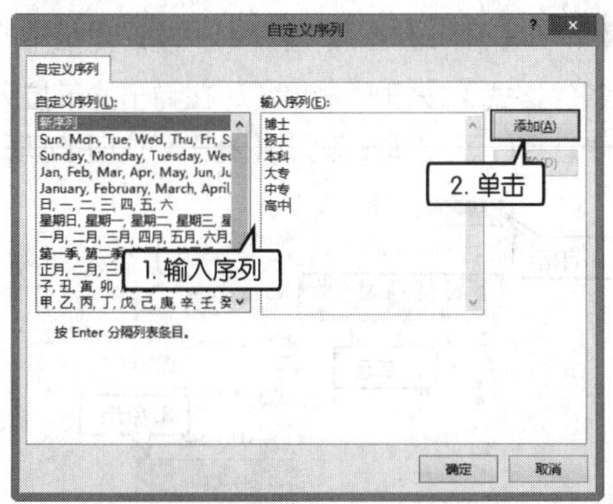

❹ 新的自定义序列就被添加到【自定义序列】列表框中，单击【确定】按钮。

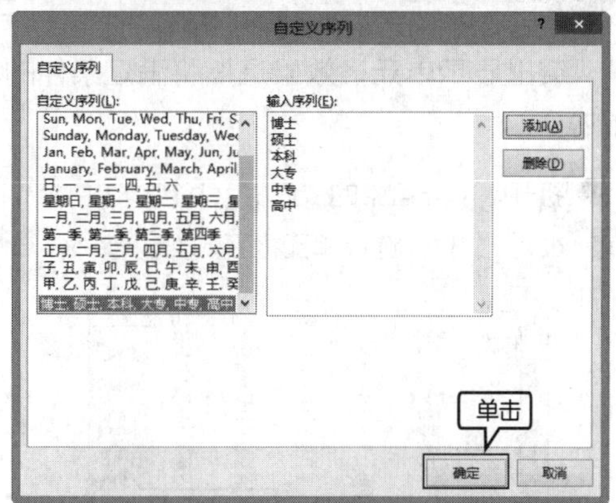

❺ 返回【排序】对话框，可以看到次序已经显示在【次序】选择框中，单击【确定】按钮。

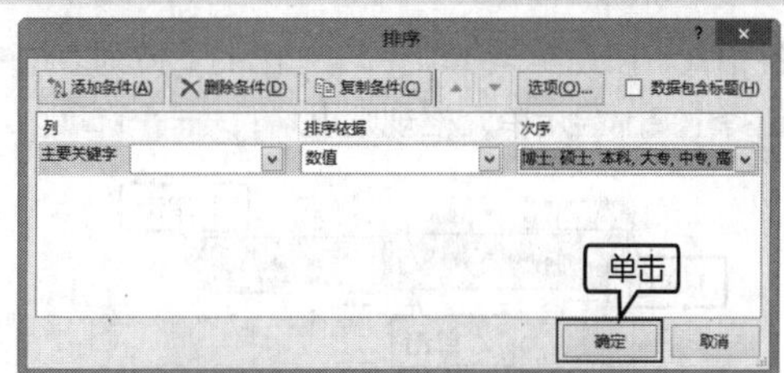

❻ 自定义排序的结果如下图所示。

	A	B	C
1	姓名	性别	最高学历
2	黄家祥	男	博士
3	王磊	男	博士
4	李强	男	博士
5	李慧	女	硕士
6	马超	男	硕士
7	刘静宇	男	本科
8	张艳华	女	大专
9	刘婷	女	大专
10	王旭	男	中专
11	张燕	女	高中
12	石亮	男	高中
13	陆昊	男	大学
14	王伟琪	女	大学
15			

排序结果

提示 在【Excel 选项】对话框【高级】选项下的【常规】组中单击【编辑自定义列表】按钮，也可弹出【自定义序列】对话框添加自定义序列。

11.3 条件格式

本节视频教学录像：3 分钟

条件格式是指条件为真时，Excel 自动应用所选单元格的格式，即在所选的单元格中符合条件的以一种格式显示，不符合条件的以另一种格式显示。

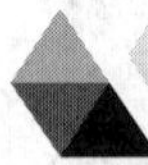

11.3.1 突出显示单元格效果

突出显示单元格效果是指将满足条件的单元格按照设置突出显示出来，具体的操作步骤如下 。

❶ 打开随书光盘中的“素材\ch11\学生成绩表.xlsx”文件，选择单元格区域 G2:G16。

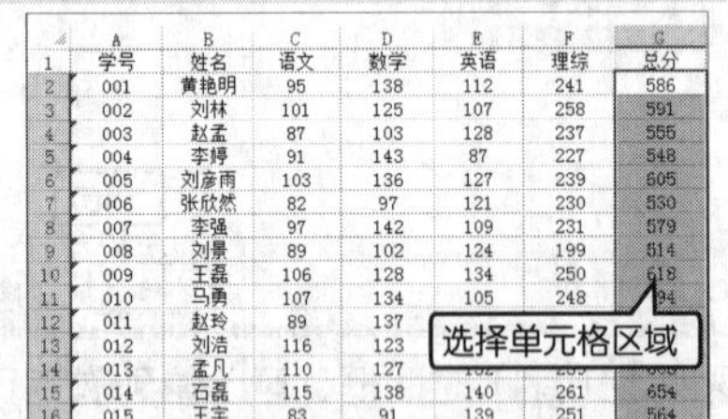

❷ 单击【开始】选项卡下【样式】选项组中的【条件格式】按钮 条件格式，在弹出的下拉列表中选择【突出显示单元格规则】➤【大于】选项。

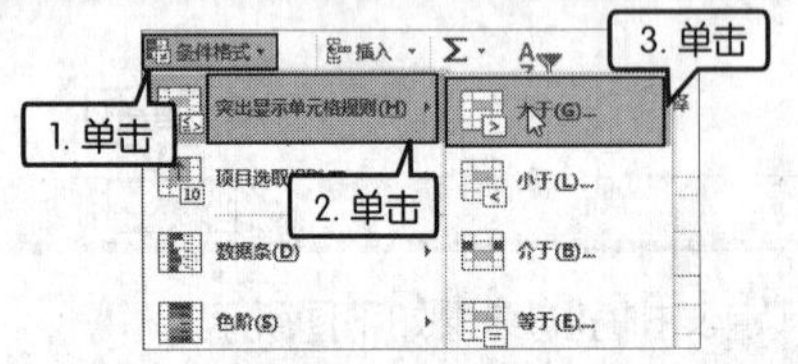

❸ 弹出【大于】对话框，在【为大于以下值的单元格设置格式】文本框中输入“590”，在【设置为】下拉列表框中选择【黄填充色深黄色文本】选项，单击【确定】按钮。

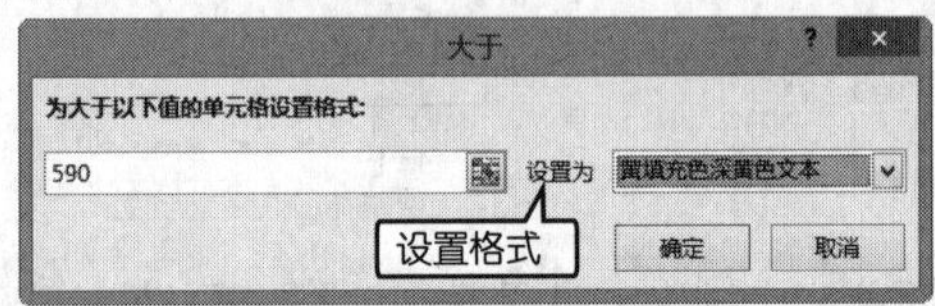

❹ 此时突出显示满足条件的学生成绩。

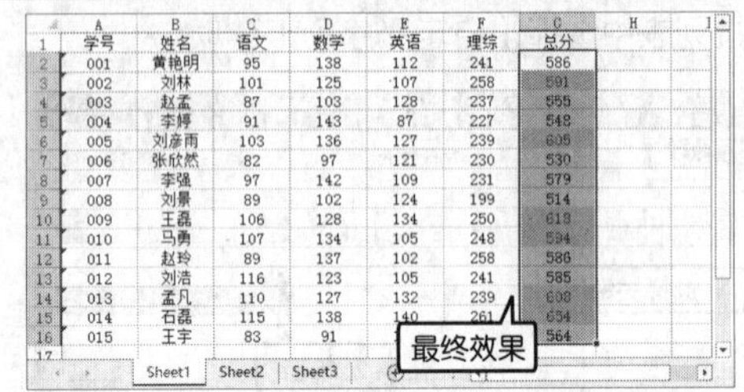

11.3.2 使用项目选取规则

项目选取规则可以突出显示选定区域中最大或最小的百分数或数字所指定的数据所在单元格，还可以指定大于或小于平均值的单元格。使用项目选取规则的具体操作步骤如下。

❶ 打开随书光盘中的“素材\ch11\学生成绩表.xlsx”文件，选择单元格区域 F2:F16。

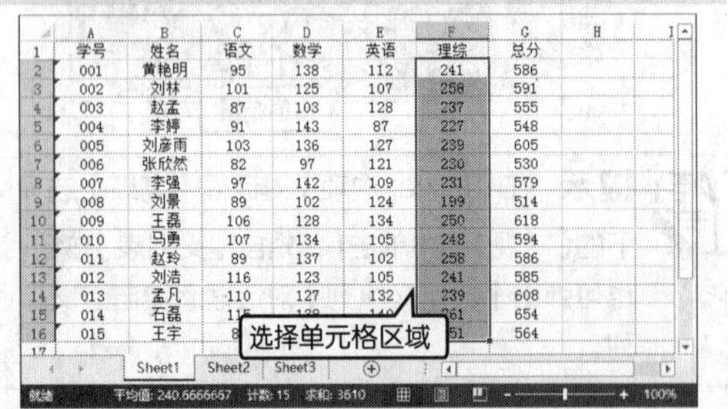

❷ 单击【开始】选项卡下【样式】选项组中的【条件格式】按钮 条件格式，在弹出的下拉列表中选择【项目选取规则】➤【高于平均值】选项。

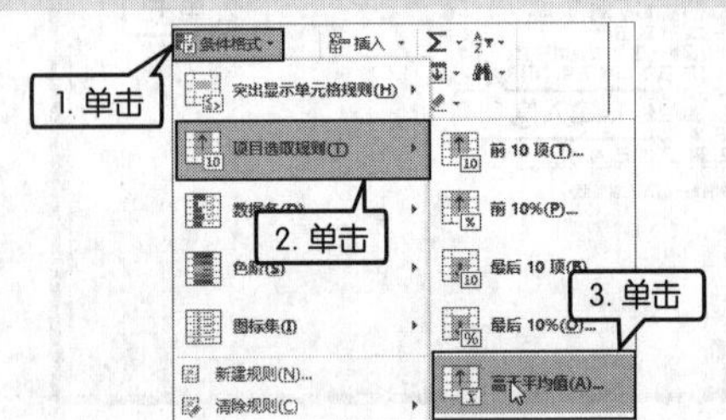

❸ 弹出【高于平均值】对话框，为高于平均值的单元格区域设置格式为【浅红填充深红色文本】选项，单击【确定】按钮。

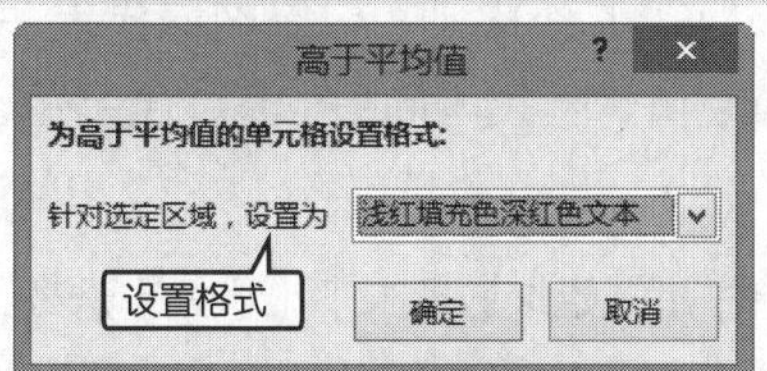

❹ 此时将满足条件的学生成绩所在的单元格以“浅红填充深红色文本”的格式显示。

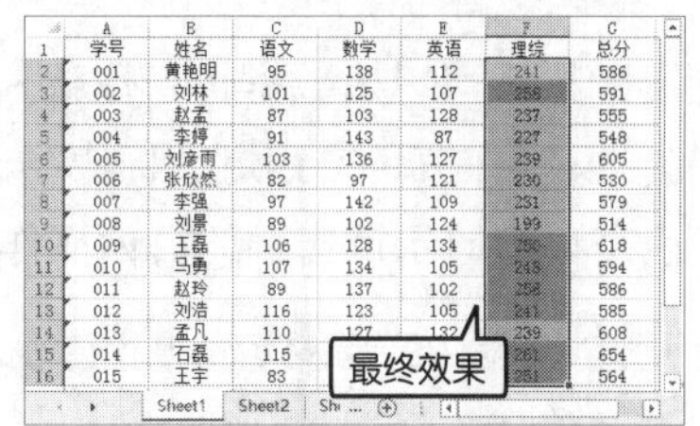

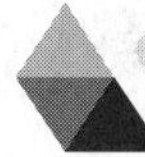

11.3.3 使用数据条格式

数据条可帮助查看某个单元格相对于其他单元格的值，数据条的长度代表单元格中的值，数据条越长，表示值越高；数据条越短，表示值越低。使用数据条的具体操作步骤如下。

❶ 打开随书光盘中的“素材\ch11\学生成绩表.xlsx”文件，选择“总分”列。

❷ 单击【开始】选项卡下【样式】选项组中的【条件格式】按钮 条件格式，在弹出的下拉列表中选择【数据条】➤【渐变填充】➤【蓝色数据条】选项，总分就以蓝色数据条显示，总分越高，数据条越长。

11.3.4 使用颜色格式

颜色作为一种直观的指示，可以帮助用户了解数据分布和数据变化。双色刻度使用两种颜色的深浅程度来比较某个区域的单元格，颜色的深浅代表值的高低。例如，在绿色和红色的双色刻度中，可以指定较高值单元格的颜色更绿，而较低值单元格的颜色更红。三色刻度使用三种颜色的深浅程度来比较某个区域的单元格，颜色的深浅表示值的高、中和低。使用绿 - 黄 - 红颜色显示销售额的具体操作步骤如下。

❶ 打开随书光盘中的“素材\ch11\销售表.xlsx”文件，选择单元格区域 B2:E14。

	A	B	C	D	E	F
1	XX销售公司销售表					
2	分店 / 月份	一分店	二分店	三分店	四分店	总额
3	一月份	12568	18567	24586	15962	71683
4	二月份	12568	16425	25671	15896	70560
5	三月份	12568	20145	24153	18251	75117
6	四月份	18265	9876	15230	23472	66843
7	五月份	12698	9989	15892	25340	63919
8	六月份	9863	11054	14628	15823	51368
9	七月份	9863	12063	12503	16843	51272
10	八月份	13501	11756	11306	9347	45910
		2461	12506	12857	16294	54118
		1035	9378	11736	13592	5741

选择单元格区域

❷ 单击【开始】选项卡下【样式】选项组中的【条件格式】按钮 条件格式，在弹出的下拉列表中选择【色阶】➤【绿 - 黄 - 红色阶】选项，销售额区域即以绿 - 黄 - 红色阶显示。

	A	B	C	D	E	F
2	分店 / 月份	一分店	二分店	三分店	四分店	总额
3	一月份	12568	18567	24586	15962	71683
4	二月份	12568	16425	25671	15896	70560
5	三月份	12568	20145	24153	18251	75117
6	四月份	18265	9876	15230	23472	66843
7	五月份	12698	9989	15892	25340	63919
8	六月份	9863	11054	14628	15823	51368
9	七月份	9863	12063	12503	16843	51272
10	八月份	13501	11756	11306	9347	45910
11	九月份	12461	12506	12857	16294	54118
12	十月份	11035	9378	11736	13592	45741
		11035	11026	9082	10864	42007
		11035	13001	8679	12306	45021

最终效果

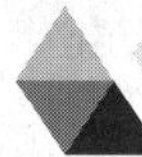

11.3.5 套用小图标格式

使用图标集可以对数据进行注释，并可以按阈值分为 3~5 个类别。每个图标代表一个值的范围。例如，在三色交通灯图标集中，红灯代表较低值，黄灯代表中间值，绿灯代表较高值。使用三色交通灯显示销售额的具体操作步骤如下。

❶ 打开随书光盘中的“素材\ch11\销售表.xlsx”文件，选择单元格区域 B2:E14。

XX销售公司销售表

月份 \ 分店	一分店	二分店	三分店	四分店	总额
一月份	12568	18567	24586	15962	71683
二月份	12568	16425	25671	15896	70560
三月份	12568	20145	24153	18251	75117
四月份	18265	9876	15230	23472	66843
五月份	12698	9989	15892	25340	63919
六月份	9863	11054	14628	15823	51368
七月份	9863	12063	12503	16843	51272
	13501	11756	11306	9347	45910
九月份	12461	12506	12857	16294	54118
十月份	11035	9378	11736	13592	5741

❷ 单击【开始】选项卡下【样式】选项组中的【条件格式】按钮 条件格式，在弹出的下拉列表中选择【图标集】➤【三色交通灯（无边框）】选项，销售额区域即以三色交通灯显示。

月份 \ 分店	一分店	二分店	三分店	四分店	总额
一月份	12568	18567	24586	15962	71683
二月份	12568	16425	25671	15896	70560
三月份	12568	20145	24153	18251	75117
四月份	18265	9876	15230	23472	66843
五月份	12698	9989	15892	25340	63919
六月份	9863	11054	14628	15823	51368
七月份	9863	12063	12503	16843	51272
八月份	13501	11756	11306	9347	45910
九月份	12461	12506	12857	16294	54118
十月份	11035	9378	11736	13592	45741
十一月份	11035	11026	9082	10864	42007
	11035	13001	8679	12306	45021

11.3.6 清除条件格式

设定格式后，可以清除条件格式。清除条件格式的具体操作步骤如下。

❶ 选择设置条件格式的区域，单击【开始】选项卡下【样式】选项组中的【条件格式】按钮 条件格式，在弹出的下拉列表中选择【清除规则】➤【清除所选单元格的规则】选项。

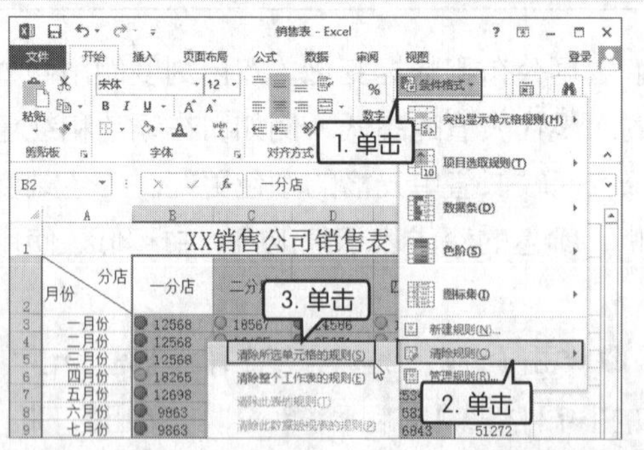

❷ 此时清除了设置的条件格式。

XX销售公司销售表

月份 \ 分店	一分店	二分店	三分店	四分店	总额
一月份	12568	18567	24586	15962	71683
二月份	12568	16425	25671	15896	70560
三月份	12568	20145	24153	18251	75117
四月份	18265	9876	15230	23472	66843
五月份	12698	9989	15892	25340	63919
六月份	9863	11054	14628	15823	51368
七月份	9863	12063	12503	16843	51272
八月份	13501	11756	11306	9347	45910
九月份	12461	12506	12857	16294	54118
十月份	11035	9378		13592	45741
十一月份	11035			10864	2007

提示 选择【清除所选单元格的规则】选项，可清除选择区域中的条件格式；选择【清除整个工作表的规则】选项，可以清除工作表中所有设置的条件格式。

11.4 设置数据的有效性

本节视频教学录像：3 分钟

在向工作表中输入数据时，为了防止用户输入错误的数据，可以为单元格设置有效的数据范围，限制用户只能输入指定范围的数据。设置学生学号长度的具体操作步骤如下。

❶ 打开随书光盘中的“素材\ch11\数据有效性.xlsx”文件。选择 B2:B8 单元格区域，单击【数据】选项卡下【数据工具】选项组中的【数据验证】按钮 数据验证，在弹出的下拉列表中选择【数据验证】选项。

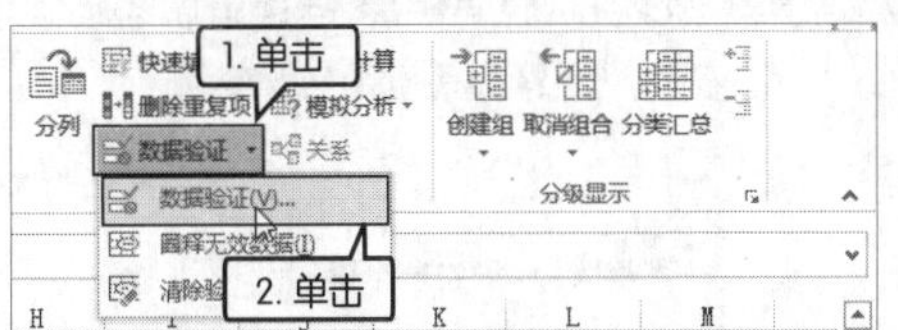

❷ 弹出【数据验证】对话框，选择【设置】选项卡，在【允许】下拉列表中选择【文本长度】，在【数据】下拉列表中选择【等于】，在【长度】文本框中输入“8”，单击【确定】按钮。

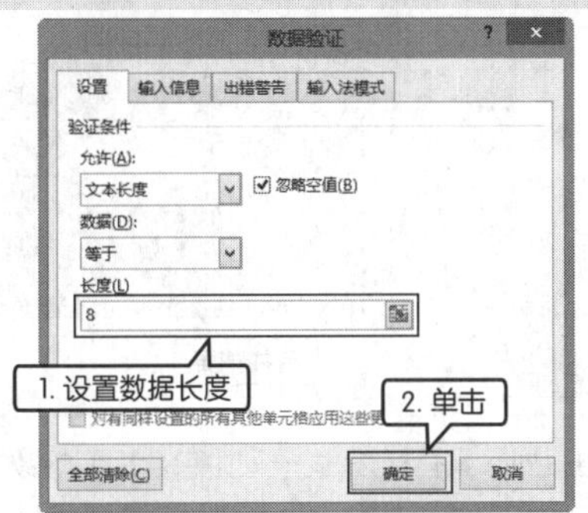

❸ 返回工作表，在 B2:B8 单元格中输入学号，如果输入小于 8 位或者大于 8 位的学号，就会弹出【Microsoft Excel】提示框，提示出错信息。

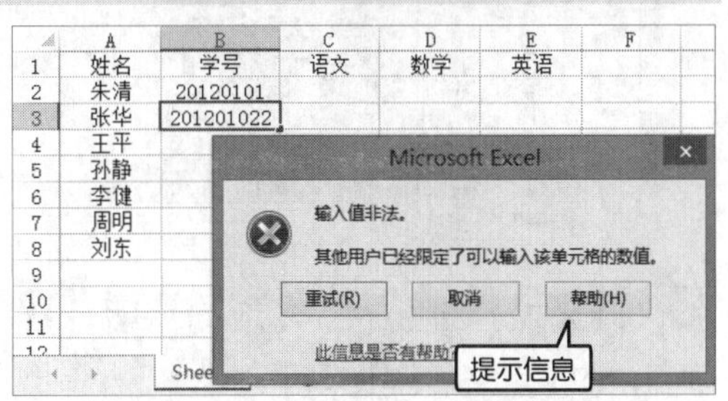

❹ 只有输入 8 位的学号时，才能正确输入，而不会弹出警告。

	A	B	C
1	姓名	学号	语文
2	朱清	20120101	
3	张华	20120102	
4	王平	20120103	
5	孙静	20120104	
6	李健	20120105	
7	周明	20120106	
8	刘东	20120107	

提示 在【数据验证】对话框中还可以设置输入前的提示信息、出错时的警告信息以及设置输入法模式等。

11.5 数据的合并计算

本节视频教学录像：7 分钟

若要汇总多个单独的工作表的结果，可以将每个工作表中的数据合并到一个主工作表中。这些工作表可以和主工作表在同一个工作簿中，也可以位于不同的工作簿中。合并计算数据的具体操作步骤如下。

❶ 打开随书光盘中的“素材\ch11\合并计算.xlsx”文件，选择“工资 1”工作表的 A1:F14 单元格区域。

	A	B	C	D	E	F
1	姓名	性别	部门名称	住房补助	交通补助	扣除工资
2	张燕	女	办公室	¥150.00	¥50.00	¥80.00
3	刘宁	女	销售部	¥250.00	¥50.00	¥90.00
4	王旭	男	销售部	¥200.00	¥50.00	¥100.00
5	杨威	男	办公室	¥100.00	¥50.00	¥50.00
6	周丽	女	人事部	¥125.00	¥50.00	¥60.00
7	李秀珍	男	人事部	¥100.00	¥50.00	¥78.00
8	王刚	男	财务部	¥50.00	¥50.00	¥85.00
9	王山	女	销售部	¥200.00	¥50.00	¥95.00
10	郑文	男	财务部	¥150.00	¥50.00	¥60.00
11	刘云	女	办公室	¥150.00	¥50.00	¥50.00
12	张烨	男	财务部	¥100.00	¥50.00	¥100.00
13	李旭梅	女	销售部	¥200.00	¥50.00	¥80.00
14	赵永芳	女	销售部	¥150.00	¥50.00	¥90.00

❷ 单击【公式】选项卡下【定义的名称】选项组中的【定义名称】按钮 定义名称，弹出的【新建名称】对话框，在【名称】文本框中输入“工资 1”，单击【确定】按钮。

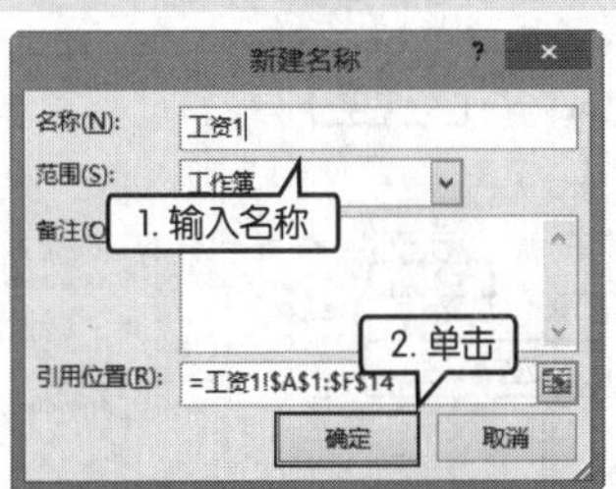

❸ 选择“工资 2”工作表的 D1:F14 单元格区域。

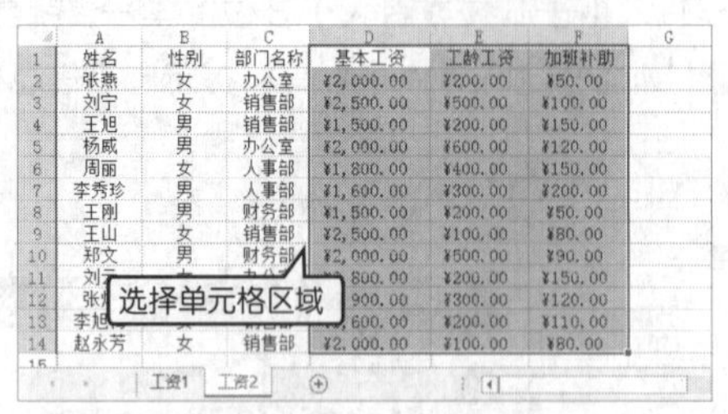

❹ 在【公式】选项卡中下【定义的名称】选项组中的【定义名称】按钮 定义名称，弹出的【新建名称】对话框，在【名称】文本框中输入“工资 2”，单击【确定】按钮。

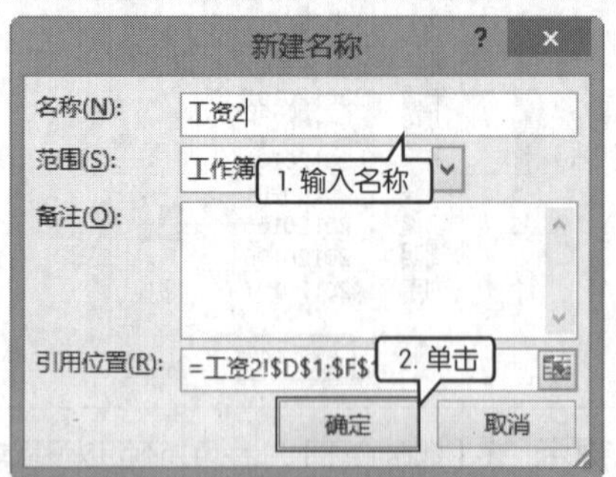

❺ 选择“工资 1”工作表中的单元格 G1，单击【数据】选项卡下【数据工具】选项组中的【合并计算】按钮 合并计算，在弹出的【合并计算】对话框中的【引用位置】文本框中输入“工资 2”，单击【添加】按钮，把“工资 2”添加到【所有引用位置】列表框中，单击【确定】按钮。

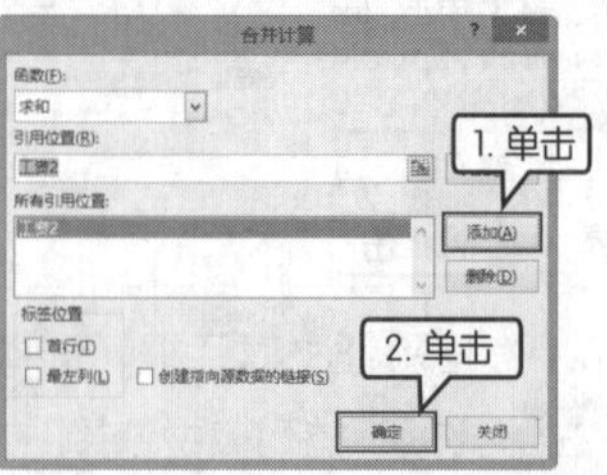

❻ 此时就将名称为“工资 2”的区域合并到了“工资 1”区域中。

提示 合并前要确保每个数据区域都采用列表格式，第一行中的每列都具有标签，同一列中包含相似的数据，并且在列表中没有空行或空列。

11.6 数据的分类汇总

本节视频教学录像：2 分钟

分类汇总是对数据清单中的数据进行分类，在分类的基础上对数据进行汇总。使用分类汇总时，用户无需创建公式，系统会自动创建公式，对数据清单中的字段进行求和、求平均及求最大值等函数运算，分类汇总的计算结果将分级显示出来。

❶ 打开随书光盘中的“素材\ch11\分类汇总.xlsx”文件，选择 C 列任意一个单元格，单击【数据】选项卡中的【升序】按钮 进行排序。

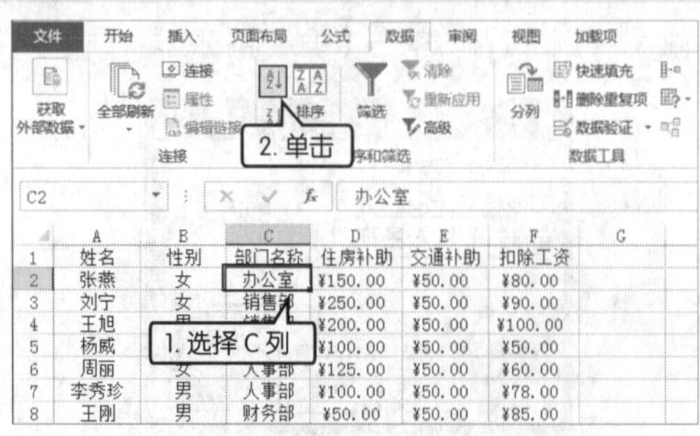

❷ 单击【数据】选项卡下【分级显示】选项组中的【分类汇总】按钮 。

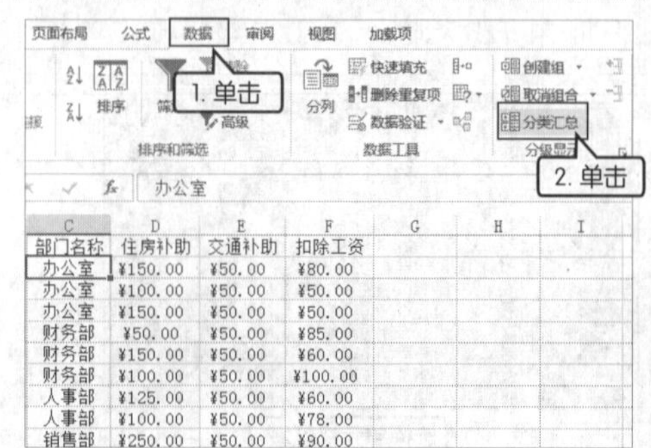

❸ 弹出【分类汇总】对话框，在【分类字段】列表框中选择【部门名称】选项，表示以“部门名称”字段进行分类汇总，在【汇总方式】列表框中选择【求和】选项，在【选定汇总项】列表框中单击选中【性别】复选框，并单击选中【汇总结果显示在数据下方】复选框，单击【确定】按钮。

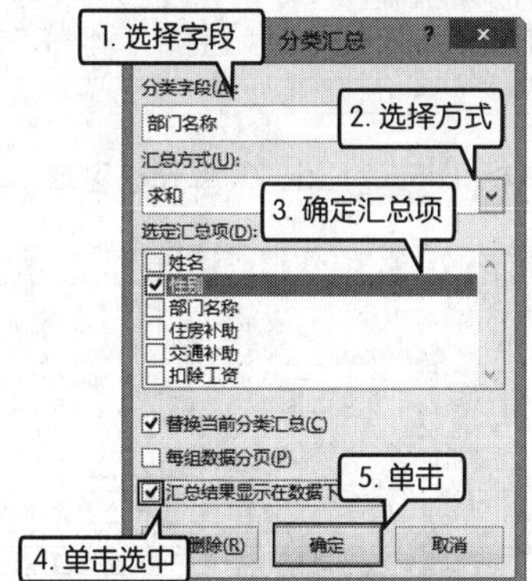

❹ 进行分类汇总后的效果如下图所示。

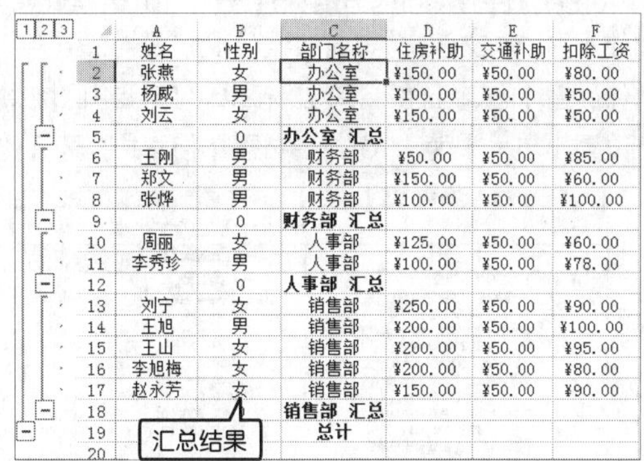

	A	B	C	D	E	F
1	姓名	性别	部门名称	住房补助	交通补助	扣除工资
2	张燕	女	办公室	¥150.00	¥50.00	¥80.00
3	杨威	男	办公室	¥100.00	¥50.00	¥50.00
4	刘云	女	办公室	¥150.00	¥50.00	¥50.00
5		0	办公室 汇总			
6	王刚	男	财务部	¥50.00	¥50.00	¥85.00
7	郑文	男	财务部	¥150.00	¥50.00	¥60.00
8	张烨	男	财务部	¥100.00	¥50.00	¥100.00
9		0	财务部 汇总			
10	周丽	女	人事部	¥125.00	¥50.00	¥60.00
11	李秀珍	男	人事部	¥100.00	¥50.00	¥78.00
12		0	人事部 汇总			
13	刘宁	女	销售部	¥250.00	¥50.00	¥90.00
14	王旭	男	销售部	¥200.00	¥50.00	¥100.00
15	王山	女	销售部	¥200.00	¥50.00	¥95.00
16	李旭梅	女	销售部	¥200.00	¥50.00	¥80.00
17	赵永芳	女	销售部	¥150.00	¥50.00	¥90.00
18			销售部 汇总			
19			总计			
20						

提示　使用分类汇总的数据列表，每一列数据都要有列标题。Excel 使用列标题来决定如何创建数据组以及如何计算总和。

在建立的分类汇总工作表中，数据是分级显示的，并在左侧上方显示级别，单击相应的级别，即可显示或隐藏该级别的明细数据。

11.7 综合实战——制作现金流量分析表

本节视频教学录像：6 分钟

现金流量是指现金流入和与现金流出的差额，可能是正数，也可能是负数。如果是正数，则为净流入；如果是负数，则为净流出。现金流量分析表反映了企业各类活动形成的现金流量的最终结果，即企业在一定时期内，是现金流入大于现金流出，还是现金流出大于现金流入。现金流量是衡量企业现金流动的一个重要指标，本节制作一个现金流量分析表。

【案例效果展示】

现金流量分析表

项目	第一季度	第二季度	第三季度	第四季度
一、经营活动产生的现金流量				
销售商品、提供劳务收到的现金	¥1,200,000.00	¥1,190,000.00	¥1,300,000.00	¥1,600,000.00
收到的租金	¥180,000.00	¥167,900.00	¥190,000.00	¥200,000.00
收到的其他与经营活动有关的现金	¥300,000.00	¥300,500.00	¥430,000.00	¥500,000.00
现金流入小计	¥1,680,000.00	¥1,658,400.00	¥1,920,000.00	¥2,300,000.00
购买商品、接受劳务支付的现金	¥350,000.00	¥345,000.00	¥349,000.00	¥344,000.00
支付给职工以及为职工支付的现金	¥300,000.00	¥300,000.00	¥300,000.00	¥300,000.00
支付的各项税费	¥120,000.00	¥119,000.00	¥121,000.00	¥178,000.00
支付的其他与经营活动有关的现金	¥7,800.00	¥8,000.00	¥7,000.00	¥8,900.00
现金流出小计	¥777,800.00	¥772,000.00	¥777,000.00	¥830,900.00
经营活动产生的现金流量净额	¥902,200.00	¥886,400.00	¥1,143,000.00	¥1,469,100.00
二、投资活动产生的现金流量：				
收回投资所收到的现金	¥1,400,000.00	¥980,000.00	¥1,000,000.00	¥1,200,000.00
取得投资收益所收到的现金	¥400,000.00	¥450,000.00	¥440,000.00	¥460,000.00
现金流入小计	¥1,800,000.00	¥1,430,000.00	¥1,440,000.00	¥1,660,000.00
购建固定资产、无形资产和其他长期资产所支付的现金	¥1,200,000.00	¥1,000,000.00	¥1,000,000.00	¥1,100,000.00
投资所支付的现金	¥8,000.00	¥8,000.00	¥8,000.00	¥7,900.00
支付的其他与投资活动有关的现金	¥300,000.00	¥290,000.00	¥280,000.00	¥300.00
现金流出小计	¥1,508,000.00	¥1,298,000.00	¥1,288,000.00	¥1,108,200.00
投资活动产生的现金流量净额	¥292,000.00	¥132,000.00	¥152,000.00	¥551,800.00

【案例涉及知识点】

- 设置表格样式
- 数据的筛选
- 数据的排序
- 使用条件格式

【操作步骤】

第 1 步：设置表格样式

在制作现金流量分析表之前，首先需要设置表的样式，如设置字体和套用表格样式等，使表格工整、美观。

❶ 打开随书光盘中的“素材\ch11\现金流量分析表.xlsx”文件。单击A1单元格，设置【字体】为“华文隶书”、【字号】为“24”、【字体颜色】为“红色”。单击A2:E2单元格区域，设置【字号】为“16”，并设置【居中】显示。

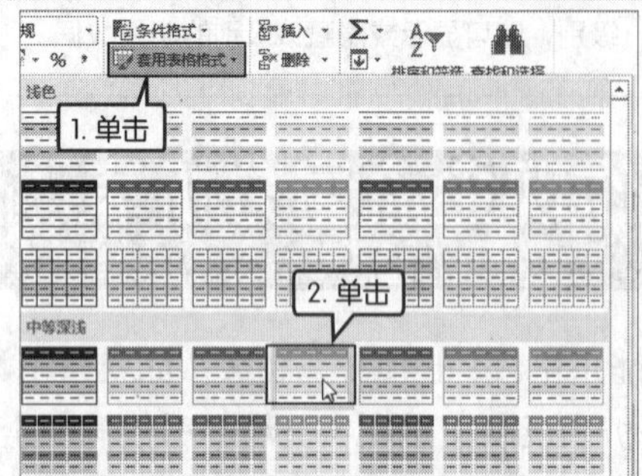

❷ 选择A2:E36单元格区域，单击【开始】选项卡下【样式】选项组中的【套用表格格式】按钮 套用表格格式，在弹出的下拉列表中选择一种表格格式。

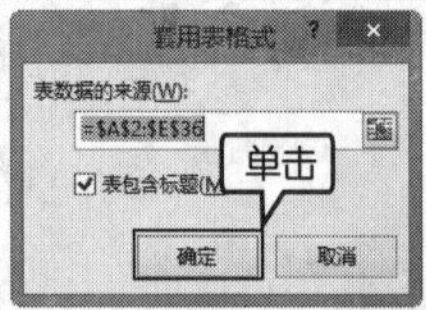

❸ 弹出【套用表格式】对话框，单击【确定】按钮。

❹ 此时就为表格添加了样式，表格标题行则自动出现【筛选】按钮。

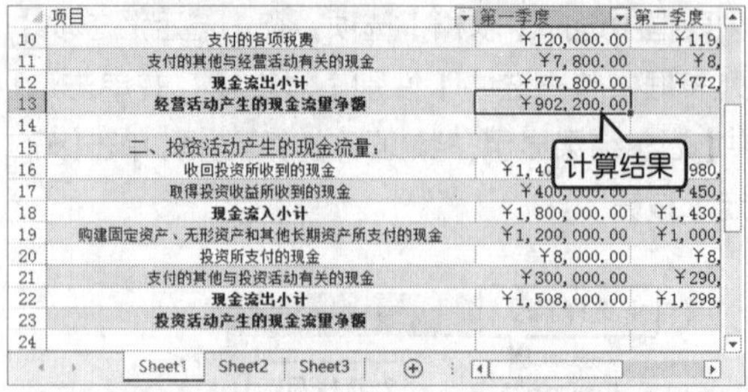

第2步：数据的筛选

用户可以根据需要筛选数据。

❶ 选择B13单元格，输入公式“=B7-B12”，按【Enter】键即可算出第一季度经营活动产生的现金流量净额。

❷ 使用填充柄填充C13:E13单元格区域。

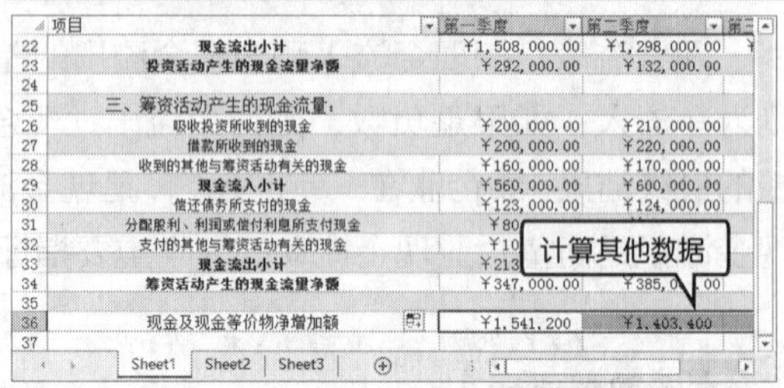

❸ 重复步骤❶～❷，计算投资活动产生的现金流量净额、筹资活动产生的现金流量净额以及现金及现金等价物净增加额。

❹ 单击A2单元格右侧的下拉按钮 ▾，在弹出的下拉列表中撤销选中【全选】复选框，单击选中【收到的租金】、【收回投资所收到的现金】和【投资所支付的现金】复选框，单击【确定】按钮。

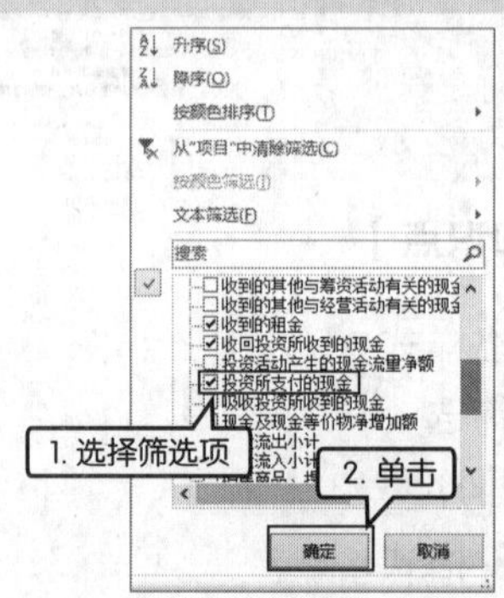

❺ 筛选后的结果如下图所示。

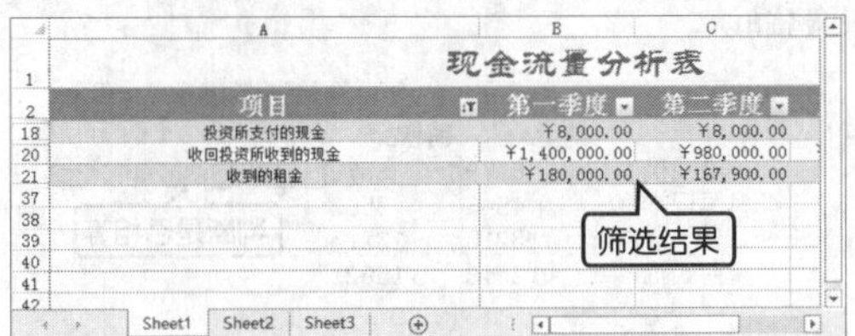

❻ 单击 B2 单元格右侧的下拉按钮 ▼，在弹出的下拉列表中选择【降序】选项，表格中的内容即以降序的形式显示。

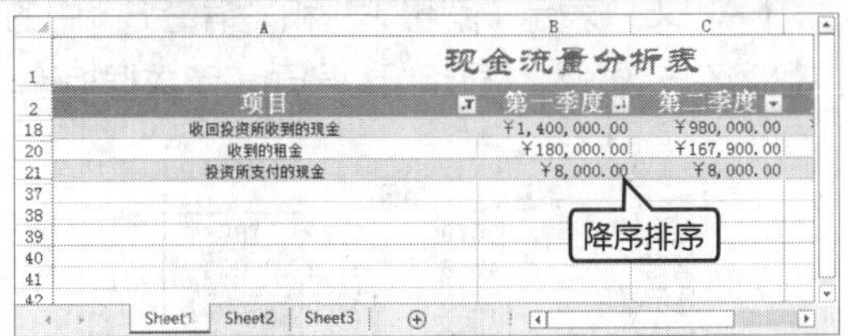

第 3 步：使用条件格式

使用条件格式可以突出显示重要数据。

❶ 选择单元格 B13:E13 单元格区域。

	第一季度	第二季度	第三季度	第四季度
4	¥1,200,000.00	¥1,190,000.00	¥1,300,000.00	¥1,600,000.00
5	¥180,000.00	¥167,900.00	¥190,000.00	¥200,000.00
6	¥300,000.00	¥300,500.00	¥430,000.00	¥500,000.00
7	¥1,680,000.00	¥1,658,400.00	¥1,920,000.00	¥2,300,000.00
8	¥350,000.00	¥345,000.00	¥349,000.00	¥344,000.00
9	¥300,000.00	¥300,000.00	¥300,000.00	¥300,000.00
10	¥120,000.00	¥119,000.00	¥121,000.00	¥178,000.00
11	¥7,800.00	¥8,000.00	¥7,000.00	¥8,900.00
12	¥777,800.00	¥772,000.00	¥777,000.00	¥830,900.00
13	¥902,200.00	¥886,400.00	¥1,143,000.00	¥1,469,100.00
14				
15				
16	¥1,400,000.00	[illegible]	[illegible]000.00	¥1,200,000.00
17	¥400,000.[illegible]	[illegible]	[illegible]440,000.00	¥460,000.00
18	¥1,800,000.00	¥1,430,000.00	¥1,440,000.00	¥1,660,000.00

选择单元格区域

❷ 单击【开始】选项卡下【样式】选项组中的【条件格式】按钮 条件格式▾，在弹出的下拉列表中选择【数据条】➤【黄色数据条】选项。

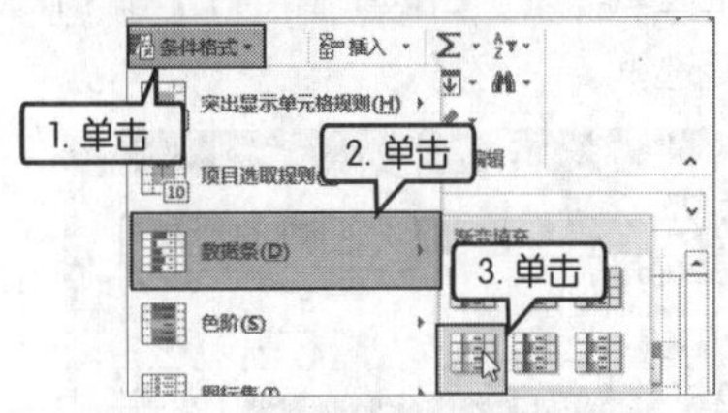

❸ 经营活动产生的现金流量净额就以红色数据条显示。

显示效果

❹ 为其他单元格区域添加数据条，保存制作好的现金流量分析表，如下图所示。

至此，现金流量分析表就制作完成了。

高手私房菜

本节视频教学录像：5 分钟

技巧 1：使用合并计算核对多表中的数据

核对在下列的两列数据中，“销量 A”和“销量 B”是否一致的具体操作步骤如下。

	A	B	C	D	E	F
1	物品	销量A		物品	销量B	
2	电视机	8579		电视机	8579	
3	笔记本	4546		笔记本	3562	
4	显示器	13215		显示器	13215	
5	台式机	12546		台式机	15621	
6						
7						

判断 B 列、E 列是否一致

Sheet1

❶ 选择 G1 单元格，单击【数据】选项卡下【数据工具】选项组中的【合并计算】按钮，弹出【合并计算】对话框，添加 A1:B5 和 D1:E5 两个单元格区域，并单击选中【首行】和【最左列】两个复选框。

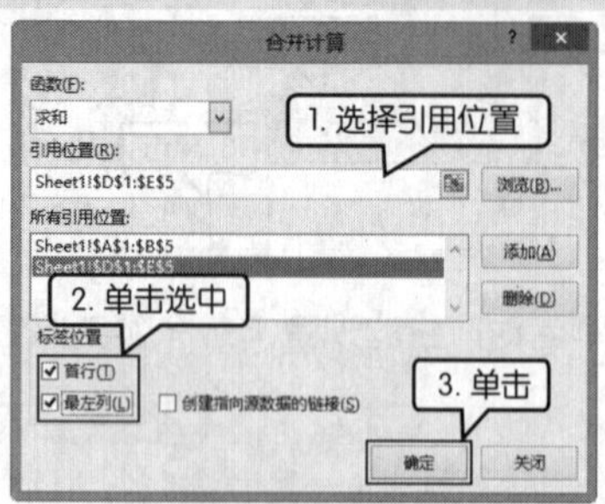

❷ 单击【确定】按钮，得到合并结果。

	销量A	销量B
电视机	8579	8579
笔记本	4546	3562
显示器	13215	13215
台式机	12546	15621

❸ 在 J2 单元格中输入“=H2=I2”，按【Enter】键确认。

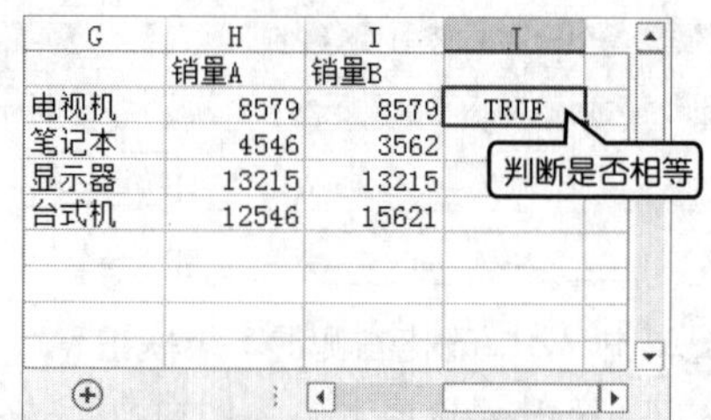

G	H	I	J
	销量A	销量B	
电视机	8579	8579	TRUE
笔记本	4546	3562	
显示器	13215	13215	
台式机	12546	15621	

❹ 使用填充柄填充 J3:J5 单元格区域，显示“FALSE”表示“销量 A”和“销量 B”中的数据不一致。反之，显示“TURE”表示数据相等。

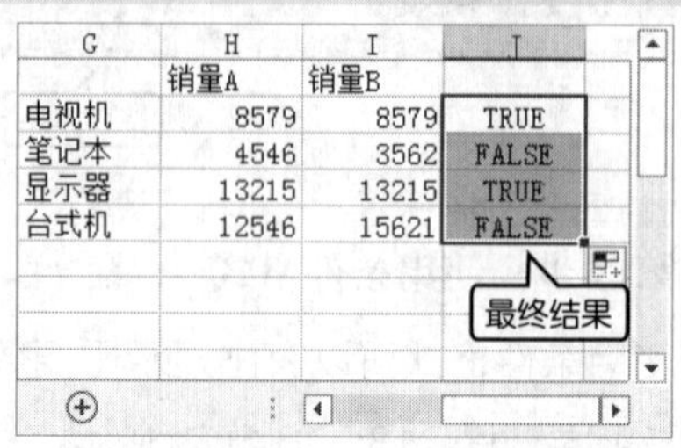

G	H	I	J
	销量A	销量B	
电视机	8579	8579	TRUE
笔记本	4546	3562	FALSE
显示器	13215	13215	TRUE
台式机	12546	15621	FALSE

技巧 2：按照笔划排序

默认情况下，Excel 对汉字的排序方式是按照“字母”顺序的，用户还可以根据需要，按照笔画顺序进行排序，具体的操作步骤如下。

❶ 打开随书光盘中的“素材\ch11\学生成绩表.xlsx”文件。

	A	B	C	D	E	F	G
1	学号	姓名	语文	数学	英语	理综	总分
2	001	黄艳明	95	138	112	241	586
3	002	刘林	101	125	107	258	591
4	003	赵孟	87	103	128	237	555
5	004	李婷	91	143	87	227	548
6	005	刘彦雨	103	136	127	239	605
7	006	张欣然	82	97	121	230	530
8	007	李强	97	142	109	231	579
9	008	刘景	89	102	124	199	514
10	009	王磊	106	128	134	250	618
11	010	马勇	107	134	105	248	594
12	011	赵玲	89	137	102	258	586
13	012	刘浩	116	123	105	241	585
14	013	孟凡	110	127	132	239	608
15	014	石磊	115	138	[illegible]	[illegible]	654

Sheet1　Sheet2　Sheet3

素材文件

❷ 单击【数据】选项卡下【排序和筛选】选项组中的【排序】按钮，弹出【排序】对话框。在对话框中选择【主要关键字】为“姓名”，【次序】为“升序”，单击【选项】按钮。

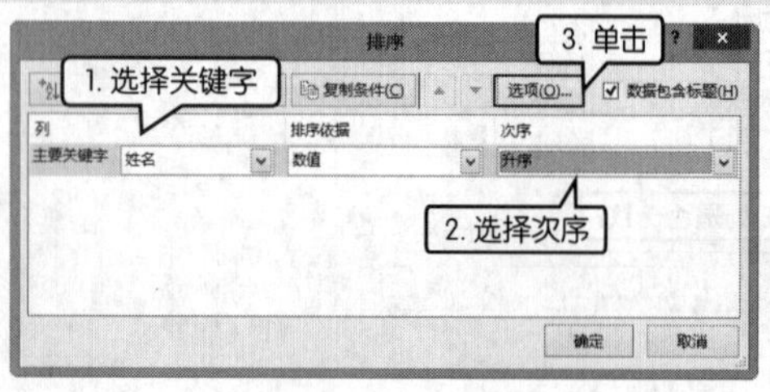

❸ 在弹出【排序选项】对话框中单击选中【笔划排序】单选项，单击【确定】按钮。

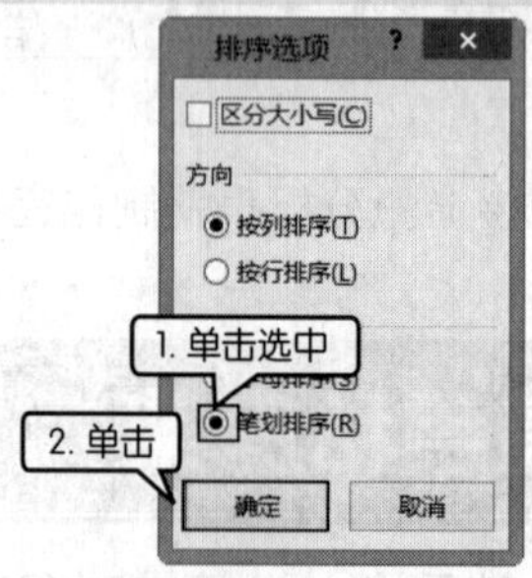

❹ 返回【排序】对话框，单击【确定】按钮。排序结果如下图所示。

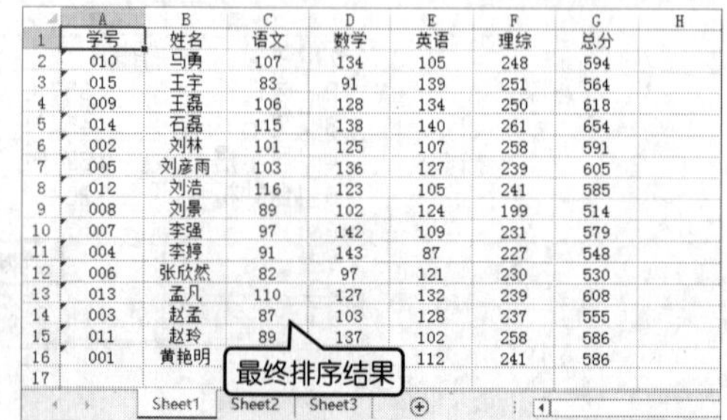

	A	B	C	D	E	F	G	H
1	学号	姓名	语文	数学	英语	理综	总分	
2	010	马勇	107	134	105	248	594	
3	015	王宇	83	91	139	251	564	
4	009	王磊	106	128	134	250	618	
5	014	石磊	115	138	140	261	654	
6	002	刘林	101	125	107	258	591	
7	005	刘彦雨	103	136	127	239	605	
8	012	刘浩	116	123	105	241	585	
9	008	刘景	89	102	124	199	514	
10	007	李强	97	142	109	231	579	
11	004	李婷	91	143	87	227	548	
12	006	张欣然	82	97	121	230	530	
13	013	孟凡	110	127	132	239	608	
14	003	赵孟	87	103	128	237	555	
15	011	赵玲	89	137	102	258	586	
16	001	黄艳明	[illegible]	[illegible]	112	241	586	
17								

第 12 章

数据透视表和数据透视图

本章视频教学录像：34 分钟

高手指引

数据透视表和数据透视图可以清晰地展示出数据的汇总情况，对于数据的分析、决策可以起到至关重要的作用。本章介绍创建数据透视表和透视图的方法。

重点导读

- 掌握创建和编辑数据透视表的方法
- 掌握创建数据透视图的方法
- 掌握切片器的使用方法

12.1 数据准备

本节视频教学录像：3 分钟

数据透视表是一种对大量数据快速汇总和建立交叉列表的交互式动态格式，能够帮助用户分析、组织现有数据，是 Excel 中的数据分析利器。

1. Excel 数据列表

Excel 数据列表是最常用的数据源。如果以 Excel 数据列表作为数据源，则标题行不能有空白单元格或者合并单元格，否则不能生成数据透视表，会出现如图所示的错误提示。

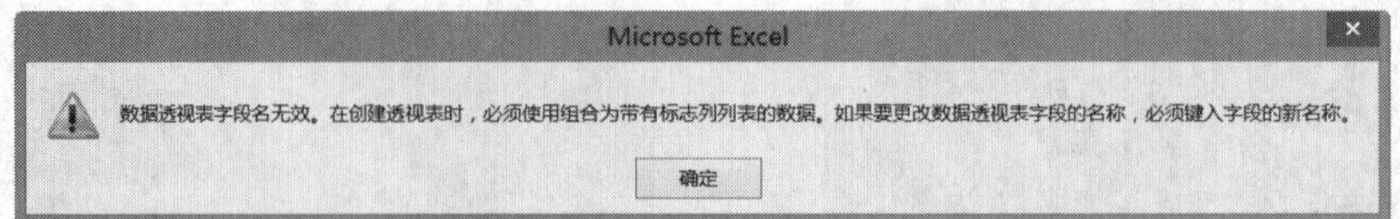

2. 外部数据源

文本文件 Microsoft SQL Server 数据库、Microsoft Access 数据库、dBASE 数据库等均可作为数据源。Excel 2013 还可以利用 Microsoft OLAP 多维数据集创建数据透视表。

3. 多个独立的 Excel 数据列表

数据透视表可以将多个独立 Excel 表格中的数据汇总到一起。

4. 其他数据透视表

创建完成的数据透视表也可以作为数据源来创建另外一个数据透视表。

在实际工作中，用户的数据往往是以二维表格的形式存在的，如下左图所示。这样的数据表无法作为数据源创建理想的数据透视表。只有把二维的数据表格转换为如下右图所示的一维表格，才能作为数据透视表的理想数据源。数据列表就是指这种以列表形式存在的数据表格。

	A	B	C	D	E
1		系统软件	办公软件	开发工具	游戏软件
2	第一季度	¥438,000	¥685,000	¥732,000	¥620,000
3	第二季度	¥562,000	¥584,000	¥652,000	¥740,000
4	第三季度	¥650,000	¥640,000	¥610,000	¥580,000
5	第四季度	¥540,000	¥520,000	¥580,000	¥590,000
6					

	A	B	C	D
1	产品类别	季度	销售	
2	系统软件	第一季度	¥438,000	
3	办公软件	第一季度	¥685,000	
4	开发工具	第一季度	¥732,000	
5	游戏软件	第一季度	¥620,000	
6	系统软件	第二季度	¥562,000	
7	办公软件	第二季度	¥584,000	
8	开发工具	第二季度	¥652,000	
9	游戏软件	第二季度	¥740,000	
10	系统软件	第三季度	¥650,000	
11	办公软件	第三季度	¥640,000	
12	开发工具	第三季度	¥610,000	
13	游戏软件	第三季度	¥580,000	
14	系统软件	第四季度	¥540,000	
15	办公软件	第四季度	¥520,000	
16	开发工具	第四季度	¥580,000	
17	游戏软件	第四季度	¥590,000	
18				

只有做好数据准备工作，才能顺利创建数据透视表，并充分发挥其作用。

12.2 数据透视表

本节视频教学录像：8 分钟

数据透视表实际上是从数据库中生成的动态总结报告，其最大的特点就是具有交互性。创建透视表后，用户可以任意地重新排列数据信息，并且可以根据需要对数据进行分组。

12.2.1 创建数据透视表

使用数据透视表可以深入分析数值数据，创建数据透视表的具体操作步骤如下。

❶ 打开随书光盘中的“素材\ch12\成绩表.xlsx”文件，选择 A1:D21 单元格区域。

	A	B	C	D
1	姓名	性别	语文	数学
2	张晓	女	96	100
3	王刚	男	80	54
4	杨柳	女	40	68
5	李丽	女	70	98
6	李娜	女	63	78
7	张爽	男	78	68
8	张帅	男	98	86
9	王哈	男	96	32
10	王书磊	男	99	100
11	杨艳霞	女	100	98
12	刘云	女	98	100
13	段凤英	女	100	99
14	郭娜	女	100	98
15	王丽	女	96	100
16	张开	男	100	96
17	史丹	男	10	77
18	赵阳	男	100	65
19	张三	男	100	51
20	[illegible]	[illegible]	100	20
21	王五	男	62	30

❷ 单击【插入】选项卡下【表格】选项组中【数据透视表】按钮 。

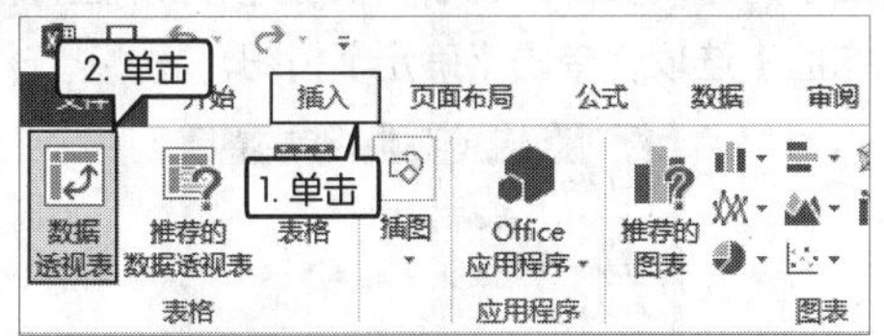

❸ 弹出【创建数据透视表】对话框。在【请选择要分析的数据】区域单击选中【选择一个表或区域】单选项，在【表/区域】文本框中设置数据透视表的数据源，再在【选择放置数据透视表的位置】区域单击选中【新工作表】单选项，最后单击【确定】按钮。

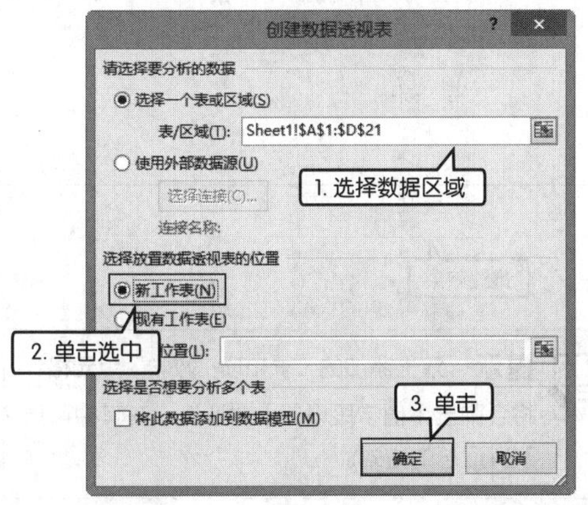

❹ 弹出数据透视表的编辑界面，工作表中会出现数据透视表，在其右侧是【数据透视表字段】窗格。在功能区会出现【数据透视表工具】的【选项】和【设计】两个选项卡。

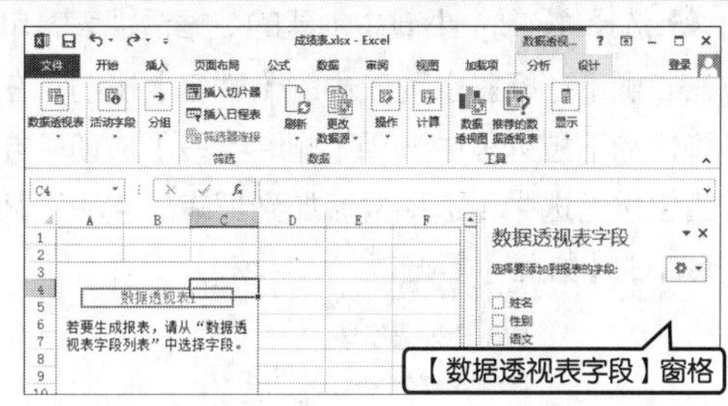

❺ 将“语文”和“数学”字段拖曳到【Σ值】中，将“性别”和“姓名”字段分别拖曳到【行】标签中，注意顺序，添加报表字段后的效果如下图所示。

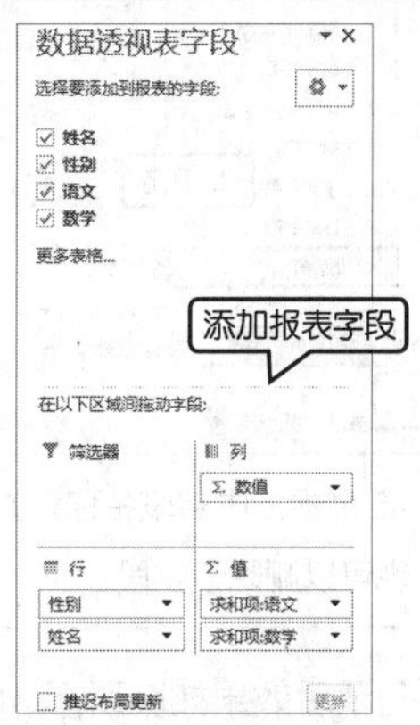

❻ 创建的数据透视表如下图所示。

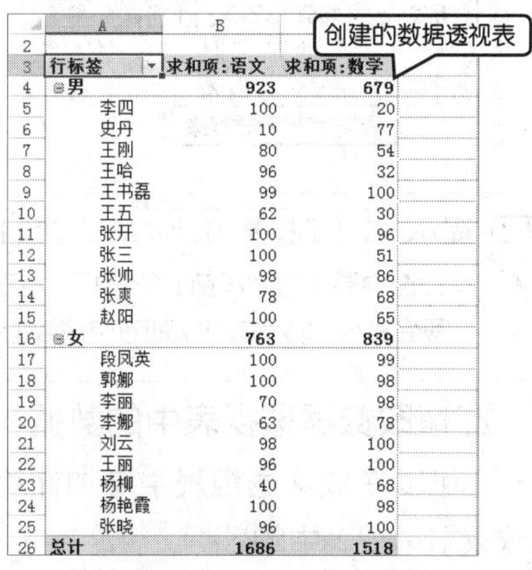

	A	B	C
3	行标签	求和项:语文	求和项:数学
4	⊟男	923	679
5	李四	100	20
6	史丹	10	77
7	王刚	80	54
8	王哈	96	32
9	王书磊	99	100
10	王五	62	30
11	张开	100	96
12	张三	100	51
13	张帅	98	86
14	张爽	78	68
15	赵阳	100	65
16	⊟女	763	839
17	段凤英	100	99
18	郭娜	100	98
19	李丽	70	98
20	李娜	63	78
21	刘云	98	100
22	王丽	96	100
23	杨柳	40	68
24	杨艳霞	100	98
25	张晓	96	100
26	总计	1686	1518

12.2.2 编辑数据透视表

创建数据透视表以后，还可以编辑创建的数据透视表，对数据透视表的编辑包括修改其布局、添加或删除字段、格式化表中的数据以及对透视表进行复制和删除等操作。

1. 添加或删除源数据

创建数据透视表后，可以通过添加或删除数据源数据来编辑数据透视表。

❶ 选择12.2.1小节中创建的数据透视表，单击右侧【行标签】列表中的【姓名】按钮，在弹出的下拉列表中选择【删除字段】选项，或直接撤消选中【选择要添加到报表的字段】区域中的【姓名】复选框。

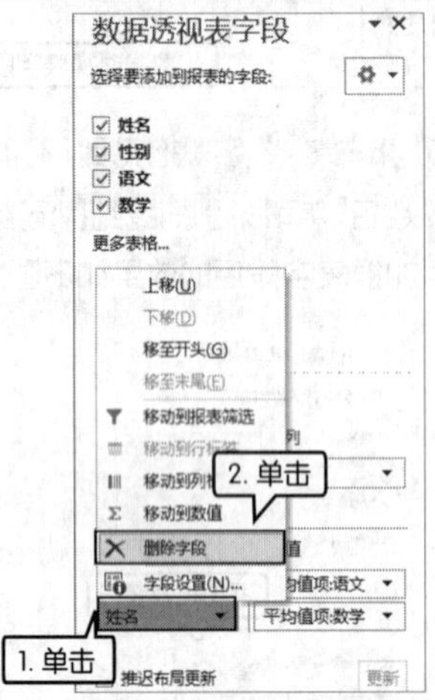

提示 选择标签中字段名称，并将其拖曳到窗口外，也可以删除该字段。

❷ 删除数据源后效果如图所示。

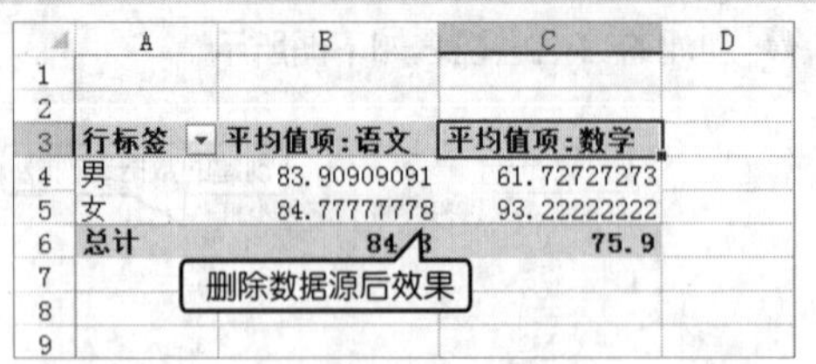

	A	B	C	D
1				
2				
3	行标签	平均值项：语文	平均值项：数学	
4	男	83.90909091	61.72727273	
5	女	84.77777778	93.22222222	
6	总计	84.3	75.9	
7				
8				
9				

提示 在【选择要添加到报表的字段】列表中单击选中要添加字段前的复选框，将直接拖曳字段名称到字段列表中，即可完成数据的添加。

2. 修改数据透视表中的数据

还可以在数据透视表中增加计算类型来更改数据透视表中的数据。

❶ 选择12.2.1小节中创建的数据透视表，单击右侧【Σ值】列表中的【求和项：语文】按钮，在弹出的下拉列表中选择【值字段设置】选项。

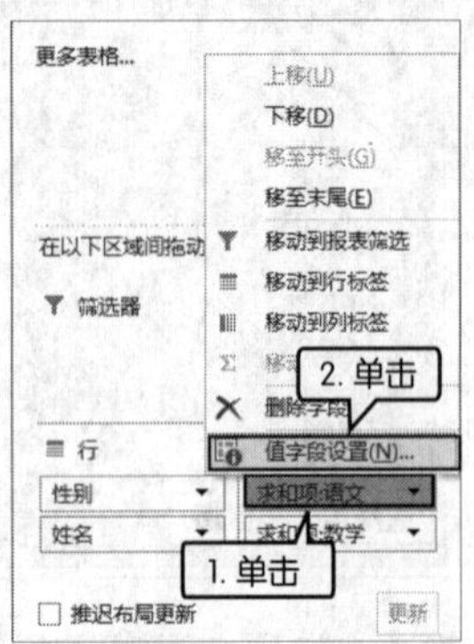

❷ 弹出【值字段设置】对话框，可以更改其汇总的方式，此处在【计算类型】列表中选择【平均值】选项，单击【确定】按钮。

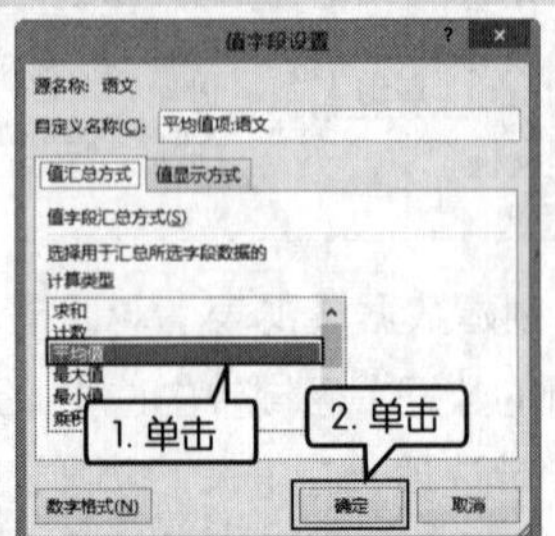

❸ 此时可以看到添加求和项后的效果。

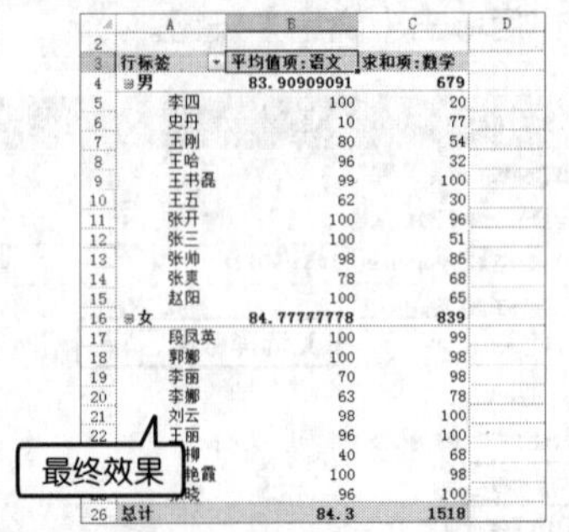

	A		B	C	D
2					
3	行标签		平均值项：语文	求和项：数学	
4	男		83.90909091	679	
5		李四	100	20	
6		史丹	10	77	
7		王刚	80	54	
8		王哈	96	32	
9		王书磊	99	100	
10		王五	62	30	
11		张开	100	96	
12		张三	100	51	
13		张帅	98	86	
14		张爽	78	68	
15		赵阳	100	65	
16	女		84.77777778	839	
17		段凤英	100	99	
18		郭娜	100	98	
19		李丽	70	98	
20		李娜	63	78	
21		刘云	98	100	
22		王丽	96	100	
[illegible]		[illegible]	40	68	
[illegible]		[illegible]	100	98	
[illegible]		[illegible]	96	100	
26	总计		84.3	1518	

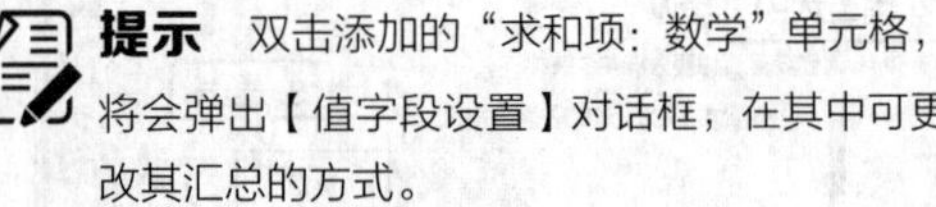

提示 双击添加的“求和项：数学”单元格，将会弹出【值字段设置】对话框，在其中可更改其汇总的方式。

12.2.3 显示或隐藏数据透视表中的数据

创建数据透视表以后，还可以编辑创建的数据透视表，对数据透视表的编辑包括修改其布局、添加或删除字段、格式化表中的数据以及对透视表进行复制和删除等操作。

❶ 打开随书光盘“素材 \ch12\ 销量表 .xlsx”文件，选择“Sheet2”工作表，在行字段名单元格 A5 上单击鼠标右键，在弹出的下拉菜单中选择【折叠 / 展开】➤【展开整个字段】选项。

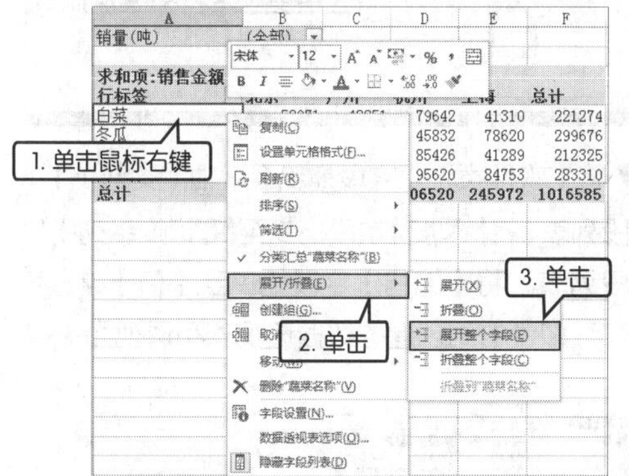

❷ 弹出【显示明细数据】对话框，在【请选择待要显示的明细数据所在的字段】列表框中选择明细数据所在的字段，这里选择“销售（吨）”，单击【确定】按钮。

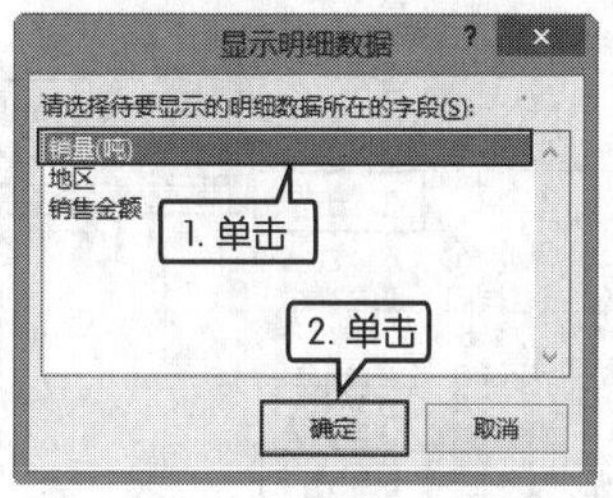

❸ 此时可以显示数据透视表的明细数据。

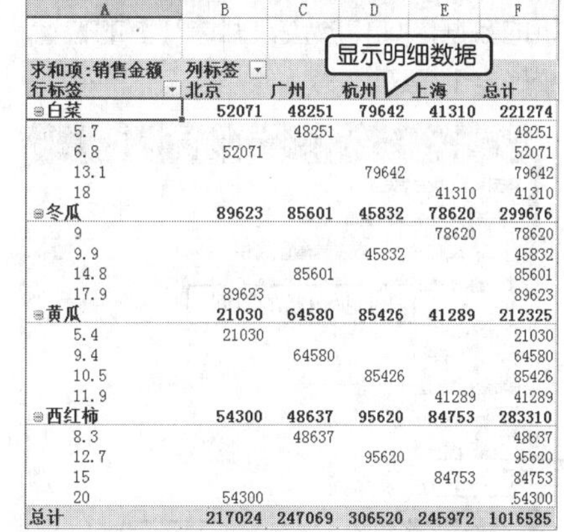

求和项:销售金额 行标签	北京	广州	杭州	上海	总计
⊟白菜	52071	48251	79642	41310	221274
5.7		48251			48251
6.8	52071				52071
13.1			79642		79642
18				41310	41310
⊟冬瓜	89623	85601	45832	78620	299676
9				78620	78620
9.9			45832		45832
14.8		85601			85601
17.9	89623				89623
⊟黄瓜	21030	64580	85426	41289	212325
5.4	21030				21030
9.4		64580			64580
10.5			85426		85426
11.9				41289	41289
⊟西红柿	54300	48637	95620	84753	283310
8.3		48637			48637
12.7			95620		95620
15				84753	84753
20	54300				54300
总计	217024	247069	306520	245972	1016585

提示　如果要隐藏所有明细数据，只显示汇总数据，在行字段名单元格上单击鼠标右键，在弹出的快捷菜单中选择【折叠 / 展开】➤【折叠整个字段】选项即可。

12.3 数据透视图

本节视频教学录像：5 分钟

创建数据透视图时，筛选的数据透视将显示在图表区。当改变相关联的数据透视表中的字段布局或数据时，数据透视图也会随之变化。创建数据透视图的方法有两种：一种是直接通过数据表中的数据创建数据透视图；另一种是通过已有的数据透视表创建数据透视图。

12.3.1 通过数据区域创建数据透视图

通过数据区域创建数据透视图的具体操作步骤如下。

提示

创建数据透视图时，不能使用 XY 散点图、气泡图和股价图等图表类型。

❶ 打开随书光盘中的“素材\ch12\销售表.xlsx”文件，选择数据区域任意一个单元格，单击【插入】选项卡【图表】组中的【数据透视表】按钮，在弹出的下拉菜单中选择【数据透视图】选项。

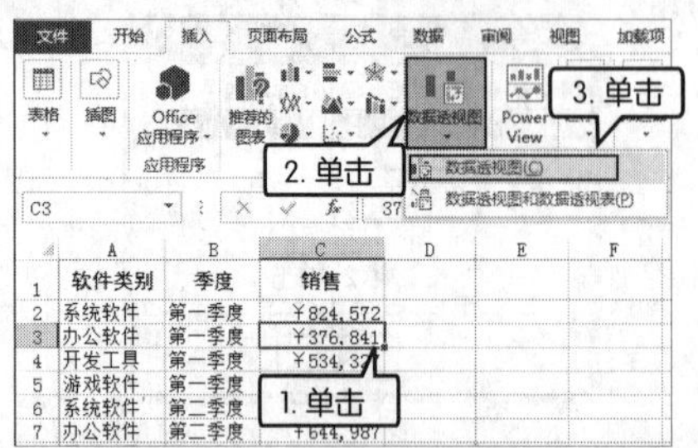

❷ 弹出【创建数据透视图】对话框，选择要分析的数据区域和放置数据透视图的位置，单击【确定】按钮。

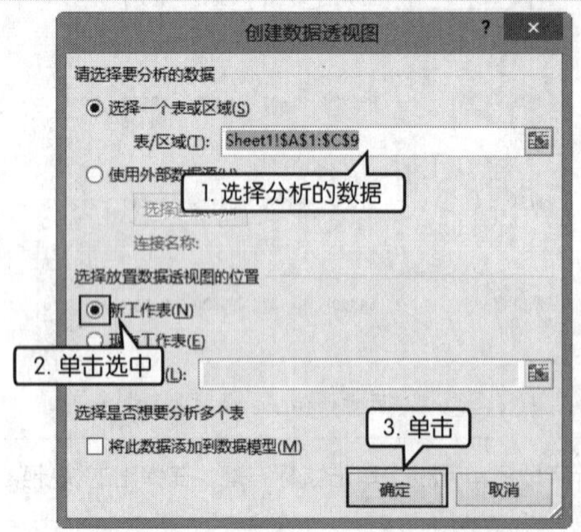

❸ 此时就自动创建了新的工作表，并显示图表 1 和数据透视表 1 区域，在其右侧是【数据透视图字段】窗格。

❹ 将【软件类别】字段拖曳至【轴（类别）】字段列表，将【季度】字段拖曳至【图例（系列）】字段列表，将【销售】字段拖曳至【值】字段列表，即可看到创建的数据透视表和透视图。

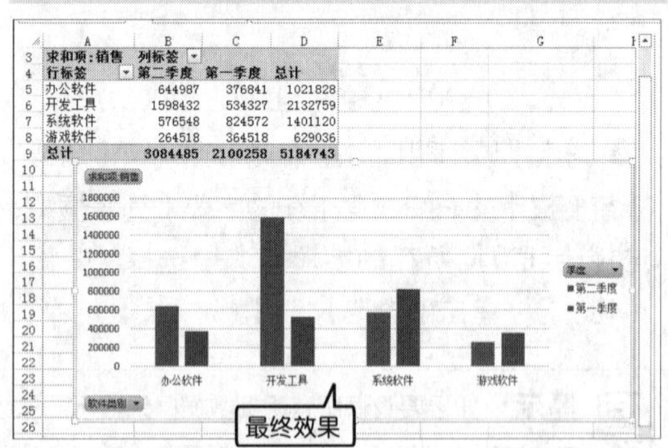

12.3.2 通过数据透视表创建数据透视图

除了使用数据区域创建数据透视图外，还可以直接使用数据透视表创建数据透视图。通过数据透视表创建数据透视图的具体操作步骤如下。

❶ 打开随书光盘中的“素材\ch12\使用透视表创建透视图.xlsx”文件，选择“Sheet2”工作表，单击透视表中任意一个单元格。

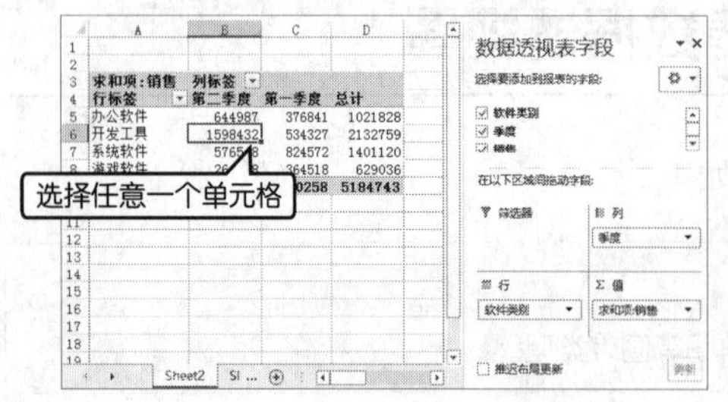

❷ 单击【数据透视表工具】➤【分析】选项卡下【工具】组中的【数据透视图】按钮，在弹出的下拉菜单中选择【数据透视图】选项。

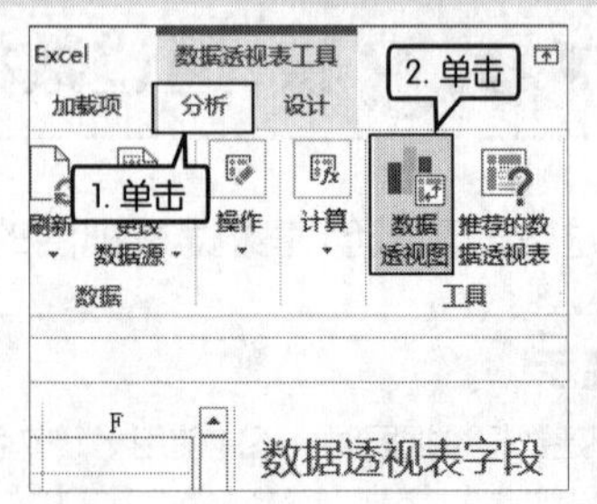

❸ 打开【插入图表】对话框，选择一种图表类型，单击【确定】按钮。

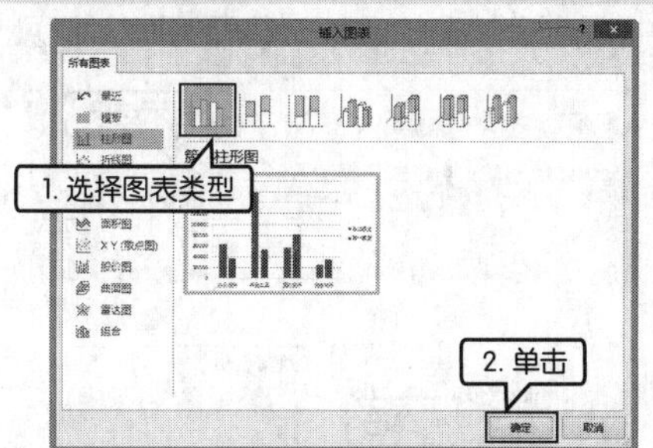

❹ 此时就使用数据透视表创建了一个数据透视图。

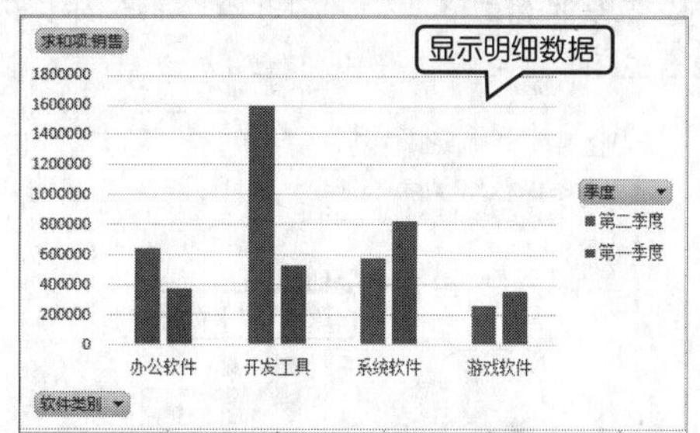

12.4 切片器

本节视频教学录像：5 分钟

使用切片器能够直观地筛选表、数据透视表、数据透视图和多维数据集函数中的数据。

12.4.1 创建切片器

使用切片器筛选数据首先需要创建切片器。

❶ 打开随书光盘中的"素材\ch12\切片器.xlsx"文件，选择数据区域中的任意一个单元格，单击【插入】选项卡【筛选器】组中的【切片器】按钮 切片器 。

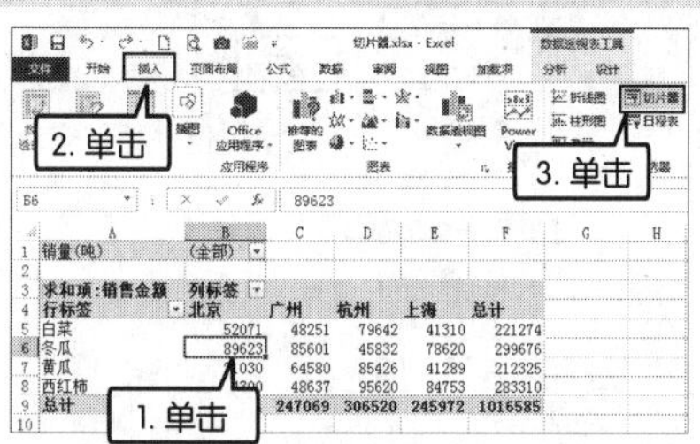

❷ 弹出【插入切片器】对话框，单击选中【蔬菜名称】和【地区】复选框，单击【确定】按钮。

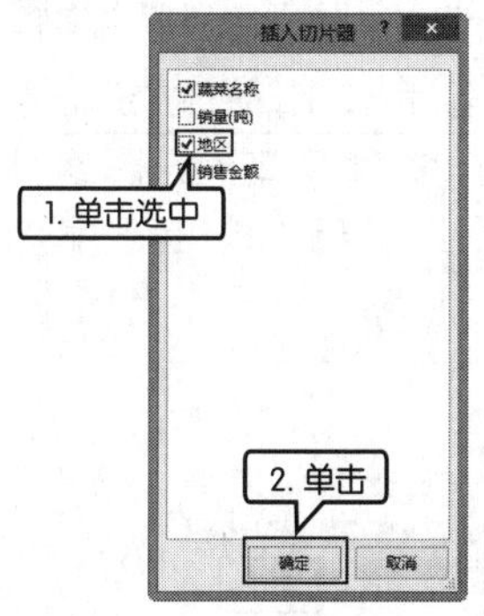

❸ 此时就插入了【蔬菜名称】切片器和【地区】切片器，将鼠标光标放置在切片器上，按住鼠标左键并拖曳，可改变切片器的位置。

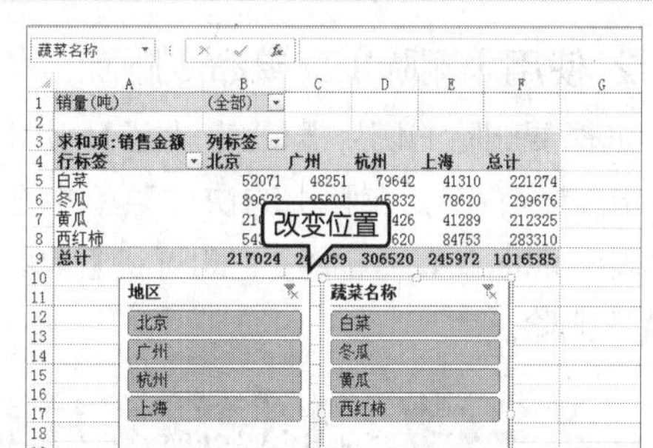

❹ 在【地区】切片器中单击【广州】选项，则在透视表中仅显示广州地区各类蔬菜的销售金额。

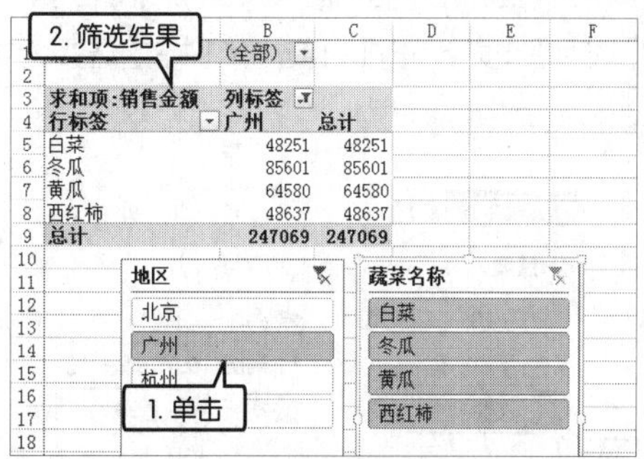

❺ 在【蔬菜名称】切片器中单击【白菜】选项，按住【Ctrl】键的同时单击【黄瓜】选项，则可在透视表中仅显示广州地区白菜和黄瓜的销售金额。

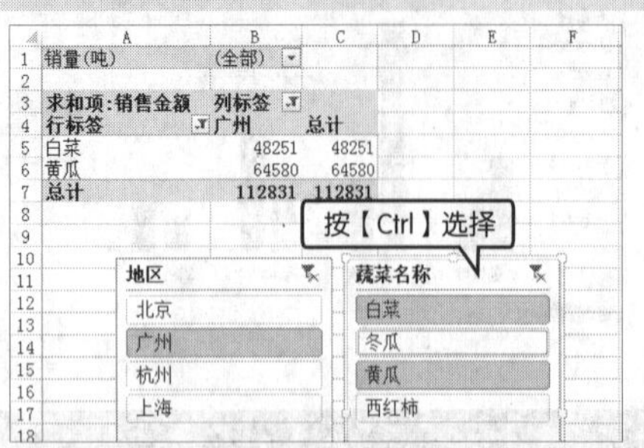

❻ 单击在【地区】切片器右上角的【清除筛选器】按钮，将清除地区筛选，即可在透视表中显示所有地区的白菜和黄瓜的销售金额。

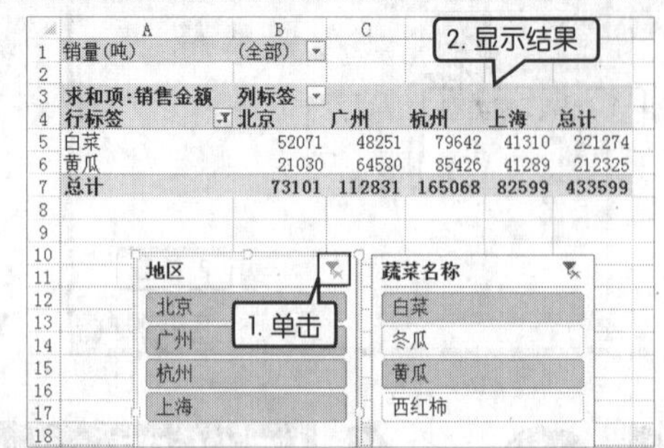

12.4.2 删除切片器

有两种方法可以删除不需要的切片器。

1. 按【Delete】键删除

选择要删除的切片器，在键盘上按【Delete】键，即可将切片器删除。

提示 使用切片器筛选数据后，按【Delete】键删除切片器，数据表中将仅显示筛选后的数据。

2. 使用【删除】菜单命令删除

选择要删除的切片器（如【地区】切片器）并单击鼠标右键，在弹出的快捷菜单中选择【删除“地区”】菜单命令，即可将【地区】切片器删除。

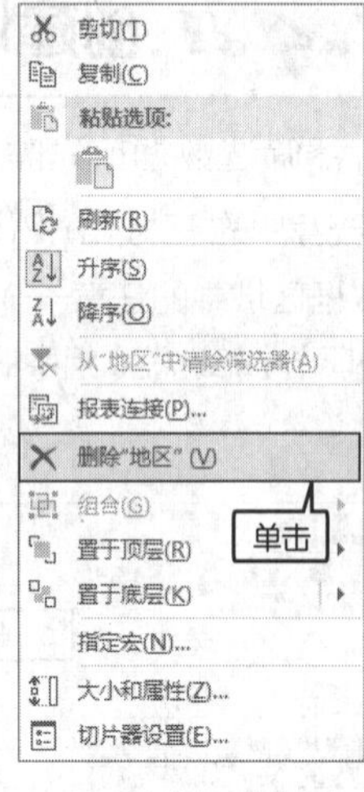

12.4.3 隐藏切片器

如果添加的切片器较多，可以将暂时不使用的切片器隐藏起来，使用时再显示。

❶ 选择要隐藏的切片器，单击【切片器工具】➤【选项】选项卡下【排列】选项组中的【选择窗格】按钮 选择窗格 。

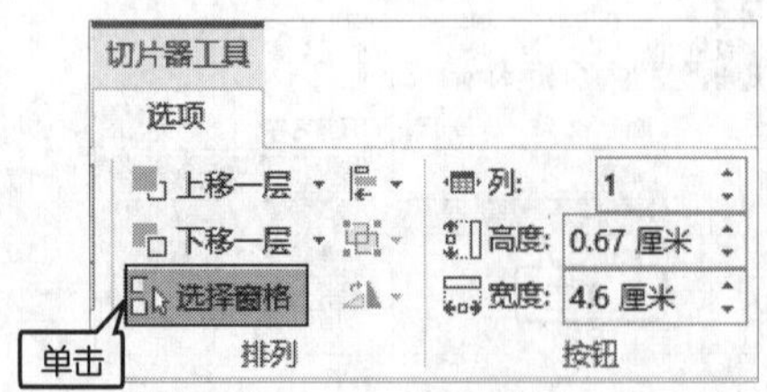

❷ 打开【选择】窗格，单击切片器名称后的按钮，即可隐藏切片器，此时按钮显示为一按钮，再次单击一按钮即可取消隐藏，此外单击【全部隐藏】和【全部显示】按钮可隐藏和显示所有切片器。

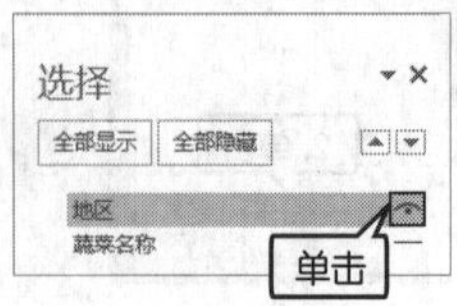

12.5 综合实战——分析产品销售明细表

本节视频教学录像：9 分钟

产品销售明细表需要详细地记录各类产品的详细销售情况，如产品的销售时间、产品名称、产品类别、销售数量、单价、销售金额以及其他信息。产品销售明细表中常包含大量的数据，查看和管理这些数据就会显得非常麻烦，这时可以使用 Excel 建立数据透视表和数据透视图，使数据一目了然，帮助用户分析产品销售明细表数据。

【案例效果展示】

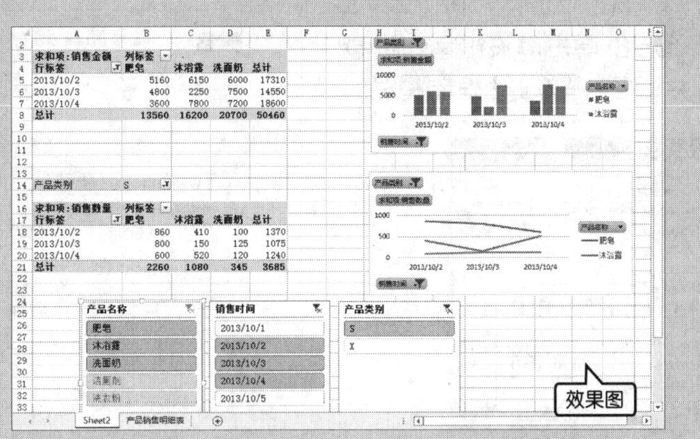

【案例涉及知识点】

- 创建数据透视表
- 创建数据透视图
- 使用切片器筛选数据

【操作步骤】

第 1 步：创建数据透视表

分析产品销售明细表首先需要创建数据透视表，并进行简单编辑。

❶ 打开随书光盘中的"素材\ch12\产品销售明细表.xlsx"文件，选择任意一个单元格，单击【插入】选项卡下【表格】选项组中【数据透视表】按钮。

❷ 弹出【创建数据透视表】对话框。软件将自动选择数据源，单击选中【新工作表】单选项，单击【确定】按钮。

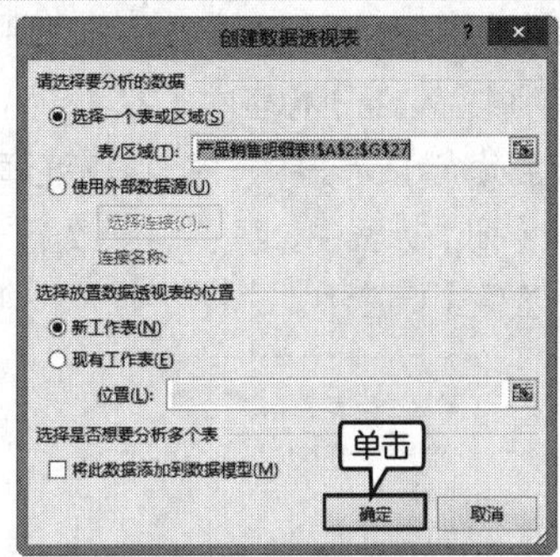

❸ 弹出数据透视表的编辑界面，将"产品类别"字段拖曳到【筛选器】标签中，将"产品名称"字段拖曳到【行】标签中，将"销售时间"字段拖曳到【列】标签中，将"销售金额"字段拖曳到【Σ值】标签中。

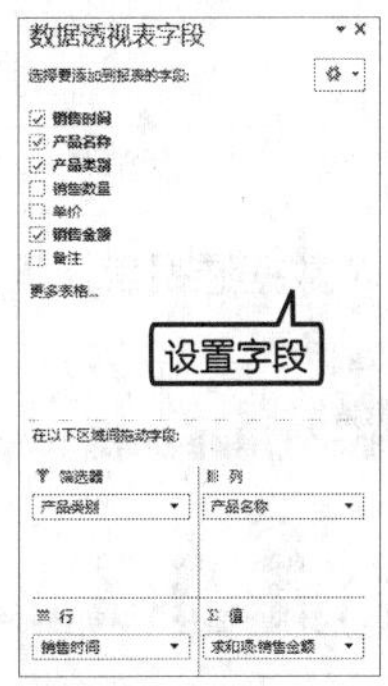

❹ 创建的数据透视表如下图所示。

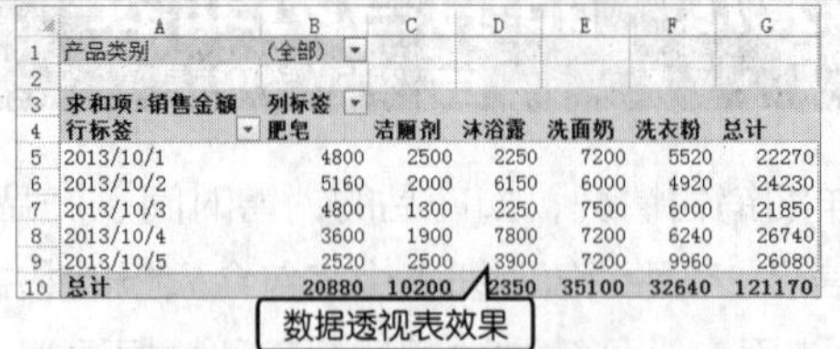

	A	B	C	D	E	F	G
1	产品类别	(全部)					
2							
3	求和项:销售金额	列标签					
4	行标签	肥皂	洁厕剂	沐浴露	洗面奶	洗衣粉	总计
5	2013/10/1	4800	2500	2250	7200	5520	22270
6	2013/10/2	5160	2000	6150	6000	4920	24230
7	2013/10/3	4800	1300	2250	7500	6000	21850
8	2013/10/4	3600	1900	7800	7200	6240	26740
9	2013/10/5	2520	2500	3900	7200	9960	26080
10	总计	20880	10200	2350	35100	32640	121170

❺ 重复步骤❶，在弹出【创建数据透视表】对话框。单击选中【现有工作表】单选项，单击【位置】后的按钮，选择“Sheet2”工作表，单击A16单元格，单击按钮返回值【创建数据透视表】对话框，并单击【确定】按钮。

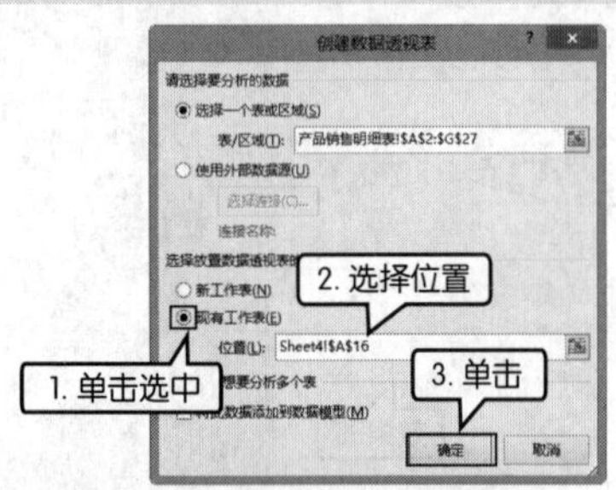

❻ 在【数据透视表字段】窗格中，将“产品类别”字段拖曳到【筛选器】标签中，将“产品名称”字段拖曳到【行】标签中，将“销售时间”字段拖曳到【列】标签中，将“销售数量”字段拖曳到【Σ值】标签中。

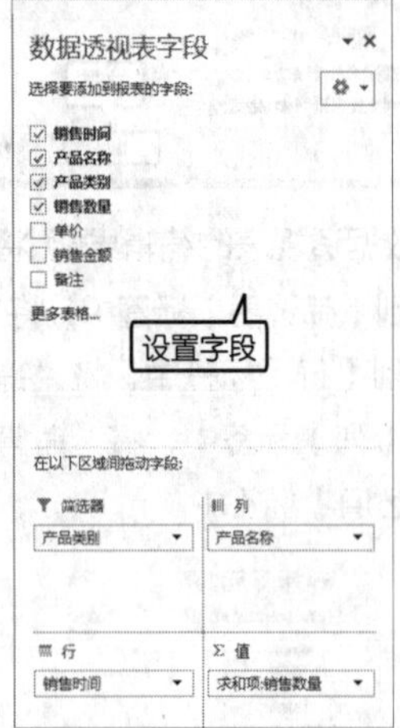

❼ 创建的第 2 个数据透视表如下图所示。

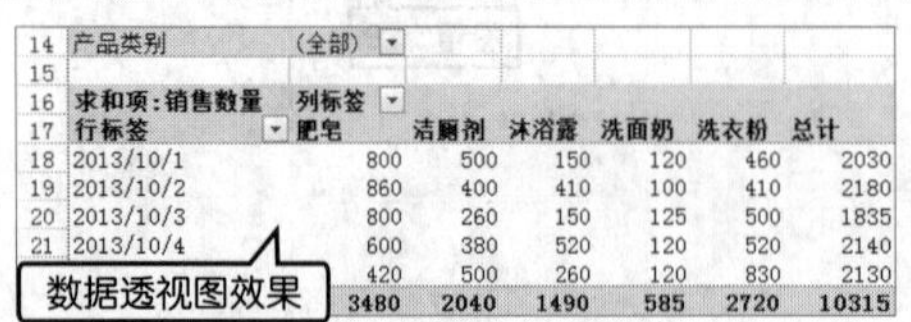

14	产品类别	(全部)					
15							
16	求和项:销售数量	列标签					
17	行标签	肥皂	洁厕剂	沐浴露	洗面奶	洗衣粉	总计
18	2013/10/1	800	500	150	120	460	2030
19	2013/10/2	860	400	410	100	410	2180
20	2013/10/3	800	260	150	125	500	1835
21	2013/10/4	600	380	520	120	520	2140
[illegible]	[illegible]	420	500	260	120	830	2130
[illegible]	[illegible]	3480	2040	1490	585	2720	10315

第 2 步：创建数据透视表

创建数据透视图后，可直接使用透视表创建透视图。

❶ 在“Sheet2”工作表，单击“数据透视表 1”中任意一个单元格，单击【数据透视表工具】➤【分析】选项卡下【工具】组中的【数据透视图】按钮，在弹出的下拉菜单中选择【数据透视图】选项。

❷ 打开【插入图表】对话框，选择一种图表类型，单击【确定】按钮。

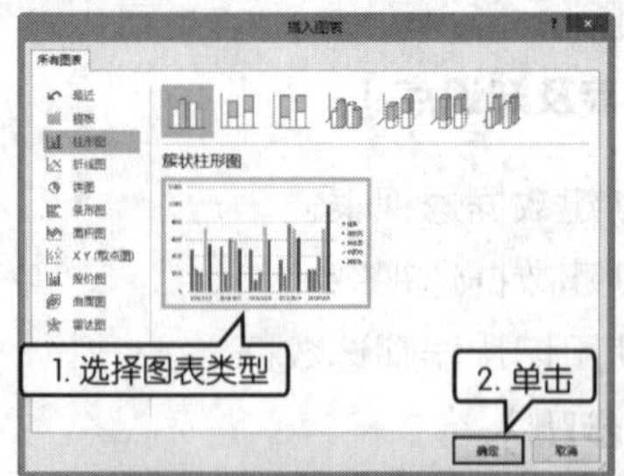

❸ 此时就使用数据透视表创建了一个数据透视图。

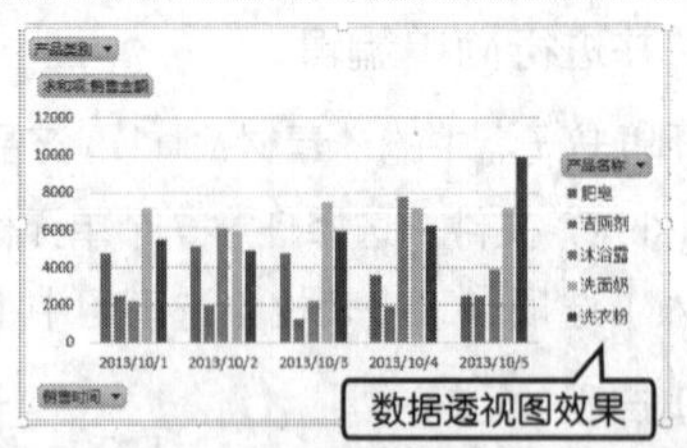

❹ 使用同样的方法为“数据透视表 2”创建数据透视图。

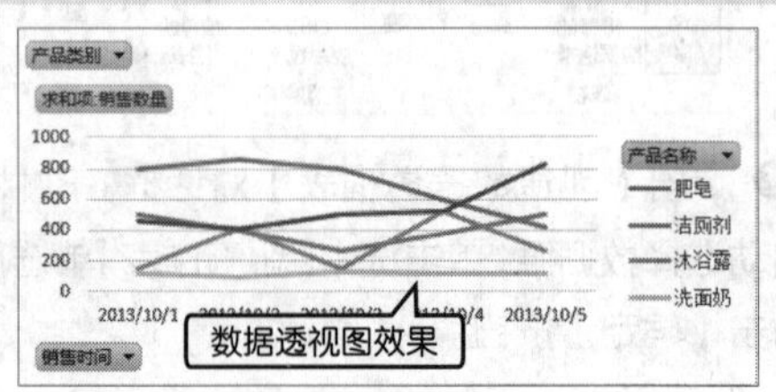

第 3 步：使用切片器筛选数据

创建透视表和透视图之后，就可以通过切片器来筛选需要的数据。

❶ 在“Sheet2”工作表，单击“数据透视表 1”中任意一个单元格，单击【分析】选项卡【筛选】组中的【插入切片器】按钮 插入切片器 。

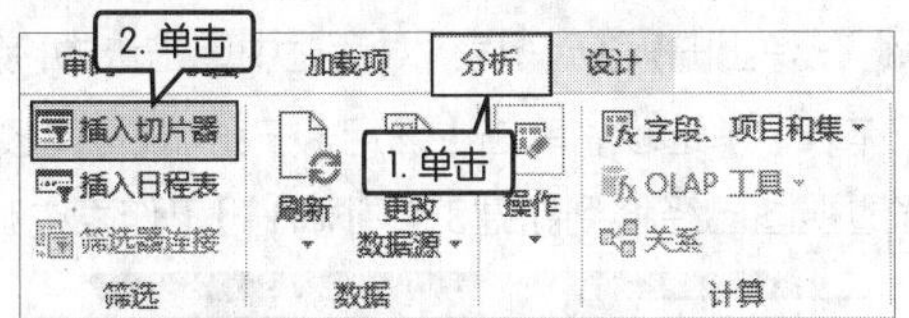

❷ 弹出【插入切片器】对话框，单击选中【销售时间】、【产品类别】和【产品名称】复选框，单击【确定】按钮。

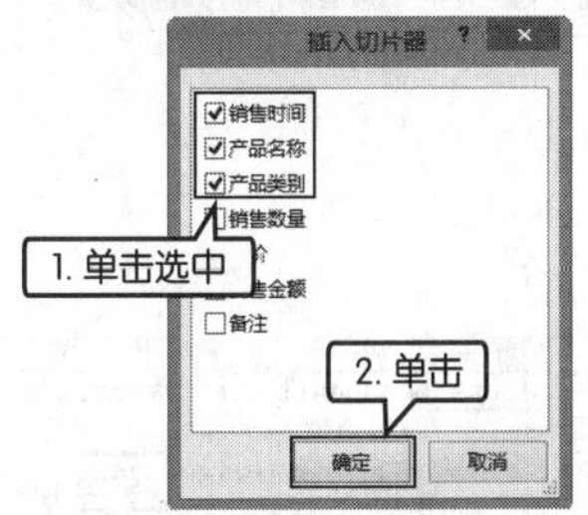

❸ 此时就插入了【销售时间】切片器、【产品类别】切片器和【产品名称】切片器。

❹ 在【产品类别】切片器中单击【S】选项，则在“数据透视表 1”将仅显示产品类别为“S”的产品的销售金额，并且【图表 1】中数据也随之发生变化。

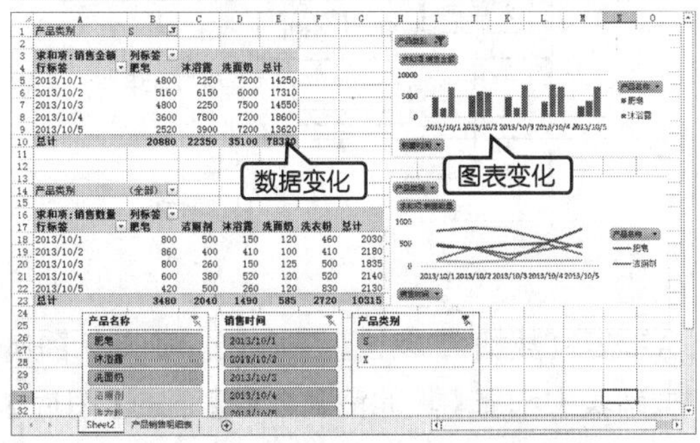

❺ 单击【清除筛选器】按钮，显示“数据透视表 1”中所有数据，单击【切片器工具】➤【选项】选项卡下【切片器】选项组中的【报表连接】按钮 报表连接 。

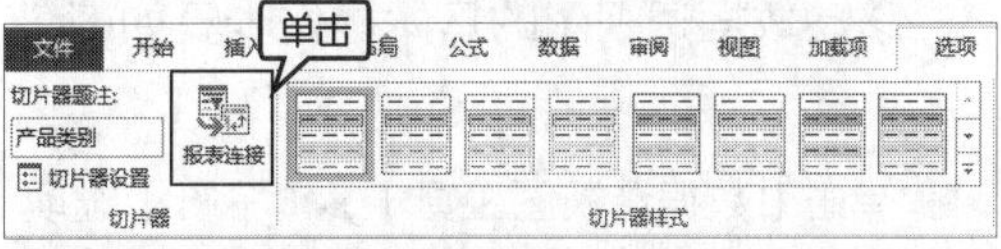

❻ 弹出【数据透视表连接（蔬菜名称）】对话框，选中【数据透视表 2】复选框，单击【确定】按钮。

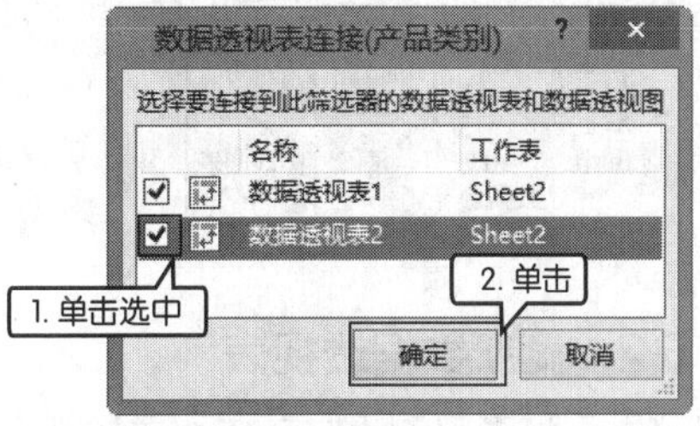

❼ 则“数据透视表 1”和“数据透视表 2”中均筛选出产品类别为“S”的产品的信息。

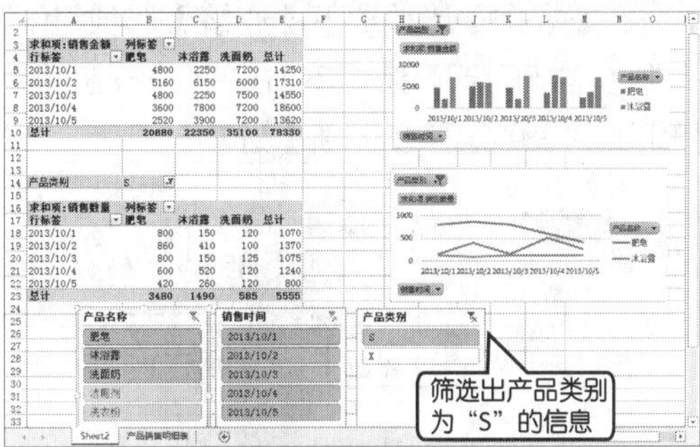

❽ 重复步骤❺～❻，为其他切片器设置链接，即可根据需要筛选数据，如下图为筛选出销售时间在 2013/10/2~2013/10/4 期间“S”产品的销售数量和销售金额。

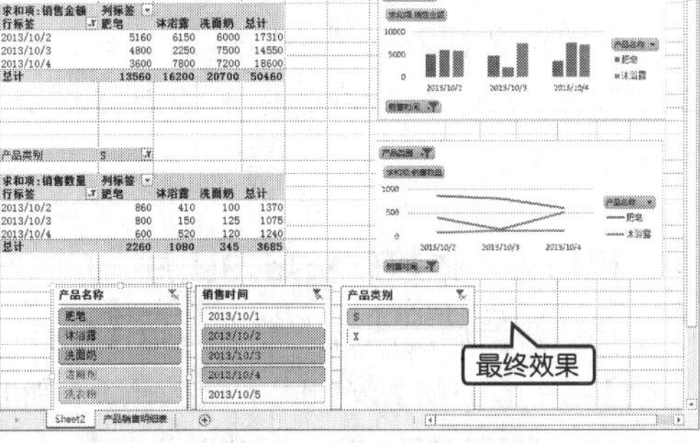

至此，产品销售明细表就制作完成了，用户即可根据需要分析产品销售明细表。

高手私房菜

本节视频教学录像：4 分钟

技巧 1：移动数据透视图

移动数据透视图的具体操作步骤如下。

❶ 单击【数据透视图工具】➤【分析】选项卡下【操作】组中的【移动图表】按钮。

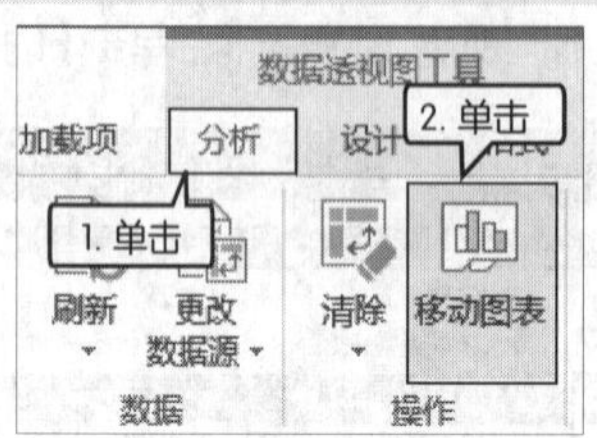

❷ 在弹出的【移动图表】对话框中单击选中【新工作表】单选项，单击【确定】按钮。即可将数据透视图已经移到新建的【Chart1】工作表中。

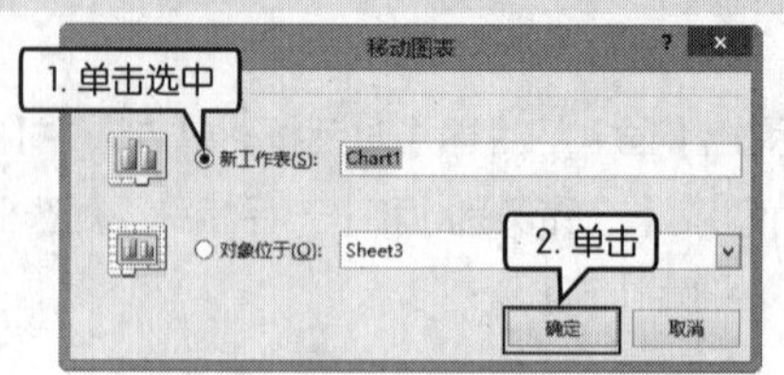

技巧 2：刷新数据透视表

刷新数据透视表常用的有 3 种方法。

方法一：

在【数据】选项卡下【连接】选项组中，单击【全部刷新】按钮下方的下拉按钮，在弹出的列表中选择【刷新】选项。

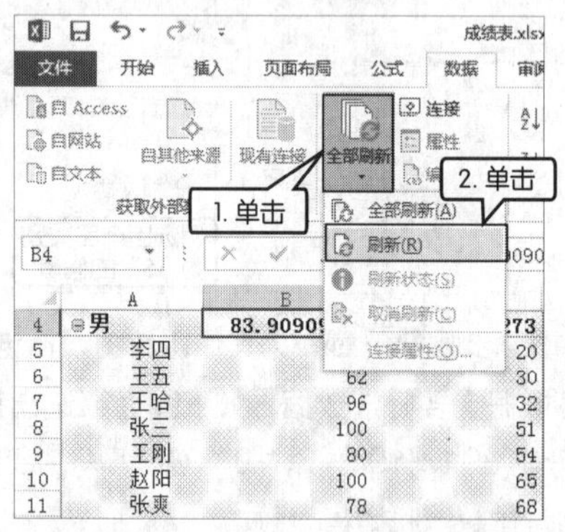

方法二：

在数据透视表中选中任意一个单元格，单击鼠标右键，然后在弹出的快捷菜单中选择【刷新】菜单项。

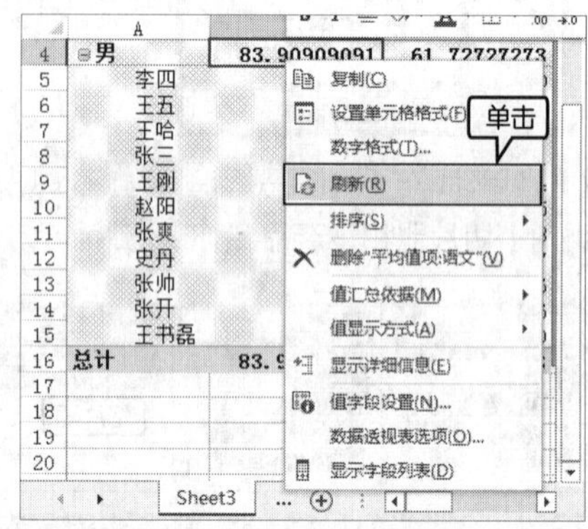

方法三：

单击【数据透视表工具】➤【分析】选项卡下【数据】选项组中的【刷新】按钮。

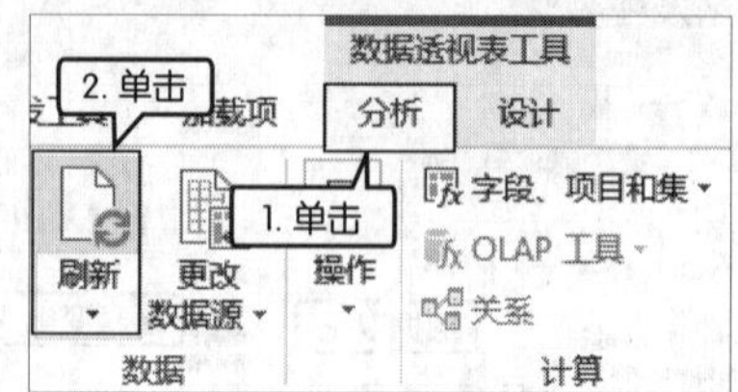

技巧 3：将数据粘贴为图片

选择要粘贴为图片的数据，按【Ctrl+C】组合键复制数据，单击【开始】选项卡下【剪贴板】组中【粘贴】按钮的下拉按钮，在弹出的下拉列表中选择【其他粘贴选项】下的【图片】按钮，即可将复制的数据粘贴为图片。

第 4 篇

演示文稿篇

第 13 章 PowerPoint 2013 入门

第 14 章 美化幻灯片

第 15 章 设置动画和交互效果

第 16 章 演示幻灯片

第13章

PowerPoint 2013 入门

本节视频教学录像：46 分钟

高手指引

外出做报告，展示的不仅是一种技巧，还是一种精神面貌。有声有色的报告常常会令听众惊叹，并能使报告达到最佳效果。用户可以通过设置幻灯片文本及段落，使幻灯片的内容更加突出。

重点导读

- 掌握演示文稿和幻灯片的基本操作
- 掌握输入和编辑内容的方法
- 掌握设置字体格式和段落格式的方法

13.1 演示文稿的基本操作

本节视频教学录像：5 分钟

制作精美的演示文稿之前，首先应熟练掌握演示文稿的基本操作。

13.1.1 创建演示文稿

启动 PowerPoint 2013 软件之后，PowerPoint 2013 会提示创建什么样的 PPT 演示文稿，并提供模板供用户选择。用户可以创建空白演示文稿，也可以使用联机模板创建演示文稿。

1. 创建空白演示文稿

创建空白演示文稿的具体操作步骤如下。

❶ 启动 PowerPoint 2013，弹出如图所示 PowerPoint 界面，单击【空白演示文稿】选项。

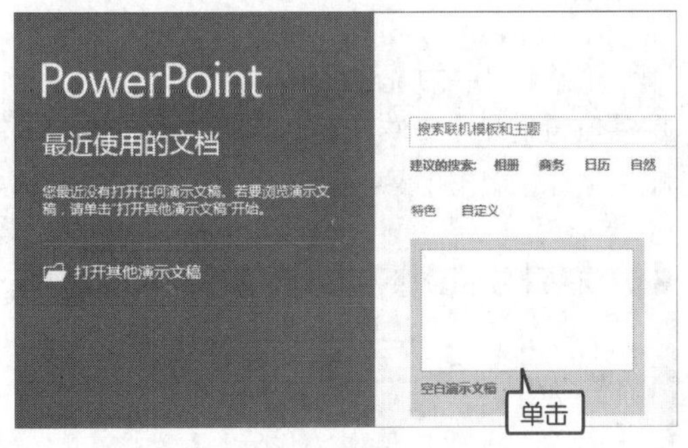

❷ 新建空白演示文稿如图所示。

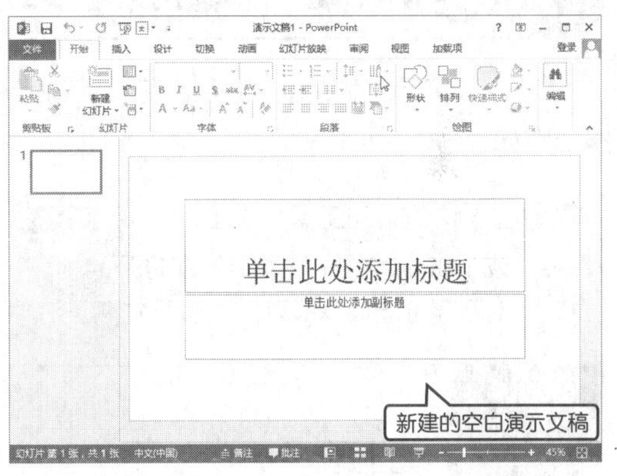

提示 在已经创建过模板的演示文稿中，单击【文件】选项卡，单击左侧列表中的【新建】选项，在右侧【新建】区域中单击【空白演示文稿】命令，也可以创建一个空白演示文稿。

2. 使用联机模板创建演示文稿

PowerPoint 2013 中内置有大量联机模板，可在设计不同类别的演示文稿的时候选择使用，既美观漂亮，又节省了大量时间。

❶ 在【文件】选项卡下，单击【新建】选项，在右侧【新建】区域显示了多种 PowerPoint 2013 的联机模板样式。

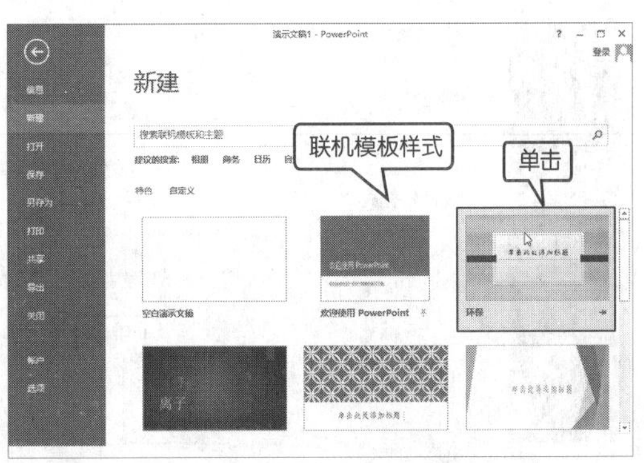

提示 在【新建】选项下的文本框中输入联机模板或主题名称，然后单击【搜索】按钮 即可快速找到需要的模板或主题。

❷ 选择相应的联机模板，即可弹出模板预览界面。如单击【环保】命令，弹出【环保】模板的预览界面，选择模板类型，在右侧预览框中可查看预览效果，单击【创建】按钮。

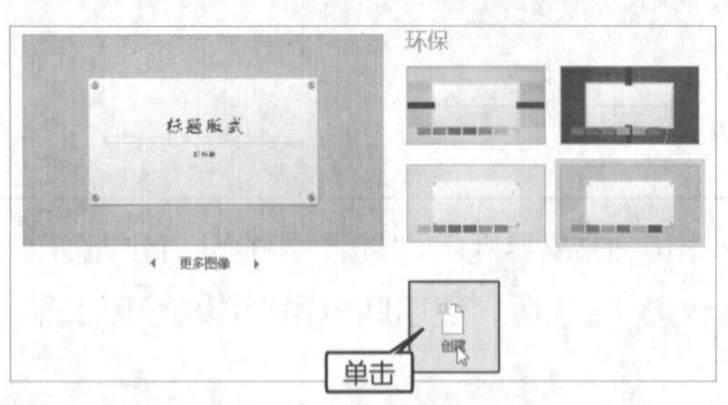

❸ 此时就使用联机模板创建了一个演示文稿。

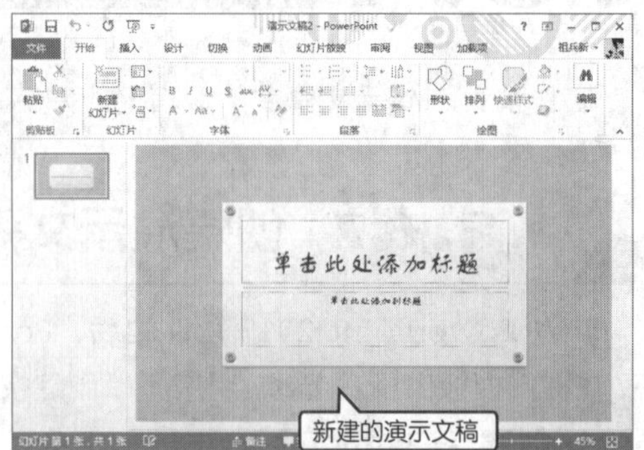

13.1.2 保存演示文稿

编辑完演示文稿后，需要将演示文稿保存起来，以便以后使用。保存演示文稿的具体操作步骤如下。

❶ 单击【快速访问工具栏】上的【保存】按钮，或单击【文件】选项卡，在打开的列表中选择【保存】选项，即可保存演示文稿。

❷ 如果保存的是新建的演示文稿，选择【保存】选项后，将弹出【另存为】设置界面，单击【浏览】按钮。

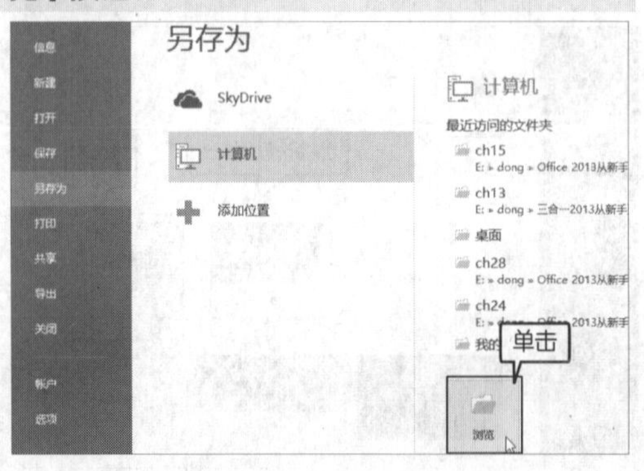

❸ 弹出【另存为】对话框，选择演示文稿的保存位置，在【文件名】文本框中输入演示文稿的名称，单击【保存】按钮即可。

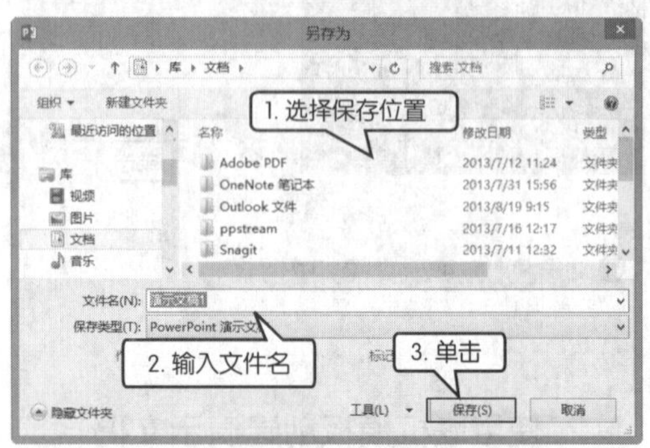

如果用户需要对当前演示文稿重命名、更换保存位置或演示文稿类型，则可以选择【开始】➤【另存为】选项，在【另存为】设置界面中单击【浏览】按钮，将弹出【另存为】对话框。在【另存为】对话框中选择演示文稿的保存位置、文件名和保存类型后，单击【保存】按钮即可另存演示文稿。

13.2 幻灯片的基本操作

幻灯片的基本操作包括选择幻灯片、删除幻灯片和复制幻灯片等。掌握幻灯片的基本操作是制作一个优秀幻灯片的基础。

13.2.1 选择幻灯片

不仅可以选择单张幻灯片，还可以选择连续或不连续的多张幻灯片。

1. 选择单张幻灯片

打开随书光盘中的“素材 \ch13\ 静夜思 .pptx”，单击需要选定的幻灯片即可选择该幻灯片，如下图所示。

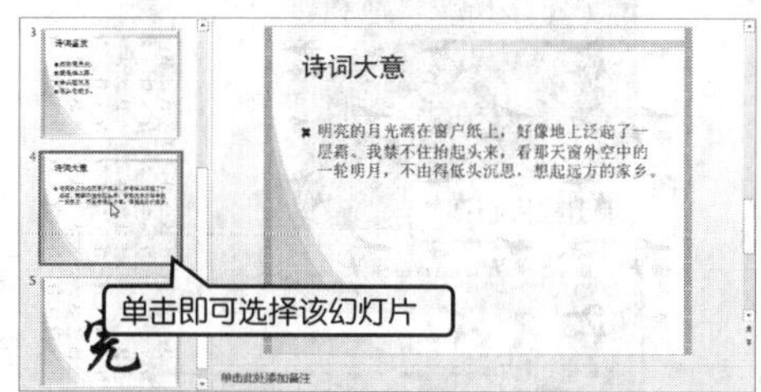

2. 选择多张幻灯片

选择多张幻灯片可分为选择多张连续的幻灯片和选择多张不连续的幻灯片两种情况。

要选择多张连续的幻灯片，可以在按下【Shift】键的同时，单击需要选定多张幻灯片的第一张和最后一张幻灯片。

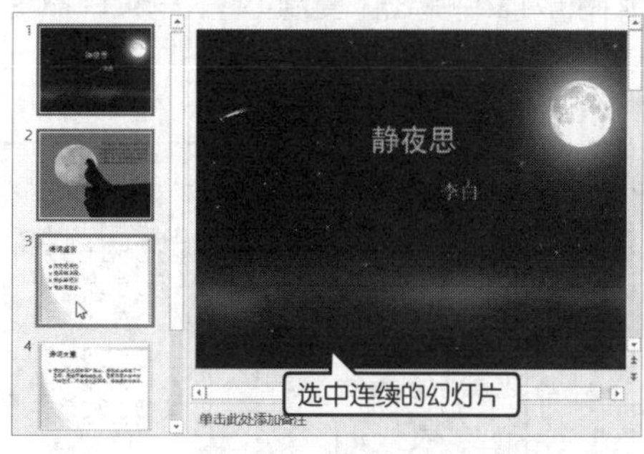

要选择多张不连续的幻灯片，则需先按下【Ctrl】键，再分别单击需要选定的幻灯片。

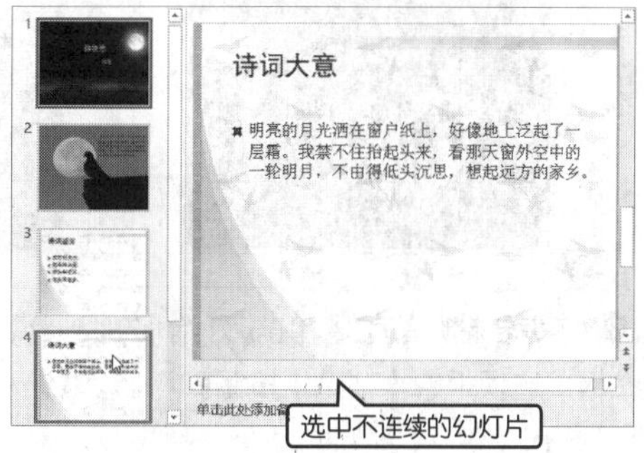

13.2.2 删除幻灯片

用户可以删除不需要的幻灯片。选择要删除的幻灯片，按【Delete】键即可，或者选择要删除的幻灯片并单击鼠标右键，在弹出的快捷菜单中单击【删除幻灯片】菜单命令。

13.2.3 复制幻灯片

用户可以通过以下 2 种方法复制幻灯片。

1. 利用【复制】按钮

利用【复制】按钮复制幻灯片的具体操作步骤如下。

❶ 选中幻灯片，单击【开始】选项卡下【剪贴板】组中【复制】按钮后的下拉按钮，在弹出的下拉列表中单击【复制（C）】菜单命令，即可复制所选幻灯片。

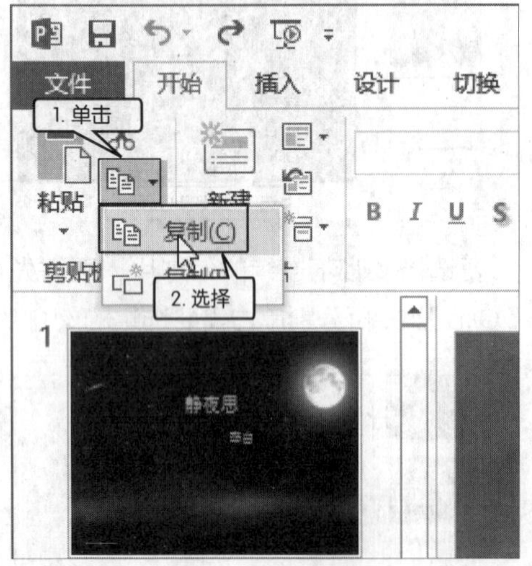

❷ 在需要粘贴的位置单击【开始】选项卡下【剪贴板】选项组中【粘贴】按钮即可。

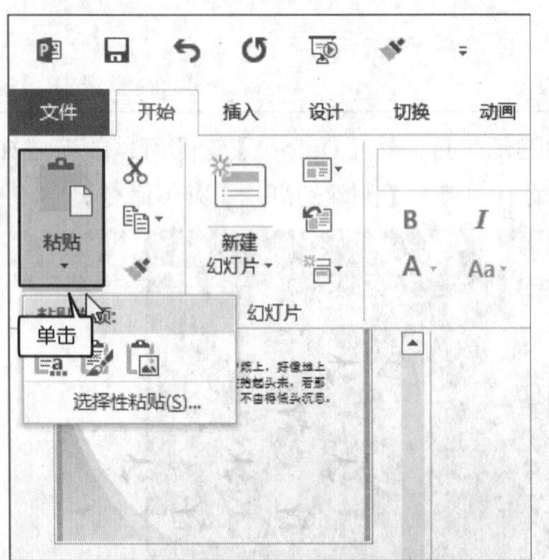

提示 在弹出的下拉列表中单击【复制（I）】菜单命令，可复制所选幻灯片并将其粘贴至所选幻灯片之后。

2. 利用【复制】菜单命令

在目标幻灯片上单击鼠标右键，在弹出的快捷菜单中单击【复制】菜单命令，即可复制所选幻灯片，如下图所示。

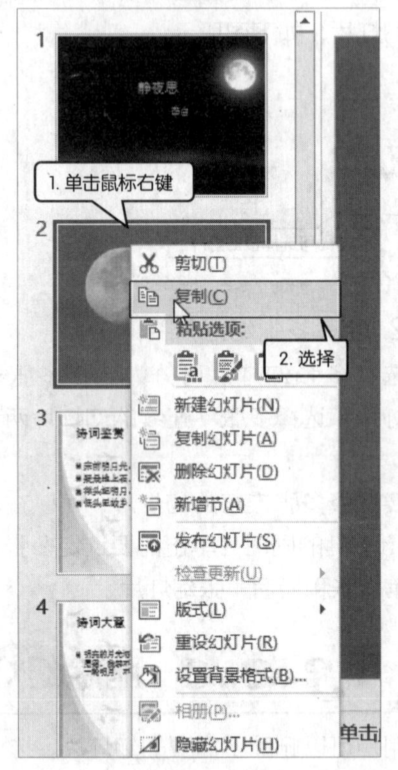

提示 利用右键菜单复制幻灯片时，在弹出的快捷菜单中选择【复制幻灯片】菜单命令，则可将所选中的幻灯片复制并粘贴至所选幻灯片之后。

13.3 输入和编辑内容

本节视频教学录像：8 分钟

演示文稿的内容一定要简要，并且重点突出。在 PowerPoint 2013 中，可以将文字以多种简便灵活的方式添加至幻灯片中。

13.3.1 使用文本框添加文本

文本框有横排文本框和竖排文本框两种，根据不同情况，可插入不同文本框。

1. 横排文本框

使用横排文本框添加文本的具体操作步骤如下。

❶ 在演示文稿中，单击【插入】选项卡下【文本】组中的【文本框】按钮下方的下拉按钮，在弹出的菜单中，选择【横排文本框】选项。

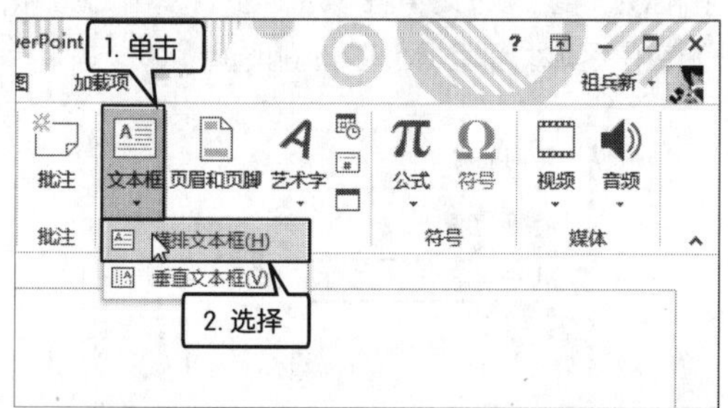

❷ 当鼠标变为向下箭头↓时，按住鼠标左键并拖曳，在幻灯片中绘制横排文本框，至合适大小松开鼠标左键，完成横排文本框绘制，并在文本框中输入文本即可。

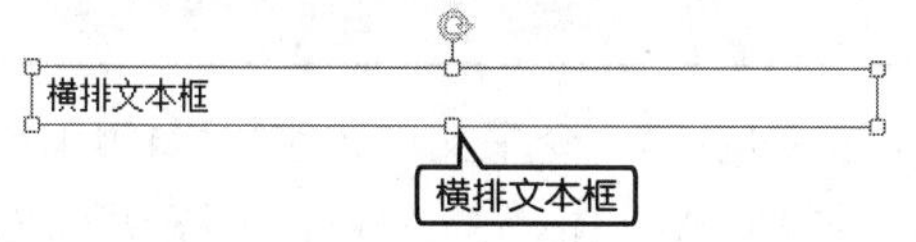

2. 垂直文本框

使用垂直文本框添加文本的具体操作步骤如下。

❶ 在演示文稿中，单击【插入】选项卡下【文本】组中的【文本框】按钮下方的下拉按钮，在弹出的菜单中，选择【垂直文本框】选项。

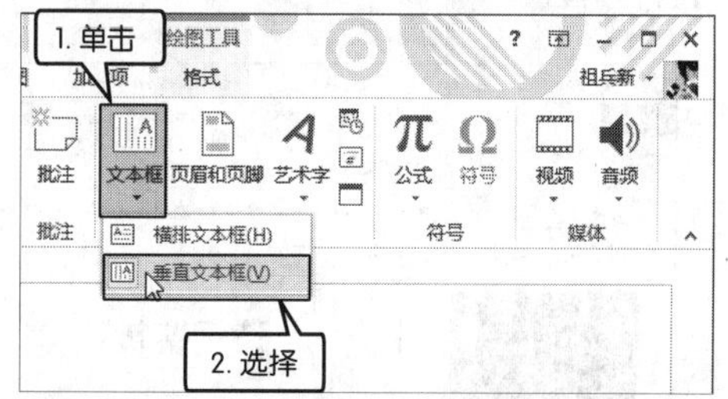

❷ 当鼠标变为向下箭头↓时，按住鼠标左键并拖曳，在幻灯片中绘制垂直文本框，在文本框中输入文本即可。

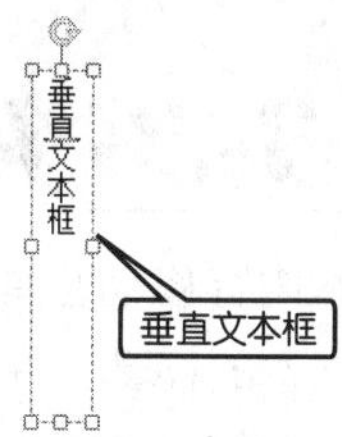

13.3.2 使用占位符添加文本

幻灯片中的“单击此处添加标题”以及“单击此处添加副标题”等文本框，均称为“文本占位符”。

在文本占位符中输入文本是最基本、最方便的一种输入方式。在文本占位符上单击即可输入文本。同时，输入的文本会自动替换文本占位符中的提示性文字。

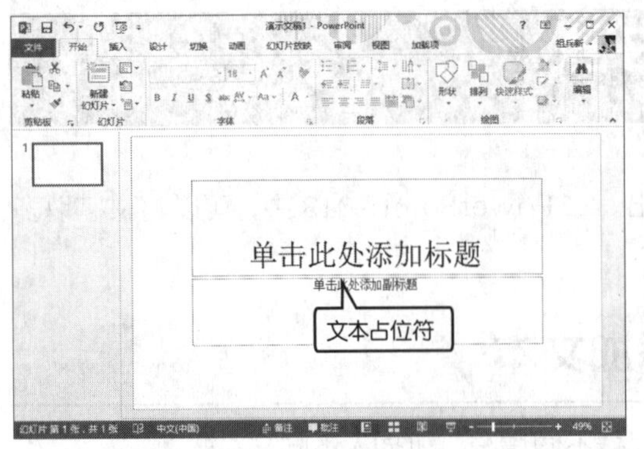

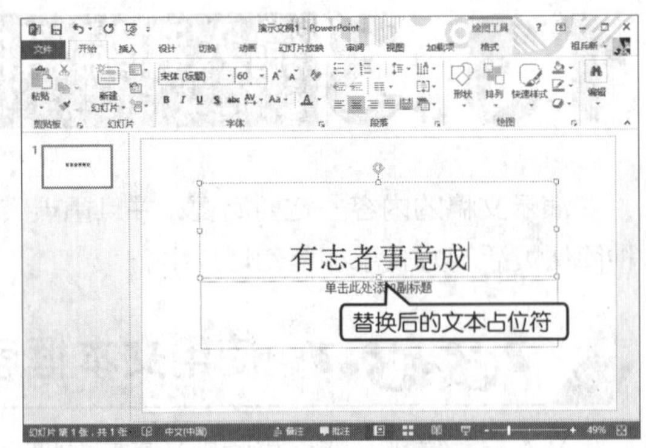

13.3.3 选择文本

通过鼠标可以选择幻灯片中的任意文本内容，具体操作步骤如下。

❶ 打开随书光盘中的“素材\ch13\静夜思.pptx”文件，将鼠标光标定位在要选择文本的开始位置。

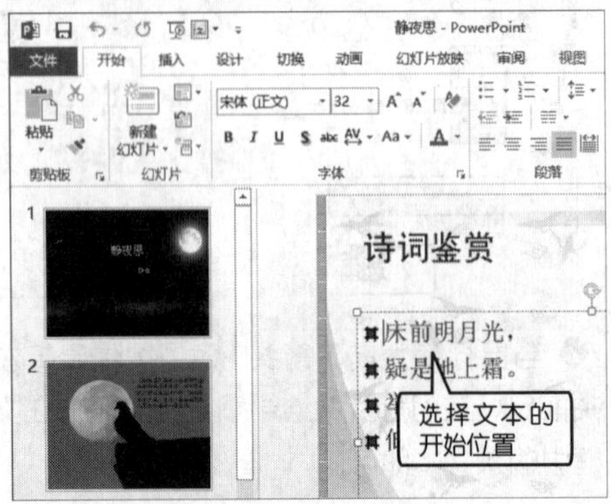

❷ 按住鼠标左键并拖曳，这时选中的文本会以阴影的形式显示。选择完成，释放鼠标左键，鼠标光标经过的文字就被选定了，单击幻灯片的空白区域，即可取消文本的选择。

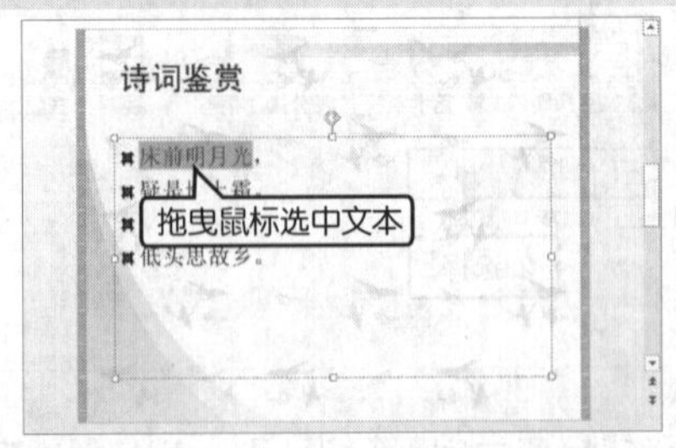

提示 在幻灯片中选择文本与在 Word 中选择文本的方法类似，这里不再赘述。

13.3.4 移动文本

将文本内容移动至其他位置，可以使用功能选项区的菜单命令来实现，也可以使用快捷键来进行文本的移动，在移动文本之前需要选中文本内容。将鼠标光标放置在要移动的文本内容之前，按下鼠标左键不放，拖动鼠标至文本内容最后，松开鼠标即可。

❶ 打开随书光盘中的“素材\ch13\静夜思.pptx”文件，选择要移动的文本，如选中“诗词大意”幻灯片中的文本内容，单击【开始】选项卡【剪贴板】下组中的【剪切】按钮✂，或者按【Ctrl+X】组合键。

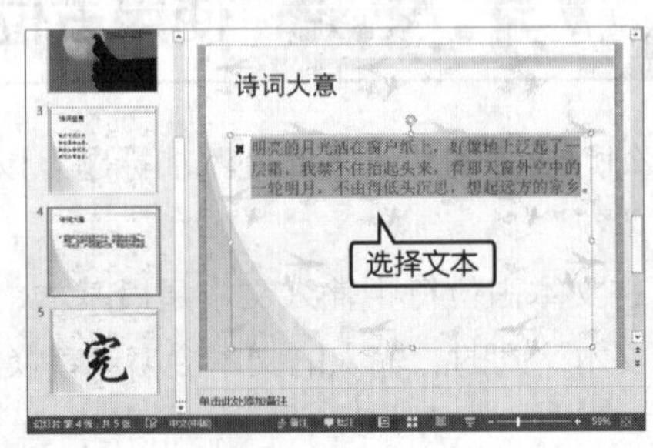

❷ 将文本插入点定位于要插入移动文本的位置，如定位在“诗词鉴赏”幻灯片中的文本内容最后，单击【开始】选项卡下【剪贴板】选项组中的【粘贴】按钮，或者按【Ctrl+V】组合键即可。

❸ 最终效果如图所示。

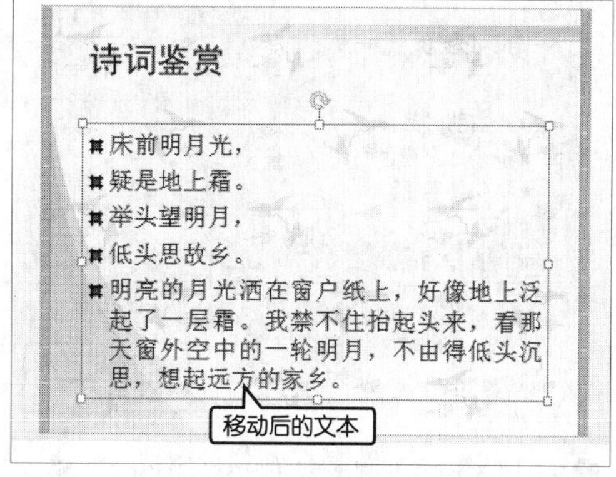

13.3.5 复制、粘贴文本

在 PowerPoint 2013 中，复制与粘贴文本的具体操作步骤如下。

❶ 打开随书光盘中的“素材\ch13\静夜思.pptx”文件，在第 3 张幻灯片页面中选择要复制的文本内容，单击【开始】选项卡【剪贴板】选项组中的【复制】按钮，或者按【Ctrl+C】组合键。

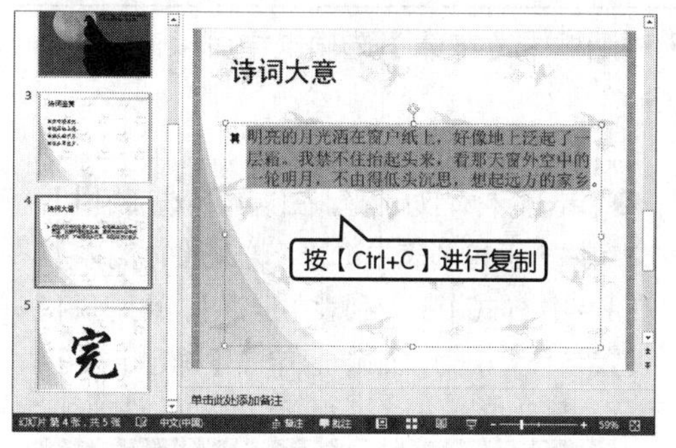

❷ 将鼠标光标定位在第 2 张幻灯片页面要粘贴文本的位置，单击【开始】选项卡【剪贴板】选项组中的【粘贴】按钮，或者按【Ctrl+V】组合键即可。

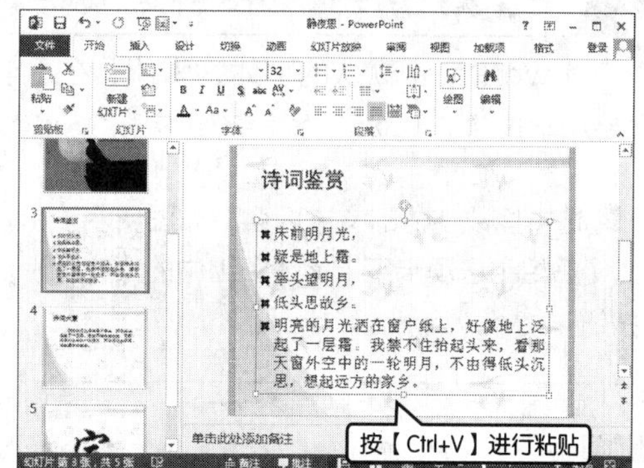

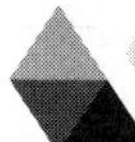

13.3.6 删除 / 恢复文本

如果某些文本或段落多余或者不正确，可以将其删除，误删除的内容可以通过恢复文本来将其恢复。删除 / 恢复文本的具体操作步骤如下。

❶ 选中需要删除的文本内容。

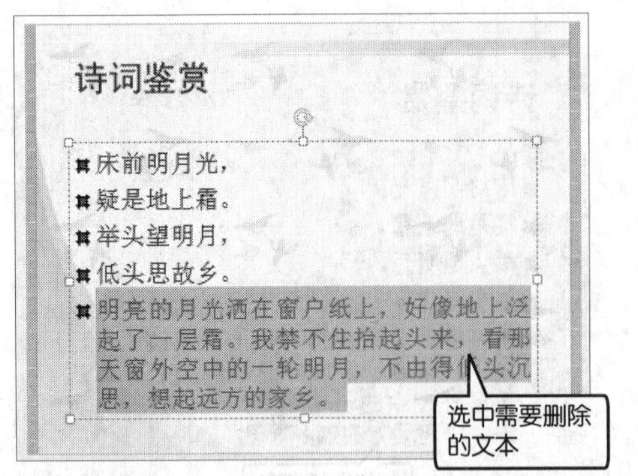

❷ 按【Delete】键或者【Backspace】键即可将其删除。

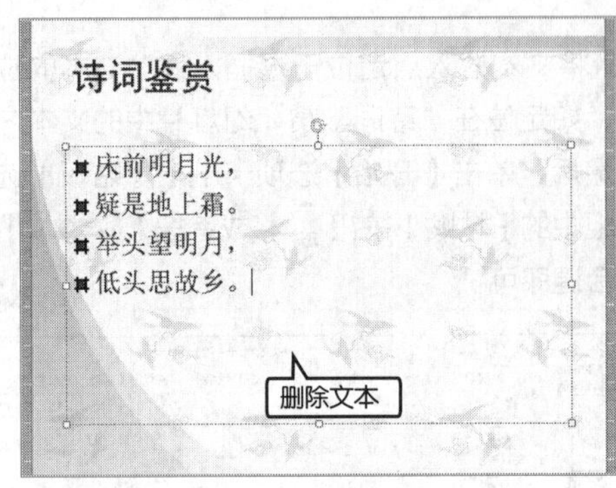

如果不小心将不该删除的文本删除了，按【Ctrl+Z】组合键或单击快速访问工具栏中的【撤消】按钮，即可恢复删除的文本。撤消后，若又希望恢复操作，则可按【Ctrl+Y】组合键或单击快速访问工具栏中的【恢复】按钮，恢复文本。

13.4 设置字体格式

本节视频教学录像：5 分钟

在幻灯片中添加文本后，设置文本的格式（如设置字体及颜色、字符间距、使用艺术字等）不仅可以使幻灯片页面布局更加合理、美观，还可以突出文本内容。

13.4.1 设置字体、字号字形

PowerPoint 默认的字体为宋体，在【字体】对话框中【字体】选项卡中可以设置字体、字号和字形等，具体操作步骤如下。

❶ 选中修改字体的文本内容，如图所示，单击【开始】选项卡下【字体】组中的【字体】按钮。

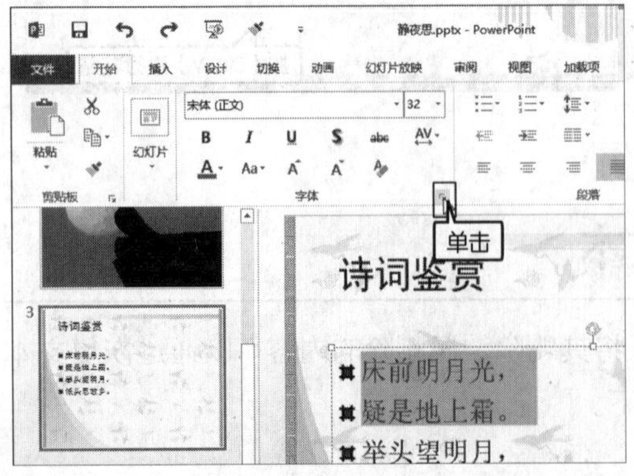

❷ 弹出【字体】对话框，在【字体】选项组中【中文字体】下拉列表中选择【方正楷体简体】，在【字体样式】下拉列表中选择【加粗 倾斜】，设置字号大小为“40”，单击【确定】按钮。

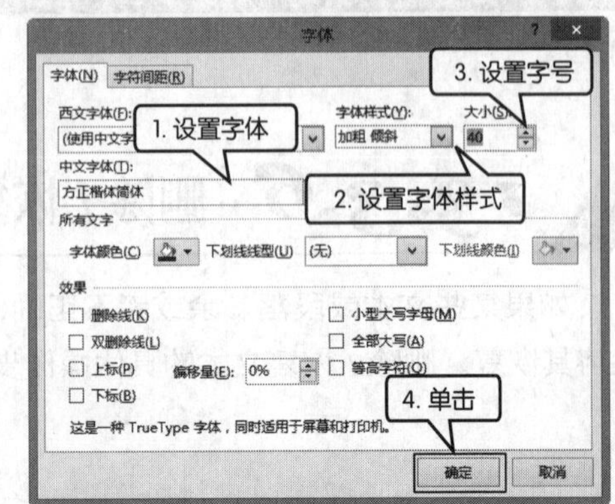

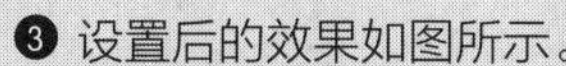

❸ 设置后的效果如图所示。

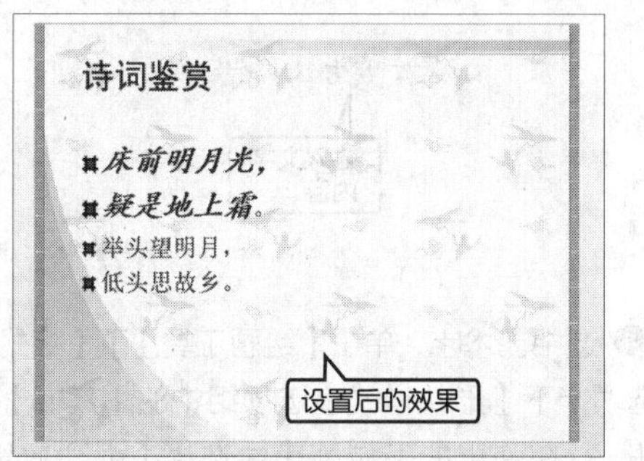

提示 还可以在【字体】对话框中设置文字颜色、上标、下标等，在 PowerPoint 2013 的【开始】选项卡下【字体】组中同样可以设置字体格式。

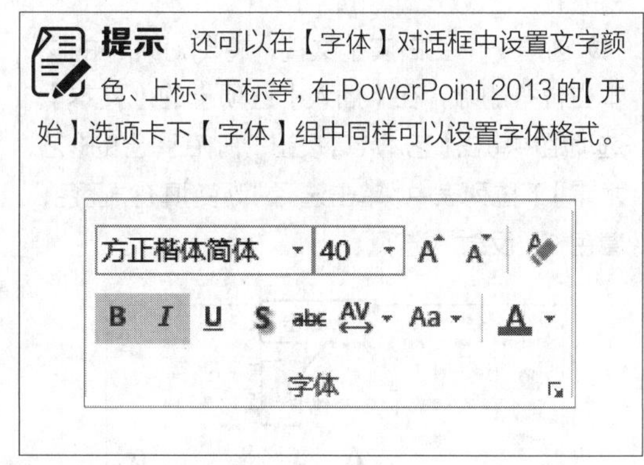

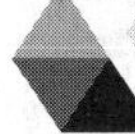

13.4.2 设置字体间距

在幻灯片中，文本内容只是单一的间距看上去会比较枯燥，接下来介绍如何设置字体间距，具体操作步骤如下。

❶ 选中需要设置字体间距的文本内容，单击【开始】选项卡下【字体】组中的【字体】按钮。

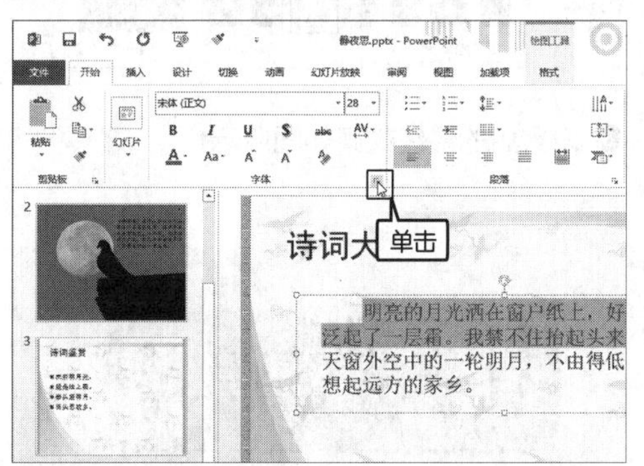

❷ 打开【字体】对话框，选择【字体间距】选项卡，在【间距】下拉列表中选择【加宽】选项，设置度量值为“10 磅”，单击【确定】按钮。

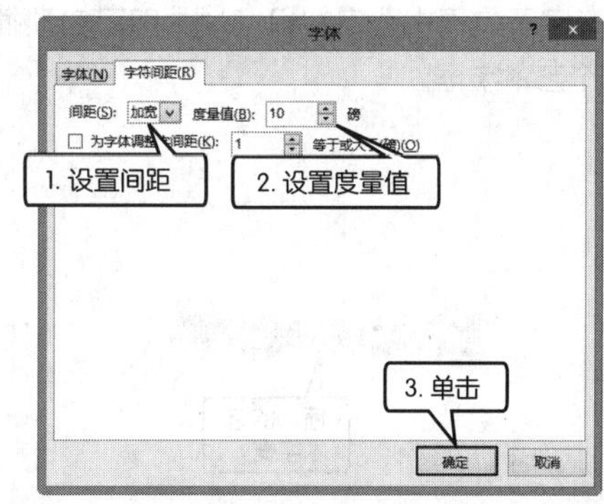

❸ 字体间距为“加宽，10 磅”的效果如图所示。

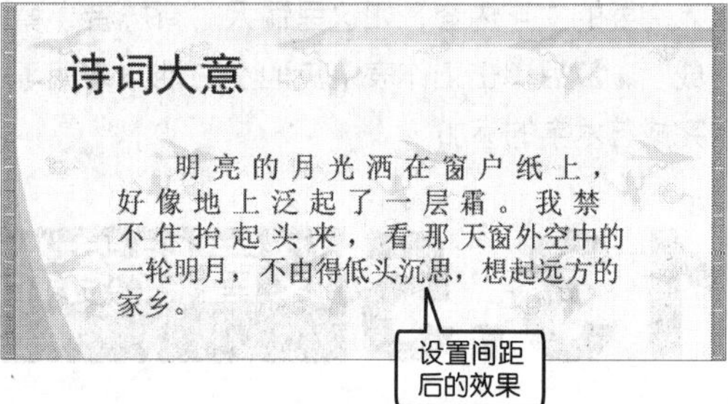

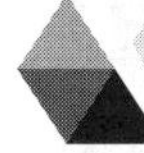

13.4.3 使用艺术字

艺术字与普通文字相比，有更多的颜色和形状可以选择，表现形式多样化，在幻灯片中插入艺术字可以达到锦上添花的效果。利用 PowerPoint 2013 中的艺术字功能插入装饰文字，可以创建带阴影的、映像的和三维格式等艺术字，也可以按预定义的形状创建文字，具体操作步骤如下。

❶ 创建一个空白演示文稿，将幻灯片中的文本占位符删除，在【插入】选项卡的【文本】选项组中单击【艺术字】按钮，在弹出的【艺术字】下拉列表中，单击选择“渐变填充－蓝色，着色 1，反射”选项。

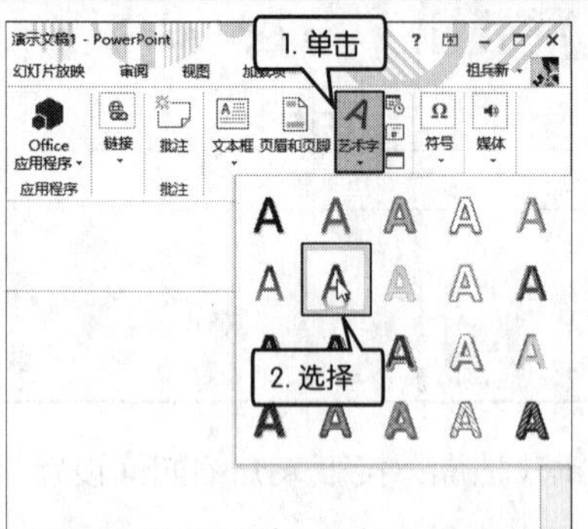

❷ 在演示文稿中选定的幻灯片中即可自动插入一个艺术字框。

❸ 单击该框，将框内预定的文字删除，并输入需要的文字内容，如这里输入“有志者事竟成”，然后单击工作表中其他空白地方，即可完成艺术字的添加。

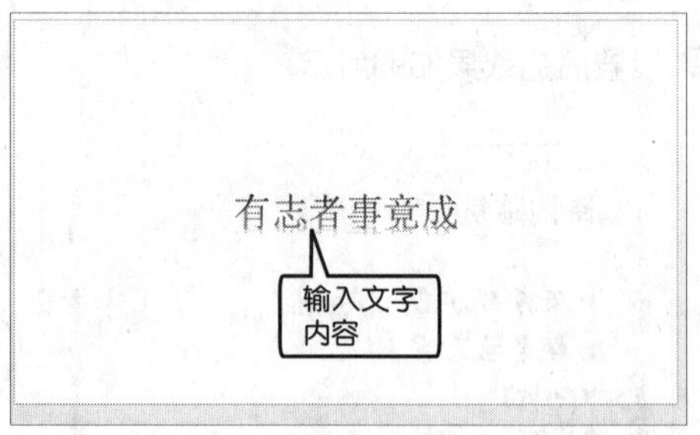

❹ 选中艺术字，单击【绘画工具】下【格式】选项卡下【形状样式】选项组中的【其他】按钮，在弹出的下拉列表中选择【强烈效果－金色，强调颜色 4】样式。

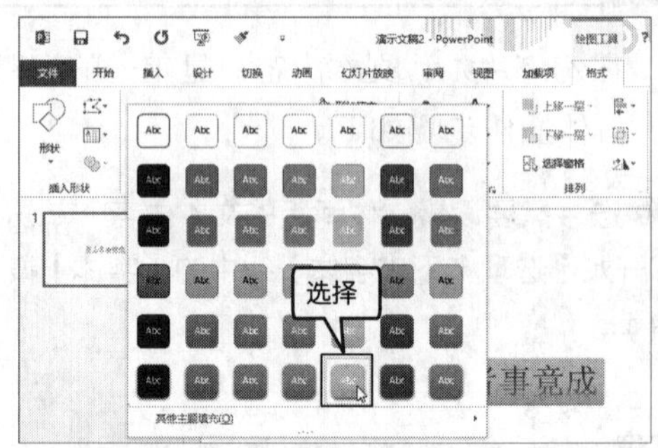

❺ 设置后的最终效果如图所示。

13.5 设置段落格式

本节视频教学录像：8 分钟

设置幻灯片中的段落格式，可以使幻灯片内容整齐、美观。

13.5.1 对齐方式

段落对齐方式包括左对齐、右对齐、居中对齐、两端对齐和分散对齐等。不同的对齐方式可以达到不同的效果。

❶ 选中需要设置对齐方式的段落，单击【开始】选项卡【段落】选项组中的【居中对齐】按钮，效果如图所示。

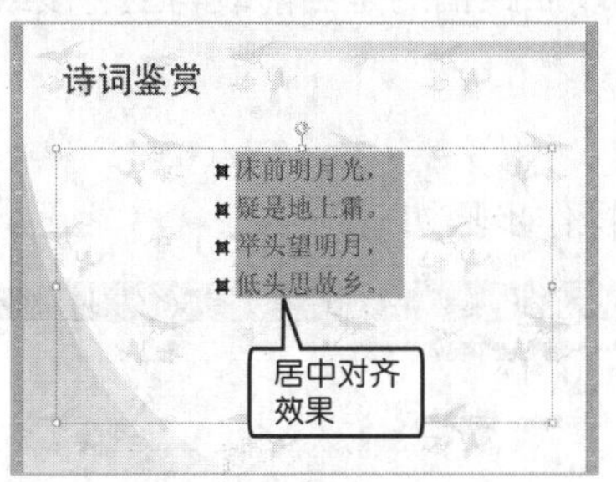

❷ 还可以修改其段落对齐方式，将光标定位在段落中，单击【开始】选项卡【段落】选项组中的【段落】按钮，弹出【段落】对话框，在【常规】区域的【对齐方式】下拉列表中选择【分散对齐】选项，单击【确定】按钮。

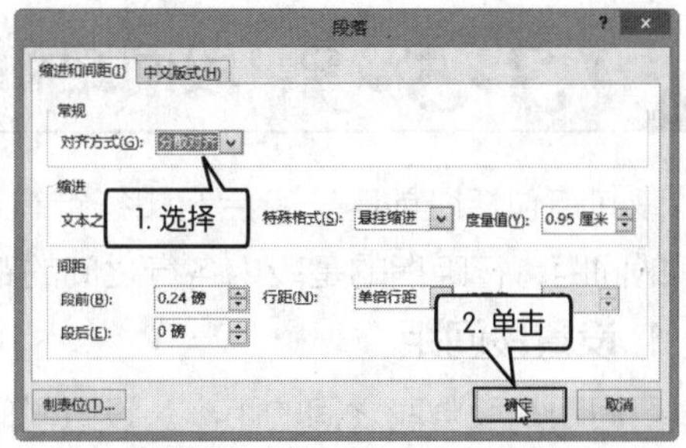

❸ 设置后的效果如图所示。

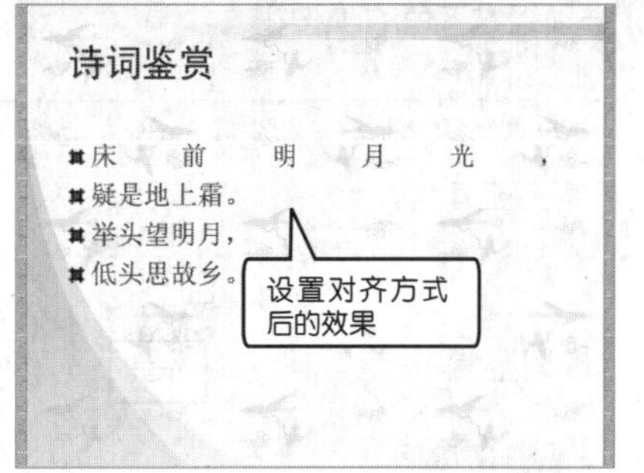

提示　在【开始】选项卡【段落】选项组中单击相应的按钮，即可设置不同的段落对齐方式，功能按钮分别为：左对齐按钮、右对齐按钮、居中对齐按钮、两端对齐按钮和分散对齐。

13.5.2 段落文本缩进

段落缩进指的是段落中的行相对于页面左边界或右边界的位置，段落文本缩进的方式有首行缩进、文本之前缩进和悬挂缩进 3 种。设置段落文本缩进的具体操作步骤如下。

❶ 将光标定位在要设置的段落中，单击【开始】选项卡【段落】选项组右下角的按钮。

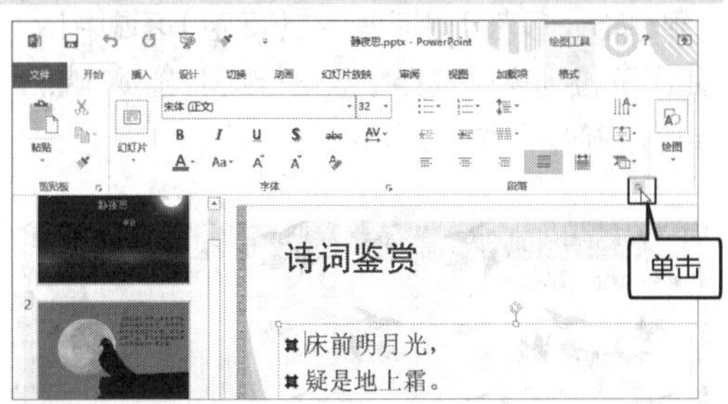

❷ 弹出【段落】对话框，在【缩进和间距】选项卡下【缩进】区域中单击【特殊格式】右侧的下拉按钮，在弹出的下拉列表中选择【首行缩进】选项，并设置度量值为“2 厘米”，单击【确定】按钮。

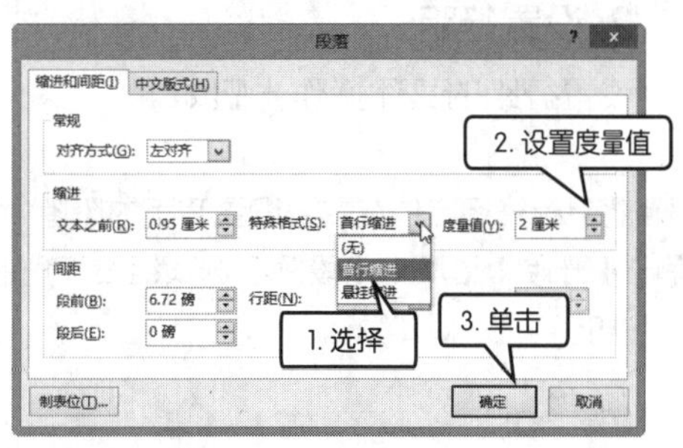

❸ 设置后的效果如图所示。

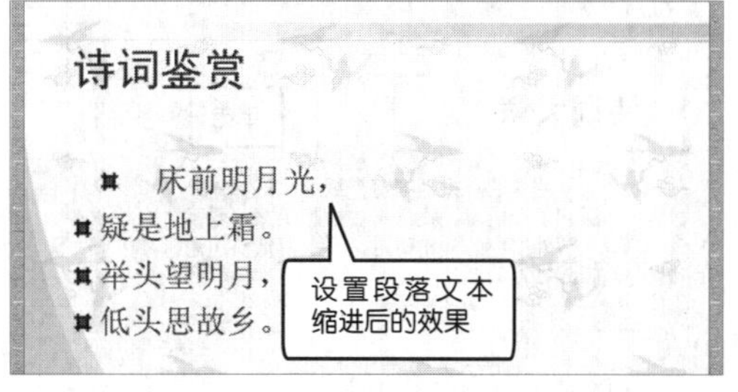

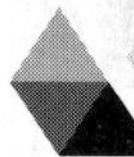

13.5.3 段间距和行距

段间距包括段前距、段后距和行距等。段前距和段后距指的是当前段与上一段或下一段之间的间距，行距指的是段内各行之间的距离。

1. 设置段间距

段间距是段与段之间的距离。设置段间距的具体操作步骤如下。

❶ 选中要设置的段落，单击【开始】选项卡【段落】选项组右下角的 按钮。

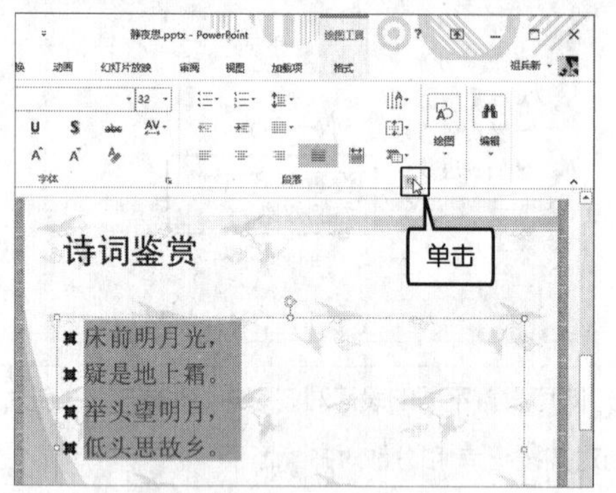

❷ 在弹出的【段落】对话框中的【间距】区域中，在【段前】和【段后】微调框中输入具体的数值即可，如输入“10”，单击【确定】按钮。

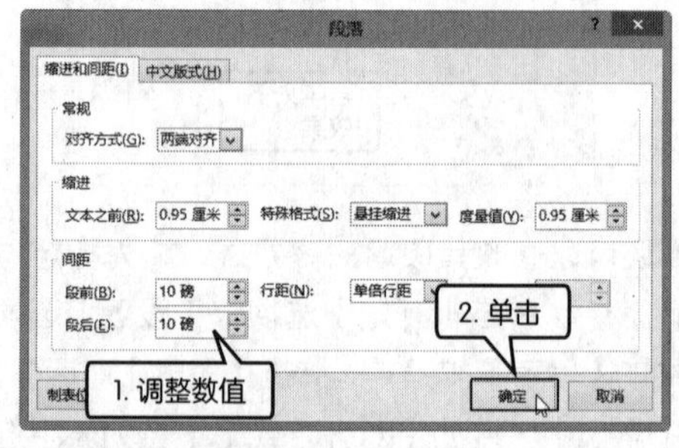

❸ 设置后的效果如图所示。

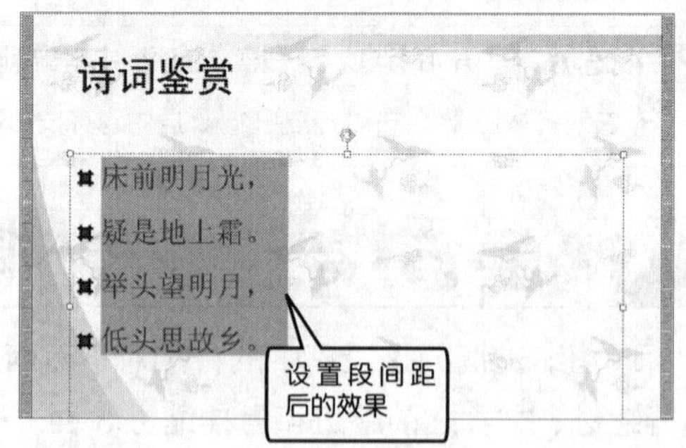

2. 设置行距

设置行距的具体操作步骤如下。

❶ 将鼠标光标定位在需要设置间距的段落中，单击【开始】选项卡【段落】选项组右下角的 按钮。

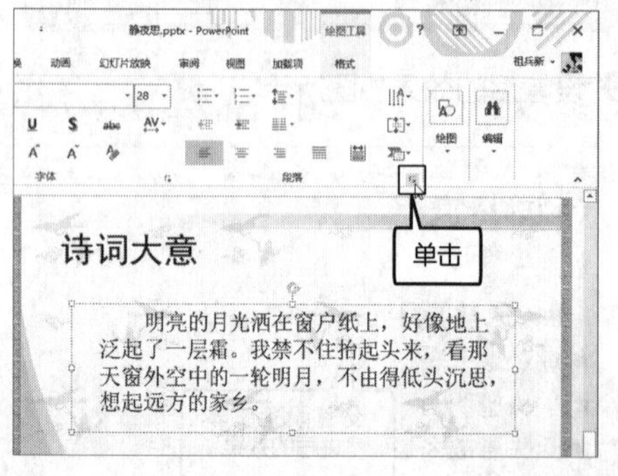

❷ 弹出【段落】对话框，在【间距】区域中【行距】下拉列表中选择【双倍行距】选项，然后单击【确定】按钮。

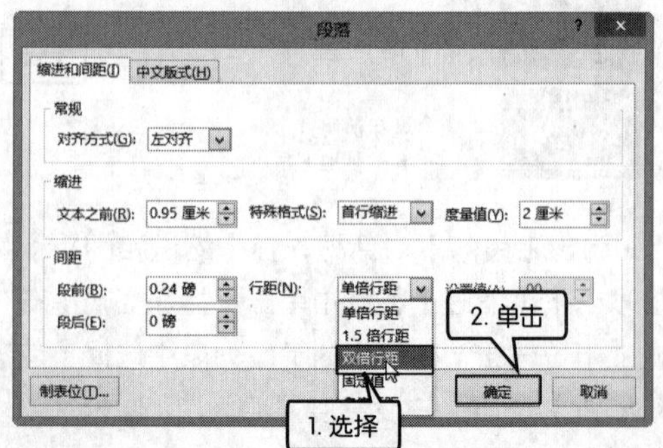

❸ 设置后的双倍行距如图所示。

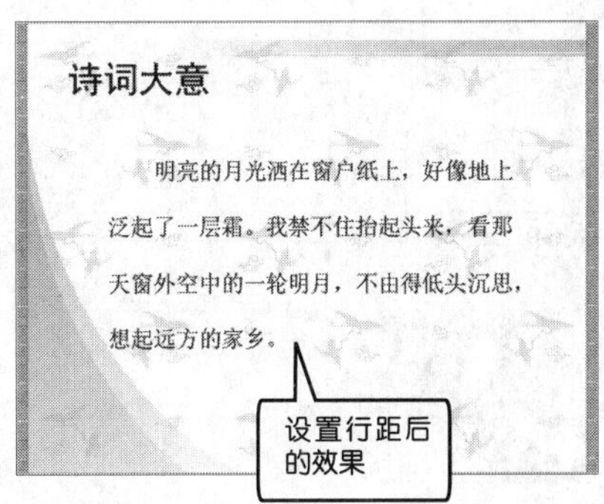

提示 行距可以分为单倍行距、1.5 倍行距、双倍行距、固定值和多倍行距等 5 种类型。

13.5.4 添加项目符号或编号

添加项目符号和编号也是美化幻灯片的一个重要手段，精美的项目符号、统一的编号样式可以使单调的文本内容变得更生动、专业。

1. 添加编号

添加标号的具体操作步骤如下。

❶ 打开随书光盘中的“素材 \ch13\ 静夜思 .pptx”文件，选择第 3 张幻灯片，选中幻灯片中需要添加编号的文本内容，单击【开始】选项卡下【段落】组中的【编号】按钮右侧的倒三角箭头，在弹出的下拉列表中，单击【项目符号和编号】选项。

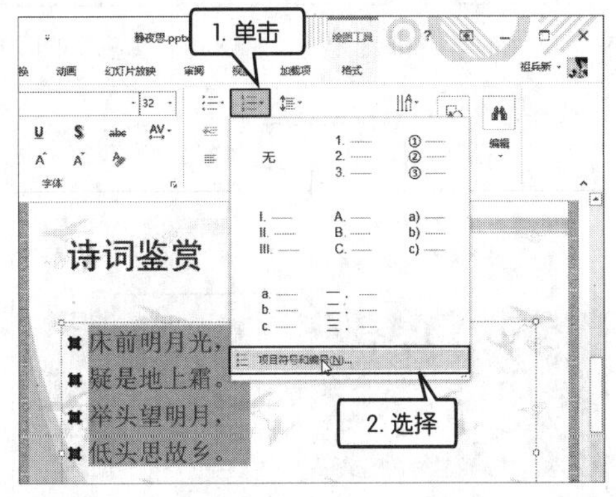

❷ 弹出【项目符号和编号】对话框，在【编号】选项卡下，选择相应的编号，单击【确定】按钮。

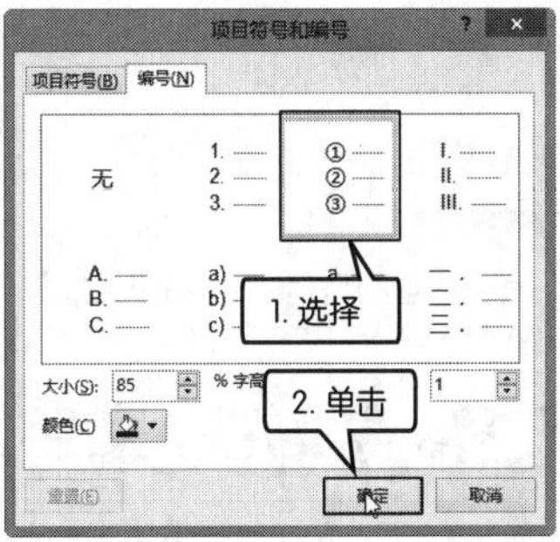

❸ 最终效果如图所示。

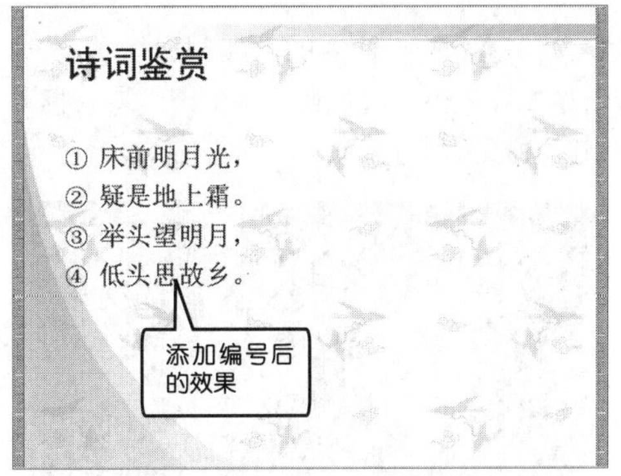

2. 添加项目符号

添加项目符号的具体操作步骤如下。

❶ 选中需要添加项目符号的文本内容。

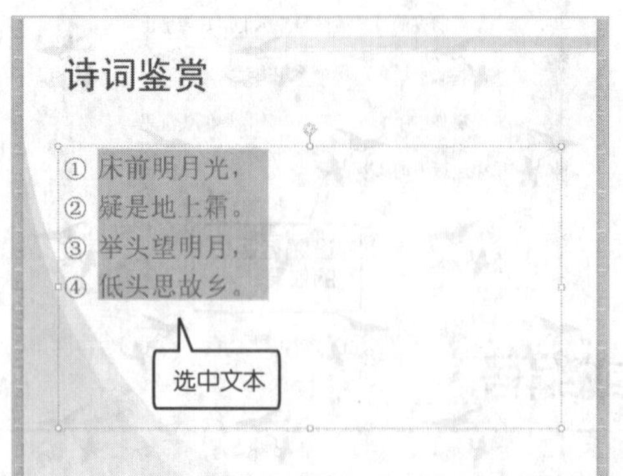

❷ 单击【开始】选项卡下【段落】组中的【项目符号】按钮右侧的倒三角箭头，弹出项目符号下拉列表，选择相应的项目符号，即可将其添加到文本中。

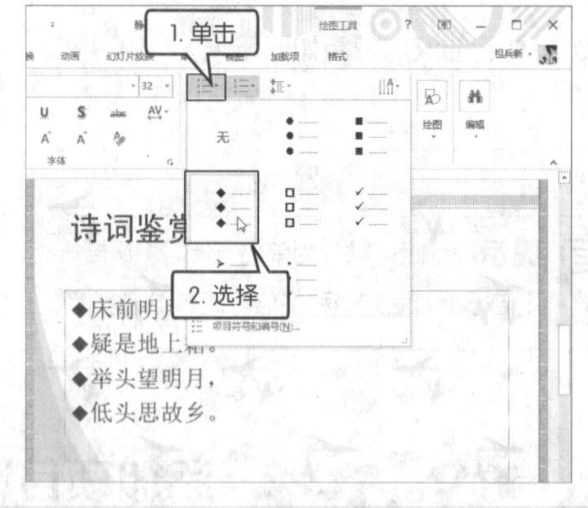

❸ 添加项目符号后的效果如图所示。

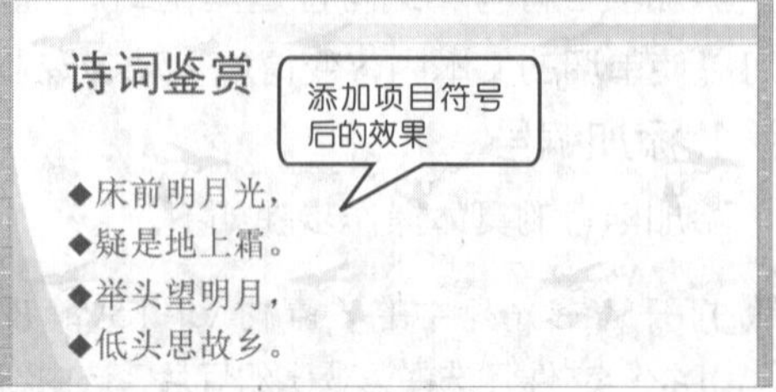

提示

在【项目符号和编号】对话框中的【项目符号】中，可自定义项目符号的图案。

13.5.5 文字方向

在 PowerPoint 2013 演示文稿中，可以设置文字方向为竖排，或者是按照特定的角度排列。设置文字方向的具体操作步骤如下。

❶ 打开随书光盘中的“素材\ch13\静夜思.pptx”文件，选择第 2 张幻灯，将鼠标光标定位在文本内容中。

❷ 单击【开始】选项卡下【段落】组中的【文字方向】按钮，在弹出的下拉列表中选择【竖排】选项。

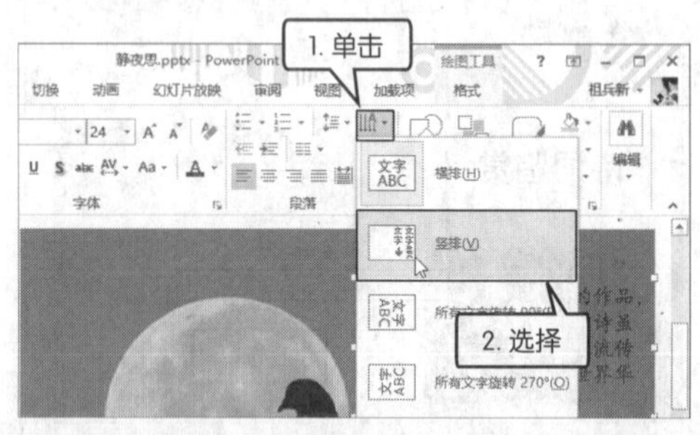

❸ 设置后的效果如图所示。

13.6 综合实战——制作岗位竞聘演示文稿

本节视频教学录像：15 分钟

通过竞聘上岗，企业可以增大选人用人的渠道。而精美的岗位竞聘演示文稿，可以让竞聘者在演讲时，能够最大限度地介绍自己，让监考官能够全方面地了解竞聘者的实际情况。

【案例效果展示】

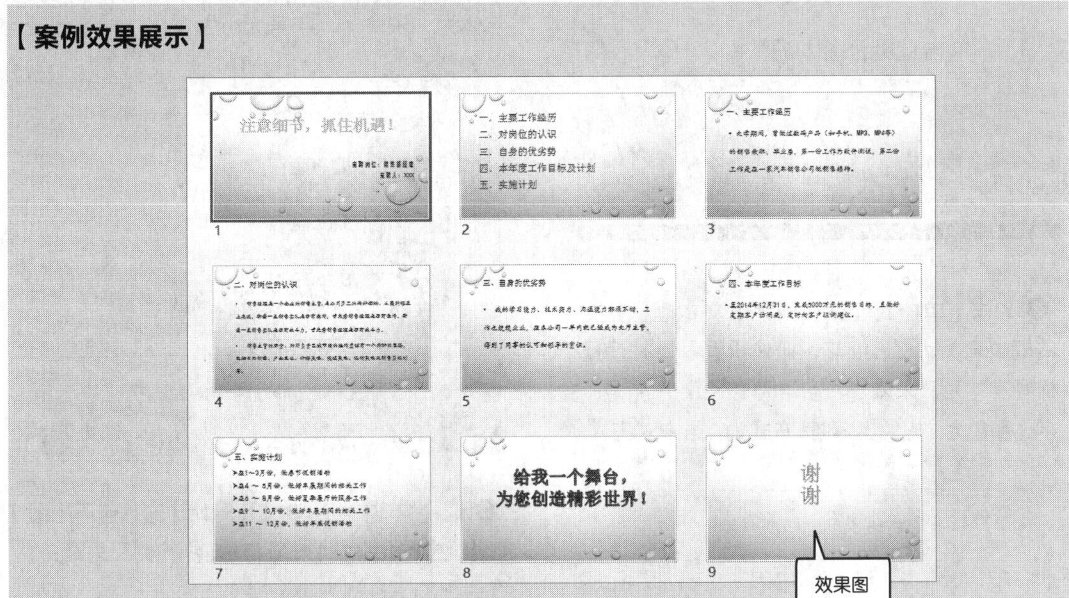

【案例涉及知识点】

- 添加幻灯片
- 选择幻灯片
- 添加和编辑文本
- 设置文本格式
- 设置段落格式
- 添加项目符号和编号

【操作步骤】

第 1 步：制作首页幻灯片

本步骤主要介绍幻灯片的一些基本操作，如选择主题、设置幻灯片大小和设置字体格式等。

❶ 启动 PowerPoint 2010，在【设计】选项卡下单击【其他】按钮，在弹出的【所有主题】中单击选择一种主题。

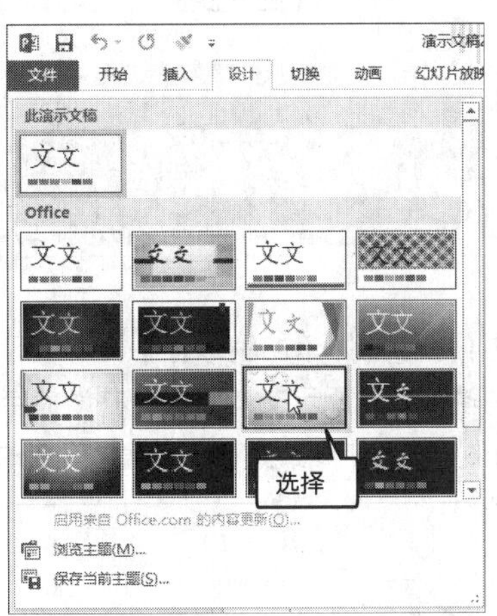

❷ 选择主题之后，将其保存为“岗位竞聘演示文稿.pptx”，单击【设计】选项卡下【自定义】组中的【幻灯片大小】按钮，在弹出的列表中选择【宽屏】选项，效果如图所示。

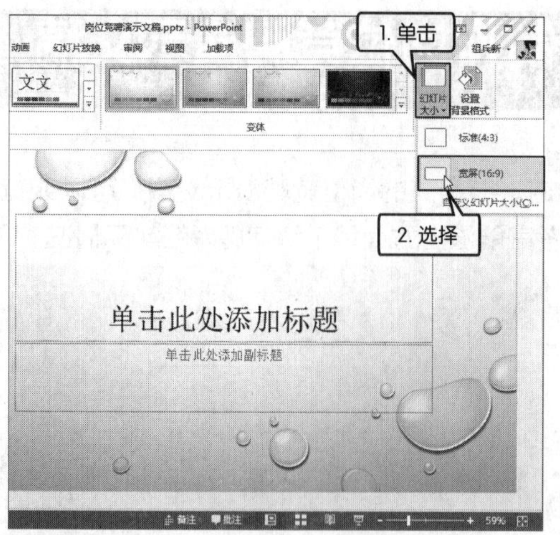

❸ 单击【单击此处添加标题】文本框，在文本框中输入“注意细节，抓住机遇”，并设置标题字体为“宋体”、字号为“72”、加粗、字体颜色为“橙色”、对其方式为“居中对齐”。

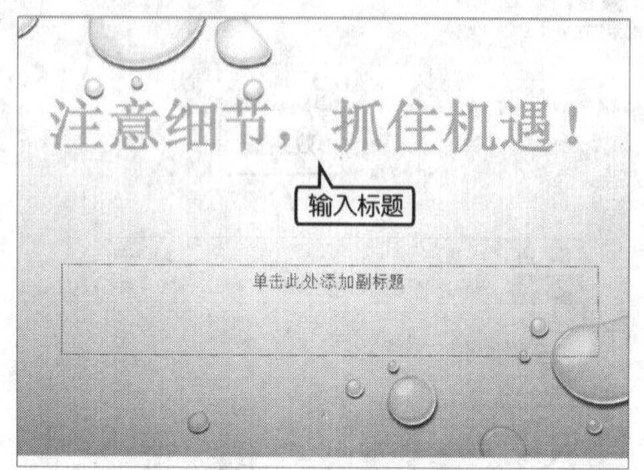

❹ 单击【单击此处添加副标题】文本框，在副标题中输入如图所示文本内容，并设置字体为“方正姚体”、字号为“28”、对其方式为“右对齐”。

第 2 步：制作岗位竞聘幻灯片

本步骤主要介绍添加幻灯片、设置字体格式和添加编号等内容。

❶ 添加一张空白幻灯片，在幻灯片中插入横排文本框，输入如下图所示文本内容，设置其字体为“宋体”、字号大小为“44”、字体颜色为“紫色”。

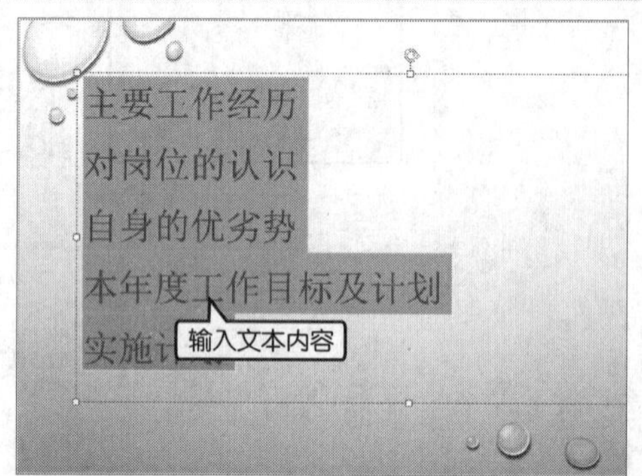

❷ 选中文本内容，单击【开始】选项卡下【段落】组中的【编号】按钮右侧的倒三角箭头，在弹出的下拉列表中选择样式为“一、二、 三”的编号。

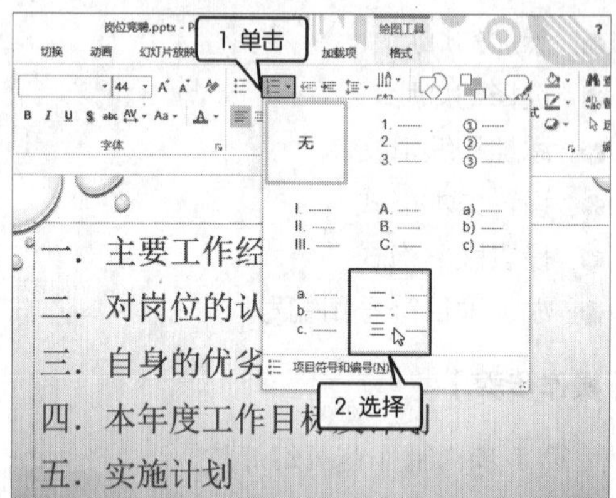

❸ 添加一张标题幻灯片，在标题文本框中输入“一、主要工作经历”，打开随书光盘中的“素材\ch13\工作经历.txt”，将其文本内容粘贴至副标题文本框中，并设置标题字号为“36”、副标题文本字体为“楷体”、字号为“32”、首行缩进“1 厘米”、段前为“10 磅”、行距为“双倍行距”，如图所示。

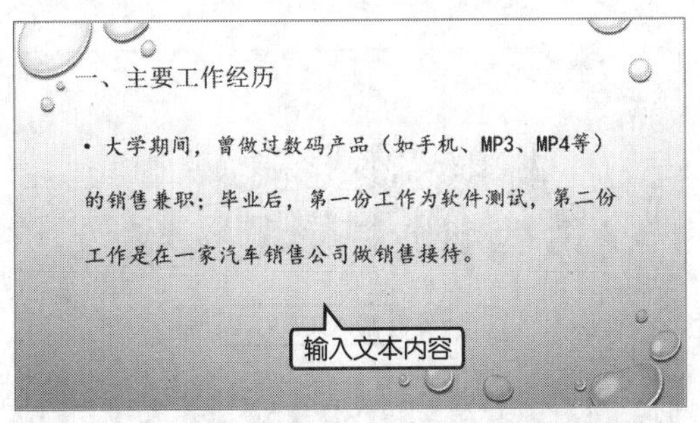

❹ 添加一张标题幻灯片，在标题文本框中输入“二、对岗位的认识”，打开随书光盘中的“素材 \ch13\ 岗位认识 .txt”，将其文本内容粘贴至副标题文本框中，并设置标题字号为“36”、副标题文本字体为“楷体”、字号为“24”、首行缩进“1.8 厘米”、段前为“10 磅”、行距为“双倍行距”，如图所示。

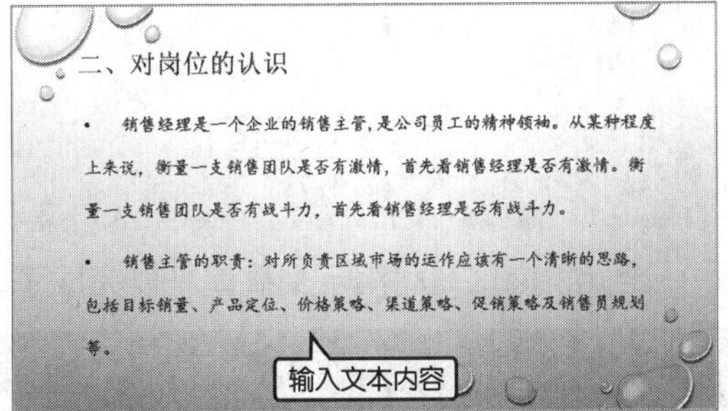

❺ 添加一张标题幻灯片，在标题文本框中输入“三、自身的优略势”，打开随书光盘中的“素材 \ch13\ 自身的优略势 .txt”，将其文本内容粘贴至副标题文本框中，并设置标题字号为“36”、副标题文本字体为“楷体”、字号为“30”、首行缩进“1.8 厘米”、段前为“10 磅”、行距为“多倍行距”，并设置值为“1.8”，如图所示。

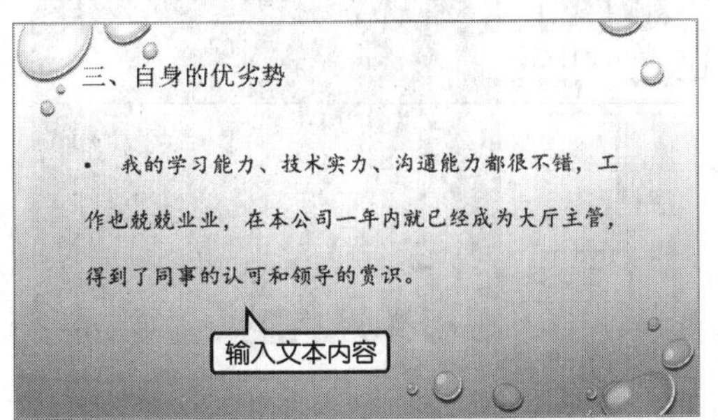

❻ 添加一张标题幻灯片，在标题文本框中输入“四、本年度工作目标”，打开随书光盘中的“素材 \ch13\ 本年度工作目标 .txt”，将其文本内容粘贴至副标题文本框中，并设置标题字号为“36”、副标题文本字体为“楷体”、字号为“32”、悬挂缩进“0.64 厘米”、段前为“10 磅”、行距为“多倍行距”，并设置值为“1.2”，如图所示。

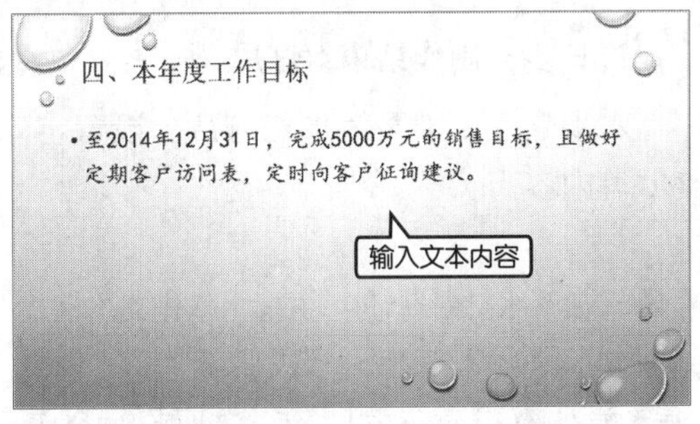

❼ 添加一张标题幻灯片，在标题文本框中输入“五、实施计划”，打开随书光盘中的“素材 \ch13\ 实施计划 .txt”，将其文本内容粘贴至副标题文本框中，并设置标题字号为“36”、副标题文本字体为“楷体”、字号为“32”、悬挂缩进“0.64 厘米”、段前为“10 磅”、行距为“多倍行距”，并设置值为“1.2”，如图所示。

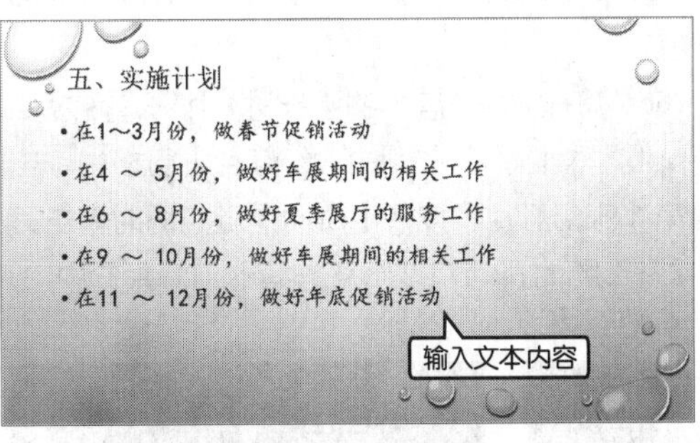

❽ 选中副标题文本内容，单击【开始】选项卡【段落】组中【项目符号】按钮右侧的倒三角箭头，在弹出的下拉列表中选择一种项目符号。

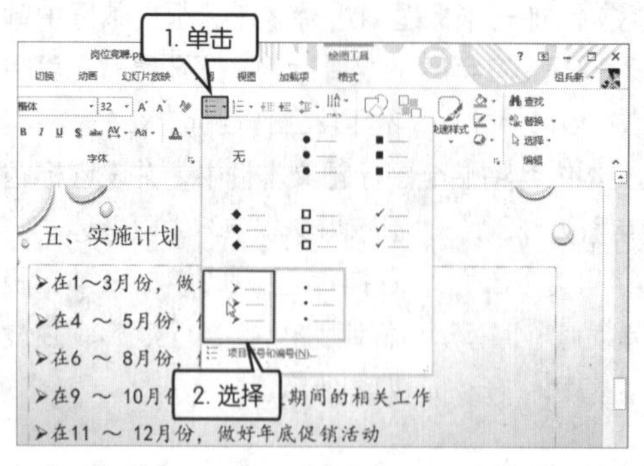

第 3 步：制作结束幻灯片

本步骤主要涉及添加幻灯片、设置字体格式等内容。

❶ 添加一张空白幻灯片，并插入横排文本框，输入如图所示文本内容，选中文本内容，设置其字号为“72”。单击【开始】选项卡下，【字体】组中的【加粗】按钮 B 和【文字阴影】按钮 S，单击【段落】组中的【居中】按钮，将其居中对齐，如图所示。

❷ 添加一张空白幻灯片，插入垂直文本框，输入“谢谢”，并设置其字体为“宋体”、字号为“96”、加粗、字体颜色为“橙色”。

至此，岗位竞聘演示文稿就制作完成了。

高手私房菜

本节视频教学录像：1 分钟

技巧：同时复制多张幻灯片

在同一演示文稿中不仅可以复制一张幻灯片，还可以一次复制多张幻灯片，具体操作步骤如下。

❶ 打开随书光盘中的“素材\ch13\静夜思.pptx”文件，在左侧的【幻灯片】窗格中单击第 1 张幻灯片，按住【Shift】键的同时单击第 3 张幻灯片即可将前 3 张连续的幻灯片选中。

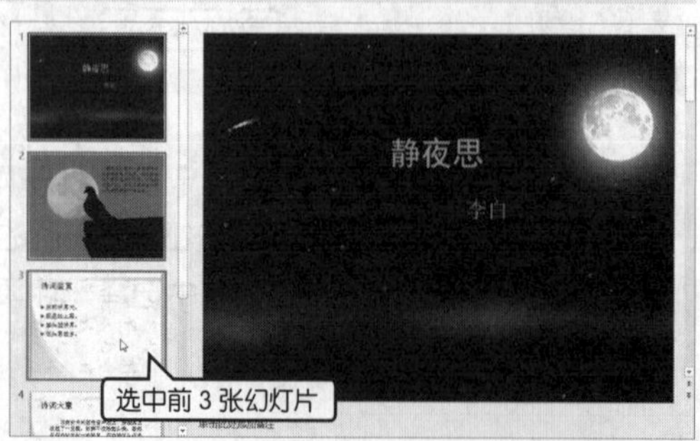

❷ 在【幻灯片】窗格中选中的幻灯片缩略图上单击鼠标右键，在弹出的快捷菜单中选择【复制幻灯片】选项，系统即可自动复制选中的幻灯片。

第 14 章

美化幻灯片

本章视频教学录像：55 分钟

高手指引

在制作幻灯片时，用户可以通过插入图片、表格和图表等，对幻灯片进一步编辑和美化。同时，还可以使用 PowerPoint 提供的精美的设计模板，使幻灯片的内容更加丰富。

重点导读

- 掌握插入图片、表格、图表等素材的方法
- 掌握使用主题和内置模板的方法
- 了解模板视图
- 掌握编辑幻灯片和设计版式的方法

14.1 插入图片

本节视频教学录像：4 分钟

在制作幻灯片时插入适当的图片，可以达到图文并茂的效果。插入图片的具体操作步骤如下。

❶ 启动 PowerPoint 2013，新建一个“标题和内容”幻灯片。

❷ 单击【插入】选项卡下【图像】选项组中的【图片】按钮 。

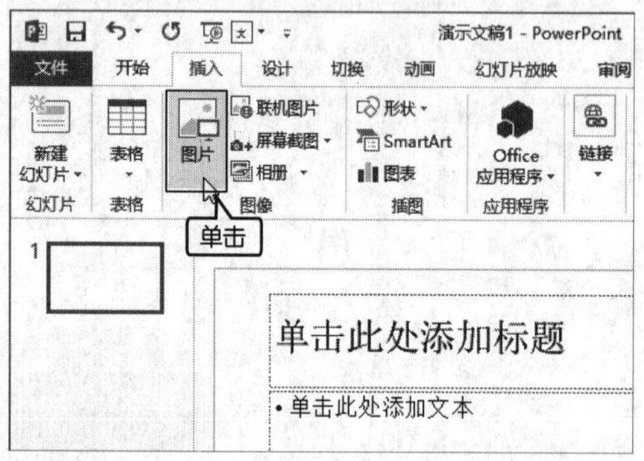

❸ 弹出【插入图片】对话框，在【查找范围】下拉列表中选择图片所在的位置，选中需要的的图片，单击【插入】按钮。

❹ 此时即将图片插入到幻灯片中。

提示 插入图片后，将显示【图片工具】➤【格式】选项卡，在其中可以设置图片的格式。

14.2 插入表格

本节视频教学录像：4 分钟

在 PowerPoint 2013 中还可以插入表格。插入表格的方法有利用菜单命令插入表格、利用对话框插入表格和绘制表格三种。

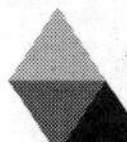

14.2.1 利用菜单命令

利用菜单命令插入表格是最常用的插入表格的方式。利用菜单命令插入表格的具体操作步骤如下。

❶ 在演示文稿中选择要添加表格的幻灯片，单击【插入】选项卡下【表格】选项组中的【表格】按钮，在插入表格区域中选择要插入表格的行数和列数。

❷ 释放鼠标左键即可在幻灯片中创建 5 行 5 列的表格。

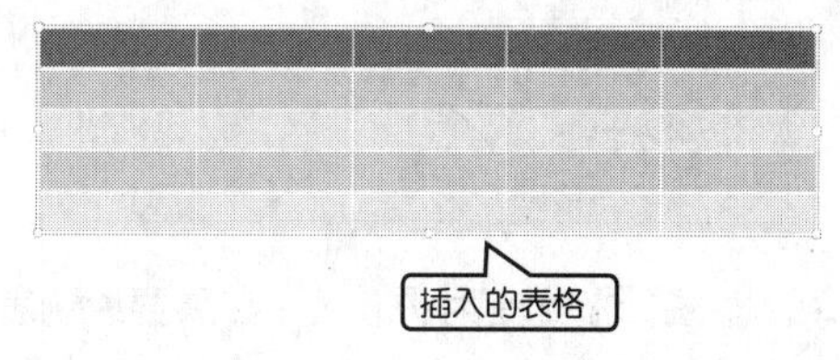

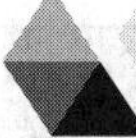

14.2.2 利用对话框

用户还可以利用【插入表格】对话框来插入表格，具体操作步骤如下。

❶ 将鼠标光标定位至需要插入表格的位置，单击【插入】选项卡下【表格】选项组中的【表格】按钮，在弹出的下拉了列表中选择【插入表格】选项。

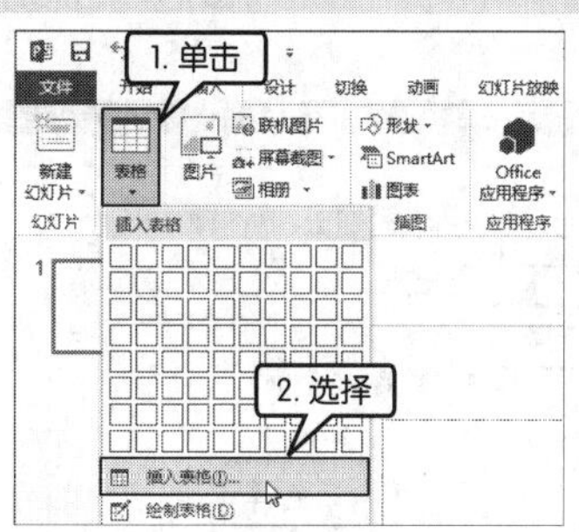

❷ 弹出【插入表格】对话框，分别在【行数】和【列数】微调框中输入行数和列数，单击【确定】按钮。

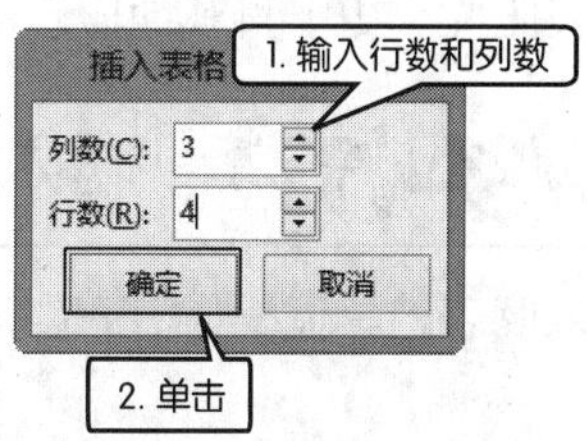

❸ 此时即在演示文稿中插入一个表格。

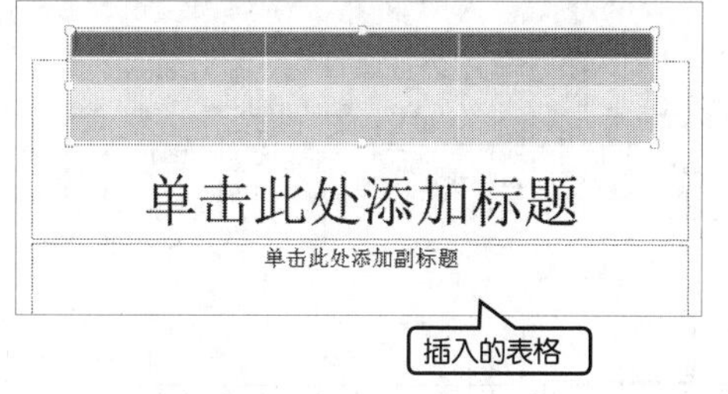

14.2.3 绘制表格

当用户需要创建不规则的表格时，可以使用表格绘制工具绘制表格。

❶ 单击【插入】选项卡下【表格】选项组中的【表格】按钮，在弹出的下拉列表中选择【绘制表格】选项。

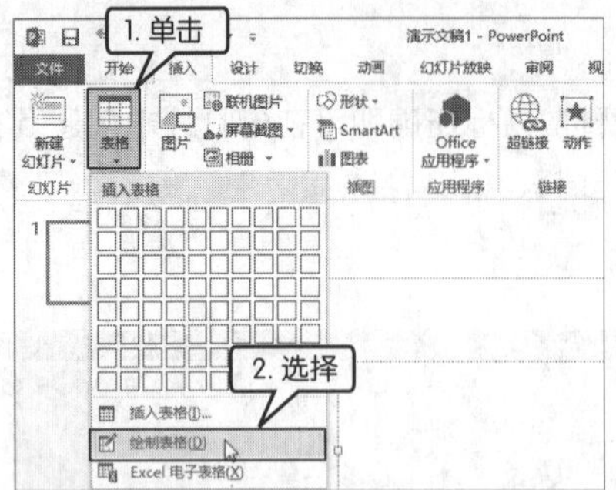

❷ 此时鼠标指针变为形状，在需要绘制表格的地方单击并拖曳鼠标绘制出表格的外边界，形状为矩形。

❸ 在该矩形中绘制行线、列线或斜线，绘制完成后按【Esc】键退出表格绘制模式。

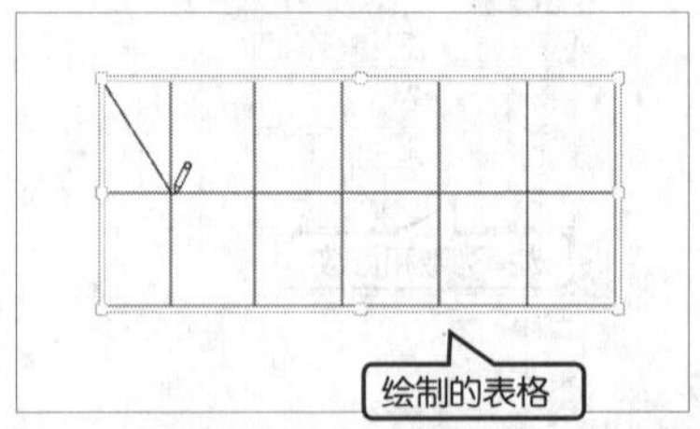

14.3 插入图表

本节视频教学录像：5分钟

图表比文字更能直观地显示数据，且图表的类型也是多种多样的。

14.3.1 插入图表

插入图表的具体操作步骤如下。

❶ 启动PowerPoint 2013，新建一个"标题和内容"幻灯片，单击【插入】选项卡下【插图】选项组中的【图表】按钮。

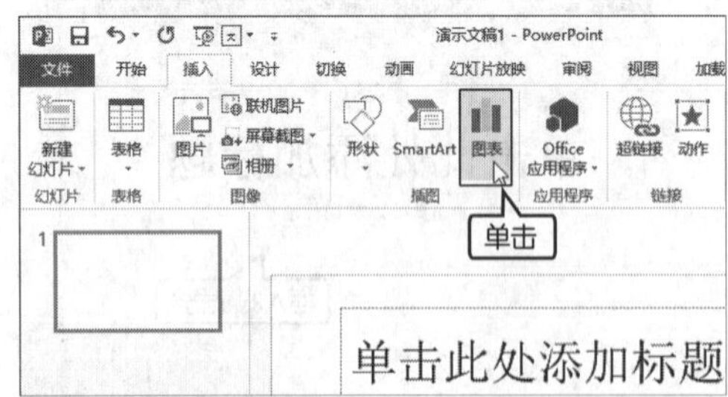

❷ 弹出【插入图表】对话框，在左侧列表中选择【柱形图】选项下的【簇状柱形图】选项，单击【确定】按钮。

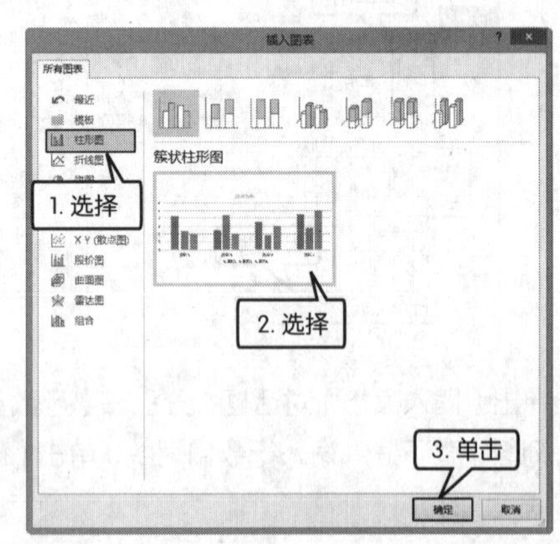

❸ 会自动弹出Excel 2013软件的界面，输入所需要显示的数据，输入完毕后关闭Excel表格。

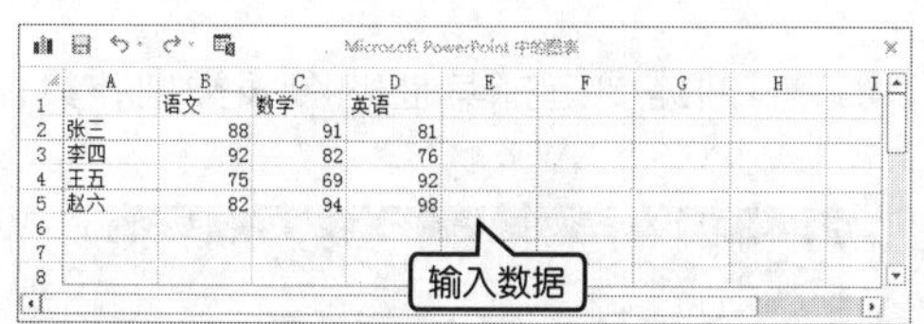

	A	B	C	D
1		语文	数学	英语
2	张三	88	91	81
3	李四	92	82	76
4	王五	75	69	92
5	赵六	82	94	98

❹ 此时就在演示文稿中插入了一个图表。

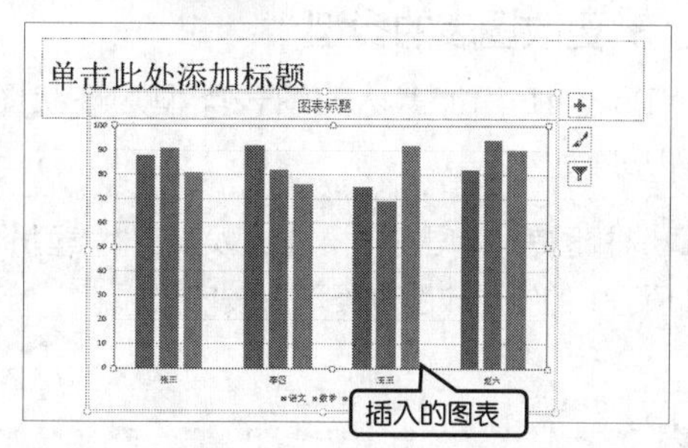

14.3.2 图表设置

插入图表后，可以对插入的图表进行设置。

1. 编辑图表数据

插入图表后，可以根据个人需要更改图表中的数据，具体操作步骤如下。

❶ 选择图表，单击【设计】选项卡下【数据】选项组中的【编辑数据】按钮 。

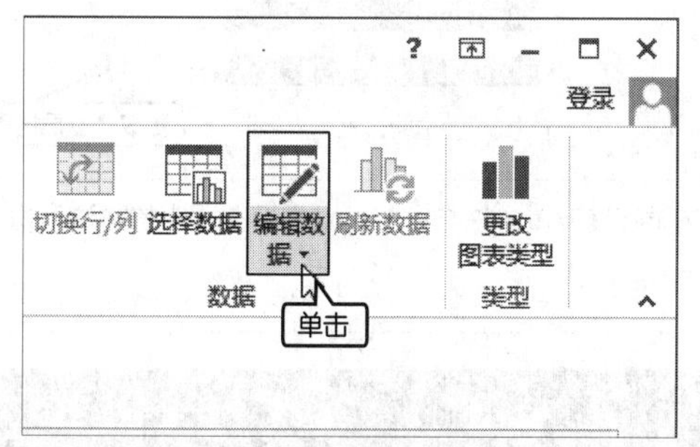

❷ PowerPoint 会自动打开 Excel 2013 软件，在工作表中直接单击需要更改的数据，键入新的数据。

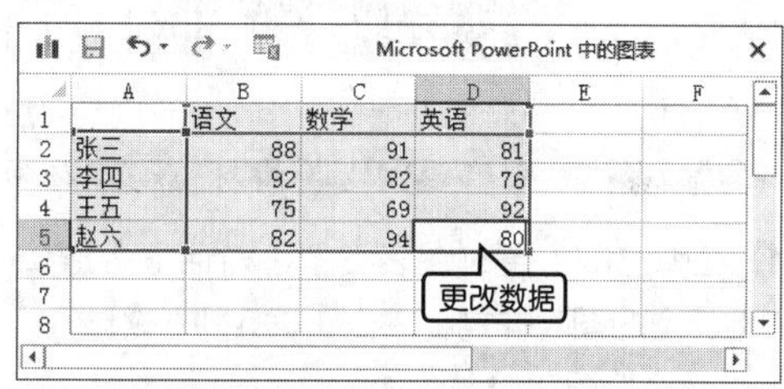

	A	B	C	D
1		语文	数学	英语
2	张三	88	91	81
3	李四	92	82	76
4	王五	75	69	92
5	赵六	82	94	80

❸ 输入完毕后，关闭 Excel 2013 软件后，会自动返回幻灯片中显示编辑结果。

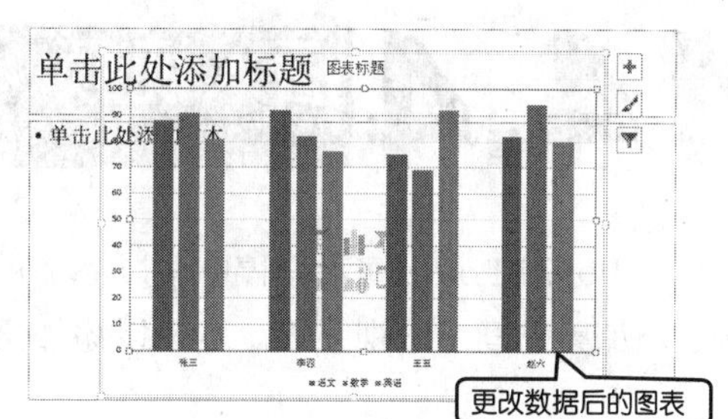

2. 更改图表的样式

在 PowerPoint 中创建的图表会自动采用 PowerPoint 默认的样式。如果需要调整当前图表的样式，可以先选中图表，选择【设计】选项卡下【图表样式】选项组中的任意一种样式即可。PowerPoint 2013 提供的图表样式如图所示。

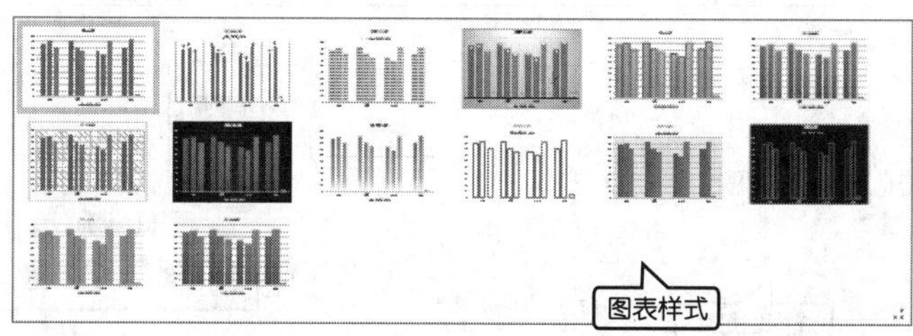

3. 更改图表的类型

PowerPoint 默认的图表类型为柱状图，用户可以根据需要选择其他的图表类型，具体操作步骤如下。

❶ 选择图表，单击【插入】选项卡下【类型】选项组中的【更改图表类型】按钮 。

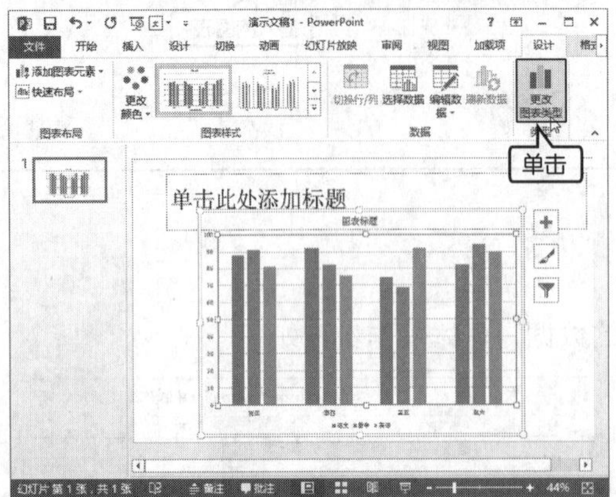

❷ 在弹出的【更改图表类型】对话框中选择其他类型的图表样式，单击【确定】按钮。

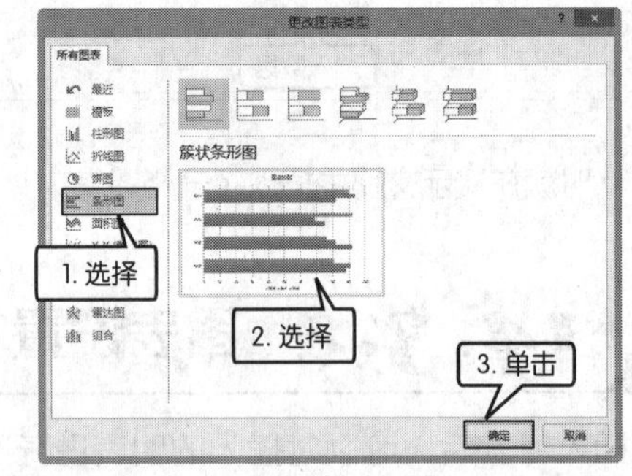

❸ 此时就更改了图表类型。

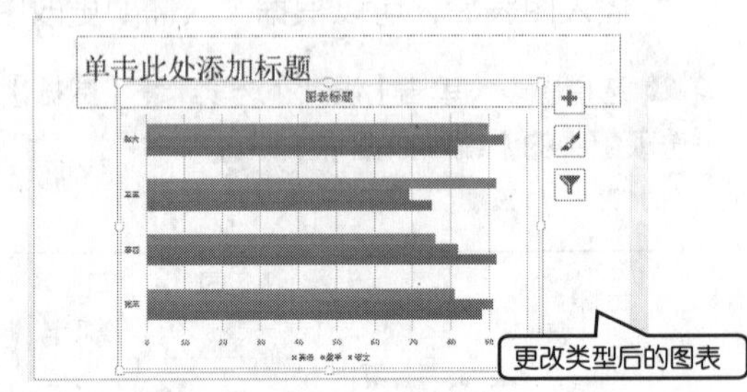

提示 用户还可以调整图表的位置和大小、设置图表的布局，其设置方法与在 Word 中设置图表的方法类似，这里不再赘述。

14.4 插入视频

本节视频教学录像：2 分钟

在 PowerPoint 演示文稿中可以添加视频文件，如添加文件中的视频、添加网络中的视频、添加剪贴画中的视频等。本节以添加文件中的视频为例介绍插入视频的操作，具体操作步骤如下。

❶ 打开演示文稿，选择要添加视频文件的幻灯片。

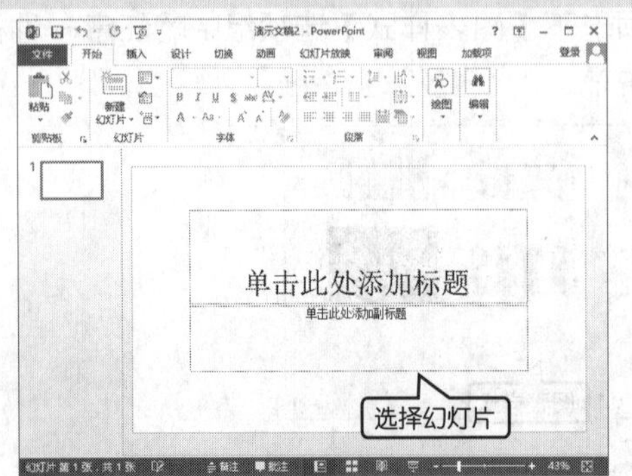

❷ 单击【插入】选项卡下【媒体】选项组中的【视频】按钮 ，在弹出的列表中选择【PC 上的视频】选项。

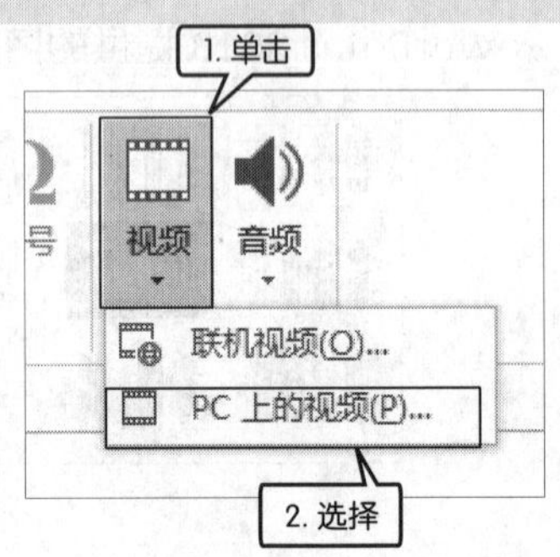

❸ 弹出【插入视频文件】对话框，选择随书光盘中的“素材\ch14\视频.avi”文件，单击【插入】按钮。

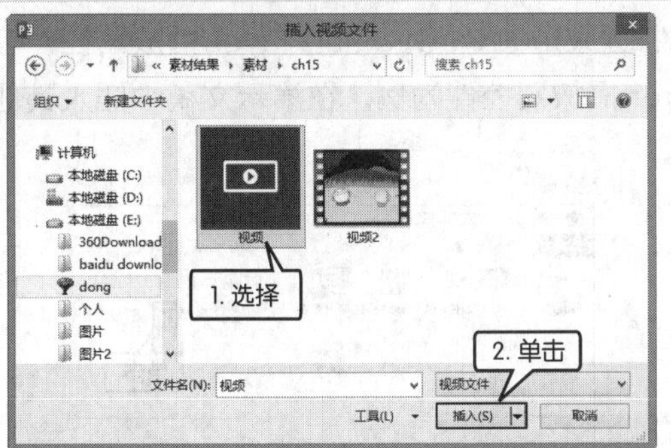

❹ 所需的视频文件就直接应用于当前幻灯片中，下图所示为预览插入的视频的部分截图。

14.5 插入音频

本节视频教学录像：2 分钟

在 PowerPoint 2013 中，既可以添加 PC 上的音频、添加剪贴画中的音频、使用 CD 中的音乐，还可以自己录制音频并将其添加到演示文稿中。添加 PC 上的音频的具体操作步骤如下。

❶ 新建演示文稿，选择要添加音频文件的幻灯片，单击【插入】选项卡下【媒体】选项组中的【音频】按钮 ，在弹出的列表中选择【PC 上的音频】选项。

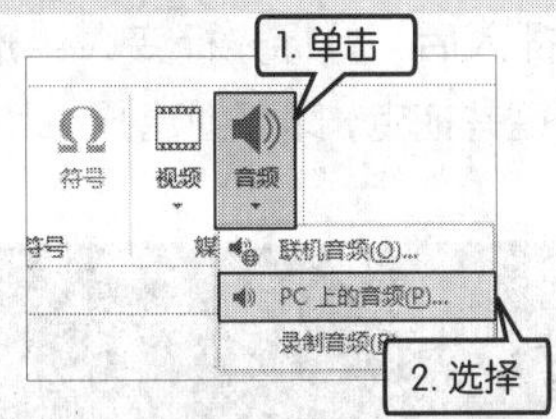

❷ 弹出【插入音频】对话框，选择随书光盘中的“素材\ch14\声音.mp3”文件，单击【插入】按钮。

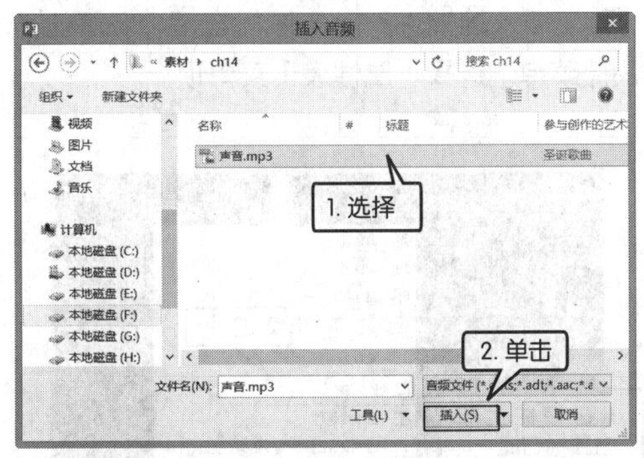

❸ 所需的音频文件就直接应用于当前幻灯片中。拖动图标调整到幻灯片的合适位置，效果如下图所示。

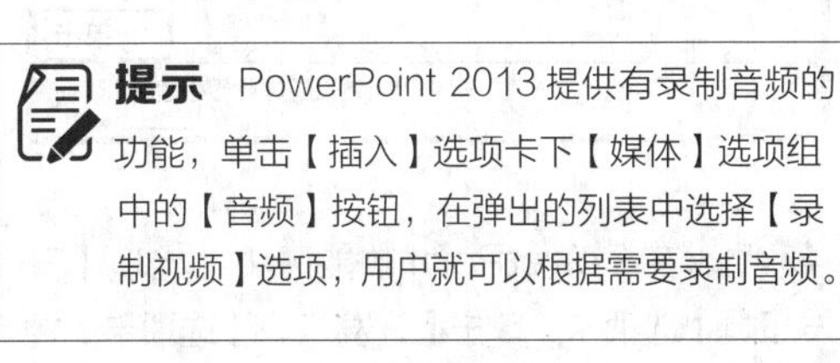

提示　PowerPoint 2013 提供有录制音频的功能，单击【插入】选项卡下【媒体】选项组中的【音频】按钮，在弹出的列表中选择【录制视频】选项，用户就可以根据需要录制音频。

14.6 插入其他多媒体素材

本节视频教学录像：4 分钟

在 PowerPoint 文件中还可以插入 SWF 文件或 Windows Media Player 播放器控件等多媒体素材，本节以插入 Windows Media Player 播放器控件为例。在演示文稿中插入其他多媒体素材的具体步骤如下。

❶ 新建一个 PowerPoint 文档，单击【文件】选项卡，在弹出的列表中选择【选项】选项。

提示 在幻灯片中使用 Flash 文件，需要先将【控件】工具调出。

❷ 在弹出的【PowerPoint 选项】对话框，选择【自定义功能区】选项卡，在【自定义功能区】列表框中单击选中【开发工具】复选框，单击【确定】按钮。

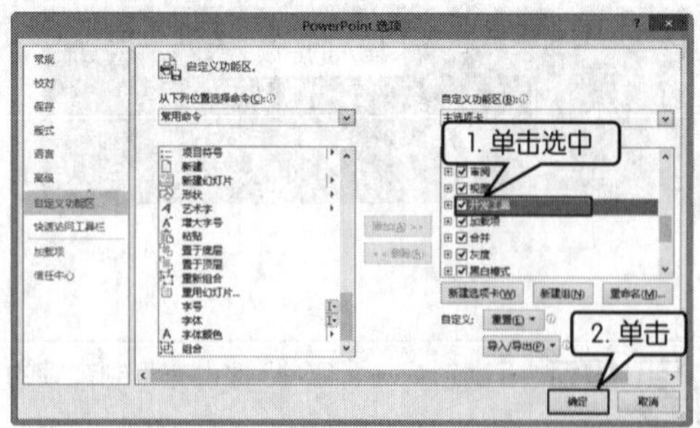

❸ 此时在 PowerPoint 功能区中会出现【开发工具】选项卡，单击【开发工具】选项卡【控件】选项组中的【其他控件】按钮 。

❹ 在弹出的【其他控件】对话框中选择【Windows Media Player】选项，单击【确定】按钮。

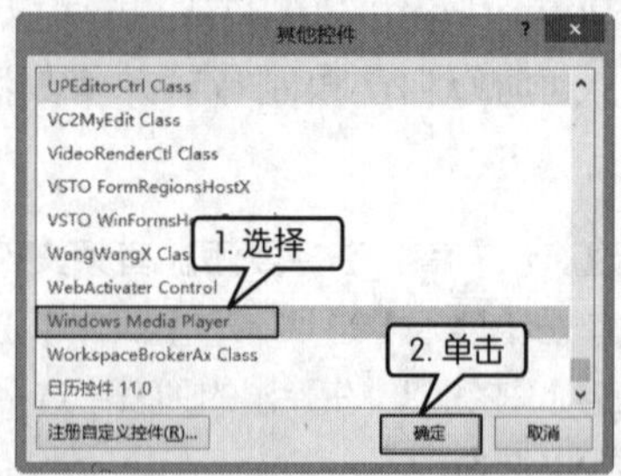

❺ 控件插入后，鼠标光标变为＋形状时，按住鼠标左键并拖曳，即可创建 Flash 控件区域。

❻ 在插入的控件上单击鼠标右键，在弹出的快捷菜单中选择【属性表】菜单项。

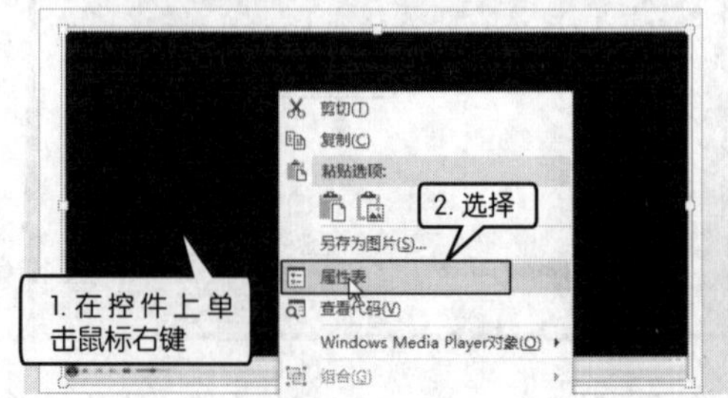

❼ 弹出【属性】对话框，在【自定义】栏中单击右侧的…按钮。

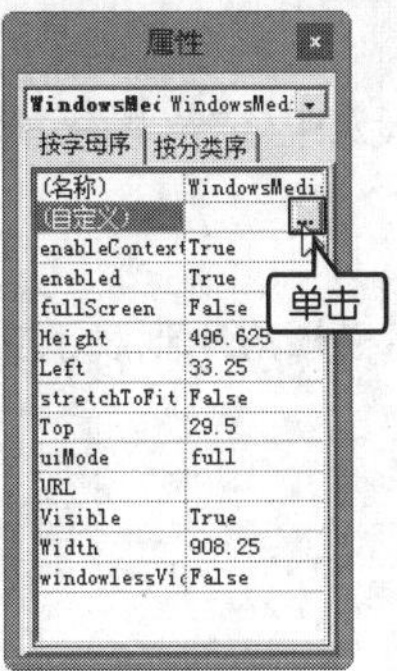

❽ 弹出【Windows Media Player 属性】对话框，单击【浏览】按钮。

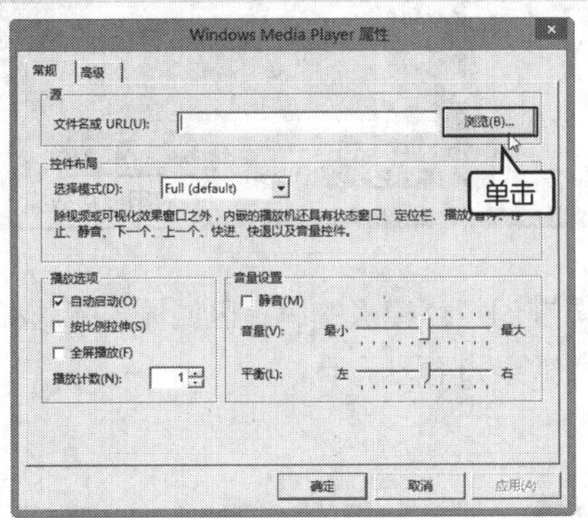

❾ 弹出【打开】对话框，选择所要插入的视频文件，单击【打开】按钮。

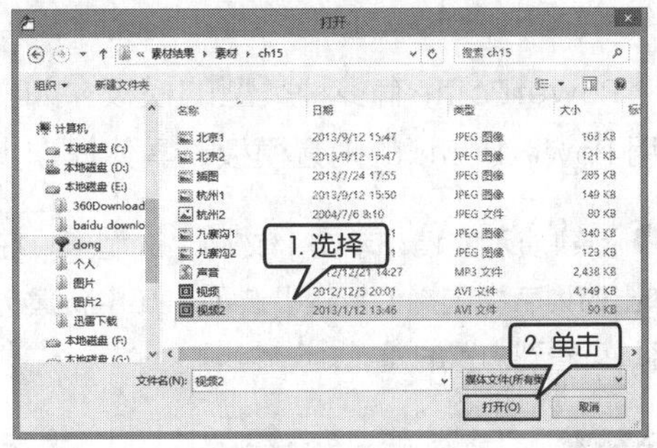

❿ 返回【Windows Media Player 属性】对话框，单击【确定】按钮。返回幻灯片文档，按【F5】键，放映模式下的效果如图所示。

14.7 使用内置主题

本节视频教学录像：2 分钟

PowerPoint 提供了多种内置主题，用户可以根据需要选择其中的一种。

❶ 打开随书光盘中的“素材 \ch14\ 工作总结 .pptx”文件，单击【设计】选项卡【主题】选项组右侧的下拉按钮，在弹出列表主题样式中任选一种样式。

❷ 此时，主题即可应用到幻灯片中，设置后的效果如下图所示。

14.8 使用模板

本节视频教学录像：2 分钟

PowerPoint 有多种类型的模板，如内置模板、网络模板和自定义模板。本节主要介绍使用 PowerPoint 的内置模板，具体操作步骤如下。

❶ 新建演示文稿，单击【文件】选型卡，在弹出的列表中选择【新建】选项，在【新建】区域可看到内置的模板。

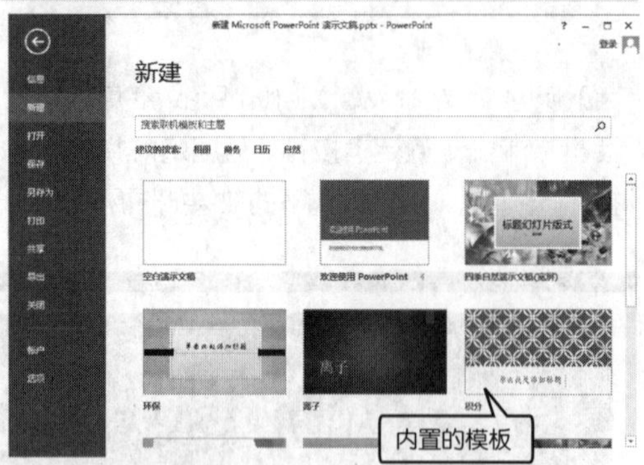

❷ 选择要使用的模板，进入创建模板预览界面，单击【创建】按钮。

❸ 此时就将模板应用到演示文稿中，效果如下图所示。

❹ 在幻灯片模板的编辑区域输入标题和副标题，效果如下图所示。

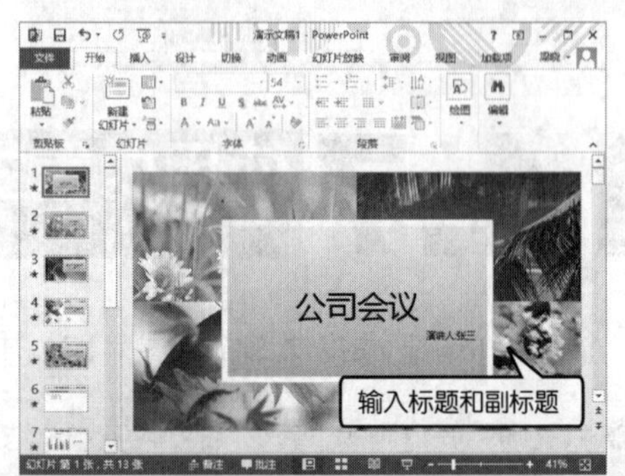

14.9 母版视图

本节视频教学录像：7 分钟

幻灯片母版与幻灯片模板相似，可用于制作演示文稿中的背景、颜色主题和动画等。母版视图包括幻灯片母版视图、讲义母版视图和备注母版视图。

14.9.1 幻灯片母版视图

在幻灯片母版视图下可以为整个演示文稿设置相同的颜色、字体、背景和效果等。

1. 设置幻灯片母版主题

设置幻灯片母版主题的具体操作步骤如下。

❶ 单击【视图】选项卡下【母版视图】组中的【幻灯片母版】按钮。在弹出的【幻灯片母版】选项卡中单击【编辑主题】选项组中的【主题】按钮。

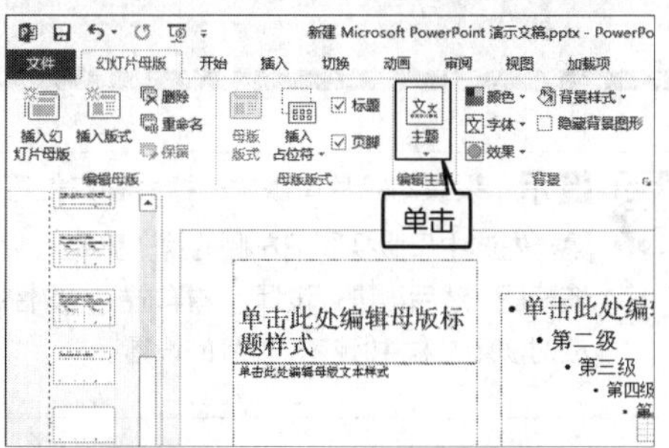

❷ 在弹出的列表中选择一种主题样式。

❸ 设置完成后，单击【幻灯片母版】选项卡下【关闭】选项组中的【关闭母版视图】按钮即可。

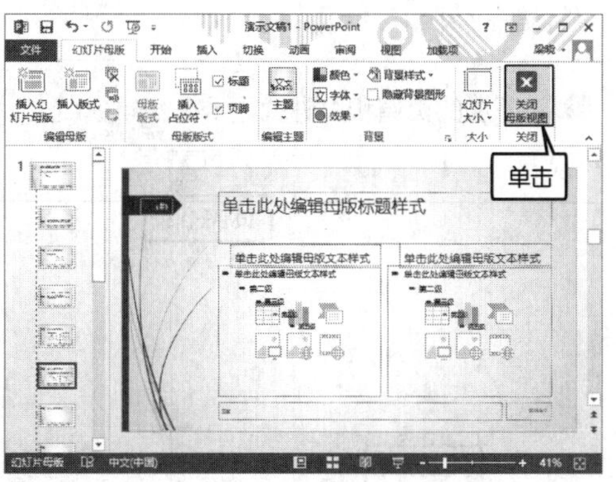

2. 设置母版背景

母版背景可以设置为纯色、渐变或图片等效果，具体操作步骤如下。

❶ 单击【视图】选项卡下【母版视图】组中的【幻灯片母版】按钮，在弹出的【幻灯片母版】选项卡中单击【背景】选项组中的【背景样式】按钮，在弹出的下拉列表中选择合适的背景样式。

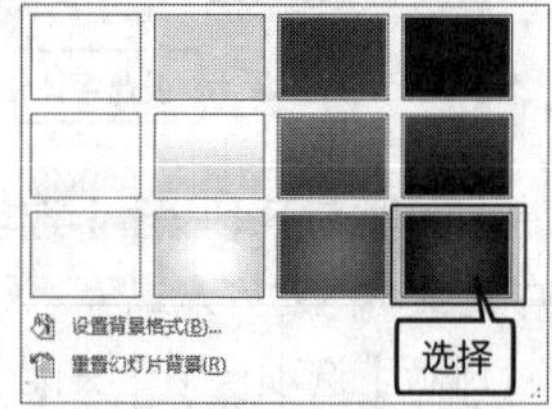

❷ 此时即将背景样式应用于当前幻灯片。

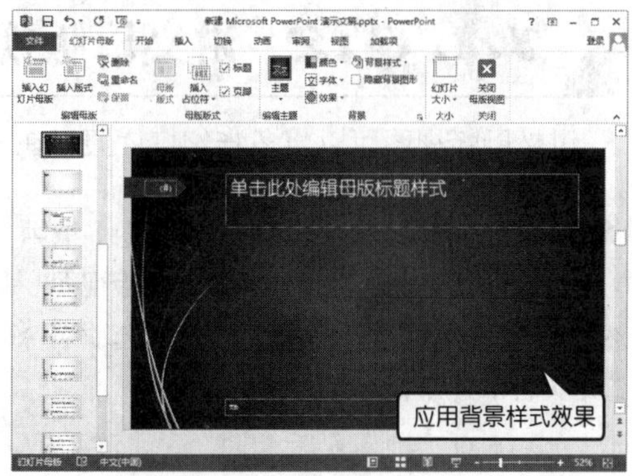

3. 设置占位符

幻灯片母版包含文本占位符和页脚占位符。在模板中设置占位符的位置、大小和字体等的格式后，会自动应用于所有幻灯片中。

❶ 单击【视图】选项卡下【母版视图】组中的【幻灯片母版】按钮，进入幻灯片母版视图。单击要更改的占位符，当四周出现小节点时，可拖动四周的任意一个节点更改大小。

❷ 在【开始】选项卡下【字体】选项组中设置占位符中的文本的字体、字号和颜色。

❸ 在【开始】选项卡下【段落】选项组中，设置占位符中的文本的对齐方式等。设置完成，单击【幻灯片母版】选项卡下【关闭】选项组中的【关闭母版视图】按钮即可。

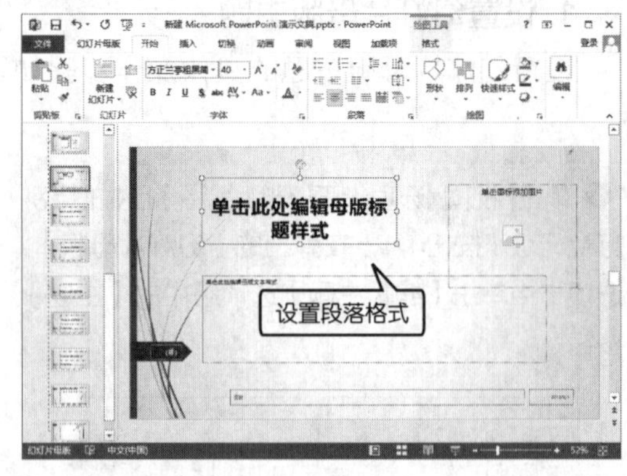

提示 设置幻灯片母版中的背景和占位符时，需要先选中母版视图下左侧的第一张幻灯片的缩略图，然后再进行设置，这样才能一次性完成对演示文稿中所有幻灯片的设置。

14.9.2 讲义母版视图

讲义母版视图可以将多张幻灯片显示在一张幻灯片中，以用于打印输出。

❶ 单击【视图】选项卡下【母版视图】组中的【讲义母版】按钮，进入讲义母版视图。然后单击【插入】选项卡下【文本】选项组中的【页眉和页脚】按钮。

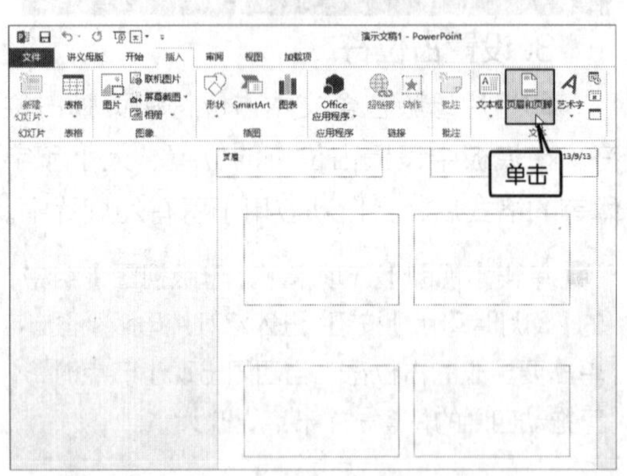

❷ 弹出的【页眉和页脚】对话框，选择【备注和讲义】选项卡，为当前讲义母版中添加页眉和页脚效果。设置完成后单击【全部应用】按钮。

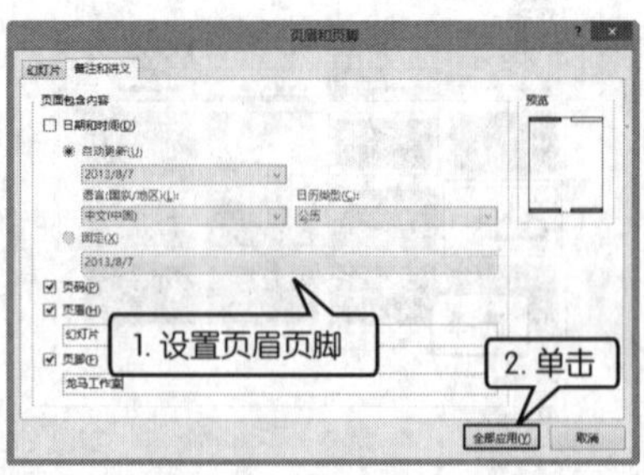

提示 单击选中【幻灯片】选项中的【日期和时间】复选框，或选中【自定义更新】单选项，页脚的日期将会自动与系统的时间保持一致。如果选中【固定】单选项，则不会根据系统时间而变化。

❸ 新添加的页眉和页脚就显示在编辑窗口上。

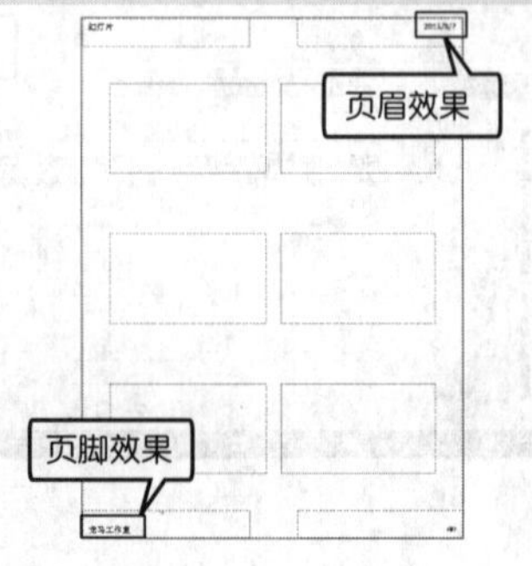

❹ 单击【讲义母版】选项卡下【页面设置】选项组中的【每页幻灯片数量】按钮 ，在弹出的列表中选择【4 张幻灯片】选项。

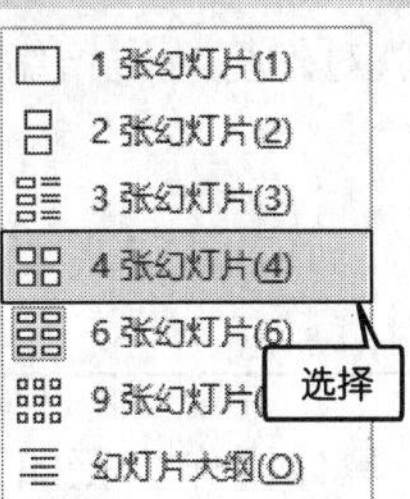

❺ 设置后的效果如下图所示。

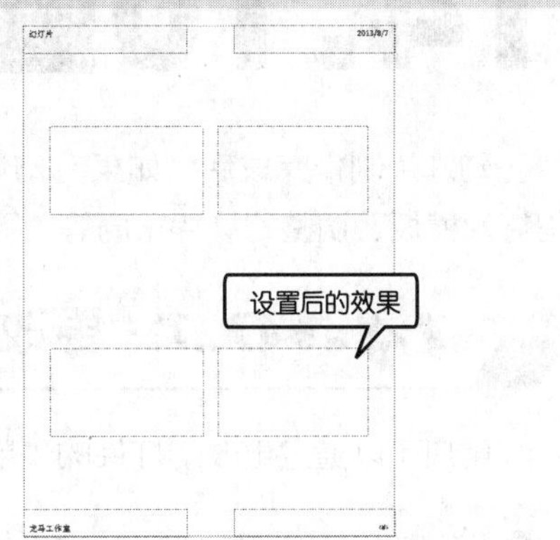

14.9.3 备注母版视图

备注母版视图主要用于显示用户在幻灯片中的备注，可以是图片、图表或表格等。

❶ 单击【视图】选项卡下【母版视图】组中的【备注母版】按钮，进入备注母版视图。选中备注文本区的文本，单击【开始】选项卡，在此选项卡的功能区中用户可以设置文字的大小、颜色和字体等。

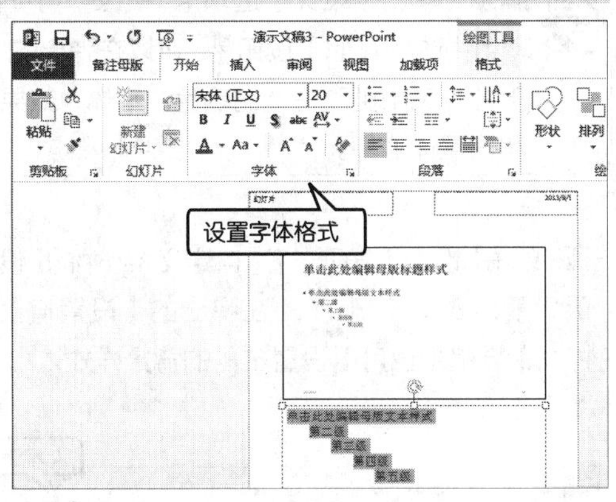

❷ 单击【备注母版】选项卡下【关闭】选项组中的【关闭母版视图】按钮 。

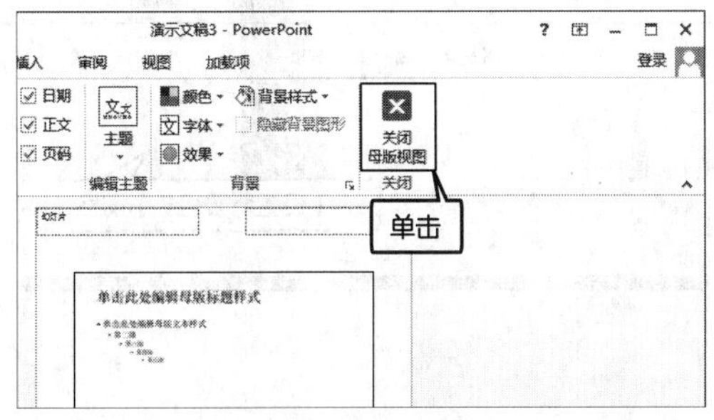

❸ 返回到普通视图，在【备注】窗格中输入要备注的内容。

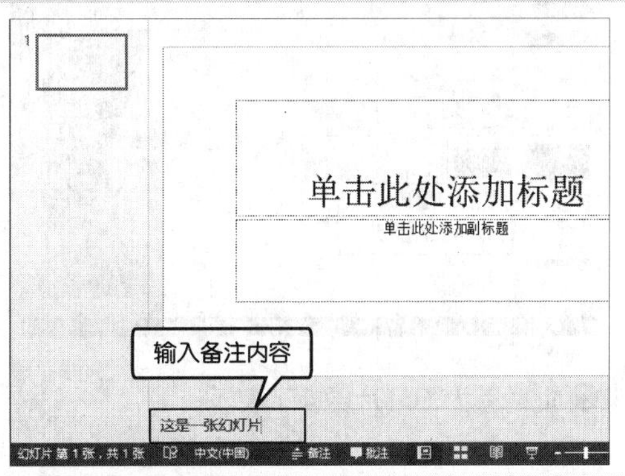

❹ 输入完成后，单击【视图】选项卡下【演示文稿视图】选项组中的【备注页】按钮，查看备注的内容及格式。

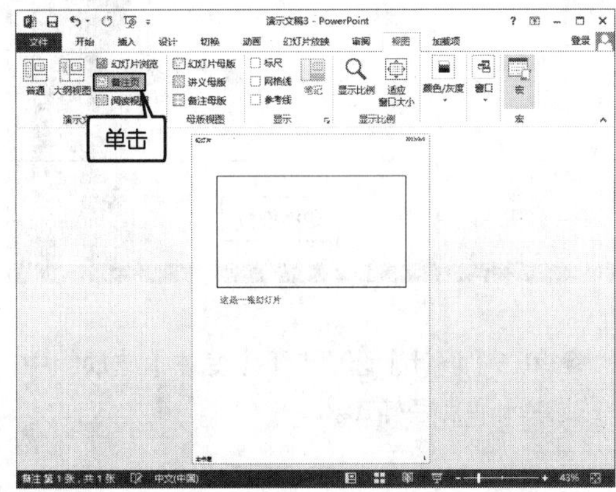

14.10 编辑幻灯片

本节视频教学录像：4 分钟

幻灯片制作完成后，如果对幻灯片的效果不满意，还可以对幻灯片进行编辑，包括更改幻灯片模板、调整幻灯片布局等。

14.10.1 更改幻灯片模板

用户可以通过更改幻灯片的主题样式来更改幻灯片模板，具体操作步骤如下。

❶ 打开随书光盘中的“素材\ch14\产品推广方案.pptx”文件，单击【设计】选项卡下【主题】选项组中的【其他】按钮▼，在弹出的下拉列表中选择一种主题样式。

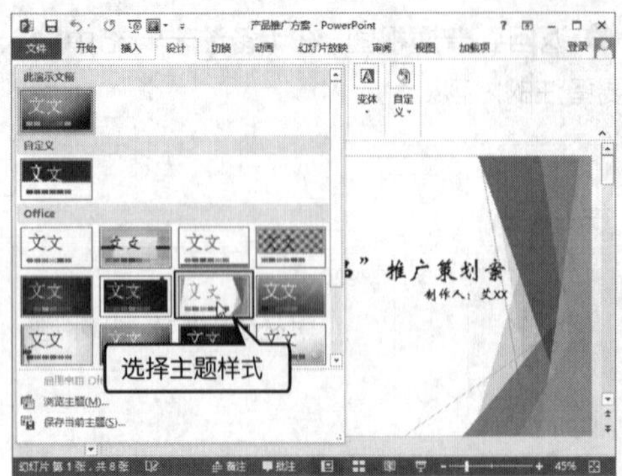

❷ 此时就为幻灯片更换了模板。

❸ 单击【设计】选项卡下【变体】选项组中的选择一种颜色样式。

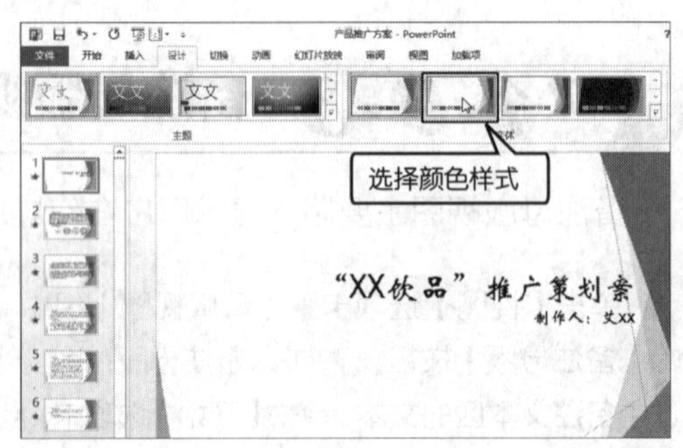

提示 单击【设计】选项卡下【变体】选项组中的【其他】按钮▼，可以在弹出的下拉列表中更改主题的颜色、字体、效果和背景样式等。

❹ 单击【设计】选项卡下【自定义】组中的【设置背景格式】按钮，在弹出的【设置背景格式】窗格中也可以设置主题的背景样式。

14.10.2 调整幻灯片布局

有时新建的幻灯片可能不是我们需要的幻灯片格式，这时就需要调整幻灯片的布局。

❶ 新建空白幻灯片，单击【开始】选项卡下【幻灯片】选项组中的【新建幻灯片】按钮 下方的下拉按钮，在弹出的下拉列表中选择需要的 Office 主题，即可为幻灯片应用布局。

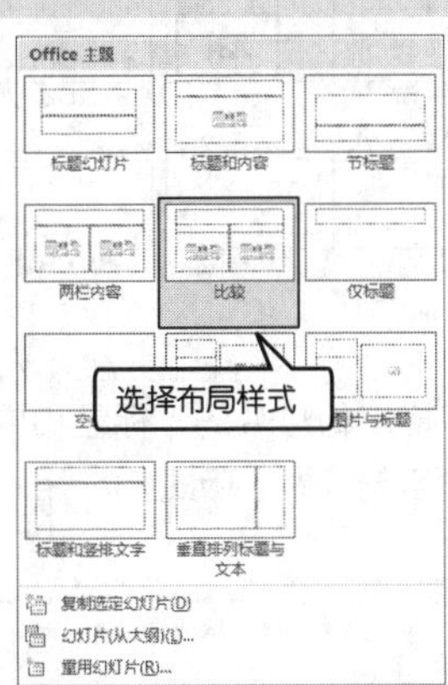

❷ 在【幻灯片/大纲】窗格中的【幻灯片】选项卡下的缩略图上单击鼠标右键，在弹出的快捷菜单中选择【版式】选项，从其子菜单中选择要应用的新布局。

14.11 设计版式

本节视频教学录像：7 分钟

幻灯片版式设计包括在演示文稿中添加幻灯片编号、备注页编码、日期和时间及水印等内容。

14.11.1 什么是版式

幻灯片版式包含在幻灯片上显示的全部内容的格式设置、位置和占位符。PowerPoint 中包含标题幻灯片、标题和内容、节标题等 11 种内置幻灯片版式。

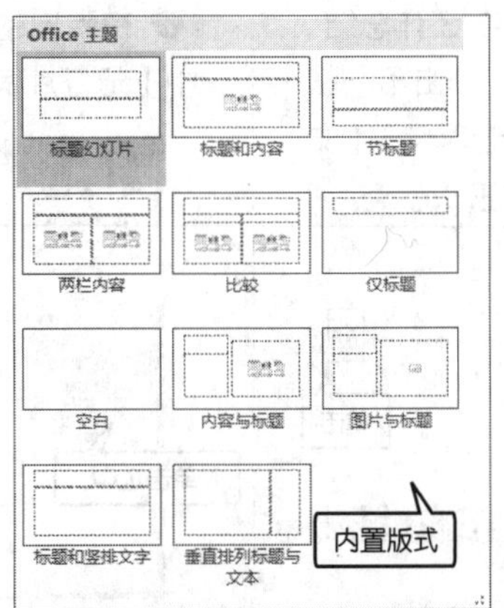

在 PowerPoint 中使用幻灯片版式的具体操作步骤如下。

❶ 启动 PowerPoint 2013，系统自动创建一个包含标题幻灯片的演示文稿。单击【开始】选项卡下【幻灯片】选项组中的【新建幻灯片】按钮的下拉按钮，在弹出的【Office 主题】下拉菜单中选择【标题和内容】选项。

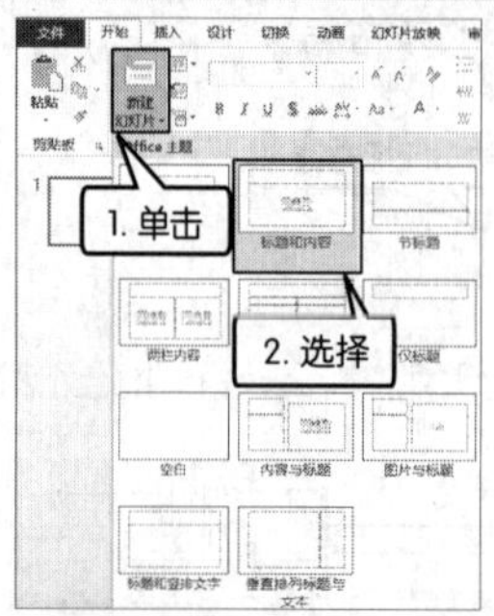

❷ 此时即在演示文稿中创建了一个标题和内容的幻灯片。

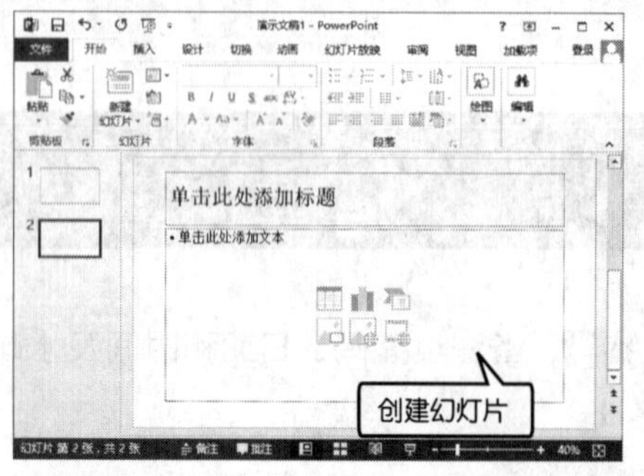

❸ 选择第 2 张幻灯片，单击【开始】选项卡下【幻灯片】选项组中的【版式】按钮右侧的下拉按钮，在弹出的下拉菜单中选择【内容与标题】选项。

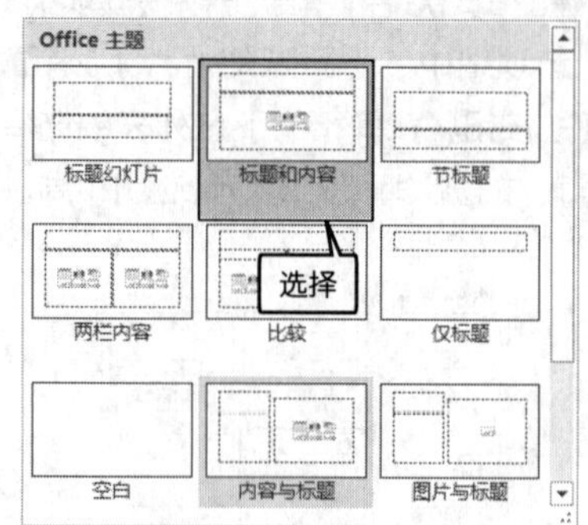

❹ 此时即将该幻灯片的【标题和内容】版式更改为【内容与标题】版式。

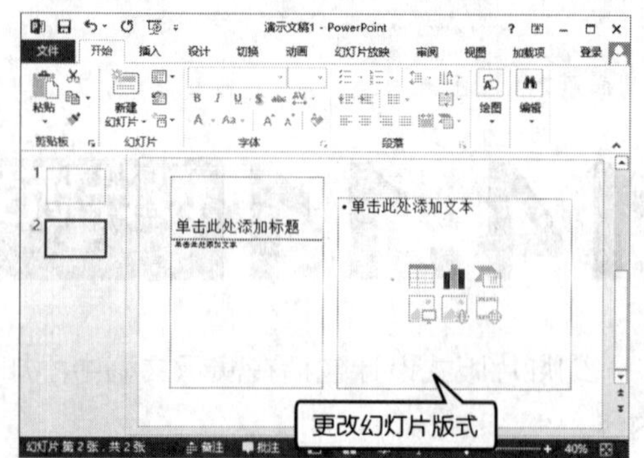

14.11.2 添加幻灯片编号

在演示文稿中添加幻灯片编号的具体操作步骤如下。

❶ 打开随书光盘中的"素材\ch14\工作总结.pptx"文件，在普通视图模板下，单击第一张幻灯片缩略图，然后单击【插入】选项卡下【文本】选项组中的【幻灯片编号】按钮。

❷ 在弹出的【页眉和页脚】对话框中单击选中【幻灯片编号】复选框，单击【应用】按钮。

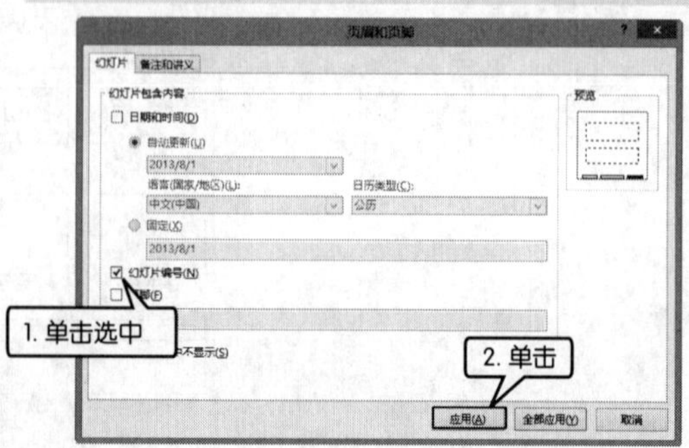

❸ 下图中选中的幻灯片的右下角，即是插入的幻灯片编号。

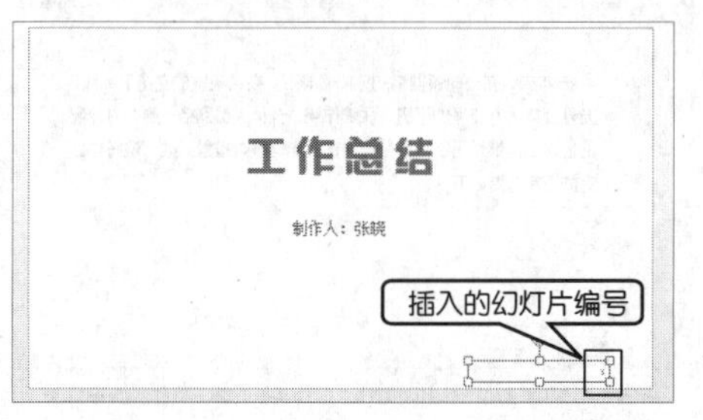

❹ 若为在演示文稿中的所有幻灯片都添加编号，在【页眉和页脚】对话框中单击选中【幻灯片编号】复选框后，单击【全部应用】按钮即可。

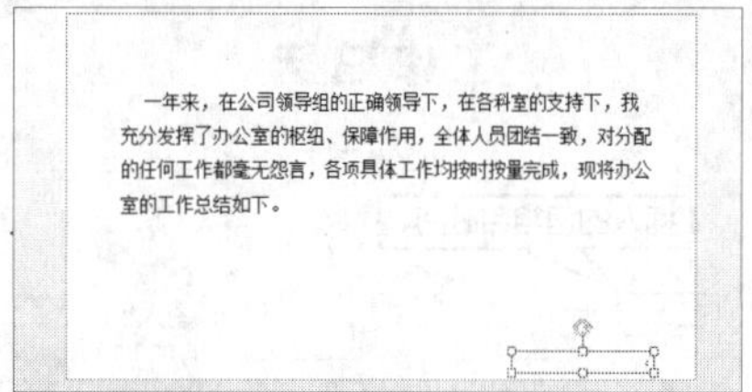

14.11.3 添加幻灯片备注

在演示文稿中添加幻灯片备注的方法比较简单：打开演示文稿，选择需要添加备注的幻灯片，在幻灯片下方的备注栏的【单击此处添加备注】处单击，输入备注内容即可。

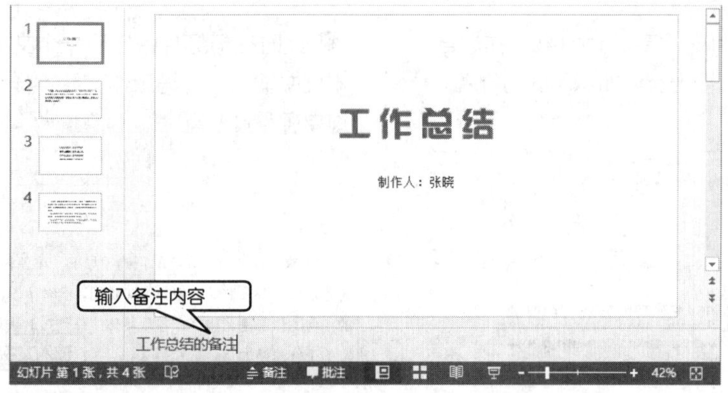

14.11.4 添加日期和时间

在演示文稿中添加日期和时间的具体操作步骤如下。

❶ 单击【插入】选项卡下【文本】选项组中的【日期和时间】按钮。

❷ 在弹出的【页眉和页脚】对话框中单击选中【日期和时间】复选框和【固定】单选项，在其下的文本框中输入想要显示的日期，单击【应用】按钮。

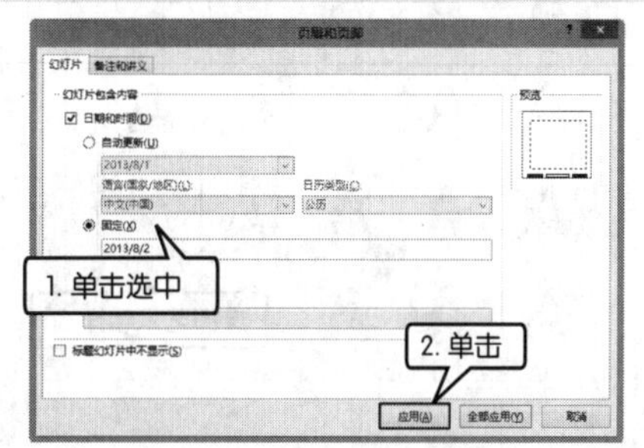

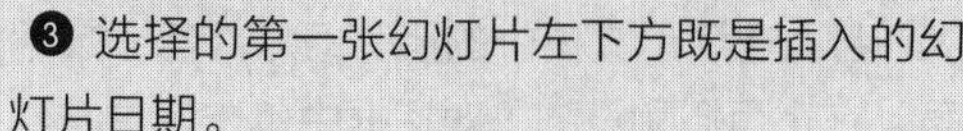

❸ 选择的第一张幻灯片左下方既是插入的幻灯片日期。

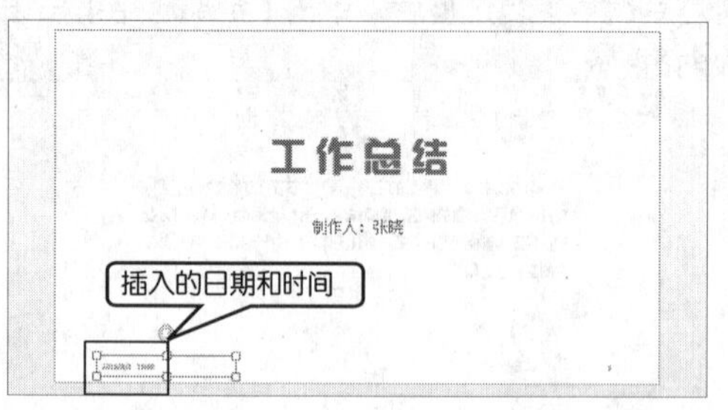

❹ 若要为演示文稿中的所有幻灯片都添加上日期和时间，单击【全部应用】按钮即可。

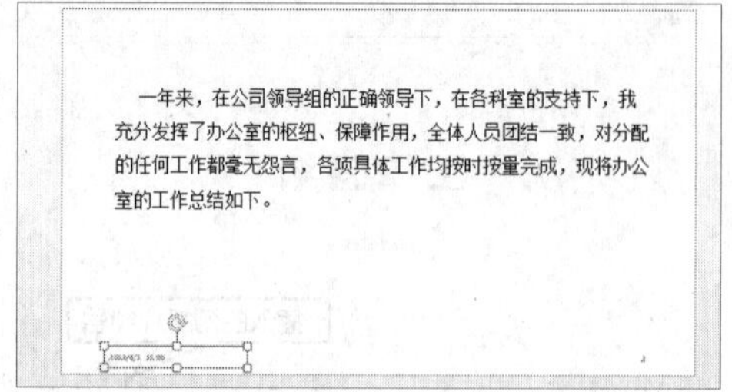

14.11.5 添加水印

在幻灯片中添加水印时既可以使用图片作为水印，也可以使用文本框和艺术字作为水印。本节主要介绍使用艺术字作为水印，具体操作步骤如下。

❶ 打开随书光盘中的“素材\ch14\工作总结.pptx”文件，单击要为其添加水印的幻灯片。

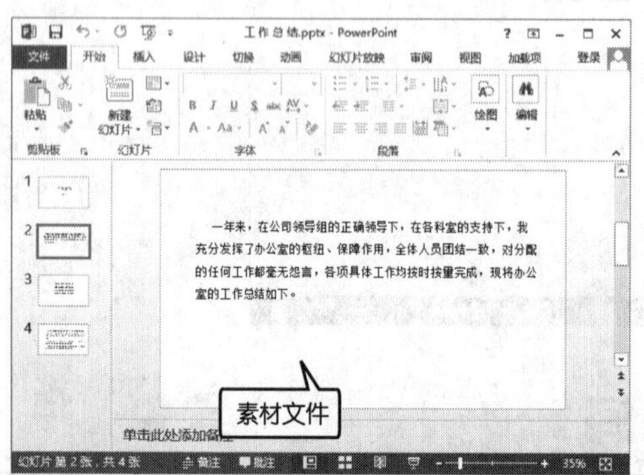

❷ 单击【插入】选项卡下【文本】选项组中的【艺术字】按钮，在弹出的列表中任选一种样式。

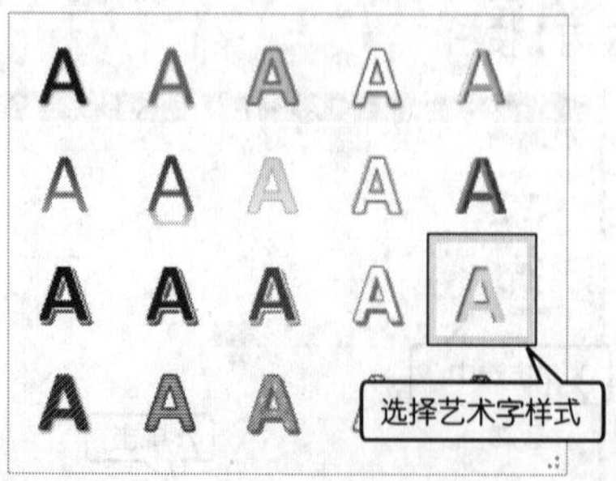

❸ 此时在幻灯片中出现一个文本框，在此文本框中输入“龙马工作室”字样，并使用鼠标拖曳调整其位置。

❹ 在功能区设置艺术字的字体、字号等，设置后的效果如下图所示。

❺ 单击【绘图工具】➤【格式】选项卡下【排列】选项组中的【下移一层】右侧的下拉按钮，然后从弹出的下拉列表中选择【置于底层】选项。

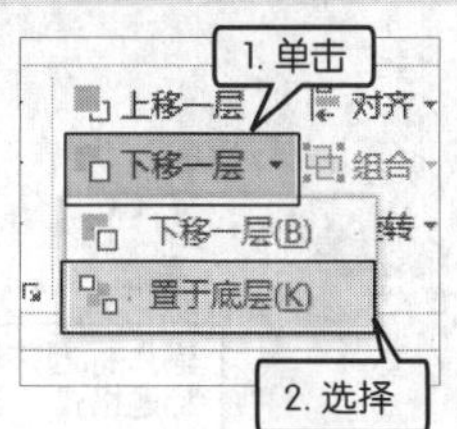

❻ 将艺术字制作成水印的最终效果如下图所示。

一年来，在公司领导组的正确领导下，在各科室的支持下，我充分发挥了办公室的枢纽、保障作用，全体人员团结一致，对分配的任何工作都毫无怨言，各项具体工作均按时按量完成，现将办公室的工作总结如下。

插入的水印效果

14.12 综合实战——制作旅游相册演示文稿

本节视频教学录像：9 分钟

幻灯片版式设计包括在演示文稿中添加幻灯片编号、备注页编码、日期和时间及水印等内容。

【案例效果展示】

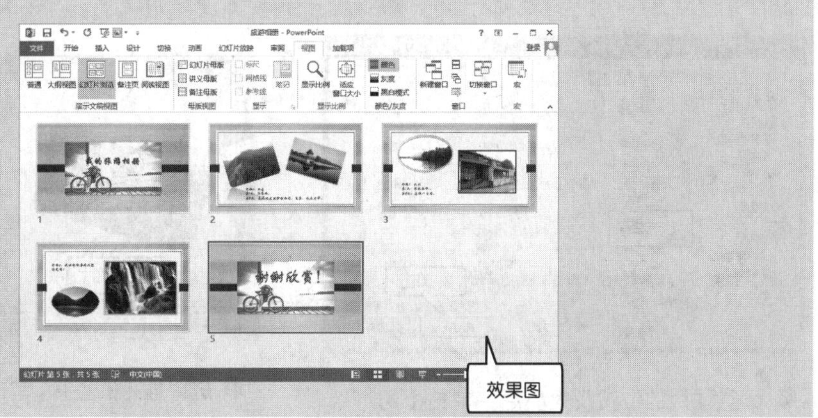

【案例涉及知识点】

- 使用内置主题
- 设计幻灯片母版视图
- 设置字体格式
- 插入图片
- 插入艺术字

【操作步骤】

第 1 步：制作首页幻灯片

本步骤主要介绍使用内置主题，设计幻灯片母版视图和设置字体格式等内容。

❶ 新建空白幻灯片，并保存为“旅游相册.pptx”文件，单击【设计】选项卡下【主题】选项组中的【其他】按钮，在弹出的下拉列表中选择一种主题样式。

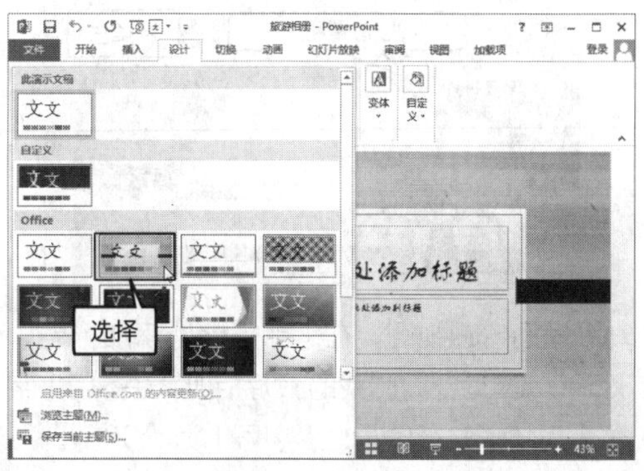

❷ 单击【视图】选项卡下【母版视图】选项组中的【幻灯片母版】按钮，进入幻灯片母版视图。

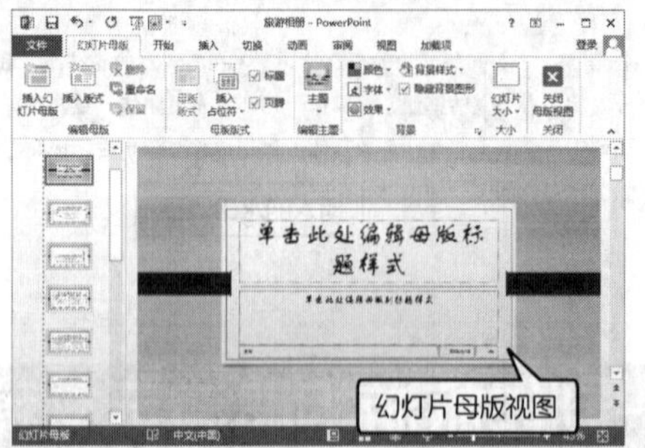

❸ 选择【母版标题样式】幻灯片，单击【插入】选项卡下【图像】选项组中的【图片】按钮，在弹出的【插入图片】对话框中选择要插入的图片，这里选择“素材\ch14\背景 1.jpg”文件，单击【插入】按钮。

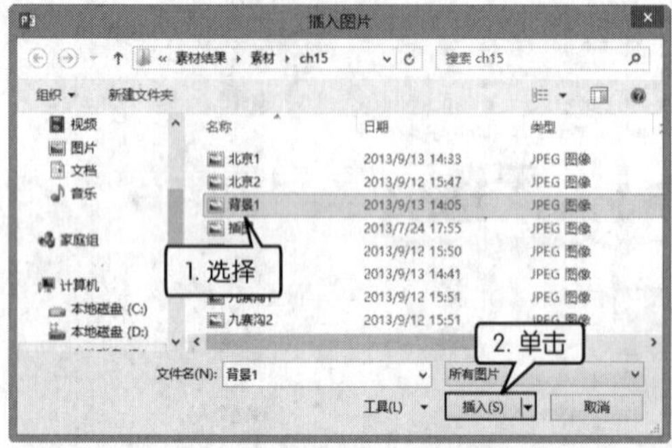

❹ 调整图片的位置及大小后，单击【幻灯片母版】选项卡下【关闭】选项组中的【关闭母版视图】按钮。

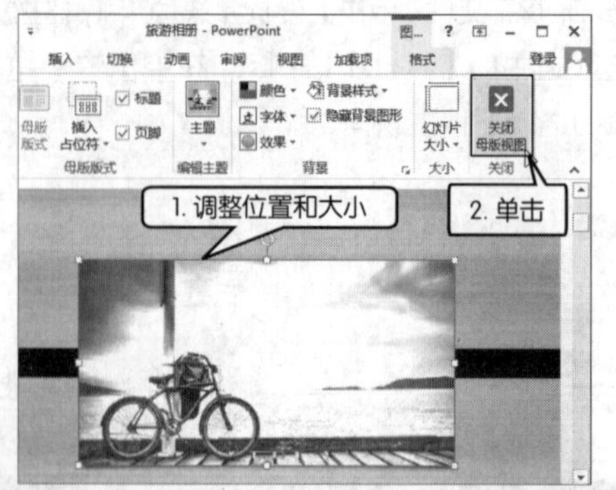

❺ 返回普通视图，在【单击此处添加标题】处输入幻灯片标题“我的旅游相册”，并设置【字体】为“华文行楷”、【字号】为“60”。

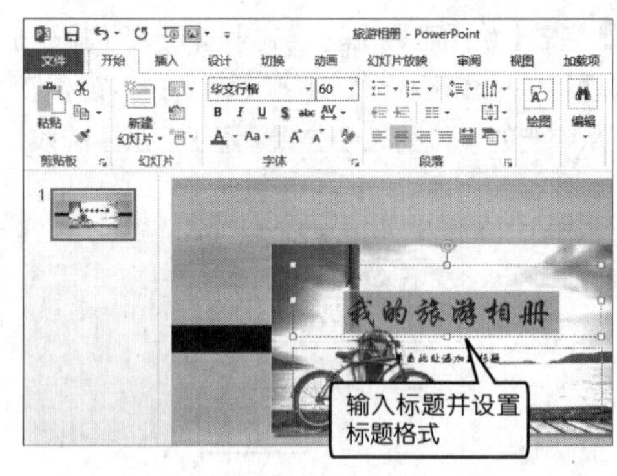

第 2 步：制作旅游行程幻灯片

本步骤主要介绍插入图片、设置字体格式等内容。

❶ 新建空白幻灯片，插入“素材\ch14\北京 1.jpg”文件，调整图片大小、位置和旋转方向后如图所示。

❷ 选择插入的图片，单击【格式】选项卡下【图片样式】选项组中的【其他】按钮，在弹出的下拉列表中选择一种图片样式，这里选择“映像圆角矩形”选项。

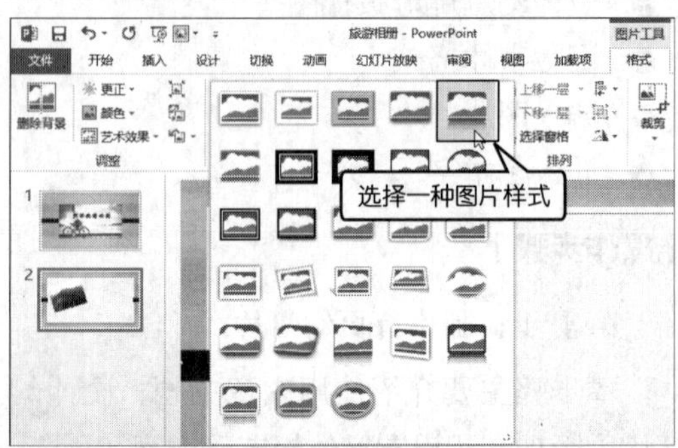

❸ 使用同样的方法插入“素材\ch14\北京 2.jpg”文件，设置图片格式后如图所示。

❹ 单击【插入】选项卡下【文本】选项组中的【文本框】按钮的下拉按钮，在弹出的下拉列表中选择【横排文本框】选项。

❺ 在幻灯片中插入横排文本框并输入文本内容，设置文本【字体】为“华文行楷”、【字号】为“24”、【颜色】为“金色、着色 6、深色 60%”，调整文本框大小及位置后如下图所示。

❻ 使用同样的方法制作“行程 2”与“行程 3”幻灯片，分别插入图片并设置图片格式。

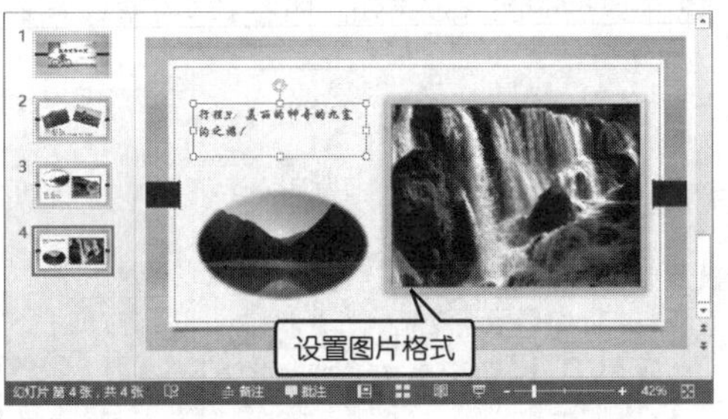

第 3 步：制作结束幻灯片

本步骤主要介绍艺术字、设置字体格式等内容。

❶ 新建“标题幻灯片”，删除【单击此处添加标题】和【单击此处添加副标题】文本框。单击【插入】选项卡下【文本】选项组中的【艺术字】按钮的下拉按钮，在弹出的下拉列表中选择一种艺术字样式。

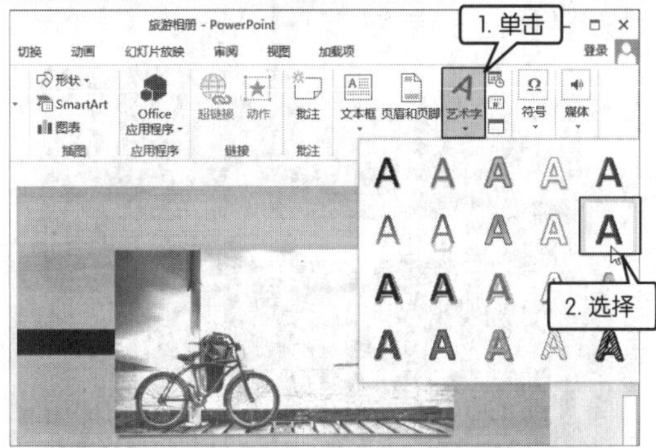

❷ 此时即在幻灯片中插入了艺术字文本框。

❸ 在插入艺术字文本框中输入文本内容，并设置其【字体】为“方正舒体”、【字号】为“96”，调整艺术字文本框位置后保存制作的演示文稿。

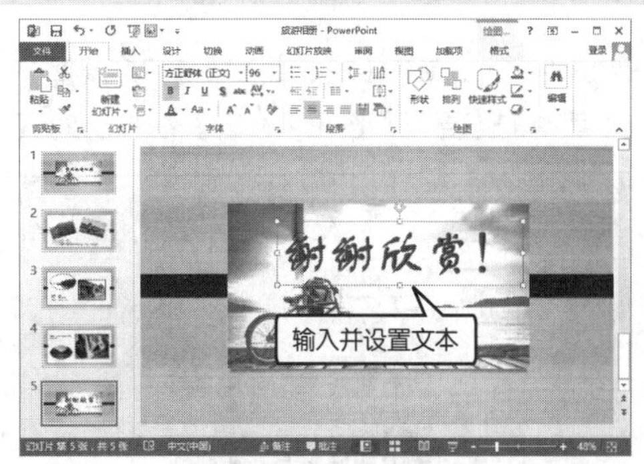

至此，旅游相册演示文稿就制作完成了。

高手私房菜

本节视频教学录像：3 分钟

技巧 1：压缩媒体文件以减小演示文稿的大小

通过压缩媒体文件，可以减小演示文稿的大小以节省磁盘空间，并可以提高播放性能。下面介绍在演示文稿中压缩多媒体的方法。

❶ 打开包含音频或视频文件的演示文稿。

❷ 单击【文件】选项卡，从弹出的列表中选择【信息】选项，在【信息】区域中单击【压缩媒体】按钮，弹出如下图所示的下拉列表，选择需要的选项即可。

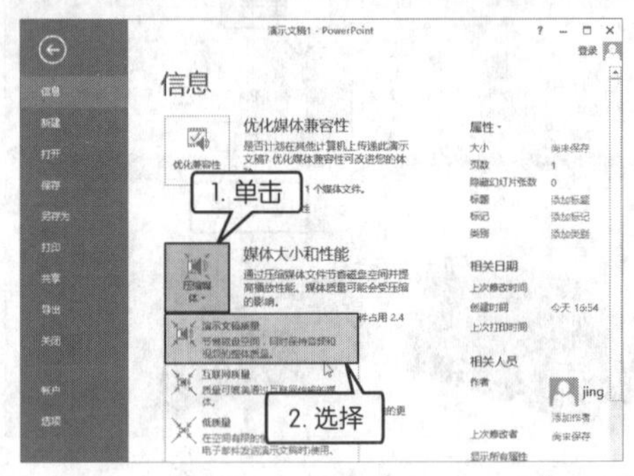

技巧 2：快速灵活改变图片的颜色

使用 PowerPoint 制作演示文稿时，插入漂亮的图片会使幻灯片更加艳丽。但并不是所有的图片都符合要求，例如所找的图片颜色搭配不合理、图片明亮度不和谐等都会影响幻灯片的视觉效果。更改幻灯片的色彩搭配和明亮度的具体操作步骤如下。

❶ 新建一张幻灯片，插入一张彩色图片。

❷ 选中图片，单击【格式】选项卡下【调整】选项组中的【更正】按钮 更正，在弹出的下拉列表中选择【亮度 +40%，对比度 -40%】选项。

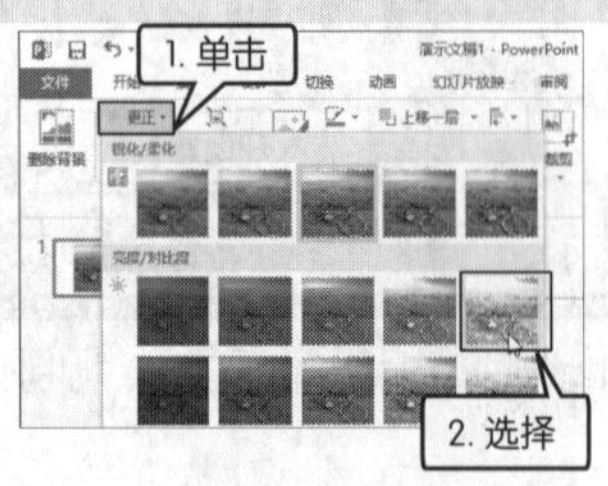

❸ 此时图片的明亮度会发生变化，单击【格式】选项卡下【调整】选项组中的【颜色】按钮 颜色，在弹出的下拉列表中选择【灰度】选项。

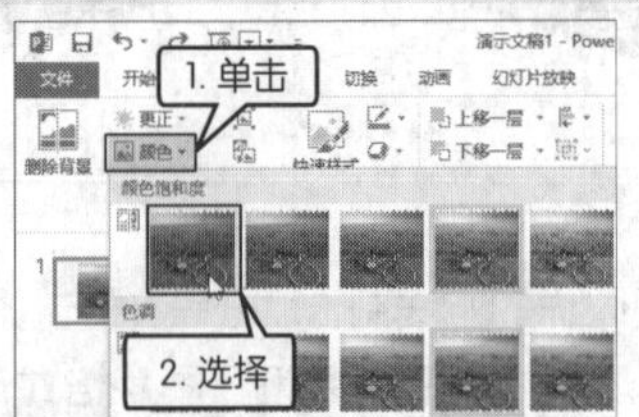

❹ 更改后的图片效果如图所示。

第15章

设置动画和交互效果

本章视频教学录像：43 分钟

高手指引

用户可以在幻灯片之间添加一些切换效果，如淡化、渐隐或擦出等，可使在放映幻灯片时幻灯片的每一个过渡和显示都能带给观众绚丽多彩的感观享受。

重点导读

- 掌握设置幻灯片切换效果和动画效果
- 掌握设置演示文稿链接的方法
- 了解设置按钮交互的方法

15.1 设置幻灯片切换效果

本节视频教学录像：6 分钟

切换效果是指由一张幻灯片进入另一张幻灯片时屏幕显示的变化。用户可以选择不同的切换方案并且可以设置切换速度。

15.1.1 添加切换效果

幻灯片切换时产生的类似动画的效果，可以使幻灯片在放映时更加生动形象。添加幻灯片切换效果的具体操作步骤如下。

❶ 打开随书光盘中的“素材 \ch15\ 添加切换效果 .pptx”文件，选择要设置切换效果的幻灯片，这里选择文件中的第 1 张幻灯片。

❷ 单击【切换】选项卡下【切换到此幻灯片】选项组中的【其他】按钮，在弹出的下拉列表中选择【细微型】下的【形状】切换效果，即可自动预览该效果。使用同样方法为其他幻灯片添加切换效果。

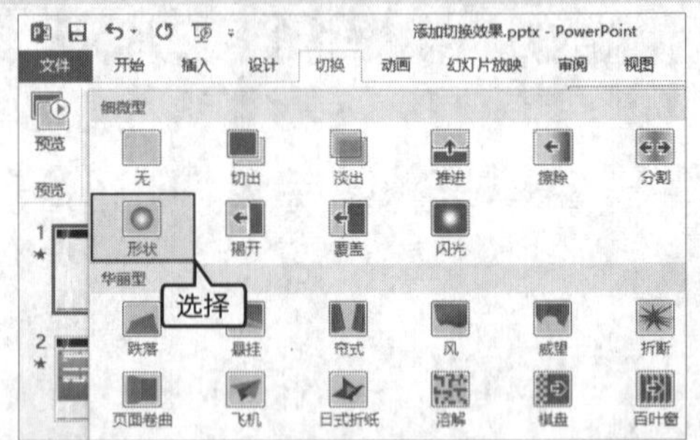

15.1.2 设置切换效果的属性

PowerPoint 2013 中的部分切换效果具有可自定义的属性，我们可以对这些属性进行自定义设置。

❶ 接上一节的操作，在普通视图状态下，选择第 1 张幻灯片。

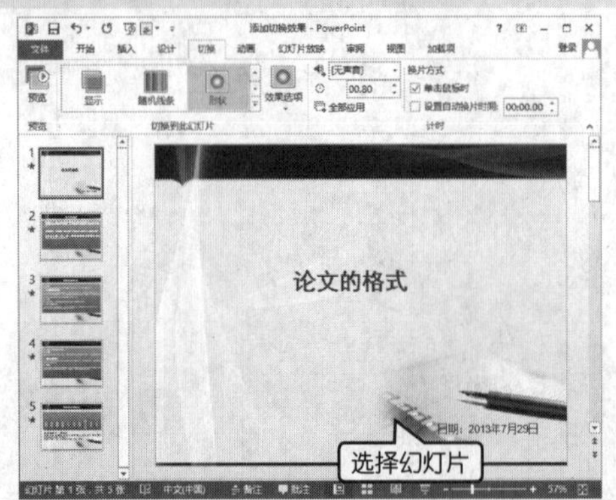

❷ 单击【切换】选项卡下【切换到此幻灯片】选项组中的【效果选项】按钮，在弹出的下拉列表中选择其他选项可以更换切换效果的形状，如要将默认的【圆形】更改为【菱形】效果，则选择【菱形】选项即可。

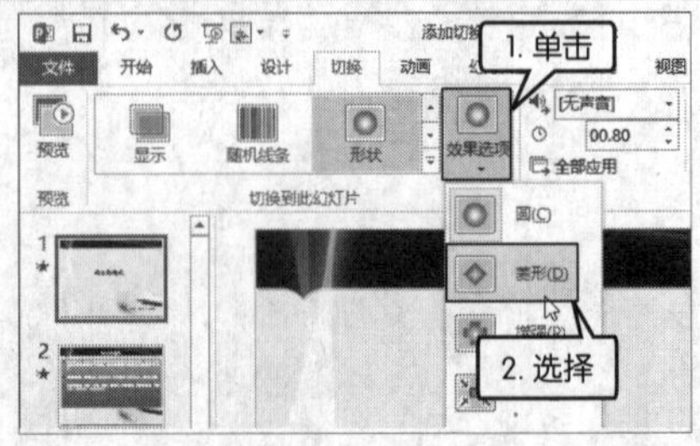

提示 幻灯片添加的切换效果不同，【效果选项】的下拉列表中的选项是不相同的。本例中第 1 张幻灯片添加的是【形状】切换效果，因此单击【效果选项】可以设置切换效果的形状。

15.1.3 为切换效果添加声音

如果想使切换的效果更逼真，可以为其添加声音效果，具体操作步骤如下。

❶ 选中要添加声音效果的第 2 张幻灯片。

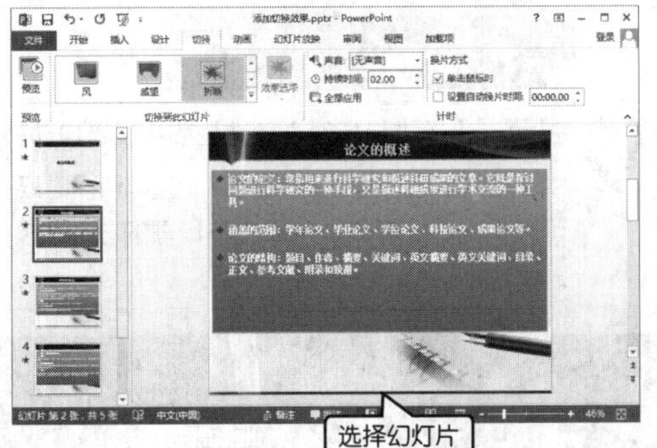

❷ 单击【切换】选项卡下【计时】选项组中【声音】按钮右侧的下拉按钮，在其下拉列表中选择【疾驰】选项，在切换幻灯片时将会自动播放该声音。

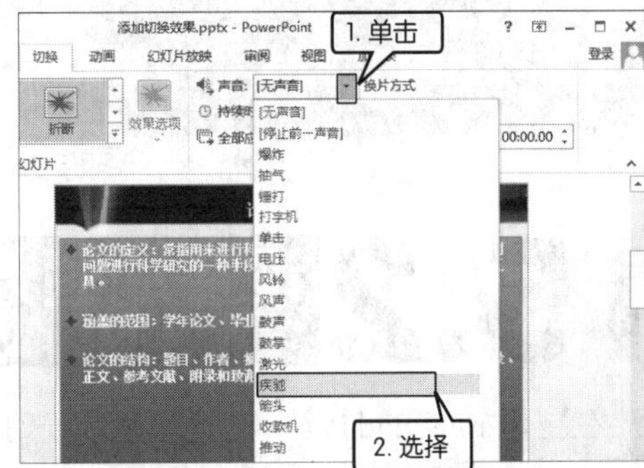

15.1.4 设置切换效果计时

用户可以设置切换幻灯片的持续时间，从而控制切换的速度。设置切换效果计时的具体步骤如下。

❶ 选择要设置切换速度的第 3 张幻灯片。

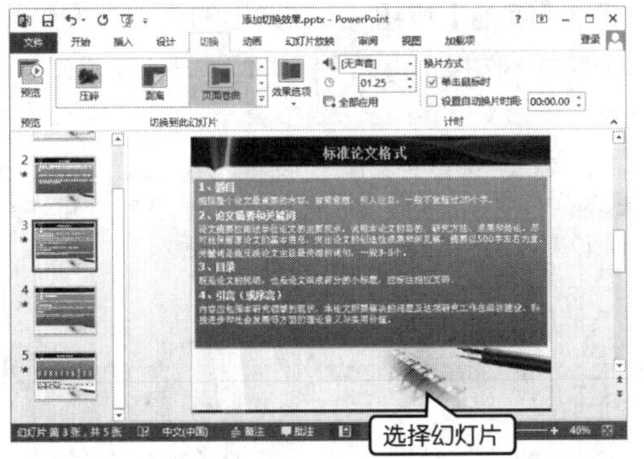

❷ 单击【切换】选项卡下【计时】选项组中【持续时间】文本框右侧微调按钮来设置切换持续的时间。

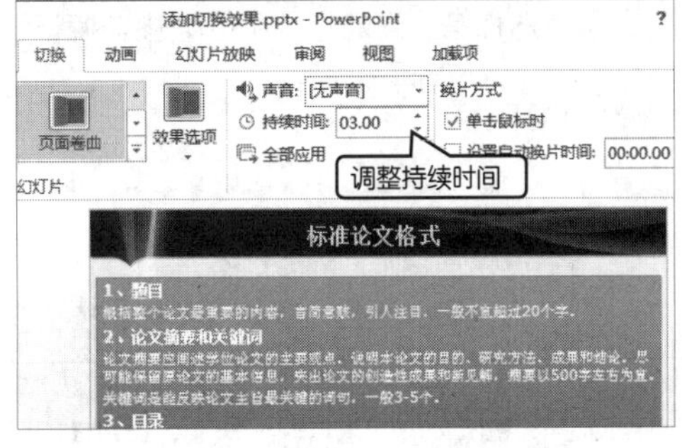

15.1.5 设置切换方式

用户在播放幻灯片时，可以根据需要设置幻灯片切换的方式，例如自动换片或单击鼠标时换片等，具体操作步骤如下。

❶ 打开上节已经设置完成的第 3 张幻灯片，在【切换】选项卡下【计时】选项组【换片方式】复选框下单击选中【单击鼠标时】复选框，则播放幻灯片时单击鼠标可切换到此幻灯片。

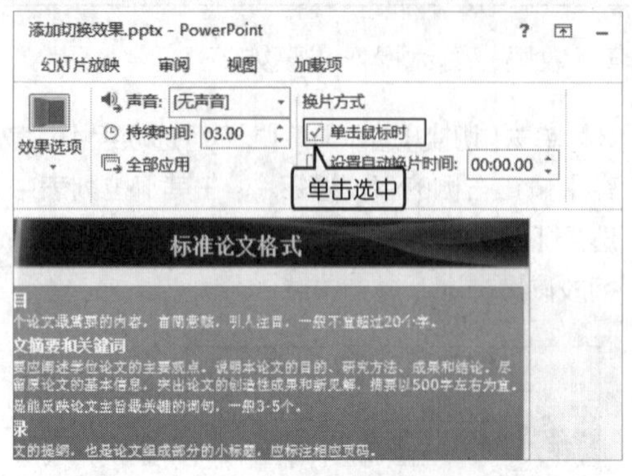

❷ 若单击选中【设置自动换片时间】复选框，并设置了时间，那么在播放幻灯片时，经过所设置的秒数后就会自动地切换到下一张换灯片。

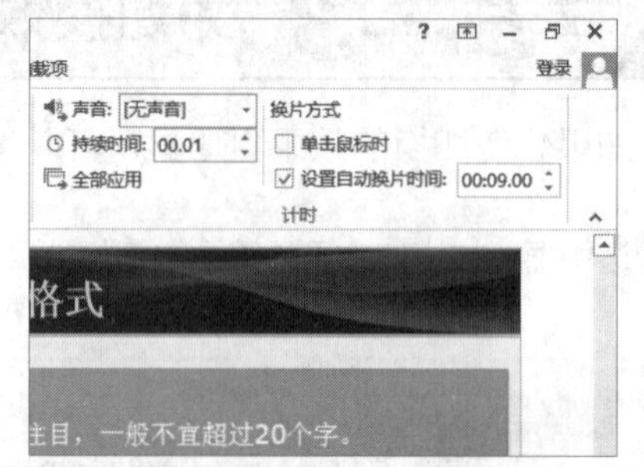

提示 【单击鼠标时】复选框和【设置自动换片时间】复选框可以同时选中，这样切换时既可以单击鼠标切换，也可以按设置的自动切换时间切换。

15.2 设置动画效果

本节视频教学录像：9 分钟

在制作 PPT 的时候，使用动画效果可以大大提高 PPT 的表现力，在动画展示的过程中可以起到画龙点睛的作用。

15.2.1 添加进入动画

为幻灯片添加进入动画，可以让原本呆板的内容变得栩栩如生。添加动画的具体操作步骤如下。

❶ 打开随书光盘中的“素材\ch15\设置动画.pptx”文件，选择要添加进入动画的幻灯片内容，这里选择第一张幻灯片中的“桃花源记”文本。

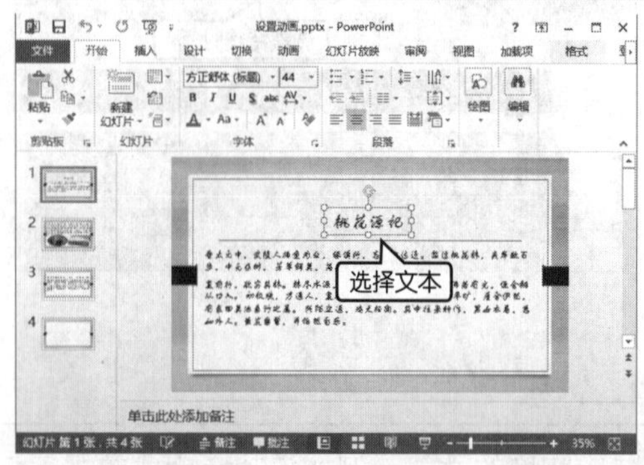

❷ 单击【动画】选项卡下【动画】选项组右下角【其他】按钮，在弹出的【动画】效果列表中，选择【进入】组下的【浮入】选项。

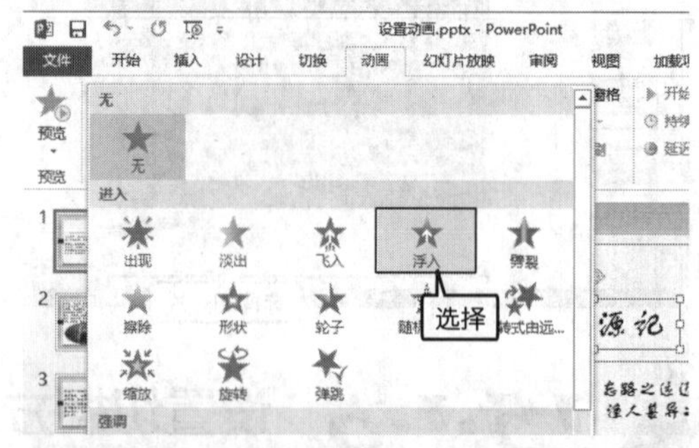

提示 除了创建进入动画，用户还可以创建强调动画以及退出动画等。

❸ 添加动画效果后，“桃花源记”文本前面出现一个动画编辑标记 1 。

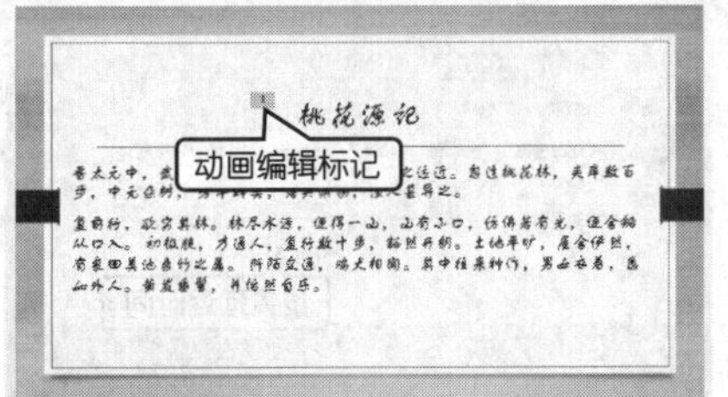

提示　创建动画后，幻灯片中的动画编号标记不会被打印出来。

❹ 使用同样方式为幻灯片内容添加进入动画，并单击【动画窗格】按钮，在打开的【动画窗格】中即可看到所添加的动画效果。

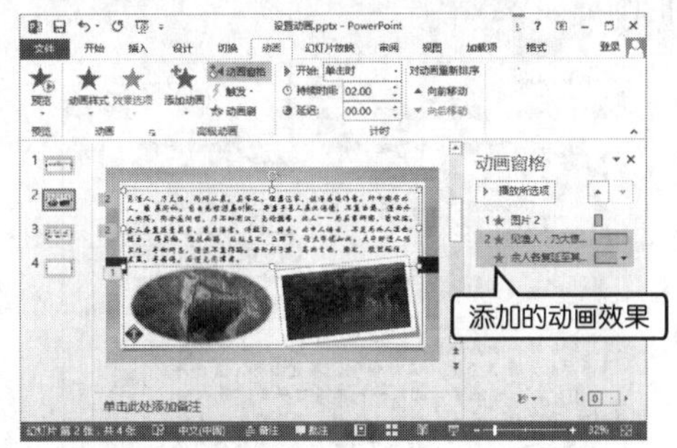

15.2.2　调整动画顺序

在放映的过程中，对幻灯片播放的顺序也可以调整，具体操作步骤如下。

❶ 选择已经添加过动画的幻灯片内容，单击【动画】选项卡下【计时】选项组中的【对动画重新排序】区域的【向前移动】按钮 ▲ 向前移动 。

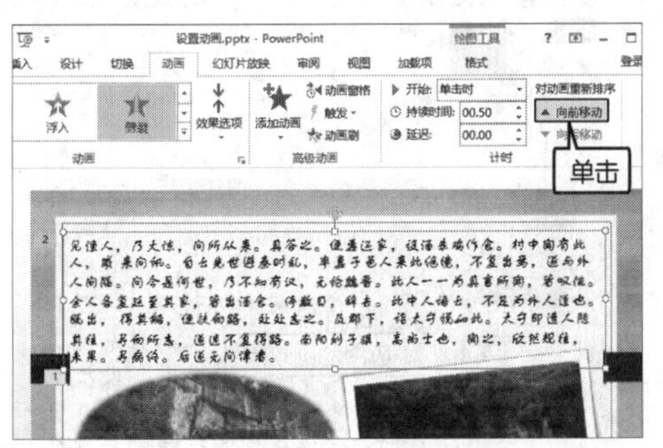

❷ 此时可看到该文本前面的编号由“2”变成“1”。

提示　也可以在【动画窗格】中单击【向前移动】按钮 ▲ 或【向后移动】按钮 ▼ ，或者选择要改变动画顺序的文本，按住鼠标左键不放并拖曳至要移动到的位置，再松开鼠标即可。

15.2.3　设置动画计时

创建动画后，用户可以在【动画】选项卡下，为动画指定开始时间、持续时间以及延迟计时，其具体操作步骤如下。

❶ 在打开的演示文稿中选择第 2 张幻灯片中的动画 2，单击【计时】选项组中的【开始】文本框右侧的下拉按钮，从弹出的下拉列表中选择【单击时】播放选项。

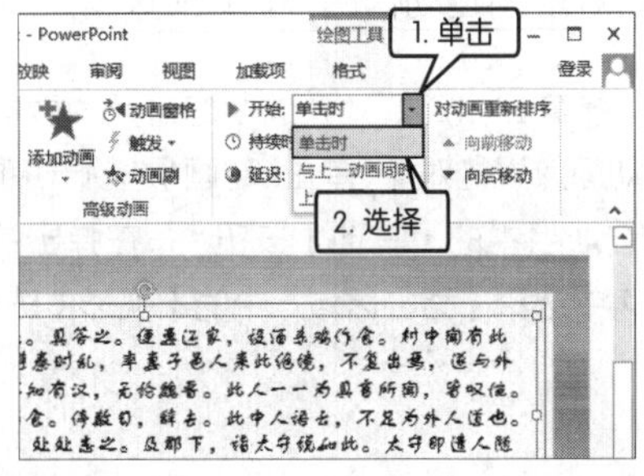

❷ 在【计时】选项组中的【持续时间】文本框中输入所需的秒数，或单击【持续时间】文本框右侧的微调按钮来增加或减少动画持续的时间。

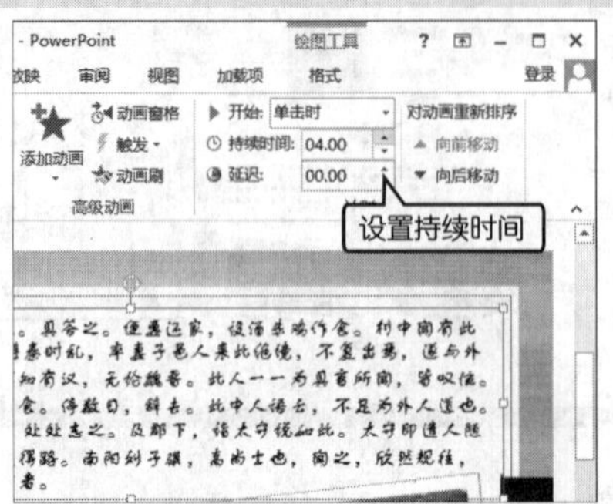

❸ 在【计时】选项组中【延迟】文本框中输入将延迟的时长，或单击右侧的微调按钮来增加或减少动画延迟的时间。

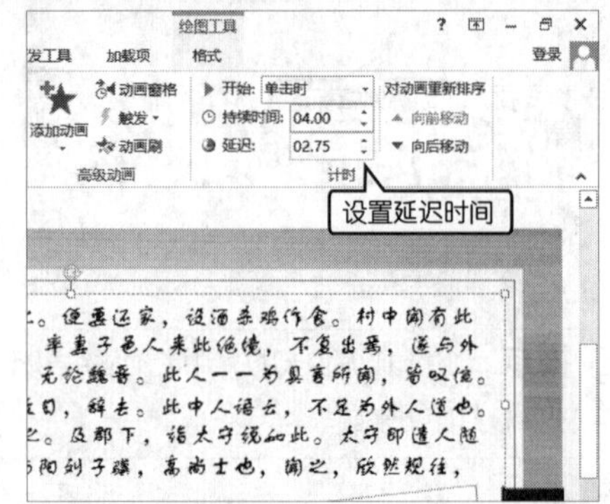

15.2.4 使用动画刷

使用【动画刷】可将设置后的动画效果运用到其他需要使用相同动画效果的文本上，具体操作步骤如下。

❶ 选择第 2 张幻灯片中的动画效果 2，单击【动画】选项卡下【高级动画】选项组中【动画刷】按钮 动画刷，此时幻灯片中的鼠标指针变为动画刷的形状。

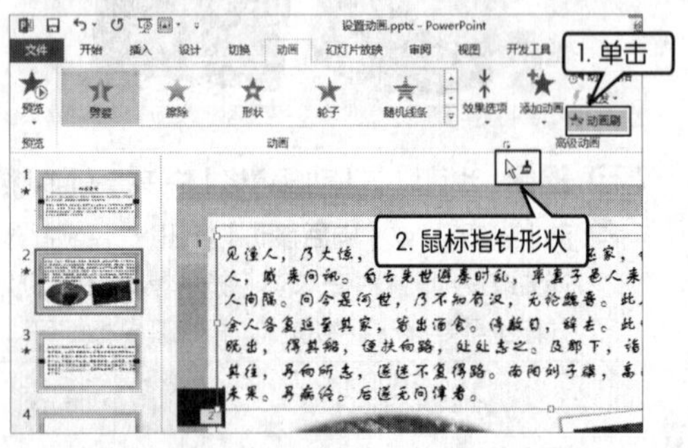

❷ 选择第 3 张幻灯片中的内容并单击，即可看到已将动画效果 1 应用到该内容当中。

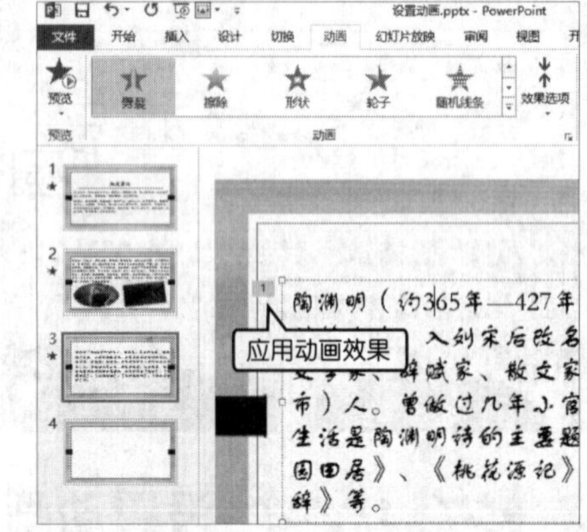

15.2.5 动作路径

为对象创建动作路径可以使对象上下移动、左右移动或者沿着星型或圆形图案移动。

❶ 选择第 2 张幻灯片，选中幻灯片中要创建动作动画效果的对象，单击【动画】选项卡下【动画】选项组中的【其他】按钮，在弹出的下拉列表中选择【路径区域】中的【弧形】选项。

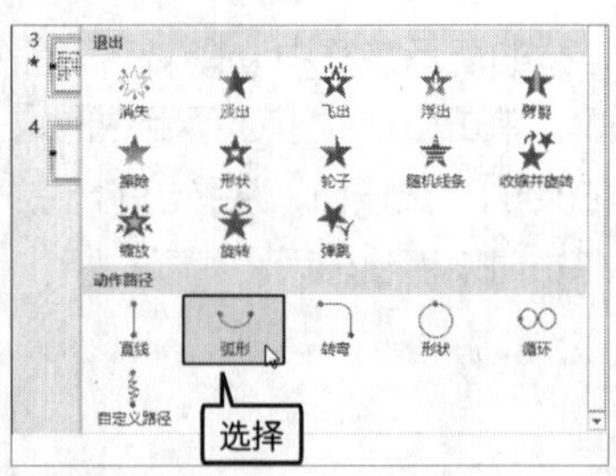

❷ 此时就为此对象创建了“弧形”的路径动画效果。

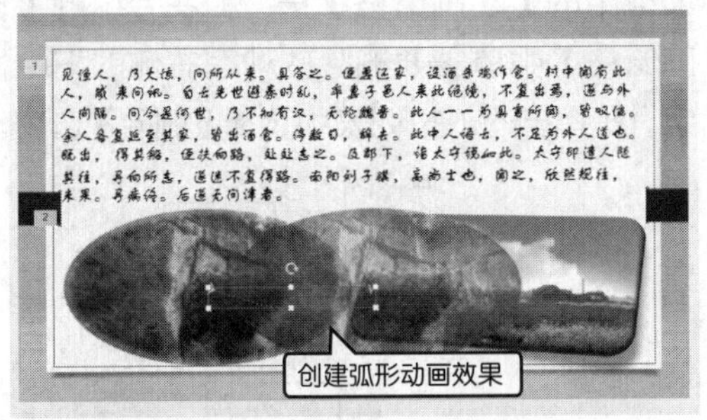

❸ 选择第 4 张幻灯片，选中要自定义路径的文本，单击动画列表中【路径】组的【自定义路径】选项。

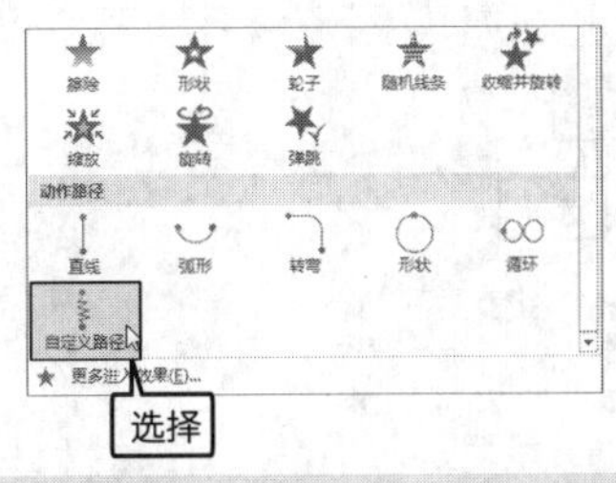

❹ 此时，鼠标光标变成＋形状，在幻灯片上绘制动画路径后按【Enter】键即可。

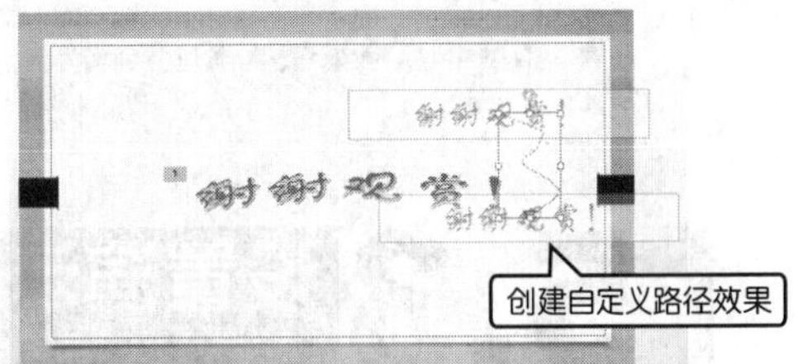

15.2.6 测试动画

为幻灯片添加动画效果后，可以单击【动画】选项卡下【预览】选项组中的【预览】按钮，验证是否设置成功。单击【预览】按钮下方的下拉按钮，弹出下拉列表，包括【预览】和【自动预览】两个选项。单击【自动预览】选项后，每次为对象创建动画后均可自动在【幻灯片】窗格中预览动画效果。

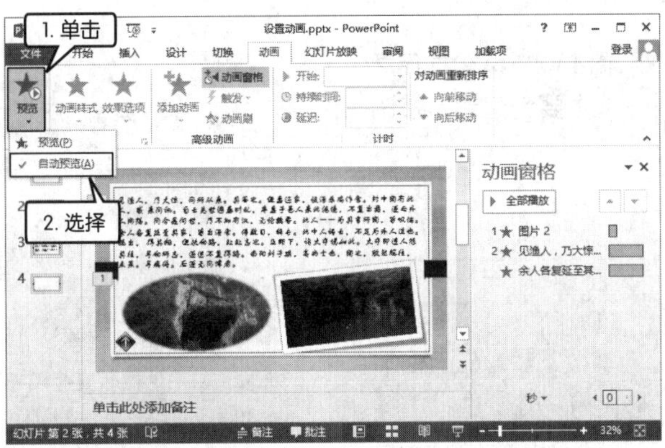

15.2.7 删除动画

为对象创建动画效果后，我们可以根据需要删除动画。删除动画的方法有以下两种。

1. 使用【动画】选项卡

单击【动画】选项卡下【动画】选项组中的【其他】按钮，在弹出的下拉列表【无】区域选择【无】选项。

2. 使用【动画】窗格

单击【动画】选项卡下【高级动画】选项组中的【动画窗格】按钮，在弹出的【动画窗格】中单击要删除的动画右侧的下拉按钮，在弹出的下拉列表中选择【删除】选项。

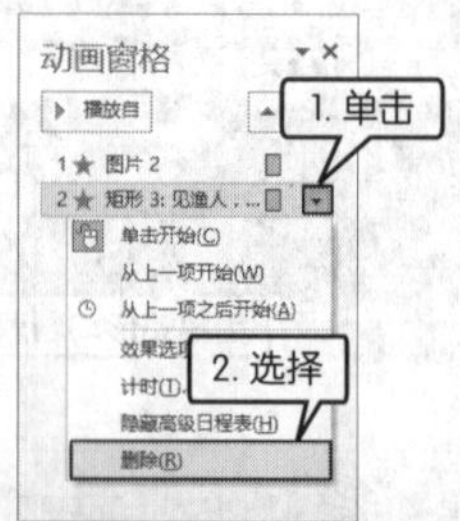

15.3 设置演示文稿的链接

本节视频教学录像：9 分钟

在 PowerPoint 中，我们可以使用超链接从一张幻灯片转至非连续的另一张幻灯片，或者从一张幻灯片转至其他演示文稿中的幻灯片、电子邮件、网页以及其他文件等。我们可以为文本或对象创建超链接。

15.3.1 为文本创建链接

在幻灯片中为文本创建链接的具体步骤如下。

❶ 打开随书光盘中的“素材 \ch15\ 公司年度营销计划 .pptx”文件，选中要创建超链接的文本“产品策略”。

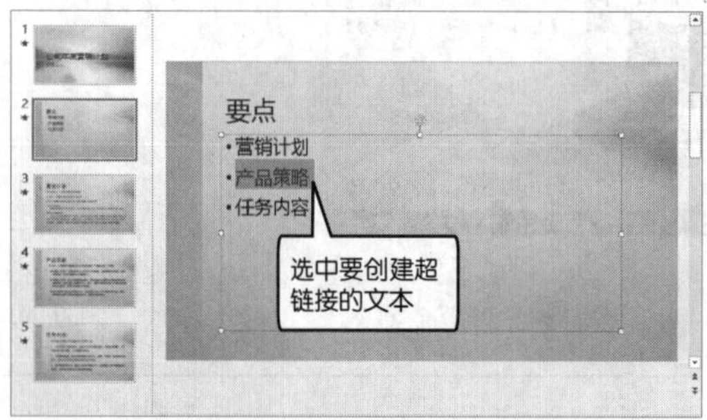

❷ 单击【插入】选项卡下【链接】选项组中的【超链接】按钮 。

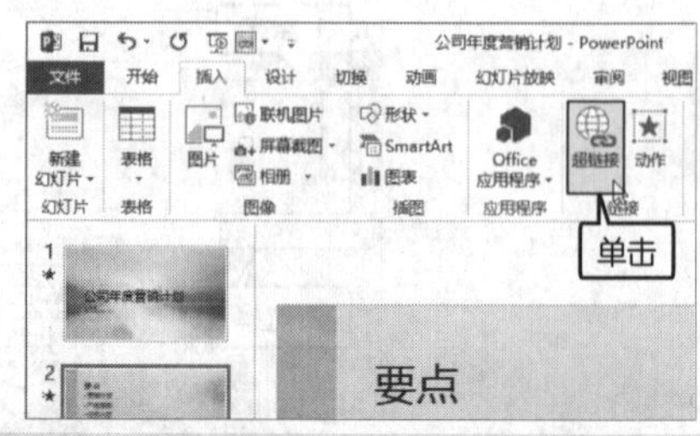

❸ 弹出【插入超链接】对话框，选择【链接到】列表框中的【本文档中的位置】选项，在右侧的【请选择文档中的位置】列表框中选择【幻灯片标题】下方的【产品策略】选项，然后单击【确定】按钮即可。

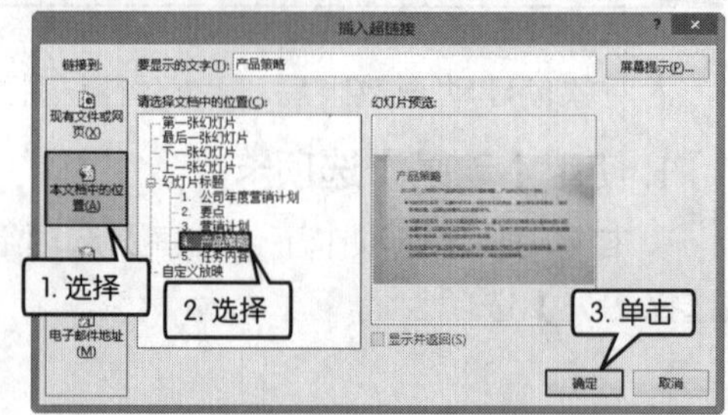

❹ 此时就将选中的文本链接到了【产品策略】幻灯片，添加超链接后的文本以绿色、下划线字显示。放映幻灯片时，单击添加超链接的文本即可链接到相应的位置。

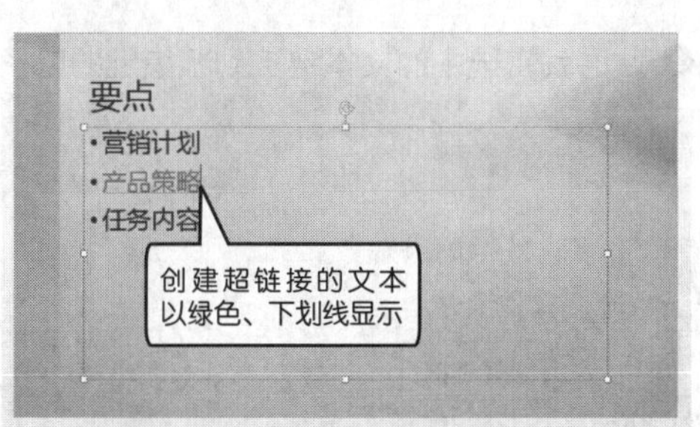

❺ 按【F5】键放映幻灯片，单击创建了超链接的文本“产品策略”，即可将幻灯片链接到另一张幻灯片。

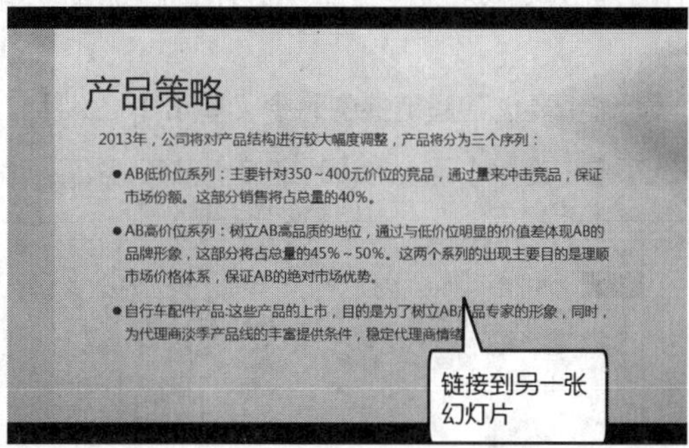

15.3.2 链接到其他幻灯片

为幻灯片创建链接时，除了可以将对象链接在当前幻灯片中，也可以链接到其他文稿中，具体操作步骤如下。

❶ 选中要创建超链接的对象，单击【插入】选项卡下【链接】组中的【超链接】按钮。

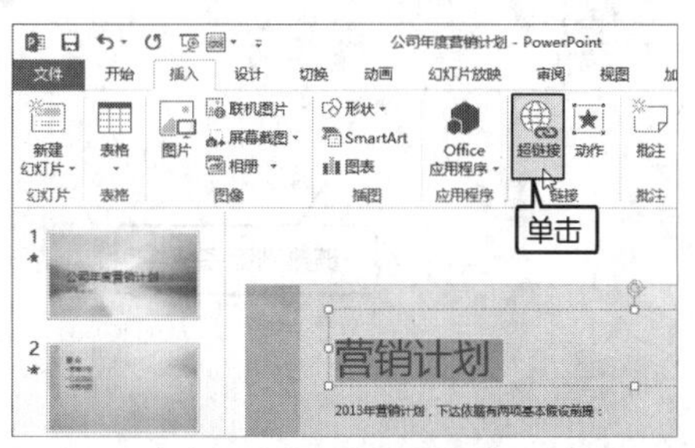

❷ 弹出【插入超链接】对话框，选择【链接到】列表框中的【现有文件或网页】选项，在【查找范围】下拉列表中选择要链接的其他演示文稿的位置，然后在下面的列表框中选择要链接的演示文稿，单击【屏幕提示】按钮。

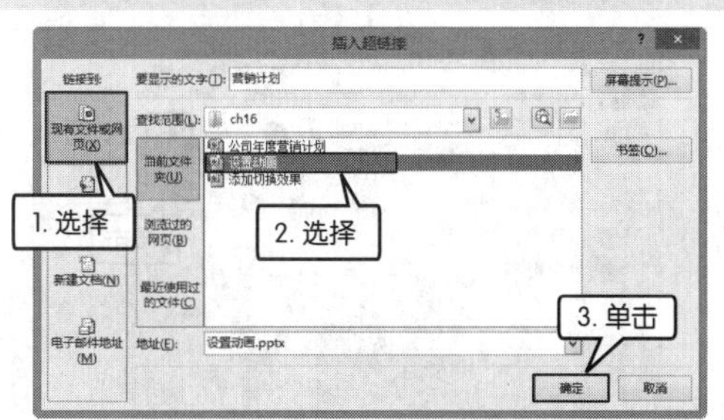

❸ 在弹出的【设置超链接屏幕提示】对话框中输入提示信息，然后单击【确定】按钮，返回【插入超链接】对话框，单击【确定】按钮即可。

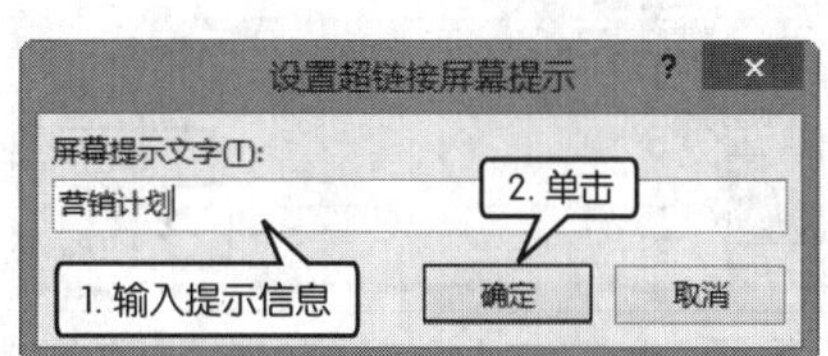

❹ 按【F5】键放映幻灯片，单击创建了超链接的文本，即可将幻灯片链接到另一张演示文稿中。

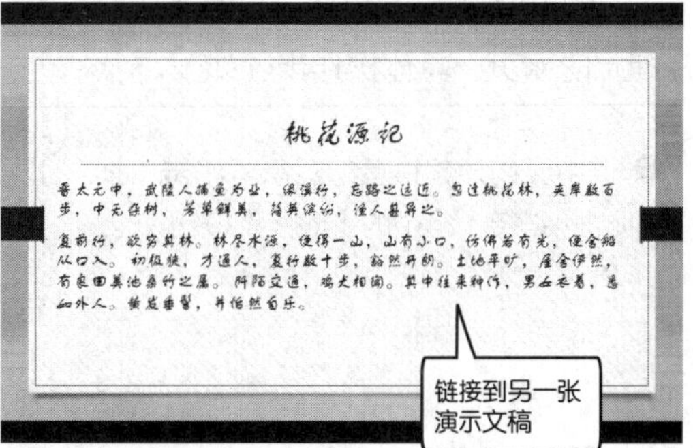

15.3.3 链接到电子邮件

用户也可以将 PowerPoint 中的幻灯片链接到电子邮件中，这样能在放映幻灯片的过程中启动电子邮件软件，具体操作步骤如下。

❶ 选中要创建超链接的对象，单击【插入】选项卡【链接】组中的【超链接】按钮。

❷ 弹出【插入超链接】对话框，选择【链接到】列表框中的【电子邮件地址】选项，在右侧的文本框中分别输入【电子邮件地址】与邮件的【主题】，然后单击【确定】按钮。

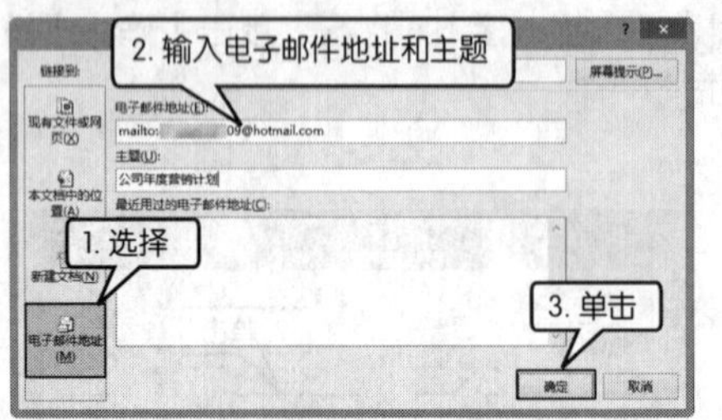

提示 也可以在【最近用过的电子邮件地址】列表框中单击电子邮件地址。

❸ 此时就将选中的文本链接到了指定的电子邮件地址。

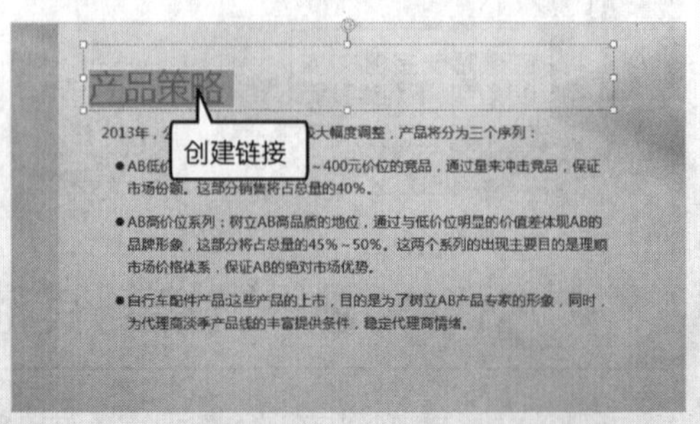

❹ 按【F5】键放映幻灯片，单击创建例如超链接的文本，即可将幻灯片链接到电子邮件。

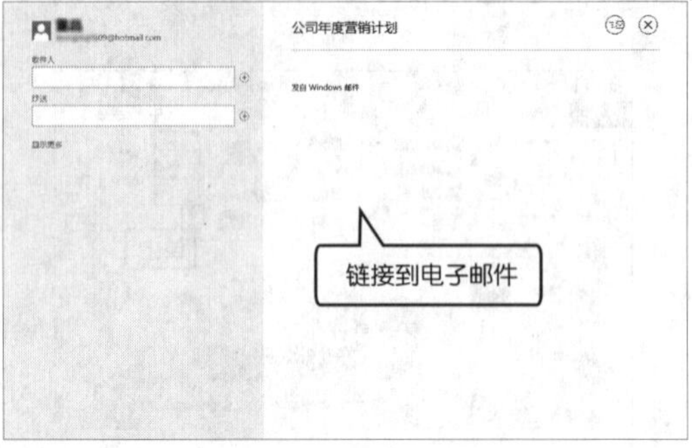

15.3.4 链接到网页

幻灯片的链接对象还可以是网页。在放映的过程中单击幻灯片中的固定对象，就可以打开指定的网页，具体操作步骤如下。

❶ 选中要创建超链接的对象，单击【插入】选项卡【链接】组中的【动作】按钮。

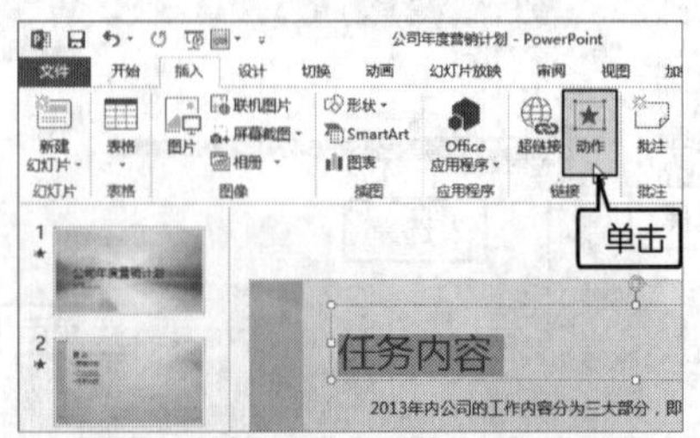

❷ 弹出【动作设置】对话框，在【单击鼠标】选项卡中的【超链接到】下拉列表中选择【URL】选项。

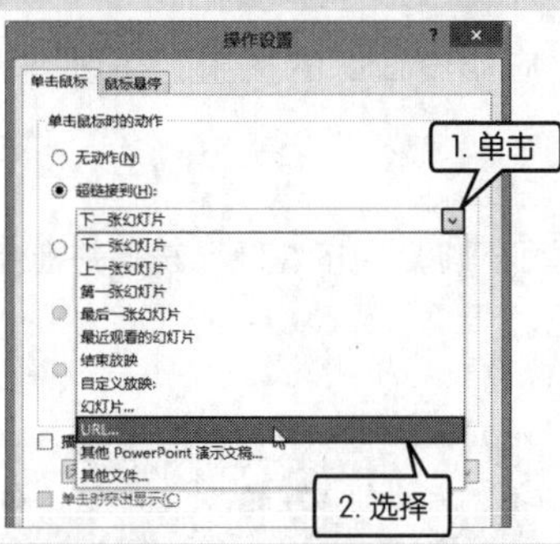

❸ 弹出【超链接到 URL】对话框，在【URL】文本框中输入网页的地址，单击【确定】按钮返回【动作设置】对话框，然后单击【确定】按钮即可完成链接设置。

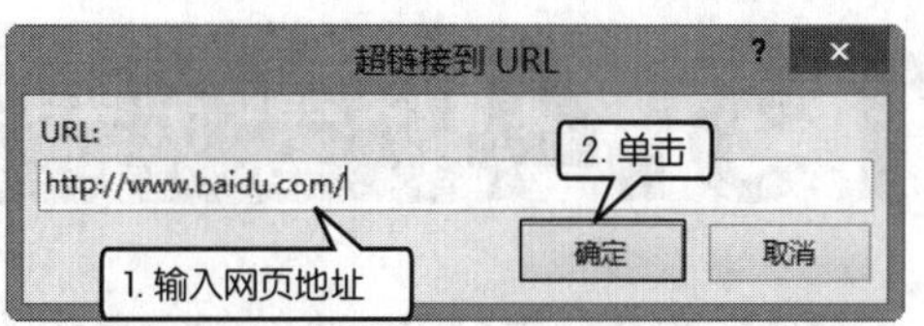

❹ 此时就为文本添加了超链接，文本以下划线显示，效果如下图所示。按【F5】键放映幻灯片，单击添加超链接的文本，即可打开网页。

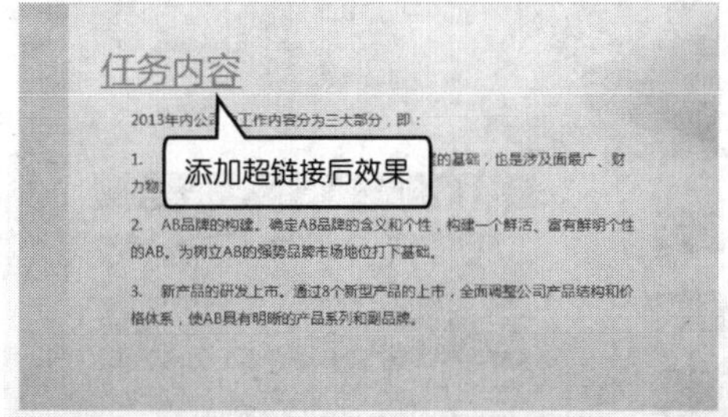

15.3.5 编辑超链接

创建超链接后，用户还可以根据需要更改超链接或取消超链接。

1. 更改超链接

❶ 在要更改的超链接对象上单击鼠标邮件，在弹出的快捷菜单中选择【编辑超链接】选项。

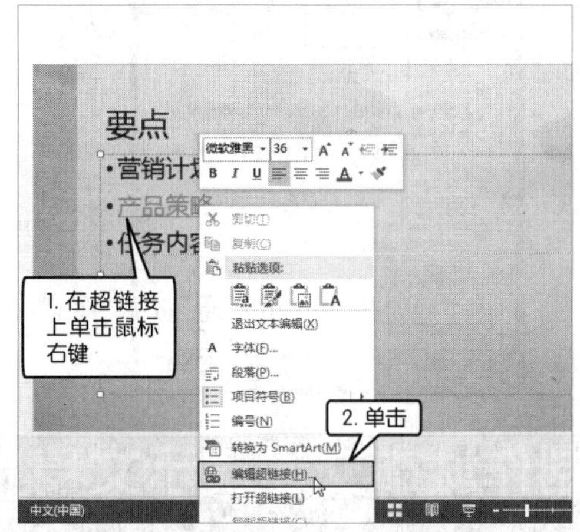

❷ 弹出【编辑超链接】对话框，从中可以重新设置超链接的内容。

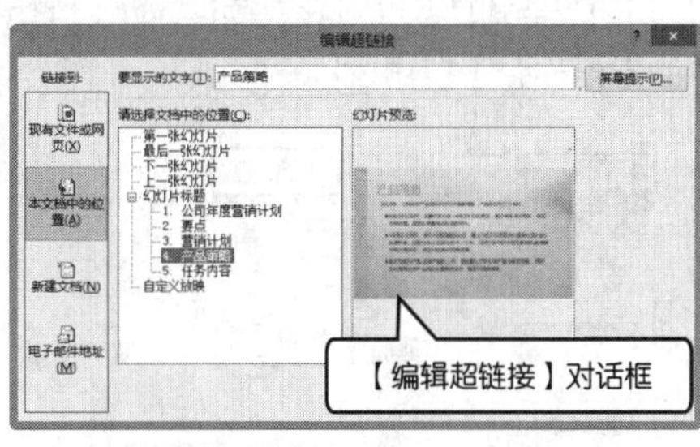

2. 删除超链接

如果当前幻灯片不需要再使用超链接，在要取消的超链接对象上单击鼠标邮件，在弹出的快捷菜单中选择【取消超链接】菜单项即可。

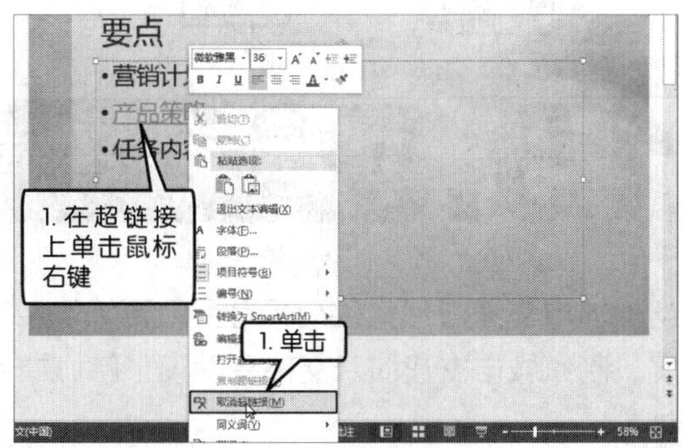

15.4 设置按钮的交互

本节视频教学录像：2 分钟

动作按钮是预先设置好带有特定动作的图形按钮。应用设置好的按钮，可以实现在放映幻灯片时跳转的目的，具体操作步骤如下。

❶ 打开随书光盘中的“素材\ch15\设置切换效果.pptx”文件，选择最后一张幻灯片。

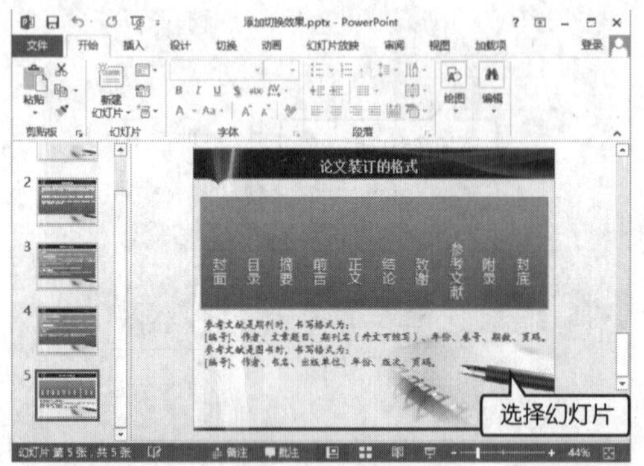

❷ 单击【插入】选项卡【插图】选项组中的【形状】按钮，在弹出的下拉列表中选择【动作按钮】组中的【第一张】按钮。

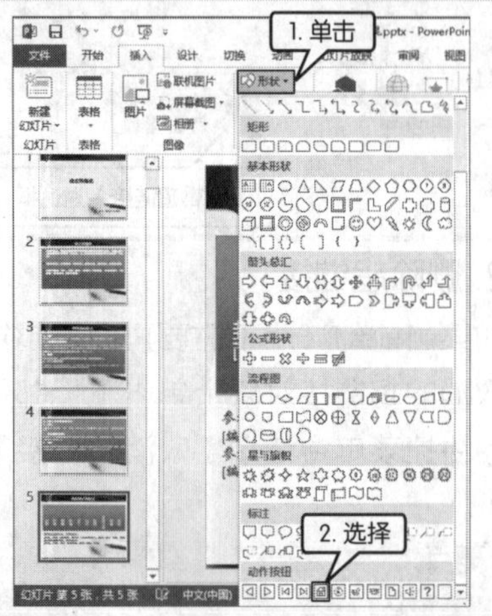

❸ 返回幻灯片中按住鼠标左键并拖曳，绘制出按钮。

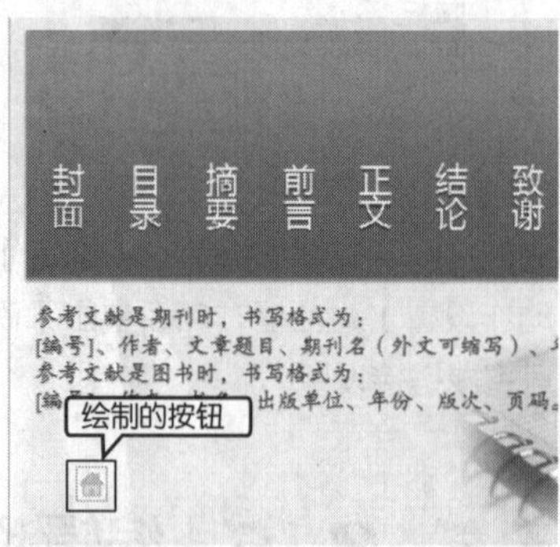

❹ 松开鼠标左键后，弹出【操作设置】对话框，在【单击鼠标】选项卡中选择【超链接到】下拉列表中的【第一张幻灯片】选项，单击【确定】按钮。在播放幻灯片时单击该按钮，即可跳转到第一张幻灯片。

15.5 综合实战——制作城市交通演示文稿

本节视频教学录像：14 分钟

城市交通对现代生活具有很重要的作用，一个城市城市交通的发达状态决定了城市的发展。制作城市交通演示文稿有助于了解城市交通的现状，并为未来城市交通规划打下良好的基础。

【案例效果展示】

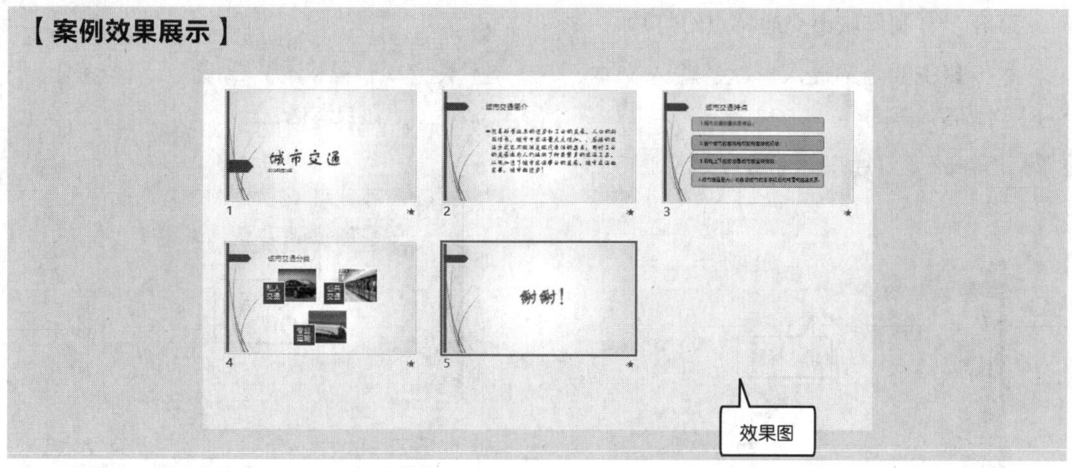

【案例涉及知识点】

- 设置字体格式
- 插入形状
- 插入 SmartArt 图形
- 插入艺术字
- 添加切换效果

【操作步骤】

第 1 步：制作首页幻灯片

本步骤主要介绍使用内置主题、设置字体格式等内容。

❶ 新建演示文稿并保存为“城市交通 .pptx”文件，单击【设计】选项卡下【主题】选项组的【其他】按钮，在弹出的下拉列表中选择一种主题样式。

❷ 选中第一张幻灯片中的标题文字，设置【字体】为“方正舒体”、【字号】为“96”，输入副标题后如图所示。

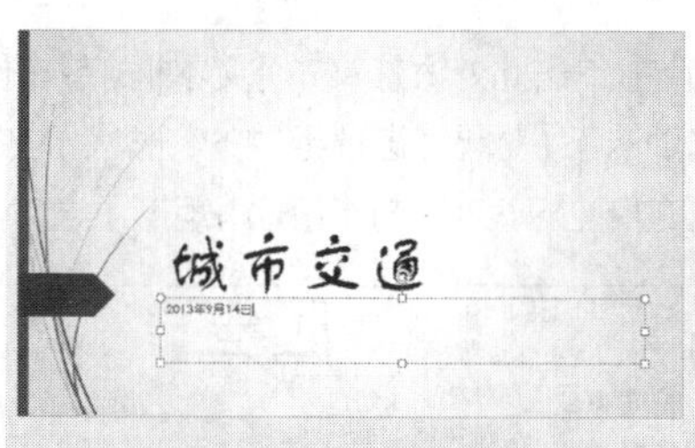

第 2 步：制作城市交通简介幻灯片

本步骤主要介绍输入文本、设置字体格式等内容。

❶ 新建一张幻灯片，在【单击此处添加标题】文本框中输入标题“城市交通简介”。

❷ 在【单击此处添加文本】文本框中输入文本内容（或者打开“素材\ch15\城市交通简介.txt”文件，粘贴复制即可），设置其【字体】为“方正舒体”、【字号】为“32”。

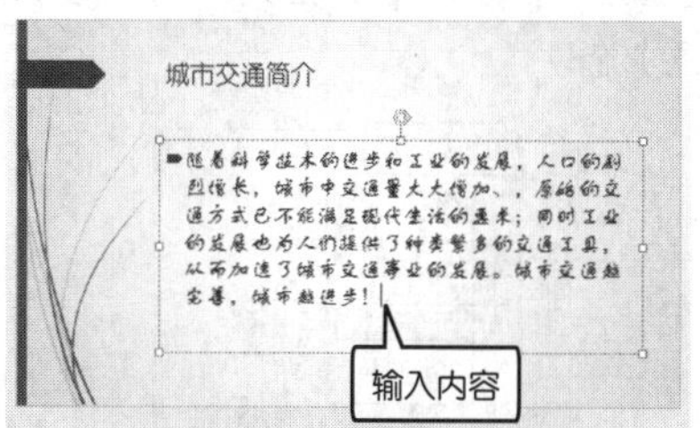

第 3 步：制作城市交通特点幻灯片

本步骤主要介绍插入形状、输入文本、设置字体格式等内容。

❶ 新建一张幻灯片，输入标题“城市交通特点”文本。

❷ 删除【单击此处添加文本】文本框，单击【插入】选项卡下【插图】选项组中的【形状】按钮，在弹出的下拉列表中选择【圆角矩形】选项。

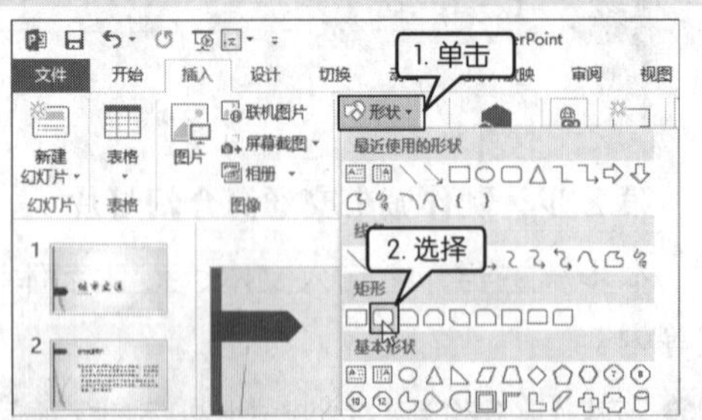

❸ 在幻灯片中绘制形状，单击【格式】选项卡下【形状样式】选项组中的【其他】按钮，在弹出的下拉列表中选择一种形状样式。

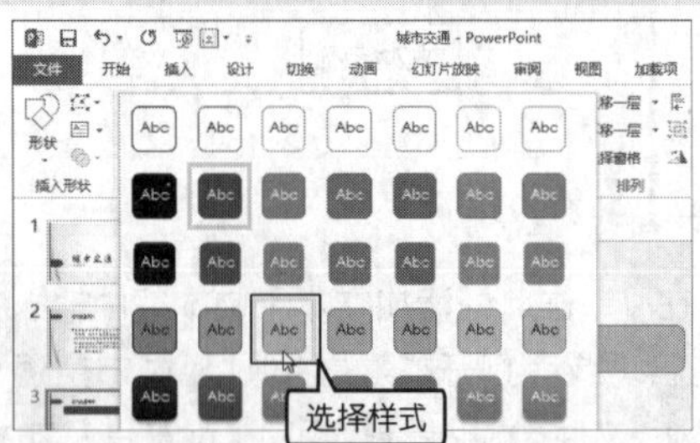

❹ 单击【插入】选项卡下【文本】选项组中的【文本框】按钮，在弹出的下拉列表中选择【横排文本框】选项。

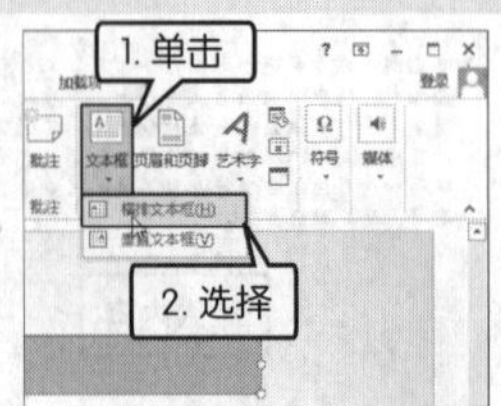

❺ 在幻灯片中插入横排文本框，输入文字内容，设置其【字体】为“幼圆”、【字号】为“24”，调整文本框位置。

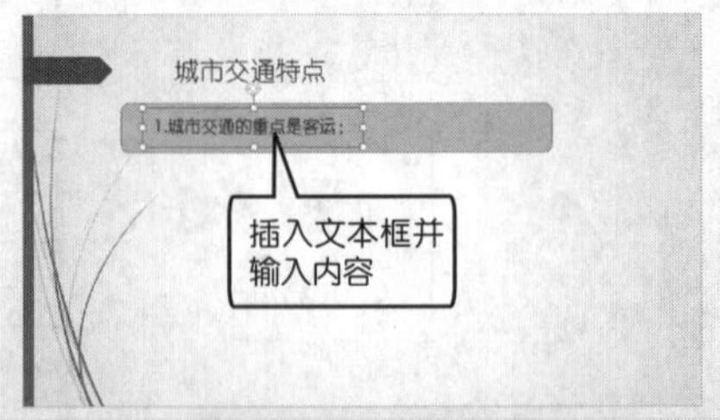

❻ 使用同样的方法插入其他的形状及文本框，输入文字并调整文本框位置后如下图所示。

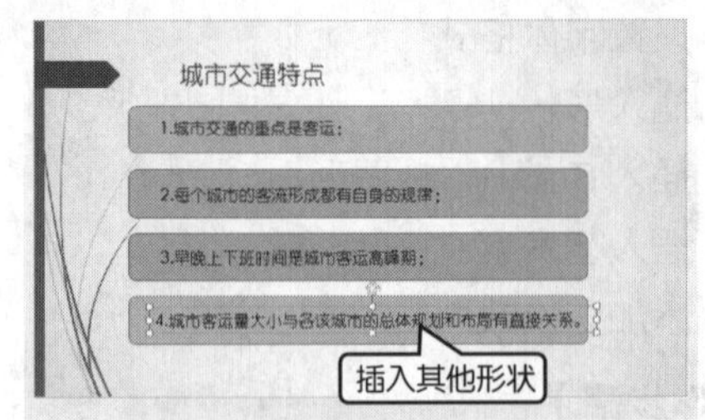

第 4 步：制作城市交通分类幻灯片

本步骤主要介绍插入 SmartArt 图形、插入图片、输入文本、设置 SmartArt 图形格式等内容。

❶ 新建一张幻灯片，输入标题“城市交通分类”文本。

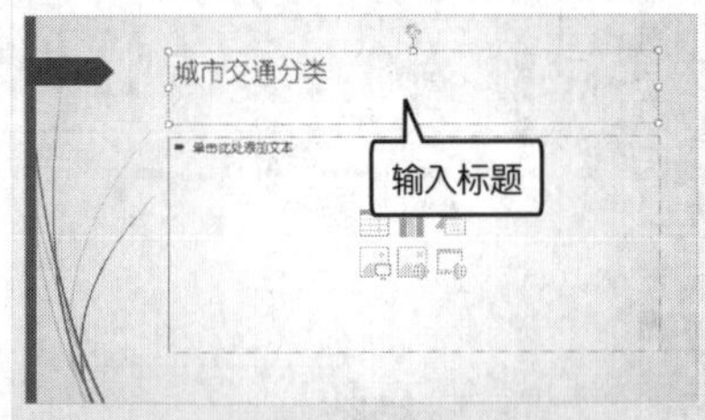

❷ 删除【单击此处添加文本】文本框，单击【插入】选项卡下【插图】选项组中的【SmartArt 图形】按钮。

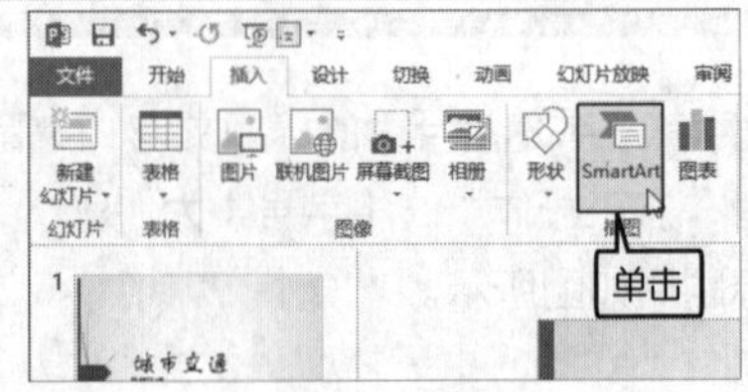

❸ 在弹出的【选择 SmartArt 图形】对话框中选择一种 SmartArt 图形，这里选择【图片】选项中的【蛇形图片块】选项，单击【插入】按钮。

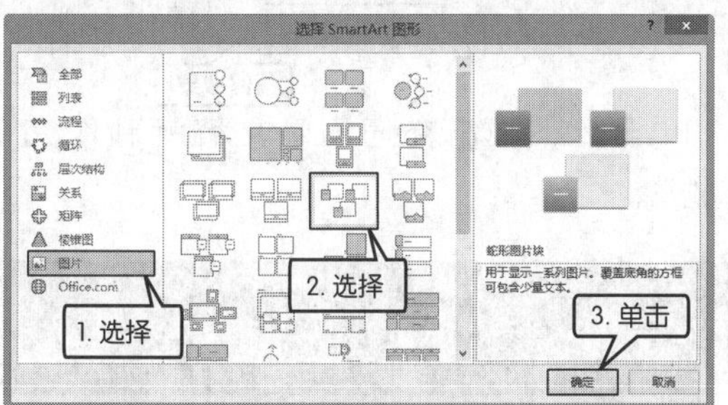

❹ 此时就在幻灯片中插入了SmartArt图像，在【文本】文本框中输入文本内容“私人交通”、“公共交通”和“专业运输”。

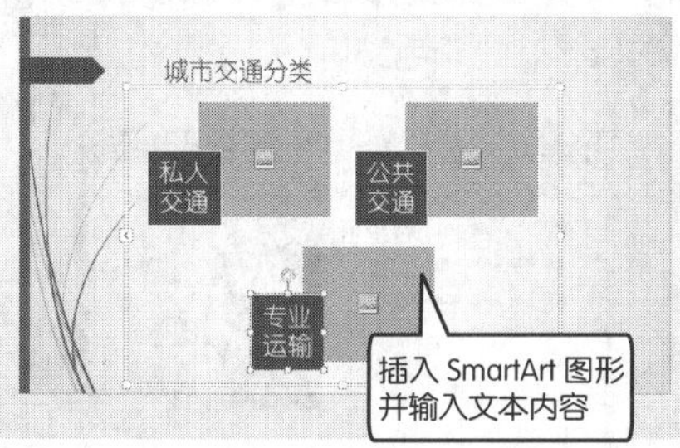

❺ 单击 SmartArt 图形中的按钮，弹出【插入图片】窗口，单击【浏览】按钮。

❻ 在弹出的【插入图片】中选择“素材\ch15\1.jpg”文件，单击【插入】按钮。

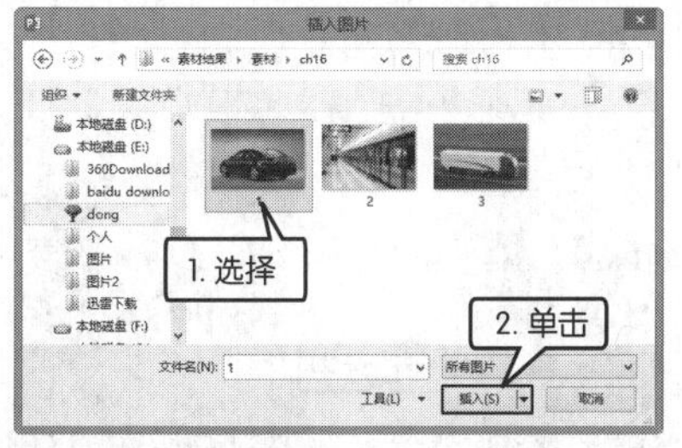

❼ 此时就在 SmartArt 图形的【图片】框中插入了图片，使用同样的方法插入“素材\ch15\2.jpg”和“素材\ch15\3.jpg”。

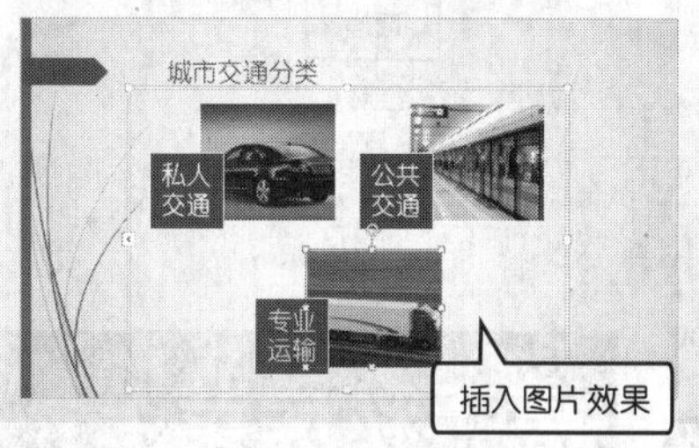

第 5 步：制作结束幻灯片，设置幻灯片转换效果

本步骤主要介绍插入艺术字、设置转换效果等内容。

❶ 新建一张空白幻灯片，单击【插入】选项卡下【文本】选项组中的【艺术字】按钮，在弹出的下拉列表中选择一种艺术字样式。

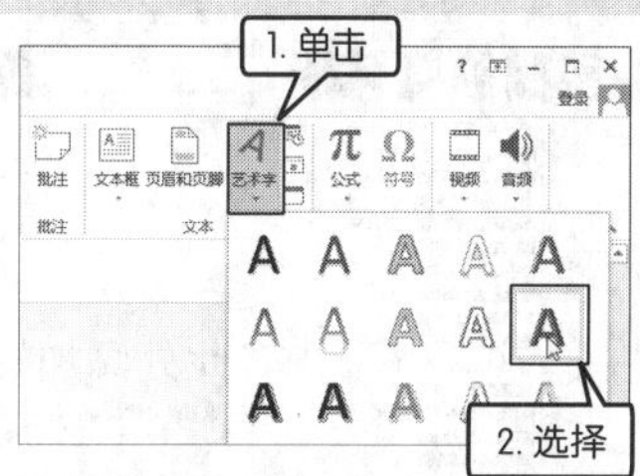

❷ 在插入的艺术字文本框中输入文本内容，并设置其【字体】为“方正舒体”、【字号】为“96”，并调整艺术字位置。

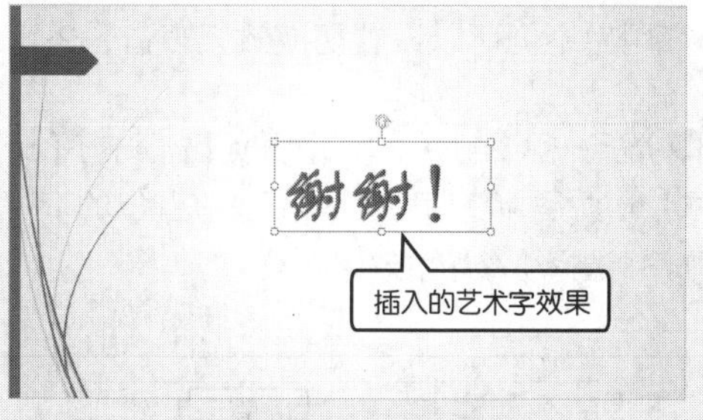

❸ 选择第一张幻灯片，单击【切换】选项卡下【切换到此幻灯片】选项组中的【其他】按钮，在弹出的下拉列表中选择一种切换效果。

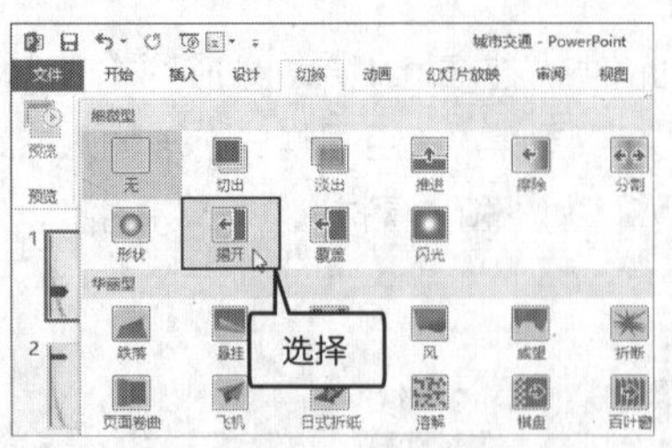

❹ 使用同样的方法为其他幻灯片添加切换效果，最终效果如下图所示。

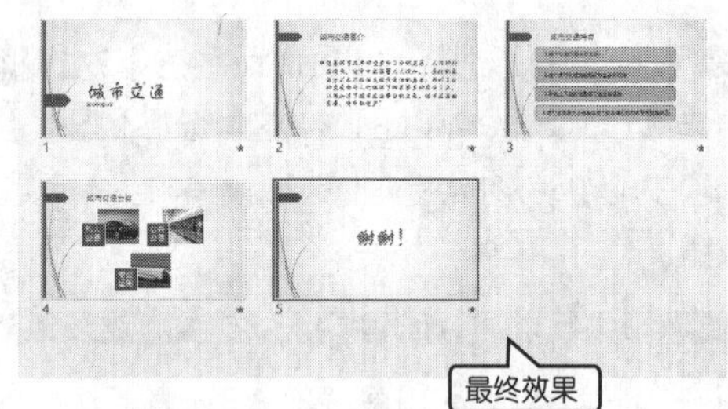

至此，城市交通演示文稿就制作完成了。

高手私房菜

本节视频教学录像：3分钟

技巧1：改变超链接的颜色

对超链接文字的颜色进行修改的具体操作步骤如下。

❶ 单击【设计】选项卡下【变体】选项组中的【其他】按钮，在弹出的列表中选择【颜色】选项，在弹出的子菜单中选择【自定义颜色】选项。

❷ 弹出【新建主题颜色】对话框，分别单击【超链接】和【访问过的链接】右侧的下拉按钮，然后选择喜欢的颜色即可。

技巧2：切换效果持续循环

用户不但可以设置切换效果声音，还可以使切换的声音循环播放直至幻灯片放映结束。

❶ 选择一张幻灯片，单击【切换】选项卡下【计时】选项组中的【声音】按钮，在弹出的下拉列表中选择【爆炸】效果。

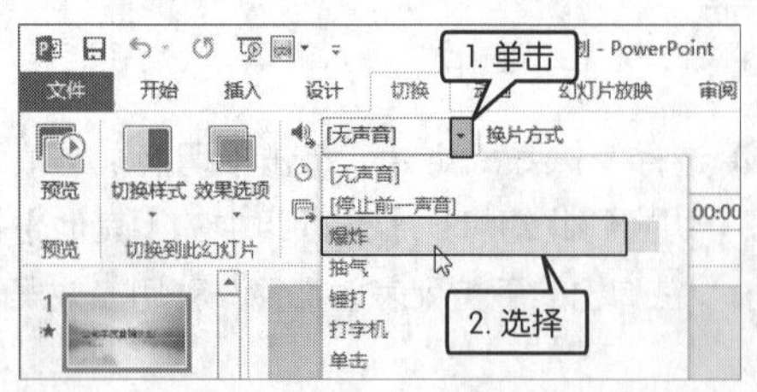

❷ 再次单击【切换】选项卡下【计时】选项组中的【声音】按钮，在弹出的下拉列表中单击选中【播放下一段声音之前一直循环】复选框即可。

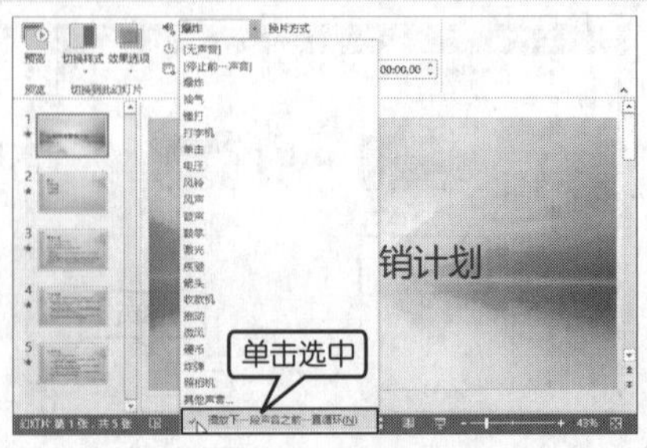

第 16 章

演示幻灯片

本章视频教学录像：25 分钟

高手指引

掌握演示幻灯片的方法与技巧并灵活使用，可以达到一些意想不到的效果。本章主要介绍 PPT 演示的一些设置方法，包括放映幻灯片、设置幻灯片放映及为幻灯片添加注释等内容。

重点导读

- 掌握浏览与放映幻灯片的方法
- 掌握设置幻灯片放映的方式
- 学会为幻灯片添加标注

16.1 浏览幻灯片

本节视频教学录像：2 分钟

幻灯片浏览视图是缩略图形式的视图，可对演示文稿进行重新排列、添加、复制和删除等操作，也可以改变幻灯片的版式和背景等效果。打开浏览幻灯片视图的具体操作步骤如下。

❶ 打开随书光盘中的“素材\ch16\认动物.pptx”文件。

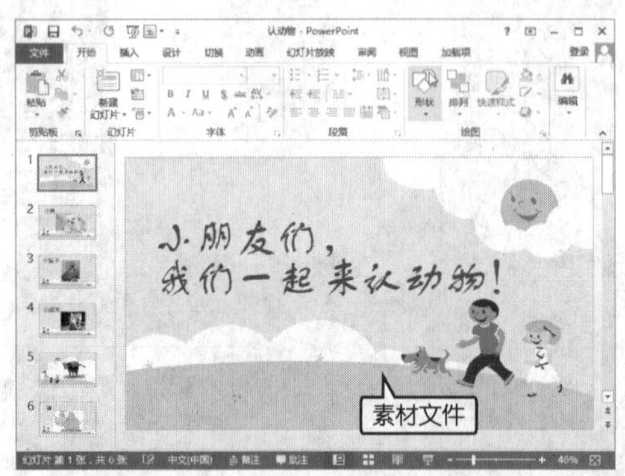

❷ 单击【视图】选项卡下【演示文稿视图】选项组中的【幻灯片浏览】按钮 幻灯片浏览。

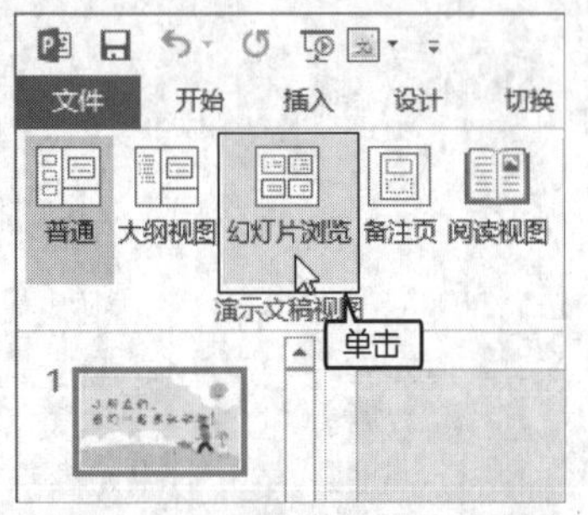

❸ 系统会自动打开浏览幻灯片视图。

❹ 选择第 1 个幻灯片缩略图，按住鼠标拖曳，可以改变幻灯片的排列顺序。

16.2 放映幻灯片

本节视频教学录像：6 分钟

选择合适的放映方式，可以使幻灯片以更好的效果来展示，通过本节的学习，用户可以掌握多种幻灯片放映方式，以满足不同的放映需求。

16.2.1 从头开始放映

放映幻灯片一般是从头开始放映的，从头开始放映的具体操作步骤如下。

❶ 打开随书光盘中的“素材 \ch16\ 认动物 .pptx”文件。

❷ 单击【幻灯片放映】选项卡【开始放映幻灯片】组中的【从头开始】按钮。

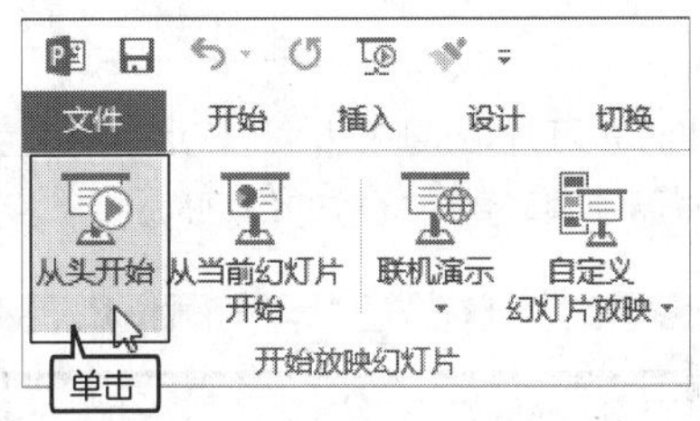

❸ 系统从头开始播放幻灯片。

❹ 单击鼠标，或按【Enter】键或空格键即可切换到下一张幻灯片。

提示 按键盘上的上、下、左、右方向键也可以向上或向下切换幻灯片。

16.2.2 从当前幻灯片开始放映

在放映幻灯片时可以从选定的当前幻灯片开始放映，具体操作步骤如下。

❶ 打开随书光盘中的“素材 \ch16\ 认动物 .pptx”文件，选中第 3 张幻灯片，单击【幻灯片放映】选项卡【开始放映幻灯片】组中的【从当前幻灯片开始】按钮。

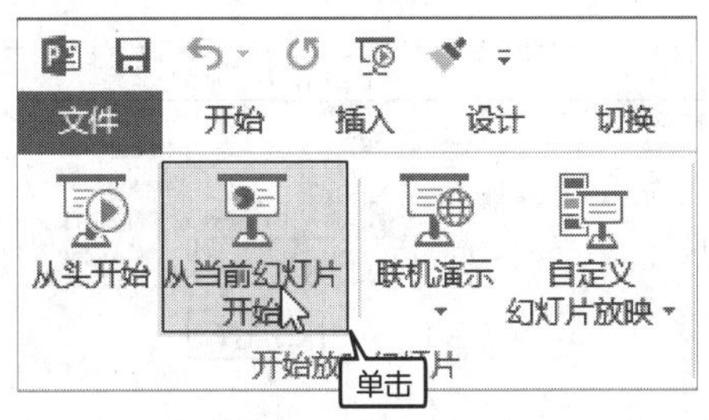

❷ 系统即可从当前幻灯片开始播放幻灯片。

提示 按【Enter】键或空格键即可切换到下一张幻灯片。

16.2.3 联机放映

PowerPoint 2013 新增了联机演示功能，只要在连接有网络的条件下，就可以在没有安装 PowerPoint 的电脑上放映演示文稿，具体操作步骤如下。

❶ 打开随书光盘中的“素材\ch16\认动物.pptx”文件，单击【幻灯片放映】选项卡下【开始放映幻灯片】选项组中的【联机演示】按钮下的倒三角箭头，在弹出的下拉列表中单击【Office 演示文稿服务】选项。

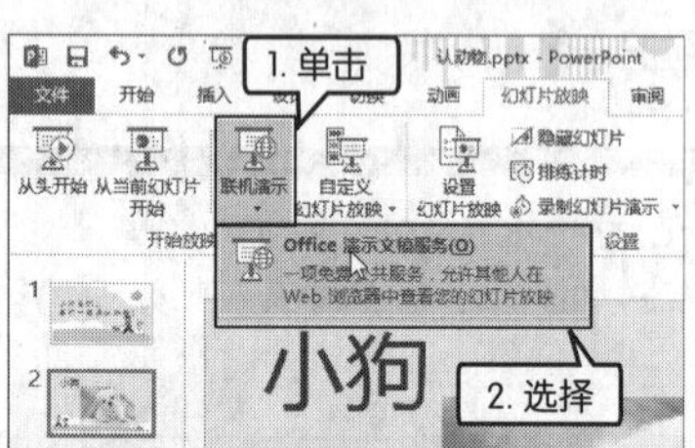

❷ 弹出【联机演示】对话框，单击【连接】按钮。

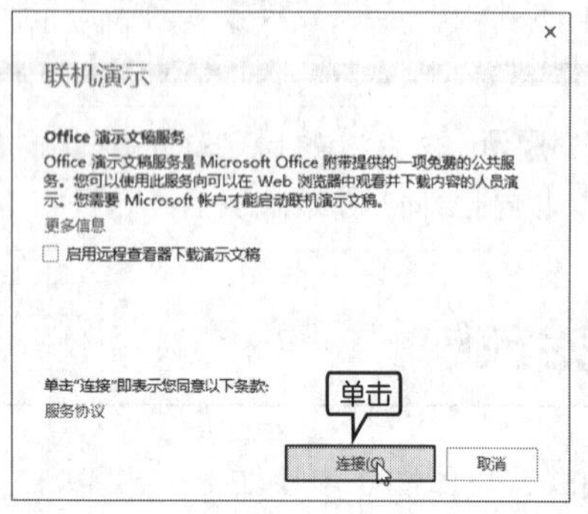

❸ 弹出【联机演示】对话框，复制文本框中的链接地址，将其共享给远程查看者，待查看者打开该链接后，单击【启动演示文稿】按钮。

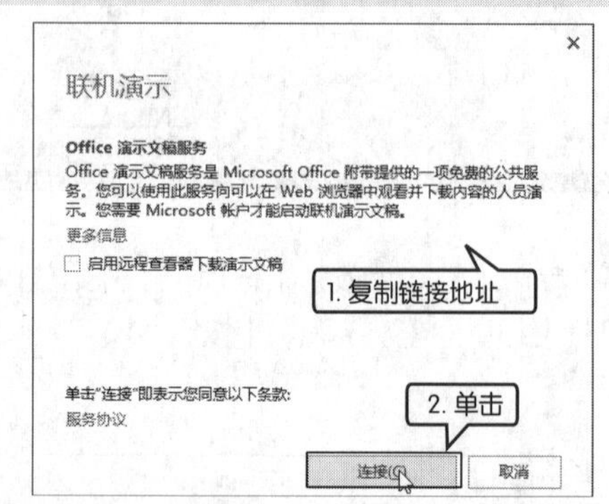

❹ 此时即可开始放映幻灯片，远程查看者可在浏览器中同时查看播放的幻灯片。

16.2.4 自定义幻灯片放映

利用 PowerPoint 的【自定义幻灯片放映】功能，可以为幻灯片设置多种自定义放映方式。设置自动放映的具体操作步骤如下。

❶ 打开随书光盘中的“素材\ch16\认动物.pptx”文件，单击【幻灯片放映】选项卡【开始放映幻灯片】组中的【自定义幻灯片放映】按钮，在弹出的下拉菜单中选择【自定义放映】菜单命令。

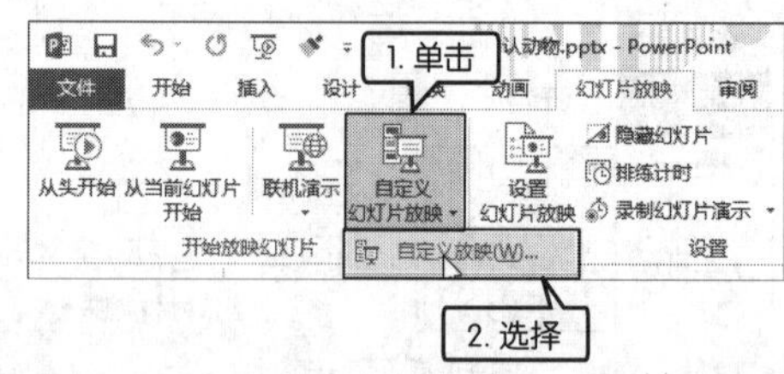

❷ 弹出【自定义放映】对话框，单击【新建】按钮。

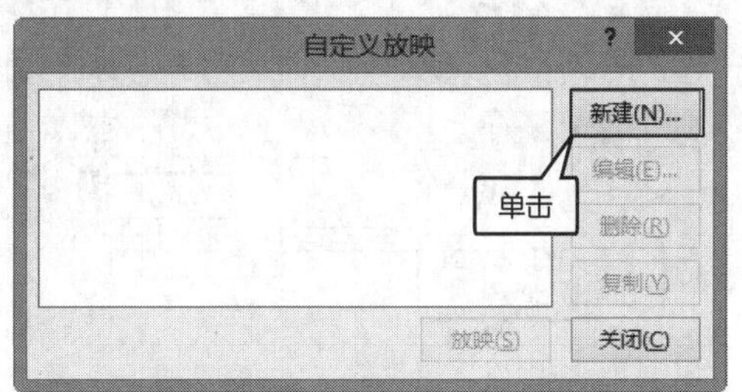

❸ 弹出【定义自定义放映】对话框。在【在演示文稿中的幻灯片】列表框中选择需要放映的幻灯片，然后单击【添加】按钮即可将选中的幻灯片添加到【在自定义放映中的幻灯片】列表框中，单击【确定】按钮，返回到【自定义放映】对话框，单击【放映】按钮。

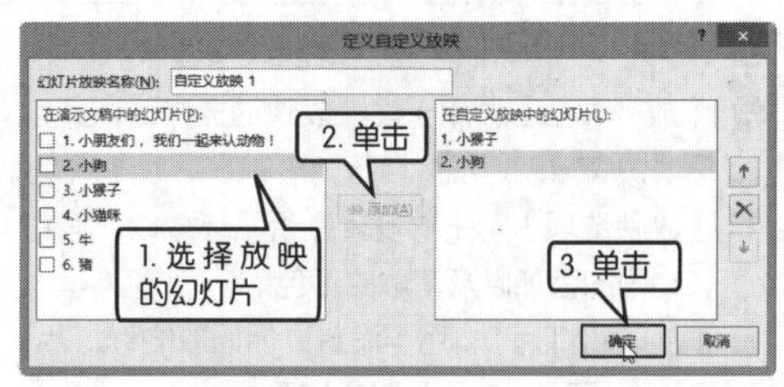

❹ 此时即可查看自动放映效果。

16.3 设置幻灯片放映

本节视频教学录像：4 分钟

放映幻灯片时，默认情况下为普通手动放映，用户可以通过设置放映方式、放映时间和录制幻灯片来设置幻灯片放映。

16.3.1 设置放映方式

通过使用【设置幻灯片放映】功能，用户可以自定义放映类型、换片方式和笔触颜色等参数。设置幻灯片放映方式的具体操作步骤如下。

❶ 打开随书光盘中的“素材\ch16\认动物.pptx”文件，选择【幻灯片放映】选项卡下【设置】组中的【设置幻灯片放映】按钮。

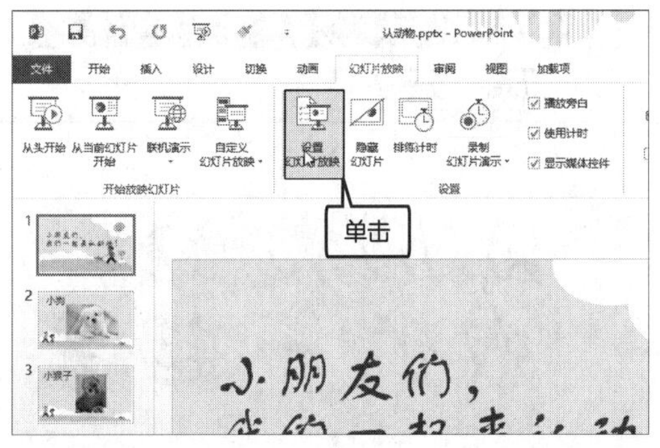

❷ 弹出【设置放映方式】对话框，设置【放映选项】区域下【绘图笔颜色】为【蓝色】，设置【放映幻灯片】区域下的页数为【从 1 到 3】，单击【确定】按钮，关闭【设置放映方式】对话框。

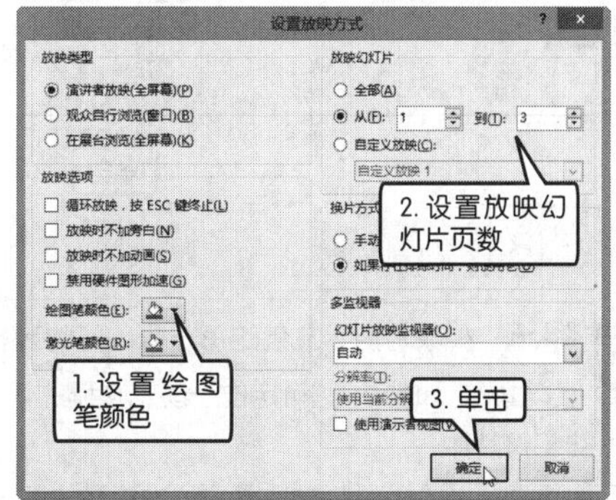

提示 对话框中各个参数的具体含义如下。

【放映类型】：用于设置放映的操作对象，包括演讲者放映、观众自行浏览和在展厅放映。

【放映选项】：主要设置是否循环放映、旁白和动画的添加以及笔触的颜色。

【放映幻灯片】：用于设置具体播放的幻灯片，默认情况下，选择【全部】播放。

❸ 单击【幻灯片放映】选项卡下【开始放映幻灯片】组中的【从头开始】按钮。

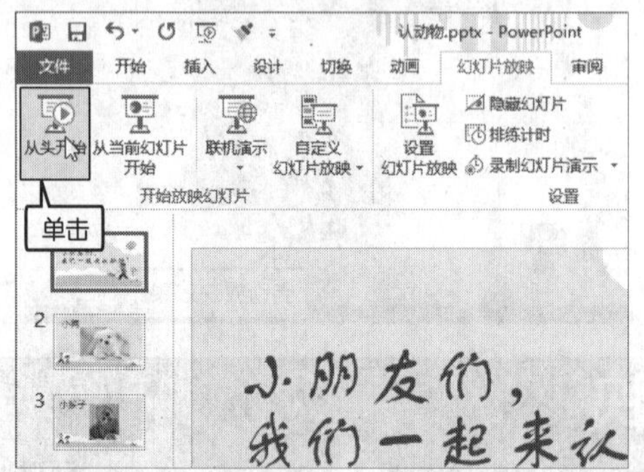

❹ 幻灯片进入放映模式，在幻灯片中单击鼠标右键，在弹出的快捷菜单中选择【指针选项】➤【笔】菜单命令。

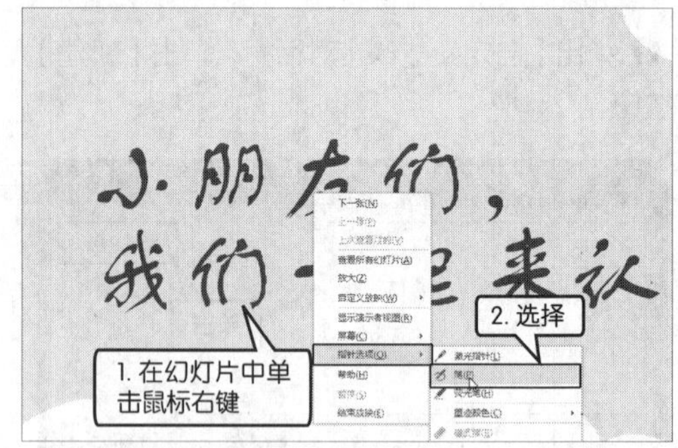

❺ 此时即可在屏幕上书写文字，可以看到笔触的颜色为“蓝色”。同时在浏览幻灯片时，幻灯片的放映总页数也发生了相应的变化，即只放映 1 ~ 3 张。

16.3.2 设置放映时间

作为一名演示文稿的制作者，在公共场合演示时需要掌握好演示的时间，为此需要测定幻灯片放映时的停留时间，具体操作步骤如下。

❶ 打开随书光盘中的“素材\ch16\认动物.pptx”文件，单击【幻灯片放映】选项卡【设置】选项组中的【排练计时】按钮 排练计时 。

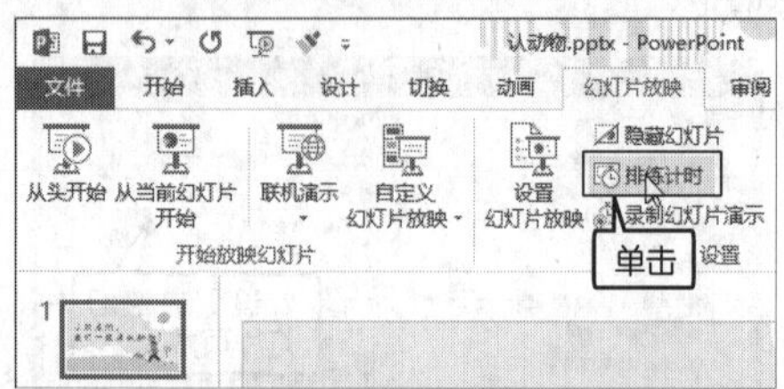

提示 如果对演示文稿的每一张幻灯片都需要“排练计时”，则可定位于演示文稿的第 1 张幻灯片中。

❷ 系统会自动切换到放映模式，并弹出【录制】对话框，在【录制】对话框中会自动计算出当前幻灯片的排练时间，时间的单位为秒。

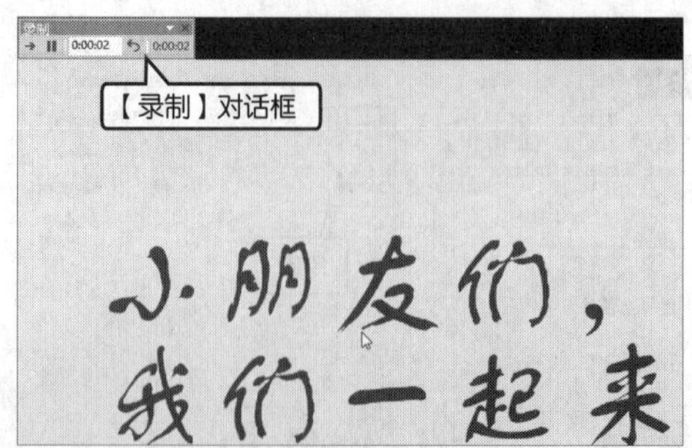

提示 在放映的过程中，当需要临时查看或跳到某一张幻灯片时，可通过【录制】对话框中的按钮来实现。

(1)【下一项】按钮：切换到下一张幻灯片。

(2)【暂停】按钮：暂时停止计时后，再次单击会恢复计时。

(3)【重复】按钮：重复排练当前幻灯片。

❸ 排练完成，系统会显示一个警告消息框，显示当前幻灯片放映的总时间。单击【是】按钮，即可完成幻灯片的排练计时。

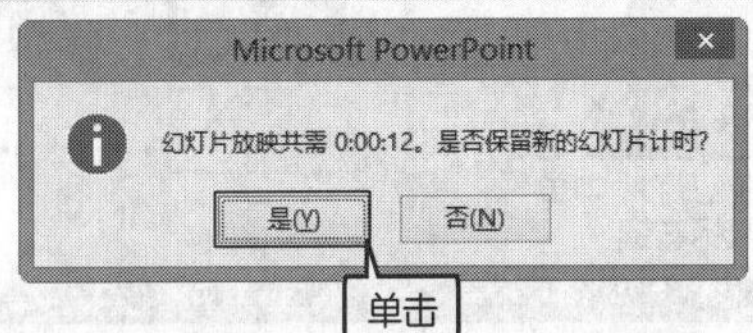

16.4 为幻灯片添加注释

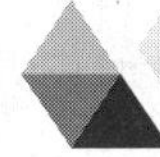

本节视频教学录像：4 分钟

在放映幻灯片时，添加注释可以为演讲者带来方便。

16.4.1 在放映中添加标注

要想使观看者更加了解幻灯片所表达的意思，就需要在幻灯片中添加标注以达到演讲者的目的。添加标注的具体操作步骤如下。

❶ 打开随书光盘中的“素材\ch16\认动物.pptx”文件，按【F5】键放映幻灯片。

❷ 单击鼠标右键，在弹出的快捷菜单中选择【指针选项】➤【笔】菜单命令，当鼠标指针变为一个点时，即可在幻灯片中添加标注。

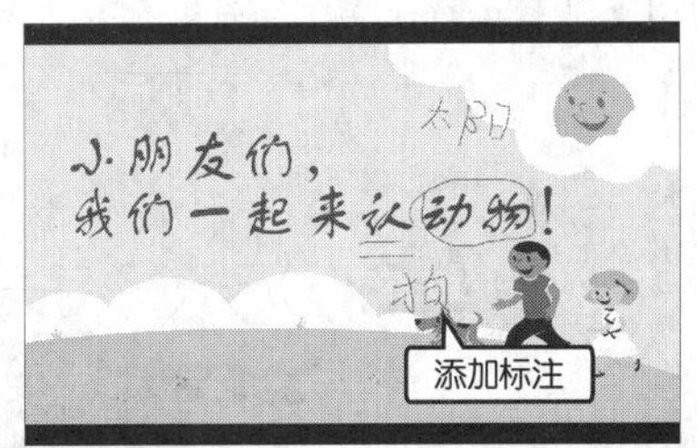

❸ 单击鼠标右键，在弹出的快捷菜单中选择【指针选项】➤【荧光笔】菜单命令，当鼠标变为一条短竖线时，可在幻灯片中添加标注。

16.4.2 设置笔颜色

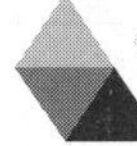

前面已经介绍在【设置放映方式】对话框中可以设置绘图笔的颜色，在幻灯片放映时，同样可以设置绘图笔的颜色。

❶ 使用绘图笔在幻灯片中标注，单击鼠标右键，在弹出的快捷菜单中选择【指针选项】➤【墨迹颜色】菜单命令，在【墨迹颜色】列表中，单击一种颜色，如单击【深蓝】。

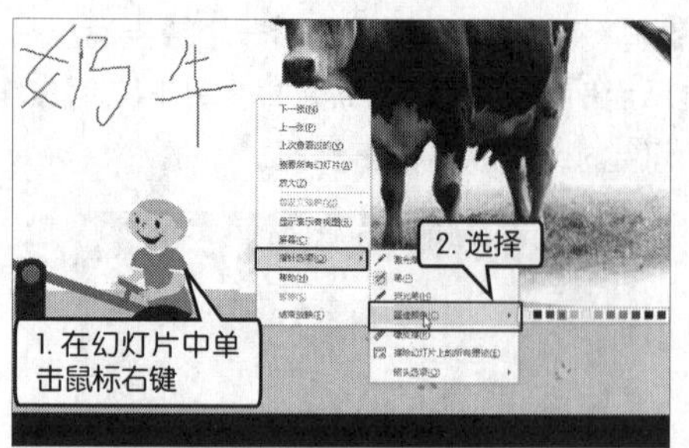

提示 使用同样的方法也可以设置荧光笔的颜色。

❷ 此时绘图笔颜色即变为深蓝色。

16.4.3 清除标注

在幻灯片中标注添加错误，或幻灯片讲解结束时，还可以将标注消除，具体操作步骤如下。

❶ 放映幻灯片时，在添加有标注的幻灯片中，单击鼠标右键，在弹出的快捷菜单中选择【指针选项】➤【橡皮擦】菜单命令。

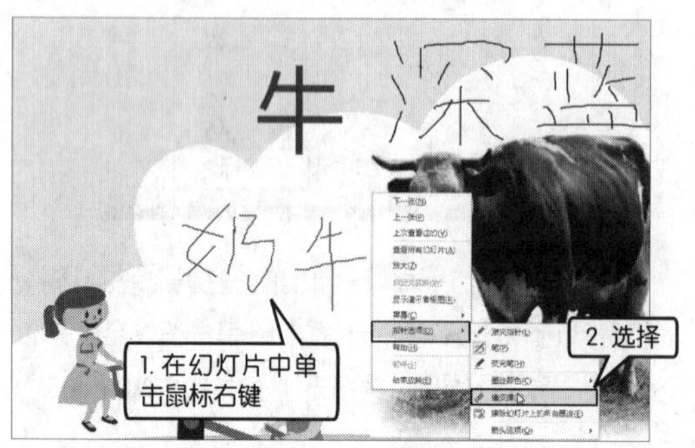

❷ 当鼠标光标变为✎时，在幻灯片中有标注的地方，按鼠标左键拖动，即可擦除标注。

❸ 单击鼠标右键，在弹出的快捷菜单中选择【指针选项】➤【擦除幻灯片上的所有墨迹】菜单命令。

❹ 此时就将幻灯片中所添加的所有墨迹擦除。

16.5 综合实战——城市生态图幻灯片的放映

本节视频教学录像：5 分钟

本节主要介绍城市生态图幻灯片的设置。

【案例效果展示】

【案例涉及知识点】

- 设置幻灯片放映
- 演示者视图浏览
- 添加注释

【操作步骤】

第 1 步：设置幻灯片放映

本步骤主要涉及幻灯片放映的基本设置，如添加备注和设置放映类型等内容。

❶ 打开随书光盘中的“素材 \ch16\ 城市生态图的放映 .pptx”文件，选择第 1 张幻灯片，在幻灯片下方的【单击此处添加备注】处添加备注。

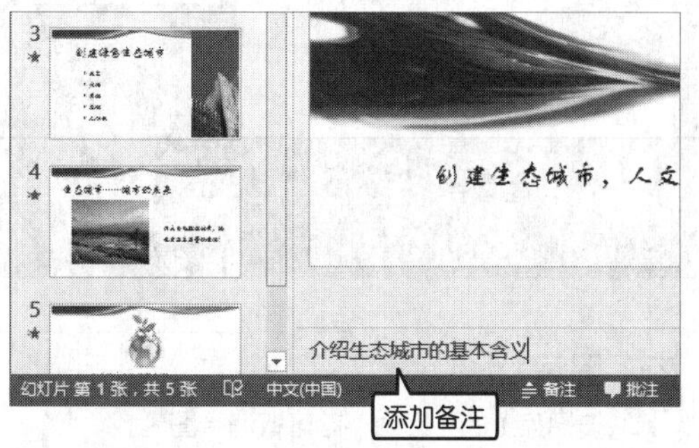

❷ 单击【幻灯片放映】选项卡下【设置】组中的【设置幻灯片放映】按钮，弹出【设置放映方式】对话框，在【放映类型】中单击选中【演讲者放映（全屏幕）】单选项，在【放映选项】区域中单击选中【放映时不加旁白】选项和【放映时不加动画】复选框，然后单击【确定】按钮。

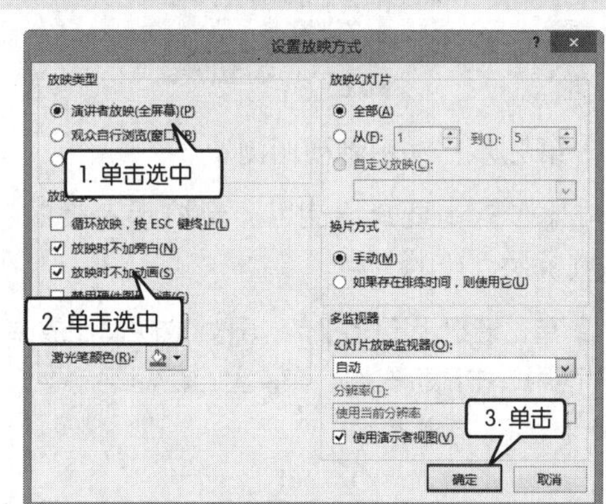

❸ 单击【幻灯片放映】选项卡下【设置】组中的【排练计时】按钮 。

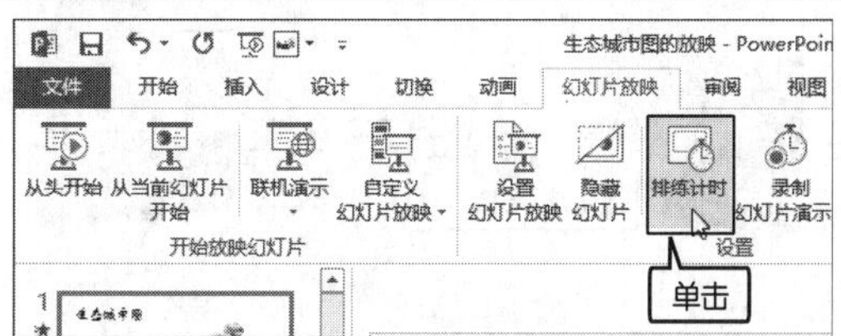

❹ 开始设置排练计时的时间。

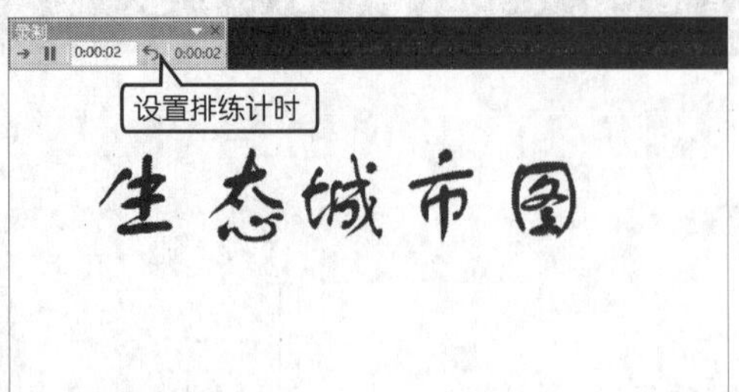

❺ 排练计时结束后，单击【是】按钮，保留排练计时。

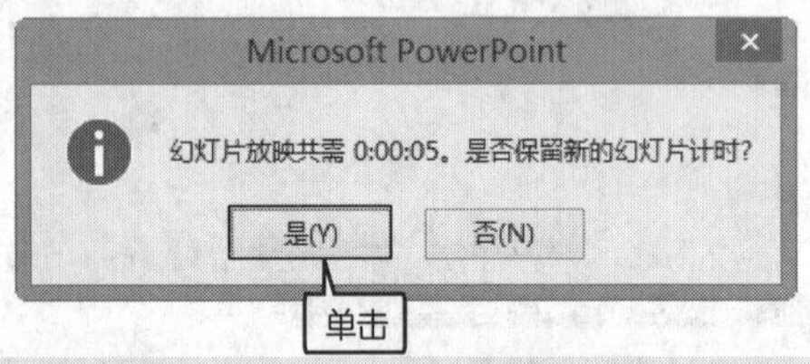

❻ 添加排练计时后的效果如图所示。

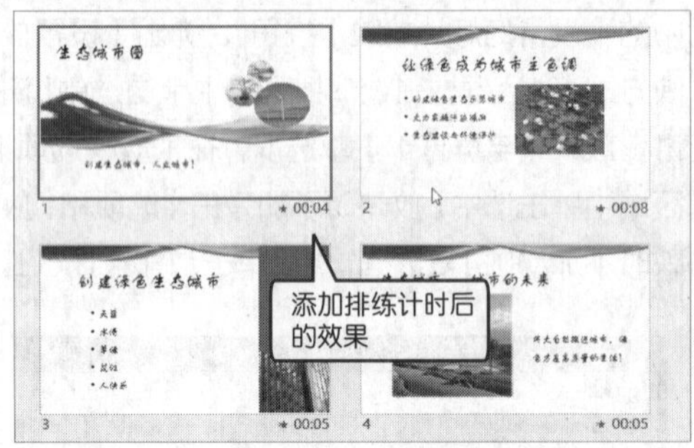

第 2 步：演示者视图浏览

本步骤主要介绍使用显示演示者视图功能浏览幻灯片的方法。

❶ 单击键盘上【F5】键，开始放映，在放映界面中单击鼠标右键，在弹出的快捷菜单中选择【显示演示者视图】选项。

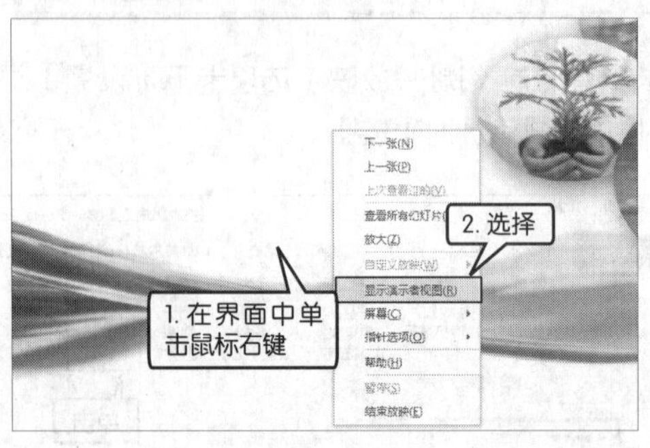

❷ 如图所示，显示方式为演示者视图。

第 3 步：添加注释

本步骤主要介绍在幻灯片中插入注释的方法。

❶ 单击【笔或激光笔工具】按钮，在弹出的快捷菜单中选择【笔】选项。

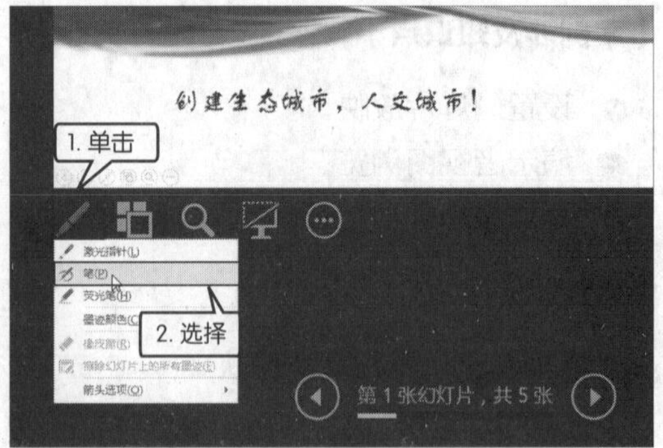

❷ 当鼠标光标变为一个点时，即可以在幻灯片播放界面中插入注释，如图所示。

提示

按键盘上的【Esc】键可取消绘图笔。

❸ 插入注释完成后，会弹出如图所示对话框，单击【保留】按钮，即可将添加的注释保留到幻灯片中。

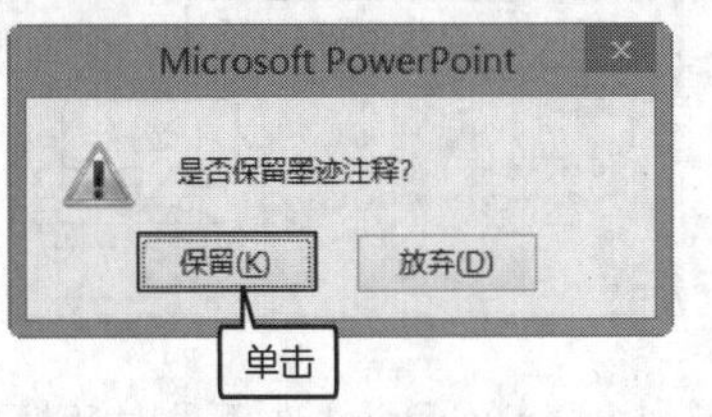

提示 保留墨迹注释，则在下次播放时会显示这些墨迹注释。

❹ 如图所示，在演示文稿工作区中即可看到插入的注释。

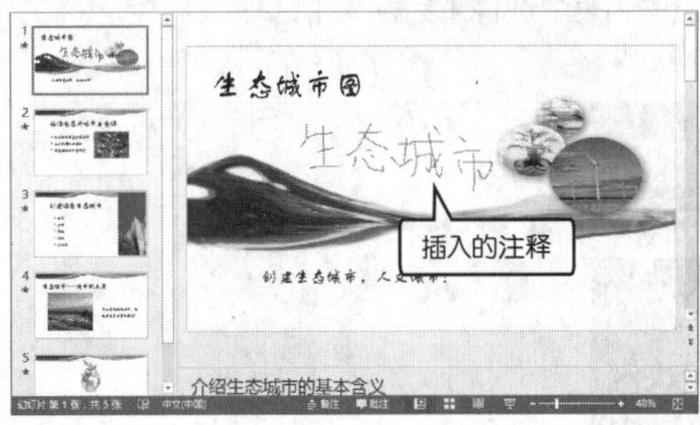

高手私房菜

本节视频教学录像：4 分钟

技巧 1：在放映幻灯片时显示快捷方式

在放映幻灯片时，如果想用快捷键，但一时又忘了快捷键的操作，可以按【F1】键（或【SHIFT+?】组合键），屏幕就可显示快捷键的操作提示，如下图所示。

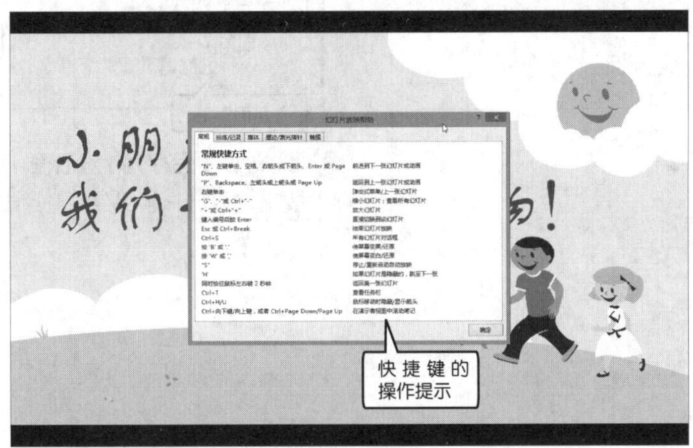

技巧 2：快速定位放映中的幻灯片

在播放 PowerPoint 演示文稿时，如果要快进到或退回到第 6 张幻灯片，可以先按下数字【5】键，再按下回车键。若要从任意位置返回到第 1 张幻灯片，可以同时按下鼠标左右键并停留 2 秒钟以上。

技巧 3：保存幻灯片中的特殊字体

有的时候，将制作好的幻灯片复制到演示现场进行播放时，幻灯片中的一些漂亮字体却变成了普通字体，甚至导致格式变乱，从而严重地影响到演示的效果。此时，可以按照下面的方法解决。

❶ 打开随书光盘中的“素材\ch16\静夜思.pptx”文件，单击【文件】选项卡，在弹出的列表中选择【另存为】选项。

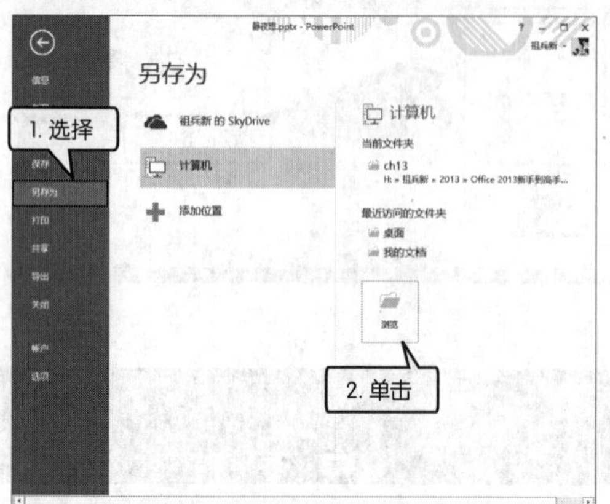

❷ 在【另存为】区域，单击【浏览】按钮，选择保存路径，单击下方的【工具】按钮，在弹出的下拉列表中选择【保存选项】选项。

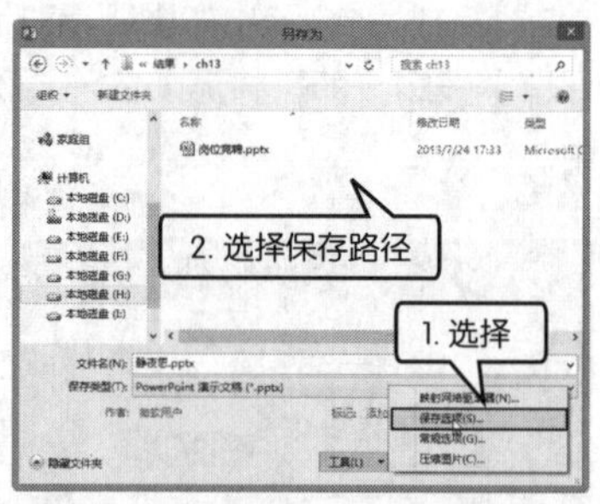

❸ 弹出【PowerPoint 选项】对话框，单击选中【将字体嵌入文件】复选框，之后单击选中【嵌入所有字符（适于其他人编辑）】单选项，单击【确定】按钮。

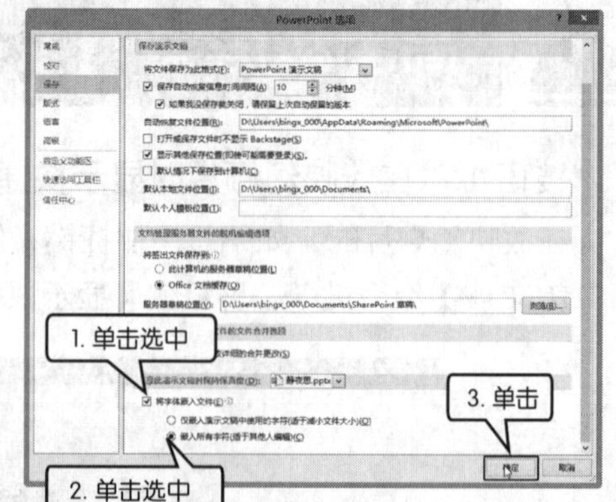

❹ 此时返回【另存为】对话框，然后单击【保存】按钮，即可一起保存幻灯片中的字体。

第 5 篇

案例实战篇

第17章

Office 在行政办公中的应用

本章视频教学录像：38 分钟

高手指引

在行政办公中，使用 Office 2013 可以制作出一份份精美的文档、一张张华丽的数据报表，并能够帮助用户实现一场成功的演讲。

重点导读

- 掌握制作产品授权委托书的方法
- 掌握制作项目评估报告的方法
- 掌握制作企业文化宣传的方法

17.1 产品授权委托书

本节视频教学录像：6 分钟

产品授权委托书是委托他人代表自己行使自己的合法权益，委托人在行使权力时需出具委托人的法律文书。被委托人行使的全部合法职责和责任都将由委托人承担，被委托人不承担任何法律责任。产品授权委托书就是公司委托人委托他人行使自己权利的书面文件。

【案例效果展示】

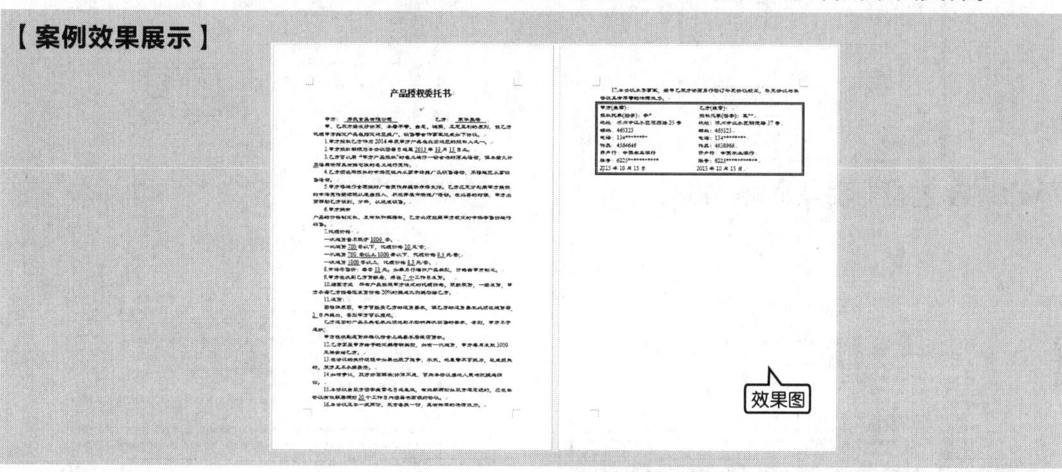

【案例涉及知识点】

- 设置文档页边距
- 填写内容并设置字体
- 添加边框

【操作步骤】

第 1 步：设置文档页边距

制作产品授权委托书首先要进行页面设置，本节主要介绍文档页边距的设置。设置合适的页边距可以使文档更加美观整齐。设置文档页边距的具体操作步骤如下。

❶ 打开随书光盘中的“素材\ch17\产品授权委托书.docx”文档，并复制其内容，然后将其粘贴到新建的空白文档中。

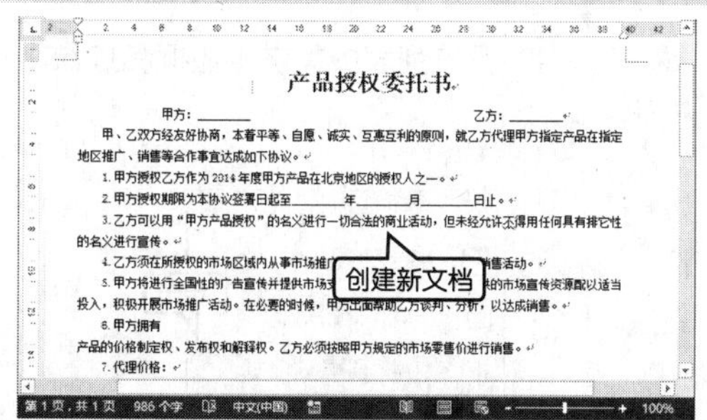

❷ 单击【页面布局】选项卡下【页面设置】选项组中的【页边距】按钮，在弹出的列表中选择【自定义边距】选项。

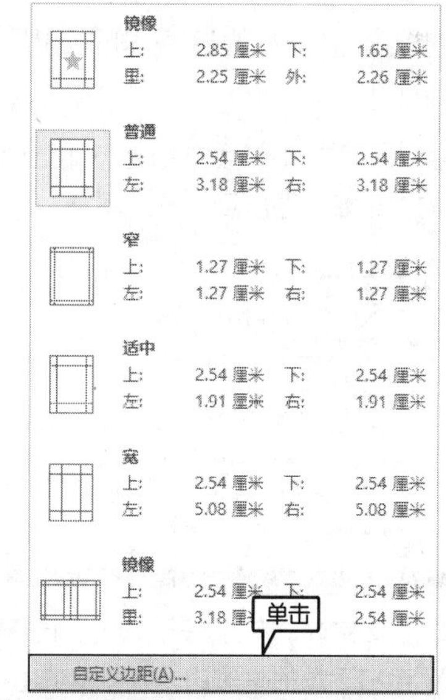

❸ 弹出【页面设置】对话框，在【页边距】选项卡下【页边距】选项组中的【上】、【下】【左】、【右】列表框中分别输入“3 厘米”，单击【确定】按钮。

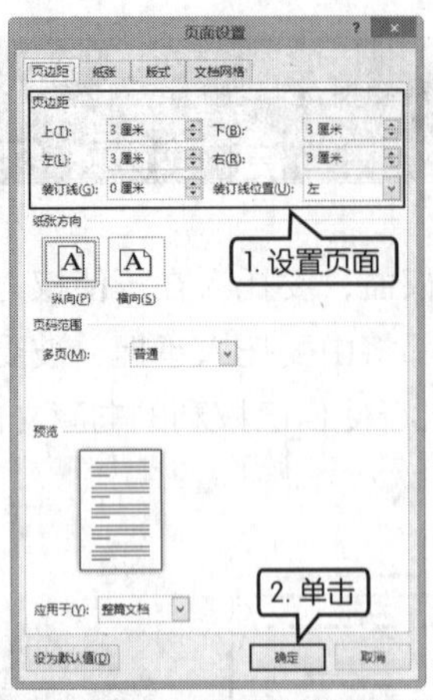

❹ 设置页边距后的效果如下图所示。

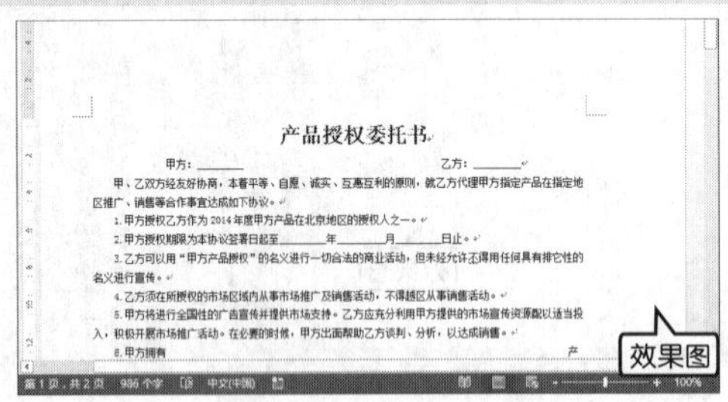

第 2 步：填写内容并设置字体

页边距设置完成后要填写文本内容和设置字体格式，在 Word 文档中，字体格式的设置是对文档中文本的最基本的设置，具体操作步骤如下。

❶ 将委托书中的下划线空白处添加上内容，添加后的效果如下图所示。

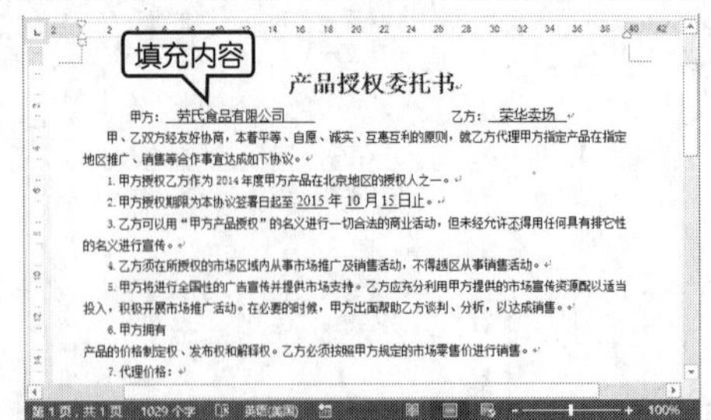

❷ 选中正文文本，单击【开始】选项卡下【字体】选项组右下角的 按钮，在弹出的【字体】对话框中，选择【字体】选项卡。在中文字体下拉列表框中选择【隶书】，在西文字体下拉列表中选择【Time New Roman】，在【字号】列表框中选择【小四】选项，单击【确定】按钮。

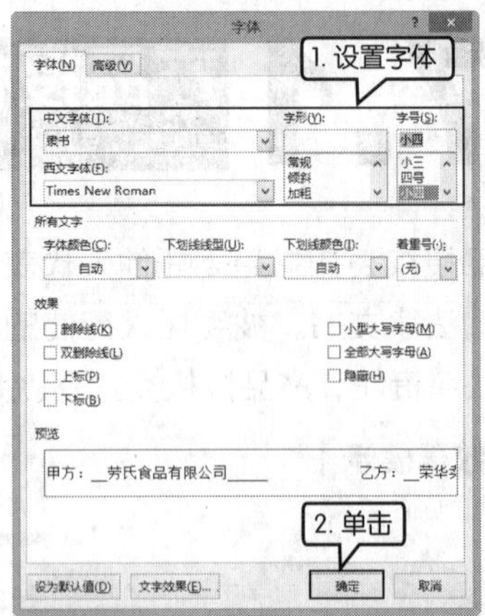

❸ 设置后的效果如图所示。

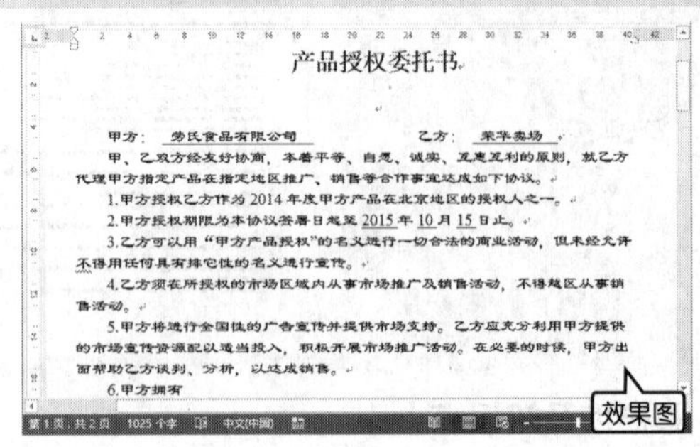

第 3 步：添加边框

为文字添加边框，可以突出文档中的内容，给人以深刻的印象，从而使文档更加漂亮和美观。

❶ 选择要添加边框的文字，单击【开始】选项卡下【段落】选项组中的【边框】按钮 。

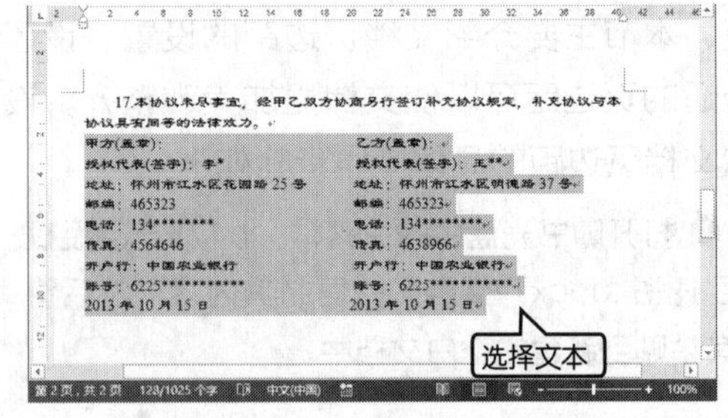

❷ 在弹出的下拉列表中单击【边框和底纹】选项。

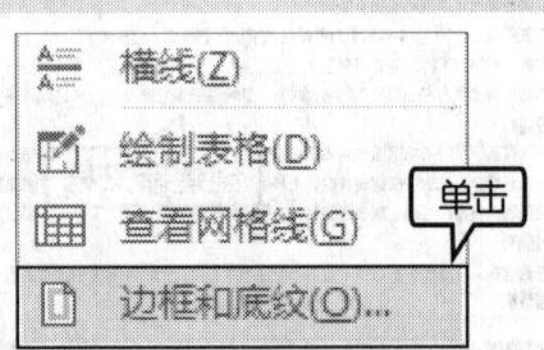

❸ 弹出【边框和底纹】对话框，选择【边框】选项卡，然后从【设置】选项组中选择【方框】选项，在【样式】列表中选择边框的线形，单击【确定】按钮。

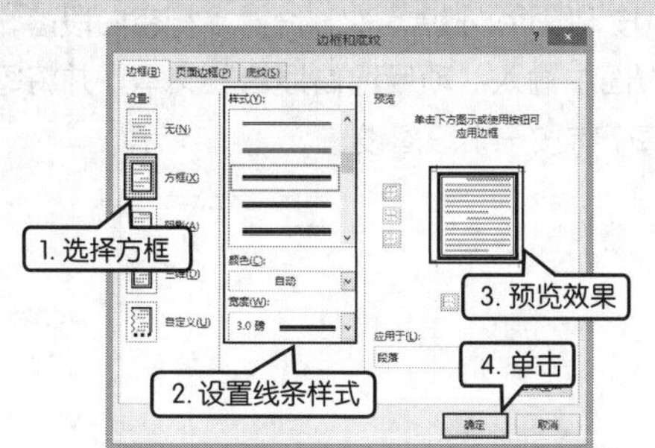

❹ 设置后的效果如下图所示。

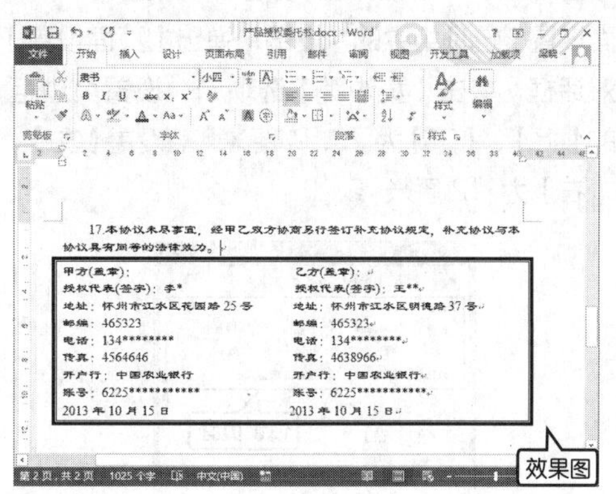

17.2 项目评估报告

本节视频教学录像：16 分钟

项目评估报告是企业为某一项目的实施，依照市场调查、预测与决策等，对项目的实施从时间、人力、物力以及财力上做出的具体安排。项目评估报告因为不同的项目在制作时会有自己的特点，通常情况下包括标题、概论、指导思想、中心思想、市场定位、策略等内容。

【案例效果展示】

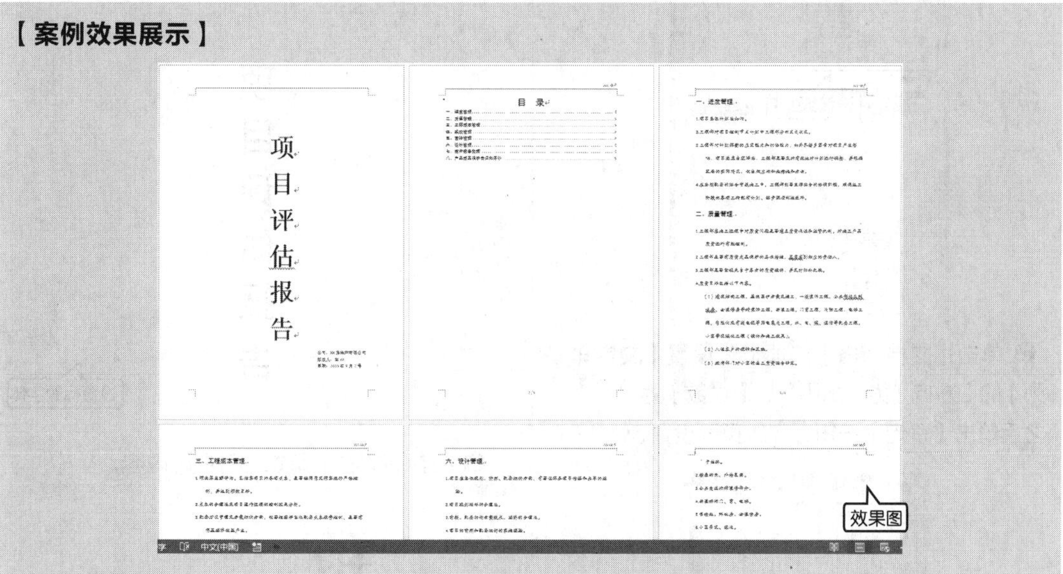

【案例涉及知识点】

- 页面设置
- 制作封面
- 设置内容样式
- 提取目录

【操作步骤】

第 1 步：页面设置

在制作项目评估报告之前，需要先对页面的大小进行设置，具体操作步骤如下。

❶ 新建一个空白文档，并保存为“项目评估报告.docx”，然后单击【页面布局】选项卡【页面设置】选项组中的 按钮，弹出【页面设置】对话框，单击【页边距】选项卡，设置页边距的【上】、【下】为“2.54 厘米”，设置【左】、【右】为“2 厘米”。

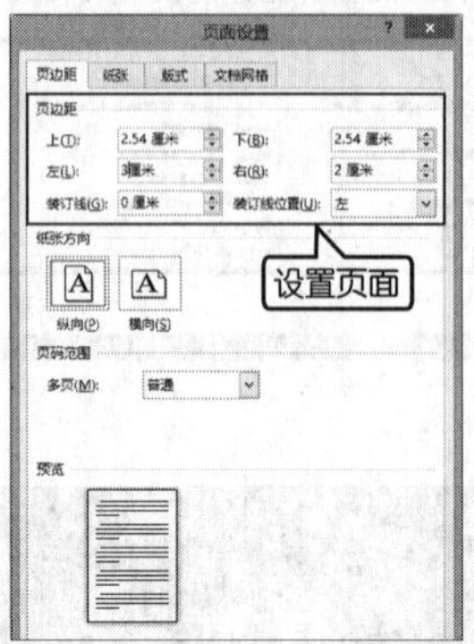

❷ 单击【纸张】选项卡，【纸张大小】各项设置为默认值。

❸ 单击【文档网格】选项卡，设置【文字排列】的【方向】为“水平”、【栏数】为“1”，之后单击【确定】按钮，完成页面设置。

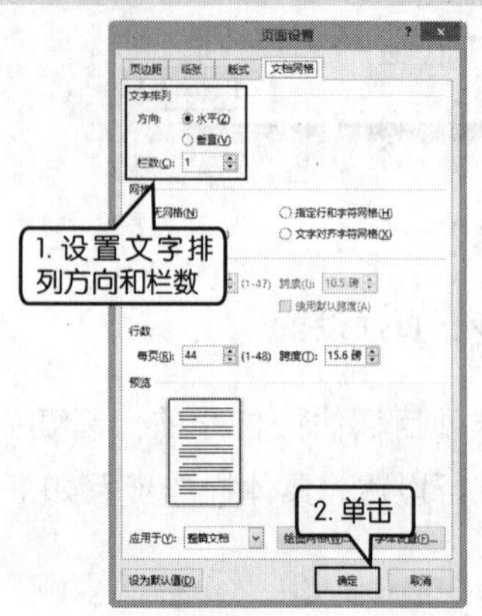

第 2 步：制作封面

项目评估报告的首页应从封面设计开始，具体操作步骤如下。

❶ 按【Enter】键 5 次，设置 5 行空白段落，在页面中输入“项目评估报告”文本，并将每行每个字按一个段落设置。

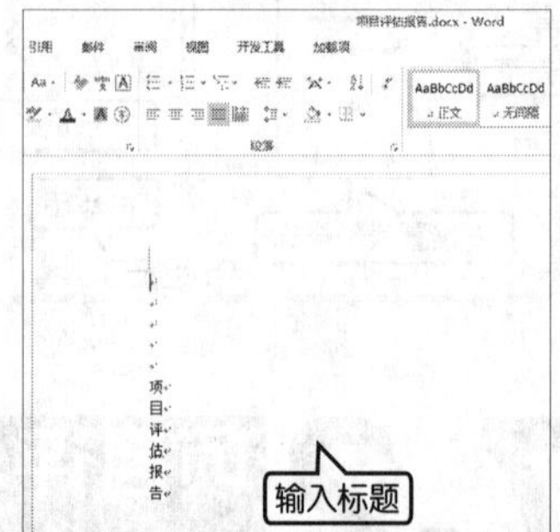

❷ 将“项目评估报告”段落格式设置为“居中对齐”，并设置其【字体】为“黑体”、【字号】为“60”、段落的【段前】值设为“0.5 行”、段后值设置为“0.5 行”，效果如图所示。

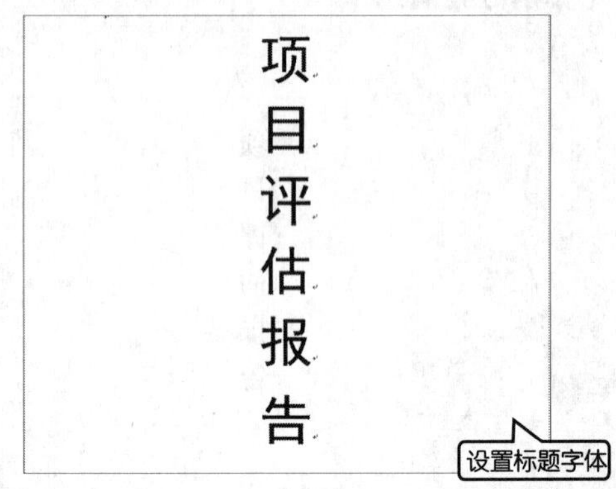

❸ 在封面的右下角输入日期等内容。

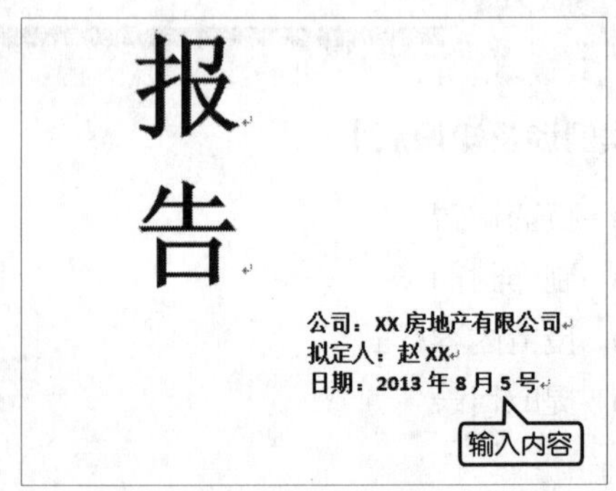

第 3 步：设置内容样式

项目评估报告的内容应根据项目的实际需求而定，其内容可详可略。制作项目评估报告的具体操作步骤如下。

❶ 打开随书光盘中的“素材 \ch17\ 项目评估 .txt”，将该文档的文本全部复制到“项目评估报告 .docx”文档中。

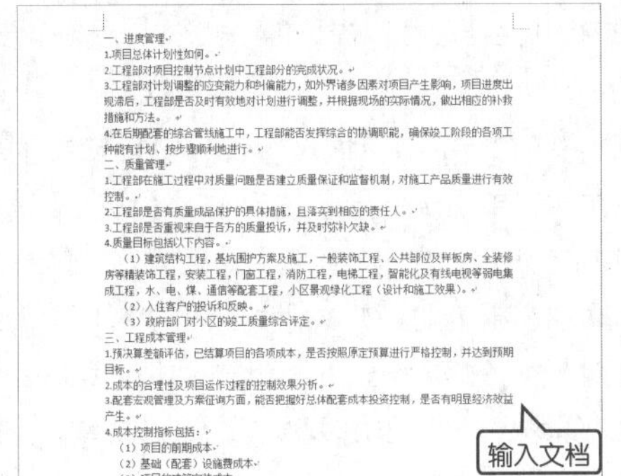

❷ 选择标题“一、进度管理”文本，设置其【字体】为“黑体”、【字号】为“小三”，单击【开始】选项卡下【剪贴板】选项组中的【格式刷】按钮，分别将其它标题刷为相同格式，如图所示。

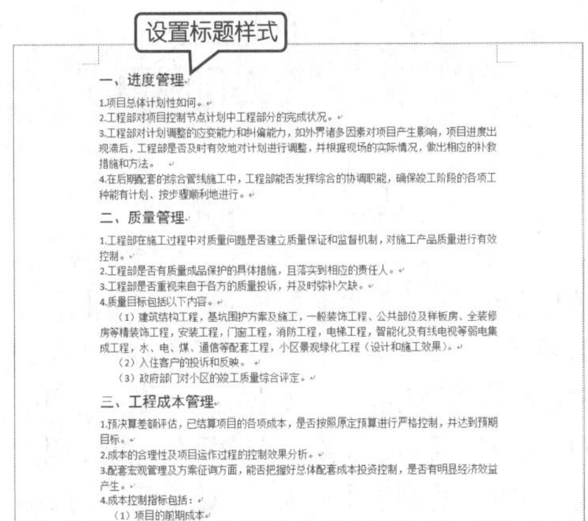

❸ 选择正文内容“1. 项目总体计划性如何……按步骤顺利地进行。”，设置其【字体】为“方正楷体简体”、【字号】为“小四”；设置【段落缩进】为“悬挂缩进”、【缩进值】为“0.5 厘米”、设置【行距】为“1.5 倍行距”。再次单击【格式刷】按钮，将其它正文内容刷为相同格式，如图所示。

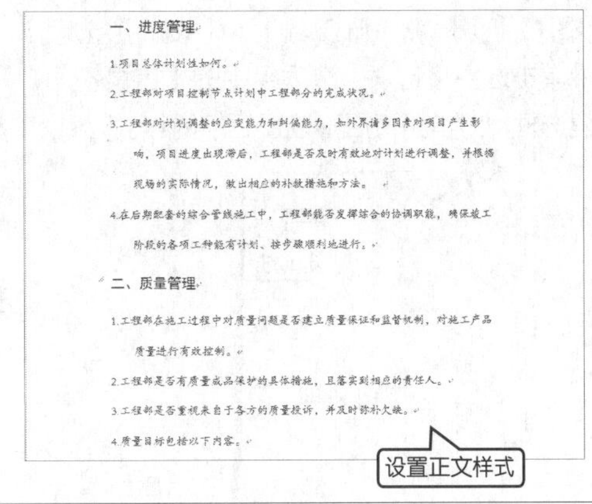

提示 如果计划书的内容比较多，结构分得比较详细，可以根据需要对文本内容的其他标题进行不同样式的设置。

❹ 单击【插入】选项卡【页眉和页脚】选项组中的【页面】按钮，在弹出的下拉列表中选择【空白】选项。

❺ 在页眉中输入“XX 地产”文本，设置“XX 地产”的【字体】为“方正舒体”、【字号】为“小五”，并“右对齐”显示。

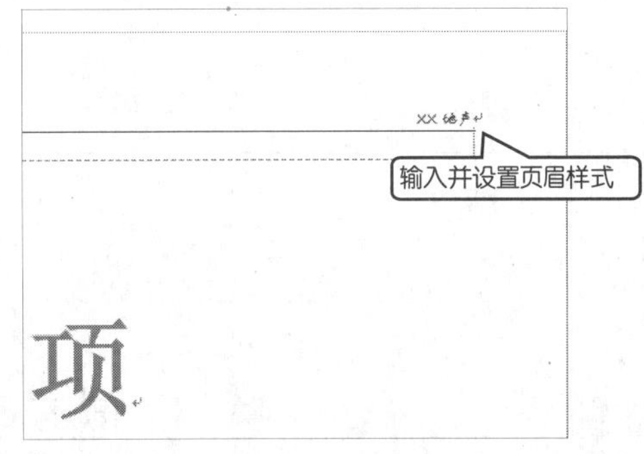

❻ 在【页眉和页脚工具】➤【设计】选项卡中单击选中【选项】选项组中的【首页不同】复选框，对首页页眉不设置任何内容。

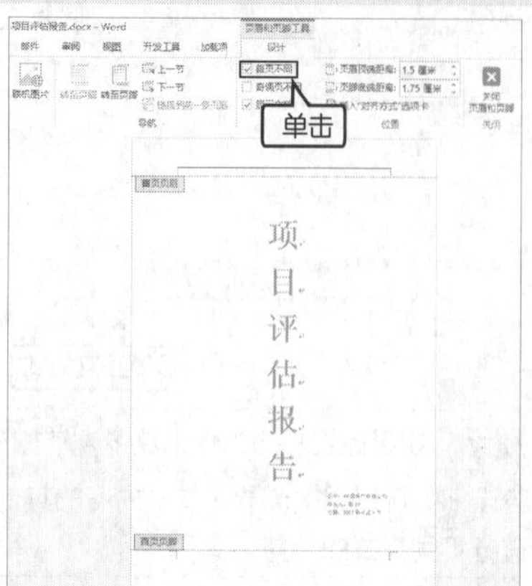

❼ 在【页眉和页脚工具】➤【设计】选项卡下，单击【页眉和页脚】选项组中的【页码】按钮，在弹出的下拉列表中选择【页面底端】➤【加粗显示数字 2】选项。

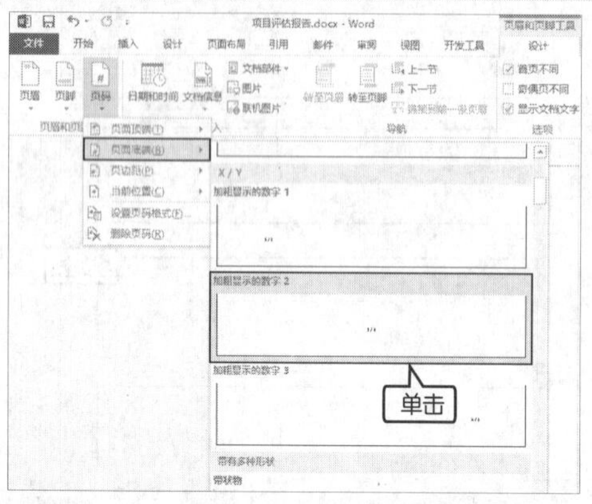

❽ 插入页码的效果如图所示，此时首页不显示页码。

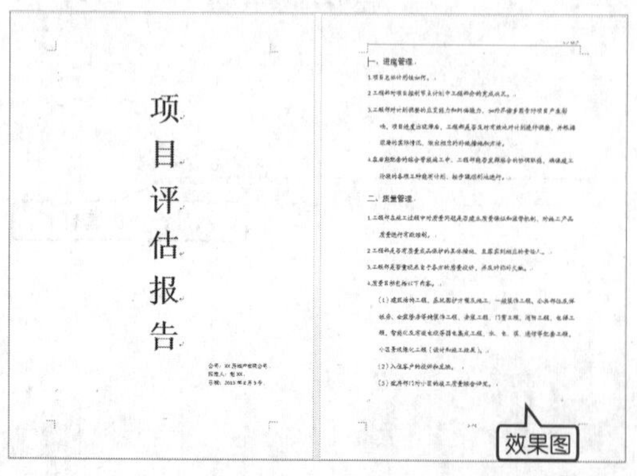

❾ 单击【设计】选项卡【关闭】选项组中的【关闭页眉和页脚】按钮，关闭页眉和页脚的设置。

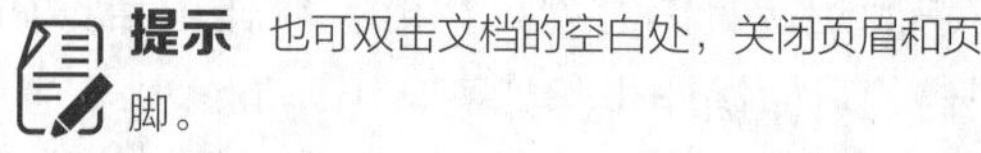

提示 也可双击文档的空白处，关闭页眉和页脚。

第 4 步：提取目录

项目评估报告的页码插入后，就可以生成并提取目录了。提取目录的具体操作步骤如下。

❶ 按【Ctrl】键，拖曳鼠标，选中所有的标题文本，单击【开始】选项卡下【段落】选项组中的 按钮，弹出【段落】对话框。在【常规】选项中设置【对齐方式】为“居中”、【大纲级别】为“1 级”；在【间距】选项中设置【段前】为“0.5 行”、【段后】为“0.5 行”，单击【确定】按钮。

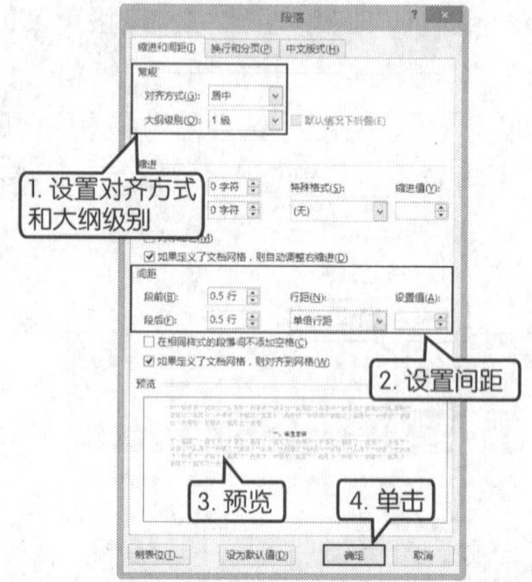

❷ 将光标定位于第 2 页开头处，单击【插入】选项卡【页】选项组中的【空白页】按钮，在文档的第 1 页与第 2 页之间插入一个空白页。将光标定位于新插入的空白页面中，单击【引用】选项卡【目录】选项组中的【目录】按钮，在弹出的下拉列表中选择【自动目录 1】选项。

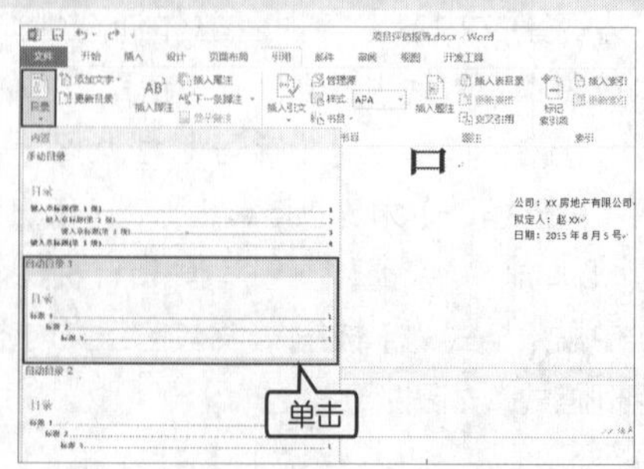

❸ 此时即根据文章的标题插入了一个目录。

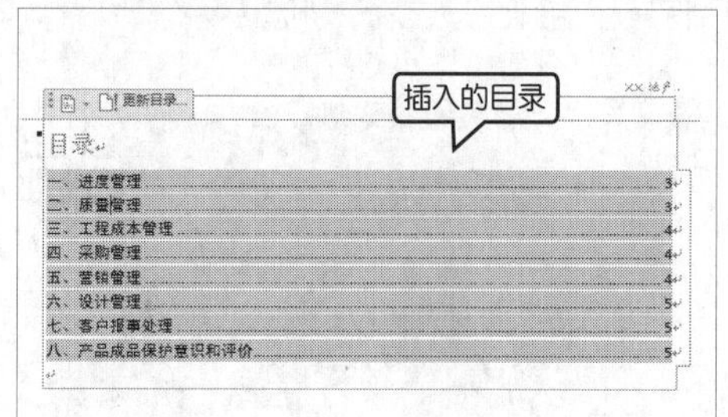

❹ 选择“目录”二字，设置其【字体】为“黑体”、【字号】为“二号”、【颜色】为“黑色”，并进行居中显示，然后再在两个字之间敲入两个空格。

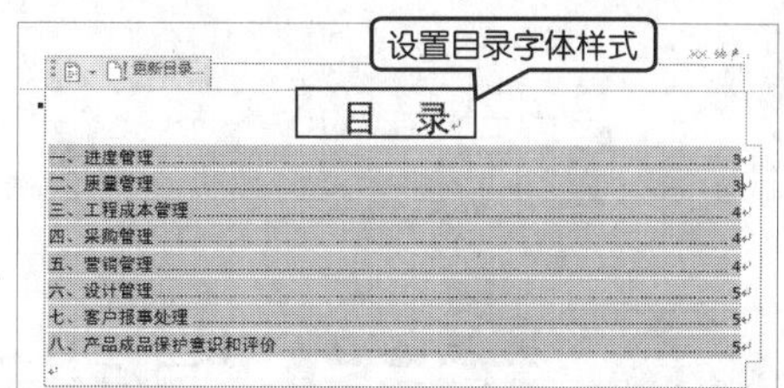

提示 当文章“标题”/“页码”发生变化时，单击【引用】选项卡【目录】选项组中的【更新目录】按钮，弹出【更新目录】对话框，单击选中【只更新页码】/【更新整个目录】单选项，单击【确定】按钮，即可完成“标题”/“页码”的改变。

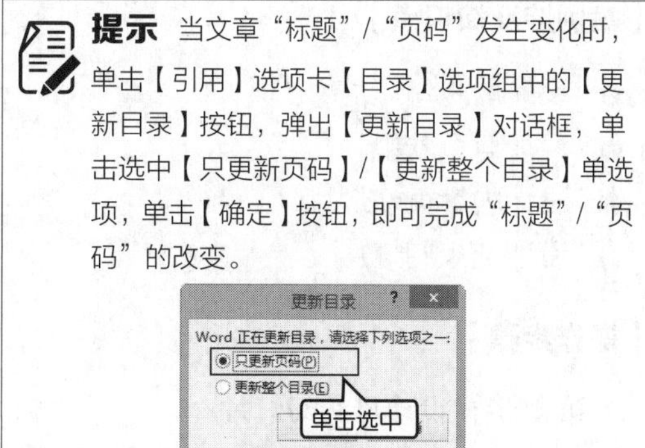

❺ 最后效果如图所示。

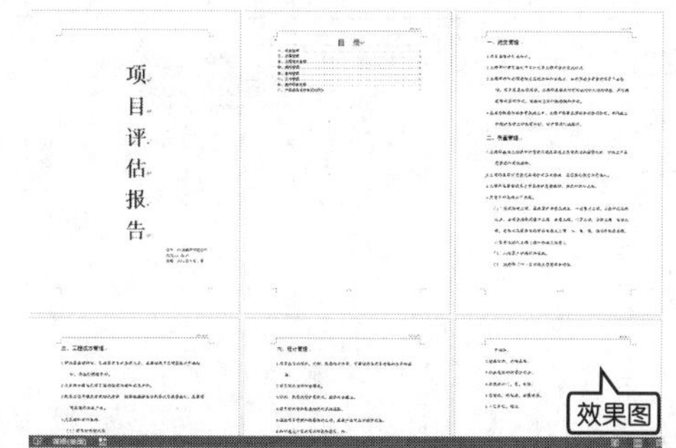

17.3 企业文化宣传片

本节视频教学录像：16 分钟

一个好的企业宣传片，能向公众展示企业实力、社会责任感和使命感，能通过宣传交流，增强企业的知名度和美誉度，使公众产生对企业及其产品的信赖感。精简、优秀的形象宣传片能涉及企业各个层面，能有效地传达企业文化。通过形象宣传片，企业能让大众及客户了解与其他企业的差异性，有利于品牌个性的发展。

【案例效果展示】

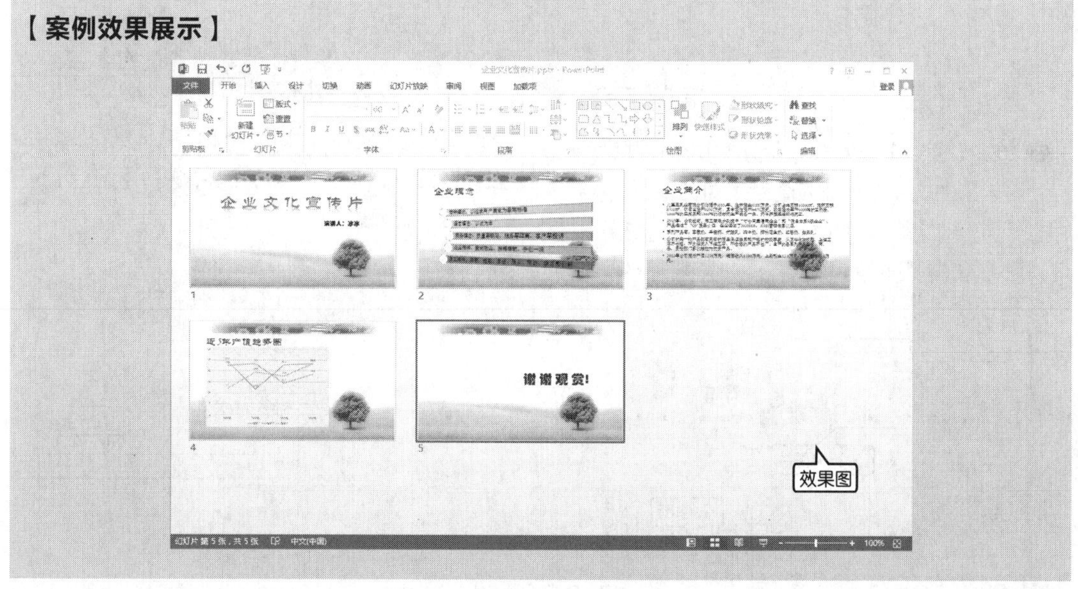

【案例涉及知识点】

- 设计母版幻灯片
- 设计首页效果
- 设计内容页幻灯片
- 设计结束幻灯片

【操作步骤】

第 1 步：设计母版幻灯片

❶ 新建一个演示文稿，并保存为“企业文化宣传片 .pptx”。

❷ 单击【视图】选项卡下【母版视图】组中的【幻灯片母版】按钮，即可在幻灯片中插入“母版 1”。

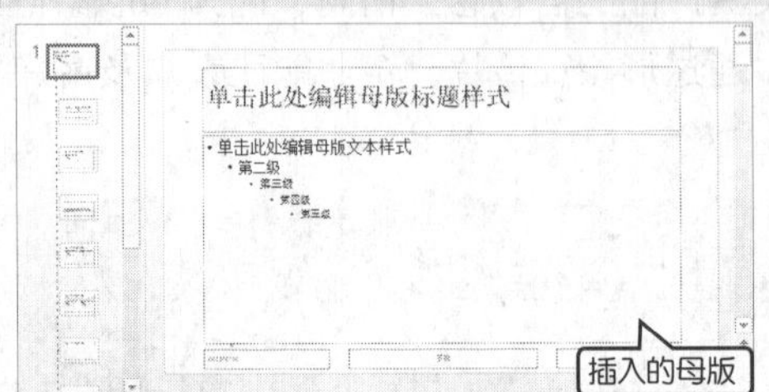

❸ 单击【插入】选项卡下【图像】组中的【图片】按钮，弹出【插入图片】对话框。选择图片“1.jpg”和“2.jpg”，单击【插入】按钮。

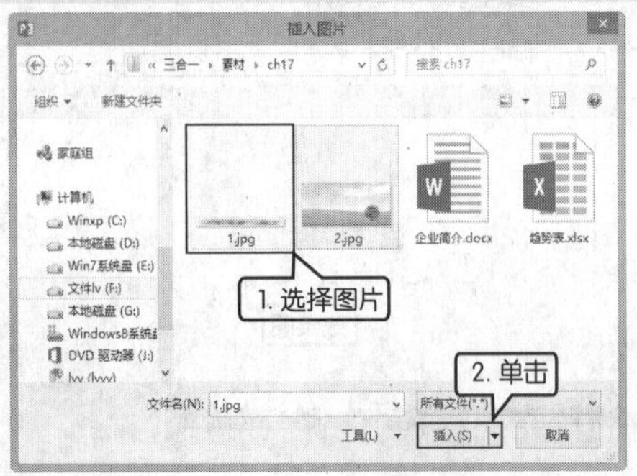

❹ 此时即在 PPT 中插入了图片，插入图片后将其移动到合适位置，如图所示。

❺ 选择图片“2.jpg”，单击【图片工具】➤【格式】选项卡下【调整】组中的【艺术效果】按钮，在弹出的下拉列表中选择【发光散射】选项。

❻ 效果如图所示。

❼ 同时选中图片“1.jpg”和“2.jpg”，单击鼠标右键，在弹出的快捷菜单中选择【组合】➤【组合】选项。

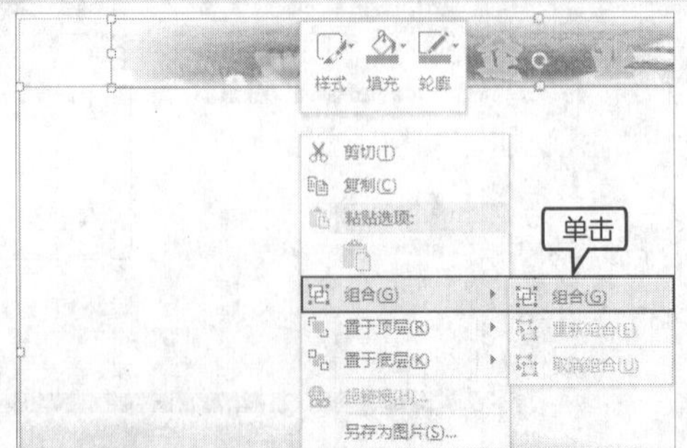

❽ 选择组合后的图片，再次单击鼠标右键，在弹出的快捷菜单中选择【置于底层】➤【置于底层】选项，同时删除原有的文本框。

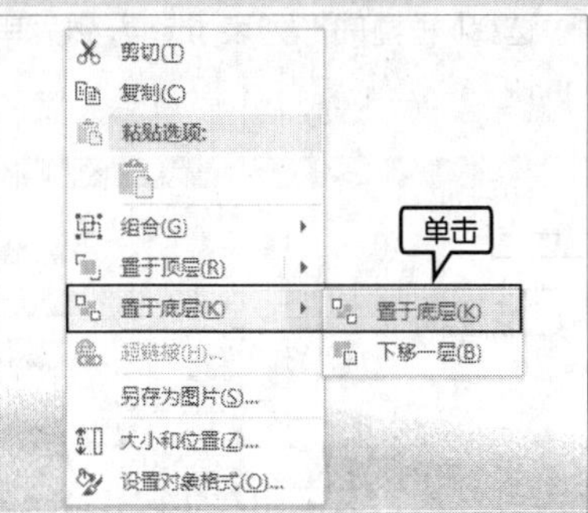

❾ 在大纲区域右击“母版 1”，在弹出的快捷菜单中选择【母版版式】选项。

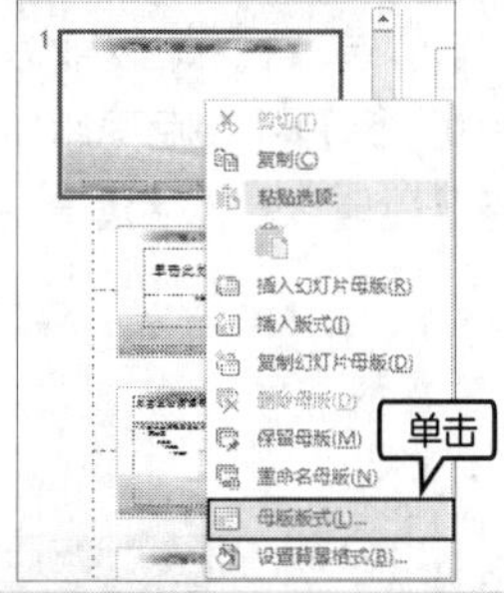

❿ 弹出【母版版式】对话框，撤消选中【页脚】复选框，单击【确定】按钮。

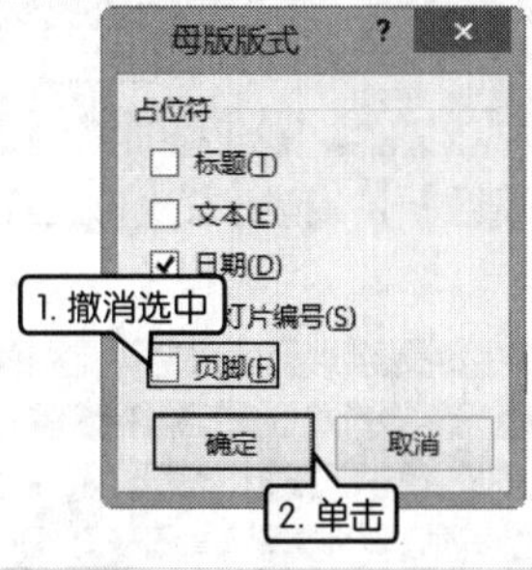

⓫ 返回演示文稿，单击【幻灯片母版】选项卡下【关闭】组中的【关闭母版视图】按钮，即可完成幻灯片母版的创建。

第 2 步：设计首页效果

❶ 单击【插入】选项卡下【文本】选项组中的【艺术字】按钮，在弹出的下拉列表中选择“渐变填充-蓝色，着色 1，反射”选项。

❷ 此时就在幻灯片中插入了艺术字文本框，在“请在此放置你的文字”文本框中输入“企业文化宣传片”字样，然后设置其【字体】为“华文隶书”、【字号】为“80”、颜色为“橙色，着色 2”，并拖曳文本框至合适位置。

❸ 单击【文本】选项组中的【文本框】按钮下方的下拉按钮，在弹出的列表中选择【横排文本框】选项。

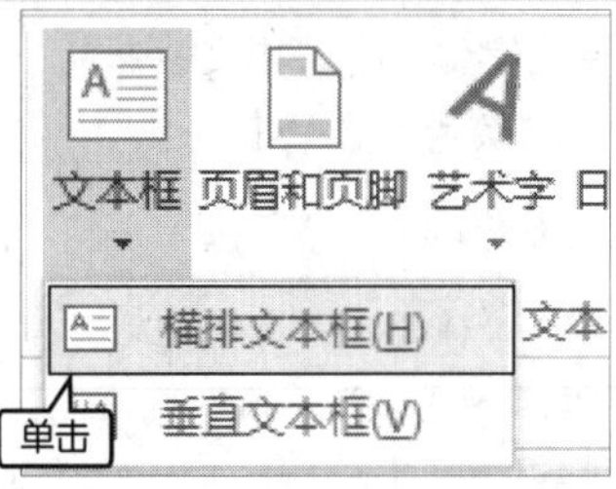

❹ 在幻灯片中拖曳出文本框，输入“演讲人：冰冰”字样，并设置其【字体】为“华文琥珀”、【字号】为“28”、【颜色】为“黑色”。

至此，幻灯片的首页已经设置完成。

第 3 步：设置内容页幻灯片

❶ 单击【开始】选项卡下【幻灯片】组中的【新建幻灯片】按钮 右下角的下拉按钮，在弹出的列表中选择【标题和内容】选项。

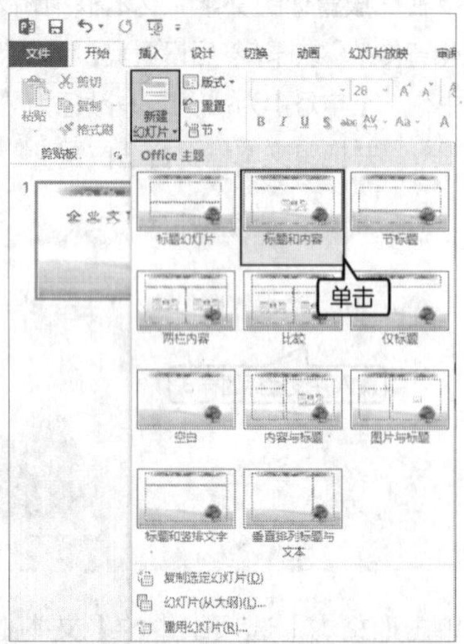

❷ 此时就插入了第 2 张幻灯片。在【单击此处添加标题】文本框中输入“企业理念”字样，然后设置【字体】为“华文隶书”、【字号】为“48”、颜色为“深红”。

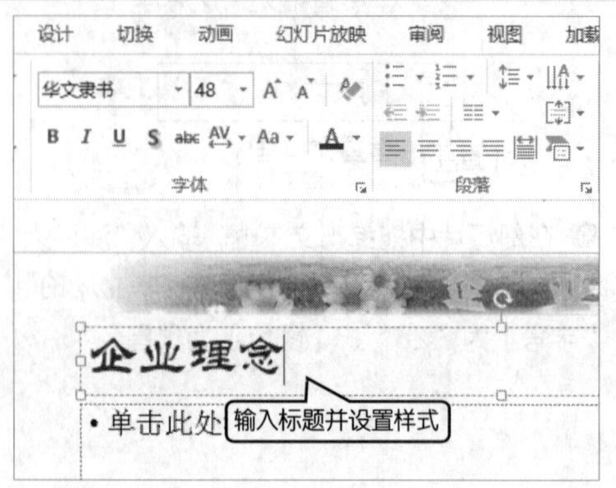

❸ 单击幻灯片中的【SmartArt 图形】按钮，弹出【选择 SmartArt 图形】对话框，在左侧列表中选择【列表】选项，在右侧的样式表中选择【垂直曲形列表】选项，然后单击【确定】按钮。

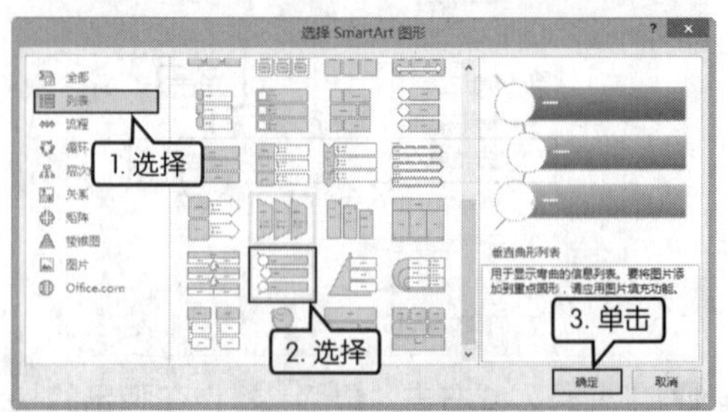

❹ 此时即在幻灯片中插入了垂直曲形列表，选择任意一行，单击鼠标右键，在弹出的列表中选择【添加形状】➤【在后面添加形状】选项，即可插入行。重复步骤，使垂直曲形列表达到 5 行。

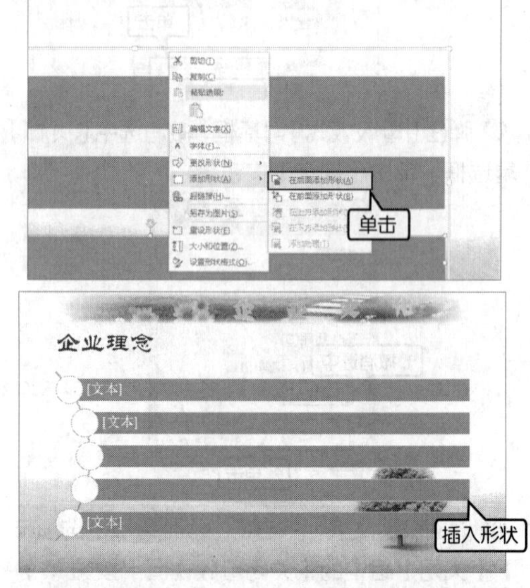

❺ 在行中输入如图所示的文本。

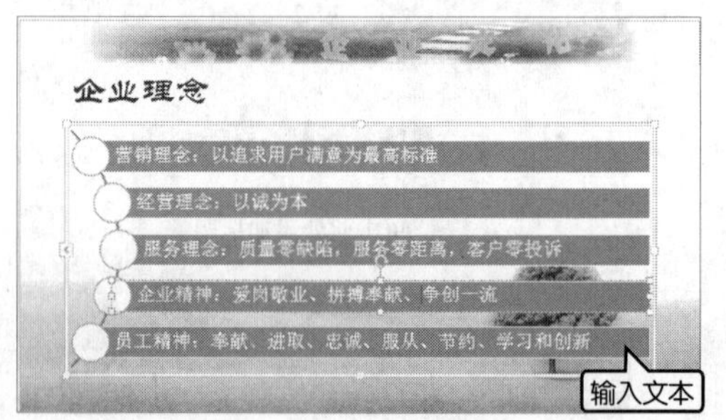

❻ 选中垂直曲形列表，单击【SmartArt 工具】【设计】选项卡下【SmartArt 样式】选项组中的【更改颜色】按钮，在弹出的下拉列表中选择一种样式，应用于垂直曲形列表。

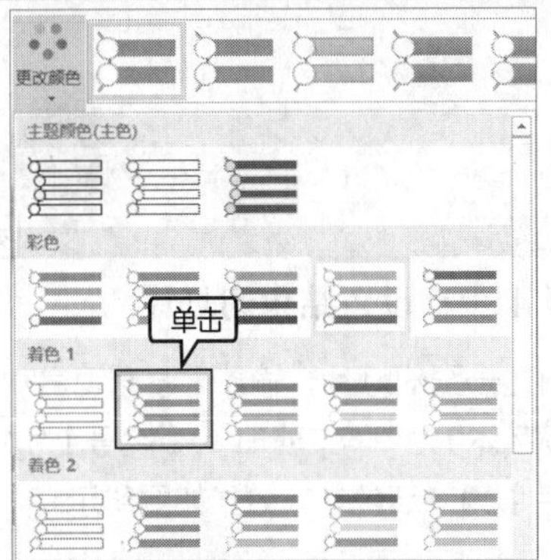

❼ 再次选中垂直曲形列表，单击【SmartArt 样式】选项组右下角的按钮，在弹出的下拉列表中选择一种样式，应用于垂直曲形列表。

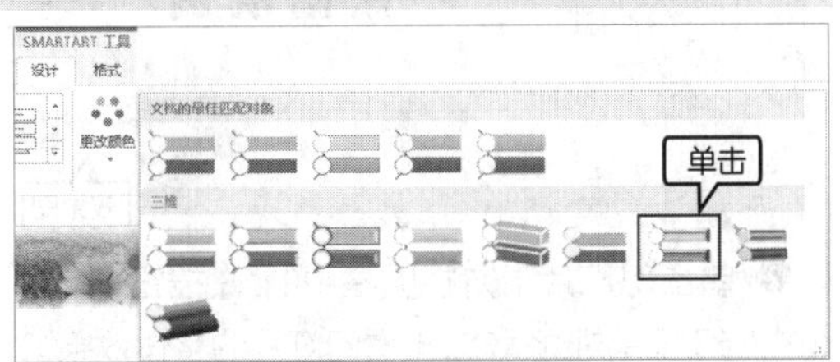

❽ 效果如图所示。

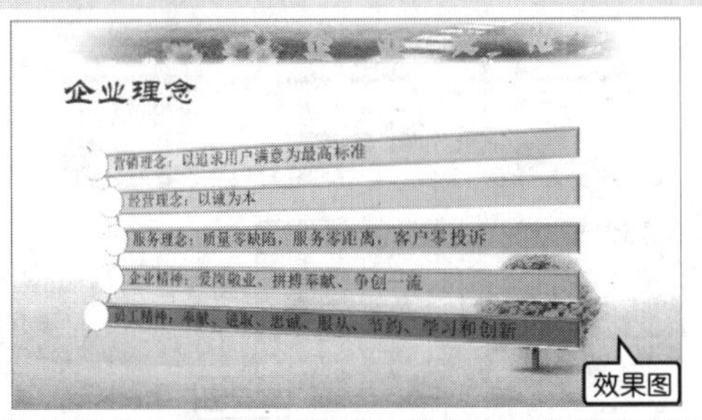

❾ 新建一张“公司简介”幻灯片，输入如图所示正文内容（内容部分可以直接复制粘贴“素材\ch17\企业简介.docx”文件），并设置其【字体】为“宋体”、【字号】为“20”。

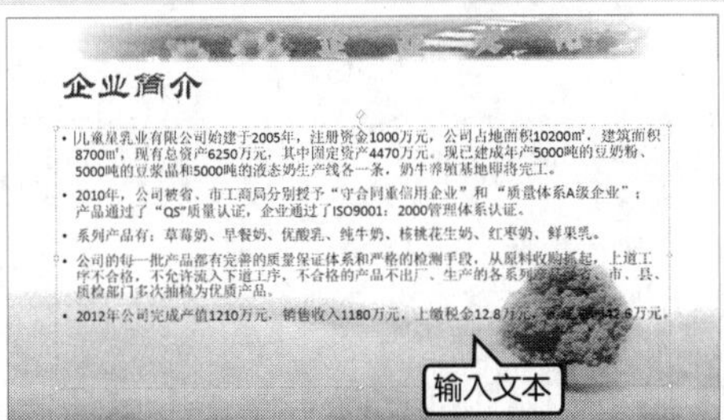

❿ 插入第 4 张换灯片，并设置标题为“近 5 年产值趋势图”。

⓫ 单击【插入】选项卡下【插图】选项组中的【图表】按钮，弹出【插入图表】对话框，在左侧的列表中选择【折线图】选项，在右侧的样式表中选择【折线图】选项，单击【确定】按钮。

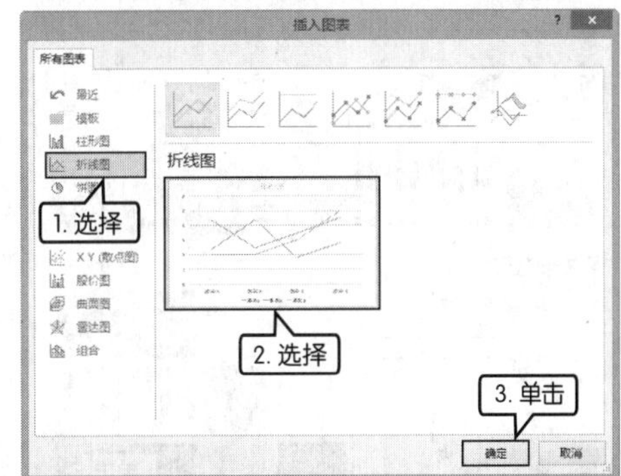

⓬ 在【Microsoft PowerPoint 中的图表】中输入一下数据（可以直接复制粘贴“素材\ch17\趋势表.xlsx”文件中的数据）。

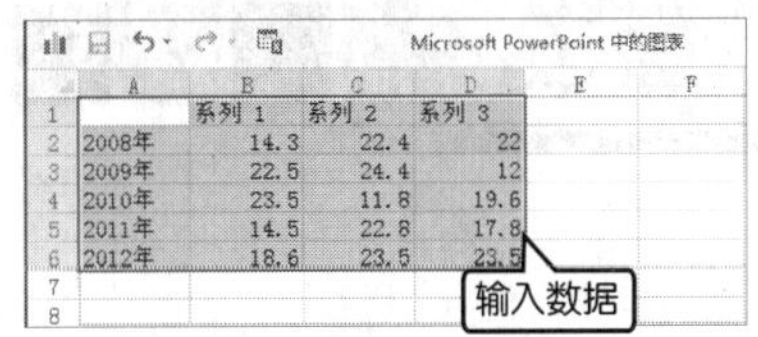

	A	B	C	D	E	F
1		系列 1	系列 2	系列 3		
2	2008年	14.3	22.4	22		
3	2009年	22.5	24.4	12		
4	2010年	23.5	11.8	19.6		
5	2011年	14.5	22.8	17.8		
6	2012年	18.6	23.5	23.5		
7						
8						

⓭ 关闭图表，可以看到在幻灯片中插入了趋势图。调整图表到合适位置和合适大小。

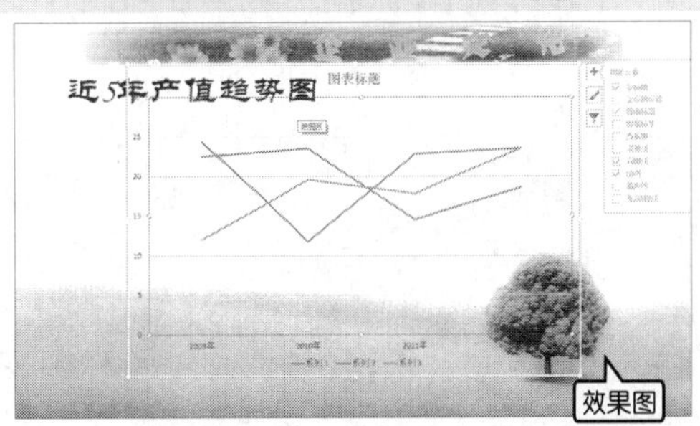

⓮ 选中趋势图表，单击右侧的 + 按钮，在弹出的列表中单击选中【数据标签】复选框，即可为图表添加数据标签。

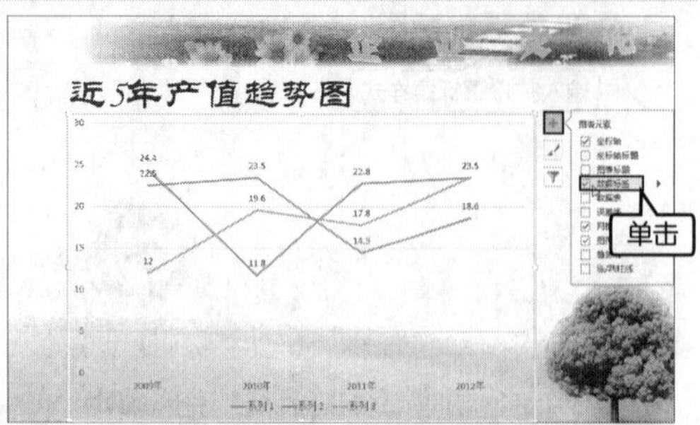

⓯ 单击【图表工具】➤【格式】选项卡下【形状样式】选项组中的【形状填充】按钮 形状填充 右侧的下拉按钮，在弹出的下拉列表中选择【纹理】【羊皮纸】选项。

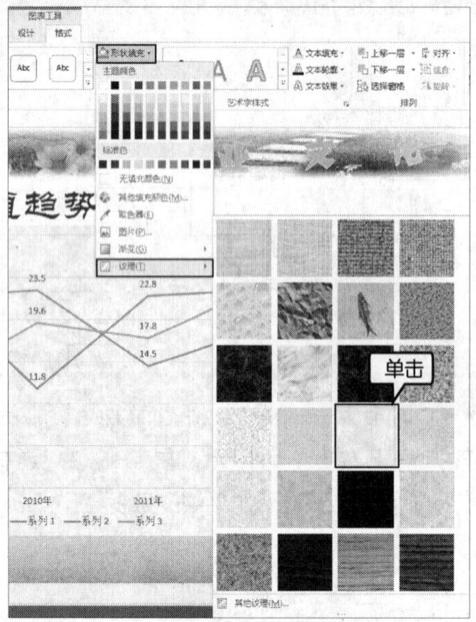

⓰ 最后效果如图所示。

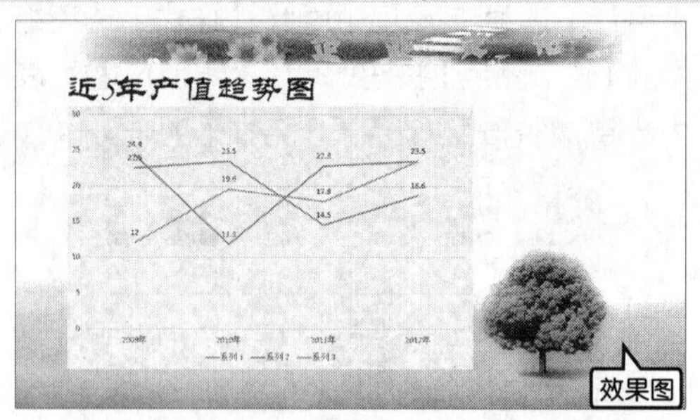

第 4 步：设置结束幻灯片

❶ 创建一张幻灯片，输入“谢谢观赏！”，设置其【字体】为“华文琥珀”、【字号】为“60”、【颜色】为“红色”，效果如图所示。

❷ 单击幻灯片下方视图栏中的 按钮，即可进入幻灯片浏览状态，查看幻灯片的整体效果。

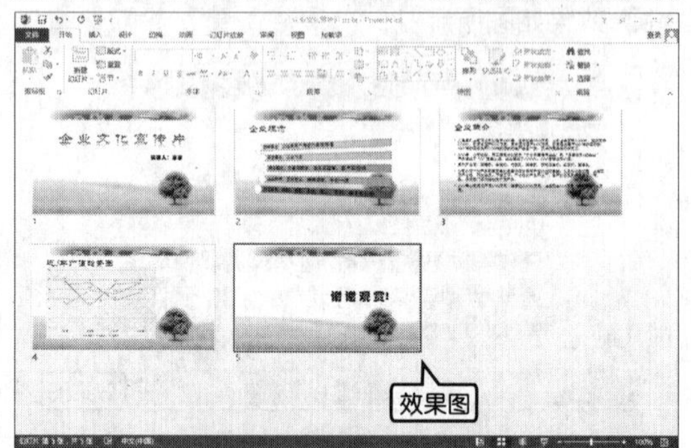

第 18 章

Office 在商务办公中的应用

本章视频教学录像：35 分钟

高手指引

Office 2013 系列应用软件在商务办公中有很大的用途，可以使工作更为简单，并得到满意的结果，而且也可以大大提高工作者的效率和质量。

重点导读

- 掌握制作产品功能说明书的方法
- 掌握制作客户退货统计表的方法
- 熟悉制作会议 PPT 的方法

18.1 产品功能说明书

本节视频教学录像：14 分钟

产品功能说明书主要指关于那些日常生产、生活产品的说明书。它主要是对某一产品的所有情况的介绍或者某产品的使用方法的介绍，诸如其组成材料、性能、存贮方式、注意事项、主要用途等的介绍。这类说明书可以是生产消费品方面的，如电视机、耳机；也可以是生活消费品方面的，如食品、药品等。下面具体介绍制作产品功能说明书的方法。

【案例效果展示】

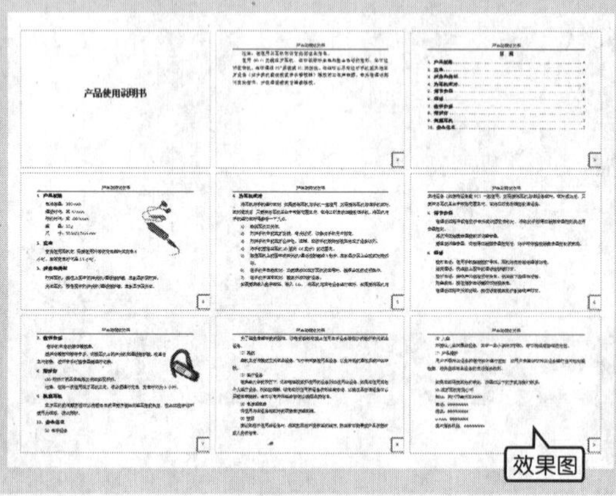

【案例涉及知识点】

- 设置页面
- 设置标题格式
- 设置正文格式
- 设置页眉和页码
- 添加目录

【操作步骤】

第 1 步：设置页面

❶ 打开随书光盘中的“素材 \ch18\ 产品功能说明书 .docx”文档。

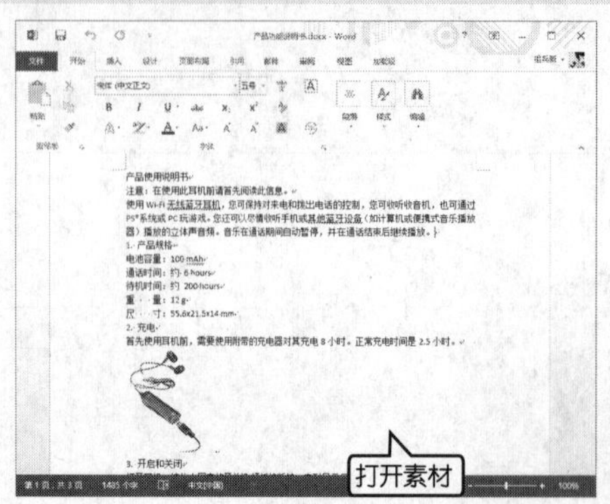

❷ 单击【页面布局】选项卡的【页面设置】组中的【页面设置】按钮，弹出【页面设置】对话框，在【页边距】选项卡下设置【上】和【下】边距为“1.4 厘米”，【左】和【右】设置为“1.3 厘米”，纸张方向设置为【横向】。

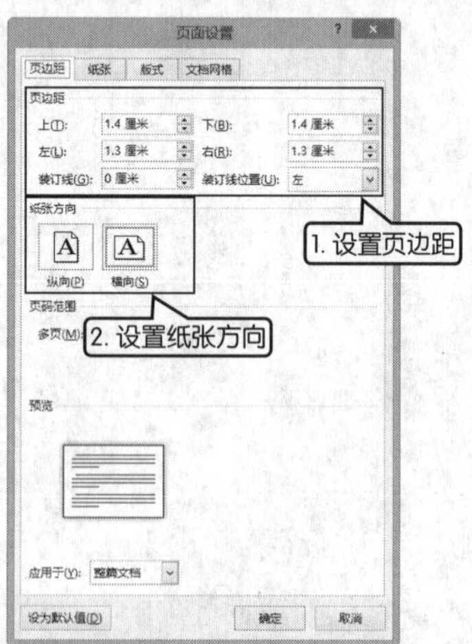

❸ 在【纸张】选项卡下【纸张大小】下拉列表中选择【自定义大小】选项，并设置宽度为“14.8 厘米”、高度为“10.5 厘米”。

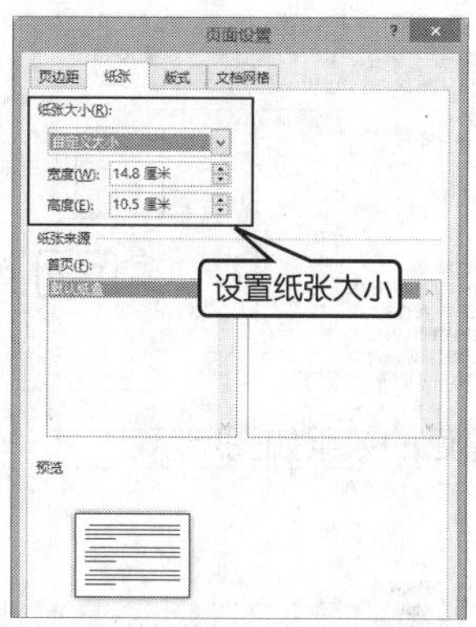

❹ 在【版式】选项卡下的【页眉和页脚】区域中单击选中【首页不同】选项，并设置页眉和页脚距边距距离均为“1 厘米”。

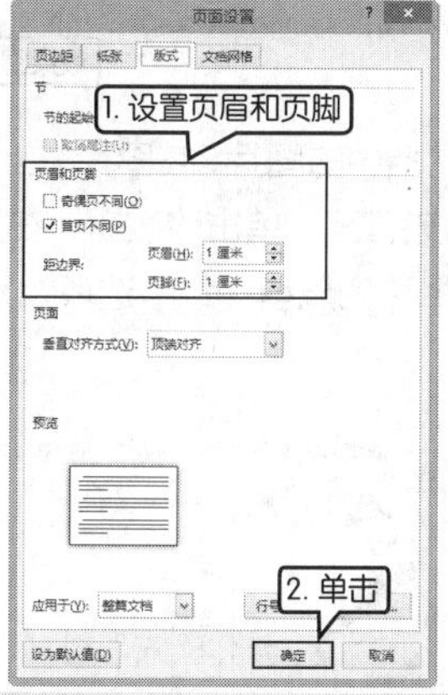

❺ 单击【确定】按钮，设置后的效果如图所示。

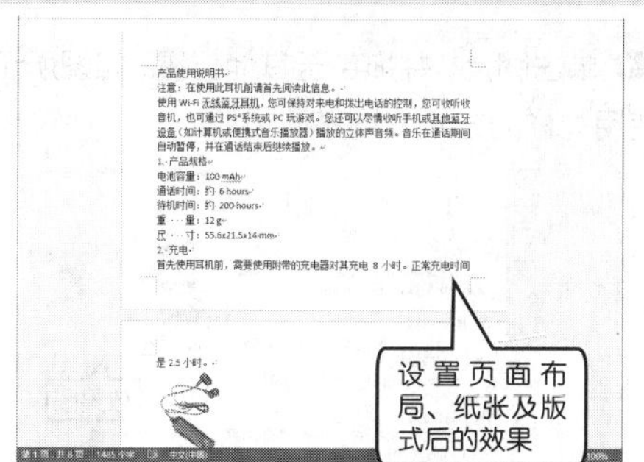

第 2 步：设置标题格式

❶ 选择第 1 行的标题行，单击【开始】选项卡的【样式】组中的【其他】标题按钮，在弹出的【样式】下拉列表中选择【标题】样式。

❷ 将鼠标光标定位在“1. 产品规格”处，单击【开始】选项卡的【样式】组中的【其他】标题按钮，在弹出的【样式】下拉列表中选择【创建标题】选项。

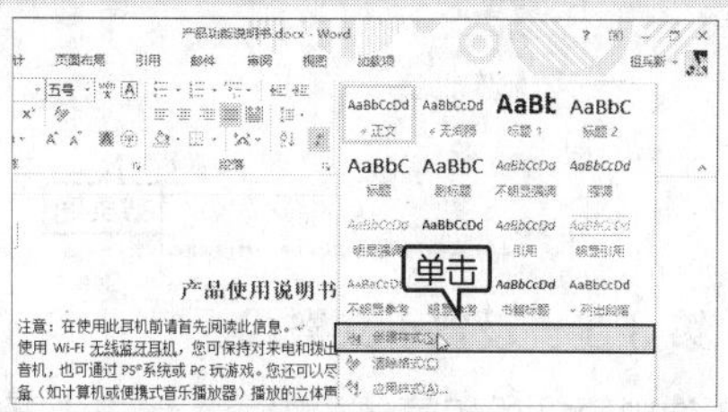

❸ 弹出【根据格式设置创建样式】选项，单击【修改】按钮。

❹ 弹出【根据格式设置创建新样式】对话框，在【样式基准】下拉列表中选择【标题 1】选项，设置字号为“五号”，单击左下角的【格式】按钮，在弹出的下拉列表中选择【段落】选项。

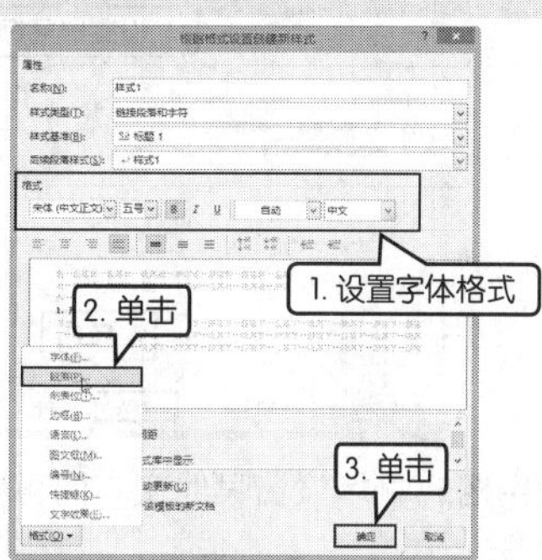

❺ 弹出【段落】对话框，在【间距】区域中设置段前和段后均为“0 磅”、行距为“单倍行距”，单击【确定】按钮，返回至【根据格式设置创建新样式】对话框中，单击【确定】按钮。

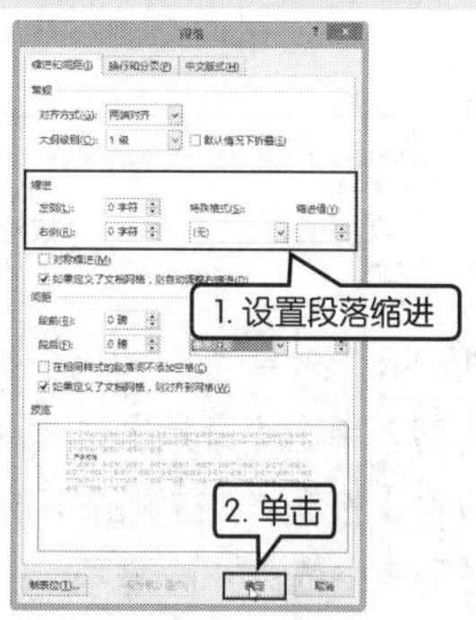

❻ 使用格式刷将其他标题设置格式。

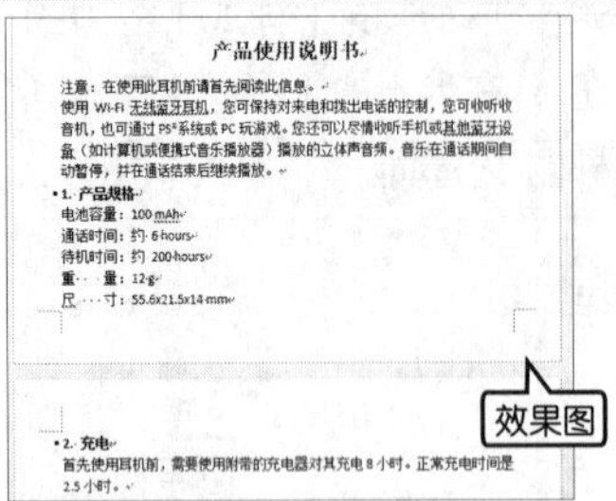

第 3 步：设置正文格式

❶ 选中第 2 段和第 3 段内容，单击【开始】选项卡的【段落】组中的【段落】按钮，在弹出的【段落】对话框的【缩进和间距】选项卡中设置【特殊格式】为【首行缩进】，【磅值】为【2 字符】，设置完成后单击【确定】按钮。

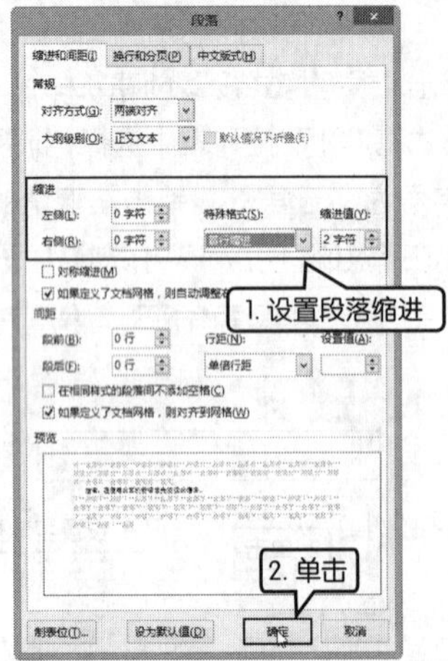

❷ 使用格式刷设置其他文本内容格式。

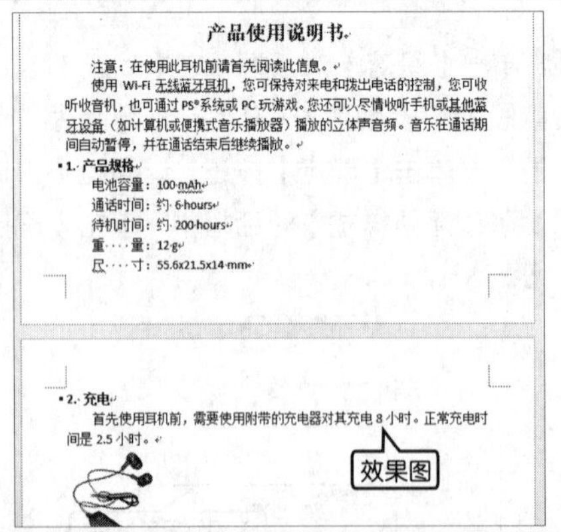

❸ 如图所示，选中“4. 为耳机配对”标题下的部分内容，单击【开始】选项卡下【段落】组中【编号】按钮右侧的下拉按钮，在弹出的下拉列表中选择一种编号。

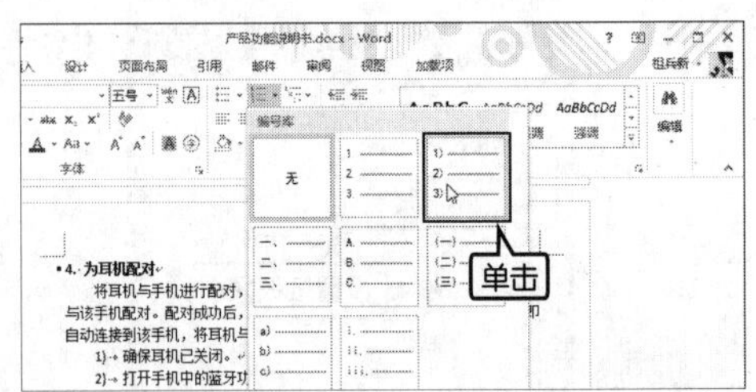

❹ 设置后的效果如图所示。

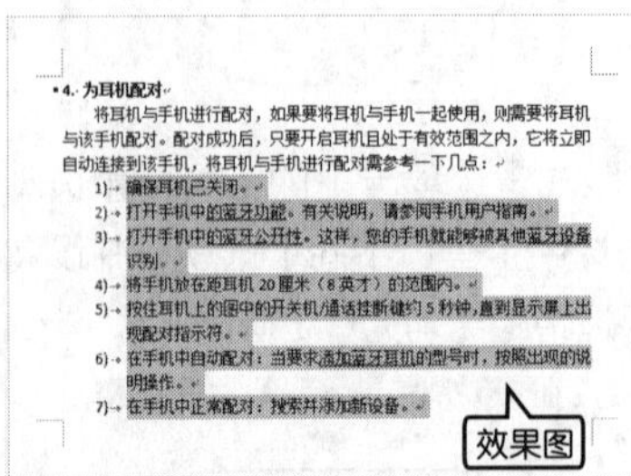

❺ 单击文档中的图片，在图片右上角弹出【布局选项】按钮，单击该按钮，在弹出的快捷菜单中选择【四周型环绕】选项。

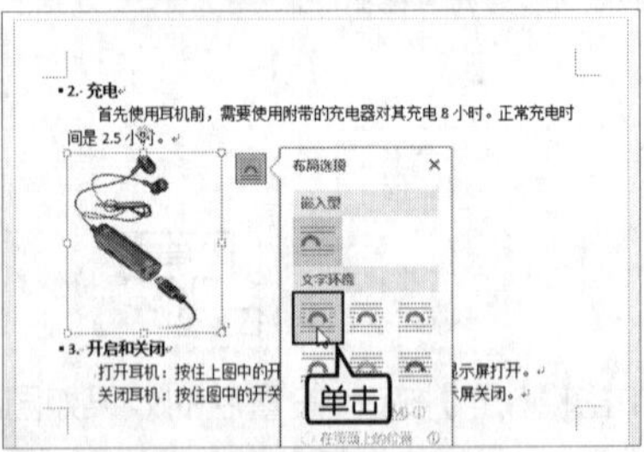

❻ 单击图片，并拖曳至其他位置，如图所示。使用同样的方法设置其他图片。

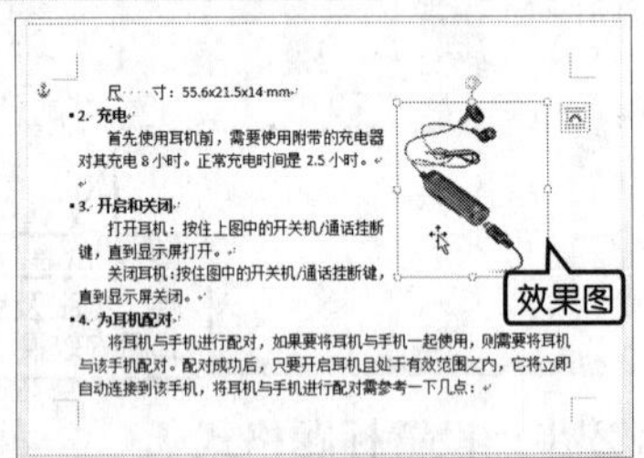

❼ 将鼠标光标定位在“产品使用说明书后方”，单击【插入】选项卡下【页面】组中的【插入分页符】按钮。

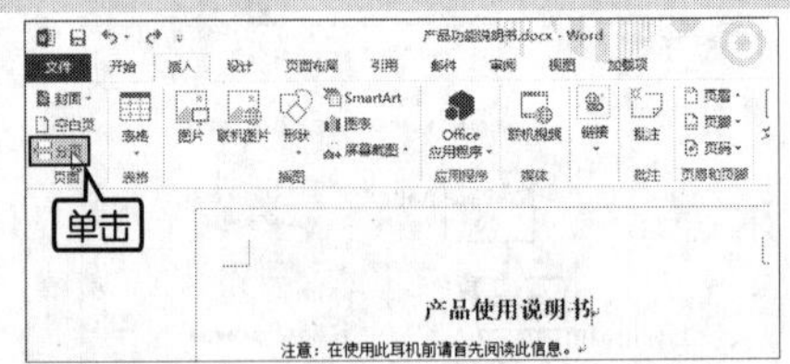

❽ 在“1. 产品规格”前面插入分页符，如图所示。

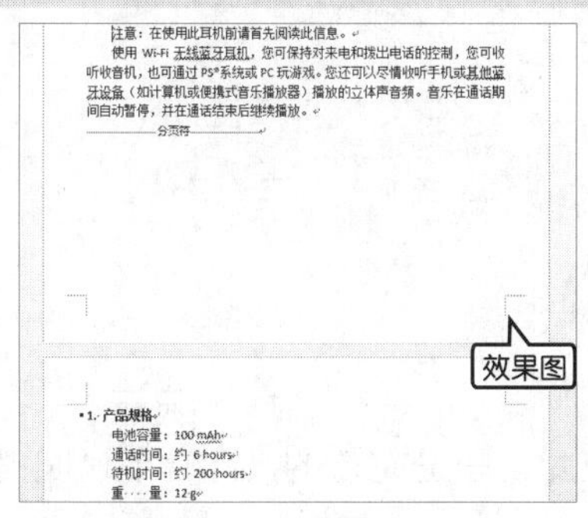

第 4 步：设置页眉和页码

❶ 将鼠标光标定位在第 2 页中，单击【插入】选项卡的【页眉和页脚】组中的【页眉】按钮，在弹出的下拉列表中选择【空白】选项。

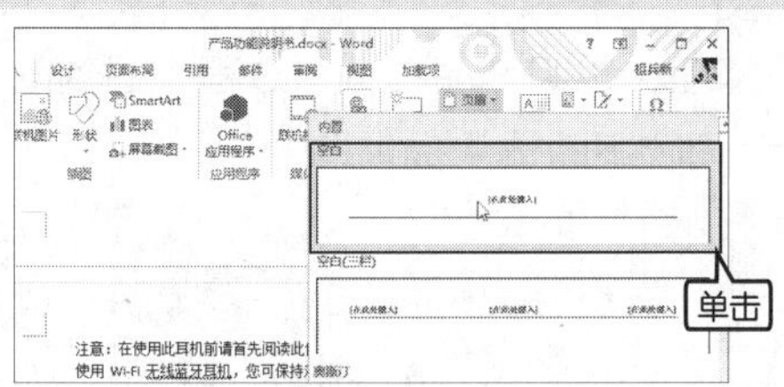

❷ 在页眉的【标题】文本域中输入“产品功能说明书”，然后单击【页眉和页脚工具】下【设计】选项卡下【关闭】组中的【关闭页眉和页脚】按钮。

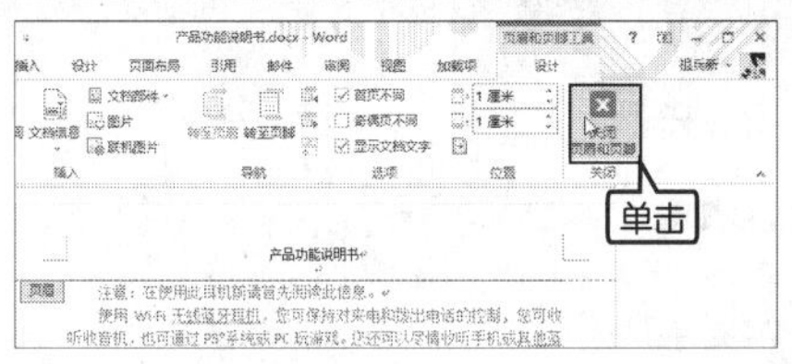

❸ 单击【插入】选项卡下【页眉和页脚】组中的【页码】按钮，在弹出的下拉列表中选择【页面底端】➤【堆叠纸张 2】选项。

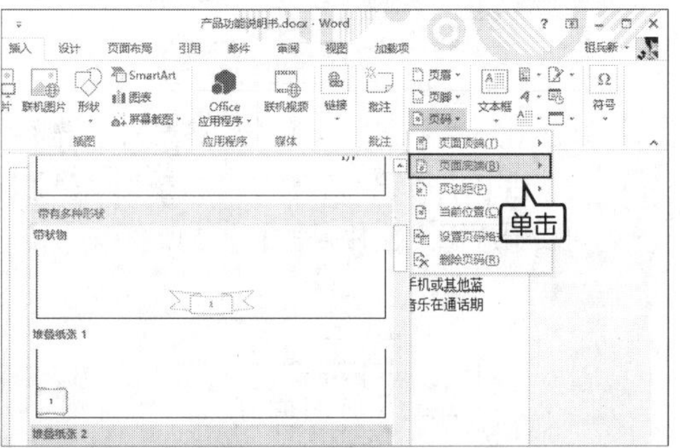

❹ 最终效果如图所示。

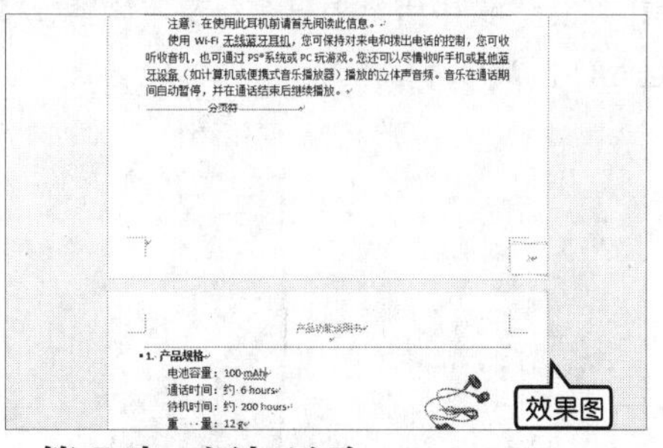

第 5 步：添加目录

❶ 将鼠标光标定位在第 2 页最后，单击【插入】选项卡下【页面】组中的【空白页】按钮，插入一页空白页。

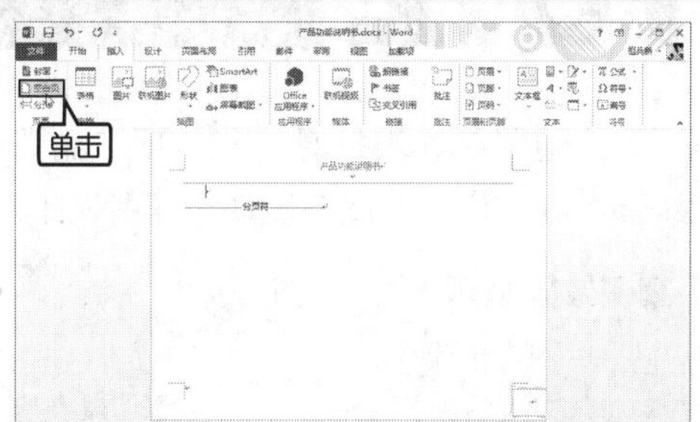

❷ 单击【引用】选项卡下【目录】组中的【目录】按钮，在弹出的下拉列表中选择【自动目录 1】选项。

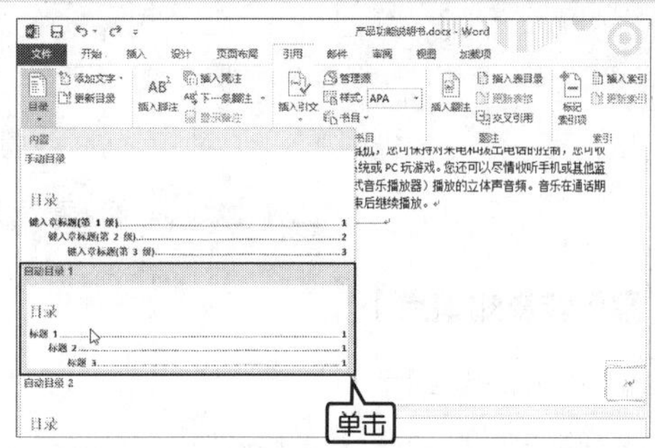

❸ 如图所示，自动添加目录，选中“目录”文本内容，单击【开始】选项卡下【段落】组中的【居中】按钮 ≡，将其居中对齐。

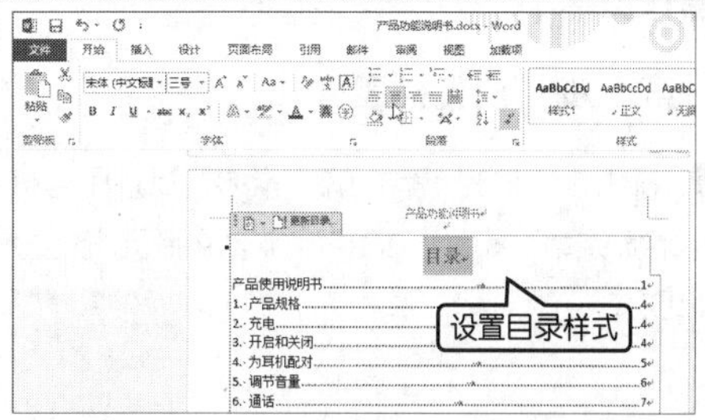

❹ 添加目录之后，还可以在目录中进行手动编辑。如图，选中目录中第 1 行文本内容，按键盘上的【Delete】键。

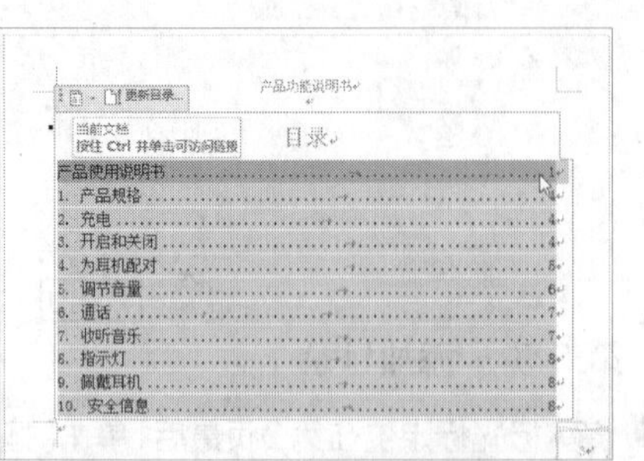

❺ 添加的目录最终效果如图所示，将其保存即可。

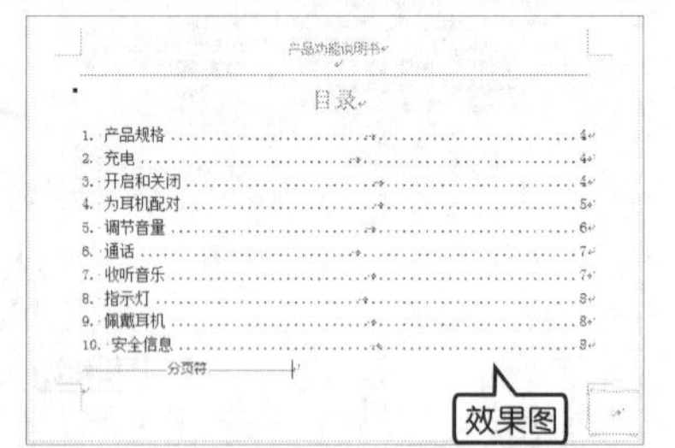

至此，一份完整的产品功能说明书就制作完成了。

18.2 客户退货统计表

本节视频教学录像：8 分钟

客户退货统计表是对公司各项产品销售状况的整理，说明产品在销售过程中遇到的问题的统计。我们可以依此来发现不足并及时更改，为公司的不断进步提供助力。

【案例效果展示】

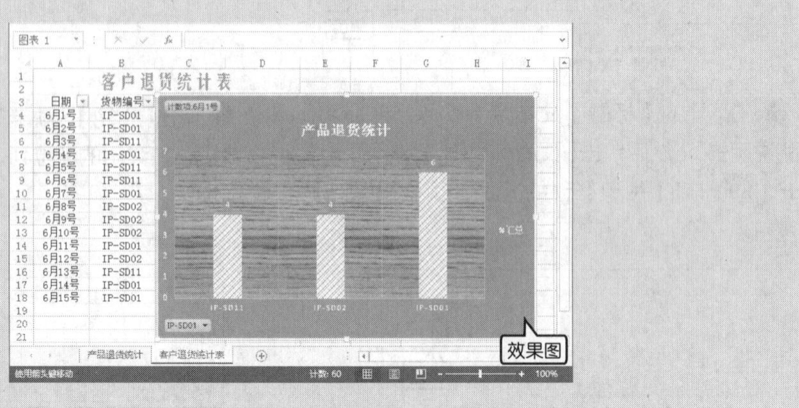

【案例涉及知识点】

- 设置标题样式
- 筛选数据
- 插入及美化数据透视图
- 重命名工作表和移动工作表

【操作步骤】

第 1 步：设置标题样式

❶ 打开随书光盘中的"素材\ch18\客户退货统计表.xlsx"文件，选择单元格区域 A1:D2。

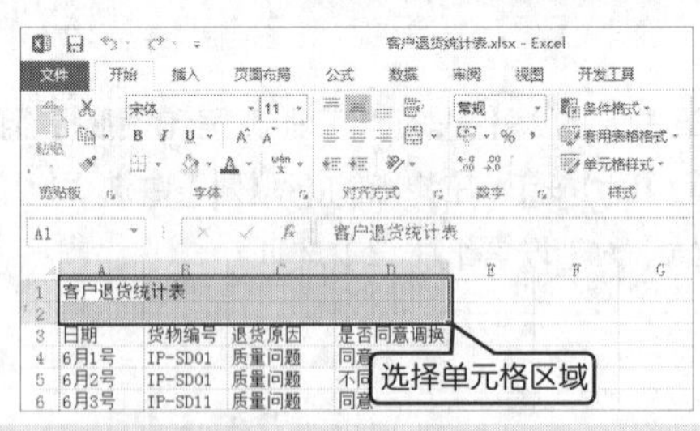

❷ 单击【开始】选项卡下【对齐方式】选项组中的【合并】按钮右侧的下拉按钮，在弹出的列表中选择【合并后居中】选项。

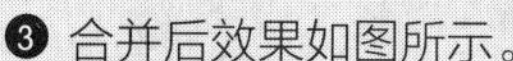

❸ 合并后效果如图所示。

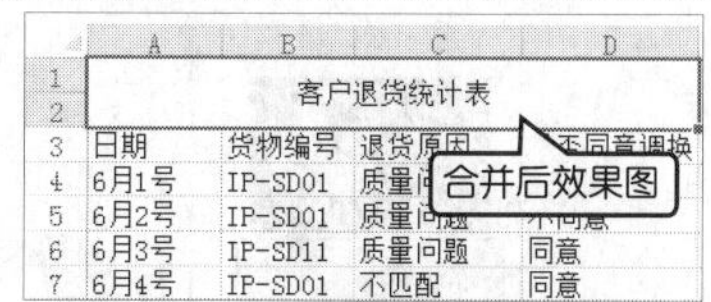

❹ 选择标题文字“客户退货统计表”，设置其【字体】为“方正美黑简体”、【字号】为“20”、【颜色】为“橙色，着色 2”。

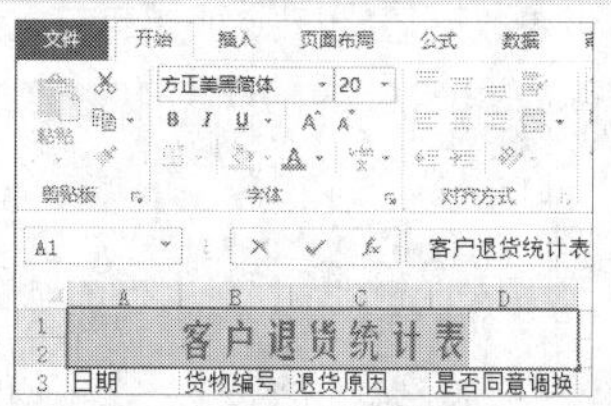

❺ 选择单元格区域 A3:D18，单击【居中】按钮。

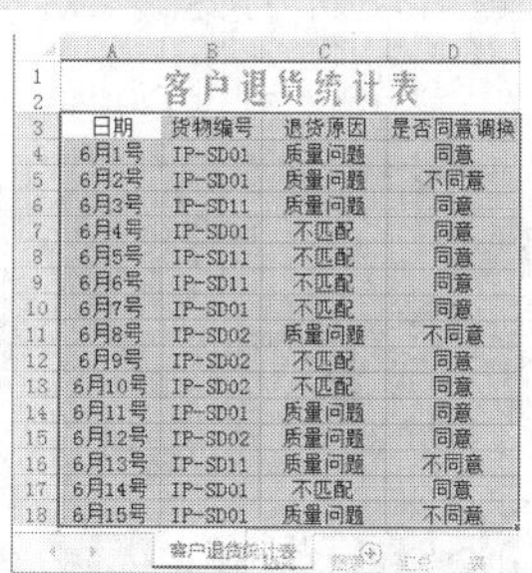

第 2 步：筛选数据

❶ 单击【开始】选项卡下【编辑】选项组中的【排序和筛选】按钮，在弹出的列表中选择【筛选】选项。

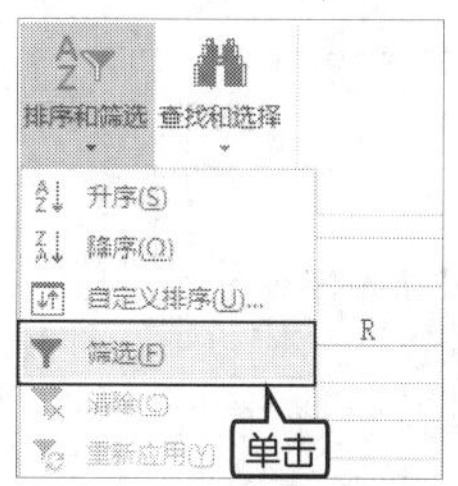

❷ 此时在数据的首行，出现一个按钮。

❸ 单击“退货原因”右侧的按钮，在弹出的列表中选择【文本筛选】选项下的【等于】选项。

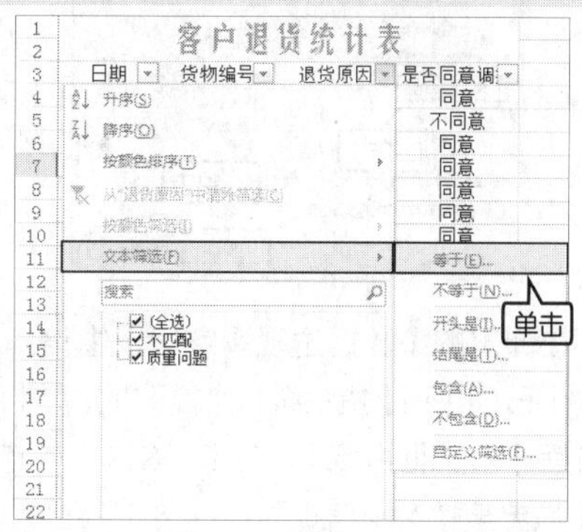

❹ 弹出【自定义自动筛选方式】对话框，在【退货原因】右侧的文本框中输入“质量问题”字样。

❺ 单击【确定】按钮，效果如图所示。

	日期	货物编号	退货原因	是否同意调
4	6月1号	IP-SD01	质量问题	同意
5	6月2号	IP-SD01	质量问题	不同意
6	6月3号	IP-SD11	质量问题	同意
11	6月8号	IP-SD02	质量问题	不同意
14	6月11号	IP-SD01	质量问题	同意
15	6月12号	IP-SD02	质量问题	同意
16	6月13号	IP-SD11	质量问题	不同意
18	6月15号	IP-SD01	质量问题	不同意

第 3 步：插入及美化数据透视图

❶ 单击自定义快速访问工具栏中的【撤消】按钮，返回工作表，选择单元格区域 A3:D18，单击【插入】选项卡下【图表】选项组中【数据透视图】按钮下方的下拉按钮，在弹出的列表中选择【数据透视图】选项。

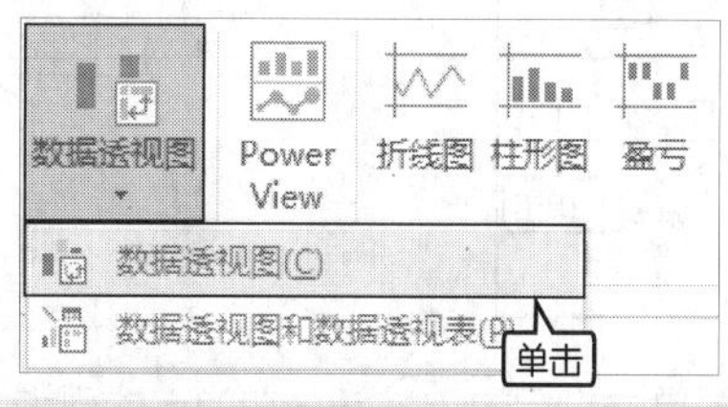

❷ 弹出【创建数据透视图】对话框，单击【新工作表】按钮，其它不变，单击【确定】按钮。

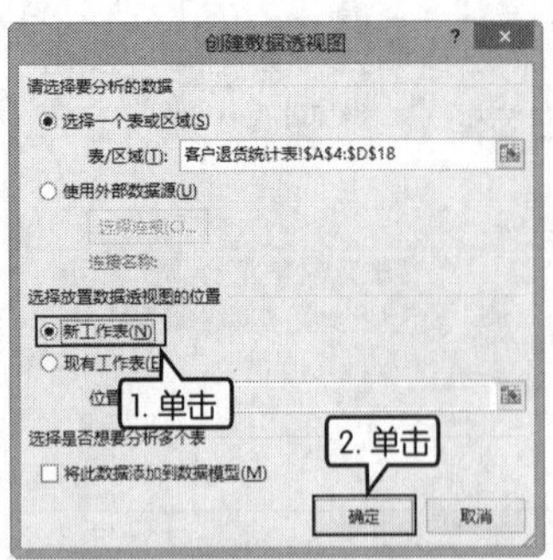

❸ 在弹出的【数据透视图字段】窗格，单击选中【日期】和【货物编号】复选框，并将【货物编号】复选框拖曳至“轴（类别）”，将【日期】拖曳至“Σ（值）”。

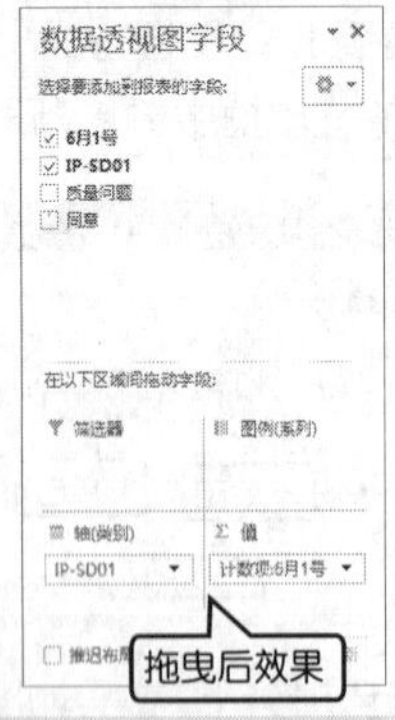

❹ 添加的数据透视图如图所示。

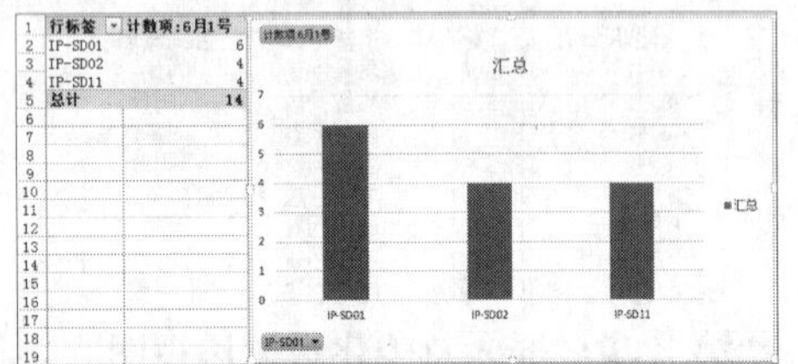

❺ 将鼠标光标定位在数据透视图中，单击右侧的 + 按钮，在弹出的列表中单击选中【数据标签】复选框。此时就为数据透视图添加了数据标签。

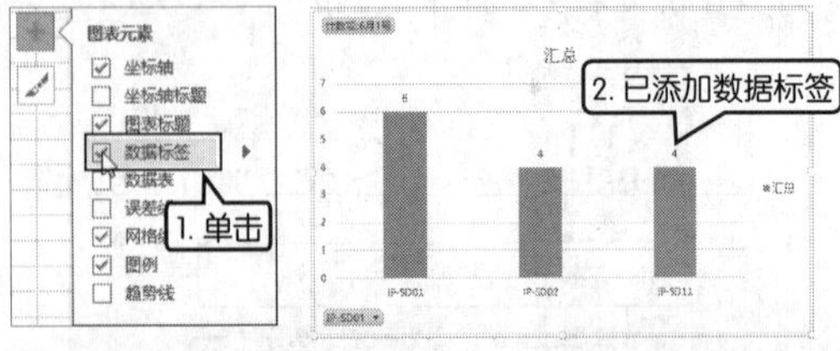

❻ 单击右侧的 🖌 按钮，在弹出的列表中选择【样式 14】选项。

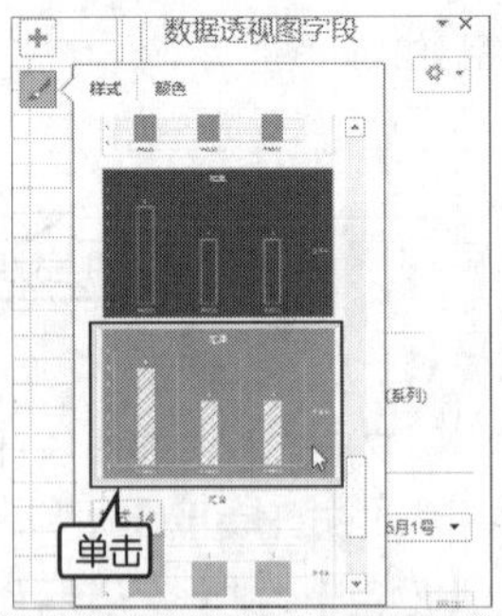

❼ 此时即为数据透视图添加了样式。

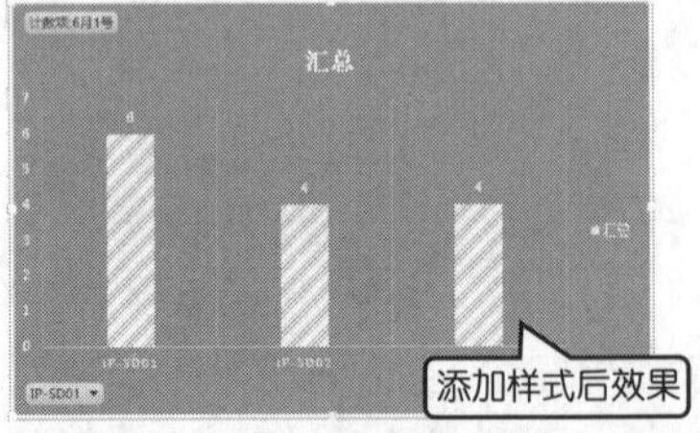

❽ 选择标题文本框，删除“汇总”字样，同时输入自定义标题“产品退货统计”字样。

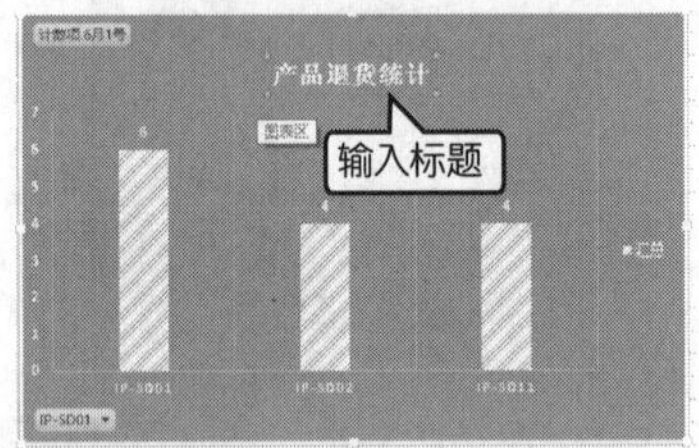

❾ 选中绘图区，单击【数据透视图工具】【格式】选项卡下【形状样式】组中的【形状填充】按钮 形状填充▾，在弹出的列表中选择【纹理】【栎木】选项。

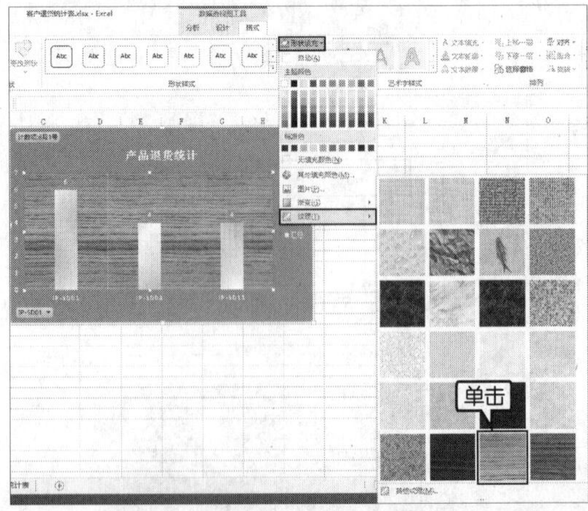

❿ 效果如图所示。

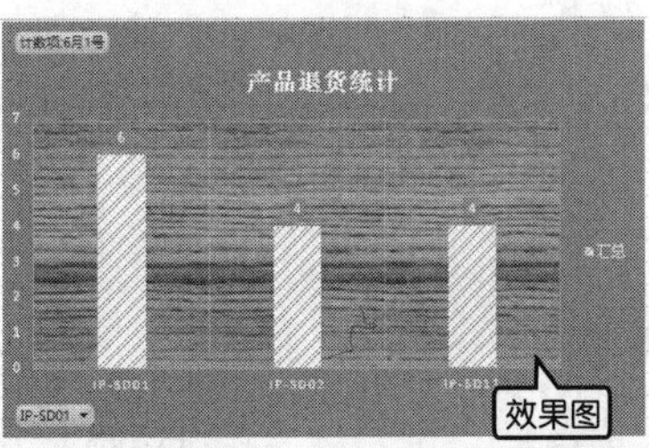

⓫ 单击数据透视图中的 IP-SD01 按钮，在弹出的列表中选择【降序】选项，即可将数据按降序排列。

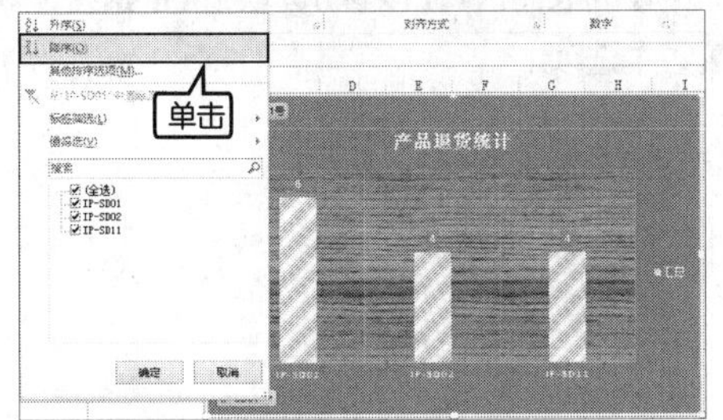

第 4 步：重命名工作表和移动工作表

❶ 单击工作表标签“Sheet1”，按【F2】键，重命名工作表为“产品退货统计”。

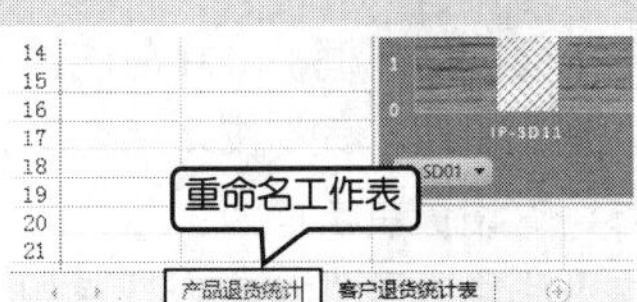

❷ 选择数据透视图，【数据透视图工具】【设计】选项卡下【位置】组中的【移动图表】按钮，弹出【移动图表】对话框，单击选中【对象位于】单选项，单击右侧的按钮，在弹出的列表中选择【客户退货统计表】选项。

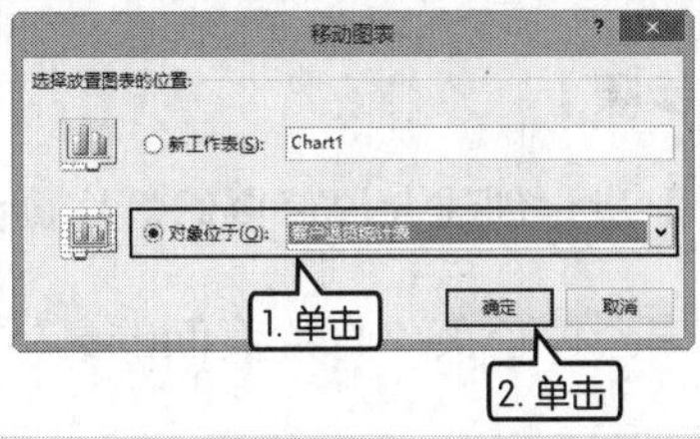

❸ 单击【确定】按钮后效果如下图所示。

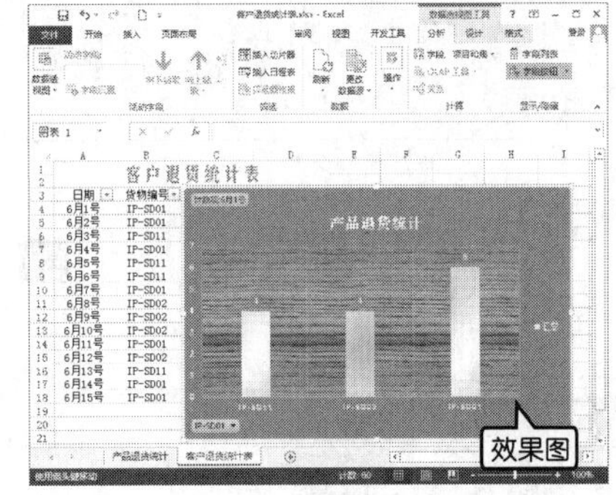

至此，一份完整美观的客户退货统计表就制作完成了。

18.3 公司会议 PPT

本节视频教学录像：13 分钟

会议是人们为了解决某个共同的问题或出于不同的目的聚集在一起进行讨论、交流的活动。制作会议 PPT 首先要确定会议的议程、提出会议的目的或要解决的问题，并讨论这些问题，最后还要以总结性的内容或给出新的目标来结束幻灯片。本节将制作一个发展战略研讨会的幻灯片，其最终效果如下图所示。

【案例效果展示】

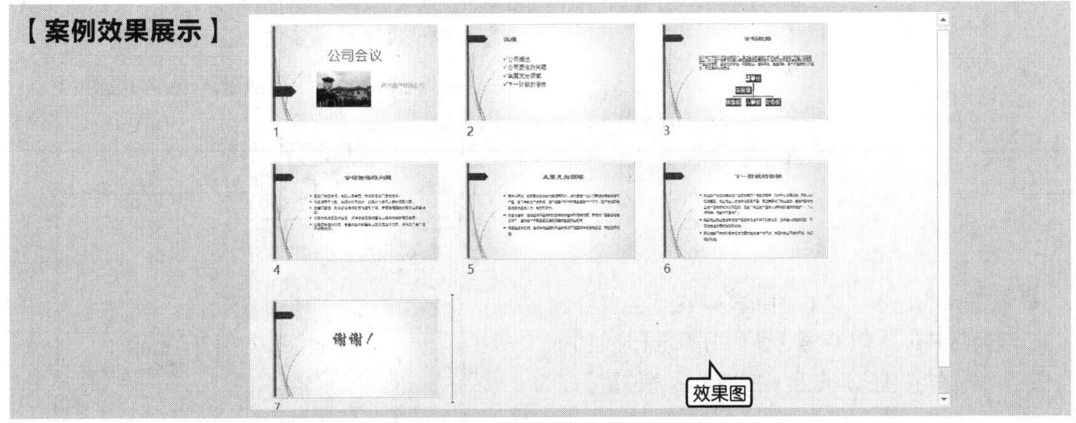

【案例涉及知识点】

- 应用幻灯片主题
- 输入内容设置文本格式
- 插入艺术字并设置艺术字格式
- 插入 SmartArt 图形

【操作步骤】

第 1 步：创建会议首页幻灯片页面

创建会议首页幻灯片页面的具体操作步骤如下。

❶ 新建一个空白演示文稿，单击【设计】选项卡【主题】组中【其他】按钮，在弹出的下拉菜单中选择【丝状】选项。

❷ 删除【单击此处添加标题】文本框，单击【插入】选项卡下【文本】组中的【艺术字】按钮，在弹出的下拉列表中选择【填充 - 褐色，着色 2，锋利棱台】选项。

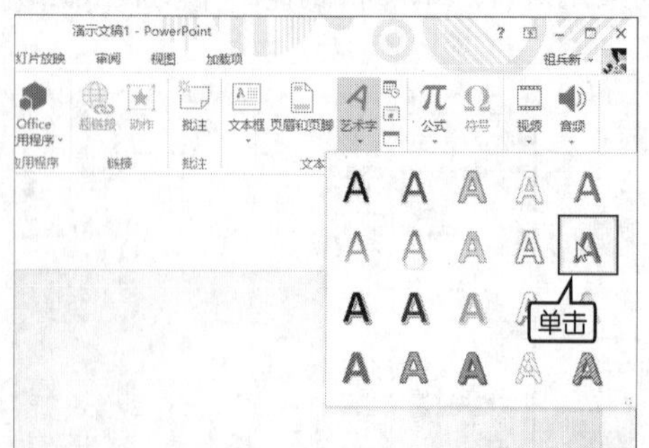

❸ 在插入的艺术字文本框中输入“公司会议”文本内容，并设置其【字号】为【80】。单击【加粗】按钮、【文字阴影】按钮，拖拽至合适位置。

❹ 选中艺术字，单击【格式】选项卡下【艺术字样式】组下的【文字效果】按钮，在弹出的下拉列表中选择【映像】选项下的【紧密映像，接触】选项。

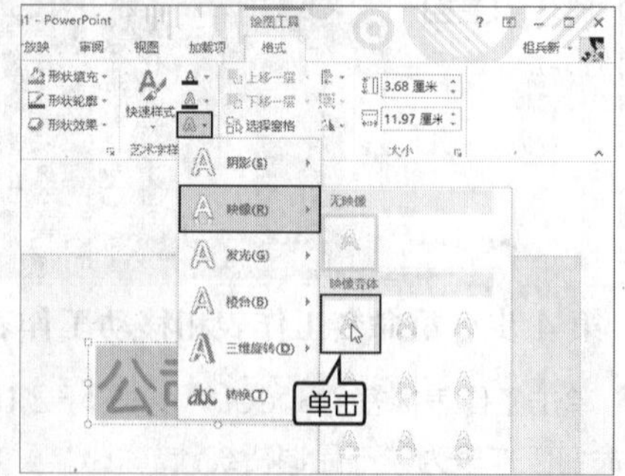

❺ 插入【横排文本框】，并在该文本框中输入“郑州房产有限公司”文本内容，设置字体为“宋体”，设置其字号为“32”、字体颜色为“橙色”，并拖曳文本框至合适的位置。

❻ 单击【插入】选下卡下【图像】组中的【图片】按钮，弹出【插入图片】对话框，选择路径，并选择图片，单击【插入】按钮。

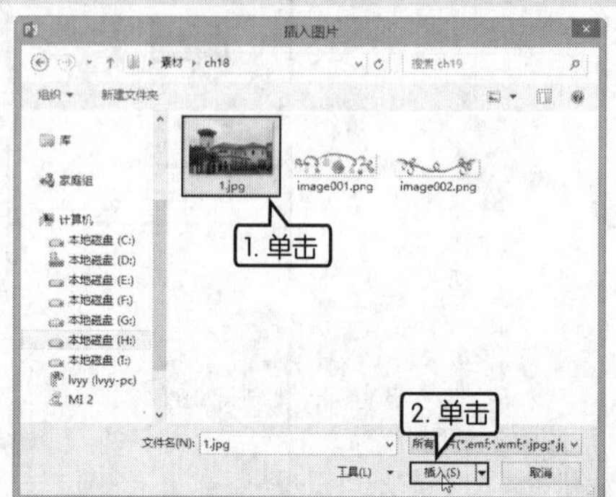

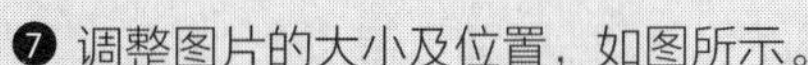

❼ 调整图片的大小及位置，如图所示。

第 2 步：创建会议纲要幻灯片页面

创建会议内容幻灯片页面的具体操作步骤如下。

❶ 单击【开始】选项卡下【幻灯片】组中的【新建幻灯片】按钮，在弹出的快捷菜单中选择【标题和内容】幻灯片选项。

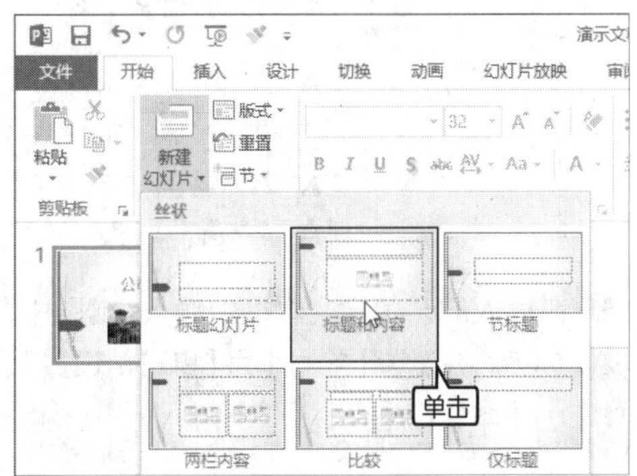

❷ 在新添加的幻灯片中单击【单击此处添加标题】文本框，并在该文本框中输入“议程”文本内容，设置其字体为“隶书”且加粗，设置字号为“40”、字体颜色为“绿色”。打开随书光盘中的“素材 \ch18\ 议程 .txt”文件，将其内容复制至“单击此处添加文本”对话框，设置其字体为“宋体”、字号大小为“32”，并添加如图所示项目符号。

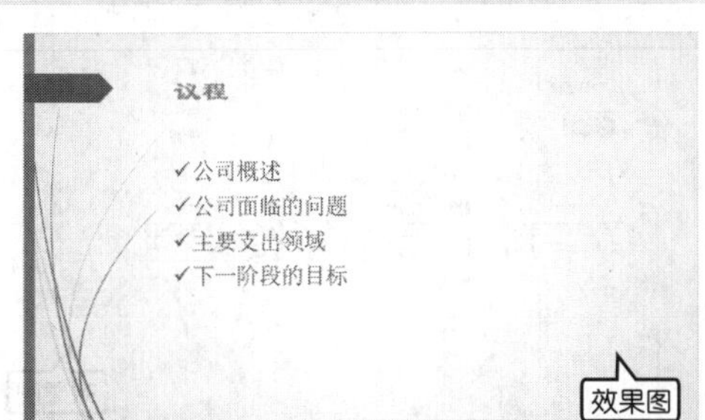

第 3 步：创建会议内容幻灯片页面

创建会议讨论幻灯片页面的具体操作步骤如下。

❶ 单击【开始】选项卡下【幻灯片】组中的【新建幻灯片】按钮，在弹出的快捷菜单中选择【标题和内容】幻灯片选项，并在标题文本框中输入“公司概括”文本内容，设置其字体为“隶书”且加粗，设置字号为“40”、字体颜色为“绿色”，对齐方式为“居中对齐”。

❷ 打开随书光盘中的“素材 \ch18\ 公司概括 .txt”文件，将其文本内容粘贴至【单击此处添加文本】文本框中。

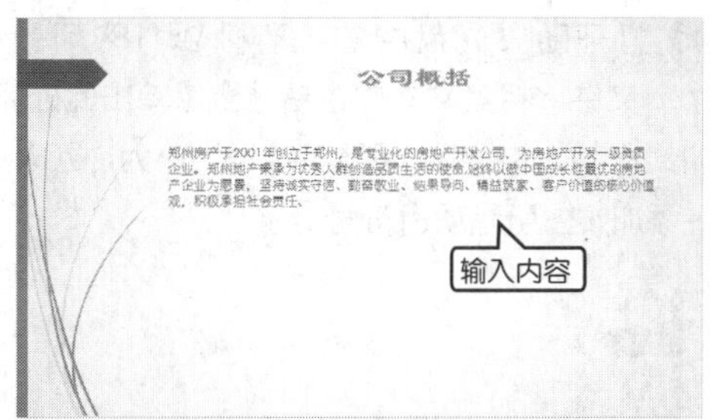

❸ 单击【插入】选项卡下【插图】组中的【SmartArt】按钮，弹出【选择 SmartArt 图形】对话框，如图，选择一种 SmartArt 图形，单击【确定】按钮。

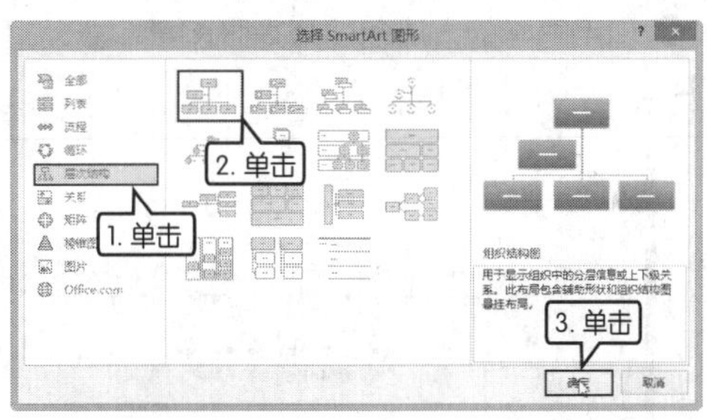

❹ 将 SmartArt 图形插入幻灯片后，输入内容，并调整大小及位置，设置如图所示幻灯片。

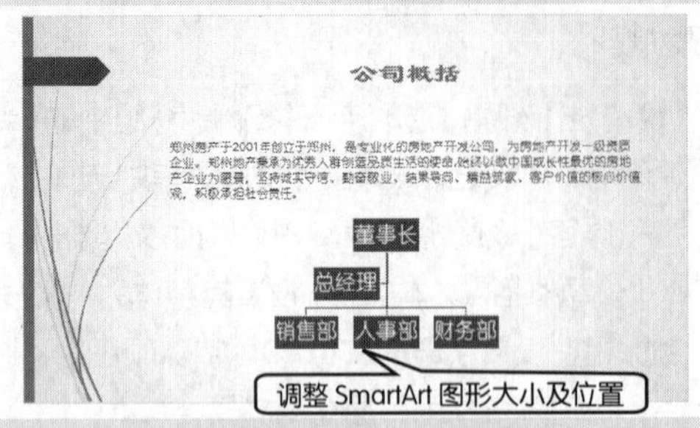

❺ 添加一张【标题和内容】幻灯片，在标题中输入“公司面临的问题”文本内容，设置其字体为“隶书”、加粗，设置字号为“40”、字体颜色为“绿色”、对齐方式为“居中对齐”。

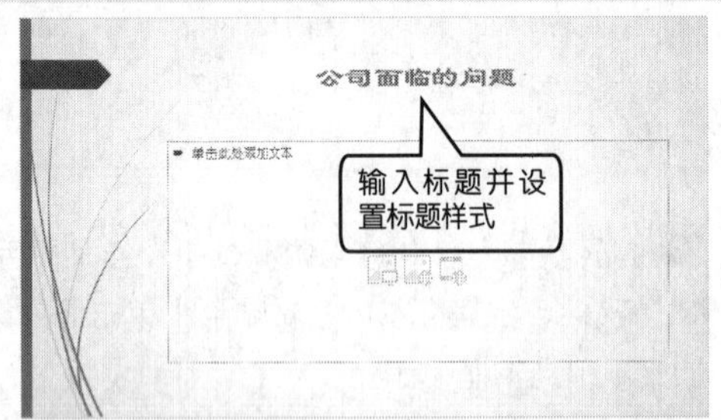

❻ 打开随书光盘中的“素材\ch18\问题.txt”文件，将其文本内容粘贴至【单击此处添加文本】文本框中，设置其字号大小为“20”，并添加如图所示项目符号。

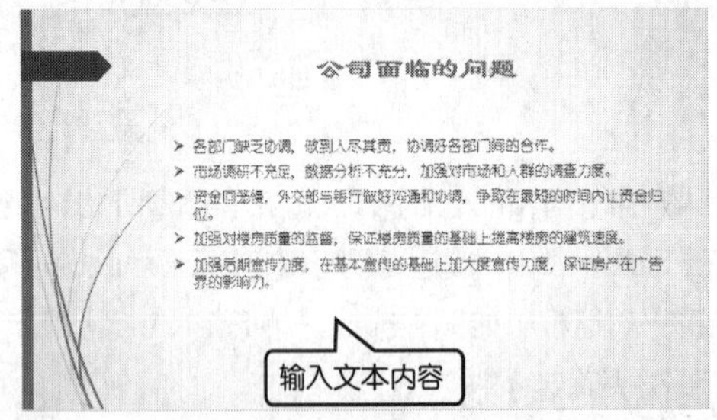

❼ 使用同样的方法创建第 5 张和第 6 张幻灯片。

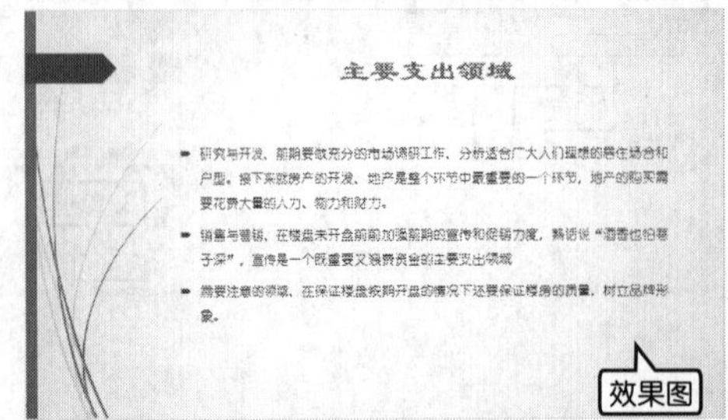

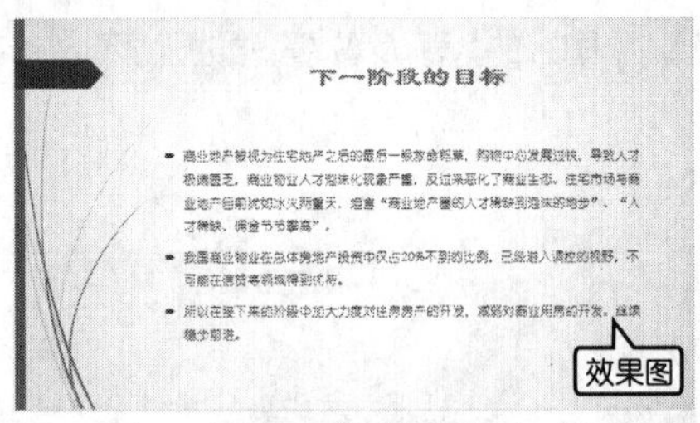

第 4 步：创建会议结束幻灯片页面

具体操作步骤如下。

❶ 单击【开始】选项卡下【幻灯片】组中的【新建幻灯片】按钮，在弹出的快捷菜单中选择【空白】幻灯片选项，然后单击【插入】选项卡下【文本】组中的【艺术字】按钮，在弹出的下拉列表中选择【图案填充-白色，文本 2，深色上对角线，阴影】选项。

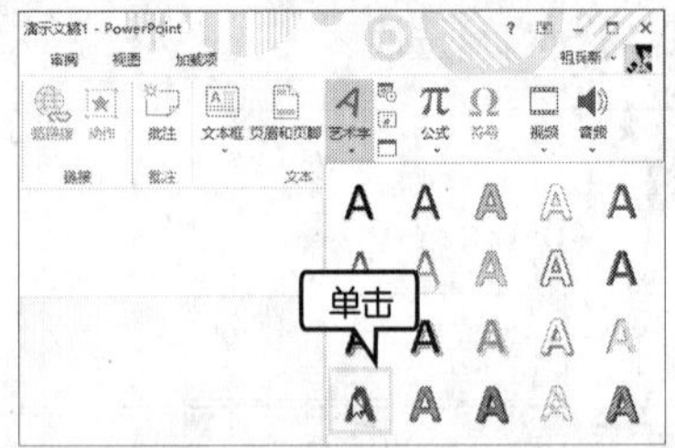

❷ 在插入的艺术字文本框中输入“谢谢！”文本内容，并设置【字号】为【96】，设置【字体】为【华文行楷】。

❸ 至此，公司会议 PPT 制作完成，将其保存为“公司会议.pptx”即可，最终效果如图所示。

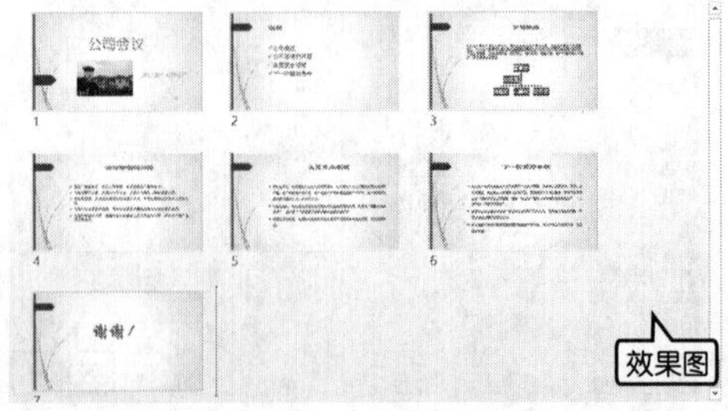

第19章

Office 在人力资源中的应用

本章视频教学录像：35 分钟

高手指引

人力资源管理是一项系统又复杂的组织工作。Office 2013 系列应用组件可以帮助人力资源管理者轻松、快速完成各种文档、数据报表及幻灯片的制作。

重点导读

- 掌握制作面试通知书的方法
- 掌握制作员工工资考核管理表的方法
- 掌握制作员工培训 PPT 的方法

19.1 面试通知书

本节视频教学录像：6 分钟

面试通知书是人力资源管理人员经常制作的一类文档，当面试人数较多，逐一制作无疑大大增加了工作量。本节利用前面所介绍的新建文档、输入文本、邮件合并等内容，介绍如何轻松制作面试通知书。

【案例效果展示】

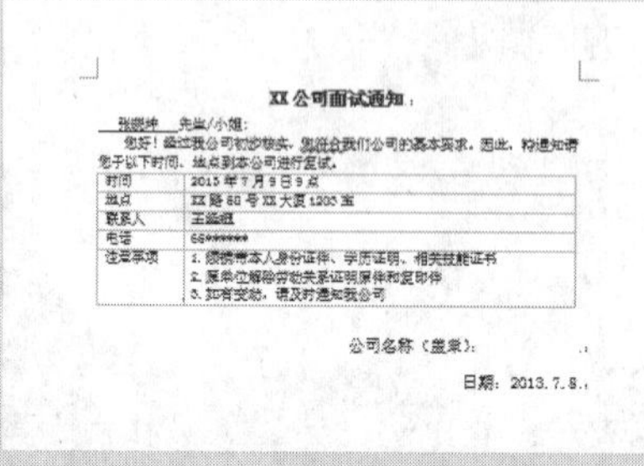

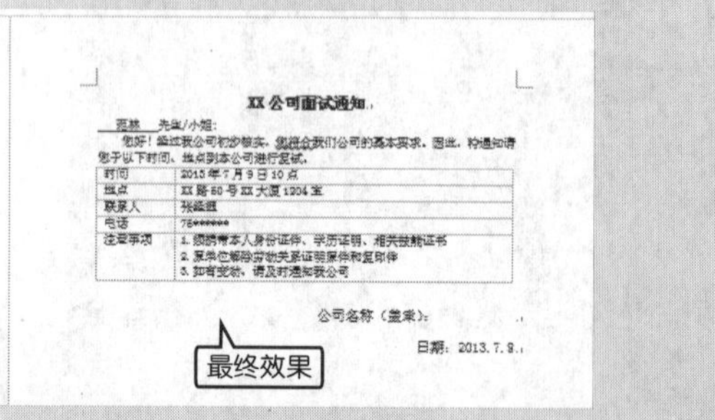

【案例涉及知识点】

- 设置文档中字体格式
- 插入表格
- 使用邮件合并

❶ 新建一个文档并命名为“面试通知书”。输入文档标题“XX 公司面试通知”，设置标题【字体】为“宋体”、【字号】为“三号”、加粗并居中显示。

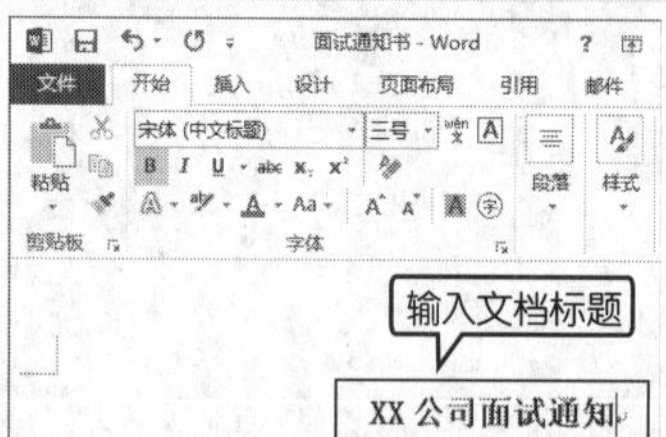

❷ 输入正文内容，输入完成后单击【保存】按钮，即可保存文档。

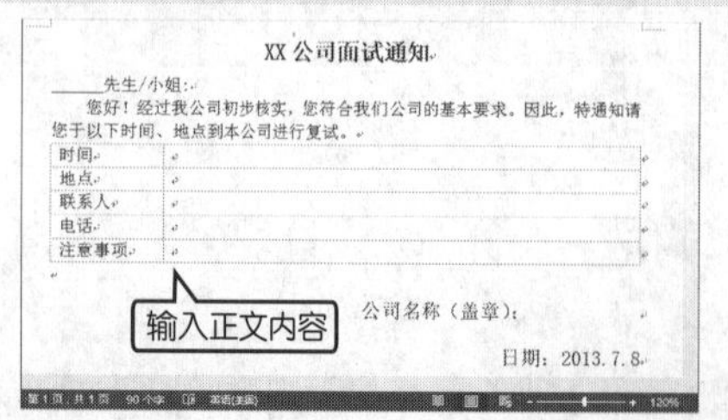

❸ 单击【邮件】选项卡下【开始邮件合并】选项组中的【开始邮件合并】按钮。在弹出的下拉列表中选择【普通 Word 文档】选项。

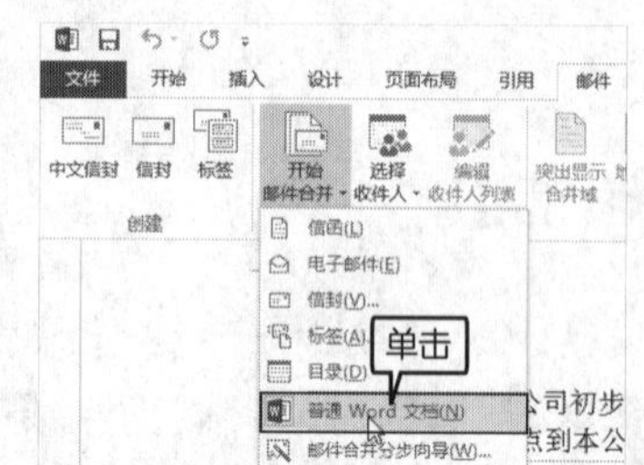

❹ 单击【邮件】选项卡下【开始邮件合并】选项组中的【选择收件人】按钮，在弹出的下拉列表中选择【使用现有列表】选项。

❺ 插入随书光盘中的“素材 \ 面试 .xlsx”。将鼠标光标定位至需要插入合并域的位置，这里将鼠标光标定位至“先生 / 小姐”的前面，单击【插入合并域】按钮。在弹出的下拉列表中选择要插入的域——“姓名”。按照同样的方法插入合并域“时间”、“地点”、“联系人”、“电话”和“注意事项”，如下图所示。

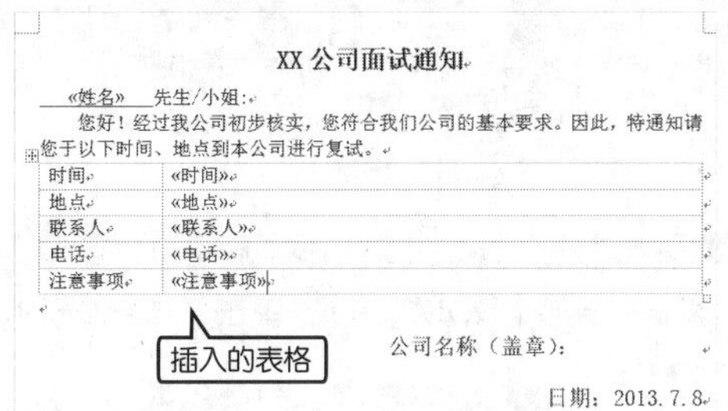
XX 公司面试通知

«姓名»先生/小姐:

您好！经过我公司初步核实，您符合我们公司的基本要求。因此，特通知请您于以下时间、地点到本公司进行复试。

时间	«时间»
地点	«地点»
联系人	«联系人»
电话	«电话»
注意事项	«注意事项»

公司名称（盖章）：

日期：2013.7.8

❻ 单击【邮件】选项卡下【完成】选项组中的【完成并合并】按钮，在弹出的下拉列表中选择【编辑单个文档】选项。

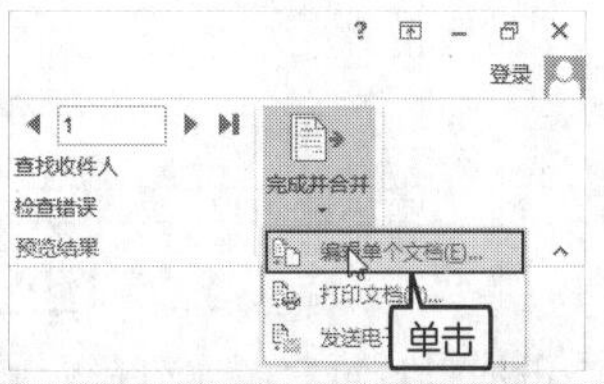

❼ 弹出【合并到新文档】对话框，在对话框中单击选中【全部】单选项，单击【确定】按钮。

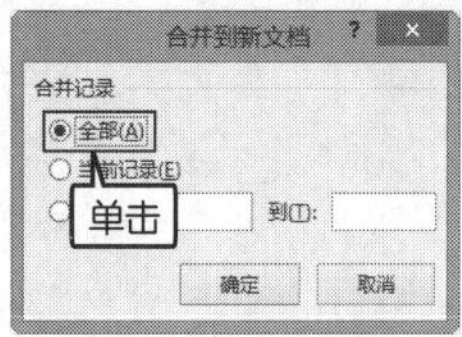

❽ Word 将根据设置自动合并文档，并将全部记录存放到一个新文档中。

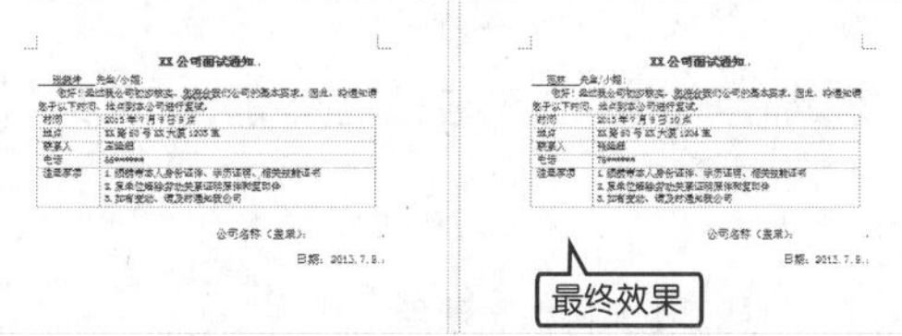

19.2 员工工资考核管理表

本节视频教学录像：7 分钟

人事部门在计算每月的工资时都会对员工做一次考核，这不但可以对员工进行督促和检查，还可以根据考核情况发放绩效工资。下图为员工工资考核管理表的最终效果。

【案例效果展示】

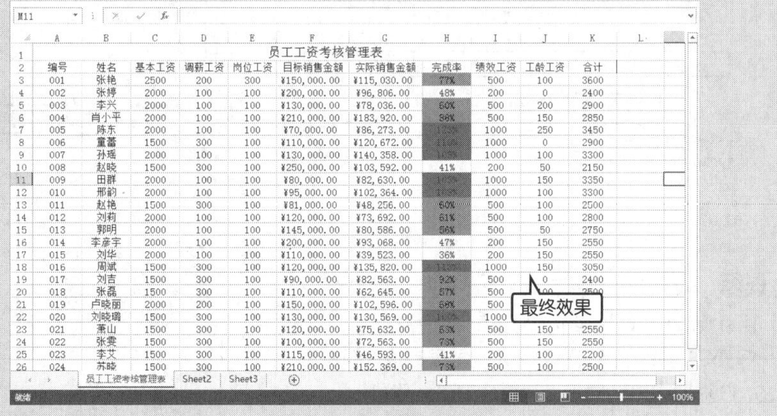
员工工资考核管理表

编号	姓名	基本工资	调薪工资	岗位工资	目标销售金额	实际销售金额	完成率	绩效工资	工龄工资	合计
001	张艳	2500	200	300	¥150,000.00	¥115,030.00	77%	500	100	3600
002	张婷	2000	100	100	¥200,000.00	¥96,806.00	48%	200	0	2400
003	李兴	2000	100	100	¥130,000.00	¥78,036.00	60%	500	200	2900
004	肖小平	2000	100	100	¥210,000.00	¥183,920.00	88%	500	150	2850
005	陈东	2000	100	100	¥70,000.00	¥86,273.00	[illegible]	1000	250	3450
006	童蕾	1500	300	100	¥110,000.00	¥120,672.00	[illegible]	1000	0	2900
007	孙瑶	2000	100	100	¥130,000.00	¥140,358.00	[illegible]	1000	100	3300
008	赵晓	1500	300	100	¥250,000.00	¥103,592.00	41%	200	50	2150
009	田群	2000	100	100	¥80,000.00	¥82,630.00	[illegible]	1000	150	3350
010	邢韵	2000	100	100	¥95,000.00	¥102,364.00	[illegible]	1000	100	3300
011	赵艳	1500	300	100	¥81,000.00	¥48,256.00	60%	500	100	2500
012	刘莉	2000	100	100	¥120,000.00	¥73,692.00	61%	500	100	2800
013	郭明	2000	100	100	¥145,000.00	¥80,586.00	56%	500	50	2750
014	李彦宇	2000	100	100	¥200,000.00	¥93,068.00	47%	200	150	2550
015	刘华	2000	100	100	¥110,000.00	¥39,523.00	36%	200	150	2550
016	周斌	1500	300	100	¥120,000.00	¥135,820.00	[illegible]	1000	150	3050
017	刘吉	1500	300	100	¥90,000.00	¥82,563.00	92%	500	0	2400
018	张磊	1500	300	100	¥110,000.00	¥62,645.00	57%	500	[illegible]	[illegible]
019	卢晓丽	2000	200	100	¥150,000.00	¥102,596.00	68%	500	[illegible]	[illegible]
020	刘晓璐	1500	300	100	¥130,000.00	¥130,569.00	[illegible]	1000	[illegible]	[illegible]
021	萧山	1500	300	100	¥120,000.00	¥75,632.00	63%	500	150	2550
022	张雯	1500	300	100	¥100,000.00	¥72,563.00	73%	500	150	2550
023	李艾	1500	300	100	¥115,000.00	¥46,593.00	41%	200	100	2200
024	苏晓	1500	300	100	¥210,000.00	¥152,369.00	73%	500	100	2500

【案例涉及知识点】

- 公式的运用
- 使用函数
- 使用条件格式

第 1 步：计算完成率

❶ 打开随书光盘中的“素材 \ch19\ 员工工资考核管理表 .xlsx”工作簿，在单元格 H3 中输入公式“=G3/F3”。

调薪工资	岗位工资	目标销售金额	实际销售金额	完成率
200	300	¥150,000.00	¥115,030.00	=G3/F3
100	100	¥200,000.00	¥96,806.00	
100	100	¥130,000.00	¥78,036.00	
100	100	¥210,000.00	¥183,920.00	

❷ 按【Enter】键确认，发现计算结果格式不正确。选择 H3 单元格，单击【开始】选项卡下【数字】选项组中的【百分比样式】按钮 %。

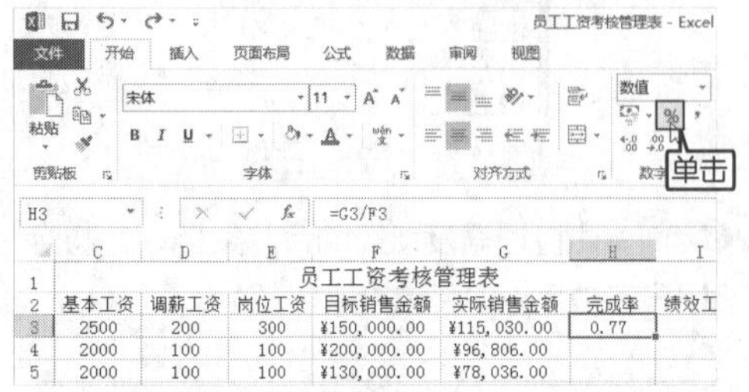

基本工资	调薪工资	岗位工资	目标销售金额	实际销售金额	完成率
2500	200	300	¥150,000.00	¥115,030.00	0.77
2000	200	100	¥200,000.00	¥96,806.00	
2000	100	100	¥130,000.00	¥78,036.00	

❸ 此时可以看到单元格 H3 显示的计算结果为“77%”。

岗位工资	目标销售金额	实际销售金额	完成率
300	¥150,000.00	¥115,030.00	77%
100	¥200,000.00	¥96,806.00	
100	¥130,000.00	¥78,036.00	
100	¥210,000.00	¥183,920.00	

得出结果

第 2 步：计算绩效工资和合计工资

❶ 在单元格 I3 中输入公式“=IF(H3>=50%,IF(H3>=100%,1000,500),200)”，按【Enter】键确认。

=IF(H3>=50%,IF(H3>=100%,1000,500),

输入公式

实际销售金额	完成率	绩效工资	工龄工资
¥115,030.00	77%	500	100
¥96,806.00	48%		0
¥78,036.00	60%		200
¥183,920.00	88%		150

提示 公式“=IF(H3>=50%,IF(H3>=100%,1000,500),200)”表示如果员工销售完成率小于 50%，则绩效工资为 200；如果完成率在 50% 到 100% 之间，则绩效工资为 500；如果完成率大于 100%，则绩效工资为 1000。

❷ 计算出了绩效工资后，使用填充柄填充 I4:I26 单元格区域，如下图所示。

岗位工资	目标销售金额	实际销售金额	完成率	绩效工资	工龄工资	合计
300	¥150,000.00	¥115,030.00	77%	500	100	
100	¥200,000.00	¥96,806.00	48%	200	0	
100	¥130,000.00	¥78,036.00	60%	500	200	
100	¥210,000.00	¥183,920.00	88%	500	150	
100	¥70,000.00	¥86,273.00	123%	1000	250	
100	¥110,000.00	¥120,672.00	110%	1000	0	
100	¥130,000.00	¥140,358.00	108%	1000	100	
100	¥250,000.00	¥103,592.00	41%	[illegible]	[illegible]	
100	¥80,000.00	¥82,630.00	103%	[illegible]	[illegible]	
100	¥95,000.00	¥102,364.00	108%	[illegible]	[illegible]	
100	¥81,000.00	¥48,256.00	60%	500	100	

❸ 选择单元格 K3，单击【公式】选项卡下【函数库】选项组中的【插入函数】按钮。

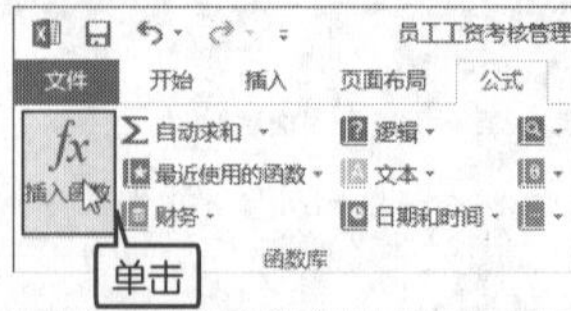

❹ 弹出【插入函数】对话框，在【选择函数】列表框中选择【SUM】函数，单击【确定】按钮。

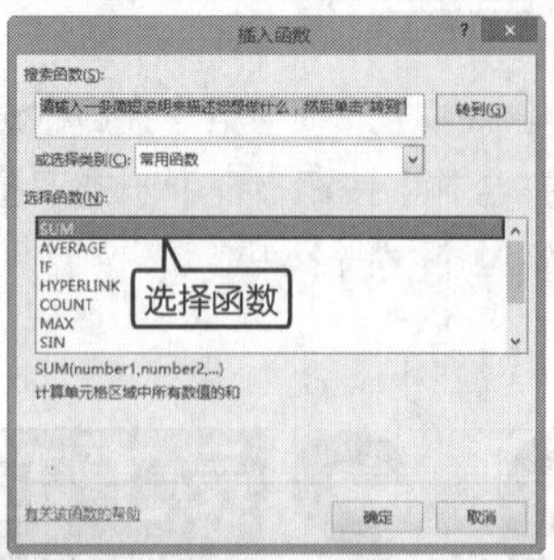

❺ 弹出【函数参数】对话框，在该对话框中进行如图所示设置，单击【确定】按钮。

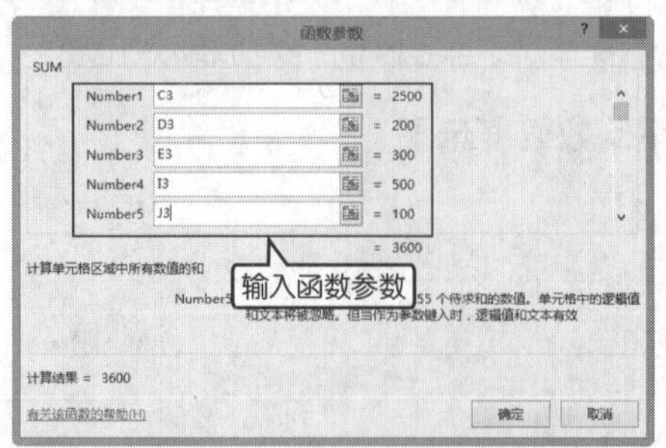

❻ 计算出了合计工资后，使用填充柄填充 K4:K26 单元格区域，如下图所示。

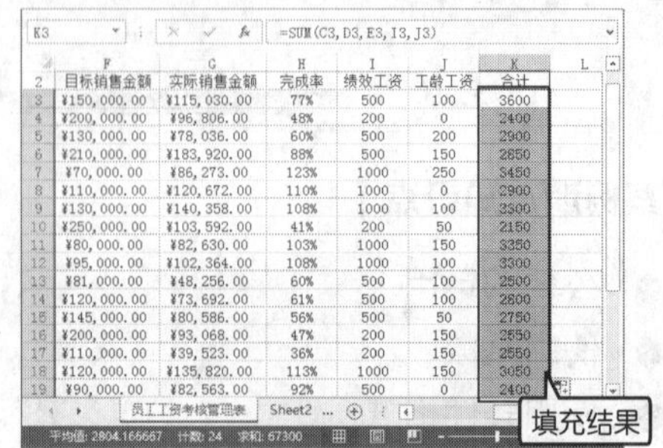

目标销售金额	实际销售金额	完成率	绩效工资	工龄工资	合计
¥150,000.00	¥115,030.00	77%	500	100	3600
¥200,000.00	¥96,806.00	48%	200	0	2400
¥130,000.00	¥78,036.00	60%	500	200	2900
¥210,000.00	¥183,920.00	88%	500	150	2850
¥70,000.00	¥86,273.00	123%	1000	250	3450
¥110,000.00	¥120,672.00	110%	1000	0	2900
¥130,000.00	¥140,358.00	108%	1000	100	3300
¥250,000.00	¥103,592.00	41%	200	50	2150
¥80,000.00	¥82,630.00	103%	1000	150	3350
¥95,000.00	¥102,364.00	108%	1000	100	3300
¥81,000.00	¥48,256.00	60%	500	100	2500
¥120,000.00	¥73,692.00	61%	500	100	2800
¥145,000.00	¥80,586.00	56%	500	50	2750
¥200,000.00	¥93,068.00	47%	200	150	2550
¥110,000.00	¥39,523.00	36%	200	150	2550
¥120,000.00	¥135,820.00	113%	1000	150	3050
¥90,000.00	¥82,563.00	92%	500	0	2400

第 3 步：设置条件格式

❶ 选择单元格区域 H3:H26，单击【开始】选项卡下【样式】选项组中的【条件格式】按钮，在弹出的下拉列表中选择【突出显示单元格规则】➤【介于】选项。

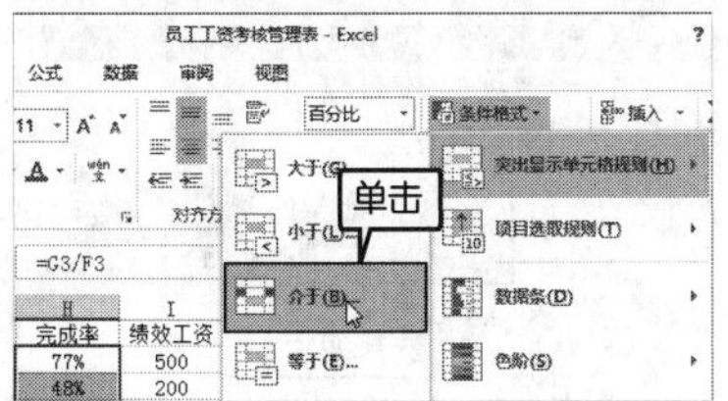

❷ 弹出【介于】对话框，在【为介于以下值之间设置格式】下设置值为“50% 到 100%”，单击【设置为】右侧的下拉按钮，在弹出的下拉列表中选择【自定义格式…】选项。

❸ 弹出【设置单元格格式】对话框，切换到【填充】选项卡，选择【填充颜色】为“浅蓝色”，单击【确定】按钮。

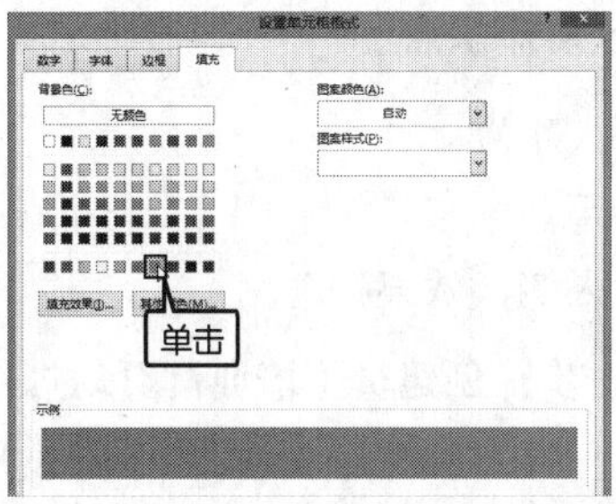

❹ 返回【介于】对话框，单击【确定】按钮。即可为完成率在 50% 到 100% 的单元格设置填充效果。

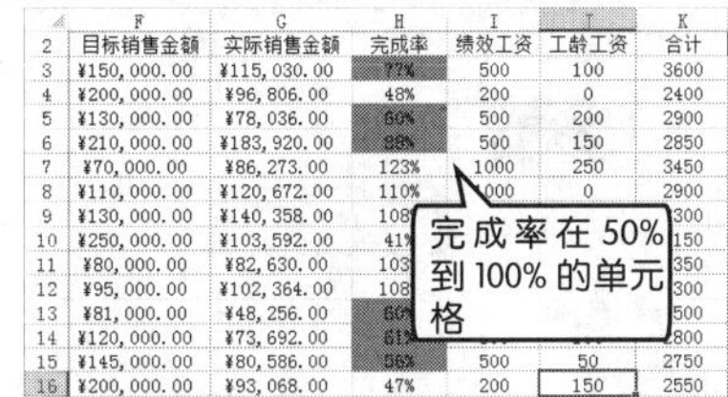

❺ 使用类似的方法设置“完成率大于 100%”的单元格填充效果。至此，员工工资考核表制作完成，如图所示。

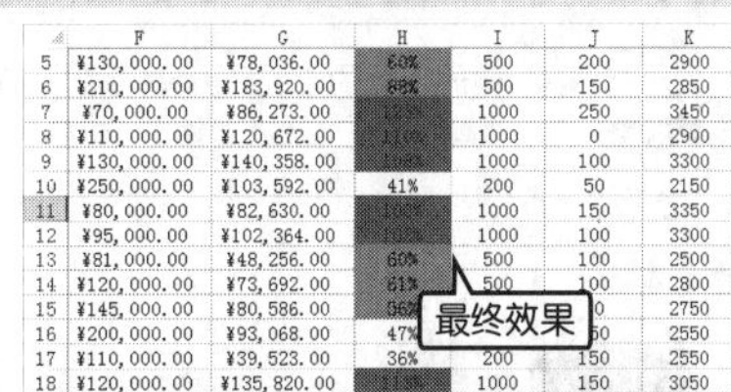

19.3 员工培训 PPT

本节视频教学录像：22 分钟

员工培训是组织或公司为了开展业务及培训人才的需要，采用各种方式对员工进行有目的、有计划的培养和训练的管理活动，以使员工不断更新知识并开拓技能，从而提高工作的效率。员工培训 PPT 的最终效果如图所示。

【案例效果展示】

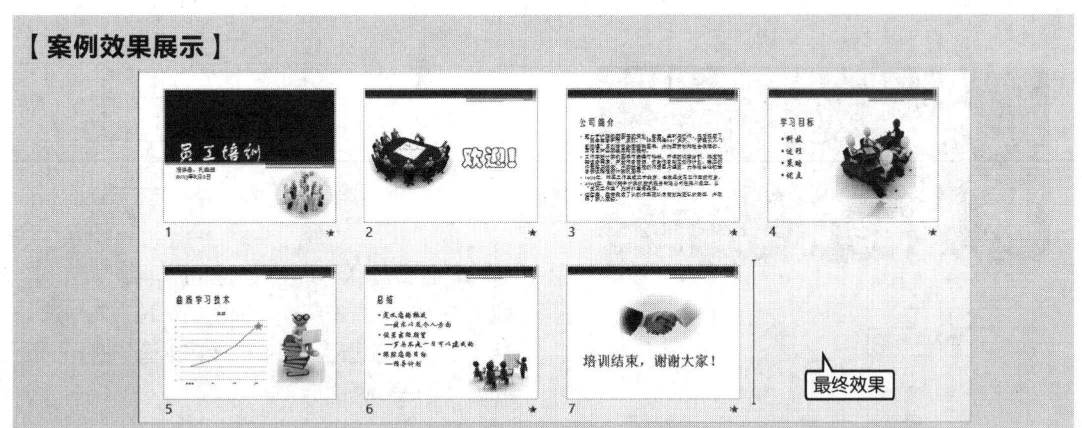

【案例涉及知识点】

- 插入图片
- 使用艺术字
- 插入切换效果和动画

第 1 步：创建员工培训首页幻灯片页面

❶ 新建一个“员工培训 .pptx”演示文稿，单击【设计】选项卡下【自定义】选项组中的【幻灯片大小】按钮，在弹出的下拉列表中选择【标准（4:3）】选项。

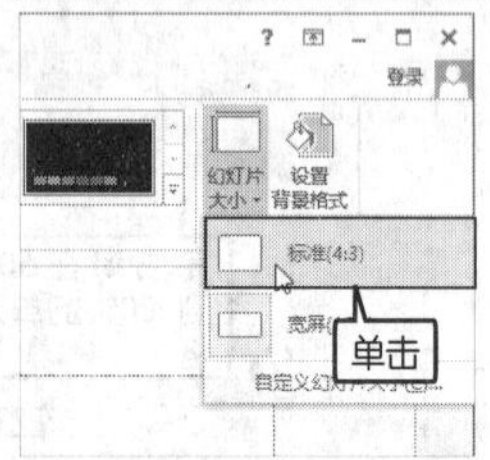

❷ 单击【设计】选项卡下【主题】选项组中的【其他】按钮，在弹出的下拉列表中选择【自定义区域】内的【主题 1】选项。

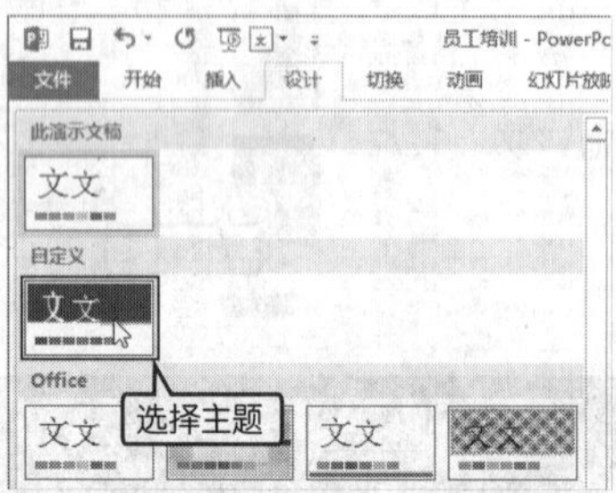

❸ 单击【单击此处添加标题】文本框，输入“员工培训”文本，设置其【字体】为“方正舒体”、【字号】为“96”，单击【单击此处添加副标题】文本框，输入“演讲者：孔经理、2013 年 8 月 2 日”。

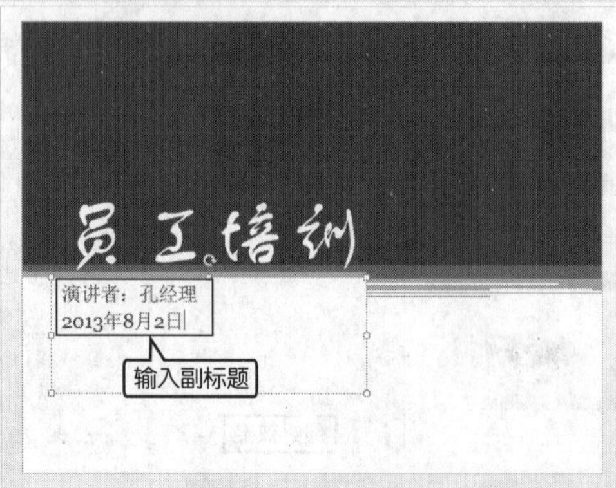

❹ 单击【插入】选项卡下【图像】选项组中的【图片】按钮，在弹出的【插入图片】对话框中选择要插入的图片，这里选择随书光盘中的“素材 \ch19\ 员工培训 \ 员工培训 1.jpg”图片，单击【插入】按钮。

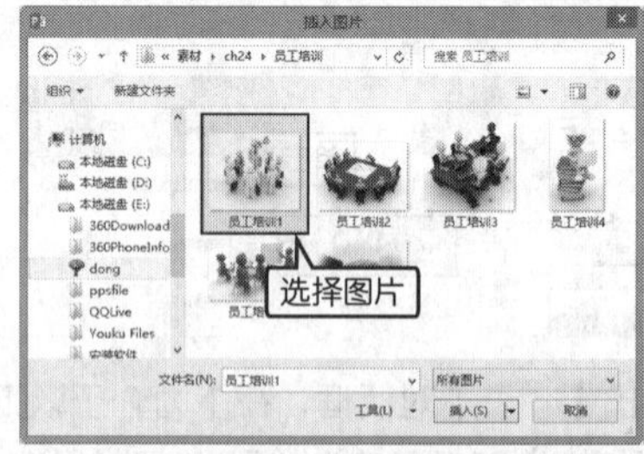

❺ 对插入的图片进行调整后，单击【格式】选项卡下【图片样式】选项组中的【其他】按钮，在弹出的下拉列表中选择【柔化边缘椭圆】选项，即可为插入的图片设置柔化边缘椭圆 样式。

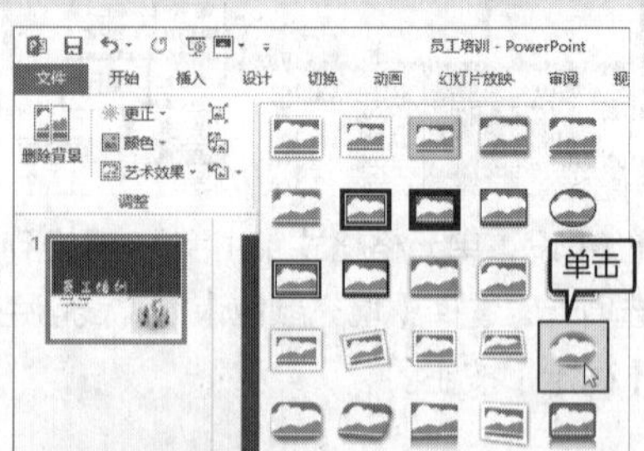

❻ 选中“员工培训”文本框，单击【动画】选项卡下【动画】选项组中的【其他】按钮，在弹出的列表中选择【翻转式由远及近】选项。

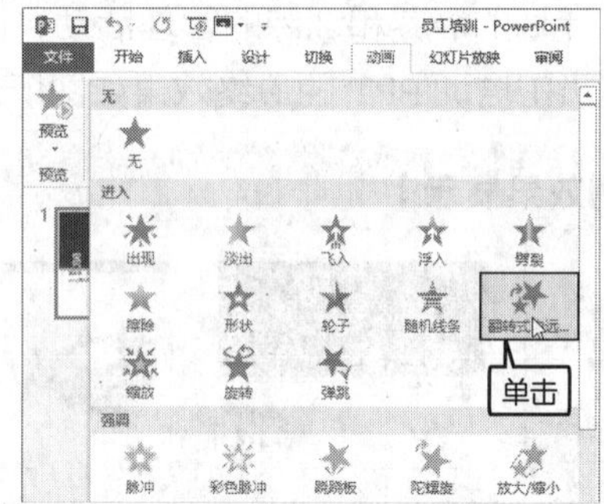

❼ 单击【动画】选项卡下【动画】选项组中的【开始】右侧的下拉按钮，在弹出的下拉列表中选择【上一动画之后】选项，设置动画的开始时间为“上一动画之后”。

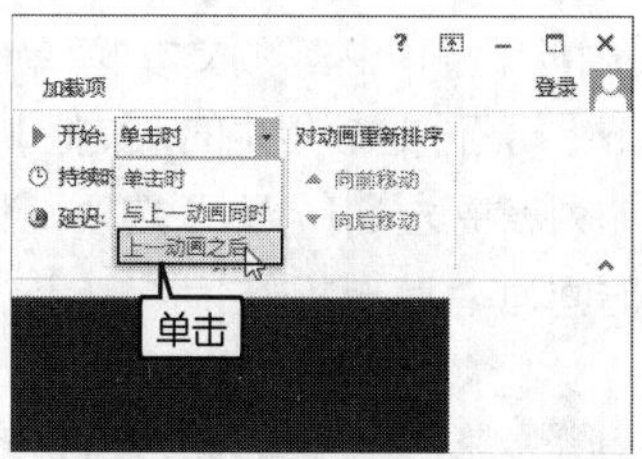

❽ 单击【切换】选项卡下【切换到此幻灯片】选项组中的【其他】按钮，在弹出的下拉列表中选择【淡出】选项，为本张幻灯片设置切换效果。

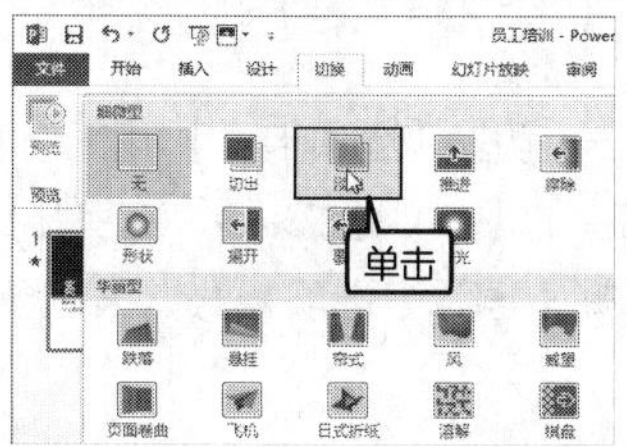

第 2 步：创建员工培训欢迎幻灯片页面

❶ 新建【标题和内容】幻灯片，删除【单击此处添加标题】和【单击此处添加文本】文本框，插入随书光盘中的“素材 \ch19\ 员工培训 \ 员工培训 2.jpg”图片，调整图片的大小及位置并为图片设置柔化边缘椭圆样式。

❷ 单击【插入】选项卡下【文本】选项组中的【艺术字】按钮，在弹出的下拉列表中选择【填充 - 靛蓝，着色 1，阴影】选项。

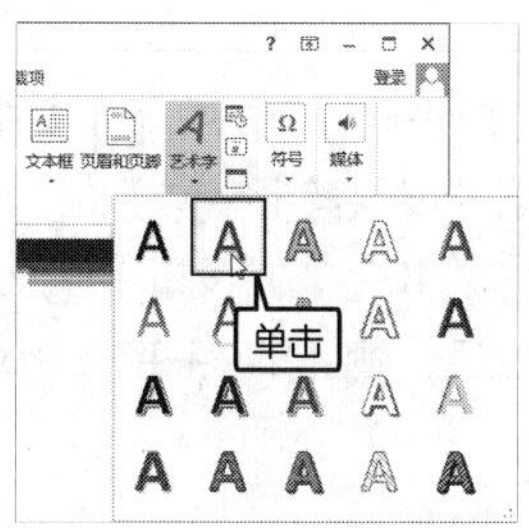

❸ 在插入的艺术字文本框中输入“欢迎！”文本，设置其【字体】为【汉仪彩云简体】、【字号】为“96”，设置【字体颜色】为“青色，着色 2，深色 25%”，调整艺术字的位置。

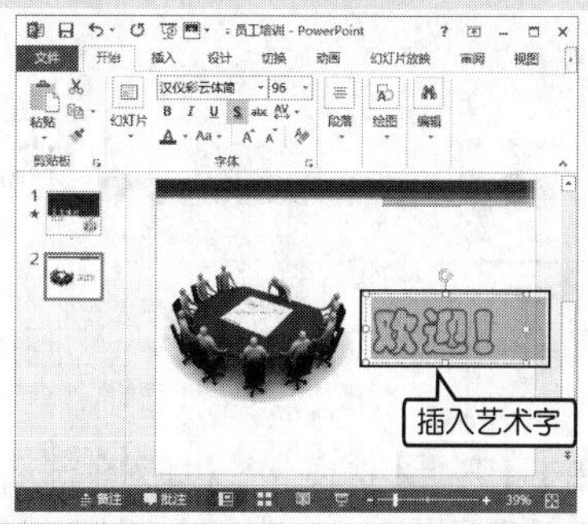

❹ 单击【切换】选项卡下【切换到此幻灯片】选项组中的【其他】按钮，在弹出的下拉列表中选择【闪光】选项，为本张幻灯片设置切换效果。

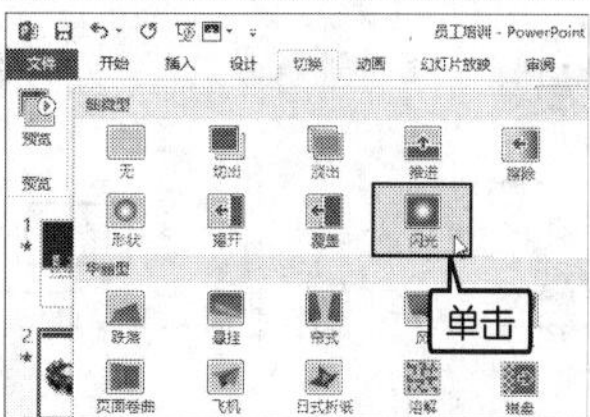

第 3 步：创建员工培训公司简介幻灯片

❶ 新建【标题和内容】幻灯片，单击【单击此处添加标题】文本框，输入“公司简介”文本。

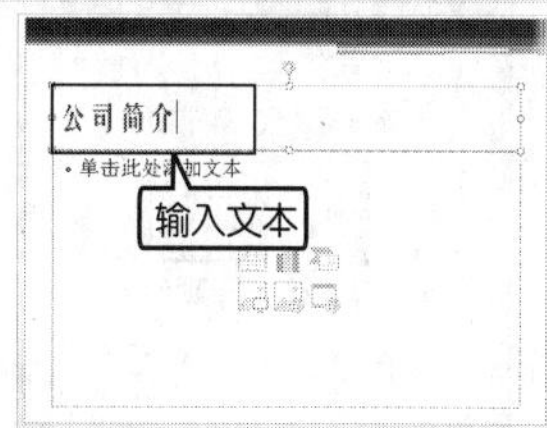

❷ 单击【单击此处添加文本】文本框，输入公司简介的内容（或者打开随书光盘中的“素材 \ch19\ 员工培训 \ 公司简介 .txt”文档，粘贴复制即可）。

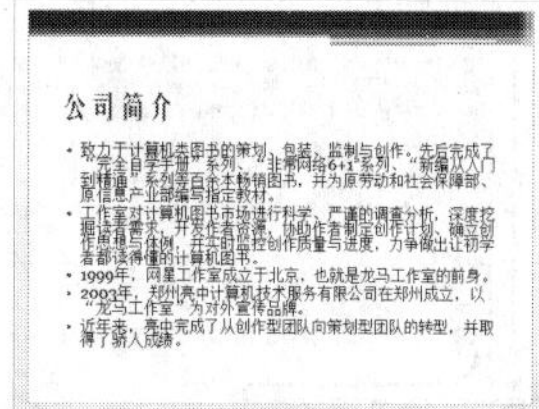

❸ 选中公司简介的内容，单击【开始】选项卡下【段落】选项组中的【行距】按钮，在弹出的下拉列表中选择“1.0”选项，设置文本行距为“单倍行距”。

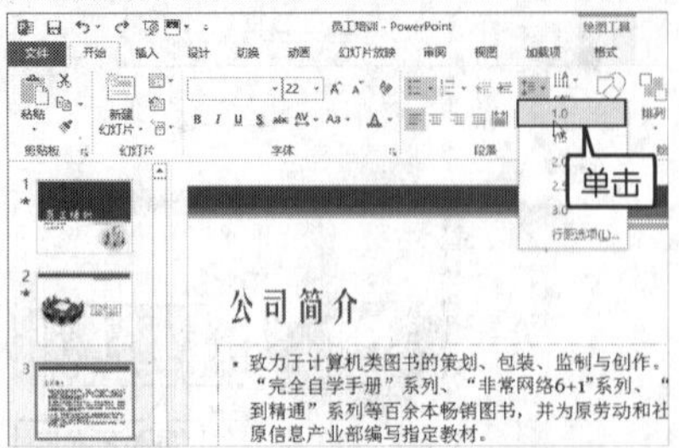

❹ 单击【开始】选项卡下【段落】选项组中的【项目符号】按钮右侧的下拉按钮，在弹出的下拉列表中选择【项目符号和编号】选项。

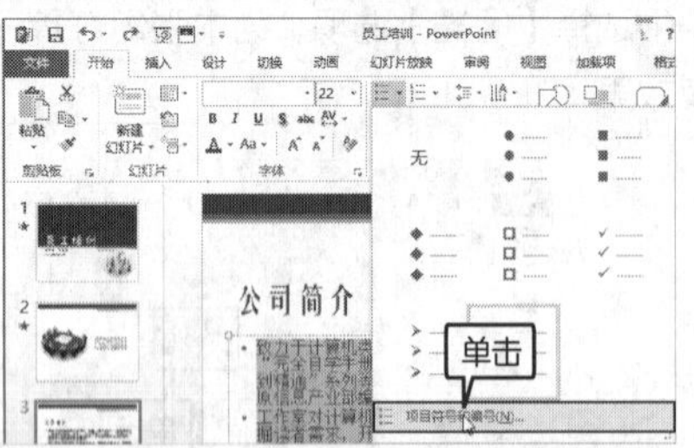

❺ 弹出【项目符号和编号】对话框，选择一种项目符号，并设置项目符号的颜色为“橙色，着色 2，深色 80%”，单击【确定】按钮。

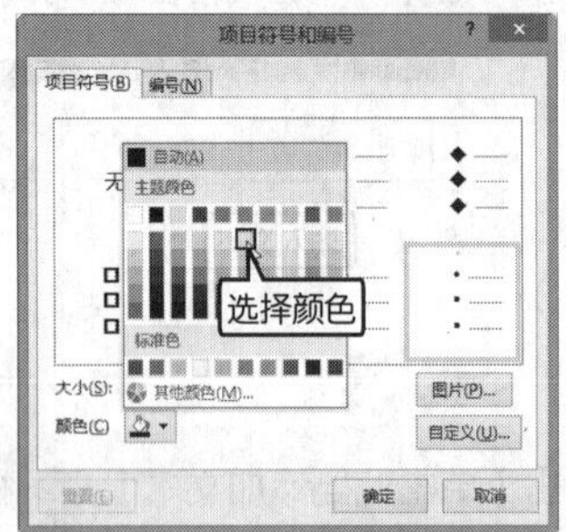

❻ 效果如图所示。

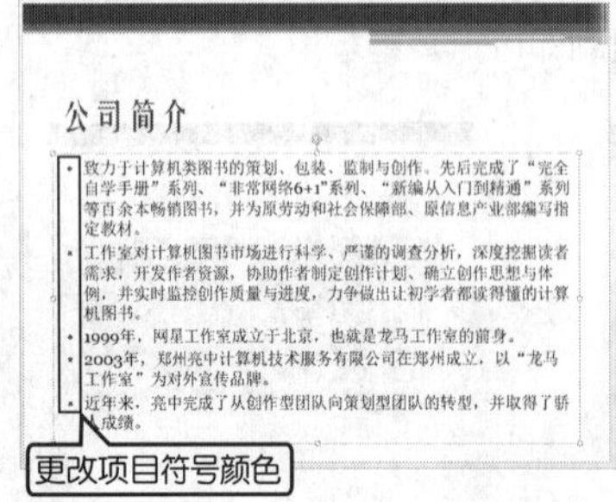

❼ 单选中公司简介内容的文本框，单击【动画】选项卡下【动画】选项组中的【其他】按钮，在弹出的列表中选择【浮入】选项，设置动画的开始时间为“上一动画之后”。

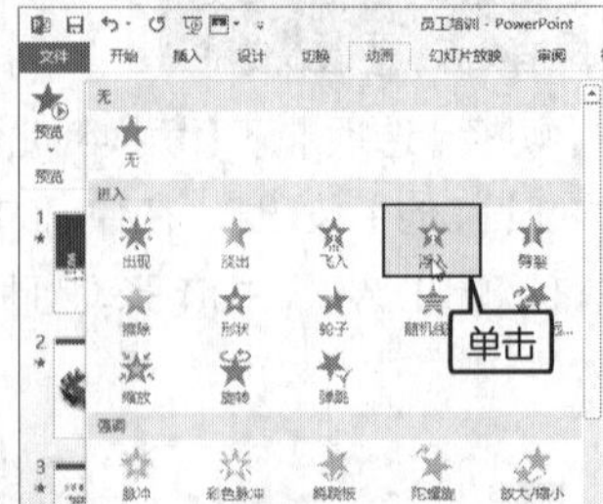

❽ 单击【切换】选项卡下【切换到此幻灯片】选项组中的【其他】按钮，在弹出的下拉列表中选择【擦除】选项，为本张幻灯片设置切换效果。

第 4 步：创建员工培训学习目标幻灯片

❶ 新建【标题和内容】幻灯片，单击【单击此处添加标题】文本框，输入“学习目标”文本。

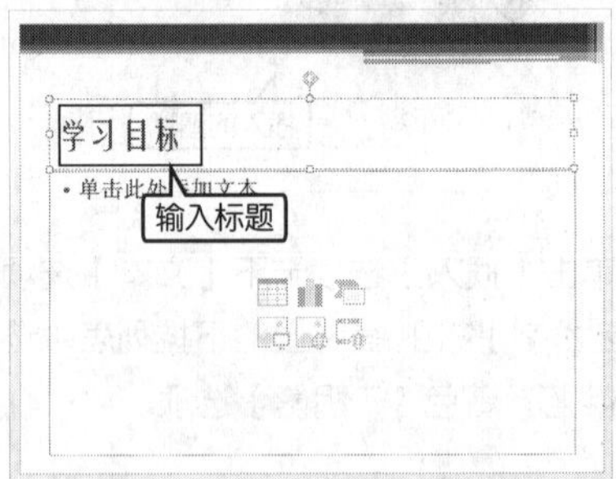

❷ 单击【单击此处添加文本】文本框，输入学习的内容，设置其【字体】为“华文行楷”、【字号】为“40”，并设置字体及项目符号的颜色为“橙色，着色 2，深色 80%”。

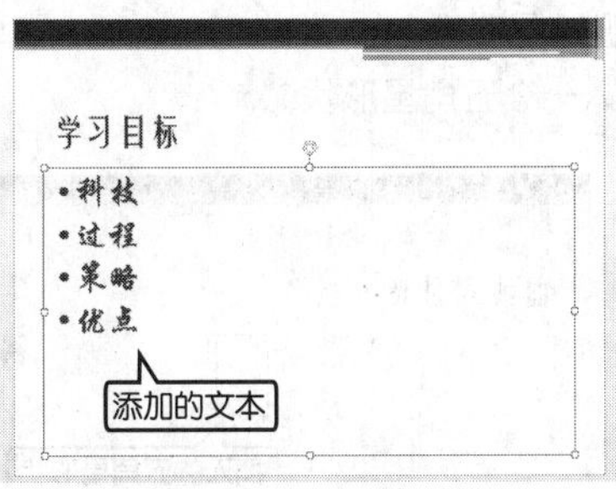

❸ 插入随书光盘中的“素材 \ch19\ 员工培训 \ 员工培训 3.jpg”图片，调整图片的大小及位置并为图片设置映像圆角矩形样式。

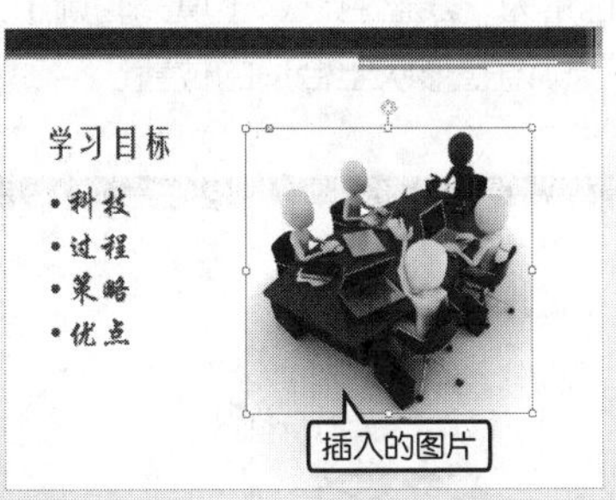

❹ 选中插入的图片，单击【动画】选项卡下【动画】选项组中的【其他】按钮，在弹出的列表中选择【动作路径】组中的【形状】选项，设置动画的开始时间为“上一动画之后”。

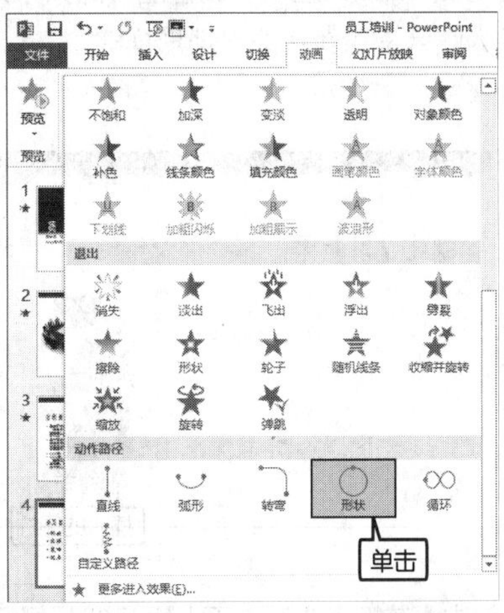

❺ 选中学习目标内容文本框，单击【动画】选项卡下【动画】选项组中的【其他】按钮，在弹出的列表中选择【浮入】选项，设置动画的开始时间为“与上一动画同时”。

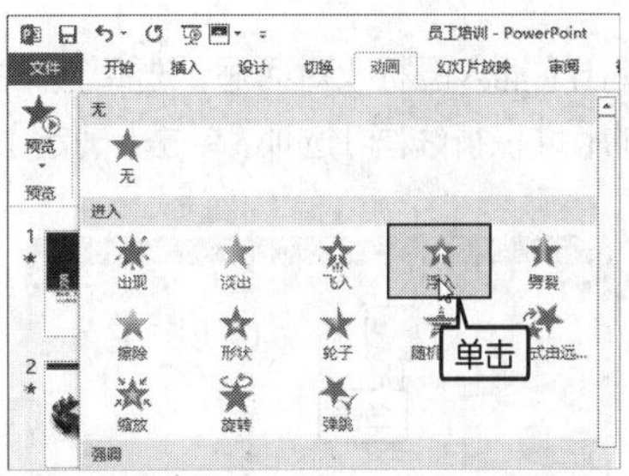

❻ 单击【转换】选项卡下【切换到此幻灯片】选项组中的【其他】按钮，在弹出的下拉列表中选择【形状】选项，为本张幻灯片设置切换效果。

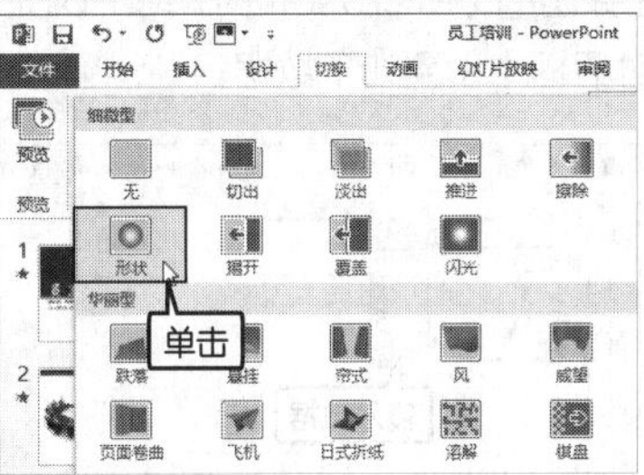

第 5 步：创建员工培训曲线学习技术幻灯片页面页面

❶ 新建【标题和内容】幻灯片，单击【单击此处添加标题】文本框，输入“曲线学习技术”文本。

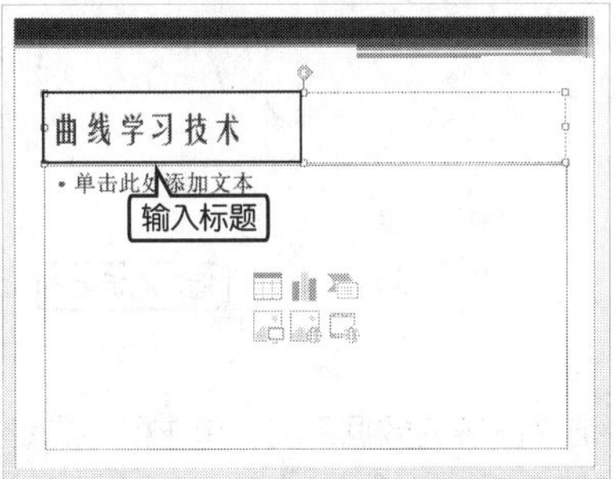

❷ 将【单击此处添加文本】文本框删除，单击【插入】选项卡下【插图】选项组中的【图标】按钮。

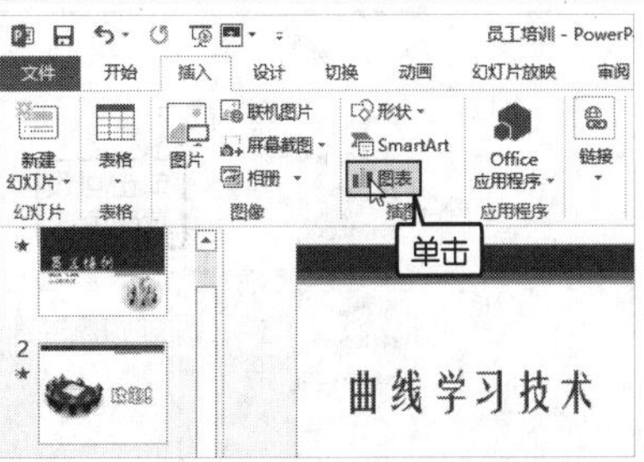

❸ 弹出【插入图标】对话框，选择【折线图】组中的【堆积折线图】选项，单击【确定】按钮。

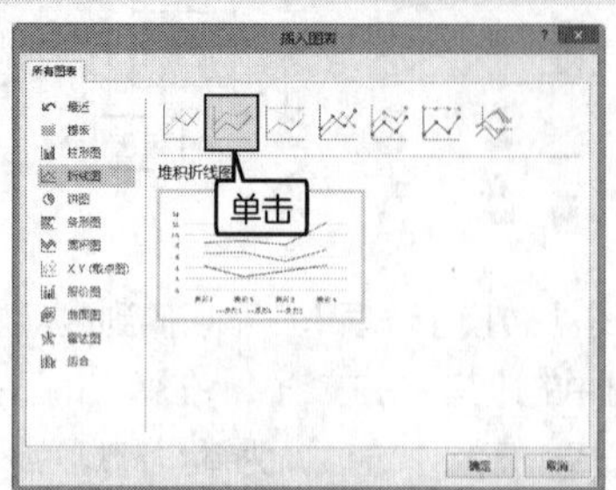

❹ 在弹出的【Microsoft PowerPoint 中的图表】对话框中设置如下数据。

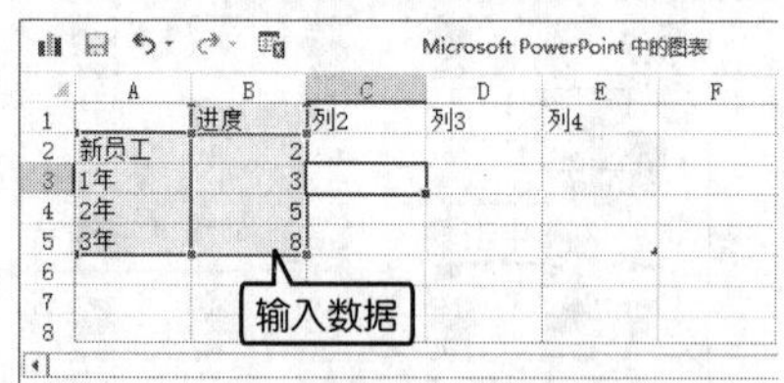

	A	B	C	D	E	F
1		进度	列2	列3	列4	
2	新员工	2				
3	1年	3				
4	2年	5				
5	3年	8				
6						
7						
8						

❺ 关闭【Microsoft PowerPoint 中的图表】对话框，调整图表的位置，效果如图所示。

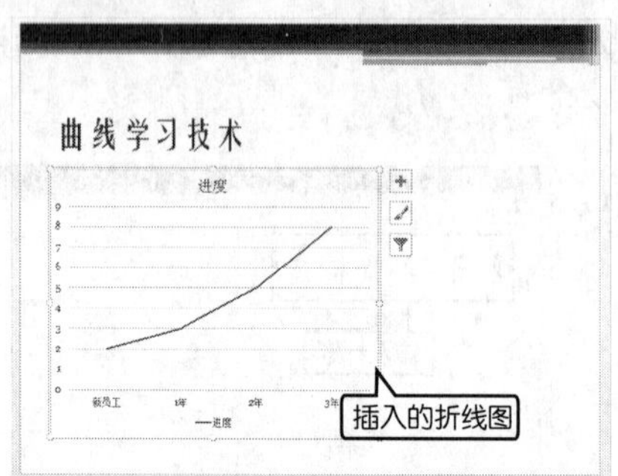

❻ 选择图表的数据系列，单击鼠标右键，在幻灯片右侧弹出【设置数据系列格式】窗格，设置数据系列线条的填充颜色为“浅蓝色”。

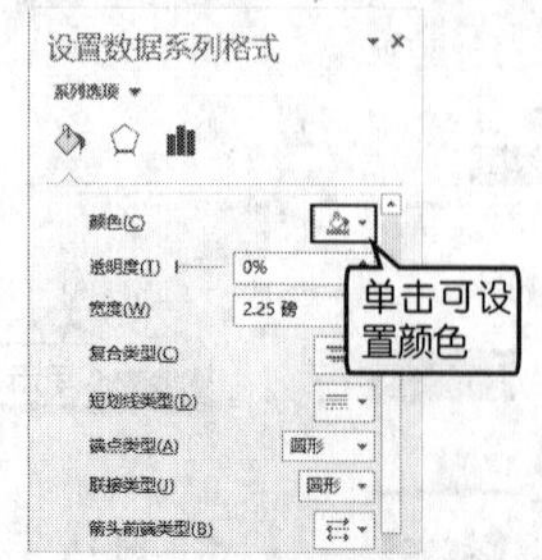

❼ 删除图表下方的“-进度”字样，在幻灯片中插入一个五角星形状。

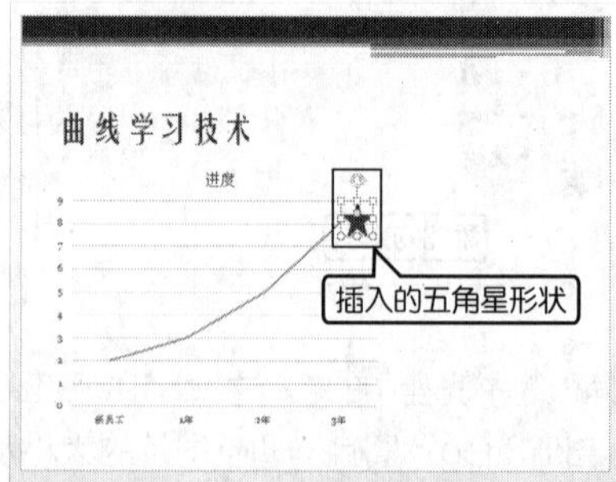

❽ 选择五角星形状，设置五角星形状的【填充颜色】为“浅蓝色”、【填充轮廓】为“无轮廓”，调整形状至合适的位置。

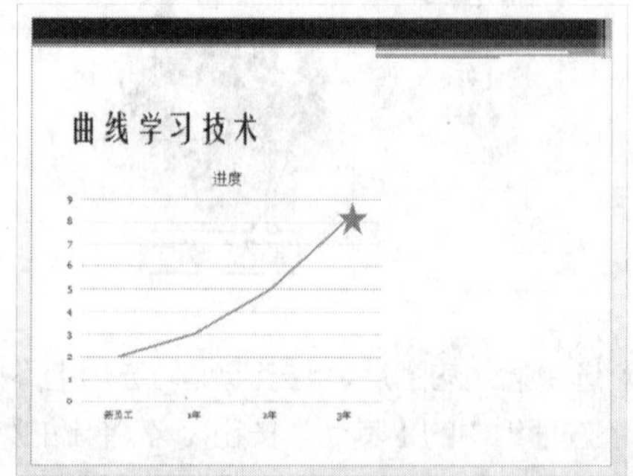

❾ 插入随书光盘中的“素材\ch19\员工培训\员工培训4.jpg”图片，调整图片的大小及位置并为图片设置柔化边缘矩形样式。

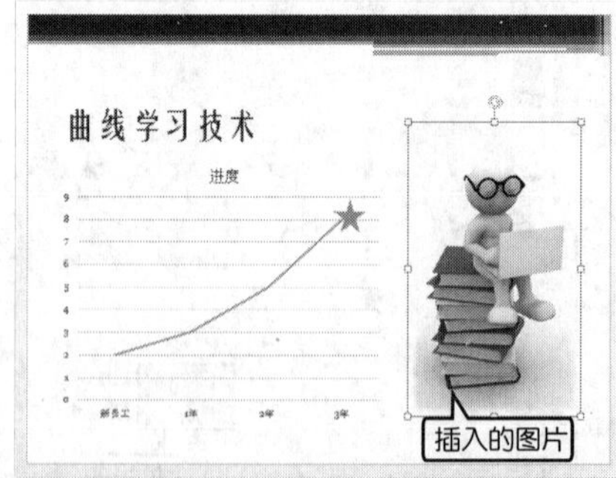

❿ 单击【转换】选项卡下【切换到此幻灯片】选项组中的【其他】按钮，在弹出的下拉列表中选择【梳理】选项，为本张幻灯片设置切换效果。

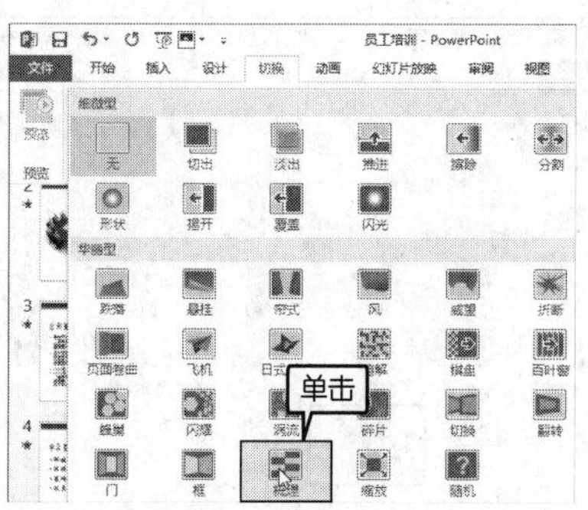

第 6 步：创建员工培训总结幻灯片页面

❶ 新建【标题和内容】幻灯片，单击【单击此处添加标题】文本框，输入“总结”文本。

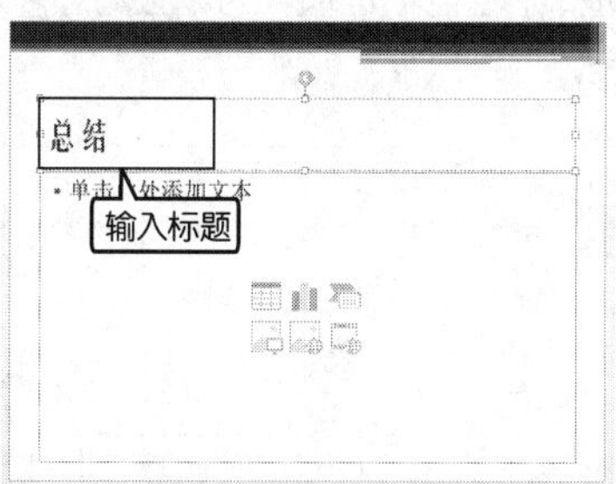

❷ 单击【单击此处添加文本】文本框，输入总结的内容。

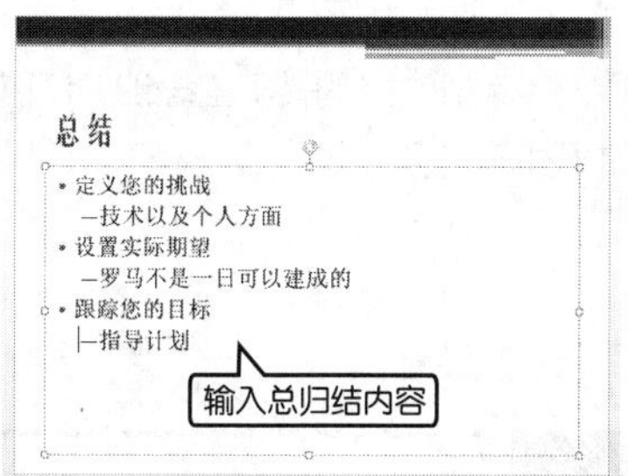

❸ 选择总结的内容文本，设置其【字体】为“华文行楷”、【字号】为“32”，并设置字体及项目符号的颜色为“青色，着色 2，深色 25%”。

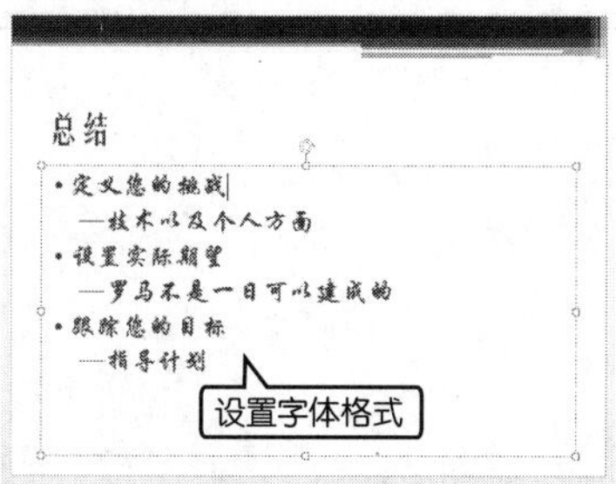

❹ 插入随书光盘中的“素材 \ch19\ 员工培训 \ 员工培训 5.jpg”图片，调整图片的大小及位置并为图片设置柔化边缘矩形样式。

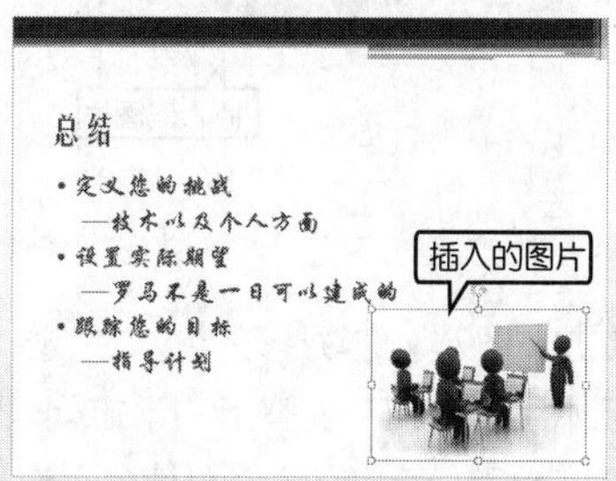

❺ 选中学习目标内容文本框，单击【动画】选项卡下【动画】选项组中的【其他】按钮，在弹出的列表中选择【随机线条】选项，设置动画的开始时间为“上一动画之后”。

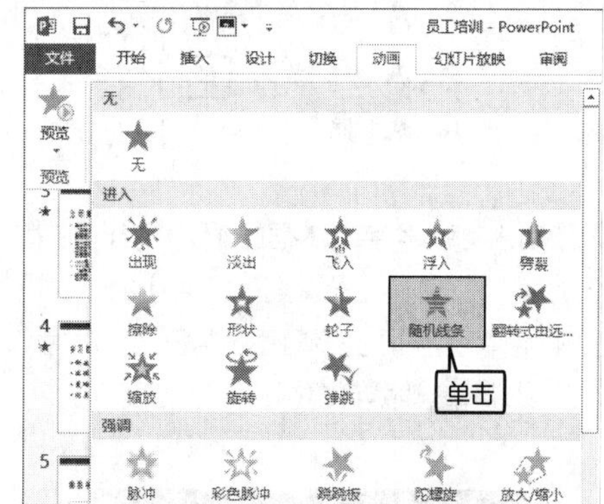

❻ 单击【转换】选项卡下【切换到此幻灯片】选项组中的【其他】按钮，在弹出的下拉列表中选择【擦除】选项，为本张幻灯片设置切换效果。

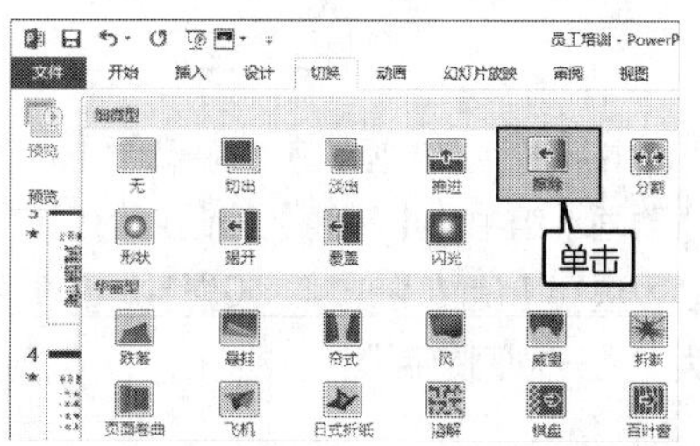

第 7 步：创建员工培训结束幻灯片页面

❶ 新建【空白】幻灯片，插入随书光盘中的“素材 \ch19\ 员工培训 \ 员工培训 6.jpg”图片，调整图片的大小及位置。

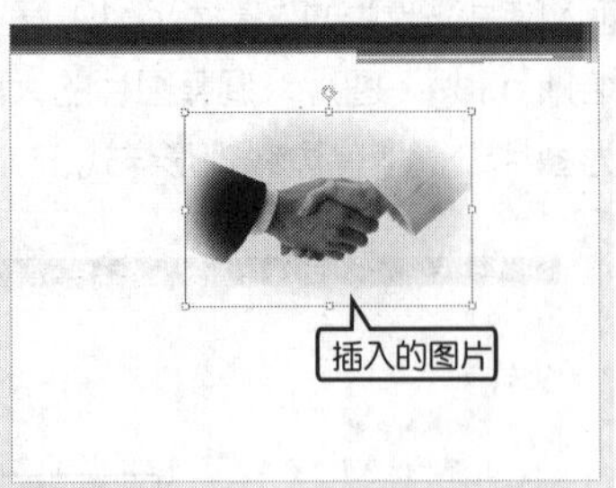

❷ 单击【插入】选项卡下【文本】选项组中的【艺术字】按钮，在弹出的下拉列表中选择【填充 - 紫色，着色 3，锋利棱台】选项。

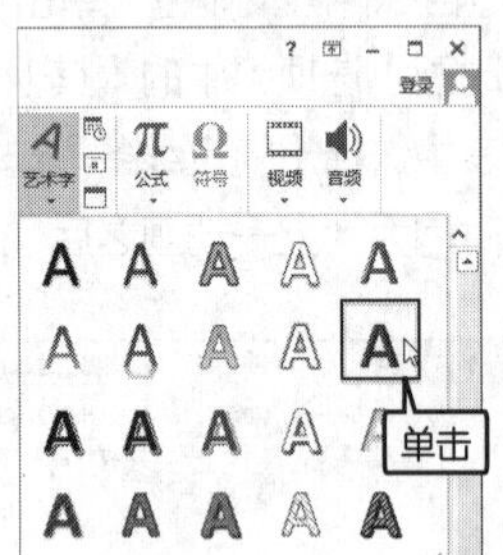

❸ 在插入的艺术字文本框中输入"培训结束，谢谢大家！"文本，设置其【字号】为"60"，设置【字体颜色】为"青色，着色 2，深色 25%"，调整艺术字的位置。

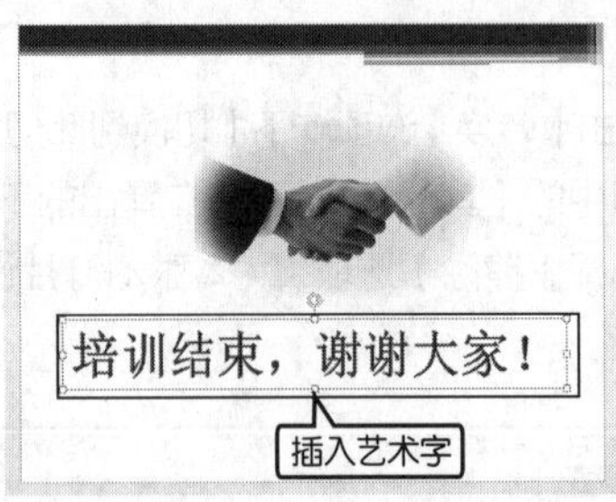

❹ 选中艺术字文本框，单击【动画】选项卡下【动画】组中的【其他】按钮，在弹出的列表中选择【旋转】选项，设置动画的开始时间为"上一动画之后"。

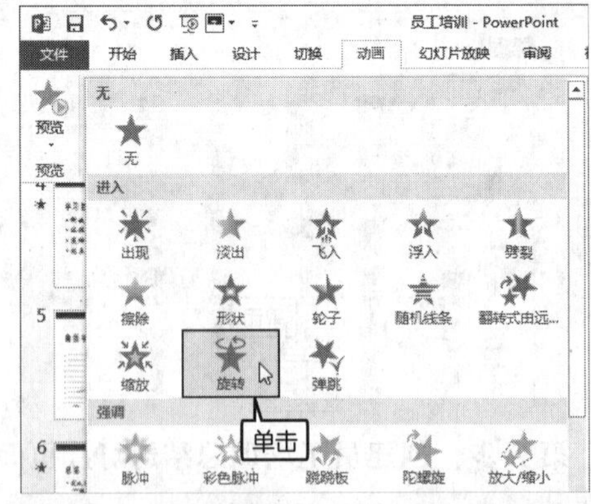

❺ 单击【转换】选项卡下【切换到此幻灯片】选项组中的【其他】按钮，在弹出的下拉列表中选择【覆盖】选项，为本张幻灯片设置切换效果。

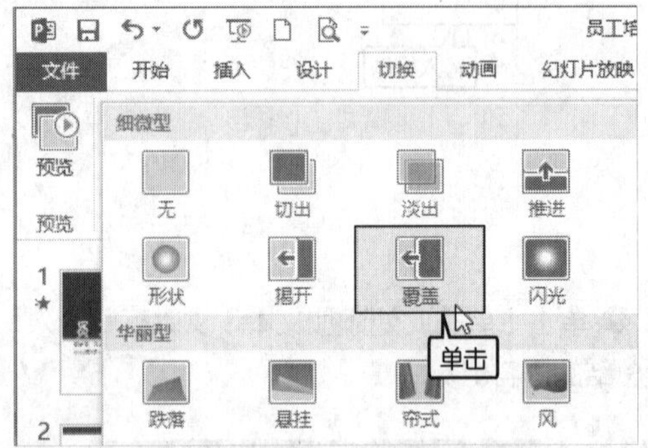

❻ 重新保存制作好的"员工培训 PPT"文档，最终效果如下图所示。

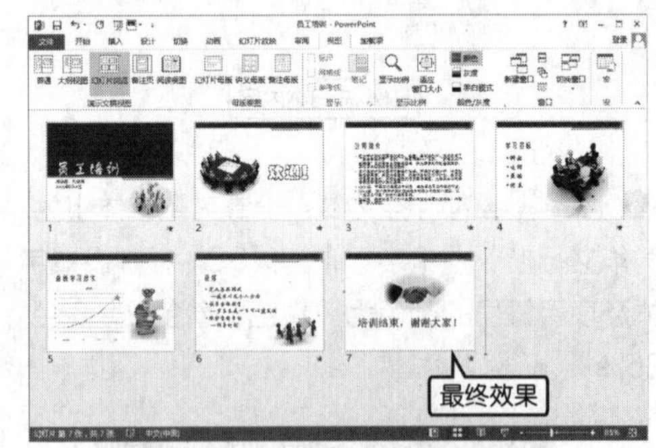

第 20 章

Office 在市场营销中的应用

本章视频教学录像：22 分钟

本章导读

市场营销工作人员经常要制作新产品评估报告、产品目录价格表，而对于市场营销管理者来说，通过经营培训可以解决市场营销活动中所遇到的各种新问题。

重点导读

- 掌握制作项目合资申请书的方法
- 掌握制作区域销售差额分析的方法
- 掌握制作投标书的方法

20.1 项目合资申请书

本节视频教学录像：7 分钟

开展合资项目，可以更好地发挥各出资方的资源优势、充分调动积极性，使企业迅速发展壮大。

【案例效果展示】

【案例涉及知识点】

- 设置页面
- 使用表格
- 插入页眉和页脚

第 1 步：页面设置

❶ 打开随书光盘中的“素材 \ch20\ 项目合资申请书 .docx”，单击【页面布局】选项卡下【页面设置】组中的【页面设置】按钮，在弹出的【页面设置】对话框中单击【页边距】选项卡，设置页边距的【上】边距值为“2 厘米”、【下】边距值为“2 厘米”、【左】边距值为“1 厘米”、【右】边距值为“1 厘米”。

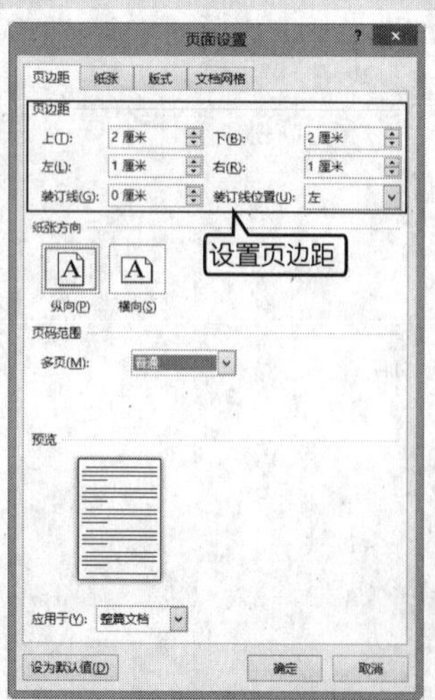

❷ 单击【纸张】选项卡，设置【宽度】为“20 厘米”、【高度】为“27 厘米”，单击【确定】按钮。

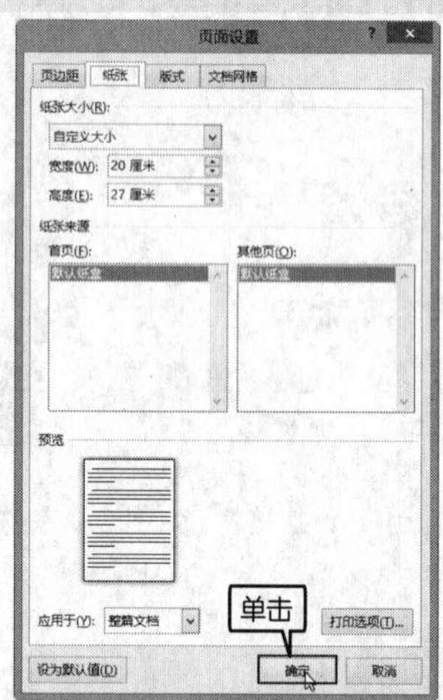

第 2 步：制作项目合资申请书内容

❶ 选中第 1 行文本内容，设置字号为“一号”、加粗、对其方式为“居中”。

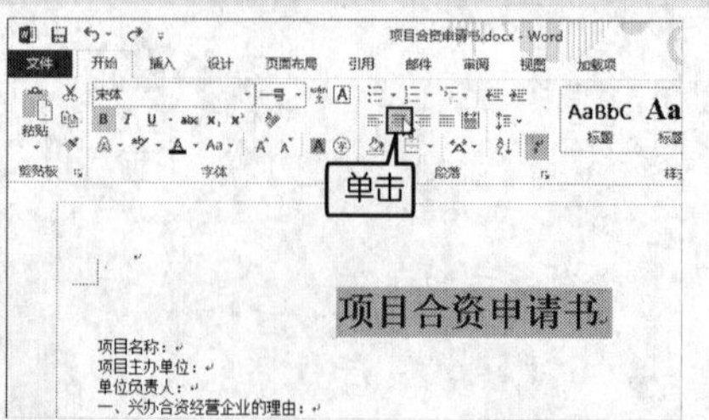

❷ 选中如图所示的文本内容，设置其字号为“小四”，并单击【加粗】按钮 B 。

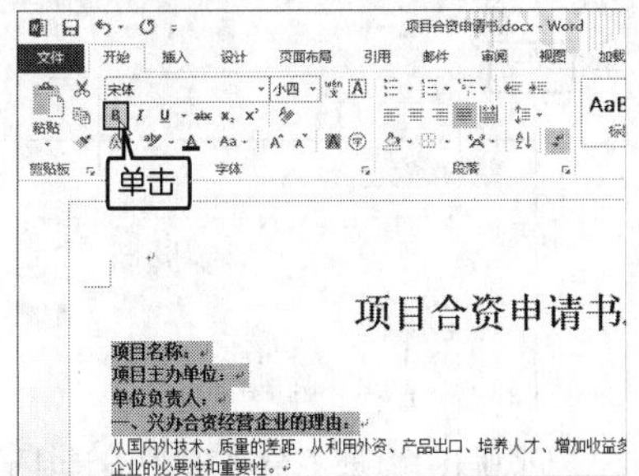

❸ 双击【开始】选项卡下【剪贴板】组中的【格式刷】按钮 ，当鼠标光标变为 时，将其他标题文本刷成步骤❷中所设置的文本格式，如图所示。

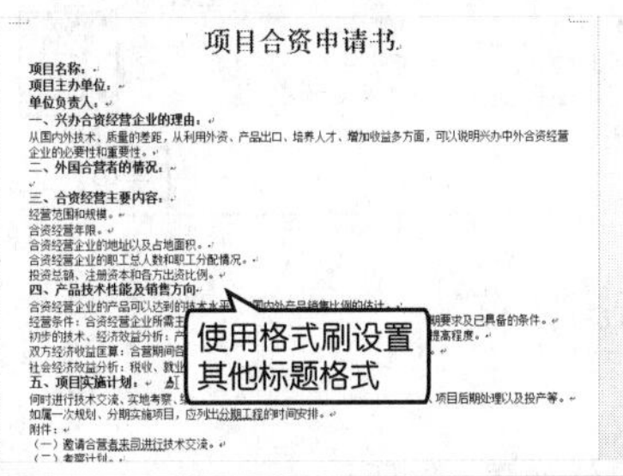

提示　使用格式刷将其他标题设置完成之后，按键盘上的【Esc】键可取消格式刷功能。

第 3 步：插入表格

❶ 将鼠标光标定位在“二、外国合营者的情况”下方，单击【插入】选项卡【表格】组中的【表格】按钮 ，在弹出的下拉列表中选择“4*4”表格样式。

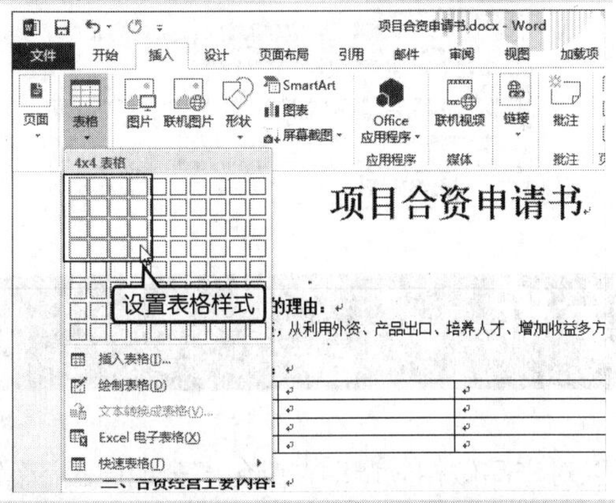

❷ 插入的表格如图所示，在表格输入文本内容，并设置字号为“四号”。

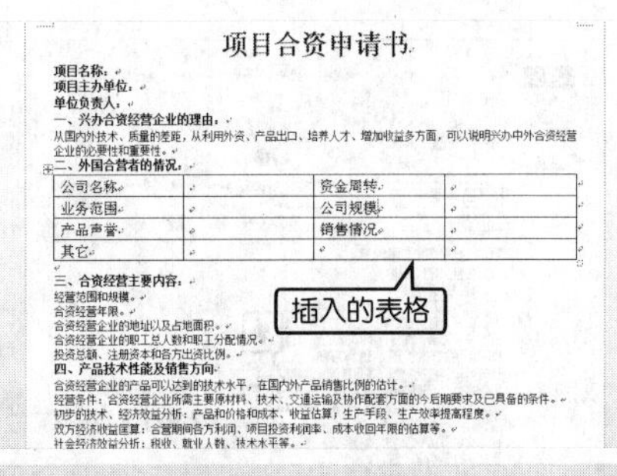

❸ 选中第 4 排最后两个单元格，单击右键，在弹出的快捷菜单中选择【合并单元格】选项。

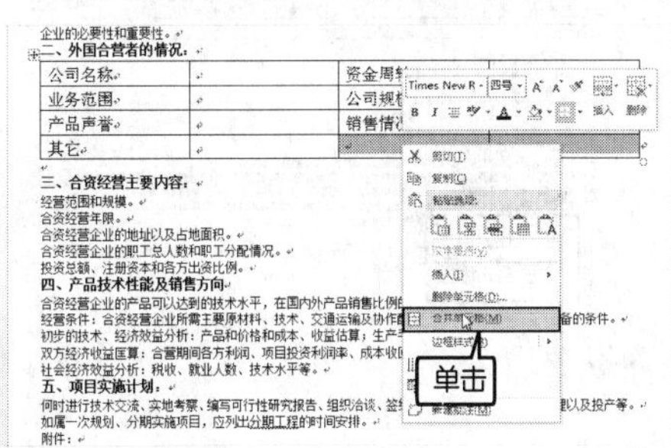

❹ 插入的表格如图所示

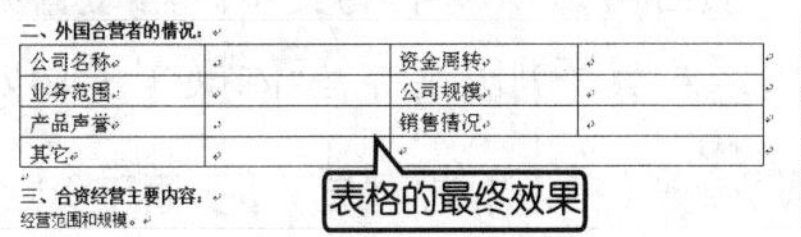

第 4 步：　添加项目符号和编号

❶ 选中“三、合资经营主要内容”标题下文本内容，单击【开始】选项卡下【段落】组中的【编号】按钮 右侧的倒三角箭头，在弹出的下拉列表中选择一种编号。

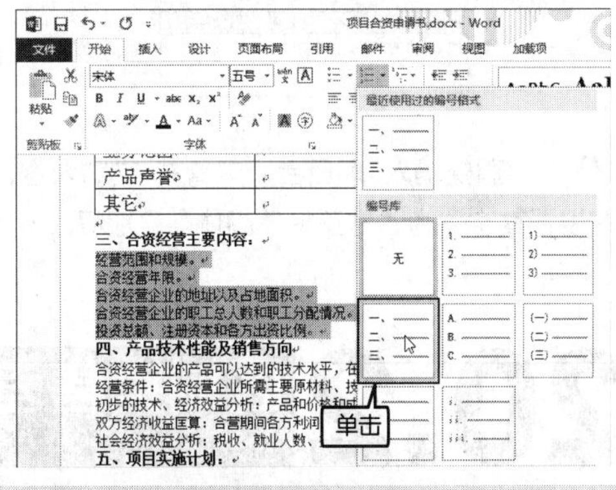

❷ 选中“四、产品技术性能及销售方向”标题下文本内容，单击【开始】选项卡下【段落】组中的【项目符号】按钮 右侧的倒三角箭头，在弹出的下拉列表中选择一种项目符号。

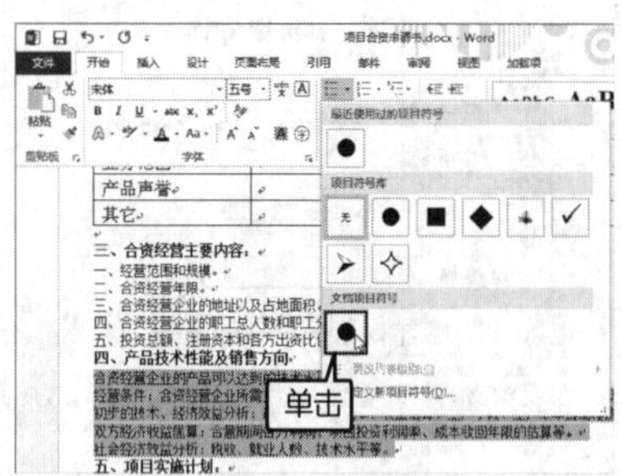

❸ 添加项目符号和编号后的效果如图所示。

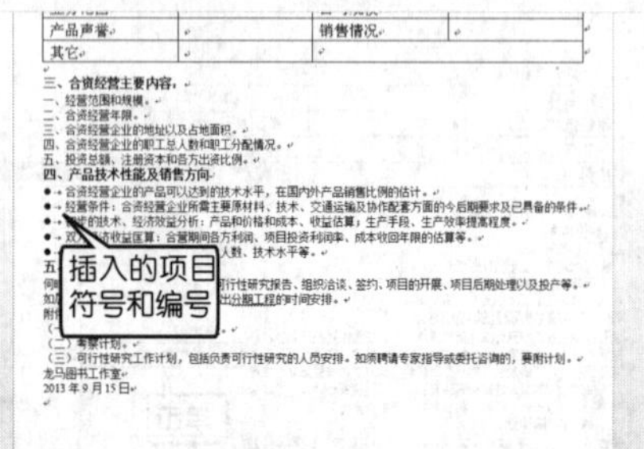

第 5 步： 设置页眉

项目合资申请书的文本内容设置好后，还可以对其添加页眉，具体操作步骤如下。

❶ 单击【插入】选项卡下【页眉和页脚】组中的【页眉】按钮，在弹出的下拉列表中选择【奥斯汀】选项。

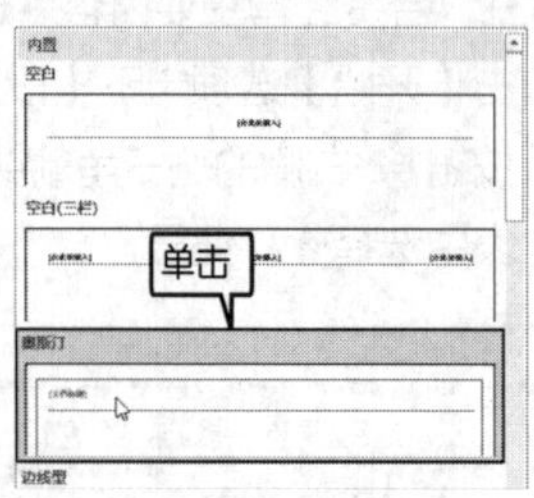

❷ 在页眉处输入“项目合资申请书”文本内容，并设置其字体为“方正楷体简体”、加粗。

❸ 单击【页眉和页脚工具】下【设计】选项卡下【关闭】组中的【关闭页眉和页脚】按钮。

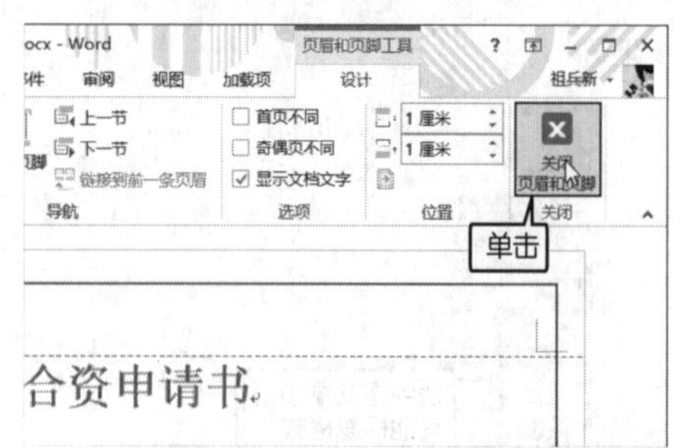

❹ 最终效果如图所示。

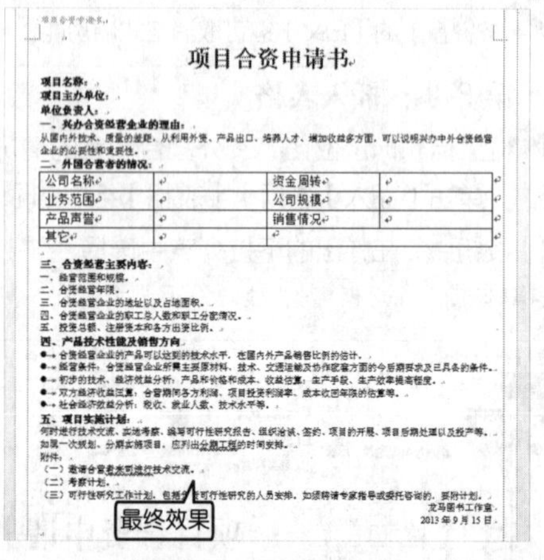

20.2 区域销售差额分析

本节视频教学录像：4 分钟

通过对近年来区域销售差额进行分析企业可以对产品做相应调动，避免部分地区因滞销而压货，而其他地区销售火热却缺货的现象。

【案例效果展示】

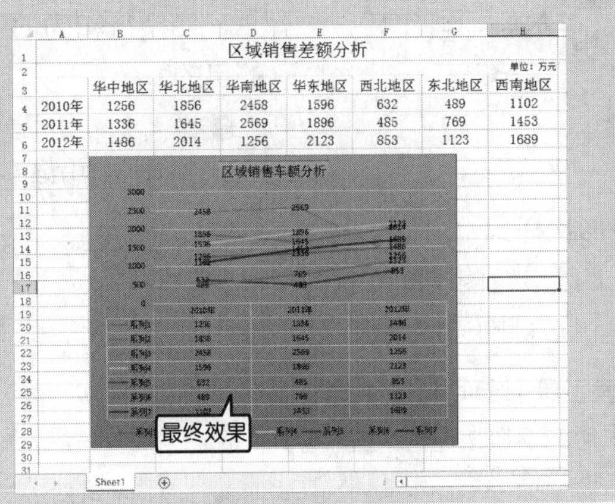

【案例涉及知识点】

- 插入图表
- 添加图表元素
- 设置图标样式

第 1 步：创建折线图

❶ 打开随书光盘中的“素材 \ch20\ 区域销售差额分析 .xlsx”，选择 A4:H6 单元格区域。

❷ 单击【插入】选项卡下【图表】选项组中的【折线图】按钮，在弹出的列表中选择【折线图】选项，即可插入柱形图。

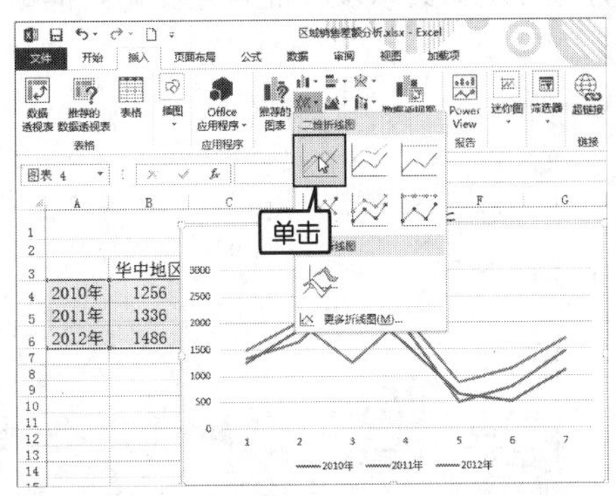

第 2 步：添加图表元素

在图表中添加图表元素，可以使图表更加直观、明了地表达数据内容。

❶ 单击图表，选择【图表工具】选项卡下【设计】选项组中的【添加图表元素】按钮，在弹出的列表中选择【数据标签】下的【居中】命令。

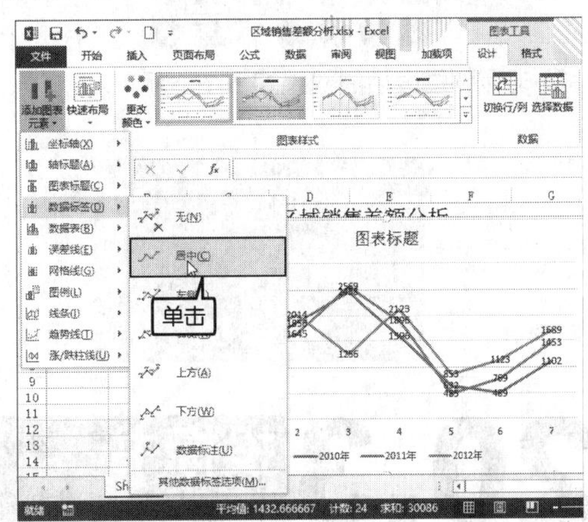

❷ 再次单击【添加图表元素】按钮，在弹出的列表中选择【数据表】下的【显示图例项标示】命令，效果如图所示。

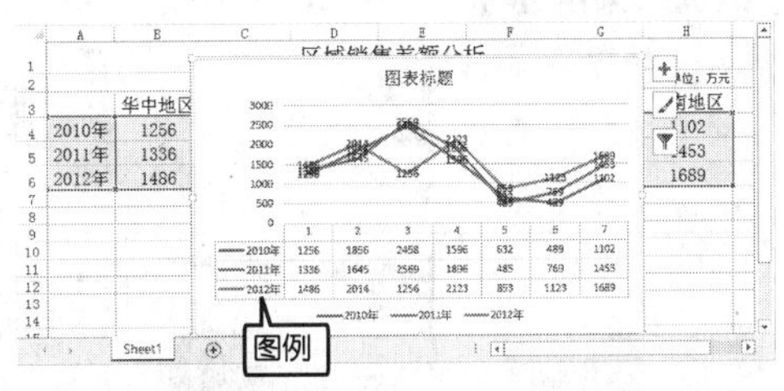

❸ 选中数据表中的【图表标题】文本框，输入图表的标题“区域销售差额分析”字样，并设置字体的大小和形状样式，效果如下图所示。

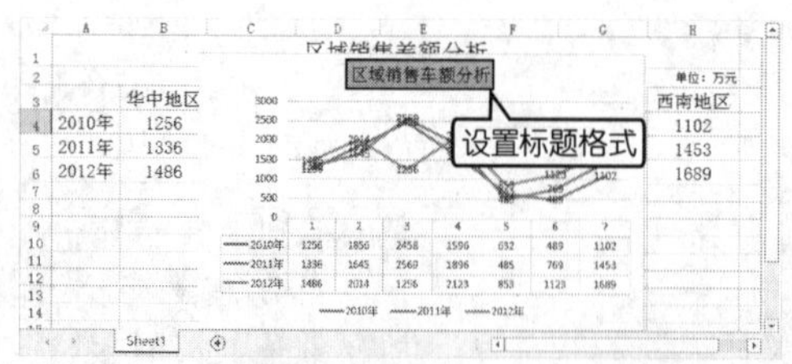

第 3 步：设置图表形状样式

为了使图表美观，可以设置图表的形状样式。Excel 2013 提供了多种图表样式。

❶ 单击图表，选择【图表工具】选项下【格式】选项卡中的【形状样式】后的下拉按钮，在弹出的形状样式选项中任选一项。

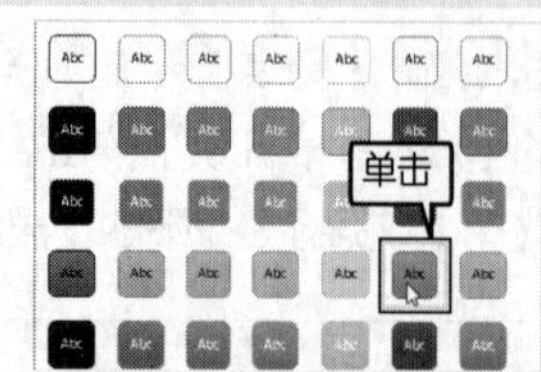

❷ 应用到图表后的效果如下图所示。

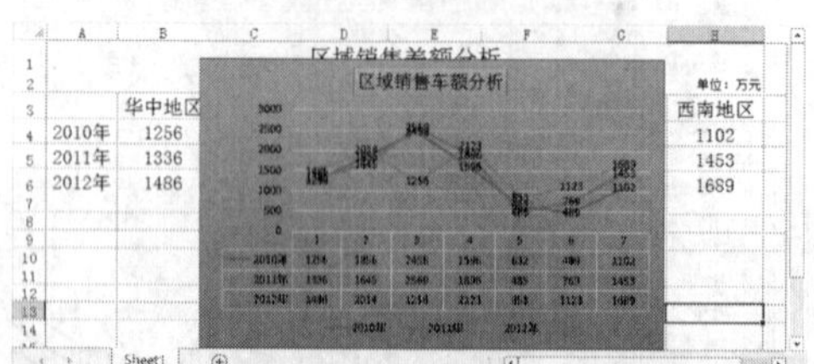

第 4 步：切换行和列的位置

切换行和列的位置可以更好地达到需要的目的。

❶ 单击【图表工具】下【设计】选项卡下【数据】组中的【切换行/列】按钮。

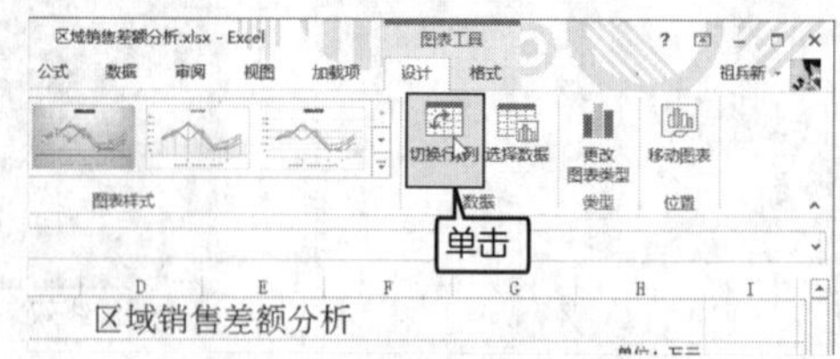

❷ 调整图标的位置和大小，最终效果如图所示。

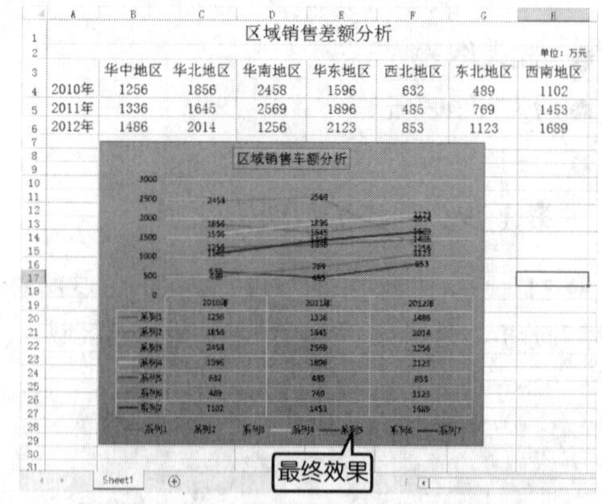

20.3 投标书

本节视频教学录像：11 分钟

投标书是某公司在充分领会招标文件、进行现场实地考察和调查的基础上，按照招标书的条件和要求所编制的文书。标书不但要提出具体的标价及有关事项，而且还要达到招标公告提出的要求。

【案例效果展示】

【案例涉及知识点】

- 设置字体格式
- 设置图片格式
- 添加动画

第 1 步：创建首页幻灯片

创建幻灯片应从片头开始，主要包含创建幻灯片的主标题和副标题以及其他信息，具体操作步骤如下。

❶ 在打开的 PowerPoint 工作界面中，单击【设计】选项卡【主题】选项组中的【其他】按钮，在弹出的下拉列表中选择【丝状】选项。

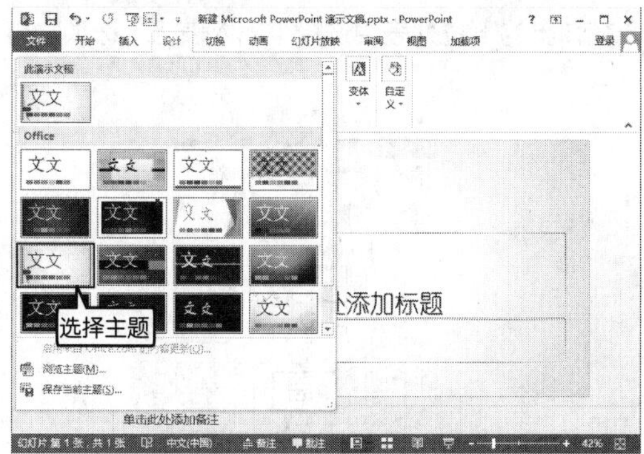

❷ 删除【单击此处添加标题】文本框，单击【插入】选项卡【文本】选项组中的【艺术字】按钮，在弹出的下拉列表中选择“填充 - 橄榄色，着色 4，软棱台”选项。

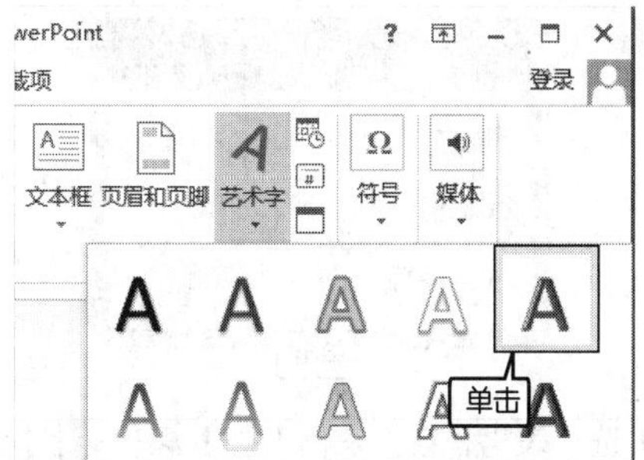

❸ 在插入的艺术字文本框中输入“XX 建筑服务有限公司投标书”文本，并设置其【字号】为“65”、【字体】为“幼圆（正文）”，并拖曳其到合适位置。

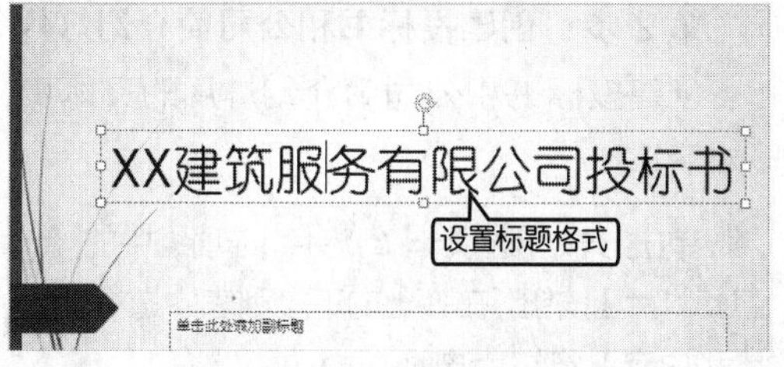

❹ 单击【单击此处添加副标题】文本框，输入“—关于 XX 履带式挖掘机项目”文本，设置其【字体】为“幼圆（正文）”、【字号】为“44”、【颜色】为“橄榄色，着色 5，深色 50%”，并拖曳文本框至合适位置。

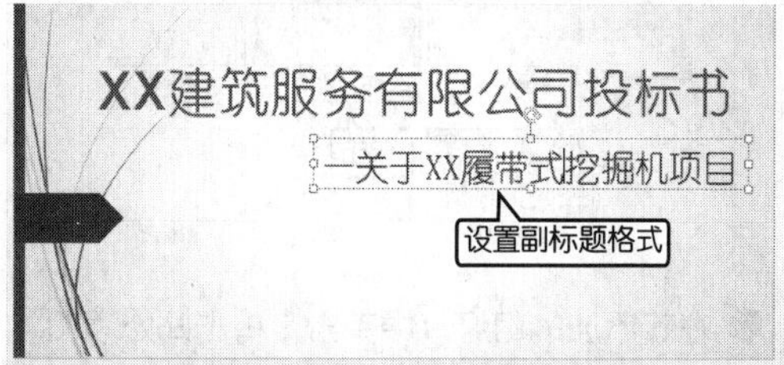

❺ 单击【插入】选项卡下【文本】选项组中的【文本框】按钮，在弹出的下拉列表中选择【横排文本框】选项。

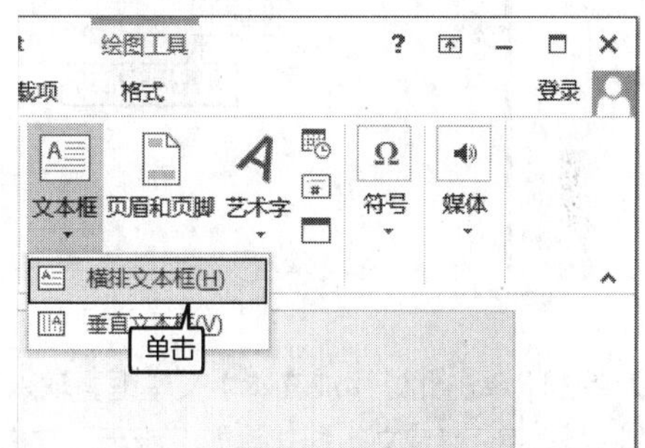

❻ 在文本框中输入“编号：008 号”，并设置字体格式如图所示。

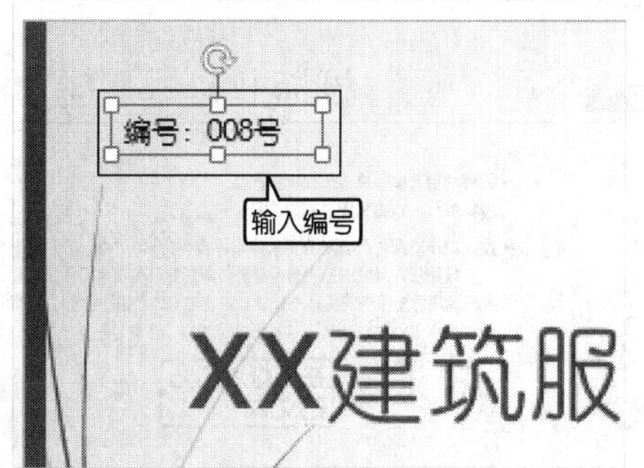

第 2 步：创建投标书和公司简介幻灯片

创建投标书和公司简介幻灯片的具体步骤如下。

❶ 单击【开始】选项卡【幻灯片】选项组中的【新建幻灯片】按钮，在弹出的下拉列表中选择【标题和内容】幻灯片选项。

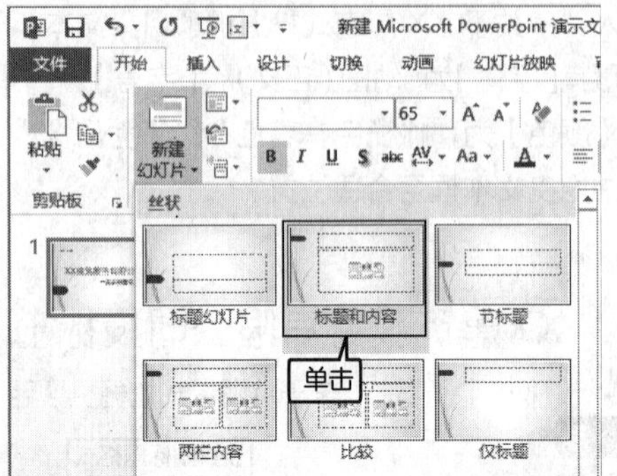

❷ 在新添加的幻灯片中单击【单击此处添加标题】文本框，输入“投标书”文本，设置其【字体】为“宋体”、【字号】为“60”，并拖曳文本框至合适位置。

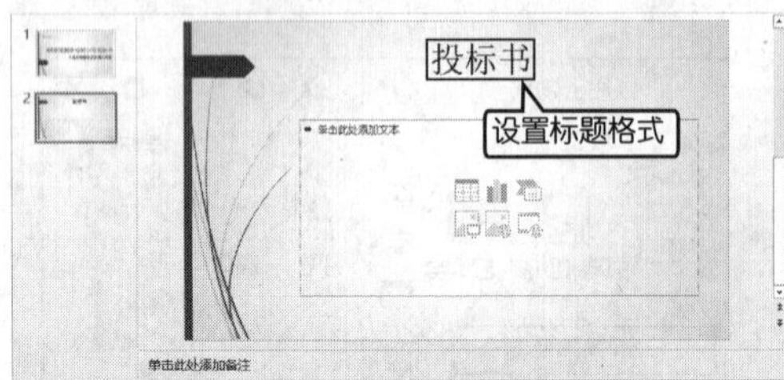

❸ 单击【单击此处添加文本】文本框，输入文本，然后设置其文本样式为如图所示，并拖曳文本框至合适位置（此文本可直接从“素材\ch20\XX 建筑服务有限公司投标书 .docx”中粘贴复制，以下文本输入类同）。

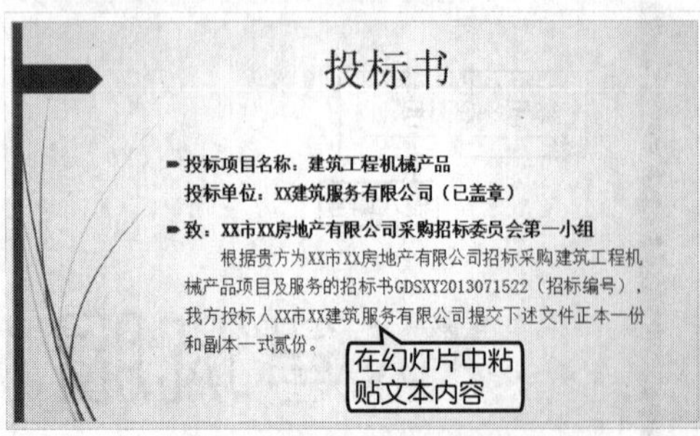

❹ 使用同样方法设置公司简介幻灯片页面，效果如图所示。

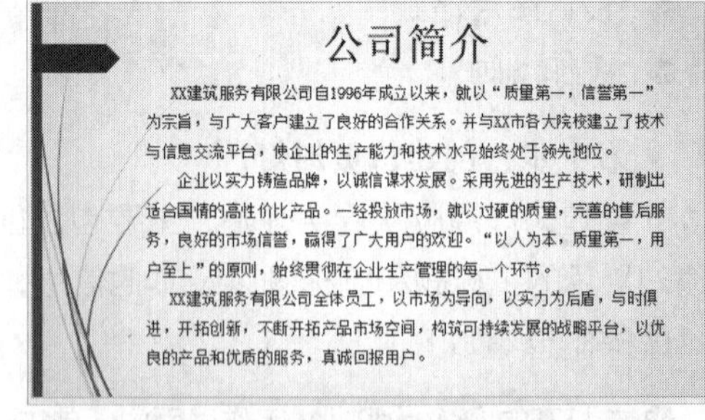

第 3 步： 创建产品规格幻灯片页面

❶ 新建幻灯片一张空白幻灯片，单击【插入】选项卡下【表格】选项组中的【表格】按钮，在弹出的下拉列表中选择【插入表格】选项。

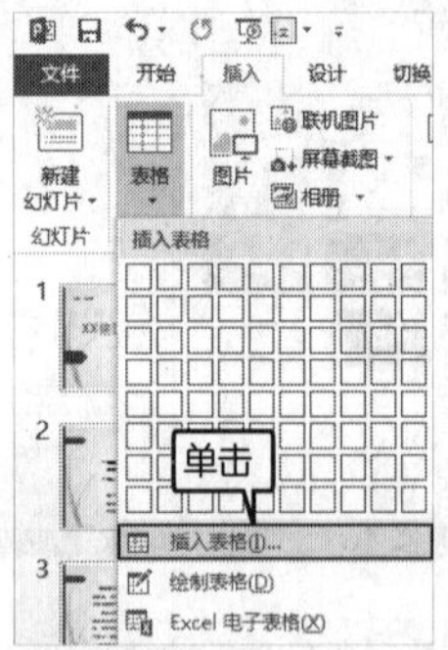

❷ 弹出【插入表格】对话框，分别设置其行和列为“14、2”，单击【确定】按钮即可插入表格。

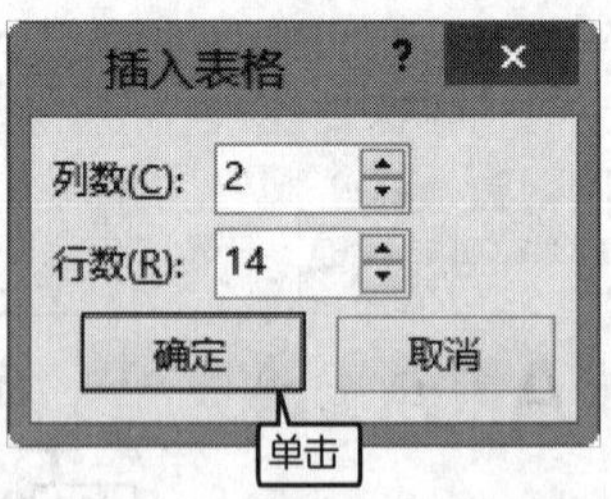

❸ 选择表格，在【表格工具】➤【设计】选项卡下【表格样式】选项组中单击按钮，在弹出的下拉列表中选择【中度样式 2-强调 5】选项。

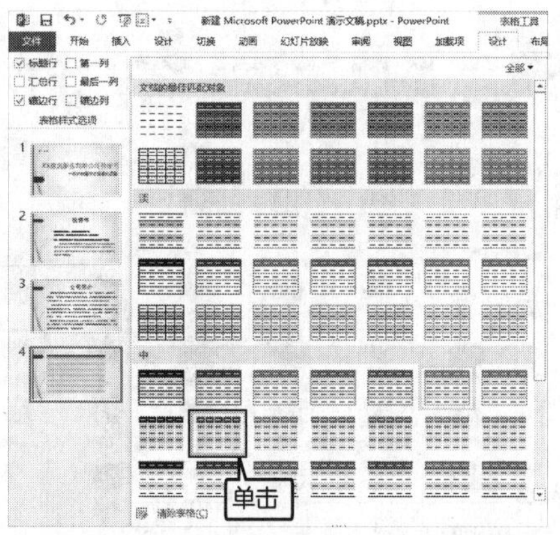

❹ 选择第 1 行表格，单击【表格工具】➤【布局】选项卡下【合并】选项组中的【合并单元格】按钮，即可合并第一行。

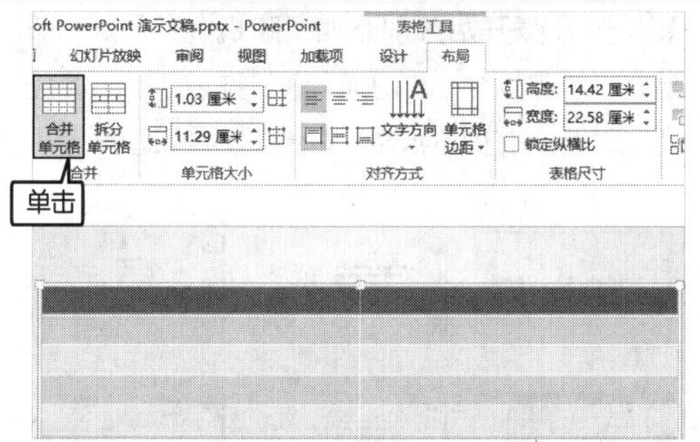

❺ 使用同样方法合并其他单元格，效果如图所示。

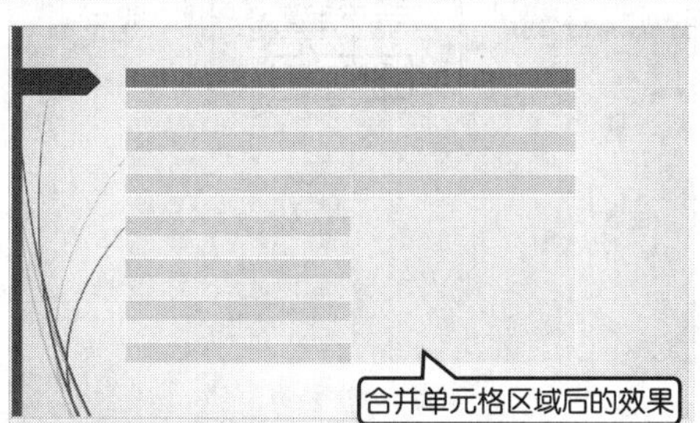

❻ 在单元格中输入如图所示内容，设置其样式并调整单元格的行高和列宽。

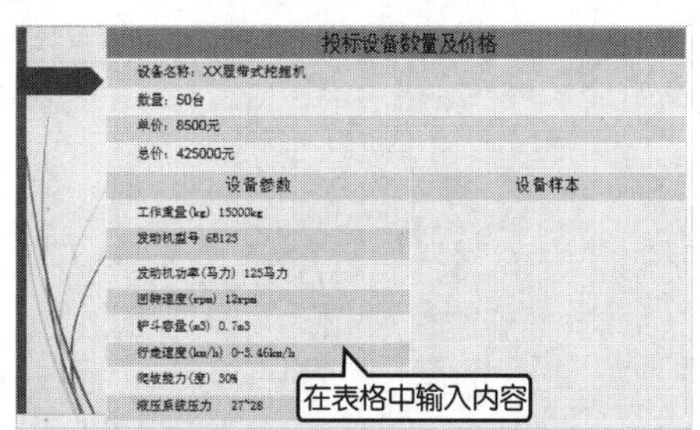

❼ 在幻灯片中插入图片，拖曳到如图所示位置并调整至大小合适。

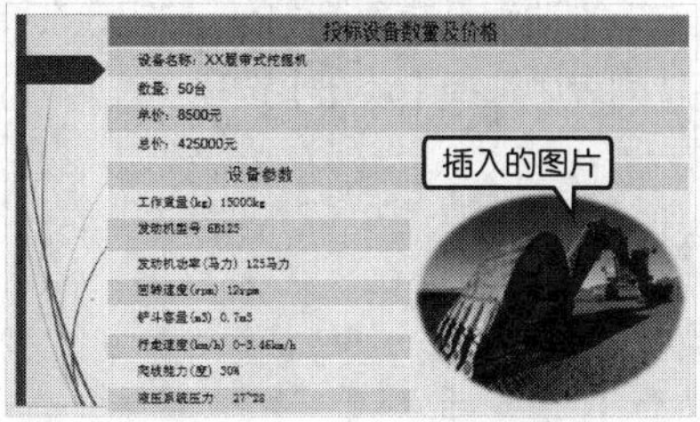

❽ 选中图片，单击【图片工具】➤【格式】选项卡下【图片样式】选项组中的按钮，在弹出的下拉列表中选择【柔化边缘椭圆】选项。

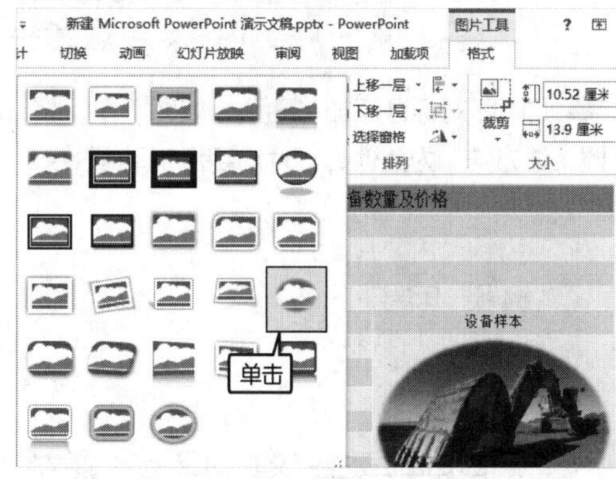

❾ 最后效果如图所示。

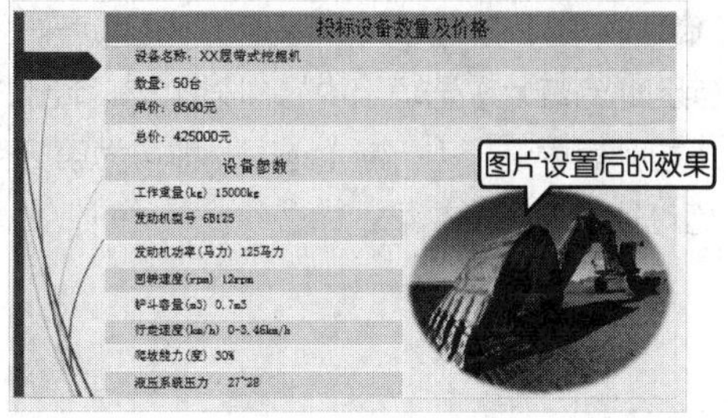

❿ 使用同样方法创建其他幻灯片页面，最后效果如图所示。

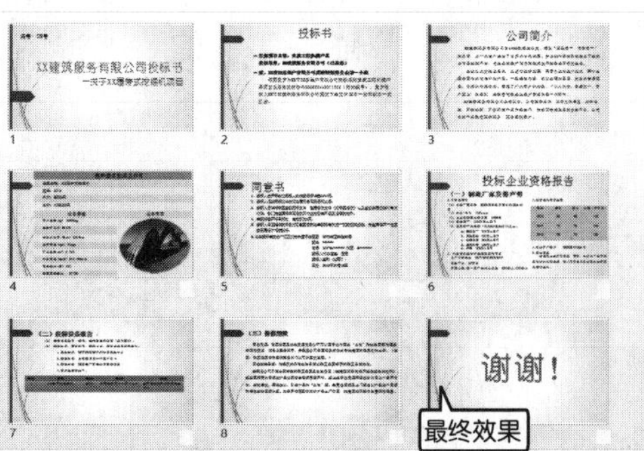

第 4 步：添加动画

❶ 选中第 1 张幻灯片中的标题，单击【动画】选项卡下【动画】选项组中的按钮，在弹出的下拉列表中选择【淡出】选项。

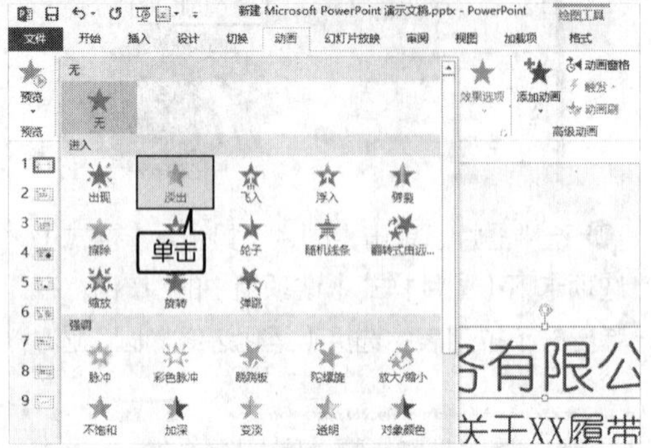

❷ 此时即对标题添加了动画，如图所示。按照上述方法，为其他幻灯片内容添加动画效果。

❸ 选中第2张幻灯片，单击【切换】选项卡【切换到此幻灯片】选项组中的按钮，在弹出的下拉列表中选择【折断】选项，即可为第 2 张幻灯片添加切换效果。

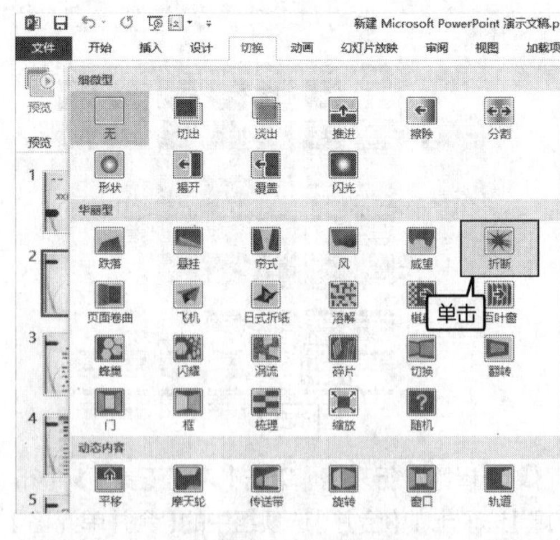

❹ 使用同样方法为其他幻灯片添加切换效果，如从第 3 张开始分别添加“随机线条”、“涡流”、“碎片”、“切换”、“推进”、“覆盖”和“淡出”的切换效果，最终效果如图所示。

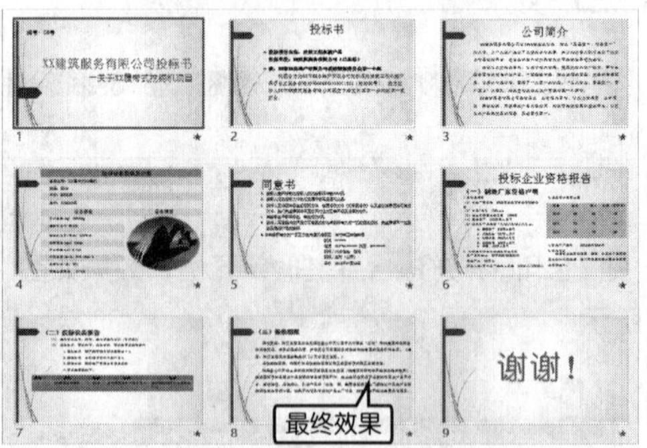

第 6 篇

高手秘籍篇

第 21 章 三大组件间的协同应用

第 22 章 Office 2013 的安全与共享

第 23 章 办公文件的打印

第 24 章 宏和 VBA 的使用

第 25 章 Office 跨平台应用——移动办公

第21章

三大组件间的协同应用

本章视频教学录像：24 分钟

高手指引

在使用比较频繁的办公软件中，Word、Excel 和 PowerPoint 之间可以通过资源共享和相互调用提高工作效率。

重点导读

- 掌握 Word 2013 与其他组件协同应用的方法
- 掌握 Excel 2013 与其他组件协同应用的方法
- 掌握 PowerPoint 2013 与其他组件协同应用的方法

21.1 Word 2013 与其他组件的协同

本节视频教学录像：7 分钟

在 Word 中不仅可以创建 Excel 工作表，而且可以调用已有的 PowerPoint 演示文稿来实现资源的共用。

21.1.1 在 Word 中创建 Excel 工作表

在 Word 2013 中可以创建 Excel 工作表，这样不仅可以使文档的内容更加清晰、表达的意思更加完整，还可以节约时间，具体操作步骤如下 。

❶ 打开随书光盘中的“素材\ch21\创建 Excel 工作表 .docx”文件，将鼠标光标定位置需要插入表格的位置，单击【插入】选项卡下【表格】选项组中的【表格】按钮，在弹出的下拉列表中选择【Excel 电子表格】选项。

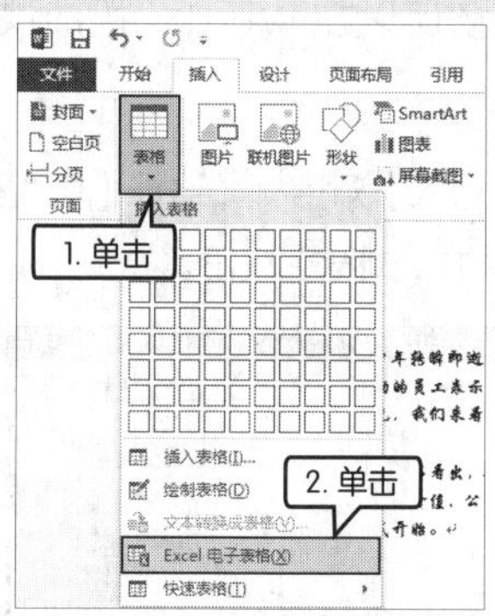

❷ 返回 Word 文档，即可看到插入的 Excel 电子表格，双击插入的电子表格即可进入工作表的编辑状态。

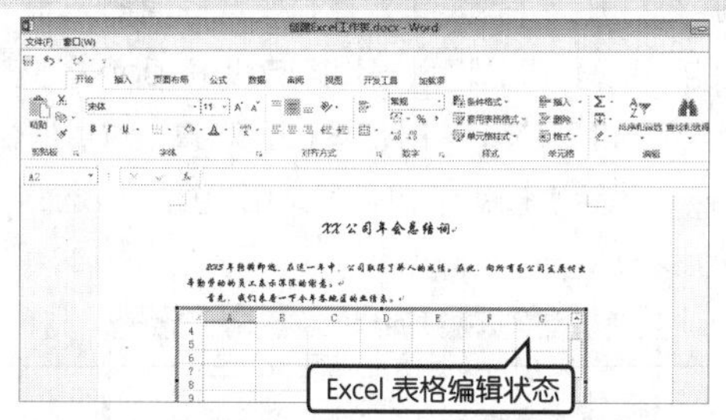

❸ 在 Excel 电子表格中输入如图所示数据。

	A	B	C	D
4	各区近年业绩（单位：万元）			
5		2011年	2012年	2013年
6	华南	6800	7900	9600
7	华北	8500	8200	9800
8	华东	7800	8600	10200
9	华东	9500	10000	15000

❹ 选择单元格区域 A1:D6，单击【插入】选项卡下【图表】组中的【插入柱形图】按钮，在弹出的下拉列表中选择【簇状柱形图】选项。

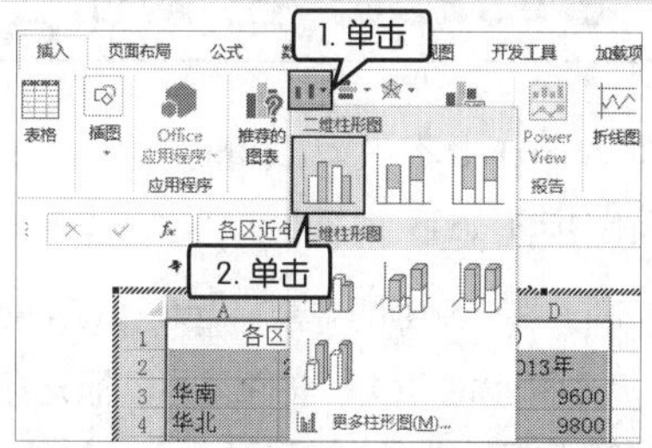

❺ 此时就在图表中插入了下图所示的柱形图。将鼠标光标放置在图表上，当鼠标变为形状时，按住鼠标左键，拖曳图表区到合适位置。

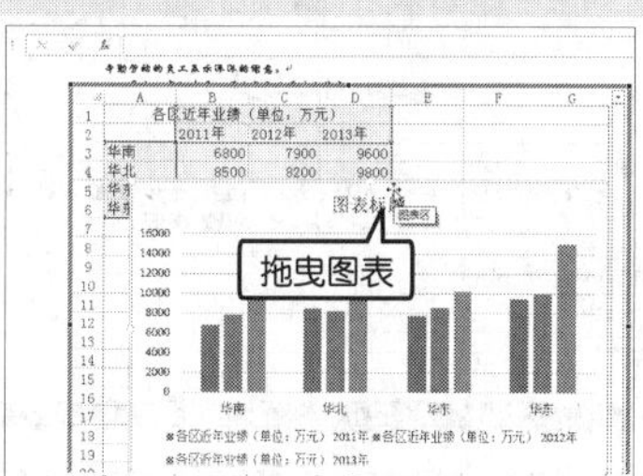

❻ 在图表区【图表标题】文本框中输入“近年净利润”，并设置其字体为“宋体”、字号为“14”，单击图表区的空白位置。

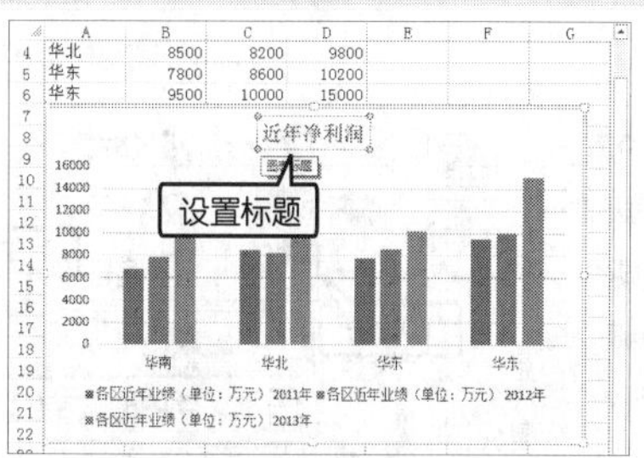

❼ 选择【绘图区】区域并单击鼠标右键，在弹出的快捷工具栏中单击【填充】按钮，在下拉菜单栏中选择【纹理】➤【画布】选项。

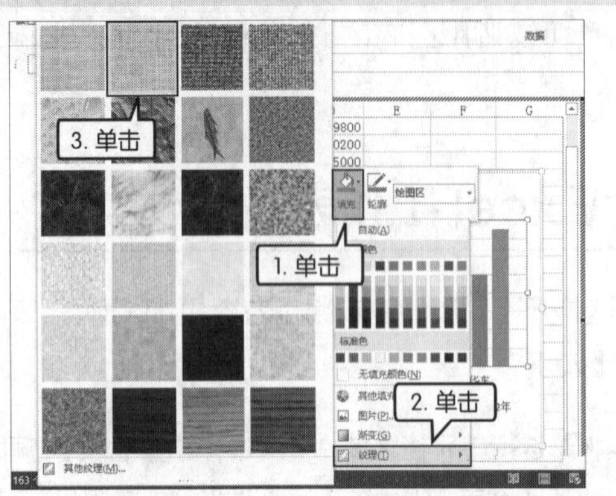

❽ 再次调整工作表的大小和位置，并单击文档的空白区域返回 Word 文档的编辑窗口，最后效果如图所示。

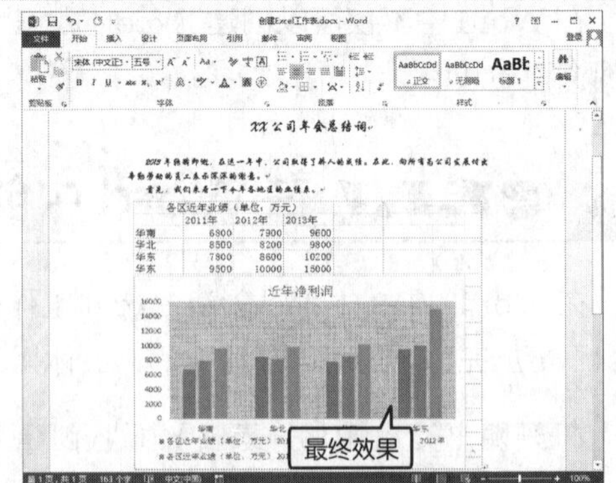

21.1.2 在 Word 中调用 PowerPoint 演示文稿

在 Word 中不仅可以直接调用 PowerPoint 演示文稿，还可以在 Word 中播放演示文稿，具体操作步骤如下。

❶ 打开随书光盘中的"素材\ch21\Word 调用 PowerPoint.docx"文件，将鼠标光标定位在要插入演示文稿的位置。

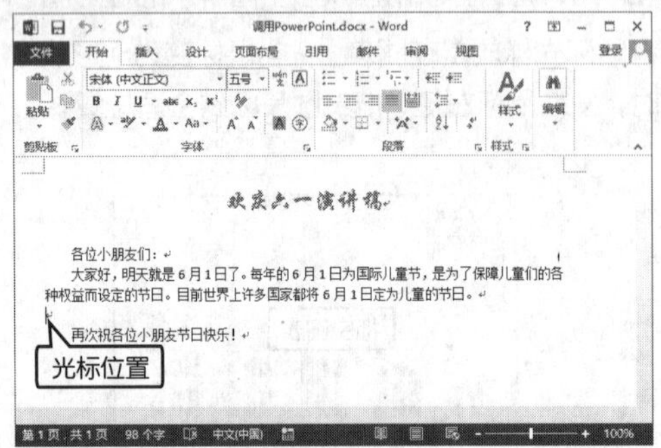

❷ 单击【插入】选项卡下【文本】选项组中【对象】按钮右侧的下拉按钮，在弹出列表中选择【对象】选项。

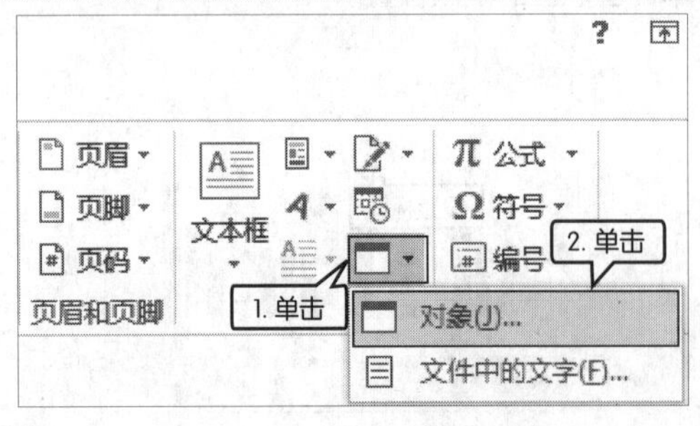

❸ 弹出【对象】对话框，选择【由文件创建】选项卡，单击【浏览】按钮。

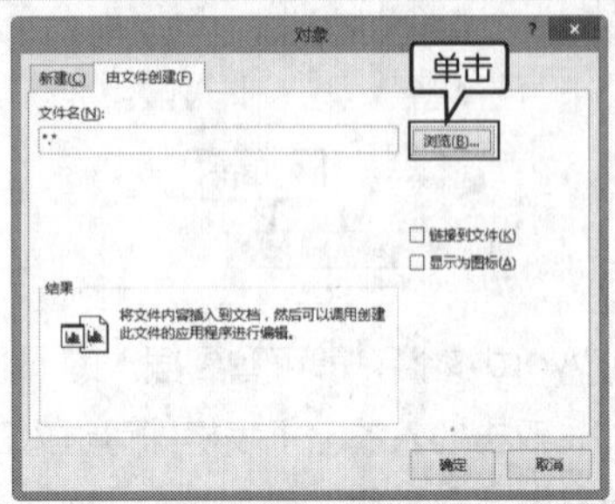

❹ 在打开的【浏览】对话框中选择随书光盘中的"素材\ch21\六一儿童节快乐.pptx"文件，单击【插入】按钮，返回【对象】对话框，单击【确定】按钮，即可在文档中插入所选的演示文稿。

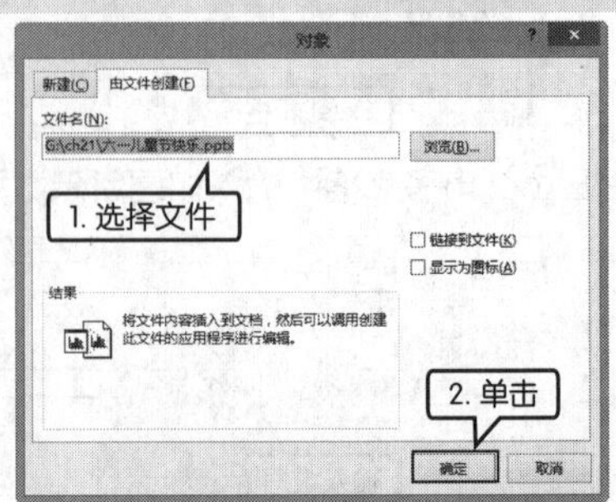

❺ 插入 PowerPoint 演示文稿后，拖曳演示文稿四周的控制点可调整演示文稿的大小。在演示文稿中单击鼠标右键，在弹出的快捷菜单中选择【“演示文稿”对象】➤【显示】选项。

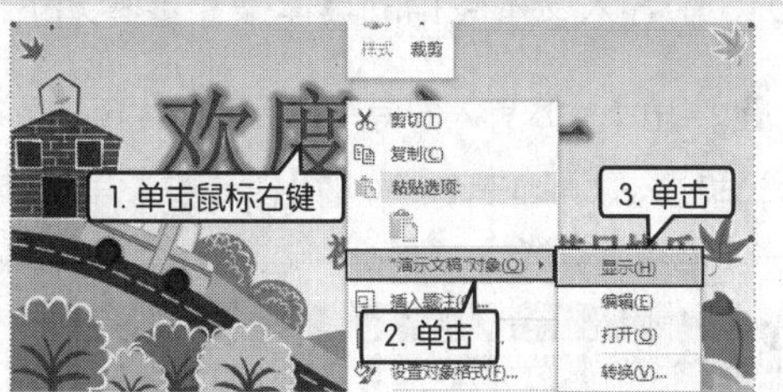

❻ 弹出【Microsoft PowerPoint】对话框，然后单击【确定】按钮，即可播放幻灯片，效果如图所示。

21.2 Excel 2013 与其他组件的协同

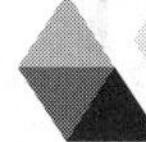
本节视频教学录像：4 分钟

在 Excel 工作簿中可以调用 Word 文档、PowerPoint 演示文稿以及其他文本文件数据。

21.2.1 在 Excel 中调用 PowerPoint 演示文稿

在 Excel 2013 中调用 PowerPoint 演示文稿的具体操作步骤如下 。

❶ 新建一个 Excel 工作表，单击【插入】选项卡下【文本】选项组中【对象】按钮 。

❷ 弹出【对象】对话框，选择【由文件创建】选项卡，单击【浏览】按钮，在打开的【浏览】对话框中选择将要插入的 PowerPoint 演示文稿，此处选择随书光盘中的“素材 \ch21\ 统计报告 .pptx”文件，然后单击【插入】按钮，返回【对象】对话框，单击【确定】按钮。

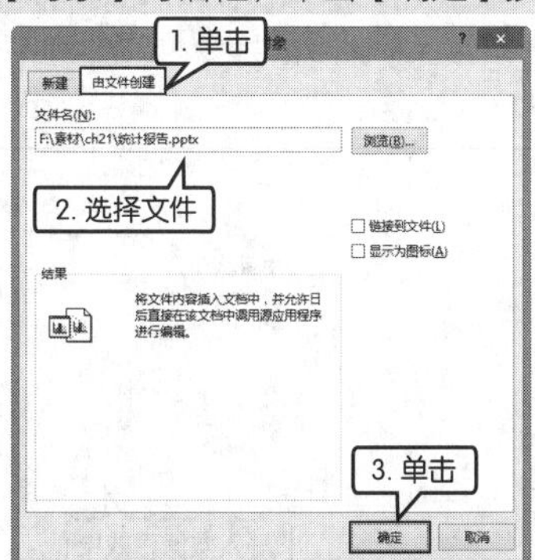

❸ 此时就在文档中插入了所选的演示文稿。插入 PowerPoint 演示文稿后，还可以调整演示文稿的位置和大小。

❹ 双击插入的演示文稿，即可播放插入的演示文稿。

21.2.2 导入来自文本文件的数据

在 Excel 2013 中还可以导入 Access 文件数据、网站数据、文本数据、SQL Server 数据库数据以及 XML 数据等外部数据。在 Excel 2013 中导入文本数据的具体操作步骤如下。

❶ 新建一个 Excel 工作表，将其保存为“导入来自文件的数据.xlsx”，单击【数据】选项卡下【获取外部数据】选项组中【自文本获取数据】按钮 自文本 。

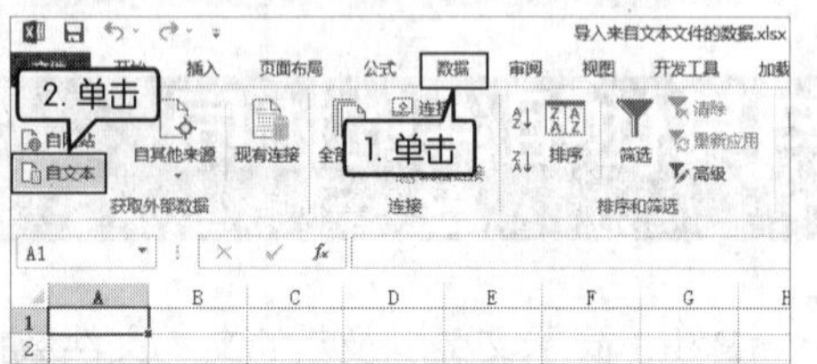

❷ 弹出【导入文本文件】对话框中，选择“素材\ch21\成绩表.txt”文件，单击【导入】按钮。

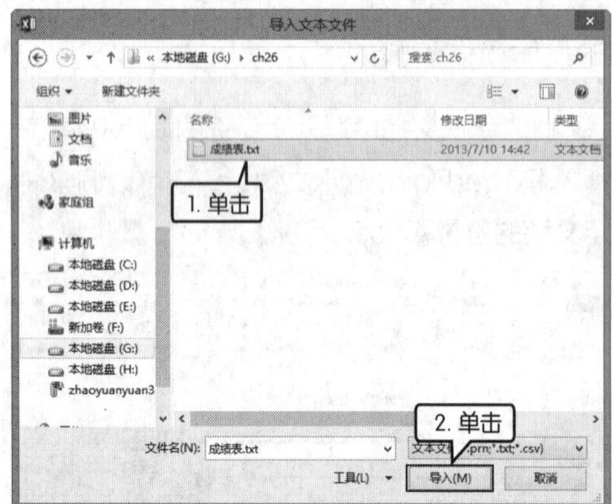

❸ 弹出【文本导入向导－第 1 步，共 3 步】对话框，单击【下一步】按钮。

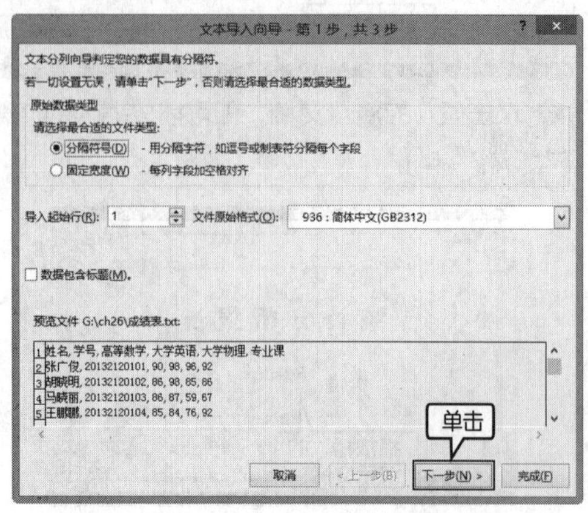

❹ 弹出【文本导入向导－第 2 步，共 3 步】对话框，撤消选中【Tab 键】复选框，单击选中【逗号】复选框，然后单击【下一步】按钮。

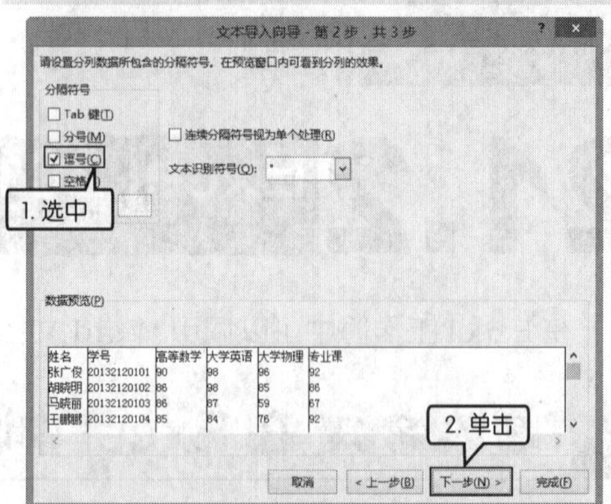

❺ 弹出【文本导入向导－第 3 步，共 3 步】对话框，选中【文本】单选项，然后单击【完成】按钮。

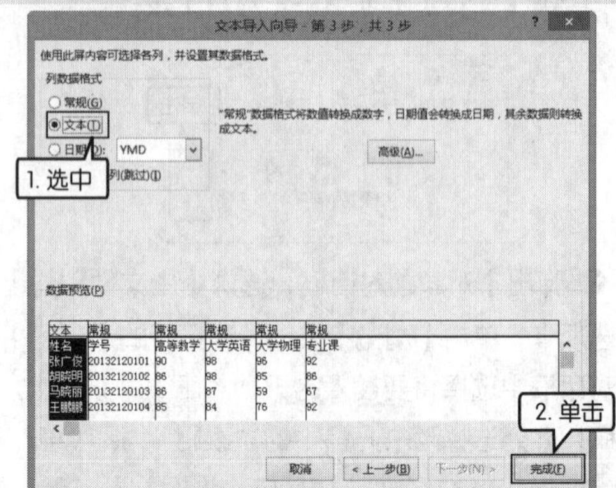

❻ 在弹出的【导入数据】对话框中单击【确定】按钮，即可将文本文件中的数据导入到 Excel 2013 中。

21.3 PowerPoint 2013 与其他组件的协同

本节视频教学录像：9 分钟

在 PowerPoint 2013 中不仅可以调用 Word、Excel 等组件，还可以将 PowerPoint 演示文稿转化为 Word 文档。

21.3.1 在 PowerPoint 中调用 Excel 工作表

在 PowerPoint 2013 中可以调用 Excel 工作表，具体操作步骤如下。

❶ 打开随书光盘中的“素材 \ch21\ 调用 Excel 工作表 .pptx”文件，选择第 2 张幻灯片，然后单击【新建幻灯片】按钮，在弹出的下拉列表中选择【仅标题】选项。

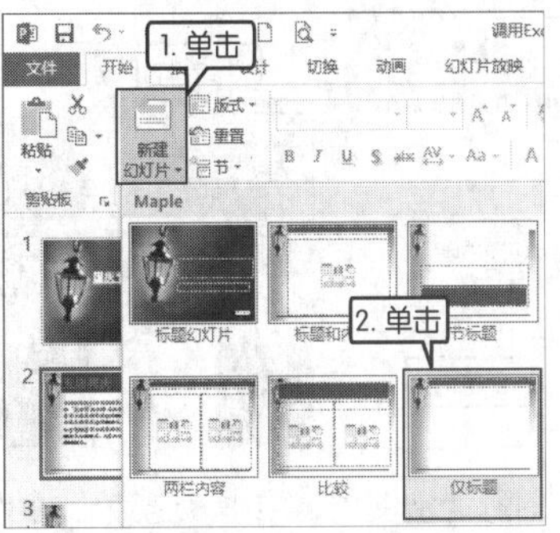

❷ 新建一张标题幻灯片，在【单击此处添加标题】文本框中输入“各店销售情况”，并设置【文本颜色】为“红色”。

❸ 单击【插入】选项卡下【文本】组中的【对象】按钮，弹出【插入对象】对话框，单击选中【由文件创建】单选项，然后单击【浏览】按钮。

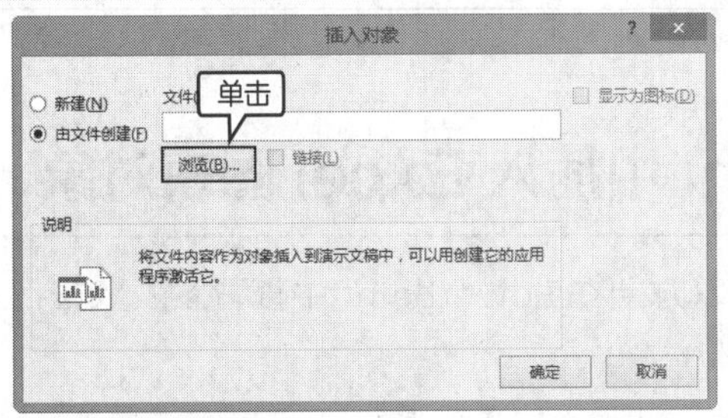

❹ 在弹出的【浏览】对话框中选择随书光盘中的“素材 \ch21\ 销售情况表 .xlsx”文件，然后单击【确定】按钮，返回【对象】对话框，单击【确定】按钮。

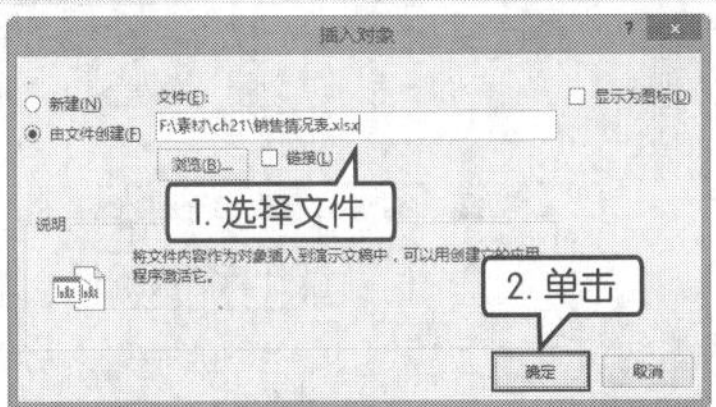

❺ 此时就在演示文稿中插入了 Excel 表格，双击表格，进入 Excel 工作表的编辑状态，调整表格的大小。

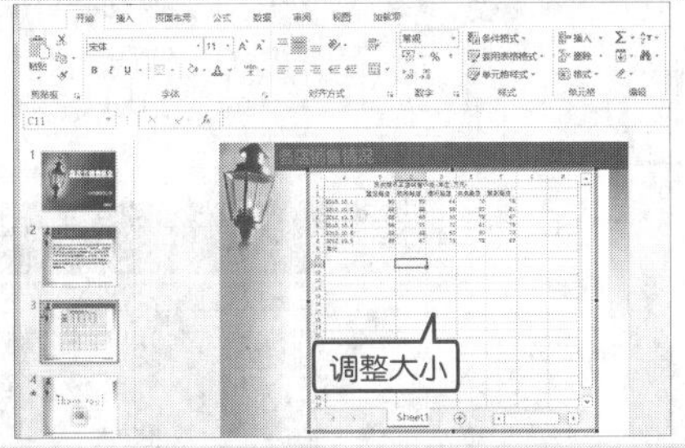

❻ 单击 B9 单元格，单击编辑栏中的 f_x 按钮，弹出【插入函数】对话框，在【选择函数】列表框中选择【SUM】函数，单击【确定】按钮。

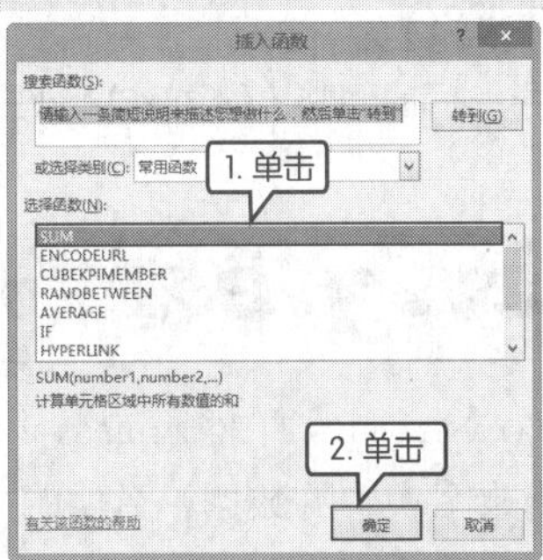

❼ 弹出【函数参数】对话框，在【Number1】文本框中输入“B3:B8”，单击【确定】按钮。

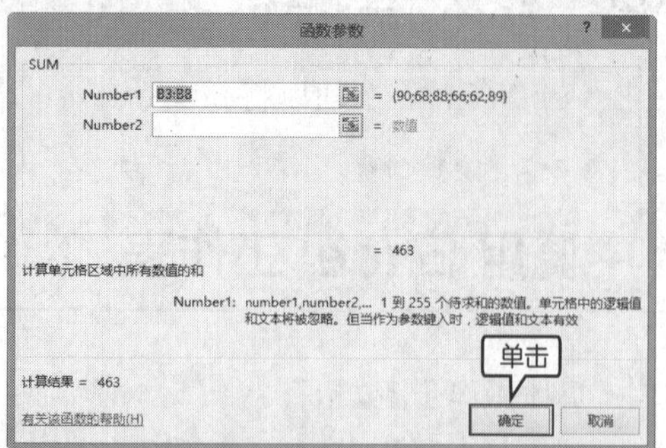

❽ 此时就在B9单元格中计算出了总销售额，填充C9:F8单元格区域，计算出各店总销售额。

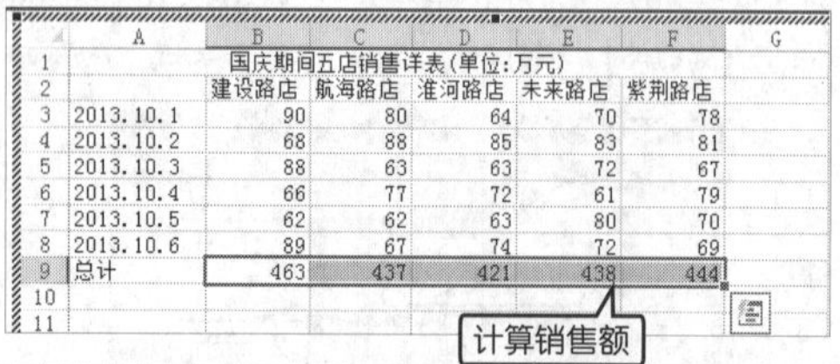

	A	B	C	D	E	F
1		国庆期间五店销售详表(单位:万元)				
2		建设路店	航海路店	淮河路店	未来路店	紫荆路店
3	2013.10.1	90	80	64	70	78
4	2013.10.2	68	88	85	83	81
5	2013.10.3	88	63	63	72	67
6	2013.10.4	66	77	72	61	79
7	2013.10.5	62	62	63	80	70
8	2013.10.6	89	67	74	72	69
9	总计	463	437	421	438	444

❾ 选择单元格区域A2:F8，单击【插入】选项卡下【图表】组中的【插入柱形图】按钮 ılı·，在弹出的下拉列表中选择【簇状柱形图】选项。

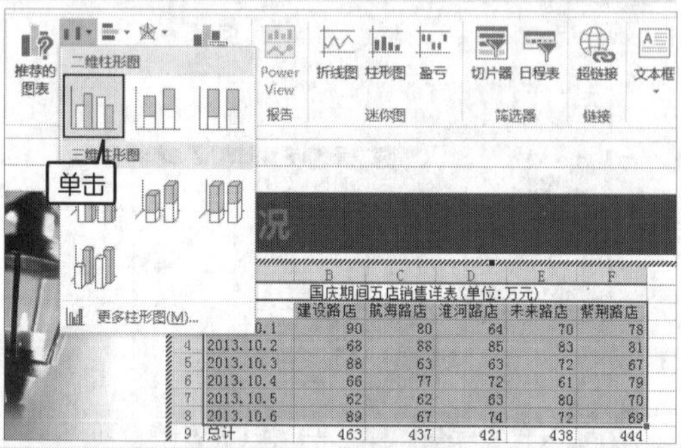

❿ 插入柱形图后，设置图表的位置和大小，在【图表标题】文本框中输入“各店销售情况”，设置其【字体】为“方正楷体简体”、【字号】为“12”，同时调整【绘图区】区域的大小。

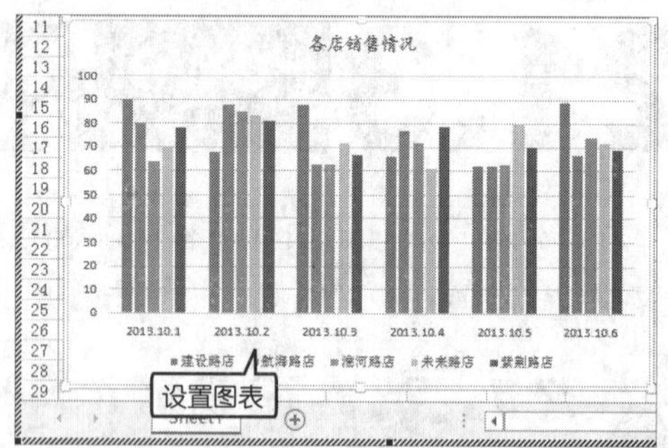

⓫ 选择插入的图表，单击【图表工具】➤【格式】选项卡下【形状样式】选项组中的【形状填充】按钮，在弹出的下拉列表中选择【纹理】➤【纸莎草纸】选项。

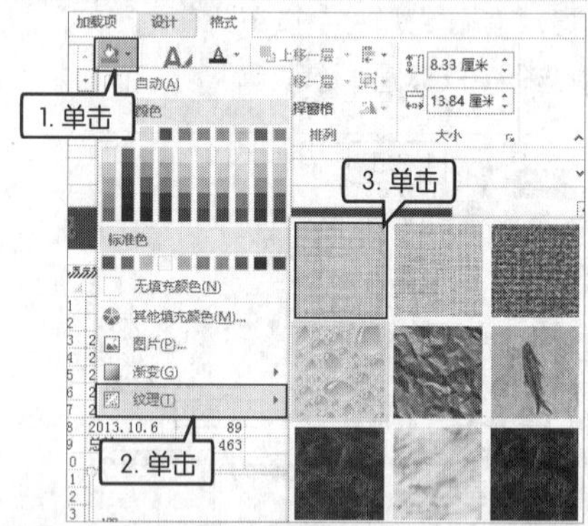

⓬ 在幻灯片空白位置单击，结束Excel编辑状态，即可看到在PowerPoint 2013中调用Excel的效果。

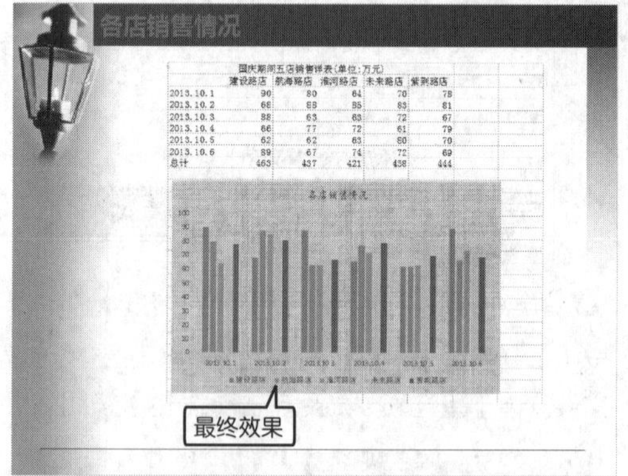

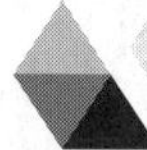 21.3.2 在 PowerPoint 中插入 Excel 图表对象

在 PowerPoint 中插入 Excel 图表对象，可以方便在 PowerPoint 中查看图表数据，从而快速修改图表中的数据，具体的操作步骤如下。

❶ 新建一个空白演示文稿，将幻灯片中的文本占位符删除，如图所示。

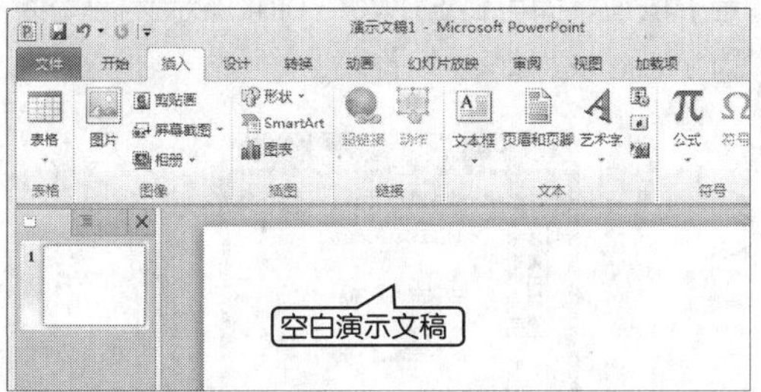

❷ 单击【插入】选项卡下【文本】组中的【对象】按钮 对象 。

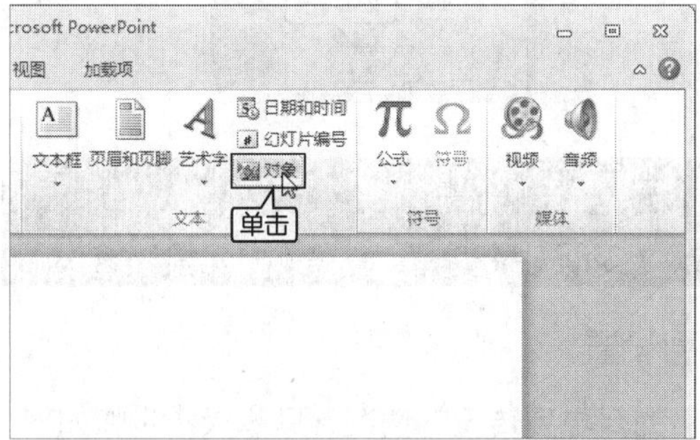

❸ 弹出【插入对象】对话框，在左侧选择【新建】选项，在【对象类型】列表中选择【Microsoft Excel 图表】选项，单击【确定】按钮。

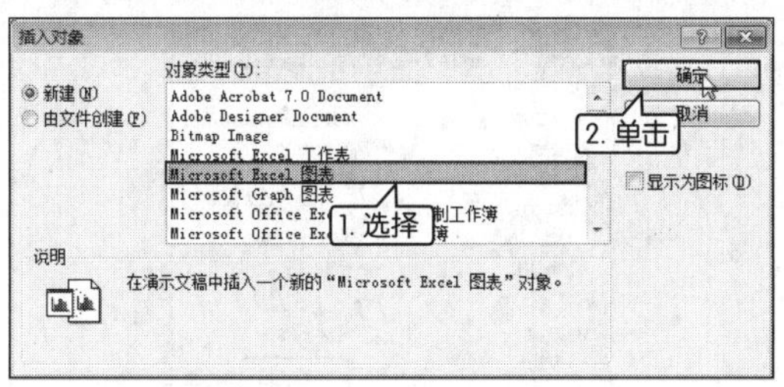

❹ 插入如图所示的图表。

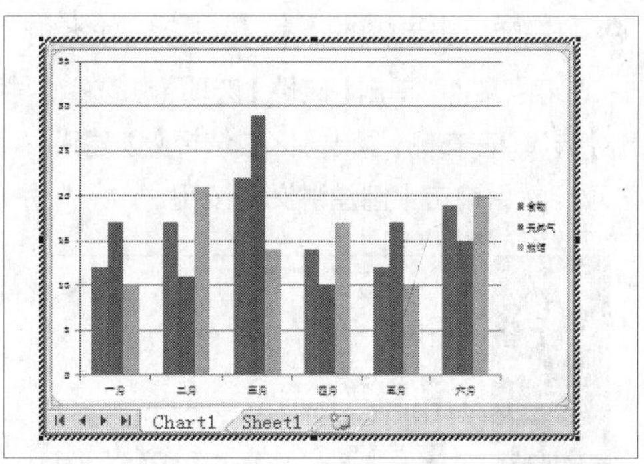

❺ 在图表中选择【Sheet1】工作表，将其中的数据修改为“素材 \ch21\Excel 图表 .xlsx”工作簿中的数据，如图所示。

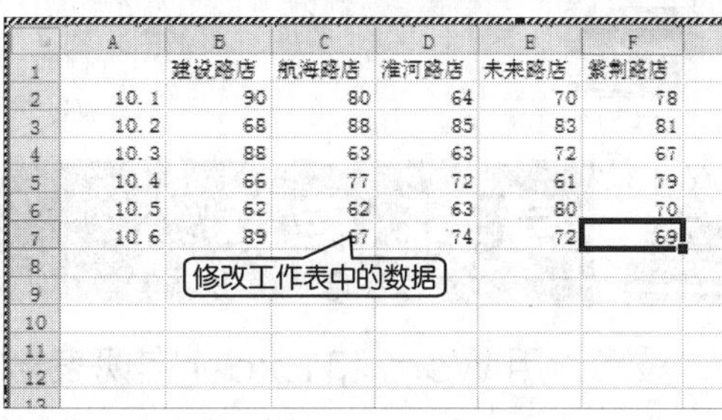

	A	B	C	D	E	F
1		建设路店	航海路店	淮河路店	未来路店	紫荆路店
2	10.1	90	80	64	70	78
3	10.2	68	88	85	83	81
4	10.3	88	63	63	72	67
5	10.4	66	77	72	61	79
6	10.5	62	62	63	80	70
7	10.6	89	67	74	72	69

❻ 选择【Chart1】工作表，如图所示，图表已修改完成。

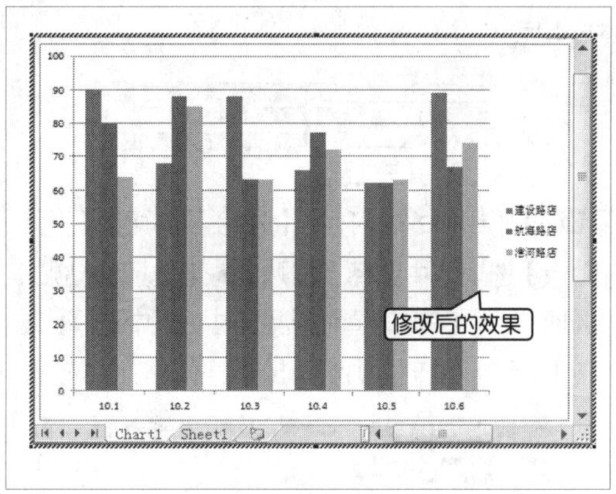

21.3.3 将 PowerPoint 转换为 Word 文档

用户可以将 PowerPoint 演示文稿中的内容转化到 Word 文档中，以方便阅读、打印和检查，具体操作步骤如下。

❶ 打开随书光盘中的“素材\ch21\球类知识.pptx”文件，单击【文件】选项卡，选择【导出】选项，在右侧【导出】区域选择【创建讲义】选项，然后单击【创建讲义】按钮。

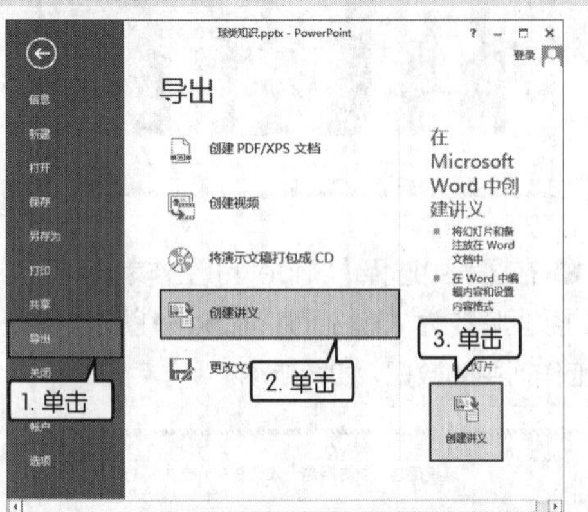

❷ 弹出【发送到 Microsoft Word】对话框，单击选中【只使用大纲】单选项，然后单击【确定】按钮，即可将 PowerPoint 演示文稿转换为 Word 文档。

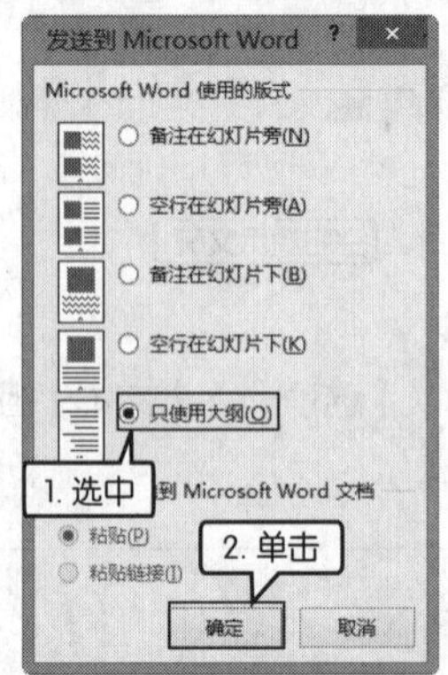

高手私房菜

本节视频教学录像：4 分钟

技巧：用 Word 和 Excel 实现表格的行列设置

在用 Word 制作表格时经常会遇到需要将表格的行与列转置的情况，具体操作步骤如下。

❶ 在 Word 中创建表格，然后选定整个表格，单击鼠标右键，在弹出的快捷菜单中选择【复制】命令。

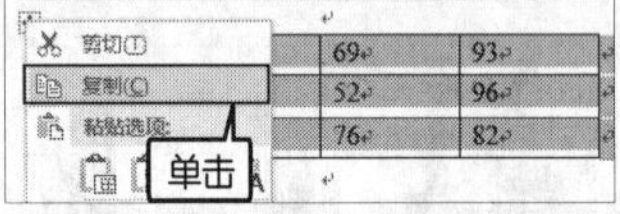

❷ 打开 Excel 表格，在【开始】选项卡下【剪贴板】选项组中选择【粘贴】➤【选择性粘贴】选项，在弹出的【选择性粘贴】对话框中选择【文本】选项，单击【确定】按钮。

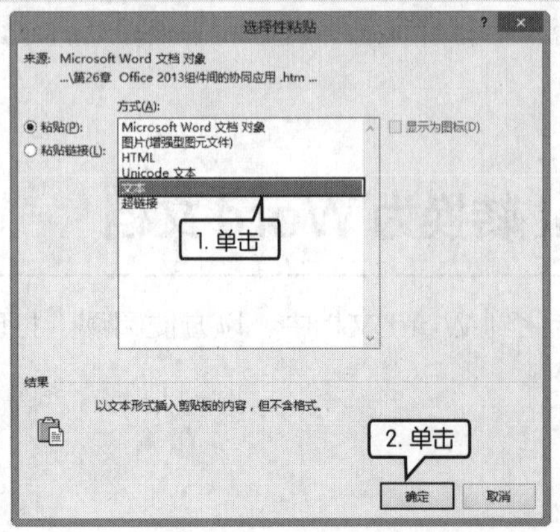

❸ 复制粘贴后的表格，在任一单元格上单击，选择【粘贴】➤【选择性粘贴】选项，在弹出的【选择性粘贴】对话框中单击选中【转置】复选框，单击【确定】按钮。

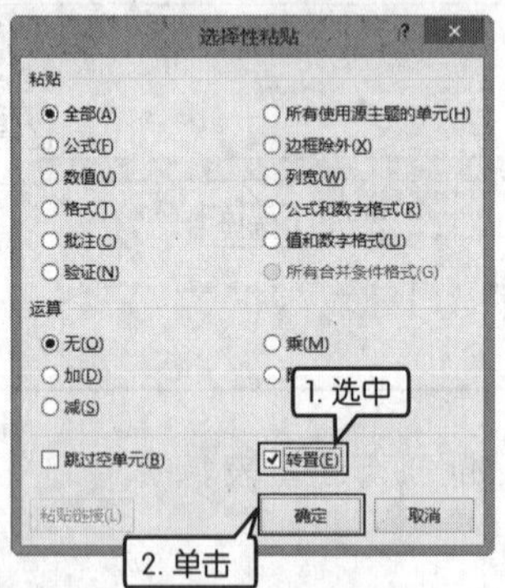

❹ 此时就将表格行与列转置，最后将转置后的表格复制到 Word 文档中即可。

	A	B	C	D
1	张三	77	69	93
2	李四	78	52	96
3	王五	88	76	82
4				
5	张三	李四	王五	
6	77	78	88	
7	69	52	76	
8	93	96	82	

转置后效果

第 22 章

Office 2013 的安全与共享

本章视频教学录像：19 分钟

高手指引

本章主要介绍 Office 2013 的共享、保护和取消保护等内容，使用户能够更深一步地了解 Office 2013 的应用、掌握共享 Office 2013 的技巧，并学会通过 Office 2013 的安全设置来保护文档。

重点导读

- 掌握 Office 2013 的共享
- 掌握 Office 2013 的保护
- 了解取消保护的方法

22.1 Office 2013 的共享

本节视频教学录像：7 分钟

用户可以将 Office 文档存放在网络或其他存储设备中，便于更方便地查看和编辑 Office 文档；还可以通过跨平台、设备与其他人协作，共同编写论文、准备演示文稿、创建电子表格等。

22.1.1 保存到云端 OneDrive

Windows OneDrive 是由微软公司推出的一项云存储服务，用户可以通过自己的 Windows Live 账户进行登录，上传图片、文档等到 OneDrive 中进行存储，无论身在何处，用户都可以访问 OneDrive 上的所有内容。将文档保存到云端 OneDrive 的具体操作步骤如下。

❶ 打开随书光盘中的“素材\ch19\礼仪培训.pptx”文件。单击【文件】选项卡，在打开的列表中选择【另存为】选项，在【另存为】区域选择【OneDrive】选项，单击【登录】按钮。

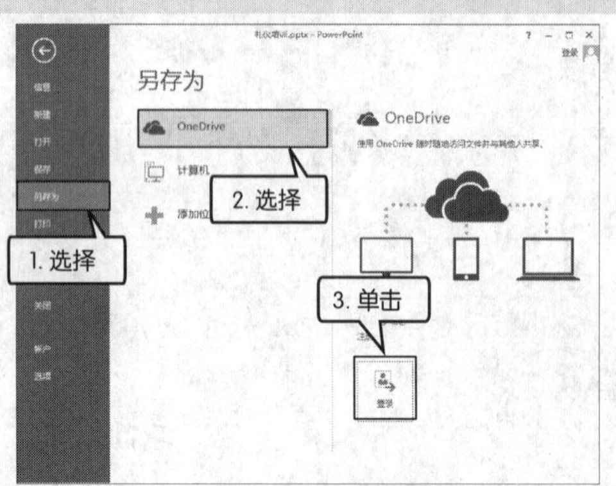

❷ 弹出【登录】对话框，输入与 Office 一起使用的账户的电子邮箱地址，单击【下一步】按钮。

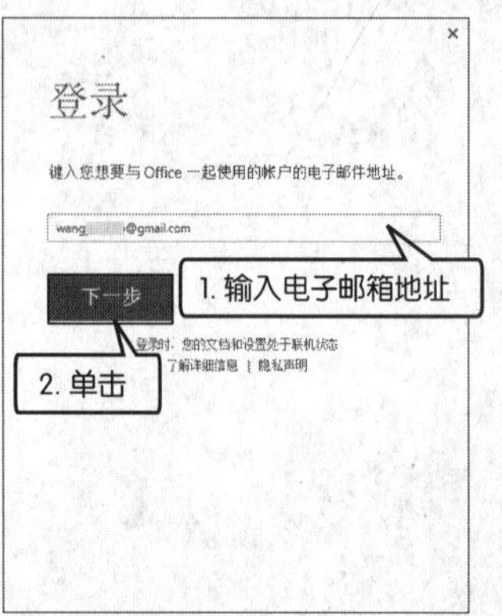

❸ 在弹出的【登录】对话框中输入电子邮箱地址的密码，单击【登录】按钮。

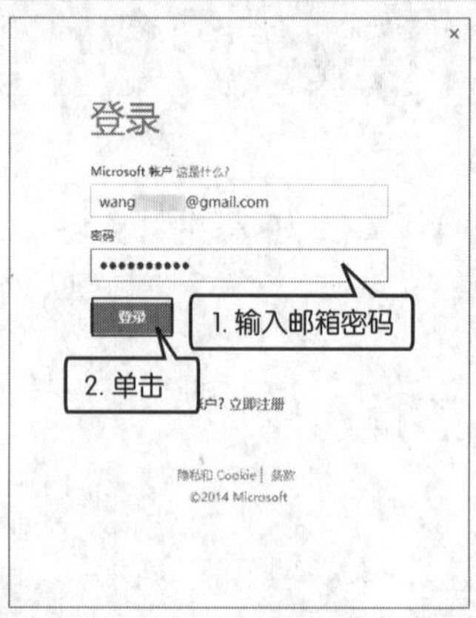

❹ 即可登录，在 PowerPoint 的右上角显示登录的账号名，在【另存为】区域选择【kk zhou 的 OneDrive】选项，单击【浏览】按钮。

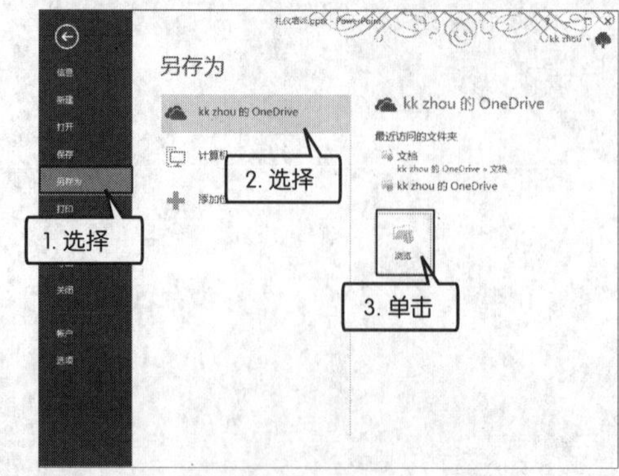

❺ 弹出【另存为】对话框，在对话框中选择文件要保存的位置，这里选择并打开【文档】文件夹，单击【保存】按钮。

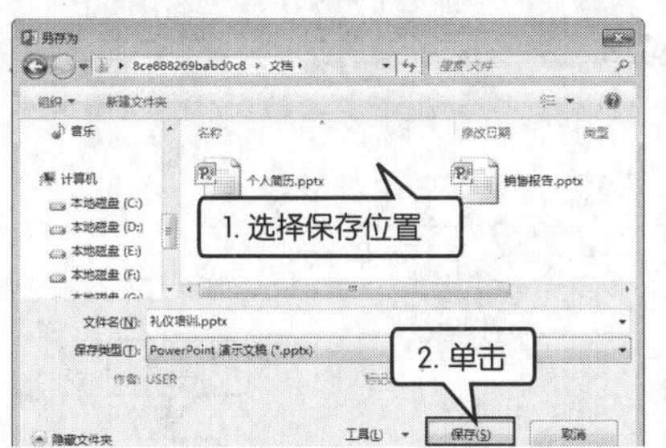

❻ 在浏览器中输入网址“https://onedrive.live.com/about/zh-cn/”，单击【登录】按钮，登录网站。

❼ 登录后，单击【文档】选项，即可查看到上传的文档。

❽ 单击需要打开的文件，如图所示打开演示文稿。

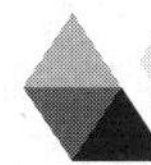

22.1.2 电子邮件

Office 2013 还可以通过发送到电子邮件的方式进行共享，发送到电子邮件主要有【作为附件发送】、【发送链接】、【以 PDF 形式发送】、【以 XPS 形式发送】和【以 Internet 传真形式发送】5 种形式。本节主要通过介绍以附件形式进行邮件发送，具体的操作步骤如下。

❶ 打开随书光盘中的“素材\ch22\礼仪培训.pptx”文件。单击【文件】选项卡，在打开的列表中选择【共享】选项，在【共享】区域选择【电子邮件】选项，然后单击【作为附件发送】按钮。

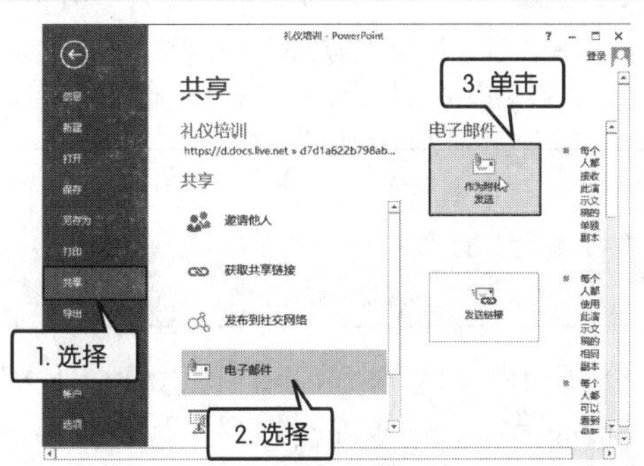

❷ 弹出【礼仪培训.pptx-邮件（HTML）】工作界面，在【附件】右侧的文本框中可以看到添加的附件，在【收件人】文本框中输入收件人的邮箱，单击【发送】按钮即可将文档作为附件发送。

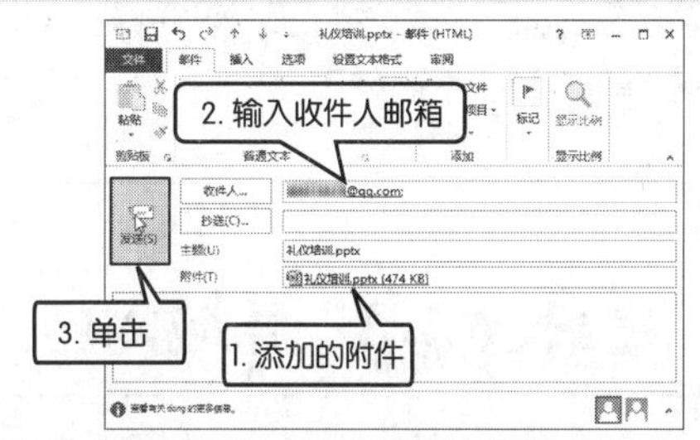

提示　使用其他邮箱发送办公文件，主要是以附件的形式发送给对方。

22.1.3 向存储设备中传输

用户还可以将 Office 2013 文档传输到存储设备中，具体的操作步骤如下。

❶ 将存储设备U盘插入电脑的USB接口中，打开随书光盘中的“素材\ch22\学生成绩登记表.pptx”文件。

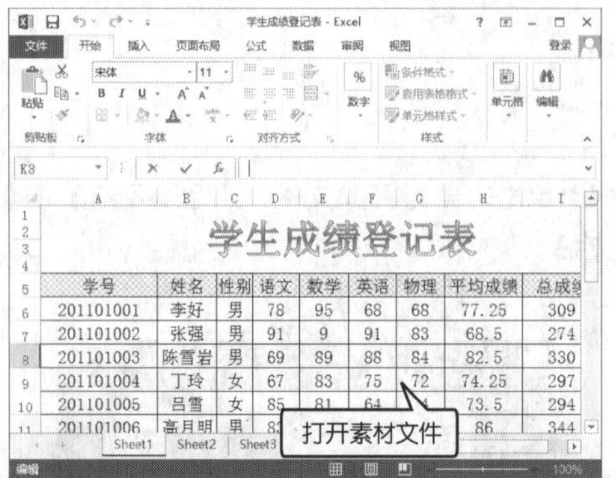

❷ 单击【文件】选项卡，在打开的列表中选择【另存为】选项，在【另存为】区域选择【计算机】选项，然后单击【浏览】按钮。

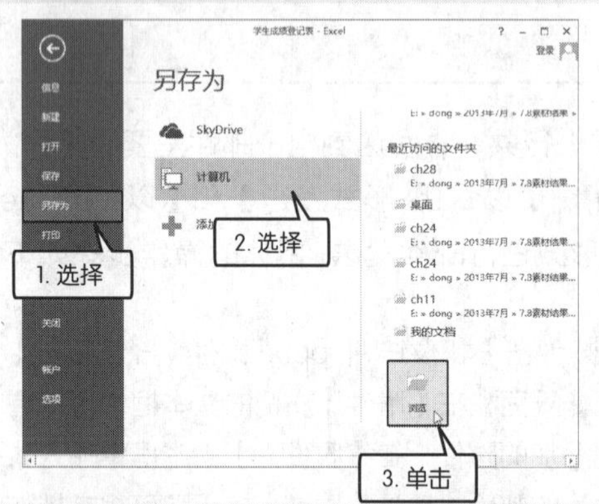

❸ 弹出【另存为】对话框，选择文档的存储位置为存储设备，这里选择【DONG（I:）】文件夹，单击【保存】按钮。

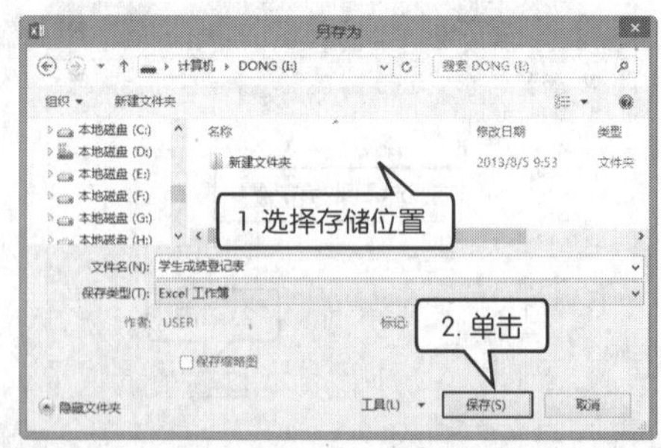

提示 将存储设备插入电脑的 USB 接口后，单击桌面上的【计算机】图标，在弹出的【计算机】窗口中可以看到插入的存储设备，本例中存储设备的名称为【DONG（I:）】。

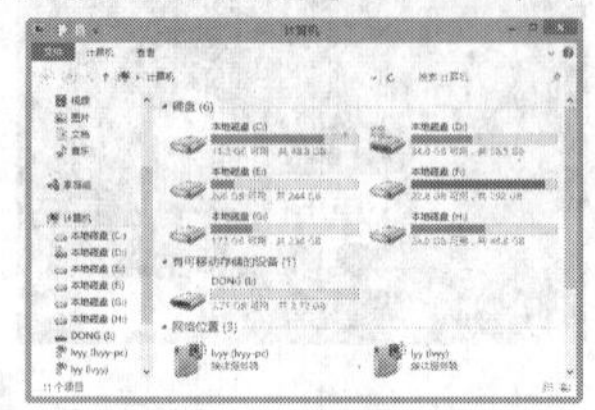

❹ 打开存储设备，即可看到保存的文档。

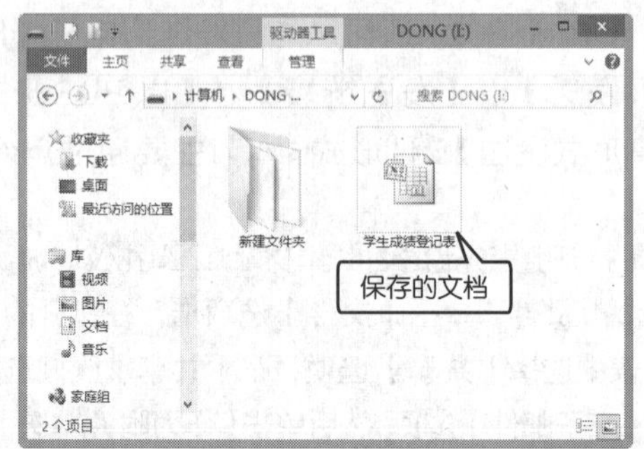

提示 用户可以复制该文档，打开存储设备粘贴也可以将文档传输到存储设备中。在本例中的存储设备为 U 盘，如果使用其他存储设备，操作过程类似，这里不再赘述。

22.1.4 局域网中的共享

局域网是在一个局部的范围内（如一个学校、公司和机关内），将各种计算机、外部设备和数据库等互相联接起来组成的计算机通信网。局域网可以实现文件管理、应用软件共享、打印机共享、扫描仪共享、工作组内的日程安排、电子邮件和传真通信服务等功能。

局域网用户利用 Excel 可以协同工作，在局域网中共享 Excel 的具体操作步骤如下。

❶ 打开随书光盘中的“素材 \ch22\ 学生成绩登记表 .pptx”文件、单击【审阅】选项卡下【更改】选项组中的【共享工作簿】按钮。

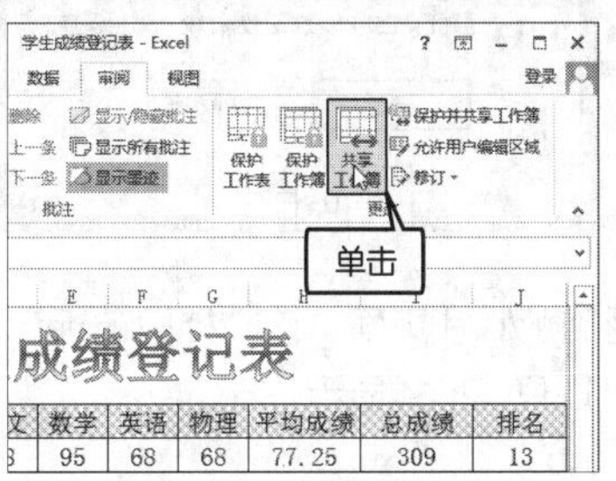

❷ 弹出【共享工作簿】对话框，在对话框中单击选中【允许多用户同时编辑，同时允许工作簿合并】复选框，单击【确定】按钮。

❸ 工作簿即处于在局域网中共享的状态，在工作簿上方显示“共享”字样。

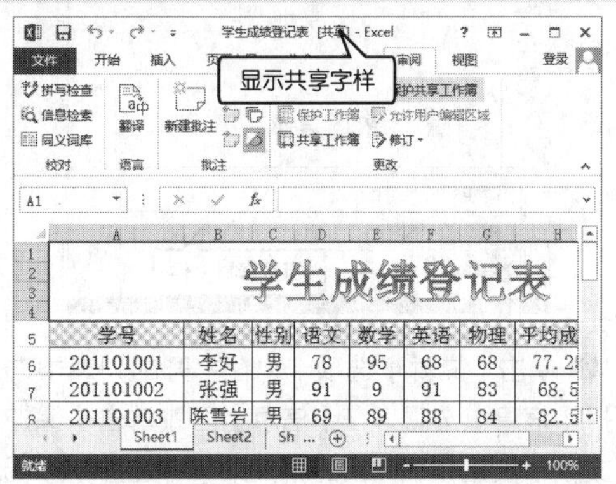

❹ 单击【文件】选项卡，在弹出的列表中选择【另存为】选项，单击【浏览】按钮，即可弹出【另存为】对话框。在对话框的地址栏中输入该文件在局域网中的位置，单击【保存】按钮。

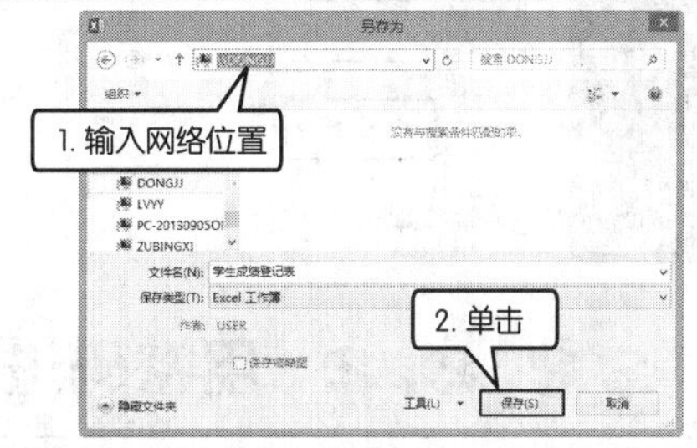

提示 将文件的所在位置通过电子邮件发送给共享该工作簿的用户，用户通过该文件在局域网中的位置即可找到该文件。

22.2 Office 2013 的保护

本节视频教学录像：6 分钟

如果用户不想制作好的文档被别人看到或修改，可以将文档保护起来。常用的保护文档的方法有标记为最终状态、用密码进行加密、限制编辑等。

22.2.1 标记为最终状态

“标记为最终状态”命令可将文档设置为只读，以防止审阅者或读者无意中更改文档。在将文档标记为最终状态后，键入、编辑命令以及校对标记都会禁用或关闭，文档的“状态”属性会设置为“最终”，具体操作步骤如下。

❶ 打开随书光盘中的"素材\ch22\招聘启事.docx"文件。

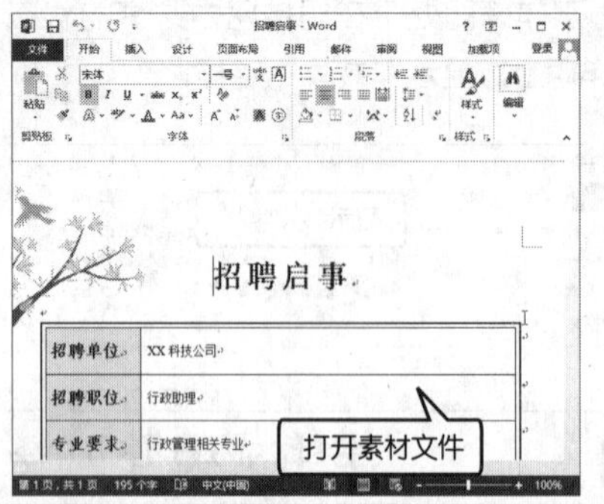

❷ 单击【文件】选项卡，在打开的列表中选择【信息】选项，在【信息】区域单击【保护文档】按钮，在弹出的下拉菜单中选择【标记为最终状态】选项。

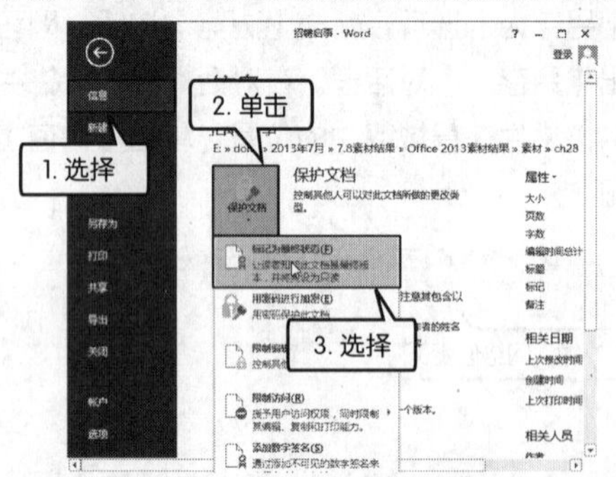

❸ 弹出【Microsoft Word】对话框，提示该文档将被标记为终稿并被保存，单击【确定】按钮。

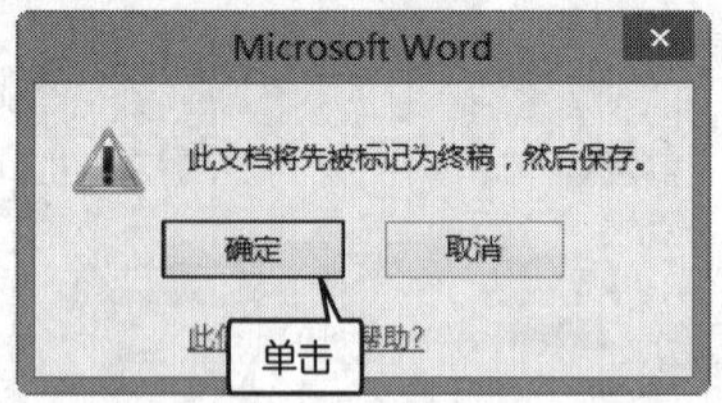

❹ 返回Word页面，该文档即被标记为最终状态，以只读形式显示。

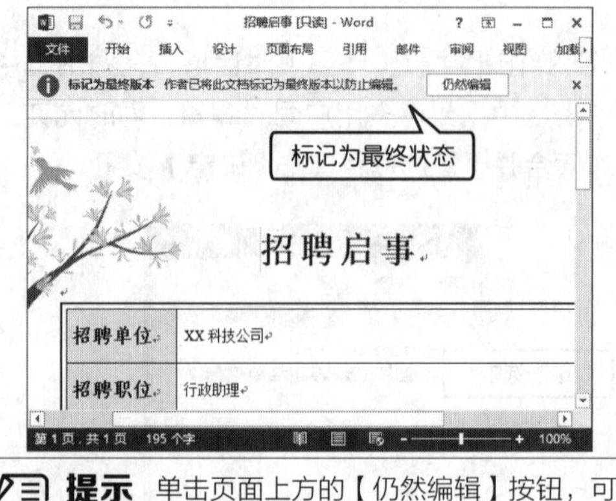

提示 单击页面上方的【仍然编辑】按钮，可以对文档进行编辑。

22.2.2 用密码进行加密

在Microsoft Office中，可以使用密码阻止其他人打开或修改文档、工作簿和演示文稿。用密码加密的具体操作步骤如下。

❶ 打开随书光盘中的"素材\ch22\招聘启事.docx"文件，单击【文件】选项卡，在打开的列表中选择【信息】选项，在【信息】区域单击【保护文档】按钮，在弹出的下拉菜单中选择【用密码进行加密】选项。

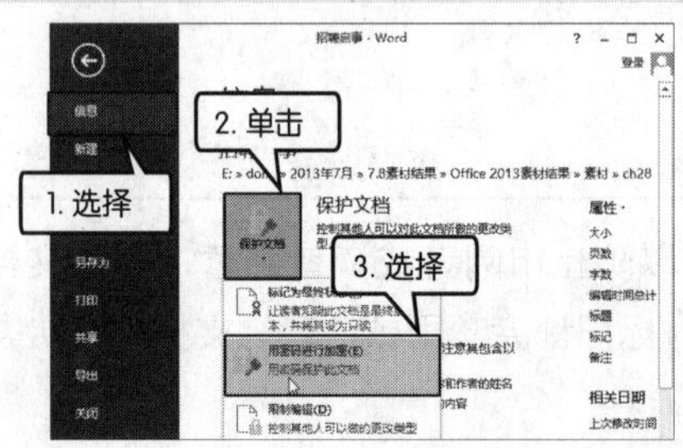

❷ 弹出【加密文档】对话框，输入密码，单击【确定】按钮。

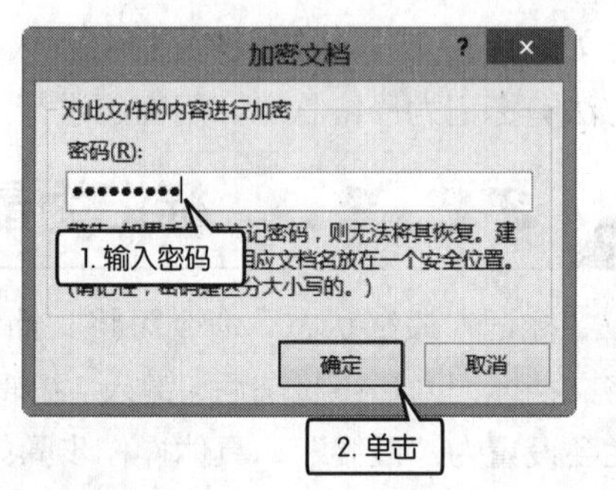

❸ 弹出【确认密码】对话框，再次输入密码，单击【确定】按钮。

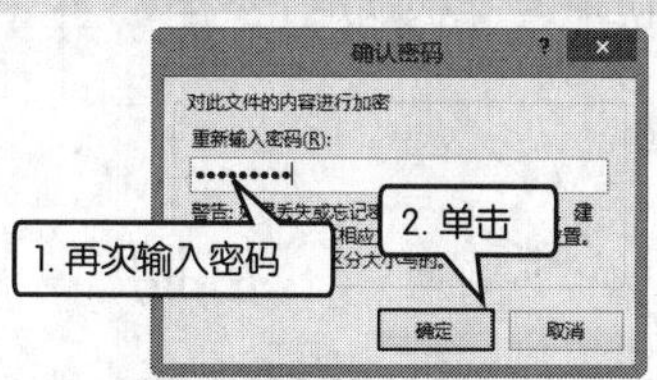

❹ 此时就为文档使用密码进行了加密。在【信息】区域内显示已加密。

❺ 再次打开文档时，将弹出【密码】对话框，输入密码后单击【确定】按钮。

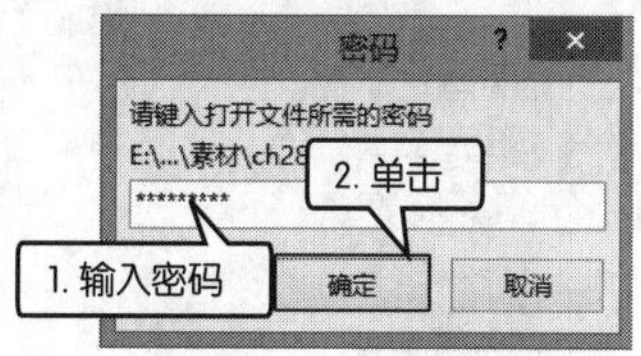

❻ 此时就打开了文档。

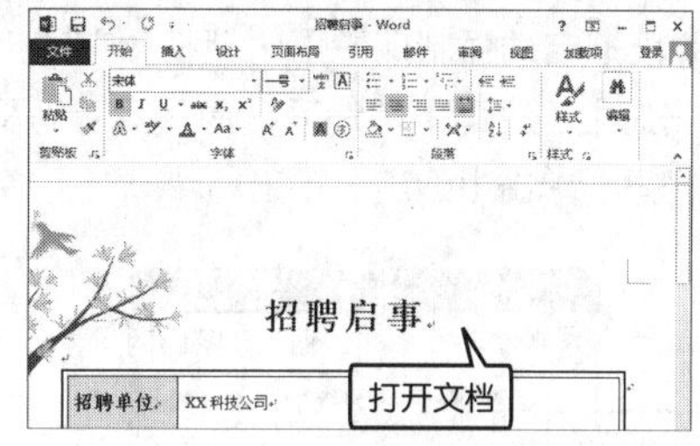

22.2.3 限制编辑

限制编辑是指控制其他人可对文档进行哪些类型的更改。限制编辑提供了三种选项：格式设置限制可以有选择地限制格式编辑选项，用户可以单击其下方的“设置”进行格式选项自定义；编辑限制可以有选择地限制文档编辑类型，包括“修订”、“批注”、“填写窗体”以及“不允许任何更改（只读）”；启动强制保护可以通过密码保护或用户身份验证的方式保护文档，此功能需要信息权限管理（IRM）的支持。为文档添加限制编辑的具体操作步骤如下。

❶ 打开随书光盘中的“素材 \ch22\ 招聘启事 .docx”文件，单击【文件】选项卡，在打开的列表中选择【信息】选项，在【信息】区域单击【保护文档】按钮，在弹出的下拉菜单中选择【限制编辑】选项。

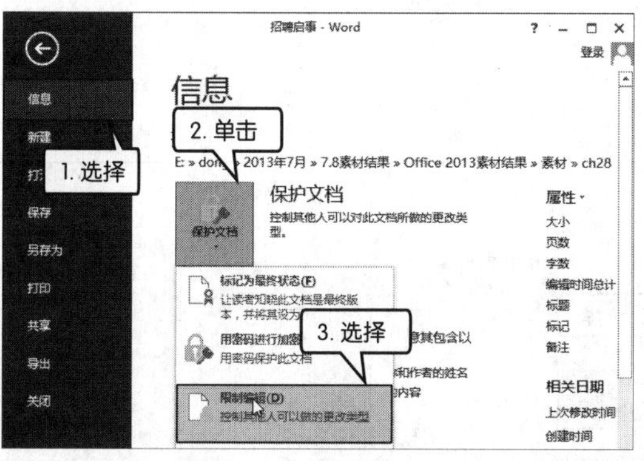

❷ 在文档的右侧弹出【限制编辑】窗格，单击选中【仅允许在文档中进行此类型的编辑】复选框，单击【不允许任何更改（只读）】文本框右侧的下拉按钮，在弹出的下拉列表中选择允许修改的类型，这里选择【不允许任何更改（只读）】选项。

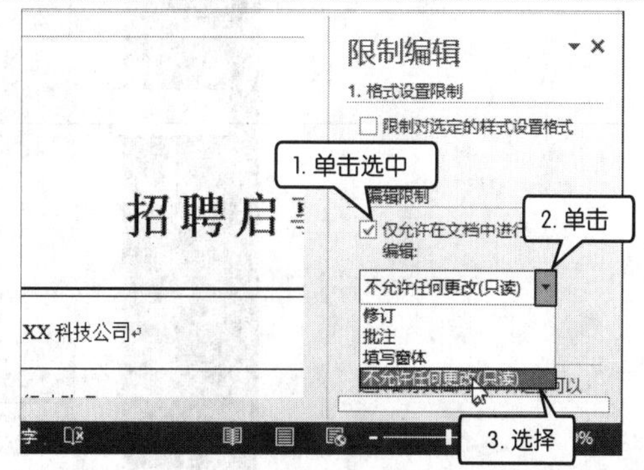

❸ 单击【限制编辑】窗格中的【是，启动强制保护】按钮。

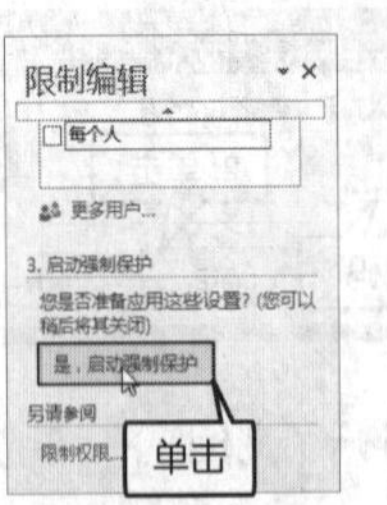

❹ 弹出【启动强制保护】对话框，在对话框中单击选中【密码】单选项，输入新密码及确认新密码，单击【确定】按钮。

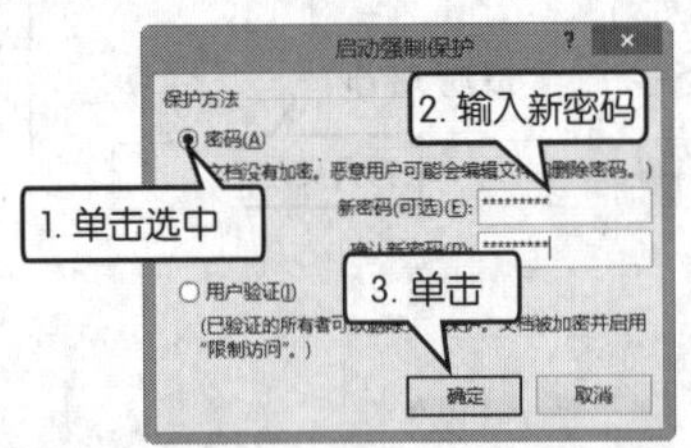

提示 如果单击选中【用户验证】单选项，已验证的所有者可以删除文档保护。

❺ 此时就为文档添加了限制编辑。当阅读者想要修改文档时，在文档下方显示【不允许修改，因为所选内容已被锁定】字样。

❻ 如果用户想要取消限制编辑，在【限制编辑】窗格中单击【停止保护】按钮即可。

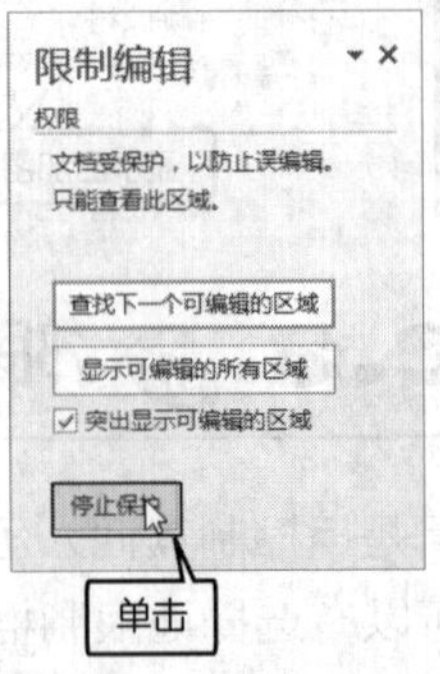

22.2.4 限制访问

限制访问是指通过使用 Microsoft Office 2013 中提供的信息权限管理（IRM）来限制对文档、工作簿和演示文稿中的内容的访问权限，同时限制其编辑、复制和打印能力。用户通过对文档、工作簿、演示文稿和电子邮件等设置访问权限，可以防止未经授权的用户打印、转发和复制敏感信息，以保证文档、工作簿、演示文稿等的安全。

设置限制访问的方法是：单击【文件】选项卡，在打开的列表中选择【信息】选项，在【信息】区域单击【保护文档】按钮，在弹出的下拉菜单中选择【限制访问】选项。

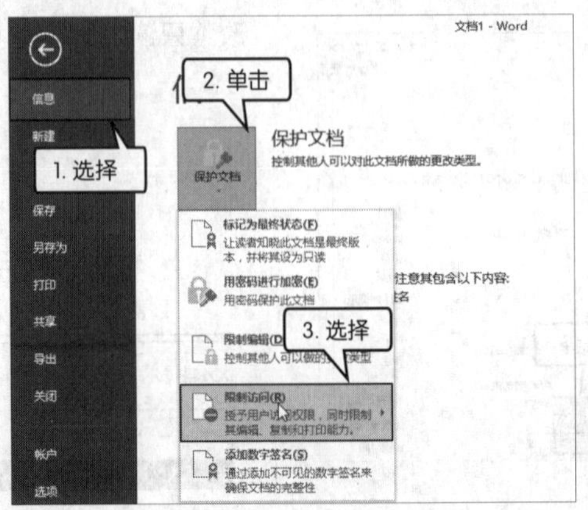

22.2.5 添加数字签名

数字签名是电子邮件、宏或电子文档等数字信息上的一种经过加密的电子身份验证戳，用于确认宏或文档来自数字签名本人且未经更改。添加数字签名可以确保文档的完整性，从而进一步保证文档的安全。用户可以在 Microsoft 官网上获得数字签名。

添加数字签名的方法是：单击【文件】选项卡，在打开的列表中选择【信息】选项，在【信息】区域单击【保护文档】按钮，在弹出的下拉菜单中选择【数字添加签名】选项。

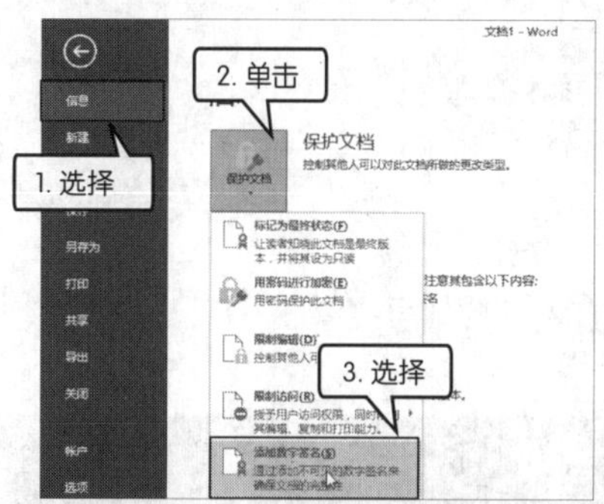

22.3 取消保护

本节视频教学录像：4 分钟

用户对 Office 文件设置保护后，还可以取消保护。取消保护包括取消文件最终标记状态、删除密码等。

1. 取消文件最终标记状态

取消文件最终标记状态的方法是：打开标记为最终状态的文档，单击【文件】选项卡，在打开的列表中选择【信息】选项，在【信息】区域单击【保护文档】按钮，在弹出的下拉菜单中选择【标记为最终状态】选项即可取消最终标记状态。

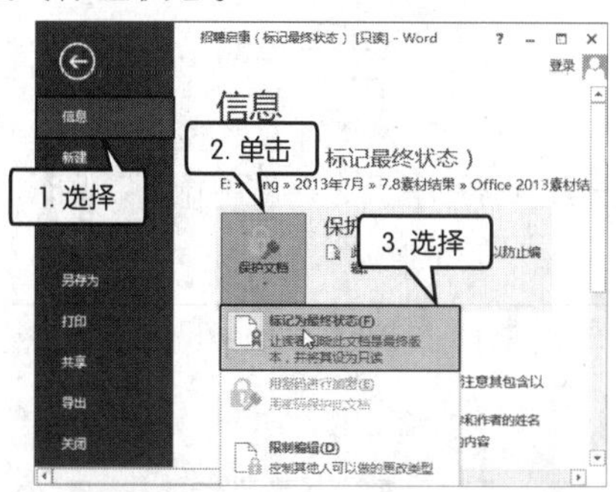

2. 删除密码

对 Office 文件使用密码加密后还可以删除密码，具体操作步骤如下。

❶ 打开设置密码的文档。单击【文件】选项卡，在打开的列表中选择【另存为】选项，在【另存为】区域选择【计算机】选项，然后单击【浏览】按钮。

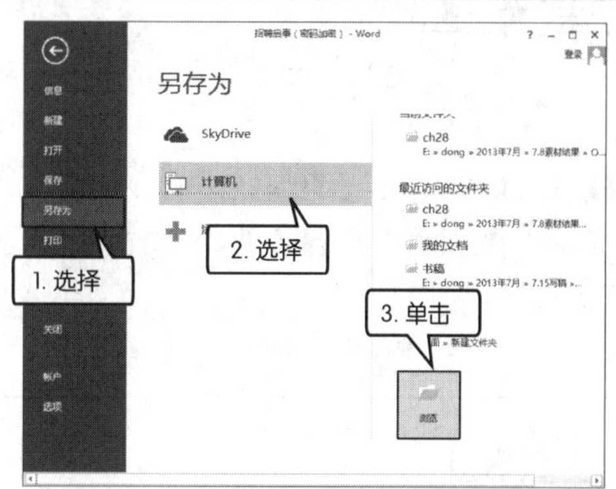

❷ 打开【另存为】对话框，选择文件的另存位置，单击【另存为】对话框下方的【工具】按钮，在弹出的下拉列表中选择【常规选项】选项。

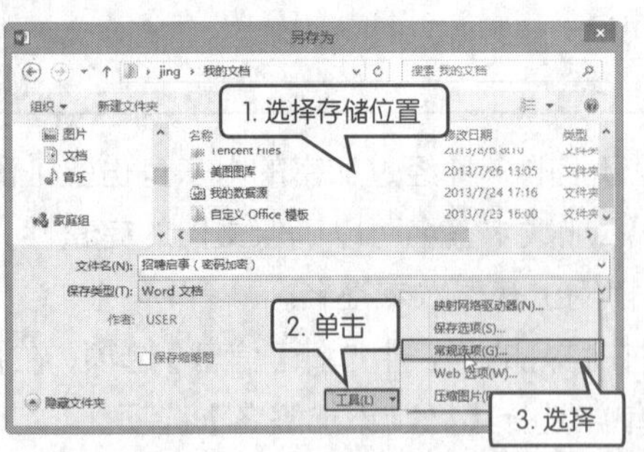

❸ 打开【常规选项】对话框，在该对话框中显示了打开文件时的密码，删除密码，单击【确定】按钮。

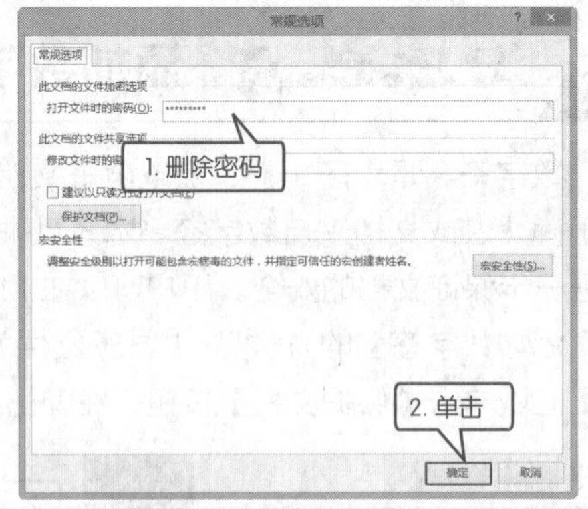

❹ 返回【另存为】对话框，单击【保存】按钮。另存的文档删除了密码保护。

提示 用户也可以再次选择【保护文档】中【用密码加密】选项，在弹出的【加密文档】对话框中删除密码，单击【确定】按钮即可删除文档设定的密码。

高手私房菜

本节视频教学录像：2 分钟

技巧：保护单元格

保护单元格的实质就是限制其他用户的编辑能力来防止他们进行不需要的更改，具体的操作步骤如下。

❶ 打开随书光盘中的“素材\ch22\学生成绩登记表.pptx”文件，选定要保护的单元格单击鼠标右键，在弹出的快捷菜单中选择【设置单元格格式】选项。

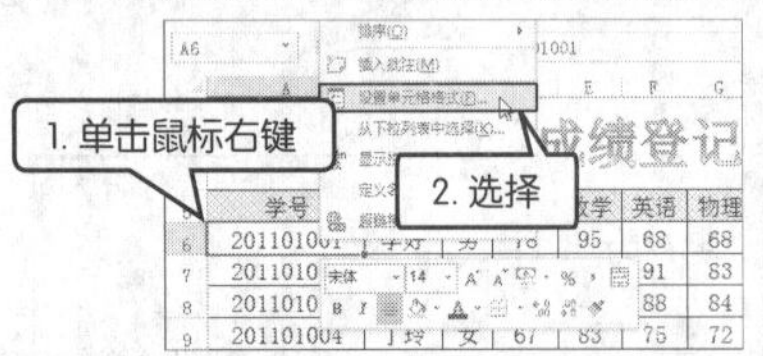

❷ 弹出【单元格格式】对话框，选择【保护】选项卡，单击选中【锁定】复选框，单击【确定】按钮。

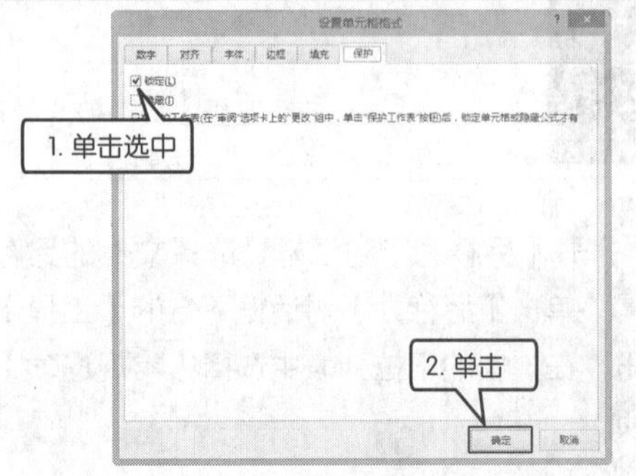

❸ 单击【审阅】选项卡下【更改】选项组中的【保护工作表】按钮，弹出【保护工作表】对话框，进行如图设置后，单击【确定】按钮。

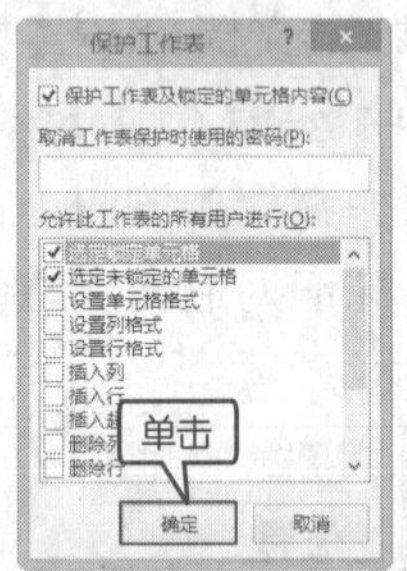

❹ 在受保护的单元格区域中输入数据时，会提示如下内容。

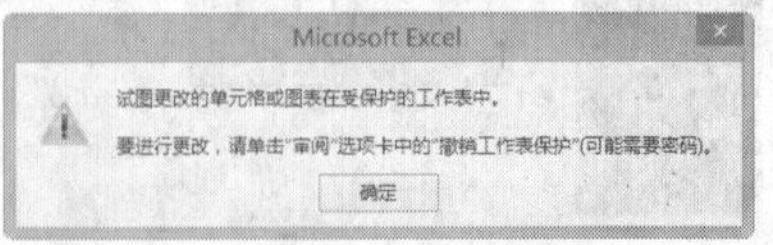

提示 单击【审阅】选项卡下【更改】选项组中的【撤消保护工作表】按钮，即可撤消保护。

第23章

办公文件的打印

本章视频教学录像：16 分钟

高手指引

打印机是自动化办公中不可缺少的一个组成部分，是重要的输出设备之一。通过打印机，用户可以将在电脑中编辑好的文档、图片等资料打印输出到纸上，从而将资料进行存档、报送及用作其他用途。

重点导读

- 掌握连接并设置打印机的方法
- 掌握打印 Word 文档的方法
- 掌握打印 Excel 表格的方法
- 掌握打印 PowerPoint 演示文稿的方法

23.1 连接打印机并安装驱动

本节视频教学录像：2 分钟

目前，打印机接口有 SCSI 接口、EPP 接口、USB 接口 3 种。一般电脑使用的是 EPP 和 USB 两种。如果是 USB 接口打印机，首先需要使用其提供的 USB 数据线与电脑 USB 接口相连接，再接通电源。下面以安装“EPSON 230”打印机为例，具体操作步骤如下 。

❶ 将打印机通过 USB 接口连接电脑。双击“EPSON 230”打印机驱动程序，然后在弹出的【安装爱普生打印机工具】对话框中，单击【确定】按钮。

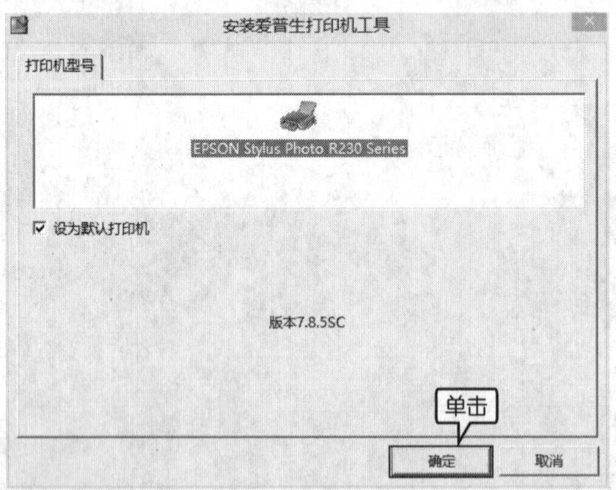

提示 在打印机自带光盘中包含驱动程序，也可以在官网中下载。

❷ 打开【许可协议】界面，单击【接受】按钮。

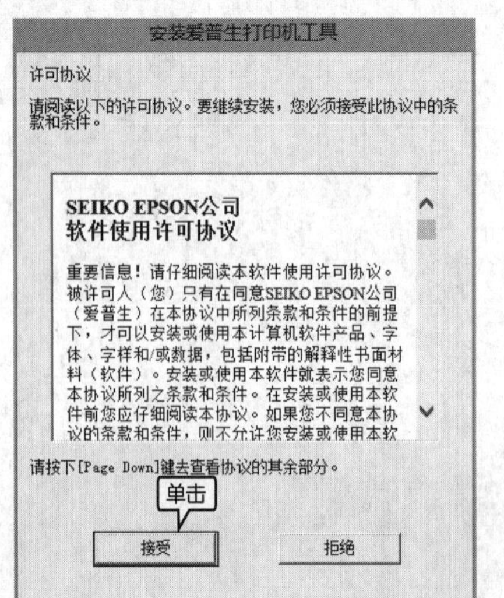

❸ 此时就可以开始安装驱动程序。

❹ 驱动安装完成，打开打印机开关。

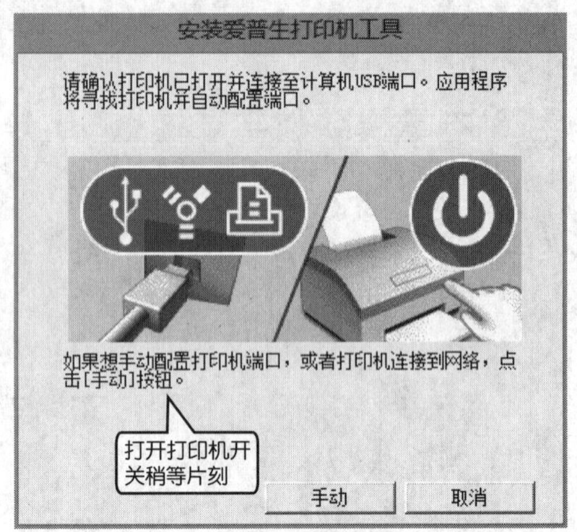

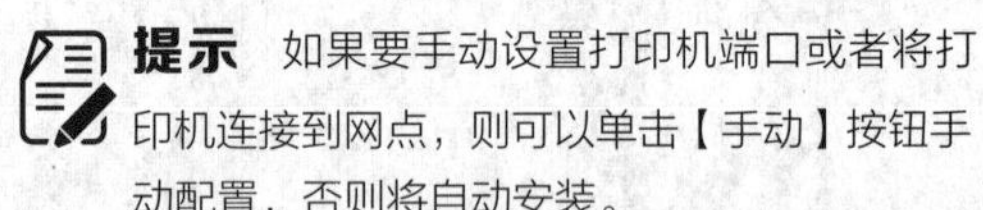

提示 如果要手动设置打印机端口或者将打印机连接到网点，则可以单击【手动】按钮手动配置，否则将自动安装。

❺ 稍等片刻，将会自动设置端口。设置完成，提示“打印机驱动程序安装和端口设置成功”，单击【确定】按钮。

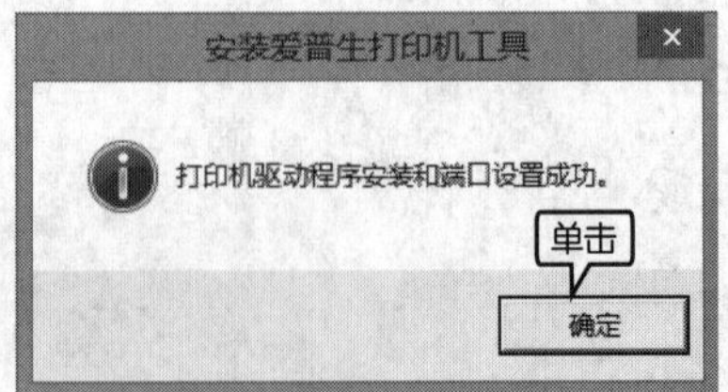

❻ 此时就可以在任务栏看到安装后的打印机图标。

23.2 打印 Excel 表格

本节视频教学录像：8 分钟

打印 Excel 表格时，用户也可以根据需要设置 Excel 表格的打印方法，如在同一页面打印不连续的区域、打印行号、列表或者每页都打印标题行等。

23.2.1 打印 Excel 工作表

打印 Excel 工作表的方法与打印 Word 文档的方法类似，需要选择打印机和设置打印份数。

❶ 打开随书光盘中的“素材 \ch23\ 考试成绩表 .xlsx”文件，单击【文件】选项卡下列表中的【打印】选项。

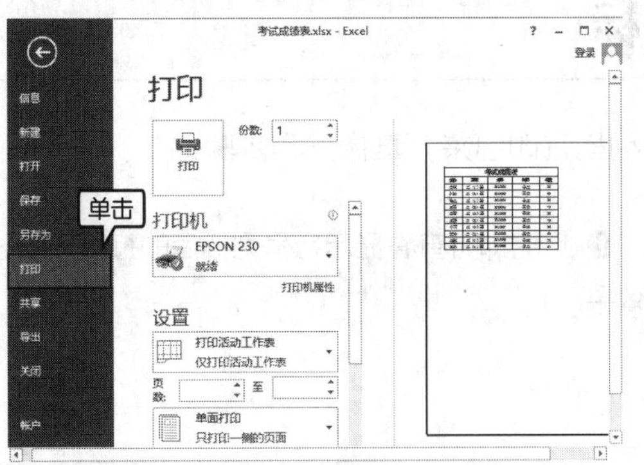

❷ 在【份数】微调框中输入“3”，打印 3 份，在【打印机】下拉列表中选择要使用的打印机，单击【打印】按钮，即可开始打印 Excel 工作表。

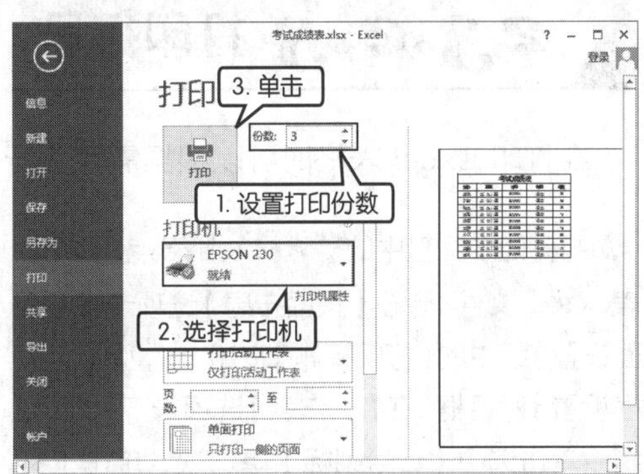

23.2.2 在同一页上打印不连续区域

如果要打印非连续的单元格区域，在打印输出时会将每个区域单独显示在不同的纸张页面。借助“摄影”功能，可以将非连续的打印区域显示在一张纸上。

❶ 打开随书光盘中的“素材 \ch23\ 考试成绩表 2.xlsx”文件，工作簿中包含 2 个工作表，如希望将【Sheet1】工作表中的 A2:E8 单元格区域与【Sheet2】工作表中的 A2:E7 单元格区域打印在同一张纸上，首先需要在快速访问工具栏中添加【照相机】命令按钮。

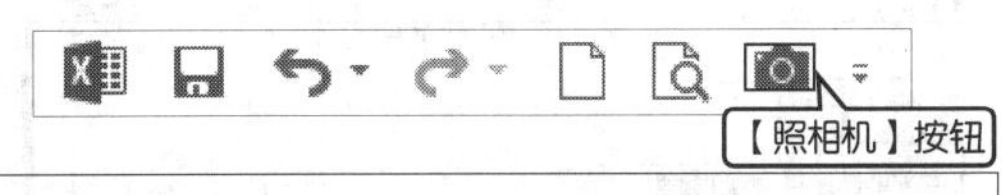

提示 在快速访问工具栏中添加命令按钮的方法可参照第 2.2 节内容，这里不再赘述。在【从下列位置选择命令】下拉列表中选择【所有命令】，然后在列表框中即可找到【照相机】命令。

❷ 在【Sheet2】工作表中选择 A3:E7 单元格区域，单击快速访问工具栏中的【照相机】按钮。

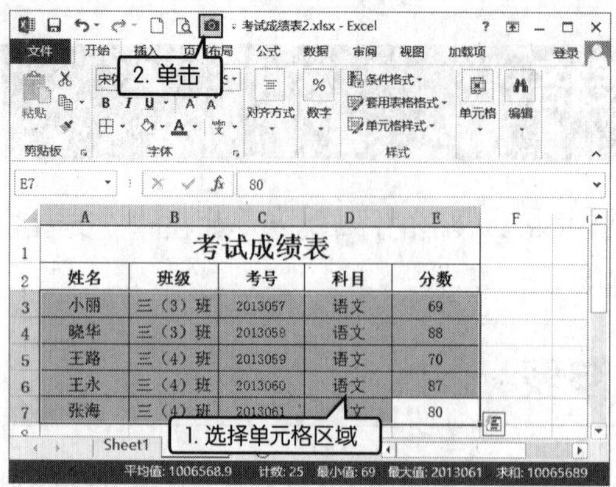

❸ 单击【Sheet1】工作表标签，在表格空白位置单击鼠标，即可显示【Sheet2】工作表标签中数据内容的图片。

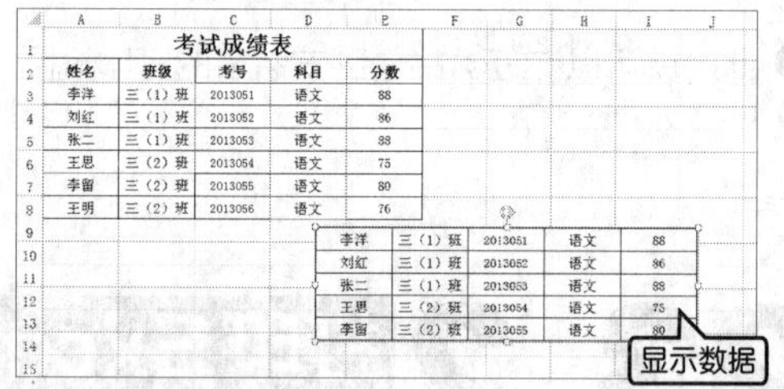

❹ 将图片与表格中的数据对齐，然后就可以打印当前工作表，最终打印预览效果如下所示。

考试成绩表				
姓名	班级	考号	科目	分数
李洋	三（1）班	2013051	语文	88
刘红	三（1）班	2013052	语文	86
张二	三（1）班	2013053	语文	88
王思	三（2）班	2013054	语文	75
李留	三（2）班	2013055	语文	80
王明	三（2）班	2013056	语文	76
李洋	三（1）班	2013051	语文	88
刘红	三（1）班	2013052	语文	86
张二	三（1）班	2013053	语文	88
王思	三（2）班	201305	[illegible]	75
李留	三（2）班	201305	[illegible]	80

预览效果

23.2.3 打印行号、列标

在打印 Excel 表格时可以根据需要将行号和列标打印出来，具体操作步骤如下。

❶ 打开随书光盘中的“素材\ch23\考试成绩表.xlsx”文件，单击【页面布局】选项卡下【页面设置】组中的【打印标题】按钮，弹出【页面设置】对话框，在【工作表】选项卡下【打印】组中单击选中【行号列标】单选项，单击【打印预览】按钮。

❷ 此时即可查看显示行号列标后的打印预览效果。

	A	B	C	D	E
1	考试成绩表				
2	姓名	班级	考号	科目	分数
3	李洋	三（1）班	2013051	语文	88
4	刘红	三（1）班	2013052	语文	86
5	张二	三（1）班	2013053	语文	88
6	王思	三（2）班	2013054	语文	75
7	李留	三（2）班	2013055	语文	80
8	王明	三（2）班	2013056	语文	76
9	小丽	三（3）班	2013057	语文	69
10	晓华	三（3）班	2013058	语文	[illegible]
11	王路	三（4）班	2013059	语文	[illegible]
12	王永	三（4）班	2013060	语文	87
13	张海	三（4）班	2013061	语文	80

预览效果

> **提示** 在【打印】组中单击选中【网格线】复选框可以在打印预览界面查看网格线。单击选中【单色打印】复选框可以以灰度的形式打印工作表。单击选中【草稿品质】复选框可以节约耗材、提高打印速度，但打印质量会降低。

23.2.4 每页都打印标题行

如果工作表中内容较多，那么除了第 1 页外，其他页面都不显示标题行。设置每页都打印标题行的具体操作步骤如下。

❶ 打开随书光盘中的“素材 \ch23\ 考试成绩表 .xlsx”文件，单击【文件】选项卡下列表中的【打印】选项，可看到第 1 页显示标题行。单击预览界面下方的【下一页】按钮▸，即可看到第 2 页不显示标题行。

李洋	三（1）班	2013051	数学	92
刘红	三（1）班	2013052	数学	98
张二	三（1）班	2013053	数学	96
王思	三（2）班	2013054	数学	92
李留	三（2）班	2013055	数学	80
王明	三（2）班	2013056	数学	82
小丽	三（3）班	2013057	数学	92
晓华	三（3）班	2013058	数学	58
王路	三（4）班	2013059	数学	91
王永	三（4）班	201306	数学	86
张海	三（4）班	2013061	数学	87

第 2 页

❷ 返回工作表操作界面，单击【页面布局】选项卡下【页面设置】选项组中的【打印标题】按钮。

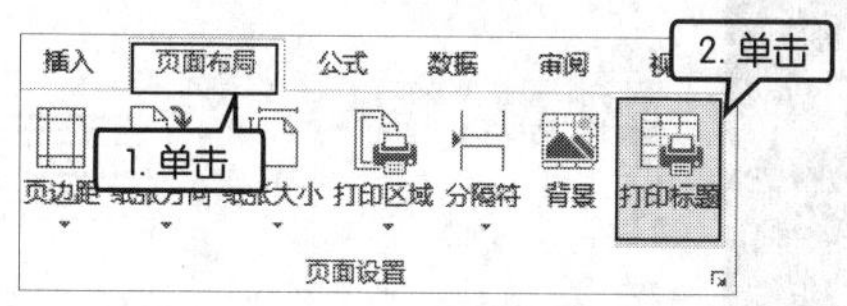

❸ 弹出【页面设置】对话框，在【工作表】选项卡下【打印标题】组中单击【顶端标题行】右侧的按钮。

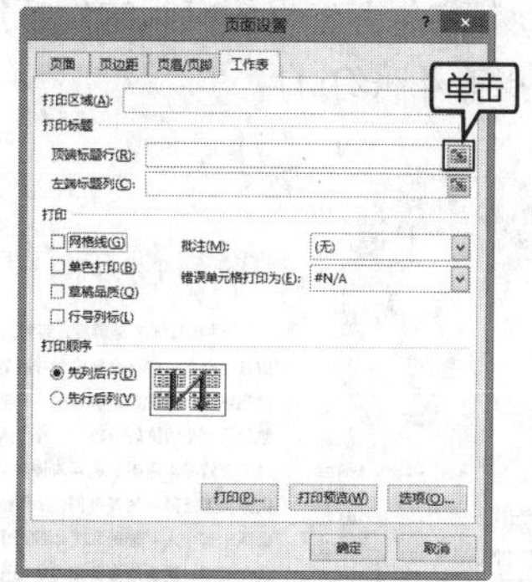

❹ 弹出【页面设置 -顶端标题行：】对话框，选择第 1 行和第 2 行，单击按钮。

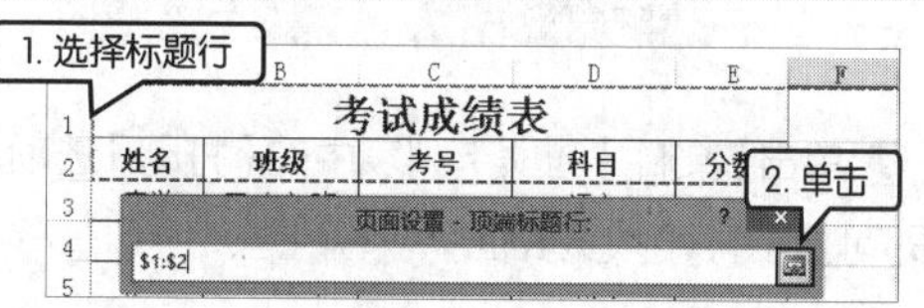

❺ 返回至【页面设置】对话框，单击【打印预览】按钮，在打印预览界面选择“第 2 页”，即可看到第 2 页上方显示的标题行。

考试成绩表				
姓名	班级	考号	科目	分数
李洋	三（1）班	2013051	语文	
刘红	三（1）班	2		
张二	三（1）班	2013053	语文	88
王思	三（2）班	2013054	语文	75
李留	三（2）班	2013055	语文	80
王明	三（2）班	2013056	语文	76
小丽	三（3）班	2013057	语文	69
晓华	三（3）班	2013058	语文	88
王路	三（4）班	2013059	语文	70
王永	三（4）班	2013060	语文	87
张海	三（4）班	2013061	语文	80

第 2 页显示标题行

提示

使用同样的方法还可以在每页都打印左侧标题列。

23.3 打印 PPT 演示文稿

本节视频教学录像：4 分钟

常用的 PPT 演示文稿打印主要包括打印当前幻灯片、灰度打印以及在一张纸上打印多张幻灯片等。

23.3.1 打印当前幻灯片

打印当前幻灯片页面的具体操作步骤如下。

❶ 打开随书光盘中的“素材\ch23\工作报告.pptx”文件，选择要打印的幻灯片页面，这里选择第4张幻灯片。

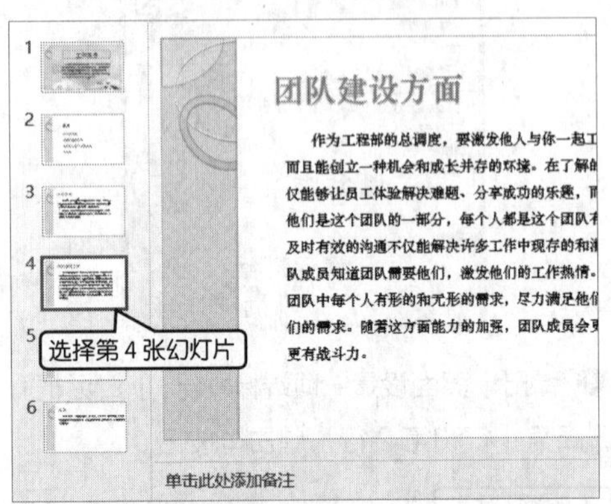

❷ 单击【文件】选项卡列表中的【打印】选项，即可显示打印预览界面。

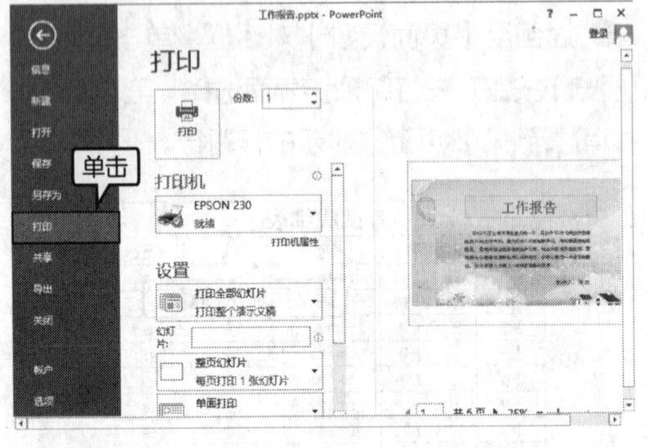

❸ 在【打印】区域的【设置】组下单击【打印所有面】后的下拉按钮，在弹出的下拉列表中选择【打印当前幻灯片】选项。

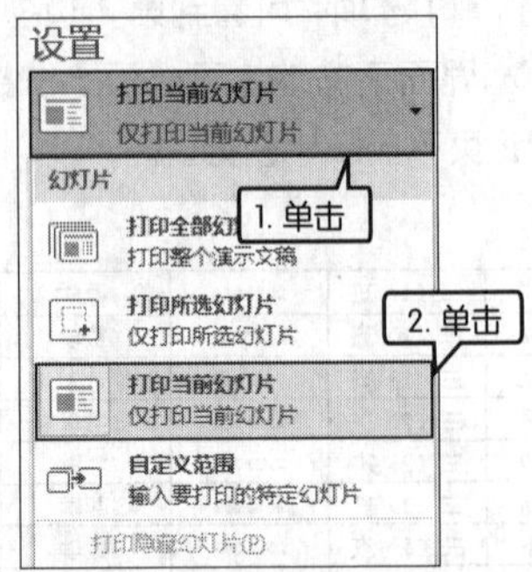

❹ 此时即在右侧的打印预览界面显示出所选的第4张幻灯片内容。单击【打印】按钮即可打印。

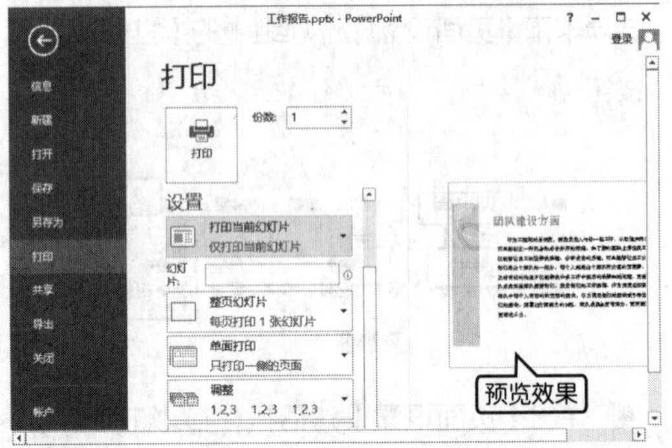

23.3.2 打印PPT的省墨方法

幻灯片通常是彩色的，并且内容较少。在打印幻灯片时，以灰度的形式打印可以省墨。设置灰度打印PPT演示文稿的具体操作步骤如下。

❶ 在打开的“工作报告.pptx”演示文稿中，单击【文件】选项卡，在其列表中的【打印】选项。在【设置】组下单击【颜色】右侧的下拉按钮，在弹出的下拉列表中选择【灰度】选项。

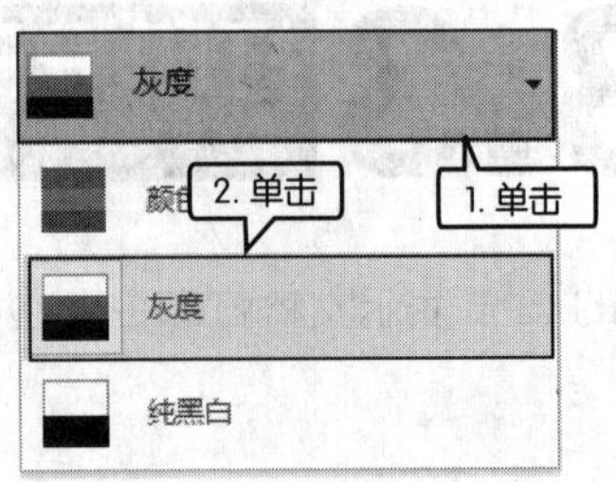

❷ 此时可以看到右侧的预览区域幻灯片以灰度的形式显示。

23.3.3 在一张纸上打印多张幻灯片

在一张纸上可以打印多张幻灯片，节省纸张。

❶ 在打开的“工作报告 .pptx”演示文稿中，单击【文件】选项卡，选择【打印】选项。在【设置】组下单击【1 张幻灯片】右侧的下拉按钮，在弹出的下拉列表中选择【6 张水平放置的幻灯片】选项，设置每张纸打印 6 张幻灯片。

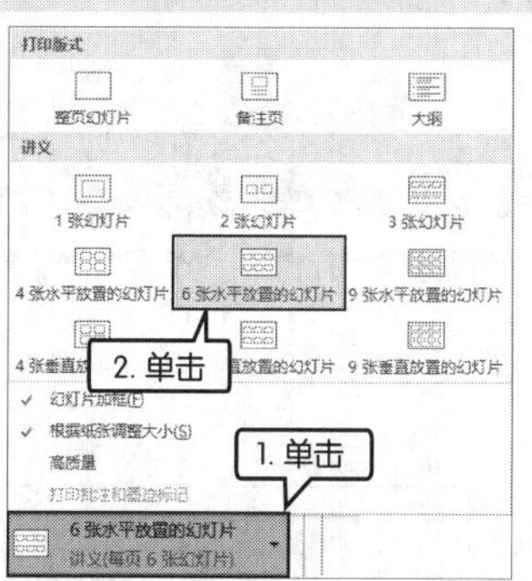

❷ 此时可以看到右侧的预览区域一张纸上显示了 6 张幻灯片。

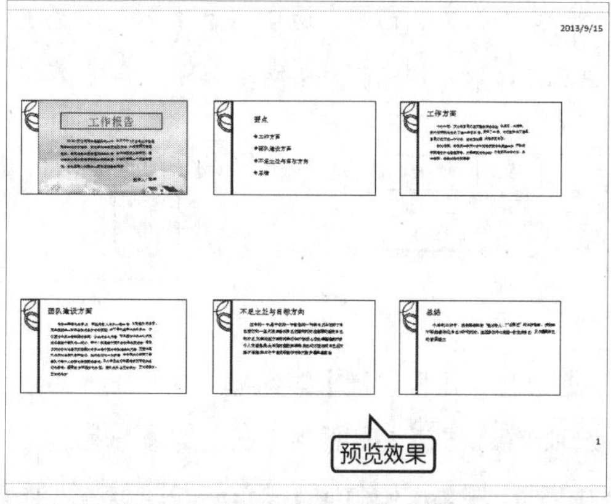

高手私房菜

本节视频教学录像：2 分钟

技巧 1：设置默认打印机

设置默认打印机后，在打印办公文件时就不需要选择打印机，可以直接使用默认打印机打印文档。

❶ 选择要设置为默认打印机的打印机图标并单击鼠标右键，在弹出的快捷菜单中选择【设置为默认打印机】菜单命令。

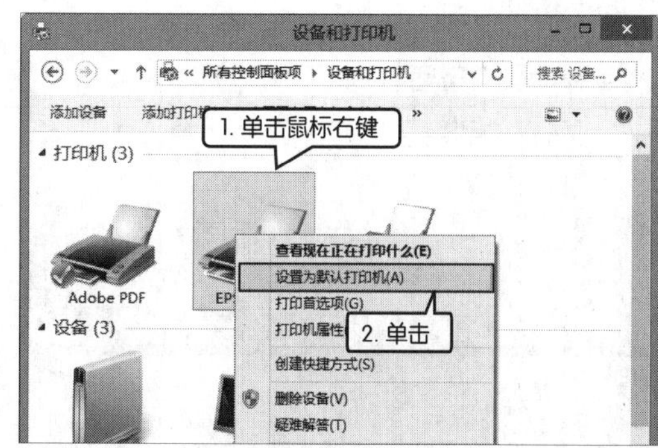

❷ 此时就将选择的打印机设置为默认打印机，打印机图标上显示✅图标。

技巧 2：打印部分内容

在打印工作表时，如果不需要打印工作表中的全部内容，可以选择要打印的区域打印。

❶ 单击【页面布局】选项卡下【页面设置】选项组中的【打印标题】按钮。

❷ 弹出【页面设置】对话框，在【工作表】选项卡下单击【打印区域】右侧的按钮。

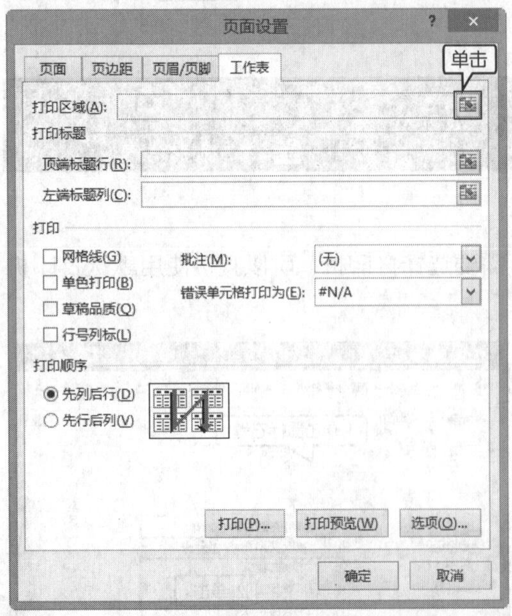

❸ 弹出【页面设置 -打印区域：】对话框，选择要打印的区域，单击按钮。

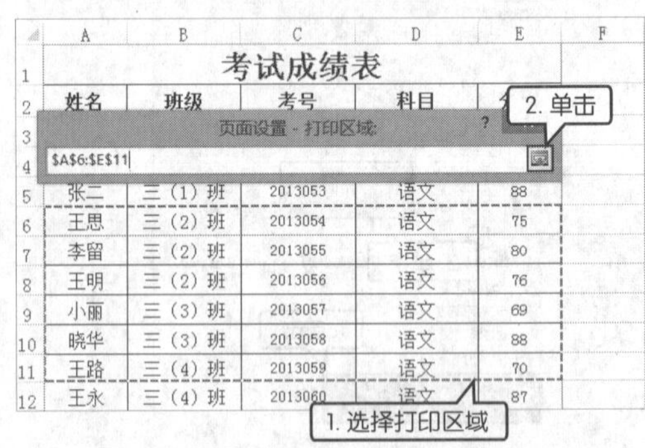

	A	B	C	D	E
2	姓名	班级	考号	科目	
5	张三	三（1）班	2013053	语文	88
6	王思	三（2）班	2013054	语文	75
7	李留	三（2）班	2013055	语文	80
8	王明	三（2）班	2013056	语文	76
9	小丽	三（3）班	2013057	语文	69
10	晓华	三（3）班	2013058	语文	88
11	王路	三（4）班	2013059	语文	70
12	王永	三（4）班	2013060	语文	87

❹ 返回至【页面设置】对话框，单击【打印预览】按钮，在打印预览界面显示选择区域，单击【打印】按钮即可开始打印。

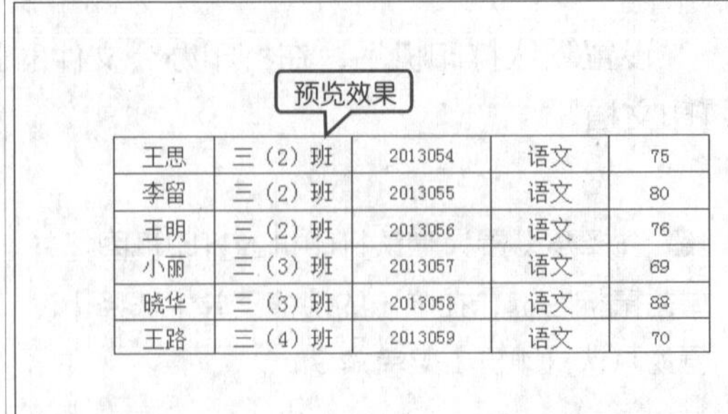

王思	三（2）班	2013054	语文	75
李留	三（2）班	2013055	语文	80
王明	三（2）班	2013056	语文	76
小丽	三（3）班	2013057	语文	69
晓华	三（3）班	2013058	语文	88
王路	三（4）班	2013059	语文	70

第 24 章

宏和 VBA 的使用

本章视频教学录像：21 分钟

高手指引

使用宏命令和 VBA 可以自动完成某些操作，从而帮助用户提高效率并减少失误。本章介绍宏和 VBA 的使用。

重点导读

- 掌握录制宏、运行宏及加载宏的方法
- 掌握设置宏安全的方法
- 了解 VBA 基本语法

24.1 使用宏

本节视频教学录像：6 分钟

宏的用途非常广泛，其中最典型的应用就是可将多个选项组合成一个选项的集合，以加速日常编辑或格式的设置，使一系列复杂的任务得以自动执行，从而简化所做的操作。

24.1.1 录制宏

在 Word、Excel 或 PowerPoint 中进行的任何操作都能记录在宏中，可以通过录制的方法来创建“宏”。本节以 Word 为例，介绍在 Word 中录制宏的具体操作步骤 。

❶ 在功能区的任意空白处单击鼠标右键，在弹出的快捷菜单中选择【自定义功能区】命令。

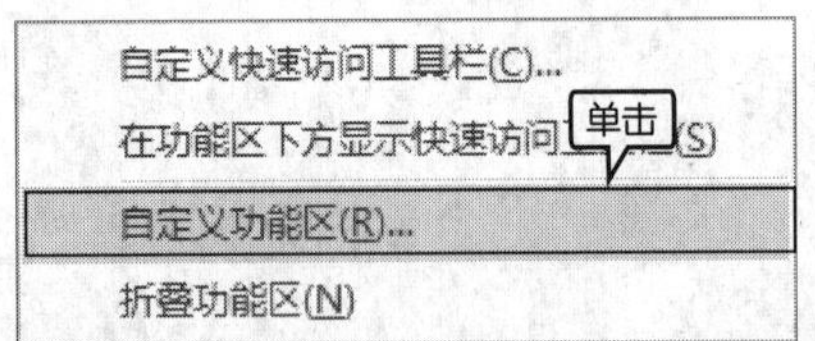

❷ 在弹出的【Word 选项】对话框中单击选中【自定义功能区】列表框中的【开发工具】复选框，然后单击【确定】按钮。

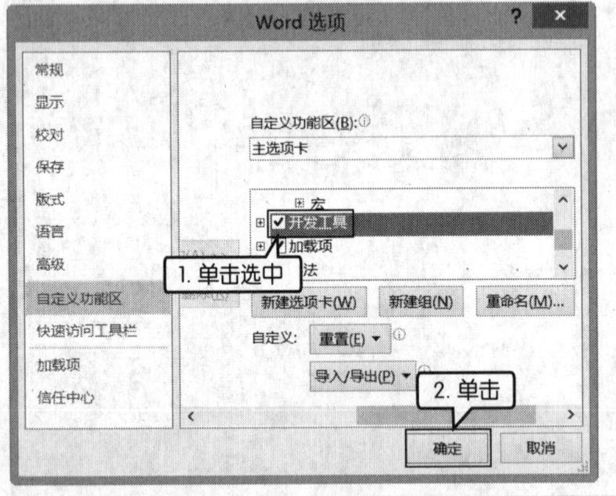

❸ 单击【开发工具】选项卡，在【代码】组中包含了所有宏的操作按钮。单击【代码】组中的【录制宏】按钮 录制宏 。

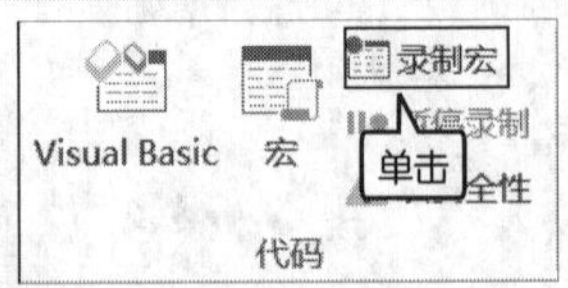

❹ 弹出【录制宏】对话框，在此对话框中设置宏的名称、宏的保存位置、宏的说明。单击【确定】按钮，关闭对话框，即可看到鼠标指针至文本区域时，会录音机的形状的按钮，表明正在进行宏的录制。单击【停止录制】按钮 停止录制 ，即可结束宏的录制。

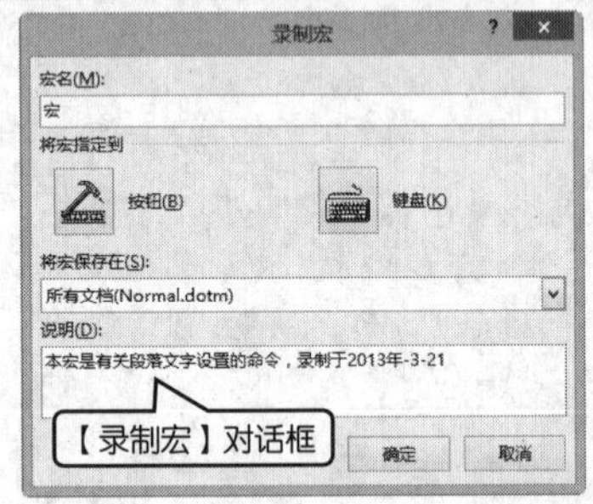

24.1.2 运行宏

运行宏有多种方法，包括在【宏】对话框中运行宏、单步运行宏等 。

1. 在【宏】对话框中运行宏

在【宏】对话框中运行宏是较常用的一种方法。单击【开发工具】选项卡下【代码】选项组中的【宏】按钮，弹出【宏】对话框。在【宏的位置】下拉列表框中选择【所有的活动模板和文档】选项，在【宏名】列表框中就会显示出所有能够使用的宏命令，选择要执行的宏，单击【运行】按钮即可执行宏命令。

2. 单步运行宏

除了直接运行宏命令外，还可以单步运行宏，具体操作步骤如下。

❶ 在【宏】对话框的【宏的位置】下拉列表框中选择【所有的活动模板和文档】选项，在【宏名】列表框中选择宏命令，单击【单步执行】按钮。

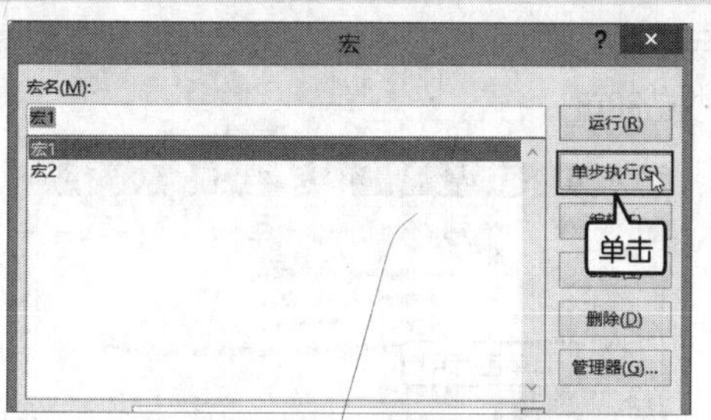

❷ 弹出编辑窗口。选择【调试】➤【逐语句】菜单命令，即可单步运行宏。

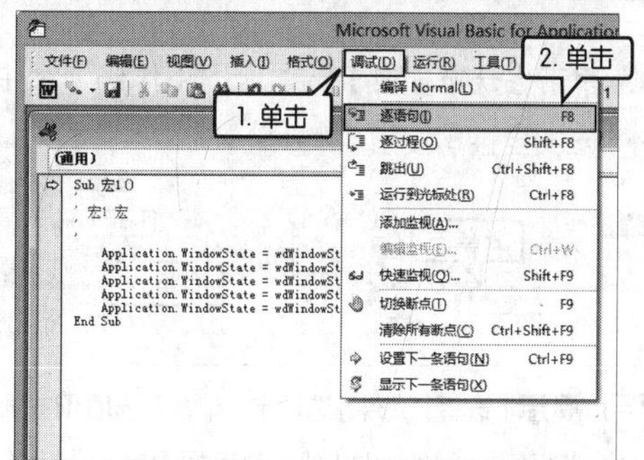

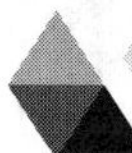

24.1.3 使用加载宏

可以将宏文件加载到 Word 2013 的功能区中使用，使用加载宏的具体操作步骤如下。

❶ 单击【开发工具】选项卡下【加载项】组中的【加载项】按钮。

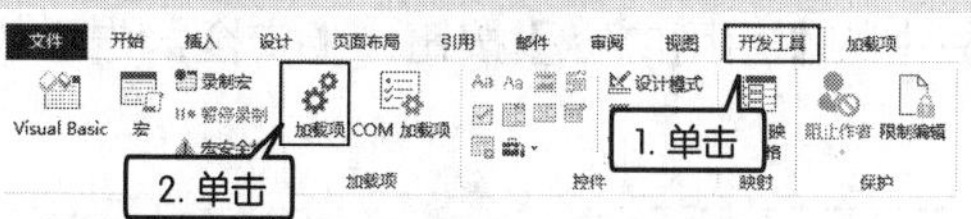

❷ 弹出【模板和加载项】对话框，单击【模板】选项卡下【文档模板】组后的【选用】按钮。

❸ 弹出【选择模板】对话框，选择要加载的宏文件，单击【确定】按钮，返回【模板和加载项】对话框，单击【确定】按钮。

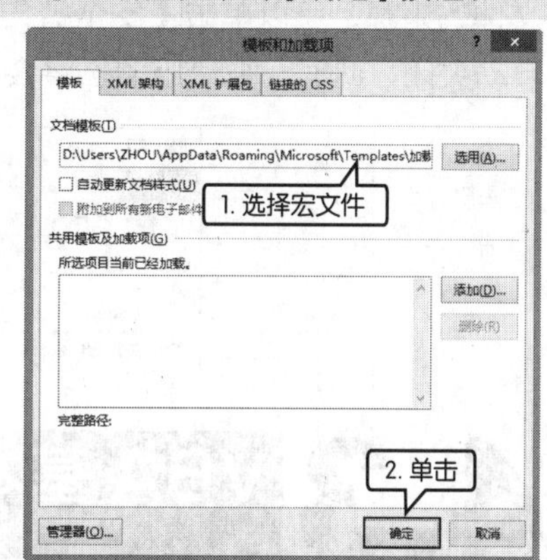

❹ 单击【加载项】选项卡，即可看到加载的宏，单击相应的宏命令即可运行宏。

加载的命令

24.2 宏的安全性

本节视频教学录像：2 分钟

宏在为用户带来方便的同时，也带来了潜在的安全风险，因此，掌握宏的安全设置就可以帮助用户有效地降低使用宏的安全风险。

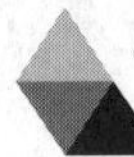

24.2.1 设置宏安全性

在 Word、Excel 或 PowerPoint 中进行的任何操作都能记录在宏中，可以通过录制的方法来创建“宏”。本节以 Word 为例，介绍在 Word 中录制宏的具体操作步骤。

❶ 单击【开发工具】选项卡下【代码】组中的【宏安全性】按钮 ! 宏安全性 。

提示 选择【文件】选项卡，单击【选项】选项，在打开的【Word 选项】对话框中单击【信任中心】选项卡下的【信任中心设置】按钮，在打开的【信任中心】对话框中选择【宏设置】选项，也可以设置宏的安全性。

❷ 弹出【信任中心】对话框，单击选中【禁用所有宏，并发出通知】单选项，单击【确定】按钮即可。

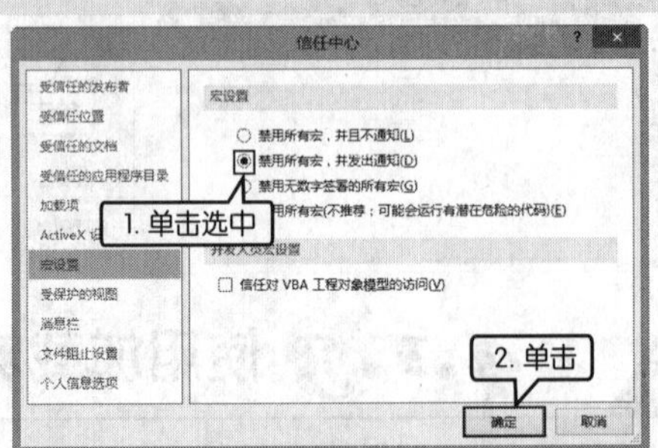

24.2.2 启用被禁用的宏

设置宏的安全性后，在打开包含代码的文件时，将弹出【安全警告】消息栏，如果用户信任该文件的来源，可以单击【安全警告】信息栏中的【启用内容】按钮，【安全警告】信息栏将自动关闭。此时，被禁用的宏将会被启用。

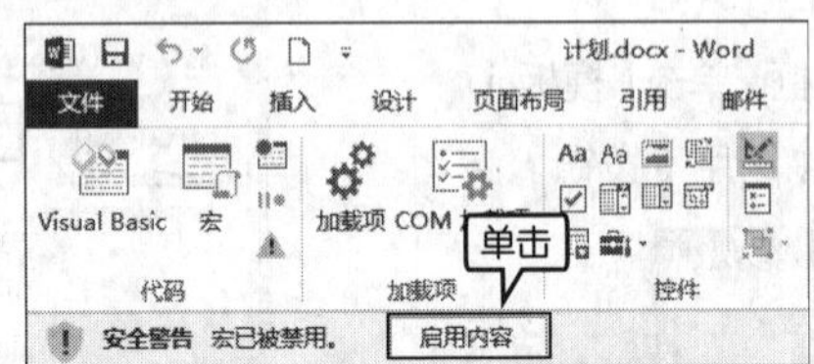

24.3 VBA 基本语法

本节视频教学录像：3 分钟

VBA 作为一种编程语言，具有其本身的语法规则。

24.3.1 常量

常量用于存储固定信息，常量值具有只读特性，也就是在程序运行期间其值不能发生改变。在代码中使用常量的好处有两点。

(1) 增加程序的可读性。例如在 Excel 中，设置活动单元格字体为绿色，就可以使用常量 vbGreen（其值为 65280），比数字相比，可读性更强。

```
ActiveCell.Font.Color=vbGreen
```

(2) 代码的维护升级更容易。除了系统常量外，在 VBA 中也可以使用 Const 语句声明自定义常量。

Const CoolName As String= “HelloWorld”

如果希望将“HelloWorld”简写为“HW”，只需要将上面代码中的“HelloWorld”修改为“HW”，VBA 应用程序中的 CoolName 将引用新的常量值。

24.3.2 变量

变量用于存储在程序运行中需要临时保存的值或对象，在程序运行过程中其值可以被改变。变量无需声明即可直接使用，但该变量的变体变量将占用较大的存储空间，代码运行效率也比较差。因此，在使用变量之前最好声明变量。

例如，在 VBA 中使用 Dim 语句声明变量。下面的代码声明变量 iRow 为整数型变量：

Dim iRow as Integer

利用类型声明字符，上述代码可简化为：

Dim iRow%

但是，在 VBA 中并不是所有的数据类型都有对应的类型声明字符，在代码中可以使用的类型声明字符如下表所示。

数据类型	类型声明字符
Integer	%
Long	&
Single	!
Double	#
Currency	@
String	$

变量赋值是代码中经常要用到功能。变量赋值使用等号，等号右侧可以是数值、字符串、日期和表达式等。

24.3.3 数据类型

数据类型用来决定变量或者常量可以使用何种数据。VBA 中的数据类型包括 Byte、Boolean、Integer、Long、Currency、Decimal、Single、Double、String、Object、Variant（默认数据类型）和用户自定义类型等。不同的数据类型所需要的存储空间不同，取值范围也不相同。

数据类型	存储空间大小	范围
Byte	1 个字节	0 到 255
Boolean	2 个字节	Ture 或 False

续表

数据类型	存储空间大小	范围
Integer	2 个字节	-32768 到 32767
Long（长整型）	4 个字节	-2147483648 到 2147483647
Single（单精度浮点型）	4 个字节	负值：-3.402823E38 到 -1.401298E-45 正值：1.401298E-45 到 3.402823E38
Double（双精度浮点型）	8 个字节	负值：-1.79769313486232E308 到 -4.94065645841247E-324 正值：1.79769313486232E308 到 4.94065645841247E-324
Currency	8 个字节	-922337203685477.5808 到 922337203685477.5807
Decimal	14 个字节	±79228162514264337593543950335(不带小数点)或 ±7.9228162514264337593543950335(带 28 位小数点)
Date	8 个字节	100 年 1 月 1 日到 9999 年 12 月 31 日
String（定长）	字符串长度	1 到 65400
String（变长）	10 字节加字符串长度	0 到 20 亿
Object	4 个字节	任何 Object 引用
Variant（数字）	16 个字节	任何数字值，最大可达 Double 的范围
Variant（字符）	22 个字节加字符串长度	与变长 String 范围相同
用户自定义	所有元素所需数目	与本身的数据类型的范围相同

24.3.4 运算符与表达式

VBA 中的运算符有 4 种。

(1) 算术运算符：用来进行数学计算的运算符，代码编译器会优先处理算术运算符。

(2) 比较运算符：用来进行比较的运算符，优先级位于算术运算符和连接运算符会后。

(3) 连接运算符：用来合并字符串的运算符，包括“&”和“+”运算符两种，优先级位于算术运算符之后。

(4) 逻辑运算符：用来执行逻辑运算的运算符。

比较运算符中的运算符优先级是相同的，将按照出现顺序从左到右依次处理。而算术运算符和逻辑运算符中的运算符则必须按照优先级处理。运算符优先顺序如下表所示。

算术运算符	比较运算符	逻辑运算符
指数运算（^）	相等（=）	Not
负数（-）	不等（<>）	And
乘法（*）和除法（/）	小于（<）	Or

续表

算术运算符	比较运算符	逻辑运算符
整数除法（\）	大于（>）	Xor
求模运算（Mod）	小于或等于（<=）	Eqv
加法（+）和减法（-）	大于或等于（>=）	Imp
字符串连接（&）	Liks、Is	

表达式是由数字、运算符 、数字分组符号（括号）、自由变量和约束变量等组成的，如“25+6”、“26*5/6”、“（21+23）*5”、“x>=2”、“A&B”等均为表达式。

表达式的优先级由高到低分别为：括号 > 函数 > 乘方 > 乘（或除）> 加（或减）> 字符连接运算符 > 关系运算符 > 逻辑运算符。

24.4 VBA 在 Word 2013 中的应用

本节视频教学录像：3 分钟

宏的应用非常广泛，一些特别的效果都可以利用宏来完成。利用 Word 中的宏来制作作文纸效果的具体操作步骤如下。

❶ 启动 Word 2013 程序，新建一个 Word 文档。选择【开发工具】选项卡，在【代码】组中单击【Visual Basic】按钮。

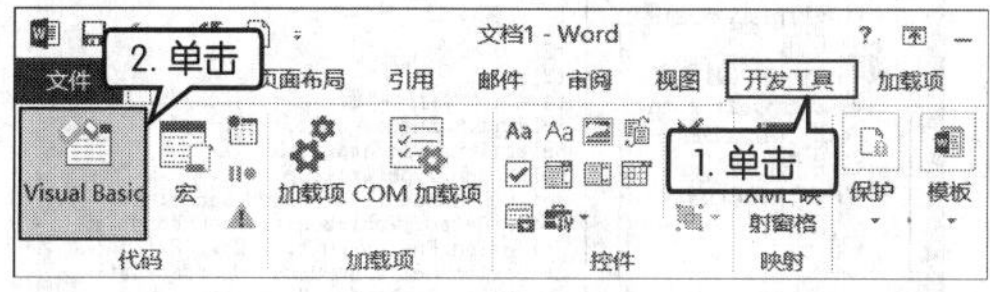

❷ 打开【Microsoft Visual Basic】窗口，双击【Project(文档)】下的【ThisDocument】，打开【代码】编辑窗口。

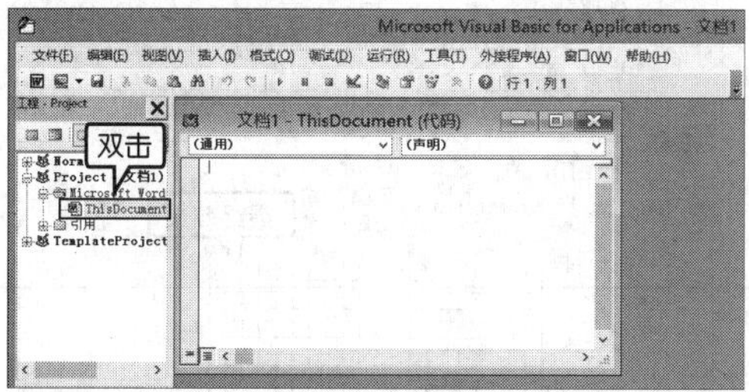

❸ 在右侧的窗口中输入下列代码。

```
Sub 制作作文纸 ()
'Version 5# 绘制作文纸
Dim n, t1, t2, t4 As Integer '定义一个变量为整数型
n = 1
t1 = 13 '行
t2 = 20 '列
t3 = 0.5 '行间距
t4 = 1 '首行行间距
Selection.EndKey Unit:=wdStory
Selection.TypeParagraph
Selection.TypeParagraph
ActiveDocument.Tables.Add Range:=Selection.Range, NumRows:=t1 * 2 + 1, NumColumns _:=t2, DefaultTableBehavior:=wdWord9TableBehavior, AutoFitBehavior:=wdAutoFitFixed
Selection.EndKey Unit:=wdRow, Extend:=True
Selection.Cells.Borders(wdBorderVertical).LineStyle = wdLineStyleNone
Selection.Tables(1).Rows.HeightRule = wdRowHeightExactly
'设定表格行高为固定值
Selection.Tables(1).Rows.Height = CentimetersToPoints(t3)
'设置表格行高为设置值，作为行间距
Selection.Tables(1).Rows(1).Height = CentimetersToPoints(t4)
'设置第一行行高为设置值
Do While n < t1 + 1
Selection.EndKey Unit:=wdLine
```

```
Selection.MoveRight Unit:=wdCharacter, Count:=2
'将插入点移至下一行
Selection.Tables(1).Rows(2 * n).Height = Selection.Tables(1).Columns(1).PreferredWidth
'设行高等于列宽
Selection.EndKey Unit:=wdRow, Extend:=True
Selection.EndKey Unit:=wdLine
Selection.MoveRight Unit:=wdCharacter, Count:=2
'将插入点移至下一行
Selection.EndKey Unit:=wdRow, Extend:=True
Selection.Cells.Borders(wdBorderVertical).LineStyle = wdLineStyleNone
'去除此行的内部框线，只余边框
n = n + 1
Loop
Selection.Tables(1).Rows(t1 * 2 + 1).Height = CentimetersToPoints(t4)
'设置末行高为设置值
Selection.EndKey Unit:=wdRow, Extend:=True
Selection.Cells.Borders(wdBorderVertical).LineStyle = wdLineStyleNone
Selection.Tables(1).Rows.Alignment= wdAlignRowCenter
'表格居中
With Selection.Tables(1)
.Borders(wdBorderLeft).LineWidth= wdLineWidth150pt
.Borders(wdBorderRight).LineWidth= wdLineWidth150pt
.Borders(wdBorderTop).LineWidth= wdLineWidth150pt
.Borders(wdBorderBottom).LineWidth= wdLineWidth150pt
'设定表格边框为粗线
End With
Selection.EndKey Unit:=wdLine
End Sub
```

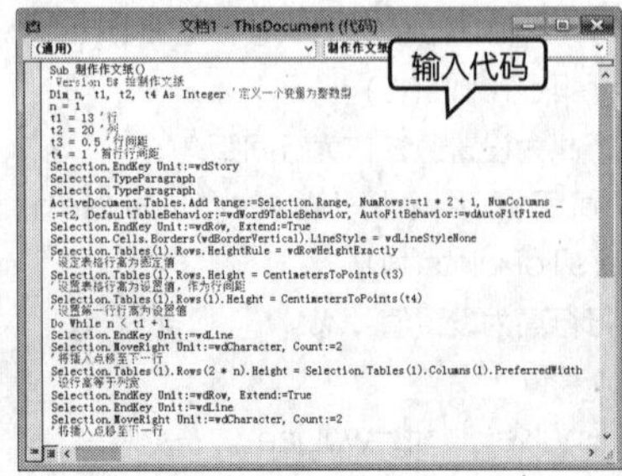

❹ 输入完代码单击【保存】按钮，弹出【另存为】对话框，在【文件名】文本框中输入文件的名称，如“制作作文纸”，然后在【保存类型】下拉列表中选择【启用宏的Word文档(*.docm)】选项。单击【保存】按钮，即可保存该文档。

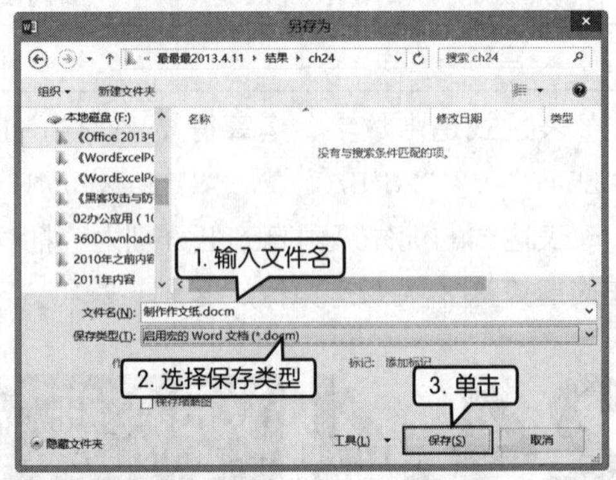

❺ 输入完代码，单击标准工具栏中的【运行子过程/运行窗体】按钮▶。

❻ 切换到新建Word文档，文档中就会出现编写代码的结果，制作出作文纸。

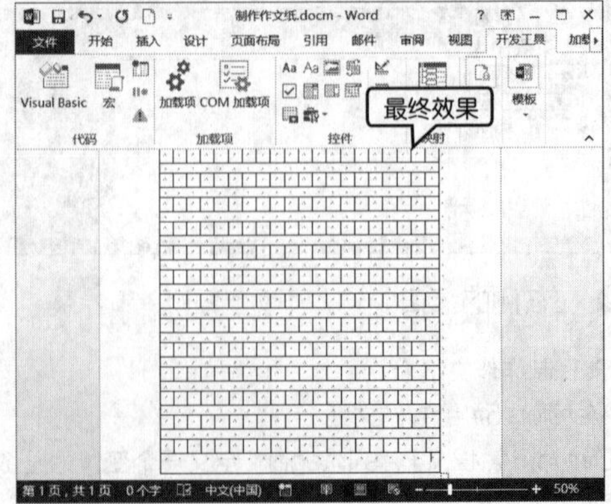

24.5 VBA 在 Excel 2013 中的应用

本节视频教学录像：2 分钟

在 Excel 2013 中利用 VBA 程序将表格中散乱的文字规范化排放的具体操作步骤如下。

❶ 打开随书光盘中的“素材\ch24\ VBA 在 Excel 2013 中的应用 .xlsx”文件，单击【开发工具】选项卡下【代码】选项组中的【Visual Basic】按钮。

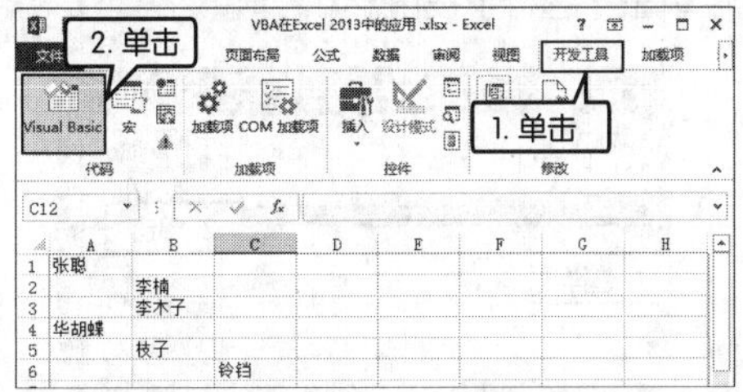

❷ 弹出【Microsoft Visual Basic】对话框，选择【视图】➤【代码窗口】选项。

❸ 弹出 VBA 代码编辑窗口，输入以下代码。

```
Sub toAcol()
Dim newSht As Worksheet
Dim Rng As Range
Dim allDat As Range
Dim pt As Range
Dim i As Long
' 选择工作表中所有有内容的单元格
Set allDat = ActiveSheet.Cells.SpecialCells(xlCe
llTypeConstants)
' 新增工作表
Set newSht = Worksheets.Add
' 设置新工作表中的起始位置
Set pt = newSht.Range("a1")
For  Each Rng In allDat.Areas
For i =  1  To Rng.Cells.Count
pt = Rng.Cells(i)
Set pt = pt.Offset(1, 0)
Next
Next
' 重命名新工作表
newSht.Name =  "newSht"  & Worksheets.
Count
End Sub
```

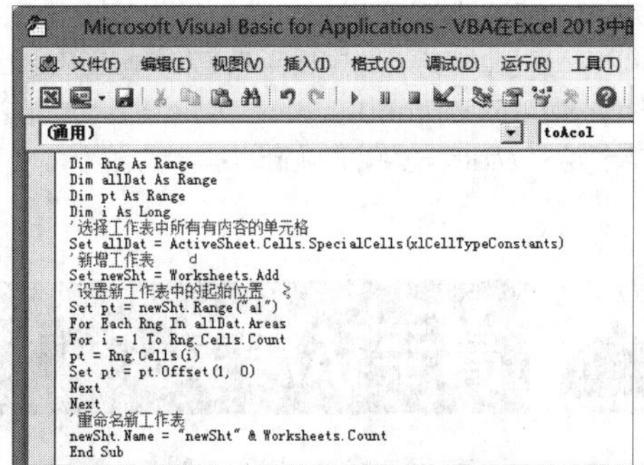

❹ 单击【运行】按钮后，返回 Excel 工作表，效果如图所示。

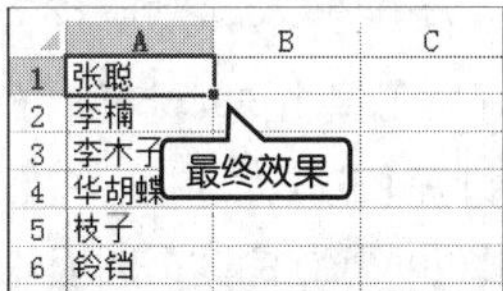

24.6 VBA 在 PowerPoint 2013 中的应用

本节视频教学录像：3 分钟

使用 VBA 在 PowerPoint 2013 中插入图片的具体操作步骤如下。

❶ 新建一个 Power Point2013 演示文稿，删除所有的文本占位符，单击【开发工具】选项卡下【代码】选项组中的【宏】按钮。

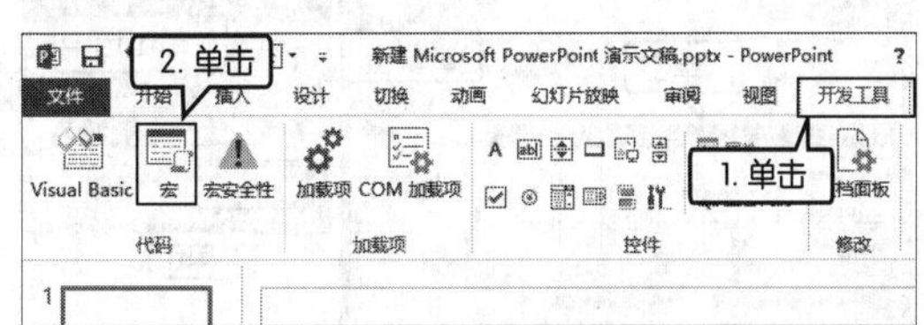

❷ 弹出【宏】对话框，在【宏名】文本框输入宏名称，例如这里输入“h03”，单击【创建】按钮。

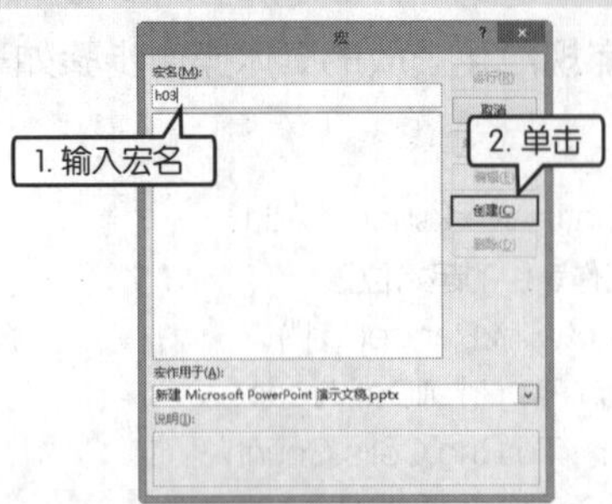

❸ 弹出 VBA 代码编辑窗口，如要在幻灯片中插入“G:\ch25”文件夹下的“小兔兔 .jpg”文件，设置其距离左为“162”、距离上为“95”，并设置图片高度为“396”、宽度为“349”，可以输入以下所示代码，并单击【保存】按钮。

```
ActiveWindow.Selection.SlideRange.Shapes.AddPicture(FileName:="G:\ch25\小兔兔.jpg", LinkToFile:=msoFalse, SaveWithDocument:=msoTrue, Left:=162, Top:=95, Width:=396, Height:=349).Select
```

❹ 弹出【Microsoft PowerPoint】提示框，单击【是】按钮，然后关闭VBA代码编辑窗口。

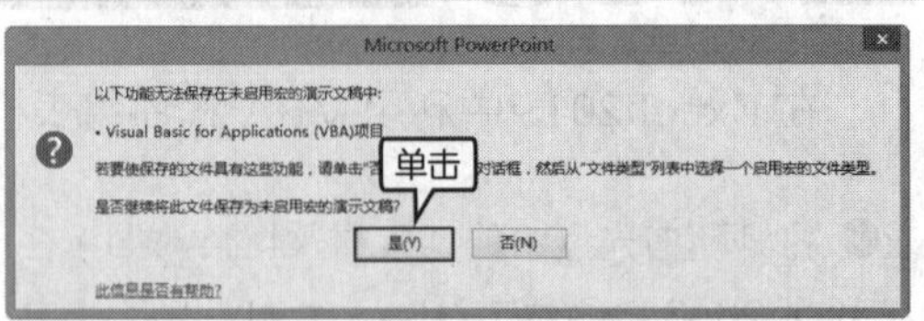

❺ 再次单击【代码】选项组中的【宏】按钮，在弹出的【宏】对话框中选择“h03”选项，然后单击【运行】按钮。

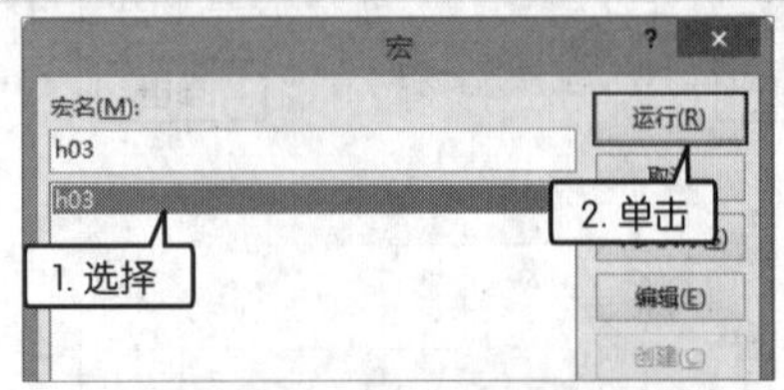

❻ 运行效果如下图所示。

高手私房菜

本节视频教学录像：2 分钟

技巧：查看 Word VBA 命令

Word 提供了一个内置的宏“ListCommands”，运行此宏后将会新建一个文档，且将当前 Word 程序中绝大部分命令名都生成在一张表格中。

❶ 单击【开发工具】选项卡【代码】组中的【宏】按钮，打开【宏】对话框，在【宏的位置】下拉框中选择【Word 命令】选项，在【宏名】列表框中选择【ListCommands】，单击【运行】按钮，弹出【命令列表】对话框，选中【所有 Word 命令】单选项，单击【确定】按钮。

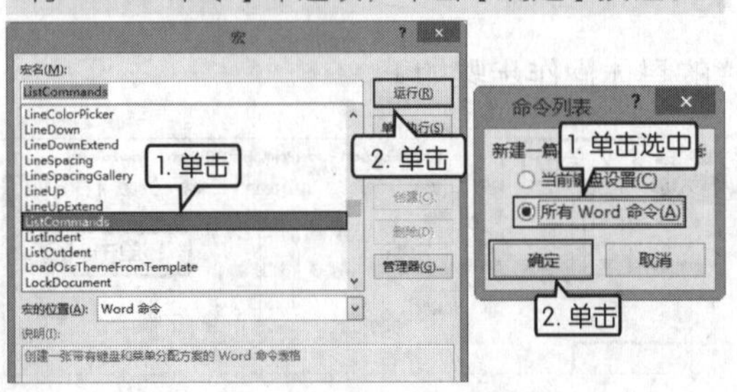

❷ 此时就自动创建了一个包含表格新文档，且在表格中显示 Word 程序中绝大部分命令名。

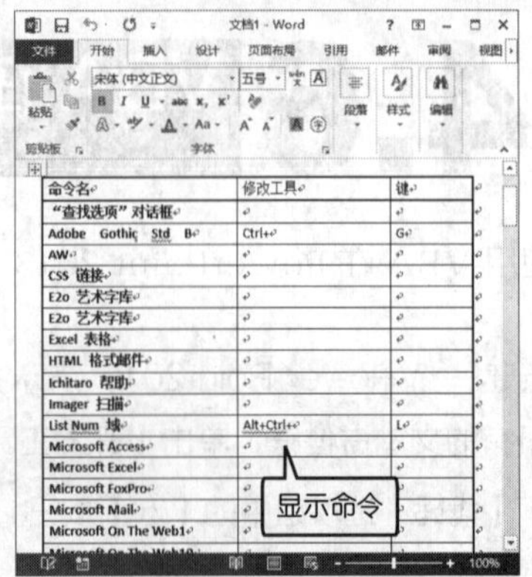

第25章

Office 跨平台应用——移动办公

本章视频教学录像：20 分钟

高手指引

本章介绍如何使用移动设备进行办公。随时随地进行办公，轻轻松松甩掉繁重的工作。

重点导读

- 掌握将办公文件传入到移动设备中的方法
- 学会使用不同的移动设备协助办公

25.1 移动办公概述

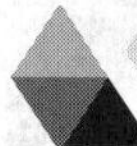

本节视频教学录像：4 分钟

“移动办公”也可以称作为“3A 办公”，即任何时间（Anytime）、任何地点（Anywhere）和任何事情（Anything）。这种全新的办公模式，可以让办公人员摆脱时间和地点的束缚，利用手机和电脑互联互通的企业软件应用系统，随时随地的进行随身化的公司管理和沟通，大大提高了工作效率。

25.1.1 哪些设备可以实现移动办公

移动办公使得工作更简单、更节省时间，只需要一部智能手机或者平板电脑就可以随时随地进行办公。

无论是智能手机，还是笔记本电脑，或者平板电脑等，只要支持办公所使用的操作软件，均可以实现移动办公。

首先，先来了解一下移动办公的优势都有哪些。

1. 操作便利简单

移动办公既不需要电脑，只需要一部智能手机或者平板电脑。便于携带、操作简单，也不用拘泥于办公室里，即使下班也可以方便地处理一些紧急事务。

2. 处理事务高效快捷

使用移动办公，办公人员无论出差在外，还是正在上班的路上甚至是休假时间，都可以及时审批公文、浏览公告、处理个人事务等。这种办公模式将许多不可利用的时间有效利用起来，不知不觉中就提高了工作效率。

3. 功能强大且灵活

由于移动信息产品发展得很快，以及移动通信网络的日益优化，所以很多要在电脑上处理的工作都可以通过移动办公的手机终端来完成，移动办公的功能堪比电脑办公。同时，针对不同行业领域的业务需求，可以对移动办公进行专业的定制开发，可以灵活多变地根据自身需求自由设计移动办公的功能。

移动办公通过多种接入方式与企业的各种应用进行连接，将办公的范围无限扩大，真正地实现了移动着的办公模式。移动办公的优势在于可以帮助企业提高员工的办事效率，还能帮助企业从根本上降低营运的成本，进一步推动企业的发展。

能够实现移动办公的设备必须具有以下几点特征。

1. 完美的便携性

移动办公设备如手机、平板电脑和笔记本（包括超级本）等均适合用于移动办公，由于这些设备较小、便于携带、打破了空间的局限性，因此用户不用一直呆在办公室里，在家里、在车上都可以办公。

2. 系统支持

要想实现移动办公，必须具有办公软件所使用的操作系统，如 iOS 操作系统、Windows Mobile 操作系统、Linux 操作系统、Android 操作系统和 BlackBerry 操作系统等具有扩展功能的系统设备。现在流行的苹果手机、三星智能手机、iPad 平板电脑以及超级本等都可以实现移动办公。

3. 网络支持

很多工作都需要在连接网络的情况下进行，如将办公文件传递给朋友、同事或上司等，所以网络的支持必不可少。目前最常用的网络有 2G 网络、3G 网络及 WiFi 无线网络等。

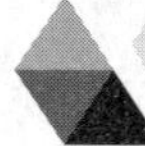

25.1.2　如何在移动设备中使用 Office 软件

在移动设备中办公，需要有适合的软件以供办公使用。如果制作报表、修改文档等，则需要 Office 办公软件，有些智能手机中自带办公软件，而有些手机则需要下载第三方软件。下面介绍在三星手机中安装“WPS Office”办公软件，手机型号为 GT-S7572，系统为 Android 4.1.2，应用程序为金山 WPS Office 移动版，具体安装方法如下。

❶ 在移动设备中搜索并下载“WPS Office 移动版”，在搜索结果中单击【安装】按钮。

❷ 安装完成之后，在手机界面中单击软件图标打开软件，则会弹出授权提示，单击【同意】按钮。

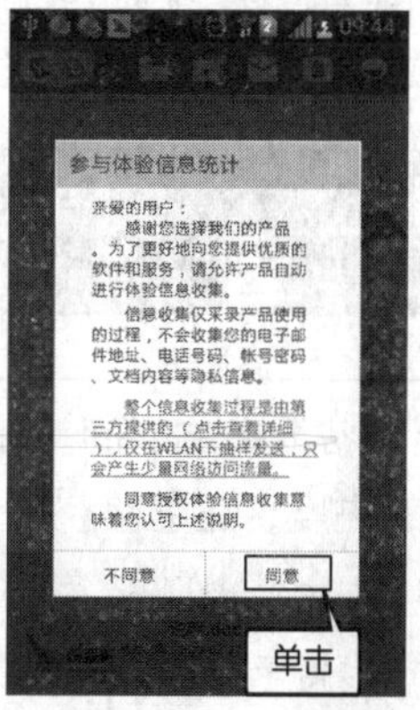

❸ 此时即可打开该软件，如图所示。

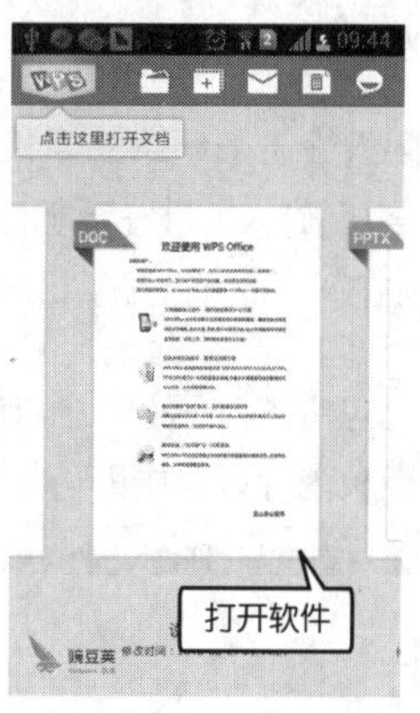

❹ 单击“欢迎使用 WPS Office”文档，可打开该文档，并查看使用该移动办公软件的说明，此时即可使用该软件了。

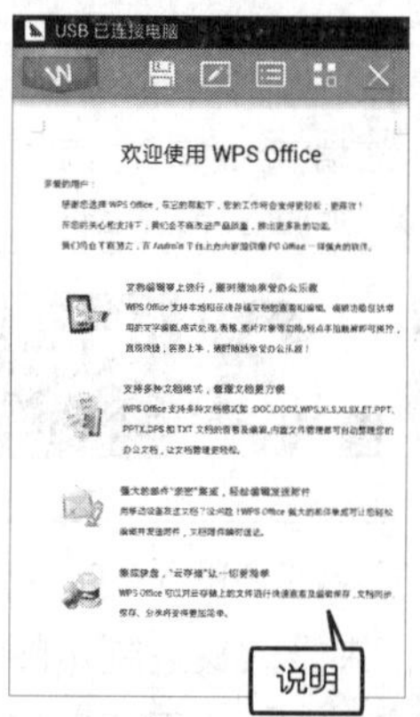

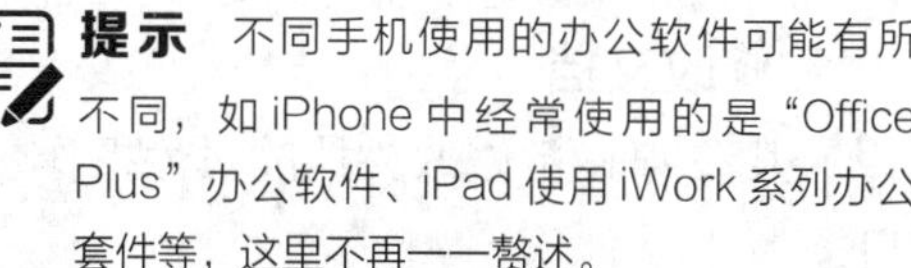
提示　不同手机使用的办公软件可能有所不同，如 iPhone 中经常使用的是“Office Plus”办公软件、iPad 使用 iWork 系列办公套件等，这里不再一一赘述。

25.2 将办公文件传输到移动设备中

本节视频教学录像：4 分钟

将办公文件传输到移动设备中，方便携带，还可以随时随地进行办公。

1. 安卓设备

Android 系统是目前最为主流的移动操作系统之一，以其操作简单、丰富的软、硬件选择及其开放性，得到不少用户青睐。下面以安卓系统的三星手机为例。

❶ 通过数据线将手机和电脑连接起来之后，双击电脑桌面中的【计算机】图标，打开【计算机】对话框。

❷ 双击【便携设备】组中的手机图标（手机型号为 GT-S7572），打开手机存储设备，双击【Card】图标，即可打开手机中的内存卡。

❸ 将随书光盘中的“素材\ch25”文件夹复制粘贴至该手机内存设备中即可。

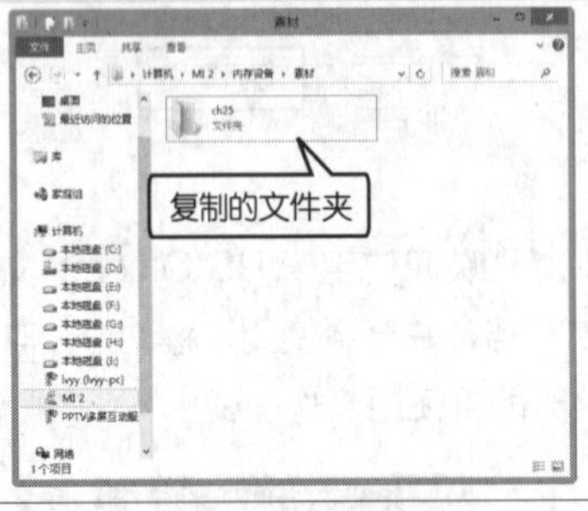

2. iOS 设备

下面以 iOS 手持设备中的 iPad 为例介绍传输文件的方法。

❶ 在 iPad 中下载“USB Sharp”软件。使用数据线将 iPad 与电脑连接，在电脑中启动 iTunes，在 iTunes 中单击识别出的 iPad 名（My iPad），单击【应用程序】选项卡，并向下滚动到“文件共享”选项处。在应用程序下选择“USB Sharp”选项，直接拖曳电脑中的资料到“‘USB Sharp’的文档”窗格中。

❷ 在 iPad 中单击【USB Sharp】图标，在打开的界面中即可看到刚刚存储的文档。

提示 通过 Wi-Fi 网络或移动网络等方式将电脑中的数据下载至手机中，称为无线同步，包括局域网内的无线传输和云端平台的同步。局域网内的无线传输，主要借用 360 手机助手等软件，iOS 设备则使用 iTunes 软件实现。而使用云端平台同步，主要是通过安装云软件使数据实现不同平台间的传输，如金山网盘等。

25.3 使用安卓设备协助办公

本节视频教学录像：7 分钟

现在，越来越多的上班族每天都需要在公交或者地铁上花费很多的时间。如果将这段时间加以利用，来修改最近制定的计划书，不仅可以加快工作的进度，还能够获得上司的赏识，何乐而不为呢？首先，需要在安卓手机中下载并安装“WPS Office”软件。

1. 修改文档

使用安卓设备修改文档的具体操作步骤如下。

❶ 使用数据线将手机和电脑连接，将随书光盘中的“素材\ch25”文件夹放在手机中，然后打开手机中的 Office 软件，单击按钮 ，在弹出的快捷菜单中单击【浏览目录】选项。

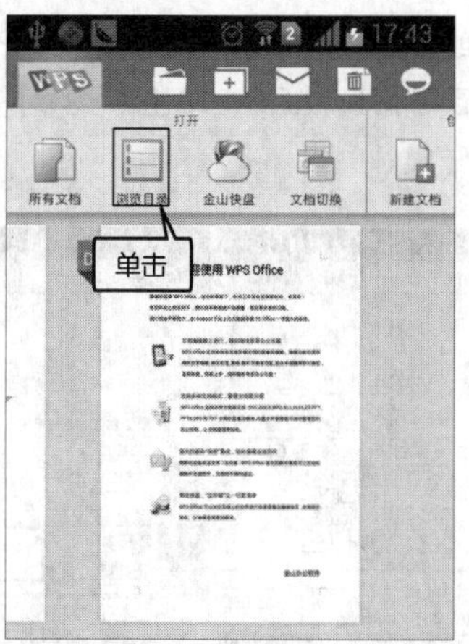

❷ 在弹出的界面中单击【存储卡】选项，在【存储卡】中单击【ch25】选项。

❸ 如图所示，单击“工作报告 .docx”文件即可打开素材文件。

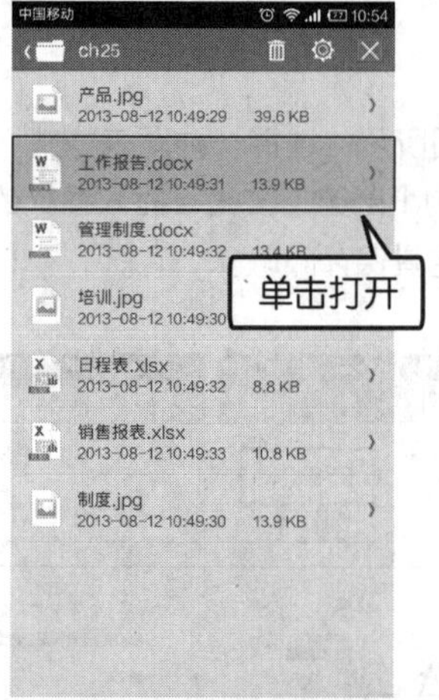

❹ 在【编辑】组中单击【批注与修订】按钮，在弹出的下拉列表中选择【进入修订模式】选项，进入修订状态后，长按手机屏幕，在弹出的提示框中，单击【键盘】按钮。

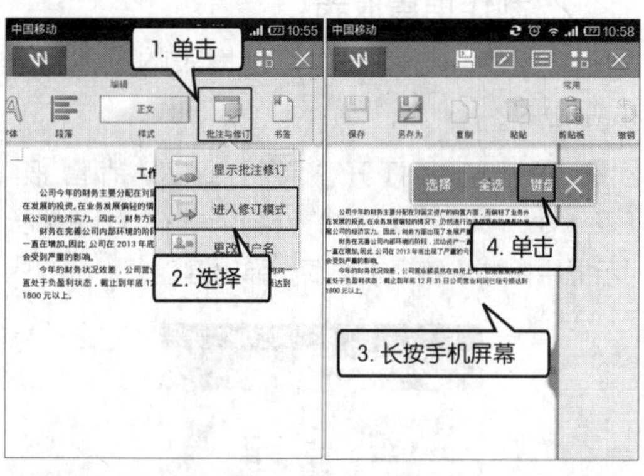

❺ 弹出键盘，然后就可以对文本内容进行修改。修订完成之后，关闭键盘，修订后效果如图所示，将其保存即可。

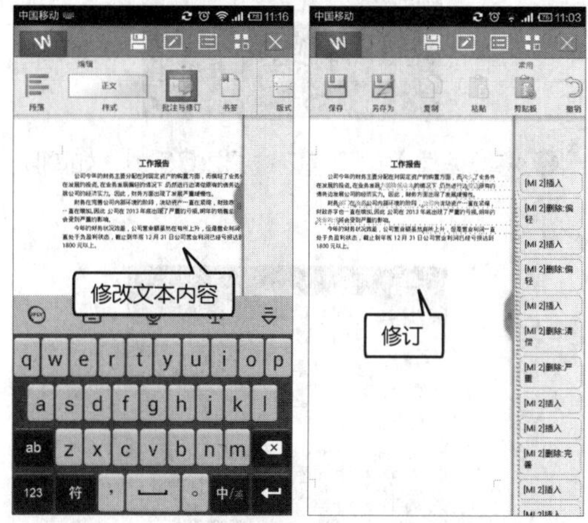

❻ 若希望接受修订，单击【编辑】组中的【批注与修订】按钮，在弹出的下拉列表中选择【接受所有修订】选项即可。

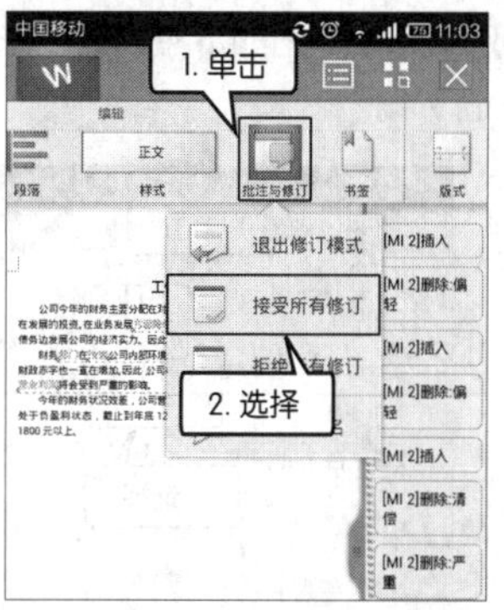

提示 若拒绝某个修订，则单击修订框，在修订框右下角出现关闭按钮☒，单击即可拒绝该修订。

2. 制作销售报表

使用安卓设备制作销售报表的具体操作步骤如下。

❶ 在手机中打开“素材/ch25/销售报表.xlsx”文件，双击单元格 C3，在弹出的提示框中单击【编辑】选项，弹出键盘。

❷ 将数据填入单元格区域 C2:C6 中，如图所示。

❸ 单击 F3 单元格，单击【数据】区的【自动求和】按钮，在弹出的下拉列表中选择【求和】选项。

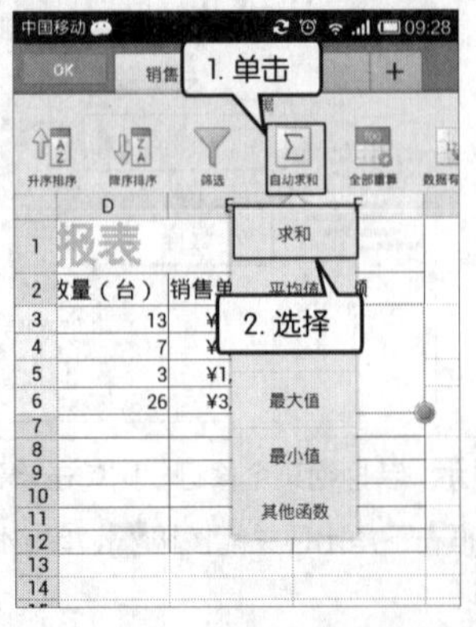

❹ 弹出如图所示公式，单击单元格 C2、C3、C4、C5 和 C6，单击【Tab】按钮求出 F3 的结果。

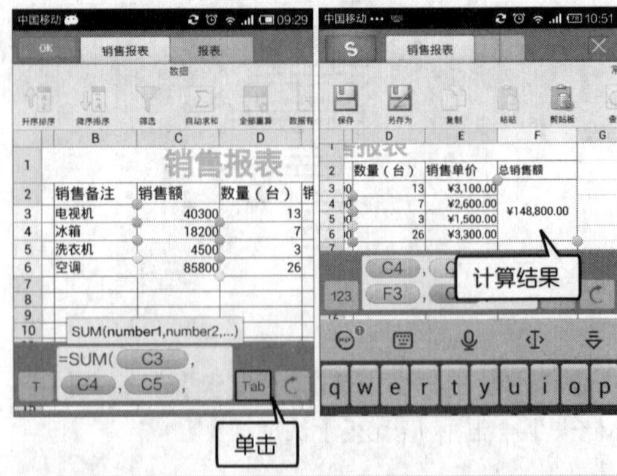

❺ 选中单元格区域 B2：C6，单击【编辑】区域中的【插入】按钮，在弹出的下拉列表中选择【图表】选项。

❻ 如图所示，选择一种图表样式，然后单击右上角的【确定】按钮。插入图标的效果如图所示，将其保存即可。

3. 制作培训 PPT

使用安卓设备制作制作培训 PPT 的具体操作步骤如下。

❶ 在手机中打开【WPS Office】软件，单击软件上方的按钮，在【创建】组中单击【新建文档】按钮。如图所示，在【本地模版】选项卡下选择 PPT 空白演示。

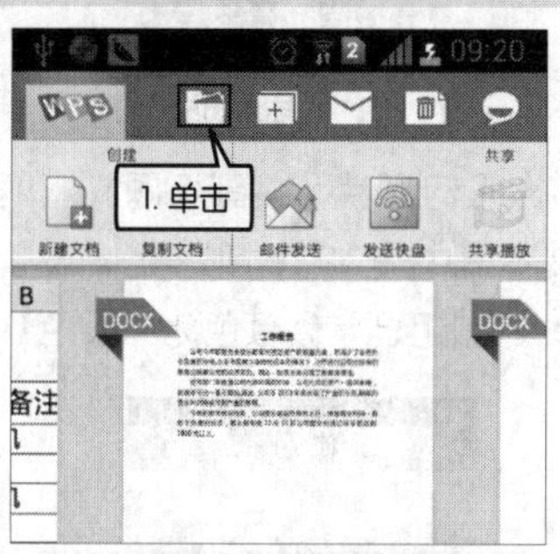

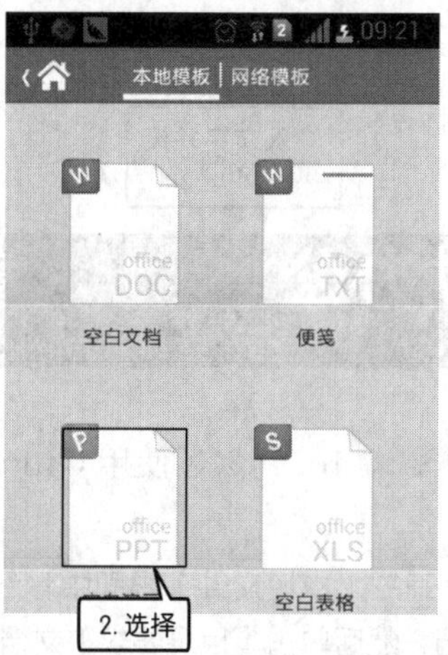

❷ 新建一个演示文稿，双击【连按两次添加标题】文本框可进入编辑状态。

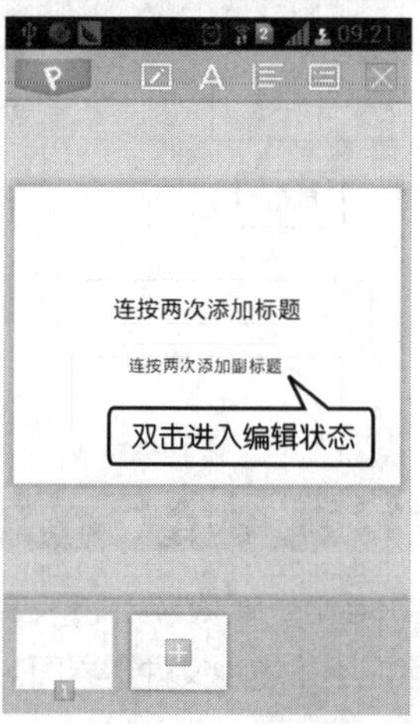

❸ 在标题文本框中输入标题内容，在【字体】选项组中设置其字号为“66”、加粗、倾斜、字体颜色为“绿色”。

❹ 在副标题框中输入如图所示内容，选中副标题文本内容，在【段落】选项组中设置其对齐方式为“右对齐”。

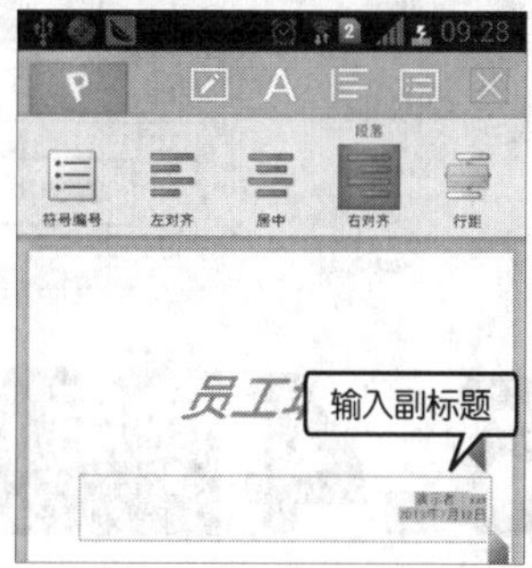

❺ 单击屏幕下方的“+”按钮，添加一张幻灯片，输入如图所示标题和副标题文本内容，设置其标题字体格式为“加粗”、字体颜色为“橙色”，选中副标题文本内容。

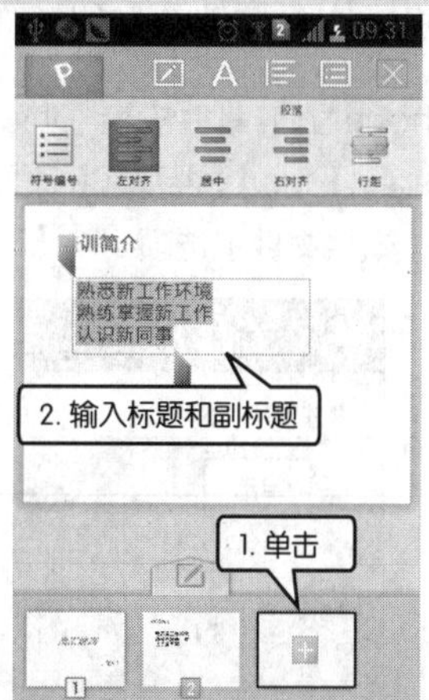

❻ 单击【段落】选项组中的【项目符号】按钮，在弹出的项目符号区中，单击【项目编号】选项，选择一种编号类型，如图所示。

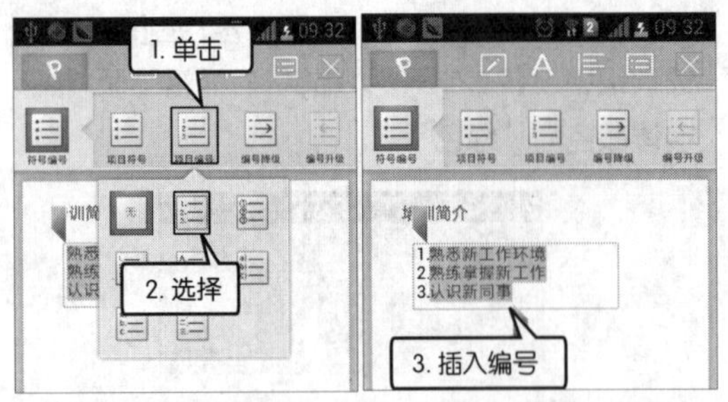

❼ 添加并制作如下图所示幻灯片，单击【常用】选项组中的【插入】按钮，在弹出的下拉列表中选择【图片】选项。

❽ 插入素材中的"培训.jpg"，使用手指点击图片周围的移动点，将图片缩小，并长按图片不放，拖拽至合适位置。

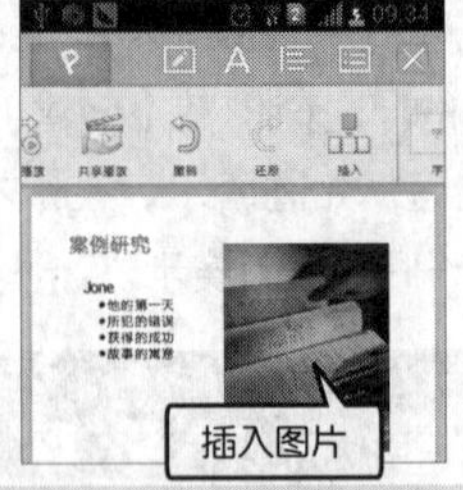

❾ 添加一张幻灯片，将副标题文本框删除，在标题文本框中输入"谢谢！"，设置其字号为"80"、加粗、字体颜色为"紫色"。

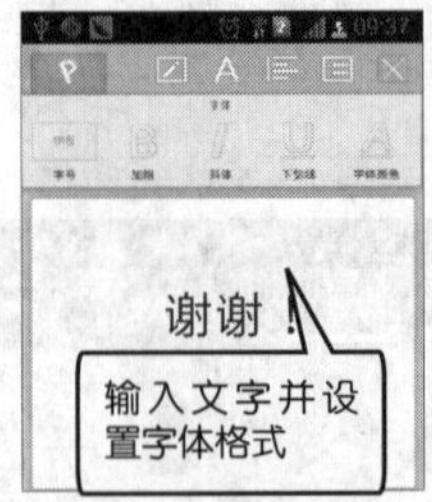

25.4 使用iOS设备协助办公

本节视频教学录像：3分钟

使用iOS设备查看文件需要首先在手机中下载Office Plus，然后使用Office Plus来查看文档。

1. 在手机中查看文档

在手机中查看文档的具体操作步骤如下。

❶ 在iPhone上下载并安装Office Plus，单击【Office Plus】图标，在【Office Plus】界面单击【本地文件】选项。

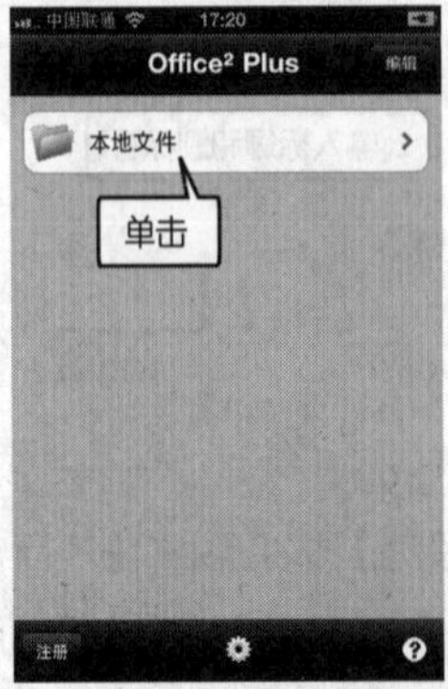

❷ 在打开的【本地文件】界面中看到拖曳进去的文档，然后单击【目录要求】文档。

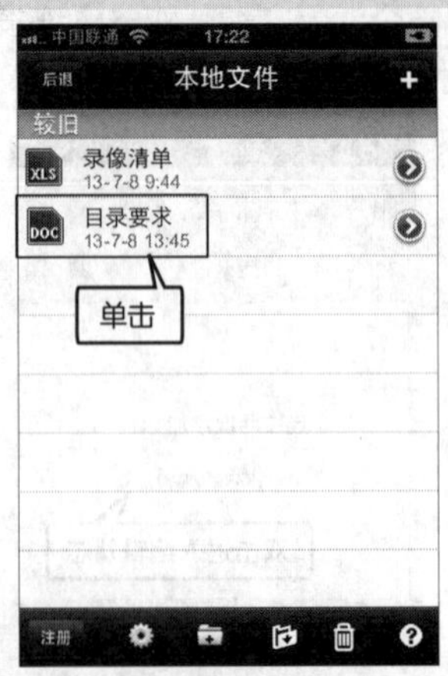

❸ 在iPhone中查看Word文档，单击【关闭】按钮，即可返回【本地文件】界面。

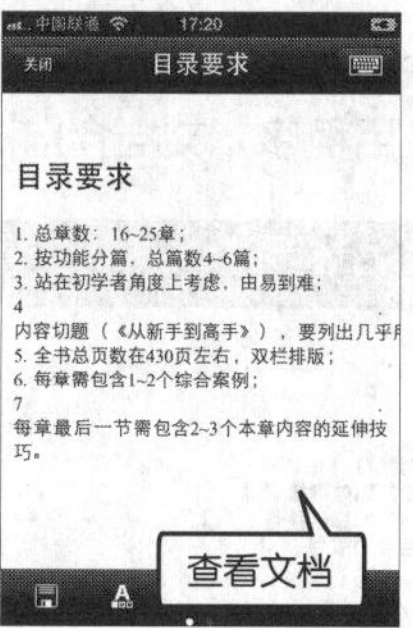

❹ 在【本地文件】页面中单击【录像清单】文档。

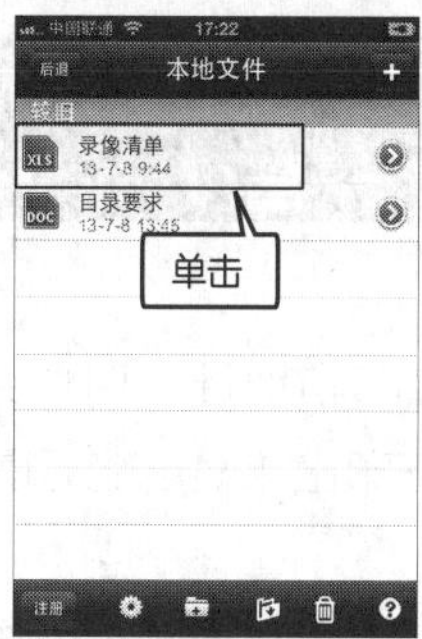

❺ 查看打开的 Excel 文档，拖动即可查看其他列或行的内容。

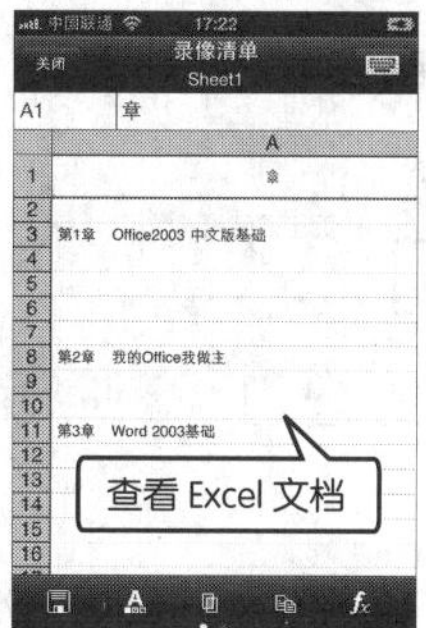

2. 使用 iPad 编辑 Word 文档

使用平板电脑编辑文档越来越被很多人接受，它的实用性远远要大于手机。平板电脑在办公中应用中的范围越来越广，给人们带来了很大的便利。

❶ 在 iTunes 或 App Store 中搜索并下载"Pages"应用程序，完成安装。

❷ 单击 iPad 桌面上的【Pages】程序图标。

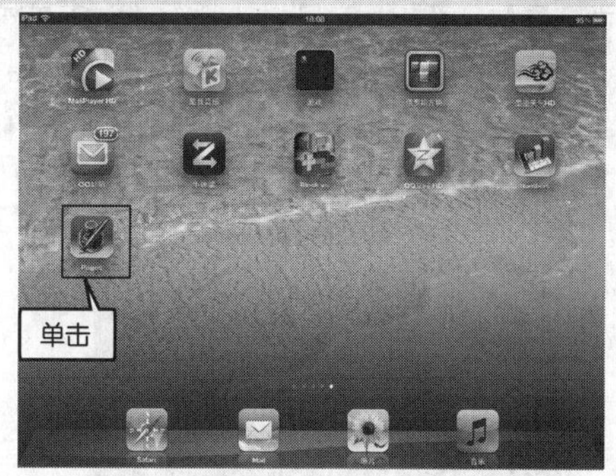

❸ 此时，即可进入程序界面，单击【添加】按钮，弹出下拉菜单，选择【创建文稿】选项。

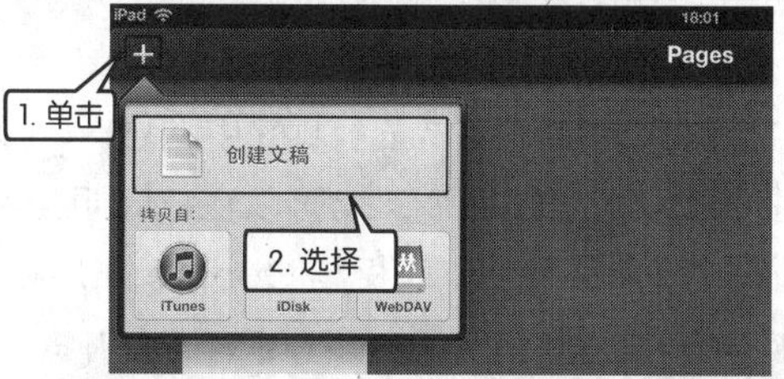

❹ 此时进入选取模版界面，单击【空白】模版，即可创建空白文档。

❺ 在文档中输入标题，并长按编辑区屏幕弹出快捷菜单栏，选择【全选】菜单命令。

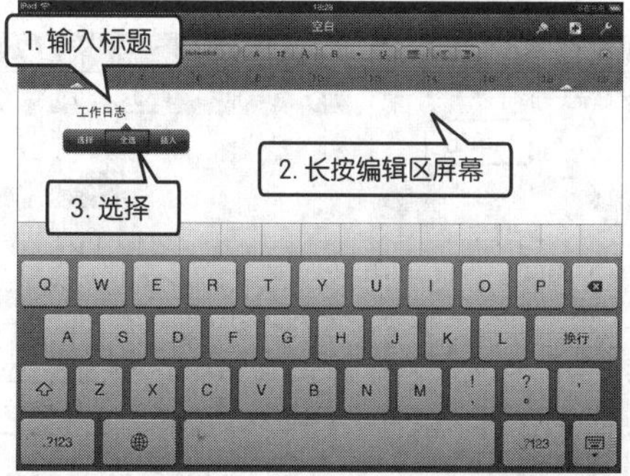

❻ 选中标题并弹出子菜单栏。将标题字体设置为“黑体 -简”、字号为“18”、对齐方式为“居中”。

❼ 另起一行输入文档的正文内容。文档完成后，退出该应用程序，文档会自动保存。

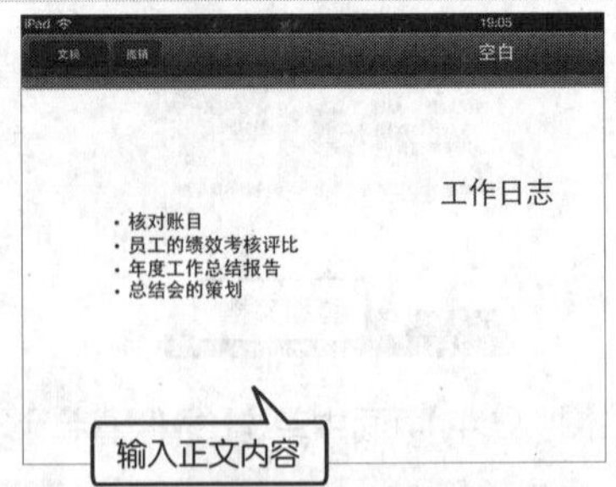

高手私房菜

本节视频教学录像：2 分钟

技巧 1：云打印

云打印是给予支持云打印的打印机一个随机生成的 12 位邮箱地址，用户只要将需要打印的文档发送至邮箱中，就可以在打印机上将邮件或者附件打印出来。云打印需要建立一个 Google 账户，并将打印机与 Google 账户相连接。

❶ 使用安卓系统手机的 WPS 软件，打开需要打印的文档，单击▤按钮，在弹出的列表中选择【打印】选项。

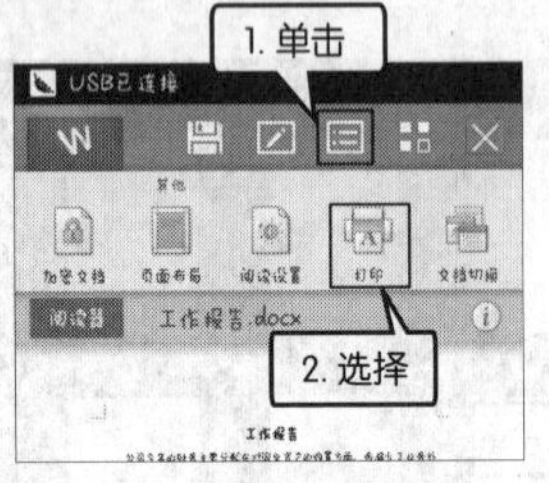

❷ 弹出【打印设置】界面，单击【云打印】按钮，即可将文档通过云打印打印出来。

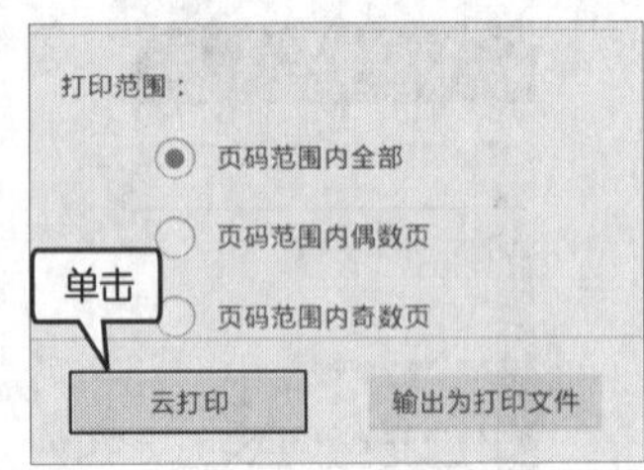

技巧 2：为文档添加星标，以方便查找

手机中文档较多时，有时不容易找到需要的文档，我们可以为重要的文档添加星标，这样就可以方便、迅速地找到需要的文档。

❶ 打开【WPS Office】软件，单击【星标和历史】界面、单击重要文件后方的五角星，如图所示。

❷ 所有标注过星标的文件将在【星标】选项卡★下显示出来。

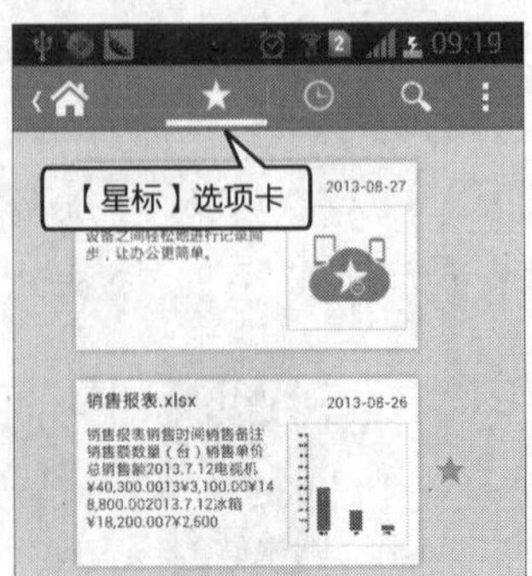

录

CONTENT

Part 1 Word 2013 技巧

Part 2 Excel 2013 技巧

Part 3 PowerPoint 2013 技巧

Part 1 Word 2013 技巧

A Word 2013 操作技巧

1. 让电脑将文档内容朗读出来

❶ 在【文件】选项卡中单击【选项】按钮，在弹出的【Word 选项】对话框中选择【自定义功能区】选项卡，从【从下列位置选择命令】下拉列表中选择【不在功能区中的命令】选项，并在对应的列表中找到【朗读】项。

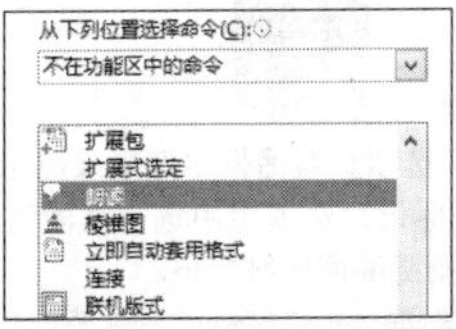

❷ 在【自定义功能区】选项组中单击【新建选项卡】按钮，并将其命名为【朗读】。选中【新建组】选项，然后单击【重命名】按钮，在弹出的对话框中选择符号并输入名称，单击【确定】按钮。

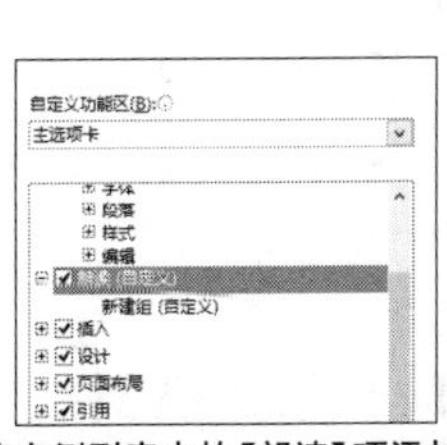

❸ 将左侧列表中的【朗读】项添加至【自定义功能区】的【朗读】选项卡中，然后单击【确定】按钮即可在【朗读】选项卡的【朗读】组中使用【朗读】选项。

2. 显示与隐藏回车符标记

❶ 选择【文件】选项卡，单击【选项】按钮。

❷ 在弹出的【Word 选项】对话框中选择【显示】选项卡，在【始终在屏幕上显示这些格式标记】选项组中选中【段落标记】复选框，即可显示回车符标记，取消则隐藏回车符标记。

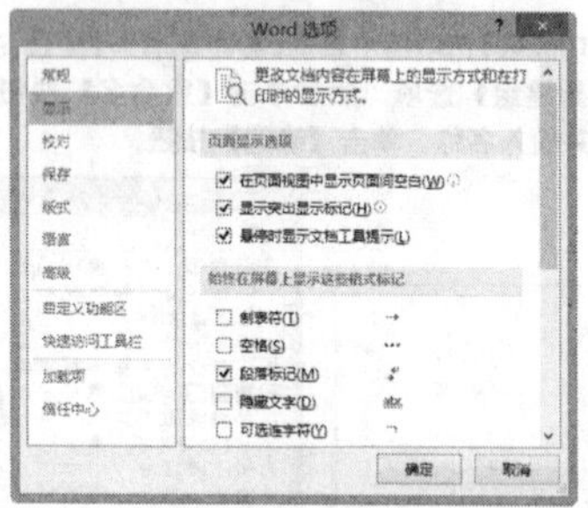

3. 使用标尺、网格线和导航窗格辅助工具

选择【视图】选项卡，在【显示】组中可以看到标尺、网格线和导航窗格复选项。选中复选框时显示对应的项目，取消选中复选框时，则隐藏对应的项目。

4. 自定义快捷键

❶ 选择【插入】选项卡，在【符号】组中单击【符号】按钮，并选择【其他符号】选项。在弹出的【符号】对话框中选择准备设置快捷键的符号（如“（）”，单击【快捷键】按钮，打开【自定义键盘】对话框。

❷ 在【自定义键盘】对话框中将鼠标指针定位到【请按新快捷键】文本框中。在按住【Ctrl】或【Alt】键的同时按一个或多个字母（或符号）键（如按下【Ctrl+A】），单击【指定】按钮，最后单击【关闭】按钮返回。

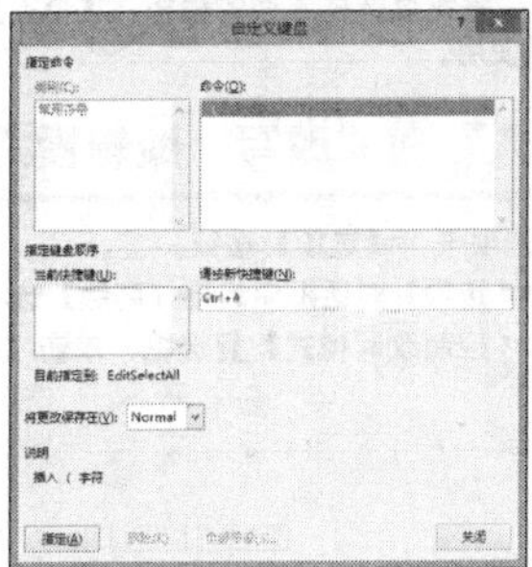

5. 在 Word 2013 中使用“即点即输”功能

选择【文件】选项卡，在弹出的下拉菜单中选择【选项】选项。在打开的【Word选项】对话框中选择【高级】选项卡，在【编辑选项】区域选中【启用“即点即输”】复选框，并单击【确定】按钮。

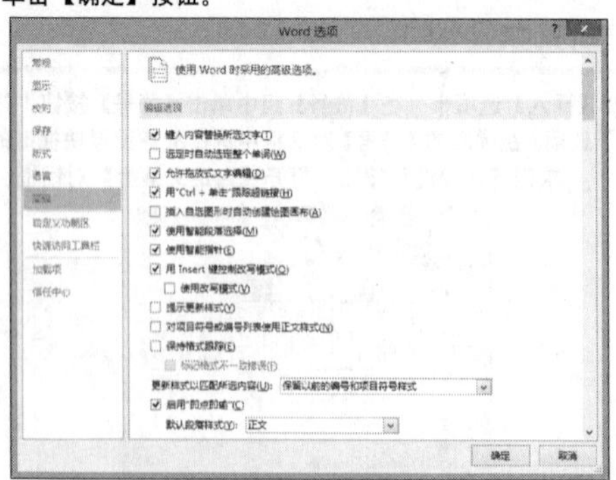

6. 使用 Word 2013 模板快速创建文档

选择【文件】选项卡，选择【新建】选项，则可在相应的面板中显示【特色】模板和【个人】模板，依据需要选择不同的模板。【个人】模板能够直接使用，【特色】模板需要下载使用。

7. 切换“插入”和“改写”编辑模式

❶ 选择【文件】选项卡，【选项】按钮。

❷ 在打开的【Word 选项】对话框中选择【高级】选项卡，在【编辑选项】区域选中【用 Insert 控制改写模式】复选框，单击【确定】按钮。

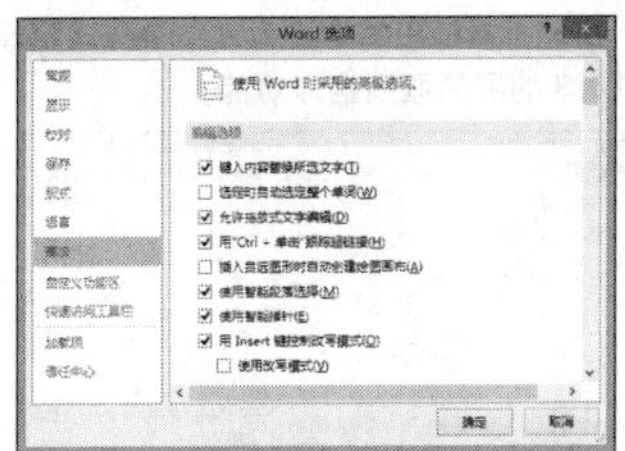

8. 在 Word 2013 中自动翻译中 / 英文

❶ 选择【审阅】选项卡，在【语言】组中单击【翻译】按钮，选择【选择转换语言】选项，在弹出的对话框中设置翻译类型，然后单击【确定】按钮返回。

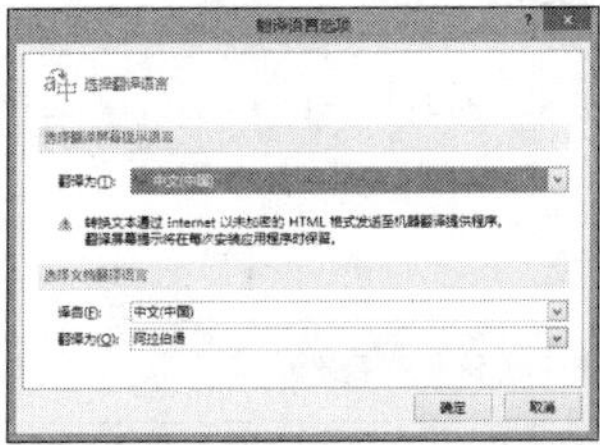

❷ 在文档内选中所要翻译的词语或者句子，单击【翻译】按钮，在弹出的下拉列表中选择【翻译所选文字】选项，即可将所选文字翻译为英文。

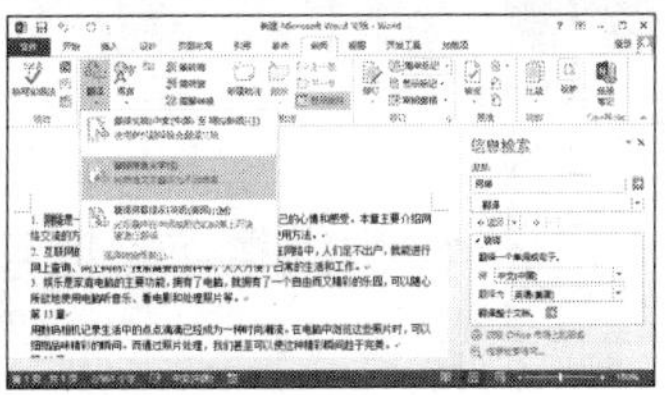

❸ 单击【翻译】按钮，在弹出的下拉列表中选择【翻译屏幕提示】选项，就可激活 Word 2013 的屏幕取词翻译功能。

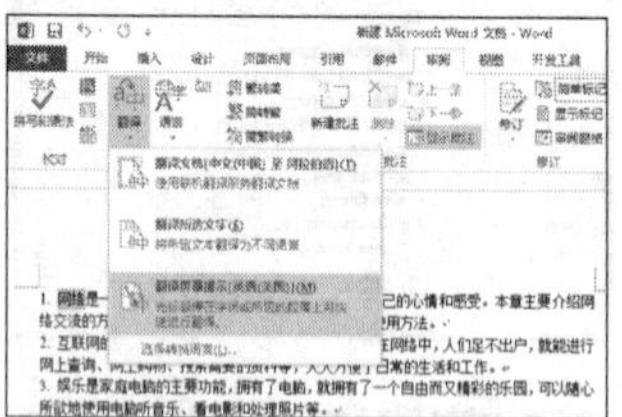

9. 将表格内容快速转换成文本

❶ 选择要转换成文本的表格，在【表格工具】➢【布局】选项卡的【数据】组中单击【转换为文本】按钮。

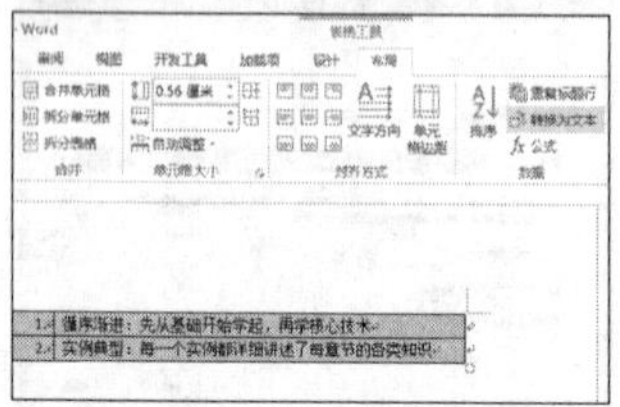

❷ 在弹出的【表格转换成文本】对话框中的【文字分隔符】区域中选择用于代替列边界的选项，然后单击【确定】按钮。

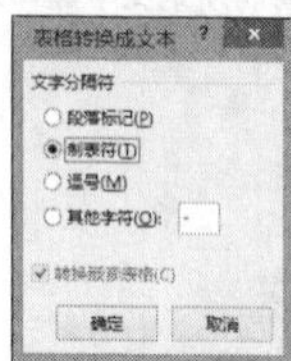

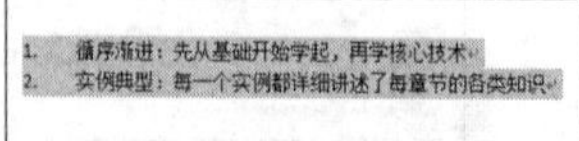

10. 防止在 Word 2013 中输入公式后按空格键字体就变小

在输入公式后选择【开始】选项卡，选中公式中的字符，在【字体】组中设置字体的大小，这样按空格键时公式的字体就不会自动变小。

11. 在 Word 2013 中输入专业的数学公式

这可以通过 MathType 插件来实现。在 MathType 的安装目录下找到 MathPage.wll 和 MathType Commands 6 For Word.dotm 这两个文档，然后将这两个文档复制到 Office 2013 所在的安装目录下即可。

12. 在 Word 2013 中插入文字型窗体域

Word 2010 的文字型窗体域并不直接在选项卡中，用户可以在自定义功能区中添加，然后使用。

❶ 在【文件】选项卡中单击【选项】按钮，在弹出的【Word 选项】对话框中选择【自定义功能区】选项卡。在【从下列位置选择命令】下拉列表中选择【不在功能区中的命令】，并在下面的列表中选择【文本域】项。

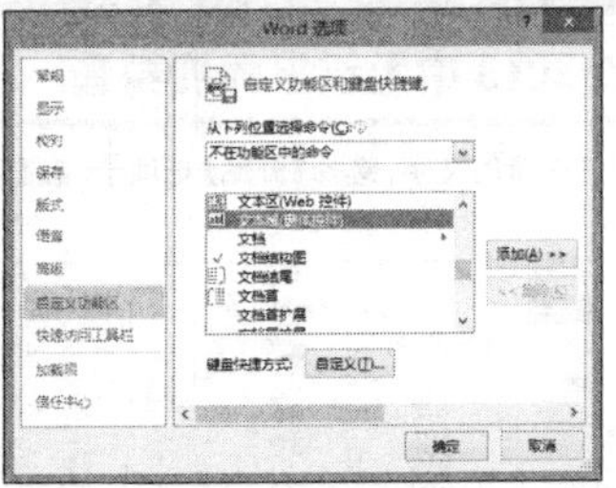

❷ 在【自定义功能区】区域中单击【新建选项卡】按钮，添加新选项卡。单击【新建组】按钮，新建一个组，然后单击【重命名】按钮，在弹出的对话框中选择符号并输入名称，单击【确定】按钮。最后将【文本域】项添加至【新建组】中，单击【确定】按钮，即可在 Word 2013 中添加包含【文本域】组的【文本域】选项卡。利用该选项卡就可以插入文字型窗体域。

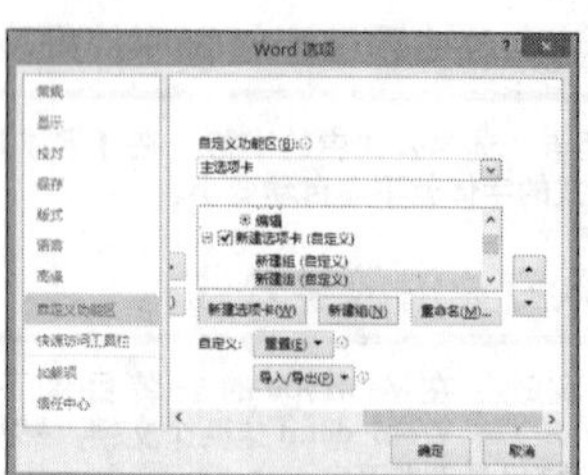
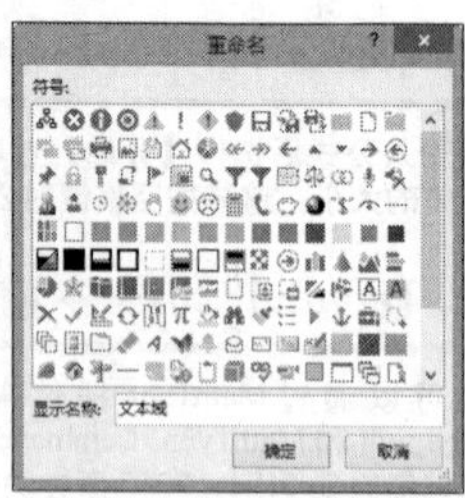

13. 快速插入 N 次方公式

选择【开始】选项卡，选中注释的符号，在【文字】组中单击【上标】按钮 或按【Ctrl+Shift++】组合键即可。

B Word 2013 文字处理技巧

14. 在 Word 2013 中为汉字添加拼音

❶ 选中需要加注拼音的文字，选择【开始】选项卡，在【字体】组中单击【拼音指南】按钮。

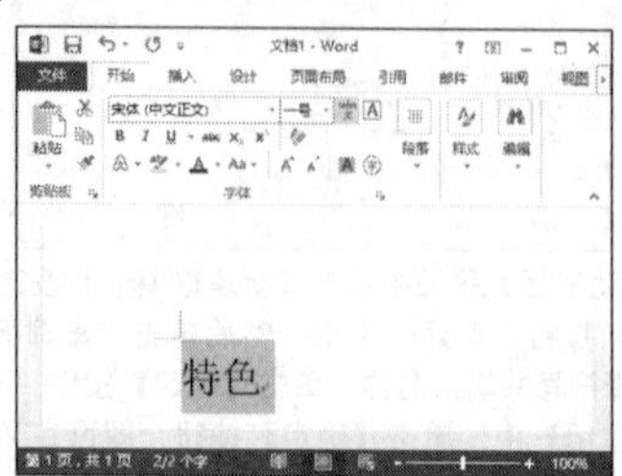

❷ 在弹出的【拼音指南】对话框中单击【组合】按钮，把这些汉字组合成一行。最后单击【确定】按钮，得到它们的拼音。

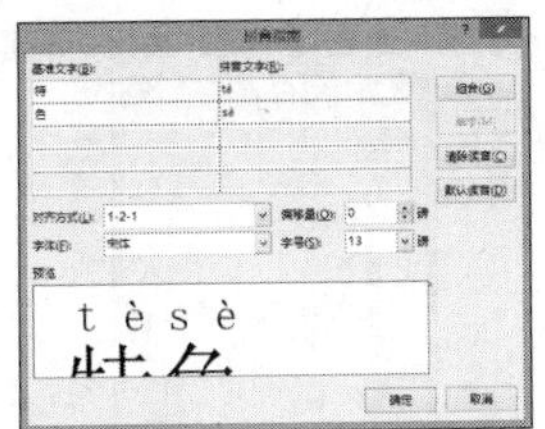

15. 在奇数、偶数页中使用不同的页眉和页脚

❶ 选择【插入】选项卡，在【页眉和页脚】组中单击【页码】按钮，选择插入页码的格式。

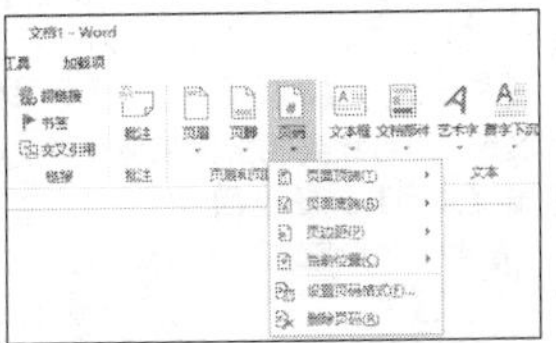

❷ 在打开的【页眉和页脚工具】>【设计】选项卡的【选项】组中选中【奇偶页不同】复选框，如果需要，也可选中【首页不同】复选框。

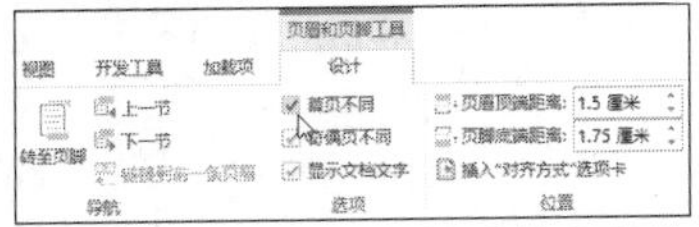

❸ 在【页眉和页脚工具】>【设计】选项卡的【页眉和页脚】组中设置页眉和页脚的类型即可。

16. 快速输入大写中文数字

选择【插入】选项卡，在【符号】组中单击【编号】按钮，弹出【编号】对话框。在对话框中的【编号】文本框中输入小写数字（如 1234），在【编号类型】列

表中选择【壹，贰，叁…】项，单击【确定】按钮，即可输入大写中文数字。

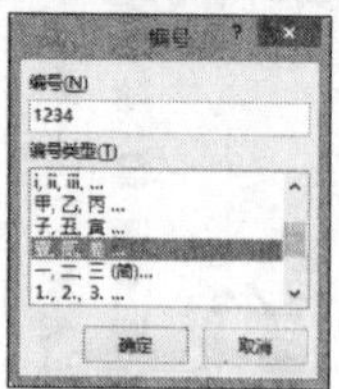

17. 快速输入汉字偏旁部首

❶ 用输入法输入汉字偏旁部首。

❷ 选择【插入】选项卡，在【符号】组中单击【符号】按钮，在弹出的下拉列表中选择【其他符号】项，弹出【符号】对话框。设置【字体】为【（普通文本）】，设置【子集】为【CJK 统一汉字】，向上拖动滚动条，切换到该类汉字的首部区域，即可找到相应的偏旁部首，选中它，然后单击【插入】按钮，最后单击【关闭】按钮返回。

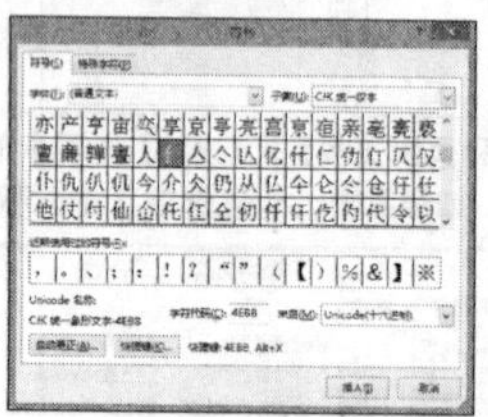

18. 在 Word 2013 中将姓名按照姓氏笔画排序

❶ 在 Word 2013 文档中中输入姓名，每个姓名占一行。

❷ 选择【开始】选项卡，在【段落】组中单击【排序】按钮，弹出【排序文字】对话框，在【类型】下拉列表中选择【笔画】选项，在其后面选择按照升序或者降序排列，然后单击【确定】按钮。

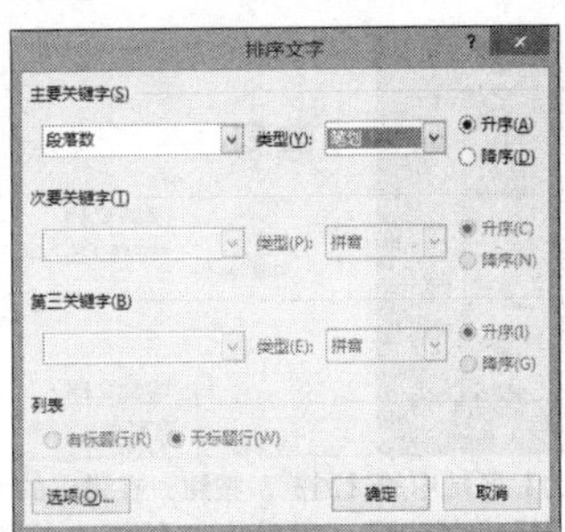

19. 在 Word 2013 中输入 ×、÷ 符号

❶ 选择【加载项】选项卡，在【菜单命令】组中单击【特殊符号】按钮。

❷ 在弹出的【插入特殊符号】对话框中选择【数学符号】选项卡，在其中选择插入的符号，然后单击【确定】按钮。

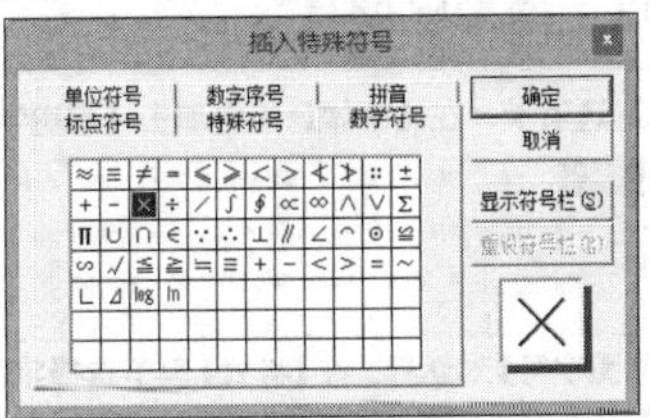

20. 将 Word 2013 文档转换为 PDF 格式

❶ 选择【文件】选项卡，单击【另存为】按钮。

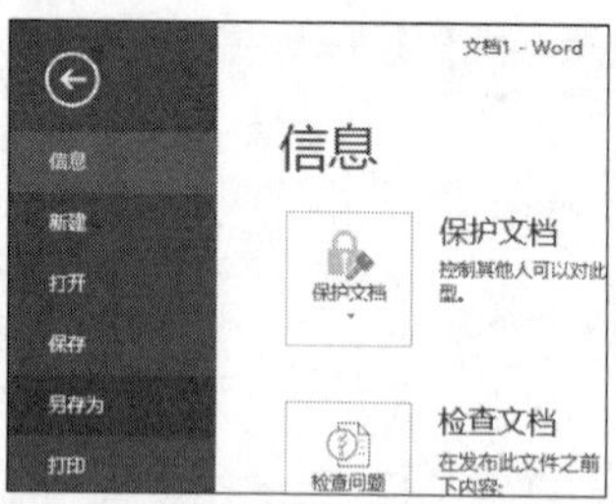

❷ 单击【另存为】区域中的【浏览】按钮，在弹出的【另存为】对话框中选择【保存类型】为【PDF】，然后单击【确定】按钮即可。

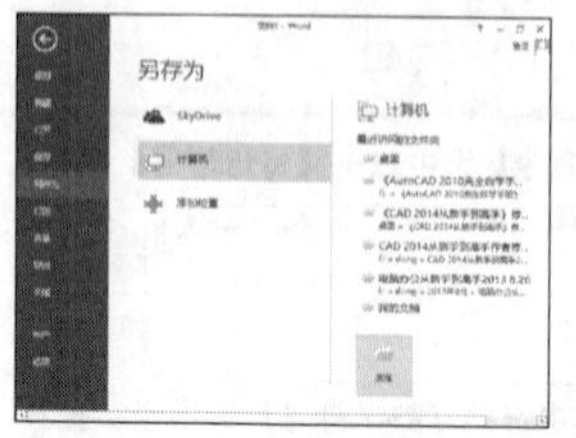

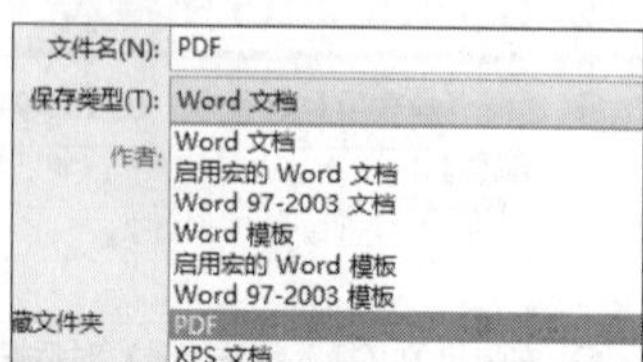

21. 使用⑩以上的数字序号

❶ 选择【开始】选项卡，在【字体】组中单击【带圈字符】按钮。

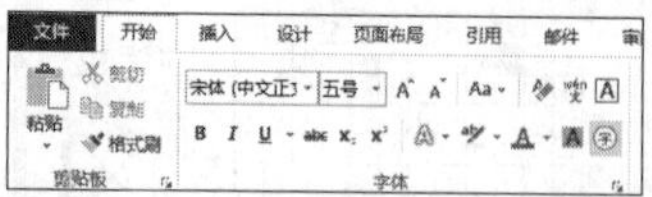

❷ 在弹出的【带圈字符】对话框，在【样式】组下选择字符样式，在【文字】文本框中输入要设置的数字序号（如 10），在【圈号】列表框中选择“圆圈”符号，单击【确定】按钮即可。

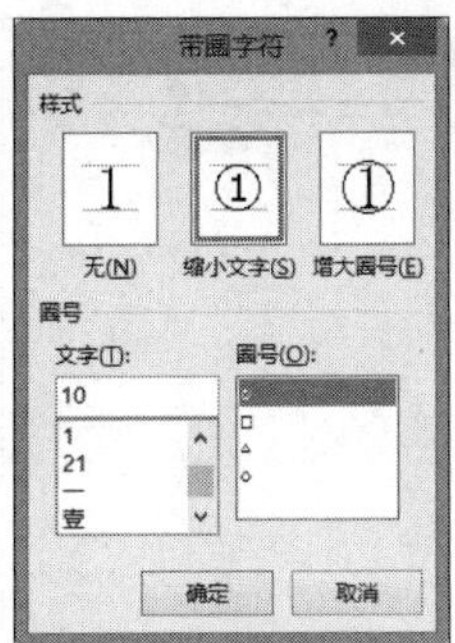

22. 快速创建文档目录

❶ 设置大纲级别。

❷ 选择【引用】选项卡，在【目录】组中单击【目录】按钮，在弹出下拉菜单中选择目录样式即可。

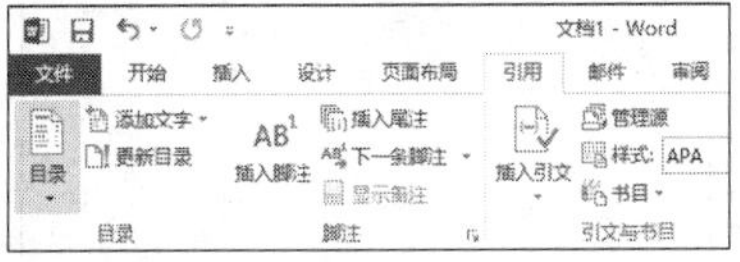

C Word 2013 图片处理技巧

23. 在 Word 2013 中绘制流程图

❶ 选择【插入】选项卡，在【插图】组中单击【形状】按钮，在弹出的下拉列表中选择【新建绘图画布】选项。

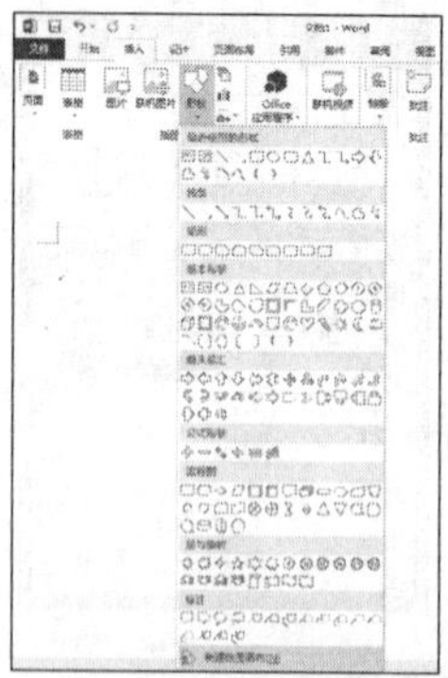

❷ 选中绘图画布，在【格式】选项卡的【插入形状】和【形状样式】组中选择所需的图形，然后标注合适的文字即可。

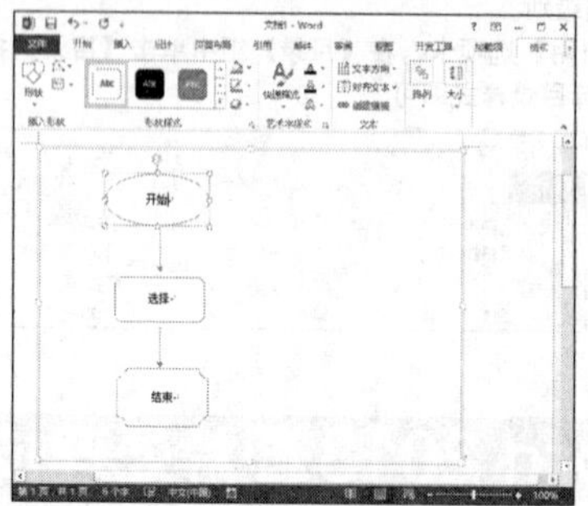

24. 创建精美的图片效果

❶ 选择【插入】选项卡，在【插图】组中单击【图片】按钮，弹出【插入图片】对话框，在其中选择一张图片，然后单击【插入】按钮插入图片。

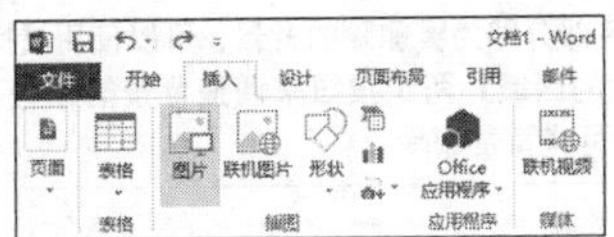

❷ 选中图片，在【图片工具】>【格式】选项卡的【调整】和【图片样式】组中根据喜好设置不同的效果。

25. 在 Word 2013 中去除图片背景

❶ 选择【插入】选项卡，在【插图】组中单击【图片】按钮，弹出【插入图片】对话框，在其中选择一张图片，然后单击【插入】按钮插入图片。
❷ 选中图片，在【格式】选项卡中单击【删除背景】按钮，然后调整图片上的矩形框，使之包含要删除背景的图像区域。

❸ 图片中的红色部分即为要删除的背景，可以使用【标记要保留的区域】和【标记要删除的区域】两个按钮来调整背景的颜色范围，单击图片外的空白区域，即可将背景删除。

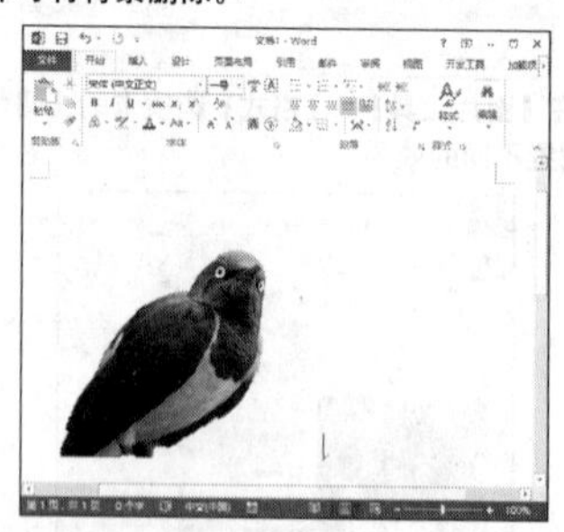

26. 创建精美的艺术字效果

❶ 选择【插入】选项卡，在【文体】组中单击【艺术字】按钮，在弹出的下拉列表中选择一种艺术字样式。

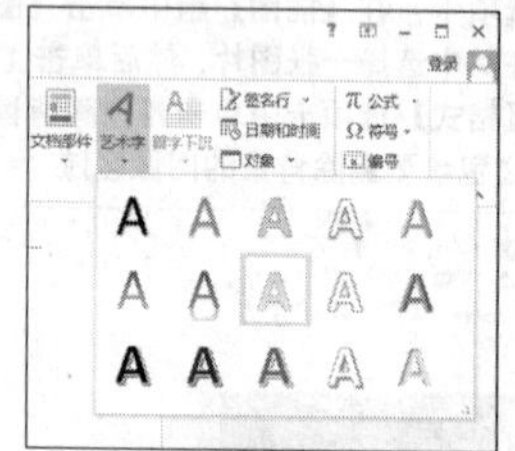

❷ 在弹出的文字框中添加文字即可。

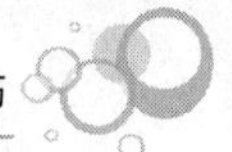

D Word 2013 设置技巧

27. 设置文档的大纲级别

❶ 选中需要设置大纲级别的文字，然后单击鼠标右键，在弹出的快捷菜单中选择【段落】命令，或者选择【页面布局】选项卡，在【段落】组中单击右下角的对话框启动器按钮。

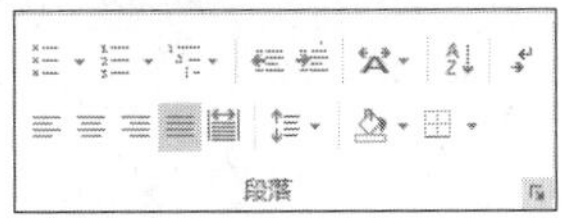

❷ 在弹出的【段落】对话框中进行设置即可。

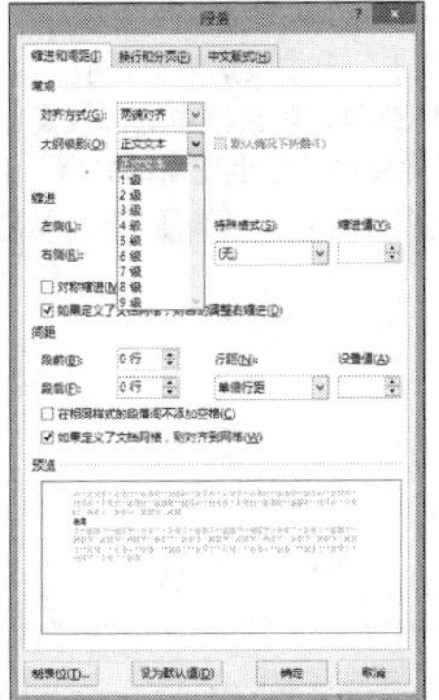

28. 同时查看多个 Word 2013 文档窗口

❶ 打开至少两个 Word 2013 文档，选择【视图】选项卡，在【窗口】组中单击【并排查看】按钮，弹出【并排比较】对话框，选择一个准备进

行并排比较的 Word 文档，然后单击【确定】按钮。

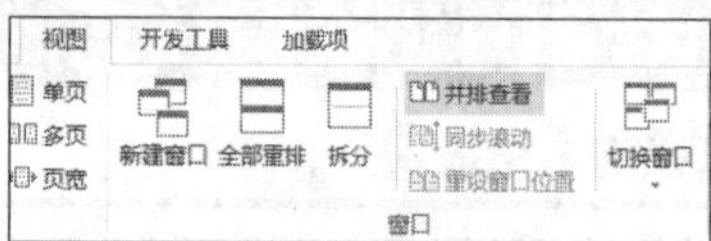

❷ 在【窗口】组中单击【同步滚动】按钮，即可实现同时查看多个文档。

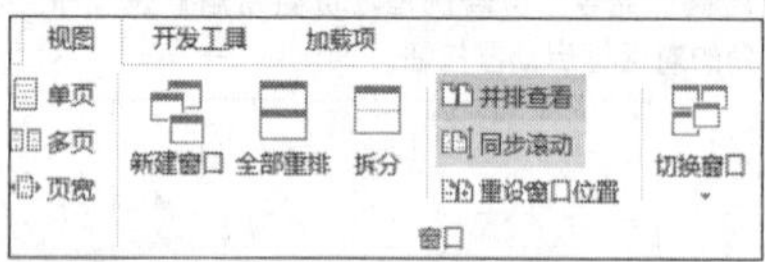

29. 删除最近使用的 Word 2013 文档记录

❶ 选择【文件】选项卡，单击【选项】选项。

❷ 在弹出的【Word 选项】对话框中选择【高级】选项卡，在【显示】选项组中将【显示此数目的“最近使用的文档”】设置为“0”即可。

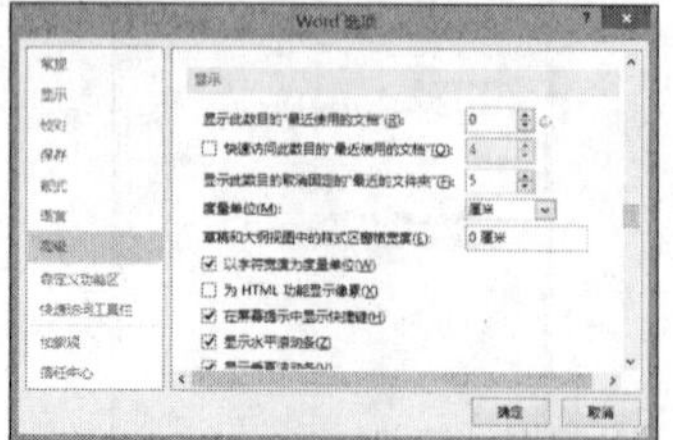

30. 在“快速访问工具栏”中添加常用命令

❶ 查找准备添加至“快速访问工具栏”的命令或按钮所在的位置（例如【插入】选项卡中的【形状】按钮）。

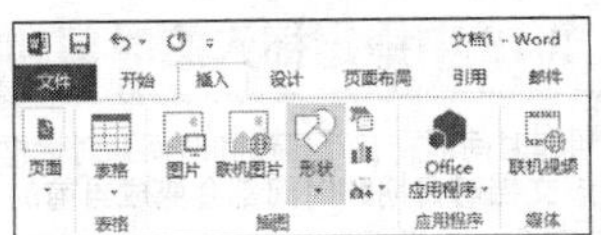

❷ 右键单击【形状】按钮，在弹出的快捷菜单中选择【添加到快速访问工具栏】命令即可。

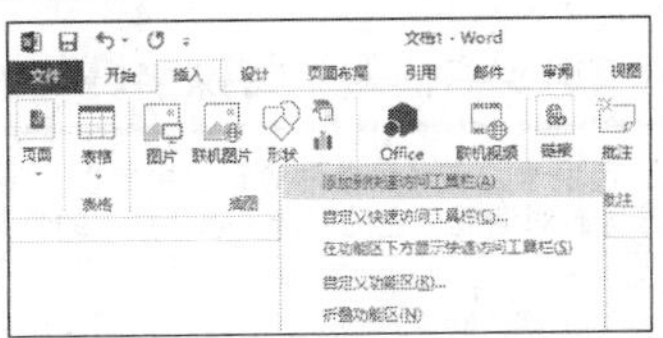

31. 在 Word 2013 中插入当前的日期和时间

❶ 选择【插入】选项卡，在【文本】组中单击【日期和时间】按钮。

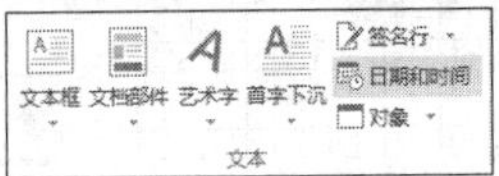

❷ 在弹出的【日期和时间】对话框中选择时间和日期，单击【确定】按钮即可插入当前的时间和日期。

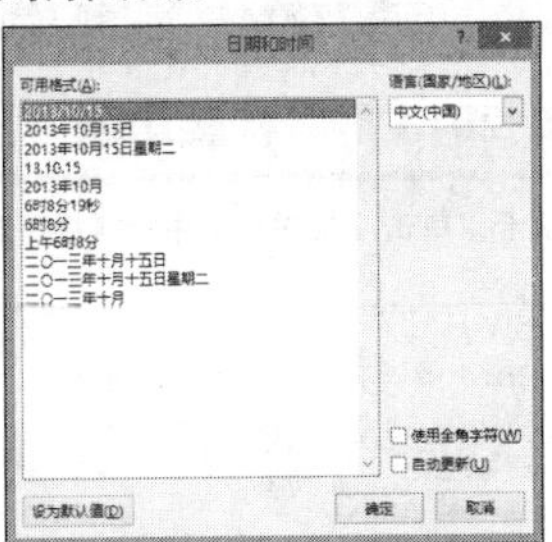

32. 在 Word 2013 中锁定插入的时间和日期

如果用户插入日期和时间时，在【日期和时间】对话框中选中【自动更新】复选框，则每次打开该文档时日期和时间都会变成当前的日期和时间。那怎么锁定插入的日期和时间呢？

插入时间和日期后，只需再单击时间和日期处，然后按【Ctrl+F11】组合键，就可以锁定插入的时间和日期。

33. 在 Word 2013 中插入“特殊字符”

选择【加载项】选项卡，在【菜单命令】组中单击【特殊符号】按钮，即可弹出【插入特殊符号】对话框，在其中选择想要插入的特殊字符即可。

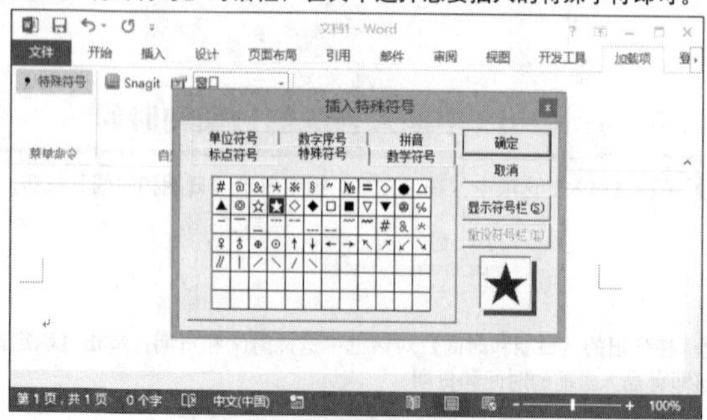

34. 开启 Word 2013 拼写检验功能

选择【审阅】选项卡，单击【校对】组中的【拼写和语法】按钮即可开启拼音检查功能。

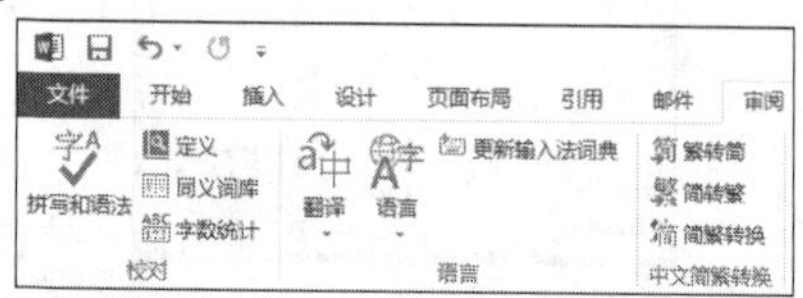

35. 为 Word 文档加密

❶ 选择【文件】选项卡，在【信息】面板中单击【保护文档】按钮，在弹出的下拉列表中单击【用密码进行加密】。

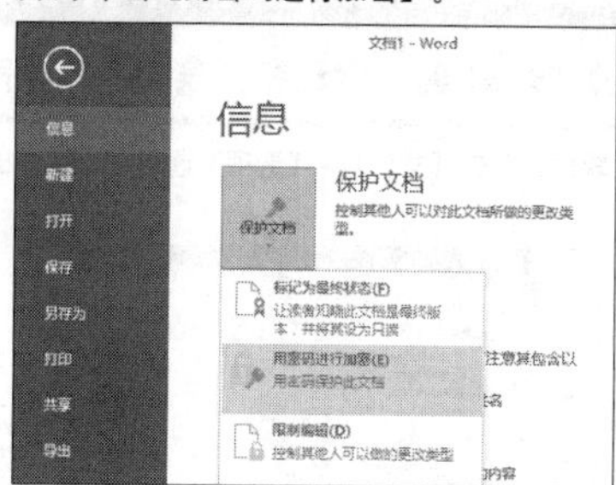

❷ 在弹出的【加密文档】对话框中输入密码后单击【确定】按钮，然后在【确认密码】对话框中重复输入密码，单击【确定】按钮即可。

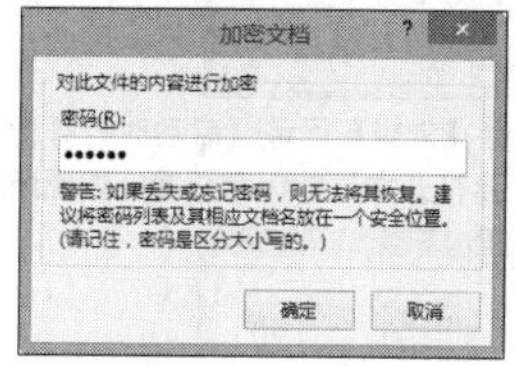

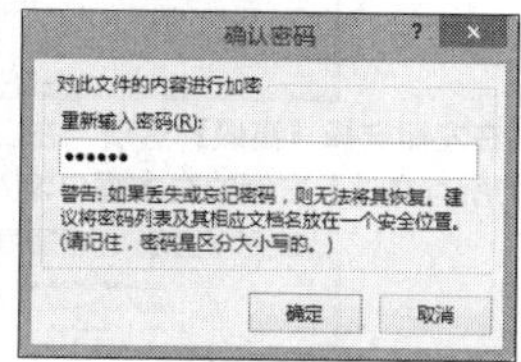

36. 开启 Word 2013 拼写检验功能

选择【审阅】选项卡，单击【校对】组中的【拼写和语法】按钮即可开启拼音检查功能。

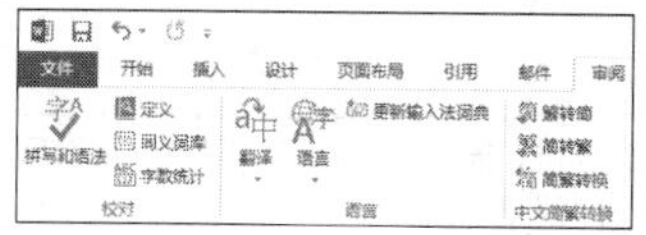

Part 2 Excel 2013 技巧

A Excel 2013 基本操作技巧

37. 设置启动 Excel 时，自动打开某文件夹中所有工作簿

❶启动 Excel 软件，单击【文件】➤【选项】选项命令，弹出【Excel 选项】对话框。

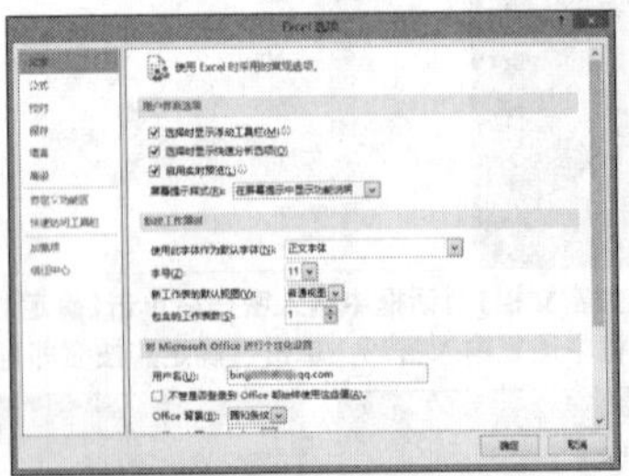

❷ 在左侧选择【高级】选项，在右侧【常规】区域【启动时打开此目录中的所有文件】右侧的文本框中输入要打开文件的保存路径，如图所示。

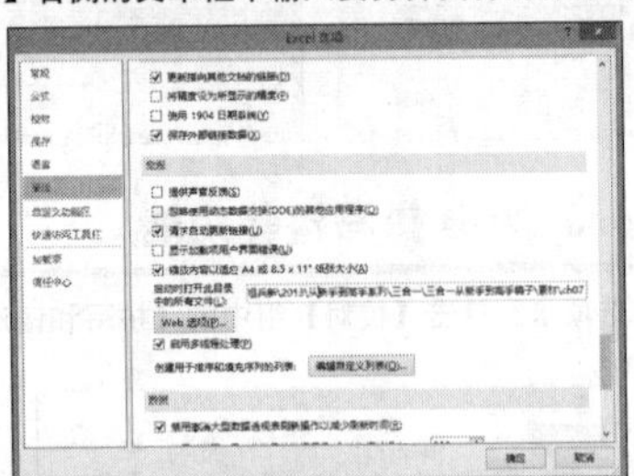

❸ 单击【确定】按钮，关闭 Excel 2013 软件，再次启动，则自动打开所输入路径下的所有文件。

38. 修复损坏的工作簿

❶ 启动 Excel 2013，选择【文件】选项卡，在列表中选择【打开】选项。

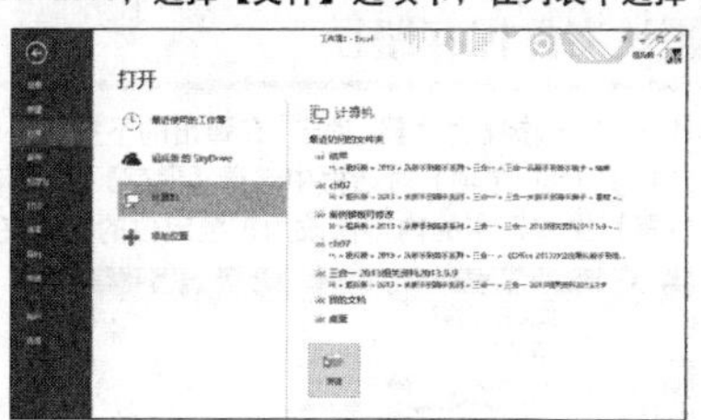

❷ 弹出【打开】对话框，从中选择要打开的工作簿文件，单击【打开】按钮右侧的下拉箭头，在弹出的下拉菜单中选择【打开并修复】菜单项。

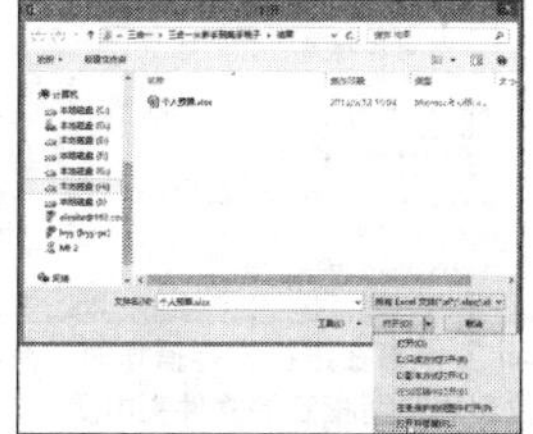

❸ 弹出如图所示的对话框，单击【修复】按钮，Excel 将修复工作簿并打开。如果修复不能完成，则可单击【提取数据】按钮，只将工作簿中的数据提取出来。

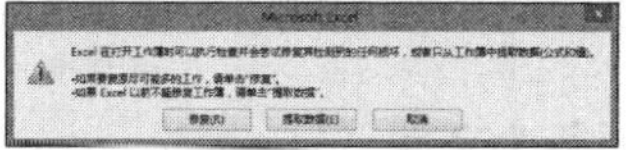

39. 更加快速地查找当前内容

❶ 在输入查找内容时可以使用问号（？）和星号（*）作为通配符，以方便查找操作。

❷ 问号（？）代表一个字符，星号（*）代表一个或多个字符。
❸ 如果查找问号（？）和星号（*），则在其字符前加上波浪号（～）。

40. 修改默认文件保存路径

❶ 启动Excel 2013，选择【文件】选项卡，在弹出的下拉列表中选择【选项】选项，在弹出的【Excel 选项】对话框中选择【保存】选项卡，之后将【默认本地文件位置】文本框中的内容修改为需要定位的文件夹完整路径。

❷ 以后新建的 Excel 工作簿在进行保存操作时，系统在弹出【另存为】对话框后会直接定位到用户所指定的文件夹中。

41. 选定超链接文本

如果需要在 Excel 中选定超链接文本而不跳转到目标处，可在指向该单元格时按住鼠标左键。

42. 快速关闭多个文件

按住【Shift】键，然后单击工作簿右上角的【关闭】按钮，即可关闭打开的所有工作簿文件。

43. 将图表变为图片

❶ 打开随书光盘中的“素材\ch09\食品销量图表.xlsx”文件，选择图表，按【Ctrl+C】组合键复制图表。

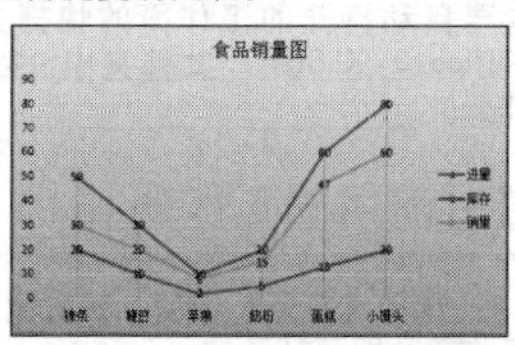

❷ 选择【开始】选项卡，在【剪贴板】选项组中单击【粘贴】按钮下的倒三角箭头，在弹出的下列表中选择【图片】按钮。

❸ 此时就将图表以图片的形式粘贴到了工作表中。

44. 共享自定义工具栏

❶ 选择【文件】➢【选项】命令，打开【Excel 选项】对话框，在其中选择自定义的工具栏，单击【添加】按钮。

❷ 在自定义界面中单击【导入与导出】按钮，即可将备份的自定义工具栏自动导入其他文件中。

B Excel 2013 工作簿操作技巧

45. 一次性打开多个工作簿

打开工作簿所在的文件夹，然后按住【Shift】键或【Ctrl】键选择相邻或不相邻的多个工作簿，将它们全部选中，然后单击鼠标右键，在弹出的快捷菜单

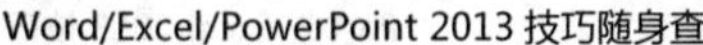

中选择【打开】命令，系统则启动 Excel 2013，并将上述选中的工作簿全部打开。

46. 自动打开工作簿

我们只要将某个需要自动打开的工作簿的快捷方式放到“C:\Program Files\Microsoft Office\Office10\XLStart”文件夹中，以后每次启动时，Excel 都会自动打开相应的工作簿。

47. 快速打开最近使用的工作簿

选择【文件】选项卡，选择【打开】选项，在右侧【最近使用的工作簿】区域中单击最近使用的工作簿，即可打开。

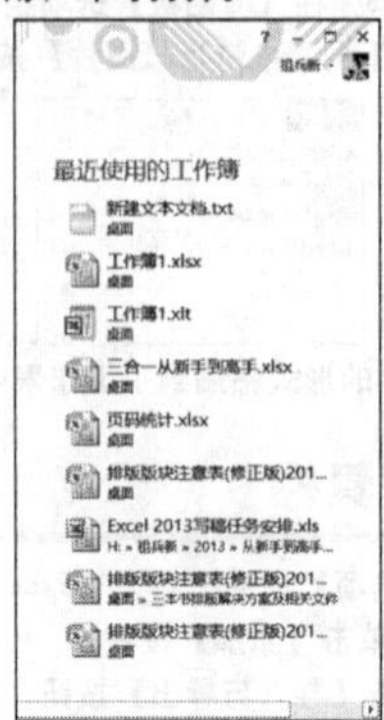

48. 快速查找工作簿

选择【文件】选项卡，在弹出的下拉列表中选择【打开】选项，在【打开】对话框里输入文件的全名或部分名，可以用通配符代替。

49. 快速浏览较长的工作簿

当浏览一个有很长内容的工作簿时，按【Ctrt+Home】组合键可以回到当前工作表的左上角（即 A1 单元格），按【Ctrl+End】组合键可以跳到工作表含有数据部分的右下角。

C Excel 2013 工作表操作技巧

50. 工作表中的回车粘贴功能

当复制的区域中含有闪动的复制边框标记（即含有虚线框）时，按【Enter】键可以实现粘贴功能。

注意：不要在有闪动的复制边框标记时使用【Enter】键在选定区域内的单元格间进行切换，此时应该使用【Tab】键或方向键。

51. 快速删除选定的工作表区域数据

❶ 用鼠标右键向上或向左（反向）拖动选定单元格或单元格区域的填充柄。

❷ 如果没有将其拖出该单元格的选定区域即释放了鼠标右键，则可删除选定区域中的部分或全部数据（即拖动过程中变成灰色模糊的单元格区

域，在释放了鼠标右键后其内容将被删除）。

52. 轻松命名工作表

❶ 选择要改名的工作表，然后单击鼠标右键，在弹出的快捷菜单中选择【重命名】命令，这时标签上的名字将被反白显示，然后在标签上输入新的名称。

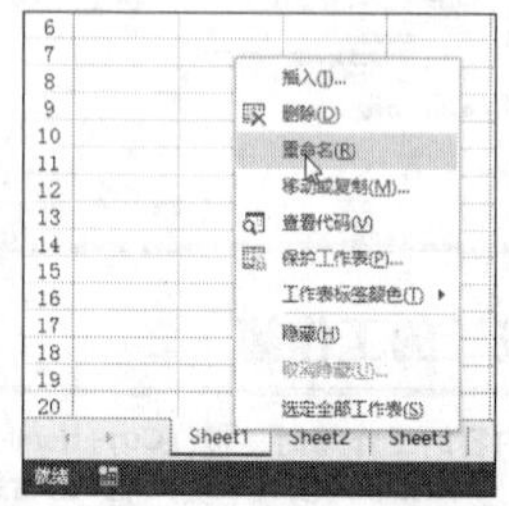

❷ 用户还可以通过双击当前工作表的名称来进行重命名操作。

53. 彻底清除单元格内容

❶ 选定单元格，然后按【Delete】键，这时仅删除了单元格的内容，它的格式和批注还保留着。

❷ 选定想要清除所有内容的单元格或单元格区域，单击【开始】选项卡下【编辑】组中的【清除】按钮，在弹出的下拉列表中选择【全部清除】选项即可，当然也可以只清除“格式”、“内容”或“批注”等。

54. 快速移动和复制单元格

❶ 选定单元格，然后将鼠标指针移动到单元格边框上，按住鼠标左键将其拖动到新位置，然后释放鼠标即可。

❷ 复制单元格时，在释放鼠标之前按住【Ctrl】键。

55. 快速改变单元格的位置

❶ 选定单元格，按下【Shift】键，移动鼠标指针至单元格边缘，直至出现拖放指针箭头，然后进行拖放操作。

❷ 上下拖拉时鼠标在单元格间边界处会变成‡状标志，左右拖拉时会变成⟺状标志，释放鼠标按钮完成操作后，单元格的位置即发生了变化。

56. 绘制斜线单元格

❶ 单击【开始】选项卡下【字体】组中的【下框线】按钮，在弹出的下拉列表中选择【绘图边框】选项，待鼠标指针变成铅笔形状后，拖动鼠标画出斜线。

	A	B	C
1			
2			
3			
4			
5			
6			
7			

❷ 在斜线单元格内输入数据，做法是让数据在单元格内换行（按【Alt+Enter】组合键），再添加空格，即可将数据放到合适位置。

	A	B	C
1	日期 姓名		
2			
3			
4			
5			
6			

57. 每次选定同一单元格

在某个单元格内反复输入多个测试值时，按【Ctrl+Enter】组合键则能查看结果，且当前单元格也仍为活动单元格。

D Excel 2013 数据输入与编辑技巧

58. 巧将数字变为文本格式

❶ 选择要设置成文本格式的数字单元格，单击【开始】选项卡下【数字】组中的按钮。

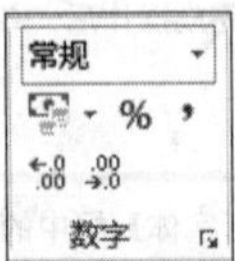

❷ 在弹出的【设置单元格格式】对话框中选择【数字】选项卡，在【分类】列表中选择【文本】选项，然后单击【确定】按钮即可。

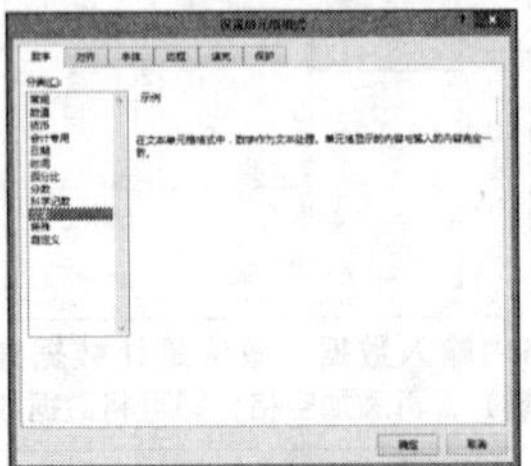

59. 快速换行

在选定单元格中输入第 1 行内容后，在换行处按【Alt+Enter】组合键，即可输入第 2 行内容，再按【Alt+Enter】组合键输入第 3 行内容，以此类推。

60. 搜索需要的函数

❶ 选择需要输入函数的单元格，单击【公式】选项卡【函数库】组中的【插入函数】按钮，弹出【插入函数】对话框。

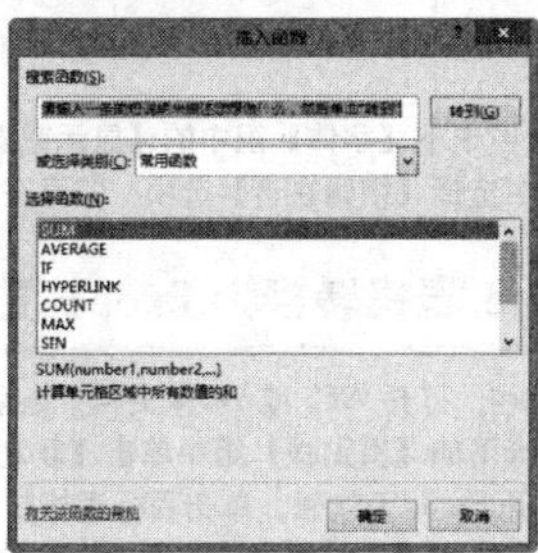

❷ 在【搜索函数】文本框中输入要搜索函数的关键字，如“引用”，单击【转到】按钮，系统会将相似的函数列在下面的【选择函数】列表框中，可以根据需要选择相应的函数。

61. 快速输入拼音

❶ 选中已输入汉字的单元格，然后单击【开始】选项卡下【字体】组中的【显

示或隐藏拼音字段】按钮，在弹出的下拉列表中选择【显示拼音字段】选项，此时选中的单元格会自动变高。

❷ 单击【开始】选项卡下【字体】组中的【显示或隐藏拼音字段】按钮，在弹出的下拉列表中选择【编辑拼音】选项，即可在汉字上方输入拼音。

62. 将 WPS/Word 表格转换为 Excel 工作表

❶ 启动 WPS 或 Word，打开 WPS 或 Word 文档，拖动鼠标选择整个表格，再在【开始】选项卡下的【剪贴板】组中单击【复制】按钮。

❷ 启动 Excel，打开 Excel 工作表，单击目标表格位置的左上角单元格，再在【开始】选项卡下的【剪贴板】组中单击【粘贴】按钮。

63. 快速插入“✓”

❶ 选择要插入“✓”的单元格。

❷ 在【字体】下拉列表中选择“Marlett”字体，之后在单元格内输入“a”或“b”，即可在单元格中插入“✓”。

64. 将数据按照小数点对齐

❶ 选中位数少的单元格，根据需要单击【开始】选项卡下【数字】组中的【增加小数位数】按钮多次，将不足位数用 0 补齐。

❷ 选中位数少的单元格，单击【开始】选项卡下【数字】组中的按钮，在弹出的【设置单元格格式】对话框中选择【数字】选项卡，之后在【分类】列表中选择【数值】选项，在右面的【小数位数】微调框中输入需要的数值，程序就会自动用 0 补足位数。

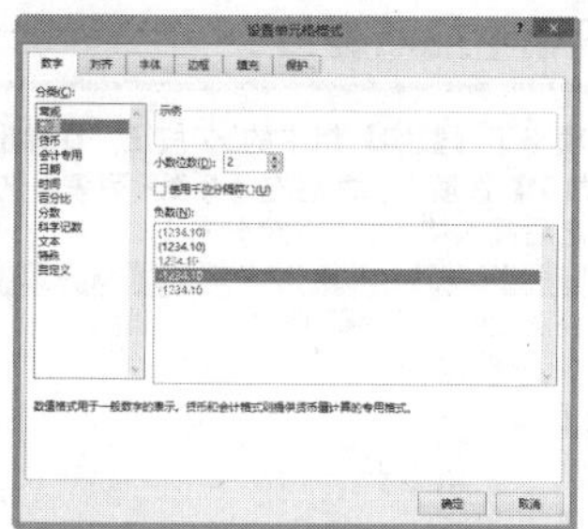

65. 快速取消超链接

如果正在输入 URL 或 E-mail 地址，在输入完毕后按【Enter】键，刚才输入的内容就会变成蓝色，此时右键单击单元格，在弹出的快捷菜单中选择【取消超链接】命令即可。

66. 输入人名时使用“分散对齐”

将名单输入后选中该列，单击【开始】选项卡下【对齐方式】组中的按钮，在弹出的【设置单元格格式】对话框中选择【对齐】选项卡，在【文本对齐方式】选项组的【水平对齐】下拉列表中选择“分散对齐（缩进）”选项，最后将列宽调整到合适的宽度。

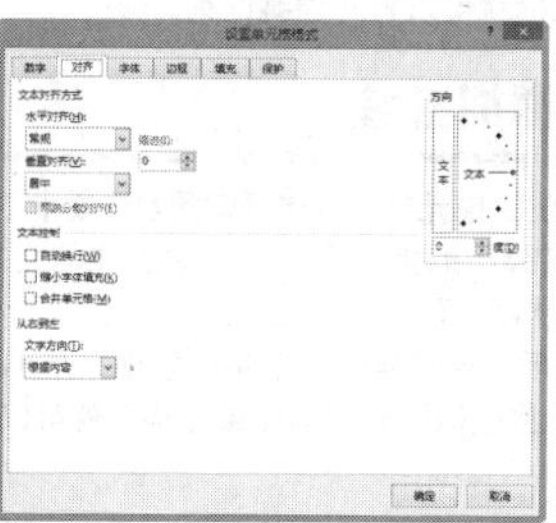

67. 隐藏单元格中的所有值

单击【开始】选项卡下【数字】组中的 按钮，在弹出的【设置单元格格式】对话框中选择【数字】选项卡，之后在【分类】列表中选择【自定义】选项，将已有的类型删除，之后键入“;;;”（3个分号）。

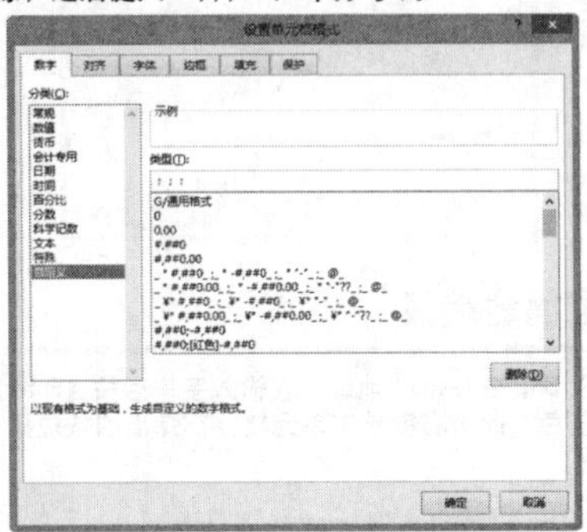

68. 恢复隐藏列

将鼠标指针放置在列表的分割线上，例如，若隐藏的是B列，则将鼠标指针放置在A列和C列的分割线上，轻轻地向右移动鼠标指针，直到鼠标指针从“✚”变为“⇹”，此时拖动鼠标就可以打开隐藏的列。

69. 为单元格添加批注

❶ 单击要添加批注的单元格，单击【审阅】选项卡下【批注】组中的【新建批注】按钮，在弹出的批注框中键入要批注的文本，输好后单击批注框外部的工作表区域即可。

❷ 在添加批注之后，单元格的右上角会出现一个小红点，提示该单元格已被添加了批注，将鼠标指针移到该单元格上就可以显示批注。

	A	B	C	D	E
1		1100			
2		1100			
3		1100			
4		1100			
5		1200			
6		1100			
7		12300			
8					
9					
10					
11					

70. 将网页上的数据添加到 Excel 表格中

网页上表格形式的信息可以直接从浏览器中复制到 Excel 中，而且效果极佳。在 Excel 中你可以像使用 Excel 工作表那样打开 HTML 文件，并获得同样的功能、格式及编辑状态。

71. 将 Word 内容以图片形式插入到 Excel 表格中

❶ 在 Word 中选中要复制的内容，然后单击【开始】选项卡下【剪贴板】组中的【复制】按钮。

❷ 进入 Excel 中，单击【开始】选项卡下【剪贴板】组中的【粘贴】按钮，在弹出的列表中选择【图片】按钮完成操作。

❸ 此时就将刚才复制的内容以图片格式插入到了 Excel 表格中。在该图片上双击，还可进行文字修改。

72. 创建图表连接符

❶ 绘制需要连接的基本形状。在【插入】选项卡下的【插图】组中单击【形状】按钮，在弹出的下拉列表中选择需要使用的连接符类型。

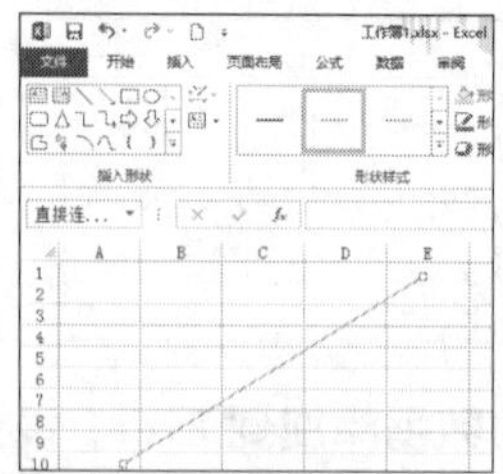

❷ 此时鼠标指针变成带有 4 条放射线的方形，当鼠标指针停留在某个形状上时，形状上预先定义的连接点变成边界上彩色的点，单击希望用连接符连接的点，然后在另一形状的连接点上重复这个过程。

73. 在图表中显示隐藏数据

❶ 激活图表，单击【设计】选项卡下【数据】组中的【选择数据】按钮，在弹出的【选择数据源】对话框中单击【隐藏的单元格和空单元格】按钮。

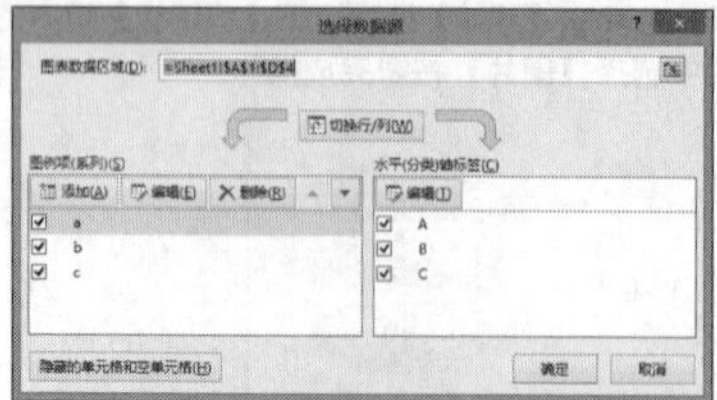

❷ 弹出【隐藏和空单元格设置】对话框，选中【显示隐藏行列中的数据】复选框，之后单击【确定】按钮。

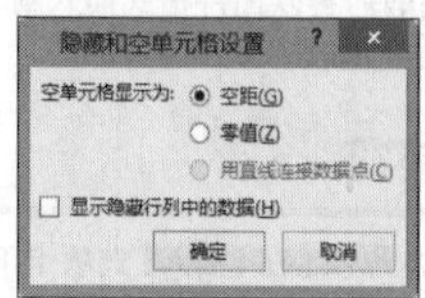

74. 绘制平直直线

❶ 在应用直线绘制工具时，按住【Shift】键的同时绘制一条直线，则所绘制出来的直线就是平直的。

❷ 在绘制矩形时按住【Shift】键，所绘制的矩形会变为正方形；在绘制椭圆时按住【Shift】键，所绘制的椭圆会变为圆形。

75. 将文本框与工作表的网格线合二为一

单击【插入】选项卡下【文本】组中的【文本框】按钮，然后按住【Alt】键绘制文本框，即可保证文本框的边界与工作表的网格线重合。

76. 快速创建默认图表

选择用来制作图表的数据区域，然后按【F11】功能键，即可快速创建图表。

77. 快速转换内嵌式图表与新工作表图表

选择已创建的图表，单击【设计】选项卡下【位置】组中的【移动图表】按钮，弹出【移动图表】对话框，则可以在【新工作表】和【对象位于】两者之间选择，同时选择一个工作表。这样 Excel 将删除原有的图表，并以选择的方式将图表移动到指定的工作表中。

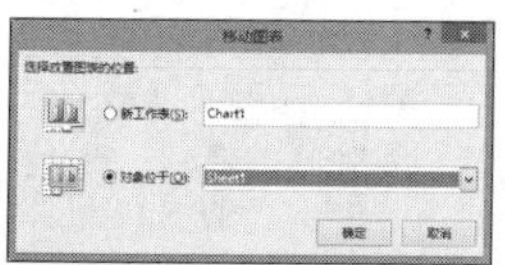

E Excel 2013 函数使用技巧

78. 批量求和

❶ 假定需要求和的连续区域为 $m \times n$ 的矩阵型，并且此区域的右边一列

和下面一行为空白，选中数据区域的右边一列或下面一行，也可以两者同时选中。

❷ 单击【开始】选项卡下【编辑】组中的【Σ】按钮，则可在选中的区域自动生成求和结果。

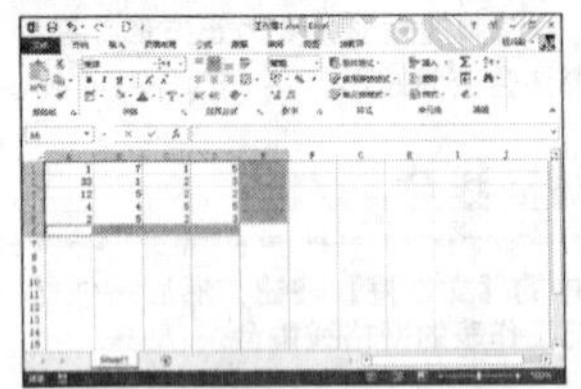

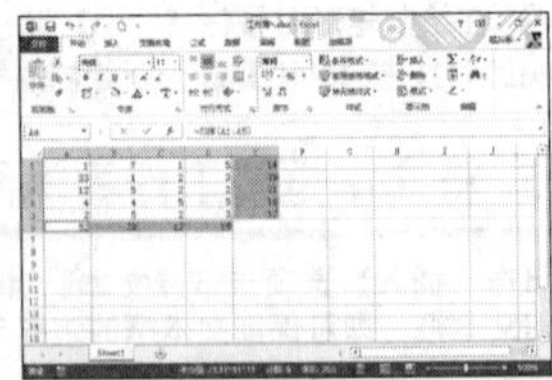

79. 解决 SUM 函数参数中的数量限制

在 Excel 中，SUM 函数的参数不得超过 30 个，可以使用双组括号的 SUM 函数，如下所示。

SUM((A2, A4, A6……A96, A98, A100))

80. 使用合并计算核对多表中的数据

核对在下列的两列数据中，“销量 A”和“销量 B”是否一致的具体操作步骤如下。

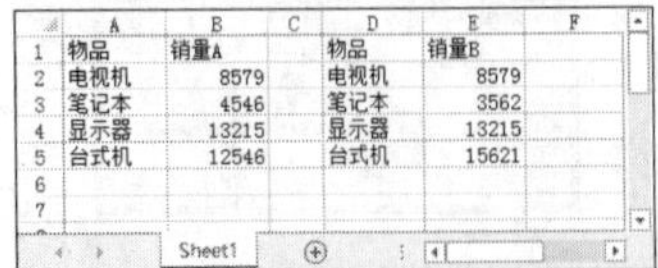

	A	B	C	D	E	F
1	物品	销量A		物品	销量B	
2	电视机	8579		电视机	8579	
3	笔记本	4546		笔记本	3562	
4	显示器	13215		显示器	13215	
5	台式机	12546		台式机	15621	
6						
7						

Sheet1

❶选择 G1 单元格，单击【数据】选项卡下【数据工具】选项组中的【合并计算】按钮，弹出【合并计算】对话框，添加 A1:B5 和 D1:E5 两个单元格区域，并单击选中【首行】和【最左列】两个复选框。

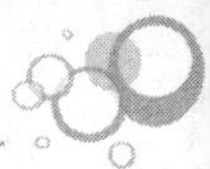

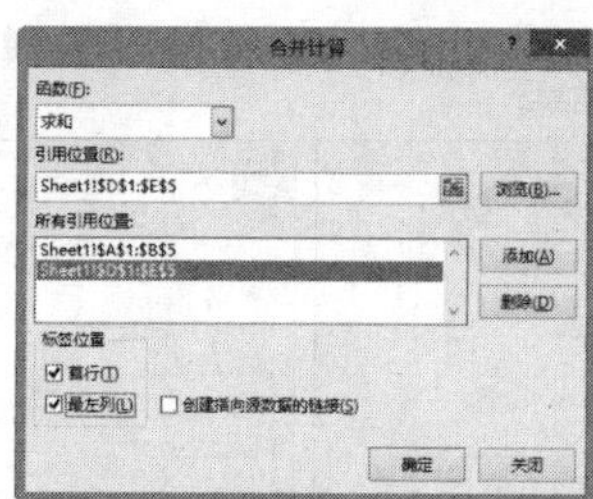

❷单击【确定】按钮，得到合并结果，在 J2 单元格中输入“=H2=I2”，按【Enter】键确认。

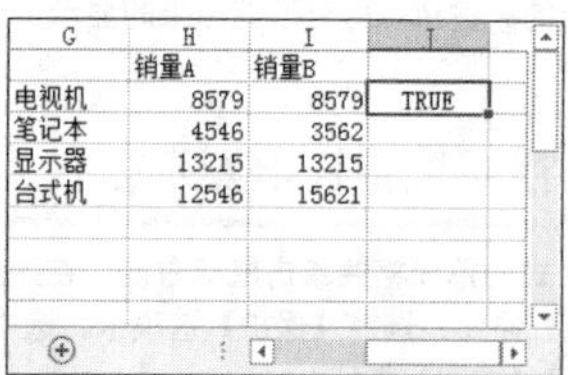

G	H	I	J
	销量A	销量B	
电视机	8579	8579	TRUE
笔记本	4546	3562	
显示器	13215	13215	
台式机	12546	15621	

❸ 使用填充柄填充 J3:J5 单元格区域，显示“FALSE”表示“销量 A”和“销量 B”中的数据不一致。反之，显示“TURE”表示数据相等。

G	H	I	J
	销量A	销量B	
电视机	8579	8579	TRUE
笔记本	4546	3562	FALSE
显示器	13215	13215	TRUE
台式机	12546	15621	FALSE

81. 在编辑栏中显示部分公式的值

在公式或函数中经常涉及多个单元格之间的运算，如公式为“=B2+C1−A1×A2/C2”，如果要查看部分公式的运算结果，如“A1*A2”，操作如下。

❶ 在编辑栏中选择“A1*A2”，按键盘上的【F9】键，即可显示出选中部分公式的计算结果。

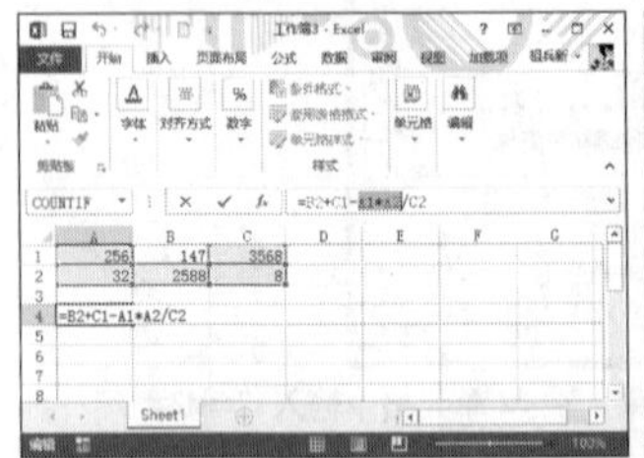

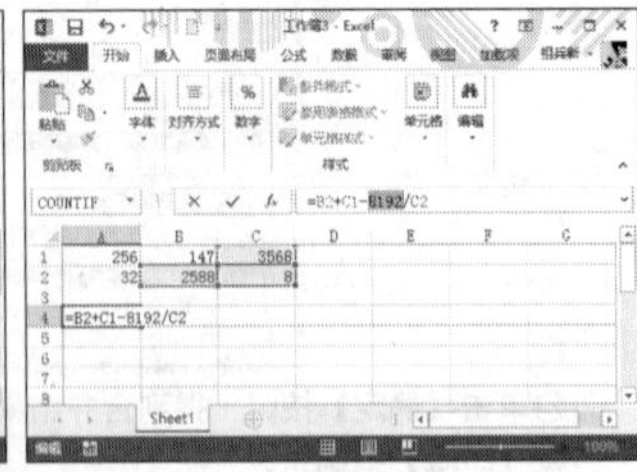

❷ 单击编辑栏中的×按钮，即可取消结果的显示，但是不能将运算结果再次转换为公式。

82. 禁止单元格或编辑栏中显示公式

❶ 选择要隐藏公式的单元格并单击鼠标右键，在弹出的快捷菜单中选择【设置单元格格式】命令，选择【保护】选项卡，选中【锁定】和【隐藏】复选框，然后单击【确定】按钮。

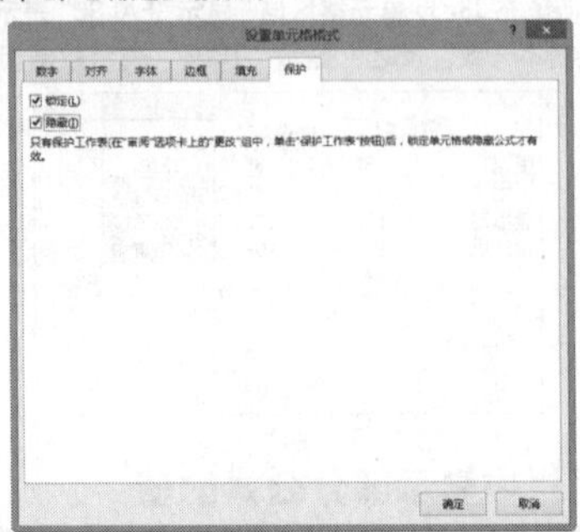

❷ 单击【审阅】选项卡下【更改】组中的【保护工作表】按钮，在弹出的对话框中单击【确定】按钮。

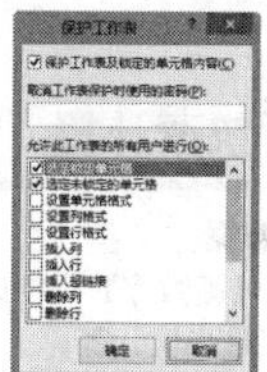

❸ 此时单元格中将不显示公式且不能编辑，编辑此单元格时会弹出如下的提示信息。

F 其他 Excel 2013 技巧

83. 让 Excel 自动提示数据输入错误

❶ 选取单元格或单元格区域，单击【数据】选项卡下【数据工具】组中的【数据验证】按钮，弹出【数据验证】对话框。选择【输入信息】选项卡，在其中选中【选定单元格时显示输入信息】复选框，在【标题】文本框中输入标题，如“注意”，输入显示信息，如“这里的信息应为负数！”。

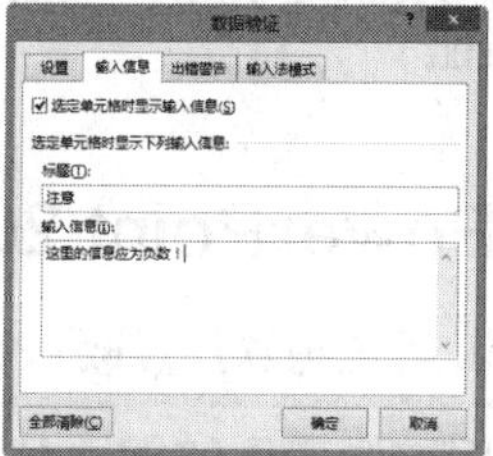

❷ 单击【确定】按钮，此后再选择那些单元格或单元格区域时，Excel 将

自动提示上述信息。

84. 在 Excel 中进行快速计算

❶ 选择将要计算的单元格数据。

❷ 单击【公式】选项卡下【函数库】组中的【自动求和】按钮，进行快速计算，如“最大值”、“最小值”等。

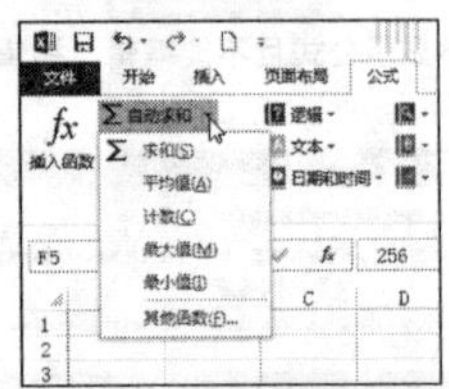

85. 进行多个单元格的运算

❶ 假设我们要将 C1、C4、C5、D3、E11 单元格中的数据都加上 25。

❷ 在一个空白的单元格中输入 25，右键单击这个单元格，在弹出的快捷菜单中选择【复制】命令。

❸ 按住【Ctrl】键依次单击 C1、C4、C5、D3、E11 单元格，将这些单元格选中。单击鼠标右键，在弹出的快捷菜单中选择【选择性粘贴】命令，在【选择性粘贴】对话框中选中【运算】选项组中的【加】单选按钮，然后单击【确定】按钮。

Part 3 PowerPoint 2013 技巧

86. 通过 WinRAR 解压缩软件提取 PPT 中的图片

❶ 打开 WinRAR 解压缩文件，选择【文件】>【打开压缩文件】命令。

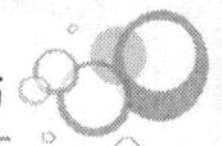

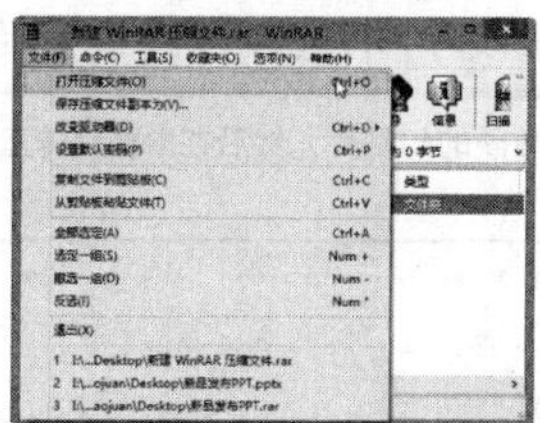

❷ 打开所要提取图片的幻灯片文件，找到 PPT 文件夹并双击，之后再双击 Media 文件夹，即可看到幻灯片中所有的图片。

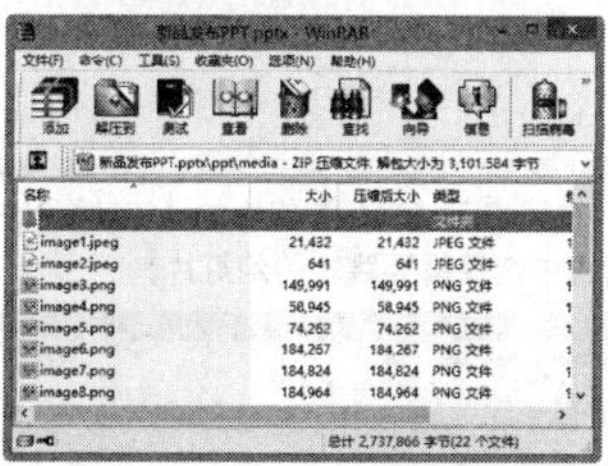

❸ 将 Media 文件夹解压出来后就可得到文件夹中的图片。

87. 通过对幻灯片的扩展名进行修改来提取图片

❶ 将幻灯片的扩展名由“.pptx”修改为“.zip”。

❷ 双击重命名后的文件打开压缩包，找到 PPT 文件夹并双击，找到 Media 文件夹，将其解压出来即可。

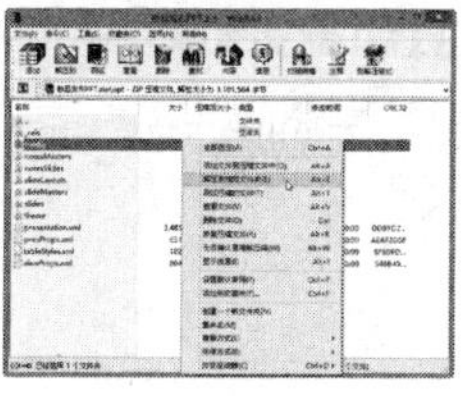

88. 在放映的幻灯片中放映其他幻灯片

❶ 打开需要首先放映的幻灯片，然后在需要跳转至的其他幻灯片中选择文本内容。

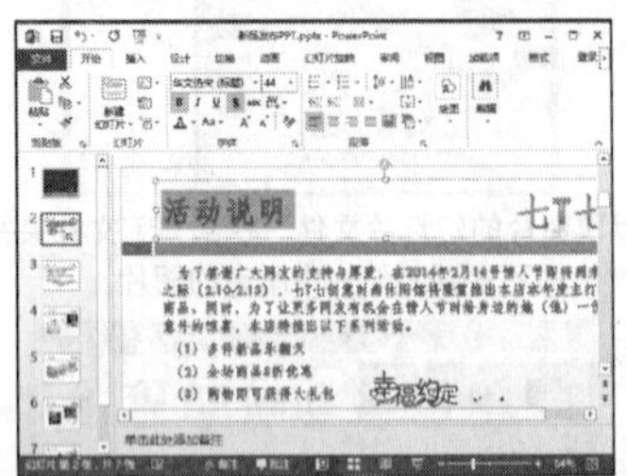

❷ 单击【插入】选项卡下【链接】组中的【超链接】按钮，在弹出的【插入超链接】对话框中选择需要跳转的幻灯片。

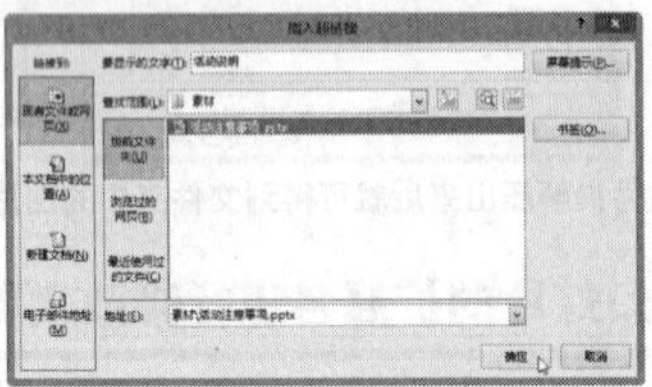

❸ 单击【确定】按钮完成设置。之后在放映幻灯片时，单击所设置的超链接，即可实现在放映的幻灯片中放映其他幻灯片。

89. 在一张纸上打印多张幻灯片

❶ 选择【文件】选项卡，在弹出的下拉菜单中选择【打印】选项。

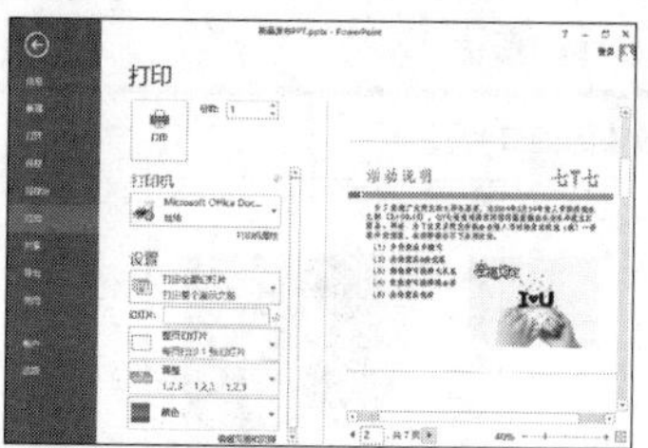

❷ 在【设置】选项组中单击【整页幻灯片】按钮，在弹出的下拉列表中选择【讲义】选项组中的相关选项。

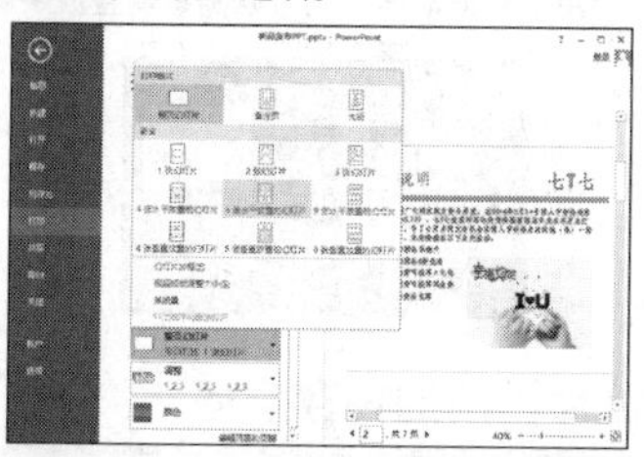

❸ 此时即可在打印预览窗口中看到在一张纸中所打印幻灯片的内容。

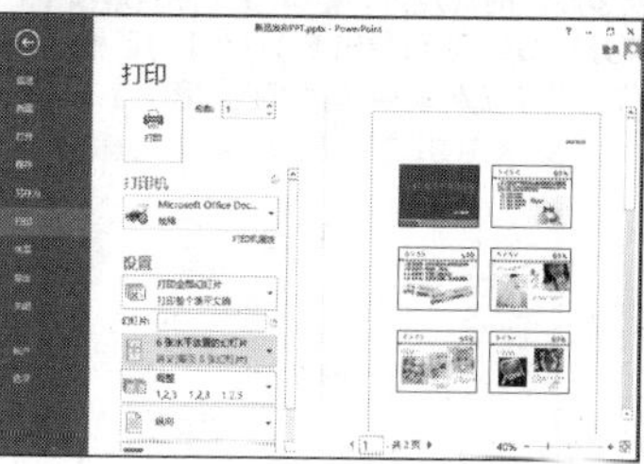

90. 放映窗口任意定

❶ 打开需要放映的幻灯片。

❷ 按住【Alt】键不放，再按【D】键和【V】键，便可打开非全屏放映的幻灯片窗口，使用鼠标拖动边缘则可以随意调整放映窗口的大小。

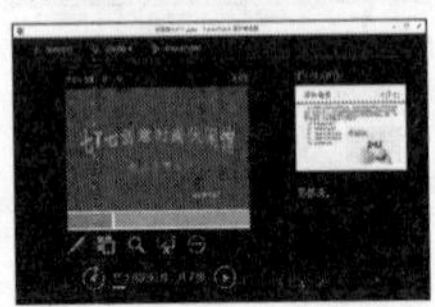

91. 减小幻灯片占用的内存空间

❶ 选择含有较多图片的幻灯片，选择【文件】选项卡，在弹出的下拉菜单中选择【另存为】选项，之后弹出【另存为】对话框。在其中单击底部【工具】按钮，在弹出的下拉列表中选择【压缩图片】选项。

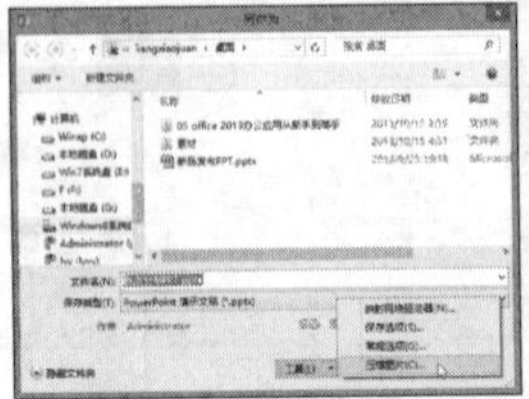

❷ 之后弹出【压缩图片】对话框，在其中进行适当的设置，单击【确定】按钮，返回【另存为】对话框，单击【保存】按钮，关闭【另存为】对话框，

此时可以看到幻灯片所占用的内存空间减小了很多。

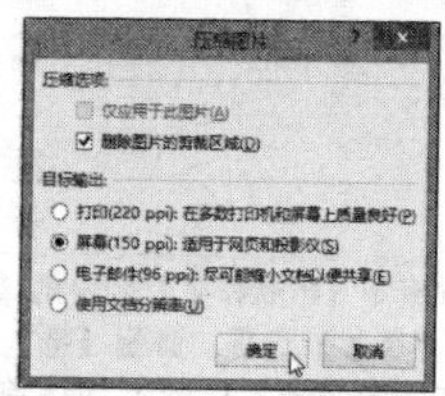

92. 变换复杂公式样式

❶ 在幻灯片中插入一个公式，可以看到公式的字体颜色默认为黑色。

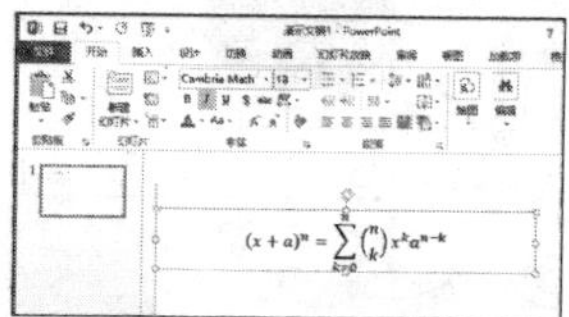

❷ 此时单击【格式】选项卡下【艺术字样式】组中的【快速样式】按钮，在弹出的下拉列表中可以对样式进行设计。

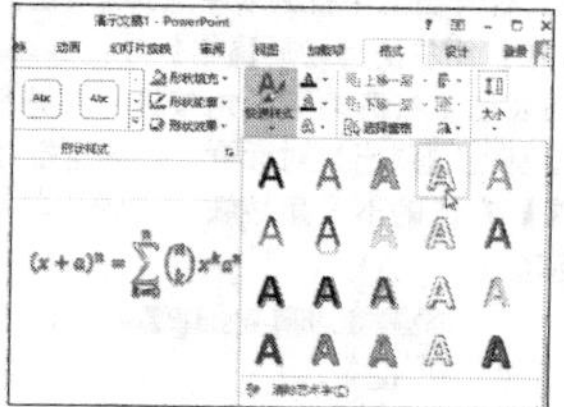

93. 制作裁剪图片

❶ 在幻灯片中绘制一个图形，如这里绘制一个椭圆。

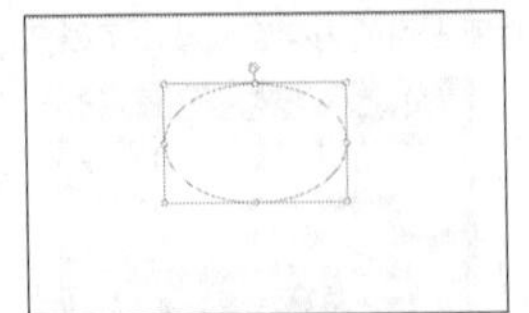

❷ 单击【格式】选项卡下【形状样式】组中的【形状填充】按钮，在弹出的下拉列表中选择【图片】选项。弹出【插入图片】对话框，之后选择需要裁剪的图片，并单击【插入】按钮，即可制作出裁剪图片的效果，如下图所示。

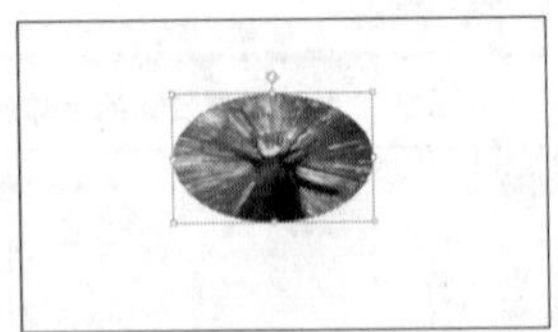

94. 让数据图表“动”起来

❶ 在幻灯片中插入一张图表，选中图表，单击【动画】选项卡下【动画】组中的【其他】按钮，在弹出的下拉列表中选择【淡出】选项。单击【动画】选项卡下【高级动画】组中的【动画窗格】按钮，弹出【动画窗格】窗格，并单击该图表选项右侧的下三角按钮，在弹出的下拉列表中选择【效果选项】选项。弹出【淡出】对话框，之后选择【图表动画】选项卡，并单击【组合图表】右侧的下三角按钮，在弹出的下拉列表中选择【按分类中的元素】选项。

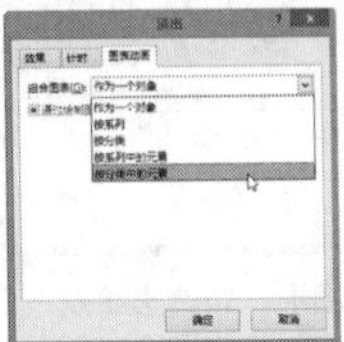

❷ 单击【确定】按钮返回幻灯片窗口，此时即可看到图表中的各个元素逐个淡出。

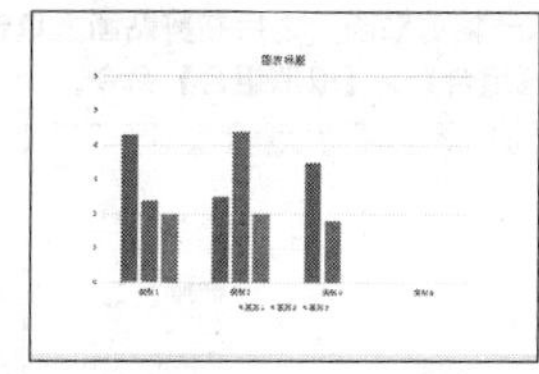

95. 检查幻灯片中是否添加了不支持的功能

❶ 在制作好的幻灯片中选择【文件】选项卡，在弹出的下拉列表中选择【信息】选项，在右侧的面板中单击【检查问题】按钮，之后在弹出的下拉列表中选择【检查兼容性】选项。

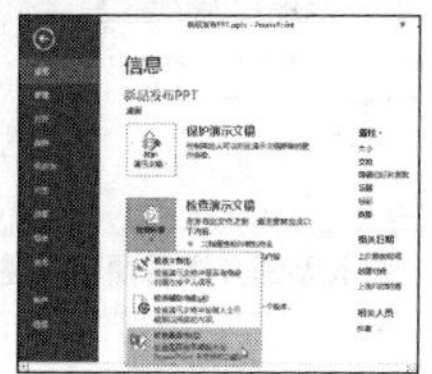

❷ 对幻灯片检查完后，弹出【Microsoft PowerPoint 兼容性检查器】对话框，给出检查结果。

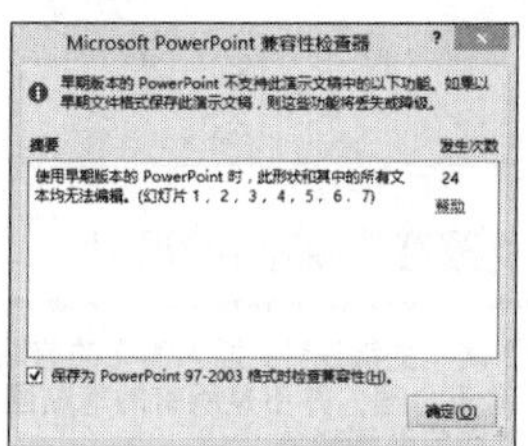

96. 提取剪贴画中的元素

❶ 在幻灯片中插入一幅剪贴画，之后在剪贴画上单击鼠标右键，在弹出的快捷菜单中选择【组合】➢【取消组合】命令。

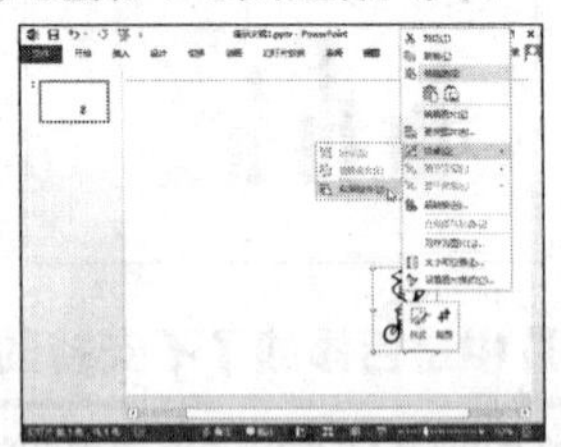

❷ 弹出【Microsoft PowerPoint】对话框，提示用户是否将剪贴画转换为 Microsoft Office 图形对象，单击【是】按钮返回幻灯片中。

❸ 重复步骤❶的操作，将剪贴画分离后便可以提取其相关的图片元素了。

97. 快速灵活地改变剪贴画的颜色

利用 PowerPoint 制作演示文稿课件，插入漂亮的剪贴画会为课件增色不少。可剪贴画的颜色搭配时常不合理，并不是所有的剪贴画都符合我们的要求。可以通过的何止快速灵活改变剪贴画颜色。

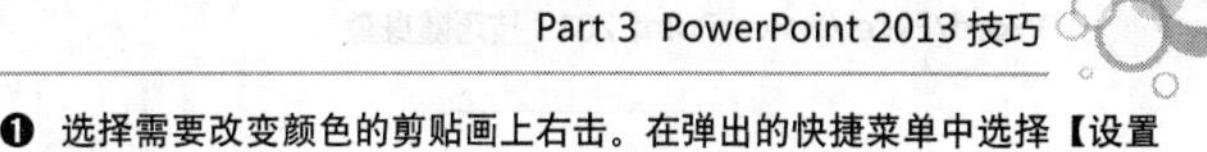

❶ 选择需要改变颜色的剪贴画上右击。在弹出的快捷菜单中选择【设置图片格式】选项。

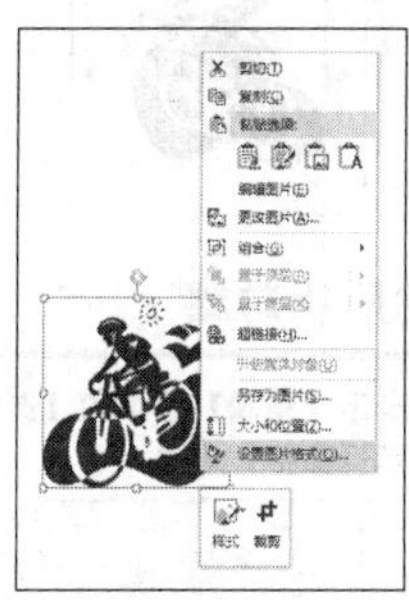

❷ 打开【设置图片格式】窗格，在窗格中单击【图片】选项卡。

❸ 单击【图片颜色】窗口中【重新着色】分组下的【重新着色】按钮，在弹出的下拉样式框中选择需要的颜色样式。

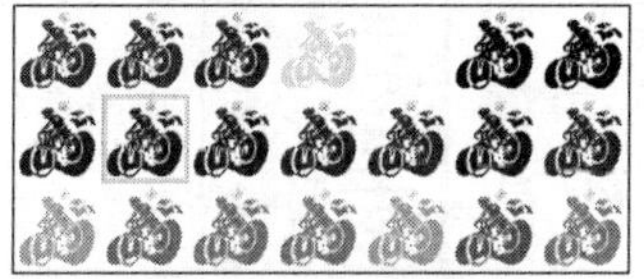

❹ 单击【关闭】按钮。即可为剪贴画快速更换新的颜色。

98. 隐藏不选择的形状对象

❶ 单击【开始】选项卡下【编辑】组中的【选择】按钮 选择，在弹出的下拉列表中选择【选择窗格】选项。

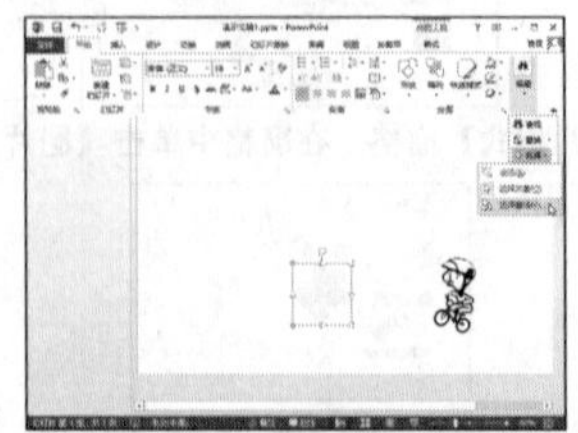

❷ 弹出【选择和可见性】窗格，在该窗格中可以看到该幻灯片上的所有形状，单击形状右边的 按钮，可将幻灯片中不需要显示的形状对象进行隐藏。

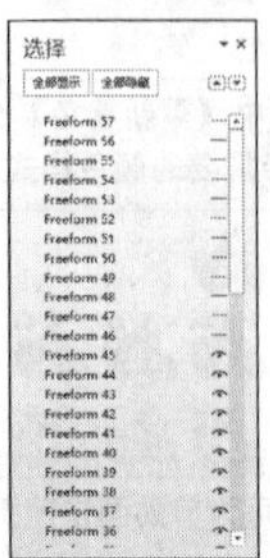

99. 两幅图片同时动作

❶ 在打开的幻灯片中插入两张图片。

❷ 按住【Shif】键，同时选中两张图片，单击鼠标右键，在快速下拉菜单中选择【组合】选项中的【组合】命令。

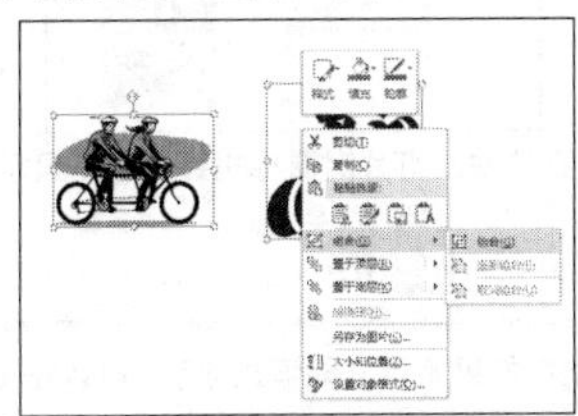

❸ 单击【动画】选项卡【动画】组中的【其它】按钮，将动画效果设置为【随机线条】动画效果。

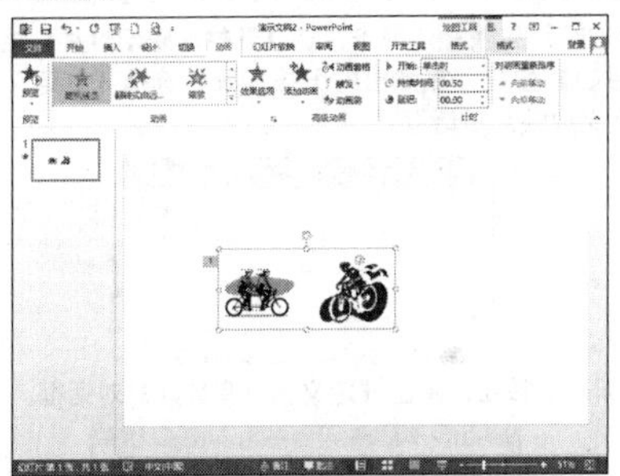

❹ 这样，两张图片就同时动作了。

100. 放映时永远隐藏鼠标指针

❶ 放映幻灯片后单击鼠标右键，在弹出的快捷菜单中选择【指针选项】➢【箭头选项】➢【永远隐藏】命令。

❷ 之后就会发现在放映幻灯片时鼠标指针再也不显示了。

101. 怎样快速停止放映

在幻灯片放映过程中如果需要立即停止放映，可以按【Esc】键或者【-】键。

102. 设置放映不连续的幻灯片

❶ 选择【幻灯片放映】选项卡，在【开始放映幻灯片】组中单击【自定义幻灯片放映】按钮，在弹出的下拉列表中选择【自定义放映】选项，打开【自定义放映】对话框。

❷ 单击【新建】按钮，弹出【定义自定义放映】对话框。

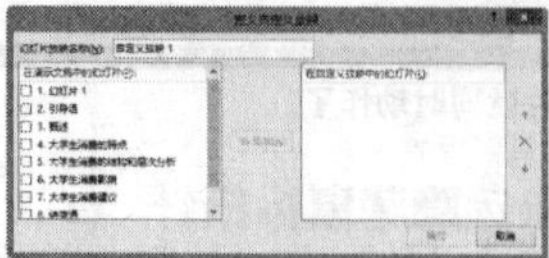

❸ 在【幻灯片放映名称】文本框中输入名称。在左侧【在演示文稿中的幻灯片】窗口列出了所有幻灯片。选择需要放映的幻灯片，单击【添加】按钮，即可将选择的幻灯皮添加至【在自定义放映中的幻灯片】窗口。

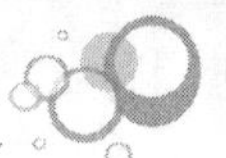

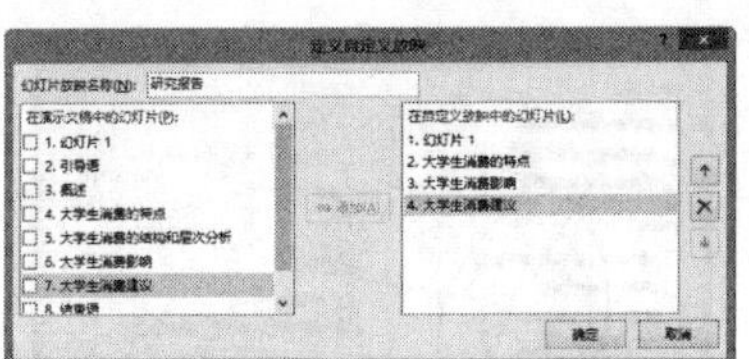

❹ 单击【确定】按钮，即可返回【自定义放映】对话框，并显示刚设置的幻灯片放映名称。单击【关闭】按钮。如果需要立即播放，可单击【放映】按钮。

❺ 选择【幻灯片放映】选项卡，在【开始放映幻灯片】组中单击【自定义幻灯片放映】按钮，在弹出的下拉列表中可以看到【研究报告】选项，单击【研究报告】选项，即可放映设置的不连续的幻灯片。

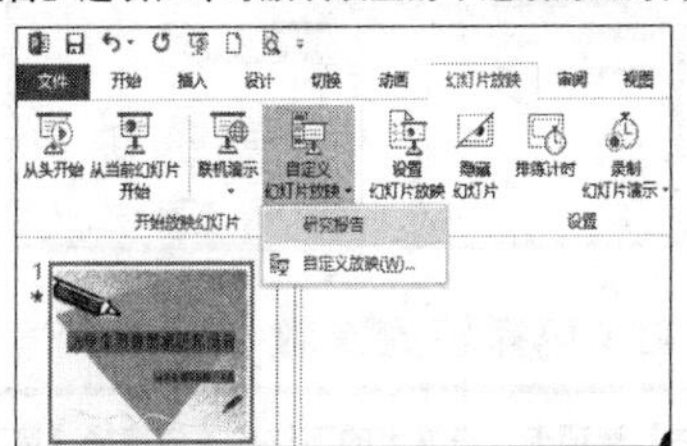

103．设置放映部分幻灯片就显示结束

❶ 选择【幻灯片放映】选项卡，在【设置】组中单击【设置幻灯片放映】按钮，打开【设置放映方式】对话框。

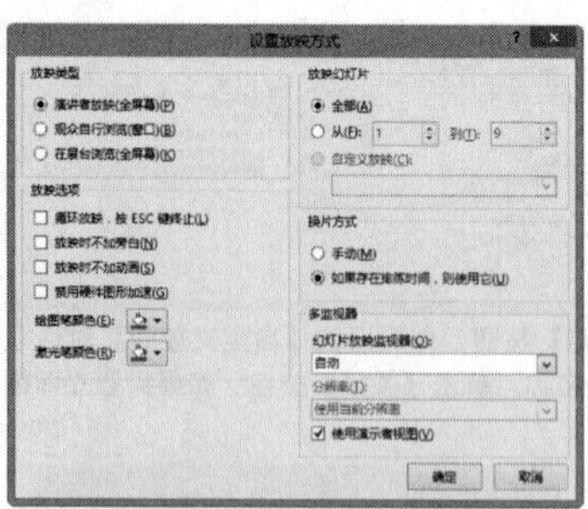

❷ 在【放映幻灯片】组中设置幻灯片放映的页数。单击【确定】按钮，即可只放映所设置的 1 到 5 张。

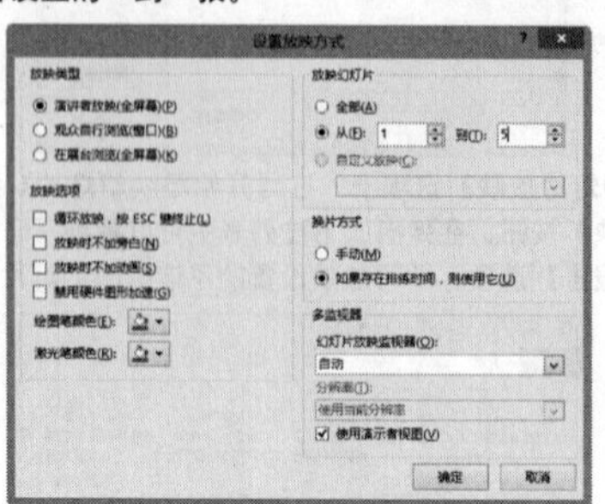

104．设置 PPT 可撤销的次数

❶ 选择【文件】选项卡，在弹出的下拉菜单中选择【选项】选项。
❷ 弹出【PowerPoint 选项】对话框，选择【高级】选项卡，之后在【编辑选项】选项组内设置【最多可取消操作数】为“150”。

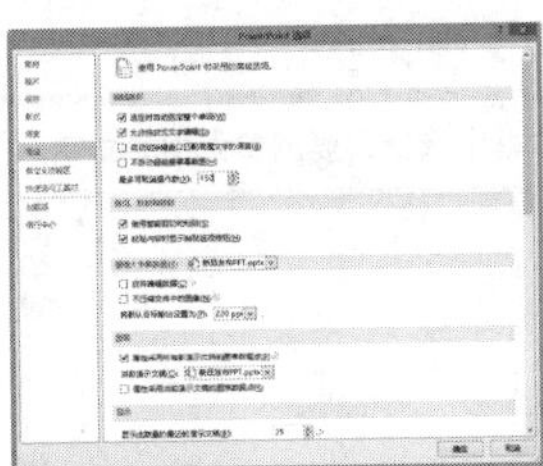

105. 随时更新演示文稿中的图片

❶ 单击【插入】选项卡下【图像】组中的【图片】按钮，在弹出的【插入图片】对话框中选择一张图片，之后单击【插入】按钮右侧的下三角按钮▾，在弹出的下拉列表中选择【插入和链接】选项来插入图片。

❷ 在插入图片后，如果对插入的图片进行修改，再次打开 PowerPoint 时，会发现所修改的图片已经直接运用至幻灯片中。

106. 快速调节文字大小

❶ 在幻灯片的文本框中选择需要调整大小的文字。

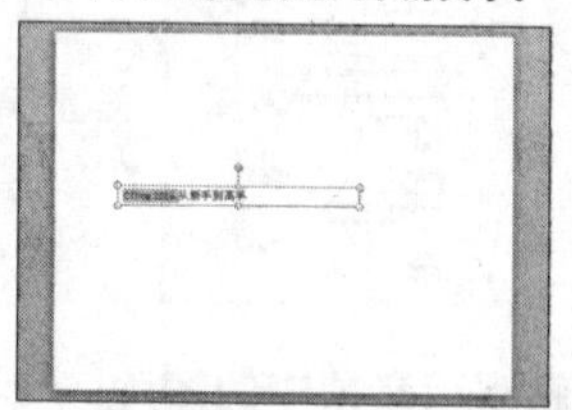

❷ 按【Ctrl+]】组合键可以快速放大字体。

❸ 按【Ctrl+[】组合键可以快速缩小字体。

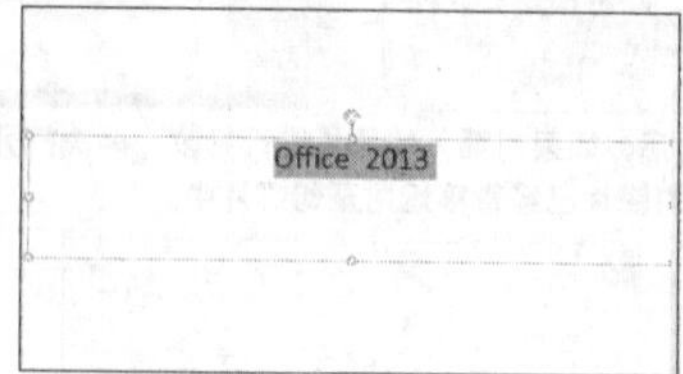

107. 更改编号中的开始编号

❶ 选择要更改开始编号的文本，单击【开始】选项卡下【段落】组中【编号】按钮右侧的下拉按钮，在弹出的下拉列表中选择【项目符号和编号】选项。

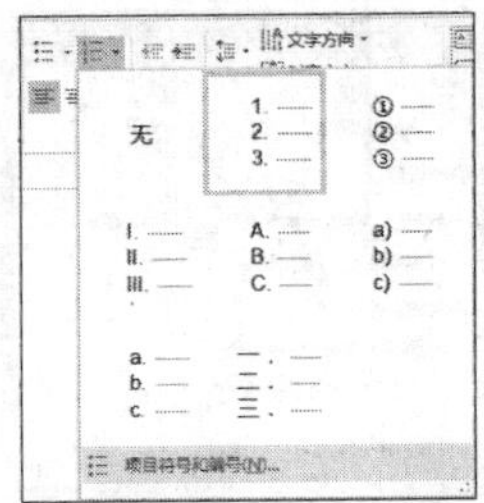

❷ 弹出【项目符号和编号】对话框，在【起始编号】文本框中设置要开始的编号，这里输入“2”，单击【确定】按钮即可。

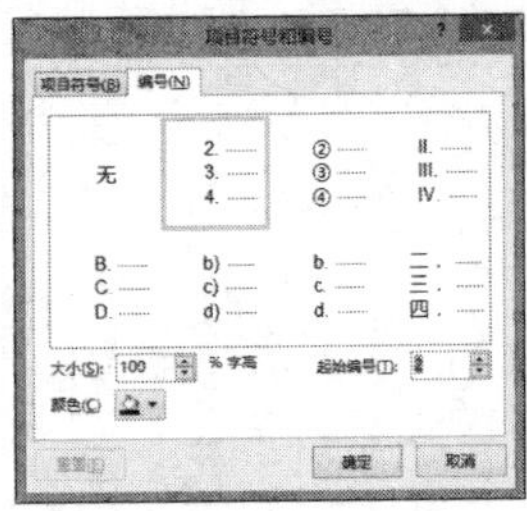

108. 测量对象之间的精确距离

❶ 单击【视图】选项卡下【显示】组中的【网格设置】按钮 。

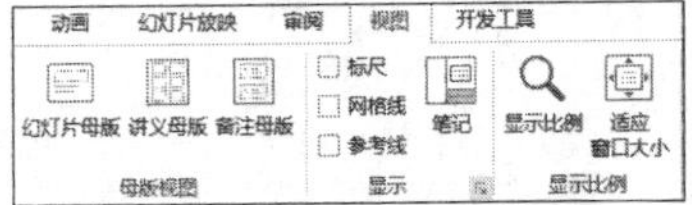

❷ 弹出【网格和参考线】对话框，选中【在屏幕上显示网格】和【在屏幕上显示绘制参考线】复选框，单击【确定】按钮。

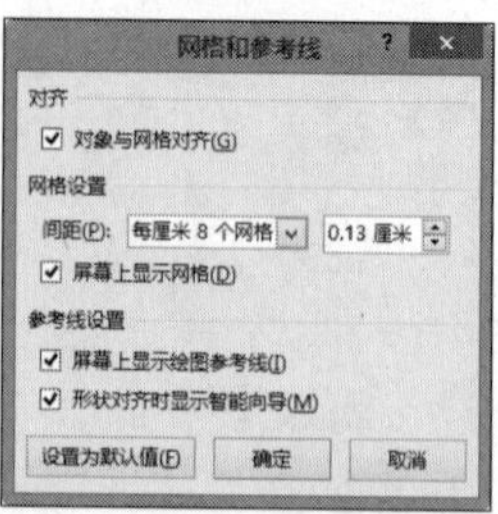

❸ 将参考线定位在要开始测量的位置，然后按下【Shift】键，将参考线拖动到停止测量的位置。拖动的同时，测量值出现在参考线中箭头的上方。释放鼠标按钮后测量值会自动消失。

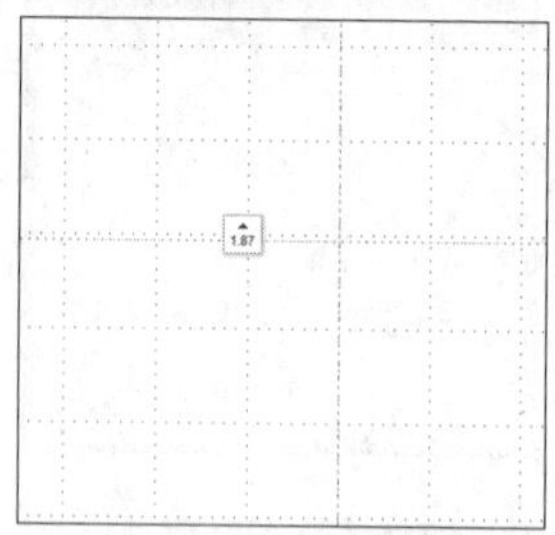